繁荣学术 服务社会

—— 杭州结构与地基处理研究会四十年

罗尧治 主编

中国建筑工业出版社

图书在版编目（CIP）数据

繁荣学术　服务社会：杭州结构与地基处理研究会四十年 / 罗尧治主编. -- 北京：中国建筑工业出版社, 2025. 4. -- ISBN 978-7-112-31059-3

Ⅰ. TU3-24；TU472-24

中国国家版本馆 CIP 数据核字第 20254X6F11 号

责任编辑：朱晓瑜

责任校对：王　烨

繁荣学术　服务社会——杭州结构与地基处理研究会四十年

罗尧治　主编

*

中国建筑工业出版社出版、发行（北京海淀三里河路 9 号）

各地新华书店、建筑书店经销

国排高科（北京）人工智能科技有限公司制版

建工社（河北）印刷有限公司印刷

*

开本：880 毫米 × 1230 毫米　1/16　印张：40　字数：1383 千字

2025 年 5 月第一版　　2025 年 5 月第一次印刷

定价：**149.00** 元

ISBN 978-7-112-31059-3

（44646）

杭州结构与地基处理研究会成立四十周年

（1985—2025 年）

全国工程勘察设计大师金问鲁先生诞辰一百周年

（1925—2025 年）

本书编委会

研究会四十年历程一隅

杭州结构与地基处理研究会成立四十周年
纪念金问鲁大师诞辰一百周年

金问鲁大师及家人

科技创新是中国式现代化的核心要素，也是激活新质生产力、实现高质量发展的巨大动力。值此祝贺杭州结构与地基处理研究会成立四十周年之际，我们要始终牢记站在科技创新的前沿。同时，要万众一心，团结全体会员，本着『繁荣学术，服务社会』的宗旨，踔厉奋发，赓续前行，再铸辉煌。

魏廉

乙巳年春

浙江省原建设厅厅长，本会名誉理事长魏廉为研究会四十周年题词团结全市、区结构与地基科技工作者，为杭州市工程建设作出更多更大贡献。
热烈祝贺杭州结构与地基处理研究会四十周年华诞，杭州结构与地基处理研究会成立四十周年！

董石麟

董石麟印

乙巳年夏

中国工程院院士，本会名誉理事长董石麟为研究会四十周年题词

祝賀杭州結構與地基處理研究會成立四十周年為土木工程技術進步和發展作出巨大貢獻

浙江大學 龔曉南

歲次乙巳正月初十

中国工程院院士，本会名誉理事长龚晓南为研究会四十周年题词

贺杭州结构与地基处理研究会成立四十周年

繁荣学术

服务社会

金伟良

二〇二五年二月

浙江大学教授，本会第七～九届理事长金伟良为研究会四十周年题词

砥礪前行四十年
枝繁葉茂眾芽妍
与時俱進同攜手
再創輝煌譜續篇

敬賀
杭州斜撐与地基處理研究會
成立四十周年
周海龍

本会首届理事周海龙为研究会四十周年题词

地基承载结构之重
结构成就建筑之美

祝杭州结构与地基处理研究会成立四十周年

任庆英
二〇二五年春

全国工程勘察设计大师，本会名誉理事任庆英为研究会四十周年题词祝贺杭州结构与地基处理研究会成立四十周年。

希望研究会始终秉持"繁荣学术，服务社会"的宗旨，在结构与地基处理领域充分发挥自身优势，坚持理论联系实际，勇于研究创新，不断为提高结构与地基处理技术水平做出更大贡献。

郁银泉

2025.2.21

全国工程勘察设计大师，本会名誉理事郁银泉为研究会四十周年题词

聚土木英才

筑时代建筑

祝贺杭州结构与地基

处理研究会成立四十周年

王立军 2025.2.

全国工程勘察设计大师，本会名誉理事王立军为研究会四十周年题词

结构地基双并举
钱塘江畔谱新篇

祝贺杭州结构与地基处理研究会成立四十周年

丁永君　乙巳年春

全国工程勘察设计大师，本会名誉理事丁永君为研究会四十周年题词

融合创新智慧

服务行业发展

贺杭州结构与地基研究会成立四十周年

蒋建良 2025.2.18

全国工程勘察设计大师，本会名誉理事蒋建良为研究会四十周年题词

四秩咏

湖山卅载功
地研固吴穹
潮涌钱塘础
云梁九阙通

贺杭州结构与地基处理研究会40年
乙巳初春 陈彬磊

全国工程勘察设计大师，本会名誉理事陈彬磊为研究会四十周年题词

1985 年 6 月杭州结构与地基处理研究会成立大会

1986 年研究会成立一周年

1988 年第二届会员代表大会

早期学术交流活动

早期研究会学术报告会

2000 年结构与地基国际学术研讨会

研究会会员指导国家游泳工程中心建设

2006 年董石麟院士亲临民工学校授课

2006年名誉理事长魏廉在民工学校授课

2006年科普周活动理事长严慧主持科技论坛

2007 年 4 月 24 日研究会举办第四届海峡两岸结构与岩土工程学术研讨会开幕式

2007 年北京奥运重点工程“厂会协作”项目成果鉴定会

2007 年钢结构学术交流会

2007 年建筑结构改造与加固新技术交流会

2010 年 11 月 5 日中国螺杆桩技术及其应用学术报告会

2011 年 1 月 15 日第七届理事会第五次理事扩大会议

2014 年 11 月 14 日研究会组织专家赴奥体中心观摩

2015 年 11 月金伟良理事长主持研究会三十周年庆典

2015 年 11 月研究会三十周年庆典集体照（其中佩戴勋章者为研究会第一批贡献奖部分获得者）

2015 年 11 月研究会成立三十周年庆典会场

2017 年 11 月第四批“研究会建设贡献奖”颁奖

龚晓南院士等会员荣获 2018 年度国家科技进步奖一等奖

罗尧治教授荣获 2020 年度国家科技进步奖一等奖

2021 年 11 月龚晓南院士参加学术主题沙龙

研究会第十次会员代表大会

2022 年 11 月第五批“研究会建设贡献奖”颁奖

2022 年 11 月第十次会员代表大会合影

名誉理事开设大师讲堂

建筑结构融合创新技术交流会

全国工程勘察设计大师参加研究会课题评审

杭州结构与地基处理研究会
历届名誉理事长及理事

一、名誉理事长（5名）

1. 魏　廉

曾任浙江省原建设厅厅长，《浙江建筑》的创刊人之一。他在1984年创办了《浙江建筑》杂志，长期担任编辑委员会主任委员，致力于推动浙江省建筑行业的发展和科技创新，并在其后的40年里一直关心和支持该杂志的发展，为浙江省城乡建设事业作出了重要贡献。

在其任期内，魏廉厅长积极推动浙江省建设系统的改革与发展的思想与理念，认为创新是《浙江建筑》杂志的生命线，也是推动浙江省建筑行业发展的关键。他强调杂志要保持特色、底色，成为经典，为浙江的建筑业发展服务。

魏廉厅长对建筑行业有着深厚的感情和热情，即使在退休多年后，仍然保持着对行业的关注和热爱，他的理念至今仍然对浙江省建筑行业的发展产生着深远的影响。

2. 董石麟

著名的空间结构工程学家和中国工程院院士。他长期从事薄壳结构、网架结构、网壳结构、塔桅结构等空间结构的科研与教学工作，并在大跨度空间结构工程领域取得了显著成就。

董石麟在大跨度空间结构工程领域建立了网架结构拟夹层板法的计算理论、方法和图表，创建了蜂窝形三角锥网架结构分析的新计算方法——下弦内力法，提出了网壳结构的拟三层壳计算理论和方法。他在世界上首次建立了组合网架结构的工程应用理论、计算方法，并提出了轴力和弯矩共同作用下焊接空心球节点承载力的计算方法和公式。此外，他还主持了多项国家自然科学基金的研究项目，达到了国际先进水平。

3. 龚晓南

土木工程专家，中国工程院院士，浙江大学建筑工程学院教授、博士生导师，浙江大学滨海和城市岩土工程研究中心主任。

长期从事土力学及基础工程理论研究和工程实践，创建了广义复合地基理论，并促进形成了复合地基工程应用体系。主持解决各地多项工程因基础工程施工造成的环境影响问题，为杭甬高速公路、杭宁高速公路、杭州地铁等多项重大工程建设提供技术支持。出版《高等土力学》《土塑性力学》等多部著作，主编《地基处理手册》《复合地基设计施工指南》等多部工程手册，发表论文600多篇。2018年领衔的《复合地基理论、关键技术及工程应用》获国家科技进步奖一等奖。

4. 严　慧

浙江大学教授、博士生导师，国家一级注册结构工程师。他曾任教研室主任、实验室主任、处长和总工程师，还曾担任杭州结构与地基处理研究会理事长，现任中国土木工程学会空间结构委员会委员、中国钢结构协会空间结构分会高级顾问、膜结构专业委员会副主任委员等职务。严慧教授长期从事结构工程学科的教学与科研工作，培养了20余名硕士、博士研究生，主持参与了百余项大型空间网格结构工程设计，并获得多项原国家教委科技进步奖和国家级科技进步奖。他的研究成果在国内外享有盛誉，曾获2005年中国土木工程学会空间结构学术委员会杰出贡献奖和2011年浙江省钢结构终身成就奖。

5. 金伟良

浙江大学教授、博士生导师，海洋结构工程专家，任人才培养创新平台首席科学家。曾任浙江大学宁波理工学院院长、浙江大学结构工程研究所所长。

金伟良教授研究方向主要包括工程结构全寿命分析（含可靠性和可持续性）、混凝土结构基本性能（含耐久性、长期性能）、砌体结构理论和应用等。先后承担了国家自然科学基金以及科技部、教育部、住房和城乡建设部、交通运输部、中国海洋石油总公司、浙江省自然科学基金、浙江省科技厅等近 100 项科研项目的研究工作。已在国内外学术期刊上发表论文 400 余篇，出版学术专著 10 部，教材 3 部。以第 1 完成人获得国家科技进步奖二等奖 1 项，浙江省科技奖一等、二等奖 5 项，教育部科技进步奖二等奖 2 项。参与获得国家科技进步奖二等奖 2 项（分别排名第 2、第 10），是一位在土木工程领域具有深厚学术造诣和丰富实践经验的知名学者，其研究成果在学术界和工业界均产生了广泛影响。

二、新增名誉理事（13 名）

1. 任庆英

全国工程勘察设计大师，担任中国建科首席专家及中国建筑设计研究院总工程师，并主持任庆英结构设计工作室。在中国勘察设计协会、中国建筑学会、中国土木工程学会等多个重要机构担任领导职务，天津大学土木工程学科的兼职博士生导师。

从业 40 余载，秉承“精心结构设计，成就建筑之美”的理念，主持并完成 50 多个重点项目，尤其在超高层、高层及大跨度复杂结构设计领域取得了卓越成就。他荣获国家及省部级设计奖项 30 余项，包括国家优秀工程勘察设计奖金奖 1 项等，还发表了 2 部专著和 30 余篇学术论文，拥有 20 余项国家专利，并获得国家科技进步奖二等奖等荣誉。荣获“中央企业劳动模范”“国务院政府特殊津贴专家”“奥运工程建设优秀建设者”等多项殊荣，为我国建设行业的发展做出了重大贡献。

2. 娄　宇

全国工程勘察设计大师，正高级工程师，一级注册结构工程师，国投集团首席科学家，“新世纪百千万人才工程”国家级人选，全国优秀科技工作者，现任中国电子工程设计院股份有限公司党委书记/董事长。长期致力于建筑结构抗震、楼盖振动舒适度、微振动控制的技术研发、工程设计，为我国建筑抗震和振动控制技术的提升作出了突出贡献。主持和参与了近 100 项重大工程和近 30 项国家及省部级科研课题，作为项目负责人承担了“十四五”国家重点研发计划项目和工信部“产业基础再造和制造业高质量发展”重点专项。主（参）编标准 30 多部，获得授权专利 40 余项，出版专著 16 部，发表学术论文 100 余篇。荣获“钢结构大师”“标准大师”称号，获国家科技进步奖 2 项，获国家优秀设计金奖 1 项、银奖 2 项，其他省部级奖项 30 余项。

3. 郁银泉

全国工程勘察设计大师，教授级高级工程师，一级注册结构工程师，现任中国建科首席专家、中国建筑标准设计研究院总工程师。他长期致力于标准规范编制和结构工程设计，主编 7 项国家工程建设标准，参与 10 项国家和省部级科研项目，发表论文 40 余篇。荣获国家优秀工程设计银奖 2 项，华夏科学技术进步奖一等奖 5 项，河北省科学技术进步奖一等奖 1 项，北京市科学技术进步奖二等奖 1 项，中国钢结构协会科学技术奖特等奖 1 项，中国标准创新贡献奖二等奖 1 项。并主持设计了数字北京大厦、国家体育场等重大工程。此外，他还兼任中国钢结构协会副会长等多个职务，获得“中央企业劳动模范”“标准科技创新奖”等荣誉，为推动我国建筑行业的标准化、规范化发展做出了重要贡献。

4. 方小丹

全国工程勘察设计大师，华南理工大学建筑设计研究院有限公司首席总工程师。方小丹建筑结构院院长，一级注册结构工程师、注册土木工程师（岩土）、教授级高级工程师；兼任全国超限高层建筑工程抗震设防审查专家委员会顾问、广东省超限高层建筑工程抗震设防审查专家委员会副主任委员、《建筑结构》编委、《建筑结构学报》编委会资深委员。长期从事建筑结构、岩土工程的设计工作，也兼做结构抗震、混凝土结构的教学和科研。主编广东省标准《高层建筑混凝土结构技术规程》《建筑地基基础设计规范》；参编国家标准《钢管混凝土结构技术规范》、行业标准《钢筋混凝土薄壳结构设计规程》、中国工程建设标准化协会标准《钢管混凝土叠合柱结构技术规程》《钢管混凝土结构设计与施工规程》等。曾获国家科技进步奖二等奖 1 项，全国优秀工程勘察设计奖金奖 1 项，中国建筑设计奖（建筑结构）金奖 2 项，全国优秀工程勘察设计奖银奖 3 项。

5. 冯　远

全国工程勘察设计大师、中国建筑西南设计研究院总工程师、教授级高级工程师、四川省学术技术带头人，享受国务院政府特殊津贴。担任中国勘察设计协会结构设计分会副理事长、中国工程建设标准化协会空间结构专业委员会副主任等职，长期致力于建筑结构抗震和大跨度空间结构研究。从业 40 年，主持设计了郑州奥体中心、凤凰山体育公园、重庆江北 T3B 机场等 100 余项工程，荣获全国优秀工程设计金奖、铜奖及 80 余项省部级奖项。她在科研领域也成果丰硕，获国家科技进步奖一等奖 2 项、省部级科技进步特等奖 1 项等 17 项科技奖励，主编专著 3 本，发表论文 60 余篇，获专利 41 项，参编国家行业标准 20 余部。此外，她还担任重庆大学、同济大学等 5 所高校兼职教授，为培养建筑领域人才贡献力量。

6. 王立军

全国工程勘察设计大师，华诚博远工程技术集团首席科学家，清华大学博士，一级注册结构工程师，拥有英国皇家注册结构工程师资格，香港工程师学会会员。在多个国家级和省级专业机构担任重要职务，如全国超限高层建筑工程抗震设防审查专家委员会委员、中国建筑节能协会工程加固与改造分会会长等，担任多所知名大学的兼职教授和研究生导师，参与指导硕士、博士研究生及博士后研究。设计作品遍布国内外，包括中国国际贸易中心 3A、3B 工程，北京财富二期办公楼，长春国际金融中心等。他主编了国家标准《钢结构设计标准》GB 50017—2017，并出版了专著《17 钢标疑难解析》。他的成就获得了广泛认可，荣获国家科技进步奖二等奖、国家优秀设计铜奖等 20 余项国家和省部级奖项。

7. 肖从真

全国工程勘察设计大师，中国建筑科学研究院有限公司副总经理、首席科学家研究员、博士生导师，建筑安全与环境国家重点实验室副主任。

1991 年本科毕业于清华大学土木工程系，获结构工程和工程力学双学士学位；1995 年 7 月于清华大学土木工程系获工学博士学位，国家万人计划领军人才，百千万人才工程国家级人选，国家有突出贡献中青年专家。作为规范的编委，编修了《钢管混凝土结构技术规范》《高层建筑混凝土结构技术规程》《组合结构设计规范》等国家及行业规范。作为结构工程师，主持设计了北京当代 MOMA、深圳大梅沙万科中心、成都来福士、丽泽 SOHO 等复杂建筑结构。作为国家重点实验室副主任，承担了大量超高层、复杂高层结构的咨询和试验研究工作，包括上海中心大厦、深圳平安金融中心、武汉绿地中心、天津高银 117 大厦、中国尊等。

8. 丁永君

全国工程勘察设计大师，天津大学教授，硕士研究生导师，天津大学建筑设计研究院总工程师，天津大学建筑设计规划研究总院顾问总工程师。天津市工程勘察设计大师，全国超限高层抗震审查委员会（第三届、第四届）委员，中国勘察设计协会结构设计分会常务理事，中国建筑学会资深会员，工程抗震与加固改造全国理事会理事，《建筑结构》理事；发表学术论文 62 篇；主持编写 15 项国家行业标准及天津地方标准；参与 21 项国家自然科学基金、天津市科委、天津市建交委立项的科研课题；撰写 7 本学术著作。获全国工程设计项目银奖，全国优秀工程勘察设计奖银奖和铜奖，全国优秀工程设计铜奖，全国优秀工程勘察设计行业奖一等奖等奖项。

9. 蒋建良

全国工程勘察设计大师、浙江省工程勘察设计院集团有限公司首席专家，正高级工程师，享受国务院政府特殊津贴，浙江省岩土力学与岩土工程学会副理事长。长期奋战在岩土科技一线，专注于工程勘察、岩土工程及地质灾害防治等领域的研究与应用，主持完成了100余项国家、省市重点工程，涵盖工民建、交通、水利、能源等多个领域。他在软土问题、海域岩土工程及复杂岩土条件下工程问题的解决方面成果显著，荣获全国优秀工程勘察金奖、铜奖各1项，全国优秀工程勘察设计行业一等奖3项、二等奖3项，省部级科技进步奖4项及优秀勘察奖19项。曾获原国土资源部“十一五”科技工作先进个人、首批浙江省工程勘察设计大师、宁波市60年60名优秀科技工作者、首届曾国熙岩土工程大奖及中国勘察设计协会科技创新带头人等荣誉。

10. 周建龙

全国工程勘察设计大师，华东建筑设计研究院有限公司首席总工程师，上海市领军人才，教授级高级工程师、一级注册结构工程师。他兼任中国勘察设计协会结构设计分会副理事长、中国建筑学会结构分会副主任委员等职，并担任同济大学兼职教授。长期专注于超高层及大跨结构的设计与研究，主持设计了上海环球金融中心（101层）、南京绿地紫峰大厦（70层）、上海铁路南站等标志性工程，并负责审定武汉绿地中心、天津高银117金融大厦等重大项目。他荣获全国优秀工程勘察设计奖金奖、银奖，华夏建设科学技术奖一等奖等多项荣誉，获得省部级科技进步奖近10项，拥有多项专利，主编或参编了多项规范标准，发表论文60余篇。他还获得全国杰出工程师、上海市优秀学科带头人等称号。

11. 陈彬磊

全国工程勘察设计大师，陈彬磊大师工作室主任，一级注册结构工程师，英国皇家注册结构工程师，中国勘察设计协会结构分会副会长、中国勘察设计协会抗震防灾分会副会长、中国建筑学会建筑结构分会副理事长。中国电子工程设计院股份有限公司副总工程师、总结构师，国投集团首席专家。36年的建筑结构设计实践，承担国家速滑馆、深圳湾体育中心、商务部改造工程、中国电影博物馆、中国科学技术新馆、厦门杏林湾营运中心、青岛万邦中心、厦门趣店总部等诸多工程的结构设计及科研工作，多次获得金奖、银奖和各级设计与科研奖项，对工程设计实践各个环节的感知、理解和经验积累有深刻体会。

12. 王翠坤

全国工程勘察设计大师，中国建筑科学研究院副总工程师，建研科技结构首席专家，百千万人才工程国家级人选，享受国务院政府特殊津贴，博士生导师。担任住房和城乡建设部建筑结构标准化委员会主任委员、中国建筑学会副理事长兼建筑结构分会理事长等职，并任同济大学兼职教授及《建筑结构学报》《建筑结构》编委会副主任委员。长期致力于高层建筑结构抗震和组合结构研究，主持或参与多项国家级科研项目，在复杂高层建筑抗震性能及组合结构研究方面取得重要成果，并纳入相关规范。她主持完成了广州珠江新城西塔、CCTV新台址大楼等数十项大型工程的设计咨询，主编或参编了《混凝土结构通用规范》《组合结构通用规范》等规范标准。获国家科技进步奖二等奖1项、省部级科技进步奖11项，出版著作4部，发表论文70余篇。

13. 朱忠义

全国工程勘察设计大师，北京市建筑设计研究院有限公司总工程师，浙江大学土木系硕士、博士，师从我国空间结构学科创始人董石麟院士。长期致力于大跨度结构和复杂结构的设计研究，主持设计了多个国内外标志性工程，如500m口径球面射电望远镜（FAST）主动反射面主体支承结构、北京大兴国际机场航站楼、2022年卡塔尔世界杯卢赛尔体育场、2022年北京冬奥会国家速滑馆等。在大跨度结构设计理论、新体系及隔震技术方面取得系列成果，推动了结构设计领域的技术进步。荣获国家科技进步奖二等奖、全国优秀工程勘察设计奖金奖、国际桥梁与结构工程协会（IABSE）和英国结构工程师学会（ISE）的杰出结构奖等多个奖项，并获得全国劳动模范、全国五一劳动奖章、“杰出工程师”奖等荣誉称号。入选“北京学者”“国家百千万人才工程”，并当选首届中国钢结构协会“钢结构大师”。

杭州结构与地基处理研究会
建设贡献奖

— 2005 年 —

魏　廉　董石麟　益德清　居荣初　钱国桢　周海龙　顾尧章
张凯声　谢德贵　焦彬如　屠文定

— 2007 年 —

严　慧　范明均　丁龙章　俞增民　项剑锋

— 2012 年 —

樊良本　安浩峰　刘　卫

— 2017 年 —

陆少连　裘　涛　刘辉石

— 2022 年 —

金伟良　杨学林　余子华　方鸿强　李宏伟　项贻强　邹道勤

杭州结构与地基处理研究会会员单位省级以上奖项（2015 年至今）荣誉墙

（排序不分先后）

一、浙江大学建筑设计研究院有限公司

获浙江省住房和城乡建设厅及各类行业协会学会奖项 225 项
获中华人民共和国教育部及中国各类行业协会学会奖项 370 项

二、杭州市建筑设计研究院有限公司

获浙江省住房和城乡建设厅及各类行业协会学会奖项 39 项
获中国各类行业协会学会奖项 2 项

三、杭州市城建设计研究院有限公司

获浙江省住房和城乡建设厅及各类行业协会学会奖项 49 项
获中国各类行业协会学会奖项 7 项

四、城市建设技术集团（浙江）有限公司

获浙江省住房和城乡建设厅（含其他省）及各类行业协会学会奖项 29 项
获中国各类行业协会学会奖项 2 项

五、浙江绿城建筑设计有限公司

获浙江省住房和城乡建设厅及各类行业协会学会奖项 62 项
获中国各类行业协会学会奖项 18 项

六、杭州圣基建筑特种工程有限公司

获浙江省住房和城乡建设厅及各类行业协会学会奖项 7 项
获中国各类行业协会学会奖项 3 项

七、浙江东南网架股份有限公司

中华人民共和国国务院科技奖和省级政府奖项 10 项
各行业协会学会类科技类奖项 25 项、工程类奖项 249 项

八、浙江工业大学工程设计集团有限公司

获浙江省住房和城乡建设厅（含其他省）及各类行业协会学会奖项 77 项
获浙江省人民政府奖项 5 项

九、浙江新盛建设集团有限公司

获浙江省住房和城乡建设厅及各类行业协会学会奖项 86 项
获中国各类行业协会学会奖项 31 项

十、浙江江南工程管理股份有限公司

获浙江省住房和城乡建设厅（含其他省）及各类行业协会学会奖项 26 项
获中国各类行业协会学会奖项 119 项

十一、华信咨询设计研究院有限公司

获浙江省住房和城乡建设厅（含其他省）及各类行业协会学会奖项 3 项
获中国各类行业协会学会奖项 6 项

十二、汉尔姆建筑科技有限公司

获浙江省住房和城乡建设厅（含其他省）及各类行业协会学会奖项 39 项
获中国各类行业协会学会奖项 9 项

十三、浙江省建筑设计研究院有限公司

获浙江省住房和城乡建设厅（含其他省）及各类行业协会学会奖项 201 项
获中国各类行业协会学会奖项 39 项

十四、泛城设计股份有限公司

获浙江省住房和城乡建设厅及各类行业协会学会奖项 9 项
获住房和城乡建设部奖项 3 项

十五、浙江省工业设计研究院有限公司

获浙江省住房和城乡建设厅（含其他省）及各类行业协会学会奖项 6 项
获中国各类行业协会学会奖项 52 项

十六、汉嘉设计集团股份有限公司

获浙江省住房和城乡建设厅及各类行业协会学会奖项 154 项
获中国各类行业协会学会奖项 18 项

十七、兆弟集团有限公司

获浙江省住房和城乡建设厅（含其他省）及各类行业协会学会奖项 6 项
获中国各类行业协会学会奖项 5 项

十八、浙江中南绿建科技集团有限公司

获浙江省住房和城乡建设厅（含其他省）及各类行业协会学会奖项 2 项
获中国各类行业协会学会奖项 7 项
获中国专利奖 2 项

杭州结构与地基处理研究会会员个人荣誉墙（2015年至今）

（排序不分先后）

一、国家科学技术奖

罗尧治　龚晓南　楼文娟　童根树　张土乔　刘中华　周观根　俞建霖

二、国家技术发明奖

徐长节　刘兴旺　胡　琦

三、省部级科学技术奖

项贻强　徐长节　龚晓南　王立忠　罗尧治　叶肖伟　楼文娟　陈　勇
赵羽习　干　钢　张土乔　尚岳全　胡　琦　杨学林　刘兴旺　金　睿
张振营　齐金良　王贵美　金天德　王擎忠　周平槐　袁　静　童　磊
俞建霖　周观根　叶　军　楼东浩　方鸿强

四、省技术发明奖

胡　琦　周观根　陈伟刚

五、中国钢结构行业协会科学技术奖

杨学林　金天德　胡新赞　王再胜

六、中国专利奖

王再胜　王晓冬

七、全国五一劳动奖章

罗尧治　王贵美

八、全国劳动模范

刘中华　王贵美

九、全国创新争先奖

罗尧治

十、入选何梁何利基金科学与技术奖——科学与技术进步奖工程建设技术奖

龚晓南　罗尧治

十一、入选省级大师名单

第一届　施祖元　董丹申　杨学林　干　钢
第二届　刘兴旺　童建国　桂炎德
第三届　李志飚　单玉川

十二、第二届全国有色金属行业工程勘察设计大师

章　华

十三、入选浙江省建设科学技术奖“重大贡献奖”

杨学林　赵宇宏　董丹申　刘兴旺　金　睿

十四、浙江省有突出贡献中青年专家

杨学林　周观根　刘兴旺　金　睿

十五、浙江省金蓝领奖

黄轩安

十六、浙江省最美建设人

金　睿　刘中华

十七、入选建筑结构杰出青年名单

第一届　周平槐　徐铨彪　齐金良　章雪峰　陈慈评　吴映栋　金振奋
第二届　任　涛　林　政　祝文畏　邵剑文　李本悦　金　成　章宏东　王　震

十八、工程建设行业杰出科技青年

黄轩安

十九、长三角土木建筑杰出青年工程师

周平槐　齐金良　童　磊　郑晓清　祝文畏

前　言

时光荏苒，岁月留痕，在不知不觉中杭州结构与地基处理研究会成立至今已步入了不惑之年。

2025 年 6 月是杭州结构与地基处理研究会成立四十周年的日子。回首 1985 年 6 月，由我国著名结构工程理论专家、全国工程勘察设计大师金问鲁先生发起，经过前期一年多的精心筹备，在杭州市科学技术协会的关心支持下，在国内专家同行的鼎力协作下正式宣告成立。正如当年筹备组组长金问鲁在开幕致辞中所言："筹备组曾向省市和外地著名专家书面联系，请求支持，希望密切合作，都获得同意。"四十年走来，杭州结构与地基处理研究会始终是一个由从事建筑工程领域的科学工作者、工程技术人员及有关单位自愿组成的群众性、学术性、非营利性的法人社团，是一个具有工程建设类多学科、综合性和全国性的学术团体，始终秉承"繁荣学术，服务社会"的宗旨，在浙江省、杭州市乃至全国建筑工程界收获广泛支持和好评，四十年成绩斐然，一直保持省、市先进学会和"优秀社团"的殊荣。2025 年正值发起人金问鲁大师诞辰百年，在这个特殊的年份，召开"杭州结构与地基处理研究会成立四十周年暨纪念金问鲁大师百年诞辰学术研讨会"，进一步弘扬研究会优良传统，在新的起点上继续勇攀高峰，推动我国建筑科技的高质量发展，早日实现建筑业从大国迈向强国，有着特殊的意义。

万事开头难，杭州结构与地基处理研究会理事会 2025 年已是第十届中期了，翻阅 1985 年 6 月成立大会的开幕致辞，金问鲁总工程师特别提到筹备期间得到了魏琏、王达时、何广乾、王光远、张维嶽、钟万勰、徐次达、欧阳可庆、曾国熙、林绣贤、董石麟、张士铎、陈祥福、唐瑞森、吴淦卿等专家学者的支持。浙江省原建设厅魏廉厅长、杭州市科学技术协会汤一麟副主席，大连工学院钟万勰、林绣贤教授，浙江大学土木系舒士霖主任、曾国熙教授、董石麟教授、蒋祖荫教授，浙江工学院土木系主任居荣初，浙江省建筑学会秘书长陈葆真，浙江省力学学会秘书长何福保，浙江省建筑设计院总工程师益德清，杭州市土木学会秘书长冯尧等专家出席开幕式，国内外省众多同行专家发来贺信表示祝贺。

抚今追昔，四十年匆匆走过，翻阅历届工作报告总结、组织人事史及组织架构、单位会员和个人会员的重要成果、研究会及各专委会的重要活动，我们心潮澎湃。过去的四十年正是中国建筑业从飞速发展迈向高质量的黄金四十年，会员中诞生了众多两院院士、勘察设计大师、行业杰出英才和青年科技英才；发表了有影响力的学术论文，出版了重量级的学术专著，参与制定了行业各类规范标准，取得了大量的发明专利和创新工法；完成的高水平学术成果屡登国家自然科学奖、国家科技进步奖、国家发明奖和华夏建设科学技术奖殿堂；完成的工程项目也收获众多的“鲁班奖”“詹天佑奖”“中国钢结构金奖”等诸多奖项。研究会结构与地基处理的覆盖面已拓展至“基于新质生产力的大土木”，研究会的会员从不同维度发挥独特专业优势，无论在发明创造、科技进步、标准制定还是社会服务上都努力树立研究会的特色品牌，取得了骄人的业绩，并以此增强使命担当，激励广大会员爱岗敬业，繁荣学术，创优创新，专业报国，服务社会的壮志豪情。

本书收录了杭州结构与地基处理研究会历届理事会成员名单、历届主要工作报告、近十年个人会员和会员单位的各类荣誉以及近十年以来曾发表的各类优秀论文。为使研究会更好地接续传承，不忘初心，还穿插了部分重要活动照片并邀请了老中青各年龄段的会员代表题写了展望寄语或回忆文章，既有反映发起人生平业绩和创始初衷，包括初创前后的一些重要活动，也有反映历届以来秉持初心使命的传承和发展，体现产学研协同发展生动案例，涵盖“繁荣学术 服务社会”方方面面，同时附上新近加盟杭州结构与地基处理研究会担任名誉理事的各位全国工程勘察设计大师简介。

2025 年正值杭州结构与地基处理研究会主要发起人、首任理事长金问鲁大师百年诞辰，又恰逢杭州结构与地基处理研究会成立四十周年，谨以此书致敬四十年来一直帮助支持杭州结构与地基处理研究会发展的杭州市科学技术协会和各级群团组织，致敬四十年来一直关心关爱杭州结构与地基处理研究会发展的各级领导、专家学者和国内外同行友人，致敬为杭州结构与地基处理研究会辛勤忘我无私付出的各届理事长、名誉理事长、名誉理事、理事和广大会员！

杭州结构与地基处理研究会理事长

扫码观看
“历届理事会成员名单”
“历届主要工作报告”

目　录

流金岁月
——部分研究会会员回忆录

深耕学术·建筑结构
——部分研究会会员近十年论文集萃

深耕学术·地基与基础
——部分研究会会员近十年论文集萃

深耕学术·加固改造与城市更新
——部分研究会会员近十年论文集萃

深耕学术·施工与监测
——部分研究会会员近十年论文集萃

深耕学术·道路、桥梁与市政
——部分研究会会员近十年论文集萃

深耕学术·建筑工业化
——部分研究会会员近十年论文集萃

流金岁月

——部分研究会会员回忆录

繁荣学术　服务社会

Prosperous academic service to society

金问鲁设计大师带我进入力学与工程抗震之门
——纪念金问鲁大师诞辰一百周年

钱国桢
（原杭州市抗震办公室，教授级高工，享受国务院政府特殊津贴）

2025 年是我的导师金问鲁大师诞辰一百周年，我与金大师从相识到相处虽然只有十多年，但是他对我的指导、帮助和影响，却改变了我下半生的事业。我怀着深深感恩之情，再次回忆了他一生对工程设计和力学上的主要贡献，以及他对我的谆谆教导，并将此写成一文，以寄托对他的思念。我记得在 2017 年金大师逝世二十周年时，魏廉厅长和我都曾经在《空间结构》第 24 卷第 1 期上发表了纪念金大师的文章[1,2]。本文有的内容也引用了这两篇文章。

1 初识金大师

我于 1976 年从沈阳东北设计院调到杭州橡胶厂基建科工作。一次因梅钧安同学的引荐，认识了金大师。因为我也写过悬挂结构方面的论文，因此相谈十分投缘。从此开始交流来往，金大师也把学报请他审查的有关论文先让我提意见，我也从中受益不小，但是毕竟两个单位来往不是很方便。改革开放后，各地都在落实知识分子政策，当时金大师是全国人大代表，他就给时任杭州市委书记周峰写了一封推荐信，希望我能够调到设计院去做他的助手。于是，我于 1979 年初调到了当时的杭州市设计院，开始了作他助手的职业生涯。

2 概述金大师对工程技术创新和力学学术发展的贡献

我到设计院后，和我的大师兄吴淦卿在一起做金大师的助手。开始我们主要是学习金大师以往各方面的业绩和论文。学习后我们感到原来金大师业绩的广度和深度是非常人可及的。本来只知道他在悬挂结构分析方面有系统的贡献，原来他在当时土建工程技术所涉及的各个领域，以及最前沿的理论方面都发表过论文。

金大师的研究论文大多来源于工程中遇到的问题，开始仅仅是针对工程的创新和技术难题的解决，后来一步步发展到对有关工程中的力学前沿理论的系统性深化与开拓。我通过学习金大师的著作，大致按时间为序可以将其分为以下几个方面。因为论文从书写到发表常常跨年代，因此下面也以跨年代表示。

20 世纪 50～60 年代，他根据当时开始在工程中大量应用预应力混凝土结构的趋势，因发现当时混凝土的徐变而造成预应力损失，在设计中还没有准确考虑这种影响，而导致一些工程问题；还有黏土的变形计算中还没有考虑固结与次时间效应；以及未能准确确定挡土墙的土压力等问题而导致计算误差等，因此金大师经过初步研究，在国内有关学报上率先发表了有关混凝土徐变、黏土固结与次时间效应、用流网法解土压力问题等方面的论文[3-7]。

20 世纪 60～70 年代，当时杭州市正在建造悬索结构的体育馆，因为这是一种几何非线性结构，那时还没有一种可靠的计算方法，他当时还在小河混凝土预制厂下放劳动，但他还是花了很大工夫，完成了国内第一部专著《悬挂结构计算》[8]，并且后来获得了全国科技大会奖。

20 世纪 70～80 年代是其成果向深度和广度发展的高峰时期，首先是出版了第二部《悬挂结构计算理论》专著，其中他系统地论述了各种悬挂结构的几何非线性分析方法，广泛应用了变分原理，从理论上解决了索与索组合结构的基本静力计算问题。他推导了有关方程，并且用有限元构作了四种单元，指导研究生编制了有关悬索及其组合结构的大程序，先后获得全国优秀软件以及原建设部科技进步三等奖[9,11,31]。当时城建设计院还正在设计杭州市羽毛球体育馆，采用了预应力框架结构，因此他在预应力混凝土结构方面，又创建了预应力混凝土梁弹-徐状态统一计算理论，其中还包括预应力板壳，出版了很多论文与一部专著《预应力混凝土弹性-徐变状态统一计算理论》[16,17,23,33-35]。另外，当时设计院还在设计杭州市第一栋高层建筑“江城饭店”，因为采用了框支剪力墙结构，但是还没有相关的计算方法，因此他又研究撰写了多篇论文和专著，特别是后来还将理论进一步系统化，出版了《高层建筑结构的连续化分析》专著，其中提出了开口、闭口薄壁构件统一计算模型，为宏观分析复杂高层建筑和进行抗震概念设计开辟了思路[18,37]。他和我的大师兄吴淦卿合作探讨了二维、三维黏土固结与次时间效应问题，又深化研究发表了系列论文[10,12]；当时设计院正在设计朝晖小区住宅，那里软黏土层很深，采用支承桩要花好多钱，因此他与助手谢德贵一起研究了双层地基承载力问题，发表了“双层地基承载力的计算及其在天然软土地基中的应用”一文[23]，并且大面积应用于设计中，节约了大量资金，因此获得了省市科技进步奖。

20 世纪 80～90 年代，他还对薄壳结构进行过深入研究，并且与助手倪一清合作发表了“各向异性薄壳张量形式的变分原理及其在曲线桥分析中的应用”一文，还有他本人完成的“轴压力下薄壳边界效应的刚度与稳定性分析”“奇异摄动理论在薄壳中的应用”“弹性地基上锥壳内力的实用解法”“用张量分析进行薄壳混杂模型三角形单元的构式”等有关薄壳结构分析系列论文[19,28,31,36,41]；在土力学方面，因为当时设计院正在设计中国银行大厦，金大师和助手骆敏合作，研究了桩基-土共同作用问题，并且发表了有关论文“桩基-土共同作用的连续化分析”[35]，因此将原来 30 多米的支承桩改为 18m 的悬浮桩，节约了数百万元资金。金大师身为设计院院长，他在设计管理、设计审查和优化设计方面也下了不少功夫，并且出版了不少著作[24,38,39]；他一直在研究非线性随机振动问题，并且首先提出了线弹性结构非平稳随机振动分析的有限元方法，他连续发表了有关随机振动的一系列论文[13,15,22,40]；特别是他最后发表在《应用数学与力学》第 20 卷第 3 期上的遗著《固体的统一弹、粘、塑性理论》[42]，是基于热力学定律及虚弹性假设，提出了一个固体弹、粘、塑性统一理论，可用于计算在任意受力过程中物体各点弹、粘、塑性的变形情况，文中导出本构关系以及有关的变分原理，由此容易推导出空间-时间的有限元构式。这篇论文是代表他对固体力学研究的新高度，也可以说是金问鲁大师毕生学问的总结，说明他已经洞察到固体力学各种分支间理论上的内在联系，并且得到了国内外学术界的高度评价。

3 金大师对我的教导与帮助

因为金大师的学术理论涉及的内容十分宽广，一个人根本没有精力跟上他的思路，我们感到在有生之年来不及学习，所以我与大师兄吴淦卿分工，师兄的数学基础比我好，因此主要分担有关黏土固结方面的问题，我参与有关悬索、壳体和振动方面的问题。金大师不但自己言传身教，而且还请了杭州大学数学系老师，给我们补张量分析课，介绍我们去浙江大学学习有限元、计算机应用、SAP 软件、连续介质力学和随机振动等课程。这使我们的基础提高了一个台阶，能够跟上当时的学术进展步伐。特别是他让我参加了在杭州市举行的“编制 92 抗震规范研讨会”的会议全程，使我对工程抗震问题有了系统的学习机会，并且培养了我对抗震问题的兴趣，这为我后来的几十年抗震研究工作打下了基础。

我在金大师指导下的第一篇论文“鞍形双曲抛物面正交索网内力的简化计算法”，于1982年发表在《建筑结构学报》[43]；不久又在金大师指导下，发表了“弹性地基上锥壳内力的实用解法”[28]等论文。在金大师指导和帮助下，几年内我又在《建筑结构学报》《应用数学与力学》《土木工程学报》《计算结构力学》等刊物和国际学术会议上，连续发表了多篇数学力学方面的论文，其中有钱伟长院士推荐发表的“二向受力不等的平面薄膜自由振动问题解”[44]一文，文中采用马丢函数，用坐标变位法求解了矩形、圆形、椭圆形二向受力不等的膜的自由转动问题，并给出了各向受力不等的任意形状薄膜的近似自振频率公式，被美国力学学报刊登摘要；还有被同济力学系主任徐次达教授推荐发表了“分区函数法在加权残值法中的应用”[47]，文中将此法内部和边界二组方程，扩展到内部、边界和内部交界三组方程，加大了此法应用范围，也被美国力学学报刊登摘要；还有与金大师助手吴淦卿、周海龙、孙宗光和张凯声等合作，发表了多篇优化设计论文，并且首次提出把预应力作为优化变量的概念，后被广泛应用[48-50]。还编制了两个软件，其中一个与金问鲁大师及孙宗光研究生合作的《悬挂结构分析软件》获得国家优秀软件三等奖以及原建设部科技进步三等奖。

我后来因为工作需要调到了杭州市抗震办工作，还是不断地向金大师请教，我们为了编著杭州市抗震防灾规划，还请教他立了12个课题，他还给规划文本说明书写了序言，后来这个规划获得了浙江省建设科技进步一等奖，我不但在金大师直接指导下发表了很多论文，调到抗震办后，又在结构抗震、结构振动、结构控制、高层结构、钢结构、基础隔振、基坑围护等方面发表了几十篇论文，这也与他的培养和影响分不开。特别是退休后还与他以前的研究生与助手孙宗光、倪一清一起出版了《超限高层建筑抗震设计应用技术》一书[52]，在某种程度上总结了我半辈子的工程抗震工作。所有这些都说明金大师对我的教导，给我打下力学和工程抗震的理论基础，对我的影响是十分深远的，可以说没有他的培养，就没有我下半辈子的事业。

金大师不但给我打下了理论基础，开阔了学术眼界，而且教会了我学习方法，特别是他孜孜不倦钻研学问的精神，勤于动手而严于律己的作风和联系实际敢于创新的勇气，时时激励着我。他是我的恩师，是他带我进入了力学与抗震专业之门。常言道：一日为师终身为父，在他诞辰百年之际，我谨以此文再次表达对他深切的怀念与感恩之情。

参考文献

[1] 魏廉. 纪念金问鲁大师逝世二十周年[J]. 空间结构, 2018, 24(1): 3-3.

[2] 钱国桢. 金问鲁大师带我进入工程抗震之门[J]. 空间结构, 2018, 24(1): 4-8.

[3] 金问鲁. 预应力混凝土蠕变及收缩应力损失的应用计算方法[J]. 土木工程学报, 1965, 11(2): 43-49, 42.

[4] 金问鲁, 门福录. 黏土固结与次时间效应单维问题的近似解[J]. 水利学报, 1964(2): 67-72.

[5] 金问鲁. 混凝土非线性徐变理论的迭代解法[J]. 力学学报, 1964, 7(2): 155-161.

[6] 金问鲁, 周镜, 蒋莼秋. 对“挡土墙第二滑动面的图解法”的讨论(一)[J]. 土木工程学报, 1962, 8(3): 44-51, 43.

[7] 金问鲁. 用流网法解土压力问题[J]. 土木工程学报, 1964, 10(3): 49-55.

[8] 金问鲁. 悬挂结构计算[M]. 北京: 中国建筑工业出版社, 1975.

[9] 金问鲁. 初始大垂度双曲抛物面索网屋盖的计算[J]. 力学学报, 1978, 40(2): 158-161.

[10] 金问鲁. 两维黏土固结与次时间效应问题解[J]. 岩土工程学报, 1980, 2(2): 26-33.

[11] 金问鲁. 索网的普遍变分原理及其应用[J]. 建筑结构学报, 1981, 2(1): 21-39.

[12] 金问鲁, 吴淦卿. 三维黏土固结与次时间效应问题的解及其应用[J]. 土木工程学报, 1982, 15(2): 19-40.

[13] 金问鲁, 线弹性结构非平稳随机振动分析的有限元方法[J]. 应用数学和力学, 1982, 3(6): 757-766.

[14] 金问鲁. Variational principles of elastic-viscous dynamics in laplace transformation form, F. E. M. formulation and numerical

method (拉普拉斯变换形式的弹性黏性动力学的变分原理, F. E. M. 公式和数值方法)[J]. Applied Mathematics & Mechanics, 1984, 5(6): 1817-1823 (841-848 中文).

[15] 金问鲁. 斜拉索有限单元法构式及其在拉绳塔风载随机振动的应用[J]. 固体力学学报, 1984, 5(3): 414-427.

[16] 金问鲁. 预应力混凝土梁弹-徐状态统一计算理论[J]. 土木工程学报, 1984, 17(4): 1-17.

[17] 金问鲁. 扁壳按半无矩理论的内力分析[J]. 工程力学, 1984, 1(1): 105-116.

[18] 金问鲁. 高层建筑剪力墙体系中垂直荷载下对称框支梁的内力分析[J]. 沈阳建筑大学学报 (自然科学版), 1984, 4(3): 38-43.

[19] 金问鲁. 用张量分析进行薄壳混杂模型三角形单元的构式[J]. 计算力学学报, 1984, 1(2): 11-22.

[20] 金问鲁. 弹、黏性体动力学变分原理的 Laplace 变换形式、有限元构式及数值方法[J]. 应用数学和力学, 1984, 5(6): 841-848.

[21] 金问鲁. 预应力混凝土板、壳分析 (适用于弹性状态和徐变状态)[J]. 土木工程学报, 1985, 18(2): 33-52.

[22] 金问鲁. 非线性随机振动分析的谱分解法——与当前通用方法的比较[J]. 力学学报, 1986(S1): 138-150.

[23] 金问鲁, 谢德贵. 双层地基承载力的计算及其在天然软土地基中的应用[J]. 岩土工程学报, 1987, 9(1): 61-71.

[24] 金问鲁. 论设计中的比较方法[J]. 岩土工程学报, 1988, 10(3): 1-12.

[25] 金问鲁, 倪一清. 网架拟平板的统一方法[C]//第四届空间结构学术交流会论文集. 成都, 1988(1): 330-333.

[26] 金问鲁. 悬挂结构计算理论[M]. 杭州: 浙江省科技出版社, 1989.

[27] 金问鲁, 顾尧章. 地基基础实用设计施工手册[M]. 北京: 中国建筑工业出版社, 1994.

[28] 金问鲁, 钱国桢. 弹性地基上锥壳内力的实用解法[J]. 特种结构, 1987, 4(2): 1-11.

[29] 金问鲁. 变分原理和非线性力学[J]. 计算结构力学及其应用, 1987, 4(3): 21-29.

[30] 孙宗光, 金问鲁, 钱国桢. 悬挂结构分析程序——SSA 简介[C]//第四届空间结构学术交流会论文集. 成都: 1988(2): 572-575.

[31] 金问鲁, 倪一清. 各向异性薄壳张量形式的变分原理及其在曲线桥分析中的应用[J]. 土木工程学报, 1989, 22(3): 23-38.

[32] 金问鲁. 混凝土弹性-徐变的本构关系[J]. 工程力学, 1989, 6(1): 32-37.

[33] 金问鲁. 预应力混凝土弹性-徐变状态统一计算理论[M]. 北京: 中国铁道出版社, 1990.

[34] 金问鲁. 预应力混凝土梁按非线性弹性徐变理论应力损失的一个新解法[J]. 工程力学, 1985, 2(3): 53-61.

[35] 金问鲁, 骆敏. 桩基-土共同作用的连续化分析[J]. 岩土工程学报, 1991, 13(5): 79-84.

[36] 金问鲁. 奇异摄动理论在薄壳中的应用[C]//结构与地基国际会议研讨会论文集. 杭州: 浙江大学出版社, 1994.

[37] 金问鲁. 高层建筑结构的连续化分析[M]. 北京: 中国铁道出版社, 1994.

[38] 高西华, 金问鲁, 等. 工程建筑手册[M]. 杭州: 浙江省科技出版社, 1993.

[39] 金问鲁, 益德清, 等. 建筑工程设计审查与优化设计[M]. 杭州: 浙江省科技出版社, 1993.

[40] 金问鲁. 线性随机参变振动的谱分解法[J]. 应用数学和力学, 1984, 5(1): 111-116.

[41] 金问鲁. 轴压力下薄壳边界效应的刚度与稳定性分析[J]. 空间结构, 1996, 2(4): 2-6, 1.

[42] 金问鲁. 固体的统一弹、粘、塑性理论[J]. 应用数学和力学, 1999, 20(3): 241-248.

[43] 钱国桢. 鞍形双曲抛物面正交索网内力的简化计算法[J]. 建筑结构学报, 1982, 3(2): 36-45.

[44] 钱国桢. 二向受力不等的平面薄膜自由振动问题解[J]. 应用数学与力学, 1982, 3(6): 817-824.

[45] 薛曾通, 钱国桢. 关于“鞍形双曲抛物线正交索网的简化计算法”的讨论[J]. 建筑结构学报, 1983, 4(1): 74-77.

[46] 钱国桢. 任意荷载下索网内力的简化计算法[J]. 辽宁建筑工程学院学报, 1983(2): 51-58.

[47] 钱国桢. 分区函数法在加权残值法中的应用[J]. 应用数学与力学, 1986, 7(2): 161-167.

[48] 周海龙, 钱国桢, 吴淦卿. 预应力混凝土矩形梁的张拉控制应力和截面的优化设计[J]. 土木工程学报, 1983, 16(1): 61-72 .

[49] 钱国桢，孙宗光．预应力混凝土矩形、T 形、工字形梁的优化设计[J]．工程力学，1988, 5(4): 64-71.

[50] 钱国桢，孙宗光，张凯声．两种双层圆形悬挂结构的优化设计[J]．计算结构力学及其应用，1988, 5(1): 77-84, 92.

[51] 顾建飞，钱国桢，姚谏．索网结构与膜结构自振频率近似求解法[J]．钢结构，2006, 21(1): 9-10, 21.

[52] 钱国桢，孙宗光，倪一清．超限高层建筑抗震设计应用技术[M]．北京：中国建筑工业出版社，2015.

杭州结构与地基处理研究会成立初期的若干记事

钱国桢
（杭州结构与地基处理研究会，第一届至第四届秘书长）

现任的杭州结构与地基处理研究会秘书长，邀我写些有关研究会成立之初的往事，我认为这一定离不开杭州市城建设计院。他们二者真可以说是一对孪生双胞胎。1984 年 12 月杭州市市长会议决定，要从杭州市设计院中分出一个城建设计院，由金问鲁大师任院长兼总工。其中，原市政设计室全部转到城建设计院，而建筑结构与设备专业个人自由报名选择到哪一个设计院，此事让整个设计院沸腾，我当时在技术室工作，作为金大师的助手，当然报名到城建设计院。成立城建设计院时，省内外很多专家教授都来祝贺，大家闲谈时提出了一个建议，考虑到当时城建设计院刚成立，需要扩大知名度与社会交往圈，因而以它为挂靠单位成立一个社团组织是最好的途径，而且金大师当时为全国人大代表、杭州市科学技术协会副主席，考虑到这些需要与可能，金大师还与不少全国各地的知名专家，通话谈了这个设想，他们都很感兴趣，表示如果有机会，乐意来杭州这个平台参与有关学术活动。因此，金大师让我起草了一个向市科学技术协会要求成立一个新的学术研究组织的报告，杭州市科学技术协会批复同意后，就成立了一个由金大师为组长的六人筹备组，其中有浙江大学蒋祖荫、卞守中老师，浙江工业大学居荣初老师，杭州市科学技术协会姚雅琴和我。我们考虑到希望这个组织的影响面要超出杭州市范围，因此命名为“杭州结构与地基处理研究会”，把杭州市的“市”字去掉。筹备了一年左右，于 1985 年 6 月 16 日在杭州植物园大礼堂举行了杭州结构与地基处理研究会成立大会。当时只有 152 位会员，并且金大师认为，学会必须发扬民主，应该采用差额选举的办法来选举理事会，我当时还有顾虑，问金大师：“那选不上的人会很尴尬”，金大师说可以作为候补理事。得到市科学技术协会同意后，我们第一次采用差额选举的办法，选出了以金问鲁为理事长的第一届理事会，蒋祖荫与居荣初老师为副理事长，我为秘书长，卞守中老师与黄德亮老师（浙江工业大学）为副秘书长。其中理事 18 人，候补理事 5 人，而且聘请了国内与省内 18 位著名专家为名誉理事，其中有王达时院士（同济校长）及王光远、钟万勰、何广乾、张维嶽、董石麟、魏琏、叶开源、徐次达、陈祥福、曾国熙、益德清、陈葆真、曹时中、吴淦卿等。

研究会成立不久马上开展了学术交流与技术咨询活动，这两项活动是扩大研究会影响与支持活动经费的必需。后来又开展了科普和技术培训等工作，以下分五方面作简介。

1 组织了全国性大型学术会议

当时高层建筑刚开始在各地建造，大多数设计院对一些复杂的高层结构设计还缺少经验，所用软件也是一些只能考虑二维计算的软件，为此研究会特意请了名誉理事钟万勰教授，组织了大连工学院力学所的一大批专家，来杭州举办了一次全国性的《复杂高层建筑设计计算》大型讲座，与会者来自全国各地，有三百人，影响遍及全国各地。后来又邀请名誉理事魏琏教授，到富阳组织举办了“92 建筑抗震规范编制研讨会”，金院长委托我参加了会议全部议程，这也让我有机会系统学习了建筑抗震规范，为以后几十年的工程抗震工作打下了基础。1989 年 4 月又与浙江大学曾国熙名誉理事一起参加上海、江苏、山东等八所大学和科研设计单位联合举办的“华东地区第一届岩土力学学术讨论会”。1989 年 10 月与省市土木建筑学会一起组织了“全国第三次预应力混凝土技术交流会”等。通过各位名誉理事推动了研究会的活动，从东北三省到北京、上海、西安、广州、成都等地，都知道了杭州有个“杭州结构与地基处理研究会”。最引人注目的是金大师在第二届理事会上作的工作报告，提出要在近两年内筹备一次海峡两岸结构与地基处理交流会，这是金问鲁大师首先提出的，因当时他有几位大学同学在中国台湾大学与一些大的建筑设计事务所任职，与我国的香港理工大学的高赞明校长也常有往来，因此向市科学技术协会提议举办这样一次大型学术活动，还成立了筹备组。但后来因金大师身体等原因无法参与筹办，我也调到杭州市抗震办，事务较忙。所以市科学技术协会为顺利开展工作，主办单位增加了浙江大学与省设计院等单位，并由研究会名誉理事董石麟院士负责筹委会工作。会议于 1994 年在杭州隆重召开，还由浙江大学出版社出版了《结构与地基国际学术研讨会论文集》。此后这个会议成为一个机制，隔数年由我国杭州、香港和台湾三个地区轮流组织举办。因为金问鲁大师故世，为了使这个会议能够顺利延续，杭州的主办方改为浙江大学。在金大师故世二十周年之际，正值在香港举办第五届会议，会议主席特意在开幕式上发言纪念金大师，并还在会议论文集首页刊登了纪念金大师的文章。可见金大师及其创立的“杭州结构与地基处理研究会”的影响已经扩展到海内外。

2 开展了多项技术咨询工作

我记得第一个咨询项目是杭州百货大楼的地基处理。城建设计院成立不久就中标了“杭州百货大楼”，这是当时杭州市第一幢高度超百米的高层建筑，因此对地基基础的稳定十分重视，地质资料显示，其地基正好跨越一个破碎带，所以金大师特别重视，专门请了浙江大学卞守中老师等地质与地基处理专家，通过研究会组织的技术咨询进行研究并提出了处理方案，保证了大楼的基础设计顺利进行，并经长期沉降观测一切符合规范要求。另外，还给新成立的东南网架厂制作了第一个网架，组织了浙江省著名专家进行了技术论证与鉴定，最后保证了其建造成功并获得了银奖，使东南网架厂打响了开门第一炮，从此欣欣向荣。还有当时研究会名誉理事曹时中总工，发明了用筑井冲水抽泥的方法来纠偏建（构）筑物，曹总还拟采用此法去纠偏比萨斜塔。为此，曹总委托我们研究会组织了省内著名专家，对此方法的可行性进行了论证咨询，此后曹总获得意方邀请，去现场讲解了此法，因当时没有专利保护意识，后来被意方改用钢管抽泥的方法进行纠偏，实际上原理和曹总的方法是一样的。由于此方法没有申请专利保护，所以后来国内很多工程都用此法来纠偏宝塔与建筑物。我记得研究会也组织对多个已建工程进行了纠偏，其中有一个污水处理厂纠偏还获得市科学技术协会二等奖。

3 组织了新规范讲习研讨班与科普工作

1990 年后，我国很多主要设计工作都要发布新规范。在杭州市建委支持下，从 1990 年 12 月到 1991 年 4 月举办了三期建筑结构新规范研讨班。本会理事长、副理事长亲自讲课，还聘请了名誉理事抗震所魏琏所长，浙江大学舒士霖、刘岳琜、焦彬如教授，浙江工业大学的樊良本老师等著名专家讲课，其中包括荷载规范、混凝土规范、砌体结构规范、抗震规范等。杭州与浙江各地一共有 300 余人参加，为省内大多工程设计、施工人员普及新设计规范知识作出了贡献。

还有我们每年都积极参加了杭州市科学技术协会举办的科普周活动，这个活动有几个特点：一是在街上路边摆摊和路人面对面对话，普及建筑结构安全知识，特别是房屋改造装修时的注意事项，并且回答有关问题；二是研究会领导亲自坐台，包括理事长金大师、名誉理事董石麟老师等，不少人是慕名而来，使研究会的专家和活动更加亲民。另外还组织参观了钱江二桥工地，放映了有关北京亚运会场馆的录像，观众共 200 多人。

4 学术活动小型化，首创了学术沙龙

以往学术活动大多是报告会的形式，报告人和听众没有太多地互相交流。以省冶金设计院安浩峰院长为主任的建筑结构学术委员会，首创了学术沙龙的形式，就是一二十位专家在一起讨论一个学术问题，一人主讲，其他人可以提问和互相讨论，在一个平等和谐的环境中，使大家不但对某一个技术问题有了深刻的理解，而且也增进互相的友谊。这也是对学术活动形式的一个创新，这种学术沙龙一直坚持下来，延续至今。

5 积极参加杭州市科学技术协会的优秀论文评选工作

我们还组织研究会会员，参加杭州市的自然科学优秀论文评选工作。评奖每两年进行一次。1988 年第一次参加，就获得三等奖以上论文 18 篇，即：一等奖 2 篇，二等奖 4 篇，三等奖 12 篇。1990 年获得一等奖 1 篇，二等奖 3 篇，三等奖 8 篇，一共 12 篇论文获奖。按会员比例每次都是在杭州市科学技术协会中遴选的。评奖工作激励了会员对提高学术水平的动力。

我作为秘书长做了完整三届，第四届以后我调到市建委抗震办工作，平时工作也较忙，研究会工作的事参与较少。虽然还是秘书长，大部分工作由副秘书长范明均教授接替了，到了第五届范明均教授正式成为研究会秘书长。在后任的各届领导的努力下，研究会办得越来越有生气了。这是值得庆贺的。现在我们第一届研究会的理事长金问鲁大师和两位副理事长蒋祖荫与居荣初教授都已故世，但是他们若能看到现在欣欣向荣的研究会，也一定会安心的。请让我借此机会，向他们表达真诚的敬意和深切的悼念。

我与杭州结构与地基处理研究会的情愫

安浩峰

（杭州结构与地基处理研究会原副理事长、教授级高工）

我出生于一个风云变幻、波澜壮阔的时代，目睹了祖国历经无数历史沧桑的壮丽蜕变，尤其是改革开放的春风拂面，如同晨曦初露，为我们这片古老的土地带来了前所未有的希望与生机。

记得我在学生时代怀揣着对知识的无限渴望与对未来的美好憧憬，1960 年大三结束，我没有按部就班继续大四课程，而是接受择优考核毅然选择了担任实习助教，凭借着对数学力学领域的兴趣，深入钻研岩土力学与井巷工程的奥秘，在新的领域里探索。两年后，我重返校园，继续完成大学剩余学年的学业。那段助教时光，让我难忘，也对我未来的人生提供了新的指引，在我日后的工作与生活中发挥了积极作用。

1964 年大学毕业后，我被北京国防部七院录取，作为中尉技术员服务于国防部海军工程建设。1970 年我调到冶金部北京有色冶金设计总院，作为结构技术员，服务于国家有色冶金工程建设。这两家单位锻炼了我的设计能力，特别是钢结构工程的设计能力。

改革开放之初的 1978 年，我有幸来到杭州工作，进入浙江省冶金设计院。那时的冶金设计院专业门类多达 31 个，结构专业涉及工程类型广，同行之间彼此交流探讨的意愿强烈。杭州工程结构领域有一批学术造诣深厚的领军人物，其中就有杭州市城建设计院的金问鲁院长，他与其他同仁经过认真筹备（当年作为金问鲁先生助手的钱国桢秘书长参与了大量的筹备组织工作），于 1985 年 6 月发起成立杭州结构与地基处理研究会，记得成立大会正好在我负责结构设计的杭州植物园植物资源馆召开，金问鲁先生担任首届理事长。杭州结构与地基处理研究会不仅汇聚了浙江杭州学术界和工程界的骨干人才，还邀请了众多国内行业顶尖的有着非凡感召力与影响力的专家学者。在他们的引领下，研究会如同一缕春风，吸引了来自五湖四海的专家学者，他们为了同一个梦想，通过交流与合作，繁荣学术，服务社会。

杭州结构与地基处理研究会自成立之初就有独特的一面。一是起点高、骨干多，当年正式会员就要求在中级职称以上，为设计院、高校、研究所及相关行业单位的技术骨干，以至于目前研究会理事以上的骨干绝大部分都具有教授、研究员或正高工职称。二是浙江大学土木系一直是研究会的核心会员单位，董石麟、龚晓南、严慧、范明均、金伟良、罗尧治教授先后担任研究会理事长（名誉理事长）或秘书长等重要职务，使得研究会的学术高度一直能够持续保持。三是有省住房和城乡建设厅领导的支持，魏廉厅长一直关心关爱研究会的发展，从成立大会起一直参与研究会重要活动，至今已四十年。四是研究会重视理事会成员的连续性，特别重视理事长、秘书长和各专委会主任的人选，确保研究会奉行高质量、创新、务实的作风，使研究会顺应形势，不断发展。历届理事长金问鲁、严慧、金伟良、罗尧治和历届秘书长钱国桢、范明均、方鸿强和陈旭伟都具有开拓创新、团队协作和踏实尽责的精神，对研究会的工作开展和持续发展起到很大作用。一流学会，必有一流的理事长和一流的秘书长。五是重视产学研的结合，把学术与实际工程和实际行业发展联系起来，尤其在钢结构领域助力了行业高质量发展。

这是一个由民间自发组织的社会团体，肩负着推动社会发展与进步的神圣使命。这在以前，或许只是一个遥不可及的梦想，但那时的我们在金问鲁的带领下却坚定地迈出了这一步，只因有一份对科学技术的无限热爱和对服务社会的崇高责任。我满腔热忱地投身于研究会的创立和各项活动之中，连续五届担任研究会副理事长，连续四届担任建筑结构学术委员会主任，期间主持了 80 多次学术沙龙与学术会议，每一次都仿佛是一场智慧的盛宴，让人受益匪浅。学术沙龙是建筑结构学术委员会首先开展起来的，因有较好的效果，金问鲁理事长将它推广到各个学术委员会。学术沙龙每一次活动都有一个专题（往往是当时土木界的热门理论或技术）。报告人是对应这个专题的专家，学术报告要经过事先评阅，活动前告知前来参加沙龙的业内同行也作好准备，便于在学术沙龙时提出问题、交流心得，共同提升。魏廉厅长也经常参加学术沙龙活动，支持这项学术活动的开展。学术沙龙既能听到精彩的学术报告，又能通过深入的探讨加深对专题的认识，并利于推广应用。这些专题大多来自工程实践，一个个鲜活的工程实例的分享交流有助于提升工程师与技术人员的专业素养，并结识了一群志同道合的挚友，照亮了前行的道路。主持这样的学术活动也让我回归初心并在专业技能方面得以飞跃式地提升。

回想起那段光辉岁月，我深感自己无比幸运，能够置身于这样一个充满活力与创新的集体之中，汲取新的养分。那时候因为各单位相对独立，技术成果难以实现共享。正是这样的时代环境，激发出研究会成员之间的紧密合作与无私奉献精神，更让我深刻体会到了交流与合作的重要性。

研究会融于杭州市科学技术协会大家庭，并得到了其大力支持，成为杭州市科学技术协会群团组织中的一颗耀眼明珠。特别是市科学技术协会卢丹作为专职副秘书长，对研究会工作和发展起到了很好的作用。回眸研究会的发展历程，我们始终坚守着开放、包容、共享的理念，鼓励会员之间互相交流、分享经验与技术成果，共同推动行业的进步与发展。正是因为有了这样的氛围与机制，我们的研究会才能够不断壮大，成为行业内的一支重要力量。我们也深知，在激烈的市场竞争中，唯有不断创新、不断进步，才能立于不败之地。因此，我们始终保持着对新知识的渴望与对新技术的探索精神。我们积极引进国外先进的技术与管理经验，并结合国内实际情况进行消化吸收与创新发展。

研究会尤其重视产学研结合，如在推动钢结构领域的发展方面付出了巨大的努力。那时，杭州的钢结构产业还处于起步阶段，许多钢结构企业还在摸索中前进。于是，研究会在浙江大学空间结构中心董石麟院士和严慧教授的带领下积极调研、推广钢结构知识、介绍先进的钢结构技术，推动行业发展。罗尧治教授和童根树教授在钢结构体系创新上均独树一帜，成为行业未来发展的中坚力量。我从浙江省工业设计院院长岗位上退休后也先后担任了杭萧钢构的独立董事和总顾问，参与推动了企业与行业发展和技术进步工作。如今，浙江省的钢结构产业已经取得了长足的发展，国内外众多标志性项目由浙江钢结构企业承建，我为此感到无比自豪与欣慰。后来到华信的六年里，我参与了众多大型工程的建设，赢得了客户的广泛赞誉与信任，也培养了一大批后备结构精英。同时，我们研究会也得到了政府的支持与社会的认可，成为一流学会，不少成员单位更是荣获了鲁班奖、钢结构金奖、詹天佑奖等殊荣。

回首过去，心潮澎湃。我经历了从改革开放到现在的土木建设大发展时期，见证了钢结构产业的崛起与壮大，能够为社会也为研究会的发展尽自己的一份力而感到充实和愉快（图 1、图 2）。

图 1　接待北仑钢厂工程日本专家

图 2　北京钢铁总院专家来院交流

地基处理专业委员会往事回顾

樊良本

（杭州结构与地基处理研究会，第六届至第七届地基处理专业委员会主任）

最早和研究会结缘是在 1968 年底，我从浙江大学土木系毕业，分配到湖州浙建五公司（后改制为嘉兴地区建筑公司），先后在公司设计室、预制厂和施工现场工作。设计与施工时经常会遇到地基基础问题。1979 年 7 月 9 日，江苏溧阳发生了一次里氏 6.0 级地震，湖州也有很大的震感。第二天，设计室领导向公司要了一辆车，载着我们去溧阳震中农村考察。农村的房屋大多简陋，我目睹了强震下的惨状，很多房屋成了危房，有些完全坍塌。看着受灾老乡的痛苦神情，心里真的很难受。我想，虽然地震预报是地质专业的事，但地基处理得更好一些，结构更可靠一点，一定能大大减轻地震的危害，这应该是我们的事，这成为我选择研究生专业的原因。不久，我进了同济大学结构理论研究所攻读岩土工程专业。

1981 年底，我从同济大学毕业后，分配到浙江工业大学从事地基基础教学工作。1985 年左右成为浙江省土木学会土力学与岩土工程学术委员会最年轻的委员。学术委员会主任是省建研院封光炳高工，浙江大学潘秋元教授担任副主任，周宝汀、史如平、陈书庆、鲜光清等老专家都是委员，我和建研院戴成令高工担任秘书。学术委员会在莫干山路上租了一间房子作为办公室，每周抽半天时间聚会研究工作，讨论遇到的各种地基基础问题。这些老专家们理论基础扎实，工程经验丰富，让我受益匪浅，加深了我对所学专业的感情。

20 世纪 80 年代后期，我加入了杭州结构与地基处理研究会地基处理学术委员会。地基处理学术委员会是杭州结构与地基处理研究会最早成立的四个学术委员会之一，早期曾称为地基处理研究分会和地基处理学术委员会，至第五届时正式定名为地基处理专业委员会（简称“地基处理专委会”）。委员会第 1～2 届（1985—1991 年）主任委员是浙江大学卞守中先生，史如平教授任副主任委员，周宝汀和顾尧章教授担任顾问，他们是地基基础学术委员会的奠基人，我们不会忘记他们。

第 3～5 届（1991—2003 年）的主任委员是顾尧章教授。1991 年，我很荣幸地与王伟堂、杨永山等被顾教授提名为第三届学委会副主任委员；1995 年第四届研究会换届时，刘兴旺、周群建、刘世明等一批年轻有活力的新成员加入我们的团队中，担任了副主任委员。顾尧章教授学术水平高，组织能力强，20 世纪 90 年代基本建设虽然没有后来发展得那么迅猛，但桩基工程和地基处理技术的应用大大增加，基坑工程支护和环境保护的需求也进入了议程。每次专委会聚会，顾教授总会传递地基处理信息，组织大家认真讨论，有时还会带领我们一起去现场解决施工中遇到的问题。顾教授为人热情，富有情趣。20 世纪 80 年代有一个石灰桩课题组，我与顾教授都参与其中，课题结束后，课题组成员成立了一个联谊会，奉顾教授为首，决定每年三次聚会，时间定为五一节、国庆节和春节后的第一个周日。联谊会吸引了不少同志，最多时有 16 名成员。聚会时众人品茶饮酒赏景，或谈信息动态，或聊天南海北，其乐融融。吃惊的是，联谊会活动一直持续了近 30 年，很难得吧！

专委会也非常重视标准建设工作，加强与研究会会员单位的协同合作，2001 年由省院益德清大师牵头，施祖元、陈云敏、潘秋元和我以及刘兴旺、周群建、李冰河等多位专委会成员积极参与，共同起草修编了浙江省工程建设标准《建筑地基基础设计规范》，与时俱进地丰富了建筑地基基础设计的内涵与外延，适应了时代发展的需求，这本标准凝聚了许多专家多年的心血和智慧。

2003 年杭州结构与地基处理研究会换届时，顾尧章老师因年龄原因退居顾问，推荐我担任第六届专委会主任委员，虽然没有心理准备，面对蓬勃发展的基本建设态势，考虑前辈们已为专委会打下良好的基础，我接受了任务。当时，国内基本建设已呈现快速向上的趋势，专委会觉得推广新设备、新工艺和新技术，推动浙江省地基处理技术的发展应该是我们的重要任务。

挤扩支盘桩是21世纪初期国内推出的一种新桩型。2004年专委会在象山组织了挤扩支盘桩现场交流会，有60余人齐聚象山。交流会后，在宁波象山、湖州和嘉兴等地，挤扩支盘桩得到了较广泛的应用，经济效益良好，这是一次推广新技术的有益尝试。

随着房地产的升温和不断发展，基坑工程数量剧增，面积和深度越来越大，地质条件和环境条件更加复杂多样，出现了不少安全问题，基坑工程开始成为热点。当时国外研制了新型的三轴搅拌桩机，开发了SMW工法技术。三轴搅拌桩机施工的阻水帷幕可靠性高，SMW工法施工的围护墙兼有围护和阻水作用，且内插型钢可以回收，具有经济和社会效益，但国内很少采用，浙江相对空白。专委会与大通公司董事长何一飞合作，大通公司从日本引进了三轴搅拌桩设备和SMW工法桩施工技术，专委会在技术上予以协助并更好地推广应用。2008年，专委会先后在留下商贸城工程和拱墅区运河宾馆工程组织了两次SMW工法桩应用现场观摩会，刘兴旺博士全面系统地介绍了SMW工法桩的特点、设计施工方法以及试点工程的情况。这次会议以后，SMW工法桩在杭州迅速推广应用，又很快波及全省，这是一次非常成功的新技术推广。

自2005年起，杭州迎来了轨道交通的先期试点阶段。这是一个全新的领域，充满了挑战和机遇。为了帮助大家更好地了解相关知识和技术，专委会组织了一系列活动。首先是邀请了杭州地铁集团总工程师沈林冲和北京城建院毛海和院长详细介绍了杭州地铁1号线的相关工程概况，紧接着又安排了实地考察活动——参观杭州的第一台盾构机推进过程。通过这些活动，不仅加深了大家对地铁建设的认识，也为今后参与地铁工程项目打下了坚实基础。

2009年，刘兴旺和我陪同何一飞等一行前往日本观摩渠式切割水泥土连续墙施工的TRD工法，开阔了眼界。TRD工法施工的水泥土连续墙有很高的防渗性能，可以解决杭州基坑帷幕渗漏事故多发的难题。回国后，大通公司引进了国内第一台日本产TRD桩机，省建筑设计研究院刘兴旺博士在下沙智格项目中首次采用了TRD工法帷幕，在项目实施过程中遇到了不少挑战，但何一飞、刘兴旺以及两位日本专家一起努力，克服了众多困难，完美地完成了工程。工程完工后，专委会又成功地举办了现场观摩会。TRD工法也在杭州乃至全国得到了广泛应用，成为基坑工程中的防渗利器。

2012年第八届杭州结构与地基处理研究会换届时我卸下了地基处理专委会主任委员的职务，由刘兴旺博士担任新一届主任委员。至此，专委会领导班子的成员也告别了20世纪五六十年代毕业的大学生，由20世纪80年代毕业的朝气蓬勃的新生力量所接替。刘兴旺博士有能力，有才华，有创新，在他的带领下专委会活动更加丰富多彩且规模不断扩大，目前成员已增至70多人，每年举办多场学术活动，内容更加新颖、丰富多彩，对省内地基处理领域作出了很大贡献。相信未来他会带领地基处理专委会的同行们更上一层楼，在开发推广新技术的道路上取得更大的成绩。最后，祝愿杭州结构与地基处理研究会地基处理专业委员会越办越好！

图1　2010年岩土工程问题研讨会在杭州召开

图2　2013年举办地铁建设中的岩土工程热点问题学术报告会

我与研究会的老师们

金伟良
（杭州结构与地基处理研究会，第七届至第九届理事长）

我从 1993 年 10 月到浙江大学工作，1994 年参加杭州结构与地基处理研究会，至今已有 30 多年了。在这 30 多年来，我从青涩的青年学者，到成熟的中年专家，一直见证和领导着研究会的发展。回顾我在研究会的工作，不仅会回忆起在研究会创建和发展中发挥重要作用的老师们，而且老师们的辛勤工作也激励着我们把研究会的事业办得越来越好。

1 金问鲁理事长（1985—1994 年担任研究会理事长）

金问鲁先生是我国土木工程的设计大师，著有《悬挂结构计算理论》等专著，在工程力学、结构工程和管理方面具有独特的见解与创新，是浙江省暨杭州市土木工程领域的领军人物。他于 1984 年创办了杭州结构与地基处理研究会并担任首任理事会的理事长。之后，又担任理事长三届，为研究会的创建、发展和扩大社会影响发挥了不可磨灭的贡献。

1993 年底，在浙江大学结构工程研究所杨军老师的介绍下，我们来到金问鲁先生的住所（我记得他住在青春路原省文化厅附近）。金问鲁先生和蔼可亲，平易近人，对我们的造访给予了热情接待。

我首先向金问鲁先生介绍了大连工学院陆文发教授和我们一起设计的大连滨海路上的大连北大友谊桥，这是一座全长约 230m 的三跨悬索桥（48m + 132m + 48m），是国内首座城市悬索桥。我特意向金问鲁先生介绍了我们在大连北大友谊桥设计时，由于当时的历史条件限制，所具有的参考资料非常有限，只有借助陆文发先生的两本英文书籍和我在学校图书馆查阅的相关书籍。我查到了金先生写的《悬挂结构计算理论》一书，对悬挂结构的计算方法才有所了解，该书对我这个非桥梁专业的学生来说真是受益匪浅。我了解和询问了金先生写这本书的缘由，他告诉我 20 世纪 60 年代建设杭州体育馆（杭州市体育场路上）的历程，又鉴于国内对悬挂结构形式的了解不够，应用不多，所以写成了此书供大家参考。该书理论深厚，计算公式繁多，推导循序渐进，都是金先生亲自完成，非常适合读者理解。

金问鲁先生毕业于上海交通大学，跟我的导师陆文发先生和赵国藩先生是先后届的。他学识宽广，理论扎实，实践经验丰富，还具有管理经验。金问鲁先生与浙江大学的老师们共同创办了杭州结构与地基处理研究会，将一些志同道合的老师、工程师们相聚到一起，探讨了一些工程和理论上面临的土木工程领域的重大和关键问题，形式新颖，内容丰富，在杭州、浙江和全国的城市设计、施工和高校界影响甚广。

1997 年底得知老先生已经仙逝，我深表痛心。此后，我每年都与研究会的相关同志到金问鲁先生的家里拜访，致以新春的祝福，直至金师母逝世。

2 严慧理事长（1994—2007 年担任研究会理事长）

严慧先生是杭州结构与地基处理研究会的第二任理事长，也是研究会的创建人之一。严慧教授曾多次与我谈起，当年研究会的成立是在杭州玉泉的植物园内，大家清茶一杯，共叙研究会的发展大计。他是在金问鲁先生担任三届理事长之后，担任了本研究会的三届理事长，共达13年之久。之后，一直担任本研究会的名誉理事长。

我刚到浙江大学工作之时（1993年10月），严老师是浙江大学结构工程研究所空间结构教研室的教授，据说他刚从浙江大学基建处处长卸任，我们还曾在一个党支部学习过。严老师学识渊博，为人友善，对我这位刚到浙江大学工作的青年教师给予了极大的关注。记得，他曾向我介绍了杭州结构与地基处理研究会的情况，鼓励我要理论联系实际，多向研究会的工程师们学习，拓展研究视野。于是，1994年春我参加了研究会建筑结构专业委员会的一次学术会议，介绍了我在工程结构可靠性方面的研究工作。这也是严慧老师第一次带我走进研究会，之后我一直在研究会担任理事、常务理事、副理事长、常务副理事长和理事长的工作。

严慧老师工作认真，责任心强。在他担任研究会理事长期间，是研究会事业发展的大好时机，研究会的规模和质量是空前的，受到了杭州市科学技术协会的高度赞誉，成为杭州市科学技术协会众多学会中的一流学会。他扩大了研究会的知名度，无论从工程结构到地基处理，还是从设计到施工、监理、房地产管理，使得研究会工作涵盖了土木工程领域的方方面面；他加强与钢结构企业的合作，通过“扶上马，带一程”的思路，将企业在工程中遇到的重大问题，带到研究会进行研讨，群策群力，拓展了研究会与企业的合作与交流，实现了双方的共同发展，研究会也多次被上级部门授予“厂会合作”的先进集体；他尊敬研究会的老同志，每到年底之前，他都带研究会的工作人员走访魏廉老师、董石麟老师、益德清老师和金问鲁夫人，感谢他们对研究会的贡献、支持和帮助；他加强研究会的制度建设，形成了研究会的任期制度，使得研究会得以正常地开展工作，成为杭州市科学技术协会的一面旗帜（图1、图2）。

由于任职届数的限制，严慧教授不再担任研究会的理事长一职，而担任名誉理事长。尽管已从职位上卸任了，加上身体不适，他仍然关心研究会的发展，每次我们前往他家拜访，总是兴致勃勃，饱含深情。可见，他对研究会的感情是相当深厚的。

图1　金伟良（左二）带领秘书长春节拜访严慧老师

图2　金伟良（左）为严慧老师颁发研究会贡献奖证书

3　钱国桢秘书长（1985—1998年担任研究会秘书长）

钱国桢老师是杭州结构与地基处理研究会的创建人之一，担任研究会的秘书长长达13年之久，是研究会的第一任秘书长，为研究会的创建和运行发挥了重要作用。钱老师从外地调到杭州工作，就与杭州市城建设计院的金问鲁先生共谋研究会的建设大计，团结了在杭高校和各大设计院志同道合的教师和工程师们，建立了结构与地基处理领域的学术性团体，为杭州市和浙江省的工程建设，尤其是防震减灾作出了卓著的贡献。

我加入研究会工作之时，钱国桢老师已担任市建委抗震办主任，同时，兼任研究会的秘书长之职。我曾听过他的报告，介绍杭州市房屋的抗震工作。他理论功底深厚，实践经验丰富，对于建筑抗震和结构振动等新知识、新事物充满热情，还与浙江大学结构所的振动工程方面的老师开展合作，给我留下了深刻印象。1994 年，浙江省恢复工程领域教授级高级工程师的评审，我作为评委是非常认可钱国桢老师的工作和业绩的。

有关钱国桢老师在研究会做出的贡献将会另文详叙，但是，其文采确实值得称赞。钱老师退休之后，关爱家庭，闲暇之际，偶尔会作词赋诗，将其心得与同事们分享，不亦乐乎，对生活充满乐趣。我一直在想，一个人辛辛苦苦奋斗了一辈子，等到退休之后，就应该享受自己的乐趣。也许钱老师这种乐观、自我的状态，才是我们需要学习的。

4 范明均秘书长（1999—2003 年担任研究会秘书长）

范明均教授是最早参与研究会建设的成员之一，长期担任研究会的副秘书长工作（1991—1999 年），也是研究会的第二任秘书长（1999—2003 年），为研究会的创办和发展发挥了极其重要的作用（图 3）。

范明均老师为人谦和，工作仔细，深受研究会各个理事们的认可和尊重。他协助理事长开展研究会的工作，上通市科学技术协会，下达各专业（工作）委员会，事务具体，鞠躬尽瘁；他关爱青年，言传身教，将秘书处的工作做得有声有色；他立场坚定，主张民主，保持了研究会工作连续性和正确方向；他善于团结，推陈出新，使研究会的发展取得了显著的成效。

范明均老师是浙江大学 400 号的老师，也是浙江大学最早从事桩基检测的老师之一，这是将科学技术转化为生产力的典型事例。由此发展的浙江大学桩基检测中心一直是浙江大学土木系试验与科研的专业机构，范明均老师的贡献是不可或缺的。

范明均老师是宁波奉化人，一口宁波话，对宁波的高等教育事业的发展极为关心。他还将研究会的理事会议放在宁波理工学院召开，扩大研究会在宁波的影响力。

图 3　金伟良（左）看望范明均老师

5 魏廉名誉理事长

魏廉老师是浙江省原建设厅厅长，一直关心、指导和支持着杭州结构与地基处理研究会的建设和发展，是研究会的名誉理事长。

魏廉老师于 20 世纪 50 年代初从浙江大学土木系毕业，之后留校在土木系工作。在国家拨乱反正的年代，被组织选拔到浙江省原建设厅担任厅长，为浙江省建筑行业的发展作出了应有的贡献。卸任之后，魏老师一直参与研究会的学术活动和理事会的工作。他坚持参加每年的研究会理事会议，对研究会的工作予以谆谆教诲，充分肯定了研究会的工作和取得的成绩，对今后工作的方向给予了指示和鼓励；他在力所能及的情况下参加了各个专业委员会的学术活动，尤其是与钢结构企业的合作交流活动，以他的威望和远见，促进了研究会的影响力和亲和力；他关心和帮助青年同志，以他的学识和资历，引领研究会工作朝向正确方向，深受广大会员的尊敬和爱戴。

魏廉老师德高望重，平易近人，和蔼可亲，是一位值得尊重和学习的老先生。他非常注意锻炼，长年住在保俶山下，每天早上与夫人（她是浙江大学农学学科的教授）坚持登山运动，锻炼身体。在每年春节前夕，研究会总会派人到他家慰问，他和他的夫人总是热情相待，嘘寒问暖，关怀备至（图 4、图 5）。

图 4　金伟良（左）为魏廉老师颁发研究会贡献奖证书

图 5　金伟良（左）看望魏廉老师

6　焦彬如理事

焦彬如教授是杭州结构与地基处理研究会的创建人之一，长期从事混凝土结构和预应力混凝土结构的教学和科研工作，创建了研究会的预应力混凝土结构专委会，并担任主任委员的工作，是浙江省较早将预应力技术应用于混凝土工程中的先驱者之一。

我于 1993 年 10 月到浙江大学工作，当时焦彬如老师担任结构工程研究所工程结构教研室主任。他热心于预应力混凝土结构的教学、科研和工程应用，讲授过《钢筋混凝土结构》（上、下册）课程，声音洪亮，条理清晰；我曾专门听过他的讲课，深有感触。他承担着浙江省建设科研项目，对部分预应力混凝土结构的工程设计、建设和实践中面临的问题进行了研究；他还特别邀请我参加了预应力混凝土结构专委会的工作，对预应力技术的应用给予指导，尤其是预应力施工的张拉检测技术。为此，我们经过大量的工程实践，提出了规范使用后张拉预应力技术，并编制了浙江省工程建设标准《预应力混凝土结构技术规程》，促进了浙江省预应力技术的规范发展，这也是研究会预应力专委会面向工程的技术成果。

2002 年浙江大学宁波理工学院成立，设立了土木工程与建筑系，我担任该系的第一任系主任。由于工作原因，我邀请焦彬如老师担任该系的责任教授，负责讲授《钢筋混凝土结构》课程，并负责指导青年教师的教学和科研工作；他还参与了该校的土木工程实验室建设，指导并发展了宁波市的预应力混凝土技术的施工队伍，承担了相关科研项目。

焦彬如老师工作认真，教书育人，积极锻炼身体，拥有健康向上的心态，是一位值得尊敬的老学者。

凝聚一种力量，形成一种氛围，承担一种责任，体现一种价值

方鸿强
（杭州结构与地基处理研究会，第六届至第八届秘书长）

2025年是杭州结构与地基处理研究会成立四十周年，受研究会邀请写一篇研究会回顾的文章。回顾往事，我真是感慨万千，首先要感谢各位领导和前辈对我的关怀和包容，感谢研究会对我的培养和呵护，感谢广大会员对我的支持和帮助。

我是1982年大学毕业，先是被分配到煤炭工业部西安设计研究院，1996年回到杭州，在浙江省城乡规划设计研究院工作。经煤炭工业部杭州建筑设计研究院张凯声老师和浙江省城乡规划设计研究院张维本老师介绍，加入杭州结构与地基处理研究会（以下简称“研究会”）。

回顾这一时期，正是我国日新月异和土木建筑工程飞速发展的新时期，加入研究会，使我在学习新理论和新知识、推广新技术和新工艺，以及解决工程实际问题等各个方面，从各位前辈老师和同行专家中，学到了许多前沿知识，以及解决各种“疑难杂症”的方法。感谢研究会培养了我这个新人，提升了我的能力，并在工作中也得以应用，特别是在研究会认识了很多很多的好朋友，成为终身受益最宝贵的财富。

研究会是由我国著名的土木工程专家、全国工程勘察设计大师金问鲁先生发起创办，以“繁荣学术、服务社会”为宗旨，是非营利性、学术性社会组织，从理事长到各工作委员会和各专业委员会的负责同志，全部都是由会员自愿兼职，经会员大会公开选举后产生的，正是有这样的一种组织形式，凝聚了一种积极向上的力量，形成了一种团结协作的氛围，以承担更多的社会责任为己任，来体现广大科技工作者报效国家和服务社会的价值。

在1999年的第五届理事会上，我被推选为副秘书长，使我感到使命的光荣和责任的重大。在理事长严慧老师，副理事长安浩峰老师、金伟良老师、周海龙老师、顾尧章老师和钱国桢老师的带领和指导下，特别是秘书长范明钧老师，以及副秘书长张凯声老师、谢德贵老师和许钢老师，为培养我这个新人，更是不遗余力，“手把手”地言传身教，是我终身学习的榜样。

在第六届理事会上，我又被推选为秘书长，在第七届和第八届理事会当选副理事长兼秘书长，第九届理事会当选副理事长。从担任副秘书长、秘书长到副理事长这长达23年的工作中，得到了杭州市科学技术协会、杭州市民间组织管理局、杭州市建设委员会、浙江省住房和城乡建设厅、浙江省科学技术协会等各相关单位领导的指导和帮助，除得到前面提到的各位老师精心呵护和谆谆教导以外，还得到了名誉理事长魏廉厅长、陈继松厅长、董石麟院士、益德清大师和龚晓南院士，以及夏志斌、曾国熙、唐锦春、丁皓江、顾尧章、居荣初、樊良本、阮连法、焦彬如、曹时中、刘卫、周海龙、陆少连、裘涛、周茂新、丁龙章、张继尧、曾宪纯、寇秉厚、宣歌平、张维本、俞增民、顾仲文、陈观胜、吴佳雄、项剑峰和刘锦全等各位前辈的耐心指导，得到了严慧教授和金伟良教授两位理事长，以及副理事长罗尧治、杨学林、干钢、余子华、章华和陈旭伟的全力支持和帮助，得到了各位常务理事、理事、各工作和专业委员会的主任委员、委员，以及各学组组长和广大会员的支持和帮助。特别是副秘书长邹道勤、卢丹、陈青佳、张小玲和金咸清，以及常务秘书鲁素梅、曹春萌、赵似杰和刘长妹承担了大量繁琐和具体的工作，给予了我最大的包容和支持。

回顾这23年来，给予我精心呵护、耐心指导、大力支持和无私帮助的领导、专家和会员非常非常

多，需要感谢的人也非常多，我多次提笔，又多次不满意而将笔放下，许多的人和事，满满的回忆，又无法逐一用语言文字表达，虽然有许多人的名字没有在本文中提及，但您相信，您对我的精心呵护、耐心指导、大力支持和无私帮助，我将永远铭记于心，感恩于怀，践之于行。

下面我将以“杭州全民科学素质建设志愿者服务队”为主线，以“凝聚一种力量，形成一种氛围，承担一种责任，体现一种价值”为主题，以“志愿者服务队”的四则事迹，来回顾研究会“繁荣学术、服务社会”的工作。

1 “志愿者服务队”成立

2006 年 2 月，国务院颁发了我国首部《全民科学素质行动计划纲要》，按照中央关于进一步动员和组织广大科技工作者为提高全民科学素质、增强自主创新能力、建设创新型国家作出新贡献的要求，由研究会、杭州市拱墅区农转居建管中心、浙大城市学院建筑工程管理与技术研究所三个单位的科技工作者联合发起，在研究会组织成立“杭州全民科学素质建设志愿者服务队”。通过联合社会各界力量，打破了单位和部门的界限，挖掘和利用有限的社会资源，实现社会资源共享，以“志愿者服务队”的形式，将“繁荣学术、服务社会”的宗旨赋予新的内涵。

“志愿者服务队”是在杭州市科学技术协会的领导下，以研究会的会员为主，由包括中国工程院院士、中国科学院院士、全国工程勘察设计大师、浙江省工程勘察设计大师、全国有色金属等行业工程设计大师，以及政府行政部门主要领导在内的省内外数百名著名的专家教授和科技人员组成的高技术、高素质专业科技服务志愿者队伍。以自愿参加为原则，以志愿服务为基本形式，自愿贡献个人时间和精力，发扬“奉献、创新、求实、协作”的科学精神，在不计物质报酬的前提下，以自己的实际行动，为推动全民科学素质建设提供科学服务。

“志愿者服务队”由时任常务理事兼深基础专业委员会主任余子华教授级高工担任队长，我担任副队长，经杭州市科学技术协会批准，成立了全国第一支“全民科学素质建设志愿者服务队”。

2006 年 6 月 1 日举行了“杭州全民科学素质建设志愿者服务队”行动启动仪式。启动仪式由“志愿者服务队”余子华队长主持，名誉理事长董石麟院士，浙江省建筑业管理局柴林奎副局长，杭州市科学技术协会何西华副主席和科普部田建新部长，理事长浙江大学严慧教授、浙大城市学院建筑工程管理与技术研究所陈春来副所长、杭州市科技局王苏欧处长，杭州市建委宣传处翁焕民处长等出席了启动仪式。

杭州市科学技术协会何西华副主席和浙江省建筑业管理局柴林奎副局长先后致辞，何西华副主席向董石麟院士颁发了“杭州全民科学素质建设志愿者服务队”001 号队员《证书》。

2 “民工学校”结硕果

“涨科学素质之水，行科技创新之船”。研究会的 3 位名誉理事长、中国工程院董石麟院士、浙江省原建设厅厅长魏廉和全国工程勘察设计大师益德清带头，先后在中天建设集团杭州高新产业大楼项目、浙江建工集团迪凯国际商务中心项目、中宇建设集团大名空间工程项目的工地“民工学校”亲自授课。使得民工也有机会聆听院士、大师和大学教授的授课，接受高等教育与培训，形成了在工程建设中学习，把学到的知识应用到工程建设中去的可持续循环发展道路，通过构建工程建设领域的良性互动新模式，为杭城全民科学素质建设行动起到了模范带头作用。

时任理事长浙江大学严慧教授，常务副理事长浙江大学建筑工程学院副院长金伟良教授，副理事长安浩峰院长、陆少连总工和范明均教授，以及许多理事、委员、会员和发起单位的许多专家、教授和科技工作者纷纷加入“志愿者服务队”为“民工学校”做贡献的行列。副秘书长陈青佳总工担任“浙江省省直建筑设计院——民工学校”的教务长。

特别是2006年6月21日，在杭州市拱墅区阮家桥B地块项目工地，成立了第一个以工程建设项目为单位，由建设单位、施工企业和监理公司流动党员组成的临时党支部，由杭州市拱墅区建管中心陈旭伟总工担任临时党支部书记，将拱墅特色的党员先锋岗延伸至建设工地。

时任杭州市委书记王国平亲自批示。住房和城乡建设部原副部长黄卫等领导到杭州调研和总结经验，并在“民工学校”授课。中央电视台、浙江电视台和杭州电视台，以及《中国建设报》《浙江日报》《浙江科技报》《杭州日报》《钱江晚报》和《青年时报》等多家媒体进行了报道。住房和城乡建设部、中央文明办、教育部、全国总工会、共青团中央等五部委充分肯定杭州建设工地创办“民工学校”成果，并联合印发《关于在建设工地创建民工学校的通知》，将“杭州经验”向全国推广。

3 “科技减灾”做贡献

灾难无情人有情，一方有难八方支援。“5·12”四川汶川发生强烈地震的消息传来，举国同哀，全国人民深刻体会到失去同胞的哀痛，也感受到了血浓于水、患难与共的巨大力量。

在时任理事长金伟良教授的带领下，除号召各学组会员积极参加单位捐款、捐物和无偿献血、担当志愿者等社会救助以外，还充分发挥专业技术的人才优势，组织“志愿者服务队”积极参加各项科技减灾活动。

在“志愿者服务队”余子华队长的带领下，深入四川灾区第一线，华信邮电设计院陆皞、孙洪法、章跃军等组成的“抗震救灾小分队”，冒着多次6级左右余震的危险，努力开展科技减灾活动，受到了当地政府和杭州市委领导的赞扬，其他队员如丁龙章、成正宝、干钢等也多次深入灾区现场，开展科技减灾活动。遗憾的是带有“杭州全民科学素质建设志愿者服务队”旗帜的现场照片，由于时间已久，我的保管不当，至今未能找到，非常遗憾。

研究会老秘书长、建筑物灾害防治专业委员会顾问、杭州市建设委员会原抗震办钱国桢主任，向杭州市人民政府和杭州市建设委员会等主管部门递交“关于进一步加强杭州抗震防灾工作的建议”，受到杭州市人民政府的高度重视，时任浙江省常委、杭州市委书记王国平和时任杭州市市长蔡奇先后批示，并多次组织专题会议重点讨论与落实。当时，我在汉嘉设计集团担任总工程师，立即将建议向汉嘉设计集团常务副总裁叶军教授级高工进行了专题汇报，许多建议被收入2008年由汉嘉设计集团编制的我国首部“城市楼宇更新改造技术标准”——《杭州城市楼宇更新改造技术标准》中，撰写的多篇中文和英文的学术论文，在国内外发表。

2008年10月24日，在浙江大学紫金港校区举行“科技减灾学术研讨会——2008年‘雪灾’对建（构）筑物的影响”专题研讨会，邀请浙江省电力设计研究院叶尹教授级高工作题为“2008年初输电线路‘冰灾’的分析与反思”，邀请大跨度空间结构专业委员会主任、浙江大学罗尧治教授作题为“雪灾对空间结构的影响及图片实录”的专题报告。

2010年5月14日，时任副理事长兼地基处理专业委员会主任、浙江工业大学建筑工程学院院长樊良本教授主持举办“基坑工程事故典型案例分析”学术研讨会，地基专业委员会副主任、浙江省建筑设计研究院副总工程师、岩土工程研究所主任刘兴旺博士作题为“基坑工程事故典型案例分析”的报告。

4 “厂会协作”是亮点

研究会联合社会各界力量，打破了单位和部门的界限，挖掘和利用有限的社会资源，与企业建立“厂会协作”对子，组织会员积极参加，以实现社会资源共享，并取得成效，先后荣获中国科学技术协会和国家发展改革委颁发的“优秀组织奖”，浙江省科学技术协会颁发的“优秀协作一等奖”，杭州市人民政府颁发的“金桥工程项目一等奖”，杭州市科学技术协会颁发的“优秀协作一等奖”等荣誉，理事长浙江大学严慧教授荣获杭州市科学技术协会颁发的“奉献奖”，为杭州、浙江乃至全国的经济建设做出贡献。

例如：通过“厂会协作”，促进了企业的快速发展，浙江东南网架已成长为中国民营企业 500 强、中国制造业企业 500 强、中国建筑业企业 500 强企业；精工钢构已连续多年蝉联全国钢结构行业第一名，成为中国制造业民营企业 500 强企业；杭萧钢构已成为我国钢结构行业首家上市公司、我国首个钢结构“国家住宅产业化基地”、我国首批“国家装配式建筑产业基地”；兆弟控股集团已成长为中国建材企业 500 强、中国民营建材 100 强、中国最具成长建材企业 100 强企业。

特别是在 2008 年 5 月 18 日举行的“杭州市 2008 年科技周暨第二十二届科普宣传周——北京 2008 年奥运会场馆等重点工程建设创新成果杭州报告会”上，时任杭州市科学技术协会党组书记、邬丽娜主席对研究会的工作和取得的成绩给予了充分肯定，高度赞扬是杭州市科学技术协会开展“厂会协作”的丰硕成果。2008 年，我也被推选为首届浙江省钢结构行业协会的会长。

5 “科普讲师团”受欢迎

“杭州市社区科普讲师团”是杭州市科学技术协会发挥自身科学学科门类齐全、科技精英荟萃的优势，以“讲座深入社区，科普融进生活”为目标，提升杭州全民科学素养和生活品质的中坚力量。

10 多年来，“志愿者服务队”在杭州市科学技术协会的统一领导下，积极参加“杭州市社区科普讲师团”的各项活动，走进街道社区、大中小学、设计学组、工厂企业和现场工地，在科普讲座、学术沙龙、专题研讨等丰富多彩的科普活动中担任科普讲师，例如：副理事长兼学术工作委员会主任、杭州市建筑设计研究院总工程师陆少连教授级高工作题为“超大地下室防裂抗渗及补漏技术”；建筑物灾害防治专业委员会委员、杭州市房屋安全鉴定所王少媚所长作题为“开展房屋健康体检、建立房屋健康档案、增强城市抗灾能力、提升城市居住品质”；建筑物灾害防治专业委员会主任、浙江省建筑设计研究院杨学林总工作题为“高层建筑结构设计与计算中的若干问题”；副秘书长邹道勤博士作题为“国内外预制装配式钢筋混凝土结构研究新进展”；副秘书长卢丹教高作题为“中国杭州低碳科技馆——绿色建筑创新技术的应用”；组织工作委员会副主任、汉嘉设计集团章宏东教高作题为“建筑工程专业的职业规划与发展”；设计综合技术专业委员会副主任、杭州当代建筑设计院张先明总工作题为“房屋改造与加固的方法与思路”等的科普讲座很受欢迎，组织编撰各种类型的论文集，以及杭州市房屋安全鉴定所《房屋安全鉴定科普知识问答》等科普资料受到赞扬。我自己也担任“住宅装修与居住健康”等多个主题的科普讲师，成为“浙江省优秀科普志愿者”。

“杭州全民科学素质建设志愿者服务队”成立距今已经 19 年了，涌现出了许多先进事迹和先进人物，今天只是简单地介绍了“志愿者服务队”的四则事迹，难免挂一漏万，还有许多队员在低调务实中，默默地为杭州全民科学素质建设做出的贡献，并未表达出来，至此，在这杭州结构与地基处理研究会成立四十周年之际，我向为全民科学素质建设做出贡献的全体队员和所有的科技工作者致以最崇高的敬意和最衷心的感谢！

培育“产学研”沃土，促进企业创新发展
——杭州结构与地基处理研究会四十周年情愫

周观根

（浙江东南网架股份有限公司，正高工）

我与杭州结构与地基处理研究会的情愫大概始于 20 世纪 80 年代末，最开始接触研究会时我是一名求知若渴的“学生”，研究会举办的各类专业技术交流对我来说是宝贵的学习机会。从我们董事长郭明明当选第四届（1994 年）理事开始，我又多了一个身份，企业与研究会的联络员，与研究会的接触更加频繁，合作交流机会也更多了。2003 年很荣幸当选研究会第六届大跨度空间结构专业委员会副主任，第七届（2007 年）至第九届（2022 年）作为理事会成员，第十届（2023 年）作为常务理事与研究会共同进步。值此杭州结构与地基处理研究会四十周年庆筹备之际，受陈旭伟秘书长之邀，回忆这些年的经历，分享产学研方面的体会，我深感荣幸。

空间结构在中国的起步较晚、发展较慢，直到改革开放的浪潮奔涌，现代化建设全面推动，空间结构也随之跃进共舞。网架，这一新型建筑空间结构被引进中国多年，但国内的网架企业却还是凤毛麟角。1984 年，乡镇企业萧山蜗轮箱厂（东南网架前身）正趁着改革开放的浪潮实行改制，从蜗轮蜗杆零件制造转型金属结构制造，当时可以说是摸着石头过河。1985 年 6 月由我国结构工程理论专家、全国工程勘察设计大师金问鲁先生发起创建成立杭州结构与地基处理研究会。一边是有强烈技术渴求和实际应用场景的企业，另一边是有深厚理论功底和研究精神的学术团体，一场天时地利人和的产学研合作应运而生。

1986 年，我从学校毕业加入东南网架，当时董石麟教授、严慧教授、罗尧治教授（当时还是学生）等专家学者常常在休息日坐着公交车，把学校最先进的理念和技术带到工厂来，手把手地教技术人员设计产品，指导怎么控制质量。初出茅庐又满腔热情的我意识到这是难能可贵的学习机会。本人大学学的是机械专业，结构上的短板在进入东南网架后逐步暴露出来，杭州结构与地基处理研究会的各位老师成为我补足短板的良师，研究会召开的各项学术会议成为我迅速成长的摇篮。

1987 年东南网架首次举办大型学术会议——萧山体育馆网架工程学术交流会，在研究会的大力支持下邀请了很多行业内专家参会，观点碰撞，精彩纷呈。这也是我第一次认识到研究会的能量。随着工程的不断应用，更要感谢研究会各位专家的悉心指导，尤其是董石麟教授和严慧教授，有段时间驻点在东南网架给予现场指导，使我们的设计、制作等技艺日益成熟，质量越来越稳定。1991 年，螺栓球节点网架这一新产品通过省级鉴定，1993 年焊接空心球节点网架通过省级鉴定，两次鉴定会都邀请了董石麟教授、严慧教授等专家出席。螺栓球节点网架和焊接空心球节点网架逐渐在行业内树立了良好的口碑，成为东南网架的拳头产品。

1993 年，东南网架承接了首个国际工程，也是国家援外项目——非洲马里议会大厦。当时非洲马里工地条件非常艰苦，雇佣的当地人不懂网架安装，我主动请缨去非洲现场。当时董老师带队来现场指导，我非常激动，一边汇报工程现场实际情况，一边咨询遇到的技术难题，通过他的分析和指导，我们克服技术难点和现场环境挑战，顺利完成了东南网架的第一个国际工程。这是我人生中最为难忘也最为宝贵的一段时光，非常感谢有研究会尤其是董老师的参与和指导。回国后渴求进一步学习的我，积极参与杭州结构与地基处理研究会的学术沙龙，多视角地探讨给我提供了很多新的思路，开阔了视野，人生也更加丰富起来。

1994 年东南网架董事长郭明明当选研究会理事，我作为企业方联系人与研究会的联系和合作也顺理

成章地更加密切，东南网架与杭州结构与地基处理研究会的“厂会协作”进一步深入。产学研的丰富土壤孕育出最靓丽的“创新之花”。焊接空心球节点网架、螺栓球节点网架也在“厂会合作”的背景下，在董石麟教授、严慧教授的支持和指导下，成为全国消费者信得过产品，获得全国科技成果金奖。研究会与东南网架集团的“厂会协作”，在市科学技术协会的指导关心下，获 1999 年中国科学技术协会和原国家经贸委的优秀组织奖、浙江省科学技术协会的优秀协作一等奖、杭州市人民政府的“金桥工程项目”一等奖等荣誉。

2001 年夏天，北京申奥成功，东南网架又一次迎来绝佳的发展机会。凭借实力和技术，东南网架一举承接了 8 项北京奥运会场馆及配套工程。当时，困难和挑战远比我们想象的大。就拿 117m 跨度的“水立方”来说，它是一种新的空间结构体系——多面体空间钢架结构，被业界称为“三无产品”：无工艺，无规范，无标准。难度超乎所有人的想象。正是有产学研的坚实合作基础和研究会专家团队对节点“庖丁解牛”，才让我们攻破了一个又一个难题，保质保量完成了这一系列国家工程，也极大地提升了东南网架的核心竞争力和品牌地位。

随着 2008 年北京奥运会圆满举办，杭州也确定要建奥体中心，对整个奥体中心设计方案进行了国际招标。主体育场（也就是我们常说的大莲花）是整个奥体中心的心脏，莲花造型是在对杭州自然环境与文化历史背景的深刻理解之下选出来的方案。材料用量比“鸟巢”节省了大约 1/3，但规模一样，大莲花方案经历了长达一年半之久的设计优化和深化的过程，要实现建筑与结构、设计与施工的完美融合，这中间很多人为之付出过努力。东南网架非常荣幸承接了钢结构的建造。“莲花花瓣”的空间弯曲在当时国内外还没有相应的深化设计和加工技术。我们成立专门的技术攻关小组，也在研究会的帮助下，组织专题交流，咨询专家教授，最终找到了解决空间弯曲方法的关键，首次开发了大直径厚壁圆钢管空间弯曲高精度制作方法，解决了这个首要的技术难题。相关专利也获得了首届浙江省知识产权奖专利奖二等奖。

东南网架从乡镇企业到国际舞台的跨越式发展，可以说非常受益于研究会为企业搭设的产学研合作平台，以委托研究、联合攻关、技术转让等模式探索研究大跨度空间结构技术创新。我本人也非常感谢研究会以及研究会的各位专家、老师，正是他们对后辈的关心支持才让本人有了更多创新发展的机会（图 1、图 2）。

我很荣幸也很感恩成为这一切的亲历者、见证者和受益者！祝愿杭州结构与地基处理研究会繁荣昌盛、再创巅峰！

图 1　2022 年首届杭州市“最美科技工作者”颁奖

图 2　2012 年 4 月杭州火车东站现场观摩

大土木　新进阶
——杭州结构与地基处理研究会四十周年情愫

陈旭伟
（杭州市拱墅区建管中心正高工）

我与杭州结构与地基处理研究会的情愫始于 1989 年前后，那时我在浙江省建材工业设计院（简称“建材设计院”）土建室从事建筑结构设计，入职工作尚不足两年。由于我在大学期间所学专业为工程力学中的固体力学，毕业论文为断裂力学中的有限元应用研究，对工民建设计的熟悉程度不及工民建专业毕业的学生。设计院土建室的两位主任黄令嘉和李兆德对我很关心，除了工作中的指导帮助，还推荐我参加杭州结构与地基处理研究会，并担任建材设计院与研究会的联络秘书，于是便有了更多向研究会前辈专家学习请教的机会。

印象中那个时候杭州市城建设计院的钱国桢（担任研究会秘书长）和谢德贵（担任研究会副秘书长）两位老师经常是学术交流的组织者，杭州市科学技术协会的会场常常作为学术交流的阵地。最初的那段时间我听过浙江大学土木系严慧教授对 1990 年北京亚运会场馆大跨度结构设计特点的介绍；也听过董石麟教授在大跨空间研究方面的学术报告，让我对之前学的《板壳理论》《计算力学》又有了新的认知；除了大跨空间结构内容外，我还聆听了顾尧章老师关于桩基工程和房屋纠偏分析，焦彬如和成卓民老师的预应力结构设计以及樊良本、寇秉厚、顾仲文、俞增民、陈观胜等一批工程岩土和建筑施工专家的工程应用实践分享。至今每每回想起来，深感幸运，在杭州工程建设迈向转型发展的前期得到了这么多业内高人的经验分享，让我在设计综合的道路上有了更多光明的点亮，也有了更坚强的后盾指引。有意思的是我在 20 世纪 90 年代初刚听了陈忠麟、周海龙等老师们关于高层建筑设计报告的分享后就参加了自己平生第一个高层建筑结构设计，那份喜悦自然刻骨铭心。

研究会那时除了较大规模的学术报告外还有更多规模相对小一些的学术沙龙，其中当以浙江省冶金设计院安浩峰院长定期组织的活动印象最深。这类学术沙龙最大的优势在于与会者的可参与度，往往针对一个议题事先确定一名主讲人，过程中其他人可以参与发言讨论，提出各自的见解，以丰富议题的视角，接收更全的信息，收获更多的经验。这些对我作为一名从事设计工作的年轻工程师而言，其中的滋养无疑是最宝贵的，过程中也结识了许多不同年龄段的老师，所谓“三人行，必有我师”也得到了最好的印证，到了 1994 年我在设计院开始主持第一设计所工作时也同样感受到那一份来自研究会老师和同仁们在背后那份厚重的专业支持。1987 年入职建材设计院时科室领导李兆德一直告诫我从事这份设计工作需要拿出三成的时间用于不断学习，“大土木”不等同于一般意义上的“工民建”，需要学习的内容穷其一生也只是九牛一毛，既要根据手上项目需要学习借鉴，又要拓展思维的边界，融会贯通，功夫在诗内，又在诗外。这是一名工程人理想人生，我谨记老师们的谆谆教诲，习惯成自然，多学多思多实践，铁杵磨成针，在以后的日子一如既往地通过研究会这一平台汲取更多的养分，并将工程项目精细化设计成果回馈社会。继安浩峰院长之后，研究会章华副理事长和总工程师方成等咨询工作委员会的同仁仍一如既往地常年开展这项特色活动，不断分享最新的建设工程热点案例和课题。

2002 年 3 月，我结束了近 15 年的设计院工作时光，开启了杭州市拱墅区城市建设的职业生涯，而与研究会的情愫不减当年，越发深入。值得一提的是在杭州市建委科教处长同时也是杭州结构与地基处理研究会骨干成员余子华的启发下，拱墅区建管中心积极与杭州结构与地基处理研究会、浙大城市学院建筑工程研究所共同谋划联合成立“来杭创业者培训学校”（后来全市推行“民工学校”的前身）。经过前期大量的筹备，专门编写印刷了通用型的培训教材，建构了组织管理体系，并与杭州市建管站多次交流沟通，终于在 2005 年 4 月 25 日正式宣告成立。时任拱墅区委宣传部部长陈建华、人大常委会副主任杨秀龙、杭州结构与地基处理研究会理事长严慧教授、杭州市建委科教处长余子华、村镇处长陆革、市建筑业协会秘书长傅祖华和浙大城市学院建筑工程研究所副所长陈春来和我作为拱墅区建管中心副主任一同出席成立大会。《浙江日报》《杭州日报》《今日早报》和省市电视台记者作了相关报道。成立后的第三天，杭州结构与地基处理研究会会员、杭州市建管站副站长王泉根上了第一课。4 月 26 日的《杭州日报》刊登了“拱墅让外来务工者享受一回高等教育”一文，并预计全年杭州可走进课堂的建筑工人将达到 10 万名。杭州市建管站积极将拱墅建管中心的办学经验予以推广传播，全市具有一定规模的在建工地纷纷成立“民工学校”，让在杭广大创业者能在安全生产、文明施工、技术质量、文化知识、职业道德、社会法制等方面得到增强，实现“政治上关心、技术上帮带、文化上提高”。杭州结构与地基处理研究会坚守“繁荣学术，服务社会”初心，包括名誉理事长在内的董石麟院士、魏廉厅长、益德清大师、安浩峰院长、方鸿强总工等一大批专家学者奉献传递爱心，义务为“民工学校”提供服务。拱墅建管中心的“来杭创业者培训学校”及其分校连续多年保持杭州“十佳民工学校”称号，从业者队伍的素质得到了持续的提升，时任建设部副部长黄卫也亲临杭州作进一步推动，这也使得杭州多了一张提升建设领域的“金名片”。

深基坑与地下空间开发、大底盘多塔楼超长地下室结构、施工技术与建筑经济、绿色建筑与工业化等等都成为我关注并经常与研究会交流的议题。陆少连总工、张凯声总工、裘涛总工、丁龙章总工、叶志鑫总工、陈青佳总工、韦国岐总工和刘锦泉总工等一批前辈老师经常来拱墅与我交流并作指导。那段时间樊良本教授牵头组织了杭州湾跨海大桥参观交流，余子华总工组织我们去观摩建设中的上海中心，方鸿强总工组织了去更远的万郡大多城参观高层钢结构住宅，周观根总工组织了参观大小莲花项目并作精彩的学术报告，刘中华和杨学林总工共同组织观摩了湖州体育中心体育场建设等，还有当年罗尧治、单玉川、李宏伟、项贻强、干钢、刘兴旺、叶军、王银根、肖志斌、陈水福等一大批研究会专委会主任们组织了有关雷峰塔建设、钱江新城众多标志性项目建设观摩，高铁车站、地铁和管廊、桥梁和机场建设项目新技术交流，这样的学习互动不胜枚举，在拓宽我们专业视野的同时也提升了解决复杂项目问题的能力。

拱墅区所在的大城北多为深厚软土地区，有许多也是设计和施工需要共同面对挑战的课题。18 年前建设的百瑞运河大饭店地下二层，地下室开挖对环境保护要求高，基坑围护设计采用当年较为先进的 SMW 工法，由浙江省建筑设计研究院设计，那时候近 10m 开挖深度的基坑支护采用水泥土插型钢支护兼作止水帷幕，后续实现型钢全回收的项目在杭州极少，因此各方都极为重视，开工那天杭州结构与地基处理研究会地基处理专委会主任樊良本教授等还专门进行了一次现场观摩暨技术交流研讨会，会场借用了拱墅区政府的大会场，近 200 位同行参加了此次交流，研究会的刘兴旺博士专门作了课题成果的分享报告，作为拱墅区企业的杭州大通公司也专门介绍了这台日本引进的设备，气氛热烈。经过一系列工程实践并在完成省厅科研课题的基础上，刘兴旺博士团队将其标准化，成为浙江省工程建设标准《型钢水泥土搅拌墙技术规程》。在这之后，研究会在结构和地基处理方面的标准化道路上越走越宽广，不同学会之间的协作越来越多，学术氛围越来越浓。名誉理事长董石麟院士、龚晓南院士，理事长金伟良教授，副理事长罗尧治与杨学林、干钢、刘兴旺、王银根以及赵宇宏、李志飚、邓铭庭、严平、金睿、袁静、金天德、蔡颖天、楼东浩、周平槐、徐铨彪、章雪峰、胡新赞、俞建霖、胡琦、童磊、汪劲丰、齐金良、龚新晖、陆皞、陈慈评、许贤和丁智等一大批骨干成员从各自专业细分的维度出发为国家、行业和地方牵头制定了为数众多的技术标准，也邀请了国内知名的勘察设计大师来杭分享学术报告，我也有幸经常参与，在学习应用研究和实践创新的同时编写省级工法，借研究会这个平台助力拱墅区建筑业技术创新示范，期间得到了研究会秘书处卢丹、邹道勤、张小玲、金咸清、章宏东、沈雁彬等副秘书长们的精心组织和周到安排。

2019 年伊始，杭州作为城市有机更新和老旧小区改造的样板城市，出台了《杭州市老旧小区综合改造提升技术导则（试行）》，以王贵美为代表的一大批研究会成员参与其中，通过课题研究为政策制定出台提供参考依据，并在实践中及时提炼总结，出版“老旧小区改造理论与实践系列丛书”，输出“浙江经验”，传递“杭州样本”和“拱墅实践”，收获中国建筑工业出版社 2023 年度好书榜，为城市更新这项工作的高质量开展奉献力量，王贵美本人也应住房和城乡建设部邀请和委派去全国各地义务宣讲，热心服务社会并荣获“全国五一劳动奖章”和“浙江城市有机更新领军人物”等荣誉。随着拱墅区城中村改造全面进入收官阶段，一些标志性项目相继建成，在研究会同仁的支持帮助下关于拱墅运河亚运公园建设的学术交流也如期在拱墅召开，期间还出版了《复杂项目全过程工程咨询理论与实践》一书，最终这项工程收获了拱墅建筑业有历史意义的“鲁班奖”，成为真正的国优项目。

回眸自己走来的一路，从当初一个懵懂的结构设计师，逐渐成为一名杭州市“决胜小康 城建力量”主题展典型人物，所在部门受到了住房和城乡建设部相关部委司局的关注，也被央视媒体在内的各大主流媒体多次宣传报道，本人也多次参与杭州市人大有关城建环保的立法工作。这一切除了拱墅区城建的这个大舞台外，也离不开杭州结构与地基处理研究会这个群团组织的正向影响。正是有了广大会员优秀事迹的激励，才使我在专业的道路上坚持不懈，将论文写在工程项目实践之中，努力实现创优创新的常态化，并影响周围的同事将城建工作向着更科学、更规范、更高质量发展的道路阔步迈进。

正所谓：久有凌云志，结构地基前。杭州各地发起，四十恰周年。上万成千同道，接力相承致远，进取道无间。院士大师引，梯队俊英传。

兴学术，为社会，重任肩。沙龙高论研讨，成果硕丰篇。上至空间大跨，下至深基地铁，土木坐标全。十届磨心剑，再看众峰巅。

图 1　2019 年 12 月研究会代表参加杭州市科学技术协会第十一次代表大会

图 2　2023 年参加市科学技术协会党建培训代表研究会介绍经验

我与研究会共成长

卢　丹

（杭州结构与地基处理研究会，第六届至第十届专职秘书长）

我是因杭州市科学技术协会为强化学会体系建设，面向社会公开招聘的首批专职秘书长之一。2004年，经过严格的笔试与面试，我荣幸地加入了杭州结构与地基处理研究会这个温馨的大家庭。时光荏苒，转眼已是二十载，往昔的点点滴滴依旧历历在目。回想起面试时的情景，面试官之一的范明均老师（第五届秘书长）以其和蔼可亲的面容给我留下了深刻的印象。他的慈祥与亲切，让我内心充满了成为研究会一分子的热切期盼。

初入研究会，我对学会工作的了解犹如一张白纸。幸运的是，我得到了范明均与方鸿强（第六届至第八届秘书长、市政协委员）两位老师的悉心指导与耐心栽培。他们如同我的引路人，一步步引领我走进研究会的世界，教我了解和掌握研究会的运作模式，在他们的言传身教之下，我逐渐爱上了这个充满智慧与热情的集体。

加入研究会后，我承担的首个重大任务便是筹备二十周年庆典活动。这项任务让我深刻体会到了研究会同仁们严谨务实的工作态度与精益求精的工作作风。严慧老师（第四届至第六届理事长）、金伟良老师（时任常务副理事长）以及筹备组的各位老师频繁召开会议，对庆典的每一个细节都进行了深入细致的探讨。特别是出版论文集这一环节，我们召开了十余次工作会议，力求做到尽善尽美。在陆少连教高（时任学术专委会主任委员）的召集下，从征稿的广泛发动到论文的严格审核，每一步都严格把关，确保了论文集的质量。最终，我们成功出版了《结构与地基新进展》一书，它不仅是庆典的学术成果，也是研究会学术影响力的有力见证。在庆典活动中，向魏廉、董石麟、益德清、居荣初、钱国桢、周海龙、顾尧章、张凯声、谢德贵、焦彬如、屠文定11位德高望重的老前辈颁发了“研究会建设贡献奖”荣誉证书。我如同追星族一般，满怀敬意地仰视这些学术界的前辈，深刻认识到研究会不仅是浙江杭州乃至全国学术界和工程界精英人才的汇聚之地，更是一个传承与发扬学术精神、推动科技进步的宝贵平台。

严慧老师在我心中是一位慈祥而令人尊敬的长者，他将研究会视为自己的家，是名副其实的“大家长”。方鸿强秘书长时常提及的一个温馨细节是，研究会办公室初建时的第一部电话机还是严老师从自己家中带来的。这一举动不仅体现了严老师对研究会的爱护与奉献，也诠释了前辈们的责任感与使命感。正是有了这些前辈老师们视家般的呵护与付出，研究会才得以不断发展壮大。从最初几十名会员到现在上千名个人会员及数十家单位会员，每一步都凝聚着前辈们的智慧与汗水，也见证了他们对于学术进步与社会贡献的不懈追求。

金伟良老师（第七届至第九届理事长）是继严慧老师之后，在任时间最长的又一任理事长。金老师以其非凡的领导力和宏大的视野，引领研究会在继承学术型学会的基础上开创了新的篇章。在他的精心策划与推动下，研究会在坚守学术研究的同时，积极加强与市科学技术协会及其他相关学会的交流与合作，成功承办了多届杭州市科学技术协会学术年会的建筑分会场、京沪杭（国际）高科技产业化交流活动以及全国建筑工业化技术交流会等一系列跨地区、跨行业的新技术交流活动。这些活动的成功举办极大地提升了研究会在科学技术协会系统内的知名度和影响力，因此研究会多次荣获科学技术协会系统的“先进学会”“特色学会”“一流学会”等殊荣，并在民政系统中被评为5A级社团，成为市科学技术协会80多家学会中的佼佼者，树立了行业标杆。

在杭州市科学技术协会的工作经历中，我承担了“中国杭州低碳科技馆”的筹建这项重要任务。作为甲方技术负责人，在面对各种技术难题时，研究会的专家们如同“娘家人”一样成为我坚强的后盾。

他们凭借过硬的专业知识和丰富的实践经验，经过严谨的专业评审，提出了将原设计传统的钢筋混凝土建筑改为“轻、快、好、省”钢结构建筑的宝贵建议。这一改变不仅完美保留了建筑师的设计理念，也确保了低碳科技馆内部功能的实现，真正达到了建筑美与结构美的和谐统一，获国家绿色建筑三星设计标识。同时，这一建议得到了时任杭州市委书记王国平的高度重视和批准，为低碳科技馆的创优建设奠定了坚实的基础。在施工过程中，当发现原设计计算存在偏差时，又是研究会的专家们及时提出了切实可行的调整措施，确保了低碳科技馆的绿色、低碳、安全、节能和高效。他们的专业精神和高效行动无疑为低碳科技馆的顺利建成提供了有力的技术保障，低碳科技馆先后荣获浙江省“钱江杯”优质工程、全国建筑绿色施工示范工程等荣誉，并获国家绿色建筑三星运营标识，受到一致好评。

研究会的辉煌成就离不开秘书处这一核心团队的辛勤付出。秘书处不仅是研究会大家庭的管家，更是连接内外的关键。对外，它与杭州市科学技术协会及兄弟学会保持着紧密的沟通与合作；对内，它架起了理事会与广大会员之间的桥梁，确保了信息的畅通无阻与工作的有效推进。范明均老师作为秘书处的顾问，以其特有的宁波口音普通话为研究会大家庭增添了一份亲切与温暖。他不仅是谦和耐心的长辈，更是我们心中的主心骨。方鸿强秘书长以其亦师亦友的身份成为我成长道路上的重要引路人。他毫无保留地传授工作经验，使我迅速熟悉了秘书长的工作特性，并学会了如何将科学技术协会与研究会的工作有机结合，实现上传下达的高效运作。此外，秘书处还有邹道勤老师、陈青佳教授级高工、张小玲教授级高工和金咸清高工等副秘书长们的默默付出，他们以高度的责任心和敬业精神确保了研究会工作的有序开展。正是有了这个群体的共同努力与无私奉献，研究会才得以在各项工作中取得显著成绩并赢得广泛的认可与赞誉。

2022 年 11 月，第十届理事会成立，罗尧治（市科学技术协会兼职副主席）老师担任新一届理事长，这是研究会发展历程中的又一重要里程碑。罗老师以其卓越的智慧和开拓精神，引领着研究会以一种崭新的面貌展现在全体会员面前，开启了研究会发展的新篇章。在他的带领下，研究会不仅保持了原有的稳健步伐，更在多个方面实现了创新与突破。其中增设青年工作委员会并吸纳学生会员加入，是研究会在人才建设方面的重要举措，这一举措不仅为研究会增添了新生力量，更为其后续发展奠定了坚实的基础，展现了研究会对于青年人才的高度重视和培养意愿。新一届的秘书长陈旭伟教授级高工（第九届至第十届秘书长）是一个文理兼修的“杂家”，作为两届市人大代表、市人大城建环保工委委员和区政协咨询委成员、区科学技术协会常委，长期从事基层城市更新改造工作，有着独特的领悟力，推动了研究会各项工作的有序进行。同时新加入的副秘书长沈雁彬博士、章宏东教授级高工和齐金良教授级高工（市科学技术协会常委）也充分发挥各自所长，在陈旭伟秘书长的带领下，秘书处全体团结一致，强化党建引领，完善组织建设，确保了各项工作的顺利推进，共同推动了研究会的快速发展。值得一提的是十届理事会还成功吸纳了 13 名全国工程勘察设计大师作为研究会的名誉理事。这一举措不仅彰显了研究会在行业内的广泛影响力，更为其在全国范围内的专业拓展和影响力提升奠定了坚实基础。

研究会是一个充满温情与敬意的大家庭。每年的春节都是这个大家庭团聚和传承分享的时刻。在理事长的带领下，我们去看望那些为研究会发展做出过巨大贡献的老前辈们，为他们送上节日的祝福和诚挚的问候。

董石麟院士作为空间结构领域的泰斗，是研究会的名誉理事长，虽然已至高龄但依然保持着对学术的热爱和对生活的热情。每次看望他都会与我们分享海内外的见闻，他敏捷的思路让人仿佛看到了一个年轻人的活力与激情。

名誉理事长魏廉教授，曾担任浙江省原建设厅厅长，是一位专家型领导，魏廉教授及其夫人陈老师是我们慈祥的长辈，始终以一种和蔼可亲、平易近人的姿态迎接我们，他们对研究会的工作倾注了极大的热情与支持，是我们不可或缺的坚实后盾。每一次登门拜访我们都能品尝到陈老师亲自烹制的甜汤，使我们感受到家的温暖。

严慧老师现在是名誉理事长，他的心始终紧紧与研究会相连。每当我们向他汇报研究会取得的进步和成就时，他总会露出欣慰的笑容。那笑容是对我们辛勤付出的最高肯定，也是对我们未来继续前行、再创佳绩的深切期待。

探望名誉理事长龚晓南院士又是另一番风情，他总是以一种闲适而优雅的方式，亲自泡上一壶工夫茶与我们围坐一起品茶聊天。在袅袅茶香中龚院士不仅与我们分享他的学术见解与人生智慧，更让我们感受到了他的亲和与关怀。

金问鲁（研究会创始人）夫人金师母也是我们每年春节必访的对象，我们送上的是研究会的祝福，更是对金理事长生前贡献的铭记与敬仰。这份传承让研究会的精神得以延续，也让我们的心更加紧密相连。

研究会确实是一个能够助人成长、促人发展的平台。它汇聚了众多志同道合的人才，“繁荣学术，服务社会”不仅是研究会的办会宗旨也是我们每一位会员的共同追求。在这个大家庭里我们相互学习、相互支持，共同面对挑战、共同分享成果。正是有了这样的氛围和机制，我们才能不断成长、不断进步。我相信研究会的明天会更好！

图 1 研究会获 2019 年度杭州市科学技术协会一流学会荣誉

图 2 2023 年 3 月第十届施工技术专委会成立大会

标准化引领协同　共创未来新篇章
——杭州结构与地基处理研究会四十周年情愫

邓铭庭
（浙江省产品与工程标准化协会秘书长）

我与杭州结构与地基处理研究会的情愫始于2007年，在一次机缘巧合下我与刘兴旺、陈旭伟和何一飞相识。记得那段时间杭州的地下工程建设进入了新的历史阶段，杭州大通公司在两三年前从日本引进三轴搅拌桩后开启了规范化应用的进程。以浙江省建筑设计研究院刘兴旺为代表的博士团队在实践中特别重视科研，并将科研成果与工程应用，特别是将浙江杭州不同土层中形成的水泥土差异情况作为省厅科研课题加以认真研究，在此基础上由陈旭伟执笔形成浙江省省级工法。我一直以来对标准化工作情有独钟，在滨江水务担任技术负责人期间也一直潜心标准研究，在我的提议下关于“型钢水泥土搅拌墙技术”的标准化工作也提上了议事日程，并且杭州结构与地基处理研究会众多骨干会员参与其中。在大家的共同努力下2011年5月浙江省工程建设标准《型钢水泥土搅拌墙技术规程》终于发布出台。这次标准化工作的尝试可谓“一石激起千层浪”，随之而来的宣贯、技术交流和新机具引进、研发为地下空间的开发利用开启了里程碑式崭新空间，杭州结构与地基处理研究会名誉理事长龚晓南院士和理事长金伟良教授也鼎力支持，一年以后的2012年5月浙江省工程建设标准《渠式切割水泥土连续墙技术规程》正式出台；2013年7月住房和城乡建设部的行业标准《渠式切割水泥土连续墙技术规程》如期发布，从此我们在标准化的道路上从省级地方性标准迈向了行业标准与地方标准齐头并进的新征程。2014年10月住房和城乡建设部的行业标准《建筑工程施工现场标志设置技术规程》、2015年8月浙江省工程建设标准《建筑施工承插型插槽式钢管支架安全技术规程》、2017年2月行业标准《预应力混凝土异型预制桩技术规程》、2017年9月浙江省工程建设标准《基坑工程装配式型钢组合支撑应用技术规程》等一大批与工程实践密切相关的标准陆续出台，我与研究会的缘分也越来越近了。

2018年很荣幸我作为研究会工程数字化与标准化专业委员会委员，与研究会会员一起紧跟时代步伐，积极响应国家关于标准化建设的号召，致力于将先进的科研成果转化为可操作的行业标准与规范。

2018年12月是一个值得铭记的日子，我荣幸地参加了行业标准《装配式整体厨房应用技术标准》JGJ/T 477—2018的编制工作。这项重任不仅是对编制组专业能力的认可，更是推动行业进步的一份责任。在那段紧张而充实的日子里，杭州结构与地基处理研究会副理事长刘兴旺大师，以其深厚的专业知识和丰富的实践经验，亲自参与了标准的编制工作，为标准的科学性和实用性奠定了坚实的基础。时光荏苒，转眼间到了2019年11月，我们再次迎来了一个里程碑式的时刻——行业标准《装配式住宅建筑检测技术标准》JGJ/T 485—2019 正式发布。这项标准的编制工作也落在了我们单位的肩上，这一次不仅有刘兴旺大师继续发挥其引领作用，研究会陈旭伟秘书长也参与其中，他们分别作为主编和起草人员，倾注了大量心血和智慧，确保了标准的严谨性和前瞻性。

自2019年起，通过研究会与很多单位广泛合作，做到了“会与会”之间的优势互补和资源共享。首先我们编制了《城镇生活垃圾分类标准》DB33/T 1166—2019，这也是全国第一部城镇生活垃圾分类标准。这部标准从规范性、便民性、统一性、操作性、关联性五个维度进行了顶层设计，同时该标准也进行了两次百人的省级宣贯。与之相配套，我省陆续发布了《生活垃圾分类评价规范》DB33/T 2524—2022、《封场后生活垃圾填埋场评价规范》DB33/T 1336—2023等，构建了我省较为完整的生活垃圾分类系列标准，为实现我省生活垃圾零填埋、资源化等提供了技术支撑。同时我们也编制了《小城镇环境和风貌管理规范》DB33/T 2265—2020，住房和城乡建设部发文向全国建设系统转发该标准作参考借鉴，是全国第一个美丽乡村人居环境建设和管理规范，并在全省美丽城镇建设工作现场会上发布，并进行了一次两百人的宣贯。另外还发布了《城镇雨污分流改造技术标准》DB33/T 1234—2021 等一系列标准，这些标准是践行习近平生态文明思想，打造美丽浙江大花园的有为之举和有效探索，是不断加强城乡建设中历史文化保护传承，探索历史建筑精细化管理模式，推进建立长效管理机制的重要指南。制定《历史文化名镇名村风貌保护技术标准》DBJ33/T 1316—2024、《历史建筑修缮与利用技术规程》DB33/T 1241—2021、《历史建筑测绘质量成果规范》T/ZS 0109—2020、《历史建筑档案建设规范》T/ZS 0108—2020 等系列标准，仅杭州一地就服务历史建筑 1684 幢，同时杭州市历史建筑保护与利用标准化试点纳入国家级标准化试点，2022 年以优异的成绩通过验收，上述工作，作为住房和城乡建设部地方优秀经验在《建设工作简报》刊发，并广获《人民日报》、《中国建设报》、凤凰新闻、今日头条、知乎、腾讯新闻等主流媒体的关注与报道。

通过研究会与浙江省建筑设计研究院刘兴旺大师团队再度合作，发布了《微扰动水泥搅拌桩设计与施工技术规程》T/ZS 0141—2020、《软土地层隧道径向水泥土桩加固（TJS 工法）技术规程》T/ZS 0616—2024 等系列地下施工技术团体标准，得到了多位中国工程院院士、全国工程勘察设计大师的肯定，在我省轨道交通建设中发挥了巨大作用。

回首过往的悠悠岁月，我与杭州结构与地基处理研究会一同成长，共同经历了蜕变升华。回忆往昔，标准化始终是我们前行的灯塔，照亮了我们探索与创新的道路。2022 年 11 月第十届理事会，我成为研究会理事并担任工程数字化与标准化专业委员会副主任，参与了多项国家及行业标准的制定与修订，深刻体会到标准化在推动行业进步中的关键作用。它如同一根纽带，将我们与高校、科研机构、企业等各方紧密相连，促进了知识的共享与技术的创新。在标准化的引领下，我们共同攻克了一个又一个技术难题，推动了行业技术的不断升级与迭代。我与研究会同仁们携手并肩，共同见证了标准化在结构与地基处理领域的广泛应用与深远影响。我们不仅在技术上取得了突破，更在合作模式上实现了创新，形成了产学研、协会与研究会之间深度融合的良好生态。这种协同前行的精神，不仅增强了我们的凝聚力与战斗力，更为行业的繁荣发展注入了源源不断的动力。

站在四十周年的新起点上，我深感责任重大，使命光荣。我将继续秉持标准化的理念，深化与各方的合作与交流，共同推动行业向更加规范、高效、安全的方向发展。我将积极参与国际标准的制定与接轨工作，推动国内标准的国际化进程，为提升我国在国际舞台上的话语权贡献力量。

同时，我也将密切关注行业动态和技术发展趋势，及时调整和完善自己的知识体系与技能结构，以适应不断变化的市场需求。我相信，在标准化的引领下，我们一定能够携手共创更加美好的未来新篇章。

作为杭州结构与地基处理研究会的一分子，我深感自豪与荣幸。让我们携手并进，共同书写下一个四十年的辉煌与传奇。

图 1　2022 年 3 月邓铭庭正高工赴杭州环境集团作标准化专题讲座

图 2　社会组织学术类社会团体标准宣贯

产学研协同　繁荣发展共未来
——杭州结构与地基处理研究会四十周年情愫

齐金良
（兆弟集团有限公司，正高工）

记得第一次接触杭州结构与地基处理研究会，大约是在2007年6月的一次进厂技术交流考察会，那时我加入公司才半年，懵懵懂懂地就负责接待董石麟院士、魏廉厅长、朱执雄总工、徐和财总工、余子华总工等40余位专家来厂考察。研究会时任秘书长方鸿强组织专家一行来到我们天海管桩袁浦基地考察新研发竹节桩的特点和性能，进一步了解其生产工艺，参观厂里生产车间、实验室，考察后的座谈会上大家各抒己见，对厂家的新技术提出很多建设性意见，帮助企业研发并设计更好的产品，指导企业更好地运用于工程实践。此后的几年里我一直保持着与各位总工的交流互动，经常向专家们请教设计和实际应用中的各类问题和困惑。经过三年的努力和专家们的支持，企业研发的竹节桩新产品有了浙江省第一本产品类地方标准设计图集，即《增强型预应力混凝土离心桩》（2008浙G32）。浙江大学建筑设计研究院干钢总工程师（杭州结构与地基处理研究会副理事长）及团队的领衔参与为图集编制提供了品质保障。与此同时，企业还与杭州结构与地基处理研究会理事长、浙江大学金伟良教授合作，进行了竹节桩的耐久性试验研究。有了理论与试验结果支撑和地方标准图集的支持，产品很快就投向杭州建设工程项目，并得到了很好的市场反响，新产品得以应用于许多大型工程中，并在很短的时间就推向长三角市场，使得企业从单一生产基地发展到国内五大生产基地，实现了跨越式发展。

2009年7月，我听研究会时任秘书长方鸿强说地基处理专委会要组织去杭州湾跨海大桥观摩考察，就主动报名参加，并帮助秘书处对接专家们，做一些基本的服务工作。期间向朱执雄总工又请教了很多桩基方面的问题，朱总都耐心地帮我解答，给我建议。2010年6月，方鸿强秘书长组织到杭州东站项目考察，我又学习了杭州东站的许多建造技术，并与周晓悦总工交流请教，此后一直保持联系，他总是对我们的产品给予很多建议，对我的帮助很大。2012年一次活动中，陈青佳和卢丹两位副秘书长主动提出推荐我加入研究会，成为正式会员，让我可以通过参加研究会的活动来学习、增加见识，提高技术水平，能更好地融入研究会中，同时也能结识更多的专家朋友。参加研究会后，我更多地参与到学会的活动和服务中，协助秘书处做一些保障和沟通工作。当我们企业遇到疑难杂症的时候，总是第一时间想到研究会，寻找研究会的专家们来帮助企业解决技术难题和工程难题。同时借研究会的平台申请杭州市科学技术协会的科研项目，累计形成了十余项科研成果，不但提升了技术水平，也帮助企业投入资金研发出更多的新产品。研究会的各个专委会一般每年都会合计几十次的活动组织，每月参加活动就成为我工作以外的学习习惯。平时在工作中发现问题，参加活动就向专家们请教，不知不觉中技术水平就提高了，慢慢地也与专家们建立了深厚的感情。在结缘学会活动的第十年，我从一个技术小白，一步步提升，破格通过了高级工程师职称。通过研究会推荐，我也荣幸地获得了杭州市青年科技人才称号。

2014年金伟良理事长建议企业申报一部住房和城乡建设部主编的行业标准，我们一起组织异型桩相关材料并申报到住房和城乡建设部，当年就得到了批准立项。在金伟良、刘兴旺、许国平等专家们的支持下，2017年9月《预应力混凝土异型预制桩技术规程》JGJ/T 405发布实施，标准审查得到任庆英大师、顾国荣大师、钱力航研究员等专家们首肯，一致认为该标准填补了异型桩标准的行业空白，达到国际先进水平。行业标准的发布极大地拓展了异型桩技术在长三角区域及沿海10余省市的应用空间。

2017年，由我和企业创始人周兆弟，浙江省建筑设计研究院总工程师杨学林、周平槐主任共同在《建筑结构》杂志上发表了“机械连接预应力混凝土竹节桩在沿海软土地基中应用”的学术论文，而后企业又与浙江省建筑设计研究院在产学研方面开展深度合作，参与了龚晓南院士、杨学林总工程师主持编制的浙江省地方标准《地下结构抗浮技术规程》，预制桩机械连接技术也融入规范，提升了浙江地下抗浮技术的水平。

2018 年企业新一代产品“竹节实心方桩”进入研发阶段，新技术需要试验、论证、标准、试点工程的支持，通过研究会找到浙江大学建筑工程学院龚顺风老师做桩身和接头的试验研究。标准方面，通过研究会与浙江省建筑设计研究院刘兴旺大师团队合作，编制浙江省地方标准图集，两年后标准图集《螺锁式连接预应力方桩》（2020 浙 G48）很快就发布了，而后与刘兴旺大师团队再度合作，参与了浙江省地方标准《渠式切割水泥土连续墙技术规程》DBJ33/T 1086 的编制，将企业装配式地下连续墙墙板技术引入地方规范，提升了地下连续墙工业化建造的水平。通过与浙江大学、浙江理工大学、浙大宁波理工学院等高校、设计院形成了深度产学研合作的模式，建立了技术研发、课题研究、试验研究、技术论证、标准制定、工程应用、成果鉴定等多方面合作，使得企业提升了技术水平和研发能力，同时也让企业的竹节桩、装配式预制板桩、生态护岸桩等多项新成果建立标准体系，将先进的新技术快速应用到工程建设中去。2021 年由杭州结构与地基处理研究会副理事长刘兴旺大师牵头，企业近二十年研发的异型桩成套技术《异型预制桩技术创新与工程应用》获得了浙江省科技进步奖一等奖，同时也获得了住房和城乡建设部华夏建设科技奖一等奖。

作为杭州结构与地基处理研究会的一员，推动研究会的学术交流活跃度，积极组织新产品技术交流会，在 2019—2022 年，作为新技术主讲人，与杭州 60 余家大型勘察、设计、咨询单位联合组织桩基新技术学术交流 60 余次。企业的竹节实心方桩新技术也很快在杭州的大小项目中遍地开花，极大地推动了新技术等发展，使得企业实现二次高增长，推动了行业的桩基大发展。

2022 年以来，我在企业更多地参与全省及全国的技术与产业化方面的工作，研究会同时也需要国家级的专家来分享前沿的学术成果，提升学会的影响力。在研究会四十周年即将到来之际，受陈旭伟秘书长的建议启发，并获得了理事长罗尧治教授的支持帮助，与全国工程勘察设计大师任庆英、娄宇、郁银泉、方小丹、冯远、王立军、肖从真、丁永君、蒋建良、周建龙、陈彬磊、王翠坤、朱忠义等建立联系，落实了聘任研究会荣誉理事的工作。

企业的技术创新和产业化离不开研究会及各位专家长期以来的关心和支持，在企业发展初期，特别需要技术支撑和专家扶持的时候，得到了研究会专家们的大力支持和帮助，才让企业可以快速发展起来，研究会在企业发展过程中做出了很大的贡献。

同时，我个人的成长进步也离不开研究会各位领导和专家的帮助和教导，17 年来浮现眼前的都是专家们对我关心和帮助的场景，因为有了研究会这个平台，才有了自己和企业的发展，特别感谢研究会对我的帮助，未来我也将一如既往地支持研究会的工作，与专家们一起努力，让研究会越办越好。

这正是：凝聚一种力量，形成一种氛围，承担一种责任，体现一种价值，让研究会真正成为会员之家。

图 1　2024 年 11 月“科技之光青年讲堂”走进交口少年科学院

图 2　获 2025 年度中国产学研合作创新成果二等奖

深耕学术

SHEN GENG XUE SHU

·建筑结构

——部分研究会会员近十年论文集萃

繁荣学术　服务社会

Prosperous academic service to society

索穹顶结构体系创新研究

董石麟，涂　源
（浙江大学空间结构研究中心，浙江 杭州 310027）

摘　要： 我国自 2009 年开始建有跨度 20m 左右的索穹顶，至 2016 年已建成跨度超百米的索穹顶结构。但回顾国内外所建成的该类空间结构，均属于传统 Fuller 构想张拉整体类索穹顶。其上、下弦节点只有 1 根垂直于水平面的撑杆，形式比较单一，如肋环型索穹顶，上弦节点的环向水平刚度较差。为此，提出了 Fuller 构想单撑杆（不垂直于水平面）类索穹顶，有利于增加结构跨度。并进一步提出了非 Fuller 构想多撑杆（下弦节点可设置 2 根、3 根、4 根撑杆）类索穹顶。不仅可以改善结构传力性能，还能减少斜杆（斜索）和环索数量，方便施工张拉成形。若采用多种撑杆（包括单撑杆）且多种方式设置，当上弦选用径向布置时可归纳为肋环系列索穹顶，当上弦选用葵花布置时可归纳为葵花系列索穹顶。由肋环系列索穹顶和葵花系列索穹顶可构成多种组合形式索穹顶。本研究丰富了索穹顶结构形式、体系和类型，为索穹顶的设计和选型提供了新思路、新空间。

关键词： 索穹顶；创新结构体系；张拉整体结构；多撑杆类索穹顶；肋环系列索穹顶；葵花系列索穹顶；组合形式索穹顶

自肋环型索穹顶和葵花型索穹顶结构相继由美国工程师 Geiger[1]和 Levy 等[2]提出并在实际工程中得到应用，因其具有高效且轻盈的结构体系而备受关注。随后董石麟等[3-4]提出了 Kiewitt 型索穹顶和鸟巢型索穹顶结构，并对结构模型进行了试验研究。卓新等[5]研发了逐层双环肋环型索穹顶，薛素铎等[6]提出了劲性支撑索穹顶。在工程应用方面，我国从 2009 年开始在金华晟元集团标准厂房和无锡新区科技交流中心各建有跨度约 20m 的试点性索穹顶工程[7-8]，2011 年又在太原建成中国煤炭交易中心，为跨度 36m 的肋环型索穹顶结构，具有代表性的伊金霍洛旗 72m 跨肋环型索穹顶体育馆也于 2012 年在鄂尔多斯市建成并投入使用[9-10]，2016 年在天津理工大学建成了超百米跨度组合形式索穹顶体育馆和雅安 77.3m 跨度刚性屋面组合形式索穹顶，这些研究工作和工程实践都大力推动了索穹顶结构在我国的发展和应用。但上述索穹顶结构的形式和造型比较单一，并且都存在只设置单根竖向撑杆而径向平面外稳定性较弱的问题。对于肋环型索穹顶结构，为了铺设屋面膜材，还需额外附有稳定谷索。因此，为丰富索穹顶结构形式和改进索穹顶受力性能，通过对已有的索穹顶结构形式进行梳理和分析，作者提出了 Fuller 构想单撑杆索穹顶、非 Fuller 构想多撑杆类索穹顶、肋环系列与葵花系列索穹顶以及其组合形式索穹顶。文中对比分析各类索穹顶杆件拓扑关系、布置方式及其对受力性能的影响，研究撑杆数量及布设的变化对斜索数量、环索数量、结构受力特性、施工张拉的方便性以及整体结构优化等的影响。

1　Fuller 构想传统张拉整体类索穹顶

基于 Fuller 构想的传统张拉整体类索穹顶结构，主要包括肋环型、葵花型、Kiewitt 型及鸟巢型索穹顶等，均符合美国著名建筑师 Fuller[11]构想的“张拉整体”概念，即认为宇宙的各星球是万有引力这一平衡张力网中相互独立的受压体，而自然界中也总是趋于由孤立压杆所支承的连续张力状态，大自然符合“间断压连续拉”规律，而“Tensegrity”也正是“张拉”（Tensile）和“整体”（Integrity）的缩写。

到目前为止，完全意义上间断受压的张拉整体结构还未能在大型工程中得以实现，但是采用张拉整体构想的一种类张拉整体结构，即Fuller构想传统张拉整体类索穹顶（Traditional Cable Dome）在过去的十几年中得到迅速发展并获得成功应用。其中最负盛名的是美国结构工程师Geiger[1]对Fuller构想的引用和改造。Geiger在工程应用中改进Fuller最初构想的三角形网格，认为该方法会使结构赘余度大幅增加，因而重新设计了一种同样轻盈高效的结构体系，即支撑在圆形刚性周边构件上的预应力拉索-压杆体系，此体系具有张拉索的连续性和受压杆的不连续性特点，索沿环向及径向布置，并在屋顶铺设膜材。1988年，韩国奥运会体操馆是世界上第一个采用张拉整体概念的大型场馆，杆件布置属于Fuller构想传统索穹顶中的肋环型。

表1中给出了四种外形的Fuller构想传统张拉整体类索穹顶，均满足拉索的海洋与压杆的孤岛，且压杆孤岛的水平投影为一个点，从而相同压杆水平投影形成一道点环，如图1（b）所示，即单根压杆垂直于水平面，压杆之间不连通，因而压杆的稳定性较差。特别是肋环型索穹顶结构，上弦节点没有环向构件对其进行约束，致使结构的抗扭刚度和稳定性都较差。肋环型索穹顶的构造也相对比较简单，交于上、下节点的杆件数量均为4，而其他三种Fuller构想传统张拉整体类索穹顶上、下节点相连杆件数量均分别为7、5，平均为6。

(a) 一般情况（单撑杆类）　　(b) 特殊情况（传统类）

图1　Fuller构想传统类和单撑杆类索穹顶的撑杆平面投影示意

本文提出一种索穹顶结构平面、剖面示意的新表示方法（表1～表5），即对于环向单个区间内上、下弦节点相交的各类杆件，单杆时，采用单线表示；双杆时，采用双线表示。同时，在平面图中，将上弦、斜杆的水平投影线也示意其中，因此，平面图中也用双线表示。如表1中，综合平、剖面图即可准确、直接地看出肋环型、葵花型、Kiewitt型及鸟巢型索穹顶交于上、下弦节点的各类杆件数量。例如葵花型索穹顶结构中的A节点，实际结构中上弦节点由4根上弦（实线）、2根斜索（点划线）、1根撑杆（点线）相连，共有7根线交于A节点。

Fuller构想传统张拉整体类索穹顶　　　　表1

结构类型	肋环型	葵花型	Kiewitt型	鸟巢型
剖面	A B	A B	A_0 A B_0 B	A B
平面	A B	A B	A_0 B_0 A B	A B
交于上下弦节点的杆件数量	A节点，2+0+1+1=4 B节点，0+2+1+1=4	A节点，4+0+2+1=7 B节点，0+2+2+1=5	A节点，4+0+2+1=7 B节点，0+2+2+1=5 A_0节点，4+0+1+1=6 B_0节点，0+2+3+1=6	A节点，4+0+2+1=7 B节点，0+2+2+1=5

续表

结构类型	肋环型	葵花型	Kiewitt 型	鸟巢型
总节点数量T及总杆件数量M	$T=n[(m+1)+m]$ $=n(2m+1)$ $M=n[(m+1)+m+m+m]=n(4m+1)$	$T=n[(m+1)+m]$ $=n(2m+1)$ $M=n[(2m+1)+m+2m+m]=n(6m+1)$	$T=n\left[p!_{m-1}\left(p-1\right)!_{m+1}\right]$ $M=n\{[(2p!_m-m)+(p-m)]+(p-1)!_m+(2p!_m-m)+(p-1)!_m\}=n[4p!_m+2(p-1)!_m+p-3m$	$T=n[(m+1)+m]$ $=n(2m+1)$ $M=n[(2m+1)+m+2m+m]=n(6m+1)$

注：1.平面图中，——代表上弦杆（脊索）；－－－代表下弦杆（环索）；——代表斜杆（斜索）；……代表撑杆（压杆）。

2.交于节点杆件数量＝上弦杆数量＋下弦杆数量＋斜杆数量＋撑杆数量。

3.n为多边形数，m为环数。对 Kiewitt 型索穹顶，n为扇形数，p为一扇形内外圈边数，$p!_m$为 1 至p个正整数序列中，从大到小取m个正整数之和。

2 Fuller 构想单撑杆类索穹顶

Fuller 构想单撑杆类索穹顶的杆件布置仍然具有拉索海洋与撑杆（压杆）孤岛相结合构想的特点（表 2），但是文中改进了撑杆在竖向平面内的倾角，使之不再垂直于水平面，此时撑杆之间依旧不连通，这与传统索穹顶类似，因而结构性能也与传统索穹顶基本一致。但从表 2 可以看出，四种单撑杆类索穹顶的水平投影为一段径向线段，从而相同撑杆的水平投影形成一道径线段环，如图 1（a）所示，而传统类索穹顶是将单（斜）撑杆转为竖向压杆，为单撑杆类索穹顶的特殊情况。

对比表 1 中 Fuller 构想传统类索穹顶结构，由于撑杆的张开，单撑杆类索穹顶的上弦杆长度相对更长。因此，在相同条件下其跨度可大于传统类索穹顶的跨度。

Fuller 构想单撑杆类索穹顶　　表 2

结构类型	肋环单撑杆型	葵花单撑杆型	Kiewitt 单撑杆型	鸟巢单撑杆型
剖面	 A B	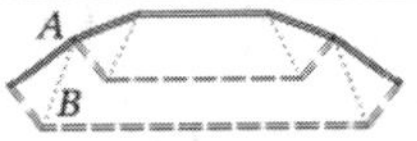 A B	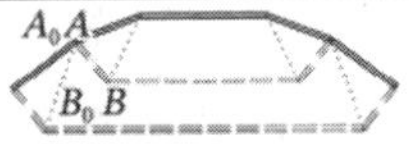 A_0 A B_0 B	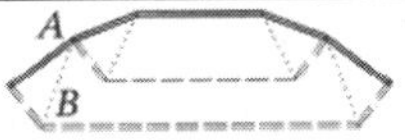 A B
平面	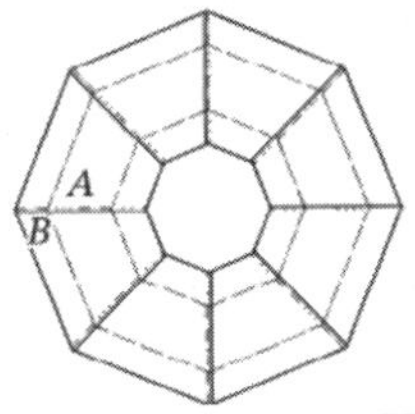 A B	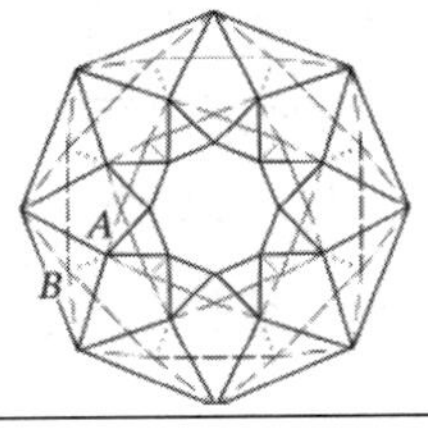 A B	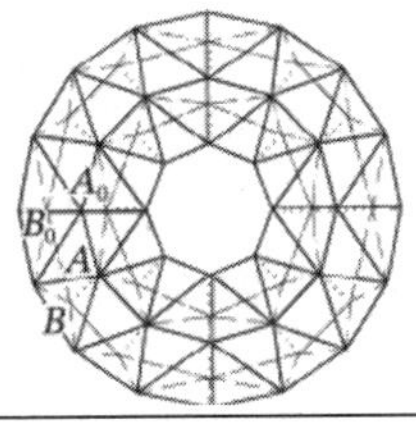 A_0 B_0 A B	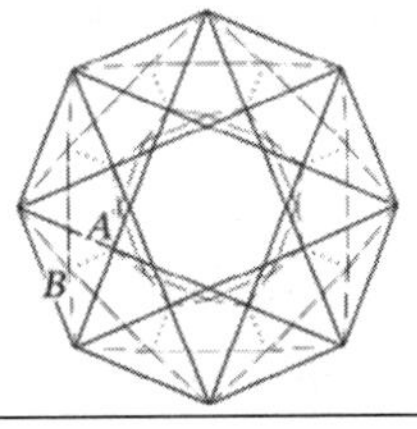 A B
交于上下弦节点杆件数量	A节点，$2+0+1+1=4$ B节点，$0+2+1+1=4$	A节点，$4+0+2+1=7$ B节点，$0+2+2+1=5$	A节点，$4+0+2+1=7$ B节点，$0+2+2+1=5$ A_0节点，$4+0+1+1=6$ B_0节点，$0+2+3+1=6$	A节点，$4+0+2+1=7$ B节点，$0+2+2+1=5$
总节点数量T及总杆件数量M	$T=n[(m+1)+m]$ $=n(2m+1)$ $M=n[(m+1)+m+m+m]=n(4m+1)$	$T=n[(m+1)+m]$ $=n(2m+1)$ $M=n[(2m+1)+m+2m+m]=n(6m+1)$	$T=n\left[p!_{m-1}\left(p-1\right)!_{m+1}\right]$ $M=n\{[(2p!_m-m)+(p-m)]+(p-1)!_m+(2p!_m-m)++(p-1)!_m\}=n[4p!_m+2(p-1)!_m+p-3m$	$T=n[(m+1)+m]$ $=n(2m+1)$ $M=n[(2m+1)+m+2m+m]=n(6m+1)$

注：符号含义同表 1。

3 非 Fuller 构想多撑杆类索穹顶

本文舍弃了 Fuller 构想而提出了多撑杆类索穹顶（表 3），并将其与传统形式索穹顶就拓扑形式、杆件数量、受力特性、施工难易与工程造价等方面进行对比。

在杆件拓扑形式和杆件数量方面，非 Fuller 构想多撑杆类索穹顶的下弦节点B可设置 2 根、3 根、4 根等多根撑杆，上弦节点可设置 1 根、2 根撑杆，上、下弦节点处相交杆件平均数量为 6，多撑杆类索穹顶各节点准确相交杆件数量、整体结构总杆件数量M与总节点数量T见表 3。

表 3 中的第一种为肋环双撑杆型索穹顶，其上弦按径向布置，下弦节点B设两根撑杆，上弦节点A也交有 2 根撑杆，相同撑杆的水平投影相连形成一锯齿形环［图 2（a）］，当变化节点B的位置，使△ABB垂直水平面时，相同撑杆的水平投影为一道一字形环［图 2（b）］，此时的索穹顶亦称为肋环人字型索穹顶，详见文献[12]。肋环双撑杆型索穹顶的上、下弦节点都有 2 杆撑杆相连，增加了节点的水平刚度，使整体结构的稳定性得以提高。但是斜索数量及布置仍与传统 Fuller 构想索穹顶类似，即其上、下弦节点分别交有 2 根斜索。这种杆件布置形式是最常用的。在张拉外圈斜索的过程中，应同时对称张拉 2 根斜杆（斜索）并且采取措施防止环索滑移。

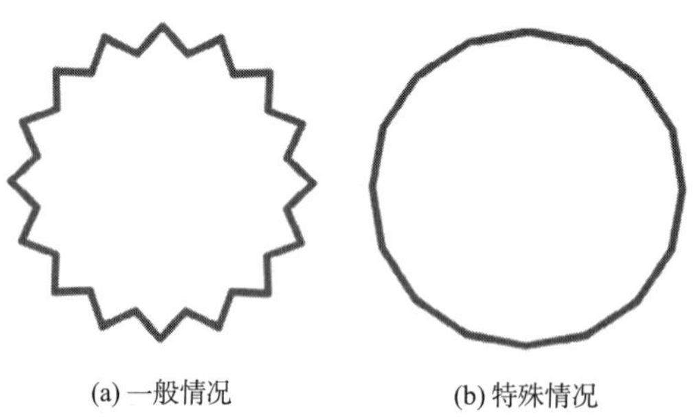

(a) 一般情况　　(b) 特殊情况

图 2　双撑杆型索穹顶撑杆的平面投影示意

表 3 中的第二种为葵花双撑杆型索穹顶，其上弦节点A和下弦节点B均设 2 根撑杆，将相同撑杆的水平投影相连形成一锯齿形环［图 2（a）］；特殊情况，当△ABB垂直水平面时，相同撑杆水平投影为一字形环［图 2（b）］，此时的索穹顶结构，就其结构拓扑形式，称之为脊杆环撑索穹顶[13]。跨度相同时，葵花双撑杆型索穹顶的上、下弦节点处仅设置一根径向斜索且跳格错位布置，比传统葵花型索穹顶的斜索数减少了一半，这有助于简化索穹顶的施工张拉成形，防止环索滑移。

表 3 中的第三种为肋环四撑杆型索穹顶，其上弦按径向布置，下弦节点B设 4 根撑杆，上弦节点A'、A分别交有 2 根撑杆，其中下弦节点交有 8 根杆件，各节点平均有 6 根杆件，因此，上、下弦节点的水平刚度均较大，有利于结构稳定，跨度相同时，由于一道环索内有 2 根上弦杆，故环索数量比肋环型单、双撑杆型索穹顶减少 50%，施工方便。相同撑杆的水平投影相连形成一道双锯齿形环［图 3（a）］。特殊情况，当变化B点的位置，使△$A'BA'$垂直水平面时，相同撑杆的水平投影为K形环［图 3（b）］。该结构亦称为肋环四角锥撑杆型索穹顶[14]。

非 Fuller 构想多撑杆类索穹顶　　**表 3**

结构类型	肋环双撑杆型	葵花双撑杆型	肋环四撑杆型	葵花三撑杆 I 型
剖面				
平面				
交于上下弦节点杆件数量	A节点，2＋0＋2＋2＝6 B节点，0＋2＋2＋2＝6	A节点，4＋0＋1＋2＝7 B节点，0＋2＋1＋2＝5	A节点，2＋0＋2＋2＝6 A'节点，2＋0＋0＋2＝4 B节点，0＋2＋2＋4＝8	A节点，4＋0＋1＋1＝6 A'节点，4＋0＋0＋2＝6 B节点，0＋2＋1＋3＝6

续表

结构类型	肋环双撑杆型	葵花双撑杆型	肋环四撑杆型	葵花三撑杆Ⅰ型
总节点数量T及总杆件数量M	$T=n[(m+1)+m]$ $=n(2m+1)$ $M=n[(m+1)+m+2m+2m]=n(6m+1)$	$T=n[(m+1)+m]$ $=n(2m+1)$ $M=n[(2m+1)+m+m+2m]=n(6m+1)$	$T=n[(2m+1)+m]$ $=n(3m+1)$ $M=n[(2m+1)+m+2m+4m]=n(9m+1)$	$T=n[(2m+1)+m]$ $=n(3m+1)$ $M=n[(4m+1)+m+m+3m]=n(9m+1)$

注：符号含义同表1。

表3中的第四种为文中提出的葵花三撑杆Ⅰ形索穹顶，其上弦按葵花型布置，撑杆采纳非Fuller构想，其中下弦节点B设三根撑杆，上弦节点A'交有两根撑杆，而上弦节点A只有一根撑杆，同类撑杆的水平投影相连形成一道Y形环［图4（a）］。特殊情况，当△$A'BB$垂直水平面时，同类撑杆的水平投影退化为一道T形环［图4（b）］。上下弦节点都只有一根斜索，每个上下弦节点均相交有6根杆件，非常匀称，一道环索辖有两段上弦杆。若跨度相同时，葵花三撑杆Ⅰ型索穹顶比葵花型索穹顶环索数减少了50%，而斜索数减少了75%。因此，为减少钢索材料用量和张拉工作量，简化环索防滑移措施，以降低工程造价，葵花三撑杆Ⅰ型索穹顶具有明显优势。

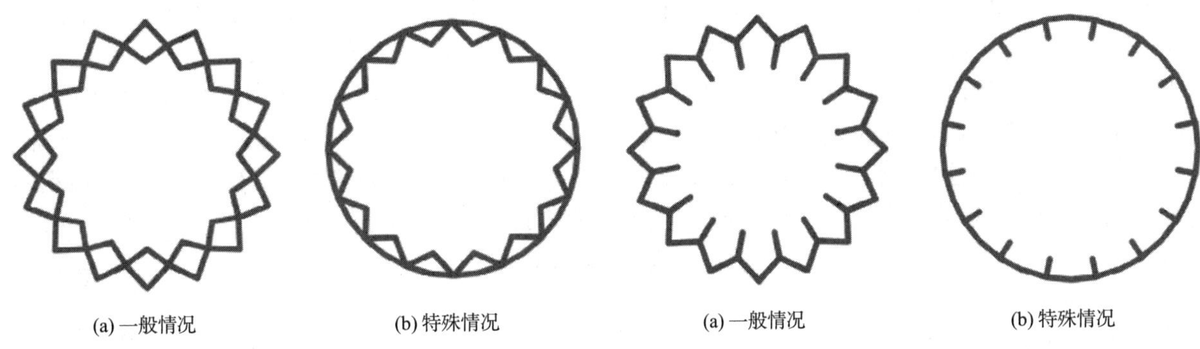

(a) 一般情况　(b) 特殊情况

图3　肋环四撑杆型索穹顶撑杆的平面投影示意

(a) 一般情况　(b) 特殊情况

图4　葵花三撑杆Ⅰ型索穹顶撑杆的平面投影示意

4 肋环系列索穹顶

文中对上弦径向布置、撑杆多种变化的索穹顶进行归纳，统称为肋环系列索穹顶（表4）。其中前两种基于Fuller构想，后两种基于非Fuller构想。需要说明的是，后两种下弦节点B的连线与上弦节点A的连线是错位布置的，因此，铺设屋面膜材时可不设置谷索。后两种索穹顶的刚度、整体稳定性均大于前两种。而肋环四撑杆型索穹顶中有4根撑杆，其环索数较其他三种索穹顶可减少1/2，方便施工。肋环系列索穹顶预应力态分析可证明其均属于一次超静定结构[12,14-15]。

肋环系列索穹顶　　表4

结构类型	肋环型	肋环单撑杆型	肋环双撑杆型	肋环四撑杆型
剖面	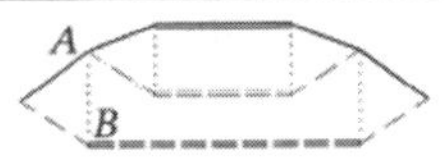 A B	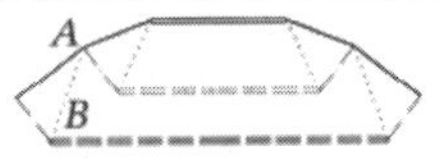 A B	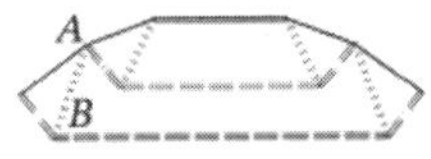 A B	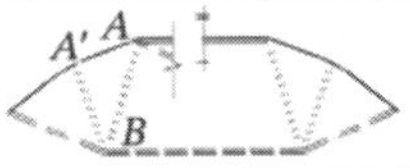 A' A B
平面	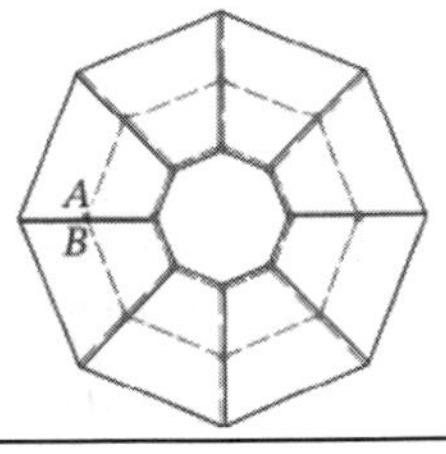 A B	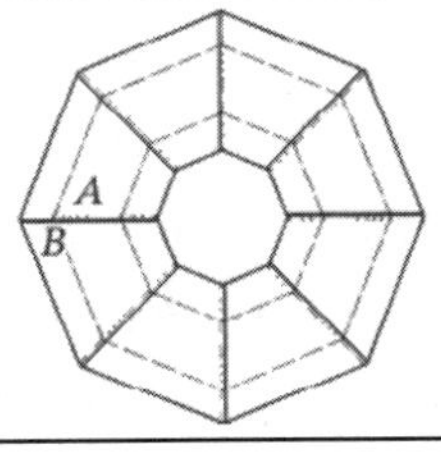 A B	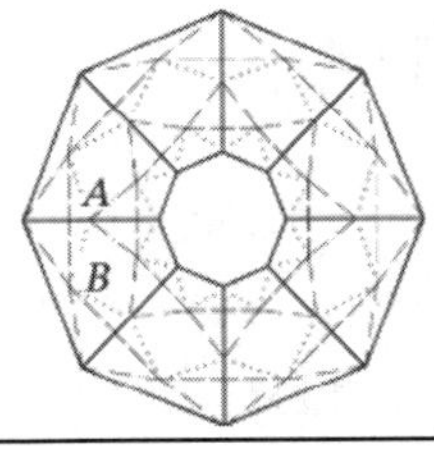 A B	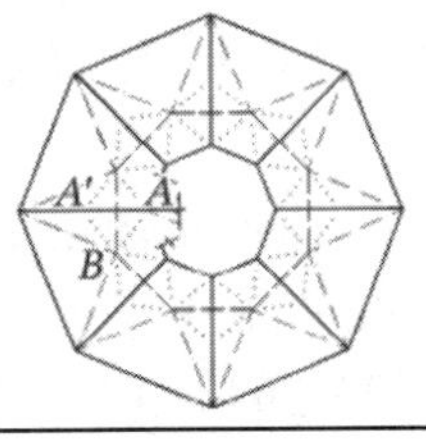 A' A B

续表

结构类型	肋环型	肋环单撑杆型	肋环双撑杆型	肋环四撑杆型
交于上下弦节点杆件数量	A节点，$2+0+1+1=4$ B节点，$0+2+1+1=4$	A节点，$4+0+2+1=7$ B节点，$0+2+2+1=5$	A节点，$2+0+2+2=6$ B节点，$0+2+2+2=6$	A节点，$2+0+2+2=6$ A'节点，$2+0+0+2=6$ B节点，$0+2+2+4=8$
总节点数量T及总杆件数量M	$T=n[(m+1)+m]$ $=n(2m+1)$ $M=n[(m+1)+m+m+m]=n(4m+1)$	$T=n[(m+1)+m]$ $=n(2m+1)$ $M=n[(m+1)+m+m+m]=n(4m+1)$	$T=n[(m+1)+m]$ $=n(2m+1)$ $M=n[(m+1)+m+2m+2m]=n(6m+1)$	$T=n[(2m+1)+m]$ $=n(3m+1)$ $M=n[(2m+1)+m+2m+4m]=n(9m+1)$

5 葵花系列索穹顶

对上弦葵花布置、多种撑杆变化的索穹顶进行汇总归纳，统称为葵花系列索穹顶，见表5。表中第一种（包括葵花型索穹顶）为基于Fuller构想，第2～4种均为非Fuller构想，其中第4种为葵花三撑杆Ⅱ型索穹顶，是文中提出的又一新型结构形式，葵花三撑杆Ⅱ型索穹顶的下弦节点B的位置向前错位跃进一格，设有3根撑杆，上弦节点A设有2根斜杆、2根撑杆，A'设有一根撑杆，A节点共有8根杆件相交。杆件总数比Ⅰ型要多。但葵花三撑杆Ⅱ型索穹顶的环索数量与Ⅰ型相同，跨度相同时，均比表5中第1、2种结构杆件数量减少50%。其相同撑杆的水平投影形成一倒Y形环。特殊情况，当$\triangle ABB$垂直水平面时，其水平投影为一倒T形环（图4）。后3种索穹顶比葵花单撑杆型索穹顶（包括葵花型索穹顶）斜杆减少，环索也减少。因此，可有效减少张拉成形次数，施工方便。葵花系列索穹顶预应力态分析均属于一次超静定结构[16]。

葵花系列索穹顶 表5

结构类型	葵花单撑杆型	葵花双撑杆型	葵花三撑杆Ⅰ型	葵花三撑杆Ⅱ型
剖面		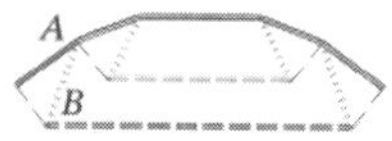	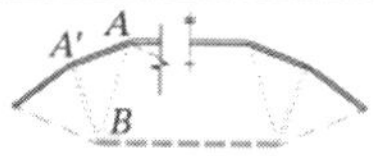	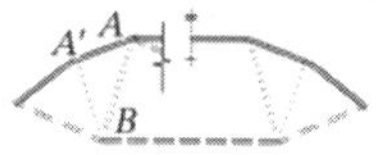
平面	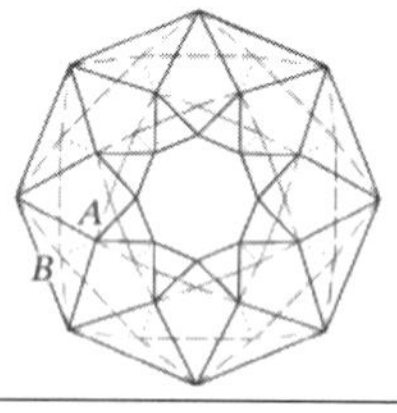	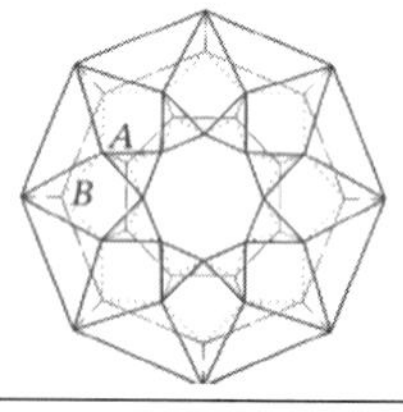	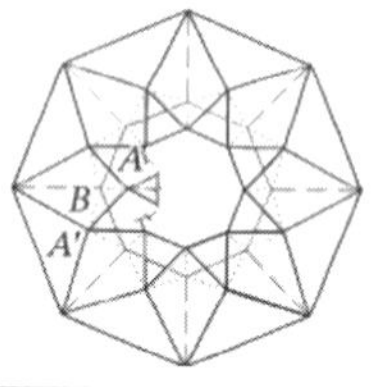	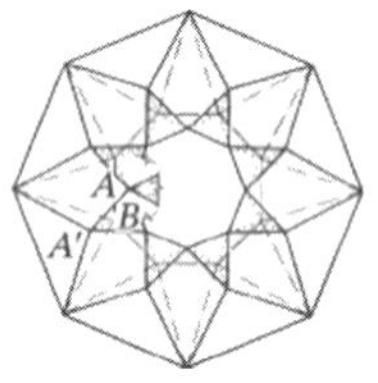
交于上下弦节点杆件数量	A节点，$4+0+2+1=7$ B节点，$0+2+2+1=5$	A节点，$4+0+1+2=7$ B节点，$0+2+1+2=5$	A节点，$4+0+1+1=6$ A'节点，$4+0+0+2=6$ B节点，$0+2+1+3=6$	A节点，$4+0+2+2=8$ A'节点，$4+0+0+1=5$ B节点，$0+2+2+3=7$
总节点数量T及总杆件数量M	$T=n[(m+1)+m]$ $=n(2m+1)$ $M=n[(2m+1)+m+2m+m]=n(6m+1)$	$T=n[(m+1)+m]$ $=n(2m+1)$ $M=n[(2m+1)+m+m+2m]=n(6m+1)$	$T=n[(2m+1)+m]$ $=n(3m+1)$ $M=n[(4m+1)+m+m+3m]=n(9m+1)$	$T=n(3m+1)$ $M=n[(4m+1)+m+2m+3m]=n(10m+1)$

6 组合形式索穹顶

2016年国内建成的跨度77.3m的雅安天全索穹顶体育馆和天津理工大学超百米跨度索穹顶体育馆，采用的均是Fuller构想葵花与肋环组合形式索穹顶。该形式索穹顶结构是在网格较稀疏的外环采用上弦交叉布置的葵花型，充分利用其较好的受力及稳定性能；而在网格较为集中的内圈，则采用上弦径向布置的肋环型，使内圈杆件不致过密。组合形式可改变结构形状单一的状况，使整体结构拥有更均匀的杆件布置，从而优化索穹顶结构，提高受力性能，使结构受力更加匀称，施工也更便捷。为了准确、简洁地表述组合形式索穹顶，文中继索穹顶平剖面新式图法之后，提出了一套系统的符号表达方法。此符号规则涵盖表 1～表 5 的各类索穹顶，并且包含其环索数、撑杆数、撑杆布置、结构等分数、上下弦相对位置关系等信息。在单一系列索穹顶中，肋环系列索穹顶可用符号${}_nG_{ms}$表示，葵花系列索穹顶用符号${}_nL_{ms}$表示；在组合形式索穹顶中，同系列组合形式索穹顶可用符号${}_nG_{ms+m's'}$、${}_nL_{ms+m's'}$表示，异系列组合形式索穹顶可用符号${}_nG_{ms}+{}_nL_{m's'}$、${}_nL_{ms}+{}_nG_{m's'}$表示。其中，n为结构等分数（多边形数），m为环数，s为撑杆数。

以${}_{16}L_{13(\mathrm{I})}+{}_{16}G_{22}$、${}_{16}L_{22(\mathrm{I})}+{}_{16}G_{13}$、${}_{16}L_{13(\mathrm{I})+12}$、${}_{16}L_{12+13(\mathrm{I})}$4 个索穹顶为例，介绍符号表达方法。图 5（a）中的异系列组合形式索穹顶用符号${}_{16}L_{13(\mathrm{I})}+{}_{16}G_{22}$表示，对应上述表达规则，16 代表结构最外边为十六边形，13(Ⅰ)代表外圈为一环葵花三撑杆Ⅰ型索穹顶，22 代表内圈为二环肋环双撑杆型索穹顶，整体为异系列组合形式索穹顶。从图 5 可见，其结构内部上、下弦节点都交有 6 根杆件（在G，L相交处也为 6 根杆件），但中部太过密集，需要对其进行优化。因此，考虑改用图 5（b）所示符号${}_{16}L_{13(\mathrm{I})}+{}_{16}G_{12}$代表异系列组合形式索穹顶，$m'$从 2 变为 1 代表内部肋环型布置减少了一环，网格变得匀称。利用文中提出的三撑杆构想，使一道环索内有 2 根上弦杆，则总共只需布设二道环索，这有助于整体结构杆件优化布置，见图 5（b）。图 6（a）中组合索穹顶用符号${}_{16}L_{13(\mathrm{I})+12}$表示，对应上述表达规则，16 代表结构最外边为十六边形，13(Ⅰ)代表外圈为一环葵花三撑杆Ⅰ型索穹顶，12 代表内环为一环葵花双撑杆型索穹顶，整体为同葵花系列组合形式索穹顶。考虑建筑造型，也可以将内、外环结构形式互换，如图 6（b）所示，外环采用一环葵花双撑杆型索穹顶，内环为一环葵花三撑杆Ⅰ型索穹顶，相应符号表达为${}_{16}L_{12+13(\mathrm{I})}$。图 6（a）与图 6（b）同为葵花系列组合形式索穹顶，与一般葵花型索穹顶${}_{16}L_{31}$相比，环索数由三道减少到二道，斜索数量由 $16\times2\times3=96$ 根减少到 $16\times2=32$ 根。因此，便于张拉施工，且可减少用索量和降低造价。

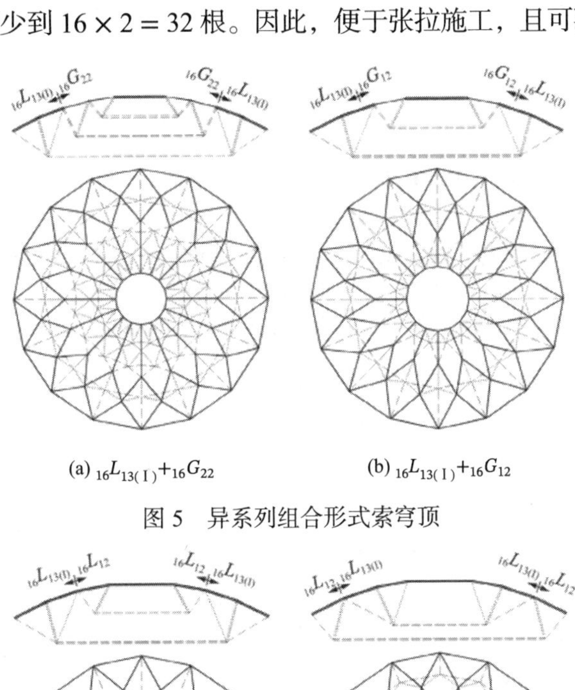

(a) ${}_{16}L_{13(\mathrm{I})}+{}_{16}G_{22}$　　(b) ${}_{16}L_{13(\mathrm{I})}+{}_{16}G_{12}$

图 5　异系列组合形式索穹顶

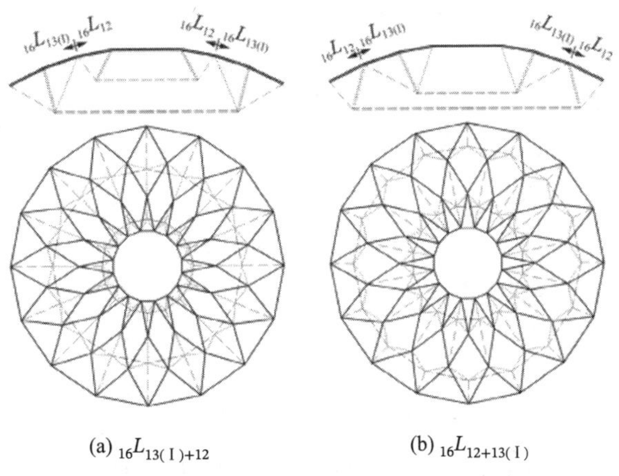

(a) ${}_{16}L_{13(\mathrm{I})+12}$　　(b) ${}_{16}L_{12+13(\mathrm{I})}$

图 6　同葵花系列组合形式索穹顶

7 结论

（1）国内已有应用的肋环型、葵花型索穹顶工程以及经过研究的 Kiewitt 型、鸟巢型索穹顶均可归为 Fuller 构想（拉索的海洋和压杆的孤岛）传统张拉整体类索穹顶结构，压杆垂直于水平面，相同压杆的水平投影为一道点环。

（2）将压杆在径向平面内倾斜一定角度，可构成称为 Fuller 构想单撑杆类索穹顶结构。仍是（拉索的海洋和压杆的孤岛）张拉整体类索穹顶，但相同压杆的水平投影是一道径向线段环。

（3）抛弃 Fuller 构想，在下弦节点采用 2 根、3 根、4 根等多撑杆的索穹顶，如肋环双撑杆型索穹顶、葵花双撑杆型索穹顶、肋环四撑杆型索穹顶、葵花三撑杆Ⅰ型及Ⅱ型索穹顶等，可归纳为非 Fuller 构想多撑杆类索穹顶。其共同特点是相同撑杆相互连接，水平投影是一道某一符号或某一字符环。对比肋环型和葵花型索穹顶，除丰富结构造型外，还可改善结构受力性能，减少斜索和环索的数量，方便索穹顶张拉施工成形。

（4）将上弦选用径向布置、用多种撑杆布设的索穹顶归纳为肋环系列索穹顶，可用${}_nG_{ms}$表示；将上弦选用葵花布置、用多种撑杆布设的索穹顶归纳为葵花系列索穹顶，可用${}_nL_{ms}$表示。

（5）由肋环系列和葵花系列索穹顶可构成多种组合形式索穹顶：如${}_nG_{ms+m's'}$、${}_nL_{ms+m's'}$为同系列组合形式索穹顶，${}_nG_{ms}+{}_nL_{m's'}$、${}_nL_{ms}+{}_nG_{m's'}$为异系列组合形式索穹顶。

（6）本文研究提出了多种新型索穹顶的形态，创新和丰富了索穹顶结构的形式、体系和类型，为索穹顶的选型、设计和施工提供了新方案和新空间。

参考文献

[1] GEIGER D H, STEFANIUK A, CHEN D.The design and construction of two cable domes for the Korean Olympics[C]//Shells, Membranes and Space Frame, Proceedings IASS Symposium. Madrid, Spain: IASS, 1986: 265-272.

[2] LEVY M P. The georgia dome and beyond: achieving lightweight-longspan structures[C]//Proceedings of IASS-ASCE International Symposium. Madrid, Spain: IASS, 1994: 560-562.

[3] 陈联盟，袁行飞，董石麟. Kiewitt 型索穹顶结构自应力模态分析及优化设计[J]. 浙江大学学报（工学版）, 2006, 40(1): 73-77.

[4] 包红泽，董石麟. 鸟巢型索穹顶结构的静力性能分析[J]. 建筑结构, 2008, 38(11): 11-13.

[5] 卓新，王苗夫，董石麟. 逐层双环肋环型索穹顶结构与施工成形方法: 200910153530[P].2009-09-30.

[6] 薛素铎，高占远，李雄彦，等. 一种新型预应力空间结构-劲性支撑穹顶[J]. 空间结构, 2013, 19(1): 3-9.

[7] 张成，吴慧，高博青，等. 肋环型索穹顶几何法施工及工程应用[J]. 深圳大学学报（理工版）, 2012, 29(3): 195-200.

[8] 史秋侠，朱智峰，裴敬. 无锡太湖国际高科技园区科技交流中心钢屋盖索穹顶结构设计[J]. 建筑结构, 2009, 39（增刊 1): 144-148.

[9] 洪国松，黄利顺，孙锋，等. 伊金霍洛旗体育中心大型索穹顶施工技术[J]. 建筑技术, 2011, 42(11): 1012-1014.

[10] 张国军，葛家琪，王树，等. 内蒙古伊旗全民健身体育中心索穹顶结构体系设计研究[J]. 建筑结构学报, 2012, 33(4): 12-22.

[11] FULLER R B. Tensile-integrity structures: 3063521[P]. 1962-11-13.

[12] 董石麟，梁昊庆. 肋环人字型索穹顶受力特性及其预应力态的分析法[J]. 建筑结构学报, 2014, 35(6): 102-108.

[13] 张爱林，白羽，刘学春，等. 新型脊杆环撑索穹顶结构静力性能分析[J]. 空间结构, 2017, 23(3): 11-20.

[14] 董石麟，梁昊庆. 肋环四角锥撑杆型索穹顶的形体及预应力态分析[C]//第十五届空间结构学术会议论文集. 上海：同济大学, 2014:1-10.

[15] 董石麟，袁行飞. 肋环型索穹顶初始预应力分布的快速计算法[J]. 空间结构, 2003, 9(2): 3-8.

[16] 董石麟，袁行飞. 葵花型索穹顶初始预应力分布的简捷计算法[J]. 建筑结构学报, 2004, 25(6): 9-14.

蜂窝三撑杆型索穹顶结构构形和预应力态分析研究

董石麟[1]，陈伟刚[1,2]，涂 源[1]，郑晓清[1,3]

（1. 浙江大学 空间结构研究中心，浙江 杭州 310058；2. 浙江东南网架股份有限公司，浙江 杭州 311200；
3. 浙江大学建筑设计研究院有限公司，浙江 杭州 310058）

摘 要： 本文详细研讨了一种新颖的蜂窝三撑杆型索穹顶，索穹顶结构的上弦索平面投影为蜂窝状网格，与下弦节点相连的有三根撑杆。不采用上下弦只有一根垂直水平面撑杆的“拉索海洋和压杆孤岛”传统张拉整体 Fuller 构想。这种新型蜂窝三撑杆型索穹顶的提出，既减少了环索与斜索用量，又提高了撑杆及结构的整体稳定性。本文对索穹顶预应力态采用节点平衡方程，详细推导和建立了蜂窝三撑杆型索穹顶索杆内力的一般性计算公式，对若干参数的索穹顶给出了索杆预应力的计算用表和大量的算例分析，以诠释索穹顶预应力态的分布规律和受力特性。本文的研究为索穹顶结构的选型和设计提供了一种新方案、新形体。

关键词： 蜂窝三撑杆型索穹顶；结构构形；预应力态；分析方法；受力特性；计算用表

索穹顶结构具有造型新颖、结构重量轻、技术经济指标优越的特点[1-2]，越来越受到国内外建筑及结构工程师的关注。近三十年来国内已建成或进行研究[3-8]的大多均是符合“拉索海洋和压杆孤岛”Fuller 构想传统意义上的索穹顶结构，上、下弦节点均只有一根垂直于水平面的撑杆（压杆），形式比较单一[9]。

近年来，文献[10-13]分别提出了非 Fuller 构想的上、下弦节点设有两根撑杆的肋环双撑杆型和葵花双撑杆型索穹顶的构形，并进行了结构受力和稳定性分析研究。文献[9,14]分别提出了下弦节点设有四根撑杆的蜂窝四撑杆型和肋环四撑杆型索穹顶的结构形体，并作了若干受力性能研究。

本文进一步提出了采用蜂窝形（任意等腰六边形）网格、下弦节点设有三根撑杆的新型索穹顶结构，并对其结构构形和预应力态的简洁分析法作了详细研究，为索穹顶结构的选型和设计提供了一种新方案、新形体。

1 蜂窝三撑杆型索穹顶的建筑造型和结构形态

蜂窝三撑杆型索穹顶的三维图及剖面如图 1 所示。在构造上，它由上弦脊索层、中部斜索与撑杆层、下弦环索层构成，其上弦脊索层是平面投影为蜂窝状的任意等腰六边形。交于上、下弦节点A、A'、B（图 1）的杆件数 = 上弦杆数 + 下弦杆数 + 斜杆数 + 撑杆数[9]，分别是：

A节点杆件数 $= 3 + 0 + 2 + 1 = 6$

A'节点杆件数 $= 3 + 0 + 0 + 2 = 5$

B节点杆件数 $= 0 + 2 + 2 + 3 = 7$

蜂窝三撑杆型索穹顶结构的总节点数N和总杆件数Q为：

$$N = n[(2m + 1) + m] = n(3m + 1)$$

$$Q = n[(3m + 1) + m + 2m + 3m] = n(9m + 1)$$

式中：n为多边形数；m为环索数。蜂窝三撑杆索穹顶结构可采用带左右3个角标的字母${}_nH_{ms}$表示[9]，如图1所示，索穹顶为${}_{12}H_{33}$，即$n=12$，$m=3$，$s=3$表示该索穹顶为12边形、三道环索、下弦节点设有三根撑杆。

与传统Fuller构想的葵花型索穹顶结构相比，蜂窝三撑杆型索穹顶结构具有以下优点：

（1）上弦节点均只有三根上弦杆相交，形成的蜂窝形网格大，上弦杆件相对较少[9]；

（2）有效减少了环索数量，通常情况下只设置二道或三道环索即可；

（3）撑杆自身稳定性好，提高了结构的整体稳定性；

（4）减少了上弦环索及斜索数量的同时，降低了结构索用量，经济性能优异；

（5）一道环索可对应管辖二段上弦杆，在上弦杆段数相同情况下，蜂窝三撑杆索穹顶的跨度可增大；

（6）如图1所示，蜂窝三撑杆型索穹顶的建筑造型丰富，结构美和建筑美在同一索穹顶结构中都能得到体现。

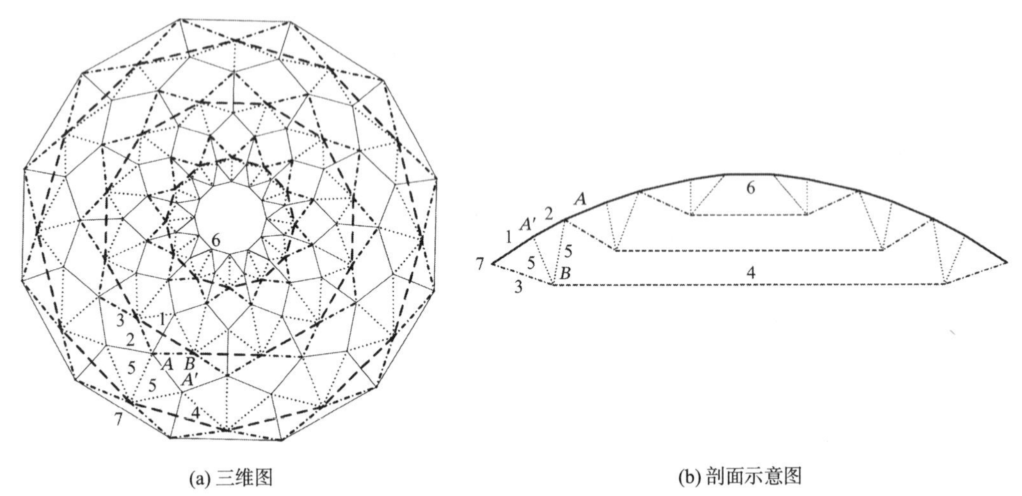

(a) 三维图

(b) 剖面示意图

图1 蜂窝三撑杆型索穹顶三维图及剖面示意图

1—径向脊索；2—斜向脊索；3—斜索；4—环索；5—三根撑杆；6—上弦内环索；7—刚性环梁

2 蜂窝三撑杆型索穹顶预应力态分析

2.1 设有内孔结构

对于中间开孔的蜂窝三撑杆型索穹顶（图1），根据其对称性，沿结构环向可分为n等分，取$1/n$结构进行内力分析。由于索穹顶结构设有刚度较大的外环梁，故可假定索穹顶支承在不动铰支座上，结构的$1/n$分析示意图和计算简图如图2所示。节点1_{a}、$1'$、2_{b}、…、i_{a}、i'、…位于同一径向对称平面，节点1_{b}、2_{a}、$2'$、…、i_{b}、…、j_{a}位于相邻的另一径向对称平面，该结构在轴对称荷载作用下为一次超静定结构。结构剖面图和平面图如图3所示，为便于分辨，上弦脊索和上弦内环索用实线“——”表示，下弦环索用虚线“----”表示，斜索用点划线“-·-·-·-”，撑杆用点线“·········”。索杆内力分别用$T_{i\mathrm{a}}$、$T_{i\mathrm{b}}$、H_i、B_i、$V_{i\mathrm{a}}$、$V_{i\mathrm{b}}$、$H_{1\mathrm{p}}$表示，$\alpha_{i\mathrm{a}}$、$\alpha_{i\mathrm{b}}$、β_i、$\varphi_{i\mathrm{a}}$、$\varphi_{i\mathrm{b}}$分别表示脊索、斜索、撑杆与水平面的夹角，$\gamma_{i\tau}$、γ_i、$\gamma_{i\mathrm{v}}$分别表示脊索$T_{i\mathrm{a}}$、斜索B_i、撑杆$V_{i\mathrm{b}}$的水平投影与所在蜂窝单元的主径线间夹角。

以内环处脊索内力$T_{i\mathrm{a}}$为基准，由内向外对各节点建立平衡方程[15]，可逐次推导索杆内力计算公式。

节点1_{a}：

$$
\begin{cases}
V_{1\mathrm{a}} = -\dfrac{2\sin\alpha_{1\mathrm{a}}}{\sin\phi_{1\mathrm{a}}}T_{1\mathrm{a}} \\
H_{1\mathrm{p}} = \dfrac{\cos\alpha_{1\mathrm{a}}\cos\gamma_{1\tau} - \sin\alpha_{1\mathrm{a}}\cot\alpha_{1\mathrm{a}}}{\sin\pi/n}T_{1\mathrm{a}}
\end{cases}
\tag{1}
$$

节点1_b：

$$
\begin{cases}
T_{1b} = \dfrac{2\sin\alpha_{1a}\cos\phi_{1b}\cos\left(\gamma_{1v}-\dfrac{\pi}{n}\right)+2\sin\phi_{1b}\cos\alpha_{1a}\cos\left(\gamma_{1\tau}-\dfrac{\pi}{n}\right)}{\sin\alpha_{1b}\cos\phi_{1b}\cos\left(\gamma_{1v}-\dfrac{\pi}{n}\right)+\cos\alpha_{1b}\sin\phi_{1b}}T_{1a} \\
V_{1b} = \dfrac{-\sin\alpha_{1b}\cos\alpha_{1a}\cos\left(\gamma_{1\tau}-\dfrac{\pi}{n}\right)+\sin\alpha_{1a}\cos\alpha_{1b}}{\sin\alpha_{1b}\cos\phi_{1b}\cos\left(\gamma_{1v}-\dfrac{\pi}{n}\right)+\cos\alpha_{1b}\sin\phi_{1b}}T_{1a}
\end{cases}
\tag{2}
$$

节点$1'$：

$$
\begin{cases}
B_1 = -\dfrac{V_{1a}\sin\phi_{1a}+2V_{1b}\sin\phi_{1b}}{2\sin\beta_1} \\
H_1 = \dfrac{-(\sin\phi_{1b}\cot\beta_1+\cos\phi_{1a})V_{1a}+2(\cos\phi_{1b}\cos\gamma_{1v}-\sin\phi_{1b}\cot\beta_1)V_{1b}}{2\sin\pi/n}
\end{cases}
\tag{3}
$$

节点i_a，i_b，i'，当$i \geqslant 2$时：

$$
\begin{cases}
T_{ia} = \dfrac{\left[\sin\varphi_{(i-1)b}\cos\phi-\sin\phi_{ia}\cos\phi_{(i-1)b}\right]T_{(i-1)b}-2\left[\sin\beta_{i-1}\cos\phi_{ia}+\sin\phi_{ia}\cos\beta_{i-1}\cos\left(\gamma_i-\dfrac{\pi}{n}\right)\right]B_{i-1}}{2(\sin\alpha_{ia}\cos\phi_{ia}-\sin\phi_{ia}\cos\alpha_{ia}\cos\gamma_{i\tau})} \\
V_{ia} = \left\{\left[\sin\alpha_{ia}\cos\phi_{(i-1)b}-\cos\alpha_{ia}\cos\gamma_{i\tau}\sin\phi_{(i-1)b}\right]\right\}T_{(i-1)b}+ \\
\qquad 2\dfrac{\left[\sin\alpha_{ia}\cos\beta_{i-1}\cos\left(\gamma_i-\dfrac{\pi}{n}\right)+\cos\alpha_{ia}\cos\gamma_{i\tau}\sin\beta_{i-1}\right]B_{i-1}\}}{(\sin\alpha_{ia}\cos\phi_{ia}-\sin\phi_{ia}\cos\alpha_{ia}\cos\gamma_{i\tau})} \\
T_{ib} = \dfrac{2\left[\sin\alpha_{ia}\cos\phi_{ib}\cos\left(\gamma_{iv}-\dfrac{\pi}{n}\right)+\sin\phi_{ib}\cos\left(\gamma_{i\tau}-\dfrac{\pi}{n}\right)\right]}{\sin\alpha_{ib}\cos\phi_{ib}\cos\left(\gamma_{iv}-\dfrac{\pi}{n}\right)+\cos\alpha_{ib}\sin\phi_{ib}}T_{ia} \\
V_{ib} = \dfrac{-\sin\alpha_{ib}\cos\alpha_{ia}\cos\left(\gamma_{i\tau}-\dfrac{\pi}{n}\right)+\sin\alpha_{ia}\cos\alpha_{ib}}{\sin\alpha_{ib}\cos\alpha_{ib}\cos\left(\gamma_{iv}-\dfrac{\pi}{n}\right)+\cos\alpha_{ib}\sin\phi_{ib}}T_{ia} \\
B_i = \dfrac{-(V_{ia}\sin\phi_{ia}+2V_{ib}\sin\phi_{ib})}{2\sin\beta_i} \\
H_i = \dfrac{-(\sin\phi_{ia}\cot\beta_i+\cos\phi_{ia})V_{ia}+2(\cos\phi_{ib}\cos\gamma_{iv}-\sin\phi_{ib}\cot\beta_i)V_{ib}}{2\sin\pi/n}
\end{cases}
\tag{4}
$$

从结构内力计算公式(1)～公式(4)可知，如内环处上弦杆内力T_{ia}已知，则索穹顶结构所有索杆预应力分布便可确定[9]。

2.2 不设内孔结构

对于不设内孔的蜂窝三撑杆索穹顶结构，在进行预应力态分析时，结构的局部剖面图和平面图如图 4 所示，图中孔内结构仅由上弦杆$\overline{O1_a}$、斜向撑杆$\overline{O'1_a}$和竖向撑杆$\overline{OO'}$组成，其内力可用T_0、B_0、V_0表示，α_0、β_0为相应上弦、斜杆的倾角[15]。

参考 3.1 节的推导过程，对各节点建立平衡方程，依次对结构中各索杆的内力进行推导。

节点O、O'：

$$
\begin{cases}
T_0 = \dfrac{-V_0}{n\sin\alpha_0} \\
B_0 = \dfrac{-V_0}{n\sin\beta_0}
\end{cases}
\tag{5}
$$

节点1_a：

$$
\begin{cases}
V_0 = \dfrac{2n(\sin\alpha_{1a}\cos\phi_{1a}-\cos\alpha_{1a}\cos\gamma_{1\tau})}{\cot\alpha_0+\cot\beta_0}T_{1a} \\
V_{1a} = \dfrac{-2\sin\alpha_{1a}}{\sin\phi_{1a}}T_{1a}
\end{cases}
\tag{6}
$$

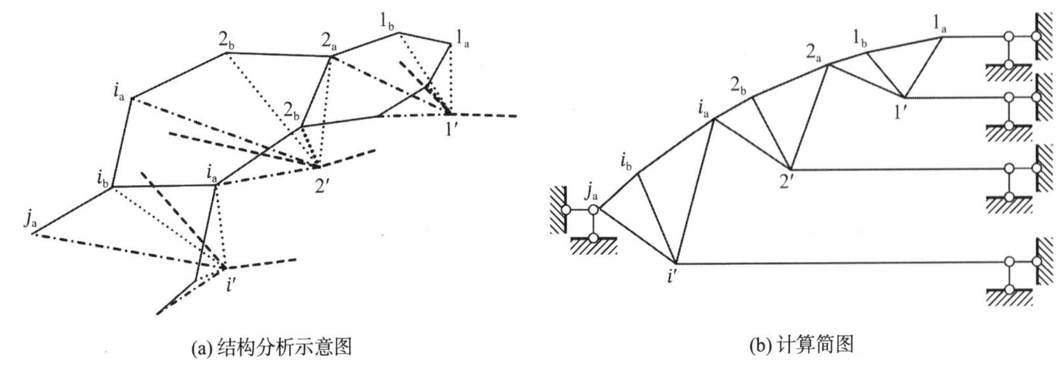
(a) 结构分析示意图　　(b) 计算简图

图 2　设有内孔时结构分析示意图和计算简图

节点1_b、$1'$及节点i_a、i_b、i'，当$i \geqslant 2$时，与 3.1 节计算中间有孔索穹顶结构的式(2)～式(4)完全相同。因此，若T_{1a}已知，那么中间不开孔的蜂窝三撑杆型索穹顶预应力态的索杆内力分布也可确定[9]。

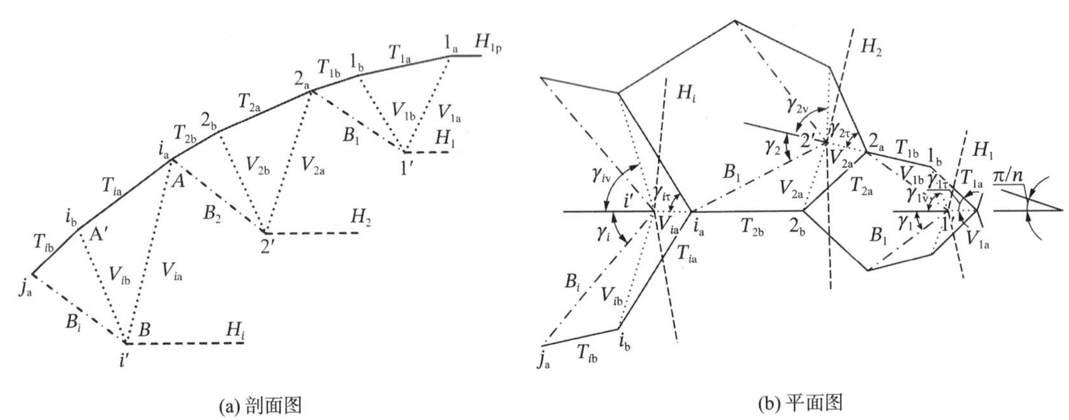
(a) 剖面图　　(b) 平面图

图 3　设有内孔时结构分析用的剖面图和平面图

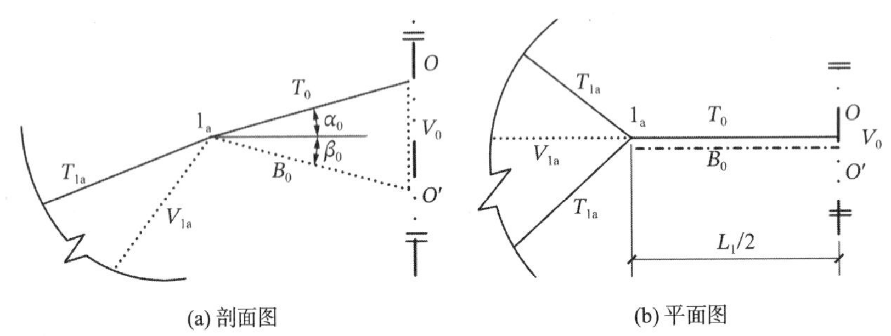
(a) 剖面图　　(b) 平面图

图 4　不设内孔时索穹顶中部局部剖面图和平面图

3　预应力索杆内力的若干参数分析和计算用表

3.1　设有内孔结构

蜂窝三撑杆型索穹顶结构中部开孔时，分别用L、L_1、f、R表示结构的跨度、孔跨、矢高和球面穹顶半径。简化的半榀平面桁架尺寸如图 5 所示，球面上各圈上弦节点水平投影构成的各圈圆半径之间满足下列条件：

$$r_{(i+1)a} - r_{ib} = r_{ib} - r_{ia} = \Delta \tag{7}$$

由几何关系可确定：

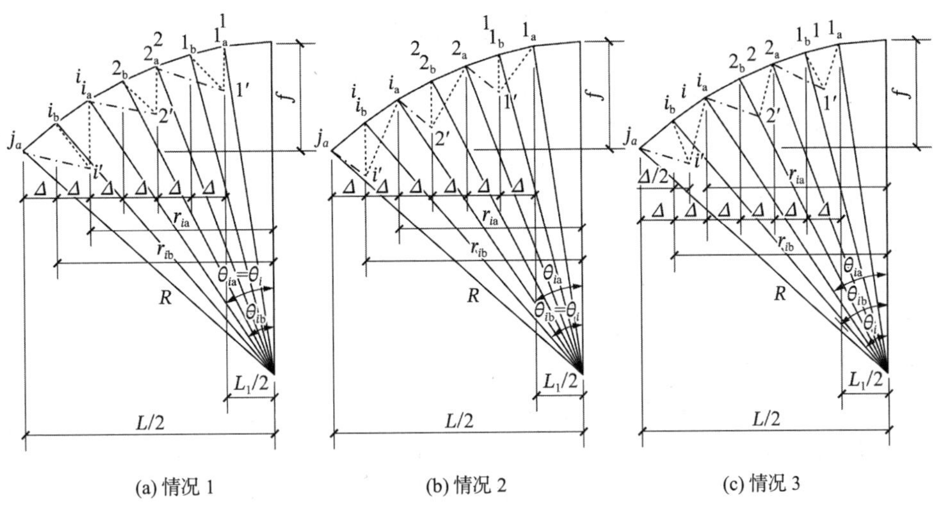

(a) 情况 1　(b) 情况 2　(c) 情况 3

图 5　设有内孔时结构简化半榀平面桁架图

$$
\begin{cases}
R=\dfrac{L^2}{8f}+\dfrac{f}{2}\\
\Delta=\dfrac{L-L_1}{4(j-1)}\\
r_{ia}=R\sin\theta_{ia}=\dfrac{L_1}{2}+2(i-1)\Delta\\
r_{ib}=R\sin\theta_{ib}=\dfrac{L_1}{2}+(2i-1)\Delta\\
r_{i'}=r_i=R\sin\theta_i\\
h_{ia}=R(\cos\theta_{ia}-\cos\theta_{ib})\\
h_{ib}=R\left(\cos\theta_{ib}-\cos\theta_{(i+1)a}\right)\\
h_{i'}=h_i=R\left(\cos\theta_i-\cos\theta_{(i+1)a}\right)\\
h_{i'a}=h_i+h_{ia}+h_{ib}\\
h_{i'b}=h_i+h_{ib}\\
S_{ia}=\sqrt{\left(r_{ib}\sin\dfrac{\pi}{n}\right)^2+(r_{i'}-r_{ia})^2}\\
S_{ib}=\Delta\\
S_{i'}=\sqrt{\left(r_{(i+1)a}\sin\dfrac{\pi}{n}\right)^2+\left(r_{(i+1)a}\cos\dfrac{\pi}{n}-r_{i'}\right)^2}\\
S_{i'a}=r_{i'}-r_{ia}\\
S_{i'b}=\sqrt{\left(r_{ib}\sin\dfrac{\pi}{n}\right)^2+\left(r_{ib}\cos\dfrac{\pi}{n}-r_{i'}\right)^2}
\end{cases}
$$

$$\alpha_{ia}=\tan^{-1}\frac{h_{ia}}{S_{ia}}$$

$$\alpha_{ib}=\tan^{-1}\frac{h_{ib}}{S_{ib}}$$

$$\beta_i=\tan^{-1}\frac{h_{i'}}{S_{i'}}$$

$$\varphi_{ia}=\tan^{-1}\frac{h_{i'a}}{S_{i'a}}$$

$$\varphi_{ib}=\tan^{-1}\frac{h_{i'b}}{S_{i'b}}$$

$$\gamma_{i\tau}=\tan^{-1}\frac{r_{ib}\sin\dfrac{\pi}{n}}{r_{ib}\cos\dfrac{\pi}{n}-r_{ia}}$$

$$\gamma_{i}=\tan^{-1}\frac{r_{(i+1)a}\sin\dfrac{\pi}{n}}{r_{(i+1)a}\cos\dfrac{\pi}{n}-r_{i'}}$$

$$\gamma_{iv}=\tan^{-1}\frac{r_{ib}\sin\dfrac{\pi}{n}}{r_{ib}\cos\dfrac{\pi}{n}-r_{i'}} \tag{8}$$

式(8)中，h_{ia}、h_{ib}、$h_{i'}$、$h_{i'a}$、$h_{i'b}$分别为上弦T_{ia}、T_{ib}，斜索B_i，撑杆V_{ia}、V_{ib}的高度，S_{ia}、S_{ib}、$S_{i'}$、$S_{i'a}$、$S_{i'b}$为相应索杆的水平投影长度[9]。

根据节点i'的位置不同，可分三种情况来考虑：情况 1，$r_{i'}-r_{ia}=0$，即撑杆$\bar{i'}i_a$垂直于水平面，见图 5（a），根据几何关系式(8)，由式(1)～式(4)，当$f/L=0.10$、0.15、0.20，$j=2$、3、4，$L_{1/2}=\Delta$，$n=12$，相对内力$T_{1a}=1.0$时，可求得各索杆预应力的结果，见表 1 所示；情况 2，$r_{i'}-r_{ia}=\frac{\Delta}{2}$，见图 5（b）；情况 3，$r_{ib}\cos\frac{\pi}{n}-r_{i'}=0$，此时，节点$r_{ib}$、$r_i'$、$r_{ib}$构成的三角形平面垂直于水平面，见图 5（c）。依次类推，可得到情况 2、情况 3 条件下结构各索杆预应力的计算结果，详见表 1。

设内孔时蜂窝三撑杆型索穹顶预应力态索杆内力计算用表　　表 1

f/L	j	i	情况 1：$r_{i'}-r_{ia}=0$，$n=12$							情况 2：$r_{i'}-r_{ia}=\frac{\Delta}{2}$，$n=12$							情况 3：$r_{ib}\cos\left(\frac{\pi}{n}\right)-r_{i'}=0$，$n=12$						
			T_{ia}	V_{ia}	T_{ib}	V_{ib}	B_i	H_i	H_{ip}	T_{ia}	V_{ia}	T_{ib}	V_{ib}	B_i	H_i	H_{ip}	T_{ia}	V_{ia}	T_{ib}	V_{ib}	B_i	H_i	H_{ip}
0.1	2	1	1.00	−0.71	2.00	0.00	1.27	4.89	3.16	1.00	−0.59	1.91	−0.06	1.12	4.60	2.74	1.00	−0.52	2.05	−0.20	1.20	5.15	2.57
	3	1	1.00	−0.44	2.12	0.00	1.30	5.12	3.30	1.00	−0.42	2.01	−0.04	1.12	4.72	2.80	1.00	−0.45	2.00	−0.15	1.18	5.22	2.58
		2	3.49	−1.30	5.85	−0.04	2.41	8.88	—	3.13	−0.77	5.21	−0.07	1.48	6.02	—	2.85	−0.38	5.10	−0.20	1.07	4.45	—
	4	1	1.00	−0.32	2.23	0.00	1.30	5.19	3.34	1.00	−0.36	2.08	−0.04	1.12	4.75	2.82	1.00	−0.43	1.98	−0.13	1.17	5.23	2.58
		2	3.61	−0.91	5.91	−0.03	2.37	8.92	—	3.23	−0.52	5.24	−0.06	1.32	5.46	—	2.87	−0.20	4.96	−0.18	0.82	3.37	—
		3	10.33	−2.33	13.88	−0.07	4.50	16.64	—	7.71	−0.95	10.44	−0.09	2.02	8.20	—	6.30	−0.30	9.39	−0.21	1.06	4.33	—
0.15	2	1	1.00	−0.97	1.97	0.00	1.24	4.54	2.95	1.00	−0.78	1.95	−0.09	1.14	4.40	2.66	1.00	−0.62	2.16	−0.28	1.24	5.04	2.55
	3	1	1.00	−0.62	2.10	0.00	1.28	4.98	3.21	1.00	−0.53	2.02	−0.05	1.12	4.65	2.77	1.00	−0.49	2.03	−0.18	1.19	5.18	2.57
		2	3.43	−1.92	6.09	−0.06	2.48	8.68	—	3.05	−1.22	5.42	−0.10	1.69	6.55	—	2.84	−0.76	5.50	−0.25	1.44	5.93	—
	4	1	1.00	−0.45	2.22	0.00	1.30	5.11	3.29	1.00	−0.43	2.08	−0.04	1.12	4.72	2.80	1.00	−0.45	2.00	−0.15	1.18	5.22	2.58
		2	3.56	−1.32	5.98	−0.04	2.41	8.84	—	3.16	−0.77	5.28	−0.07	1.45	5.90	—	2.85	−0.40	5.12	−0.20	1.09	4.53	—
		3	9.98	−3.60	14.39	−0.09	4.75	16.79	—	7.60	−1.78	11.09	−0.12	2.61	10.22	—	6.79	−1.09	11.05	−0.25	2.13	8.86	—
0.2	2	1	1.00	−1.16	1.96	0.00	1.22	4.18	2.75	1.00	−0.94	2.01	−0.14	1.16	4.18	2.56	1.00	−0.72	2.31	−0.38	1.30	4.91	2.54
	3	1	1.00	−0.76	2.09	0.00	1.27	4.83	3.13	1.00	−0.62	2.04	−0.06	1.12	4.57	2.73	1.00	−0.54	2.07	−0.21	1.20	5.14	2.57
		2	3.40	−2.51	6.54	−0.09	2.57	8.40	—	3.01	−1.70	5.85	−0.14	1.87	6.80	—	2.84	−1.17	6.12	−0.32	1.74	6.83	—
	4	1	1.00	−0.56	2.21	0.00	1.29	5.03	3.24	1.00	−0.49	2.09	−0.05	1.12	4.68	2.78	1.00	−0.48	2.02	−0.17	1.19	5.19	2.58
		2	3.52	−1.69	6.10	−0.05	2.45	8.74	—	3.11	−1.03	5.38	−0.09	1.58	6.25	—	2.84	−0.62	5.33	−0.23	1.31	5.46	—
		3	9.76	−4.93	15.48	−0.12	5.06	16.72	—	7.58	−2.78	12.24	−0.15	3.15	11.66	—	7.23	−2.08	13.24	−0.30	3.01	12.19	—

3.2　不设内孔结构

蜂窝三撑杆型索穹顶结构不设内孔时，其简化半榀平面桁架仍可采用图 5，原有孔洞处杆件布置可参见图 4，一般可确定为：

$$\beta_0=\alpha_0=\tan^{-1}\frac{R(1-\cos\theta_{1a})}{L_1/2}=\tan^{-1}\frac{R(1-\cos\theta_{1a})}{\Delta} \tag{9}$$

此时，根据所建立的计算式(8)和式(9)，由式(2)～式(6)，便可求得不设内孔情况时，三种条件下蜂窝三撑杆索穹顶结构的预应力态索杆内力（相对内力$T_{1a}=1.0$时）计算结果，见表 2。

从表 1、表 2 中 54 个算例的结果可以看出，蜂窝三撑杆型索穹顶结构预应力态的相对内力分布特点非常鲜明，主要有以下特点：

（1）结构的索杆内力呈现出由内至外逐环成倍递增的特点，进一步说明了减少索穹顶的环索数量是有利的。

（2）当下弦节点i_1'的位置由内向外移动时，索穹顶结构相应的索杆内力变化明显，说明合理选取下弦节点i'的位置是结构优化的重点。

（3）将矢跨比从 0.1 增加至 0.2 时，结构中相应索杆内力的变化值均小于 10%，说明了矢跨比对预应力态影响不大。

（4）由于结构中部是否设孔，节点1_b、$1'$及节点i_a、i_b、i'，当$i\geqslant 2$时各索杆内力计算公式完全相同，因此，当相对内力$T_{1a}=1.0$时，计算用表 1、表 2 中相应索杆内力也完全相同。

不设内孔时蜂窝三撑杆型索穹顶预应力态索杆内力计算用表　　表 2

f/L	j	i	情况 1：$r_{i'}-r_{ia}=0$，$n=12$						情况 2：$r_{i'}-r_{ia}=\frac{\Delta}{2}$，$n=12$						情况 2：$r_{ib}\cos\left(\frac{\pi}{n}\right)-r_{i'}=0$，$n=12$					
			T_{ia}	V_{ia}	T_{ib}	V_{ib}	B_i	H_i	T_{ia}	V_{ia}	T_{ib}	V_{ib}	B_i	H_i	T_{ia}	V_{ia}	T_{ib}	V_{ib}	B_i	H_i
0.1	2	0	0.82	−0.63	0.00	0.00	0.82	—	0.73	−0.56	0.00	0.00	0.73	—	0.73	−0.57	0.00	0.00	0.73	—
		1	1.00	−0.71	2.00	0.00	1.27	4.89	1.00	−0.59	1.91	−0.06	1.12	4.60	1.00	−0.52	2.05	−0.20	1.20	5.15
	3	0	0.85	−0.39	0.00	0.00	0.85	—	0.76	−0.35	0.00	0.00	0.76	—	0.78	−0.36	0.00	0.00	0.78	—
		1	1.00	−0.44	2.12	0.00	1.30	5.12	1.00	−0.42	2.01	−0.04	1.12	4.72	1.00	−0.45	2.00	−0.15	1.18	5.22
		2	3.49	−1.30	5.85	−0.04	2.41	8.88	3.13	−0.77	5.21	−0.07	1.48	6.02	2.85	−0.38	5.10	−0.20	1.07	4.45
	4	0	0.86	−0.28	0.00	0.00	0.86	—	0.78	−0.26	0.00	0.00	0.78	—	0.80	−0.26	0.00	0.00	0.80	—
		1	1.00	−0.32	2.23	0.00	1.30	5.19	1.00	−0.36	2.08	−0.04	1.12	4.75	1.00	−0.43	1.98	−0.13	1.17	5.23
		2	3.61	−0.91	5.91	−0.03	2.37	8.92	3.23	−0.52	5.24	−0.06	1.32	5.46	2.87	−0.20	4.96	−0.18	0.82	3.37
		3	10.33	−2.33	13.88	−0.07	4.50	16.64	7.71	−0.95	10.44	−0.09	2.02	8.20	6.30	−0.30	9.39	−0.21	1.06	4.33
0.15	2	0	0.77	−0.85	0.00	0.00	0.77	—	0.70	−0.77	0.00	0.00	0.70	—	0.70	−0.78	0.00	0.00	0.70	—
		1	1.00	−0.97	1.97	0.00	1.24	4.54	1.00	−0.78	1.95	−0.09	1.14	4.40	1.00	−0.62	2.16	−0.28	1.24	5.04
	3	0	0.83	−0.55	0.00	0.00	0.83	—	0.74	−0.49	0.00	0.00	0.74	—	0.75	−0.49	0.00	0.00	0.75	—
		1	1.00	−0.62	2.10	0.00	1.28	4.98	1.00	−0.53	2.02	−0.05	1.12	4.65	1.00	−0.49	2.03	−0.18	1.19	5.18
		2	3.43	−1.92	6.09	−0.06	2.48	8.68	3.05	−1.22	5.42	−0.10	1.69	6.55	2.84	−0.76	5.50	−0.25	1.44	5.93
	4	0	0.85	−0.40	0.00	0.00	0.85	—	0.76	−0.36	0.00	0.00	0.76	—	0.78	−0.37	0.00	0.00	0.78	—
		1	1.00	−0.45	2.22	0.00	1.30	5.11	1.00	−0.43	2.08	−0.04	1.12	4.72	1.00	−0.45	2.00	−0.15	1.18	5.22
		2	3.56	−1.32	5.98	−0.04	2.41	8.84	3.16	−0.77	5.28	−0.07	1.45	5.90	2.85	−0.40	5.12	−0.20	1.09	4.53
		3	9.98	−3.60	14.39	−0.09	4.75	16.79	7.60	−1.78	11.09	−0.12	2.61	10.22	6.79	−1.09	11.05	−0.25	2.13	8.86
0.2	2	0	0.72	−0.99	0.00	0.00	0.72	—	0.67	−0.93	0.00	0.00	0.67	—	0.68	−0.95	0.00	0.00	0.68	—
		1	1.00	−1.16	1.96	0.02	1.22	4.18	1.00	−0.94	2.01	−0.14	1.16	4.18	1.00	−0.72	2.31	−0.38	1.30	4.91
	3	0	0.81	−0.67	0.00	0.00	0.81	—	0.72	−0.60	0.00	0.00	0.72	—	0.73	−0.60	0.00	0.00	0.73	—
		1	1.00	−0.76	2.09	0.00	1.27	4.83	1.00	−0.62	2.04	−0.06	1.12	4.57	1.00	−0.54	2.07	−0.21	1.20	5.14
		2	3.40	−2.51	6.54	−0.09	2.57	8.40	3.01	−1.70	5.85	−0.14	1.87	6.80	2.84	−1.17	6.12	−0.32	1.74	6.83
	4	0	0.84	−0.50	0.00	0.00	0.84	—	0.74	−0.44	0.00	0.00	0.74	—	0.76	−0.45	0.00	0.00	0.76	—
		1	1.00	−0.56	2.21	0.00	1.29	5.03	1.00	−0.49	2.09	−0.05	1.12	4.68	1.00	−0.48	2.02	−0.17	1.19	5.19
		2	3.52	−1.69	6.10	−0.05	2.45	8.74	3.11	−1.03	5.38	−0.09	1.58	6.25	2.84	−0.62	5.33	−0.23	1.31	5.46
		3	9.76	−4.93	15.48	−0.12	5.06	16.72	7.58	−2.78	12.24	−0.15	3.15	11.66	7.23	−2.08	13.24	−0.30	3.01	12.19

4 结论

（1）本文提出了一种蜂窝三撑杆型索穹顶，其上弦脊索平面投影为蜂窝形，不同于已有工程实践和研究过的基于拉索海洋、压杆孤岛张拉整体构想的肋环型、葵花型、Kiewitt 型、鸟巢型索穹顶。一般情况下，一个自由等腰六边形蜂窝网格内布设一道环索、二根斜杆、三根撑杆，结构构形新颖。

（2）相对而言，蜂窝三撑杆型索穹顶结构减少了上弦脊索、环索和斜索的用量，有利于减小昂贵的索材用量，降低工程造价。

（3）这种新颖的索穹顶结构设有多根撑杆，有效提高了结构的整体稳定性。

（4）提出了蜂窝三撑杆型索穹顶预应力态的简洁分析法，并推导了该结构预应力索杆内力的一般性递推计算公式，且经验证为精确解。

（5）根据本文的计算公式，对若干几何参数给出了 54 个索穹顶结构算例的索杆相对内力值，可方便地显示出预应力态索杆内力特性和分布规律。

参考文献

[1] GEIGER D H, STEFANIUK A, CHEN D. The design and construction of two cable domes for the Korean Olympics[C]// Shells, Membranes and Space Frame, Proceedings IASS Symposium. Osaka: ASCE, 1986: 265-272.

[2] LEVY M P. The Georgia dome and beyond achieving lightweightlong span structures[C]//Proceedings of IASS-ASCE International Symposium. New York: ASCE, 1994: 560-562.

[3] 陈联盟，袁行飞，董石麟. Kiewitt 型索穹顶结构自应力模态分析及优化设计[J]. 浙江大学学报：工学版, 2006, 40(1): 73-77.

[4] 董石麟，包红泽，袁行飞. 鸟巢型索穹顶几何构形及其初始预应力分布确定[C]//第五届全国现代结构工程学术研讨会论文集. 广州: 2005: 115-120.

[5] GUO JIAMIN, ZHOU GUANGEN, ZHOU DAI, et al. Cable fracture simulation and experiment of a negative Gaussian curvature cable dome [J]. Aerospace Science and Technology, 2018(78): 342-353.

[6] 陆金钰，武啸龙，等. 基于环形张拉整体的索杆全张力穹顶结构形态分析[J]. 工程力学, 2015, 32 (增刊 1): 66-71.

[7] 袁行飞，董石麟. 索穹顶结构整体可行预应力概念及其应用[J]. 土木工程学报, 2001, 34(2): 33-37.

[8] 董石麟，王振华，袁行飞. Levy 型索穹顶考虑自重的初始预应力简洁计算法[J]. 工程力学, 2009, 26(4): 1-6.

[9] 董石麟，涂源. 蜂窝四撑杆型索穹顶的构型和预应力分析方法[J]. 空间结构, 2018, 23(2): 1-10.

[10] Fuller R B. Tensile-integrity structures [P]. US: US 3063521 A, 1962-11-13.

[11] 董石麟，梁昊庆. 肋环人字型索穹顶受力特性及其预应力态的分析法[J]. 建筑结构学报, 2014, 35(6): 102-108.

[12] 张爱林，白羽，刘学春，等. 新型脊杆环撑索穹顶结构静力性能分析[J]. 空间结构, 2017, 23(3): 11-20.

[13] 张爱林，孙超，姜子钦. 联方型双撑杆索穹顶考虑自重的预应力计算方法[J]. 工程力学, 2017, 34(3): 211-218.

[14] 董石麟，梁昊庆. 肋环四角锥撑杆型索穹顶的形体及预应力态分析[C]//第十五届空间结构学术会议论文集. 上海, 2014: 115-120.

[15] 董石麟，朱谢联，涂源，等. 蜂窝双撑杆型索穹顶的构形和预应力态简洁计算法以及参数灵敏度分析[J]. 建筑结构学报, 2019, 40(2):132-139.

六杆四面体单元端板式节点受力性能研究

陈伟刚[1,2]，董石麟[2]，周观根[1]，丁　超[2]，诸德熙[2]
（1. 浙江东南网架股份有限公司，浙江　杭州 311200；2. 浙江大学　空间结构研究中心，浙江　杭州 310058）

摘　要： 提出了一种可满足六杆四面体单元装配化施工要求的节点形式——端板式节点。即六杆四面体单元的弦杆与腹杆相贯焊接于端板，通过端板上的高强度螺栓实现单元之间的连接。设计制作了 2 个足尺节点模型，分别考察其在压弯和轴拉荷载作用下的受力性能。得到了端板节点的位移、应变发展特点及破坏形态。采用 ABAQUS 软件进行考虑接触非线性的有限元分析，得到了杆件、端板及高强度螺栓的应力和变形。试验和有限元分析结果表明：在压弯荷载作用下，端板节点发生杆件屈曲和近节点域鼓曲变形破坏，且杆件屈曲破坏先于节点域鼓曲破坏；节点域高应力区主要集中于三杆相贯焊接形成的“谷底”处；高强度螺栓在整个加载过程中最大应力约为其屈服应力的 10%。轴拉荷载作用下，节点发生端板拉屈破坏；位于缺口两侧的高强度螺栓发生拉弯变形，建议适当增设加劲肋和增加端板厚度，以提高端板刚度。通过数值计算得到的端板节点宏观变形、荷载-位移曲线及部分荷载-应变曲线均能与试验结果较好吻合，反映了数值模型的有效性与准确性。

关键词： 六杆四面体单元；端板节点；静力试验；受力性能；数值分析

平面投影为四边形的六杆四面体单元是一种空间结构简单的几何不变体系，由其组装集合而成的空间网格结构除拥有良好的受力性能[1-2]外，还具有工厂化预制生产和装配化施工的优势。文献[1-4]对由六杆四面体单元组成的柱面网壳、球面网壳和扭网壳的力学性能进行了深入分析。研究表明，该类网壳构造简单，杆件和节点数量少，网格的抽空率大，结构刚度大、稳定性好。

现有文献多从体系的角度，对六杆四面体单元组成的不同结构进行力学性能分析，对于其节点形式及受力性能的研究则相对较少。由六杆四面体单元组成的空间网格结构，其节点形式除需满足模块单元之间的连接和力的传递外，还应满足现场装配化施工的要求。文献[1,5]分别提出了带双耳板的焊接空心球节点和法兰节点形式，以实现六杆四面体单元之间的连接，但均存在耳板焊接定位困难、加工精度要求高、模块单元制作复杂以及节点自重大等问题，不利于模块单元的工厂化生产。

根据六杆四面体单元的构形和受力特点，结合工厂化制作水平，将空间相贯焊[6]的连接形式引入模块单元杆件连接中，文中提出一种构造简单、加工方便、重量轻且能够满足装配化施工要求的六杆四面体单元端板式节点（以下简称“端板节点”）。文中为研究六杆四面体单元受力特点及端板节点的构造形式，从不同形式空间网格结构[1-2]中选取受力最不利位置单元节点进行足尺静力试验研究。采用有限元软件 ABAQUS 对试件进行考虑材料及接触非线性的数值模拟，通过与试验结果对比进行有效性检验，在此基础上提出该节点的设计建议。

1　六杆四面体单元端板式节点构造

1.1　六杆四面体单元特点

六杆四面体单元在构造上由一根上弦杆、一根下弦杆和四根腹杆组成，以其为模块单元进行空间网格结构的组集装配时，单元的四个节点均会与相邻单元直接连接，无须另外增设杆件，图 1 为由六杆四面体单元构成的空间网格结构及其单元连接情况。通过对六杆四面体单元组成的不同形式空间网格结构在不同工况作用下的受力分析[1-2]可知，模块单元的上、下弦杆总体上处于压弯受力状态，四根腹杆则拉压相间（部分区域承受少量的弯矩）且受力水平远小于弦杆。

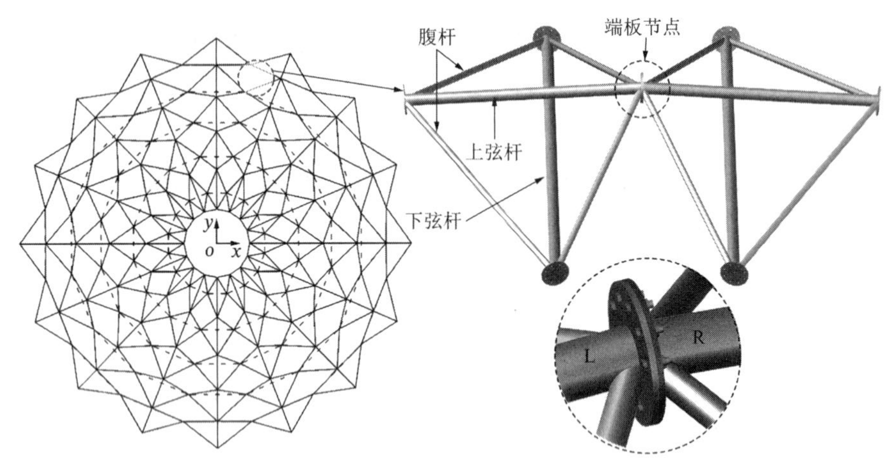

图 1　六杆四面体网壳单元与端板式连接

1.2　端板节点构造

端板节点主要由圆形端板、高强度螺栓和六杆四面体单元的弦杆与腹杆组成，具体构造如图 2 所示。该节点左半部（L）和右半部（R）的构造形式相同，均通过一根弦杆和两根腹杆相贯焊接于端板实现杆件间的连接，且三根杆件的轴线汇交于端板的外表面形心处。端板与垂直面的夹角由六杆四面体单元的空间位置确定，弦杆端部截面根据端板与垂直平面倾斜的角度切割而成，腹杆的端部截面形状根据腹杆与弦杆以及端板相交后形成的相贯线进行切割。单元与单元之间通过高强度螺栓在现场进行装配连接。

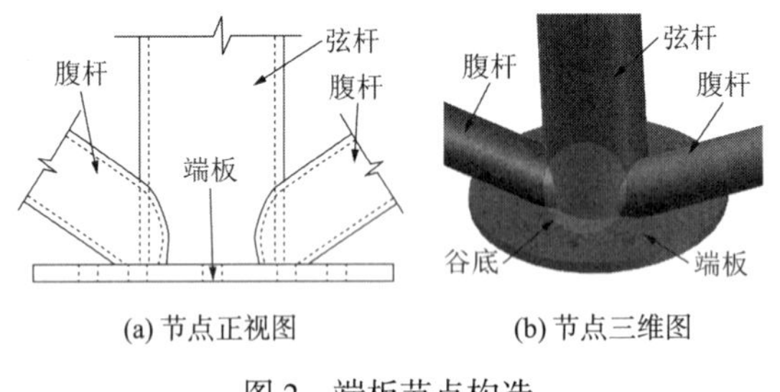

图 2　端板节点构造

2　试验设计

2.1　试件设计

根据六杆四面体单元组成空间网格结构的受力分析结果[1-2]，选取六杆四面体单元在整体结构中受力最不利位置处单元节点作为分析对象（图 1），并根据节点在最不利工况作用下的受力状态进行静力试验。

试验中设计并制作两个足尺端板节点试件，节点的杆件长度根据加载设备的内部空间进行调整。两个节点试件均由圆钢管、圆形端板和 10.9 级高强度螺栓组成，如图 3 所示。单元中杆件 L1、L2 为弦杆，杆件 L3～L6 为腹杆，腹杆 L3、L6 和腹杆 L4、L5 分别沿弦杆轴线对称布置。两节点试件的编号分别为 JDa 和 JDb。除端板上螺栓孔直径有所不同外，两试件的其余参数均相同；其中 JDa 端板螺栓孔直径为 16mm，JDb 端板螺栓孔直径为 24mm。考虑到腹杆与端板平面之间的夹角过小，在端板上与腹杆对应位置处设置螺栓孔后无法满足施工安装要求，因此，不再在该位置开设螺栓孔，圆形端板螺栓孔布置见图 4（a）。同时由于节点弦杆与腹杆相贯焊接在端板之上后，无法沿端板环向均匀布置加劲肋，因此在试件 JDB 设计时也不再设置加劲肋。节点试件其他相关参数详见图 4 及表 1。为便于表述，将试件的左右两部分分别称为 L 区和 R 区；将以节点中心为球心，以端板直径为直径的球体范围称为节点域［图 4（b）］。

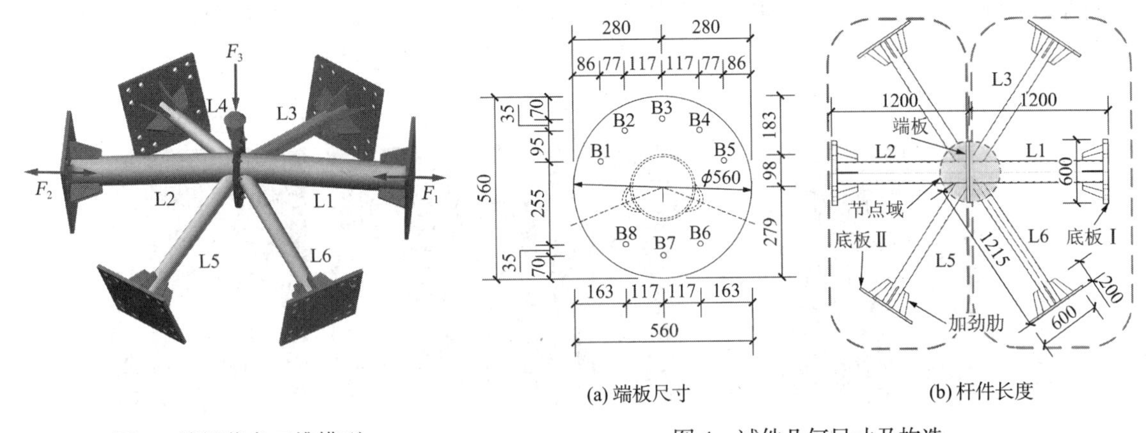

图 3 端板节点三维模型

图 4 试件几何尺寸及构造

端板节点试件参数 表 1

节点构件	截面尺寸/mm	长度/mm	数量	材质
L1、L2	ϕ203 × 7	1200	2	Q235B
L3～L6	ϕ114 × 6	1215	4	Q235B
端板	ϕ560 × 25	—	2	Q235B
高强度螺栓	M16/M24	—	8	40Cr

2.2 加载方案

对两个节点试件分别施加轴向压力与竖向集中力以实现压弯荷载作用和轴向拉力两种加载方式，并分别称之为工况 1 和工况 2。其中 JDa 按工况 1 进行加载，沿弦杆 L1 和 L2 的轴线方向施加压力F_1和F_2，同时在节点中心施加竖向集中力F_3，施加F_3的目的是增大弦杆的杆端弯矩，以使杆件更接近其在整体结构中的受力状况。考虑在整体结构的一些悬挑位置可能出现单元杆件受拉的情况，因此对 JDb 进行沿两根弦杆轴线方向拉力加载。

根据有限元初步分析结果，最终确定出各加载点的预估加载值，详见表 2，各加载点位置如图 3 所示。为便于描述，将各加载点预估加载值定义为F_0。

两种工况作用下各加载点预估加载值 表 2

工况	各加载点加载值F_0/kN		
	F_1	F_2	F_3
1	−1440	−1080	−260
2	1440	1080	0

注：表中负值表示压力。

试验采用各加载点分级同步加载的方式。正式加载前，先进行预估荷载的 10%预加载，以消除加载系统各部分之间的空隙，减小试验误差。正式加载开始后，首先按照预估荷载的 5%进行分级加载，每级加载持荷 1min 后记录相应的位移和应变值；当加载至 60%的预估荷载后，每级荷载减少为预估荷载的 2.5%，直至试件发生破坏或不能维持所施加荷载。

2.3 加载设备

试件为空间节点，具有连接杆件多、受力复杂的特点。试验采用浙江大学空间结构重点试验室的“空间结构大型节点试验全方位加载装置”[7]［图 5（a）］，以实现节点的全方位自动加载。

根据加载方案，两根弦杆的轴向力均采用伺服油缸加载［图 5（b）］，其最大加载量为 3000kN。为保证节点试件安装的灵活性，在油缸臂与节点端部之间设置厚 250mm 的加载箱梁［图 5（d）］。此外，由于工况 2 中需要施加最大约为 260kN 的竖向集中荷载，而试验加载装置中主油缸［图 5（a）］的最大加载压力为 12000kN，远大于试验需求。为确保试验加载精度，试验另采用行程为 0～300kN 液压千斤顶对节点试件施加竖向集中力［图 5（c）］。试验时，节点试件的 4 根腹杆 L3～L6 通过 4 个空间加载支座［图 5（e）］固定于空间加载装置。

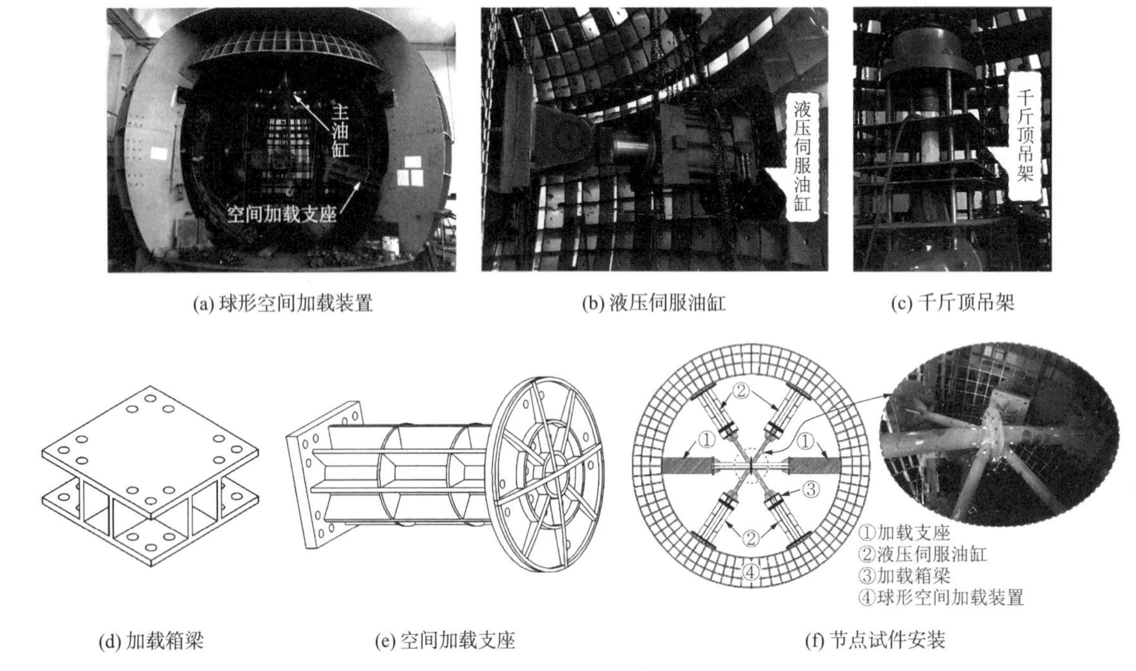

(a) 球形空间加载装置　(b) 液压伺服油缸　(c) 千斤顶吊架

(d) 加载箱梁　(e) 空间加载支座　(f) 节点试件安装

图 5　空间结构大型节点试验全方位加载系统

2.4　测试方案

采用电阻应变计测试节点试件的应变。两个节点试件的应变测点布置方案相同，如图 6 所示。由于节点试件在构造上为左右对称，故取其中一部分（右半部分）说明，测点具体布置为：①弦杆沿内力截面（距节点中心 150mm）布置 4 个应变片，距节点中心 70mm 处上下对称布置 2 个应变花，在弦杆中部截面布置 2 个应变片。②腹杆沿内力截面（距节点中心 165mm）布置 4 个应变片，距节点中心 80mm 处上下对称布置 2 个应变花。③端板布置 2 个应变片和 4 个应变花。

为便于表述，用 AL 表示节点试件 JDa 的左半部分。弦杆、腹杆及端板上应变测点编号依次为 ALp(h)-*i*，其中 p、h 分别代指应变片和应变花，*i* 为应变测点编号。节点试件应变片粘贴完成后的情况如图 6 所示。

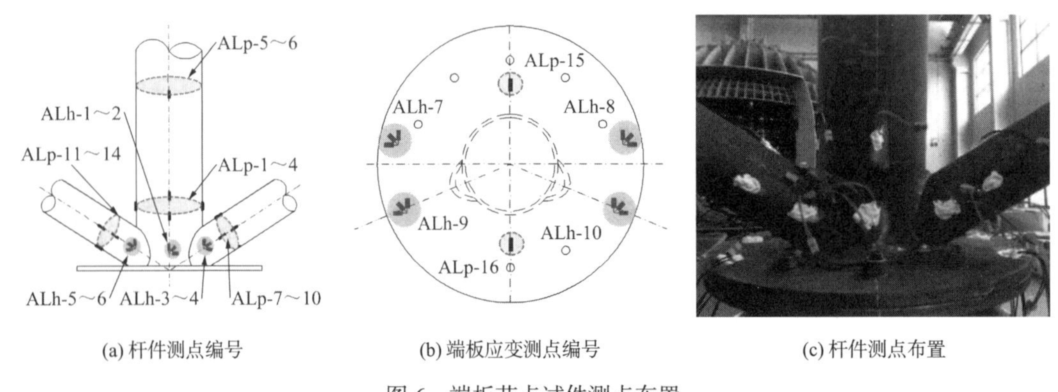

(a) 杆件测点编号　(b) 端板应变测点编号　(c) 杆件测点布置

图 6　端板节点试件测点布置

3 试验结果分析

3.1 试验现象

工况 1 作用下，节点试件 JDa 加载至约 $0.75F_0$时，弦杆 L1 在近加载端发生杆件屈曲变形，并随荷载的增加而不断增大，进而导致杆件在近节点域处由三杆相贯焊形成的“谷底”处发生鼓曲变形；加载至约 $1.03F_0$时，弦杆 L1 发生杆件近加载端屈曲破坏［图 7（a）］和近节点域鼓曲变形破坏［图 8（a）］，加载终止。节点试件其他区域没有发生明显可见的变形情况。

试件 JDb 在工况 2 作用下两弦杆受到轴向的拉力作用。当加载至约 $0.4F_0$时，节点试件的两块端板在螺栓布置缺口处产生轻微的鼓曲变形，并随着荷载的逐渐增加而增大；当荷载达到约 $0.9F_0$时，试件不能维持所施加荷载，试验终止。此时节点两块端板上的鼓曲变形达到最大［图 9（a）］，且在弦杆与端板相贯处产生明显的鼓曲变形［图 10（a）］。

(a) 试验结果

杆件屈曲

(b) 有限元结果

图 7　试件 JDa 的屈曲变形

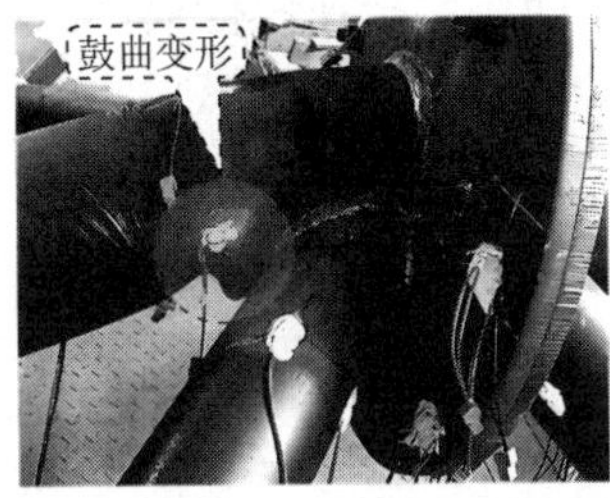

(a) 试验结果

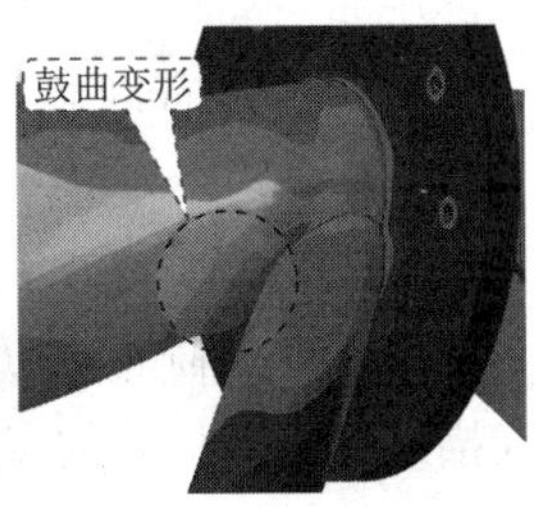

(b) 有限元结果

图 8　杆端鼓曲变形

(a) 试验结果

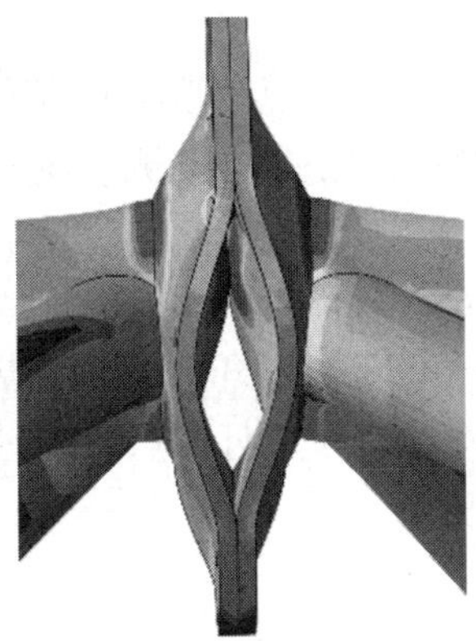

(b) 有限元结果

图 9　端板鼓曲变形

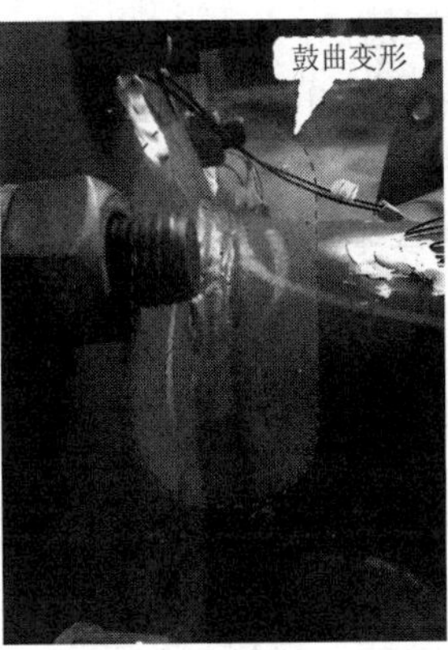

(a) 试验结果

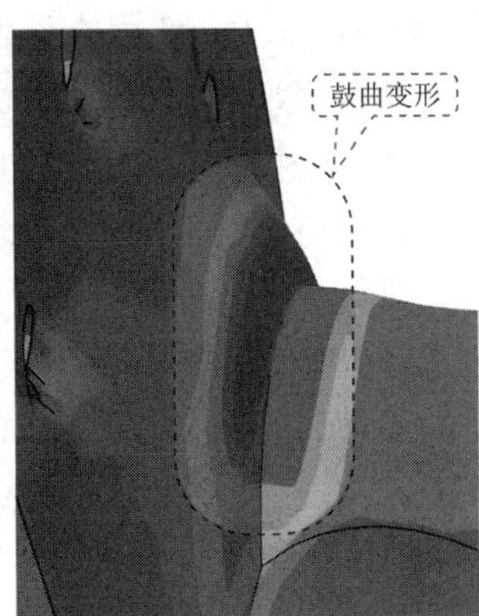

(b) 有限元结果

图 10　受拉鼓曲变形

3.2 应变及位移情况

3.2.1 位移情况

图 11 给出了两个试件沿弦杆 L1 轴向的荷载-位移曲线。图中 Test 为试验曲线；$f=(F/F_0)\times100\%$，为实际荷载F与预估荷载F_0的比值；Δ为位移。

从图 11（a）中可以看出，试件 JDa 在加载前期荷载与位移关系呈线性发展趋势，说明试件在该阶段总体上处于弹性受力状态。当加载至约 $0.75F_0$时，二者关系开始进入非线性阶段，即试件进入弹塑性受力阶段；随着荷载的进一步增大，曲线逐步进入平缓阶段，直至加载结束。

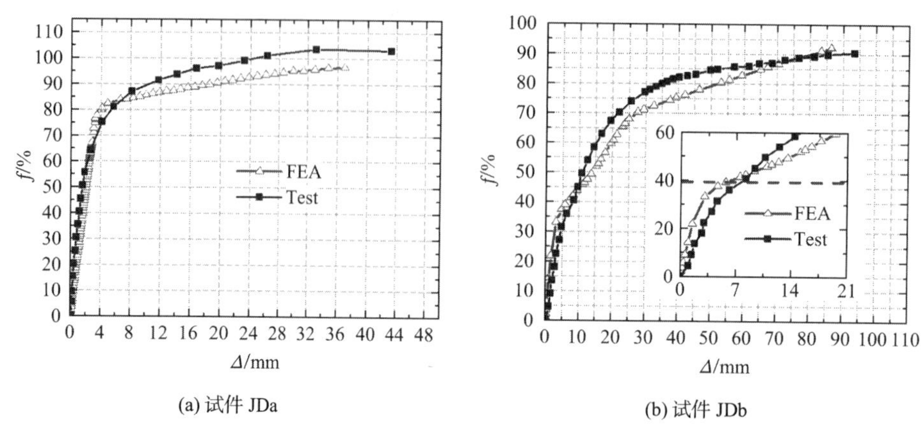

(a) 试件 JDa

(b) 试件 JDb

图 11 荷载-位移曲线

从图 11（b）中可以看出，试件 JDb 在加载至约 $0.4F_0$时，曲线斜率明显减小，开始表现出一定的非线性特征，此时两端板在螺栓布置缺口处产生轻微的分离；当加载至约 $0.6F_0$时，节点弦杆与端板相贯焊接产生明显的鼓曲变形，两块端板在螺栓缺口区域的变形也进一步扩大；随着荷载的不断增大，曲线的非线性特征愈加明显，端板鼓曲变形也不断增大。加载结束后试件的变形情况如图 9、图 10 所示。

3.2.2 应变情况

由于采用荷载-应力关系曲线无法有效反映试件的塑性发展情况，因此采用荷载-应变（f-ε）关系曲线描述测点随加载的发展情况。同时，考虑到杆件在接近相贯连接处的受力较为复杂，通过应变花测点得到的等效应变$\varepsilon_{\mathrm{eff}}$来反映该区域的塑性发展过程。等效应变$\varepsilon_{\mathrm{eff}}$可通过下式[8]计算得到。

$$\varepsilon_{\mathrm{eff}}=\frac{\sqrt{2}}{3}\sqrt{(\varepsilon_1-\varepsilon_2)^2+(\varepsilon_2-\varepsilon_3)^2+(\varepsilon_3-\varepsilon_1)^2} \tag{1}$$

式中：ε_1、ε_2和ε_3为三个主应变值。

根据试验结果，分别选取两个节点试件的左右两侧部分测点，考察其应变随加载的发展情况，分别如图 12、图 13 所示。图中f为所加荷载与预估荷载的百分比；ε为各测点应变值（应变花测点为等效应变$\varepsilon_{\mathrm{eff}}$）；与$y$轴平行的直线$\varepsilon=\pm\varepsilon_{\mathrm{efy}}$为钢材等效屈服应变。

从图 12 中给出的 JDa 部分测点应变曲线可以看出，各测点的应变在加载初期均处于弹性阶段，总体上保持线性关系。由于弦杆 L1 和 L2 为主受力杆件，位于两根杆件上的测点极限应变明显大于腹杆上的应变测点，且位于主受力杆件上测点的应变曲线斜率也大于腹杆测点。同时，作为承受较大外荷载一侧，试件左侧的测点应变值整体上均大于右侧测点应变值。

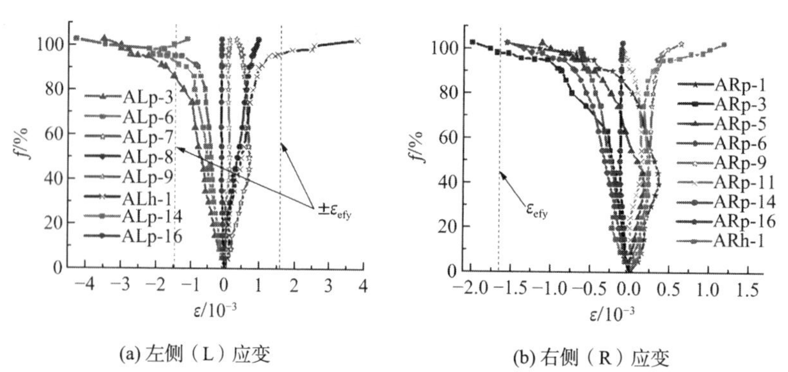

(a) 左侧（L）应变

(b) 右侧（R）应变

图 12 试件 JDa 荷载-应变曲线

此外，从图 12 中还可以看出，工况 1 作用下，试件 JDa 在加载至约 70%预估荷载时，位于节点主受力杆件上近加载端和近端板端的测点（ALp-3、ALp-6、ARp-3、ARp-6）应变以及弦杆 L1 近端板端测点（ALh-1）的等效应变开始进入屈服，曲线呈非线性特征。其余测点应变（等效应变）均小于屈服应变。加载结束时，测点 ALp-3、ALp-6、ALh-1 和 ARp-3 的塑性应变分别为$-3.49\times10^{-3}\varepsilon$、$-4.27\times10^{-3}\varepsilon$、$3.78\times10^{-3}\varepsilon$和$-1.99\times10^{-3}\varepsilon$；节点试件端板测点应变也均处于较低水平，最大约为$0.15\times10^{-3}\varepsilon$。

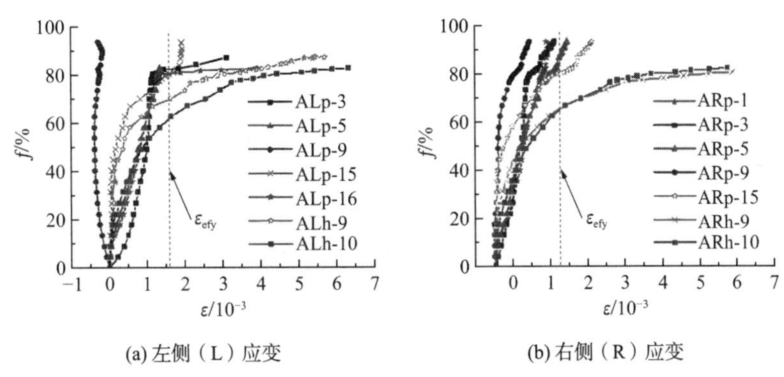

(a) 左侧（L）应变　　(b) 右侧（R）应变

图 13　试件 JDb 荷载-应变曲线

试件 JDb 在工况 2 作用下，受到沿弦杆 L1、L2 轴向的拉力作用。从图 13 可以看出，端板及弦杆 L1、L2 上的测点均处于受拉状态，腹杆 L3～L6 上的测点则处于受压状态，且后者应变水平远小于前者。加载至预估荷载的约 45%时，端板上的测点 CL(R)h-9、CL(R)h-10 开始进入屈服阶段，曲线呈现非线性特征，并随荷载的增大而愈加明显，直至测点随端板变形过大而发生破坏。腹杆上的应变测点在整个加载过程中均处于弹性状态。此外，从图 13（b）还可以看出，对称布置于端板两侧的应变花 CRh-9、CRh-10 荷载-等效应变曲线也基本重合接近，也反映了试验的准确性。

4　有限元分析

4.1　有限元分析模型

在试验的基础上，采用 ABAQUS 中 8 节点六面体非协调模式单元（C3D8I）模拟节点试件，不考虑焊缝的影响，节点试件有限元模型如图 14 所示。为缩短计算时间并保证计算精度，节点域部位单元划分相对密集，其余部位单元网格划分相对稀疏。

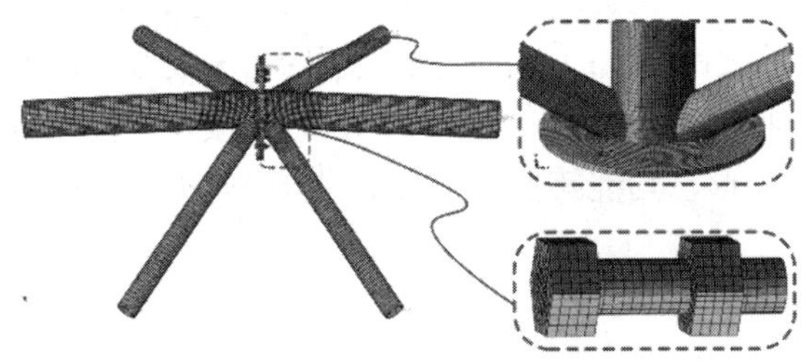

图 14　端板节点有限元模型

试件钢材为 Q235B，根据材性试验，其实测弹性模量为 2.10×10^{5}MPa，屈服强度与抗拉强度分别为 316.14MPa 和 446.97MPa。根据文献[9]取 10.9 级高强度螺栓屈服强度为 900MPa，极限强度为 1000MPa。两种材料的本构模型均采用双折线模型。在端板节点的有限元模型中，通过建立 4 个接触对来考虑高强度螺栓与端板之间以及螺杆与螺栓孔之间的挤压作用（图 15）。其中 C1、C2 分别为螺栓、螺母与端板之间的接触面；C3 为两块端板之间的接触面；C4 为螺杆与螺栓孔之间的接触面。各接触对的摩擦系数均取值为 0.3。

在进行接触问题数值分析时，通常采用库伦摩擦模型描述接触面间的相互作用。图 16 中实线部分描述了库仑模型的基本特性，包括接触面间粘结接触和滑动接触两种接触状态。由于接触是边界条件高度非线性问题，在实际运算中模拟理想的摩擦接触行为非常困难，因此常采用罚函数法来保证接触面协调性[10]。罚函数法允许在粘结接触状态下接触面间发生小量的相对滑动，称之为“弹性滑动”（图 16 中虚线所示）。同时，该方法还允许两个接触面间存在初始穿透，穿透量u_{N}由法向接触刚度k_{N}控制。接触面法向压力可以定义为：

$$P=\begin{cases}0 & (u_{\mathrm{N}}\geqslant 0)\quad (\text{分离状态})\\ k_{\mathrm{N}}\cdot u_{\mathrm{N}} & (u_{\mathrm{N}}<0)\quad (\text{接触状态})\end{cases} \tag{2}$$

相应地，接触面切向接触状态可由下式描述：

$$\tau=\begin{cases}k_{\mathrm{T}}\cdot u_{\mathrm{T}} & (k_{\mathrm{T}}\cdot u_{\mathrm{T}}<\mu\cdot P)\quad (\text{粘结接触})\\ \mu\cdot P & (k_{\mathrm{T}}\cdot u_{\mathrm{T}}=\mu\cdot P)\quad (\text{滑动接触})\end{cases} \tag{3}$$

式中：τ为切向应力；u_{T}为切向滑动量；k_{T}为切向刚度。

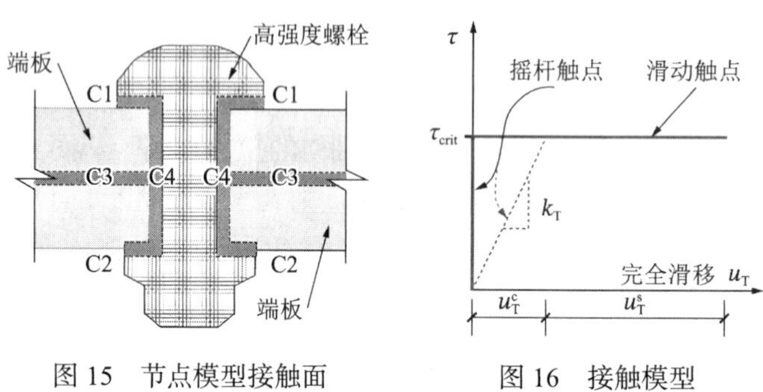

图 15　节点模型接触面　　　图 16　接触模型

求解接触协调方程式(2)和式(3)的关键是选择合适的法向接触刚度k_{N}和切向刚度k_{T}。在文中，二者均采用 ABAQUS 缺省设置，k_{N}取接触对下表层单元刚度的 10 倍；k_{T}取值与容许滑动量F_{f}、接触单元特征长度$\bar{l}_i$、摩擦系数μ和法向接触压力P有关，其表达式为：

$$k_{\mathrm{T}}=\frac{F_{\mathrm{f}}\bar{l}_i}{\mu P} \tag{4}$$

4.2　有限元结果的对比

4.2.1　节点破坏形态

图 7～图 10 分别给出了试件 JDa 和 JDb 在不同工况作用下的试验及有限元破坏形态对比图，可以看出：节点 JDa 在承受轴向压力较大杆件（L1）的近加载端约 1/3 处发生屈曲破坏，同时在该杆件的近节点域处也发生鼓曲变形破坏；轴向拉力作用下，节点 JDb 的端板在螺栓布置缺口处发生鼓曲破坏；通过数值分析得到的两节点试件破坏形态均能够和试验结果很好地吻合，说明了有限元模型的有效性和准确性。

4.2.2　变形及应变曲线

将试件 JDa 和试件 JDb 数值模型计算得到的荷载-位移曲线、部分测点荷载-应变曲线与试验结果对比，分别列于图 11 和图 17。可以看出，两节点试件无论是荷载-位移曲线还是部分测点的荷载-应变曲线在弹性阶段均能与其试验结果吻合很好，进入非线性阶段后虽稍有偏差，但总体上均能保持一致。试验结果与有限元分析结果存在偏差，除与试件安装、测量误差相关外，还受到高强度螺栓材性及有限元模型中摩擦系数取值的影响。

通过对两试件的有限元分析和试验结果对比可知，二者的荷载-位移曲线和部分测点荷载-应变曲线均吻合较好，进一步反映了本文的有限元模型是有效的。

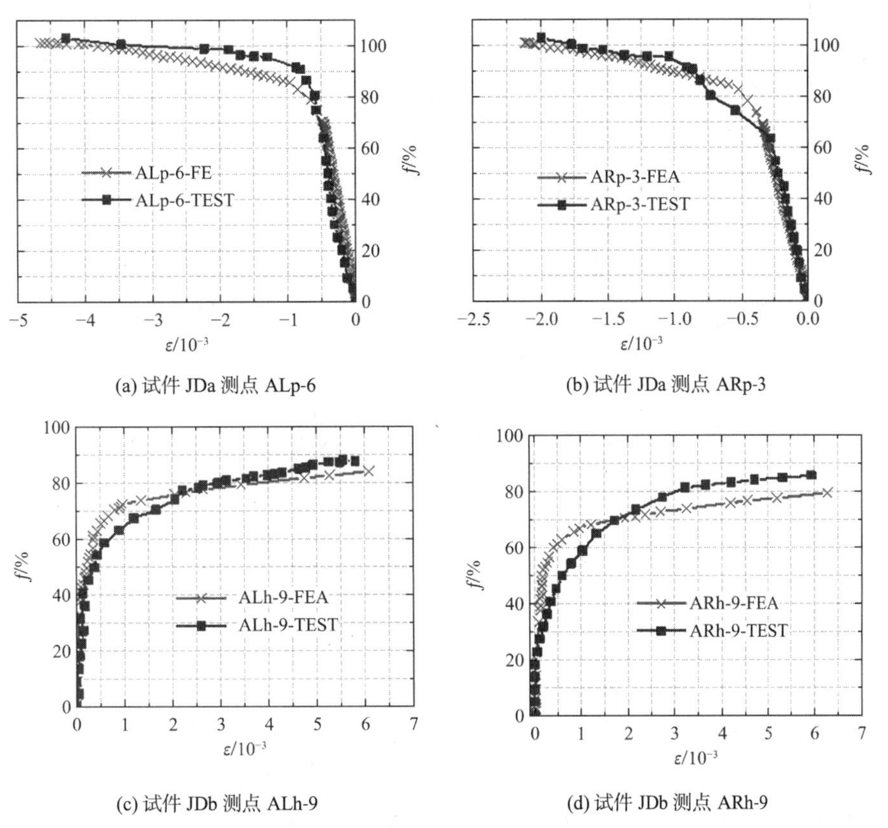

(a) 试件 JDa 测点 ALp-6

(b) 试件 JDa 测点 ARp-3

(c) 试件 JDb 测点 ALh-9

(d) 试件 JDb 测点 ARh-9

图 17　部分测点荷载-应变曲线对比

4.3　节点应力分布

4.3.1　端板及杆件应力

图 18 给出了工况 1 作用下节点 JDa 模型的 Mises 应力云图，可以看出，弦杆 L1 和 L2 的大部分区域 Mises 应力已超过材料屈服应力，和弦杆 L1 同侧的两根腹杆（L3 和 L6）靠近相贯连接处亦进入塑性受力状态；节点域附近的高应力区主要集中在三杆相贯连接后形成的“谷底”处［图 18（b）］；节点试件的端板及杆件的其余部分则处于弹性工作状态。此外，从节点塑性区域发展情况可知，在杆件近加载端发生屈曲前，杆件 L1 在近节点域端均处于弹性受力状态。随着杆件 L1 近加载端屈曲的不断扩展，其在近节点域附近的 Mises 应力也不断增大，并进入塑性受力状态，最终在与加载端屈曲方向同侧位置产生鼓曲变形。可见，节点在杆件 L1 近加载端的屈曲先于近节点域的鼓曲变形，也说明了该类节点形式在压弯荷载作用下杆件破坏先于节点破坏。

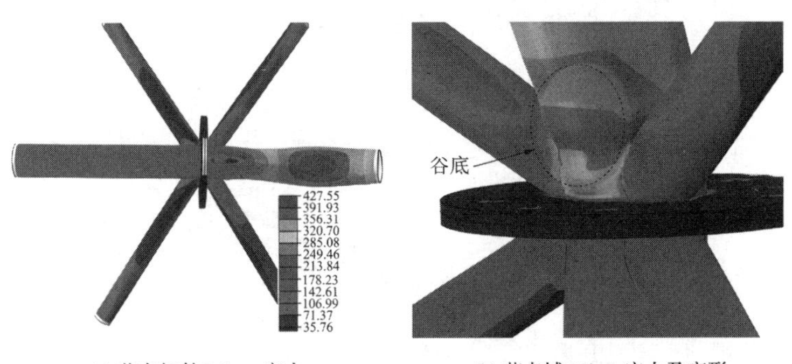

(a) 节点杆件 Mises 应力

(b) 节点域 Mises 应力及变形

图 18　节点 JDa Mises 应力云图

节点 JDb 在轴向拉力作用下的 Mises 应力云图如图 19 所示。可以看出，弦杆 L1、端板以及弦杆 L2 近节点域一端的大部分区域的应力均已超过材料屈服应力而处于塑性受力状态；同时，与受力较大杆件 L1 同侧的节点腹杆 L3 和 L6 在近节点域的下半侧也处于塑性受力状态。节点的其他区域仍处于弹性工作状态。

由于节点试件没有设置加劲肋且端板上有螺栓布置缺口，导致节点试件在承受轴向拉力时过早出现端板鼓曲变形。因此，针对在结构中拉力起控制作用的区域，进行节点设计时，可通过增加端板厚度以及在端板上适当位置处增设加劲肋提高端板刚度，以增大节点的承载能力。

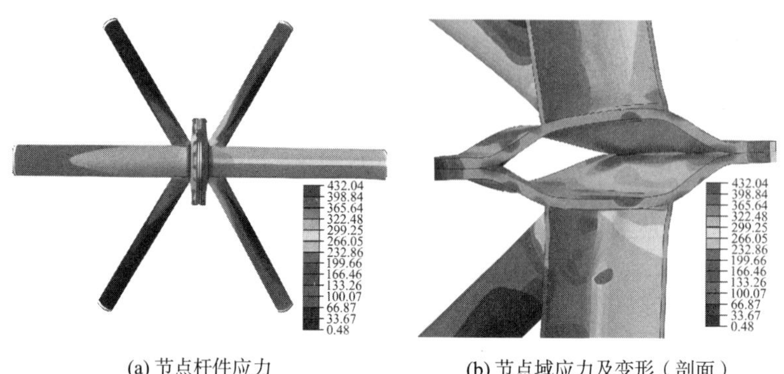

(a) 节点杆件应力　　(b) 节点域应力及变形（剖面）

图 19　节点 JDb Mises 应力云图

4.3.2　高强度螺栓受力

如图 20（a）所示，由于节点 JDa 试件受到的是轴向压力和竖向集中力共同作用，且竖向集中力相对较小。因此，连接该节点的高强度螺栓在整个加载过程中始终保持较低的应力水平。

与节点 JDa 相反，节点 JDb 受到沿弦杆轴向的拉力作用。加载结束后大部分螺栓已处于弹塑性工作状态［图 20（b）］。对高强度螺栓在该工况作用下的受力过程分析可以发现，节点进入屈服后，位于端板中部的螺栓 B1、B5 和螺栓 B6、B8 由于端板撬力作用开始出现屈服区域，并随外荷载及撬力的增大而不断扩展，最终发生拉弯变形［图 20（b）］。

从图 21 中可以看出，试件 JDb 沿弦杆轴线对称布置的螺栓受到的拉力基本相同；端板变形产生的撬力对端板中部（螺栓布置缺口两侧）的螺栓 B1、B5 和螺栓 B6、B8 受撬力的影响明显，对其余螺栓的影响较弱。

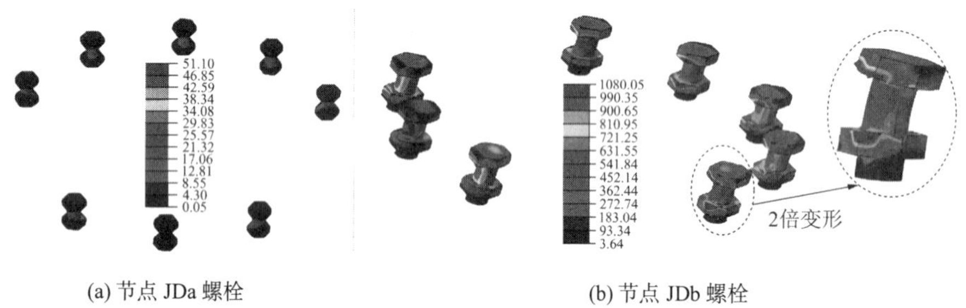

(a) 节点 JDa 螺栓　　(b) 节点 JDb 螺栓

图 20　节点模型高强度螺栓应力云图

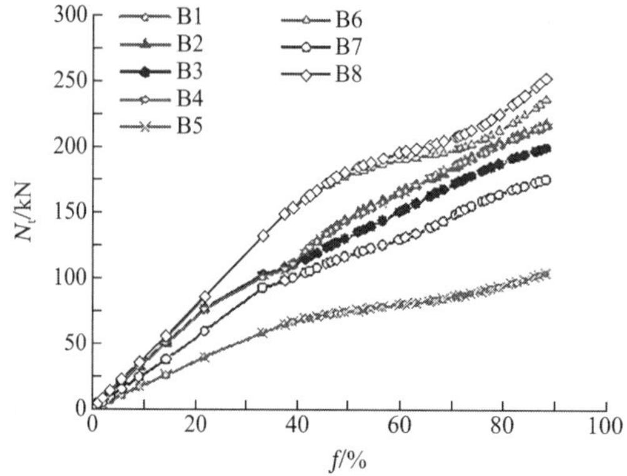

图 21　节点 JDb 螺栓荷载-拉力曲线

4.4 杆件内力

4.4.1 节点 JDa 杆件内力

1）杆件轴力

在压弯荷载作用下，节点 JDa 各杆件的荷载-轴力曲线如图 22（a）所示。可以看出，整个加载过程中各杆件均处于受压状态，且两弦杆承受的轴向压力远大于四根腹杆；加载后期，腹杆 L3 和 L6 所受轴力有所减小，主要是由于与之同侧的弦杆 L1 发生了屈曲变形。

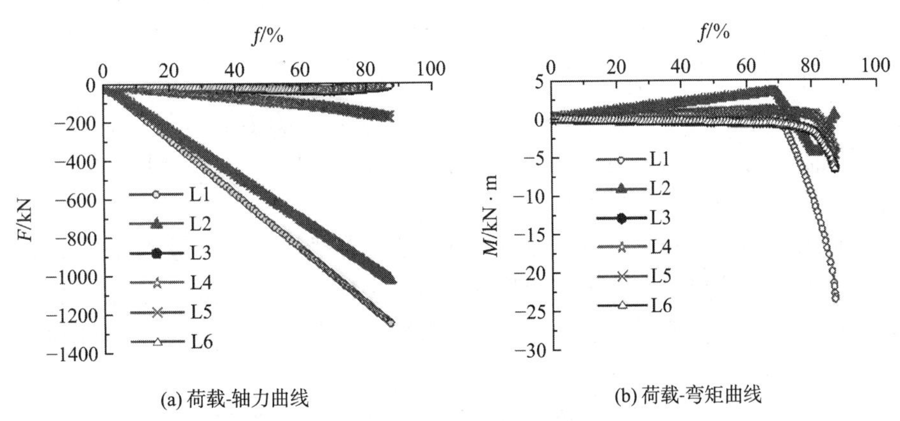

图 22　节点 JDa 杆件内力曲线

2）杆件弯矩

从图 22（b）中可以看出，加载前期，腹杆 L3 和 L6 杆端弯矩方向为杆件截面下部受拉，其余杆件则为上部受拉，弦杆杆端弯矩大于腹杆的杆端弯矩；加载至屈曲荷载时，最大弯矩为弦杆 L2 杆端弯矩值 3.18kN · m。节点进入屈服后，弦杆 L1 屈曲随荷载不断增大而变大，导致其在近节点域产生鼓曲变形，进而使得弦杆 L2 内力截面上的弯矩发生反向，在荷载-弯矩曲线上表现为明显的向下转折。此外，在节点进入弹塑性受力阶段后，4 根腹杆的弯矩曲线斜率也明显增大。

4.4.2 节点 JDb 杆件内力

1）杆件轴力

从图 23（a）中可以看出，节点 JDb 各杆件所受的轴力随加载量的增加基本呈线性发展趋势。弦杆 L1、L2 所受轴力远大于 4 根腹杆，且始终处于受拉状态；4 根腹杆则均处于受压状态。由于节点的对称性，沿弦杆轴线对称分布的腹杆所受的轴力基本相等；此外，与弦杆 L1 同侧的两根腹杆所承担的轴向压力明显大于与弦杆 L2 同侧的两根腹杆。

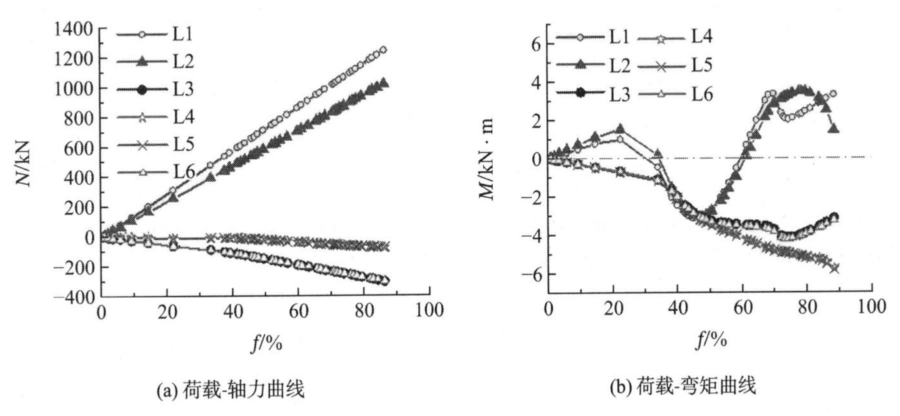

图 23　节点 JDb 杆件内力曲线

2）杆件弯矩

从图 23（b）中给出的荷载-弯矩曲线可以看出，在拉力作用下，所有杆件在加载前期所承受的弯矩总体处于同一量级，且保持相同趋势。加载值超过屈服荷载后，4 根腹杆的截面弯矩随荷载的增加而增大；受端板变形的影响，弦杆 L1 和 L2 的杆端弯矩方向开始发生反向，并随荷载的增加而快速增大。

5 结论与建议

（1）在端板节点的两根弦杆和节点中心位置分别施加非对称轴向压力和竖向集中力，可以有效模拟六杆四面体单元在整体结构中的受力状态。

（2）压弯荷载作用下，端板节点发生弦杆屈曲和近节点域局部鼓曲变形破坏，且杆件破坏先于节点区域破坏；节点区域附近的高应力区主要集中在三杆相贯后形成的“谷底”处；高强度螺栓在整个加载过程中均保持较低的应力水平。

（3）轴向拉力荷载作用下端板节点发生屈曲破坏；高强度螺栓产生轻微拉弯变形。

（4）两种工况作用下，节点试件的弦杆和腹杆均承受一定的弯矩。压弯荷载作用下弦杆弯矩大于腹杆杆端弯矩。轴向拉力作用下，节点的弦杆与腹杆杆端弯矩虽在加载过程中的变化趋势不尽相同，但均处于较低的水平。

（5）针对结构中可能出现单元弦杆受拉的情况，建议其节点设计时增加端板厚度以及在端板的适当位置处增设加劲肋，以提高端板刚度。

（6）通过数值模拟得到的节点模型的宏观变形、荷载-位移曲线及部分荷载-应变曲线均与试验结果吻合较好，说明所采用有限元分析模型是有效的并且有较高的精度。

参考文献

[1] 董石麟，苗峰，陈伟刚，等. 新型六杆四面体柱面网壳的构形、静力和稳定性分析[J]. 浙江大学学报：工学版, 2017(3): 508-513, 561.

[2] 白光波，董石麟，陈伟刚，等. 六杆四面体单元组成的球面网壳结构静力特性模型试验研究[J]. 空间结构, 2015(2): 20-28.

[3] 白光波. 六杆四面体单元组成的新型装配式球面网壳理论与试验研究[D]. 杭州：浙江大学, 2015.

[4] 董石麟，丁超，郑晓清，等. 新型六杆四面体扭网壳的构形、静力和稳定性能[J]. 同济大学学报（自然科学版）, 2018(1): 14-19, 29.

[5] 董石麟，白光波，陈伟刚，等. 六杆四面体单元组成球面网壳的节点构造及装配化施工全过程分析[J]. 空间结构, 2015(2): 3-10.

[6] 陈以一，王伟，赵宪忠，等. 圆钢管相贯节点抗弯刚度和承载力实验[J]. 建筑结构学报, 2001, 22(6): 25-30.

[7] 唐利东. 空间节点自动加载机构的设计[D]. 杭州：浙江大学, 2008.

[8] 孙炳楠，洪滔，杨骊先. 工程弹塑性力学[M]. 杭州：浙江大学出版社, 1998.

[9] ABAD J, FRANCO J M, CELORRIO R, et al. Design of experiments and energy dissipation analysis for a contact mechanics 3D model of frictional bolted lap joints[J]. Advances in Engineering Software, 2012(1): 42-53.

损伤混凝土结构的长期变形与力学性能研究综述

金伟良，郭　豪，张怡雪

（浙江大学结构工程研究所，杭州 310058）

摘　要：混凝土结构在服役过程中会受到复杂的环境与荷载作用，这些复杂荷载作用会使结构产生损伤，不仅会引起结构的内力重分布，还会导致结构构件的抗力性能劣化，增大结构的长期变形，带来一系列结构安全问题。现有关于混凝土结构长期变形的研究，大多以徐变为主要考察对象，较少考虑其他环境及荷载作用，对耦合作用下不同损伤的混凝土结构的长期变形规律、力学性能退化研究尚不充分。为此，梳理了损伤混凝土结构长期变形的相关研究，分别对环境侵蚀作用、循环荷载作用与复杂荷载作用下，混凝土结构的长期变形与力学性能研究进行了分析与评价，最后提出需要完善的内容和发展趋势。

关键词：混凝土结构；损伤；徐变效应；长期变形；力学性能

混凝土结构在漫长的生命周期内，受到的各种复杂多样的环境或荷载作用，可归纳为长期持续荷载作用、循环荷载作用和环境作用。长期持续荷载作用会导致混凝土结构产生徐变问题，循环荷载作用会导致混凝土结构产生疲劳问题，而环境作用（如侵蚀作用、冻融循环作用、干湿循环作用等）则带来的是混凝土结构的耐久性问题。这些问题都会引起混凝土结构的损伤，影响结构的长期变形与力学性能。

徐变是影响混凝土长期变形的主要因素，其指的是混凝土在长期持续荷载作用下，变形随着时间的推移而不断增加的特性[2]。这是混凝土材料本身固有的时变特性，它对混凝土结构的影响将贯穿整个施工及服役期。而在徐变作用过程中，混凝土结构可能还受到循环荷载作用、环境作用，甚至多种耦合作用，这些复杂荷载作用会导致混凝土结构产生损伤，如钢筋锈蚀、混凝土裂缝生长等。这些损伤不仅会使结构产生内力重分布，使原先作用在混凝土构件上的应力水平发生变化，还会导致结构构件的抗力性能劣化，增大结构的长期变形。

这种荷载与环境的耦合作用将对大跨度桥梁[3]、高层建筑等大体量建筑的影响尤为显著，如著名的 Koror-Babeldaob 桥倒塌事件[4]。在世界范围内，已建成的大跨桥梁普遍存在挠度过大的问题[5]，表 1 所示为国内外部分桥梁的下挠情况，这些桥梁除受自身长期持续荷载作用外，还承受车辆往复荷载、海水侵蚀等作用，这些作用严重影响结构的长期性能，造成桥梁过度下挠，带来一系列安全、维护问题，造成大量经济损失与恶劣的社会影响，应引起社会的高度重视。

国内外部分大跨桥梁下挠情况[6]　　**表 1**

桥梁名称	国家	竣工年份	监测年数/年	主跨跨径/m	下挠量/mm
虎门轴航道桥	中国	1997	6	270	260
黄石长江大桥	中国	1995	7	245	335
Kingston 桥	英国	1970	28	143.3	300
Parrotts 桥	美国	1978	12	195	635
K&B 桥	帕劳国	1978	12	241	1200

然而现行关于混凝土结构长期变形的研究，大多以徐变为主要考察对象，较少考虑其他环境及荷载

作用，对耦合作用下不同损伤的混凝土结构的长期变形规律、力学性能退化研究尚不充分，导致实际结构在服役过程中受损后的长期变形往往远超现有的徐变模型预测值，现有的混凝土结构设计方法对受损后的性能劣化也存在着考虑不足等问题。为减少低估混凝土结构损伤后的长期变形带来的结构安全与维护问题，有必要对损伤混凝土结构的长期变形与力学性能进行系统深入的研究。

1 混凝土结构的损伤

混凝土结构在服役过程中会受到不同的环境与荷载作用，其中持续荷载作用是影响混凝土结构长期变形的主要因素，在此基础上，环境侵蚀作用与循环荷载作用引起的结构损伤会进一步影响结构的长期变形与力学性能。

1.1 持续荷载作用

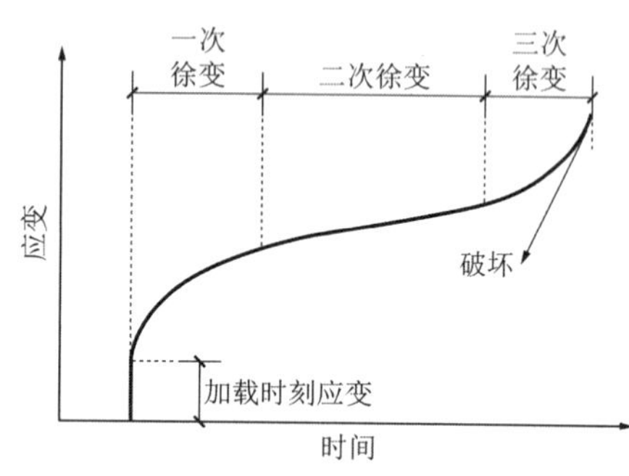

图 1 混凝土徐变的应变-时间曲线

在长期持续荷载作用下，混凝土会产生瞬时弹性变形与徐变变形，徐变变形发展时间长，在加荷前期发展较为迅速，随时间增长发展逐渐减慢，总徐变变形为弹性变形的 2～4 倍。国外学者 NEVILLE A M 等[7]将徐变的发展分为三个阶段（图 1）：一次徐变阶段，徐变速率随着时间逐渐减小，并趋于稳定；二次徐变阶段，徐变速率接近稳定，徐变变形稳定增长；三次徐变阶段，徐变速率逐渐加快，徐变快速发展直至破坏。

混凝土徐变的发展与结构所受应力水平有关。当应力不大时，徐变主要是由于水泥凝胶体的黏性流动产生塑性变形，此时徐变应变与所受应力基本成正比关系，表现为线性徐变，徐变变形最终趋于收敛；当应力较大时，徐变则主要是由于应力集中引起微裂缝的持续发展，此时徐变应变与所受应力不成正比关系，表现为非线性徐变，徐变变形可能收敛，也可能变形增长直至破坏。

现有徐变预测大多基于线性徐变发展，研究成果已较为成熟，但对非线性的徐变发展研究尚为欠缺，尤其是损伤引起结构应力重分布导致局部进入非线性徐变的研究。张怡雪等[8-9]通过非线性徐变试验得到，损伤增大了混凝土无损区的应力场，但不影响徐变本构，含损伤混凝土的非线性徐变实质是等效应力下的线性徐变，但其试验中仅考虑了高应力水平下的荷载损伤，并未考虑由其他环境荷载作用引起的损伤。

1.2 环境侵蚀作用

本文介绍的环境侵蚀作用主要分两类，即氯盐侵蚀和硫酸盐侵蚀。

对于氯盐侵蚀，氯离子有很强的去钝化能力，侵入混凝土结构内部后，会破坏钢筋表面的钝化膜，导致钢筋锈蚀[10]，钢筋锈蚀不仅对钢筋性能有不利影响，还会降低钢筋与混凝土间的粘结性能，特别是钢筋锈蚀生成的锈蚀产物，其体积为原有体积的 2～4 倍，生成时将对周围的混凝土产生压应力。这种锈胀力会引起混凝土保护层开裂产生锈胀裂缝，随着锈蚀程度的加深，锈胀裂缝由内向外扩展。当裂缝贯通混凝土保护层时，环境中的有害物质将直接侵蚀混凝土结构内部，大大加速钢筋锈蚀程度，进一步加剧裂缝扩展，对混凝土结构造成巨大损伤，严重影响混凝土结构的耐久性能。

对于硫酸盐侵蚀，硫酸根离子进入混凝土内部，会与水化产物相互作用，形成石膏和钙矾石等膨胀产物，在早期可填充内部孔隙，提高混凝土的密实度，但随着侵蚀程度的提高，膨胀产物会导致混凝土开裂，造成强度与刚度的损失。

环境侵蚀作用对混凝土结构长期变形的影响可以分成两个方面：其一是由钢筋锈蚀等引起的钢

筋混凝土粘结性能退化、局部锈胀开裂等损伤，导致结构性能劣化，进而引起应力重分布，徐变发生变化；其二是由锈蚀产物填充等引起的整体材料性质发生改变，导致徐变本构变化，进而引起徐变变化。

1.3 循环荷载作用

循环荷载作用于混凝土结构时，将引起疲劳问题，其损伤可从混凝土、钢筋和钢筋-混凝土界面三方面进行分析。

1）混凝土

混凝土在循环荷载作用下易发生开裂，造成强度与刚度的损伤。其疲劳过程可分为三个阶段[12]：循环荷载开始时梁的挠度发展以及钢筋和混凝土的应变增量显著增加；随着循环次数的增加，增长速度减慢，进入相对稳定的发展阶段；而当疲劳破坏的临近，增长速度又变得很快。梁的刚度退化也呈现出较为明显的单调递减“S”形曲线。

2）钢筋

对钢筋而言，当疲劳应力达到一定的量值时，钢材内各晶粒间就会被迫出现错位现象，引起初始损伤。损伤进一步累积，使裂纹逐渐扩展，导致钢材的有效承载面积不断减小，尤其是混凝土受拉区开裂后退出工作，裂缝处钢筋在循环荷载下，应力集中程度较高，易出现疲劳断裂现象[13]。

3）钢筋-混凝土界面

由于钢筋和混凝土的损伤机理存在明显差异，在循环荷载作用下，钢筋与混凝土会存在不同程度的损伤累积，导致钢筋与混凝土间的粘结性能劣化，钢筋与混凝土间出现反复滑动，界面出现交叉裂纹，纵向裂纹宽度越宽，滑移量越大，黏合失效越早[14]。

与环境侵蚀作用不同，循环荷载直接作用于钢筋混凝土本身。在一定疲劳程度下，钢筋与混凝土的本构关系必将受到改变，同时疲劳产生的微裂缝等引起结构性能劣化，导致结构应力重分布。因此对比循环荷载作用，环境侵蚀和疲劳作用两者是耦合影响结构长期变形的。

2 环境侵蚀作用下混凝土结构的长期变形及力学性能

2.1 试验研究

2.1.1 试验研究方法

环境侵蚀作用下，混凝土结构的长期变形与力学性能试验需考虑侵蚀与徐变的耦合作用。因此，对试验装置、试验顺序等有较高的要求，其试验思路为：先对混凝土结构施加持续荷载作用使之产生徐变，在此基础上再对混凝土结构进行侵蚀作用试验，如通过溶液浸泡、通电加速锈蚀等模拟环境侵蚀作用，侵蚀过程中保持持续荷载状态，在此过程中对混凝土结构的性能劣化及徐变发展进行研究。

表 2 汇总了国内外部分学者关于环境侵蚀作用下混凝土结构长期变形的试验研究。这些试验研究对象主要为混凝土试块与钢筋混凝土构件，对结构试验研究较少，因此未考虑环境侵蚀作用对徐变过程中结构内力重分布的影响，仅对锈蚀与徐变耦合作用下混凝土结构的宏观现象进行描述。

同时，对于环境侵蚀作用，自然环境中的侵蚀作用往往周期较长，实验室中常考虑加速侵蚀试验。侵蚀方法主要有外加电流、干湿循环等方法。较自然环境下的侵蚀作用，实验室所用加速侵蚀方法虽然能在短时间内获得侵蚀作用，但侵蚀效果有较大差异[29]，如通电加速钢筋锈蚀得到的一般是均匀锈蚀钢筋，但实际环境中钢筋锈蚀往往是不均匀的。这些都将导致试验成果与真实情况有所区别，实际应用时还需进行修正。

环境侵蚀作用下混凝土结构的长期变形试验研究 **表 2**

文献	试验对象	环境侵蚀作用	试验顺序	侵蚀方法	设置变量	考察指标
Cao 等[15]	钢筋混凝土柱	氯盐	1. 持续荷载 + 侵蚀 2. 持续荷载→侵蚀→持续荷载	通电加速锈蚀	配筋率、加载龄期、锈蚀率、加载顺序	徐变系数
Han 等[16]	圆形钢管混凝土构件	氯盐	初始加载→持续荷载 + 侵蚀→加载破坏	通电加速锈蚀	持续荷载水平、锈蚀速率	长期变形、失效模式
Hou 等[17]	钢纤维混凝土梁	氯盐	持续荷载 + 侵蚀	干湿循环 + 外加电流	持续荷载水平、锈蚀程度	锈蚀模式、截面应变、挠度、裂缝形态
Dong 等[18]	钢筋混凝土梁	氯盐	侵蚀→持续荷载	通电加速锈蚀	持续荷载水平	裂缝形态、抗弯性能
Du 等[19]	钢筋混凝土梁	氯盐	加载→侵蚀 + 持续荷载→加载破坏	干湿循环 + 外加电流	锈蚀程度、锈蚀位置	最大挠度、极限承载力
Zhang 等[20]	钢筋混凝土梁	氯盐	持续荷载 + 侵蚀	通电加速锈蚀	持续荷载水平、锈蚀程度	裂缝形态、跨中挠度
Wu 等[21]	钢筋混凝土轴压构件	氯盐	加载→持续荷载 + 侵蚀	通电加速锈蚀	钢筋类型、持续荷载水平、锈蚀程度	裂缝形态、极限承载力、纵向位移
张展维等[22-25]	梁、柱、组合构件	氯盐	加载→侵蚀 + 持续荷载	通电加速锈蚀	锈蚀程度、加载龄期	裂缝形态、应变、强度等
Cao 等[26]	粉煤灰混凝土试件	硫酸盐	持续荷载 + 侵蚀	硫酸盐溶液浸泡	粉煤灰含量、盐溶液浓度	徐变应变
Cao 等[27]	钢筋混凝土试件	硫酸盐	持续荷载 + 侵蚀	干湿循环加速侵蚀	溶液浓度、持续荷载水平	抗弯强度、微观分析
田立宗[28]	混凝土试块	硫酸盐	加卸载 + 侵蚀	硫酸盐溶液浸泡	荷载水平、浸泡方式、侵蚀龄期	相对动弹性模量、抗压强度、损伤层厚度

2.1.2 试验研究成果

1）刚度

试验发现，环境侵蚀作用会增大混凝土结构的徐变变形，降低混凝土结构的刚度。Yoon 等[30]的持续荷载与加速锈蚀耦合试验数据（图 2）显示，混凝土梁在第二阶段即施加外加电流后，锈蚀程度的提高诱发了徐变的二次发展，徐变速率加快，同时总徐变变形增大，图中 AS75（无锈蚀，持续荷载水平 75%）曲线与 NS75（锈蚀 + 持续荷载水平 75%）曲线对比表明，在较高的持续荷载水平下，锈蚀可能导致徐变从线性徐变转向非线性徐变，甚至引发徐变锈蚀耦合破坏。Liu 等[31]通过试验研究发现同时加载和钢筋锈蚀作用下，钢筋混凝土梁的抗弯刚度降低严重，同时其挠度比正常状态梁更早达到极限状态。

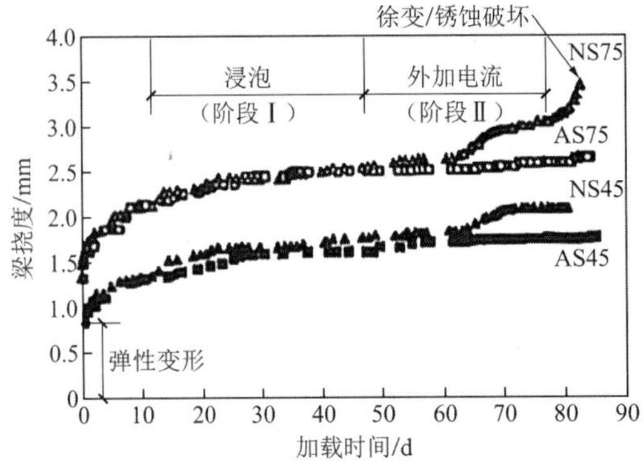

图 2　梁在持续荷载和锈蚀作用下的挠曲变形[30]

2）强度

由于环境侵蚀作用与持续荷载作用对混凝土结构造成了不同程度的损伤，混凝土结构徐变后强度有所下降，其剩余承载力则与持续荷载水平、锈蚀程度等有关。葛育成[32]根据试验结果分析得出持续荷载作用和腐蚀作用都会降低构件的极限承载力。何世钦等[33]通过对持续荷载作用下锈蚀梁、加载后卸载锈蚀梁、持续加载不锈蚀梁和参考梁的对比试验，研究不同作用下梁的极限承载力，发现随着锈蚀时间的增加及荷载水平的提高，梁的承载力下降越发严重，试验梁中强度最高下降达30%，且持续荷载和通电锈蚀耦合作用后钢筋混凝土梁会出现粘结劈裂破坏现象。

3）裂缝发展

环境侵蚀作用下，侵蚀产物的生成会对混凝土产生膨胀应力，导致混凝土结构内部产生微裂缝，在与荷载的共同作用下，裂缝加速扩展，同时进一步加剧有害离子的侵蚀，形成恶性循环。Shen等[34]发现锈蚀和持续荷载共同作用会影响混凝土结构的裂缝发展，锈蚀梁裂缝主要分布在侧面和拱腹处，而持续荷载作用下梁的侧面裂缝数量减少，梁底部的裂缝数量和宽度均增加。方建柯等[35]从微观尺度上分别进行氯盐腐蚀和氯盐腐蚀-荷载耦合两种工况下生成的锈蚀产物的分子动力学模拟，发现氯盐腐蚀-荷载耦合作用下，锈蚀产物的锈胀力大大提高，混凝土结构保护层更易发生开裂。

4）钢筋-混凝土界面

部分学者对侵蚀与持续荷载的耦合作用下钢筋-混凝土界面性能也有所研究。刘继容[36]对持续荷载作用下钢筋锈蚀后钢筋与混凝土间的粘结性能进行了研究，当锈蚀率较低时，极限粘结强度有所提高，而当锈蚀率较高时，极限粘结强度又随锈蚀率的增大而降低，持续荷载等级的提高也会降低极限粘结强度。彭鹏[24]也发现持续荷载作用对组合梁的刚度影响不大，但锈蚀情况下，组合梁的界面滑移将显著增加，使得组合梁产生应力重分布，从而导致挠度增加。

然而，也有相当一部分学者[15,27,28,36,37]发现，在较小的侵蚀程度下，环境侵蚀作用可提高混凝土结构的强度，从而减小结构的徐变变形。ZIVICA 等[38]研究了压应力和硫酸盐的耦合作用对水泥基复合材料性能的影响，发现当应力水平不超过使基体产生微裂缝的应力水平时，压应力抑制了硫酸盐侵蚀水泥基复合材料性能的劣化。田立宗[28]则认为环境侵蚀作用分两阶段：第一阶段，侵蚀产物填充孔隙，增加了混凝土的密实性；第二阶段，膨胀应力产生微裂缝并发展，导致混凝土强度劣化。然而，该临界锈蚀程度尚不明确，仍需大量试验进行相关研究。

2.2 理论模拟

1）徐变损伤模型

相关学者对环境侵蚀作用与持续荷载作用下混凝土结构的损伤模型进行了研究。

Liu 等[31]根据锈蚀后钢筋与混凝土间的应变相容性，采用试验数据拟合，得到了钢筋与混凝土间的应变系数，并推导了荷载与锈蚀耦合作用下钢筋混凝土梁的抗弯刚度理论计算公式。

Cao 等[39]推导出了混凝土的长期弹性模量方程：

$$E_t = E_0 \frac{\varepsilon_0}{\varepsilon_t} \tag{1}$$

式中：E_0、ε_0分别为混凝土初始弹性模量与初始应变；E_t、ε_t分别为加载时间为t（单位：d）时的弹性模量和应变。

根据试验数据拟合得到了混凝土长期弹性模量折减系数，可用弹性模量E_t表达，见式(2)：

$$E_t = \frac{13.2 + t}{4.62t} E_0 \tag{2}$$

该模量相较于规范的统一折减系数，更适用于钢筋-混凝土组合结构的长期变形。

Alfaiate 等[40]着重对腐蚀与荷载作用下钢筋混凝土界面进行了分析，考虑了钢筋-混凝土的粘结滑移退化、钢筋锈蚀后的有效面积、界面应力、锈蚀速度等因素，对锈蚀下的钢筋混凝土结构进行了数值模拟分析。Zeng 等[41]从细观尺度对不同锈蚀模式下钢筋混凝土梁的承载力发展和长期徐变性能进行了模拟研究，对混凝土材料建立弹塑性损伤本构，采用损伤系数与塑性应变表征混凝土的非线性变形特性，将锈蚀产物分为固相与液相，固相锈蚀产物在锈蚀界面累积，液相锈蚀产物则会流入钢筋周围的孔隙与裂缝中，由此模拟锈蚀产物的生成与渗透过程，通过该模型对三种锈蚀条件，即底部纵筋锈蚀、顶部纵筋锈蚀和全部钢筋锈蚀下钢筋混凝土的徐变变形进行了模拟分析。

2）徐变预测模型

考虑损伤的混凝土结构设计时，有必要建立徐变预测模型以模拟混凝土结构在侵蚀损伤下的长期变形发展规律，环境侵蚀作用下的徐变预测模型已有一定成果。

Cao 等[15]假设钢材腐蚀是均匀的，即截面损失等于失重率，且钢材和混凝土的腐蚀不会引起相对滑移，即满足变形协调条件，对 CEB-FIP90 模型进行修正，得到了锈蚀与荷载耦合作用下钢筋混凝土柱的徐变系数φ_{r}：

$$\varphi_{\mathrm{r}}(t,\tau_0)=\omega\varphi_0\cdot\beta_{\mathrm{c}}(t-\tau_0) \tag{3}$$

式中：ω为根据钢筋锈蚀后混凝土结构应力重分布求得的锈蚀修正系数；φ_0为混凝土的名义徐变系数；β_{c}为混凝土徐变随时间的发展系数；t为计算时刻混凝土的龄期（d）；τ_0为混凝土加载龄期（d）。

Cao 等[26]通过修正 Fick 第二定律，得到了考虑侵蚀浓度n、侵蚀时间（单位：d）、应力比r/f_{c}、表面积S/V的硫酸盐侵蚀速率，同时修正 B4 模型，得到了硫酸盐侵蚀作用下粉煤灰混凝土的徐变公式。其扩散系数D表示为：

$$D=a'\cdot t^{\mathrm{b}'}\cdot\exp\left[c'\cdot\left(\frac{\sigma}{f_{\mathrm{c}}}\right)^{\mathrm{d}'}\left(n^{\mathrm{e}'}+f'\right)+\mathrm{g}'\right]\cdot\left(\frac{S}{V}\right)^{\mathrm{h}'} \tag{4}$$

式中：a'、b'、c'、d'、e'、f'、g'、h'为与侵蚀深度、侵蚀时间、应力水平、溶液浓度和比表面积相关的常数。

Gong 等[42]对 B3 模型进行改进，考虑了混凝土结构在硫酸盐侵蚀下有效承载面积的减小，引入了混凝土损伤截面折减系数D：

$$D=1-\exp\left[a\times n^{\mathrm{b}}\times(f_{\mathrm{c}})^{\mathrm{c}}\times(\sigma/f_{\mathrm{c}})^{\mathrm{d}}\times\varphi^{\mathrm{c}}\times t^{\mathrm{f}}\right] \tag{5}$$

该系数考虑了离子浓度n、应力比σ/f_{c}、抗压强度f_{c}、截面有效厚度φ、侵蚀时间（单位：年）等，设置了a、b、c、d、e、f待定系数，依据试验数据拟合，并根据侵蚀情况混凝土损伤下的有效应力$\overline{\sigma}$，得到硫酸盐侵蚀作用下混凝土构件的轴压徐变$\varepsilon_{\mathrm{sot}}^{\mathrm{cr}}(t)$：

$$\varepsilon_{\mathrm{sot}}^{\mathrm{cr}}(t)=\overline{\sigma}(t)\cdot J(t,t')=\frac{\sigma(t)}{1-D}\cdot J(t,t') \tag{6}$$

式中：$J(t,t')$为徐变柔度函数；t为计算时刻混凝土龄期（d）；t'为加载龄期（d）。

3）有限元分析

相关学者通过有限元分析软件对锈蚀与荷载耦合作用下的混凝土结构损伤演化进行了模拟。

Shen 等[34]通过 ABAQUS 中的混凝土损伤塑性模型模拟混凝土的损伤行为，忽略钢筋与混凝土间的粘结损伤，通过热膨胀法模拟钢筋的非均匀锈蚀，对锈蚀与持续荷载耦合作用下的钢筋混凝土进行了损伤演化模拟。Hua 等[43]基于通用数值方法和 ACI209R-92 徐变模型，通过有限元分析模拟方形截面钢管混凝土梁柱在锈蚀及荷载耦合作用下的徐变发展，并对混凝土结构受荷后的荷载-变形关系、荷载传递机制、应力-应变发展、失效模式等进行了研究，提出了持续荷载和锈蚀耦合作用下方形钢管混凝土梁柱的简化设计方法。Han 等[16]考虑钢管混凝土的收缩、徐变及锈蚀引起外管厚度的损失，开发了有限元模型用以研究持续荷载与锈蚀耦合作用下的钢管混凝土受拉构件，对混凝土结构的荷载-位移关系、荷载分布、应力发展等进行了模拟。

2.3 存在的问题

目前，对环境侵蚀作用下混凝土结构长期变形及力学性能的研究仍存在以下不足：

（1）试验研究方面：①对于试验方法，环境侵蚀作用大多采用实验室加速侵蚀试验，与自然环境下的侵蚀作用效果有差异，实际应用时需进行修正；②对于试验对象，现有试验对象大多为试块或构件，对结构的内力重分布考虑不足，构件的徐变规律能否直接应用于结构也仍需验证；③对环境侵蚀作用提高或降低混凝土强度的临界侵蚀程度还需进一步研究。

（2）理论模拟方面，有相关研究，但目前研究仍不成熟：①对于徐变模型，大部分为基于试验数据拟合而得，未考虑锈蚀对结构内力重分布的影响，同时需进行大量的锈蚀徐变试验，以完善考虑锈蚀损伤的徐变本构模型；②侵蚀与持续荷载耦合作用下的混凝土结构设计方法并不完善，各模型损伤指标不一，需建立统一的损伤指标，并量化其与性能间的关系，对锈蚀及徐变损伤下混凝土结构的性能劣化、可靠度、寿命预测等进行模拟分析。

3 循环荷载作用下混凝土结构的长期变形及力学性能

3.1 试验研究

3.1.1 试验研究方法

相比环境侵蚀作用下混凝土结构的长期变形试验研究，循环荷载作用下的长期变形试验研究较少。表3汇总了国内外部分学者对混凝土结构考虑循环荷载作用的徐变试验研究。目前相关的试验研究大致可分为三类：一是仅考虑循环荷载作用下的混凝土结构变形，其试验方法为对混凝土施加仅持续荷载与仅循环荷载作用，通过对比，分析疲劳与徐变作用下混凝土的变形规律；二是将循环荷载作用作为损伤引入混凝土结构中再考察其徐变性能，其试验顺序为先通过循环荷载作用引入疲劳损伤，再对混凝土结构进行持续荷载研究其徐变性能；三是先进行长期持续荷载试验，再通过循环荷载作用，研究其徐变后的疲劳性能，或研究其长期变形性能。

循环荷载作用下混凝土结构的长期变形试验研究 表3

文献	试验对象	试验顺序	设置变量	考察指标
Kern 等[44]	混凝土圆柱体试块	仅持续荷载、仅疲劳	循环应力、荷载频率、持续荷载水平	应变对比
Li 等[45]	高强高性能混凝土棱柱体试件	（循环荷载→持续荷载→卸载→循环荷载）循环进行	循环加载次数	徐变系数
Tang 等[46]	钢筋混凝土梁	静载徐变→循环荷载	持续荷载水平、应力历史	相对位移
Ding 等[47]	钢筋混凝土梁	疲劳损伤→持续荷载	疲劳损伤	跨中挠度、截面应力
赵启林等[48]	高强混凝土试块	循环荷载→持续荷载	应力历史	徐变系数
崔晨光等[49]	高性能混凝土试块	循环荷载→持续荷载	是否经历疲劳	混凝土应变
王义翔[50]	预应力活性粉末混凝土梁	持续荷载→循环荷载	是否持续荷载	跨中挠度、裂缝形态、残余应变
李清池[51]	钢筋混凝土试块	恒定荷载、循环荷载	加载方式、是否带裂缝	徐变应变

由于疲劳与徐变均属荷载作用，耦合作用试验对试验设备、方法等要求较高，持续荷载与循环荷载的真正耦合试验研究还很少，且考虑混凝土结构的试验研究较少，因此现有相关研究对循环荷载作用对结构徐变过程中应力重分布的影响考虑不足。同时实际工程中，如大跨桥梁，结构往往是长期持续荷载与循环荷载共同作用的，因此这些试验的结果往往低估了徐变值。

3.1.2 试验研究成果

1）徐变变形

众多研究表明，循环荷载作用并不是简单地促进徐变发展，其对混凝土结构的损伤会诱发混凝土结构徐变的二次发展，增大徐变发展速率及混凝土结构的最终徐变变形。

国外较早就有学者发现循环荷载对徐变的促进作用，将循环荷载作用下混凝土结构的变形称为循环徐变（Cyclic Creep），如 Whaley 等[52]通过比较静态与循环荷载下混凝土的非弹性变形，指出循环荷载会加速静态荷载下混凝土的徐变过程，导致额外的徐变增加，该试验即 3.1.1 节提及的第一类试验类型。早期也有学者提出了循环徐变的预测模型，如 Balaguru[53]考虑循环荷载下混凝土的疲劳徐变和粘结劣化，提出了混凝土循环徐变分析模型。

后续也有国内学者对循环徐变展开研究。如赵启林等[48]发现高强混凝土受早期循环荷载作用下的徐变比恒载作用下的徐变大 1～2 倍，且徐变值随循环荷载周期的减小而增大。崔晨光等[49]发现疲劳荷载会对混凝土内部造成损伤，增加早期收缩应变，增大徐变平稳期后混凝土徐变应变发展速率。Tang 等[46]发现循环荷载作用下高强混凝土梁徐变系数较静载作用下增加明显，并分析推断大跨度桥梁的长期变形过大与周期性循环荷载形成的长期变形增加长期积累有关。

2）性能劣化

有关循环荷载与持续荷载作用下混凝土结构的性能劣化研究较少，其研究指标多为刚度、剩余承载力及裂缝发展等。王义翔[50]发现，在承受相同的疲劳循环加载过程中，徐变梁的极限承载力降低了 7%，且其混凝土受压应变及钢筋应变均高于未徐变梁，刚度下降速率及裂缝发展速率均快于未徐变梁。朱明江[54]发现，疲劳损伤对混凝土试件的横向裂缝开展的影响较大，疲劳裂缝会减小钢筋与混凝土间的粘结力，降低试件的抗弯刚度，同时，循环荷载较小时，混凝土结构孔隙减少，密实度提高，低疲劳损伤反而会提高混凝土的剩余承载力。此点与锈蚀作用下的徐变情况类似。在低锈蚀及低疲劳程度的作用下，混凝土结构内孔隙或被锈蚀产物填充，或被循环荷载压实，混凝土的密实度提高，从而减小了徐变发展。但其临界侵蚀程度或临界疲劳程度尚不明确，仍需大量试验进行研究。

3.2 理论模拟

1）徐变损伤模型

不少学者通过描述混凝土结构的刚度退化、裂缝发展等建立循环荷载作用下的损伤本构，同时结合徐变本构模型开发了循环荷载作用下的徐变损伤模型。

Kindrachuk 等[55]基于连续损伤力学，建立了普通强度混凝土受压徐变和疲劳相互作用的本构模型，模拟了普通混凝土在徐变和循环荷载作用下的性能逐步退化，该模型预测了刚度损失、非弹性徐变应变和循环徐变应变演化的“S 形”响应，包括三个阶段：瞬变阶段、稳态阶段、快速阶段直至破坏。Atutis 等[56]通过加载循环次数增加引起非弹性应变增加和刚度损失来模拟混凝土的退化，考虑了基体的微裂纹、纤维和基体的脱黏或纤维的断裂来模拟玄武岩纤维增强聚合物筋预应力混凝土梁的循环徐变问题，通过弹性模量的变化来评估循环荷载对纤维增强聚合物筋混凝土梁性能的影响。Tong 等[57]通过 Kelvin 单元近似模拟混凝土的静态徐变，通过塑性屈服面描述混凝土的弹塑性损伤，通过微裂缝的疲劳扩展描述车辆荷载引起桥梁的循环徐变，开发了考虑混凝土黏弹性行为、混凝土拉伸开裂和塑性软化的耦合效应的统一本构模型，并用该模型对承载交通荷载的大跨度预应力混凝土桥梁进行了分析，对桥梁的跨中挠度历史、变形轮廓以及混凝土裂缝的分布进行了模拟。Ding 等[47]基于损伤力学和应变等效原理，建立了损伤混凝土徐变模型，提出了疲劳损伤混凝土构件徐变效应的数值计算方法，通过数值模拟分析了损伤对混凝土梁徐变发展的影响机制，发现损伤改变了构件截面的刚度及截面内混凝土的应力状态，同时模拟结果得出增加截面高度可有效减小徐变挠度。

2）徐变预测模型

考虑损伤的混凝土结构设计时，有必要建立徐变预测模型以模拟混凝土结构在疲劳损伤下的长期变形发展规律。

Whaley 等[52]根据试验结果，得出了较为简洁的循环徐变应变表达式：

$$\varepsilon = a\sigma_e(1 + b\Delta)t^{\frac{1}{3}} \tag{7}$$

式中：ε为徐变应变；σ_e是循环平均应力；Δ为应力范围；t为加载时间（h）；a，b均为系数。

Bazant 等[58]假设混凝土的循环徐变是由于循环荷载作用促进了混凝土内预先存在的微裂缝的生长，通过断裂力学计算由微裂缝引起的宏观应变，提出了压缩循环徐变的微观力学模型，并通过文献中的试验数据进行了验证和校准，发现静态徐变挠度随时间呈近似对数增长，而循环徐变挠度呈线性增长，长期循环徐变并不是静态徐变的简单加速。而 Motra[59]对循环徐变分析中的不确定性进行了量化，将不确定性分为三类：加载材料特性的自然变化、测量误差造成的数据不确定性、循环徐变分析过程中的建模不确定性和误差。同时对 BP 模型、Whaley 和 Neville 模型、循环徐变修正 MC90 模型等进行了建模分析，发现 BP 模型对循环徐变的预测较好。

Li 等[45]对 CEB-FIP（1990）模型进行修正，引入了循环荷载作用影响系数γ_{cyc}，提出了循环荷载下纤维增强高性能混凝土徐变模型，得到了循环荷载作用下混凝土的徐变系数$\varphi(t, t_0, C)$，并通过数据拟合得到了循环荷载作用影响系数，其表达式为：

$$\varphi(t, t_0, C) = \varphi_0 \alpha_{fc} \gamma_{cyc} \beta_c (t - t_0) \tag{8}$$

$$\gamma_{cyc} = 1.088 \times \left(\frac{N}{N_0}\right)^{0.078} \tag{9}$$

式中：φ_0为混凝土的名义徐变系数；α_{fc}为纤维含量对名义徐变系数的修正系数；β_c为混凝土徐变随时间的发展系数；t为计算徐变时刻混凝土的龄期（d）；t_0为混凝土的初始加载龄期（d）；N为循环加载次数，$N_0 = 1 \times 10^4$。

Koh 等[60]建立了可考虑混凝土配合比、强度、加载龄期、环境温湿度、构件截面形状及截面配筋率、徐变和收缩及循环荷载作用次数和作用频率等影响的梁体挠度迭代计算方法。

Zhu 等[61]将混凝土时变行为和预应力损失对预应力混凝土桥梁长期变形的贡献Φ_t，表示为：

$$\Phi_t = \Phi_{BC} + \Phi_{PS} + \Phi_{RE} + \Phi_{CS} + \Phi_{FC} \tag{10}$$

其中Φ_{BC}、Φ_{PS}、Φ_{RE}、Φ_{CS}、Φ_{FC}分别为混凝土静态徐变、预应力损失、材料弹性模量变化、混凝土收缩和车辆疲劳效应对长期变形的贡献，并基于环境温度作用与车流的随机性特征等效，提出了随机环境温度作用等效方法与随机车流荷载模型，提出了循环荷载下考虑疲劳徐变与损伤的混凝土徐变本构模型、随机车流作用下预应力混凝土桥梁长期变形分析方法。

李世安[62]根据现有的循环荷载下主梁非线性挠度变化规律，对部分预应力混凝土梁桥长期挠度计算及循环荷载作用下部分预应力混凝土梁结构的受力特性进行理论分析，得出了考虑循环荷载作用下的部分预应力混凝土梁长期挠度的计算模式。

3）数值模拟

相关学者对循环荷载作用下的混凝土结构徐变进行了数值模拟，包括细观结构、可靠性评估、寿命预测等。

Chen 等[63]基于多孔介质理论的徐变模型，模拟了循环荷载下骨料与水分、砂浆与水分的耦合效应，建立了细观尺度下液体速度、孔隙压力和固相等效应力之间的关系，对循环荷载作用下的高强混凝土徐变发展进行了模拟，分析得出，循环荷载会加快水分流动的速率和孔隙压力消散的速率，加快混凝土结构的应力重分布，促进徐变的发展。

Chen 等[64]采用速率式徐变模型考虑徐变的非线性效应，通过疲劳力学的模型模拟混凝土的循环徐变，并提出了一种考虑混凝土收缩、静态徐变和循环徐变以及预应力筋应力松弛综合影响的方法，该方法用来评估 PSC 箱梁桥随时间的挠度可靠性。通过模拟发现，桥梁初期挠度可靠性高，但由于混凝土静态徐变、收缩和钢筋松弛的共同作用，可靠性指数迅速下降，使用数十年后下降趋于稳定，当考虑循环徐变时，可靠性指标下降得更快，甚至可能在预期使用寿命之前降至目标值以下。

Meng 等[65]建立了混凝土多因素耦合徐变模型，通过动态称重（WIM）和视频数据，提出了随机车辆模型并获得车辆载荷的应力幅值，基于此对循环荷载作用下的预应力连续梁桥进行了三维有限元分析。Chehade 等[66]同样根据 WIM 数据模拟了真实的交通模型，据此推导出随时间变化的载荷效应、力矩和偏转的概率分布，并引入了考虑混凝土徐变和收缩的退化效应，提出了一种在可变交通荷载下的简化徐变模型，可用于钢筋混凝土桥梁的使用寿命评估。

3.3 存在的问题

目前关于循环荷载作用下混凝土结构长期变形与力学性能的研究还有以下不足：

（1）试验研究方面：现有的试验方法大多为将循环荷载作为损伤引入混凝土结构，对于持续荷载与循环荷载的真正耦合试验研究很少，只能反映循环荷载作用对混凝土结构材料本构的影响及损伤材料后的徐变响应，不能反映循环荷载作用对结构徐变过程中应力重分布的影响，同时对循环加载应力水平、作用周期等的设置缺乏理论依据，这些都将导致试验结果与实际有所差异。

（2）理论模拟方面：①现有研究虽然建立了较多循环徐变本构，但多基于试验数据拟合，适用性较低，所建立的损伤、预测模型仍需试验进一步验证；②考虑疲劳与徐变的混凝土结构设计方法并不完善，需建立统一的损伤指标，对疲劳与持续荷载耦合作用后混凝土结构的性能劣化、可靠度、寿命预测等进行系统的研究分析。

4 复杂荷载作用下混凝土结构的长期变形及力学性能

4.1 试验研究

4.1.1 试验研究方法

由于混凝土材料的复杂性及各因素作用机理的相互耦合，复杂荷载作用下混凝土结构的长期变形试验难度倍增，若要耦合多个复杂因素，对试验场所、仪器、方法等都有较高要求。表 4 汇总了国内外学者关于复杂荷载作用对混凝土结构影响的试验，部分试验未考虑长期持续荷载作用，但对复杂荷载作用下混凝土结构的损伤研究有指导作用。

复杂荷载作用对混凝土结构影响的试验研究　　表 4

文献	试验对象	作用类型	试验顺序	考察指标
He 等[67]	钢筋混凝土梁	持续荷载、氯盐侵蚀、循环荷载	持续荷载→锈蚀 + 疲劳交替至破坏	裂缝形态、挠度、疲劳寿命、微观结构
Zhu 等[68]	钢筋混凝土梁	循环荷载、碳化	1. 循环荷载→碳化 2. 循环荷载 + 碳化	裂缝宽度、碳化深度、微观结构
Song 等[69]	钢筋混凝土梁	循环荷载、碳化	循环荷载→持续荷载 + 碳化	疲劳性能、孔隙结构、碳化深度及速率
Jiang 等[70]	钢筋混凝土试块	循环荷载、氯盐侵蚀	锈蚀、疲劳及耦合作用	钢筋与混凝土粘结性能
Han 等[71]	混凝土试块	循环荷载、氯盐侵蚀	锈蚀、疲劳及耦合作用	液体吸收、氯化物浓度
曹银等[72]	混凝土试块	弯拉荷载、冻融循环、氯盐侵蚀	弯拉荷载→冻融循环→氯盐侵蚀	质量损伤、动弹性模量、氯离子侵蚀深度、扩散速率、孔隙结构
刁波等[73]	钢筋混凝土梁	持续荷载、冻融循环、混合侵蚀	持续荷载→持续荷载 + 冻融循环 + 侵蚀→加载破坏	裂缝形态、极限承载力、刚度
浙江大学学者[54,74,75]	钢筋混凝土梁	持续荷载、循环荷载、氯盐侵蚀	1. 氯盐侵蚀→循环荷载→持续荷载 2. 氯盐侵蚀→持续荷载→循环荷载 3. 循环荷载→持续荷载→氯盐侵蚀	1. 变形性能 2. 疲劳性能 3. 耐久性能

现有的长期变形试验研究，考虑多个因素同时作用的耦合试验较为困难，因此大部分试验具有先后顺序，往往将研究的作用类型以损伤的形式引入混凝土结构中，如考虑锈蚀、疲劳的混凝土结构徐变试验，先对混凝土进行疲劳加载及氯盐侵蚀产生相应损伤，再对其进行持续承载考察徐变指标。此种试验未能考虑复杂荷载作用对徐变过程中应力重分布的影响，且各因素的作用时间长短、作用水平都与实际有所差异，应用时需进行修正。

4.1.2　试验研究成果

1）环境因素与循环荷载耦合作用

侵蚀与循环荷载耦合作用：Lu 等[76]发现锈蚀对梁在疲劳过程中的开裂模式、延性、疲劳寿命、刚度退化有显著的影响。Shang 等[77]通过研究发现，在循环荷载和腐蚀耦合条件下，钢筋与混凝土间的粘结性能可降低 50%以上，而随着锈蚀率的增大，粘结滑移增大得也越快。Zhang 等[78]发现，在循环荷载作用下，由疲劳产生的裂纹在腐蚀坑周围迅速萌生和扩展，在腐蚀坑形成的最小截面位置，循环加载导致预应力钢绞线发生疲劳断裂致使构件最终失效。

碳化与循环荷载耦合作用：Song 等[69]发现混凝土的孔隙率和孔径分布随疲劳损伤的增加而增大，碳化深度与疲劳损伤的关系呈现三阶段发展规律，而孔隙率与疲劳损伤的关系呈现线性递增关系，碳化深度的发展规律与孔隙率的发展规律并不完全相同。

2）多种环境因素与持续荷载耦合作用

曹银等[72]研究了弯拉荷载→冻融循环→氯盐侵蚀作用前后混凝土的孔隙结构变化，发现冻融循环会导致裂缝萌生，加速氯盐侵蚀，而氯盐侵蚀会影响孔隙流体的运移，加速冻融循环造成的内部破坏，进一步加速混凝土的劣化，这些劣化都将导致混凝土徐变的进一步发展。

黄鹏飞[79]发现，盐冻破坏、钢筋锈蚀与弯曲荷载三者产生的裂纹扩展会相互促进，渗入混凝土的腐蚀液体参与冻融循环的过程中，发生的体积变化和向外挤压会使得混凝土内部结构逐渐变得疏松，使得混凝土抗渗性降低，降低混凝土对钢筋的保护能力，进一步引起钢筋腐蚀，导致混凝土整体强度不断下降。

刁波等[73]研究了氯盐-硫酸盐侵蚀、冻融循环和持续荷载耦合共同作用下钢筋混凝土梁的劣化性能，研究发现钢筋混凝土梁的抗弯、抗剪和变形能力均随持续荷载水平的增大而降低，纵筋锈蚀率随持续荷载水平的增加明显增大，冻融循环和有害离子侵蚀加速了混凝土保护层的脱落，钢筋锈蚀率的增加又使这种效果更加明显，同时，梁的破坏模式逐渐从弯曲延性破坏向弯曲脆性和受剪脆性破坏转变。

4.2　理论模拟

对复杂荷载作用下混凝土结构的长期变形理论及模拟研究目前较为缺乏，大部分复杂荷载作用研究为单因素与持续荷载的耦合，或环境因素与循环荷载耦合作用，考虑多种环境因素或循环荷载作用的徐变损伤模型较少。

朱明江[54]对仅锈蚀损伤、仅疲劳损伤和含锈蚀和疲劳损伤钢筋混凝土梁在持续荷载作用下的长期变形性能、卸载后的徐变挠度恢复以及卸载后的静力性能进行了试验研究，并根据试验结果分析了不同损伤下钢筋混凝土梁的刚度变化规律，提出了基于刚度的考虑锈蚀、疲劳影响的徐变损伤指标D_B：

$$D_{\mathrm{B}} = \frac{B - B_l}{B_{\mathrm{s}} - B_{\mathrm{T}}} \tag{11}$$

$$B_t = \theta(t) \cdot \beta(N) \cdot \alpha(\eta) \cdot B_0 \tag{12}$$

式中：B为试件损伤引入前的初始刚度；B_l为锈蚀和疲劳损伤试件的时变刚度；B_{T}为试件正常使用极限状态时的刚度；$\theta(t)$为刚度时变系数；$\beta(N)$为疲劳刚度退化系数；$\alpha(\eta)$为锈蚀刚度增加系数。

试验中锈蚀程度较低故表现为刚度增加，对高锈蚀率的情况还需进一步研究。

4.3 存在的问题

目前关于复杂荷载作用下混凝土结构长期变形与力学性能的研究总结如下：

（1）试验研究方面：由于混凝土材料的复杂性及各因素作用机理的相互耦合，复杂荷载作用下混凝土结构的长期变形试验研究较为困难，相关研究如环境作用与循环荷载作用的耦合、多种环境因素与持续荷载作用的耦合，研究发现多种因素耦合作用会相互促进，加速混凝土结构性能劣化，促进徐变发展。然而，大部分试验将研究的作用类型以损伤的形式引入混凝土结构后再考虑其他作用，因此未能考虑复杂荷载作用对徐变过程中应力重分布的影响；同时由于相关研究并不多，关于各复杂因素耦合的试验机理研究较少，各因素对徐变促进作用的贡献程度也尚不明确，仍需进一步深入研究。

（2）理论模拟方面：对复杂荷载作用下混凝土结构的徐变理论及模拟研究目前较为缺乏，目前相关模型的研究并不多，且没有统一的标准，模型适用性不强，复杂荷载作用下的徐变预测模型还需考虑各环境因素的影响程度，这方面仍需要大量的试验研究，以建立复杂损伤下的徐变本构模型。同时，结合前文单环境侵蚀作用及单循环荷载作用下的徐变模型，需建立完整的考虑损伤的长期变形评估体系，系统性地对混凝土整个生命周期内徐变的发展、混凝土结构的长期性能变化进行深入研究，基于长期性能进行结构的可靠性分析与寿命预测。

5 结论与展望

本文对目前国内外关于损伤混凝土结构长期变形与力学性能的研究进展进行了梳理，对不同服役环境、荷载条件（环境侵蚀作用、循环荷载作用及复杂荷载作用）下混凝土结构的长期变形研究进行了现状分析，并提出了仍需发展完善的方向，总结不足如下。

（1）试验研究方面：①现有混凝土结构的长期变形试验的试验方法与实际有异，往往只能体现损伤材料的徐变响应，不能体现损伤过程对结构应力重分布的影响；②各复杂因素耦合的试验机理研究较少，各因素对徐变促进作用的贡献程度也尚不明确，环境侵蚀作用、循环荷载作用等对混凝土徐变产生促进/抑制的临界程度也仍需进一步深入研究；③现有试验涉及非线性徐变的研究较少，尤其是致不收敛的非线性徐变的相关研究比较匮乏，环境及循环荷载作用对结构应力重分布的影响，或将使混凝土结构某处进入非线性徐变的应力水平。

（2）理论模拟方面：①现有的徐变损伤、预测模型大多基于试验数据拟合，适用性有待更多的试验验证；②考虑损伤的混凝土结构设计方法并不完善，各模型损伤指标不一，需建立统一的损伤指标，并量化其与性能间的关系，对不同损伤下混凝土结构的性能劣化、可靠度、寿命预测等进行模拟分析；③结合单环境侵蚀作用及单循环荷载作用下的徐变模型，需建立完整的考虑损伤的长期变形评估体系，系统性地对混凝土整个生命周期内徐变的发展、混凝土结构的长期性能变化进行深入研究，基于长期性能进行结构的可靠性分析与寿命预测。

参考文献

[1] 金伟良，张大伟，吴柯娴，等. 混凝土结构长期性能的若干基本问题探讨[J]. 建筑结构，2020, 50(13): 1-6, 29.

[2] 惠荣炎，黄国兴，易冰若. 混凝土的徐变[M]. 北京：中国铁道出版社，1988.

[3] 张怡雪，毛江鸿，方明山，等. 考虑存梁期影响的节段悬拼混凝土桥徐变变形分析[J]. 桥梁建设，2021, 51(4): 73-80.

[4] BAZANT Z P, YU Q, LI G H. Excessive long-time dellections of prestressed box girders. I: record-span bridgo in Palau and other paradigms[J]. Journal of Struclural Engineering, 2012, 138(6): 676-686.

[5] BAZANT Z P, HUBLER M H, YU Q. Pervasiveness of oxcessive segmental bridge deflections: wake-up call for creep[J]. ACI Structural Journal, 2011, 108(6): 405.

[6] 孟新奇，魏伦华，张津辰，等. 大跨径刚构桥梁跨中下挠问题研究[J]. 世界桥梁, 2013, 41(2): 76-79, 89.

[7] NEVILLE A M, DILGER W H, BROOKS J J. Creep of plain and structural conerete[M]. London: Construction Press, 1983.

[8] 张怡雪. 高性能混凝土多工况徐变模型和结构徐变长期性能研究[D]. 浙江：浙江大学, 2024.

[9] MAO J H, ZHANG Y X, SHI Q, et al. Creep characlerization of concrete suffering initial damage[J]. Journal of Materials in Civil Engineering, 2023, 35(6): 4, 23, 110.

[10] GOYAL A, POUYA H S, GANJIAN E, et al. A review of corrosion and protection of steel in concrete[J]. Arabian Journal for Seience and Engineering, 2018, 43(10): 5035-5055.

[11] LIU D Y, WANG C, GONZALEZ-LIBREROS J, et al. A review of concrete properties under the combined effect of fatigue and corrosion from a material perspective[J]. Construction and Building Materials, 2023(369): 130, 489.

[12] LIU F P, ZHOU J T. Experimental research on fatigue damago of reinforced concrete rectangular beam[J]. KSCE Journal of Civil Engineering, 2018, 22(9): 3512-3523.

[13] 张劲泉，宋紫薇，韩冰，等. 车辆荷载作用下公路混凝土桥梁疲劳问题研究进展[J]. 土木工程学报, 2022, 55(12): 65-79.

[14] LINDORF A, LEMNITZER L, CURBACH M. Experimental investigations on bond behaviour of reinforced concrele under Iransverse tension and repeated loading[J]. Engineering Struclures, 2009, 31(7): 1469-1476.

[15] CAO G H, HAN C C, PENG P, et al. Creep test and analysis of concrete columns under corrosion and load coupling[J]. ACI Structural Journal, 2019, 116(6): 121-130.

[16] HAN L H, HUA Y X, HOU C, et al. Circular concrele-illed steel tubes subjected to coupled tension and chloride corrosion[J]. Journal of Structural Engineering, 2017, 143(10): 4, 17, 134.

[17] HOU L J, PENG Y H, XU R, et al. Corrosion bchavior and Iexural performance of reinforced SFRC beams under sustained loading and chloride attack[J]. Engineering Structures, 2021(242): 112, 553.

[18] DONG J F, ZHAO Y X, WANG K, et al. Crack propagation and Nlexural behaviour of RC beams under simultaneous suslained louding and sleel corrosion[J]. Construction and Building Materials, 2017(151): 208-219.

[19] DU Y G. CULLEN M, LI C K. Struclural performance of RC beams under simultaneous loading and reinforcement corrosion[J]. Construction and Building Materials, 2013(38): 472-481.

[20] ZHANG W P, ZHANG H F, GU X L, et al. Struclural behavior of corroded reinforced concrele beams under sustained loading[J]. Construction and Building Meterials, 2018(174): 675-683.

[21] WU X, CHEN L, LI H, et al. Experimental study of the mechanical properties of reinforced concrele compression members under the combined action ofsustained load and corrosion[J]. Construction and Building Materials, 2019, 202(1): 11-22.

[22] 张展维. 腐蚀环境与荷载共同作用下钢筋混凝土柱的长期力学性能研究[D]. 湘潭：湘潭大学, 2020.

[23] 邓昂. 腐蚀环境与荷载共同作用下钢筋混凝土受压构件长期力学性能研究[D]. 湘潭：湘潭大学, 2019.

[24] 彭鹏. 腐蚀与荷载共同作用下钢-混凝土组合梁长期性能研究[D]. 湘潭：湘潭大学, 2020.

[25] 韩传吕. 钢筋锈蚀条件下混凝土轴心受压柱长期力学性能研究[D]. 湘潭：湘潭大学, 2018.

[26] CAO J, HAN Z Y, DU Z F. Creep properties of axially compressed fly ash concrete under sulfate corrosion[J]. Advances in Materials Science and Engineering, 2022(2022): 630, 77, 40.

[27] CAO R D, LI Q B, ZHAO S B. Concrete deterioration mechanisms under combined sulfate attack and flexural loading[J]. Journal of Materials in Civil Engineering, 2013, 25(1): 39-44.

[28] 田立宗. 轴压荷载-硫酸盐侵蚀耦合作用混凝土长期性能研究[D]. 烟台：烟台大学, 2018.

[29] TIAN Y, ZHANG C Y, YE H L, et al. Corrosion of steel rebar in concrete induced by chloride ions under natural environments[J]. Construction and Building Materials, 2023(369): 130, 504.

[30] YOON S, WANG K J. WEISS W J, et al. Interaction between loading, corrosion and serviceability of reinforced concrele[J]. ACI Materials Journal, 2000, 97(6): 637-644.

[31] LIU Y, JIANC N, DENG Y, et al. Flexural experiment and stiffness investigation of reinforced concrete beam under chloride

penetration and sustained loading[J]. Construction and Building Materials, 2016(117): 302-310.

[32] 葛育成. 长期荷载和腐蚀共同作用下钢管混凝土偏压性能实验研究[D]. 南昌: 华东交通大学, 2022.

[33] 何世钦, 王海超, 贡金鑫. 荷载与锈蚀共同作用下钢筋混凝土梁抗弯试验研究[J]. 水力发电学报, 2007, 26(6): 46-51.

[34] SHEN J S, CAO X, LI B, et al. Damage evelution of RC beams under simultaneous reinforcement corrosion and sustained load[J]. Materials, 2019, 12(4): 627.

[35] 方建柯, 徐亦冬, 徐立锋, 等. 环境-荷载耦合作用下钢筋锈蚀产物的分子动力学模拟及其锈胀力分析[J]. 硅酸盐通报, 2018, 37(10): 3275-3280.

[36] 刘继容. 持续荷载作用下非均匀锈蚀钢筋与混凝土间粘结性能的研究[D]. 青岛: 青岛理工大学, 2021.

[37] 廖世杰, 曹国辉, 王礼彬, 等. 腐蚀与荷载耦合作用下混凝土柱徐变机理研究[J]. 湖南城市学院学报 (自然科学版), 2023. 32(1): 1-5.

[38] ZIVICA V, SZABO V. The behaviour of cement composite under compression load at sulphate attack[J]. Cement and Concrete Research, 1994, 24(8): 1475-1484.

[39] CAO C H, YANG L, ZHANG W, et al. Long-term mechanical properties of steel-concrete connectors subjected to corrosion and load coupling[J]. Journal of Materials in Civil Engineering, 2018, 30(5): 04, 018, 058.

[40] ALFAIATE J, SLUYS L J, COSTA A. Modelling fracture due to corrosion and mechanical loading in reinforced concrete[J]. International Journal of Fracture, 2023, 243(2): 143-168.

[41] ZENG B, YANG Y P, GONG F Y, et al. Corrosion crack morphology and creep analysis of members based on meso-scale corrosion penetration[J]. Materials, 2022, 15(20): 73, 38.

[42] GONG J, CAO J, WANG Y F. Effects of sulfate attack and dry-wet circulation on creep of fly-ash slag concrete[J]. Construction and Building Materials, 2016(125): 12-20.

[43] HUA Y X, HAN L H, HOU C. Behaviour of square CFST beam-columns under combined sustained load and corrosion: FEA modelling and analysis[J]. Journal of Constructional Steel Research, 2019(157)245-259.

[44] KERN B, ONESCHKOW N, PODHAJECKY A L, et al. Comparative analysis of concrete behaviour under compressive creep and cyclic loading[J]. International Journal of Fatigue, 2021(153): 106, 409.

[45] LI Q, LIU N Y, LU Z F, et al. Creep model of high-strength high-performance concrete under cyclic loading [J]. Journal of Wuhan University of Technology-Maler. Sci. Ed. , 2019, 34(3): 622-629.

[46] TANG Y Q, FENG J C, FU Y S, et al. Experimental study on shrinkage and creep of high-strength concrete used in a constal complex envirement bridge under a cyclic load[J]. Journal of Constal Research, 2020, 111(spl): 63-69.

[47] DING Y F, FANG Y, JIN W L, et al. Numerical method for creep analysis of strengthened fatigue-damaged concrete beams[J]. Buildings, 2023, 13(4): 968.

[48] 赵启林, 陈立, 翟可为, 等. 复杂状态下桥用高强混凝土收缩徐变性能试验[J]. 解放军理工大学学报 (自然科学版), 2011, 12(5): 459-465.

[49] 崔晨光, 汪小平, 张奕, 等. 疲劳荷载作用对高性能混凝土收缩徐变影响的试验研究[J]. 混凝土, 2019(1): 77-80.

[50] 王义翔. 预应力 RPC 梁徐变后疲劳性能试验研究[D]. 湘潭: 湖南科技大学, 2019.

[51] 李清池. 周期荷载作用下钢筋混凝土结构徐变规律研究[D]. 北京: 中国铁道科学研究院, 2022.

[52] WHALEY C P, NEVILLE A M. Non-elastic deformation of concrete under cyclic compression[J]. Magazine of Concrcte Research, 1973, 25(84): 145-154.

[53] BALAGURU P N. Analysis of prestressed concrete beams for fatigue loading[J]. PCI Journal, 1981, 26(3): 70-94.

[54] 朱明江. 含锈蚀和废劳损伤混凝土梁的长期变形试验研究[D]. 杭州: 浙江大学, 2022.

[55] KINDRACHUK V M, THIELE M, UNCER J F. Constitutive modeling of creep-fabigue interaction for normal strength concrete under compression[J]. International Journal of Fatigue, 2015(78): 81-94.

[56] ATUTIS E, VALIVOXIS J, ATUTIS M. Deflection determination method for BFRP prestressed concrete beams under fatigue loading[J]. Composte Structures, 2019(226): 111, 182.

[57] TONG T, LIU Z, ZHANG J, et al. Long-term performance of prestressed concrete bridges under the intertrined effects of

concrete damage, static creep and traffic-induced cyclic creep[J]. Engineering Structures, 2016(127): 510-524.

[58] BAZANT Z P, HUBLERM H. Theory of cyclic creep of concrete based on Paris law for fatigue growth of subcritical microcracks[J]. Journal of the Mechanies and Pbysics of Solids, 2014(63): 187-200.

[59] MOTRA H B. Uncertainty and sensitivity analysis of cyclic creep models of concrete[J]. Asian Joural of Applied Sciences, 2015, 8(4): 240-258.

[60] KOH C C, ANG K K, ZHANG L. Effects of repeuted loading on creep deflection of reinforced concrete beams [J]. Engineering Structures, 1997, 19(1): 2-18.

[61] ZHU J S, MENC Q L, SHI T, et al. Long-term deformation analysis of prestressed concrete bridges under ambient thennal and vehicle loads[J]. Structure and Infrastructure Engineering, 2023, 19(11): 1656-1675.

[62] 李世安. 考虑反复荷载作用的部分预应力混凝土梁桥长期挠度计算方法[D]. 西安: 长安大学, 2009.

[63] CHEN S, SONG Z R, WANG Y, et al. Numerical simulation of high-strength concrete creep under cyclic load[J]. Journal of Materials in Civil Engineering, 2020, 32(8): 04,020,201.

[64] CHEN Z H, COO T, ZHOU C D, et al. Time-dependent reliability assessment of long-span PSC box-girder bridge considering vehicle-induced cyclic creep[J]. Journal of Bridge Engineering, 2023, 28(4): 04, 023, 011.

[65] MENG Q L, ZHU J S, WANG T L. Numerical prediction of long-term deformation for prestressed concrete bridges under rundom heavy traffic loads[J]. Journal of Bridge Engineering, 2019, 24(11): 04, 019, 107.

[66] EL HAJJ CHEHADE F, YOUNES R, MROUEH H, et al. Time-dependent reliability analysis for a set of RC T-beam bridges under realistic tralfie considering creep and shrinkage[J]. European Joumal of Environmental and Ciil Engineering. 2022. 26(13): 6480-6504.

[67] HE S Q, CAO Z Y, MA J J, et al. Influence of corrosion and fatigue on the bending performances of damaged concrete beams[J]. Advances in Civil Engineering, 2021(2021): 6693224.

[68] ZHU L X, ZHOU Z J, CHEN C R, et al. Response of reinforced concrete beams under the combined effect of cyclic loading and carbonation[J]. Buildings, 2023, 13(10): 2403.

[69] SONG L, LIU J L, CUI C X, et al. Carbonation proces of reinforced concrete beams under the combined effects of fatigue damage and environmental factors[J]. Applied Sciences, 2020, 10(11): 3981.

[70] JIANG N, LIU Y, DENG Y, et al. Investigation of bond behavior between steel bar and concrete under coupled effect of fatigue loading and corrosion[J]. Journal of Materials in Civil Engineering, 2023, 35(10): 04, 023, 366.

[71] HAN B, SONG Z W, ZHANG J Q, et al. Coupled effect of chloride corrosion and repeated uniaxial compressive loading on unsaturaled conerete[J]. Materials, 2023, 16(8): 2947.

[72] 曹银, 王玲, 王振地, 等. 弯拉荷载-冻融循环-氯盐侵蚀作用下混凝土的劣化[J]. 建筑材料学报, 2016, 19(5): 821-825.

[73] 刁波, 孙洋, 马彬. 混合侵蚀和冻融交替作用下持续承载钢筋混凝土梁试验[J]. 建筑结构学报, 2009, 30(S2): 281-286.

[74] 黄爽. 锈蚀及持续荷载作用后钢筋混凝土梁疲劳性能及压磁效应研究[D]. 杭州: 浙江大学, 2022.

[75] 吴俊. 含疲劳和徐变损伤混凝土梁耐久性能试验研究和设计方法[D]. 杭州: 浙江大学, 2022.

[76] LU Y Y, TANG W S, LI S, et al. Effects of simultaneous fatigue loading and corrosion on the behavior of reinforced beams[J]. Construction and Building Materials, 2018, 181: 85-93.

[77] SHANG H S, CHAI X. Bond behavior between corroded steel bar and concrete under reciprocating loading history of beam type specimens[J]. Engineering Structures, 2021, 247: 113112.

[78] ZHANG W P, LIU X G, GU X L. Fatigue behavior of corroded preatressed concrete beams[J]. Construction and Building Materials, 2016, 106: 198-208.

[79] 黄鹏飞. 钢筋混凝土在环境腐蚀与弯曲荷载协同作用下的损伤失效研究[D]. 北京: 中国建筑材料科学研究院, 2004.

复杂塔冠对双塔高层建筑风压特性影响的试验研究

陈　强，陈水福
（浙江大学 建筑工程学院，浙江 杭州 310058）

摘　要： 利用同步测压风洞试验方法，研究了 3 种典型风向角下圆角三角形截面双塔高层建筑顶部的花瓣形塔冠对建筑表面风压分布特性和风致响应的影响。基于试验数据，对建筑平均风压和极值风压等值线、整体体型系数、风荷载功率谱曲线以及基底合力（矩）进行了分析和比较。结果显示，复杂塔冠在整体上抬高了建筑顶部的风致绕流，使得部分风向角下建筑顶部附近的风压出现增大趋势；塔冠的存在同时使各楼层阻力和升力系数趋于增大，且越靠近顶部增幅越明显；当风向沿着双塔连线方向时，由上游塔楼漩涡脱落形成的尾流激振现象十分显著，从而使得该风向角下的峰值加速度和横风向等效静力风荷载均达到最大，而塔冠的存在可能改变横风向风荷载的频谱特性。对于文中研究的双塔高层建筑，塔冠使得涡漩脱落频率略向低频转移，故使相应的峰值加速度和等效静力风荷载有所降低。

关键词： 高层建筑；双塔建筑；复杂塔冠；风洞试验；风荷载；干扰效应

随着高层建筑高度的增长，风荷载对其影响越发明显，如何让高层建筑拥有更好的气动特性，以获得更优的人体舒适性与安全性，是目前风工程界关注的焦点问题之一。

目前，国内外对于高层建筑风效应的研究主要集中于建筑群体效应[1]、等效静力风荷载[2-3]，以及横风向风致振动[4]等方面，其中对于风荷载影响因素方面的研究，总体上可归为三类：①体型，主要包括建筑自身的平面与立面形状、高宽比等，文献[4-6]详细阐述了建筑截面形状的改变对表面风压特性的影响，包括角部处理和截面边数等方面；②风环境，其中包含地形的影响以及上游或周围建筑群的影响等，例如文献[7]通过对比试验发现，上游风剖面的变化会对建筑周边的风环境造成明显影响；③干扰效应，主要涉及双塔干扰和不同平面布局方式的群体干扰等，例如文献[8-10]研究了上游干扰建筑处于不同位置时对下游受扰建筑产生的影响。

作为干扰效应的一种，除了平面布置上的干扰以外，竖向干扰也会给建筑风效应带来影响，例如高层建筑顶部造型的改变可能对建筑物的风压分布及整体风荷载产生影响。然而对于超高层建筑，增加或改变其顶部构造对风荷载特性的相关研究，目前在国内外并不多。

文献[11]利用Ⅰ-型热敏传感器研究了不同高宽比的圆柱形建筑顶部的流场状况，结果显示建筑顶部自由端处由于分离下降剪切流的存在，明显改变了附近的流场结构，并且随着建筑高宽比的增大，所产生的漩涡脱落频率趋于增大，脱落区域减小，但湍流强度趋于提高。文献[12]研究了建筑顶部塔冠横梁的风荷载特性，并通过风荷载脉动功率谱密度函数得出横梁处于横风向涡激共振状态，但其研究内容主要集中于塔冠横梁本身，并未涉及塔冠对主体建筑风荷载的影响。

本文作者采用同步测压风洞试验方法，针对双塔超高层建筑在其顶部竖立六片花瓣形复杂塔冠，研究其主体建筑风荷载特性。选取三种典型风向角，通过定性和定量分析，探讨由六片花瓣组成的复杂塔冠对建筑平均和极值风压、体型系数、风荷载功率谱以及等效风荷载基底合力（矩）等的影响，为同类超高层建筑的抗风设计提供依据。

1 风洞试验

1.1 建筑原型简介

研究对象是由两栋高 278m 的塔楼组成的双塔高层建筑，建筑截面形式为圆角弧边三角形，截面积约为 2000m²，底部带有 58.6m 高的裙房，参见图 1（a）。塔楼顶部的塔冠由六片花瓣形构筑物组成，其净高约为 28.7m，其中外侧三瓣从建筑外立面延伸出去，内侧三瓣错位排布于外侧之间，立于建筑顶部结构层之上，宽度比外侧花瓣稍小，如图 1（b）所示。

(a) 建筑效果图

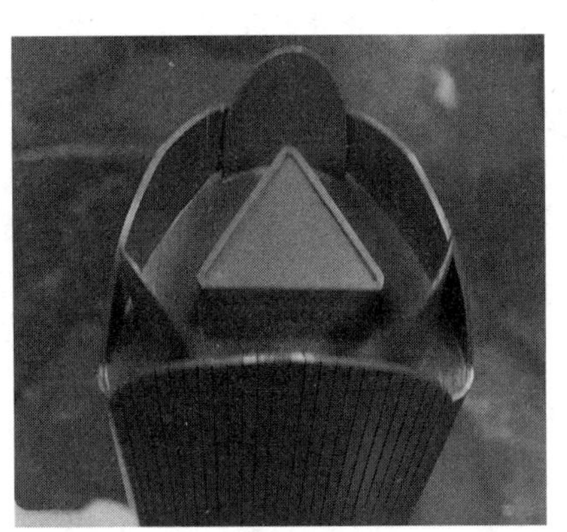

(b) 顶部塔冠

图 1 带塔冠高层建筑

1.2 试验方案

试验在浙江大学 ZD-1 边界层风洞中进行，风洞试验段截面宽 4m，高 3m，模型在风洞中的最大阻塞比远小于 5%，满足试验要求。为了获得真实的风场环境，在风洞中通过调整地表粗糙元和格栅来模拟所需要的 B 类风场。本次试验的实测风速剖面和湍流度剖面如图 2 所示，试验参考风速为 13.2m/s，测点采样频率为 312.5Hz，采样长度为 10000 次，试验主要参数的相似比见表 1。

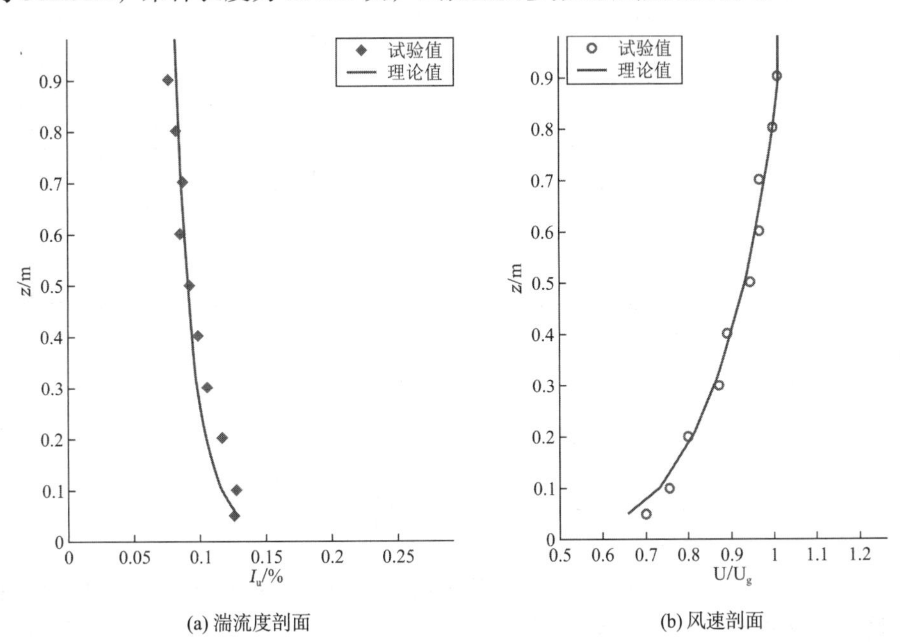

(a) 湍流度剖面　　(b) 风速剖面

图 2 风剖面模拟

试验主要参数相似比 **表 1**

相似参数	原型	模型	相似比
高度	278m	0.794m	1 : 350
风速	45.7m/s	13.2m/s	1 : 3.46
时间	53.92min	32s	1 : 101.09

风洞试验中，沿塔楼高度方向共设置了 12 个测点层，每层布置 27 个测点，具体如图 3 所示。另外在每片花瓣结构的内外两侧各布置了 11 个测点，以测定作用于塔冠的风荷载。本次试验共进行了 24 个风向角的风压测定，为简明表达，选取 3 个具有代表性的风向角工况（0°、90°、150°）进行对比分析，各工况定义见表 2，试验模型的风向角定义如图 4 所示。

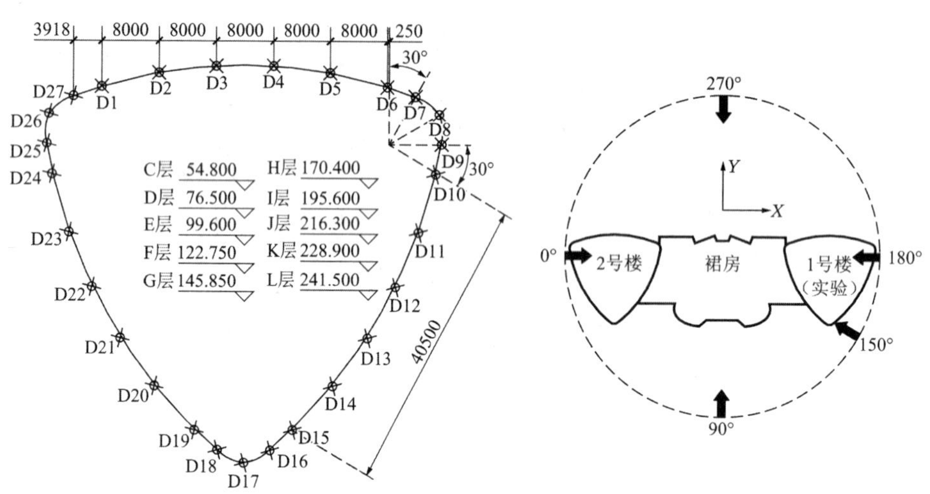

图 3 测点层及各层测点布置

图 4 建筑平面布置及风向角定义

试验工况设定 **表 2**

形式	工况	风向角	迎风方式
无塔冠	工况 1	0°	纵向受风
	工况 2	90°	圆角迎风
	工况 3	150°	弧面迎风
有塔冠	工况 4	0°	纵向受风
	工况 5	90°	圆角迎风
	工况 6	150°	弧面迎风

1.3 试验数据处理

根据风洞试验所获得的测点风压值，可以计算出各测点的风压系数$C_{\mathrm{P}i}$，进而求得各测点处的风压系数均值$\overline{C}_{\mathrm{P}i}$和风压系数根方差$\hat{C}_{\mathrm{P}i}$。根据《建筑结构荷载规范》GB 50009，对于 B 类地貌情况可以确定测点处的风压均值和根方差为：

$$\overline{w}_i = \overline{C}_{\mathrm{P}i} \cdot w_{\mathrm{r}} = \left(\frac{z_{\mathrm{r}}}{z_0}\right)^{2\alpha} \overline{C}_{\mathrm{P}i} \cdot w_0 \tag{1}$$

$$\hat{w}_i = \hat{C}_{\mathrm{P}i} \cdot w_{\mathrm{r}} = \left(\frac{z_{\mathrm{r}}}{z_0}\right)^{2\alpha} \hat{C}_{\mathrm{P}i} \cdot w_0 \tag{2}$$

式中：w_0代表 50 年一遇的基本风压，此处取为 0.45kPa；α为地面粗糙度系数，对 B 类地貌取 0.15；z_{r}、z_0分别为测点高度及风压参考点高度（m）。

对建筑同一测点层的测点风压按照其控制面积积分求和，再沿不同方向分解，可得到各测点层的顺风向力F_s、横风向力F_h和扭矩M_z；而各测点层的阻力系数、升力系数和扭矩系数可进一步由下式求得：

$$\mu_s = F_s/(\mu_{zr} \cdot w_0 \cdot L_s) \tag{3}$$

$$\mu_h = F_h/(\mu_{zr} \cdot w_0 \cdot L_h) \tag{4}$$

$$\mu_m = M_z/(\mu_{zr} \cdot w_0 \cdot A) \tag{5}$$

式中：μ_{zr}为风压高度变化系数；L_s和L_h代表测点层顺风向和横风向的控制长度；A代表测点层截面面积。

由随机振动理论可知，模态位移响应的自谱函数为：

$$S_{q_j}(f) = |H_j(f)|^2 \cdot S_{Q_{jj}}(f) \tag{6}$$

式中：$H_j(f)$为j阶模态的频响函数；$S_{Q_{jj}}(f)$为j阶模态力的自谱函数。

对位移自谱积分可得到模态位移的均方差为：

$$\sigma_{q_j}^2 = \int_0^{\infty} S_{q_j}(f)\,\mathrm{d}f \tag{7}$$

2 塔冠对表面风压分布的影响

2.1 平均风压

根据同步测压结果计算得到的1号塔楼有、无塔冠情况下的表面平均风压分布如图5、图6所示，图中在右下角位置同时标出了对应的迎风方向。

由图5、图6可见，对1号塔楼，在0°风向角下，除迎风面靠近上游建筑一侧的转角处呈现出正压分布外，建筑表面均表现为负压。复杂塔冠对风压分布的影响在侧风面表现为位于建筑顶部附近绝对值较大的负风压区域有向上延伸，而横向略有收缩的现象；在迎风面上表现为正压分布区域变化不大，但正压峰值有所减小；背风面的风压变化较为平缓，幅度在10%以下。

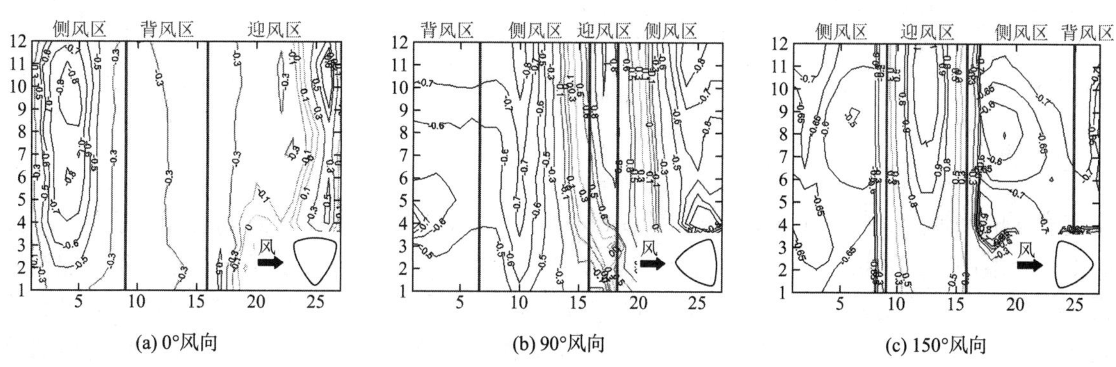

图5 1号塔楼有塔冠建筑表面平均风压分布

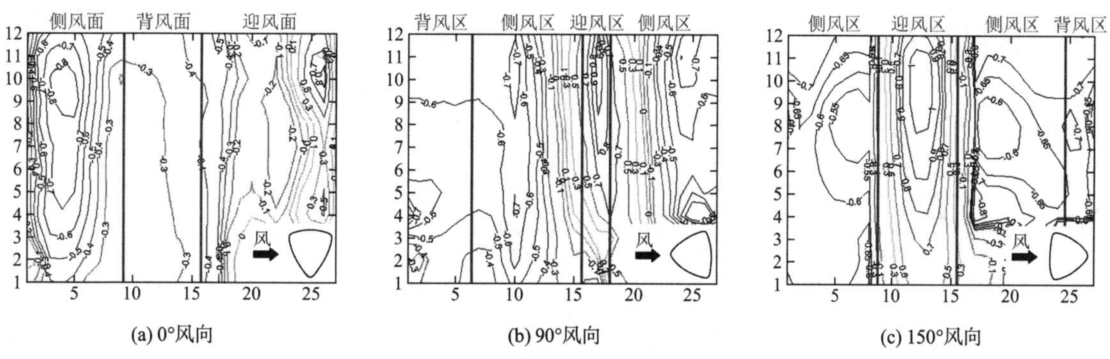

图6 1号塔楼无塔冠建筑表面平均风压分布

在 90°风向角下，正风压区只出现在迎风面处；侧风面风压等值线几乎均为平行分布，风压由正到负平稳过渡，表明气流经过截面过程平稳，分离、附着现象不明显。塔冠对表面风压均值的影响在侧风面和背风面上表现为负压数值（指绝对值）有所增大，但绝大部分增幅小于 5%，越靠近顶部区域增加幅度越明显，增幅最大值达 60%，出现在侧风面顶部测点处。

在 150°风向角下，正风压区只出现在迎风面处。而在侧风面约 2/3 高度处出现了两个较大范围的环形风压等值线区域，且风压数值由内向外逐渐增大，可以判断流经该表面的气流发生了较明显的分离再附现象。复杂塔冠对表面风压的影响主要集中于建筑顶部，在迎风面上表现为较大正压区有所上移，顶部区域风压值有所增大，测点最大增幅为 16%，出现在迎风面顶部测点处；在侧风面表现为降低了表面风压值，最大降幅约 10%，出现在最高测点层迎风面转角中点处，负压区降低的面积稍大于正压区增加的面积。

考虑到风压结果的随机性，选取三组风向角下不同表面典型测点的平均风压进行塔冠影响的回归对比，结果如图 7 所示。顶部塔冠对平均风压的影响表现为：0°风向角下迎风面正风压较大值有所减小，背风面和侧风面基本不变；90°风向角下迎风面测点正风压较大值略有增加，背风面和侧风面负风压绝对值也呈现增加趋势；150°风向角下迎风面正风压较大值有增加趋势，背风面和侧风面基本不变。回归对比结果与风压分布图对比结果基本一致。

总体而言，塔楼顶部花瓣形塔冠的存在抬高了塔楼顶部绕流的发展高度，使得建筑迎风面的正压区有所上移，部分风向角下顶部正压值略有增大；而侧风面和背风面的负压数值总体上变化不大，幅度普遍在 5%以下。

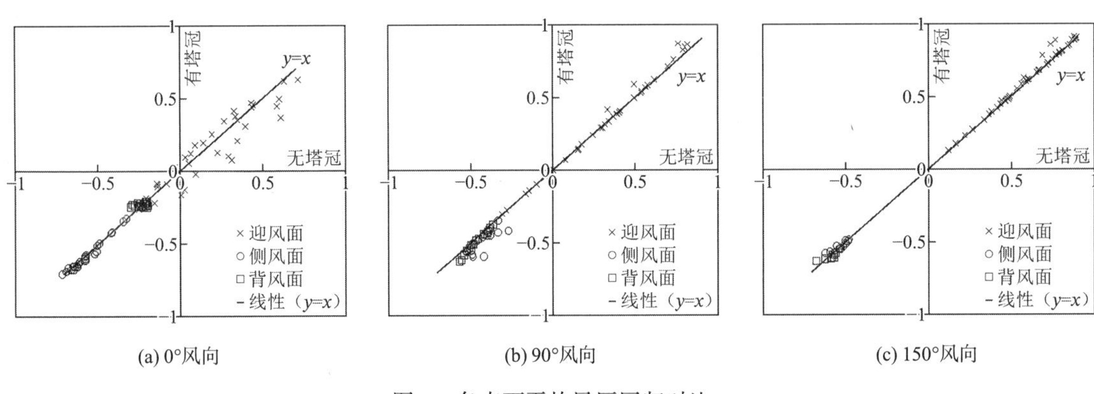

(a) 0°风向　(b) 90°风向　(c) 150°风向

图 7　各表面平均风压回归对比

2.2　极值风压

建筑表面的峰值压力将决定围护结构的抗风安全性。在平均风压的基础上，假设测点风压遵循正态分布原则，峰值因子g取 3.0。考虑到建筑所受风压主要为负压，因此选取三组典型风向角下建筑表面极值负压进行分析，有塔冠时的极值风压分布如图 8 所示。三组风向角下建筑表面极值风压的分布趋势与平均风压相似，0°时负压最大值区域出现在侧风面，极值负压较平均值位置有所下移；90°时极值负压较大值出现在靠近塔冠的建筑顶部；150°时极值负压较大值出现在建筑背风面及侧风面接近塔顶处。

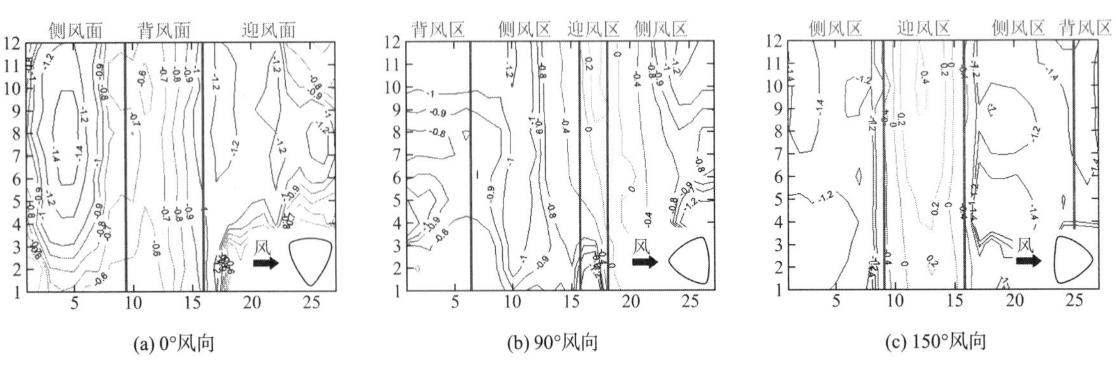

(a) 0°风向　(b) 90°风向　(c) 150°风向

图 8　1 号塔楼有塔冠建筑表面极值负压分布

图 9 给出了有无塔冠时极值风压的回归对比图。结果显示，塔冠对极值风压的影响表现为：0°风向角下迎风面和背风面极值负风压较大值（指绝对值）有所减小，侧风面有增加趋势；90°风向角下，侧风面和背风面极值风压较大值有增大趋势，迎风面处基本不变；150°风向角下，迎风面和背风面风压较大值略有增加，侧风面基本不变。

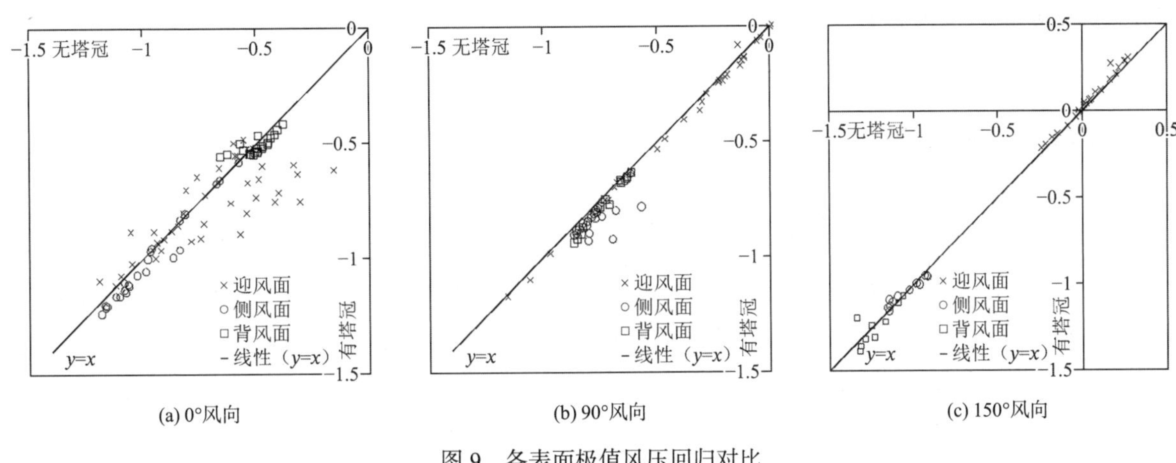

(a) 0°风向　(b) 90°风向　(c) 150°风向

图 9　各表面极值风压回归对比

2.3　测点层体型系数

为探讨复杂塔冠对该双塔高层建筑不同高度处整体平均风荷载的影响，利用式(3)～式(5)计算了不同风向角下各测点层的阻力系数、升力系数和扭矩系数，计算结果如图 10 所示。塔楼底部 3 个测点层的体型系数因受裙房影响，其变化规律性不强，故以下主要对裙房以上部分进行分析。

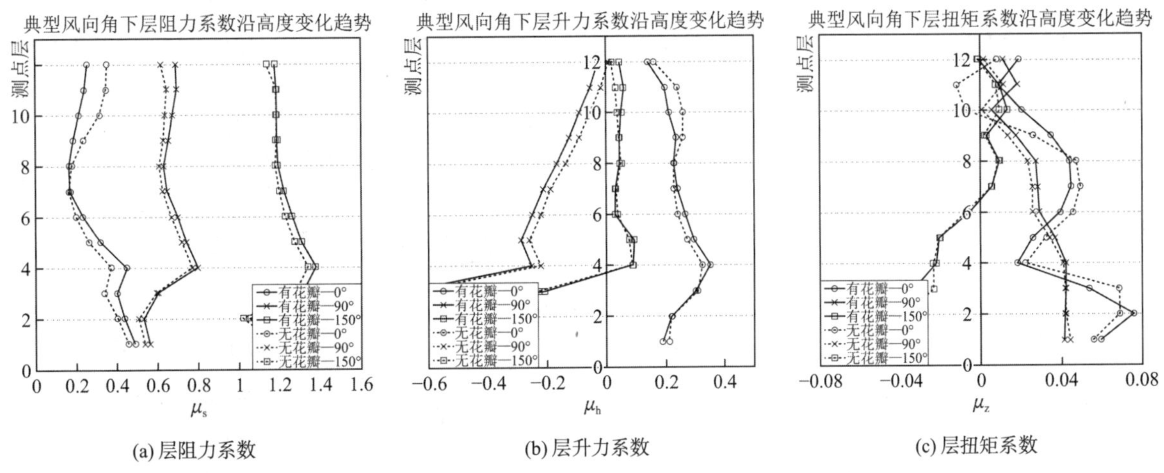

(a) 层阻力系数　(b) 层升力系数　(c) 层扭矩系数

图 10　典型风向角下整体体形系数沿高度变化

由图 10（a）可见，不同风向角下塔冠对层阻力系数影响的差异性较大，其中 0°风向下的影响最为明显，表现在顶部阻力系数减小而底部增加，分界线出现在第 7 测点层（145.85m 高度）处；90°风向下的影响从第 4 测点层（76.5m 高度）处开始逐步增加，到顶层达到最大；150°风向下的影响主要体现在建筑顶部附近和中下层部位，塔冠的存在分别增加了这两部分的阻力系数。三种风向角下的一个共同点是，塔冠的存在均使建筑顶部附近的阻力系数有所增加，其原因在于顶部绕流现象降低了建筑上部立面所受的风荷载，而塔冠的存在抬高了顶部绕流，使得层阻力系数的分布规律在接近屋面处得到较好的维持。

由图 10（b）可以看到，0°风向角下升力系数受塔冠影响的变化趋势与阻力系数相似，均为顶部减小而底部增加，分界线出现在第 8 测点层（170.4m 高度处），结合阻力系数的变化趋势，说明塔冠一定程度上降低了建筑上部的整体风荷载；90°风向角下，各测点层升力系数受塔冠影响均出现增大现象，越靠近顶部增幅越明显；150°风向角下，塔冠的影响从第 9 测点层（195.6m 高度处）开始变得明显，其对升力系数的增强效应越靠近顶部越趋明显。

从图 10（c）可以看到，0°风向角是三个典型风向角中塔冠对层扭矩系数影响最大的一个，具体表现为使第 7 测点层（145.85m 高度处）以上部位的扭矩系数区域增大，而使该测点层以下趋于降低；90°风向角下，塔冠的存在使得各测点层扭矩系数均趋于增大，且越靠近顶部增大效应越明显；150°风向角下塔冠对层扭矩系数的影响很小。

3 塔冠对风荷载频谱特性的影响

3.1 结构层顺风向脉动风荷载功率谱密度

为了探讨顶部塔冠对建筑脉动风荷载频谱特性的影响，从不同高度范围内选取有代表性的结构层进行分析，绘出结构层脉动风荷载的功率谱如图 11 所示，图中同时标出了该结构层所代表的建筑区域。

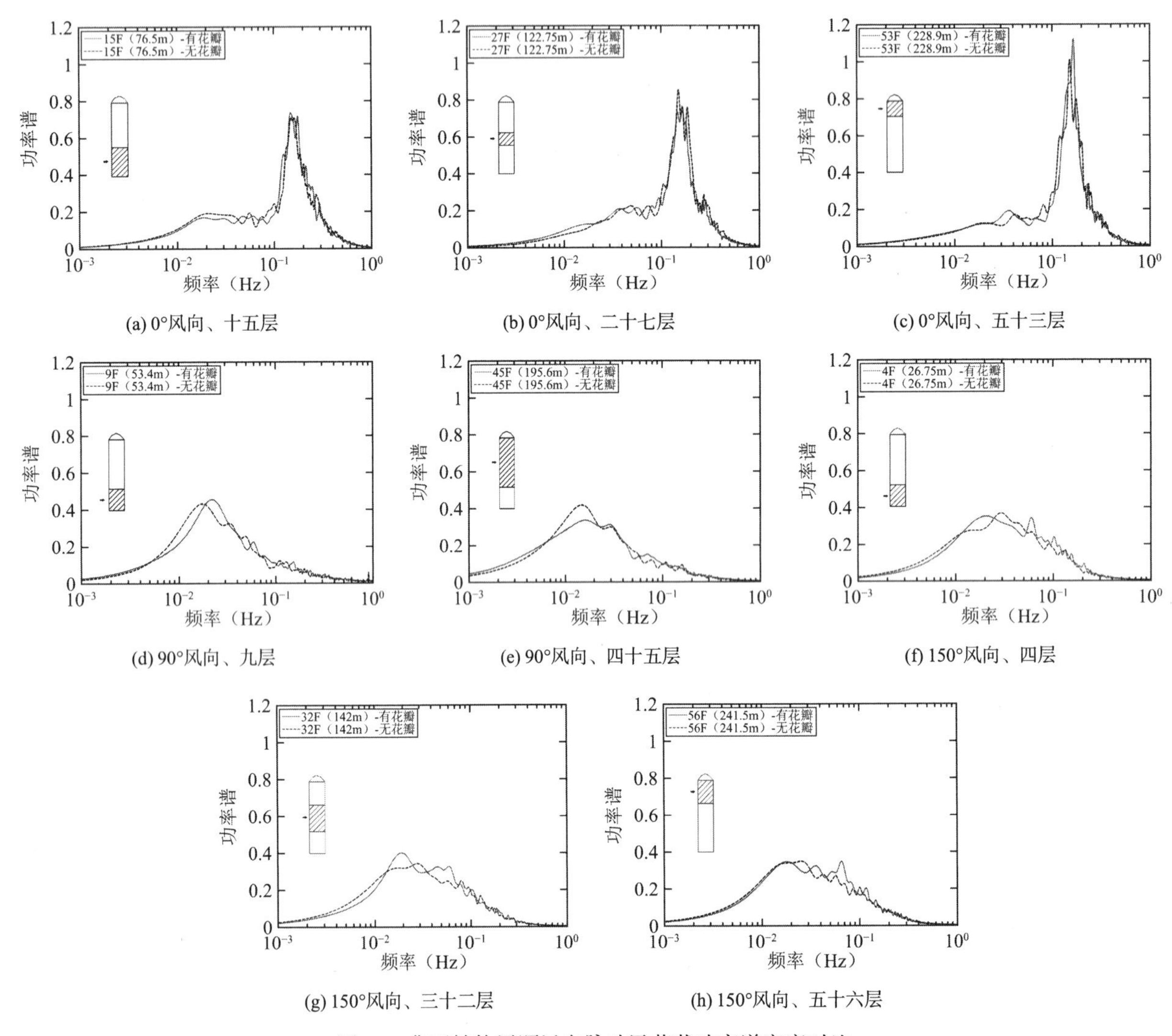

(a) 0°风向、十五层　(b) 0°风向、二十七层　(c) 0°风向、五十三层

(d) 90°风向、九层　(e) 90°风向、四十五层　(f) 150°风向、四层

(g) 150°风向、三十二层　(h) 150°风向、五十六层

图 11　典型结构层顺风向脉动风荷载功率谱密度对比

结果显示，在 0°风向角下，功率谱密度在 0.1～0.2Hz 范围内出现能量集中，结合文献[10]中上游建筑对下游串联布置的受扰建筑顺风向功率谱产生的能量集中现象，可认为是由上游建筑尾流中包含的周期性漩涡脱落击打受扰建筑而造成的。塔冠对顺风向功率谱的影响可分为 4 个区域：在 0～100m 范围内，如图 11（a）所示，有塔冠时的功率谱表现为增加了波峰的宽度，基本未改变峰值；在 100～142m 范

围内，如图 11（b）所示，塔冠的影响表现为未增加波峰宽度，但降低了峰值；在 142～195m 范围内，塔冠的影响不明显；在 195m 以上部位，如图 11（c）所示，塔冠的影响表现为减小波峰宽度，且增加了峰值。显然当功率谱带宽收窄时，表明受上游建筑尾流脉动的影响更为明显，可见在 0°风向角下塔冠对脉动风荷载的影响表现为进一步增强了建筑顶部附近区域的尾流脉动效应。

在 90°风向角下，结构层顺风向功率谱密度较分散，表明顺风向脉动风荷载主要依赖来流的脉动，沿高度方向功率谱密度变化较小。顶部塔冠对顺风向功率谱的影响可分为 2 个区域：在 0～75m 范围内，如图 11（d）所示，塔冠的影响使得功率谱密度峰值向高频偏移，功率谱密度峰值略有增加；在 75m 到顶部范围内，如图 11（e）所示，塔冠的影响表现为降低了功率谱的峰值。这说明在 90°风向角下，复杂塔冠使得建筑中上部范围所受风荷载的脉动性略有增强，但增强程度相比 0°风向角下有所降低。

在 150°风向角下，与 90°风向角相类似，结构层顺风向功率谱密度较分散，主要依赖来流的脉动，沿高度方向功率谱密度变化较小。塔冠对顺风向功率谱的影响可分为 3 个区域：在 0～75m 范围内，如图 11（f）所示，塔冠的影响增加了功率谱的带宽，功率谱峰值向低频偏移；在 75～170m 范围内，如图 11（g）所示，塔冠明显增大了功率谱的峰值和带宽，峰值频率向低频偏移；在 170m 到顶部，如图 11（h）所示，塔冠使得功率谱向高频移动。这说明 150°风向角下复杂塔冠使得建筑中上部的风荷载高频成分增加，对建筑中部和下部的风荷载特性影响相对较小。

3.2 结构层横风向脉动风荷载功率谱密度

图 12 给出了三种典型风向角下有代表性的结构层横风向脉动风荷载的功率谱对比图。结果显示：在 0°风向角下，结构层横风向功率谱显示有漩涡脱落的迹象，在 30m 以上功率谱就已经出现明显的波峰，直至建筑顶部。塔冠对横风向脉动特性的影响主要分为 2 个区域：在 0～170m 范围内，如图 12（a）所示，塔冠对功率谱影响较小；在 170m 以上部位，如图 12（b）所示，塔冠的影响表现为降低了漩涡脱落的频率。结合上节讨论结果，可认为复杂塔冠的存在使得漩涡脱落的频率向低频转移，脱落速度稍有降低。

在 90°风向角下，横风向功率谱未产生漩涡脱落迹象，塔冠的影响主要分为 3 个区域：在 0～100m 范围内，如图 12（c）所示，表现为增加功率谱带宽，未改变峰值；在 100～210m 范围内，如图 12（d）所示，塔冠使得功率谱峰值降低，谱密度向高频转移；在 210m 以上，如图 12（e）所示，塔冠使得功率谱峰值增加、带宽减小。结合 3.1 节分析结果，可认为塔冠增加了建筑底部风压脉动性，但整体影响不如另两个风向显著。

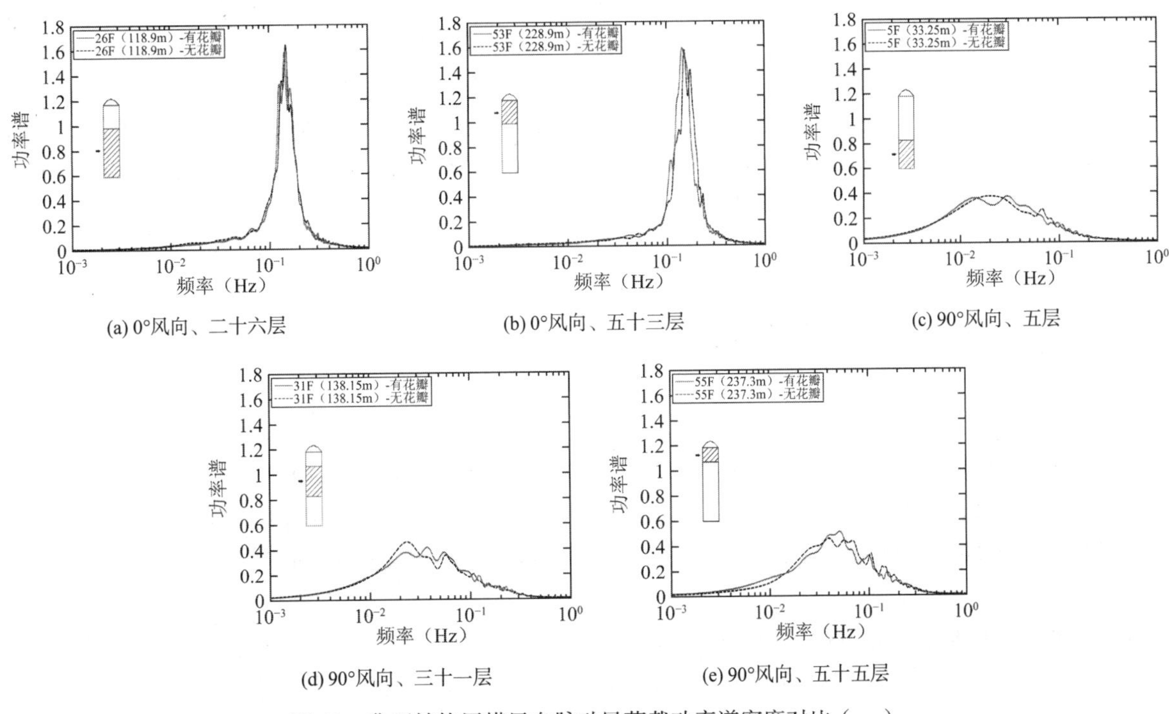

(a) 0°风向、二十六层　(b) 0°风向、五十三层　(c) 90°风向、五层

(d) 90°风向、三十一层　(e) 90°风向、五十五层

图 12　典型结构层横风向脉动风荷载功率谱密度对比（一）

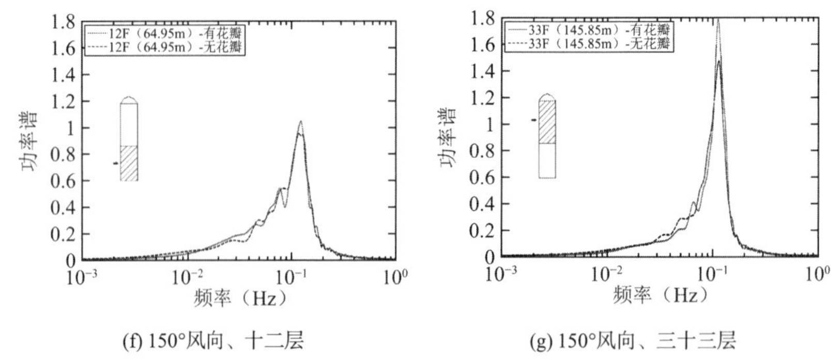

(f) 150°风向、十二层　　(g) 150°风向、三十三层

图 12　典型结构层横风向脉动风荷载功率谱密度对比（二）

在 150°风向角下，建筑从 50m 高度向上即产生明显的漩涡脱落迹象。塔冠对横风向脉动特性的影响主要分为 2 个区域：在 0～110m 范围内，如图 12（f）所示，塔冠对功率谱的影响不明显；在 110m 以上部位，如图 12（g）所示，塔冠明显增加了功率谱密度的峰值。可以认为，塔冠的存在明显增强了建筑漩涡脱落的程度，使其所包含的能量增大。

3.3　结构广义力功率谱密度

考虑到一阶模态广义力往往对高层建筑的风振响应起控制作用，为此进一步计算了结构在一阶模态下的广义力功率谱，如图 13 所示。

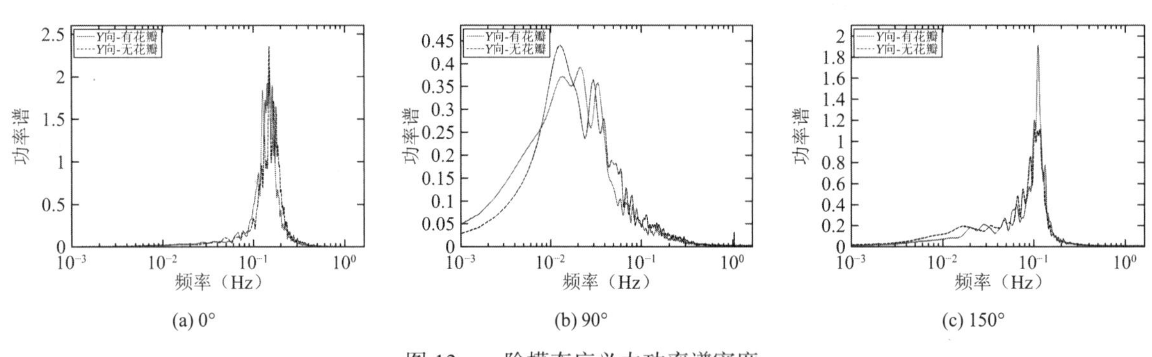

(a) 0°　　(b) 90°　　(c) 150°

图 13　一阶模态广义力功率谱密度

结果显示，在 0°风向角下，受塔冠的影响，一阶模态广义力功率谱峰值减小，且向低频偏移，表明漩涡脱落频率有降低趋势，但不很明显；90°风向角下，塔冠使功率谱峰值有所减小，但向高频方向偏移，此时功率谱带宽较宽，说明漩涡脱落效应不明显；150°风向角下，塔冠使得功率谱峰值明显增大，表明漩涡脱落效应渐趋增强。

4　塔冠对结构响应的影响

峰值加速度和等效静力风荷载是衡量高层建筑风致振动程度的主要参数。为此图 14 给出了不同风向角下有无塔冠时建筑顶部峰值加速度的对比。由图可见，加速度在 0°风向角附近达到最大值，结合第 3 节功率谱的分析可知，这与上游建筑产生的尾流激振有关；塔冠的影响无论对顺风向还是横风向，均普遍使结构顶部加速度有所减小，这与第 3 节塔冠使 0°风向下建筑横风向的涡漩脱落频率降低基本一致。

图 15 给出了由等效静力风荷载引起的结构基底剪力和弯矩的柱状图，以及与平均风荷载相应图形的比较。图中 0°风向角下平均风荷载基底剪力和弯矩较小的原因是此时建筑物受到上游建筑的直接遮挡。

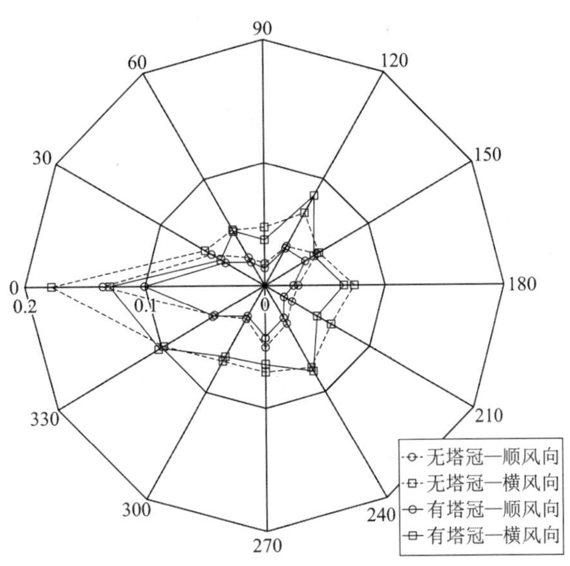

图 14　结构顶部峰值加速度分布（单位：m/s²）

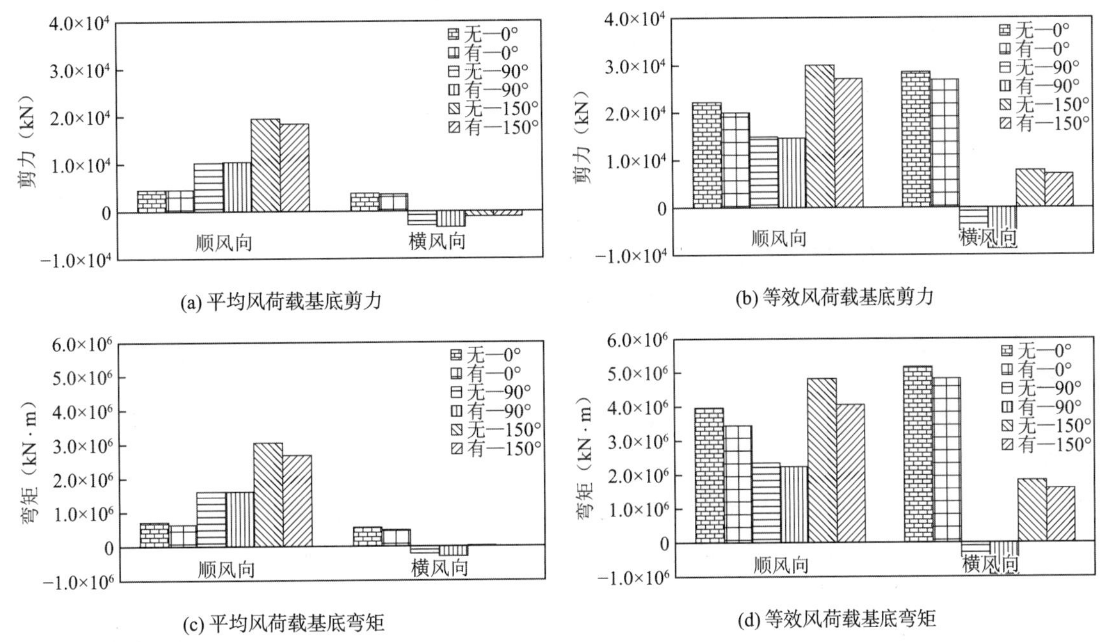

(a) 平均风荷载基底剪力

(b) 等效风荷载基底剪力

(c) 平均风荷载基底弯矩

(d) 等效风荷载基底弯矩

图 15　基底剪力和弯矩对比

由图 15 可见，典型风向角下顺风向平均风荷载在 150°时达到最大，此时塔冠的影响也最明显，但无论对基底剪力还是弯矩其影响均在 10%以下。相对而言，横风向平均风荷载的量值及塔冠的影响均较小。

3 种风向角下，顺风向等效静力风荷载同样在 150°时达到最大，塔冠的影响也在此时达到最大，塔冠分别使基底剪力和弯矩减小约 10%和 16%，这与该风向角下顺风向脉动风荷载的频谱特性受塔冠影响发生改变有关。横风向等效风荷载在 0°时的量值模型高于其他风向角，这主要由上游塔楼的尾流激振引起。塔冠使横风向的基底剪力和弯矩有所降低，但幅度较小，这估计与该风向角下上游建筑的旋涡脱落频率略有降低有关。

5　结论

本文利用同步测压风洞试验方法，研究了 3 种典型风向角下顶部复杂塔冠对圆角三角形截面双塔高层建筑风压分布特性及风致响应的影响。通过对平均和极值风压、风荷载功率谱，以及风致峰值加速度和基底反力等的变化规律的对比分析，可以获得以下结论：

（1）高层建筑的顶部塔冠整体上抬高了建筑屋顶的风致绕流，使得建筑迎风面上的较大正压区有所上移，而侧风面和背风面的负压数值（指绝对值）总体趋于增大，且在顶部附近的增幅更趋明显。

（2）塔冠对建筑整体风荷载的影响表现为当风向为来自另一塔楼方向时，塔冠使建筑顶部的阻力和升力系数减小，而使下部的系数有所增大；在其他风向角下，塔冠的存在则使各层阻力和升力系数趋于增大，且越靠近顶部增幅越明显。

（3）当风向沿着双塔连线方向时，来流上游塔楼由漩涡脱落形成的尾流脉动将明显改变下游塔楼的风荷载频谱特性，而塔冠的存在可能使漩涡脱落效应发生改变。对于文中研究的双塔建筑，塔冠使得涡漩脱落频率稍向低频转移。

（4）对于文中研究的双塔建筑，结构峰值加速度在0°风向（双塔连线方向）下达到最大，这与来流上游建筑产生的尾流激振有关；塔冠的存在使该加速度有所减小，这与上游建筑的漩涡脱落频率向低频转移有关。

（5）对于文中研究的双塔建筑，顺风向等效静力风荷载基底剪力和弯矩在150°风向（弧面迎风）时达到最大，而横风向的相应值在0°风向（双塔连线方向）时达到最大；塔冠的存在使得这些基底剪力和弯矩有所降低，幅度在10%左右，其原因与这些风向角下建筑自身或上游建筑的漩涡脱落频率略有改变有关。

参考文献

[1] 余先锋，谢壮宁，顾明. 群体高层建筑风致干扰效应研究进展[J]. 建筑结构学报, 2015, 36(3): 1-11.

[2] 李寿英，陈政清. 超高层建筑风致响应及等效静力风荷载研究[J]. 建筑结构学报, 2010, 31(3): 32-37.

[3] 邹良浩，梁枢果，汪大海. 基于风洞试验的对称截面高层建筑三维等效静力风荷载研究[J]. 建筑结构学报, 2012, 33(11): 27-35.

[4] 顾明，张正维，全涌. 降低超高层建筑横风向响应的气动措施研究进展[J]. 同济大学学报：自然科学版, 2013, 41(3): 317-323.

[5] 丁洁民，吴宏磊，赵昕. 我国高度250m以上超高层建筑结构现状与分析进展[J]. 建筑结构学报, 2014, 35(3): 1-7.

[6] 张正维，全涌，顾明，等. 斜切角与圆角对方形截面高层建筑气动力系数的影响研究[J]. 土木工程学报, 2013, 46(9): 12-20.

[7] TSE K T, WEERASURIYA A U, ZHANG X, et al. Effects of twisted wind flows on wind conditions in passages between buildings[J]. Journal of Wind Engineering and Industrial Aerodynamics, 2017(167): 87-100.

[8] YAN B, LI Q S. Wind tunnel study of interference effects between twin super-tall buildings with aerodynamic modifications[J]. Journal of Wind Engineering and Industrial Aerodynamics, 2016(156): 129-145.

[9] 谢壮宁，顾明. 任意排列双柱体的风致干扰效应[J]. 土木工程学报, 2005, 38(10): 32-38.

[10] 朱剑波，谢壮宁. 群体高层建筑的峰值风压分布特征[J]. 建筑结构学报, 2012, 33(1): 18-26.

[11] PARK C W, LEE S J. Free end effects on the near wake flow structure behind a finite circular cylinder[J]. Journal of Wind Engineering and Industrial Aerodynamics, 2000, 88(2): 231-246.

[12] 刘慕广，谢壮宁，石碧青. 高层建筑顶部横梁的风效应[J]. 振动与冲击, 2016, 35(5): 103-107.

超大型阵列光伏板体型系数遮挡效应研究

楼文娟[1]，单弘扬[1]，杨臻[2]，徐海巍[1]
（1. 浙江大学 建筑工程学院，浙江 杭州 310058；2. 中国电建集团华东勘测设计研究院有限公司，浙江 杭州 311122）

摘　要：采用风洞试验和CFD数值模拟相结合的方法研究超大型阵列光伏板体型系数及群体遮挡效应。试验模型在风洞宽度方向满布，以实现大型阵列光伏板的二维绕流。采用大比例刚性模型上下表面同步测压技术确定倾角为12°时串列5片光伏板的风压系数分布、体型系数和遮挡效应，同时采用CFD的Realizable k-ε湍流模型进行计算，与试验结果比对验证了计算方法的有效性。在此基础上对串列16片、24片、32片光伏板进行CFD数值模拟，研究不同倾角及不同串列数对光伏板体型系数的影响，并给出了超大型阵列光伏板体型系数随光伏板串列数的变化规律。结果表明：倾角为20°时的遮挡效应明显大于倾角为12°时的遮挡效应，遮挡效应随着上游光伏板数量的增加而增大，当上游光伏板数量达到12片以上时，遮挡效应趋于稳定。结合试验和CFD模拟结果，将超大型光伏阵列分为边缘区、渐变区和稳定区并给出各区体型系数取值建议。

关键词：光伏板；风洞试验；CFD数值模拟；体型系数；遮挡效应

太阳能作为清洁能源已在可利用的荒地和水面上得到规模化开发，如图1所示。超大型阵列光伏板风荷载的合理取值对光伏板的安全性以及减少工程造价具有重要意义。现行《建筑结构荷载规范》[1]或《光伏发电站设计规范》[2]给出的风荷载体型系数未能考虑超大型光伏板阵列的群体遮挡效应，使风载取值偏于保守。

图1　超大型光伏阵列

近几年来，国内外学者对光伏板风荷载体型系数进行了相应的试验和理论研究。Stathopoulos等[3]对位于平屋盖上的单个光伏板的局部和整体受风荷载情况进行了变倾角和变位置的试验研究。该研究显示增加建筑高度对靠近前部的光伏板吸力有减弱作用，但对于靠近背部的光伏板的吸力影响不大。黄张裕等[4]和阮辉等[5]采用CFD数值模拟对光伏板阵列中组件之间的遮挡效应展开分析，研究表明组件间风荷载遮挡效应显著。Cao、Browne等众多学者研究均表明光伏板所处环境及布置方式等对光伏板风荷载有较大影响[5-10]。Kopp和Pratt等[11]利用粒子成像技术（PIV）研究了布置光伏板后的平屋面周边风场特性，发现安装光伏板后对屋面的平均风速流动影响不大，但是对光伏板上下脉动风场有显著的影响。王京学和杨庆山等[12]分析了置于平屋盖和双坡屋盖光伏板上、下表面及净风压的特性，研究发现平屋盖上光伏板的最不利净风压极值吸力大于双坡屋盖。黄政等[13]通过CFD数值模拟双列2×6阵列光伏板表面风压，黄伯城等[14]通过风洞试验均表明上游光伏板对下游光伏板具有明显的遮挡效应。黄张裕等[15]研究发现遮挡效应随光伏板倾角增大而增大，且倾角较大时第二块面板会产生风吸力。

上述研究大多聚焦于单列或双列少于10片光伏板的小型光伏板阵列，而对于超大型光伏工程，其光伏阵列可达数十列数十排。鉴于目前针对超大型光伏板阵列体型系数和遮挡效应的研究较少，本文采用风洞试验和数值模拟相结合的方法研究不同倾角以及不同串列数对光伏板风荷载体型系数的影响，并给出了超大型阵列光伏板风荷载体型系数和折减系数建议值。对于数十列（甚至上百列）的超大型光伏板阵列，来流绕流的影响主要作用在靠近其两侧的少数列，而其中部（远离两侧列）的绝大部分光伏板阵列不受绕流影响，可以近似认为是二维钝体绕流问题。因此，本文主要针对近似二维流作用下超大型光伏阵列中间区的光伏板展开风荷载取值和群体遮挡效应的研究。

1 风洞试验

1.1 试验模型及工况

本次风洞试验在浙江大学 ZD-1 边界层风洞中进行。为了模拟二维流效应，将风洞试验模型在风洞宽度方向满布，如图 2（a）所示。

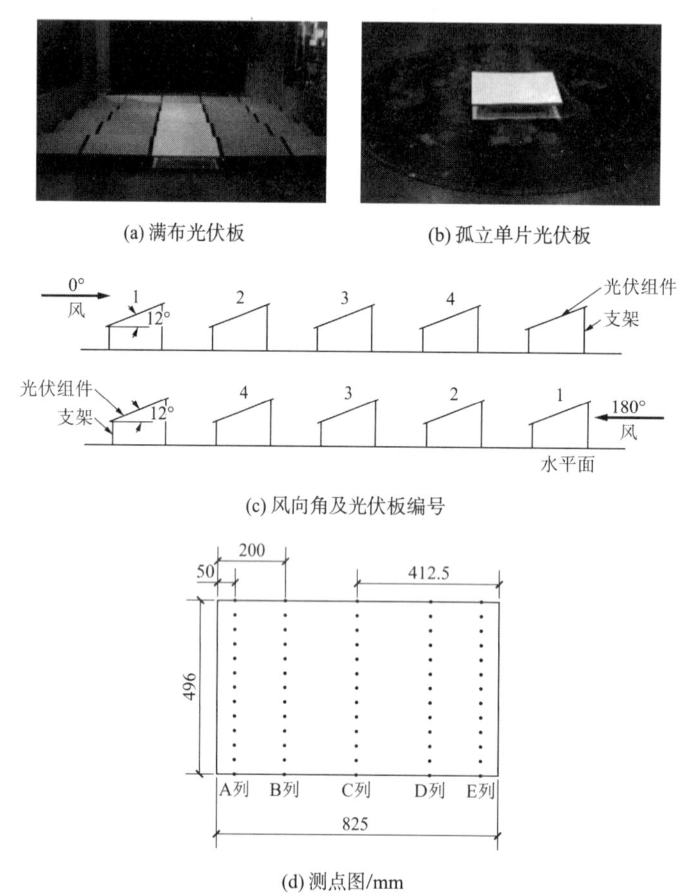

图 2 风洞试验模型及风向角定义图

光伏组件倾角采用 12°，光伏组件大小为 1650mm × 992mm，组件之间净尺寸为 650mm，组件最低点离水面 325mm，组件最高点离水面分别为 531mm（光伏板阵列尺寸源自设计院提供数据）。

在风洞试验中，试验模型采用在风洞宽度方向满布的 5 片串列光伏模型，试验中仅在中间一列光伏板的前 4 片布置测点，其余均为补偿模型。模型倾角θ为 12°，采用 1 : 2 几何缩尺比，单片光伏板模型尺寸为 496mm × 825mm，光伏板之间纵向间距为 325mm，横向间距为 50mm，光伏板最低点离水平面 162.5mm，最高点离水平面为 265.5mm。光伏板上下表面均布置测点，每片光伏板上表面布置 5 列，每列 13 个，下表面在相应位置均布置测点，双面共计 130 个测点。光伏板测点布置图如图 2（d）所示。

试验风向角α为 0°和 180°，分别对应光伏板仰角背风和仰角迎风，风向角及光伏板编号如图 2（c）所示。试验在均匀流场中进行，风压采样频率 312.5Hz。每个工况采样时间为 64s。

为了对比，试验还进行了孤立单片光伏板体型系数的测定，如图 2（b）所示。

1.2　光伏板风荷载体型系数分布

光伏板上、下表面及净风压体型系数见图 3，图中从上至下为光伏板 1-4，T 表示光伏板最高点，L 表示光伏板最低点。考虑到模型及测点均对称布置，图 3 中仅给出左半侧（即 A 列、B 列、C 列）测点的体型系数分布图。试验结果表明，在 0°风向角下，光伏板 1 上表面基本受正压控制，下表面基本受负压控制；自光伏板 2 起，由于遮挡效应，上、下表面均受负压控制。在 180°风向角下，4 片光伏板均表现为上表面基本受负压控制，下表面基本受正压控制。在 0°和 180°风向角下，由于光伏板迎风前缘存在较强的气流分离作用，迎风前缘处存在风压梯度变化较大的带状分布，而上下表面中部区域风压梯度变化不大。

光伏板受到的风荷载是上、下表面的压力差，即上、下表面的净风压。图 3（c）和图 3（f）提供了净风压体型系数，从图中可以看出，迎风前缘出现较大的风压，尤其是第一片光伏板，需加强抗风连接构造。

1.3　光伏板体型系数及折减系数

根据光伏板各测点的净风压系数及其控制面积，可以得到光伏板平均体型系数，按式(1)计算：

$$\mu = \frac{\sum_{i=1}^{N}\mu_i \times A_i}{A} \tag{1}$$

式中，μ为光伏板风荷载体型系数；μ_i为第i个测点的风压系数；A_i为第i个测点附属面积；A为光伏板总面积。

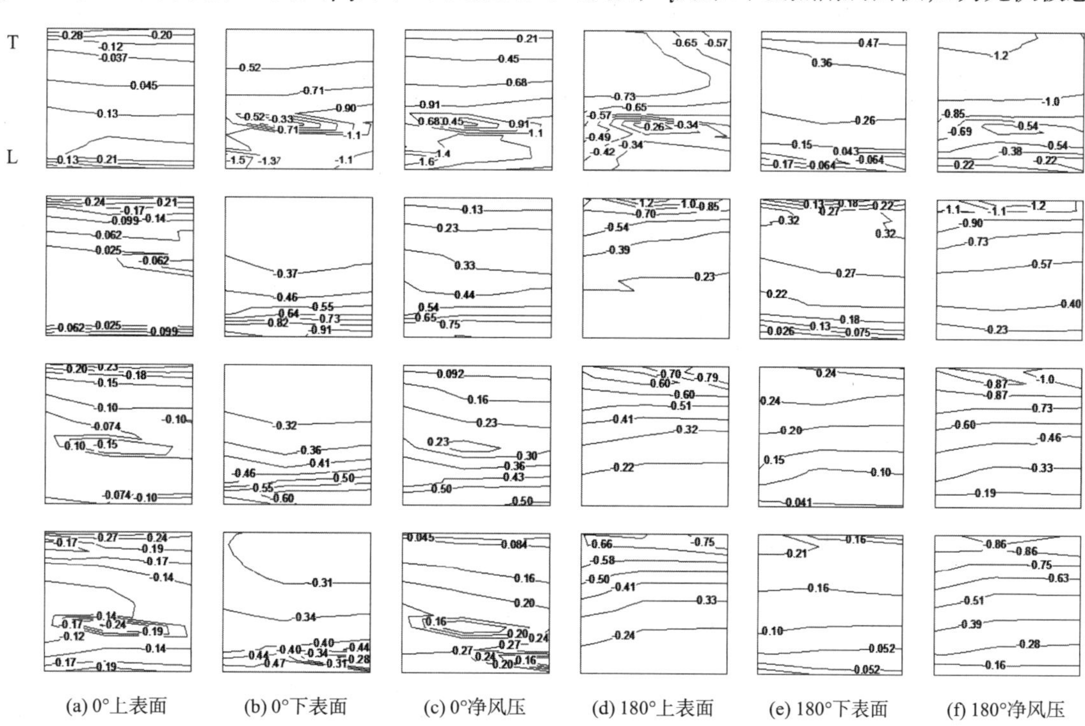

(a) 0°上表面　(b) 0°下表面　(c) 0°净风压　(d) 180°上表面　(e) 180°下表面　(f) 180°净风压

图 3　光伏板上、下表面及净风荷载体型系数

（从上至下为光伏板 1-4，T 表示光伏板最高点，L 表示光伏板最低点）

光伏板平均风荷载体型系数及折减系数（$\theta = 12°$）　**表 1**

风向角	孤立单片	光伏板 1		光伏板 2		光伏板 3		光伏板 4	
	体型系数	体型系数	折减系数	体型系数	折减系数	体型系数	折减系数	体型系数	折减系数
0°	0.51	0.83	1	0.39	0.47	0.28	0.34	0.19	0.24
180°	−0.58	−0.83	1	−0.59	0.71	−0.53	0.64	−0.56	0.66

为了反映串列光伏板的遮挡效应，在此以体型系数的折减来表征。以中间列的第 1 片光伏板为基准进行折减来计算第k片光伏板体型系数，定义光伏板k体型系数的折减系数为：

$$\eta_k = \frac{\mu_{\mathrm{sk}}}{\mu_{\mathrm{s1}}} \tag{2}$$

式中：μ_{sk}为光伏板k体型系数；μ_{s1}为光伏板 1 体型系数；η_k为光伏板k体型系数的折减系数。

由风洞试验得到的体型系数及折减系数见表 1。从表 1 中可知，对于 0°风向角和 180°风向角，其体型系数差异较大，0°风向角上游光伏板对下游光伏板的遮挡作用远大于 180°风向角。

表 1 中同时给出了孤立单片光伏板的试验值。由试验得出孤立单片光伏板 0°风向角时风荷载体型系数为 0.51，180°风向角时为−0.58。二维串列光伏板 1 在 0°风向角时风荷载体型系数为 0.83，180°风向角时为−0.83。由两者对比可知，处于三维流下的孤立单片光伏板体型系数小于处于二维流下光伏板的体型系数。

《建筑结构荷载规范》[1]对于倾角为 12°的单坡顶盖，0°风向角时风荷载体型系数为 0.91，180°风向角时为-0.91。对比试验结果可知，规范给出的数值接近二维串列迎风首片光伏板试验结果，规范略偏保守。

光伏板风压系数极值采用如下公式：

$$\begin{aligned} C_{\mathrm{pmax}} &= C_{\mathrm{pmean}} + 3.5C_{\mathrm{prms}} \\ C_{\mathrm{pmin}} &= C_{\mathrm{pmean}} - 3.5C_{\mathrm{prms}} \end{aligned} \tag{3}$$

其中，C_{pmax}和C_{pmin}为风压系数极大值和极小值；C_{pmean}为风压系数平均值；C_{prms}为风压系数均方根值。

图 4 中的风压系数均方根值仅由特征湍流产生，不包括来流湍流。从图 4 可知，风压系数均值遮挡效应明显，而均方根值遮挡效应较小，且光伏板风压系数的均方根值较小。在 0°风向角（仰角背风）时，光伏板主要受正压控制；在 180°风向角（仰角迎风）时，光伏板主要受负压控制。两个工况下第 1 片光伏板极值均达到最大，因此对于第 1 片光伏板，需要特别加强抗风连接构造。

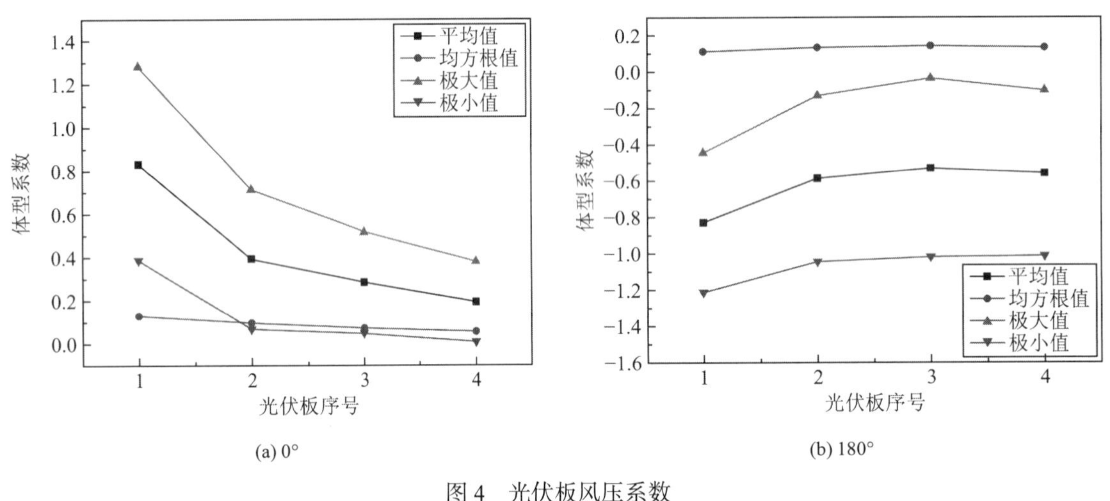

图 4　光伏板风压系数

2 数值模拟

由于风洞尺寸的限制，无法进行无限多串列的光伏阵列试验，而对于不同串列数下的风载分布特性采用 CFD 数值风洞的方法是有效的补充手段。具体模拟过程如下：

2.1 光伏板几何参数

光伏板倾角θ为 12°与 20°，具体几何参数如图 5 所示。

采用二维均匀流对串列 5 片、16 片、24 片及 32 片光伏板进行模拟，计算其风荷载体型系数；计算风向角α分别为 0°和 180°，风向角定义与风洞试验相同。

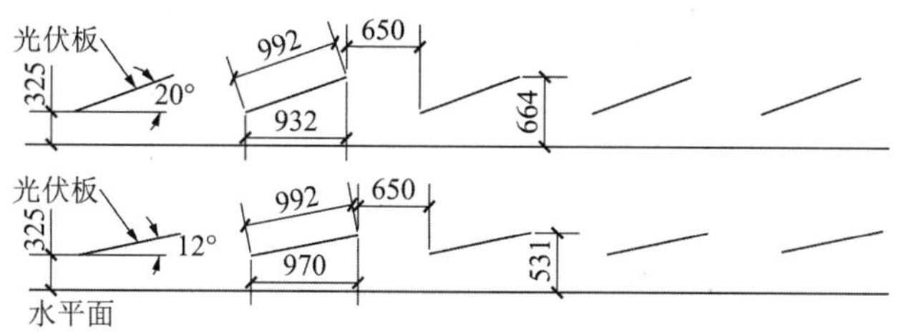

图 5　光伏阵列尺寸/mm

2.2　计算域及网格划分

计算域和边界条件见图 6。为防止出口处出现回流现象，串列 5 片、16 片、24 片和 32 片出口边界距离光伏板末端依次为 70*B*、80*B*、90*B*、100*B*，*B*为光伏板之间净尺寸 650mm。

为了兼顾计算效率和计算精度，将上述计算域分为 6 个区，根据各个区对计算结果精确性的影响程度来划分其网格大小[16-18]。采用非结构化网格，在全局网格尺寸中定义最大网格尺寸为 0.15mm，采用 All Quad 网格类型划分；其中串列 5 片、16 片、24 片和 32 片光伏板网格总数分别为 15 万、25 万、30 万和 40 万。在模拟过程中以串列 16 片光伏板为例，选取了三种不同密度的网格进行网格无关性验证，见图 7。结果显示，三种网格密度对模拟结果影响较小，在后续分析中均选择中等密度网格进行模拟计算。

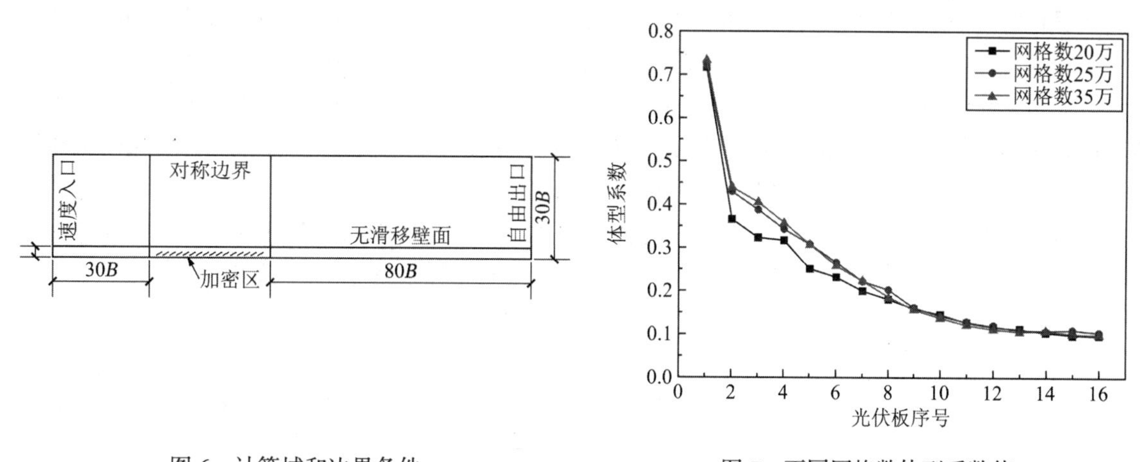

图 6　计算域和边界条件

图 7　不同网格数体型系数值

2.3　边界条件及模拟方法

计算域采用速度入口边界条件（其中来流风速为 25.7m/s），自由出口边界，光伏板及流域的下边界采用无滑移壁面，流域的上边界为对称边界条件；采用 Realizable *k*-*ε*模型进行求解；压力-速度耦合方程的解法采用 SIMPLE 格式，求解精度采用二阶迎风格式。

2.4　与试验结果的对比

图 8 为小倾角（不大于 15°）下小型串列光伏板风荷载体型系数图。从图中可见，本文与黄伯城等[14]、黄张裕等[15]的结果基本吻合。本文数值模拟与风洞试验得出首片光伏板体型系数基本相同，且体型系数衰减规律类似。基于此，认为选取的 Realizable *k*-*ε*湍流模型基本能模拟出风场绕流情况。后文模拟分析中均采用该模型。

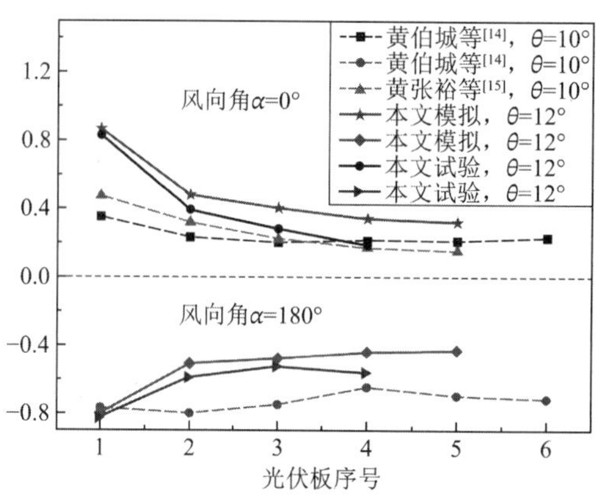

图 8 风荷载体型系数μ

2.5 大型串列光伏板模拟结果分析

将距离速度入口最近的光伏板记为光伏板 1，其余依次记为光伏板 2,3,⋯,32。通过 CFD 模拟得到的风荷载体型系数见图 9。

从图 9 可见，当光伏板倾角相同时，无论是串列 16 片、24 片、32 片光伏板，其前 5 片光伏板风荷载体型系数差别不大。倾角为 12°时光伏板 1 的风荷载体型系数小于倾角为 20°时的风荷载体型系数，而后由于遮挡效应的差异自光伏板 2 开始倾角为 12°的风荷载体型系数略大于倾角为 20°的风荷载体型系数。

从图 9 可以观察到，倾角 12°时光伏板 2 至光伏板 5 的风荷载体型系数迅速下降，自光伏板 6 至光伏板 12 风荷载体型系数下降减缓，光伏板 12 后风荷载体型系数基本相同；倾角 20°时，在 0°风向角下，光伏板 2 的风荷载体型系数急剧下降，其值不足光伏板 1 的 20%，自光伏板 3 起风荷载体型系数下降减缓（该结果与黄张裕等[15]得出的结论基本一致）。倾角 20°时，180°风向角下，光伏板 2 至光伏板 5 风荷载体型系数迅速下降，自光伏板 6 至光伏板 12 风荷载体型系数下降减缓，光伏板 12 后风荷载体型系数基本相同，该工况下体型系数变化规律与倾角 12°大致相同。

从数值模拟结果分析可知，当上游有 12 片光伏板时，下游光伏板的风荷载体型系数值基本不变。因此，对于有众多串列的大型光伏板阵列，前 12 片光伏板支架结构设计中应考虑不同的体型系数折减，而自第 13 片起之后可参照第 12 片光伏板体型系数进行设计。

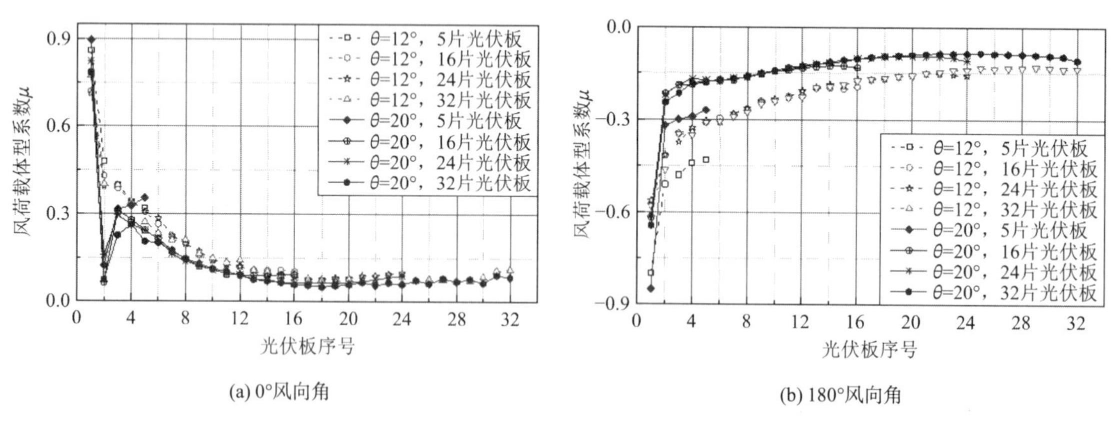

(a) 0°风向角 (b) 180°风向角

图 9 光伏板体型系数μ

2.6 超大型光伏板阵列体型系数取值建议

对于超大型光伏板阵列中不同位置光伏板的体型系数可以按式(2)计算，体型系数的折减系数如图 10 所示（折减系数从光伏板 2 开始）。

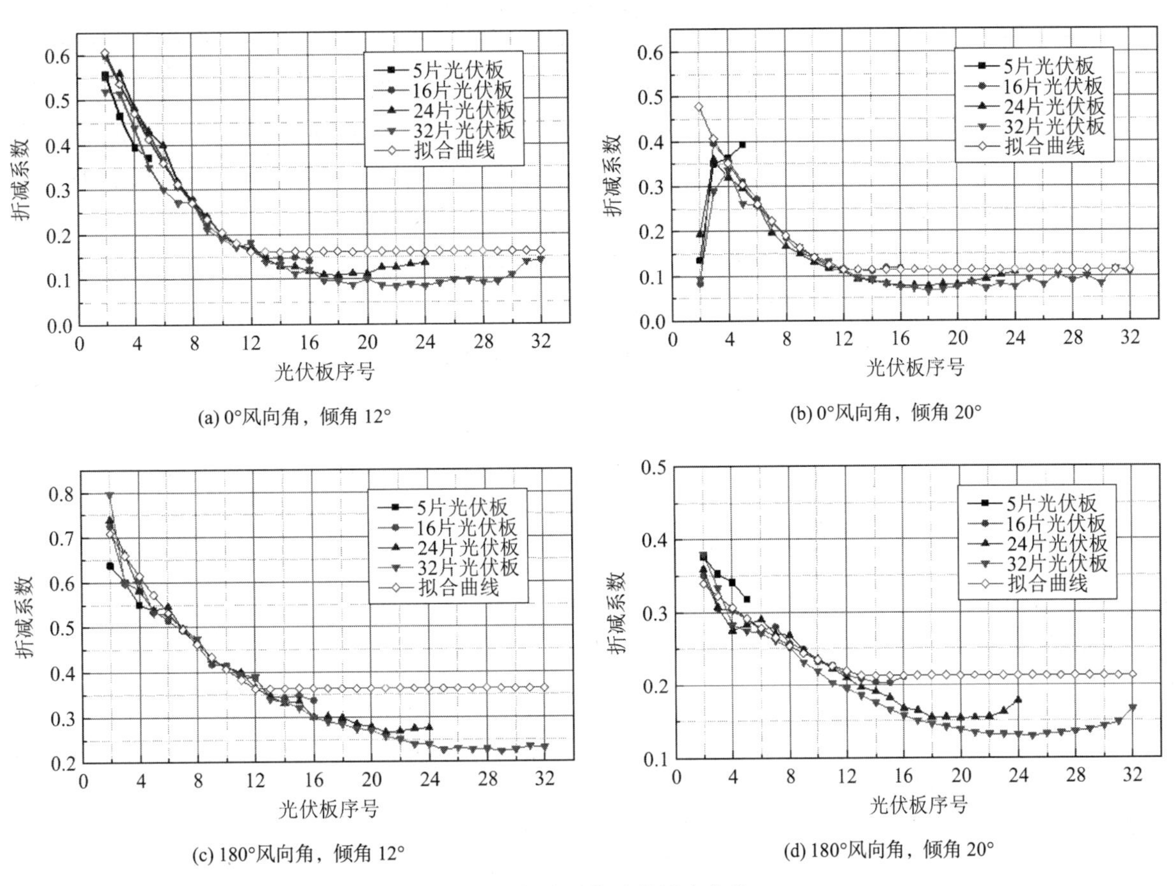

(a) 0°风向角，倾角 12°

(b) 0°风向角，倾角 20°

(c) 180°风向角，倾角 12°

(d) 180°风向角，倾角 20°

图 10　折减系数及其拟合曲线

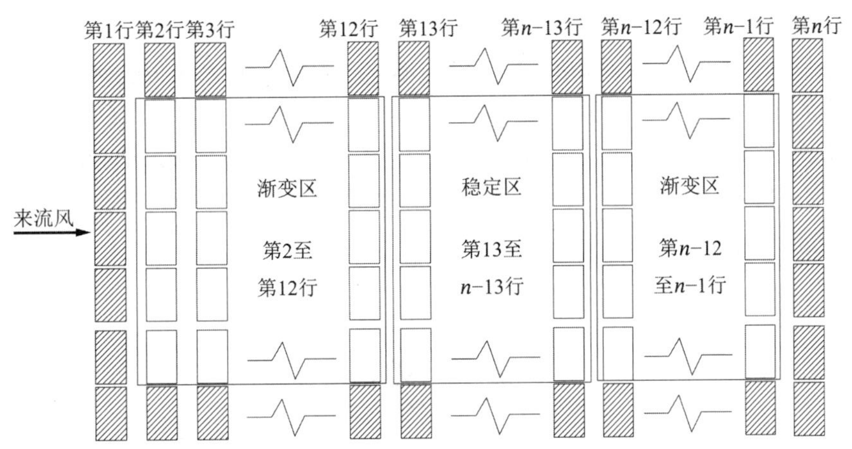

图 11　超大型光伏板阵列分区示意图

为经济、合理和安全地进行超大型光伏板阵列抗风设计，根据风荷载分布特征，将超大型光伏板阵列分为边缘区、渐变区和稳定区，阵列分区示意图如图 11 所示。除边缘区（图中阴影部分）外，光伏阵列左右两侧第 2 行至第 12 行定义为渐变区；其余部分定义为稳定区。通过对数值模拟得到的折减系数进行拟合，得出光伏板在不同区域体型系数取值建议。按仰角背风（0°风向角）和仰角迎风（180°风向角）两种工况分别给出体型系数取值建议。

经拟合分析得到，渐变区折减系数可采用式(4)进行估计：

$$\eta_i = A \cdot i^2 + B \cdot i + C \tag{4}$$

式中，η_i为第i行光伏板折减系数；i取值为 2,3,4,⋯,12。各个工况参数见表 2。

拟合结果如图 10 所示，与数值模拟结果对比吻合较好，并偏于安全。

渐变区折减系数拟合公式参数表　　表 2

工况	仰角背风工况		仰角迎风工况	
	倾角 12°	倾角 20°	倾角 12°	倾角 20°
A	0.00291	0.00267	0.00162	0.00055
B	−0.0853	−0.0725	−0.0572	−0.0197
C	0.7665	0.5991	0.8173	0.3764

为保证光伏阵列安全性，边缘区均按第 1 行光伏板体型系数进行设计。对于风压稳定区按第 12 行光伏板体型系数进行设计。第 1 行及第 12 行光伏板体型系数取值见表 3。

第 1 行及第 12 行光伏板体型系数　　表 3

工况	仰角背风工况		仰角迎风工况	
	倾角 12°	倾角 20°	倾角 12°	倾角 20°
第 1 行	0.72	0.78	−0.58	−0.62
第 12 行	0.12	0.09	−0.21	−0.14

3 结论

（1）上游光伏板的存在对下游光伏板产生显著遮挡效应。数值模拟结果表明，倾角 20°时的遮挡效应远大于倾角 12°时的遮挡效应。其中前 5 片下降明显，第 2 片约为第 1 片 60%，第 5 片约为第 1 片 50%；第 5 片以后下降放缓，第 12 片约为第 1 片的 20%～40%。

（2）遮挡效应会随着上游光伏板数量的增加而趋于稳定，即当上游光伏板数量达到一定值时，其下游光伏板的体型系数基本不会再发生变化。本文数值模拟结果表明，当上游光伏板超过 12 片时，下游光伏板的体型系数趋于平稳。

（3）风洞试验显示，0°风向角（仰角背风）时上游光伏板对下游光伏板的遮挡效应大于 180°（仰角迎风）风向角下时的遮挡效应。这与数值模拟得出的结论相同。

（4）将超大型光伏阵列分为边缘区、渐变区和稳定区并给出体型系数取值建议。以边缘区体型系数为基准，渐变区（2～12 行）体型系数按拟合的折减系数拟合公式进行折减，稳定区（13 行及以后）体型系数按第 12 行进行取值。

参考文献

[1] 中华人民共和国国家标准. 建筑结构荷载规范: GB 50009—2012[S]. 北京: 中国建筑工业出版社, 2012.

[2] 中华人民共和国国家标准. 光伏发电站设计规范: GB 50797—2012 [S]. 北京: 中国计划出版社, 2012.

[3] STATHOPOULOS T, ZISIS I, XYPNITOU E. Local and overall wind pressure and force coefficients for solar panels[J]. Journal of Wind Engineering and Industrial Aerodynamics. 2014(125): 195-206.

[4] 黄张裕, 左春阳. 太阳能跟踪器光伏面板风荷载体型系数的数值模拟研究[J]. 特种结构, 2014, 31(4): 101-105.

[5] 阮辉, 廖伟丽, 王康生. 光伏阵列表面风荷载数值研究[J]. 太阳能学报, 2015, 36(4): 871-877.

[6] CAO J X, YOSHIDA A, SAHA P K, et al. Wind loading characteristics of solar arrays mounted on flat roofs[J]. Journal of Wind Engineering and Industrial Aerodynamics, 2013(123): 214-225.

[7] KOPP G A, FARQUHAR S, MORRISON M J. Aerodyna-mic mechanisms for wind loads on tilted, roof-mounted, solar arrays[J]. Journal of Wind Engineering and Industrial Aerodynamics. 2012(111): 40-52.

[8] BROWNE M T L, GIBBONS M P M, GAMBLE S, et al. Wind loading on tilted roof-top solar arrays: The parapet effect[J].

Journal of Wind Engineering and Industrial Aerodynamics, 2013(123): 202-213.

[9] 马文勇，柴晓兵，刘庆宽. 底部阻塞对太阳能光伏板风荷载的影响研究[J]. 建筑结构, 2019, 49(2): 129-134.

[10] WANG J X, YANG Q S, TAMURA Y. Effects of building parameters on wind loads on flat-roof-mounted solar arrays[J]. Journal of Wind Engineering and Industrial Aerodynamics. 2018(174): 210-224.

[11] KOPP G A, PRATT R N. Velocity measurements around low-profile, tilted, solar arrays mounted on large flat-roofs, for wall normal wind directions[J]. Journal of Wind Engineering and Industrial Aerodynamics. 2013(123): 226-238.

[12] 王京学，杨庆山，刘敏. 平屋盖及双坡屋盖光伏系统风荷载特性试验研究[J]. 建筑结构学报, 2018, 39(10): 21-28.

[13] 黄政. 双列布局阵列下太阳能光伏板表面风压分布特性CFD数值计算分析[C]//第十六届全国现代结构工程学术研讨会. 2016.

[14] 黄伯城，马文勇. 串列光伏板体型系数遮挡效应研究[C]//第25届全国结构工程学术会议论文集. 2016.

[15] 黄张裕，阎虹旭. 太阳能光伏板风荷载体型系数群体遮挡效应数值模拟研究[J]. 特种结构, 2015, 6(3): 18-22.

[16] 王福军. 计算流体动力学分析: CFD软件原理与应用[M]. 北京：清华大学出版社, 2004: 1-266.

[17] 日本建筑学会. 建筑风荷载流体计算指南[M]. 孙瑛，孙晓颖，译. 北京：中国建筑工业出版社, 2010: 1-204.

[18] 李鹏飞，徐敏义，王飞飞. 精通CFD工程仿真与案例实战[M]. 北京：人民邮电出版社, 2011: 1-240.

H 型钢拼接组合钢管混凝土墙/柱构件协同工作分析研究

金天德，叶再利

（杭州市城建设计研究院有限公司，浙江 杭州 310020）

摘　要： H 型钢拼接组合钢管混凝土墙/柱构件的钢管和管内混凝土通过栓钉连接在一起，其管腔内不设置内隔板，与钢梁采用竖板连接方式。为了研究柔性连接件栓钉对钢管和管内混凝土间内力分配的影响，对其进行了弹性理论分析。分析得到钢管和混凝土界面抗滑移力分布形式，并求得楼层不同部位钢管和混凝土内力。分析表明，钢管和管内混凝土间的轴力分配方式不完全符合轴压刚度分配原则，每层顶部的钢管和底部的管内混凝土内力有所增大，增大幅度与其所处楼层位置有关。从限制荷载传递长度出发，给出了设置栓钉的数量，供设计参考。

关键词： 组合结构；H 型钢钢管混凝土；柱；剪力墙；栓钉；轴力分配

钢管混凝土优越的力学性能来自钢管和管内混凝土的组合作用[1]。组合作用得以发挥的前提条件至少包括两点：其一，要有可靠的措施将竖向荷载（如梁端剪力）由钢管壁传递到管内混凝土；其二，钢管和管内混凝土界面处不脱空。通常的做法是在钢管内设置内隔板，通过内隔板及管内混凝土与管壁间粘结力来协调钢管和混凝土的变形，使钢管和混凝土共同承受竖向荷载作用。但实际上混凝土与钢管壁及内隔板间存在脱空现象。脱空是由多方面原因造成的，如微膨胀剂失效、振捣不密实、管内空气未排尽、管内混凝土收缩徐变及温度作用等[2]。内隔板的设置不利于管内混凝土的浇筑和振捣，在内隔板下方容易出现气泡。另外，混凝土的收缩会加剧钢管和混凝土的脱离。作者在实际工程中也发现钢管和管内混凝土存在脱空现象，另外，内隔板处于封闭的钢管内，与钢梁翼缘间存在错位也不易被发现。管内混凝土密实度检验比较困难，常用人工敲击法和超声波检测法，检测结果的准确性与操作人员的经验有很大关系。有研究表明，脱空使得钢管和混凝土不能共同工作，降低了钢管混凝土柱承载力[4-5]。

为了克服常规钢管混凝土构造上的上述缺点，提出型钢管混凝土柱和拼接 H 型钢混凝土组合剪力墙两种型钢管混凝土构件形式，管内不设置内隔板，通过竖板与钢梁连接。管内混凝土完全连续，浇筑和振捣方便。梁端剪力通过栓钉传至管内混凝土，由于栓钉连接是一种柔性连接，因此钢管和混凝土间内力分配有别于常规钢管混凝土柱。作者对两者间的内力分配情况进行理论分析，并提出需设置的栓钉数量计算公式，为工程设计提供参考。

1　H 型钢拼接组合钢管混凝土构件

1.1　型钢管混凝土柱

综合考虑受力特点、节点构造、施工、加工、检验难度等方面的因素，提出一种新型钢管混凝土柱，截面如图 1 所示。柱身采用热轧 H 型钢拼接而成（简称型钢管混凝土柱），内腔内设置栓钉。梁柱节点则采用竖板连接方式，如图 1、图 2 所示。钢梁通过水平向连接板与型钢管混凝土柱的外伸翼板连接，无外伸翼板方向则设竖向连接板。梁端弯矩直接传到与梁腹板平行的柱壁，连接刚性好[6]。

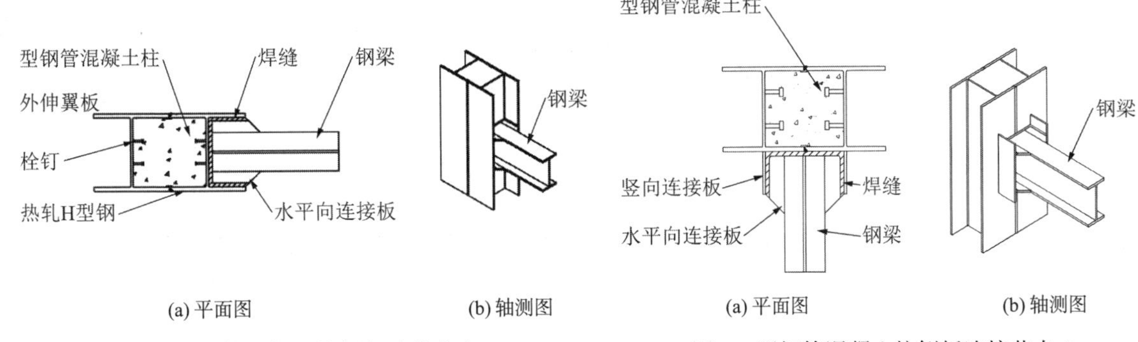

图 1 型钢管混凝土柱侧板连接节点 1

图 2 型钢管混凝土柱侧板连接节点 2

1.2 拼接 H 型钢-混凝土组合剪力墙

将上述 H 型钢拼接方法进一步延伸至剪力墙，可以构建出如图 3 所示的剪力墙形式，墙体形状也可以为 L 形、T 形、十字形等。可称这种墙体为拼接 H 型钢-混凝土组合剪力墙。

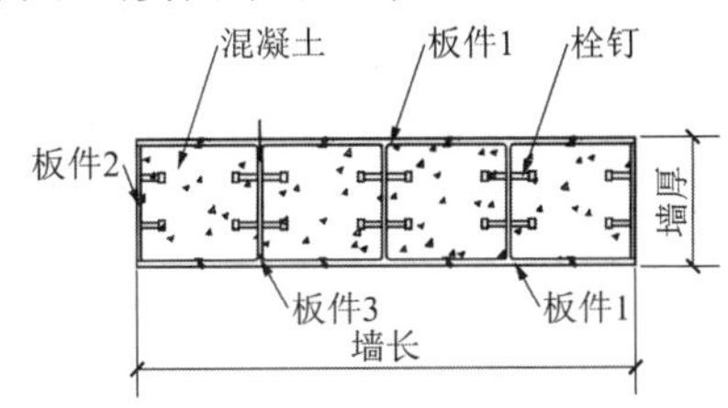

图 3 典型拼接 H 型钢混凝土组合剪力墙截面示意

拼接 H 型钢混凝土组合剪力墙的外围板件 1、板件 2 和管内混凝土是承担竖向力和水平力的主要组成部分。板件 3 有以下几点作用：①将混凝土收缩限制在每个接近正方形的管腔内，防止沿墙长方向由于混凝土收缩过大而与管壁出现脱空的情况；②提高板件 1 和板件 2 的局部稳定能力；③当墙体平面外方向有梁连接时，在板件 3 对应位置设竖向连接板；④方便与钢梁刚接连接。

1.3 构件性能及需解决问题

钢框架-钢筋混凝土筒体结构已在大量实际工程中得到应用[7-8]，但已有的工程实践和试验研究[9-10]表明，由于钢框架和钢筋混凝土内筒材料性能差异较大，这种结构形式存在一些缺点[11]，如混凝土内筒和钢框架刚度差别较大，两者抗震性能不协调。为了解决该问题，提出内筒墙体采用拼接 H 型钢混凝土组合剪力墙，型钢管混凝土柱为框架柱的结构形式。两者材料组成一致、承载力高、延性好，抗震性能协调。墙体和框架柱施工操作面不重叠，可以同步进行，施工速度快，并缓解了由于混凝土收缩、徐变等因素引起结构内力重分布问题。需解决的首要问题是确定栓钉连接方式对钢管和混凝土间内力分配方式的影响。

2 基本方程建立

通过栓钉，竖向荷载从管壁传至管内混凝土，而栓钉是一种柔性连接，钢管和管内混凝土界面将产生滑移，这与常规钢管混凝土完全协同工作机理不同。对于弯矩，由于钢管和混凝土形心重合，在弹性阶段，混凝土未开裂时，钢管和混凝土按各自抗弯刚度进行分配，两者间有无栓钉是一样的。可采用弹性理论重点分析竖向力作用下钢管和管内混凝土的内力分布情况，分析时不考虑两者间的粘结力。

记N_s、E_s、A_s和u_{10}分别为钢管的轴力、弹性模量、面积和位移；N_c、E_c、A_c和u_{20}分别为混凝土的轴力、弹性模量、面积和位移，分析模型如图 4 所示。根据内力与位移的关系，有：

$$N_s(x)=E_sA_s\frac{\mathrm{d}u_{10}(x)}{\mathrm{d}x} \tag{1}$$

$$N_c(x)=E_cA_c\frac{\mathrm{d}u_{20}(x)}{\mathrm{d}x} \tag{2}$$

界面抗滑移力为：

$$q_u = -k(u_{10} - u_{20}) = -ks_0 \tag{3}$$

$$\frac{dN_s}{dx} = ks_0 \tag{4}$$

$$\frac{dN_c}{dx} = -ks_0 \tag{5}$$

将式(1)乘以E_cA_c，式(2)乘以E_sA_s，两式相减，求导一次，并令$EA_0 = (E_sA_sE_cA_c)/(E_sA_s + E_cA_c)$，简化后有：

$$EA_0\ddot{s}_0 - ks_0 = 0 \tag{6}$$

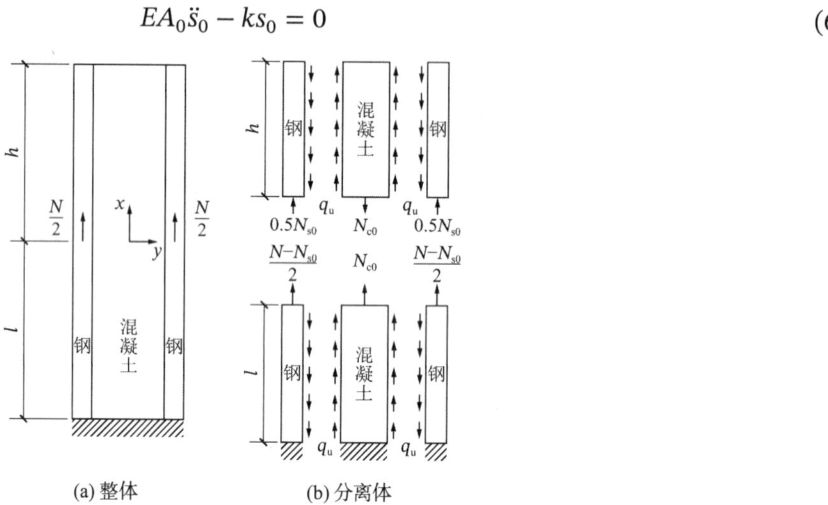

图 4 钢管和混凝土竖向传力计算简图

令$\rho = \sqrt{k/(EA_0)}$，解微分方程，有：

$$s_0 = c_1\sinh(\rho x) + c_2\cosh(\rho x) \tag{7}$$

根据轴力平衡条件，竖向荷载作用点处上分离体表面型钢管和混凝土的轴力N_s^0、N_c^0，大小相等，方向相反，即：

$$N_c^0 = -N_s^0 \tag{8}$$

对于下半部分离体，边界条件如下：当$x = -l$时，$s_0(-l) = 0$，有：

$$c_1\sinh(-\rho l) + c_2\cosh(-\rho l) = 0 \tag{9}$$

当$x = 0$时，$N_s(0) = E_sA_s\dot{u}_{10}(0) = N + N_s^0$，$N_c(0) = E_cA_c\dot{u}_{20}(0) = N_c^0 = -N_s^0$，$\dot{u}_{10}(0) - \dot{u}_{20}(0) = \dot{s}_0(0) = c_1\rho$，因此有：

$$\dot{s}_0(0) = (N + N_s^0)/E_sA_s + N_s^0/E_cA_c \tag{10}$$

得

$$c_1 = \frac{1}{\rho}\left(\frac{N}{E_sA_s} + \frac{N_s^0}{EA_0}\right) \tag{11}$$

代入式(7)，有：

$$c_2 = \left(\frac{N}{E_sA_s} + \frac{N_s^0}{EA_0}\right)\frac{\tanh(\rho l)}{\rho} \tag{12}$$

从而有：

$$s_0 = \left(\frac{N}{E_sA_s} + \frac{N_s^0}{EA_0}\right)\frac{\sinh(\rho x + \rho l)}{\rho\cosh(\rho l)} \tag{13}$$

由式(13)可求得$x = 0$时的滑移值为：

$$s_0(0^-) = \left(\frac{N}{E_sA_s} + \frac{N_s^0}{EA_0}\right)\frac{\tanh(\rho l)}{\rho} \tag{14}$$

对于上半部分分离体，边界条件如下：当$x=0$时，$N_s(0)=N_s^0$；$N_c(l)=-N_s^0$，有：

$$c_1=\frac{N_s^0}{\rho EA_0} \tag{15}$$

当$x=h$时，$N_s(h)=N_c(h)=0$，有：

$$c_1\cosh(\rho h)+c_2\sinh(\rho h)=0 \tag{16}$$

将式(15)代入式(16)，有：

$$c_2=-\frac{N_s^0}{\rho EA_0}\cdot\frac{1}{\tanh(\rho h)} \tag{17}$$

代入式(7)，有：

$$s_0=-\frac{N_s^0}{\rho EA_0}\cdot\frac{\cosh(\rho h-\rho x)}{\sinh(\rho h)} \tag{18}$$

由式(18)可求得$x=0$时的滑移值为：

$$s_0(0^+)=-\frac{N_s^0}{\rho\cdot EA_0}\cdot\frac{1}{\tanh(\rho h)} \tag{19}$$

根据变形连续性，式(14)与式(19)相等，有：

$$\left(\frac{N}{E_sA_s}+\frac{N_s^0}{EA_0}\right)\frac{\tanh(\rho l)}{\rho}=-\frac{N_s^0}{\rho\cdot EA_0}\cdot\frac{1}{\tanh(\rho h)} \tag{20}$$

进而有：

$$N_s^0=-\beta\frac{EA_0}{E_sA_s}\cdot N \tag{21}$$

$$\beta=\frac{\tanh(\rho l)\cdot\tanh(\rho h)}{1+\tanh(\rho l)\cdot\tanh(\rho h)} \tag{22}$$

当$x\leqslant 0$时

$$s_0=(1-\beta)\cdot\frac{N}{E_sA_s}\cdot\frac{\sinh(\rho x+\rho l)}{\rho\cosh(\rho l)} \tag{23}$$

$$q_u=-k(1-\beta)\cdot\frac{N}{E_sA_s}\cdot\frac{\sinh(\rho x+\rho l)}{\rho\cosh(\rho l)} \tag{24}$$

$$\begin{aligned}N_s&=N+N_s^0-\int_x^0 ks_0\,dx\\&=\frac{E_sA_s\cdot N}{E_sA_s+E_cA_c}\left[1+(1-\beta)\frac{E_cA_c}{E_sA_s}\frac{\cosh(\rho x+\rho l)}{\cosh(\rho l)}\right]\end{aligned} \tag{25}$$

$$\begin{aligned}N_c&=N_c^0+\int_x^l ks_0\,dx\\N_c&=\frac{E_cA_c\cdot N}{E_sA_s+E_cA_c}\left[1-(1-\beta)\frac{\cosh(\rho x+\rho l)}{\cosh(\rho l)}\right]\end{aligned} \tag{26}$$

$$u_{10}=\frac{N\cdot(x+l)}{E_sA_s+E_cA_c}\cdot\left[1+\frac{1-\beta}{\rho(x+l)}\frac{E_cA_c}{E_sA_s}\frac{\sinh(\rho x+\rho l)}{\cosh(\rho l)}\right] \tag{27}$$

当$x>0$时

$$s_0=\beta\cdot\frac{N}{E_sA_s}\cdot\frac{\cosh(\rho h-\rho x)}{\rho\sinh(\rho h)} \tag{28}$$

$$q_u=-k\beta\cdot\frac{N}{E_sA_s}\cdot\frac{\cosh(\rho h-\rho x)}{\rho\sinh(\rho h)} \tag{29}$$

$$N_s=-\beta\frac{E_cA_c\cdot N}{E_sA_s+E_cA_c}\frac{\sinh(\rho h-\rho x)}{\sinh(\rho h)} \tag{30}$$

$$N_c = \beta \frac{E_c A_c \cdot N}{E_s A_s + E_c A_c} \frac{\sinh(\rho h - \rho x)}{\sinh(\rho h)} \tag{31}$$

$$u_{10} = \frac{N \cdot l}{E_s A_s + E_c A_c} \left[1 + (1-\beta) \frac{E_c A_c}{E_s A_s} \frac{\tanh(\rho l)}{\rho l} - \frac{\beta}{\rho l} \frac{E_c A_c}{E_s A_s} \frac{\cosh(\rho h) - \cosh(\rho h - \rho x)}{\sinh(\rho h)} \right] \tag{32}$$

3 钢管和混凝土内力分析

3.1 界面抗滑移力分布和栓钉要求

当$l \to +\infty$，$h \to +\infty$时，$\lim\limits_{l \to +\infty} \frac{\sinh(\rho x + \rho l)}{\cosh(\rho l)} = e^{\rho x}$，$\lim\limits_{l \to +\infty} \frac{\cosh(\rho h - \rho x)}{\sinh(\rho h)} = e^{-\rho x}$，由式(22)求得$\beta = 0.5$。

代入式(24)、式(25)，有：

$$q_u = -\frac{k}{2\rho} \cdot \frac{N}{E_s A_s} \cdot e^{-\rho |x|} \tag{33}$$

此时界面抗滑移力在荷载作用点上、下对称分布，以指数形式衰减。限制上、下各一层高度范围内的抗滑移力总值不小于95%的该集中力，则对其他楼层的轴力分配影响很小，有：

$$0.95 \frac{E_c A_c \cdot N}{E_s A_s + E_c A_c} = 2 \int_{-H}^{H} \frac{k}{2\rho} \frac{N}{E_s A_s} e^{-\rho |x|} \, dx \tag{34}$$

式中，H为楼层层高，解得$e^{-\rho H} = 0.05$，$\rho H = 3.0$。栓钉的抗滑移刚度按文献[12]取$k = 1.4 n_0 N_v^s / H$，其量纲单位为N/mm^2，式中N_v^s为栓钉承载力设计值，则每层管腔内设置的栓钉颗数：

$$n_0 \geqslant 6.43 E A_0 / (N_v^s \cdot H) \tag{35}$$

3.2 各楼层钢管和混凝土内力分布

由式(25)、式(26)、式(30)和式(31)可知，压力N作用下，在上层竖向构件的钢管和管内混凝土分别产生拉力和压力，离作用点越远绝对值越小；对下层则均为压力，离作用点越远钢管压力越小，而混凝土压力则越大。因此，每一层高范围内，钢管和混凝土分担的轴力是变化的，并不固定。

对总层数为n的型钢管混凝土构件在第m（$1 \leqslant m \leqslant n-2$）楼层处的钢管和混凝土轴力分配情况进行分析时，考虑当$\rho H \geqslant 3.0$时，第$m-2$层以下和第$m+2$层以上楼层的作用力对本层钢管和混凝土间轴力分配影响很小，可以忽略。由式(25)、式(26)、式(30)和式(31)可求得：

$$N_c(0^-) = \zeta_{c-} \cdot \frac{(n-m+1)N \cdot E_c A_c}{E_s A_s + E_c A_c} \tag{36}$$

$$N_s(0^-) = \zeta_{s-} \cdot \frac{(n-m+1)N \cdot E_s A_s}{E_s A_s + E_c A_c} \tag{37}$$

$$N_c(0^+) = \zeta_{c+} \cdot \frac{(n-m)N \cdot E_c A_c}{E_s A_s + E_c A_c} \tag{38}$$

$$N_s(0^+) = \zeta_{s+} \cdot \frac{(n-m)N \cdot E_s A_s}{E_s A_s + E_c A_c} \tag{39}$$

式中：0^+和0^-分别表示计算截面取楼层的上方和下方，其他系数ζ_{c-}、ζ_{c+}、ζ_{s-}和ζ_{s+}见式(40)～式(43)。

$$\zeta_{c-} = 1 - \frac{1}{2(n-m+1)} \tag{40}$$

$$\zeta_{c+} = 1 + \frac{1}{2(n-m)} \tag{41}$$

$$\zeta_{s-} = 1 + \frac{E_c A_c}{2 E_s A_s (n-m+1)} \tag{42}$$

$$\zeta_{s+} = 1 - \frac{E_c A_c}{2E_s A_s(n-m)} \tag{43}$$

系数ζ_{c-}、ζ_{c+}、ζ_{s-}和ζ_{s+}表示的物理意义为与完全组合时的混凝土和钢管间轴力分配值的比值，大小与本层以上楼层的数量及钢管和混凝土的轴压刚度有关。取$E_s/E_c = 6, A_s/A_c = 0.1$进行试算，结果见表 1。

影响系数ζ_{c-}、ζ_{c+}、ζ_{s-}和ζ_{s+}与楼层层数关系　　表 1

系数	$n-m$					
	2	5	10	20	30	40
ζ_{c-}	0.83	0.92	0.95	0.98	0.98	0.99
ζ_{c+}	1.25	1.10	1.05	1.03	1.02	1.01
ζ_{s-}	1.28	1.14	1.08	1.04	1.03	1.02
ζ_{s+}	0.58	0.83	0.92	0.96	0.97	0.98

对于顶上二层，将坐标原点取为第$n-1$层标高，并取$\rho H = 3.0$，由式(22)、式(25)、式(26)、式(30)和式(31)可求得

$$N_c(0^-) = \zeta_{c-} \cdot \frac{2 \cdot N \cdot E_c A_c}{E_s A_s + E_c A_c} \tag{44}$$

$$N_s(0^-) = \zeta_{s-} \cdot \frac{2 \cdot N \cdot E_s A_s}{E_s A_s + E_c A_c} \tag{45}$$

$$N_c(0^+) = \zeta_{c+} \cdot \frac{N \cdot E_c A_c}{E_s A_s + E_c A_c} \tag{46}$$

$$N_s(0^+) = \zeta_{s+} \cdot \frac{N \cdot E_s A_s}{E_s A_s + E_c A_c} \tag{47}$$

式中，$N_c(0^+)$、$N_c(0^-)$分别表示计算截面取楼层的上方和下方时混凝土分配轴力；$N_s(0^+)$、$N_s(0^-)$分别表示计算截面取楼层的上方和下方时混凝土分配轴力；系数$\zeta_{c-} = 0.738$，$\zeta_{s-} = 1 + 0.262(E_c A_c)/(E_s A_s)$，$\zeta_{c+} = 1.475$，$\zeta_{s+} = 1 - 0.475 E_c A_c / E_s A_s$，与式(40)～式(43)取$n - m = 1$时差别不大。

对于顶层，显然钢管承担的竖向力为N，管内混凝土承担的竖向力为 0。

对于底层嵌固端，$\zeta_{c+} = 1 + \left(e^{-\rho H} + e^{-2\rho H}\right)/(2n)$，$\zeta_{s+} = 1 - (E_c A_c)/(E_s A_s) \cdot (e^{-\rho H} + e^{-2\rho H})/(2n)$。由于$e^{-\rho H} = 0.05$，因此$\zeta_{c+}$和$\zeta_{s+}$近似为 1，也就是轴力按两者的轴压刚度分配。

4 有限元模型分析

采用 ANSYS 程序对一根型钢管混凝土柱进行 3 种模型的有限元分析。有限元单元划分见图 5。钢材选用 Q345，混凝土强度等级为 C50，管内混凝土面积$A_c = 2500\text{cm}^2$，钢管面积$A_s = 250\text{cm}^2$，层高为 3m，总层数为 21 层，每层由钢梁传给柱子的竖向力相同。

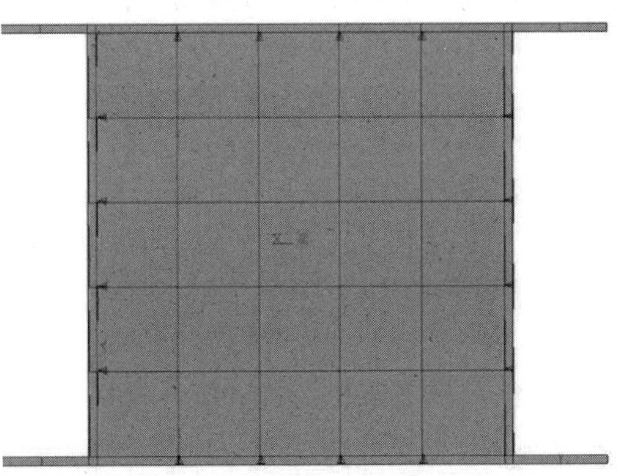

图 5　有限元分析模型

模型 1 为弹性分析，钢板和混凝土均采用三维实体 Solid 45 单元模拟，弹性模量$E_s = 2.0 \times 10^5\text{MPa}$，$E_c = 3.45 \times 10^4\text{MPa}$。钢管与混凝土交界面设置 Combine 39 弹簧单元连接，间距为 100mm，弹簧单元的剪切刚度取 201.540kN/mm（pH = 3.0）。

影响系数ζ_{s-}、ζ_{s+}、ζ_{c-}、ζ_{c+}有限元计算结果与式(36)～式(47)的计算结果对比见图 6，由图 6 可知，两者基本一致。

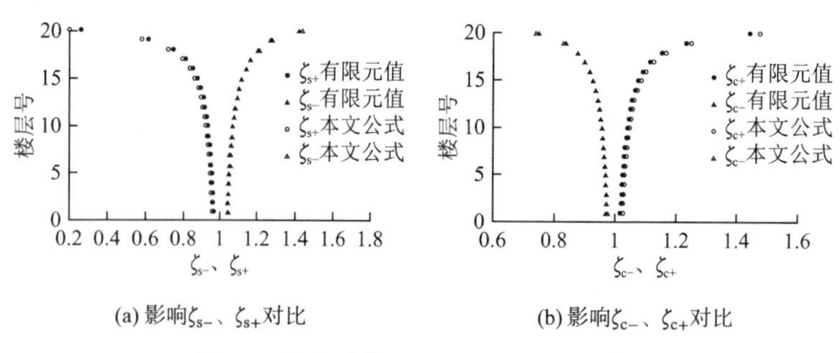

图 6　影响系数ζ_{s-}、ζ_{s+}、ζ_{c-}、ζ_{c+}对比

模型 2 和模型 3 为弹塑性分析，钢板采用 Solid 45 模拟，采用理想弹塑性本构关系。混凝土则采用三维实体 Solid 65 模拟，采用《混凝土结构设计规范》GB 50010 附录 C 中的本构关系。模型 3 不考虑型钢管与混凝土两者之间的粘结滑移，而模型 2 考虑如模型 1 的弹簧单元。当钢材和混凝土进入塑性工作阶段时，型钢管和核心混凝土轴力分配关系不断变化，不符合上述弹性理论推导的结果。模型 2 和模型 3 中第 1 层标高处混凝土和型钢管承担的比例为$\alpha_c = N_c/N_p$, $\alpha_s = N_s/N_p$，其与加载比例$\gamma = N_p/(A_c f_{ck} + A_y f_y)$的关系见图 7。由图 7 可知，型钢管和混凝土分配系数在两种模型中比较接近，差别在 3%以内。随着外荷载的增加，混凝土承担比例逐渐降低，趋向于按承载力比例分配。因此按弹性理论分析得到的式(35)来计算所需栓钉数量是合适的。

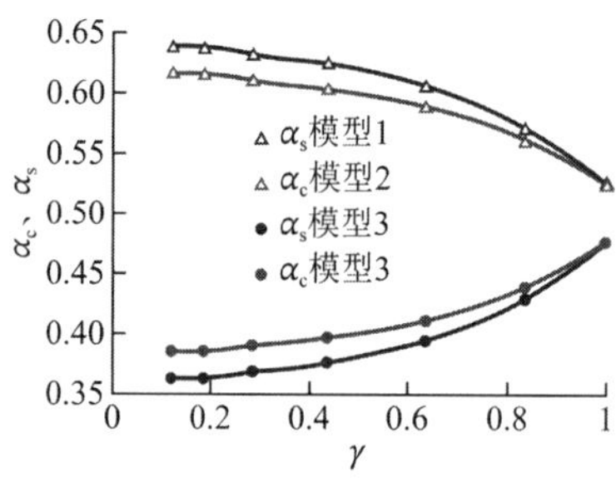

图 7　系数α_c、α_s与加载比例γ关系

5 结论

对 H 型钢拼接组合钢管混凝土墙、柱结构中钢管和混凝土的轴力分配系数的分析表明：

（1）通过在管腔内设置一定数量的栓钉，可以使钢管和管内混凝土协同发挥作用。

（2）钢管和管内混凝土间轴力分配比例不完全符合轴压刚度分配原则。与按轴压刚度分配原则的轴力比例相比，在楼层梁下翼缘附近，钢管承担的轴力比例大，而混凝土承担的比例小；在楼层梁上翼缘附近，情况刚好相反。

（3）钢管及混凝土分配的轴力比例与构件的竖向位置有关。上部楼层越多，分配方式越接近轴压刚度分配原则。当上部楼层层数不多时，则相差较大，应考虑局部钢管及混凝土内力增大情况。

（4）楼层顶部的 H 形拼接组合钢管混凝土墙、柱，其管内混凝土不能发挥作用。

（5）给出了每层管腔内需要设置的栓钉数量计算式，可供实际工程应用参考。

参考文献

[1]　韩林海, 钟善桐. 钢管混凝土力学[M]. 大连: 大连理工大学出版社, 1996: 1-10.

[2] 苏永亮，焦楚杰，张亚芳，等. 钢管混凝土脱空问题[J]. 钢结构, 2013(3): 20-22.

[3] 郭笑. 关于钢管混凝土浇筑产生气泡问题的试验研究[J]. 钢结构, 2012(3): 32-36.

[4] 纪洪广，张贝贝. 有脱空缺陷的钢管混凝土短柱承载力分析[J]. 钢结构, 2007(1): 59-61.

[5] 叶跃忠. 混凝土脱粘对钢管混凝土中，低长柱性能的影响[J]. 铁道建筑, 2001(10): 2-5.

[6] 陈绍蕃. 钢结构设计原理[M]. 北京：科学出版社, 2005: 323-324.

[7] 方鄂华，钱稼茹. 我国高层建筑抗震设计的若干问题[J]. 土木工程学报,1999,32(1): 3-8.

[8] 徐培福. 复杂高层建筑结构设计[M]. 北京：中国建筑工业出版社, 2005: 1-13.

[9] 李国强，周向明,丁翔. 高层建筑钢-混凝土混合结构模型模拟地震振动台试验研究[J]. 建筑结构学报, 2001, 22(2): 2-7.

[10] 陈富生，邱国桦，范重. 高层建筑钢结构设计[M]. 北京：中国建筑工业出版社, 2000: 9-10.

[11] 白国良，李红星. 混合结构体系在超高层建筑中的应用及问题[J]. 建筑结构, 2006, 36(8): 64-68.

[12] 童根树. 钢结构设计方法[M]. 北京：中国建筑工业出版社, 2007: 144-149.

外包钢加固钢筋混凝土框架梁受力性能分析

徐铨彪，干 钢，陈 刚

（浙江大学建筑设计研究院有限公司，浙江 杭州 310028）

摘 要：根据实际工业厂房钢筋混凝土（RC）框架结构体系的受力特性，采用外包钢加固 RC 框架梁和梁柱连接节点。运用有限元软件 ABAQUS 对已有外包型钢加固 RC 梁试件进行计算分析，取得与试验结果具有较好一致性的计算结果，验证了有限元模型的可靠性。对集中荷载作用下加固前后 RC 框架梁和梁柱连接节点进行整体建模，并对其承载力和破坏模式进行有限元分析。结果表明，外包钢加固后 RC 框架梁承载力提高了 62.3%，刚度和延性均显著提高，加固后 RC 梁在集中荷载位置附近发生剪切破坏。

关键词：钢筋混凝土梁；加固；有限元分析；受力性能；破坏模式

加固混凝土构件的方法有多种，主要包括加大截面、置换混凝土、外包钢、施加预应力、粘贴纤维复合材料等[1]。外包钢加固法是以横向缀板或套箍为连接件，将型钢或钢板通过粘结固定在原构件的表面、四角或两侧，以减轻或取代原构件受力的一种间接加固方法。采用外包钢加固，可在构件截面尺寸增加不多的情况下，使构件承载能力和抗震性能得到大幅度提高。加固后的混凝土构件受外包钢约束使混凝土成为约束混凝土，从而提高了混凝土的强度。该加固法现场施工速度快，不需要模板，适于需大幅度提高截面承载能力和抗震性能的 RC 梁、柱等构件。采用外包钢加固 RC 构件，应在混凝土构件表面与外包钢缝隙间灌注高强水泥砂浆或环氧树脂浆料，以提高加固后构件的整体受力性能。

目前，国内外学者对外包钢加固 RC 构件受力性能进行了深入研究。卢哲安等[2]对外贴钢板加固 RC 梁的受力机理进行了试验研究，分析了不同壁厚型钢加固 RC 梁的受力性能、破坏特征、极限承载能力和影响因素。刘瑛等[3]对外包钢加固 RC 梁、柱构件进行了承载力试验研究，对比分析了外包钢与混凝土构件表面间不同灌浆料对构件承载力和抗震性能的影响。卢亦焱等[4-5]研究了外包钢与碳纤维布复合加固 RC 柱的破坏特征、受力性能和破坏机理，分析了不同碳纤维布率、含角钢率、长细比和偏心距对加固后 RC 柱的承载力、刚度、延性和抗震性能的影响。Xiao 等[6]采用试验和数值模拟方法研究了完全剪切连接和部分剪切连接外包钢-混凝土组合梁的正截面受弯承载力。潘志宏等[7]基于纤维模型提出了外贴型钢加固混凝土柱静力弹塑性分析方法，分析了混凝土材料本构模型对加固后混凝土柱截面弯矩-曲率关系和构件荷载-位移关系的影响。陆洲导等[8]对外包钢套法加固 RC 框架震损节点进行试验研究。上述研究表明：外包钢加固法可以显著提高混凝土构件的极限承载能力，加固后原构件混凝土处于三向受力状态，从而提高其刚度和延性，具有较好的抗震性能。

结合某电厂脱硝改造工程，考虑现场施工条件及 RC 框架结构的受力特性，采用外包钢加固 RC 框架梁和梁柱连接节点。采用有限元软件 ABAQUS 建立相应的有限元分析模型，研究加固前后 RC 框架梁的极限承载能力和破坏模式，分析外包钢加固后 RC 框架梁受力性能，以期为类似工程结构的加固改造设计提供参考。

1 加固方案

为响应国家环保政策，需要对某电厂锅炉发电机组进行脱硝改造，以降低氮氧化物的排放。受现场空间限制，只能在锅炉后的原烟风道支架 3 层 RC 框架结构上部安装新的脱硝钢架。混凝土框架结构柱顶标高为 18.3m，梁、柱混凝土设计强度等级均为 C40，结构平面布置如图 1 所示。由于新增选择性催化还原（sCR）反应器、进出口烟道以及脱硝设备，服役时间较长的原混凝土框架结构已无法承受新增脱硝设备运行的荷载，需大幅度提高混凝土构件的承载能力。为减少经济损失，选择原有设备不停产的情况下，对混凝土框架结构采用局部卸荷加固方案，对部分需加固的 RC 框架梁，采用四角外包角钢，梁柱连接节点采用外包钢板加固，以提高框架结构构件的承载能力，图 1 中标示了实际工程需要进行加固的 RC 框架结构构件，其中需加固的混凝土梁截面尺寸为 400mm × 800mm，位于框架结构顶层，柱截面尺寸为 950mm × 950mm，层高 7.3m，柱顶部新浇混凝土向上延伸 1.2m 与上部钢柱根部连接。将混凝土梁各边角经打磨后粘贴角钢，角钢之间采用横向缀板连接；梁端预留 500mm 以便与柱相连部位四面外包钢板；柱外包钢板范围为从梁顶向上延伸 1.2m，向下延伸 1.5m，如图 2 所示。角钢、钢板与混凝土间缝隙灌注环氧树脂浆料。加固构造如图 3 所示。

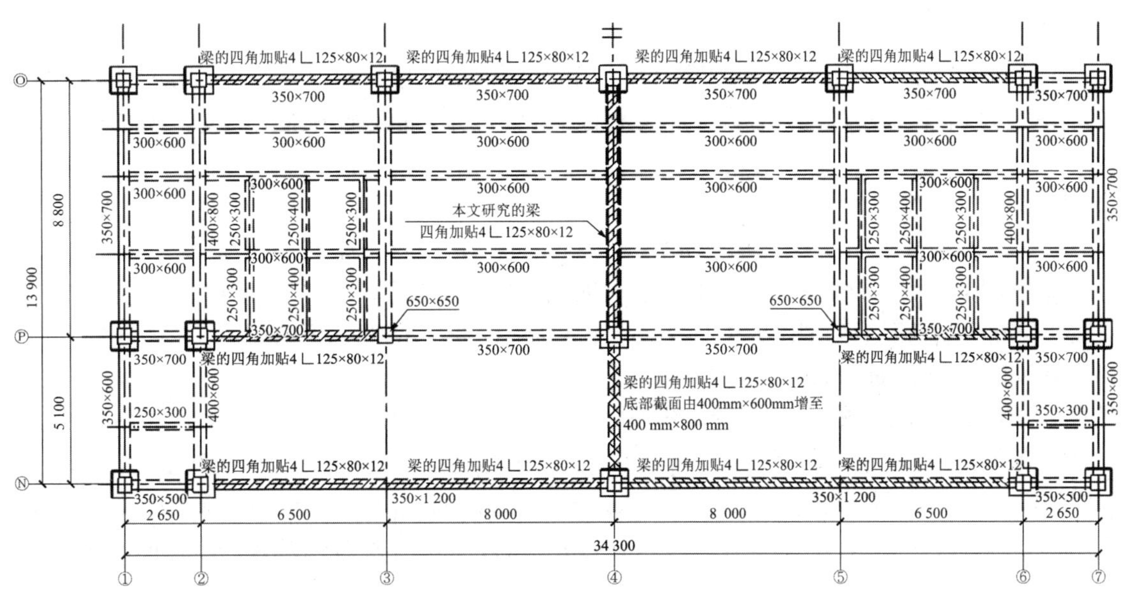

图 1　加固结构平面图

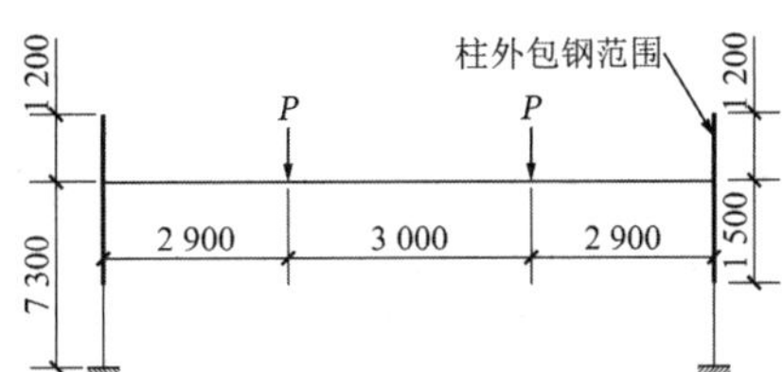

图 2　框架梁计算简图

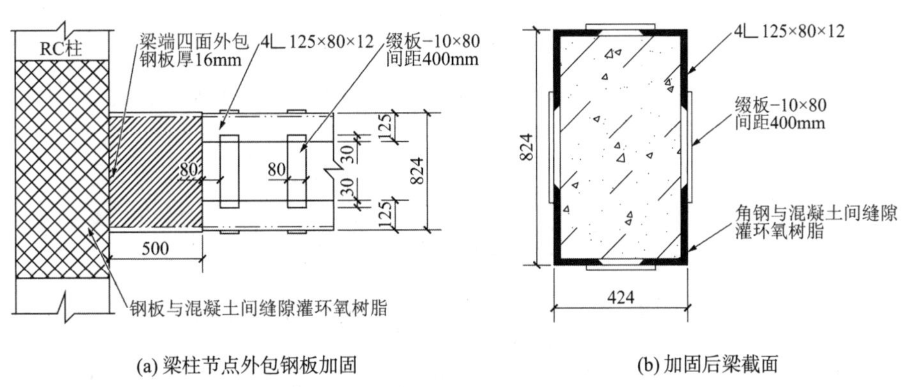

(a) 梁柱节点外包钢板加固　　(b) 加固后梁截面

图 3　RC 框架梁加固构造

加固中所使用角钢为∟125 × 80 × 12，缀板为10mm × 80mm，间距为400mm，梁端外包钢板厚度为16mm。钢材型号均为 Q235B，钢板、角钢及缀板相互连接采用焊接。混凝土梁、柱几何参数和钢筋配置见表 1。

RC 框架梁、柱几何参数及配筋　　表 1

构件	截面尺寸		钢筋配置	箍筋配置
	b/mm	h/mm		
梁	400	800	5ϕ25（顶部）+ 6ϕ25（底部）	ϕ8@100/200
柱	950	950	4ϕ28（角筋）+ 20ϕ25	ϕ10@100

2 有限元模型

2.1 混凝土材料模型

混凝土材料本构模型采用 ABAQUS 软件中的混凝土损伤塑性模型[9]，该模型采用各向同性弹性损伤结合各向同性拉伸和压缩塑性理论来表征混凝土的非弹性行为，能够较好地预测 RC 构件的受弯和受剪性能及其破坏特征[10-11]。

该模型的应力-应变关系为

$$\boldsymbol{\sigma} = (1-d)D_{0,\mathrm{el}} : (\boldsymbol{\varepsilon} - \boldsymbol{\varepsilon}_{\mathrm{pl}}) = D_{\mathrm{el}} : (\boldsymbol{\varepsilon} - \boldsymbol{\varepsilon}_{\mathrm{pl}}) \tag{1}$$

式中：$D_{0,\mathrm{el}}$为初始（无损）弹性刚度矩阵；D_{el}为损伤弹性刚度矩阵；d为损伤变量，$0 \leqslant d \leqslant 1$。

单轴拉伸和压缩情况下分别以d_{t}和d_{c}表示拉伸和压缩损伤变量[12]。模型采用非关联塑性流动法则，其中流动势函数为 Drucker-prager 双曲线函数。

混凝土单轴拉伸与压缩的应力-应变曲线采用 Velasco[13]建议的模型。单轴受拉应力-应变曲线如图 4 所示，直线上升段（$\varepsilon_{\mathrm{t}} \leqslant \varepsilon_{\mathrm{t0}}$）的表达式为$\sigma_{\mathrm{t}} = E_{\mathrm{c}}\varepsilon_{\mathrm{t}}$，图中$f_{\mathrm{t0}}$为混凝土单轴抗拉强度，$\varepsilon_{\mathrm{t0}}$为混凝土峰值拉应力对应的应变；下降段依次通过点$(\varepsilon_{\mathrm{t1}},\sigma_{\mathrm{t1}})$、$(\varepsilon_{\mathrm{t2}},\sigma_{\mathrm{t2}})$、$(\varepsilon_{\mathrm{tu}},0)$，$\varepsilon_{\mathrm{tu}}$为混凝土的极限拉应变，$\sigma_{\mathrm{t1}} = k_1 f_{\mathrm{t0}}$，$\sigma_{\mathrm{t2}} = k_2 f_{\mathrm{t0}}$，$\varepsilon_{\mathrm{t1}} = (\varepsilon_{\mathrm{tu}} - \varepsilon_{\mathrm{t0}})/c_1$，$\varepsilon_{\mathrm{t2}} = (\varepsilon_{\mathrm{tu}} - \varepsilon_{\mathrm{t0}})/c_2$，$k_1$、$k_2$为材料拉伸软化系数，分别取 0.33、0.10，$c_1$、$c_2$为常数，分别取 10.0、1.5。

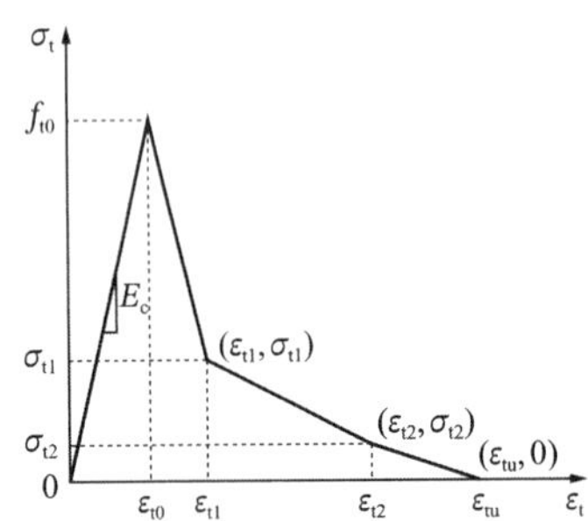

图 4　混凝土单轴受拉应力-应变曲线

混凝土单轴受压应力-应变曲线分为 3 段：线弹性段、基于损伤的塑性强化段以及塑性下降段，如图 5 所示，相应的应力-应变关系可表示为

$$\sigma_{\mathrm{c}} = \begin{cases} E_{\mathrm{c}}\varepsilon_{\mathrm{c}} & (\varepsilon_{\mathrm{c}} \leqslant \varepsilon_{\mathrm{c0}}) \\ f_{\mathrm{cu}}\left[1-\left(1-\dfrac{\varepsilon_{\mathrm{c}}}{\varepsilon_{\mathrm{cu}}}\right)^{\eta_1}\right] & (\varepsilon_{\mathrm{c0}} < \varepsilon_{\mathrm{c}} \leqslant \varepsilon_{\mathrm{cu}}) \\ f_{\mathrm{cu}}\left[1-\left(\dfrac{\varepsilon_{\mathrm{c}}-\varepsilon_{\mathrm{cu}}}{\varepsilon_{\mathrm{cm}}-\varepsilon_{\mathrm{cu}}}\right)^{\eta_2}\right] & (\varepsilon_{\mathrm{cu}} < \varepsilon_{\mathrm{c}} \leqslant \varepsilon_{\mathrm{cm}}) \end{cases} \tag{2}$$

式中：$\varepsilon_{\mathrm{cu}}$为峰值压应力对应的应变；$\varepsilon_{\mathrm{cm}}$为最大压应变，$\varepsilon_{\mathrm{cm}} = k_{\mathrm{c}}\varepsilon_{\mathrm{cu}}$，$k_{\mathrm{c}}$、$\eta_1$和$\eta_2$为模型参数，分别为 2.5、2.5、1.5。

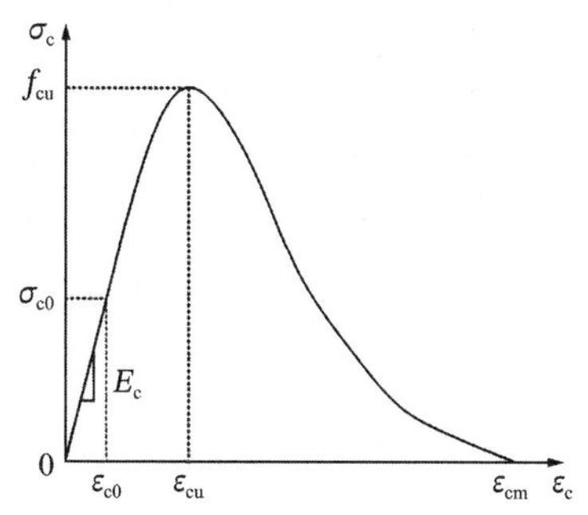

图 5　混凝土单轴受压应力-应变曲线

加固构件的混凝土设计强度等级为 C40，相应的损伤塑性模型材料参数见表 2，其中：ρ为混凝土质量密度；υ为泊松比；ψ为膨胀角；ϵ为偏移量参数；k_c为屈服常数；μ为黏滞系数；σ_{b0}/σ_{c0}为等双轴受压屈服应力与单轴受压屈服应力之比；f_{ck}为混凝土轴心抗压强度标准值；f_{tk}为混凝土轴心抗拉强度标准值，f_{ck}、f_{tk}均按《混凝土结构设计规范》GB 50010 取值。

混凝土损伤塑性模型材料参数　　**表 2**

E_c/GPa	ρ/(kg · m^{-3})	υ	ψ/°	ϵ	k_c	μ	σ_{b0}/σ_{c0}	f_{ck}/MPa	f_{tk}/MPa
32.5	2400	0.2	15	0.1	0.6667	0.0001	1.16	26.8	2.39

为研究混凝土材料损伤塑性模型的适用性，在 ABAQUS 软件取一个单元进行分析，单元尺寸为 100mm × 100mm × 100mm，为 8 节点单元 C3D8R，分别进行单向拉伸和压缩位移加载，得到应力-应变曲线，如图 6、图 7 所示。由图可知，分析中损伤塑性模型的参数取值，能较好地预测混凝土材料在单轴受力状态下的力学性能。

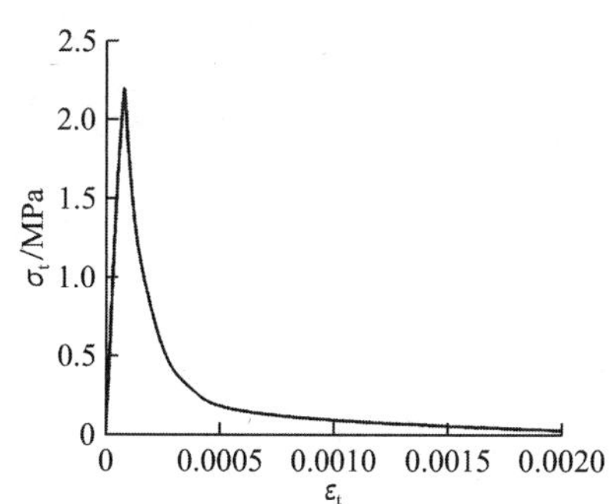

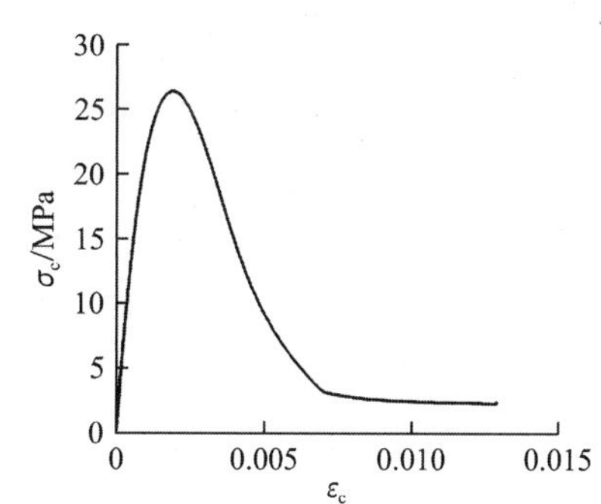

图 6　预测混凝土单轴受拉应力-应变曲线　图 7　预测混凝土单轴受压应力-应变曲线

2.2　钢筋和外包钢本构模型

采用《混凝土结构设计规范》GB 50010 附录 C 中给出的有屈服点钢筋单调加载的应力-应变关系曲线，如图 8 所示。本构关系可表示为

$$\sigma_s=\begin{cases}E_s\varepsilon_s & (\varepsilon_s\leqslant\varepsilon_y)\\ f_y & (\varepsilon_y<\varepsilon\leqslant\varepsilon_{uy})\\ f_y+E_s'(\varepsilon_s-\varepsilon_{uy}) & (\varepsilon_{uy}<\varepsilon\leqslant\varepsilon_u)\end{cases} \tag{3}$$

梁、柱纵向钢筋为 HRB335，箍筋为 HPB235，外包角钢和钢板均采用 Q235B，由于 Q235B 钢材与箍筋力学性能相似，其本构关系采用箍筋的应力-应变曲线，钢材的泊松比均为 0.3。不同类别钢筋材料参数见表 3，其中，E_s为强化段弹性模量，取为 0.0085E_s[14]，相应的真实应力-应变曲线如图 9 所示。采用 von Mises 塑性屈服准则、J2 塑性流动等向强度理论模拟钢材的塑性变形性能。

钢筋材料参数 **表 3**

钢筋类别	E_s/GPa	E_s'/GPa	f_y/MPa	f_u/MPa	ε_y/%	ε_{uy}/%	ε_u/%
HPB235	210	1.79	235	310	0.112	0.431	10.0
HRB335	200	1.70	335	455	0.168	0.723	7.5

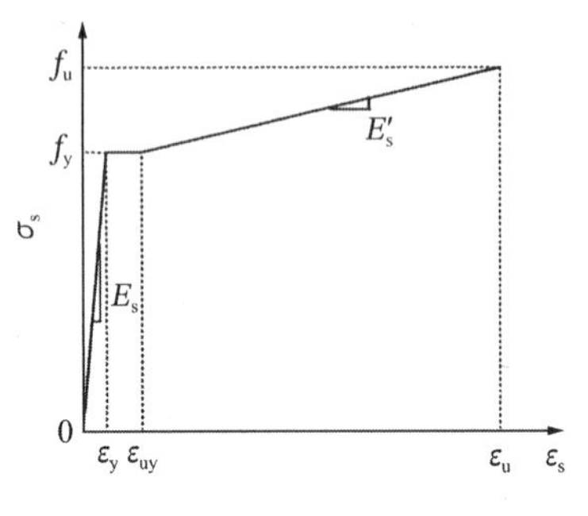

图 8 钢筋应力-应变曲线

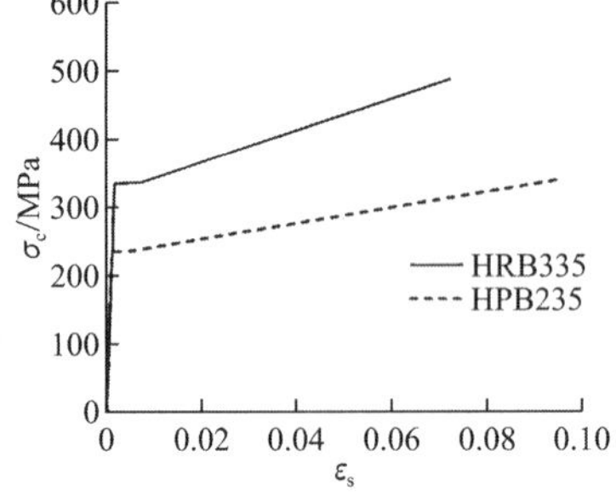

图 9 钢筋真实应力-应变曲线

2.3 有限元分析结果验证

为验证有限元模型的可靠性，采用文献[2]中的试验梁进行有限元分析，并与相应的试验结果进行对比。试验梁截面为矩形，尺寸 200mm × 300mm，梁长 3000mm。混凝土强度等级为 C20，梁顶和梁底各布置 2 根直径为 10mm 的纵向钢筋，箍筋直径为 6mm、间距为 200mm，箍筋在支座处加密，加密区长度为 350mm、间距为 70mm，所有钢筋均为 HPB235。4 根试验梁的主要区别是采用不同的加固角钢型号及缀板布置方式，见表 4。外贴型钢为热轧角钢（Q235B 级钢），位于梁底两侧。角钢与混凝土间采用 JGN-Ⅱ型建筑结构胶粘结。梁端铰支，采用三分点加载方法，如图 10 所示。试验结果与有限元分析结果对比见表 4，荷载-挠度曲线如图 11 所示。

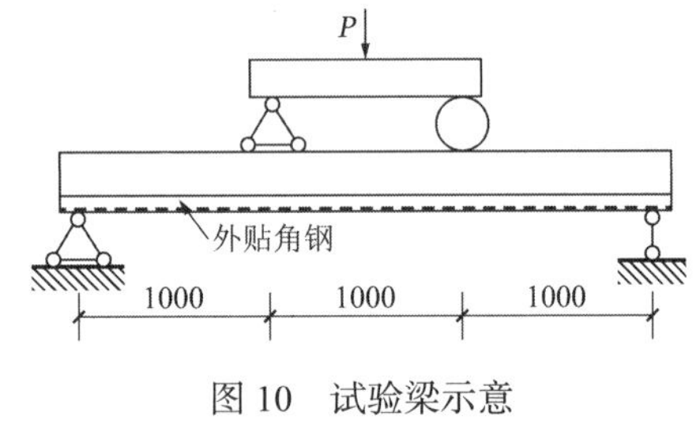

图 10 试验梁示意

RC 梁破坏荷载试验与有限元分析结果对比 **表 4**

试件编号	加固角钢	缀板	破坏荷载P_u/kN		偏差/%
			试验	有限元	
L1	—	—	37.7	36.7	−2.65
L2	2∟30 × 3	−3 × 40	89.5	87.8	−1.90
L3	2∟50 × 5	—	91.1	95.5	4.83
L4	2∟30 × 3	—	69.8	71.4	2.29

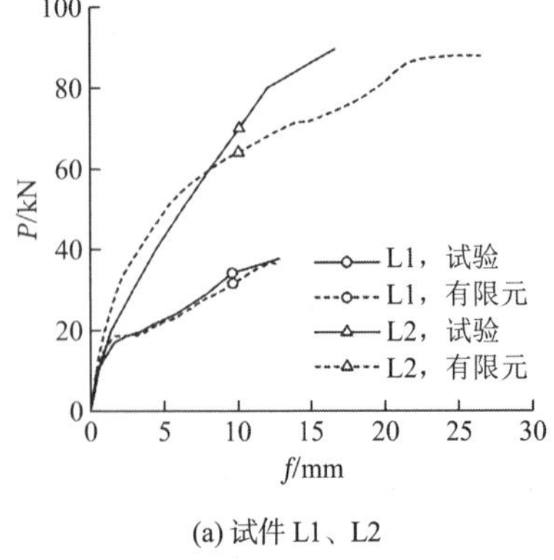

(a) 试件 L1、L2

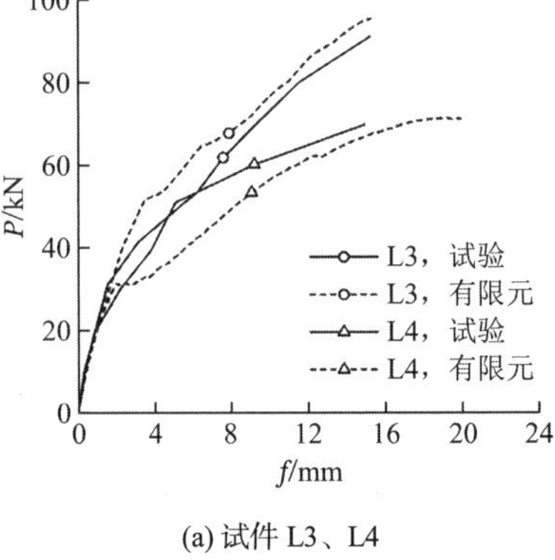

(a) 试件 L3、L4

图 11 试验与有限元分析的 RC 梁荷载-挠度曲线

由图 11 可见，利用上述有限元模型对外包角钢加固前后 RC 梁试件受力性能进行有限元分析，可以得到与试验基本相符的分析结果，两者之间存在差异原因如下：

（1）有限元模型单元划分基本统一，而且单元具有均匀、各向同性的特点，单元间相互作用仅通过节点传递，而实际构件混凝土是一种非均匀材料，且内部存在微裂缝。

（2）有限元分析中采取埋入的方式来模拟钢筋与混凝土之间的粘结滑移关系，与实际构件中钢筋与混凝土之间复杂的粘结滑移关系有一定差异。

（3）有限元模型外贴角钢与混凝土梁外表面之间假定为完全连接，而实际加固后构件在荷载作用下外贴角钢与混凝土外表面会发生相对滑移。

（4）材料本构模型参数取值与实际试验梁材料性能差异对计算结果也有一定的影响。

总之，采用 ABAQUS 软件对外包角钢加固前后 RC 梁试件受力性能进行有限元分析，得到的分析结果与试验值吻合较好，可见利用文中建议的材料本构模型参数对外包钢加固 RC 框架梁进行受力性能分析可行。

2.4 外包钢加固 RC 框架梁柱模型

采用上述的混凝土、钢筋、外包钢材料模型和参数取值，对外包钢加固 RC 框架梁受力性能进行有限元分析。为反映梁端实际约束，将与其连接的柱和节点进行整体建模。图 1 所示的 RC 框架梁为对称形式，对有限元模型进行简化，在梁跨中断开并设置滑动支座，以限制梁轴向位移；在柱反弯点处断开并设置铰接支座，模型中梁内纵向钢筋深入柱内，锚固长度符合相应规范设计要求。混凝土、钢板均采用三维实体单元 C3D8R，混凝土单元网格尺寸为 100mm × 100mm × 100mm，钢板网格尺寸为 80mm × 80mm × 10mm，纵向钢筋、箍筋采用三维空间杆单元 T3D2，单元长度与混凝土网格边长相等。将钢筋单元埋入混凝土单元中以模拟钢筋与混凝土之间的粘结。角钢、缀板与混凝土之间灌注环氧树脂浆，认为二者共同变形，模型中采用绑定约束将其相互连接。支座单元为 C3D8R，材料均为无限弹性。采用位移控制的加载方法，选择通用算法进行计算，并采用自动增量控制。加固后 RC 梁柱有限元模型如图 12 所示。

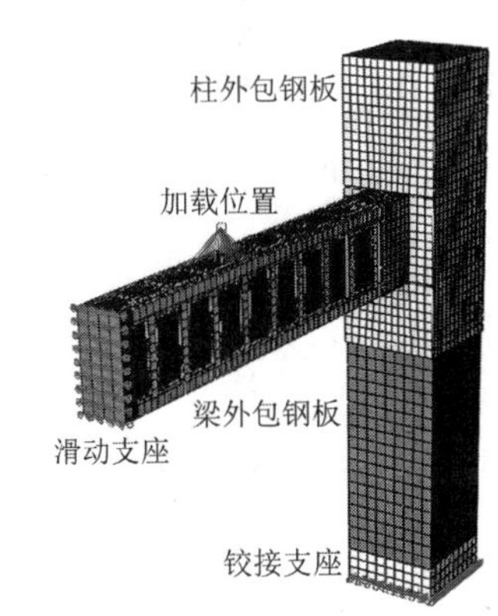

图 12　加固后 RC 梁柱有限元模型

3 计算结果及其分析

3.1 承载力对比

对加固前后的 RC 框架梁、柱整体模型进行有限元分析，得到的荷载-挠度曲线如图 13 所示。加固前，梁的极限荷载为 406.7kN，相应的跨中挠度为 18.73mm；外包钢加固后，梁的初始刚度显著提高，极限荷载达到 659.9kN，相应的跨中挠度为 17.29mm。外包钢加固后梁的极限荷载提高了 62.3%，相应的挠度减小了 7.7%。

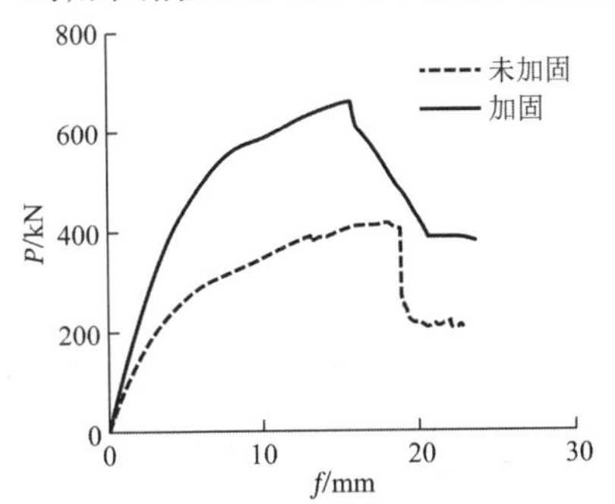

图 13　加固前后 RC 框架梁荷载-挠度曲线对比

未加固混凝土梁在达到极限荷载后，梁端混凝土发生弯剪破坏，承载力急剧下降，主要依靠梁内箍筋承担剪力；采用外包钢加固后，混凝土梁在达到极限荷载后在集中荷载作用位置发生剪切破坏，荷载下降相对平缓，箍筋和缀板共同承担竖向荷载。加固混凝土梁的残余承载力和破坏后的变形能力大于未加固梁，梁的延性也得到了提高。

3.2 破坏模式

图 14～图 17 所示为外包钢加固前后的 RC 框架梁在达到极限荷载时混凝土拉伸损伤和钢筋应力分布云图。由图可见，未加固梁混凝土的拉伸损伤主要位于框架梁与柱相交的部位，梁端上部的混凝土大部分拉伸破坏，箍筋的应力远大于屈服强度，纵向钢筋接近屈服。另外，在荷载作用位置，接近梁截面中部的混凝土部分发生剪切破坏，受拉损伤达到阈值，但箍筋应力尚未达到屈服强度。因此，未加固 RC 框架梁主要以梁端弯剪破坏为主。采用外包钢加固后，由于在梁端 500mm 范围内进行外包钢板加固，混凝土的损伤发生在集中荷载作用位置附近，剪切变形也位于此处，梁截面中部的混凝土发生剪切破坏，受拉损伤达到阈值，箍筋发生屈服，而纵向钢筋远未达到其屈服强度。

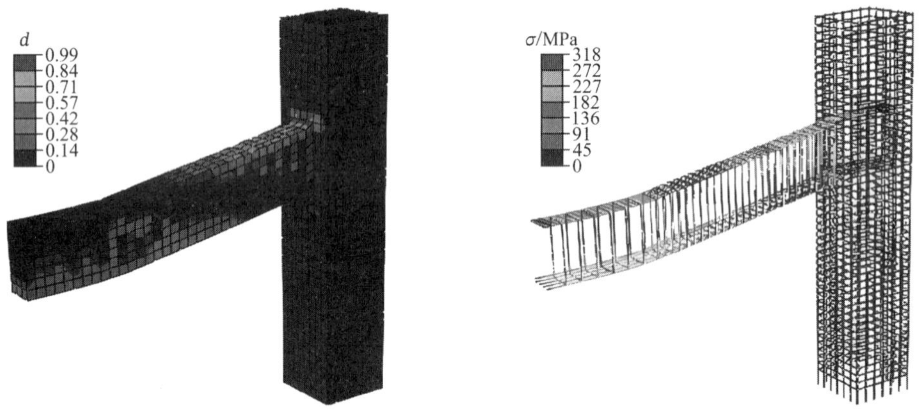

图 14　未加固 RC 框架梁破坏时混凝土受拉损伤云图　图 15　未加固 RC 框架梁破坏时钢筋应力云图

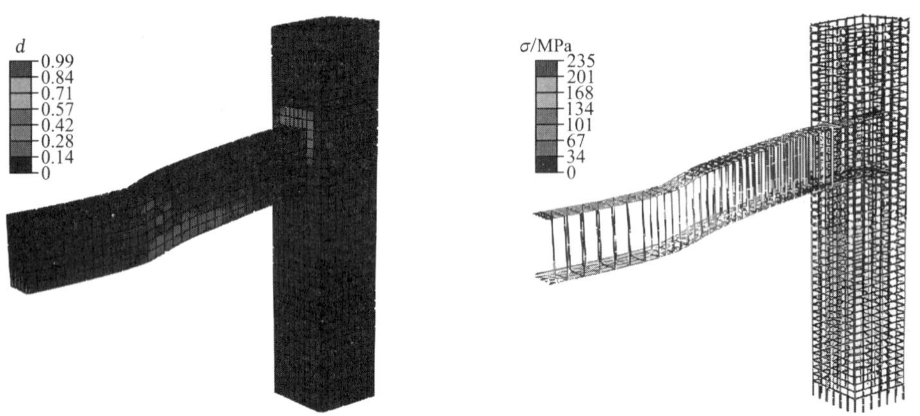

图 16　加固后 RC 框架梁破坏时混凝土受拉损伤云图　图 17　加固后 RC 框架梁破坏时钢筋应力云图

3.3 有限元分析结果与经验公式计算结果对比

根据《混凝土结构加固设计规范》GB 50367[1]，外包钢加固 RC 梁斜截面承载力计算式为

$$V \leqslant V_{\mathrm{cs}} + V_{\mathrm{sp}} = \alpha_{\mathrm{ev}} f_{\mathrm{t}} b h_0 + f_{\mathrm{yv}} \frac{A_{\mathrm{sv}}}{s} h_0 + \psi_{\mathrm{v}} f_{\mathrm{sp}} \frac{A_{\mathrm{sp}}}{s_{\mathrm{sp}}} h_{\mathrm{sp}} \tag{4}$$

式中：V_{cs}为加固前 RC 梁的斜截面承载力，可按《混凝土结构设计规范》GB 50010 相关公式计算；V_{sp}为外包钢加固后梁的斜截面承载力提高值；α_{ev}为斜截面混凝土受剪承载力系数；f_{t}为混凝土轴心抗拉强度；b为梁截面宽度；h_0为截面有效高度；f_{yv}为箍筋抗拉强度；A_{sv}为箍筋各肢全部截面面积；s为沿梁轴方向的箍筋间距；ψ_{v}为缀板抗剪强度折减系数；f_{sp}为缀板抗拉强度设计值；A_{sp}为配置在同一截面内缀板各肢的全部截面面积；s_{sp}为缀板间距；h_{sp}为梁侧面缀板的竖向高度。

表 5 为加固前后 RC 框架梁受剪承载力的对比，其中V_n为有限元分析结果，V_f为由式(4)计算得到的结果。由于式(4)中假定梁发生剪切破坏时缀板达到屈服强度，而有限元计算结果表明，加固后梁破坏时缀板最大应力不超过 120MPa，约为其屈服强度的 50%，即应取$\psi_v = 0.50$，此时由式(4)计算的梁受剪承载力与有限元分析结果相差仅为 5.87%。由此可见，式(4)中抗剪强度折减系数ψ_v应根据缀板的实际应力水平取值，否则会使计算得到的梁受剪承载力偏高。

梁受剪承载力有限元分析与经验公式计算结果对比　　表 5

梁状态	V_n/kN	ψ_V	V_f/kN	相差/%
加固前	406.7	—	376. 5	8.02
加固后	659.9	1.00 0.50	870.1 623.3	– 24.16 5.87

4 结论

（1）通过算例验证了文中采用的混凝土损伤塑性模型及相关材料参数能较好地预测 RC 框架梁的受力性能和破坏模式。

（2）RC 框架梁采用外包钢加固后可以显著提高构件的刚度和承载力，框架梁的残余承载力和破坏后的变形能力较加固前有所提高。

（3）RC 框架梁经外包钢加固后破坏位置发生变化。加固前主要以梁端弯剪破坏为主，外包钢加固后在集中荷载位置附近发生剪切破坏。

（4）采用现行规范中的外包钢加固 RC 梁斜截面承载力设计公式偏于不安全，假定缀板能够达到屈服强度，这与实际不符，建议缀板抗剪强度折减系数根据缀板的实际应力水平进行合理取值。

参考文献

[1] 中华人民共和国国家标准.混凝土结构加固设计规范: GB 50367—2013[S]. 北京: 中国建筑工业出版社, 2013.

[2] 卢哲安, 符昌华. 外粘型钢加固钢筋混凝土梁受力机理试验研究[J]. 武汉理工大学学报, 2001(23): 40-43.

[3] 刘瑛, 付丽丽, 姜维山. 韩城电厂外包钢加固梁、柱的荷载-位移曲线对比试验分析[J]. 地震工程与工程振动, 2004, 24(3): 110-115.

[4] 卢亦焱, 陈少雄, 赵国藩. 外包钢与碳纤维布复合加固钢筋混凝土柱抗震性能试验研究[J]. 土木工程学报, 2005, 38(8): 10-17.

[5] 卢亦焱, 童光兵, 张号军. 外包钢与碳纤维布复合加固钢筋混凝土偏压柱试验研究[J]. 建筑结构学报, 2006, 27(1): 106-111.

[6] XIAO HUI, LI AIQUN, DU DERUN. Experimental study on ultimate flexural capacity of steel encased concrete composite beams[J]. Journal of Southeast University, 2005, 21(2): 191-196.

[7] 潘志宏, 李爱群. 基于纤维模型的外粘型钢加固混凝土柱静力弹塑性分析[J]. 东南大学学报 (自然科学版), 2009, 39(3): 552-556.

[8] 陆洲导, 刘长青, 张克纯, 等. 外包钢套法加固钢筋混凝土框架节点试验研究[J]. 四川大学学报 (工程科学版), 2010, 42(3): 56-62.

[9] HIBBITTH D, KARLSSON B I, SORENSEN P. ABAQUS theory manual[M]. Version 6. 10. Pawtucket: Hibbitt, Karlsson & sorensen (HKs) Inc, 2010.

[10] 方秦, 还毅, 张亚栋, 等. ABAQUS 混凝土损伤塑性模型的静力性能分析[J]. 解放军理工大学学报（自然科学版）, 2007, 8(3): 254-260.

[11] L6PEZ-ALMANsA F, ALFARAH B, OLLER S. Numerical simulation of RC frame testing with damaged plasticity model: comparison with simplified models[c]//Proceedings of the second European conference on Earthquake Engineering and seismology. Istanbul,Turkey: Disaster and Emergency Management Presidency, 2014: 1-12.

[12] 王金昌，陈页开. ABAQUS 在土木工程中的应用[M]. 杭州：浙江大学出版社, 2006: 82-94.

[13] VELASCO R V. Self-consolidating concretes reinforced with high volumetric fractions of steel fibers: rheological, physics, mechanics and thermal properties[D]. Riode Janeiro: Federal University of Rio De Janeiro, 2008.

[14] 周凌远，李乔. 钢筋混凝土梁非线性有限元分析方法[J]. 工程力学, 2011, 28(1): 82-86.

面向增材制造的索杆结构节点拓扑优化设计

赵　阳[1]，陈敏超[1]，王　震[2]

（1. 浙江大学 空间结构研究中心，浙江 杭州 310058；2. 浙江省建筑设计研究院，浙江 杭州 310006）

摘　要： 将连续体结构的拓扑优化技术引入索杆张力结构的节点设计。以肋环人字型索穹顶结构中的若干典型节点为研究对象，使用优化程序 Altair Solidthinking Inspire 进行给定荷载条件下的静力拓扑优化。优化过程中，以体积约束下最大化刚度以及应力约束下最小化质量为目标。进一步提取优化结果的关键拓扑特征并在 Evolve 中重建模，得到受力合理、形式新颖且富有设计美感的节点。利用有限元软件 ABAQUS 对优化节点和原设计节点进行受力性能分析，对优化节点的力学性能作出评价。分析结果表明：对于直接提供刚度的节点，宜以体积约束下的最大化刚度作为首选优化目标；而当节点主要连接构件不直接提供刚度时，可以最小化质量作为优化目标。最后利用增材制造技术对复杂不规则几何形状的优化节点进行实际制造。

关键词： 索杆结构；肋环人字型索穹顶；节点；拓扑优化；增材制造

工程结构的优化按照性质不同一般分为尺寸优化、形状优化以及拓扑优化三个阶段，其中拓扑优化作为最高层次的优化阶段，是近年来结构优化研究领域的前沿课题[1-2]。拓扑优化是仅考虑结构需要满足的关键控制约束条件和制造工艺等对其进行特定区域内材料重分布的概念设计过程。通过拓扑优化，可以得到结构最合理的初始形态，从而改善结构的本质特性并减轻结构自重。

节点是空间结构中连接杆件、拉索等相对独立单元的重要部件，在空间结构节点设计过程中，节点的刚度、质量和形式三者密切相关[3]。将连续体结构拓扑优化的概念引入空间结构节点的设计之中，使其几何形状更符合受力特征，材料和应力分布更均匀合理，整体性能达到最优。

在空间结构的诸多类型中，索杆张力结构是其中重要的一类结构体系。该结构体系的提出可追溯到 20 世纪 40 年代，由美国工程师 Fuller[4]提出的张拉整体结构的概念。该类结构的基本组成单元是拉索和压杆，通过预应力提供结构刚度。索杆张力结构中，索与索、索与杆以及杆与杆之间通过索杆结构所特有的锚具、夹具等节点进行连接。一方面，索杆结构本身作为轻型空间结构，其节点的质量直接影响了结构整体自重。另一方面，索杆结构的节点相对其他类型的空间结构独立程度较大，受到的几何限制较少，因此具有充足的拓扑优化空间。近年来，已有国外学者对一些特定形式的索杆结构节点进行了拓扑优化和设计制造的探索，得到了造型简洁、受力合理的节点形式[5-6]。

本文对文献[7]中提出的一种索杆张力结构，即肋环人字型索穹顶结构的若干典型节点进行拓扑优化与重设计，得到受力合理、形式新颖且具有设计美感的节点，对该类节点采用增材制造的方式进行实际制造，体现建筑结构构件设计与建造一体化的理念。

1　拓扑优化方法

1.1　SIMP 密度插值方法

根据研究对象的不同，对于拓扑优化问题，一般可分为离散体结构的拓扑优化和连续体结构的拓扑优化，本文的研究对象是节点，因此，主要研究连续体结构的拓扑优化方法。该类优化问题数学模型的建立主要有均匀化法[8]、变密度法[9]、独立-连续-映射法（ICM）[10]以及渐进结构优化法（ESO）[11]等，其中变密度法是目前应用最为广泛的模型。其基本思想是以 0～1 内连续变量的插值函数来表达单元密度与其对应的材料弹性模量之间的关系，并假定材料的刚度与该单元密度成正比。而在变密度法中，较为常见的方法是固体各向同性惩罚法（SIMP），其插值公式较为简单，即

$$E(x_i) = E_{\min} + x_i^p (E_0 - E_{\min}) \tag{1}$$

式中：x_i为单元相对密度的设计变量；p是为了减少插值中间变量的存在而人为设置的惩罚系数；$E_{\min}$和E_0分别代表设计区域相对密度近似为 0 和 1 部分材料的弹性模量，通常取$E_{\min} = E_0/1000$，以避免刚度矩阵奇异。

该弹性模量插值公式通过引入惩罚系数p使得大量材料的相对弹性模量$E(x_i)$趋向 0，从而使结构中处于“半有半无”中间状态的单元大量减少。

1.2 优化问题的数学模型

1.2.1 以最大化刚度为目标的优化模型

以承受静力荷载的空间结构节点为研究对象。结构静力拓扑优化问题最常见的优化目标是结构的静力刚度最大（即柔度最小），以结构体积分数为约束条件的拓扑优化问题，可采用以下数学语言进行描述：

$$\begin{cases} \text{find} \quad X = \{x_1, x_2, x_3, \cdots, x_i\}^{\mathrm{T}} \in \Omega \\ \min \quad C(X) = \dfrac{1}{2} U^{\mathrm{T}} K U \\ \text{s.t.} \quad \sum\limits_{i=1}^{N} V(x_i) \leqslant V^* \\ \qquad F = KU \\ \qquad 0 < x_{\min} \leqslant x_i \leqslant x_{\max} \leqslant 1 \quad (i = 1, \cdots, N) \end{cases} \tag{2}$$

式中：设计变量$X = \{x_1, x_2, x_3, \cdots, x_i\}^{\mathrm{T}}$为经有限元离散后的单元相对密度；$\Omega$为优化设计变量的集合；$C$为结构的柔度；$K$、$U$和$F$分别代表结构的整体刚度、位移和外荷载矩阵；$V(x_i)$和$V^*$分别为结构的实际体积关于变量$x_i$的函数和整个优化问题的约束体积分数值；$x_{\min}$和$x_{\max}$分别为设计变量的上、下限值；$i$为单元数量。

1.2.2 以最小化质量为目标的优化模型

当结构的刚度并不是优化的主要目标，而是更追求结构设计轻量化时，通常采用另一种常见的优化问题模型，即在全局的应力约束下以最小化质量为目标的拓扑优化。该类优化问题采用数学语言描述可表示为：

$$\begin{cases} \text{find} \quad X = \{x_1, x_2, x_3, \cdots, x_i\}^{\mathrm{T}} \in \Omega \\ \min \quad V(X) = \sum\limits_{i=1}^{N} V(x_i) \\ \text{s.t.} \quad \sigma(x_i) \leqslant [\sigma] \\ \qquad 0 < x_{\min} \leqslant x_i \leqslant x_{\max} \leqslant 1 \quad (i = 1, \cdots, N) \end{cases} \tag{3}$$

式中：设计变量$X = \{x_1, x_2, x_3, \cdots, x_i\}^{\mathrm{T}}$为单元相对密度；$\Omega$为优化设计变量的集合；$V(x_i)$为结构的实际体积关于变量$X$的函数；$\sigma(x_i)$为单元实际应力；$[\sigma]$为单元容许应力；$x_{\min}$和$x_{\max}$分别为设计变量的上、下限值；$i$为单元数量。

1.3 优化设计工具

优化中采用的 Altair Solidthinking Inspire，是依托 HyperWorks OptiStruct 先进求解器的拓扑优化工具，

该程序采用 SIMP 法建立拓扑优化数学模型，应用数学规划法进行变量的迭代计算。Inspire 同时结合了几何建模、结构仿真、优化分析甚至制造工艺模拟等功能，从而帮助设计人员快速获得满足结构性能且轻量化的结构，减少了执行拓扑优化所需要的时间以及原始设计所耗费的成本。Evolve 则是配合 Inspire 优化结果的创意造型程序，完成工程设计与工业设计的融合[12]。图 1 是 Inspire 与 Evolve 联合优化设计流程。

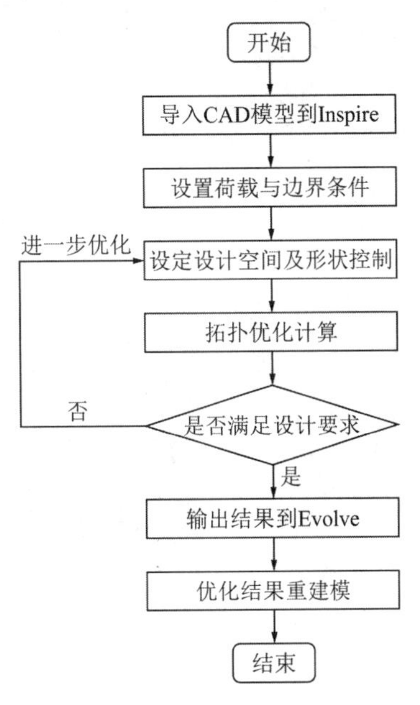

图 1　Inspire 与 Evolve 联合优化设计流程

2　分析模型

分析中以直径 10m 的肋环人字型索穹顶结构模型（图 2）[13]中的节点为研究对象。该模型由径向脊索（RC）、斜索（SC）、环索（HC）、人字形撑杆（BS）和刚性环梁组成，共有 49 根压杆和 98 根拉索，节点总数为 61，其中支座节点数为 12。模型的索杆和节点编号如图 3 所示。

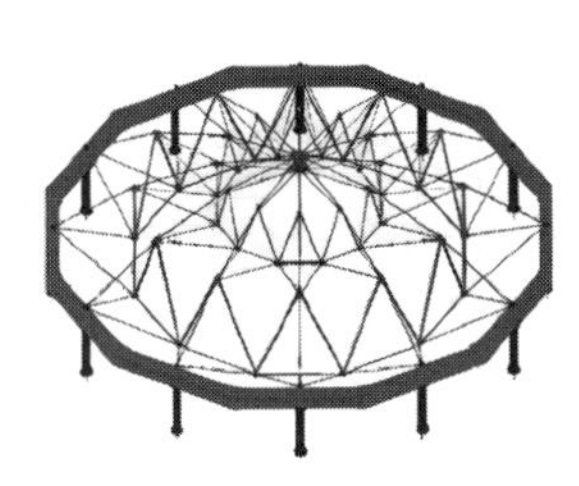

(a) 三维模型图

(b) 实物图

图 2　肋环人字型索穹顶结构

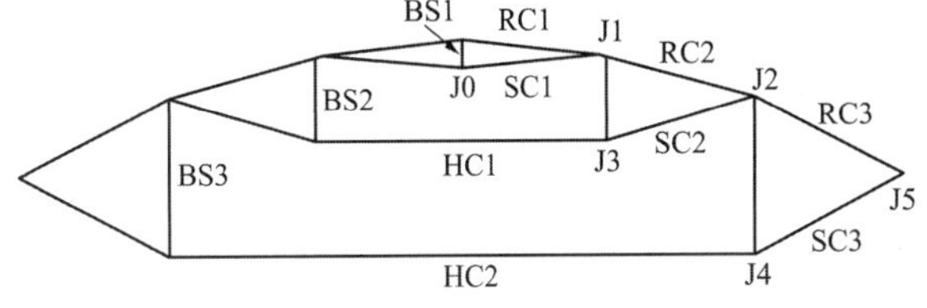

图 3　索杆和节点编号示意

原始模型中的节点均通过开模浇铸完成，材料为 G20Mn5。设计时保证所有索杆内力作用线交于一点，因此，节点不会产生弯矩。所有节点均采用耳板加销轴形式连接，在力作用平面内可视为铰接连接，平面外则具有一定的抗弯刚度。节点类型包括中心撑杆节点、脊索节点、环索夹节点及支座节点。针对其中具有代表性的外圈脊索节点 J2、内圈脊索节点 J1 以及外圈环索夹节点 J4 进行优化设计。三类节点的效果图及实物如图 4～图 6 所示。

该肋环人字型索穹顶结构的整体可行预应力模态、设计预应力以及材料特性列于表 1[13]中。由于在整体可行预应力模态下的结构各构件受力明确，因此，选取索穹顶张拉成形过程中的设计预应力作为单一荷载工况对节点进行拓扑优化分析。

(a) 三维效果图

(b) 实物图

图 4 外圈脊索节点 J2

(a) 三维效果图

(b) 实物图

图 5 内圈脊索节点 J1

(a) 三维效果图

(b) 实物图

图 6 外圈环索夹节点 J4

从构成关系可知，该结构体系中的节点均由主体和连接索杆的耳板构成。进行拓扑优化设计时，只选取主体部分作为设计区域，耳板则作为非设计区域，以便保持节点的基本连接功能。这易导致优化结果与非设计区域产生几何不连续现象，因此，需要进一步提取结果的关键拓扑特征，并对其重新建模，从而保留原有的必要附属部分。这一过程需要设计者依据拓扑结果进行理解和再加工，也因此具有更大的设计自由度。

模型索杆的预应力设计与材料特性 **表 1**

杆件名称	整体可行预应力模态	设计预应力P_d/kN	弹性模量E_s/MPa	抗拉强度f_u/MPa
RC1	0.145	7.25	1.60×10^5	1670
RC2	0.300	15.07		
RC3	0.651	32.40		
SC1	0.145	7.25		
SC2	0.155	7.78		
SC3	0.360	18.00		
HC1	0.519	25.97		
HC2	1.000	50.00		
BS1	−0.160	−7.80	2.06×10^5	235
BS2	−0.046	−2.37		
BS3	0.169	8.32		

3 最大化刚度设计

3.1 外圈脊索节点

外圈脊索节点 J2 的几何模型及有限元模型如图 7 所示，主要由中心圆柱体（高 234mm，直径 120mm）

以及 6 个耳板组成。采用六面体八节点单元 Hex8 和五面体六节点单元 Penta6 进行网格划分（后文模型相同）。在撑杆 BS3 位置施加固定端约束以限制刚体位移，荷载则通过脊索 RC2、RC3 以及斜索 SC2 施加索力。

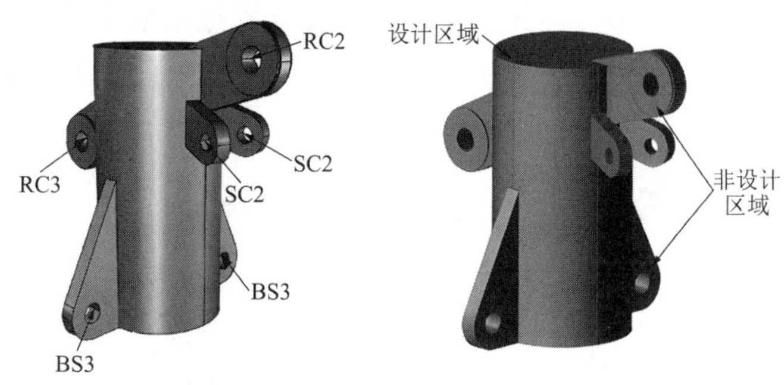

(a) 原始几何模型　　(b) 优化初始模型

图 7　节点 J2 原始几何模型及优化初始模型

图 8 是设计区域体积约束为 60%时的拓扑优化结果。可见，在该体积约束下能够得到具有拓扑特征且完全连接的结果。原始节点中心圆柱体上部在脊索和斜索之间的大部分材料都得以保留，而节点下部中心区域的材料都被去除，只在撑杆 BS3 的耳板与斜索 RC3 的耳板之间保留下一组人字形的支撑材料。这也体现了节点设计区域材料分布的拓扑特征，但最终的设计区域和非设计区域由于几何不连续而无法构成一个有机的连续体，也无法直接进行几何模型的导出。因此，必须根据该结果的几何拓扑形式，重新设计一个完整的节点体。

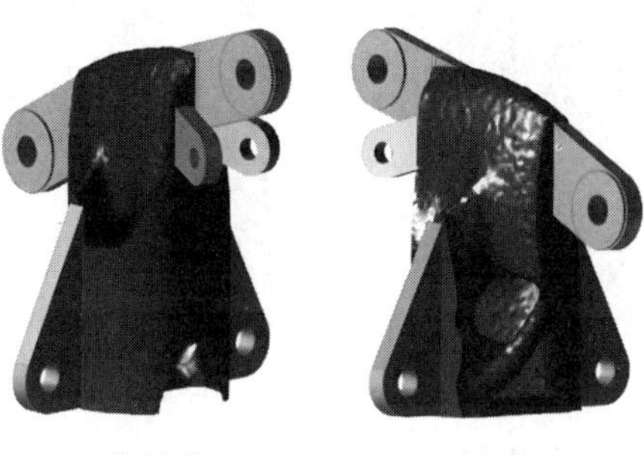

(a) 轴测图一　　(b) 轴测图二

图 8　60%体积约束下节点 J2 的优化结果

将优化结果导入 Evolve 中，利用多边形建模工具 PolyNURBS 进行重建模。重建模过程中，首先，需要对非设计区域以及设计区域所保留材料的几何拓扑特征进行提取；其次，在保持原有结构必要特征的前提下，将分离的若干区域通过多边几何体有机地组合在一起，例如可以忽略一些细小的冗余部分，而对主要的材料抽象为必要的连接部分等；最后，再进行一些细节光顺化的处理，制作销轴孔洞等。图 9 所示即是将非设计区域（深色部分）与优化后的保留材料部分（灰色透明部分）建成统一有机体的过程。重设计后的节点质量约为 15.2kg，为原节点质量的 67%。

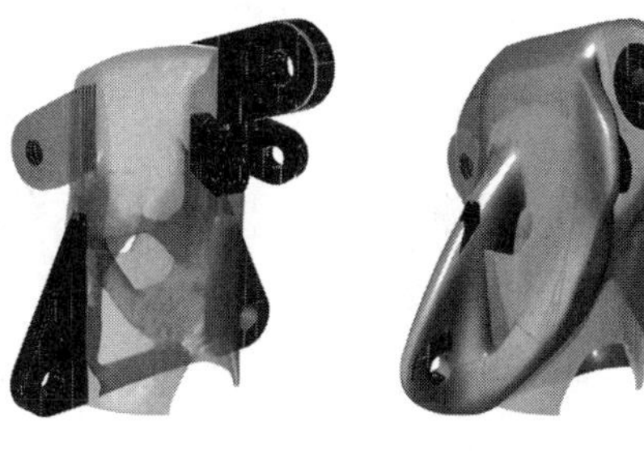

(a) Inspire 导出结果　　(b) PolyNURBS 重建模　　(c) 重设计节点

图 9　节点 J2 的重设计过程

3.2 内圈脊索节点

内圈脊索节点 J1 的几何模型以及有限元模型如图 10 所示，该模型主要由中心圆柱体（高 204mm，直径 100mm）以及 4 个耳板组成。在撑杆 BS2 位置施加固定端约束，荷载则通过脊索 RC1、RC2 以及斜索 SC1 施加索力。

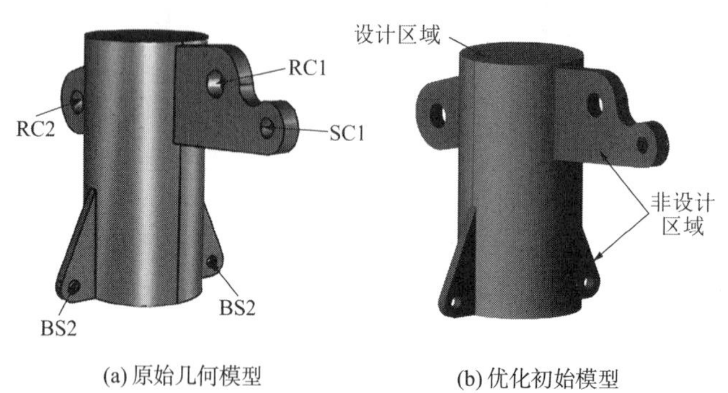

(a) 原始几何模型　　(b) 优化初始模型

图 10　节点 J1 原始几何模型及优化初始模型

采用 3.1 节相同方法进行节点的拓扑优化与重设计。图 11（a）是体积约束 60%时的拓扑优化结果，图 11（b）为重设计结果，重设计节点的质量约为 9.1kg，为原节点质量的 66%。

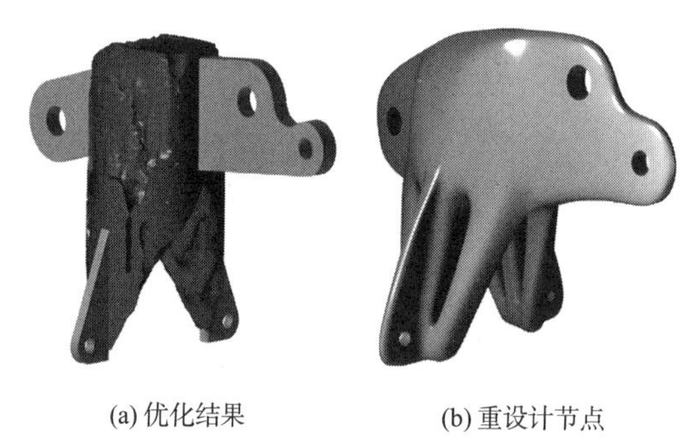

(a) 优化结果　　(b) 重设计节点

图 11　60%体积约束下节点 J1 的优化结果和重设计节点

3.3 环索夹节点

外圈环索夹节点 J4 的原始几何模型如图 12 所示，由中心索夹体以及 4 个耳板组成。在撑杆 BS3 位置施加固定端约束，荷载则设置为环索 HC2 以及斜索 SC3 的索力。

原设计的环索夹受索道的影响，拓扑优化的可设计区域受到的几何限制过多，且环索张拉时因索道壁的摩擦产生较大的预应力损失。因此，将该节点设计为滑动式环索节点，以减少预应力损失。同时，也使得节点体的其余部分具有更大的拓扑优化空间。滑动环索夹节点的几何模型和优化初始模型如图 13 所示。

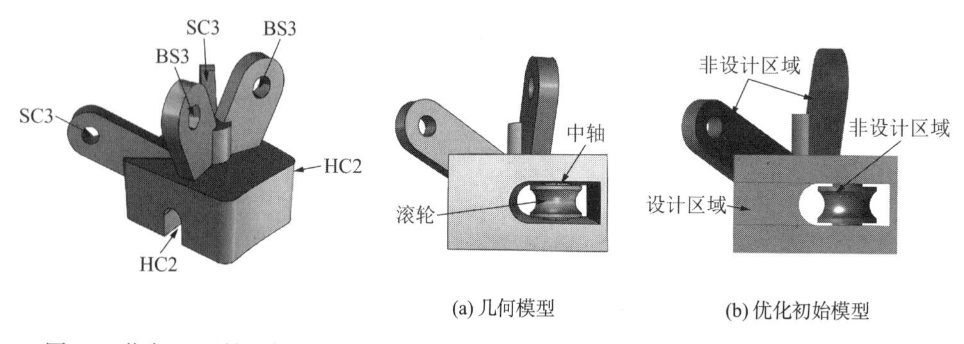

(a) 几何模型　　(b) 优化初始模型

图 12　节点 J4 原始几何模型　　图 13　节点 J4 的几何模型及优化初始模型

在与环索接触的区域增加了中轴和滚轮，其中中轴与索夹体绑定连接，滚轮则不施加额外约束，以模拟围绕中轴的转动。将这两部分定义为非设计区域。将环索 HC2 的索力以合力的形式施加在中轴与滚轮相接触的圆弧面上，将撑杆 BS3 的位置设置为固定端约束并施加斜索 SC3 的设计索力。

图 14（a）是体积约束 60%时滑动环索夹的拓扑优化结果。将优化结果导入 Evolve 中进行重设计，得到新节点的质量约为 3.2kg，为原节点质量的 65%，如图 14（b）所示。

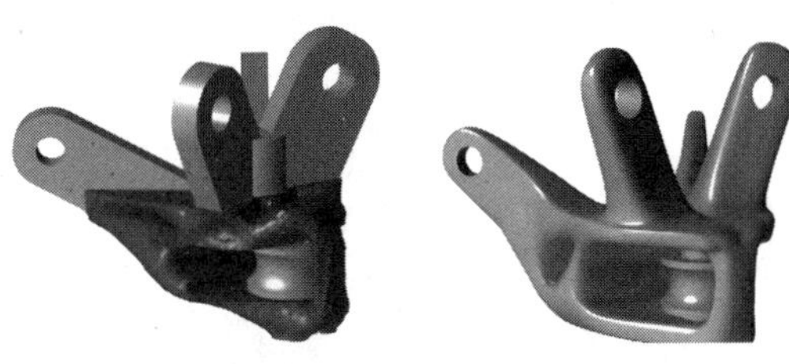

(a) 优化结果　　(b) 重设计节点

图 14　60%体积约束下节点 J4 的优化结果和重设计节点

4　最小化质量设计

环索夹节点本身体积较小，设计空间有限，且承受较大的环索内力，故应以满足刚度设计为目标。本节对脊索节点进行最小化质量的优化设计。

4.1　外圈脊索节点

以最大化刚度作为优化目标时，初始设计区域应尽量连续无孔洞，以保证在设计区域内一定的体积约束情况下能够获得最大的连续结构，从而增大其刚度。但是以最小化质量作为设计目标时，只需要确保优化后的材料满足应力约束即可。考虑到原设计的节点优化设计区域为实心圆柱，内部材料的冗余度较大。因此，改变初始设计区域为内外径之比为 1：2 的厚壁空心圆柱。同时，将耳板的形状稍加改变，使其与设计区域的接触范围更大，目的是使设计区域和非设计区域有机结合，从而获得拓扑形状更加明显、造型更加美观的节点。图 15 是外圈脊索节点 J2 新的优化初始模型以及设计区域、非设计区域的定义。

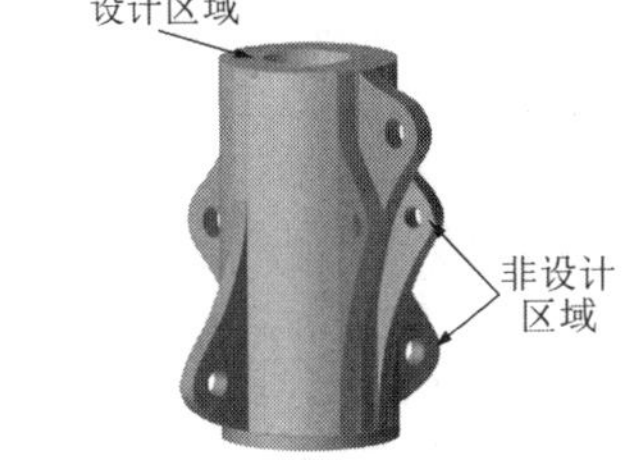

图 15　节点 J2 的新优化初始模型

应力约束方面，取安全系数为 2.0，即节点在设计预应力荷载作用下的材料应力上限为材料屈服应力的一半，从而确保节点可承受足够大的静力荷载。

图 16 是在该应力约束条件下最小化质量的优化结果。可以看到，优化结果设计区域整体呈现对称特征，而保留材料的拓扑结果表现为明显的类杆状体系。图 17 是优化后节点的重建模过程。重设计后的节点质量约为 9.4kg，为原节点质量的 41%。

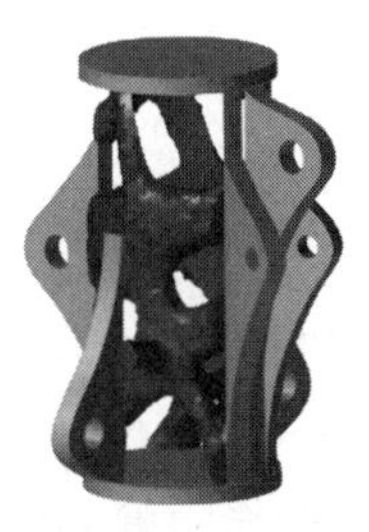

(a) 轴测图一

(b) 轴测图二

图 16　应力约束下节点 J2 的优化结果

(a) Inspire 导出结果

(b) PolyNURBS 重建模

(c) 重设计节点

图 17　节点 J2 的重设计过程

4.2 内圈脊索节点

对内圈脊索节点 J1 的初始模型同样进行改进。图 18 给出了新的优化初始模型以及设计区域、非设计区域的定义。

图 19（a）是安全系数 2.0 时内圈脊索优化节点的最小化质量优化结果。将其导入 Evolve 中进行重设计建模，新节点的质量约为 9.1kg，为原节点质量的 40%，如图 19（b）所示。

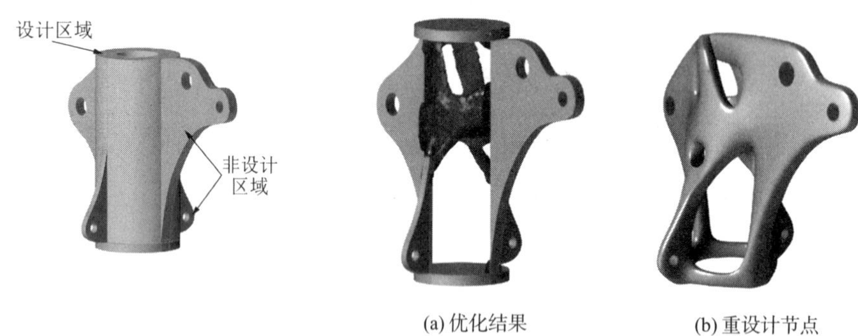

图 18 节点 J1 的新优化初始模型　　图 19 应力约束下节点 J1 的优化结果和重设计节点

5 有限元分析

将各节点的原设计、不同优化目标下的设计结果在相同的荷载工况下进行有限元分析，以对优化节点的受力性能进行综合评价。采用 ABAQUS 有限元软件进行分析。钢材屈服强度取 300MPa，采用理想弹塑性模型，服从 von Mises 屈服准则和相关联的塑性流动法则，边界条件与原始节点的初始模型相同。

5.1 外圈脊索节点

图 20 给出了原设计、两种优化设计的外圈脊索节点 J2 沿脊索 RC3 索力方向的相对荷载-位移曲线（P_d为设计预应力）。

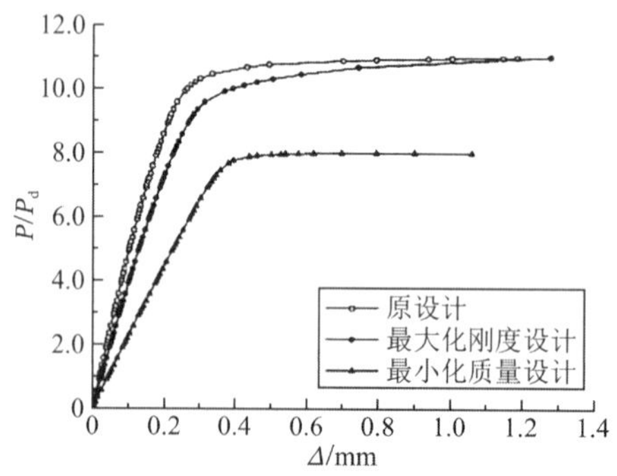

图 20 节点 J2 沿脊索 RC3 索力方向的相对荷载-位移曲线

参照《铸钢节点应用技术规程》CECS 235：2008[14]的要求，取荷载-变形曲线中刚度首次减小为初始刚度 10%的荷载作为节点的极限荷载。由此可得原设计的破坏荷载为设计预应力荷载的 5.1 倍，60%体积约束下最大化刚度设计得到的破坏荷载为设计预应力的 5.3 倍，略高于原设计，但初始刚度略低于原设计。由最小化质量设计得到的破坏荷载约为设计预应力的 3.5 倍，破坏荷载和初始刚度均明显低于前两种设计。

图 21 是各节点在破坏荷载作用下的应力云图。可见，3 种节点均由于连接脊索 RC3 的耳板发生较大塑性变形而导致节点失效。对于原设计节点 [图 21 (a)]，除耳板外的节点体其余区域均仍处于较低应力水平；对于最大化刚度设计的节点 [图 21 (b)]，节点体中部的应力水平有所增大；而对于最小化质量设计的节点 [图 21 (c)]，节点体的应力分布更加均匀。

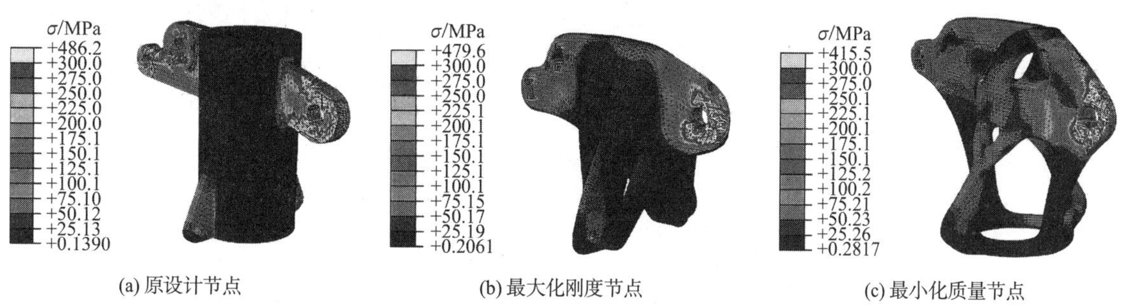

(a) 原设计节点　(b) 最大化刚度节点　(c) 最小化质量节点

图 21　破坏荷载作用下节点 J2 的 von Mises 应力分布

5.2　内圈脊索节点

图 22 给出了原设计、两种优化设计的内圈脊索节点 J1 沿脊索 RC2 索力方向的相对荷载-位移曲线。由分析结果可知，由原设计得到的破坏荷载为设计预应力的 10.5 倍，60%体积约束下最大化刚度设计节点的破坏荷载为设计预应力的 10.1 倍，与原设计接近，但初始刚度略低于原设计。最小化质量设计节点的破坏荷载约为设计预应力的 7.9 倍，破坏荷载和初始刚度均明显低于前两种设计。

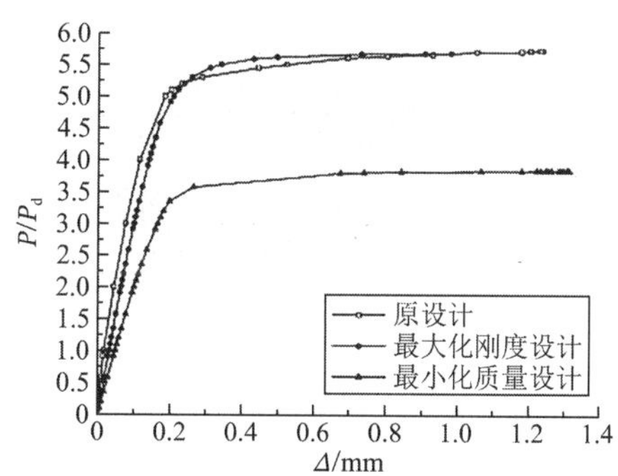

图 22　节点 J1 沿脊索 RC2 索力方向的相对荷载-位移曲线

图 23 是各节点在破坏荷载作用下的应力云图。节点破坏模型及破坏荷载作用下的应力分布均与前述外圈脊索节点类似。3 种节点均由于连接脊索 RC2 的耳板及连接斜索 SC1 的耳板发生较大塑性变形而导致节点失效。对于原设计节点，节点体除耳板外的其余区域均处于低应力水平；对于最大化刚度设计的节点，连接斜索 SC1 的耳板塑性发展程度有所减小；由最小化质量设计的节点，节点体的应力分布较为均匀。

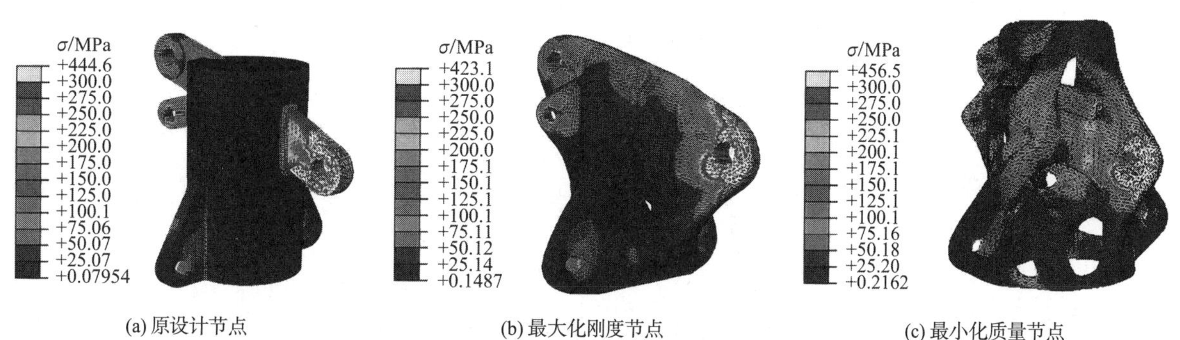

(a) 原设计节点　(b) 最大化刚度节点　(c) 最小化质量节点

图 23　破坏荷载作用下节点 J1 的 von Mises 应力分布

5.3 环索夹节点

图 24 是环索夹节点 J4 原设计的有限元模型以及接触单元。环索夹以及环索均采用实体单元进行模拟。环索经过索夹预留孔洞处的弯曲形状与索夹内壁曲率一致，并设置索夹内壁与环索的接触为有限滑移、面面接触。边界条件方面，与撑杆 BS3 连接的耳板内壁面处施加沿撑杆方向的位移约束，在环索的一端施加位移约束，并在环索的另一端施加 HC2 的索力以及斜索 SC3 的索力。

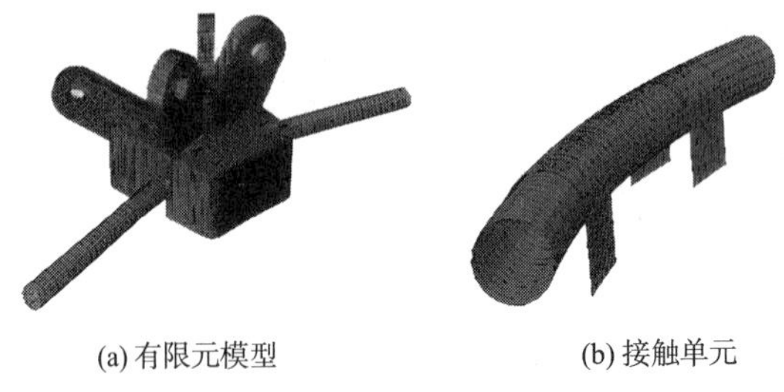

(a) 有限元模型　　(b) 接触单元

图 24　原设计节点 J4 的有限元模型及接触单元

有限元分析表明，当摩擦系数取 0.03 时，环索两端的轴力之差为 551N，即经过该环索夹节点的环索预应力损失约为 1.10%；当摩擦系数取 0.15 时，环索两端的轴力之差为 1687N，即预应力损失约为 3.37%，当摩擦系数取 0.3 时，环索两端的轴力之差为 2993N，即预应力损失约为 5.99%。

图 25 是经优化设计的滑动式环索夹节点的有限元模型以及接触单元。除接触单元改变为环索与滚轮面的接触以及滚轮与中轴的接触外，其余边界条件以及接触设置同原设计。

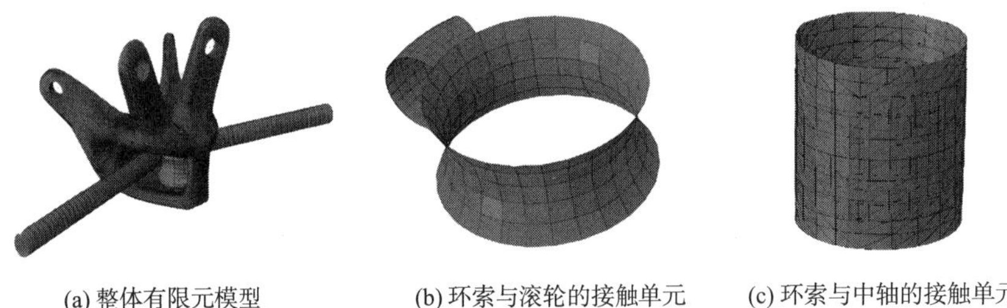

(a) 整体有限元模型　　(b) 环索与滚轮的接触单元　　(c) 环索与中轴的接触单元

图 25　优化节点 J4 的有限元模型以及接触单元

分析表明，当摩擦系数分别取 0.03、0.15、0.3 时，环索两端的轴力之差分别为 318N、1243N、2569N，即经过该环索夹节点的环索预应力损失分别为 0.64%、2.49%、5.04%。与原设计相比，优化后滑动式环索夹节点的预应力损失明显减少。

图 26 给出了摩擦系数取 0.3 时环索夹节点原设计和优化设计中沿斜索 SC3 方向的相对荷载-位移曲线。由原设计得到的节点破坏荷载约为设计预应力的 4.5 倍，最大化刚度设计得到的破坏荷载约为设计预应力的 4.4 倍，与原设计接近，但初始刚度低于原设计。

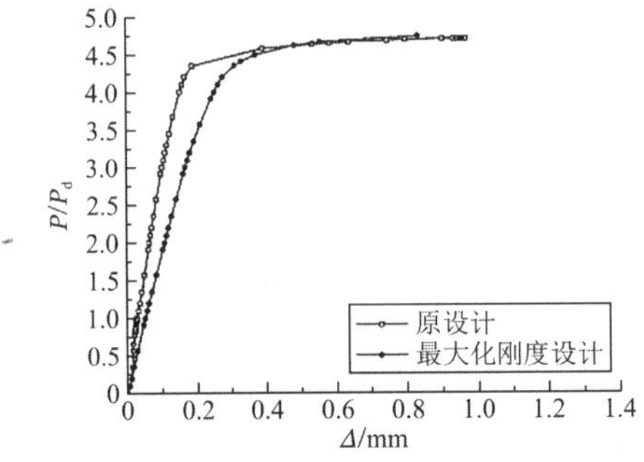

图 26　节点 J4 沿斜索 SC3 方向的相对荷载-位移曲线

图 27 给出了破坏荷载下各节点的 von Mises 应力分布。对于原设计的环索夹［图 27（a）］，达到破

坏荷载时，斜索、撑杆的耳板销轴孔处以及索道口位置发生较大塑性变形，但节点体存在较大范围的低应力区域。对于优化的环索夹节点［图 27（b）］，达到破坏荷载时，滚轮和中轴的最不利截面处已经破坏，斜索、撑杆的耳板销轴孔处也发生较大塑性变形。尽管整体节点的塑性变形发展区域没有显著减少，但整个节点体的局部最大应力有所减小，同时低应力区域大幅减少，材料利用率明显提高。

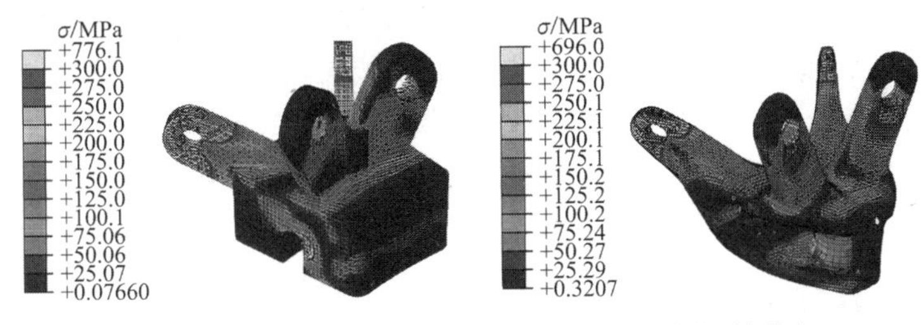

(a) 原设计节点　　(b) 最大化刚度节点

图 27　破坏荷载下节点 J4 的 von Mises 应力分布

5.4　原设计与优化设计对比分析

将各节点的原设计和优化设计的质量、破坏荷载（设计预应力倍数）、初始刚度等参数列于表 2 中。可以看出，体积约束下以最大化刚度为优化目标的节点，相比原设计质量减少了约 1/3；而应力约束下以最小化质量为优化目标的节点，相比原设计质量减少了约 60%。可见，优化节点的轻量化效果明显。最大化刚度设计的节点，承载能力与原设计保持一致，初始刚度有所降低但仍有保证。最小化质量设计的脊索节点，其破坏荷载和初始刚度都有所下降，其中刚度下降更为明显。对于环索夹节点，引入滑动滚轮有利于减少预应力损失，也有助于节点的一体化设计与制造。

节点参数对比　　**表 2**

节点名称	形式	质量/kg	质量减少比例/%	破坏荷载P_u/P_d	初始刚度K/（kN · mm^{-1}）
外圈脊索节点	原设计	22.8	—	5.1	1298.1
	最大化刚度	15.2	33	5.3	1023.7
	最小化质量	9.4	59	3.5	607.2
内圈脊索节点	原设计	13.8	—	10.5	740.5
	最大化刚度	9.1	34	10.1	585.5
	最小化质量	5.5	60	7.9	340.7
环索夹	原设计	4.9	—	4.5	490.7
	最大化刚度	3.2	35	4.4	346.5

对于直接提供刚度的节点，应以体积约束下的最大化刚度作为首选优化目标，此时优化节点可能相对重一些，但是在给定材料用量下刚度会有所保证。而当节点主要起连接构件的作用而不直接提供刚度，且更追求结构的轻量化时，以最小化质量作为优化目标会得到更加合适的轻型节点，但需要以牺牲部分刚度作为代价。总体上，最大化刚度与最小化质量设计均可得到满足一定要求的优化节点。

图 28 为部分优化节点的装配效果，显然，优化节点形式新颖，富有拓扑优化的设计造型美感，更符合视觉审美需求。

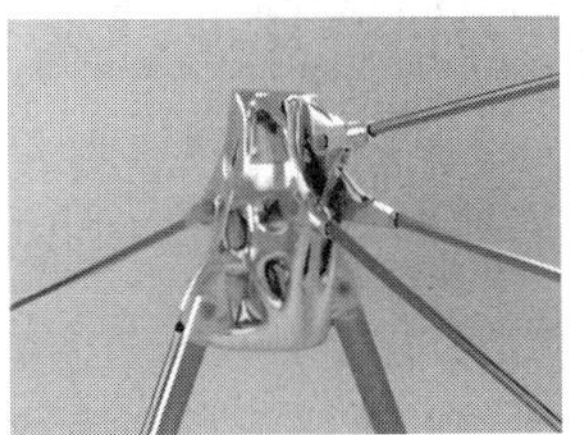

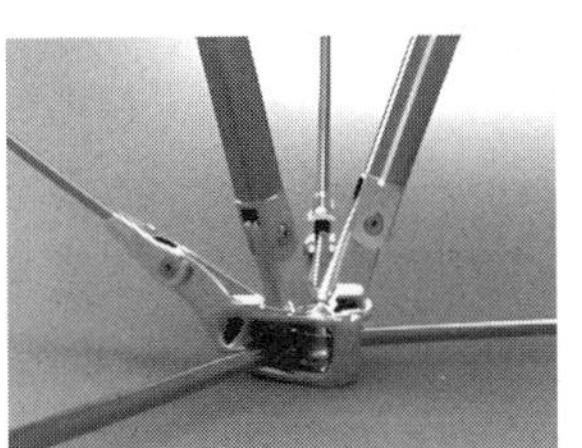

(a) 外圈脊索节点　　(b) 环索夹节点

图 28　优化节点的装配效果

6 优化节点的增材制造

增材制造（Additive Manufacturing，AM）技术通常也称为3D打印技术，是近年来全球新兴的工业制造技术。有别于传统的制造方式，其将“减去”材料的概念转变为“添加”材料，以数字模型文件为基础，运用粉末状黏合材料，通过逐层堆叠的方式来构造物件[15]。经过拓扑优化的空间结构节点具有非常复杂的几何形状，采用传统的制造工艺通常难以实现。引入增材制造技术可为这类节点的成型制造提供一条新的可行途径。

6.1 非金属节点的增材制造

利用浙江大学自主研发的熔融沉积成型（Fused Deposit Modeling，FDM）3D打印机进行优化节点模型的打印制造，所使用的材料是聚乳酸（PLA）。图29是若干优化节点的FDM打印成果。该类非金属材料增材制造技术目前相对成熟并且价格低廉，适合设计探索阶段节点模型原型的试制。

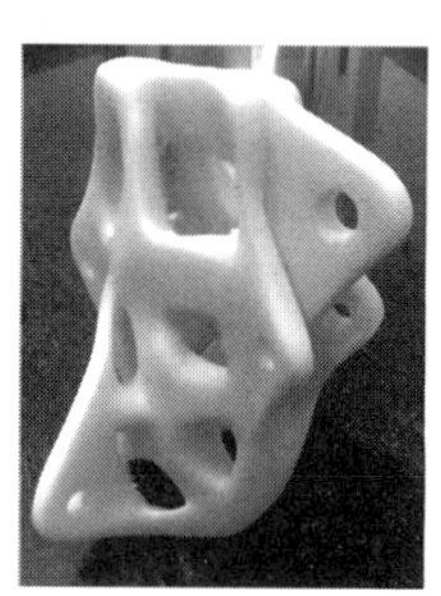
(a) 优化节点一

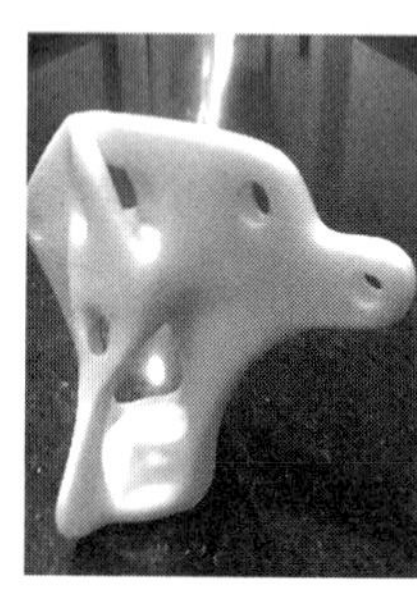
(b) 优化节点二

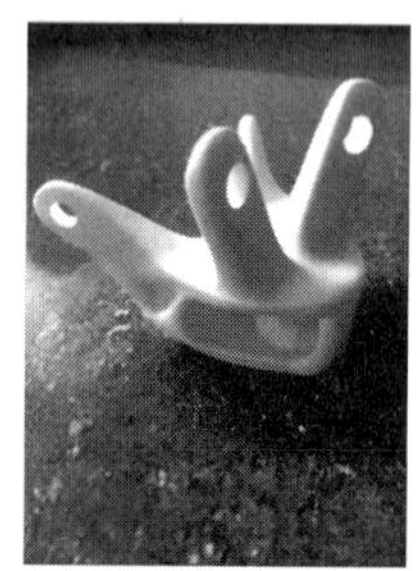
(c) 优化节点三

图29 若干优化节点的FDM打印成果

6.2 金属节点的增材制造

采用金属增材制造中成熟度和可靠度相对较高的选择性激光熔融技术（SLM），使用的设备为EP-M250SLM金属增材制造打印机，打印材料为316L不锈钢。最大化刚度设计条件下外圈脊索节点的打印成果如图30所示，最小化质量设计条件下外圈、内圈脊索节点的打印成果如图31所示，可见，节点表面平整度、光滑度较好，材料致密程度高。

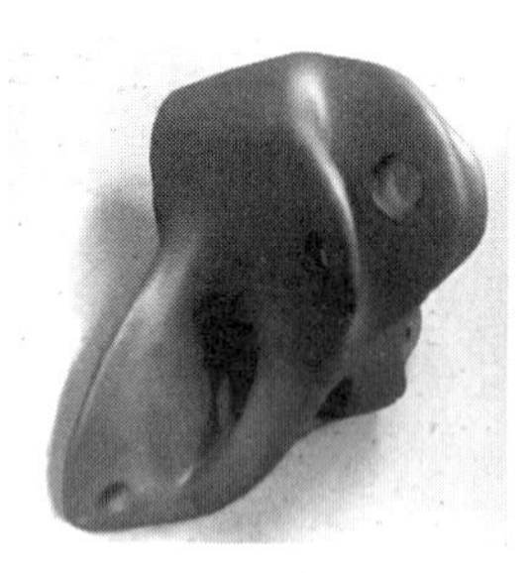
(a) 直接打印节点

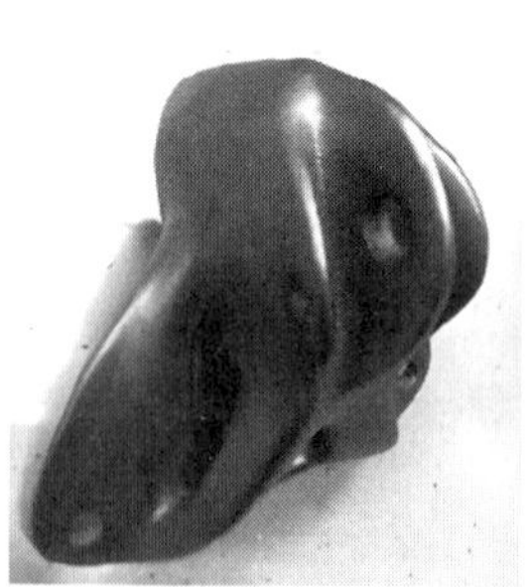
(b) 快速铸造节点

图30 最大化刚度设计的金属节点（外圈脊索节点）

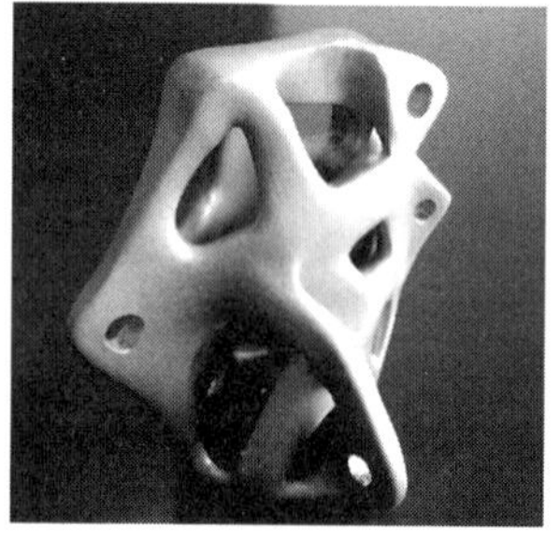
(a) 外圈脊索节点

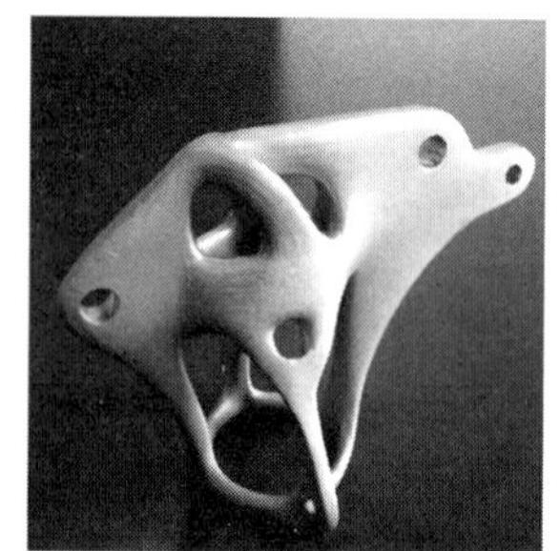
(b) 内圈脊索节点

图31 最小化质量设计的金属节点

目前，上述直接金属增材制造过程已处于技术层面的可实现阶段，但价格昂贵，后处理复杂，尚不适合大规模制造。相比而言，更具有发展前景和应用价值的金属节点制造方式是将增材制造技术和传统工艺制造技术相结合的“快速铸造”工艺。该工艺具有快速、便捷、成本较低并且绿色环保等优势，得到的构件性能可能也优于直接金属打印的产品，主要包含两种方式：①制造蜡模，用于失蜡精密铸造；

②制造砂模或砂芯，用于砂铸。图 32 为这两种方式在铸造中的应用流程。

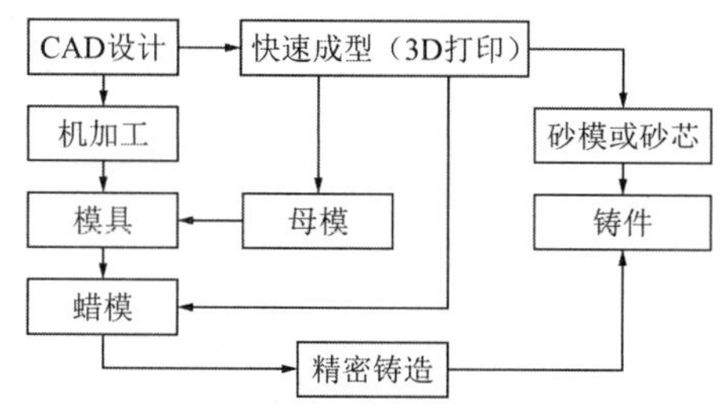

图 32　增材制造技术在铸造中的应用流程

图 30（b）是利用 3D 打印砂模后浇铸的“快速铸造”工艺得到的金属节点。相比 SLM 直接打印节点，由“快速铸造”工艺得到的节点在表面平整度上略有欠缺，但价格相对低廉，成品处理工艺较为简单，材料整体性能较好。

拓扑优化与增材制造一体化技术的发展对于复杂空间结构节点乃至其他新型建筑构件的设计与生产提供了便捷途径，亦提供了更为广阔的设计空间。

7 结论

（1）通过 Altair Solidthinking Inspire 和 Evolve 等多种工具的联合使用，可以实现对索杆张力结构节点以最大化刚度为目标和以最小化质量为目标的两种方式的拓扑优化及重设计。

（2）最大化刚度与最小化质量设计的轻量化效果明显，且均可得到满足一定要求的优化节点。最大化刚度节点的承载能力与原设计基本一致，初始刚度有所降低但仍有保证。最小化质量节点的破坏荷载和初始刚度都有一定下降，其中刚度下降更为明显。

（3）对于直接提供刚度的节点，一般应以体积约束下的最大化刚度作为首选优化目标。当节点主要起连接构件作用而不直接提供刚度，且更追求结构的轻量化时，可以最小化质量作为优化目标。

（4）经过拓扑优化和重设计的索杆结构节点形式新颖，富有设计造型美感，可满足未来此类建筑结构的更高审美需求。

（5）金属材料的直接增材制造在技术层面已实现，但价格昂贵，尚不适合产品的大规模制造。更具发展前景和应用价值的途径是将增材制造技术和传统制造工艺相结合的“快速铸造”工艺。

参考文献

[1] BENDSOE M P, SIGMUND O. Topology optimization: theory, methods, and applications [M]. Berlin: Springer Science & Business Media, 2003.

[2] 周克民，李俊峰，李霞. 结构拓扑优化研究方法综述[J]. 力学进展, 2005, 35(1): 69-76.

[3] 范重，杨苏，栾海强. 空间结构节点设计研究进展与实践[J]. 建筑结构学报, 2011, 32 (12): 1-15.

[4] FULLER R B. Tensile-integrity structures: US 3063521 [P]. 1962-11-13.

[5] GALJAARD S, HOFMAN S, REN S. New opportunities to optimize structural designs in metal by using additive manufacturing [C]//Advances in Architectural Geometry 2014. Switzerland: Springer, 2015: 79-93.

[6] WILLIAMS N, PROHASKY D, BURRY J, et al. Challenges of scale modelling material behaviour of additive-manufactured nodes [C]//Modeling Behavior: Design Modelling Symposium 2015. Switzerland: Springer, 2015:45-51.

[7] 董石麟，梁昊庆. 肋环人字型索穹顶受力特性及其预应力态的分析法[J]. 建筑结构学报, 2014, 35(6): 102-108.

[8] BENDSOE M P, KIKUCHI N. Generating optimal topologies in structural design using a homogenization method [J]. Computer Methods in Applied Mechanics & Engineering, 1988, 71(2): 197-224.

[9] MLEJNEK H P, SCHIRRMACHER R. An engineer's approach to optimal material distribution and shape finding [J]. Computer Methods in Applied Mechanics & Engineering, 1993, 106(1/2): 1-26.

[10] YUNKANG S, DEQING Y. A new method for structural topological optimization based on the concept of independent continuous variables and smooth model [J]. Acta Mechanica Sinica, 1998, 14(2): 179-185.

[11] XIE Y M, STEVEN G P. A simple evolutionary procedure for structural optimization [J]. Computers & Structures, 1993, 49(5): 885-896.

[12] 徐成斌，路明村，张卫明. Solidthing Inspire 优化设计基础与工程应用[M]. 北京：机械工业出版社, 2016:Ⅲ.

[13] 梁昊庆. 肋环人字型索穹顶结构的理论分析与试验研究[D]. 杭州：浙江大学, 2016: 175-176.

[14] 铸钢节点应用技术规程: CECS 235: 2008 [S]. 北京：中国计划出版社, 2008.

[15] 陶雨濛，张云峰，陈以一，等. 3D 打印技术在土木工程中的应用展望[J]. 钢结构, 2014, 29(8): 1-8.

部分包覆蜂窝钢-混凝土组合梁受弯性能试验研究

赵必大[1]，章雪峰[2]，王　伟[3,4]，傅林峰[5]

（1. 浙江工业大学土木工程学院，浙江 杭州 310023；2. 浙江工业大学工程设计集团有限公司，浙江 杭州 310014；3. 同济大学土木工程防灾国家重点实验室，上海 200092；4. 同济大学土木工程学院，上海 200092；5. 浙江浙工大检测技术有限公司，浙江 杭州 310014）

摘　要：为了研究部分包覆蜂窝钢-混凝土组合梁（主钢件为腹板连续开设较大孔洞的 H 型钢，简称 PECCS 梁）的受弯性能，进行了 2 个 PECCS 梁和 2 个 PEC 梁（主钢件为实腹 H 型钢的传统部分包覆钢-混凝土组合梁）的静力加载试验，并进行数值分析，以考察主钢件腹板开孔对组合梁受弯性能的影响。研究结果表明：PEC 梁的破坏模式是受压翼缘屈曲伴随着混凝土压碎，PECCS 梁的破坏模式是受压翼缘屈曲、受拉翼缘断裂伴随着混凝土压碎；PEC 梁的承载力试验值与其全截面塑性理论计算值较为接近（两者之比为 1.08～1.12），但 PECCS 梁的承载力试验值高于按主钢件削弱最大截面计算所得的理论值（两者之比为 1.22～1.30）；主钢件腹板开孔变成蜂窝钢（扩张截面高度）的方式可以在用钢量相近的情况下有效提高组合梁的受弯承载力，且截面扩张越多承载力提高越多，但扩张过多（扩张比 1.75）会显著降低组合梁的变形能力和延性；PECCS 梁的承载力较相同截面高度的 PEC 梁低 15%，但两者的弹性抗弯刚度接近。数值分析表明：纯弯矩作用下 PEC 梁的主钢件受拉侧塑性发展较均匀，而 PECCS 梁的主钢件受拉侧塑性发展更多集中在截面削弱处；PEC 梁比 PECCS 梁能更充分发挥受压区混凝土的作用。

关键词：部分包覆蜂窝钢-混凝土组合梁；部分包覆钢-混凝土组合梁；静力试验；受弯性能

部分包覆钢-混凝土组合结构（Partially-Encased Steel and Concrete Composite Structure，PEC 结构）是一种在 H 型钢（工字钢）翼缘和腹板之间填充混凝土的组合结构，必要时还设置抗剪键、纵筋、箍筋或连杆（Link，也称系杆）。当连杆两端与 H 型钢上、下翼缘可靠连接时，连杆能有效抑制钢翼缘向外屈曲，此时可将轧制 H 型钢改为板件高厚比更大的焊接 H 型钢以节省用钢量。对比纯钢构件，PEC 构件的防火防腐性能更佳、刚度更大，填充的混凝土能有效约束腹板局部屈曲（获得更大的腹板高厚比）以及受压翼缘向内屈曲。对比一般的型钢混凝土构件和钢筋混凝土构件，PEC 构件在预制时可将 H 型钢侧放后翼缘兼作模板（节省模板），适合工厂预制、现场装配施工。当用作以受弯为主的构件（如梁）时，H 型钢翼缘位于构件截面边缘的构造特点使得 PEC 梁能充分发挥钢材强度高的优势。

对于 PEC 梁的受力性能研究，早期，Kindmann 等[1]对 PEC 梁进行了静力试验研究，发现将混凝土仅限于约束 H 型钢翼缘屈曲，而不考虑其受压对梁承载力贡献的计算方法偏保守（较实际承载力低估约 1/4）。Nakamura 等[2]对 PEC 梁进行了试验研究，并与纯钢梁进行了对比，结果表明 PEC 梁的受弯、受剪承载力分别约是纯钢梁的 2 倍、3 倍。Assi 等[3]对轻骨料混凝土 PEC 梁进行了试验研究，并与普通混凝土 PEC 梁和纯钢梁进行对比，结果表明，轻骨料混凝土 PEC 梁的承载力明显高于纯钢梁，但并不明显低于普通混凝土 PEC 梁，且具有自重小的优点。之后，Nardin 等[4]研究了栓钉的设置位置不同对 PEC

梁性能的影响，发现栓钉垂直设立在钢下翼缘时能更好地限制相对滑移并提高延性。Khare 等[5]研究了配钢率、箍筋间距等对 PEC 梁受力性能的影响，结果表明 PEC 梁的延性系数和抗震性能较传统的钢-混凝土组合梁更好。

为了解决直杆钢筋用作连杆时其与翼缘之间焊接质量无法保障，而贯穿翼缘式螺杆[6]用作连杆时虽连接质量好但翼缘外表面不平整的问题，陈以一等[7-11]提出了 C 形连杆和 X 形连杆，对钢翼缘顶部带有混凝土翼板的 T 形截面 PEC 梁的承载力以及 PEC 梁的抗震性能进行了研究，结果表明：所提出的连杆能较好地拉结钢翼缘、对混凝土约束作用较好且有效地抑制混凝土裂纹发展，PEC 梁在往复荷载作用下的延性系数超过 4、耗能系数达到 2.5，表现出较好的抗震性能，全塑性理论计算所得 PEC 梁受弯承载力与试验结果较接近。胡夏闽等[12-15]对 PEC 梁的滑移性能和栓钉布置、承载力计算方法、变形能力等进行了研究，结果表明：钢腹板与填充混凝土之间的滑移效应对组合梁受弯承载影响较小，腹板设置栓钉能明显提高试件的纵向受剪承载力。

目前，关于 PEC 梁的研究绝大部分是基于主钢件（PEC 构件中的承载结构型钢）[16]为实腹式 H 型钢，而对主钢件为蜂窝开洞 H 型钢（腹板连续开设较大的孔洞）的部分包覆蜂窝钢-混凝土组合梁（简称 PECCS 梁）的研究较为匮乏。对比 PEC 梁，PECCS 梁具有混凝土整体性较好（钢腹板两侧混凝土通过蜂窝孔洞连成一体）、一次性浇筑无须翻转、节省钢材、减少吊顶装修占用空间（水电等管道可穿过腹板孔洞）等优点，但主钢件腹板连续开大孔洞也导致孔洞附近主钢件应力集中，从而影响组合梁的受力性能。为此，本文进行 2 个开孔不同（主钢件截面腹板削弱程度不同）的 PECCS 梁受弯性能试验研究，分析其受弯承载力和延性，并将其与 2 个截面高度不同的 PEC 梁进行对比，以考察主钢件腹板开孔对组合梁的受力性能的影响，验证用钢量相近情况下通过主钢件腹板开孔（增大主钢件截面高度）的方式来提高组合梁受弯承载力的可行性，以期为 PECCS 梁的工程设计提供参考。

1 试验概况

1.1 试件设计与制作

1.1.1 试件设计

试验中设计了 2 个 PEC 梁试件、2 个 PECCS 梁，共 4 个组合梁试件，所有试件均采用 C 形连杆（直径为 6mm 的 HRB400 钢筋制作而成），连杆间距参考文献[8]取 250mm，同时在梁截面中部两侧各布置 1 根直径为 10mm 的腰筋以更好地抑制混凝土的裂纹发展。综合考虑实验室的平面加载框架大小、试验附加装置、作动器吨位等因素，所有试件的总长度均为 1.49m（扣除两端的端板和加劲段后的净长度为 1.2m），试件的截面宽度$b = 175$mm、截面高度$h = 200$～350mm。图 1 给出典型的 PECCS 试件构造和浇筑混凝土前的钢骨架，主钢件腹板无孔洞即为 PEC 试件，各试件具体几何参数见表 1。其中试件编号中的字母 S、F 分别表示主钢件为实腹钢、蜂窝钢，数字表示截面高度h，如 S-200 表示截面高度 200mm 的 PEC 梁，F-300 为截面高度 300mm 的 PECCS 梁。试件 F-300、F-350 可视为将试件 S-200 的主钢件制作成蜂窝式钢构件，其截面扩张比（蜂窝钢截面高度和原型实腹型钢截面高度之比h/h_0，通常为 1.3～1.6）为 1.5、1.75，之后浇筑混凝土而成，其主钢件的六边形孔洞的最大高度（截面最大削弱处）为h_{k}、边长为l_{k}，见图 2。需要说明的是，由于试件总长度有限，试件 F-350 的 3 个孔洞难以按图 2 方式布置，其两端孔洞依然如图 2 所示，但中间孔洞尺寸取两端孔洞的一半，由于试件为纯弯矩加载，中间孔洞变小对组合梁实际受力性能影响较小。如此，试件 F-300、S-300 可用来对比两类组合梁（PEC 梁和 PECCS 梁）在截面尺寸相同下的受弯性能差异，试件 S-200、F-300、F-350 用来对比分析用钢量相近情况下两类组合梁的受弯性能差异，以及分析主钢件的不同截面扩张比对 PECCS 梁受弯性能的影响。

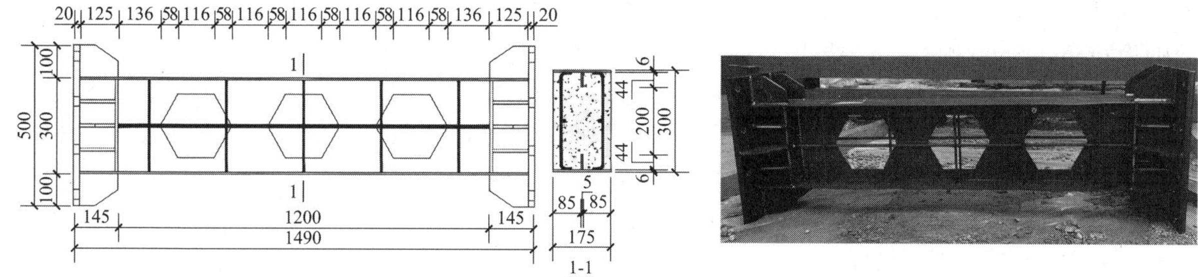

(a) 试件 F-300 几何尺寸

(b) 试件钢骨架

图 1　典型试件构造及几何尺寸

试件主要设计参数　　**表 1**

试件编号	h/mm	b/mm	t_w/mm	t_f/mm	h_k/mm	l_k/mm
S-200	200	175	5	6	—	—
S-300	300	175	5	6	—	—
F-300	300	175	5	6	200	116
F-350	350	175	5	6	300	174

注：t_w为腹板厚度；t_f为翼缘厚度。

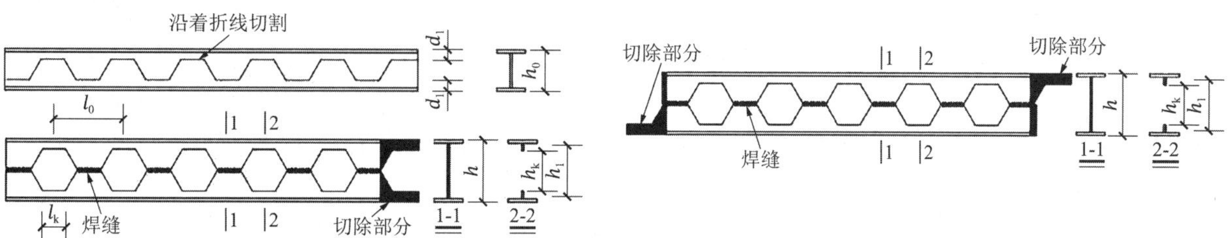

(a) 切割的下部分旋转后再与上半部分焊接

(b) 切割的上、下部分错位后焊接

图 2　由实腹式 H 型钢制作蜂窝钢（六边形孔洞）

1.1.2　试件制作

试件中的蜂窝开孔主钢件的制作通常有两种方法，其一是先在钢板上成孔，然后将其作为腹板和钢翼缘一起焊接而成；其二是将轧制 H 型钢或工字钢的腹板按一定的折线切割后变换位置（可获得更大截面高度）重新焊接成，如图 2 所示（切割和焊接全部自动化）。第一种制作方法的优点是蜂窝式钢构件的翼缘和腹板可以更加薄柔、孔洞的布置和形状可以随意，但是开孔切割下来的钢板往往只能用作小尺寸配件的材料或作为废品回收；第二种方法的优点是原型钢的材料可充分利用（切割下的废品很少），从而实现在相同的用钢量下获得更大截面惯性矩，进而得到受弯承载力和刚度更大的组合梁，其缺点是翼缘（腹板）的宽厚比（高厚比）受制于原实腹式型钢，孔洞的布置须遵循一定规律，孔洞的形式有限（多为圆形或六边形以便切割后变化位置重组）。

试验中 2 个 PECCS 梁试件的主钢件（即蜂窝开孔 H 型钢）采用了第一种方法制作而成，而腹板孔洞（数控切割而成）的边长和布置类似图 2 所示，主要是基于以下两个方面考虑：一方面为了研究《部分包覆钢-混凝土组合结构技术规程》T/CECS 719—2020[16]（简称《规程》）中关于 2 类截面梁（截面能达到塑性弯矩）的钢翼缘宽厚比限值是否可进一步放宽，将主钢件外伸翼缘宽厚比b_0/t_f取较大值，其值介于 2 类截面［限值 $14\varepsilon_k$，$\varepsilon_k=(235/f_y)^{0.5}$，$f_y$为钢材屈服强度标准值］和 3 类截面限值（$20\varepsilon_k$）之间，但翼缘宽厚比较大且截面外轮廓尺寸相对较小的轧制 H 型钢在市场中不常见，故只能采用第一种方法制作蜂窝式主钢件。另一方面主钢件腹板孔洞的设计能模拟实腹式 H 型钢通过不同截面扩张比h/h_0得到蜂窝钢，用来研究实腹式主钢件替换成用钢量相近但截面高度更大的蜂窝式主钢件后组合梁受弯性能的变化，以及设计 PECCS 梁时主钢件截面扩张比h/h_0的合理取值。最终，主钢件采用翼缘壁厚t_f、腹板壁厚t_w分别为 6mm、5mm 的 Q355 薄壁钢板焊接而成，其外伸翼缘宽厚比为 17.4ε_k。

试件制作在加工厂完成，首先加工制作主钢件部分（包括两端的加劲部分），然后焊接 C 形连杆并绑扎腰筋，最后将带有连杆和腰筋的实腹式（蜂窝式）H 型钢侧放并浇筑混凝土。对于 PEC 试件（试件 S-200、S-300），先浇筑一侧混凝土，待其凝结后翻转浇筑另一侧；对于 PECCS 试件（试件 F-300、F-350），则一次性浇筑而无须翻转主钢件。考虑到试件两端端板（试验中用于连接加载装置）宽度大于主钢件翼缘宽度，故浇筑混凝土时下方需垫木板，如图 3 所示。

(a) PEC 试件浇筑

(b) PECCS 试件浇筑

图 3 试件的混凝土浇筑

1.2 材料性能

混凝土设计强度等级为 C40，以考察混凝土强度等级较高时组合梁（通常其混凝土为 C30 及以下）的承载力和延性。混凝土材性试块为边长 100mm 的非标准立方体试块，测试结果如表 2 所示，C-1、C-2 分别为先浇筑一侧、后浇筑一侧的混凝土试块；换算后强度为实测抗压强度平均值换算成 150mm 边长的标准试块后的强度。依据《金属材料 拉伸试验：第 1 部分：室温试验方法》GB/T 228.1—2021，得到钢板和钢筋的材性试验结果见表 3。

混凝土立方体抗压强度 表 2

试块类别	抗压强度实测值f_{cu}/MPa			抗压强度平均值/MPa	
	试块 1	试块 2	试块 3	实测强度	换算后强度
C-1	41.95	46.22	47.06	45.07	42.82
C-2	43.26	50.42	44.73	46.14	43.82

钢材力学性能指标 表 3

取材位置	板厚（直径）$t(d)$/mm	屈服强度f_y/MPa	抗拉强度f_u/MPa	延伸率δ/%
腹板	5	376.2	505.6	31.0
翼缘	6	361.5	509.2	29.3
连杆	6	473.3	605.1	27.5
腰筋	10	481.5	624.8	28.9

1.3 加载方案

试验中对试件进行静力加载，参考文献[9]并结合实验室已有条件，设计了由平面加载框架、钢柱、加载钢梁、作动器构成的加载装置，见图 4。

两个钢柱（底座）的底部均用高强度螺栓固定于平面加载框架的底部反力梁，每个钢柱的柱顶均有 1 个由两块耳板组成的连接头，将加载钢梁插入两块耳板之间并用销轴将其连接于钢柱柱顶，试件两端通过端板和高强度螺栓固定在两个加载钢梁的一端，加载钢梁的另一端则连接作动器。如此，试件和加载钢梁形成一根中间为组合梁、两边为钢梁的两端伸臂梁（钢柱视为其两个支座），南北两侧的两个作动器同步向下加载直至破坏，在发生破坏前整个试件处于纯弯矩受力状态。此外，在南侧钢柱柱顶的耳板上设置了椭圆形孔，使得南侧的加载钢梁能沿着水平方向适当移动，更好地模拟简支边界条件。

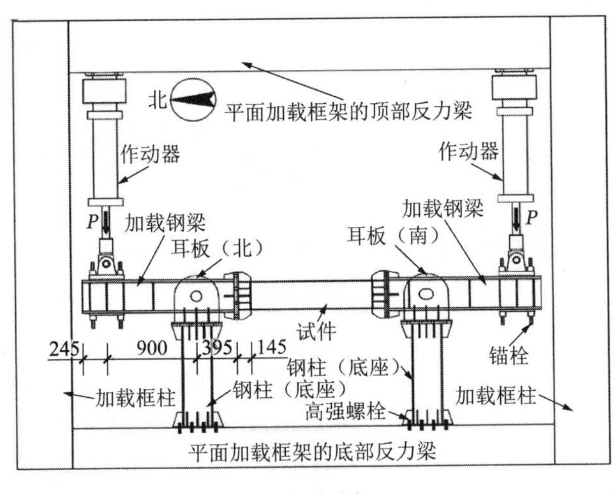

(a) 加载示意

(b) 加载现场

图 4　加载装置

1.4　测点布置

试件的位移计布置如图 5（a）所示，其中，D1～D8 为水平布置位移计，D9～D14 为竖向布置位移计，位移计 D1～D12 均布置在试件组合梁段的端部用于获得梁两端的转角θ，位移计 D13、D14 布置在试件的跨中用来测量梁的挠度。考虑试件刚体转动引起的转角θ_r，试件南、北两端的转角θ_s、θ_n计算如下：

$$\theta_s = [(\delta_3 + \delta_7) - (\delta_4 + \delta_8)]/2h + \theta_r \tag{1}$$

$$\theta_n = [(\delta_2 + \delta_6) - (\delta_1 + \delta_5)]/2h + \theta_r \tag{2}$$

$$\theta_r = [(\delta_{10} + \delta_{12}) - (\delta_9 + \delta_{11})]/2L_b \tag{3}$$

式中：δ_1～δ_{12}为位移计 D1～D12 测得的位移；L_b为梁试验段长度；h为梁截面高度。

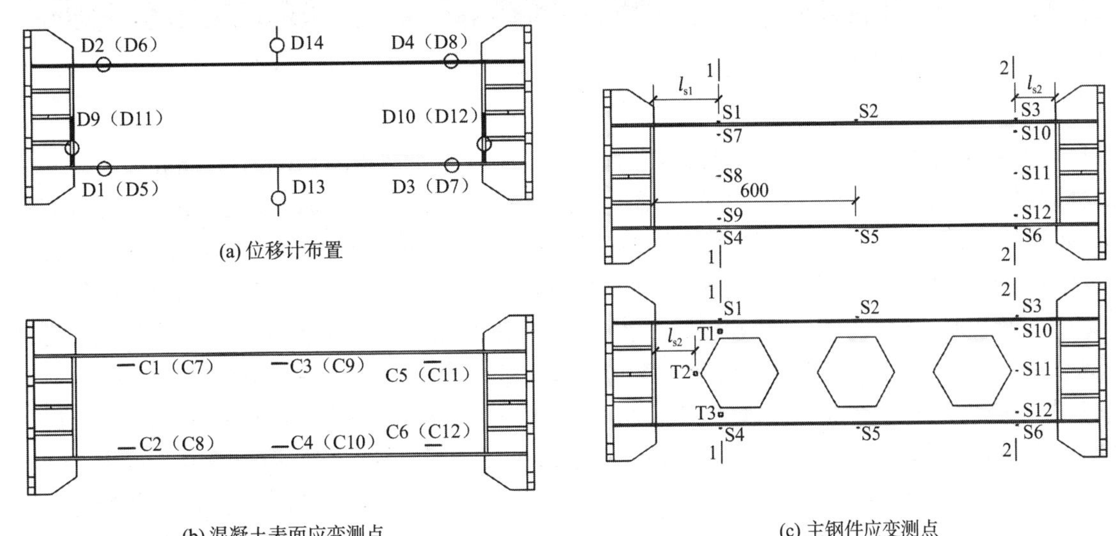

图 5　测点布置

注：对于试件 S-200、S-300，l_{s1} = 195mm、l_{s2} = 135mm；对于试件 F-350，l_{s1} = 140mm、l_{s2} = 65mm。

试件应变测点布置如图 5（b）、图 5（c）所示，所有试件在上、下钢翼缘上布置单向应变片 S1～S6，在两侧的混凝土上布置应变片 C1～C12，两个 PEC 试件 S-200、S-300 在主钢件腹板布置单向应变片 S7～S12，两个 PECCS 试件 F-300、F-350 在腹板上布置单向应变片 S10～S12、三向应变片 T1～T3。

2 试验结果及分析

2.1 试验现象与破坏模式

对于试件 S-200，两端作动器加载至 32kN（约为峰值荷载的 27%）时，在距南端板约 350mm 处首次观察到混凝土竖向裂缝，随着荷载增加，在其他位置也出现竖向裂缝，且裂纹不断扩散。作动器加载至 49kN 时受拉翼缘上的应变测点屈服，加载至 61kN 时受压翼缘上应变测点屈服。加载至 115kN 时，跨中附近的受压翼缘屈曲，随后混凝土与钢翼缘脱开；加载至 119kN，跨中附近的受压翼缘屈曲严重，受压区混凝土压碎，荷载达到峰值；随后荷载缓慢下降。试件 S-300 与试件 S-200 类似，荷载达到峰值荷载的 30%时，首次观察到距离南侧端板约 300mm 处的混凝土裂纹；荷载达到峰值荷载的约 50%时，受拉、受压翼缘相继屈服；接近峰值荷载时试件两端受压翼缘观察到屈曲，随即荷载达到峰值 215kN；此后荷载逐渐下降，荷载为 208kN 时，在距离北端板 250mm 处西面的受压区混凝土压碎，受压翼缘屈曲严重。两个 PEC 试件的最终破坏模式类似，均为受压翼缘屈曲伴随着受压区混凝土压碎，如图 6（a）（b）所示。试验后敲开受压翼缘屈曲严重部位的腹部混凝土，未发现钢腹板屈曲。

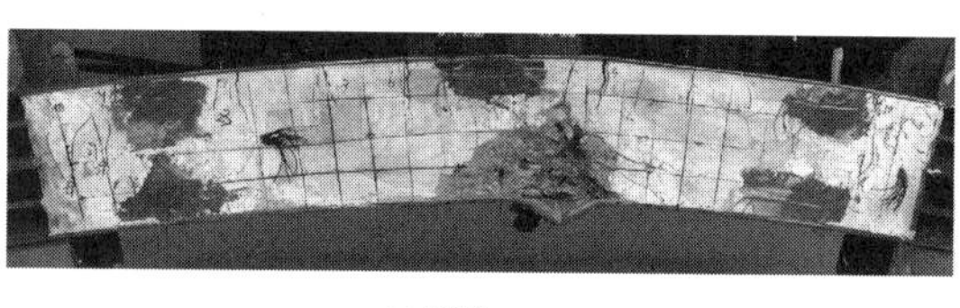

(a) 试件 S-200

(b) 试件 S-300

(c) 试件 F-300

(d) 试件 F-350

图 6 试件破坏形态

对于试件 F-300，加载至 55kN（约为峰值荷载的 30%）时，在距南端板约 350mm、距离北端板约 400mm 处同时观察到混凝土裂纹；随着荷载增加，其他位置混凝土也相继出现裂缝，且裂纹不断发展。加载至 99kN 与 118kN 时，受拉、受压翼缘屈服；加载至 180kN 时，观察到试件两端近端板处受压翼缘屈曲，混凝土与钢翼缘脱开，随即试件荷载达到峰值 184kN。此后，作动器继续作用，当荷载降低至 163kN 时，距南端板约 300mm 处的受拉翼缘断裂，试件跨中相对两端的挠度δ达到 33mm，远超 PEC 梁允许挠度（梁跨度的 1/200[16]，即 7.5mm），试件承载力急剧下降，破坏时混凝土损坏严重。

对于试件 F-350，加载至峰值荷载的 35%时，首次观察到距离北端板约 250mm 处混凝土出现竖向裂缝，随着荷载增加，其他位置混凝土也出现裂纹且混凝土裂纹不断发展。加载至峰值荷载的 48%、60%时，受拉、受压翼缘分别屈服；加载至 203kN 时，试件两端受压翼缘观察到轻微屈曲，混凝土与翼缘脱开，随后达到峰值荷载 208kN。此后，加载端荷载随着作动器向下作用而降低。当荷载降低至 197kN 时，试件距北端板约 150mm 处受拉翼缘断裂，试件的跨中相对挠度δ达到 18mm（超过 PEC 梁的允许挠度[16] 7.5mm），试件承载力急剧下降，破坏时混凝土损坏严重，但试件受压翼缘的屈曲程度不及前 3 个试件明显。两个 PECCS 试件最终破坏模式类似，均为受压翼缘屈曲，受拉翼缘断裂伴随着混凝土压溃，如图 6（c）（d）所示。试验结束后敲开试件的腹部混凝土，未发现钢腹板屈曲，但发现钢腹板受拉区在开孔位置断裂。

各试件首先发生混凝土开裂，随后钢翼缘屈服，最后是受压钢翼缘屈曲伴随着混凝土压溃脱落，对于两个 PECCS 试件还发生受拉钢翼缘断裂。所有试件的混凝土裂纹基本竖直，符合纯弯受力状态。主钢件腹板不开孔的 PEC 试件的受压钢翼缘出现明显屈曲，但未出现受拉钢翼缘断裂，峰值荷载后荷载下降较为平缓。对比之下，两个 PECCS 试件的受压钢翼缘屈曲没有 PEC 试件的明显，但因为腹板开孔较大（截面削弱过大），导致加载后期受拉钢翼缘断裂，峰值荷载后，荷载下降相对较快，延性相对 PEC 试件的较差。

此外，4 个试件主钢件的外伸翼缘宽厚比为 $17.4\varepsilon_k$，超过《钢结构设计标准》GB 50017—2017[17]规定的 S4 级截面（弹性截面）的 $15\varepsilon_k$，作为纯钢截面会因局部屈曲而不能发展塑性。但 PEC 试件的翼缘屈服荷载仅为其峰值荷载的约 50%，即使是主钢件腹板开孔削弱的 PECCS 试件，其翼缘屈服荷载也仅为峰值荷载的约 60%，并且试验观察到受压翼缘屈曲时往往混凝土已经压溃或接近压溃，试验结束后敲开混凝土发现钢腹板基本没有屈曲，混凝土和 C 形连杆能有效地约束受压翼缘屈曲，提高了其屈曲承载力，使得翼缘宽厚比较大的 S4 级截面也有充分的塑性发展。

2.2 弯矩-转角曲线

图 7 给出了 4 个试件的弯矩-转角曲线，横坐标为转角θ，取试件南北两端转角θ_s、θ_n的平均值；纵坐标为弯矩$M = Pl$（P为作动器荷载、l为作动器到销轴的距离），取南北两侧作动器弯矩的平均值。鉴于加载后期试件两端作动器的荷载大小存在差异（两端混凝土损伤程度不同所致），当两端荷载（弯矩）相差超过 10%时，认为无法达到试验预期的受力状态（即试件沿着长度方向受相同大小的纯弯矩作用），曲线用虚线表示。

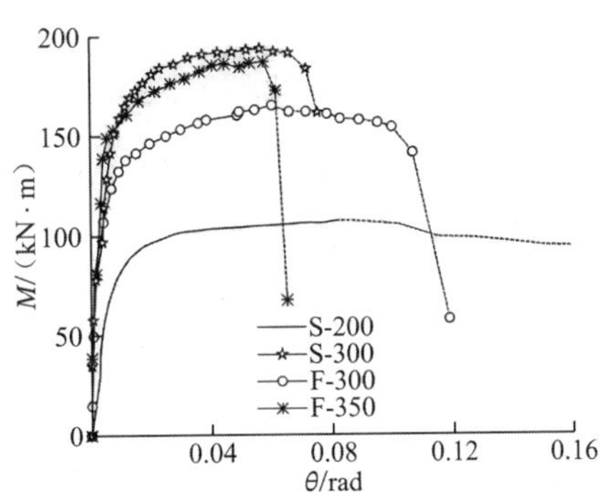

图 7 试件的弯矩-转角曲线

由图 7 可知，试件 F-300、F-350 的受弯承载力明显大于试件 S-200 的，说明通过截面扩张（扩张比为 1.5 和 1.75）将主钢件从实腹式 H 型钢变为用钢量相近、腹板开孔的蜂窝钢，能有效提高组合梁的受弯承载力，而且扩张比越大提高越多；而在曲线下降段，试件 S-200 的M-θ曲线下降缓慢，试件 F-300 的M-θ曲线下降段初期较平缓而后下降较快，试件 F-350 的M-θ曲线则是在峰值荷载后出现急剧下降段，说明扩张比过高将严重影响组合梁的延性。对比截面尺寸相同的试件 S-300（实腹式主钢件）和试件 F-300（蜂窝式主钢件），前者的受弯承载力高于后者，但后者M-θ曲线下降段更平缓，表现出更好的延性。其原因为：试件 S-300 翼缘之间的混凝土被腹板分隔开，而试件 F-300 翼缘之间的混凝土通过腹板孔洞连成一体，故试件 F-300 的构造更有利于钢和混凝土相互约束并组合成整体共同受力，蜂窝钢能较好约束混凝土的开裂和剥落，从而提高了延性，直到钢翼缘受拉断裂退出工作。综上，蜂窝钢的孔洞适中（截面扩张比不大于 1.5）时，能有效提高组合梁的受弯承载力并保持较好的延性。

2.3 应变变化

图 8 中给出 4 个试件在 1-1 截面（图 5）的应变ε分布。其中，纵坐标为测点到梁的受压翼缘外边缘的距离h；横坐标为纵向应变，对于钢腹板布置三向应变片的试件 F-300、F-350，亦取其纵向应变值。试件 S-300 布置在中和轴的应变片 S8 失灵故剔除。试件在加载前期（小于峰值弯矩的 60%），基本符合平

截面假定，H 型钢沿截面高度的纵向应变基本呈线性变化，说明钢填充混凝土后仍能够保持协调变形；但当荷载大于峰值弯矩的 80%，钢翼缘屈服发生较大塑性变形，钢翼缘附近的应变增长速率快。

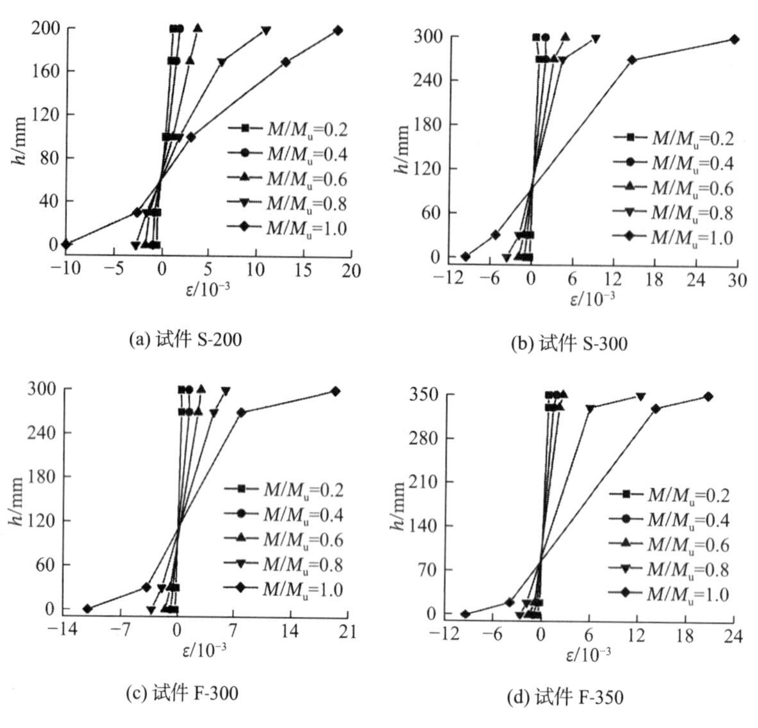

(a) 试件 S-200　(b) 试件 S-300　(c) 试件 F-300　(d) 试件 F-350

图 8　试件 1-1 截面应变分布

图 9 中给出了试件 F-300、F-350 腹板开孔边缘测点（受拉区测点 T1 和受压区测点 T3）的弯矩-应变曲线，三向应变片所测应变换算为等效应变，即$\varepsilon_e=\left[2(\varepsilon_1-\varepsilon_2)^2+2(\varepsilon_1-\varepsilon_3)^2-(\varepsilon_2-\varepsilon_3)^2\right]/3$，$\varepsilon_1$～$\varepsilon_3$为第一～第三主应变，平面应变中$\varepsilon_2$为 0，$\varepsilon_1$、$\varepsilon_3$由应变花测得。测点的应变截取至试件拉断时。由图 9 可知，受压区的应变明显小于受拉区的应变，这是因为弯矩作用下组合梁的受压区由混凝土和钢材共同承受荷载作用，而受拉区仅钢骨架承受荷载作用。

图 10 中给出了 4 个试件受压区混凝土表面应变ε_c变化［以图 5（b）中的测点 C2 为例］，考虑到《混凝土结构设计规范》GB 50010—2010[18]中认为正截面混凝土极限压应变$\varepsilon_{cu}\leqslant 3.3\times10^{-3}$，故仅读取应变小于$4\times10^{-3}$的数据。总体上，相同弯矩作用下，试件的截面高度越高则靠近翼缘的混凝土压应变越小，符合纯弯状态下的应变规律。由图 10 亦可知，相同截面的试件 S-300、F-300 在相同弯矩作用下，后者应变更大，这是因为后者腹板开洞（混凝土应变测点位于孔洞附近），故附近的混凝土需要承担更大压应力，从而导致应变更大。

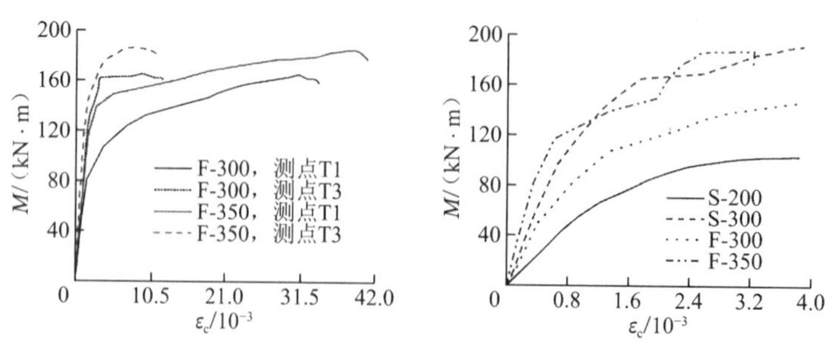

图 9　腹板孔洞附近应变对比　　图 10　试件受压区混凝土表面应变

2.4　受弯承载力

表 4 中列出了 4 个试件的受弯承载力试验值（峰值弯矩）M_{test}、《规程》[16]中全截面塑性理论方

法计算值M_u、主钢件全截面屈服弯矩理论计算值M_{sp}。其中全截面塑性理论方法假定如下：混凝土和钢完全共同工作、满足平截面假定、考虑混凝土受压和纵筋对受弯承载力的贡献、不考虑混凝土受拉作用、考虑混凝土开裂对中和轴的影响、钢材为理想弹塑性材料。此外，计算M_u和M_{sp}时，钢材采用材性试验所得屈服强度f_y，混凝土采用抗压强度标准值（根据《混凝土结构设计规范》GB 50010—2010[18]由立方体试块抗压强度实测值换算得到），试件 F-300、F-350 取主钢件削弱最大截面处的承载力。由表 4 可知，试件 F-300、F-350 的受弯承载力均明显高于试件 S-200（分别提高了约 55%和 75%），可见通过腹板开蜂窝孔扩大截面高度的方式能在用钢量相近的情况下明显提高组合梁的受弯承载力。再对比相同截面的两个试件 F-300、S-300 的承载力，前者比后者降低了约 15%，说明主钢件腹板开孔降低了截面受弯承载力。由表 4 亦可知，对于两个 PEC 梁，其受弯承载力的试验值M_{test}略高于《规程》[16]中塑性理论计算值M_u，但明显高于主钢件塑性弯矩M_{sp}，虽然试件的翼缘宽厚比（17.4ε_k）已经超过《规程》[16]规定的 2 类截面的宽厚比限值 14ε_k，但由于 C 形连杆和混凝土对 H 型钢翼缘的有效约束，使得截面较为薄柔的主钢件具有充分的塑性发展。对比之下，两个 PECCS 梁的M_{test}明显高于M_u和M_{sp}，说明 PECCS 梁按主钢件削弱最大截面计算受弯承载力偏保守。另外，PECCS 梁试件的M_u和M_{sp}较接近，这是因为计算M_u和M_{sp}时取主钢件（拉压翼缘相同）削弱最大截面处的受弯承载力且试件未设置受拉钢筋，导致混凝土受压区高度很小。因此，设计 PECCS 梁时可考虑采取设置受拉钢筋、孔洞偏心或主钢件拉压翼缘不等的方式以充分发挥受压区混凝土的作用，提高受弯承载力。

试件受弯承载力试验结果与理论值对比　　表 4

试件编号	M_{test}/(kN · m)	M_u/(kN · m)	M_{sp}/(kN · m)	M_{test}/M_u	M_{test}/M_{sp}
S-200	107.4	99.5	90.3	1.08	1.19
S-300	193.7	172.4	150.6	1.12	1.29
F-300	165.0	134.7	131.8	1.22	1.25
F-350	187.1	144.2	141.3	1.30	1.33

3 有限元分析

3.1 有限元模型

在试验研究的基础上，采用有限元软件 ABAQUS 进一步分析主钢件腹板孔洞对组合梁受弯性能的影响。为了简化，有限元模型仅建立中间的组合梁试件（含端板）而略去加载钢梁和钢柱，模型两端铰接并施加转角模拟纯弯矩作用，模型中的单元类型选取、本构关系选用等参考文献[19]。主钢件、混凝土分别采用壳单元 S4R、实体单元 C3D8R，网格划分敏感性分析后确定网格尺寸均为钢翼缘厚度的 3 倍，钢筋采用桁架单元 T3D2，连杆采用空间线性梁单元 B31（模拟连杆在弯矩作用下的拉伸及向外的弯曲）。模型中的主钢件与混凝土之间采用面与面接触，切向为摩擦系数 0.3 的库伦摩擦、法向为硬接触（保证不相互嵌入）；连杆两端与主钢件上下翼缘绑定以模拟焊接，连杆的其余部分以及钢筋嵌入混凝土内。钢材的应力-应变关系采用弹塑性双折线模型（切线模量为弹性模量的 1%）；混凝土采用塑性损伤本构模型，其单轴受压、受拉的应力-应变关系根据《混凝土结构设计规范》GB 50010—2010[18]确定，受压时引入损伤因子（采用能量等效原则算得）。

3.2 弯矩-转角曲线

图 11 中给出了有限元分析所得弯矩-转角曲线与试验结果对比，由图可知，在荷载下降前，有限元结果总体上与试验结果吻合较好，可用于后续定性分析。

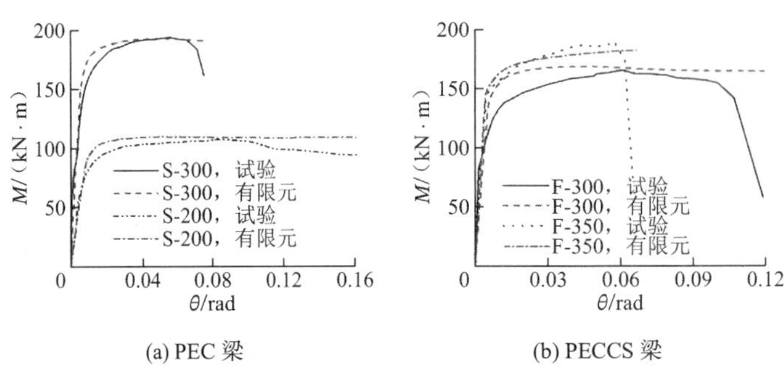

(a) PEC 梁　　(b) PECCS 梁

图 11　试验和有限元的弯矩-转角曲线对比

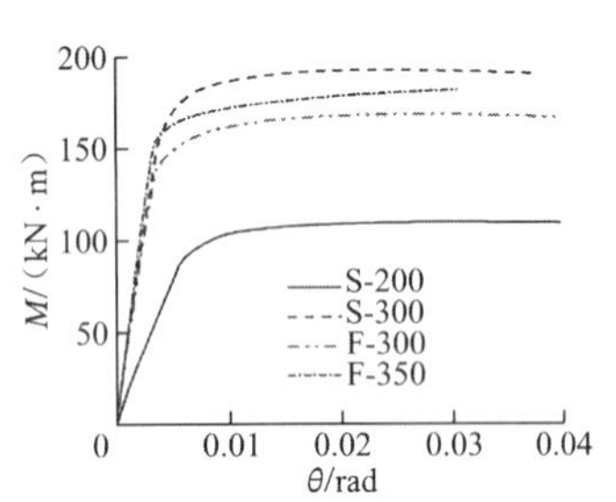

图 12　主钢件最大削弱截面处的弯矩-转角曲线对比

图 12 中给出了有限元分析所得 4 个试件在距离端部 220mm 处截面（试件 F-300、F-350 的最大削弱截面）的弯矩-转角曲线对比。由图 12 可知，在线弹性阶段，组合梁的截面高度越高则斜率越大（试件 F-300 的斜率明显大于试件 S-200），试件 S-300、F-300 在线弹性阶段的曲线基本重合，说明试件 S-300、F-300 的弹性刚度接近，即主钢件的腹板是否开孔对组合梁的弹性抗弯刚度影响小。但当转角大于 0.004rad（弹塑性受力阶段）后，实腹式主钢件组合梁 S-300 的弯矩-转角曲线高于同截面的蜂窝式主钢件组合梁 F-300，转角超过 0.005rad 后组合梁 S-300 的弯矩-转角曲线甚至高于截面尺寸更大但主钢件为蜂窝钢的组合梁 F-350。这说明在主钢件塑性化程度较高的加载后期，受混凝土约束的钢腹板充分发挥作用。此外，组合梁 F-300 的曲线明显高于 S-200，但组合梁 F-350 的曲线并不明显高于 F-300，说明主钢件的截面扩张比超过 1.5 后对组合梁受弯承载力提高有限，这与试验结果一致。

3.3　应变分析

图 13 中给出了有限元分析所得 4 个试件在试验峰值弯矩作用下的主钢件和混凝土的等效塑性应变（PEEQ，$\varepsilon_{\mathrm{eq}}$）云图，图中主钢件和混凝土的灰色区域表示其塑性应变分别超过 0.04 和 0.004。由图可知，4 个试件的主钢件的受拉侧塑性应变明显大于受压侧，这与试验结果一致。两个 PEC 试件主钢件受拉侧的塑性应变分布相对较均匀，即沿轴向大部分为中低塑性应变区域、仅近端板的端部有少量的高塑性应变区。对比之下，两个 PECCS 试件主钢件受拉侧的塑性应变更多集中在截面削弱处（腹板开孔处），尤其是试件 F-350；且试件 F-300 和试件 F-350 的塑性应变峰值明显大于试件 S-300 和试件 S-200，这也是两个 PECCS 试件在试验后期出现受拉翼缘断裂的主要原因。此外，有限元分析所得的主钢件的屈曲破坏总体上与试验结果接近，仅试件 S-200 的屈曲位置不同（试验靠近跨中而有限元靠近两端），原因应该是试件 S-200 的主钢件翼缘在跨中存在初始缺陷。关于受压区混凝土，试件 F-300、F-350 的混凝土的高塑性应变集中在端部或主钢件最大削弱截面附近，而试件 S-200、S-300 的混凝土的高塑性应变分布更为广泛（沿梁轴线、靠近受压钢翼缘的混凝土都处于高应变）。

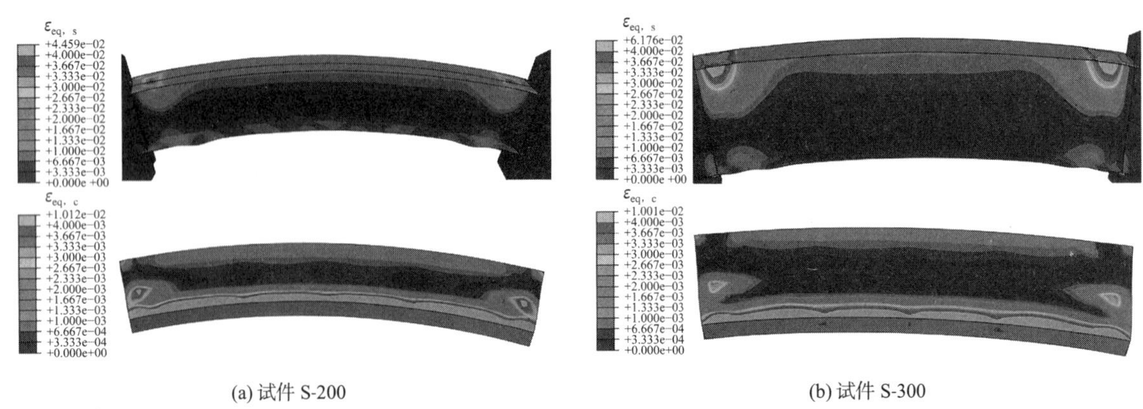

(a) 试件 S-200　　(b) 试件 S-300

图 13　有限元分析所得等效塑性应变云图对比（一）

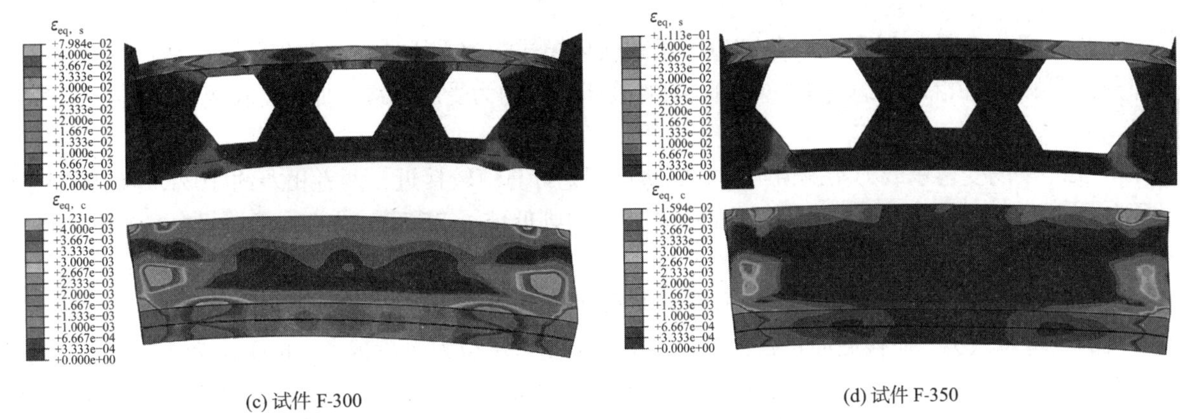

(c) 试件 F-300　　(d) 试件 F-350

图 13　有限元分析所得等效塑性应变云图对比（二）

3.4　剪力对受弯性能的影响

实际工程中梁虽然以受弯为主,但也受一定剪力作用。为此,采用有限元分析剪力对 PEC 梁和 PECCS 梁受弯性能的影响，将模拟试验的有限元模型的边界条件改为一端固结、另一端自由，再在自由端分别施加集中力和集中弯矩，分别模拟弯剪力、纯弯矩作用，如图 14 所示。计算得到距离端部 220mm 处截面（即蜂窝式主钢件最大削弱截面处）的弯矩-转角曲线见图 15，其中，实腹、蜂窝分别表示主钢件采用实腹钢的 PEC 梁、蜂窝钢的 PECCS 梁，数字表示梁截面高度，弯剪和纯弯分别对应图 14（a）、（b）的加载模式，如“实腹-300，弯剪”表示截面高度为 300mm、受弯剪作用的 PEC 梁。

由图 15 可知,所有组合梁在弯剪共同作用下的弯矩-转角曲线均低于纯弯矩作用下的弯矩-转角曲线,说明剪力对组合梁的受弯性能产生不利影响。由图 15 亦可知，剪力对腹板开孔大的 PECCS 梁 F-350 受弯性能的不利影响最为明显。

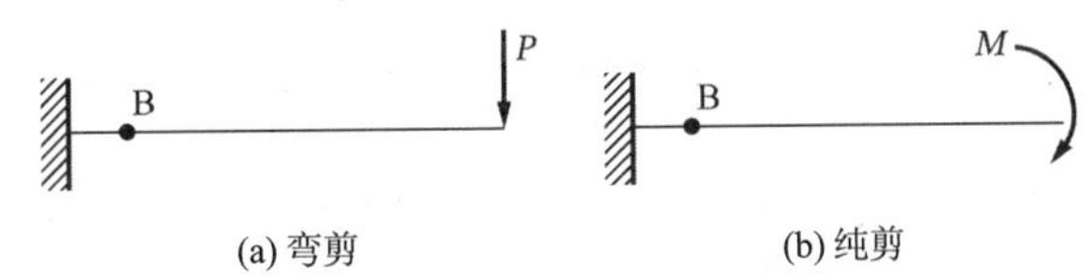

(a) 弯剪　　(b) 纯剪

图 14　悬臂梁模型的纯弯和弯剪加载示意

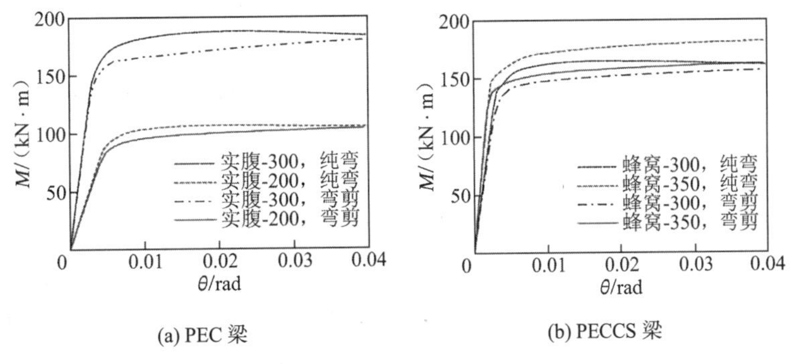

(a) PEC 梁　　(b) PECCS 梁

图 15　PEC 梁和 PECCS 梁的弯矩-转角曲线

4　结论

（1）无论实腹式 H 型钢还是腹板开孔的蜂窝式 H 型钢，翼缘之间填充混凝土不仅提高了钢翼缘的屈曲承载力，而且混凝土与钢共同工作提高了梁的受弯承载力。组合梁翼缘宽厚比较大（$17.4\varepsilon_k$）时，在达到组合梁的理论受弯承载力极值M_u（按全截面塑性理论计算）前，钢翼缘未屈曲。

（2）两个部分包覆钢-混凝土组合（PEC）梁的破坏模式均为受压翼缘屈曲伴随着受压区混凝土压碎，两个部分包覆蜂窝钢-混凝土组合（PECCS）梁的破坏模式均为受压翼缘屈曲、受拉翼缘断裂伴随着混凝土压溃。

（3）PEC 梁的受弯承载力实测值与全截面塑性理论计算值较接近，两者相差约 10%，但根据主钢件削弱最大截面按全截面塑性理论计算所得的受弯承载力则低估了 PECCS 梁的受弯承载力实测值，前者为后者的 77%～81%。

（4）通过将主钢件腹板开孔变成蜂窝钢扩大截面高度的方式能实现在用钢量相近的情况下有效提高组合梁的受弯承载力，而且截面扩张比越大，组合梁受弯承载力提高越多（扩张比为 1.5、1.75 时分别提高 55%、75%），但降低了其变形能力和延性。截面扩张比适中（为 1.5）时组合梁仍保持较好的延性，但扩张比过大（为 1.75）时组合梁的延性较差。主钢件腹板开孔的 PECCS 梁的承载力比腹板未开孔的同截面 PEC 梁降低了约 15%，但两者的弹性抗弯刚度相近。

（5）在纯弯矩作用下，无论 PEC 梁还是 PECCS 梁，其主钢件受拉侧的塑性应变明显大于主钢件受压侧。对比之下，PEC 梁的受拉侧主钢件的塑性发展相对较均匀，而 PECCS 梁更多集中在最大削弱截面处。

参考文献

[1] KINDMANN R, BERGMANN R, CAJOT L G, et al. Effect of reinforced concrete between the flanges of the steel profile of partially encased composite beams[J]. Journal of Constructional Steel Research, 1993, 27(1/2/3): 107-122.

[2] NAKAMURA S I, NARITA N. Bending and shear strengths of partially encased composite I-girders[J]. Journal of Constructional Steel Research, 2003(59): 1435-1453.

[3] ASSI I M, ABED S M, HUNAITI Y M. Flexural strength of composite beams partially encased in lightweight concrete[J]. Pakistan Journal of Applied Sciences, 2002, 2(3): 320-323.

[4] NARDIN S D, DEBSAL H C. Study of partially encased composite beams with innovative position of stud bolts[J]. Journal of Constructional Steel Research, 2009(65): 342-350.

[5] KHARE N, SHINGADE V S. Flexural and shear response of concrete encased steel beams[J]. International Journal of Innovative Research in Science, Engineering and Technology, 2016, 5(7): 13482-13491.

[6] 高志军. H 形部分外包混凝土组合短柱受力性能研究[D]. 包头: 内蒙古科技大学, 2007.

[7] CHEN Y Y, LI W, FANG C. Performance of partially encased composite beams under static and cyclic bending[J]. Structures, 2017(9): 29-40.

[8] 李炜，陈以一. 不同系杆形式的部分组合钢-混凝土受弯构件试验研究[J]. 建筑钢结构进展, 2015(17): 1-6.

[9] 李炜，陈以一. H 型钢翼缘间填充混凝土的部分组合梁抗震性能试验研究[J]. 建筑结构学报, 2015, 36(增刊 1): 330-336.

[10] 李炜，陈以一. 部分包覆钢-混凝土组合梁受弯承载能力及变形能力试验研究[J]. 建筑结构, 2021(51): 30-37.

[11] 肖锦，李杰，陈以一. T 形截面部分包覆钢-混凝土组合梁抗弯刚度及承载力试验研究[J]. 结构工程师, 2020, 36(2): 149-156.

[12] 胡夏闽，江雨辰，施悦，等. 部分外包混凝土简支组合梁抗弯性能试验研究[J]. 建筑结构学报, 2015, 36(9): 37-44.

[13] JIANG Y C, HU X M, WANG H, et al. Experimental study and theoretical analysis of partially encased continuous composite beams[J]. Journal of Constructional Steel Research, 2016(117): 152-160.

[14] 张婧，胡夏闽，张冰，等. 拉力作用下部分外包钢-混凝土组合构件受剪性能试验研究[J]. 建筑结构学报, 2017, 38(增刊 1): 349-354.

[15] 胡夏闽，张婧，张冰，等. H 型钢腹板焊接栓钉的部分外包混凝土组合构件纵向受剪性能试验研究[J]. 建筑结构学报, 2018, 39(3): 158-166.

[16] 中国工程建设标准化协会. 部分包覆钢-混凝土组合结构技术规程: T/CECS 719—2020[S]. 北京: 中国建筑工业出版社, 2020.

[17] 中华人民共和国国家标准. 钢结构设计标准: GB 50017—2017[S]. 北京: 中国建筑工业出版社, 2018.

[18] 中华人民共和国国家标准. 混凝土结构设计规范: GB 50010—2010[S]. 2015 版. 北京: 中国建筑工业出版社, 2015.

[19] 林德慧, 陈以一. 部分填充钢-混凝土组合柱整体稳定分析[J]. 工程力学, 2019, 36(增刊 1): 71-77.

高强钢单层网壳结构研究

许 贤，毛鹤霖，丁 宇，罗尧治
（浙江大学空间结构研究中心，杭州）

摘 要： 高强度钢材在大跨、异形空间结构中的应用越来越广泛，为探究高强钢在空间网格结构中的应用价值，本文研究了采用 Q460 高强钢的单层网壳结构的力学性能，并通过对比分析高强钢单层网壳结构与普通钢单层网壳结构的失稳模态与极限承载力，揭示了单层网壳结构应用高强钢的优势及其机理。提出了在普通钢单层网壳的基础上将局部重要杆件替换为高强钢构件的优化设计方案，从而进一步提升经济性。通过大量参数分析，确定了适用于高强钢单层网壳结构的弹性全过程分析安全系数取值。

关键词： 高强度钢材；单层网壳结构；稳定性；极限承载力；稳定安全系数

随着钢材加工工艺的改进和提高，结构钢材在保持了良好的韧性、延性和加工性能的同时，可以具有更高的强度，目前一般将屈服强度 ⩾ 420MPa 的结构钢材称为高强钢。学界对高强钢的屈强比、伸长率、滞回耗能能力、本构模型等力学性能进行了较为系统的研究[1]。

在高强钢构件层面，Rasmussen 等[5]对 5 个 690MPa 级钢材焊接工字形截面柱绕弱轴失稳和 6 个 690MPa 级钢材焊接箱形柱的整体稳定性能进行了试验研究。Usami 等[6]对 5 个 690MPa 级钢材焊接箱形厚实截面钢柱进行了整体稳定性能研究。施刚等[7]研究了上述试验结果后指出，在高强度钢材受压构件中，由于残余应力与钢材屈服强度的比值减小，从而提高整体稳定承载力。进一步研究发现，高强钢材轴心受压构件可采用比普通钢材轴心受压构件高的整体稳定系数[8]。

高强钢的应用可以减小构件截面尺寸，减轻结构自重，创造出更多的净使用空间。日本横滨的陆标大厦工字形截面柱、美国休斯敦的雷利昂体育馆的大跨屋顶结构均采用了高强度钢材[9]。我国建成的一些建筑结构也采用了高强度钢材，央视新台址主楼钢结构工程中大批量应用了国产高强钢[10]；北京的国家体育场钢结构主要受力杆件采用了 Q460 钢材[11]；深圳市深圳湾体育中心主体钢结构的部分构件采用了国产的 Q460D 高强度钢材[12]。在空间结构领域，高强钢的工程应用逐渐兴起，但相关的基础研究还存在较大的空白。

本文针对单层网壳结构，通过典型失稳模式算例的计算，探索并验证了高强钢的应用具有优势，为单层网壳结构优化杆件配置提供新方案，并提出适用于高强钢结构的弹性全过程分析安全系数，为实际工程提供指导。

1 普通钢与高强钢单层网壳结构的失效模式与极限承载力

本章以典型单层球面和柱面网壳结构为例分析比较普通钢和高强钢单层网壳结构的失效模式和承载力。

1.1 算例说明

对凯威特 8 型单层球面网壳结构和三向网格单层柱面网壳结构进行算例设计，网壳几何参数的定义如图 1 所示。每种网壳结构形式各采用两种不同的设计参数取值，如表 1、表 2 所示。各算例均不考虑初始几何缺陷的影响。

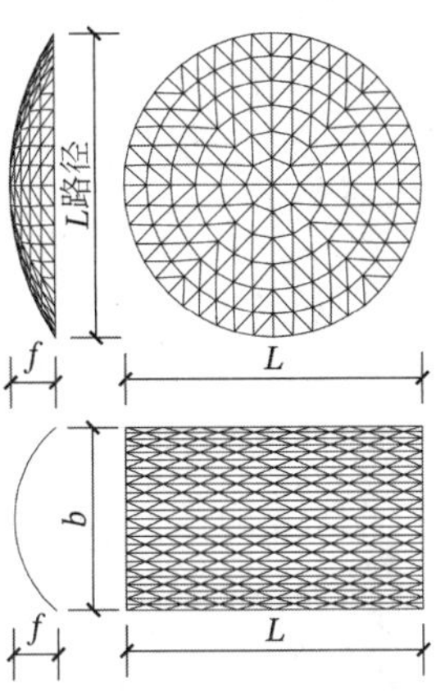

图 1 网壳几何参数示意图

单层球面网壳计算参数 表 1

算例编号	频数	矢高f/m	跨度L/m	支承形式	杆件截面	
					主肋/环杆	斜杆
1	8	7.5	60	最外环三向固定铰支	$\phi152\times5.5$	$\phi146\times5$
2	6	8	40	最外环三向固定铰支	$\phi146\times5$	$\phi140\times6$

单层柱面网壳计算参数 表 2

算例编号	环向划分段	纵向划分段	矢高f/m	长度L/m	宽度b/m	支承形式	杆件截面	
							端/纵杆	斜杆
3	16	18	7.5	54	30	两纵边三向固定铰支	$\phi114\times6$	$\phi152\times6$
4	16	10	15	30	30	四边三向固定铰支	$\phi89\times4$	$\phi152\times6$

1.2 弹塑性稳定性分析

采用 Q235 钢材，对四个算例分别进行弹塑性稳定性分析，失稳时结构的总变形图和应力云图如图 2 所示。算例 1 在失稳时，除第六、七环主肋节点杆件外，其余杆件仍处于弹性阶段；算例 2 在失稳时，第一、二环的杆件已经大量进入塑性发展阶段，且失稳模式表现为主肋节点凹陷，并逐渐连成一体，形成十分明显的凹槽，说明第二环杆件局部塑性发展过深导致顶端刚度急剧下降是结构失稳的主要原因；算例 3 在失稳时所有杆件均处于弹性阶段，说明结构整体刚度很弱，失稳完全由几何变形导致；算例 4 在失稳时结构四周斜杆塑性发展较为深入，失稳模式表现为四周杆件变形挤压中部杆件，导致结构顶部呈现对称凹陷，两侧隆起，四周杆件塑性发展为该结构失稳的主要原因。将钢材更换为 Q460 高强钢后再进行一次弹塑性稳定性分析，失稳时结构的总变形图和应力云图如图 3 所示，可见，高强钢单层网壳结构的内力分布规律和失效模式与普通钢单层网壳结构一致。两次分析得到的极限承载力结果如表 3 所示，结果说明对于杆件塑性发展为结构失稳主要诱因的单层网壳结构，应用高强钢的优势明显，收益较大。

极限承载力结果 表 3

算例编号	应用 Q235 钢材极限承载力（kN/m^2）	应用 Q460 钢材极限承载力（kN/m^2）	提升量
1	4.49	5.41	20.5%
2	11.94	21.92	83.6%

续表

算例编号	应用 Q235 钢材极限承载力（kN/m²）	应用 Q460 钢材极限承载力（kN/m²）	提升量
3	1.34	1.34	0
4	7.39	12.79	73.1%

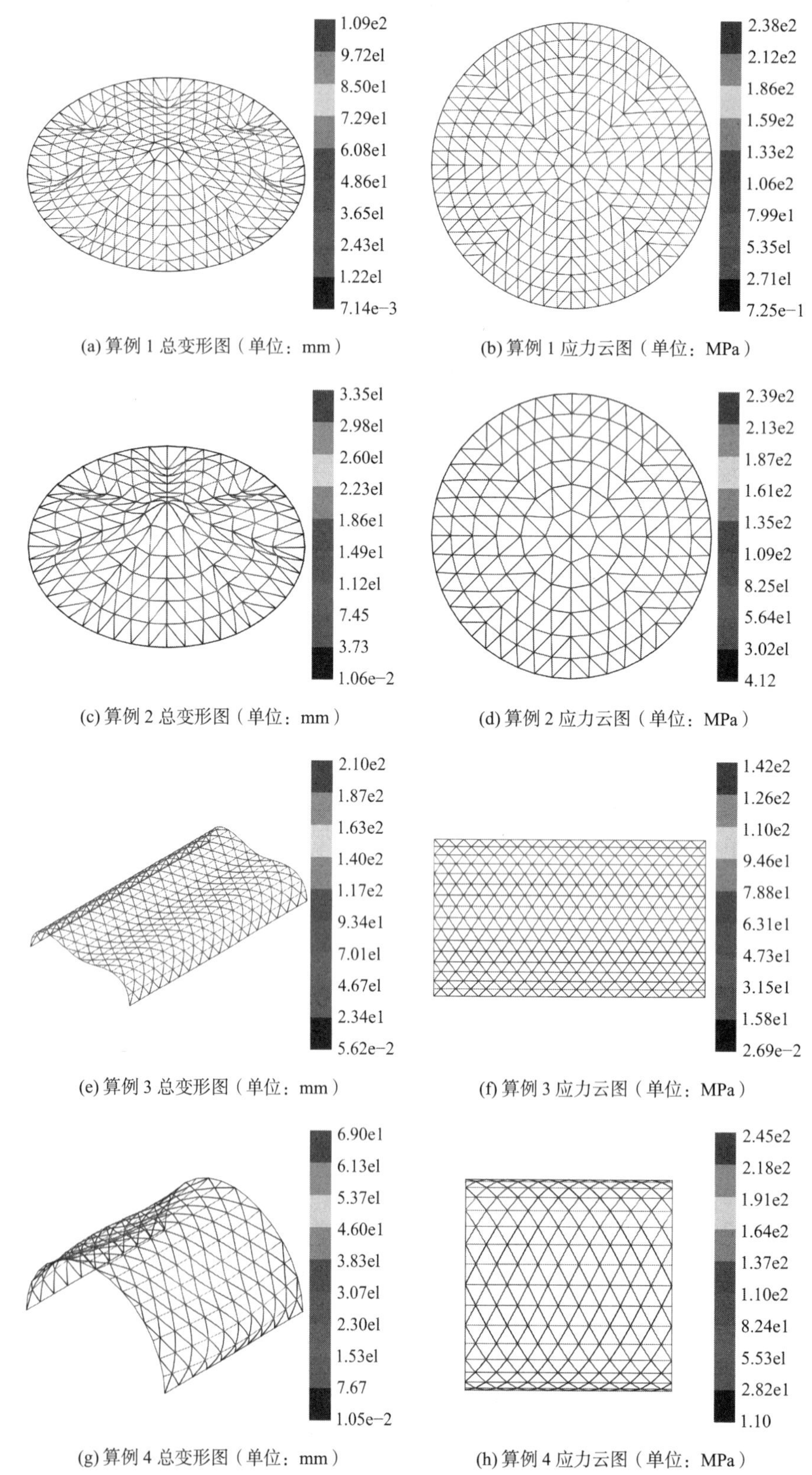

(a) 算例 1 总变形图（单位：mm）　(b) 算例 1 应力云图（单位：MPa）

(c) 算例 2 总变形图（单位：mm）　(d) 算例 2 应力云图（单位：MPa）

(e) 算例 3 总变形图（单位：mm）　(f) 算例 3 应力云图（单位：MPa）

(g) 算例 4 总变形图（单位：mm）　(h) 算例 4 应力云图（单位：MPa）

图 2　采用 Q235 钢材情况下失稳时结构总变形图和应力云图

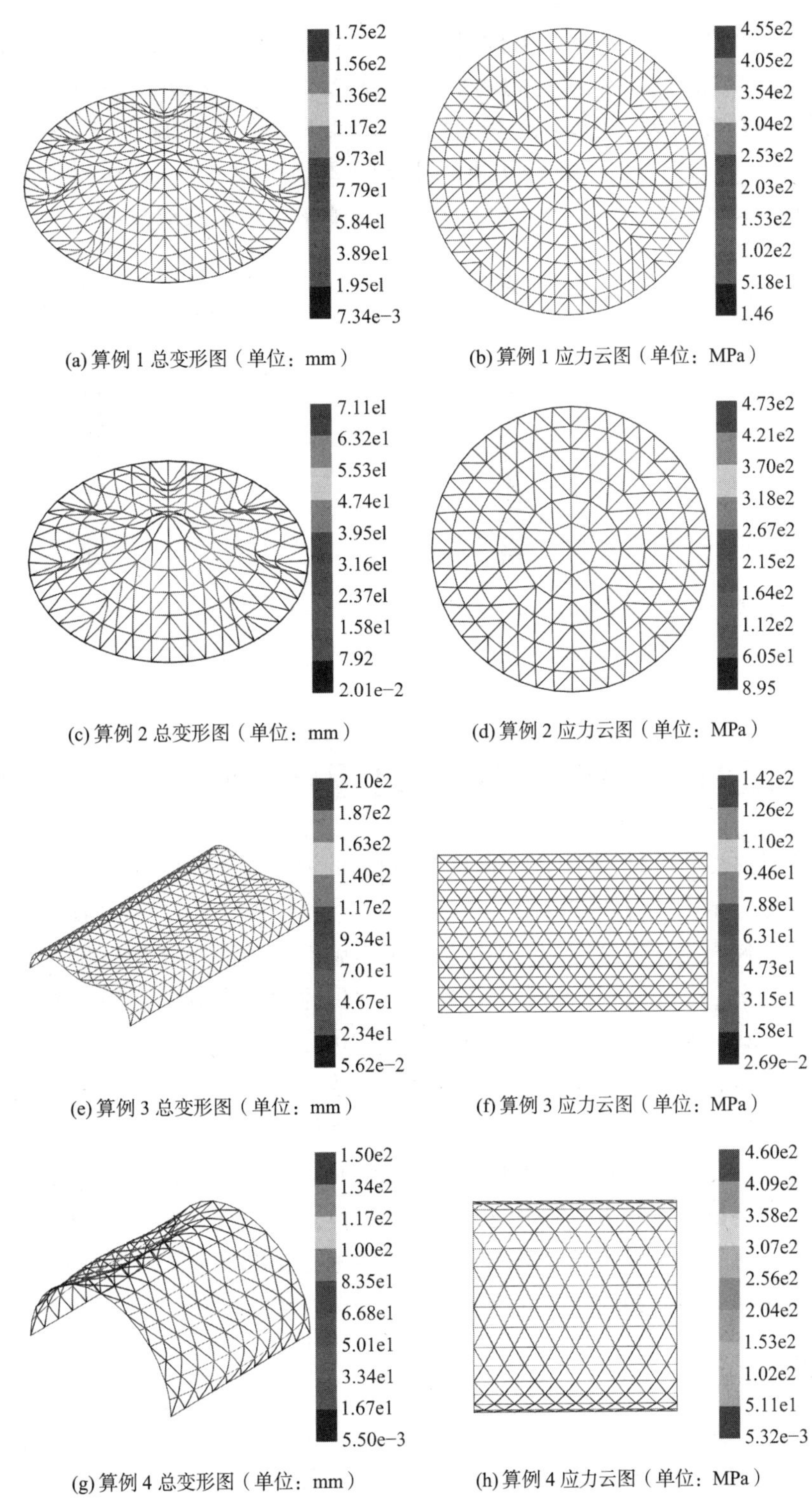

(a) 算例 1 总变形图（单位：mm）　(b) 算例 1 应力云图（单位：MPa）

(c) 算例 2 总变形图（单位：mm）　(d) 算例 2 应力云图（单位：MPa）

(e) 算例 3 总变形图（单位：mm）　(f) 算例 3 应力云图（单位：MPa）

(g) 算例 4 总变形图（单位：mm）　(h) 算例 4 应力云图（单位：MPa）

图 3　采用 Q460 钢材情况下失稳时结构总变形图和应力云图

1.3　局部采用高强钢的单层网壳结构

在实际工程中，考虑到高强钢的成本高于普通钢，同时并非所有杆件都有较高的强度要求，因此可以选择部分重要杆件替换为高强钢，其余杆件仍采用普通钢的设计策略。其原理是将原采用普通钢时塑性发展较深入的杆件替换为高强钢，从而延后局部杆件的塑性发展。这种方案可以在成本增加不大的情况下，使结构的极限承载力有较大的提升。

以算例 2 为例，将该结构的主肋杆与环杆替换为 Q460 钢材，斜杆材料仍采用 Q235 钢材。对局部替换杆件后的结构进行弹塑性稳定性分析，失稳时结构各杆件的应力云图如图 4 所示，结果显示所有环杆与主肋杆应力均小于 460MPa，所有斜杆应力均小于 235MPa，说明结构破坏时所有杆件均处在弹性阶段，结构破坏的主要诱因由杆件的塑性发展转变为结构的几何变形。与全部采用普通钢的结构方案相比，该方案更换了 11.01t 钢材(占结构总用钢量的 36.4%)，极限承载力提升至 17.57kN/m²，提升百分比为 47.2%。可见，较全部替换高强钢的方案，局部替换的方案具有更高的极限承载力提升效率。

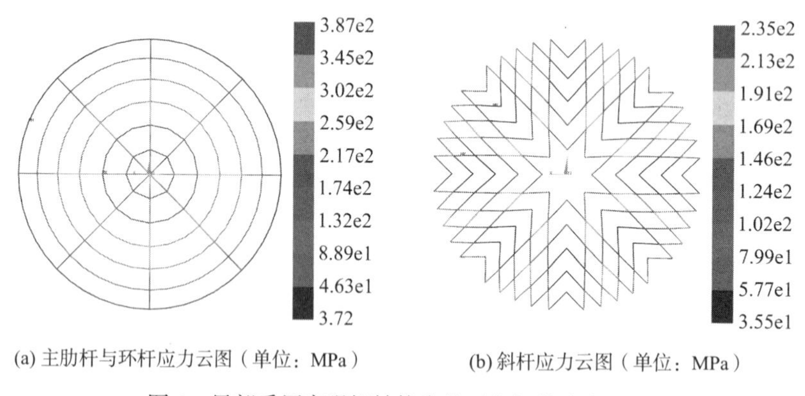

(a) 主肋杆与环杆应力云图（单位：MPa）　　(b) 斜杆应力云图（单位：MPa）

图 4　局部采用高强钢结构失稳时各杆件应力云图

2 高强钢单层网壳结构按弹性全过程分析时的稳定安全系数

依据《空间网格结构技术规程》JGJ 7—2010[13]，网壳的稳定容许承载力等于网壳稳定极限承载力除以安全系数。网壳稳定安全系数有两种取值，一是按弹塑性全过程分析时的取值K_p；二是按弹性全过程分析时的取值K_e。由于网壳稳定容许承载力的取值在依据弹性全过程分析和依据弹塑性全过程分析时应保持一致，因此弹塑性安全系数K_p和弹性安全系数K_e的比值应等于弹塑性极限荷载和弹性极限荷载的比值，即塑性折减系数c_p。因为K_p只与荷载分项系数、结构抗力分项系数和调整系数等参数有关，因此结构采用高强钢后，该安全系数不发生变化。在杆件截面不改变的情况下仅将材料替换为高强钢，结构的几何参数并未发生变化，因此结构的弹性稳定极限承载力将保持不变，但由于杆件强度提升后结构的弹塑性极限承载力有所提高，若弹性安全系数取值仍采用现有规程中的数值将过于保守，不利于发挥高强钢材料的性能，因此需要提出更适用高强钢网壳结构的弹性安全系数。本章将根据上述思路，对大量高强钢单层网壳结构的弹性极限承载力和弹塑性极限承载力进行参数分析，确定高强钢网壳结构的塑性折减系数，进而提出更适用于高强钢网壳结构的弹性稳定安全系数。

2.1 单层球面网壳

对跨度 40～70m、矢跨比 1/8～1/4、初始缺陷$L/1000$～$L/300$ 的 K8 型和 K6 型单层球面网壳结构共计 480 例算例，算例详细参数取值见表 4，分别进行全跨均布荷载和半跨均布荷载两种情况下的弹性极限承载力和弹塑性极限承载力计算，得到每个算例的塑性折减系数。据此求得全跨均布荷载情况下弹塑性极限荷载和弹性极限荷载的比值平均值和均方差分别为 0.850 和 0.117，取正态分布 95%的置信区间，可求得塑性折减系数为：

$$c_p = \bar{c}_p - 1.645\delta_{c_p} = 0.658$$

相应的弹性安全系数为：

$$K_e = \frac{K_p}{c_p} = \frac{2.0}{0.658} = 3.04$$

同理可求得半跨均布荷载情况下弹性安全系数为 3.03。

单层球面网壳算例参数 表 4

网壳类型	跨度（m）	频数	矢跨比	主肋杆/环杆	斜杆	初始缺陷
K-8	40	6	1/4、1/5、1/6、1/7、1/8	$\phi121\times3.5$	$\phi114\times3$	$L/1000$、$L/500$、$L/300$
				$\phi133\times4$	$\phi127\times3$	
				$\phi140\times4$	$\phi133\times4$	
				$\phi146\times5$	$\phi140\times6$	
	50	7		$\phi140\times4$	$\phi127\times3.5$	
				$\phi140\times5$	$\phi133\times5$	
				$\phi152\times5$	$\phi140\times4.5$	
				$\phi168\times6$	$\phi152\times5$	
	60	8		$\phi146\times5.5$	$\phi133\times4$	
				$\phi152\times5.5$	$\phi146\times5$	
				$\phi168\times6$	$\phi152\times5$	
				$\phi194\times6$	$\phi168\times6$	
	70	9		$\phi152\times6$	$\phi146\times5$	
				$\phi180\times6$	$\phi159\times5$	
				$\phi203\times6$	$\phi180\times5$	
				$\phi219\times7$	$\phi194\times5$	
K-6	40	6		$\phi121\times3.5$	$\phi114\times3$	
				$\phi133\times4$	$\phi127\times3$	
				$\phi140\times4$	$\phi133\times4$	
				$\phi146\times5$	$\phi140\times6$	
	50	7		$\phi140\times4$	$\phi127\times3.5$	
				$\phi140\times5$	$\phi133\times5$	
				$\phi152\times5$	$\phi140\times4.5$	
				$\phi168\times6$	$\phi152\times5$	
	60	8		$\phi146\times5.5$	$\phi133\times4$	
				$\phi152\times5.5$	$\phi146\times5$	
				$\phi168\times6$	$\phi152\times5$	
				$\phi194\times6$	$\phi168\times6$	
	70	9		$\phi152\times6$	$\phi146\times5$	
				$\phi180\times6$	$\phi159\times5$	
				$\phi203\times6$	$\phi180\times5$	
				$\phi219\times7$	$\phi194\times5$	

2.2 单层柱面网壳

考虑跨度 15m、矢跨比 1/5～1/2、长跨比 1.0～3.0、初始缺陷$L/750$～$L/300$ 的三向网格单层柱面网壳结构共计 351 个算例，算例详细参数取值见表 5，支承形式采用两纵边支承和四边支承两种方式，对全跨均布荷载和半跨均布荷载两种情况分别进行了弹性极限承载力和弹塑性极限承载力计算，得到每个算例的塑性折减系数。据此求得两纵边支承、全跨均布荷载情况下弹性安全系数为 2.37，半跨均布荷载情况下弹性安全系数为 4.05；四边支承、全跨均布荷载情况下弹性安全系数为 4.24，半跨均布荷载情况下弹性安全系数为 4.23。

单层柱面网壳算例参数 表 5

支承形式	跨度（m）	长跨比	矢跨比	端杆/纵杆	斜杆	初始缺陷
两纵边支承	15	2.0	1/3、1/4、1/5	$\phi 89\times 4$	$\phi 133\times 4$	B/750、B/500、B/300
				$\phi 95\times 4$	$\phi 140\times 4$	
				$\phi 102\times 4$	$\phi 146\times 4$	
		1.0、1.4、1.8、2.2、2.6		$\phi 89\times 4$	$\phi 133\times 4$	
				$\phi 95\times 4$	$\phi 140\times 4$	
		2.2、2.6		$\phi 102\times 4$	$\phi 146\times 4$	
四边支承	15	1.0、1.4、1.8、2.2、2.6、3.0	1/2、1/3、1/4、1/5	$\phi 89\times 4$	$\phi 140\times 6$	B/750、B/500、B/300
				$\phi 102\times 4$	$\phi 146\times 6$	
				$\phi 102\times 4$	$\phi 146\times 4$	

注：B为跨度。

2.3 结果分析

采用高强钢后的弹性安全系数结果汇总如表 6 所示。凯威特型单层球面网壳结构对于竖向荷载的不对称分布不敏感，故在全跨荷载和半跨荷载作用下塑性折减系数几乎保持一致，应用高强钢后可取弹性安全系数K_e为 3.1。考虑初始缺陷的情况下，单层柱面网壳的失稳模式如图 5 所示，两纵边支承单层柱面网壳结构在半跨荷载作用下易发生结构整体侧向位移而失稳，失稳时大部分杆件还未进入塑性发展阶段，塑性发展程度较浅，故应用高强钢效果不明显，弹性安全系数可取 4.1。

修正的弹性安全系数 表 6

网壳类型	支承形式	全跨荷载情况下	半跨荷载情况下
凯威特型单层球面网壳	最外环固定铰支	3.04	3.03
三向网格单层柱面网壳	两纵边支承	2.37	4.05
	四边支承	4.24	4.23

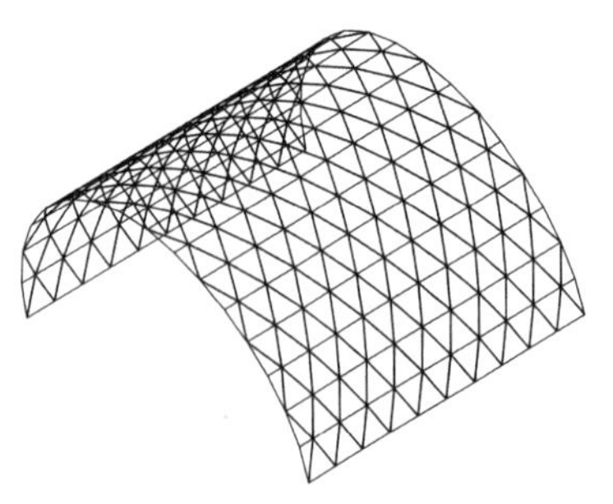

(a) 两纵边支承失稳模式

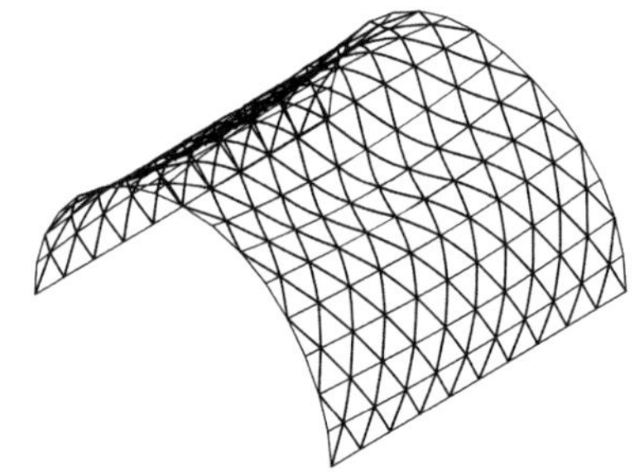

(b) 四边支承失稳模式

图 5 单层柱面网壳的失稳模式

四边支承单层柱面网壳结构受不对称荷载分布的影响较小，在失稳时壳面呈现两侧向上隆起、中部凹陷，除中部杆件塑性发展较深外其余大部分杆件还未进入塑性发展阶段，整体塑性发展程度较浅，高强钢的作用不显著，弹性安全系数可取 4.3。可见，对于高强钢单层柱面网壳，其弹性安全系数取值接近于现有规范针对普通钢单层网壳的取值 4.2。

3 结论

本文针对高强钢对单层网壳结构的极限承载力的提升作用以及高强钢单层网壳结构的弹性稳定安全系数的取值开展了数值分析研究，主要结论如下：

（1）高强钢单层网壳结构的内力分布规律，失效模式与普通钢单层网壳结构一致，但其弹塑性极限承载力有明显增长。极限承载力的增长幅度与结构的失效模式有关，若结构破坏主要由几何非线性导致，破坏时杆件塑性发展较浅，那么采用高强钢对单层网壳极限承载力的提升作用有限；若结构破坏主要由材料非线性导致，破坏时杆件塑性发展较深，那么采用高强钢对单层网壳极限承载力的提升作用显著。

（2）针对失效模式为局部杆件进入塑性的单层网壳结构，通过将局部杆件替换为等截面的高强钢杆件可以显著提高结构的极限承载力，且与增大截面的强化方案相比，应用高强钢进行强化不会破坏结构的整体匀称性。

（3）对于高强钢单层球面网壳，若采用现行规范的弹性稳定安全系数取值将过于保守，不利于发挥材料性能。通过参数分析，建议高强钢单层球面网壳的弹性稳定安全系数可取 3.1；对于高强钢单层柱面网壳，由于其失效模式主要受变形控制，破坏时杆件塑性发展较浅，采用高强钢对整体结构极限承载力的提升有限，其弹性稳定安全系数与现有规范针对普通钢单层网壳的取值接近。

参考文献

[1] SAN H Y, SHI G, SHI Y J, et al. Research progress on the mechanical property of high strength structural steels[J]. Advanced Materials Research, 2011(1270): 250-253.

[2] 施刚，王飞，戴国欣，等. Q460C 高强度结构钢材循环加载试验研究[J]. 东南大学学报（自然科学版）, 2011, 41(6): 1259-1265.

[3] SHI G, WANG M, BAI Y, et al. Experimental and modeling study of high-strength structural steel under cyclic loading[J]. Engineering Structures, 2012, 37(4): 1-13.

[4] 施刚，朱希. 高强度结构钢材单调荷载作用下的本构模型研究[J]. 工程力学, 2017, 34(2): 50-59.

[5] RASMUSSEN K J R, HANCOCK G J. Tests of high strength steel columns[J]. Journal of Constructional Steel Research, 1995, 34(1): 27-52.

[6] USAMI T, FUKUMOTO Y. Local and overall buckling of welded box columns[J]. Journal of the Structural Division, 1982, 108(3): 525-542.

[7] 施刚，王元清，石永久. 高强度钢材轴心受压构件的受力性能[J]. 建筑结构学报, 2009, 30(2): 92-97.

[8] 施刚，石永久，王元清. 超高强度钢材钢结构的工程应用[J]. 建筑钢结构进展, 2008(4): 32-38.

[9] 施刚，班慧勇，石永久，等. 高强度钢材钢结构的工程应用及研究进展[J]. 工业建筑, 2012, 42(1): 1-7.

[10] 陈振明，张耀林，彭明祥，等. 国产高强钢及厚板在央视新台址主楼建筑中的应用[J]. 钢结构, 2009, 24(2): 34-38.

[11] 范重，刘先明，范学伟，等. 国家体育场大跨度钢结构设计与研究[J]. 建筑结构学报, 2007(2): 1-16.

[12] 田黎敏，郝际平，戴立先，等. 深圳湾体育中心结构施工过程模拟分析[J]. 建筑结构, 2011, 41(12): 118-121.

[13] 空间网格结构技术规程: JGJ 7—2010[S]. 北京：中国建筑工业出版社, 2010.

地铁下穿上盖高层建筑振动响应预测与分析

谢艳花[1]，黄子陨[1]，郑钰钰[2]，徐 敏[1]，李建宏[1]，楼煌杰[1]，叶 昕[1]，袁宗浩[2]
（1. 中国联合工程有限公司，浙江 杭州 310052；2. 浙江工业大学土木工程学院，浙江 杭州 310023）

摘 要： 在城市轨道交通发展大背景下，由于城市土地资源紧张，地铁下穿建筑成为两者的主要结合方式，然而建筑下方列车运行会带来振动过大等环境问题。为了快速有效地评价上盖高层建筑振动响应水平，提出了一种适用于下穿地铁车致高层建筑振动响应计算反分析法。利用反分析有限元模型，研究了地铁振动在拟建高层建筑中的传播与衰减规律，评价拟建高层建筑的振动响应水平。研究结果表明：随着建筑楼层的升高，在不同楼层中室内柱测点位置的振动响应呈现先减小后增大的趋势，在顶层有放大现象；相比于低频振动，建筑结构对高频振动衰减作用更大；同一楼层振动响应受总建筑楼层高度的影响显著。

关键词： 反分析法；地铁振动；高层建筑；有限元模型；振动衰减

截至 2021 年底，国内有 50 座城市投运轨道交通，线路长度共计 9192.62km[1]。为了提高城市土地利用率，将地铁车站上部空间利用起来是最直接有效的方法，同时也促进了商业和交通的发展。由于振源距离较近，地下交通引起的振动和噪声对人们生活环境和身体以及车站、上盖建筑的影响是不可忽视的[2-3]。国内外已有很多学者对于地铁列车运营引起的环境振动问题展开了相关研究。孙宇等[4]基于格林函数和轮轨 Hertz 非线性接触理论，提出了求解车辆-轨道垂向耦合动力学的新方法，同时证明格林函数法在车辆-轨道耦合动力学计算中的可靠性；王国才等[5]基于饱和土波动方程，通过 Hankel 变换导出了在简谐集中扭矩作用下饱和半空间表面问题的积分形式解，分析了半空间表面应力和位移随振源距离的变化规律，并研究了土体参数和激振频率对饱和地基的土动力响应的影响；王哲等[6]利用 Attewell 分析公式，研究了隧道的半径、隧道的埋深和土质对浅埋暗挖法隧道施工引起的沉降槽宽度系数的影响，并提出了一种更加适用于杭州软土地区的分析公式；Sheng 等[7]利用解析法研究了列车荷载传播在地表处的共振现象，分析钢轨结构、车速等不同因素对振动传播的影响。然而上述研究理论计算步骤繁琐、简化假定条件多，可适用的工况范围也受到了很大的限制，而数值计算法应用范围更广。王逢朝等[8]通过建立车辆-结构土层-建筑物的二维模型，研究了不同隧道埋深和建筑层数下地铁列车振动对邻近建筑物的影响；关天伟等[9]利用 Plaxis3D 有限元软件建立列车-隧道土体-上部结构三维模型，研究地铁车辆运行对周围土体和建筑的影响车辆耦合。由于缺少必要的测试条件，针对尚处于规划中的地铁线路，不能够像多数已施工完成的建筑或车站一样采用纯实测[10]方式完成环境振动评价。由于实际环境振动问题的复杂性，考虑土层非均质、钢轨不平顺等随机因素，单采用数值模型[11]无法准确分析环境振动问题，因此采用振动实测与数值模拟相结合的方式对规划中的地铁线路开展环境振动评价是非常重要的方法。谢伟平等[12]等结合工况实测数据，建立精细化有限元模型，计算分析上盖高层建筑的振动响应，分析列车进出车辆段处上盖建筑振动传播规律；郑玄东等[13]建立了莘庄枢纽车站半空间一体化有限元模型，结合莘庄站现场实测数据求得轮轨荷载，分析模拟了沪杭客专运行时增设隔振基础下邻近建筑的振动响应；包碧玉等[14]以某新建地铁下穿复合地基高层办公楼建筑为背景，结合北京地铁隧道处实测数据，建立数值模型以验证模型的有效性，最后建立三维有限元预测模型，分析评价不同浮置板道床下的振动响应。

目前，针对拟建地铁车站附近的超高层建筑振动响应规律与评价方面的研究相对较少，相较于低层建筑来说，高层或超高层建筑存在建造时间长、投入成本高、外界因素干扰大和楼板跨度大等不利因素，且受到的环境振动影响因素也更复杂，同时地铁车站附近拟建高层建筑振动的传播与衰减规律尚不明确。对地铁车站附近上盖建筑振动舒适度评价是十分必要的，超前振动评价可避免后期投入大量成本以解决振动超标问题。因此，笔者提出一种适用于下穿地铁车致高层建筑振动响应计算反分析法，首先采用 ABAQUS 有限元分析软件建立车-轨-隧道-土体-建筑耦合振动数值模型，通过自编程 Fortran 程序，编写列车荷载施加、求解和时程分析的一体化计算过程，调用 VDLOAD 子程序实现有限元模型中变幅值移动性动荷载的输入、模拟和计算结果输出，通过对比杭州某地铁车站新建上盖建筑振动实测结果与计算结果，验证了笔者方法的有效性；然后将其应用于车站处拟建上盖建筑，研究邻近列车荷载对拟建超高层上盖建筑的振动影响，分析地铁振动在建筑中的传播规律，完成对拟建建筑振动响应的预测评价。

1 研究方法

1.1 列车移动荷载模拟

为研究地铁列车振动波在车站邻近高层建筑中的振动传播规律，在有限元模型计算时，借用 ABAQUS 计算模型调用 VDLOAD 子程序，通过自编程 Fortran 程序，完成列车荷载施加、求解和时程分析的一体化计算过程。变幅值的移动荷载可通过调整随时间变化的荷载幅值、作用位置来实现不同类型列车荷载的加载与模拟[15]。

列车移动荷载可简化为由一系列不同幅值正弦力组合而成的竖向动荷载[15]，列车移动荷载模拟计算公式为

$$F(t)=\sum_{i=0}^{n}\sin(2\pi it+\theta_i)\times\varphi(i)\times w \tag{1}$$

式中：$F(t)$为t时刻车轮平均力；w为每个车轮的重量；θ_i为相位差；$\varphi(i)$为不同频率i下正弦力幅值调整系数；n为振动频率的个数。

列车车轮位置确定公式为

$$x_m(t)=x_{m,0}+Vt \tag{2}$$

式中：$x_m(t)$为在t时刻列车移动至第m个车轮距离最初零坐标沿列车移动方向的位置坐标；$x_{m,0}$为第m个车轮距离零坐标的位置；V为列车前进速度。

结合车辆几何参数值，通过式(1)确定位于单一轮轴下初始位置的轮轨间作用力，由于此处列车荷载为集中力，且列车由多节车厢的多个轮轴构成，需通过公式(2)确定列车运行时车轮相对于初始位置的距离，并进一步确定模型中列车荷载具体施加位置点坐标，从而实现列车运行状态下的移动荷载的模拟。

由于式(1)中将轮轨间作用力虚拟为一系列简谐荷载的叠加形式，因此在采用有限元开展建模时，可以忽略车体部分，避免求解复杂的车体-轨道系统，轮-轨间的作用力可通过现场振动实测数据反分析获得。

1.2 有限元反分析法

基于上述列车移动荷载模拟方法，图 1 给出了运用有限元反分析法对临近列车荷载对拟建超高层上盖建筑振动评价分析技术路线图，该方法可将上盖建筑振动现场测试与有限元数值模拟相结合。由于该上盖建筑为拟建项目，没有现场振动实测条件，故选取杭州地铁线某相似区间段，开展上盖建筑现场振动测试与数值模拟。首先，建立相似工况下的“振源-车站-土”精细化有限元数值模型，将相似工况下实测振动响应与模型试运算结果进行对比，依据两者间的差异将式(1)中轮轨间作用力参数进行调整优化，

即不断调整虚拟力的幅值和相位，经过多次模型试运算和荷载参数优化，直至两者吻合结果较好，以确定虚拟力的大小，同时验证了有限元反分析模型的有效性；然后，建立拟建项目“振源-车站-土”有限元模型，输入已确定的相似工况下的虚拟力，预测分析地铁车站高层建筑振动响应数值。

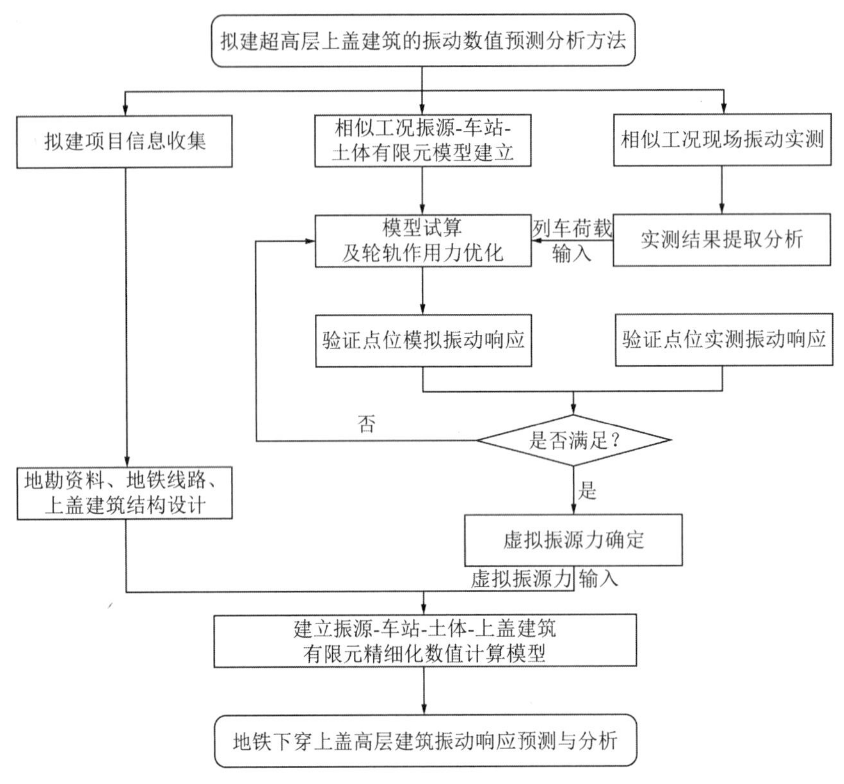

图 1 反分析预测分析方法技术路线图

2 有限元模型验证

选取与待研究地铁上盖建筑相似的工况开展地铁线邻近建筑振动的现场实测工作，同时建立相似工况下列车-车站-土体-上盖建筑数值模型，并与实测数据进行对比分析，以验证下穿地铁车致高层建筑振动响应计算反分析法的正确性。

2.1 测试工况

测试地点位于杭州地铁 4 号线某车站处新建上盖建筑工程，地铁线路与建筑位置关系如图 2 所示。地上建筑为 14 层，地下室为 3 层，均为剪力墙结构。地铁 4 号线下穿此地块。地铁 4 号线由一条单线隧道组成，运行列车为 6 节编组 B 型车，运行速度为 80km/h。地铁 4 号线穿越振动测试地块，建筑结构位于地铁车站上部，地下室与车站相连，选取建筑共有 17 层，地下车站 3 层，列车在地下 3 层运行。

采用 INV3062C 信号采集仪，每个位置均布置加速度传感器，柱测点采集 Z 向的振动加速度，板位置测点采集 X、Y、Z 三个正交方向的振动加速度，采样频率为 512Hz，每次采样时间为 30min。结合实际工程需要，选择邻近地铁线路处柱、板等结构构件进行连续观测，每层测试为 5 个柱测点和 2 个板测点，测点位置如图 3 所示。本项目振动环境测试主要依据规范中振动测试的相关规定进行。具体方法如下：在进行现场测试时，选用快干胶将拾振传感器分别粘在地面测点和柱测点处，板测点处放置竖向和水平向传感器，柱测点上放置竖向传感器，再通过信号线将 INV3062C 信号采集仪和计算机连接起来进行信号收集。

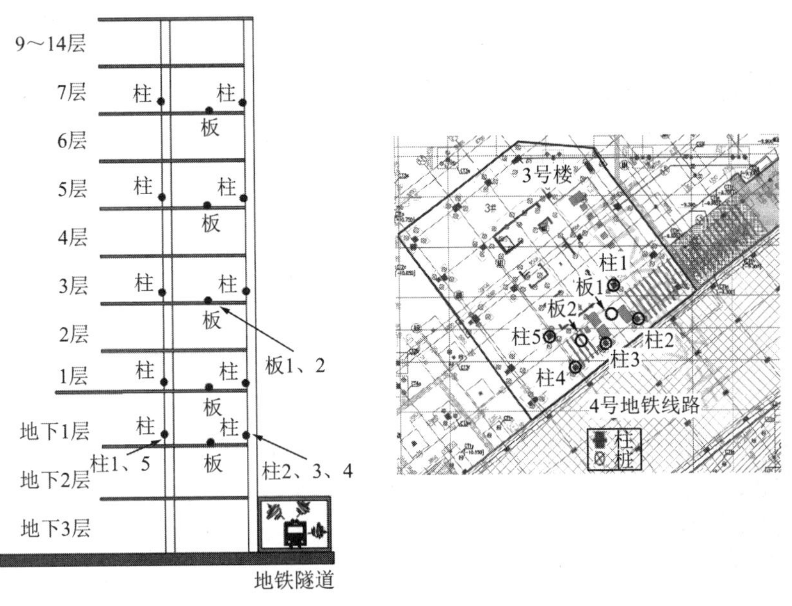

图 2　地铁线路-建筑位置关系图　　　　图 3　测点位置图

2.2　数值模型验证

由于待研究目标处于规划中，目前不具备测试条件，故选取相似车站结构及上盖建筑项目进行现场振动测试，同时建立其土体-车站-上盖建筑有限元分析模型，计算列车运行引起的建筑振动，同时与实测结果进行对比分析。

结合 2.1 节对选取近似工况的概述，建立如图 4 所示的土体-车站-列车有限元模型，计算列车运行地铁车站地下 1 层的振动响应。该工况（地铁 4 号线）已建车站共计 3 层，列车在地下 3 层运行；柱采用 C40 混凝土，横截面积为 700mm × 1100mm，沿轨道方向的柱间距为 8m，梁、板、墙采用 C30 混凝土，纵梁截面为 600mm × 900mm，上述构件均采用实体单元模拟。

建立有限元验证模型后，结合地铁 4 号线运营列车参数信息，用一系列不同幅值正弦力组合而成的竖向动荷载模拟列车荷载。以地下 1 层柱点位实测数据为参考，开展振源虚拟力的反分析，通过对模型中输入荷载幅值和相位的不断修正，最终确定模型中振源力的大小，并将该振源力激励下的响应计算结果与相同点位的实测结果作对比，结果如图 5 所示。

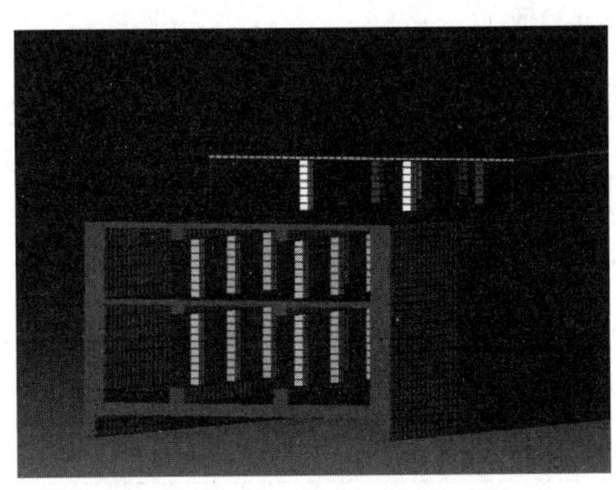

图 4　土体-车站-列车有限元模型

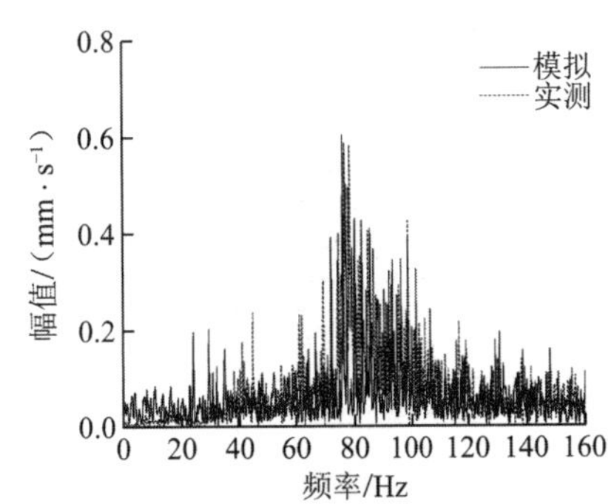

图 5　模拟数据与实测数据

由图 5 可知：现场振动测试与有限元模型计算的结果曲线规律和量级总体上保持一致，验证了利用有限元模型分析振动响应的有效性，该模拟过程中运用了反分析法确定振源，由于待研究工程和实测工程存在工况一致性，该振源可同时作为下文预测拟建项目振动响应的虚拟振源力。

3 数值预测结果分析

3.1 计算模型

图 6 列车-车站-土体-上盖建筑精细化三维有限元模型

建立地铁 6 号线拟建车站及上盖建筑有限元模型，车站共计 5 层，列车在地下 5 层运行；计算模型中梁、柱、板、墙的几何尺寸均按实际情况建立，柱采用 C50 混凝土材料，梁、板、墙采用 C35 混凝土材料，上述构件均采用实体单元模拟，沿轨道方向的柱间距为 9m，车站每层均布置纵梁，顶层增加布置横梁。由于振动实测项目（4 号线）与待研究项目（6 号线）在地铁车辆类型、轨道类型、地层条件等方面具有较好的一致性，因此在对拟建地铁 6 号线项目附近高层建筑振动预测时，选择了与 4 号线相同的虚拟力源进行预测分析。同时，根据实际拟建上部建筑结构参数信息，建立如图 6 所示的列车-车站-土体-上盖建筑精细化三维有限元模型。

计算土体模型尺寸为 150m × 160m × 80m，考虑到实际土体结构的复杂性，将土层简化为 4 层，各层土厚依次为 7m、17m、19m、37m，具体土层参数如表 1 所示。车站结构为地下 5 层，板和梁采用 C35 混凝土，柱采用 C50 混凝土，车站 3～5 层板厚 500mm，车站 2 层板厚为 700mm，车站顶部距离地表 1.2m，整体宽度为 54m，高度为 57.2m。建筑中楼板和梁部件采用 C35 混凝土，建筑不同楼层范围的剪力墙、楼柱部件选取混凝土等级则有所不同，C35～C60 混凝土材料的参数如表 2 所示。上盖建筑总层数为 32 层，总体高度 126.3m，建筑各层板厚为 150mm。整体模型网格尺寸划分为 1m/个，为提高计算效率，远离振源处网格选择 3m/个，共计 1199113 个单元。计算模型边界采用无限元边界，避免振动传播至有限元模型截断处的反射影响计算结果。

土层参数 表 1

土层名称	厚度/m	密度/(kg · m^{-3})	动弹性模量/MPa	泊松比
土层一	7	19.20	205	0.31
土层二	17	18.63	110	0.44
土层三	19	19.86	578	0.17
土层四	7	26.00	1100	0.26

建筑部件参数 表 2

混凝土等级	密度/（kg · m^{-3}）	弹性模量/MPa	泊松比	阻尼比
C35	2390	3.15×10^4	0.2	0.02
C40	2400	3.25×10^4	0.2	0.02
C45	2410	3.35×10^4	0.2	0.02
C50	2420	3.45×10^4	0.2	0.02
C55	2430	3.55×10^4	0.2	0.02
C60	2440	3.65×10^4	0.2	0.02

3.2 上盖建筑振动预测结果分析

3.2.1 建筑振动整体响应分析

各楼层过车响应峰值如表 3 所示，列车过车总时长为 10s，时域中最大加速度在过车中间时段，1～

32 层最大加速度峰值为 0.62～4.22mm/s^2，频谱中幅值峰值主要出现在低频 10～20Hz 和高频 50～80Hz 处，低频峰值为 0.07～0.22mm/s 以及高频峰值为 0.046～0.58mm/s。地铁列车运行建筑结构各楼层柱测点振动加速度时程如图 7 所示。由图 7 可知：各楼层加速度时程图是明显过车曲线，呈梭形分布。地铁列车运行建筑结构各楼层柱测点振动幅值频程图如图 8 所示。当地铁列车过车时，上盖建筑内最大振动分布于 10～80Hz。随着建筑楼层的增加，振动幅值总体呈现逐渐减小的趋势，在顶层有放大现象，这是由于在建筑顶层存在振动波反射情况，波动传递导致的叠加反射效应使顶部出现振动放大区；当振动幅值在 20Hz 之内时，随着楼层的增加没有明显变化，甚至出现部分增大现象，这是由于低频范围内波长较长，沿着楼层高度方向衰减有限，而振动幅值在 20Hz 以上时波动减小趋势明显，这是由于高频成分波长较短，沿楼层高度方向衰减明显。图 8 中的频谱结果表明：建筑振动沿高度方向以传播低频振动为主，楼层结构对高频成分有一定的过滤作用。

各楼层过车响应峰值 表 3

楼层	过车时间/s	最大加速度/（mm·s^{-2}）	低频（0～20Hz）幅值峰值/（mm·s^{-1}）	高频（20～100Hz）幅值峰值/（mm·s^{-1}）
1	10	4.22	0.070	0.580
4	10	2.85	0.220	0.290
8	10	2.60	0.190	0.330
12	10	1.55	0.140	0.130
16	10	0.78	0.144	0.080
20	10	0.71	0.142	0.076
24	10	0.99	0.092	0.072
28	10	0.62	0.087	0.060
32	10	0.88	0.170	0.046

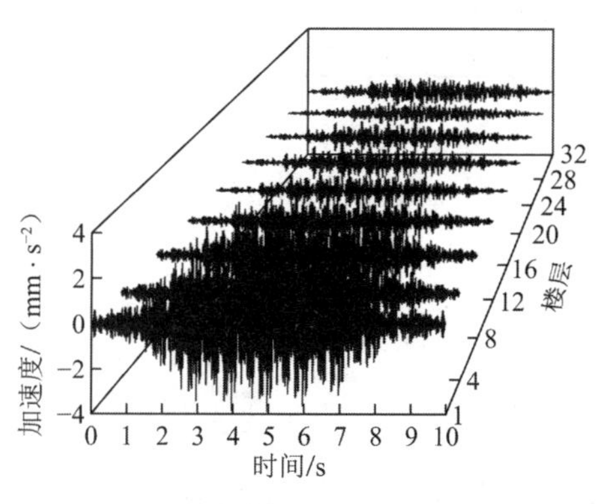

图 7 建筑振动加速度时程图

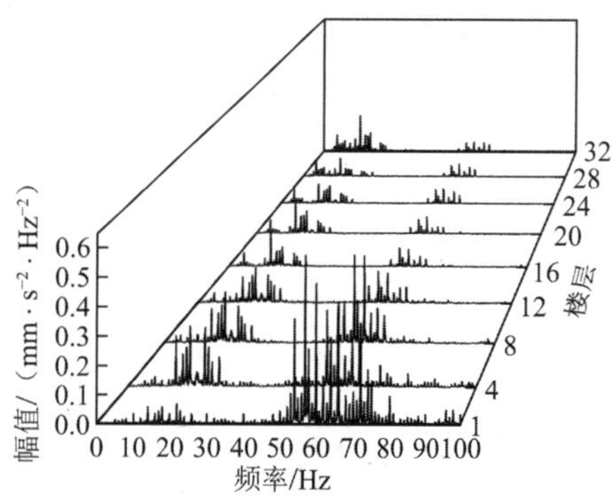

图 8 建筑振动加速度频程图

最大 Z 振级随楼层的变化关系如图 9 所示。由图 9 可知：列车过车时柱的最大 Z 振级随楼层的升高总体呈现先减小后增大的趋势，最大振动响应位于第 5 层，最大值为 51.1dB；在 5～15 层处衰减率约为 0.6dB/层，15～21 层曲线平缓无明显衰减变化，在 22～25 层处衰减率约为 0.94dB/层，在 25～32 层高层处，振动响应呈现放大情况，放大率约为 0.93dB/层，这是由于振动传播至顶层时经过波的反射，故顶部楼层响应明显变大。

不同楼层柱测点的 1/3 倍频程图如图 10 所示。由图 10 可知：1/3 倍频程的最大振级随着楼层的增加先减小后增大，建筑内各楼层最大振动分布为 63Hz，分频程振级 1 层最大，振级为 58.18dB，该频率对应车体-轨道体系的共振频率，由于该频率下的轮轨动力作用力为最大，各楼层的分频响应均在此频率下取得了最大值。如图 10 所示，随着楼层增加，低频振级变化差异较小，而高频振级衰减趋势明显。

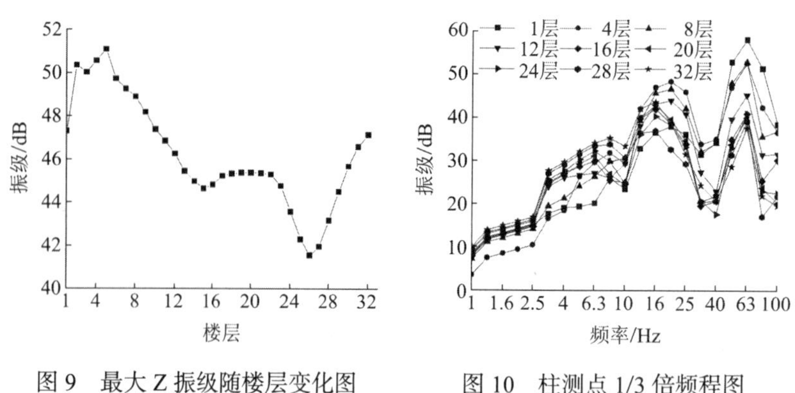

图 9 最大 Z 振级随楼层变化图　　图 10 柱测点 1/3 倍频程图

3.2.2 总建筑楼层高度对建筑振动响应的影响

由于地铁振动波在建筑中传递规律主要取决于建筑结构的刚度，而建筑结构的整体刚度随着总建筑楼层高度会发生显著变化，因此总建筑楼层高度可对振动传播规律产生重要影响。为探究总建筑楼层高度变化对地铁振动响应的影响规律，本节通过建立不同楼层高度的建筑模型，对比分析相同位置处建筑振动响应的变化规律。按照图 9 所示，选择在整体建筑 Z 振级响应图中存在转折变化的临界楼层作为总建筑楼层层高，因此总建筑楼层层高分别为 1 层、5 层、15 层、25 层、32 层，得到不同总建筑楼层下同一层 1/3 倍频程图对比图，楼层结果分别对应图 11（a）～（d）。

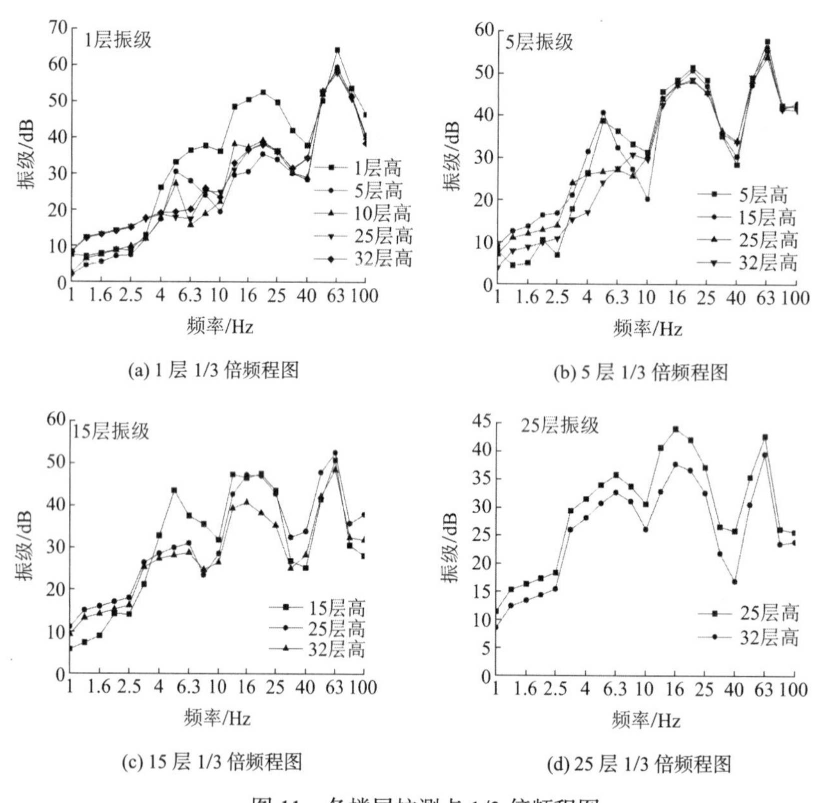

(a) 1 层 1/3 倍频程图　　(b) 5 层 1/3 倍频程图

(c) 15 层 1/3 倍频程图　　(d) 25 层 1/3 倍频程图

图 11 各楼层柱测点 1/3 倍频程图

由图 11 可知：随着建筑总楼层的增加，1/3 倍频程振级变化趋势总体一致，振动最大响应频率分布在 63Hz，以频率为 63Hz 时各 1/3 倍频程图振级为例，随着楼层总层数的增加，即建筑楼层从 1 层增加至 5 层、15 层、25 层、32 层时，可以从图 11（a）中看到 1 层振级分别减少了 4.80dB、4.96dB、6.40dB、6.16dB；建筑楼层从 5 层增加至 15 层、25 层、32 层时，从图 11（b）中看到 5 层振级分别减少了 1.6dB、3.9dB、2.5dB；建筑楼层从 15 层增加至 25 层、32 层时，从图 11（c）中看到 15 层振级分别增加了 1.5dB 和减少了 2.2dB；建筑楼层从 25 层增加至 32 层时，从图 11（d）中看到振级减少了 3.2dB。因此，同一层振级随着总建筑楼层高度增加，柱位置响应振级伴有幅值衰减；在低于 40Hz 低频部分，同一楼层 1/3 倍频程振级变化较大，变化最大差值为 6.37dB，而高频处变化则相对较小，这是由于建筑总楼层的增加，建筑整体总刚度增加，而刚度的变化对低频部分振动有较大影响，因此可以看到当总建筑楼层发生变化时，位于同一楼层的振动响应在低频部分差异明显，然而由于波沿着楼层高度方向传播时，不同建筑楼层内振动响应处于波峰和波谷的不同位置，因此刚度的增加与低频响应的减小不具有线性关系，刚度一致性并不明显。

总建筑楼层高度对 Z 振级响应的影响如图 12 所示。随着总楼层的增加，最大 Z 振级总体上逐渐减小，当建筑总楼层由 1 层增加到 5 层、15 层、25 层、32 层时，1 层最大 Z 振级分别减少了 7.34dB、7.56dB、7.79dB、7.57dB；当建筑总楼层从 5 层增加到 15 层、25 层、32 层时，5 层最大 Z 振级分别减少了 0.48dB、2.06dB、1.68dB；当建筑总楼层从 15 层增加到 25 层、32 层时，15 层最大 Z 振级分别减少了 2.82dB、8.11dB；当建筑总楼层从 25 层增加到 32 层时，25 层最大 Z 振级损失了 3.65dB。可以看出楼层的高度会对建筑物的振动产生一定影响，随着建筑楼层升高，低楼层响应变化比高楼层的振动响应变化明显。

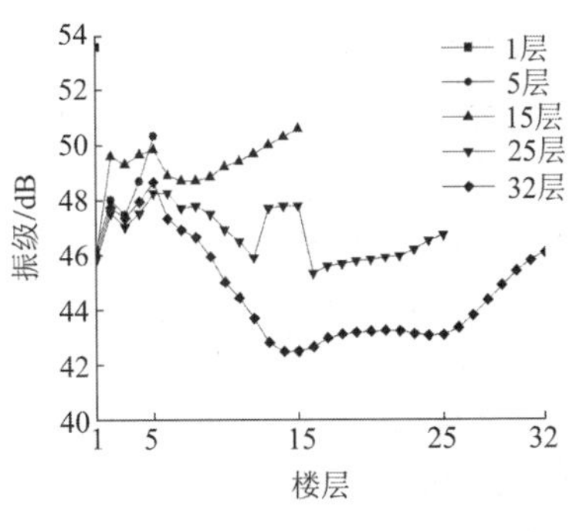

图 12　总建筑楼层对 Z 振级的影响

4　结论

在地铁车站附近修建高层建筑和大型综合体虽然解决了用地问题，给居民带来了生活便利，但地铁产生的振动和噪声问题突出。为了快速有效地评价振动响应水平，提出了一种适用于下穿地铁车致高层建筑振动响应计算反分析法，开展地铁线邻近建筑振动的现场实测工作，同时建立拟建项目列车-车站-土体-上盖建筑数值模型，将数值模拟结果与实测结果进行对比分析，验证反分析法的正确性。利用该反分析数值模型，分析了地铁车站附近上盖高层建筑的振动传播与衰减规律，研究结果表明：上盖建筑的振动响应随着楼层的升高总体呈逐渐减小的规律，在楼层顶部有增大现象；随着建筑楼层升高，20Hz 以上高频的响应逐渐减小，20Hz 之内低频响应无明显变化；随着楼层的升高，不同楼层相同平面位置处最大乙振级总体呈现先减小后增大的趋势；在 5～15 层衰减率约为 0.6dB/层，在 15～21 层振动无明显衰减变化，在 22～25 层衰减率约为 0.94dB/层，在 25～32 层高层处振动响应出现放大情况，放大率约为 0.93dB/层；随着建筑整体楼层高度的增加，低楼层的振动响应变化比高楼层明显，特别是对于低频建筑振动响应。

参考文献

[1]　韩宝明，李亚为，鲁放，等. 2021 年世界城市轨道交通运营统计与分析综述[J]. 都市快轨交通, 2022, 35(1): 5-11.

[2]　张向东，高捷，闫维明. 环境振动对人体健康的影响[J]. 环境与健康杂志, 2008(1): 74-76.

[3]　汪益敏，曾泽民，邹超，等. 地铁车辆段试车线列车振动影响的试验研究[J]. 华南理工大学学报（自然科学版）, 2014, 42(12): 1-8.

[4]　孙宇，翟婉明. 基于格林函数法的车辆-轨道垂向耦合动力学分析[J]. 工程力学, 2017, 34(3): 219-226.

[5]　王国才，黄晋，王哲，等. 简谐集中扭矩作用下饱和半空间的 Lamb 问题[J]. 浙江工业大学学报, 2007, 126(2): 218-221.

[6]　王哲，姚王晶，周阳敏，等. 浅埋暗挖隧道地面沉降槽宽度系数取值的研究[J]. 浙江工业大学学报, 2018, 46(2):

204-208.

[7] SHENG X, JONES C, THOMPSON D J.A theoretical study on the influence of the track on train-induced ground vibration[J]. Journal of sound &vibration, 2004, 272(3/4/5): 909-936.

[8] 王逢朝，夏禾，张鸿儒. 地铁列车振动对邻近建筑物的影响[J]. 北方交通大学学报, 1999, 23(5): 45-48.

[9] 关天伟，魏焕卫. 地铁车辆运行对周围土体与建筑影响的研究[J]. 山东建筑大学学报, 2019, 34(6): 50-55.

[10] 朱利明，王成龙，蓝天，等. 地铁运行引起的南京鼓楼振动测试与分析[J]. 建筑结构学报, 2018（增刊 1）: 291-296.

[11] 李旭东，马笑遇，叶海坪，等. 正弦荷载和列车荷载下地铁环境振动减振措施数值模拟研究[J]. 浙江工业大学学报, 2022, 50(3): 309-317.

[12] 谢伟平，陈艳明，姚春桥. 地铁车辆段上盖物业车致振动分析[J]. 振动与冲击, 2016, 35(8): 110-115.

[13] 郑玄东，耿传智. 莘庄枢纽上盖建筑振动影响仿真分析[J]. 同济大学学报：自然科学版, 2014, 42(10): 1557-1561, 1595.

[14] 包碧玉，徐利辉，熊义磊，等. 地铁下穿复合地基高层办公楼振动响应预测及减振分析[J]. 噪声与振动控制, 2020, 40(6): 215-221.

[15] 邬玉斌，宋瑞祥，吴雅南，等. 建筑结构地铁振动响应数值预测分析方法研究[J]. 铁道科学与工程学报, 2018, 15(11): 2939-2946.

核心筒偏置及多次收进的大底盘超限高层结构设计及抗震性能分析

程　柯，邵剑文，谢　辽

（浙江大学建筑设计研究院有限公司，杭州 310028）

摘　要： 嘉兴金融广场二期 6 号地块建筑单体由超高层主楼、高层副楼、多层裙楼组成，没有采用设置防震缝分隔成独立的单体，形成多次收进的大底盘结构，并且主楼的钢筋混凝土核心筒偏置。针对核心筒偏置和多次收进采取加强措施，并进行了中震和大震作用下的性能化分析和动力弹塑性结构分析，研究了地震作用的传力顺序和受力机制。结果表明不设置防震缝，采取结构加强措施能够满足设定的抗震性能目标。

关键词： 超限高层结构；大底盘结构；核心筒偏置；多次收进；抗震性能设计；传力顺序

1　工程概况

嘉兴金融广场二期 6 号地块位于浙江省嘉兴市国际商务区核心区。项目用地位于靠近嘉兴南站以及嘉兴主要的迎宾大道——南湖大道，东邻中央公园。建筑总面积 149347m^2，地上建筑面积 109675m^2，地下建筑面积 39672m^2。

地上部分由超高层主楼、高层副楼、多层裙楼组成。建筑效果图如图 1 所示。超高层主楼地上共 35 层，高度为 149.65m；高层副楼地上共 10 层，高度为 43.0m；多层裙楼地上共 4 层，高度为 17.75m；地下室共 3 层，埋深 15m。主楼在 23～24 层东北角设有范围 10.8m、悬挑跨度达 13.8m 的观景平台。

图 1　建筑效果图

2 结构设计参数

结构设计使用年限为 50 年，结构安全等级为二级。抗震设防烈度为 7 度，设计基本地震加速度为 0.10g，设计地震分组第一组，建筑抗震设防类别为标准设防类（丙类）。50 年一遇基本风压为 0.45kN/m²，50 年一遇基本雪压为 0.45kN/m²，地面粗糙度为 B 类。

3 结构特点及体系选择

各典型楼层结构布置平面图如图 2～图 5 所示。150m 高主楼采用钢筋混凝土框架-核心筒结构体系。主楼钢筋混凝土核心筒西侧偏置（图 5），周边为钢筋混凝土梁、柱形成的框架。主楼的整体高宽比为 4.5，核心筒的高宽比为 10.2。底部西南侧为多层裙房，框架结构。副楼位于底部的北侧。裙房、副楼和主楼通过正向或斜向框架梁连接为整体结构。高层副楼通过在东北角、西北角的楼电梯间设置剪力墙，提高整体结构的抗扭刚度。整体建筑为矩形收进为 L 形，再收进为小矩形的两次收进大底盘框架-核心筒结构。底层的平面尺寸为 78m × 90m，收进后上部楼层的平面尺寸为 32m × 50m。

2 层由于建筑入口设置要求，且东西入口门厅为两层通高的大空间，外侧幕墙亦为两层通高，取消相应的框架梁，故 2 层梁板缺失较多，连接薄弱。

结构构件主要截面如下：主楼外筒截面厚度 550～400mm，中间楼层墙体的厚度向上缩进，保持Y向东侧墙体的厚度 ≥ 向西侧墙体厚度 50mm。内墙厚度 300～200mm，副楼剪力墙厚度 400～300mm。主楼框架柱截面 1400mm × (1500～800mm) × 800mm，副楼框架柱截面 600mm × (1000～600mm) × 800mm，裙房框架柱截面 600mm × (600～700mm) × 700mm。主楼柱内置型钢升至副楼上两层楼面，并设置 3 层过渡层。副楼西北角剪力墙端柱设置型钢，升至裙房上一层楼面。观景平台采用两榀 4.2m 高的钢桁架出挑。

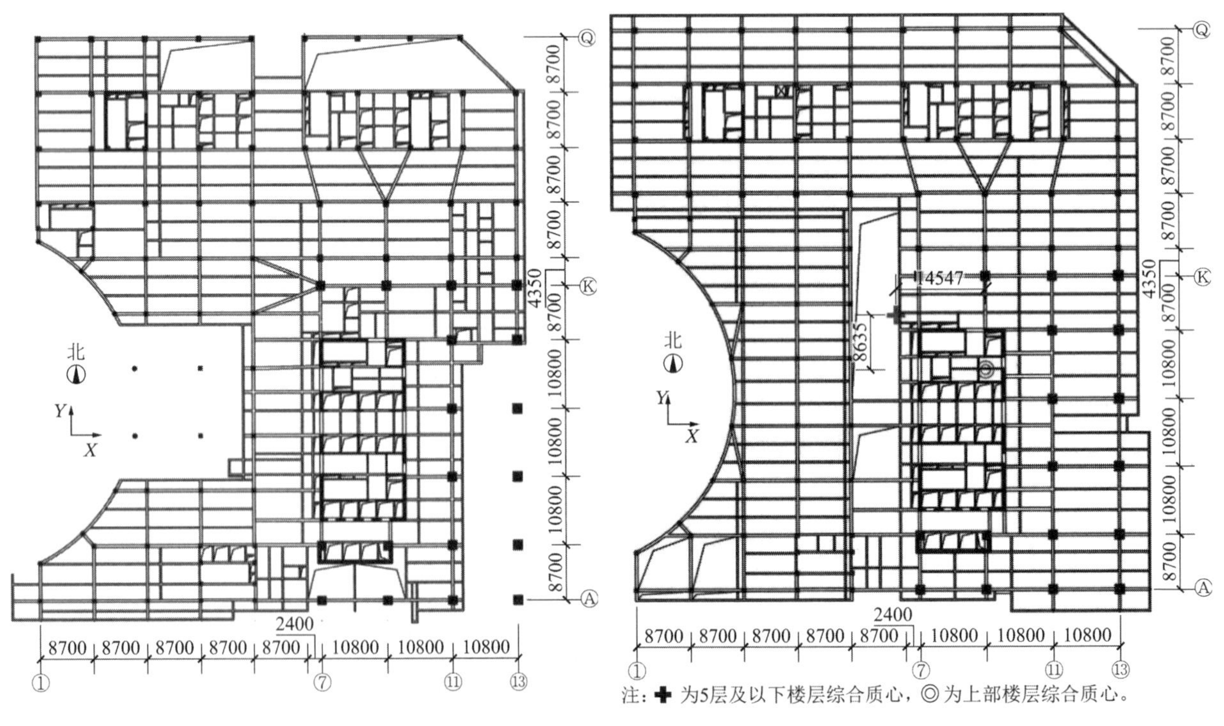

图 2　2 层结构平面图

图 3　5 层结构平面图

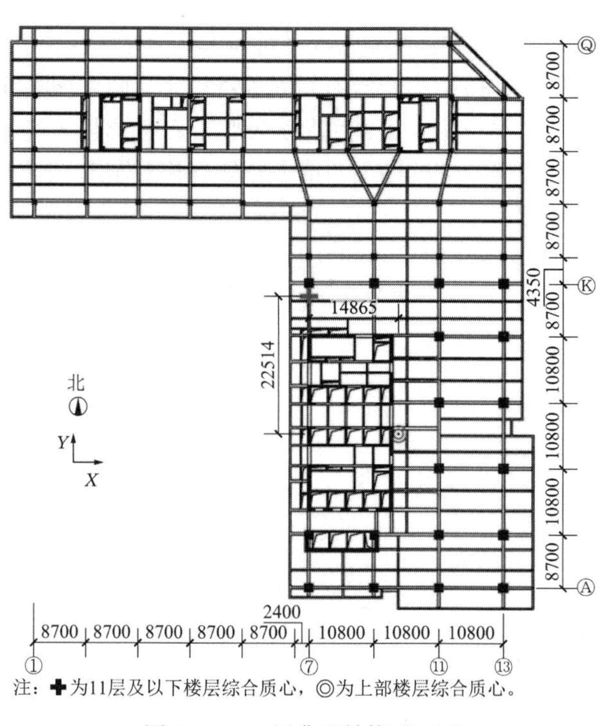

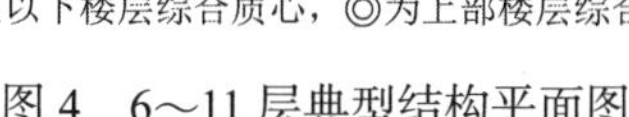

图 4　6～11 层典型结构平面图

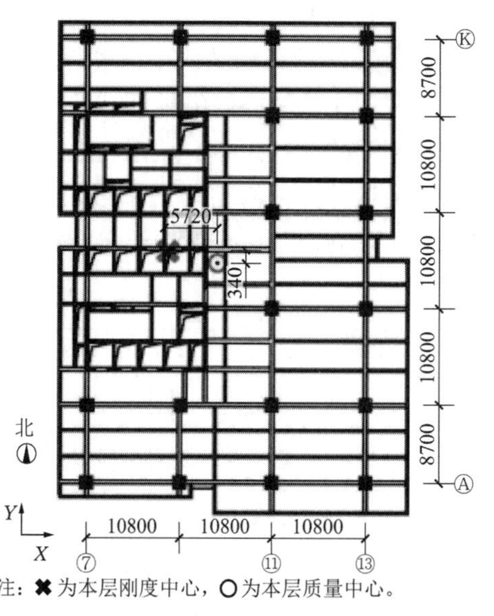

图 5　标准层结构平面图

4　核心筒偏置主楼及整体结构抗震特性的比较

4.1　结构方案比选

《全国民用建筑工程设计技术措施（2009）结构（混凝土结构）》[1]第 2.2.4、2.2.6 条分别指出：体型复杂、平立面不规则的建筑，应根据不规则程度、地基基础条件和技术经济等因素的综合比较分析，确定是否设置防震缝。对于是否设置防震缝的总体倾向是不设防震缝。不设缝时，需要仔细估计地震扭转效应等可能导致的不利影响。其中特别指出：国内外大地震中相邻结构碰撞造成的震害十分普遍，主要是设置的缝宽度不足。地震摇摆使距离过近的结构碰撞，导致结构破坏。近年来，国内较多的高层建筑结构，采取了有效措施后，不设或少设缝，从工程实践看是可行的、成功的。

本项目如设置两道防震缝将主楼、副楼、裙房划分为三个独立的单体，按《建筑抗震设计规范》GB 50011—2010[2]要求，主、副楼之间缝宽接近 200mm，会给建筑立面沿街效果的处理带来困难；且分缝后各部分作为独立单体，裙房中部位置狭小，1～2 层中部设有较大尺寸通高中庭，局部单跨连接薄弱。副楼为 L 形高层，角部扭转效应明显。主楼核心筒偏置，结构刚心质心偏差较大。均属结构的不利布置，不利于抗震设计。

如裙房、副楼和主楼不设缝而形成整体结构。该结构存在多个不规则项，如竖向收进、塔楼偏置、平面不规则，形成复杂超限高层建筑。

针对设缝和未设缝两种结构方案，采用 YJK 软件分别对主楼单体和大底盘整体结构进行计算分析比较，整体结构计算模型如图 6 所示。

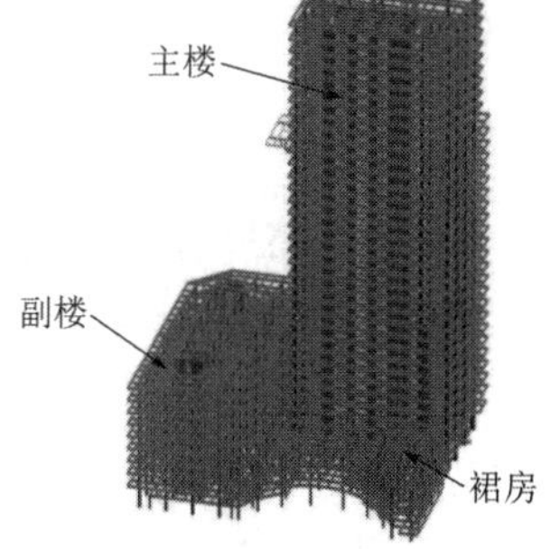

图 6　整体结构计算模型

4.2　考虑偏置核心筒的主楼结构布置

为了更好地考察主楼单体的结构特性及其在地震作用下的反应，对超高层主楼进行单塔计算，即设缝后主楼形成独立单体的情况。标准层核心筒尺寸 14.1m × 28.9m，偏向西侧，可定义为介于大偏心和小偏心核心筒之间的种类[3]，此类核心筒完全偏向一侧，但和框架的连接较多又优于大偏心核心筒。

由于核心筒的偏心布置，导致结构的刚度中心往西移动，使结构的西侧刚度相对较大，而东侧刚度相对较小。在框架-核心筒结构中，核心筒作为主要抗侧力构件，贡献了绝大部分刚度，若要调整结构的整体刚度分布，应从核心筒的平面布置入手，设法减小核心筒西侧的刚度，增大东侧的相对刚度，减小质心与刚心之间的偏置距离，从而有效减小结构的扭转反应。

经多个模型计算分析比较，采取措施如下：增大核心筒西侧Y向墙体的开洞，减少东侧Y向墙体的开洞，同时增加东侧Y向墙体的厚度。主楼的计算指标如表 1 所示，主楼单体的前三阶振型图如图 7 所示。

主楼单体和大底盘整体结构计算指标对比 **表 1**

计算条件		主楼单体（设缝）	大底盘整体（未设缝）	限值
周期/s	T_1	3.3852 $(0.93X+0.04Y)$	3.2666 $(0.99X+0.00Y)$	
	T_2	3.0608 $(0.07X+0.63Y)$	2.8606 $(0.01X+0.83Y)$	
	T_t	2.5601$(0.66Z)$	2.2400$(0.81Z)$	
周期比T_t/T_1		0.76	0.69	0.85
最小剪重比 （所在楼层）	X向Y向	1.616%（1 层） 1.264%（1 层）	1.592%（1 层） 1.552%（1 层）	1.60%
地震下最大层间位移角 （所在楼层）	X向Y向	1/1321（20 层） 1/1301（15 层）	1/1212（28 层） 1/1416（17 层）	1/800
考虑偶然偏心 最大扭转位移比	X向Y向	1.34（1 层） 1.29（1 层）	1.31（10 层） 1.35（2 层）	1.40

注：周期数值中，括号内为各方向振型参与系数。

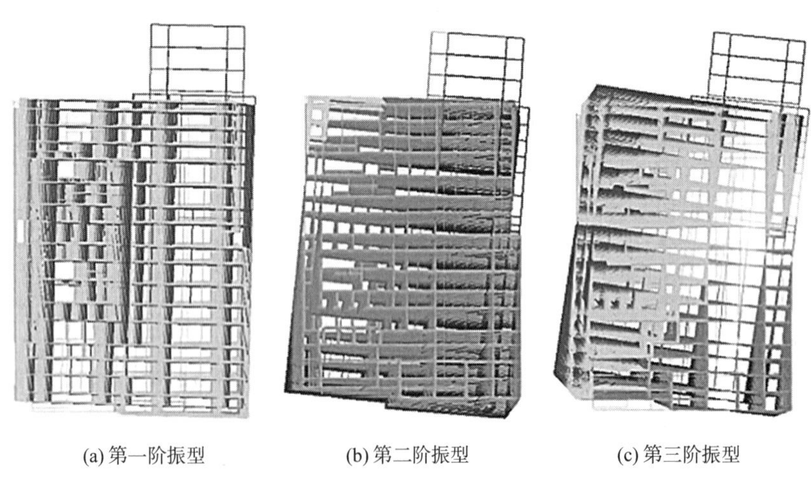

(a) 第一阶振型　　(b) 第二阶振型　　(c) 第三阶振型

图 7　主楼单体结构振型图

从计算结果可知，经过优化布置，主楼单体具有较好的抗扭刚度，周期比和位移比均满足规范[2,4]要求。不足的是，Y向平动振型和扭转振型略为混杂，而且Y向剪重比偏小，且偏差较大。由于剪重比严重偏小，主楼Y向墙体刚度需求较大，而受建筑方案所限，已较难加强，故设缝方案中主楼现有布置尚不满足抗震设计要求。

4.3　大底盘整体结构和主楼单体结构计算结果比较

对大底盘整体结构进行计算分析，并与主楼单体结构进行对比，主要指标见表 1、表 2。①竖向荷载作用下东侧外框柱轴力，整体计算时减少约 10%，顶点的水平位移变化不大；②X向风荷载及水平地震作用下核心筒西侧Y向墙体的拉力，整体计算时减少 10%～20%；③中震偏拉验算，单独计算时主楼首层西侧Y向墙体均存在偏拉力，墙平均名义拉应力介于 $0.3f_{tk}$～$1.1f_{tk}$之间（f_{tk}为混凝土抗拉强度标准值），整体计算时主楼首层西侧Y向墙体仅南侧三道墙存在偏拉力，介于$0.2f_{tk}$～$0.9f_{tk}$之间，说明整体计算减小了部分核心筒拉力，优化了抗侧力的分布，有利于墙体设计。以上均与文献[5]中受力特点一致。

主楼单体和大底盘整体结构构件计算结果对比 **表 2**

计算条件	主楼单体（设缝）	大底盘整体（未设缝）
竖向荷载（恒载＋活载）作用下东侧外框柱轴力/kN	29913～40067	26389～34791
竖向荷载（恒载＋活载）作用下结构水平位移/mm	11.4	11.16
X向风荷载作用下核心筒西侧Y向首层墙体拉力/kN	5193～10971	4749～10697
X向地震作用下核心筒西侧Y向首层墙体拉力/kN	6512～12609	6230～14227
中震偏拉验算核心筒西侧Y向首层墙体拉力	$0.3f_{tk}$～$1.1f_{tk}$	$0.2f_{tk}$～$0.9f_{tk}$

大底盘整体结构的前三阶振型图如图 8 所示。主楼核心筒在X向偏心布置，对Y向的动力特性影响较大。单体的第二阶振型Y向平动掺杂了扭转。整体结构由于裙房、副楼的底盘约束了主楼下部楼层的扭转，平动及扭转的振型耦联较少，动力特性较好。由计算指标对比可见，整体结构计算周期及周期比减小，整体结构侧向刚度及抗扭刚度均增大，对抗震有利。

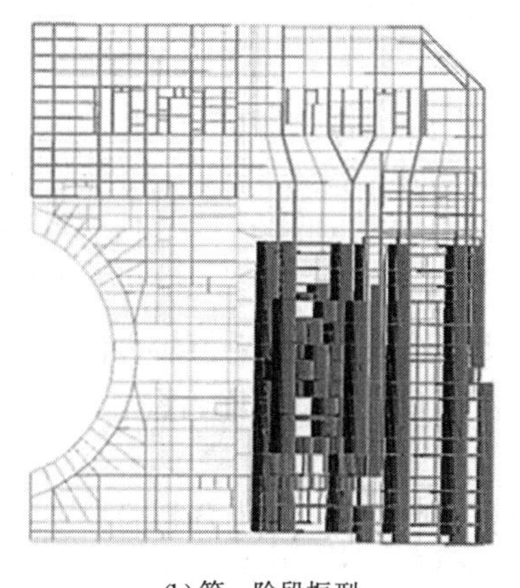

(b) 第一阶段振型

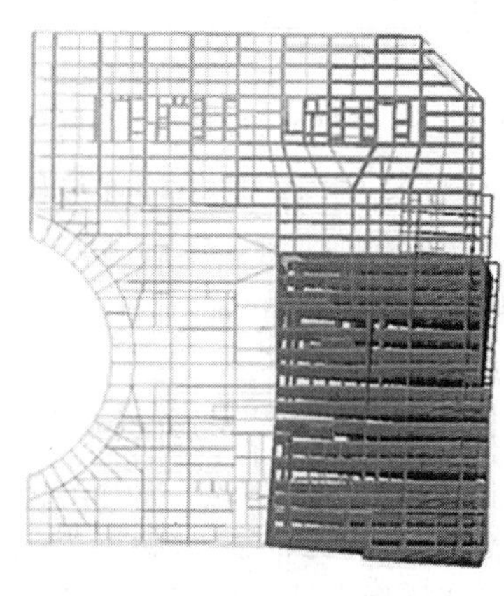

(b) 第二阶段振型

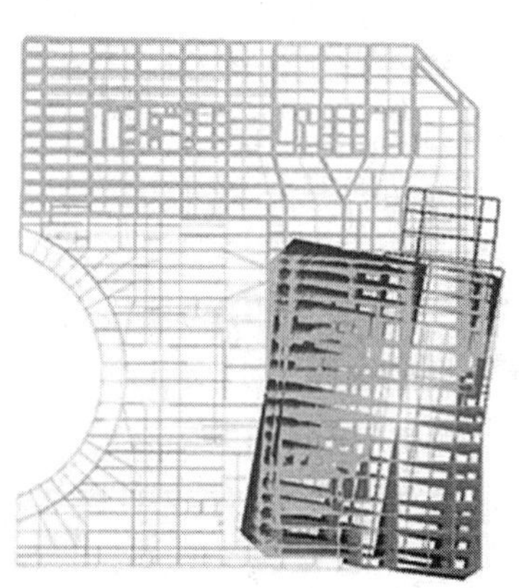

(c) 第三阶段振型

图 8　大底盘整体结构振型图

X向层间位移角增大、剪重比减小是由于裙房高度仅有 4 层且和主楼连接处洞口较多，连体后裙房仅提供了质量而刚度贡献有限。Y向层间位移角减小、剪重比增大是因为副楼较高且布置了剪力墙，给主楼提供了较大的刚度补充。整体结构仅首层略小于规范要求的楼层最小地震剪力系数 1.60%。说明结构具备合理的刚度，可按规范方法调整楼层地震剪力至满足要求。同文献[6]结论一致，整体计算中裙房及副楼的楼层位移比较大，原因是副楼屋面以上结构传递下来的地震作用远大于副楼屋面本身质量源产生的地震作用。上部主楼和副楼屋面的质心和刚心相距较远，因此产生的扭转效应造成角点位移较大。另外，形成整体后平面尺寸增大，造成 5%偏心率下质刚心偏差更大，从而导致偏心下位移比略大，但与独立塔楼方案接近。

4.4　大底盘整体结构受力特点

整体结构存在平面、竖向、扭转不规则。X、Y向 5 层以上相对 5 层及以下综合质心分别偏心 18.6%、9.7%，11 层以上相对 11 层及以下综合质心分别偏心 18.9%、25.3%。6～11 层平面呈 L 形，凸出比例 55%。建筑 5 层和 11 层平面收进部位尺寸缩减相对大于 25%。

图 9～图 11 列出了主楼和副楼交接处柱在小震振型分解反应谱计算中，Y向地震作用下的Y向剪力对比，轴号如图 4、图 5 所示。主楼柱水平剪力减小范围为 48%～76%。统计收进上下楼层主楼范围内墙、柱的剪力和，收进上下楼层Y向剪力和由 14410kN 减少为 10751kN，减小比率 25%。其中主楼范围内框架柱承担的Y向剪力和由 3263kN 减少为 1609kN，减小比率 51%。可见，主楼柱水平剪力在副楼顶

层产生了分布变化，随着副楼的共同受力，水平剪力进行了重分配。⑪轴收进处副楼顶层梁弯矩为214kN · m，剪力为122kN。⑬轴收进处梁弯矩为323kN · m，剪力为157kN。连接主楼和副楼的框架梁承受了较大的弯矩和剪力，将主楼的地震剪力传递至副楼核心筒。

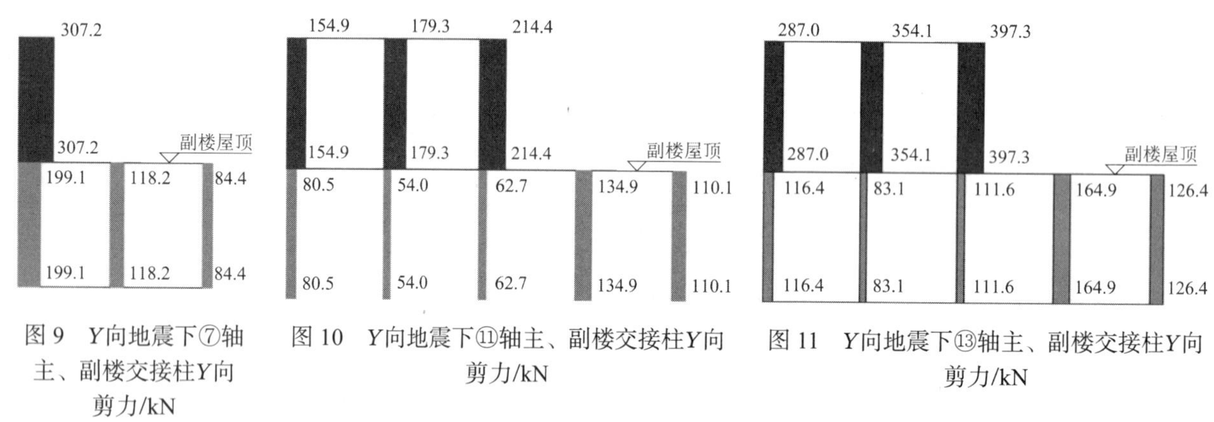

图 9 Y向地震下⑦轴主、副楼交接柱Y向剪力/kN

图 10 Y向地震下⑪轴主、副楼交接柱Y向剪力/kN

图 11 Y向地震下⑬轴主、副楼交接柱Y向剪力/kN

为了明确地震剪力在收进层的分配，将收进层及上下两层楼板设为弹性膜。观察Y向地震作用下结构的位移变化，整体模型主楼由于质心刚心偏置，扭转效应导致东侧位移较大（图 12）。主楼较大的位移传递到副楼顶层，副楼的顶层即 11 层楼板变形协调，东侧的位移由南至北逐渐减小（图 13）。主楼单体和副楼单体的本层最大层间位移角分别为 1/1622、1/1788。副楼刚度大于主楼，因此分配了较大的地震剪力。连接处从西到东刚度差异也不尽相同，西侧主楼存在刚度较大的核心筒，因此差异相对较小。东侧为框架柱，刚度差异相对较大，因此，东侧剪力分配给裙房柱的比例也较高（图 9～图 11）。主楼、副楼连接成为整体，而刚度差异决定了竖向构件之间的剪力分配比例。

Y向地震作用下 11 层楼板的应力结果如图 14 所示，主、副楼连接处楼板Y向正应力最大值 1.3MPa，小于 1.5MPa。说明在多遇地震作用下，该楼层结构楼板承受拉应力最大值小于楼板相应混凝土抗拉强度设计值f_t。楼板能够保持弹性状态，可有效传递水平地震作用。

在设防烈度地震（中震）作用下整体结构的反应谱分析结果表明，副楼西北角剪力墙端柱平均名义拉应力介于 $0.1f_{tk}$～$1.7f_{tk}$之间，需设置型钢承担拉力。副楼东北角剪力墙端柱平均名义拉应力小于f_{tk}。副楼西北角剪力墙有效约束了 L 形不利体型的角部扭转，因此受力较为不利，需进行加强。

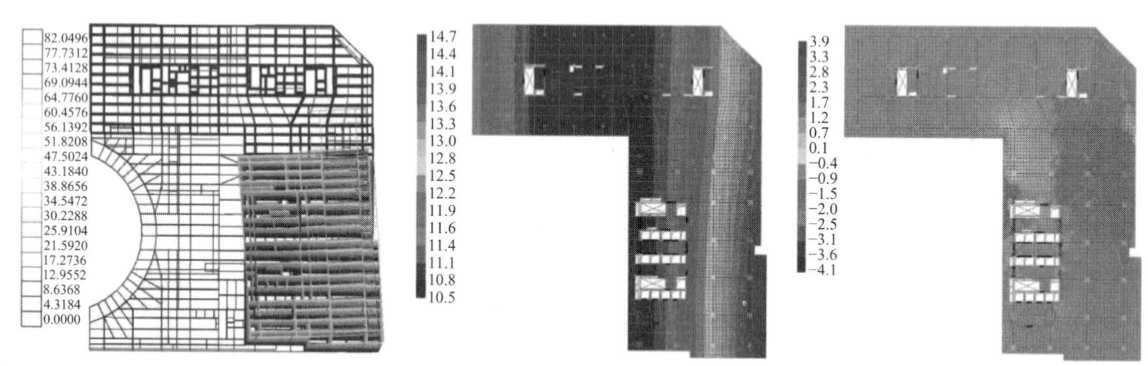

图 12 Y向地震下整体模型位移/mm

图 13 Y向地震下 11 层楼板Y向位移/mm

图 14 Y向地震下 11 层楼板Y向正应力/MPa

由上述计算分析结果可知，副楼高度相对主楼为 28.7%，在整体结构中发挥了重要的作用。而裙房为框架结构且自身刚度较弱，由于 2 层楼板缺失，4 层、5 层和主楼连接薄弱，因此发挥的作用有限。此结果也验证了《高层建筑混凝土结构技术规程》JGJ 3—2010[4]（简称《高规》）对底盘高度超过房屋高度 20%的结构采取加强措施是合理的[7]。

综上，不设缝整体大底盘结构改善了设缝后单体结构防震缝过宽、剪重比不足、振型混杂等不利之处，具备了更强的抗侧刚度和抗扭刚度，并降低了主楼的剪力墙需求，有利于抗震构件设计，具有较好的经济性。

5 整体结构大震性能分析

根据《高规》和《超限高层建筑工程抗震设防专项审查技术要点》，本工程存在多个普通不规则项，因此应进行大震动力弹塑性分析并评价其抗震性能。综合考虑抗震设防类别、设防烈度、场地条件、结构特殊性、建造费用、震后损失和修复难易程度等因素，抗震性能目标选用 C。关键构件为主楼底部加强区竖向构件（1～11 层墙柱），副楼 1～5 层柱及副楼剪力墙，收进上下各两层的周边竖向构件，悬挑桁架，支撑悬挑桁架的框架柱。

采用 PKPM-SAUSAGE 软件进行弹塑性时程分析。剪力墙、楼板采用弹塑性分层壳单元，梁、柱构件采用纤维束模型。采用拟模态阻尼体系，并考虑前 10 个模态阻尼比为 5%，主要的整体振型阻尼均已考虑。选取 3 组大震地震波，其中 2 组为天然波（TH016TG055、TH033TG055），1 组为人工波（RH2TG055）。在波形的选择上，除符合有效峰值、持续时间（有效持续时间不小于结构基本周期的 5 倍）、频谱特性（平均谱与规范谱在结构主要振型的周期点上相差不大于 20%）等方面的要求外，还应满足《建筑抗震设计规范》GB 50011—2010 对底部剪力方面的相关要求。

图 15 为层间位移角曲线，图 16 为楼层剪力曲线。对结构在各地震波作用下的弹塑性分析整体计算结果进行评价。

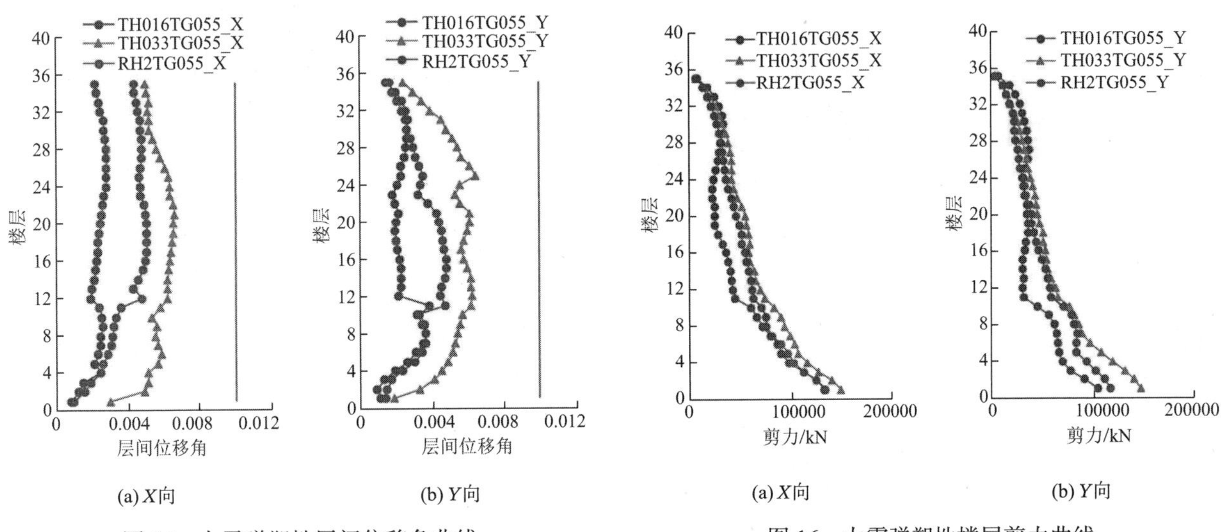

图 15 大震弹塑性层间位移角曲线

图 16 大震弹塑性楼层剪力曲线

（1）大震作用下结构最大顶点位移X向为 0.713m、Y向为 0.548m，相应的层间位移角X向为 0.713/149.65 = 1/209、Y向为 0.548/149.65 = 1/273，结构最终仍能保持直立，满足“大震不倒”的设防要求。

（2）结构在各地震波作用下的最大弹塑性层间位移角X向为 1/151（位于 21 层）、Y向为 1/154（位于 25 层），均满足 1/110 的规范限值要求。

（3）当地震波以X、Y向为主向时，结构大震弹塑性时程分析底部剪重比为 6.3%～9.1%，X、Y向弹塑性与弹性底部剪力比值分别为 0.64、0.68，在合理范围内，说明结构有良好的耗能能力。

（4）结构的弹塑性层间位移角曲线除在 11 层主楼收进外总体光滑，几乎无突变，为框架-核心筒结构典型的弯剪型曲线，说明大震弹塑性下结构没有明显的软弱层和薄弱层出现，整体性良好。10 层副楼的相对刚度较大，因此产生了明显的层间位移角及地震剪力曲线突变，而 4 层裙房的相对刚度较小，并没有明显的突变。此结果与弹性计算的位移角曲线变化相符。

（5）从 RH2TG055 沿结构X、Y向作用的基底剪力以及位移时程曲线对比图可知，结构进入塑性阶段之后出现周期增大、反应滞后的现象。从沿X、Y主向作用的能量图可知，应变能约占总能量的 35%，附加阻尼比分别为 2.9%、3.2%，结构有良好的耗能能力。

结构构件塑性变形的发展顺序是判断结构抗震性能的重要依据。在X向的 RH2TG055 地震波作用下，模型在不同时刻的塑性损伤分布图如图 17～图 19 所示，结构主要构件塑性变形的发展顺序见表 3，其中主楼核心筒简称墙 A，副楼西北角剪力墙简称墙 B，副楼东北角剪力墙简称墙 C。重点考察 5 层、11 层楼板损伤情况，结果如图 20、图 21 所示。

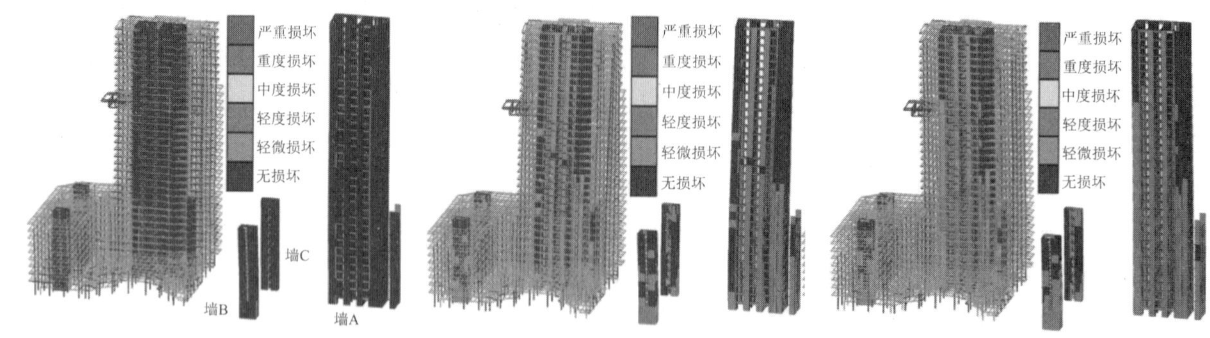

图 17 4.0s 时结构性能指标　　图 18 7.0s 时结构性能指标　　图 19 20.0s 时结构性能指标

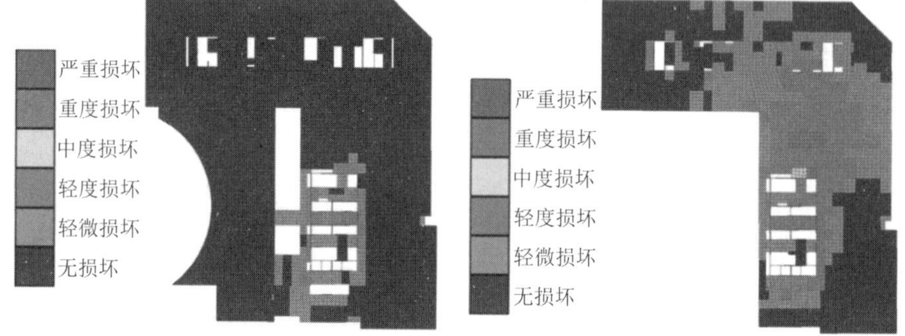

图 20 5 层楼板性能水平　　图 21 11 层楼板性能水平

结构主要构件塑性变形的发展顺序 **表 3**

地震波作用持续时间/s		4.0	7.0	11.0	20.0
关键构件	主楼底部加强区核心筒、副楼剪力墙	墙 A 弹性，墙 B 下层墙轻度损坏，墙 C 弹性	墙 A 轻度损坏，墙 B 下层墙轻度损坏扩大，墙 C 底层墙轻度损坏	墙 A 轻度损坏扩大，墙 B 轻度损坏扩大，墙 C 轻度损坏扩大	轻度损坏范围达到最多
	底部加强区框架柱	弹性	个别轻微损坏	部分轻微损坏	部分轻度损坏
	支撑悬挑桁架的框架柱	弹性	弹性	出现轻微损坏	轻微损坏
	悬挑桁架	弹性	弹性	弹性	弹性
普通构件	剪力墙	弹性	局部出现轻度损坏	轻度损坏扩大	轻度损坏范围达到最多
	框架柱	弹性，裙房、副楼、主楼顶层出现轻微损坏	副楼轻微损坏扩大，顶层出现轻度损坏	副楼轻微损坏数量增加，裙房、副楼、主楼顶层轻度损坏	损伤范围不再扩大
耗能构件	连梁	墙 B 连梁出现重度损坏，墙 A、C 连梁出现轻度损坏	墙 B 连梁出现严重损坏，墙 C 连梁重度损坏，主楼连梁中上部出现重度损坏	副楼连梁全部重度损坏，主楼连梁重度损坏扩大，出现严重损坏	副楼连梁全部重度损坏，主楼连梁重度严重损坏扩大
	框架梁	弹性、轻微损坏；11 层楼面副楼和主楼交接处梁轻度损坏	各楼层出现轻度损坏；11 层楼面梁轻度损坏范围扩大	轻度损坏范围加大，个别梁出现中度损坏	损伤范围不再扩大

续表

地震波作用持续时间/s	4.0	7.0	11.0	20.0
楼板	5层楼板裙房和主楼交接处，11层楼板副楼和主楼交接处轻微损坏；主楼各层核心筒区域局部楼板轻微损坏	10层、11层楼板副楼和主楼交接处轻度损坏；5层楼板裙房和主楼交接处轻微损坏；主楼各层核心筒区域局部楼板轻度损坏	11层楼板副楼和主楼交接处重度损坏；5层楼板裙房和主楼交接处轻微损坏；主楼各层核心筒区域局部楼板轻度损坏	11层楼板副楼和主楼交接处重度损坏；5层楼板裙房和主楼交接处轻度损坏；主楼各层核心筒区域局部楼板轻度损坏

6 大震动力弹塑性损伤评价

（1）结构在罕遇地震作用下，框架柱的性能等级总体为轻微～轻度损坏。主楼和副楼连接处的框架柱均为型钢混凝土柱，为轻微损坏。支撑悬挑桁架的框架柱都能控制在轻微损坏以下。剪力墙构件总体评价达到轻微～轻度损坏；楼面梁为轻微～中度损坏；连梁重度损坏。悬挑桁架无损坏，保持弹性状态；各构件的损伤情况符合预先设定的抗震性能目标。

（2）结构塑性变形发展的顺序是：连梁→剪力墙墙肢→框架梁→框架柱。具体到单体为副楼西北角连梁先出现损坏且损坏程度最为严重。分析原因为L形角部墙体控制结构扭转效应作用较为重要，承受了较大地震产生的弯矩及剪力。此处剪力墙的动力弹塑性时程分析结果和设防烈度地震（中震）作用下结构反应谱分析结果完全一致。因此采取加强措施，端柱加型钢、剪力墙加大分布筋配筋率。

（3）楼板为轻微～轻度损坏，损伤主要集中在主楼核心筒内部及周边洞口旁。副楼顶层和主楼交接处局部楼板，主楼核心筒南侧局部收进处楼板出现重度损坏。此两处构件竖向收进，楼板及梁起到了传递水平地震剪力的作用。此处楼板加厚到160mm，配筋加强到$\phi12@100$。而裙房和主楼交接处的楼板损伤为轻微损伤。楼板的损伤程度不同也验证了裙房和副楼在整体结构地震剪力传递中所发挥的不同作用。

（4）对主楼单体结构进行弹塑性时程分析。在主方向为X向的RH2TG055_X地震波作用下，结构的塑性损伤分布图见图22。和整体结构塑性损伤对比，单体结构的下部墙体轻度损伤范围较大。说明在整体结构中，裙房、副楼有效保护了主楼的墙肢，减小了损伤范围。

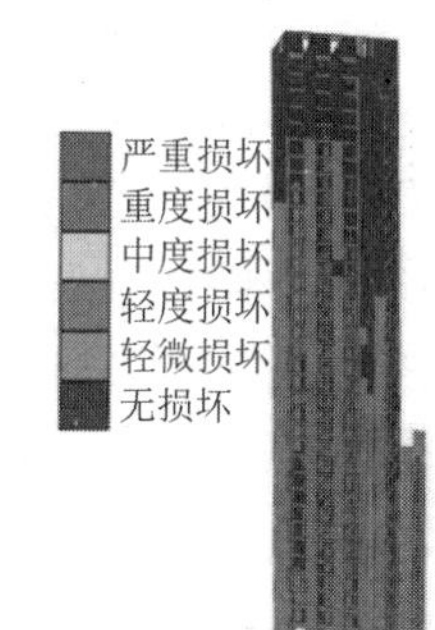

图22 结构塑性损伤分布图

7 加强措施

通过调整各区域钢筋混凝土剪力墙布置和收进，合理布置整体结构刚度，力求质心和刚心接近重合，提高结构抗扭刚度，以减小结构的扭转效应。

调整及优化结构侧向刚度，确保塔楼结构沿竖向抗侧刚度、承载力相对均匀，没有软弱层或薄弱层。抗侧力构件截面收进与混凝土强度等级变化不在同一层，减小突变。对于扭转不规则楼层，严控扭转大的一侧的框架柱的轴压比和剪压比，配筋相应加强。

提高核心筒延性：控制墙肢在重力荷载代表值下的轴压比在限值以内；提高竖向分布筋配筋率；加大约束边缘构件的设置范围；中震下出现小偏心受拉的墙肢，考虑采用特一级构造措施，并加强竖向分布筋以承担拉力；墙肢平均拉应力超过混凝土抗拉强度标准值时，考虑设置型钢承担拉力。

提高框架柱延性：控制小震下框架柱轴压比在限值以内。主楼下部楼层框架柱内置型钢，严格控制构件轴压比。

设置过渡楼层[8]：底部加强区以上设置3层过渡层，此区域的边缘构件纵筋同约束边缘构件，箍筋介于约束边缘构件与构造边缘构件之间。

型钢柱计算所需标高之上3层作为过渡楼层，下部型钢降低含钢率向上延伸3层。

针对5层、11层大底盘竖向体型收进不规则的抗震加强措施：①加强收进部位上部楼层刚度，控制收进上部楼层的层间位移角突变，尽量控制上部收进结构的底部楼层层间位移角不大于相邻下部区段最大层间位移角的1.15倍；②体型收进部位上下各两层主楼周边竖向构件抗震等级提高一级；裙房周边竖向构件加强配筋。性能化设计中均按关键构件考虑其性能目标[9-10]；③大底盘顶部楼层（5层、11层楼面）板厚加强至150mm，并在计算中按弹性膜复核楼板应力，加强楼板配筋，上下各一层楼板厚度适当加强（4层、6层、10层、12层楼板厚加强至120mm）；④将楼电梯间大部分剪力墙延伸至出屋面机房层的层顶，加强局部小屋面的刚度，主楼内低区电梯剪力墙收进位置分别上至12层、13层楼面，以减小刚度突变。

构件承载力设计时对大底盘整体结构和主楼单体结构两个模型的计算结果进行包络设计。

8 结论

（1）针对核心筒偏置超高层主楼、高层副楼和多层裙房建筑对比设缝和不设缝结构方案，经优选采用不设缝方案。裙房、副楼和主楼通过正向或斜向框架梁连接为多次收进的大底盘整体结构。

（2）对大底盘整体结构进行计算分析，并与主楼单体结构模型进行对比。结果表明：不设缝大底盘整体结构改善了设缝后单体结构防震缝过宽、剪重比不足、由主楼核心筒偏置导致的振型混杂等不利之处，具备了更强的抗侧刚度和抗扭刚度。将水平地震剪力较为均匀地分配在各剪力墙中，并降低了主楼的剪力墙需求。降低了墙体端角部在中震下的名义拉应力，减少了剪力墙内型钢的设置量，具有较好的经济性。

（3）对整体结构地震作用采用动力弹塑性时程分析，塑性变形发展的顺序是：连梁→剪力墙墙肢→框架梁→框架柱。各构件的损伤情况符合预先设定的抗震性能目标。对于多次收进的大底盘结构，采取合理措施后在不设缝的情况下也可满足整体的性能目标。

（4）对于多次收进的大底盘结构，收进位置的剪力墙为整体结构提供了额外的抗扭和抗侧刚度，分担了主楼的地震剪力。因此应采取可靠的加强措施。设防烈度地震（中震）及大震下的计算结果均证明了此点。而计算结果同时表明了主楼和大底盘在收进部位的水平地震作用通过梁板传递。因此，对此处梁、板需采取比一般要求更好的措施以确保地震水平作用的传递。

参考文献

[1] 住房和城乡建设部工程质量安全监管司,中国建筑标准设计研究院. 全国民用建筑工程设计技术措施（2009）结构（混凝土结构）[M]. 北京: 中国计划出版社, 2012.

[2] 中华人民共和国国家标准. 建筑抗震设计规范: GB 50011—2010[S]. 北京: 中国建筑工业出版社, 2010.

[3] 吴宏磊，丁洁民，王世玉，等. 大偏心核心筒超高层结构受力性态与设计关键技术[J]. 建筑结构学报, 2023, 44(1): 154-165.

[4] 中华人民共和国行业标准. 高层建筑混凝土结构技术规程: JGJ 3—2010[S]. 北京: 中国建筑工业出版社, 2011.

[5] 钱鹏，严从志，邱介尧，等. 核心筒偏置高层建筑结构受力特点及设计对策[J]. 建筑结构, 2020, 50(18): 39-43, 121.

[6] 冯中伟，杨现东，王立维. 成都百货大楼结构设计[J]. 建筑结构, 2010, 40(9): 87-90.

[7] 王徽，肖从真，徐自国，等. 体型收进对框架结构抗震性能的影响及控制方法研究[J]. 建筑结构, 2014, 44(S2): 242-248.

[8] 苏宁粉，吕西林，周颖，等. 某立面收进复杂高层建筑结构抗震性能评估[J]. 浙江大学学报（工学版）, 2012, 46(10): 1893-1899, 1931.

[9] 何富华，罗志国. 大底盘单塔偏置建筑的结构设计[J]. 建筑结构, 2013, 43(11): 55-59.

[10] 周颖，吕西林. 智利地震钢筋混凝土高层建筑震害对我国高层结构设计的启示[J]. 建筑结构学报, 2011, 32(5): 17-23.

超限高层建筑抗震性能化设计若干问题探讨

林　巍[1,2]，郑晓清[1,2]，徐铨彪[1,2]，沈　金[1,2]
（1. 浙江大学建筑设计研究院有限公司，杭州 310028；2. 浙江大学平衡建筑研究中心，杭州 310028）

摘　要：针对超限高层抗震性能化设计中若干问题进行了探讨，首先讨论了刚重比、位移比、侧向刚度比这 3 个重要的指标，提出了计算中存在的问题并给出建议；其次介绍了抗震性能化设计方法和抗震性能评价，提出了根据结构特点和结构构件的重要性应采取差异化的性能目标，并探讨了等效弹性计算方法与弹塑性时程计算方法的优缺点；然后对超限高层建筑中常见的几个专项分析及存在的问题进行了探讨，温度作用效应分析由于影响因素较为复杂，不必拘泥精确的数值结果，更应注重定性规律和构造措施，建议穿层柱屈曲分析时可采用构件单位力加载模式；最后针对高层连体结构，提出了地震波选取应兼顾塔楼和连接体的振型周期，说明了连体支座选型应注意的问题。

关键词：超限高层结构；抗震性能设计；刚度比；侧向刚度比；穿层柱；连体结构

近年来，随着我国社会经济的发展，涌现出大量体型复杂的不规则高层建筑，建筑结构在地震作用下安全性能需要不断提升。抗震性能化设计方法可以根据不同重现期的地震作用，对结构、构件或材料的性能进行定量细化分析，从而可以预测结构构件在地震作用下的损坏程度，是复杂超限高层结构设计的重要手段。

本文根据超限高层性能化设计的内容，从计算分析、性能目标选取、专项分析等方面对存在的相关问题进行探讨。

1　超限高层计算分析中存在的问题

目前《建筑抗震设计规范》GB/T 50011—2010（2016 年版）[1]（简称《抗规》）①对抗震结构基本采用“三水准，两阶段”的设计方法。对于超限高层结构，在多遇地震作用下的内力和变形分析需采用两个不同的计算软件进行分析比较，确保计算模型的准确性。结构的整体指标常作为不同软件之间计算模型一致性和复杂结构体型不规则性的判断标准，如周期比、位移比、刚重比等。但实际工程中，采用整体计算指标判断结构的不规则程度也会存在诸多问题。

1.1　刚重比

高层建筑结构随着高度增加，$P\text{-}\Delta$效应逐渐明显，当$P\text{-}\Delta$效应显著增加时，在结构分析时应考虑其不利影响[2-3]。侧向刚度与重力荷载的比值称为刚重比，高层建筑常采用刚重比作为整体稳定的控制指标[4]。对于带剪力墙的高层结构（剪力墙结构、框架-剪力墙结构、筒体结构），其刚重比应满足式(1)。

$$(EJ_{\mathrm{d}})/(H^2\sum G_i)\geqslant 1.4 \tag{1}$$

式中：EJ_{d}为结构等效抗侧刚度；H为结构总高度；G_i为i层的重力荷载设计值。

① 目前已更新至 2024 年版。

《高层建筑混凝土结构技术规程》JGJ 3—2010[4]（简称《高规》）规定，刚重比 ⩾ 2.7 时可不考虑P-Δ效应；1.4 ⩽ 刚重比 < 2.7 时应考虑P-Δ效应的影响；刚重比 < 1.4 时P-Δ效应将急剧增大，可能导致结构整体失稳。

然而，《高规》有关刚重比限值 1.4 是在未考虑结构弹性刚度折减的情况下，基于楼层刚度和质量沿高度均匀分布的假定，将P-Δ效应的楼层位移控制在 10%以内推导得出的[5]。因此，整体稳定性验算时，应用式(1)需符合两个基本假定：①结构竖向刚度均匀；②楼层质量沿竖向均匀分布。但实际的高层建筑结构一般带有底部裙房，下部平面尺寸较大，竖向构件截面尺寸也较大，往上逐渐减小，楼层层高往往也不均匀。特别是一些复杂的高层建筑结构，如图 1（a）存在连体，图 1（b）为典型的“下小上大”案例模型，图 1（c）为体型收进案例等，若仍按式(1)验算结构的刚重比则难以反映结构P-Δ效应的真实情况，将存在较大的误差。

通常情况下，对于大底盘结构，由于重力荷载在底部楼层较大，P-Δ效应相对于荷载沿高度均匀分布的结构偏小，P-Δ效应增幅同样控制在 10%及以内时，结构的刚重比并不需要满足《高规》限值，按规范限值偏于安全。但对于荷载往顶部楼层集中的结构，如顶部楼层连体、“下小上大”结构等，即使刚重比满足《高规》要求，实际二阶效应已经超过 10%，整体稳定性偏于不安全。此外，当结构存在楼板大开洞、穿层柱等引起楼层荷载和刚度沿高度分布变化时，也应引起重视。杨学林等[6]通过对复杂体型的高层建筑进行稳定性分析，引入了楼层竖向荷载分布系数，推导了楼层荷载分布与结构整体稳定的关系，对《高规》刚重比计算公式进行了修正。

1.2 位移比

位移比作为控制结构不规则性的指标之一，一定程度上反映了结构的整体扭转效应。目前在工程设计中应用的多数计算分析方法和计算软件，大多假定在平面内不变形，楼板平面内无限刚，这对于大多数工程来说是可以接受的。但当楼板平面比较狭长、有较大的凹入和开洞而使楼板有较大削弱时，楼板可能产生显著的面内变形，此时如仍采用刚性楼板假定，位移比计算值不能反映结构的真实状态，宜采用弹性楼板考虑楼板的面内变形的影响计算方法，但应剔除局部振动对应的振型。对高层连体结构，应进行分塔并按分塔统计楼层位移比。

1.3 侧向刚度计算问题

楼层的抗侧刚度是否存在突变是判别结构竖向规则性的重要指标之一。现行国家和地方规范对此都有相关规定，但对于楼层侧向刚度及刚度比的计算方法不尽相同。例如：《高规》采用楼层剪力与层间位移比值的算法。《抗规》没有明确规定计算方法，但在其条文说明中明确：对于侧向刚度的不规则，建议根据结构特点采用合适的方法，包括对楼层标高处产生单位位移所需要的水平力、结构层间位移角的变化等进行综合分析。上海市《建筑抗震设计规程》DGJ 08-9—2013[7]采用剪切刚度比算法。广东省《高层建筑混凝土结构技术规程》DBJ/T 15-92—2021[8]采用楼层剪力与层间位移角比值算法。深圳市《高层建筑混凝土结构技术规程》SJG 98—2021[9]规定当第i层产生单位位移而第$i-1$层无侧移时，在第i层所需施加的水平力即为第i层的楼层侧向刚度k_i。

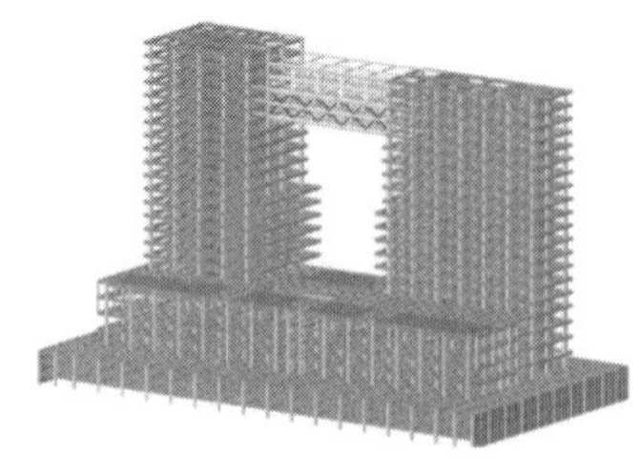

(a) 某双塔连体结构

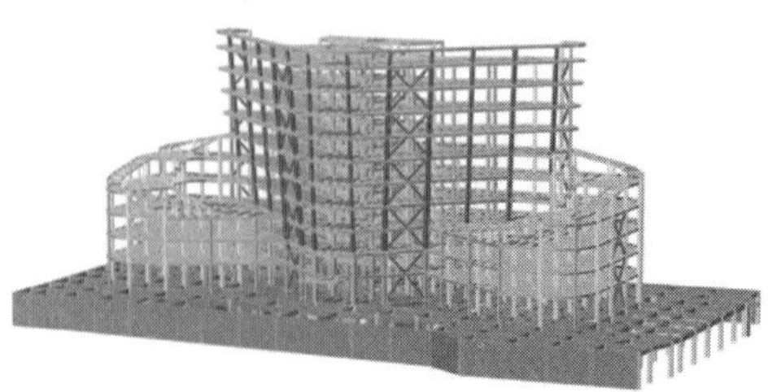

(b) 某斜柱钢框架-中心支撑结构

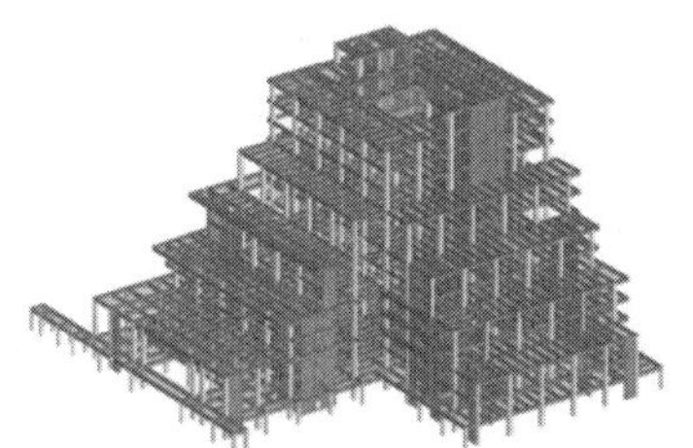

(c) 体型收进高层建筑

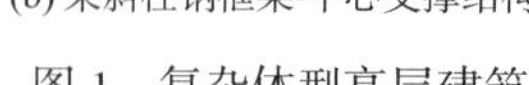

图 1　复杂体型高层建筑

根据侧向刚度的力学含义及结构软弱层的定义，采用楼层剪力与层间位移之比的楼层侧向刚度计算方法比较合理，即《高规》算法。

即使采用《高规》的算法，目前大多数计算软件对带穿层柱结构的楼层侧向刚度比算法仍不够明确。如不加以干预，软件普遍采用了与普通框架柱一样的算法，将穿层柱所在楼层的中间节点对应的剪力和位移计入该层。这显然不能反映穿层柱所在楼层的侧向刚度。因穿层柱与其所在楼层的其他构件是脱开的，不能为其所在楼层提供侧向刚度，只能为穿层柱顶端所在楼层提供侧向刚度。因此，本文建议将穿层柱所在楼层的中间节点对应的剪力不计入该层，穿层柱的剪力、位移计入穿层柱顶端所在楼层，以真实反映结构的受力状态。

值得一提的是，如果穿层柱个数较多，范围较大时，结构受力将由量变引起质变。此时应将非穿层柱范围楼板视为夹层更加合理。由于夹层面积相对于标准层的面积来说很小，结构整体指标计算时将其按独立标准层处理显然不合理，可采用层间梁、层间板来模拟夹层，便于统计相关层指标，但夹层的质量会凝聚到上一楼层，造成基底倾覆力矩偏大，结构是偏安全的。

2 抗震性能化设计方法

2.1 性能目标选取

抗震性能化设计是根据设定的性能目标和性能水准，对结构构件进行设计从而使结构抗震性能满足预期的目标，因此性能目标的选取尤为关键。

《高规》将性能目标从高到低分为 A、B、C、D 四个等级，A 级性能目标是最高等级，中震作用下要求结构达到第 1 性能水准，大震作用下要求结构达到第 2 性能水准，即结构处于基本弹性状态；D 级性能目标是最低等级，要求中震作用下结构满足第 4 性能水准，大震作用下满足第 5 性能水准，宏观上结构有比较严重的损坏，但不致倒塌或发生危及生命的严重破坏。

实际工程情况十分复杂，抗震性能目标的确定，应综合考虑抗震设防类别、设防烈度、场地条件、结构的特殊性、建造成本、震后损伤及修复难易程度等因素针对性地提出细化、量化的性能水准要求。

结构不规则性超过规范较少时，可考虑选用 D 级性能目标；结构不规则性超过规范很多或特别重要的不规则建筑时，可考虑选用 B 级甚至 A 级性能目标。又如抗震设防类别较低时，特别是浙江沿海地区，地震烈度较低，风荷载较大，高层结构通常由风荷载控制，即使将结构构件的性能水准定为中震不屈服也往往还是风荷载起控制作用，此时若要进一步强调结构的抗震承载力，可适当提高抗震性能目标。

规范常规设计采用的是“三水准，两阶段”的设计方法，广义来说也是一种性能化设计，只是此性能目标过于宽泛，没有进一步细化。《高规》第 3.11 节有关抗震性能目标的选取也应只是一种建议和参考，因此《工程结构通用规范》GB 55001—2021[10]也未见有关抗震性能化的强制性条文。实际工程可结合具体情况对具体构件制定差异化的性能目标，不必严格拘泥于 A、B、C、D 四个等级和 1、2、3、4、5 五个性能水准。例如：如果采用性能目标 C，高层框架-核心筒结构底部加强区剪力墙定义为关键构件，按照《高规》第 3.11 节规定则需满足大震抗弯抗剪不屈服。根据目前普遍采用的大震等效弹性计算方法，对底部加强区剪力墙抗弯来说这一要求很难满足，而抗弯塑性铰出现在底部嵌固部位也符合结构抗震屈服机制，此时可适当放宽对抗弯的要求，对底部加强区剪力墙只采用大震抗剪不屈服的性能要求。

此外，对关键构件、普通竖向构件等定义也不必拘泥于规范的条款，必要时可根据构件的重要性增加重要竖向构件和重要水平构件，制定差异化的性能目标。表 1 为某超限高层差异化性能目标。

某超限高层差异化性能目标　　表 1

地震水准	多遇地震	设防地震	罕遇地震
允许层间位移角	1/800	—	1/100

续表

地震水准		多遇地震	设防地震	罕遇地震
关键构件	底部加强区剪力墙	弹性	抗弯不屈服，抗剪弹性	抗剪不屈服
	局部转换钢桁架	弹性	弹性	不屈服
	连体钢结构	弹性	弹性	不屈服
	与连体相连的框架柱、牛腿	弹性（应力比小于 0.65）	弹性（应力比小于 0.75）	弹性（应力比小于 0.85）
重要构件	大悬挑梁及其支撑构件	弹性	抗弯不屈服，抗剪弹性	不屈服
	穿层柱	弹性	抗弯不屈服，抗剪弹性	不屈服
普通竖向构件	其余框架柱	弹性	抗弯不屈服，抗剪弹性	满足截面抗剪的控制条件，允许屈服
	一般部位剪力墙	弹性	抗弯不屈服，抗剪弹性	满足截面抗剪的控制条件，允许屈服
耗能构件	一般框架梁	弹性	抗剪不屈服	允许屈服
	连梁	弹性	满足截面抗剪控制条件	允许屈服

2.2 性能化验算方法探讨

目前《高规》对构件性能水准的验算主要在承载力方面。对变形要求的描述仅在结构薄弱部位的层间位移角方面。当整体结构进入弹塑性状态时，应进行弹塑性分析。实际工程中，为方便设计，规范允许采用等效弹性方法计算构件的组合内力。计算中可考虑结构阻尼比的增加（大震工况可增加 0.02）以及剪力墙连梁刚度的折减（折减系数可取 0.3～0.5）。但本质上等效弹性计算方法是一个十分粗略的近似算法，阻尼比、连梁刚度折减系数等都是未知数，其取值对构件的内力大小十分敏感。如何确定等效弹性分析模型中的阻尼比、连梁刚度折减系数、中梁刚度放大系数等参数是个问题。虽然可采用动力弹塑性方法的耗能反算出结构的附加阻尼比，或采用与动力弹塑性分析结果基底剪力等效的方式确定出连梁刚度折减系数，最终使等效弹性模型与动力弹塑性模型的基底剪力、阻尼比等结果一致，但是由于整体结构进入弹塑性后，内力将发生重分布，使得等效弹性方法计算的实际构件内力与动力弹塑性分析结果存在很大差别。这也可能是采用等效弹性验算方法时底部加强区剪力墙很难满足抗弯不屈服的原因之一。

动力弹塑性分析方法虽然可以较为准确地反映结构的非线性行为，构件内力状态也比较真实。但由于地震波具有很大的离散性，直接用其构件内力结果进行构件设计有时也偏于不安全。实际工程设计中，可先对底部加强区和薄弱部位的竖向构件等关键部位采用等效弹性的方法设计，再通过动力弹塑性分析进行全部构件的性能校核，最终综合判断结构的性能。

此外，也可通过增加地震波数量的方式来减小选波带来的离散性，如采用 7 条波结果取平均值。对于高度不超过 150m 以第一振型为主的高层结构，也可采用静力弹塑性分析方法，掌握结构在罕遇地震作用下的屈服机制和变形能力。

2.3 抗震性能评价

抗震性能评价是抗震性能化设计中的重要内容。根据分析结果验算结构及构件的性能指标是否满足预定的要求，评估结构在罕遇地震下的损伤程度。性能评价主要分整体结构的评价指标（主要包括层间位移角、基底剪力、倾覆力矩等）和构件层面的评价指标（主要包括构件弹塑性位移角、材料应变、损伤因子等）。

《建筑结构抗倒塌设计规范》CECS 392：2014[11]中分别给出了压弯破坏的钢筋混凝土构件基于应变和基于转角的地震损坏等级判断标准。

广东省《建筑工程混凝土结构抗震性能设计规程》DBJ/T 15-151—2019[12]根据不同的破坏形态（弯

曲破坏、弯剪破坏、剪切破坏）给出了柱、剪力墙、梁的弹塑性位移角限值。

《建筑结构抗震性能化设计标准》T/CECA 20024—2022[13]中根据不同损坏等级给出了变形、位移角指标限值。

值得一提的是，《高规》有关性能水准的承载力验算和预期震后性状之间的关系也值得商讨。例如，结构关键构件在性能水准 4 下应满足承载力不屈服要求，而根据《高规》表 3.11.2 性能水准 4 下关键构件可为轻度损坏。既然构件承载力满足不屈服要求，那么构件理应不发生损坏，通过什么标准建立“承载力不屈服”和“轻度损坏”之间的关系是个问题。实际工程中，常遇到剪力墙关键构件性能水准 4 大震抗弯承载力验算不满足，而动力弹塑性结果构件仅为轻微或轻度损伤（满足《高规》表 3.11.2）的案例。

总之，不同的评价标准对变形指标的限值规定不尽相同，实际工程中应结合结构自身特点和构件破坏模式，选用合适的评价标准。

3 专项分析若干问题探讨

3.1 温度作用

近年来超长、超大建筑工程不断出现，结构设计中考虑温度作用日显重要。超限高层建筑底部常带有大体量的裙房，当超过一定长度时应进行温度作用分析。

温度作用产生的效应对结构构件产生不利影响，通常在设计中首先是采取结构构造措施来减少或消除温度作用效应，具体如：①每隔 30～40m 设置宽度 800～1000mm 的施工后浇带，钢筋采用搭接接头，后浇带宜在两侧混凝土浇筑满 60d 后封闭；②设置抵抗温度作用的构造钢筋。对框架梁来说梁顶跨中应设置通长钢筋，梁两侧应设置腰筋，腰筋间距$s \leqslant 200$mm，腰筋在框架梁两端支座应按受拉锚固设计。对楼板来说，应设置双层双向拉通钢筋。

当在温度作用和其他可能参与组合的荷载共同作用下，结构构件施工和正常使用期间的最不利效应组合可能超过承载力或正常使用极限状态限值时，设计人员才需在设计中计算温度作用效应。但由于结构工程的多样性和复杂性、气温变化取值难以准确确定等因素的影响，具体什么情况需要考虑温度作用以及温度作用如何取值，应由各类材料的结构设计规范规定和工程师根据工程经验判断。

《建筑结构荷载规范》GB 50009—2012 仅对某些温度作用有关的设计参数作出统一规定。混凝土结构在进行温度作用效应分析时，可考虑混凝土开裂等因素引起的结构刚度降低，但是没有规定统一的刚度折减方法。混凝土材料的徐变和收缩效应可根据工程经验并考虑后浇带的封闭时间后等效为当量温差作用。规范并未明确给出混凝土收缩徐变的取值或计算公式，各地方规范和专家提出的经验公式也不尽相同。混凝土收缩换算成当量温差计算公式可参见文献[15]，例如混凝土后浇带封闭时间为 90d 时，设计应考虑的混凝土残余收缩变形比例如图 2 所示。

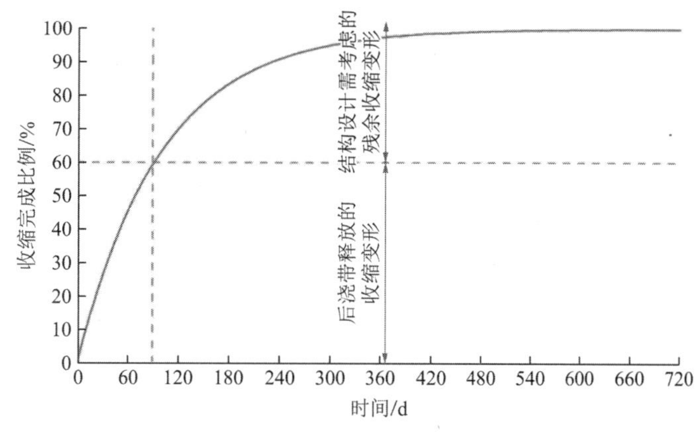

图 2　混凝土收缩比例随时间变化

总之，精确计算结构的温度作用效应是十分困难的，实际工程中不必拘泥于温度作用效应的精确值，应更多地关注定性规律和构造措施。

3.2 楼板应力分析

当结构楼板存在开大洞、塔楼裙房屋面收进、斜柱转换处楼板等情况时，为保证地震作用有效传递，应进行楼板应力分析。

通常情况下可按小震楼板不开裂、中震楼板钢筋不屈服来控制薄弱楼板的性能目标，当某区域的楼板对整体结构传力而言尤为关键时，也可适当提高楼板的性能目标。计算时应按弹性模量考虑楼板面内的真实刚度。

3.3 穿层柱分析

高层建筑由于底部有大堂等功能存在穿层柱。

穿层柱的受力机理较为复杂[14]，且两端受到梁和楼板的弹性约束，这与固接或铰接的简单边界有较大区别，当穿层柱通高长度和所受荷载较大时应进行穿层柱专项分析。

一般根据穿层柱的屈曲分析结果，得出屈曲临界荷载P_{cr}，然后根据欧拉公式反算可得到穿层柱的计算长度系数μ。

$$P_{cr}=\frac{\pi^2 EI}{(\mu L)^2}\Rightarrow\mu=\frac{\pi}{L}\sqrt{\frac{EI}{P_{cr}}} \tag{2}$$

式中：L为穿层柱柱高；EI为穿层柱的抗弯刚度。

理论上屈曲分析时应采用整体结构的真实荷载分布（可取1.0恒载+0.5活载），采用整体加载［图3（a）］求出穿层柱对应一阶屈曲模态的屈曲临界荷载。但整体加载时结构对应穿层柱的屈曲模态一般不易查找，如图3（a）中对应穿层柱屈曲模态为第135阶。实际工程中，可采用在穿层柱顶部沿轴向施加1kN的单位力并进行该工况的屈曲分析，如图3（b）所示。整体加载和单位力加载临界荷载分别为8.093×10^5kN和8.586×10^5kN，整体加载模式和柱顶单独加单位力模式的分析结果十分接近，误差在5%左右[16]。

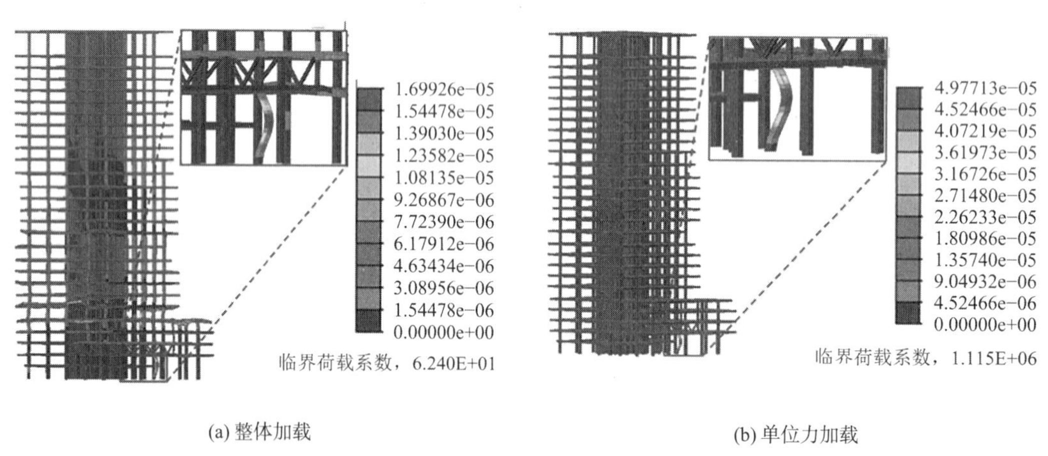

(a) 整体加载　　(b) 单位力加载

图3　某穿层柱整体加载与单位力加载屈曲分析结果

3.4 节点应力分析

在结构整体分析时，一般情况下，对梁、柱、支撑等构件均采用梁单元模型进行分析，且节点均为理想的刚接、铰接或弹性连接。当构件及节点的安全性对结构整体的安全性影响较大时，如转换构件及关键节点，应补充相关构件的精细化分析，在详细了解内力与变形的同时，可以按精细化分析的结果校核设计。

如需准确模拟节点的边界条件，一般可将关键构件或节点的精细化模型嵌入整体分析模型中，当前多数软件不支持自动嵌入，需要人工细分和连接，过程较为繁琐。目前，普遍采用的是隔离体法，即将关键构件与节点从整体模型中截断取出，采用实体单元或壳单元构造精细化有限元模型，然后施加荷载并输入边界条件。此时边界的选择至关重要，一般应根据结构的受力特点选取位移较小的边界为固定边界，在其余边界施加整体模型中的杆端内力。各杆端施加的内力应为同一荷载工况下的内力，不应采用包络内力值。

4 高层连体结构相关问题探讨

4.1 连体结构选波问题

现有规范对大震时程分析的选波没有明确规定，一般可参照小震时程分析的选波要求。正确选择输入的地震波，要满足地震动三要素的要求，即频谱特性、有效加速度峰值和持续时间均要符合规定。

其中频谱特性可用地震影响系数曲线表征，要求多组时程波的平均地震影响系数曲线与振型分解反应谱法所用的地震影响系数曲线相比，在对应于结构主要振型的周期点上相差不大于 20%。对于弱连接体结构来说，其振型大多表现为左右塔楼和连接体的相互独立振型，选取地震波时其主要振型的周期点应包含左右塔楼的主要振型周期点，并应兼顾连接体本身的振型周期。

此外，当两侧塔楼平面错位，连接体与塔楼为平面斜交布置时，时程分析应补充考虑地震波输入主向与连接体垂直方向。

4.2 连体结构支座选型探讨

弱连接体结构是指连接体的端部同塔楼虽具有可靠的连接，但连接体不足以协调主体塔楼之间的内力和变形的结构。

两侧塔楼与连接体结构的支座选型是连体结构的关键，常用的连接形式有一端铰接一端滑动、一端刚接一端滑动、一端铰接一端弹性、两端弹性等，每种连接方式的处理方式均不同，对主体及连接体的受力影响也差别较大。

高层建筑结构中的高位连接体如采用一端固定一端滑动的连接方式，固定端往往内力较大，给主楼相关范围设计带来困难，且支座滑动端位移较大，给建筑设计和支座处理带来麻烦。

当支座滑动位移较大或固定端内力过大时，可采用两端弹性支座方案。目前常用的弹性支座有铅芯橡胶支座和摩擦摆支座。铅芯橡胶支座水平刚度呈双折线，初始刚度较大，屈服后刚度变小，同时还能提供一定的阻尼；摩擦摆支座通过滑动界面摩擦消耗地震能量，且具有很好的自复位功能。已有工程分析表明[17]，连接体两端均采用弹性支座可一定程度上减小塔楼的楼层剪力和层间位移角，同时大幅度减小连接体的层间剪力。

此外，支座选取时还应注意以下几个方面：①支座选取应兼顾支座之间的变形协调，同一结构中尽量不采用不同类型的支座。如摩擦摆支座和橡胶隔震支座，两者的刚度和变形相差较大，设计时应引起重视；②牛腿等支撑支座的构件，建议按关键构件定义，采用性能设计，满足中震（大震）弹性的性能要求；③小震、风荷载、温度等作用下，弹性支座应保持基本弹性，不宜有过大的变形；④支座的设置应便于检查、维护和更换，设计文件中应注明使用的环境、检查和维护要求。

5 结论

（1）《高规》有关刚重比的计算公式是基于质量和刚度沿高度均匀分布的假定提出的，对于一些复杂的高层建筑结构，若仍按规范公式验算结构的刚重比则难以反映结构$P\text{-}\Delta$效应的真实情况，有些情况下将存在较大的误差。

（2）现行国家和地方规范对于楼层侧向刚度及刚度比的计算方法不尽相同。即使采用《高规》的算法，对带穿层柱结构的楼层侧向刚度比算法，目前大多具有层概念的计算软件仍不够明确，应予以干预。

（3）抗震性能化设计方法是“开放包容”的方法，可根据不同结构的特点和结构构件的重要性制定差异化的性能目标。

（4）穿层柱屈曲分析时，构件单位力模式和整体加载模式之间误差较小，实际工程中为便于查找对应的屈曲模态，可采用构件单位力加载。

（5）弱连接体支座的选型应充分考虑刚度和变形的协调，地震波选取除满足主楼主要周期点的频谱要求外还应兼顾连接体自身振动周期点的频谱值。

参考文献

[1] 中华人民共和国国家标准. 建筑抗震设计规范: GB 50011—2010[S]. 2016 年版. 北京: 中国建筑工业出版社, 2016.

[2] 中华人民共和国国家标准. 混凝土结构设计规范: GB 50010—2010[S]. 北京: 中国建筑工业出版社, 2011.

[3] 王国安. 高层建筑结构整体稳定性研究[J]. 建筑结构, 2012, 42(6): 127-131.

[4] 中华人民共和国行业标准. 高层建筑混凝土结构技术规程: JGJ 3—2010[S]. 北京: 中国建筑工业出版社, 2011.

[5] 徐培福, 肖从真. 高层建筑混凝土结构的稳定设计[J]. 建筑结构, 2001, 31(8): 69-72.

[6] 杨学林, 祝文畏. 复杂体型高层建筑结构稳定性验算[J]. 土木工程学报, 2015, 48(11): 16-26.

[7] 建筑抗震设计标准: DGJ 08-9—2023[S]. 上海: 上海城乡建设和交通委员会, 2023.

[8] 高层建筑混凝土结构技术规程: DGJ/T 15-92—2021[S]. 广州: 广东省住房和城乡建设厅, 2021.

[9] 深圳市住房和建设局. 高层建筑混凝土结构技术规程: SJG 98—2021[S]. 北京: 中国建筑工业出版社, 2021.

[10] 中华人民共和国国家标准. 工程结构通用规范:GB 55001—2021[S]. 北京: 中国建筑工业出版社, 2021.

[11] 建筑结构抗倒塌设计规范: T/CECS 392—2021[S]. 北京: 中国计划出版社, 2021.

[12] 建筑工程混凝土结构抗震性能设计规程: DBJ/T 15-151—2019[S]. 广州: 广东省住房和城乡建设厅, 2019.

[13] 建筑结构抗震性能化设计标准: T/CECA 20024—2022[S]. 北京: 中国建材工业出版社, 2022.

[14] 范重,王祥臻,张康伟,等.带穿层柱钢框架结构受力机理研究[J]. 建筑结构学报, 2021, 42(9): 135-147.

[15] 王铁梦. 工程结构裂缝控制[M]. 北京: 中国建筑工业出版社, 1997.

[16] 安徽大学江淮学院新校区项目结构超限设计可行性论证报告[R]. 杭州:浙江大学建筑设计研究院有限公司, 2022.

[17] 姜文辉. 高烈度区高层连体结构连接支座形式的选取研究[J]. 建筑结构, 2022, 52(S1): 264-269.

某超长异形曲面单层网壳结构设计与分析

沈　金，王　俊，王成志，林　巍

（浙江大学建筑设计研究院有限公司，杭州 310028）

摘　要： 秦皇河国家湿地修复及保护技术中心包含四季植物温室、接待中心、综合服务中心、湿地修复展厅、植物科普体验馆（城市展厅）、设备用房以及室外灰空间等。5个单体通过一个自由曲面的大跨度屋盖连成整体，上部为大跨单层钢网壳屋盖，下部为钢筋混凝土框架。本工程存在超长、异形、大跨等复杂情况，设计时进行多软件复核计算、抗震性能化设计、抗连续倒塌验算、网壳非线性稳定及支座刚度敏感性分析、复杂构件及节点细部有限元分析等计算分析，并采取合理的构造措施，保证整体结构的工作性能和结构的经济性。

关键词： 超长异形曲面结构；单层网壳；大跨度屋盖；非线性稳定；抗震性能化设计；抗连续倒塌

1　工程概况

秦皇河国家湿地修复及保护技术中心位于山东省滨州市科创城核心区，是一个集湿地保护、植物展览、科普、现代智慧成果与文创艺术展览于一体的多元化、综合化湿地中心。项目总用地面积 59134m^2（含部分湖面），总建筑面积 17565m^2。

湿地修复及保护技术中心包含五个独立的平面近似椭圆形的单层建筑（局部设夹层）以及一个半地下的设备用房。五个独立单体分别为四季植物温室、接待中心、综合服务中心、湿地修复展厅、植物科普体验馆（城市展厅），各单体通过一个自由曲面的大跨度屋盖连成整体，并在室外部分形成灰空间。建筑效果图如图1所示，各单体分布及平面尺寸、最高点标高如图2所示。

本工程建筑耐火等级为二级，设计使用年限为50年，安全等级为二级，属于丙类抗震设防建筑[1]。抗震设防烈度为7度，设计基本加速度为0.1g，设计地震分组为第三组，场地类别为Ⅲ类[2]。

图1　建筑效果图

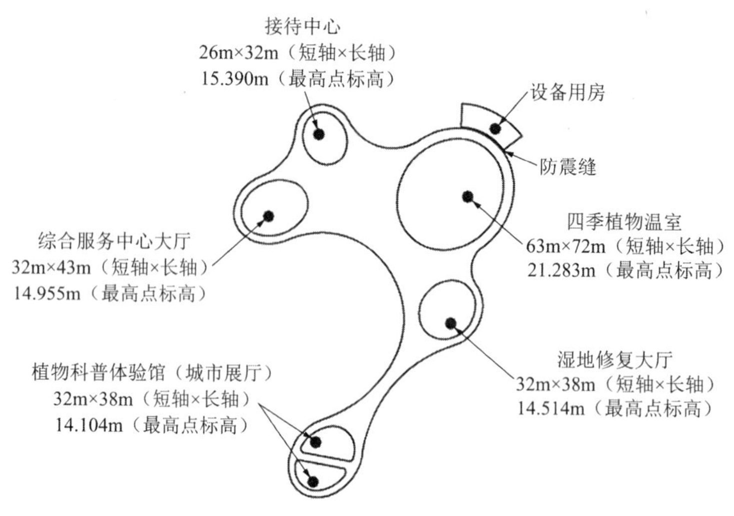

图 2　单体建筑平面布局

2 结构体系及结构布置

屋面恒荷载根据屋面建筑做法并结合室内装修及设备吊挂荷载确定。屋面做法及自重见表 1，各单体屋面恒、活荷载见表 2。

屋面做法及自重　　表 1

编号	屋面做法	荷载组合	荷载/（kN/m²）
组合一	80%玻璃面板 + 20%铝板（均有龙骨）	铝板面板及龙骨自重 + 玻璃面板及龙骨自重	0.7596
组合二	50%玻璃面板 + 50%铝板（均有龙骨）	铝板面板及龙骨自重 + 玻璃面板及龙骨自重	0.6615
组合三	铝板（有龙骨）	铝板面板及龙骨自重	0.378

屋面恒、活荷载　　表 2

单体名称	恒荷载/（kN/m²）	活荷载/（kN/m²）
四季植物温室	1.0	0.5
接待中心	0.8	0.5
综合服务中心大厅	0.8	0.5
湿地修复展厅	0.8	0.5
植物科普体验馆（城市展厅）	1.0	0.5

对于大跨屋面，活荷载工况分别考虑满跨及半跨分布。基本风压$\omega = 0.50$kN/m²，100 年一遇风压取值 0.55kN/m²。本工程体型复杂，业主委托某大学进行了风洞试验，设计时根据风洞试验报告，选取 12 个风向角作为风荷载设计工况，按照《建筑结构荷载规范》GB 50009—2012[3]进行包络设计。100 年雪压取值 0.40kN/m²，并考虑均匀分布和非均匀分布。

分别考虑室内和室外温差效应，室内考虑保温效果温差取±25℃，室外温差取±30℃，钢结构按单体分块安装，拟定合拢温度为 10～15℃。

根据工程特点，同时考虑水平及竖向地震作用，增加了竖向地震为主的荷载组合，并根据斜交抗侧力构件的布置，增加水平地震作用的角度数量。

主体结构形式为钢筋混凝土框架结构，屋盖采用单层钢网壳结构。各单体框架柱为圆柱，贴外立面幕墙内侧设置，环向间距为 7～9m，在屋盖与各单体柱顶连接处设置一道截面为 500mm × 700mm 钢筋混凝土环梁，与下部柱共同形成抗侧力框架，结构布置见图 3。网壳支座设置于框架柱顶，根据网壳稳定性及温度效应分析结果确定支座类型。室外灰空间根据网壳跨度及建筑外观设置曲线形三肢树状柱，板厚均为 16mm（图 4），既满足受力需求，又达到建筑曲线柔美的效果，与自由曲面屋盖相协调。

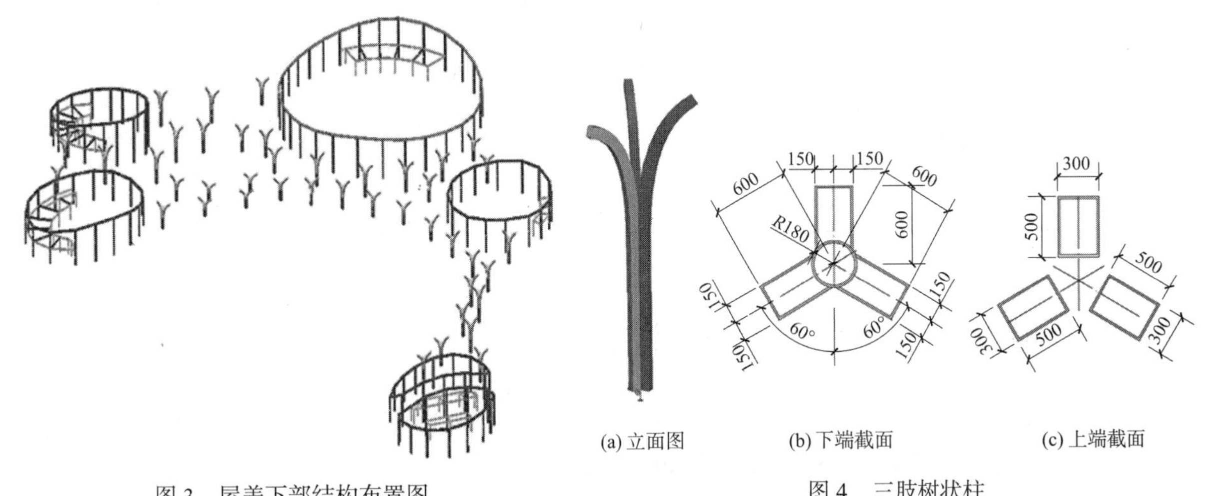

(a) 立面图　(b) 下端截面　(c) 上端截面

图 3　屋盖下部结构布置图　　图 4　三肢树状柱

钢筋混凝土框架的抗震等级为三级，支承钢网壳的框架柱抗震等级提高至二级。钢网壳耐火极限为 1h，采用超薄型防火涂料保护。

根据不同的分析计算内容，整体计算及混凝土结构设计时采用 YJK，并利用 MIDAS Gen 进行对比分析。上部钢网壳分析、设计主要采用 3D3S，利用 MIDAS Gen 进行复核。特殊节点及构件细部有限元分析采用 ABAQUS。各个软件的整体计算模型如图 5 所示。

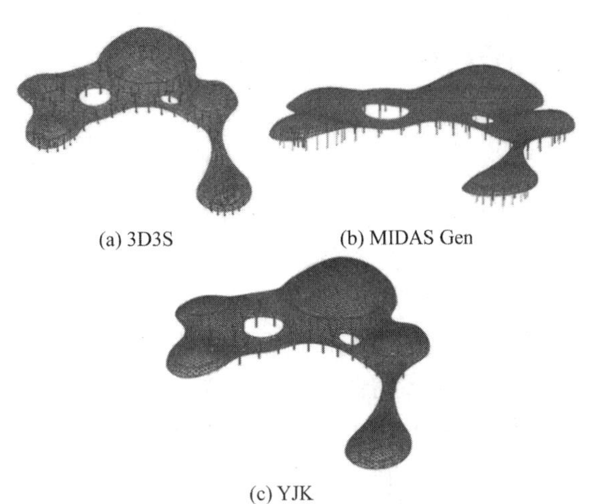

(a) 3D3S　(b) MIDAS Gen

(c) YJK

图 5　整体计算模型

采用 YJK、MIDAS Gen 对整体结构进行分析。本工程各单体高度差异较大，连接薄弱，网壳屋面无法满足刚性楼板假定的要求，因此忽略基于刚性楼板假定及楼层的计算指标，仅对周期、地震作用下基底剪力及最大柱顶位移进行对比，见表 3。由表 3 可知，两个软件的计算结果基本一致。

周期、基底剪力及柱顶位移计算结果　　**表 3**

计算软件		YJK	MIDAS Gen
总重量/kN		95825	98534
周期/s	T_1	0.7400	0.7225
	T_2	0.6214	0.6057
	T_t	0.5901	0.5964

续表

计算软件		YJK	MIDAS Gen
基底剪力/KN	X向	3237.85	3323.54
	Y向	3428.54	3552.25
最大柱顶位移/柱高	X向地震作用	1/568	1/633
	Y向地震作用	1/598	1/652
	X向风荷载	1/2930	1/3181
	Y向风荷载	1/1408	1/1580

3 针对结构复杂性采取的应对措施

本工程存在超长、异形、大跨等复杂情况，针对上述情况，采取了如下应对措施：①整体与单体分别计算，进行包络设计；②采用多种软件计算分析并对比、复核；③进行抗震性能化设计，对关键构件、关键部位采取加强措施；④充分考虑温差效应，保证结构在不同环境下的工作性能；⑤风荷载根据风洞试验结果及规范要求包络取值，选取足够数量的风向角；⑥对不规则曲面单层网壳进行整体和分块包络计算，对整体和分块网壳均进行非线性稳定验算；⑦根据支座刚度的敏感性分析，合理选择支座类型；⑧进行抗连续倒塌分析，保证结构有足够冗余度；⑨结合线性屈曲的结果及结构特点对曲线形三肢树状柱的计算长度取值进行分析确定；⑩对特殊节点及构件进行细部有限元分析。

4 大跨屋盖的设计与分析

4.1 结构布置

屋面采用内加劲相贯节点的三向网格单层钢网壳结构[4]，构件截面为焊接矩形钢管，材质大部分为Q235B，局部杆件采用Q355B。杆件截面根据各单体不同跨度选取，并考虑周边需外挑8～10m，在靠近周边支座及外挑处进行加强。杆件截面为□350 × 200 × 8 × 8～□550 × 200 × 18 × 25。为了避免三向杆件相交处出现角部凹凸不平导致无法连接的情况，选取一个主方向，将主方向杆件截面略微加高，并建立三维模型，严控杆件截面方位角，保证屋盖曲面的可实现性。

通过初步分析，为平衡释放温差效应和保证结构刚度需求，跨度最大的四季植物温室网壳支座采用释放环向平动约束的成品单向滑动支座，其余较小跨度的单体采用天然橡胶支座，可有效释放温差效应，支座详图如图6所示，支座布置范围如图7所示。

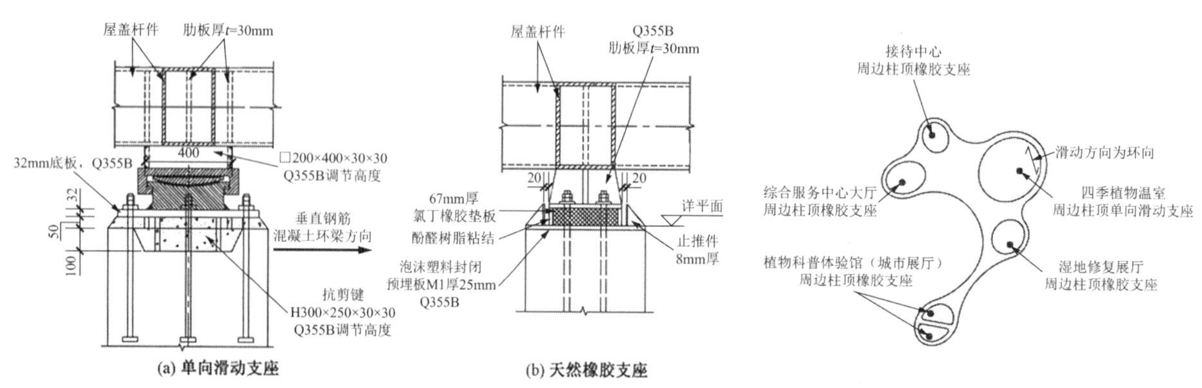

图6 支座详图

图7 支座布置范围

4.2 线性分析及验算

本项目自由曲面三向网格单层钢网壳由以下部分组成：各单体室内较为规则的近似椭球面单层壳及室外不规则曲面单层壳。室内部分由周边钢筋混凝土环向框架支承，室外部分由树状柱支承。室内、室外网壳连成整体。

根据第 2 节的荷载情况，共考虑了 944 种荷载组合，对结构进行整体线性分析及构件验算。单层网壳变形限值为短跨方向长度的 1/400，周边悬挑梁变形限值为悬挑长度的 1/200。1.0 恒载 + 1.0 活载组合工况下的整体变形情况如图 8 所示。由图可得，结构变形满足《空间网格结构技术规程》JGJ 7—2010[5]的要求。

杆件应力比分布如图 9 所示。由图可得，杆件应力比分布较为均匀，说明结构布置相对合理，受力均匀，杆件截面利用率较高，具有良好的经济性。由于网壳超长，温差效应较大以及周边较大悬挑，应力比较大杆件主要集中于支座、树状柱附近及周边悬挑处。应力比最大值为 0.88，能够满足承载力计算要求。

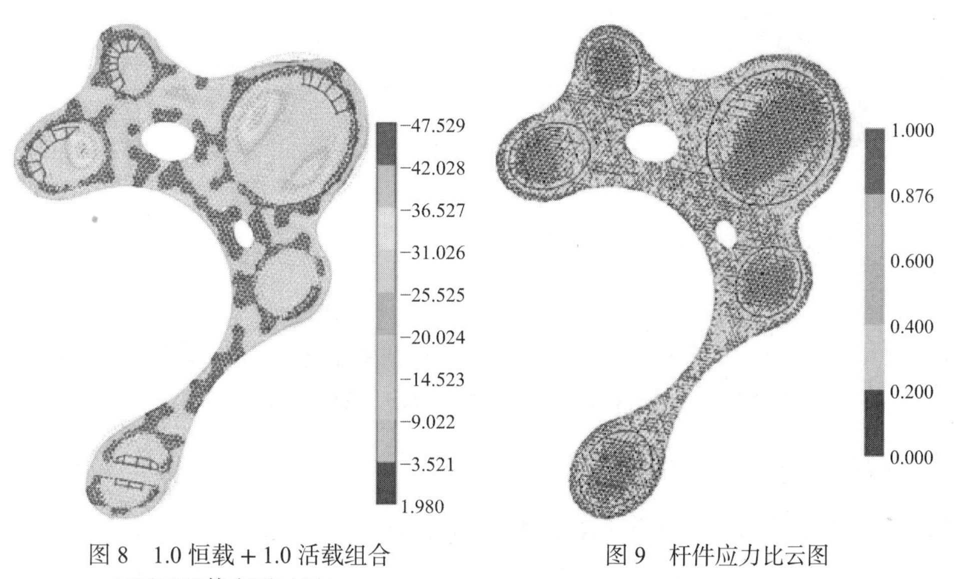

图 8　1.0 恒载 + 1.0 活载组合工况下整体变形云图/mm

图 9　杆件应力比云图

4.3 稳定性验算

分别对整体模型及单体模型进行单层网壳几何非线性稳定验算。整体模型的稳定验算采用 3D3S 及 MIDAS Gen 软件进行计算对比。单体模型的稳定验算采用 3D3S 软件计算[6]。

几何非线性稳定计算时，按一阶屈曲模态考虑缺陷分布，最大缺陷值取短向跨度的 1/300[5]，计算结果见表 4。由表可得，两个软件计算的整体模型稳定系数基本一致，计算结果可靠。各个模型稳定系数均大于限值 4.2，满足规范要求。

几何非线性稳定计算结果　　　　**表 4**

单体名称	分析软件	稳定系数
整体模型	3D3S MIDAS Gen	8.3 8.0
四季植物温室	3D3S	6.2
接待中心	3D3S	27.7
综合服务中心大厅	3D3S	12.3
湿地修复展厅	3D3S	12.5
植物科普体验馆（城市展厅）	3D3S	14.1

整体模型及四季植物温室单体模型非线性失稳时的变形云图见图 10。由图可知，整体模型中失稳反映的是四季植物温室的失稳，其他单体及连接体对四季植物温室的网壳提供了刚度支持，使其稳定系数比单体模型计算结果高出 30%。可见对于此类超长异形曲面大跨结构，为防止连接部位失效，按单体模型验算壳体稳定很有必要。

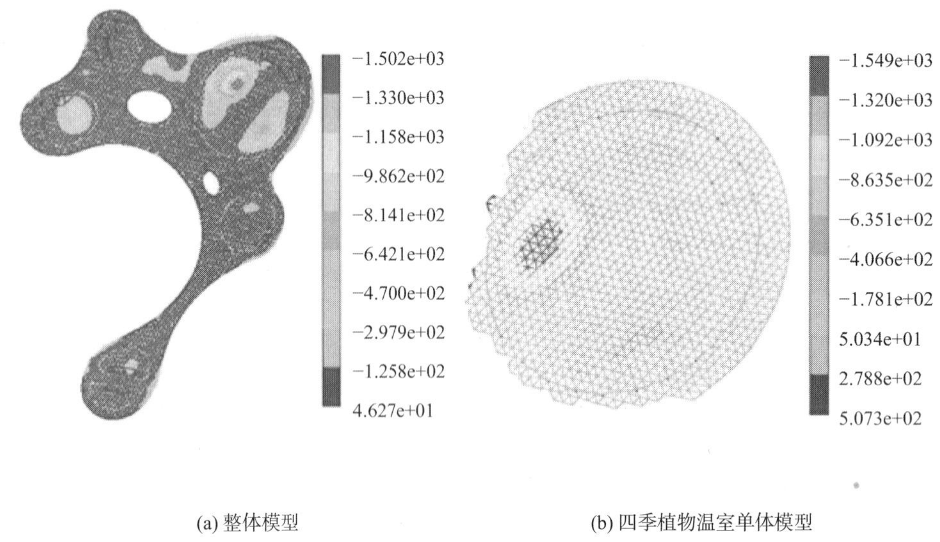

(a) 整体模型　　(b) 四季植物温室单体模型

图 10　非线性失稳时变形云图/mm

由整体模型失稳的变形云图［图 10（a）］可知，前述结构布置中，按不同刚度需求设置不同的支座是合理的。既满足壳体稳定的需求，又有效释放了温差效应，减少结构的内耗，降低用钢量。

4.4　支座刚度敏感性分析及天然橡胶支座验算

本工程屋面钢结构超长，温差效应起控制作用，对结构受力性能及经济性相当不利，需采用减小约束的方式降低其影响。天然橡胶支座因其水平刚度差，本身不宜作为单层网壳的支座，但此工程有其应用需求和应用条件。各个单体网壳跨度不大，且周边外挑或与室外树状柱连接，通过调整壳体和树状柱刚度能将水平力控制在橡胶支座承受的范围内。

为验证上述分析的准确性，对综合服务中心大厅和湿地修复展厅进行了壳体稳定系数对支座水平刚度的敏感性研究，结果如图 11、图 12 所示。由图可知，支座水平刚度变化对壳体的稳定系数影响很小，本项目较小跨度网壳的稳定系数对支座水平刚度不敏感。

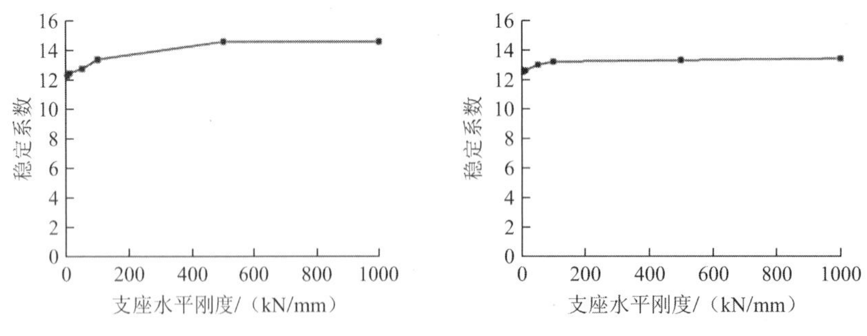

图 11　综合服务中心大厅壳体稳定系数与支座水平刚度关系

图 12　湿地修复展厅壳体稳定系数与支座水平刚度关系

对综合服务中心大厅网壳在温度作用及水平地震作用下最大支座水平反力随支座水平刚度变化情况做了分析，分析结果见图 13。根据支座水平反力的变化率可知，支座水平刚度对结构温差效应影响很大，而对地震作用影响较小。

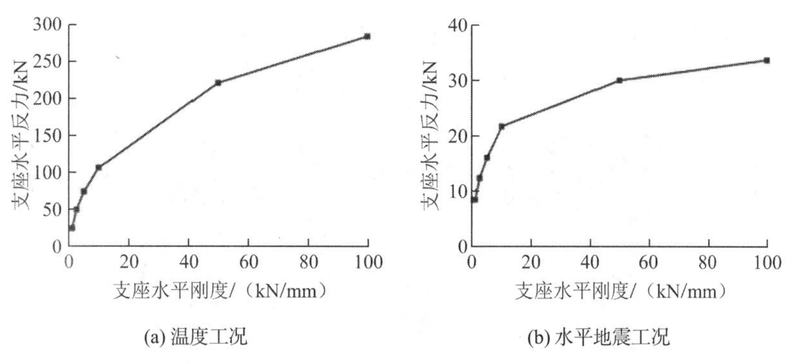

图 13　综合服务中心大厅网壳支座水平反力与支座水平刚度关系图

从上述分析可知，采用刚度较小的橡胶支座能有效释放温度应力，且对壳体稳定及抗震能力影响较小。

为保证橡胶支座发挥预期功能，对橡胶支座在温差及中震作用下分别进行抗滑移及抗倾覆验算。表 5 为其中一个支座在不利荷载组合（1.0 恒荷载 + 温度荷载）作用下的抗滑移及抗倾覆验算结果，可以看出满足规范要求。

天然橡胶支座抗滑移及抗倾覆验算　　表 5

验算内容	计算值	规范限值
压应力/（N/mm^2）	2.78	7.84（上限）
水平位移/mm	18	34.2（上限）
平均压缩变形/mm	0.153	2.45（上限）
抗滑移摩擦力/kN	75	36.5（下限）

5　抗震性能化设计

按照《建筑抗震设计规范》GB 50011—2010 附录 M 对结构构件进行抗震性能化设计。支承网壳的下部钢筋混凝土框架柱为关键构件，按中震抗剪弹性、抗弯不屈服的要求对其进行抗震性能化设计，并与小震计算结果进行包络。

树状柱及邻近支座三个区格内的网壳杆件为关键构件，分别考虑以水平和竖向地震为主的组合，按中震不屈服验算。树状柱的最大应力比为 0.71，网壳关键杆件的最大应力比为 0.66，均满足《建筑抗震设计规范》GB 50011—2010 要求。

6　抗连续倒塌分析

对整体结构进行抗连续倒塌分析，根据构件线性分析结果及构件在整体结构中的重要性，分别考虑跨度最大的四季植物温室端部支座失效及两个壳体之间的树状柱失效。

拆除支座或树状柱后剩余结构参照《高层民用建筑钢结构技术规程》JGJ 99—2015[7]第 3.9 节相关要求采用弹性静力法进行分析，应力比均小于规范限值 1，验算结果均满足要求，见表 6。

杆件最大应力比　　表 6

杆件类型	拆除支座	拆除树状柱
与拆除构件直接相连的杆件	0.83	0.52
其余杆件	< 1.0	< 1.0

拆除支座后的网壳传力路径如图 14 所示。由图 14 及相邻两柱的内力变化得知，网壳在拆除支座后，通过支座附近较小范围的杆件，将荷载传递至相邻两侧柱，其余柱轴力无较大变化，并未引起大范围的受力变化。

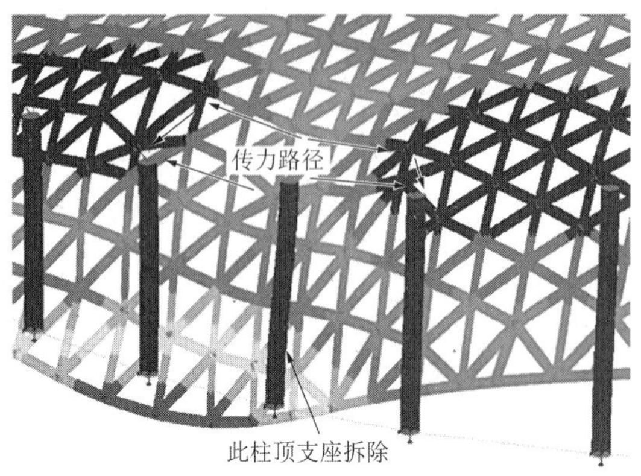

图 14　拆除支座后网壳传力路径

根据本工程超长、温差效应大的特点，并结合抗连续倒塌验算的结果可知，温差效应大的结构抗连续倒塌能力较强。

7　树状柱分析

7.1　树状柱计算长度

本工程网壳下部的曲线形三肢树状柱稳定验算时所采用的计算长度较难确定。对于单层框架，采用线性屈曲分析，通过欧拉公式反算计算长度理论上是可行的[8]。本工程也做了相关分析，选用 1.0 恒载 + 1.0 活载（满铺荷载）下最先发生的整体侧向屈曲（图 15）的稳定系数进行计算长度系数的计算。

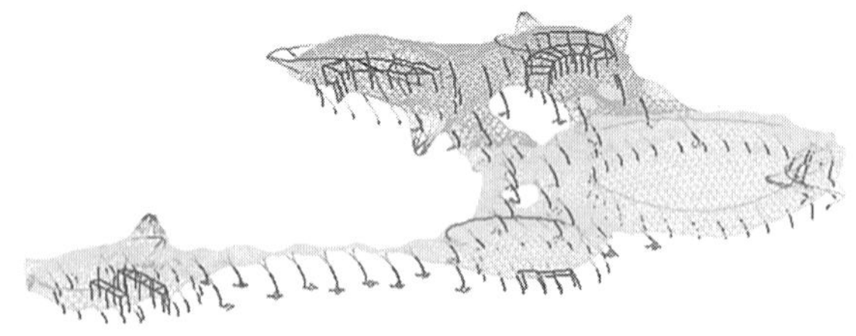

图 15　整体侧向屈曲的屈曲模态（第 140 阶，稳定系数 71.3）

计算并统计各个树状柱的计算长度系数如图 16 所示。由图 16 可知，大部分树状柱的计算长度系数为 1.5～2.0。局部有四根树状柱的计算长度系数在 3.0 左右，柱编号分别为 7、8、9、10，其所处平面位置及屈曲模态如图 17 所示。

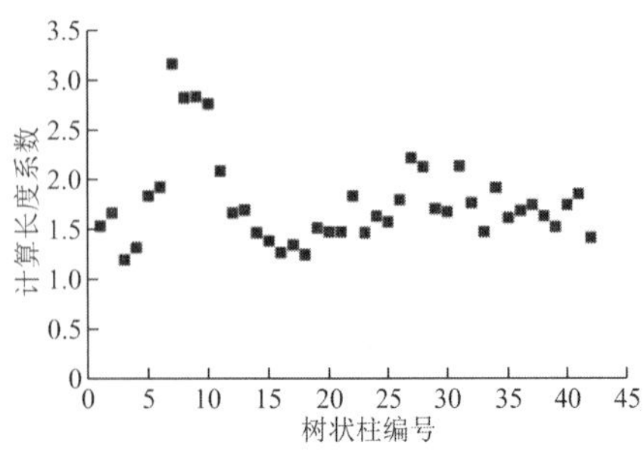

图 16　树状柱计算长度系数

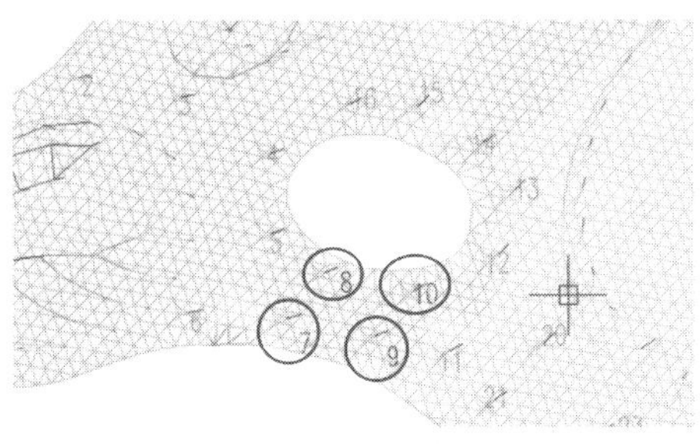

图 17　树状柱 7～10 平面位置及屈曲模态

分析这四根树状柱所处的位置及屈曲模态可知：由于中间开大洞，与整体结构的联系较弱，此四根柱对结构整体抗侧刚度的贡献较少，整体屈曲时，参与度不大，因此整体屈曲不能准确反映这四根柱的稳定性能，通过欧拉公式反算的计算长度系数偏大。

另外，对于此类采用轻型屋面的大跨结构，网壳杆件对下部框架柱的转角约束能否实现取决于两者的屈曲顺序[9]。

鉴于本工程网壳屈曲模态复杂，整体侧向屈曲所处阶数为第 140 阶，在整体侧向屈曲之前，网壳已出现各种竖向屈曲。设计时偏安全地假定网壳屋面先于框架柱屈曲，忽略网壳杆件对树状柱的转角约束，取树状柱下柱计算长度为上下柱总高度的 2 倍，按照整体和局部分别考虑的原则取树状柱上柱（即分肢段）的计算长度为上柱几何长度。

7.2 树状柱分叉点有限元分析

采用 ABAQUS 2021 对树状柱分叉处节点进行有限元分析。树状柱材质为 Q355B，采用 S4R 四节点一阶缩减积分单元进行网格划分，节点的三维几何模型及有限元网格划分如图 18 所示。

根据整体模型构件验算结果，选取最不利工况进行有限元分析。选取荷载组合工况 1.0 恒荷载 + 0.6 风荷载（风向角 180°）+ 0.7 雪荷载（不利布置）+ 温度荷载（降温）与 1.0 恒荷载 + 0.6 风荷载（风向角 300°）+ 0.7 活荷载（半跨活荷载）+ 温度荷载（升温）作用下内力作为节点荷载。对构件底部施加固端约束。提取 3D3S 软件整体分析中的杆端内力对 ABAQUS 有限元模型杆端施加相应的荷载。

考虑大变形效应，经弹塑性计算分析，典型节点地震组合工况荷载作用下应力和应变结果如图 19 所示。

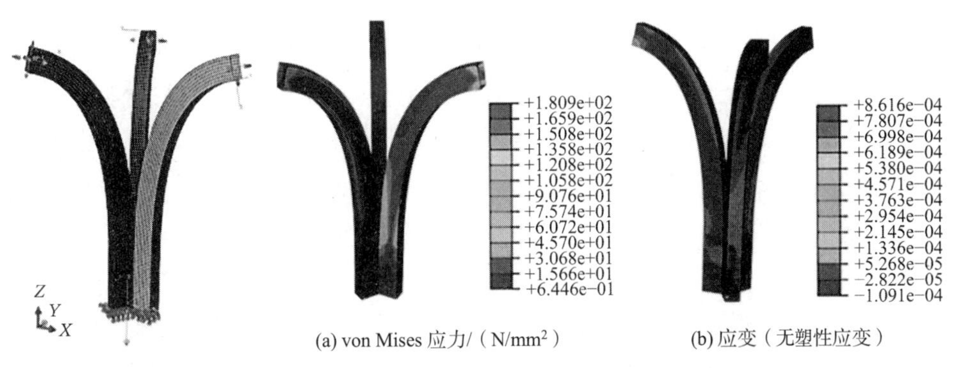

(a) von Mises 应力/（N/mm²）　(b) 应变（无塑性应变）

图 18　有限元模型及网格划分

图 19　地震组合工况荷载作用下节点有限元分析结果

由图 19 可得，在杆端处由于应力集中等原因，最大 von Mises 应力为 180.9MPa，树形柱相交交叉部位最大应力为 145MPa，具有较高的安全储备，杆件未出现塑性应变。

通过 3D3S 软件整体计算分析得到主要杆件的应力比为 0.47，对应应力为 0.47 × 305 = 143MPa，约等于 145MPa，表明该节点满足“等强”的设计要求。

7.3 树状柱制作、安装

为方便树状柱的制作、安装，在树状柱下部设置了圆管（图 20），以保证组装焊缝的操作空间并避免焊缝三向相交，降低残余应力[10]。在三肢柱与下部柱拼接处预留了施焊空间，保证现场拼接的焊缝质量。

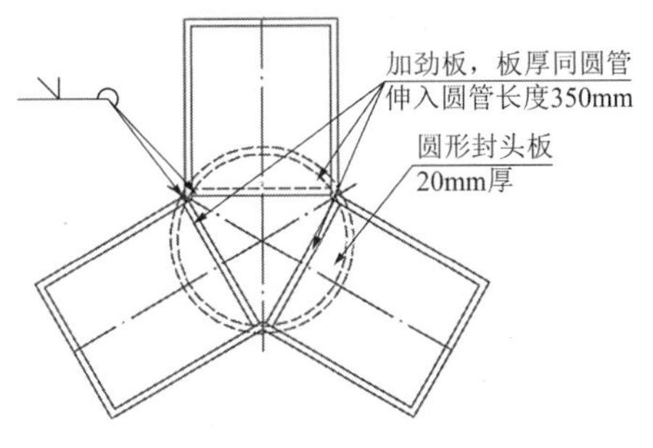

图 20　树状柱分叉点处平面图

8 结论

（1）对于多单体网壳组成的不规则大跨曲面网壳，为防止连接失效产生不可预估的安全问题，应对其整体、单体网壳分别进行非线性稳定验算和包络设计。

（2）为减少超长连体大跨结构的温差效应，可结合工程实际情况及壳体稳定、温差效应对支座水平刚度的敏感性分析，选用天然橡胶支座，但应对天然橡胶支座进行抗滑移和稳定验算，保证其工作性能。

（3）下部支承结构既要承担大跨网壳的竖向、水平荷载，又是整体结构的抗侧力体系，应进行抗震性能化设计，保证其抗震能力。

（4）温度效应大的超长结构，抗连续倒塌能力较强。对于单层网壳大跨结构的下部支撑柱，当网壳杆件与柱刚接，在确定柱计算长度时，可根据线性屈曲分析结果，通过欧拉公式反算计算长度，但应根据柱在整体侧向屈曲时的参与度分析计算结果，还需要根据网壳与柱屈曲顺序确定是否考虑杆件对柱的转角约束作用。

参考文献

[1] 中华人民共和国国家标准. 建筑工程抗震设防分类标准: GB 50223—2008[S]. 北京: 中国建筑工业出版社, 2008.

[2] 中华人民共和国国家标准. 建筑抗震设计规范: GB 50011—2010[S]. 北京: 中国建筑工业出版社, 2010.

[3] 中华人民共和国国家标准. 建筑结构荷载规范: GB 50009—2012[S]. 北京: 中国建筑工业出版社, 2012.

[4] 原泉. 自由曲面形态创构与网格划分技术研究[D]. 哈尔滨: 哈尔滨工业大学, 2015.

[5] 中华人民共和国行业标准. 空间网格结构技术规程: JGJ 7—2010[S]. 北京: 中国建筑工业出版社, 2010.

[6] 王小盾, 周翠竹, 刘红波. 天津水游城树状支撑单层网壳结构性能分析[J]. 建筑钢结构进展, 2012,14(1): 8-13.

[7] 中华人民共和国行业标准. 高层民用建筑钢结构技术规程: JGJ 99—2015[S]. 北京: 中国建筑工业出版社, 2015.

[8] 中华人民共和国国家标准. 钢结构设计标准: GB 50017—2017[S]. 北京: 中国建筑工业出版社, 2018.

[9] 童根树. 钢结构设计方法[M]. 北京: 中国建筑工业出版社, 2007.

[10] 中华人民共和国国家标准. 钢结构焊接规范: GB 50661—2011[S]. 北京: 中国建筑工业出版社, 2011.

丽水莲都灵山未来社区项目连体结构设计

程　健，蔡东阳，吴卫强，田　杨
（浙江省省直建筑设计院有限公司，杭州 310030）

摘　要：丽水莲都灵山未来社区37号、38号公寓式酒店为非对称连体高层建筑，顶部5～6层设置了连接体，下部一些楼层设有斜柱，局部楼层收进较多，结构非常不规则，属于超限高层建筑。以38号楼为例介绍该项目的抗震性能化设计情况，采用YJK和MIDAS Gen软件对整体结构进行了小震和中震弹性分析，采用SAUSG软件进行了中震和大震弹塑性分析，并对连接体、斜柱、楼板、节点等进行了专项分析。分析结果表明，大震作用下，连接体底部的型钢转换桁架和关键节点均保持弹性，桁架转换层的楼板出现了不同程度的损伤，其余楼层楼板基本无受压损伤；中震作用下，斜柱未出现损伤，大震作用下，个别斜柱出现轻微损伤；结构整体指标合理，损伤和耗能情况良好，能够满足预设的抗震性能目标。

关键词：超限高层；连体结构；楼板；斜柱；抗震性能化设计；动力弹塑性分析

1　工程概况

丽水莲都灵山未来社区[1]是浙江省首个建筑方案通过省级审核，首创土地带方案整体出让的未来社区，项目位于浙江省丽水市莲都区岩泉街道，由住宅、公寓、酒店、商业、幼儿园、托幼所、医联体等组成，总建筑面积约78万m²。其中项目北面37号和38号公寓式酒店为连体结构，地下3层，地下3层～地下1层层高分别为3.5m、4.8m、5.1m；地上21层，1～3层层高分别为4.5m、4.8m、4.8m，37号楼15层、38号楼16层为连接体底层，层高3.9m，其余楼层层高3.6m，建筑高度79.6m；地下室顶板作为上部结构嵌固端。37号、38号楼南侧为邻里中心，37号、38号楼与邻里中心之间设置防震缝脱开，37号、38号楼和邻里中心效果图如图1所示。

图1　37号、38号楼和邻里中心效果图

项目结构设计使用年限50年，建筑结构安全等级为二级，1～2层抗震设防类别为乙类，其余楼层为丙类，场地类别为Ⅱ类，抗震设防烈度为6度，设计基本地震加速度值为0.05g，设计地震分组为第一组，场地特征周期为0.35s，基本风压为0.30kN/m²（50年重现期），地面粗糙度类别为B类。

2　地基基础设计

项目场地附近无活动断裂，区域地壳基本稳定，地质条件较稳定，位于断陷盆地边界处，地形坡度缓，较平坦，属建筑抗震一般地段。地基基础设计等级为甲级，综合考虑柱底内力、工程地质条件和周围环境，本工程采用独立基础加防水板的基础方案，以⑩$_{-3}$层中风化粉砂岩为持力层，该层承载力特征值为1500kPa，层位稳定，工程特性好。独立基础厚度为1.8～2.0m，防水板厚度为0.8m，局部布置抗浮岩石锚杆。

3 结构体系及布置

37 号、38 号楼均为双塔连体结构，东西两塔层数不同，最高为 21 层，两塔均采用钢筋混凝土框架-剪力墙结构，两塔在底层通过裙房连为一体，37 号楼 15～20 层设有连接体，38 号楼 16～20 层设有连接体，连接体采用型钢转换桁架 + 钢框架的结构形式。本文以 38 号楼为例进行重点分析，38 号楼东西长约 145m（含连接体），南北宽 17.6m。因东西向长度超长，设置了两道防震缝，并使连接体两端的塔楼体型接近，设缝后的结构平面长度为 76m（含连接体层）。连接体跨度为 25.2m，在 16 层设置与楼层等高的 4 榀型钢转换桁架，桁架高度 3.9m，部分桁架伸入两侧主体结构各一跨。其中 15 层、16 层（型钢转换桁架下弦层）结构平面布置如图 2、图 3 所示，Ⓑ轴上的型钢转换桁架竖向布置如图 4 所示，整体结构模型（含防震缝两侧的结构单体）如图 5 所示。

连接体与主体结构的墙柱采用刚性连接，支承连接体的框架柱均采用型钢混凝土柱，柱子截面为 900 × 900，转换桁架上下弦杆型钢典型截面为 H800 × 500 × 30 × 35，斜腹杆型钢典型截面为 H500 × 500 × 30 × 35。因观光需要，转换桁架未设竖向腹杆和垂直于主桁架的次桁架，中间连接体楼板采用钢-混凝土组合楼盖。

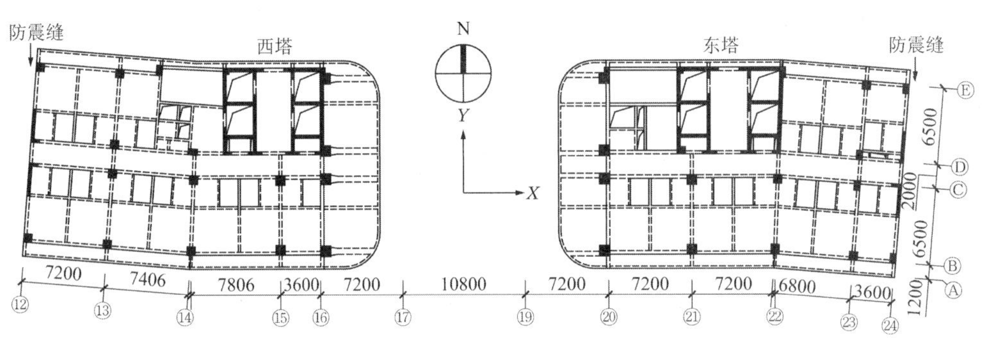

图 2 15 层结构平面布置图

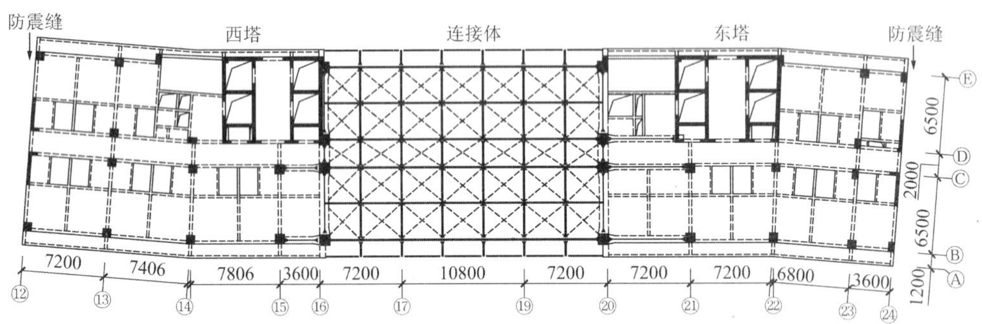

图 3 16 层结构平面布置图

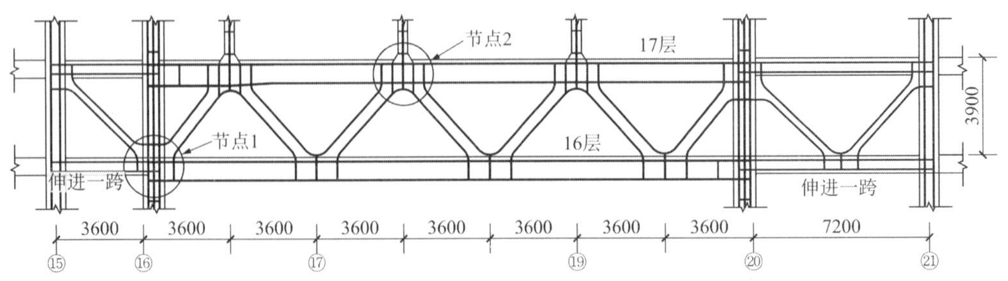

图 4 型钢转换桁架立面图

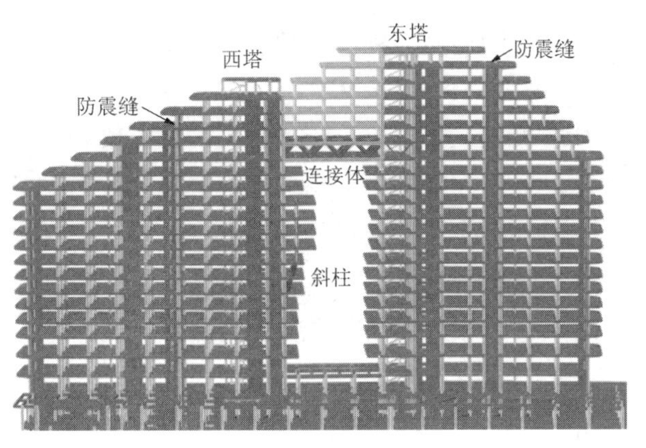

图 5 YJK 结构模型

地上梁板混凝土强度等级均为 C30，墙柱混凝土强度等级由下到上从 C45 逐渐降为 C30。塔楼构件截面尺寸如下：典型框架柱截面由 800 × 900 逐渐收到 600 × 600，典型主梁截面为 250 × 550，典型次梁截面为 200 × 400～500，剪力墙厚度为 250～300mm，典型楼板厚度为 120～130mm。

4 结构超限情况及性能目标

项目存在如下不规则项[2]：①整体结构X向最大位移比为 1.41，属于扭转不规则超限；②16～20 层设置了连接体，连接体两端塔楼高度不同，为非对称复杂连体结构；③连接体中 16 层为桁架转换层，属于构件间断；④15 层（连接体下一层）的X向侧移刚度与 16 层的侧移刚度之比为 0.66，相邻层刚度变化大于 70%，存在刚度突变；⑤15 层的X向受剪承载力与 16 层的受剪承载力之比为 0.59，相邻层受剪承载力变化大于 80%，存在承载力突变；⑥19 层楼层收进，水平尺寸为下层楼层水平尺寸的 69%，小于 75%，属于竖向尺寸突变；⑦6～8 层存在斜柱。

根据《超限高层建筑工程抗震设防专项审查技术要点》（建质〔2015〕67 号）[2]，本项目属于超限高层建筑。综合考虑建筑高度、不规则指标、结构类型、设防烈度、设防类别等因素，本项目结构在小震、中震、大震下的抗震性能水准分别达到了表 1 的要求，总的抗震性能目标相当于 C 级。设计采取了一系列措施，对各类结构构件制定了不同的抗震性能目标[3]，对核心筒、连接体、周边框架采取了不同抗震加强措施，主要如下：

结构及构件抗震性能目标 **表 1**

地震烈度		小震	中震	大震
宏观破坏程度		完好	轻度损坏	中度损坏
层间位移角限值		1/800	1/300	1/120
关键构件	底部加强区剪力墙和框架柱、斜柱及拉梁	弹性	正截面不屈服；斜截面弹性	不屈服（允许少部分墙肢正截面屈服）
	连接体桁架、连接体两端的型钢混凝土柱	弹性	弹性	钢桁架：弹性；型钢混凝土柱：正截面不屈服、斜截面弹性
普通竖向构件	非底部加强区剪力墙和框架柱	弹性	正截面不屈服；斜截面弹性	部分屈服，受剪截面满足限制条件
耗能构件	连梁、框架梁	弹性	正截面部分屈服；斜截面不屈服	大部分屈服；受剪截面满足限制条件

（1）核心筒角部或墙肢端部设框架柱，适当提高墙肢配筋率，控制核心筒剪力墙的应力水平，确保墙肢斜截面和正截面承载力满足相应性能设计要求；控制所有墙肢在水平风荷载或小震作用下不出现受

拉状态，对中震作用下出现受拉状态的墙肢，控制平均名义拉应力不超过混凝土抗拉强度标准值，并采取特一级的构造措施。

（2）连接体转换层两端采用型钢混凝土柱，连接体相关部位的梁和与之相连的墙柱抗震等级提高一级，连接体高度范围及其上下层的竖向构件抗震等级均提高一级，本项目结构抗震等级见表 2。

结构抗震等级 **表 2**

结构	部位	抗震等级
混凝土框架	1 层	二级
	连体结构高度范围内及上下层	
	斜柱及拉梁	
	地上其余层	三级
剪力墙	1 层	二级
	连体结构高度范围内及上下层	
	地上其余层	三级
	中震偏拉墙肢	特一级（构造）
钢框架或桁架	连体高度范围内及上下层	三级
	其余部位	四级

（3）连接体与两侧塔楼刚性连接，有条件时转换桁架伸入两侧塔楼各一跨，加强与其相连的框架柱或核心筒，保证水平地震剪力传递。为加强连接体顶层的构造设计，连接体结构顶层延伸跨的楼面梁也采用型钢混凝土梁，以传递塔楼与连接体间的水平力。

（4）连接体转换桁架上下弦层楼板均为 150mm 厚，连接体顶层楼板适当加厚。以上楼板加厚范围延伸至连接体两侧一到两跨，此区域板筋均双向拉通并提高楼板配筋率，提高连接体楼板抗拉和抗剪承载力。

（5）控制连接体转换桁架的应力水平，中震和大震下转换桁架均为弹性。

（6）连接体转换层和斜柱处楼板补充弹性板 6 分析，对板厚和配筋进行加强。

（7）放大连接体下部相邻楼层的水平地震作用计算内力，同时加强该层竖向抗侧力构件的配筋和构造措施。

（8）进行施工模拟验算。

5 结构计算分析

5.1 小震分析

采用 YJK、MIDAS Gen 软件对结构进行小震及风荷载作用下的弹性分析，主要计算结果见表 3。由表 3 可以看出，两种软件计算结果基本一致，X向楼层最小剪重比满足规范不小于 0.008 的要求，Y向楼层最小剪重比小于 0.008，按抗规要求进行调整，最大层间位移角满足不大于规范限值 1/800 的要求。

连体结构主要计算结果 **表 3**

计算软件	YJK	MIDAS Gen
地上总质量/t	33605.9	33625.5
T_1（Y向平动）/s	2.4040	2.3582
T_2（X向平动）/s	1.9870	2.0037
T_3（扭转）/s	1.7681	1.7461

续表

计算软件		YJK	MIDAS Gen
周期比		0.74	0.74
楼层最小剪重比	X向	0.0085	0.009
	Y向	0.0066	0.007
基底剪力/kN	X向	3126.2	3033.7
	Y向	3370.7	3284.3
地震作用下最大层间位移角	X向	1/3551	1/3830
	Y向	1/1996	1/2263
风荷载作用下最大层间位移角	X向	1/6253	1/6549
	Y向	1/2573	1/2408

对整体结构补充了多遇地震下的弹性时程分析[4]，地震波选用一组人工波和两组天然波。每条波时程分析计算所得结构基底剪力不小于振型分解反应谱法计算结果的 65%，三组波的基底剪力平均值不小于振型分解反应谱法计算结果的 80%，剪力包络曲线局部大于反应谱法，返回振型分解反应谱法进行多遇地震分析，对楼层剪力相应放大。

5.2 单塔和连体结构特性的比较

为了对比单塔和连体结构的结构特性，在 YJK 模型中删除顶部连接体，对双塔结构进行小震及风荷载作用下的弹性分析，主要计算结果见表 4。单塔结构和连体结构前三阶振型如图 6、图 7 所示。

双塔主要计算结果　　表 4

塔楼		东塔	西塔
T_1（Y向平动）/s		2.4723	2.4249
T_2（X向平动）/s		2.3546	2.1739
T_3（扭转）/s		1.6491	1.3275
周期比		0.67	0.55
地震作用下最大层间位移角	X向	1/811	1/1117
	Y向	1/876	1/984
风荷载作用下最大层间位移角	X向	1/2987	1/3867
	Y向	1/1844	1/2085
基底剪力/kN	X向	2835.4	
	Y向	2852.3	

（1）由图 6、图 7 可见，独立双塔各自的第 1 阶振型均为Y向平动，第 2 阶振型均为X向平动，第 3 阶振型均为扭转，这与连体结构的排序相同。

（2）从表 3、表 4 中周期计算结果可见，独立双塔各自的周期要比连体结构的周期长，特别是X向的平动周期变化较大，说明两个单塔连体以后整体结构抗侧刚度变大，X向的抗侧刚度增大较为显著。

（3）从表 3、表 4 中周期比计算结果可见，连体结构的周期比比各单塔大，说明两个单塔连体以后，由于整体结构平面变得狭长，扭转效应增大，但连体结构 0.74 的周期比仍较合理，小于高规限值 0.85 的要求。

（4）从表3、表4中最大层间位移角计算结果可见，单塔连体后最大层间位移角减小，X向地震作用下最大层间位移角比未连体前的东塔、西塔分别减小约67%、77%，Y向地震作用下分别减小约50%、56%，X向风荷载作用下最大层间位移角比未连体前的东塔、西塔分别减小约38%、52%，Y向风荷载作用下分别减小约19%、27%。说明连体后结构抗震抗风能力增强，X向增强效果非常明显。

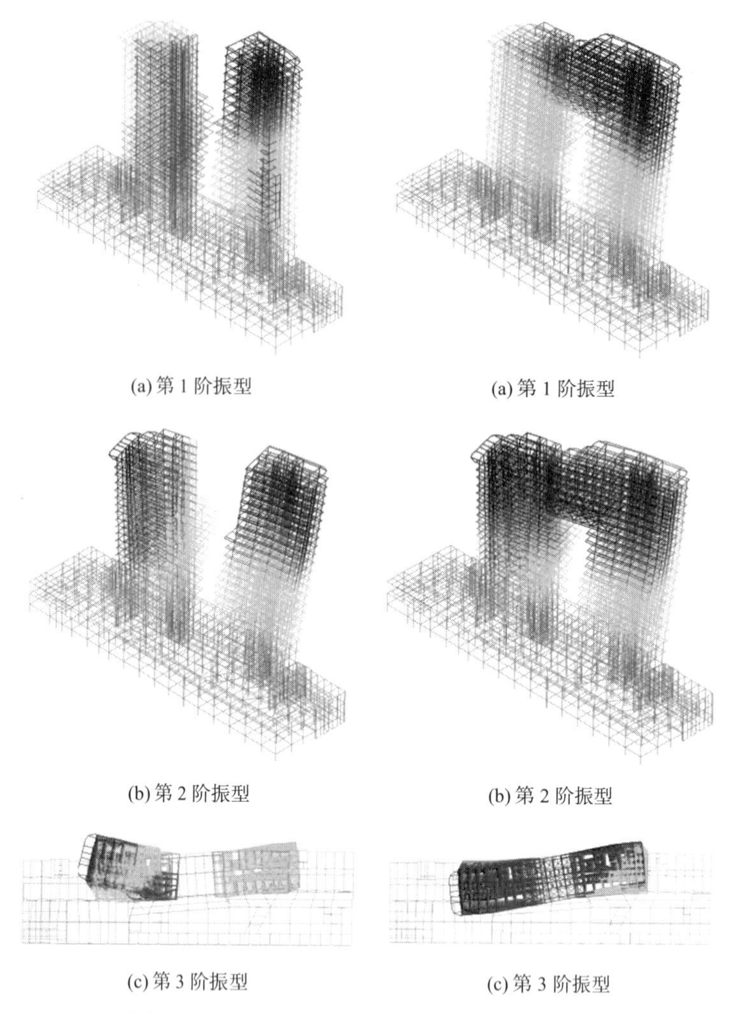

(a) 第1阶振型　(a) 第1阶振型

(b) 第2阶振型　(b) 第2阶振型

(c) 第3阶振型　(c) 第3阶振型

图6　单塔结构前3阶振型　　图7　连体结构前3阶振型

（5）从表3、表4中基底剪力计算结果可见，单塔连体后与各单体相比，底部楼层X向剪力增加约10%，Y向剪力增加约18%，连接体层及其下一层相对各单塔对应楼层剪力变化较大，这与增设连接体导致结构重量增加和抗侧刚度增大有关。

（6）从楼层抗剪承载力比和抗侧刚度比分析结果可见，连体之前各单塔未出现薄弱层和软弱层，但连体之后，在连接体的下一层出现了薄弱层和软弱层。连体结构楼层侧移刚度和受剪承载力曲线如图8、图9所示（结构模型中22层为出屋面的楼电梯间），主要楼层侧移刚度和受剪承载力见表5。

连体结构主要楼层侧移刚度和受剪承载力　　表5

楼层	侧移刚度/（$\times 10^4$kN/m）		受剪承载力/kN	
	X向	Y向	X向	Y向
17	4762	5672	58808	67843
16	7326	5683	101346	58988
15	4826	5662	60258	61647
14	4861	5699	65846	68334

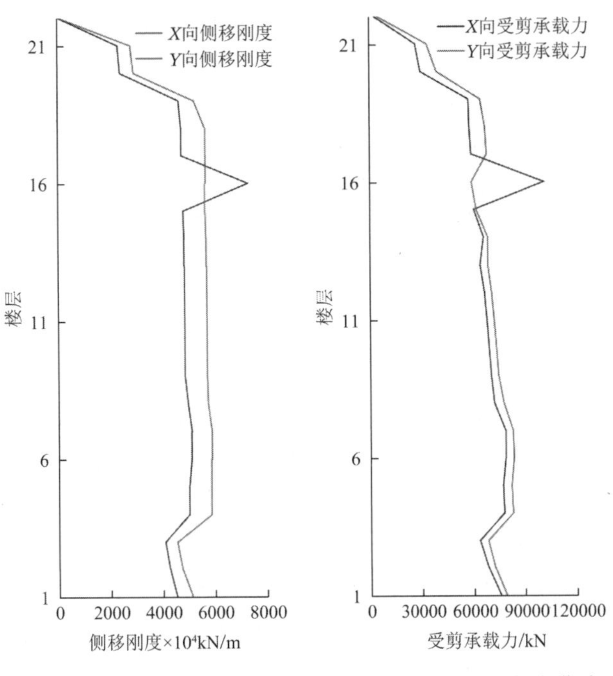

图 8　楼层侧移刚度曲线　　　图 9　楼层受剪承载力曲线

5.3　动力弹塑性分析

采用 SAUSG 软件对结构进行动力弹塑性分析，采用基于材料本构的纤维模型，一维混凝土材料采用规范规定的单轴本构模型，二维混凝土材料采用弹塑性损伤模型，用损伤因子评价混凝土塑性状态，钢材采用双线性随动强化模型，考虑了循环荷载作用下的包辛格效应，分析采用 Rayleigh 阻尼，SAUSG 模型由 YJK 模型导入，真实考虑了各构件的实际配筋。SAUSG 模型与 YJK 模型的质量相对差值在 2%以内，周期相对差值在 5%以内。选用一组人工波和两组天然波，三组地震波与规范反应谱的对比如图 10 所示。由图 10 可以看出，各组波的地震影响系数与规范谱的地震影响系数在结构主要周期点上相差不大于 20%。因连接体跨度较大，同时考虑水平地震和竖向地震作用，采用三向地震波输入，主方向、次方向和竖向地震波加速度峰值比例为 1∶0.85∶0.65。对结构分别进行了中震和大震动力弹塑性分析，主方向地震波加速度峰值按规范的要求调整，中震为 50gal，大震为 125gal。

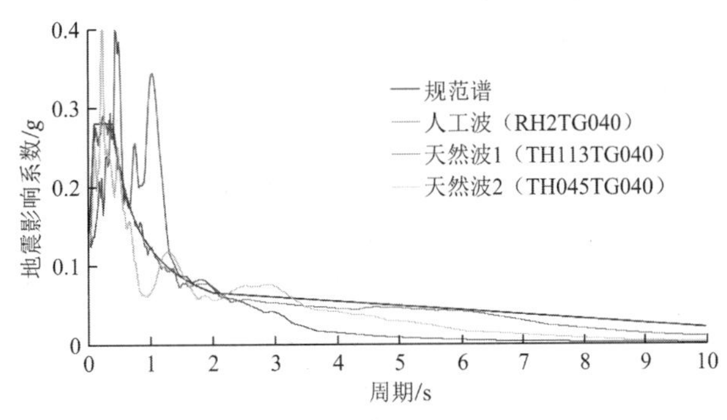

图 10　地震波谱与规范谱对比

5.4　中震分析

YJK 和 SAUSG 中震作用的主要计算结果见表 6。由表 6 可以看出，YJK 中震下结构基底剪力为小震反应谱下的 2.87～2.94 倍，SAUSG 中震下结构基底剪力（人工波）为小震反应谱下的 2.50～2.81 倍，小于规范反应谱中震与小震水平地震影响系数的比值 3，属于合理范围。YJK 和 SAUSG 分析的最大层间位移角分别为 1/802、1/630，满足不大于限值 1/300 的要求。

YJK 和 SAUSG 中震分析主要结果 表 6

软件	方向	YJK	SAUSG（人工波）
基底剪力/kN	X向	8971	8806
	Y向	9891	8430
最大层间位移角	X向	1/1196	1/1156
	Y向	1/802	1/630

通过 YJK 中震下的性能分析结果表明，中震下竖向构件均能达到正截面不屈服、斜截面弹性的性能目标；连接体和连接体两端的支撑柱均能达到中震弹性的性能目标；除少部分连梁和框架梁抗弯屈服外，其余连梁和框架梁均能满足抗弯和抗剪不屈服的要求。中震墙肢偏拉验算情况如下：6 层及以下出现小拉应力，名义拉应力小于 $1.0f_{tk}$（f_{tk}为混凝土轴心抗拉强度标准值），7～14 层东塔未出现拉应力，西塔有较小拉应力，名义拉应力小于 $0.3f_{tk}$，15 层及以上再次出现小拉应力，名义拉应力小于 $0.5f_{tk}$，说明设置连接体对连接体层及其下一层的竖向构件影响较大。

SAUSG 中震分析结果表明，中震下仅少部分连梁和框架梁损伤，这与 YJK 的分析结果一致。从表 6 可以看出，YJK 中震分析的X向基底剪力和X向最大层间位移角与 SAUSG 中震弹塑性分析结果很接近，而 YJK 计算所得结构Y向基底剪力比 SAUSG 大 17%，最大层间位移角比 SAUSG 小 28%，可以推测连体结构X向的抗侧刚度和抗震能力较强，X向中震作用下，结构基本表现为弹性，而连体结构Y向抗侧刚度和抗震能力相对较弱，Y向中震作用下，结构部分耗能构件已进入塑性状态。

连接体的型钢转换桁架及其上部钢框架均处于弹性状态。连接体层楼板基本未出现受压损伤，楼板受拉损伤主要出现在转换桁架的上弦层两端局部区域和下弦层跨中区域，其余楼层基本未出现受拉损伤。下弦层（16 层）楼板整体刚度损伤见图 11，跨中区域损伤程度基本介于 0.2～0.4。

图 11 16 层楼板整体刚度损伤（中震）

5.5 大震分析

根据《高层建筑混凝土结构技术规程》JGJ 3—2010[3]的规定，钢筋混凝土框架-剪力墙结构在罕遇地震下的弹塑性层间位移角限值为 1/100，除框架结构外的转换层位移角限值为 1/120。结构大震动力弹塑性分析结果见表 7，弹塑性层间位移角曲线如图 12 所示。由表 7 和图 12 可以看出，罕遇地震下结构X向最大弹塑性层间位移角为 1/538（7 层），Y向最大弹塑性层间位移角为 1/317（顶层），均满足规范要求。

大震作用下主要计算结果 表 7

地震波		基底剪力/MN	与小震 CQC 法结果的比值	最大顶点位移/m	最大层间位移角
人工波	X向	18.5	5.9	0.089	1/551
	Y向	21.5	6.4	0.144	1/317
天然波 1	X向	15.1	4.8	0.058	1/546
	Y向	17.6	5.2	0.098	1/385
天然波 2	X向	18.1	5.8	0.096	1/538
	Y向	20.8	6.2	0.115	1/375

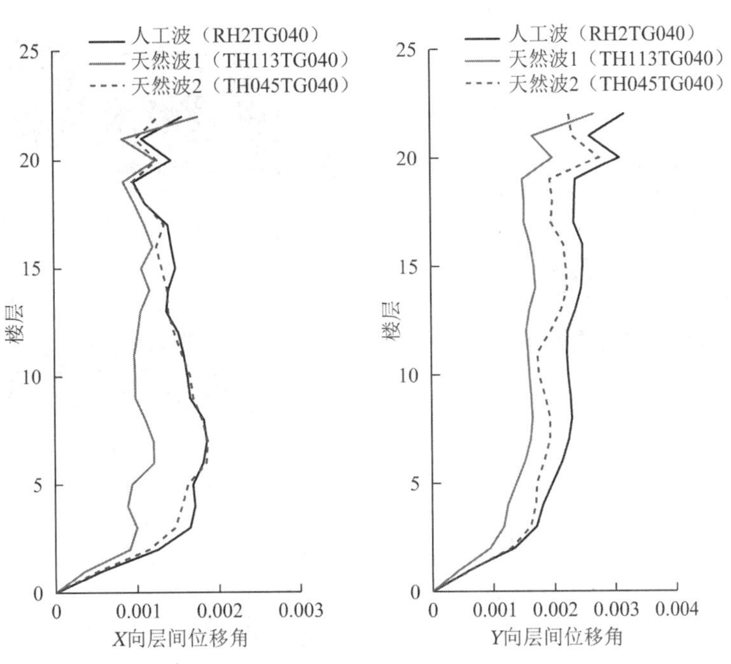

图 12　层间位移角曲线

对墙柱、桁架、梁板等的损伤情况进行了分析和统计，如图 13～图 16 所示。可以看出，连梁作为主要耗能构件率先屈服，损伤较为严重，底部和连接体部位部分剪力墙出现轻微至轻度的损伤；顶部部分框架柱出现轻微至轻度损伤，斜柱和底部部分框架柱出现轻微损伤，大部分竖向构件无损伤；连接体的型钢转换桁架及其上部钢框架的塑性应变均为零，说明均处于弹性状态；楼板受压损伤主要出现在型钢转换桁架下弦层，上弦层楼板受压损伤区域较小，其余楼层楼板基本无受压损伤。大震分析所得能量图末端均较为平稳，应变能与阻尼耗能占比较为合理，总的等效阻尼比为 5.6%～6.3%，其中人工波作用下的能量图如图 17 所示。

通过分析得出，大震作用下大部分竖向构件没有出现较大的塑性变形，在 15～16 层连接体部位个别区域剪力墙出现抗弯屈服，结构在大震作用下的强度及刚度没有因为屈服而严重退化，框架能作为第二道抗侧力防线保证结构安全。连接体层的型钢转换桁架作为关键构件，没有出现塑性变形，均为弹性。经验算，连接体两端的型钢混凝土柱正截面不屈服、斜截面弹性，型钢转换桁架上的钢框架也均无塑性变形，连接体部位在大震作用下工作性能良好。连梁、部分框架梁出现较多塑性变形，充分发挥了耗能构件的作用[5]。总体上各级构件达到了预定的性能设计目标，结构设计安全合理。

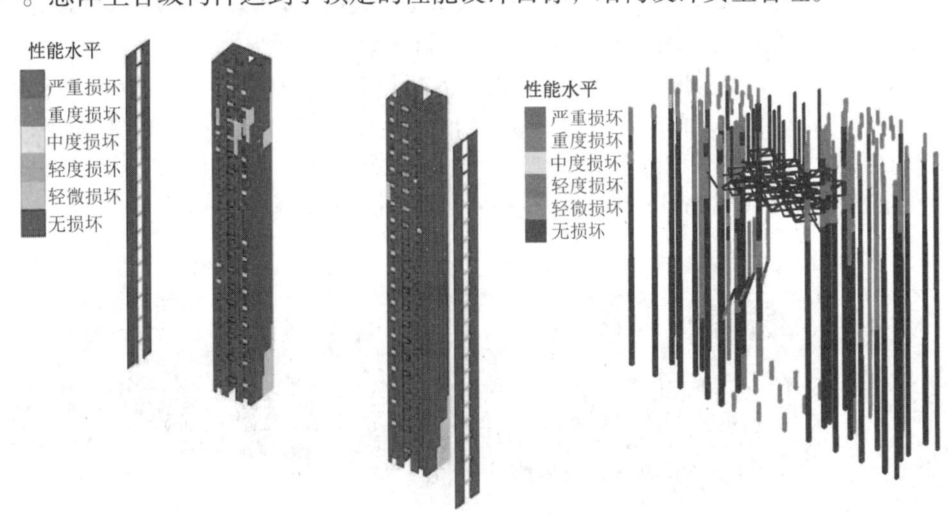

图 13　剪力墙和连梁损伤情况　　图 14　框架柱、斜柱、桁架斜腹杆损伤情况

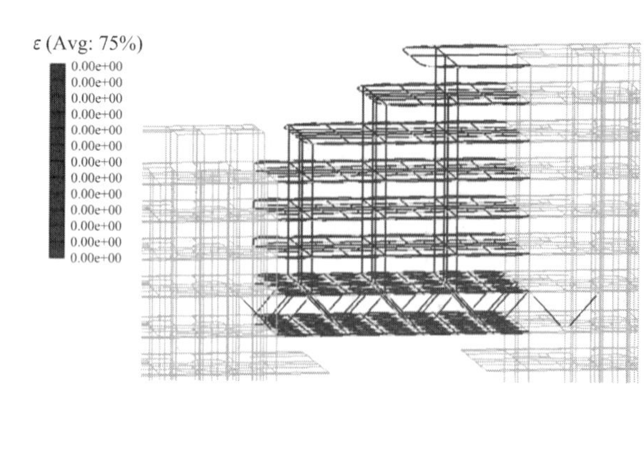

图 15　型钢塑性应变

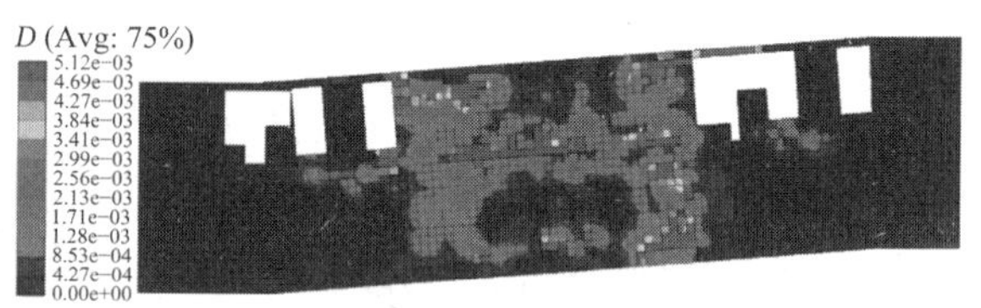

图 16　下弦层楼板受压损伤情况（大震）

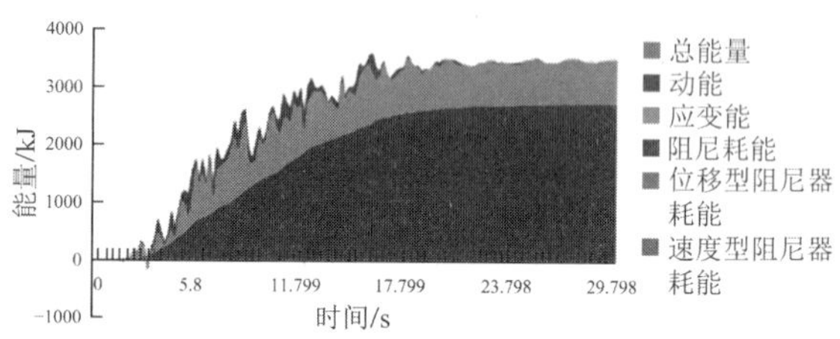

图 17　人工波作用下的能量图

6　主要专项分析

项目补充了多项专项分析，如超长平面的温度应力分析、施工模拟验算、楼板舒适度分析等，下面主要介绍针对连接体和斜柱的一些专项分析。

6.1　连接体楼板设计

连接体楼板起着协调两侧塔楼，传递水平向轴力和剪力的重要作用，与型钢构件整体工作时还能增强型钢转换桁架、钢梁和水平支撑的承载力，应对其进行深入分析，了解其性能，有利于掌握大震下结构损伤情况和抗震潜力。

连接体楼板为钢-混凝土组合楼盖，混凝土强度等级为 C30，16 层、17 层楼板厚度为 150mm，18 层、19 层楼板厚度为 120mm，20 层（连接体顶层）楼板厚度为 180mm，其中 16 层、17 层、20 层楼板配筋为ϕ12@150（双层双向），16 层、17 层平面内设置交叉水平型钢支撑。

大震作用下，虽然连接体层楼板局部出现了轻微受压损伤，但转换桁架的下弦层楼板（16 层）几乎全部出现受拉损伤，其楼板整体刚度损伤情况如图 18 所示，损伤程度基本介于 0.2～0.5 之间。转换桁架上弦层（17 层）在连接体两端范围出现受拉损伤，其楼板整体刚度损伤情况如图 19 所示，其余各层楼板整体刚度损伤很小。16 层的楼板损伤主要位于连接体跨中，而 17 层的楼板损伤主要位于连接体的两端，说明桁架下弦层的楼板主要受拉，桁架上弦层中部的楼板主要受压，上弦层端部的楼板受拉，同时楼板的损伤范围和损伤程度也比中震时大，这与概念分析一致。

大震作用下，16 层、17 层楼板应力见表 8。由表 8 可以看出，16 层、17 层桁架转换层楼板钢筋最大应力为 192MPa，小于设计值 360MPa，钢筋未屈服；混凝土的最大压应力为 15MPa，略大于混凝土抗压强度设计值 14.3MPa，小于抗压强度标准值 20.1MPa，混凝土基本未发生受压损伤。但较多区域拉应力达到了混凝土抗拉强度标准值 2.01MPa，说明混凝土已受拉损伤。

图 18　16 层楼板整体刚度损伤情况（大震）

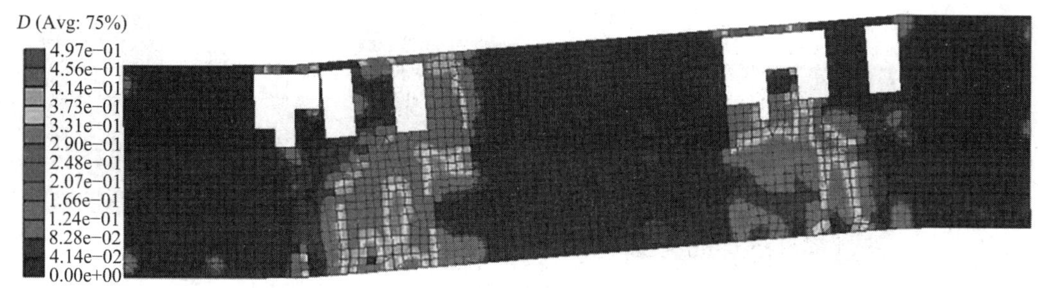

图 19　17 层楼板整体刚度损伤情况（大震）

大震下 16 层、17 层楼板应力　　表 8

楼层	X向钢筋拉应力/MPa	Y向钢筋最大拉应力/MPa	X向混凝土最大压应力/MPa	Y向混凝土最大压应力/MPa	混凝土最大剪应力/MPa
16	126	92	15	9	4
17	192	79	10	7	3

6.2　连接体楼板抗剪承载力验算

与两侧塔楼刚性连接的连接体在地震作用下需要协调两侧塔楼的变形，因此需要进行连接体区域楼板的抗剪验算，计算剪力可取地震作用下连接体楼板承担的两侧塔楼楼层受剪承载力之和。楼板的截面剪力设计值V_f应符合下式要求[3]：

$$V_f \leqslant 0.1\beta_c f_c b_f t_f/\gamma_{RE} \tag{1}$$

$$V_f \leqslant f_y A_s/\gamma_{RE} \tag{2}$$

式中：β_c为混凝土强度影响系数；f_c为混凝土轴心抗压强度设计值；b_f、t_f分别为楼板的截面宽度和厚度；f_y为钢筋的抗拉强度设计值；A_s为钢筋截面面积；γ_{RE}为承载力抗震调整系数。

小震和中震的楼层剪力采用 YJK 的计算值（设计值）进行复核，以最不利楼层 16 层为例，手算复核结果见表 9，可以看出，楼板抗剪承载力设计值大于小震和中震的楼板剪力计算值，满足小震和中震弹性的要求。

小震、中震下楼板抗剪承载力手算复核结果　　表 9

楼层	连接体楼板抗剪承载力设计值/kN			小震下连接体楼层承受的剪力/kN	中震下连接体楼层承受的剪力/kN
	式(1)	式(2)	最小值		
16	4390	8844	4390	938	2682

注：最小值为通过式(1)、式(2)计算所得结果的最小值，表 10 同。

大震连接体楼板抗剪不屈服验算[6]参照式(1)和式(2)，楼层剪力采用 SAUSG 大震计算结果（标准值），相应连接体楼板抗剪承载力采用标准值，16 层楼板的手算复核情况见表 10。可以看出，大震下连接体楼板总体满足抗剪不屈服的要求，但从 SAUSG 大震分析的楼板抗剪承载力和剪拉型损伤情况（表 10、图 20）可以发现，16 层混凝土的剪应力最大处达到了 4MPa，17 层达到了 3MPa，16 层连接体两端楼板局部出现了混凝土的剪拉型损伤，说明虽然手算复核得出楼板总体满足抗剪要求，但连接体两端由于应力集中出现了楼板混凝土的剪拉型损伤，宜局部采取加强措施，如加强端部水平型钢支撑、提高混凝土强度、增加板厚、加强配筋等。

大震下楼板抗剪承载力手算复核结果　　表 10

楼层	连接体楼板抗剪承载力标准值/kN			大震连接体楼层承受的剪力/kN
	式(1)	式(2)	最小值	
16	7185	9826	7185	5159

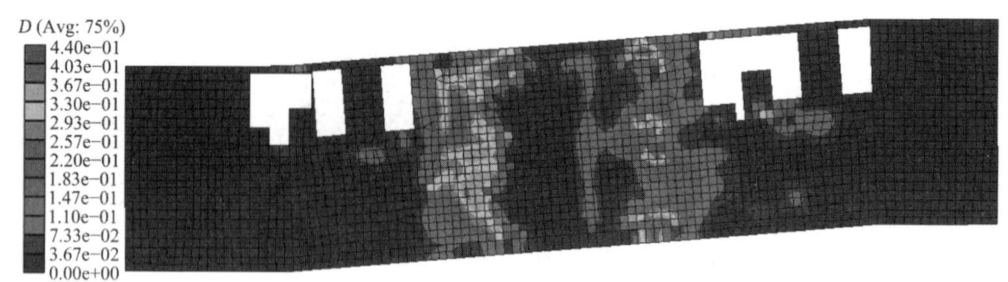

图 20 16 层楼板剪拉型损伤情况（大震）

6.3 桁架转换层楼板抗剪焊钉验算

从 6.1 节和 6.2 节分析可知，桁架层的楼板受力复杂，为了加强钢梁与楼板的整体性，对抗剪焊钉进行了复核。

对于以受弯为主的普通钢梁，抗剪焊钉按规范设置。对于以承受水平剪力为主的水平型钢支撑，其设置参考《组合结构设计规范》JGJ 138—2016 钢板混凝土剪力墙的抗剪焊钉设置，即焊钉抗剪承载力取混凝土板承担的剪力与水平支撑承担的剪力的较小值。水平型钢支撑焊钉抗剪承载力取大震下型钢支撑的最大轴力 450kN，采用ϕ16 焊钉，单个焊钉的受剪承载力设计值N_v为 50.6kN，沿支撑纵向全长布置 10 个焊钉，设计采用双排焊钉，纵向按间距 180mm 均匀布置，焊钉个数满足水平型钢支撑的纵向抗剪要求。对于以承受弯矩和轴力为主的弦杆，首先采用《钢结构设计标准》GB 50017—2017 中式（14.3.4-1）计算支座至跨中最大弯矩点区段焊钉承担的剪力，求得相应区段的焊钉个数N_1，然后按大震下弦杆的最大轴力计算沿全长的焊钉个数N_2，支座至跨中区段的焊钉个数偏安全地按两者叠加考虑，即取$N = N_1 + N_2/2$，弦杆钢梁采用ϕ19 焊钉，单个焊钉的受剪承载力设计值N_v为 71.3kN。弯矩引起的下弦支座至跨中区段的纵向剪力V_s为 6034kN，求得该区段的焊钉个数$N_1 = 85$，轴力引起的纵向剪力为 5005kN，求得全长的焊钉个数$N_2 = 70$，则支座至跨中区段总的焊钉个数$N = 120$，设计采用三排焊钉，纵向按间距 180mm 均匀布置，焊钉个数满足下弦的纵向抗剪要求。

6.4 连接体桁架节点分析

为了保证节点连接的可靠性，对转换桁架两端支座的节点以及上部钢框架的柱脚节点补充了有限元分析，采用弹塑性本构关系。选择受荷较大的一榀，提取 YJK 大震作用下的内力对其进行模拟分析，得到转换桁架下弦支座节点型钢最大应力为 297MPa，连接体上部钢框架柱脚转换节点型钢最大应力为 253MPa，均小于 Q345GJ 钢屈服强度 345MPa，最大应力比约为 0.86，说明转换桁架支座节点和钢框架柱脚节点在大震下均处于弹性状态。其中节点 1 的应力云图如图 21 所示，同时也查看了该处型钢混凝土柱纵筋的最大应力为 176MPa，说明型钢混凝土柱的纵筋也未屈服，该节点在大震下是安全的。

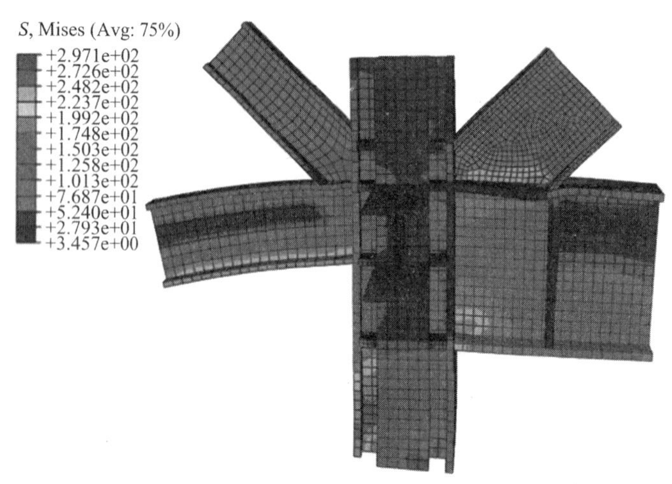

图 21 转换桁架下弦支座节点 1 应力云图/MPa

6.5 斜柱分析

6～8 层的⑯～⑰轴间设有 4 根斜柱，与竖直方向的夹角约为 20°，斜柱作为上部 9～12 层竖向框架柱的支撑，不仅承受较大的竖向荷载，而且承受较大的水平荷载。斜柱和拉梁均采用性能化设计，满足中震正截面不屈服、斜截面弹性的要求，同时也满足大震不屈服的要求。还补充了 SAUSG 中震和大震分析，中震下斜柱未出现损伤，钢筋最大应力为 112MPa，大震下个别斜柱出现轻微混凝土受拉损伤，钢筋最大应力为 148MPa，拉梁在中震和大震下钢筋均未发生塑性应变。

因斜柱顶部和底部会产生较大的水平力，若采用刚性楼板假定，水平力无法传递给斜柱顶部和底部的梁板，梁板的配筋偏于不安全，因此在 YJK 模型中分别补充了采用零板和弹性板假定的计算分析，以加强梁板的配筋[7]。根据 SAUSG 软件的楼板有限元分析结果，在斜柱的顶部和底部区域，大震下楼板混凝土未出现受压损伤，但局部存在轻度的受拉损伤，如图 22 所示，说明采用 YJK 软件进行弹性分析时，有必要采用零板或刚度折减的弹性板补充分析，并加强斜柱区域梁板配筋。

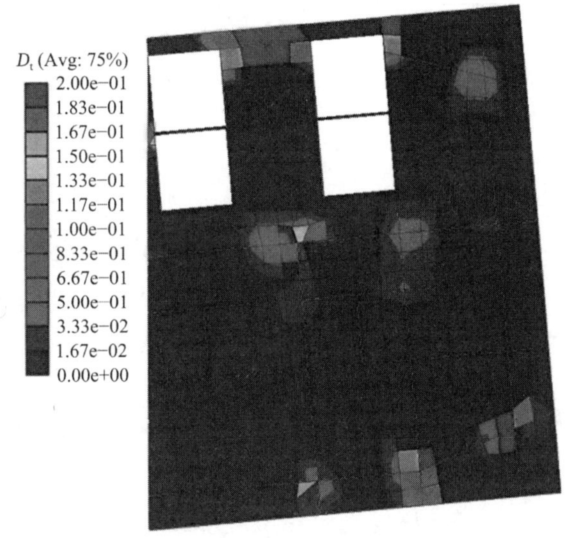

图 22 斜柱顶部区域楼板拉伸损伤情况

7 结论

（1）连接体结构扭转效应普遍明显，应对其进行严格控制。建议在方案阶段与建筑协调，使塔楼的体型（平面尺寸、结构布置、层数等）尽量接近，同时加强结构的抗扭刚度，比如在端部布置或加强墙柱，周期比控制在 0.85 以下。

（2）连接体部分受力复杂，应根据连接体的跨度、高度、宽度、塔楼布置等特点，对连接体方案进行详细的技术经济比较，选择合理的结构形式和连接形式。连接形式有刚性连接、铰接、弱连接等，当连接体能协调两侧塔楼的变形，有利于两侧塔楼整体的抗风或抗震时，宜采用强连接。当连接体为单个或少数楼层，连接体面宽度较窄，难以协调两侧塔楼的变形时，可以采用弱连接[8]。

（3）斜柱既承受竖向荷载，又承受水平荷载，若倾角较大，对结构的整体刚度、位移、周期影响较大，而且会吸收较大的水平地震作用[9]。要特别注意斜柱产生的水平力，并应采用合理的楼板假定，对斜柱和拉梁采取性能化的设计方法。

（4）连接体转换桁架上下弦层的楼板和斜柱附近的楼板会承受一定的面内拉力或压力，大震时容易损伤，建议设计桁架、斜柱及其拉梁时，应根据楼板整体刚度的损伤程度按厚度折减的弹性膜分析，或者按零板分析[10]，以保证转换桁架、斜柱及其拉梁的安全。而设计楼板时应补充弹性板的分析，并宜进行包络设计。

（5）连接体的楼板需要协调两侧塔楼的错动，会承受较大的剪力，有必要采取手算和电算相结合的方法复核，同时加强水平支撑的设置。

（6）虽然大震下连接体结构转换层楼板损伤较大，但为了发挥其潜能，有必要加强楼板与钢构的连接，提高结构的整体抗震性能，建议根据不同类型构件采取不同的方法对抗剪焊钉进行验算。

参考文献

[1] 浙江省人民政府办公厅关于高质量加快推进未来社区试点建设工作的意见：浙政发〔2019〕60 号文[A]. 杭州：浙江省人民政府办公厅, 2019.

[2] 超限高层建筑工程抗震设防专项审查技术要点：建质〔2015〕67 号[A]. 北京：中华人民共和国住房和城乡建设部, 2015.

[3] 中华人民共和国行业标准. 高层建筑混凝土结构技术规程: JGJ 3—2010[S]. 北京：中国建筑工业出版社, 2011.

[4] 中华人民共和国国家标准. 建筑结构抗震设计规范: GB 50011—2010[S]. 2016 年版. 北京：中国建筑工业出版社, 2016.

[5] 黄俊，程健，李江波，等. 高层结构罕遇地震作用下弹塑性时程分析[J]. 浙江建筑, 2013, 30(5): 14-18.

[6] 汤凯峰. 武汉保利关山村 K26 地块项目四塔多重复杂连体结构设计[J]. 建筑结构, 2020, 50(9): 50-57, 115.

[7] 余中平，王锦文，张梅松，等. 斜柱对框架-核心筒结构的影响[J]. 建筑结构, 2020, 50(16): 41-44, 13.

[8] 程健，张群力. 杭州湖滨国际名品街塔楼改造工程结构设计[J]. 建筑结构, 2012, 42(8): 147-150.

[9] 黄志斌，程健，黄俊，等. 斜交网格结构体系在罕遇地震作用下的动力弹塑性性能研究[J]. 土木建筑工程信息技术, 2014, 6(5): 1-5.

[10] 杨学林. 复杂超限高层建筑抗震设计指南及工程实例[M]. 北京：中国建筑工业出版社, 2014.

杭州博地世纪中心北塔楼结构设计与研究

陈耀武，范琢宇，方小军，顾建文

（中国联合工程公司，杭州 310000）

摘　要：杭州博地世纪中心北塔楼结构高度为 276m，主体结构采用钢管混凝土框架柱＋钢筋混凝土核心筒结构体系。结构分析中合理考虑风荷载，通过 SATWE、MIDAS Building 两种软件独立建模以对比分析主体结构弹性阶段的结构特性，同时提出结构的抗震性能目标。通过动力弹塑性时程分析验证结构在罕遇地震作用下的抗倒塌能力，最后提出本工程复杂超限结构设计的主要加强措施。

关键词：超限高层建筑；混合结构；弹塑性分析；斜向剪力墙

1　工程概况

杭州博地世纪中心位于杭州市钱江世纪城商业中心圈，工程由三座塔楼（南塔楼 1、南塔楼 2、北塔楼）及裙房组成，塔楼均作为商业办公。商业裙房地上 4 层、地下 3 层，地下 1 层为自行车库、设备用房和汽车库，地下 2 层和地下 3 层为汽车库；南塔楼 1 地上 34 层，地下 3 层，南塔楼 2 地上 33 层，地下 3 层，结构高度均约为 145m；北塔楼地上 57 层，地下 3 层，结构高度约为 276m，北塔楼总建筑面积约为 14 万 m^2，其中地上建筑面积约为 11.5 万 m^2，地下建筑面积约为 2.5 万 m^2。本文主要介绍北塔楼相关结构设计，杭州博地世纪中心建筑效果图见图 1，北塔楼建筑剖面图见图 2。

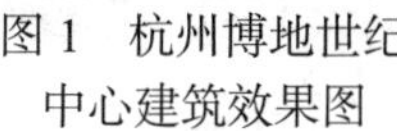
图 1　杭州博地世纪中心建筑效果图

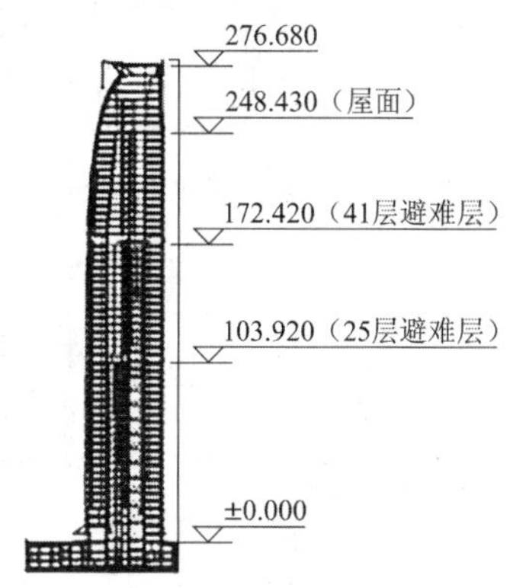

图 2　北塔楼建筑剖面图

北塔楼结构设计基准期为 50 年，建筑结构安全等级为二级（$\gamma_0 = 1.0$），耐火等级为一级。抗震设防类别为乙类，抗震设防烈度为 6 度，设计地震分组为第一组，场地类别为Ⅲ类，设计基本地震加速度为 0.05g，周期折减系数取 0.85；核心筒抗震等级为一级，框架在底部加强部位抗震等级为一级，其他部位抗震等级为二级，钢框架抗震等级为四级。

北塔楼为超高层建筑，按相关要求进行地震安全性评价，安评报告中的抗震验算参数见表 1。本工程安评报告中抗震验算参数大于《建筑抗震设计规范》GB 50011—2010[1]（简称《抗规》）中的抗震验算参数，因此在多遇地震设计时采用安评报告中的抗震验算参数，设防地震及罕遇地震下采用《抗规》中的抗震验算参数。

安评报告抗震验算参数 **表 1**

抗震验算参数	水平地震影响系数α_m/g	特征周期T_g/s
多遇地震	0.070	0.5
设防地震	0.208	0.6
罕遇地震	0.413	0.7

2 结构主要特点

北塔楼主体结构高度约为 276m，超出《高层建筑混凝土结构技术规程》JGJ 3—2010[2]（简称《高规》）中规定的 6 度区混合结构最大适用高度（220m）25.77%，应按超限高层建筑考虑。结构高宽比为 6.2，核心筒高宽比为 13.2，依据建筑功能的要求及结构布置，主体结构采用钢管混凝土框架柱 + 钢筋混凝土核心筒结构体系。

主体结构平面呈切角等腰倒圆角三角形，如图 3 所示，宽约 54m，长约 45m。钢管混凝土框架柱底层截面为ϕ1300，钢管壁厚 28mm，向上逐渐收缩至截面ϕ800，钢管壁厚 18mm；核心筒外墙底层厚度为 900mm，向上逐渐收缩至 500mm。钢管混凝土框架柱内混凝土强度等级由底层 C60 降为顶层 C50，核心筒混凝土强度等级由底层 C60 降为顶层 C35。钢结构主要材料为 Q345B，27 层及以下钢管采用 Q345GJZ-C。

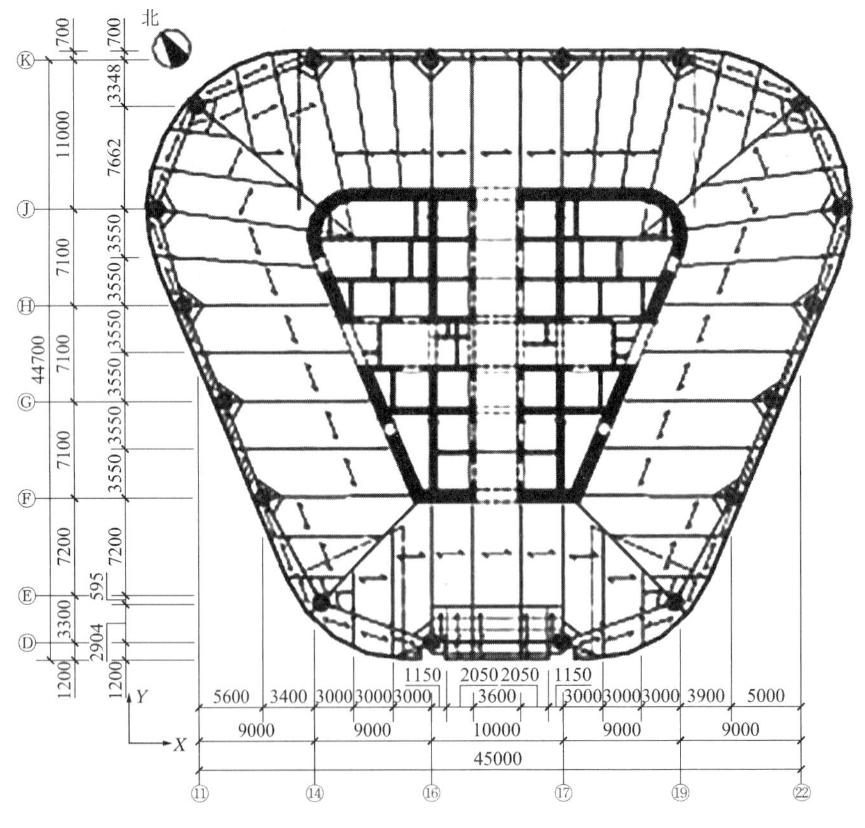

图 3　标准层结构平面图

为了兼顾钢管混凝土框架柱的强度、延性及经济性，各层钢管混凝土框架柱径厚比控制在 45 左右，套箍系数控制在 1.0，含钢率控制在 8%～10%范围内，框架梁采用 H 型钢，与柱刚接、与剪力墙铰接；

次钢梁与竖向构件和主钢梁的连接均为铰接，计算时次钢梁考虑组合楼板作用。楼板采用钢筋桁架自承式楼板。

本工程核心筒长约 29m，宽约 23m，标准层核心筒区域面积占平面尺寸面积比较大，约为 25%。同时在建筑立面收缩处不取消墙体而是采取斜向剪力墙方式渐变收缩，避免了竖向刚度突变和薄弱层的出现，因此在满足位移及刚重比要求的前提下，不对结构设置加强层，以减少结构刚度和承载力突变的情况，降低了工程造价。

根据《高规》《抗规》及《超限高层建筑工程抗震设防专项审查技术要点》对本塔楼进行超限检查，主要超限有：①本工程结构高度超过混合结构最大适用高度；②考虑偶然偏心的扭转位移比大于 1.2；③2层楼板开大洞，开洞面积大于 30%；④41 层相邻层刚度变化大于 70%，因此本结构属于复杂超限高层混合结构。

3 结构分析

3.1 风荷载计算原则

根据《建筑结构荷载规范》GB 50009—2012(简称《荷规》)，杭州市 50 年一遇的基本风压为 0.45kN/m^2，10 年一遇的基本风压为 0.30kN/m^2。根据《高规》，本工程承载力设计时按基本风压 1.1 倍采用。

对于超高层建筑，弹性阶段的计算一般受风荷载控制，结构高度越高，风荷载影响越大。本工程主楼结构高度达 276m，在弹性阶段，风荷载起主要控制作用。本塔楼结构平面为切角等腰倒圆角三角形，《荷规》和《高规》对与本工程相近情况的风荷载体型系数取值规定如表 2 所示，但本工程与这几种情况仍有一些区别，建筑平面也沿高度不断变化，风荷载体型系数不宜直接按《荷规》和《高规》取值，按《荷规》8.3.1 条及《高规》4.2.7 条的要求对本工程进行风洞试验，结合《荷规》《高规》及风洞试验报告确定风荷载体型系数。

《荷规》和《高规》中风荷载体型系数取值规定 **表 2**

规范及条文		情况叙述及图例	风荷载体型系数
《荷规》	表 8.3.1 第 30 项	截角三边形平面 −0.45　−0.5　+0.8　−0.5　−0.45　−0.5	风荷载体型系数最大取 1.4
	表 8.3.1 第 31 项	高度超过45m的矩形截面 +0.8　H　μ_{s2}　μ_{s1}　B　μ_{s2}　D	$D/B<1$ 时，风荷载体型系数取 1.4； $D/B=1.2$ 时，风荷载体型系数取 1.3

续表

规范及条文		情况叙述及图例	风荷载体型系数
《高规》	4.2.3 条第 2 款	正多边形及截角三角形平面建筑	风荷载体型系数取 1.49
	4.2.3 条第 4 款	高宽比大于 4、长宽比不大于 1.5 的矩形	风荷载体型系数取 1.4
	附录 B.0.1 第 1 项	μ_{s2} μ_{s3} μ_{s4} B μ_{s1} L	$H/L = 6.2$ 时， 风荷载体型系数 $\mu = \mu_{s1} + \mu_{s2} = 1.47$
	附录 B.0.1 第 11 项	μ_{s4} L μ_{s5} μ_{s3} μ_{s6} $L/2$ μ_{s2} μ_{s1} α	最大风荷载体型系数取 1.5

风向角与坐标方向示意见图 4。风洞试验时，从 0°到 180°每隔 15°取一个风向角，共 13 个风向角，通过试验和计算得到顺风向风振和横风向风振耦合后的等效静力风荷载。图 5 为各风向角下楼层等效静风荷载合力图。

风洞试验报告显示，试验结果能够较真实地反映结构在风荷载作用下的受力情况，风荷载计算时结合风洞试验报告进行计算是合理的。通过风洞试验与《荷规》《高规》结果进行比较，规范计算结果基本能够包络风洞试验结果，仅在 43～56 层 60°、75°、180°风向角的规范计算风荷载值略小，风洞数据计算楼层弯矩及楼层剪力均略大于规范风荷载计算值，因此设计计算时可采用规范与风洞试验结果包络设计。

根据《高规》的要求进行舒适度计算，在 10 年一遇的风荷载标准值作用下，主楼顶点风振动加速度值X向为 0.154m/s^2，Y向为 0.173m/s^2，满足规范 0.25m/s^2 的限值要求。

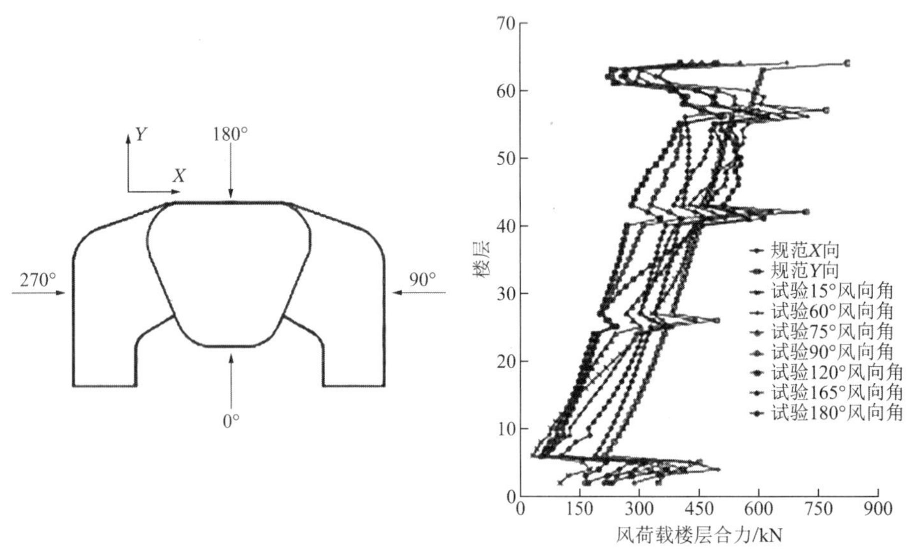

注：屋面为 57 层，屋面层以上约按 4.5m 为一层设置水平梁支撑，至停机坪共 63 层，图 8 同。

图 4　风向角及坐标方向示意图

图 5　楼层等效静风荷载合力图

3.2 抗震性能目标的确定

《抗规》对结构的最大弹塑性层间位移角的限值要求还不足以保证结构达到防倒塌的抗震设计目的，本工程的抗震设计将在满足《抗规》要求的前提下，引入性能设计的理念对结构进行进一步分析以满足结构的性能目标要求。分析结构构件的弹塑性变形和强度退化，以此来衡量构件的破坏是否被限制在可接受的范围内，从而保证结构构件在地震过程中及地震后仍能承受上部重力荷载。根据文献[3]的判别准则和《高层建筑混凝土结构技术规程》的结构抗震性能设计方法，提出本工程的抗震性能目标为 C 级，结构的相应抗震性能目标见表 3。

结构抗震性能目标 **表 3**

抗震水准		多遇地震	设防地震	罕遇地震
整体抗震性能目标	性能目标整体描述	无损坏	轻微损坏可修复	中度损坏可修复或加固
	楼层变形控制目标	1/500		1/100
关键构件抗震性能目标	底部加强区核心筒及外墙连梁	弹性阶段	斜截面弹性，正截面不屈服	不屈服
	底部加强区钢管混凝土框架柱	弹性阶段	弹性阶段	不屈服
	底部加强区裙房框架柱	弹性阶段	斜截面弹性，正截面不屈服	不屈服
耗能构件	底部加强区核心筒内墙连梁及非底部加强区连梁	弹性阶段	斜截面弹性，正截面不屈服	部分构件进入屈服阶段
	框架梁	弹性阶段	不屈服	部分构件进入屈服阶段

3.3 主要计算结果

主要采用 SATWE、MIDAS Building 软件对结构进行分析对比，整体计算时主体结构地震作用同时考虑双向地震扭转效应和质量偶然偏心，北塔楼主要计算结果见表 4。从表 4 可以看出，两个软件计算结果基本吻合，最大层间位移角等各项指标均满足《高规》及《抗规》的要求。风荷载作用及地震作用下结构刚重比均大于 1.4 但小于 2.7，需要考虑重力二阶效应的不利影响。

北塔楼主要计算结果 **表 4**

计算软件		SATWE	MIDAS Building
计算振型数 T_1/s T_2/s T_3（扭转）/s T_3/T_1 结构总质量/t		27 6.89 6.42 3.12 0.45 193944	27 6.83 6.40 2.91 0.43 191262
风荷载下最大层间位移角（楼层）	X向 Y向	1/744（46 层） 1/618（44 层）	1/760（48 层） 1/622（44 层）
地震作用下最大层间位移角（楼层）	X向 Y向	1/908（48 层） 1/978（46 层）	1/862（52 层） 1/974（47 层）
考虑偶然偏心时最大扭转位移比	X ±5% Y ±5%	1.30 1.40	1.27 1.35
刚重比 EJ/GH2	X向地震 Y向地震 X向风荷载修正[4] Y向风荷载修正[4]	1.45 1.79 1.485 1.717	1.55 1.93 — —
最小剪重比	X向 Y向	0.89% 0.98%	0.91% 1.20%

3.4 斜向剪力墙分析

按照建筑功能的需要，本工程南立面自 42 层开始斜向内缩。经过方案对比，42～53 层南侧核心筒外墙通过斜向剪力墙的方式来满足建筑需要，以保证核心筒筒体的完整性，使竖向刚度均匀变化，避免形成刚度突变，同时也对顶部位移起到有效的控制作用。

斜向剪力墙受力上需要考虑竖向荷载在平面外产生的弯矩，因此在计算过程中需要对斜向剪力墙进一步分析。SATWE、MIDAS Building 软件无法计算斜向剪力墙，虽然可以通过常用的平面虚梁杠系模型来传递刚度与内力，但无法考虑斜向剪力墙的平面外作用，也无法考虑质量中心与竖向不重合的情况，因此采用 SPASCAD 软件计算斜向剪力墙。主体结构模型及斜向剪力墙模型见图 6，46 层斜向剪力墙 SPASCAD 软件计算结果与 SATWE 软件计算结果对比见图 7。

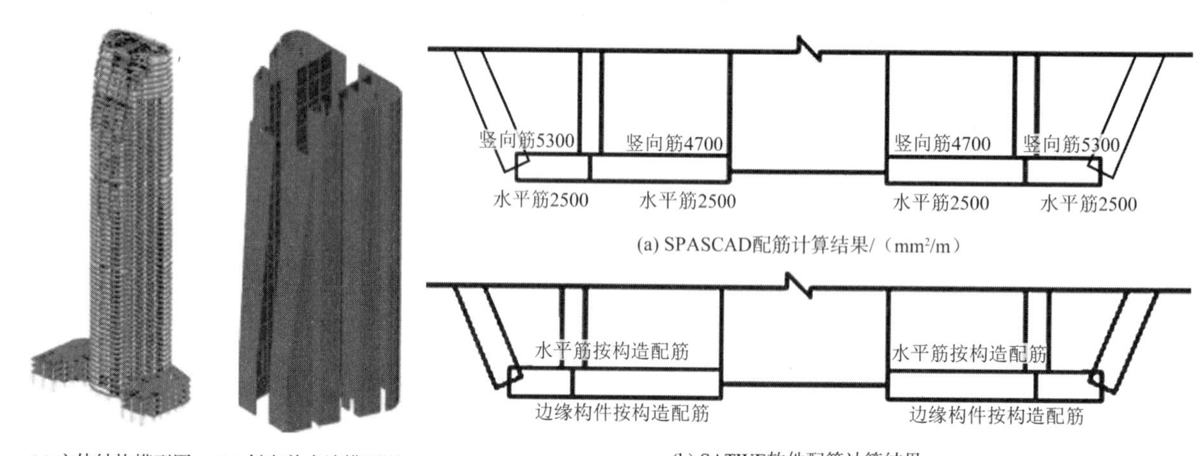

(a) 主体结构模型图　(b) 斜向剪力墙模型图

图 6　SPASCAD 三维模型图

(b) SATWE软件配筋计算结果

图 7　46 层斜向剪力墙配筋计算结果对比

本工程斜向剪力墙倾斜角度大约为 15°，坡度较缓，同时平面外有侧向墙体及梁板支承，分担了其平面外的受力。由于斜向剪力墙在上升过程中墙身向两侧延展，为了增强其稳定性及承载能力，在其角部内埋型钢柱。

4 弹性时程分析

4.1 地震波的选择

根据《抗规》规定，采用时程分析法进行多遇地震的补充计算。当取三条加速度时程曲线输入时，计算结果宜取时程法的包络值和振型分解反应谱法的较大值；时程分析时，应按建筑场地类别和地震分组选用不少于两条实际地震记录和一条人工模拟的加速度时程曲线进行弹性时程分析，另外，地震波的持续时间不宜小于结构基本自振周期的 5～10 倍，也不宜小于 15s。本工程采用 SATWE 软件进行弹性时程计算，计算时选用了两条天然波（天然波 S0472、天然波 S2605）和一条人工波 S745-4。

4.2 弹性时程分析

弹性时程分析结果见图 8，与振型分解反应谱法底部剪力对比见表 5。由图 8 及表 5 可知：①采用的每条时程曲线计算所得结构底部剪力均大于振型分解反应谱法计算结果的 65%，三条时程曲线计算所得结构底部剪力的平均值大于振型分解反应谱法计算结果的 80%，满足《抗规》5.1.2 条规定；②时程分析法显示结构的反应特征、变化规律与振型分解反应谱法分析基本一致；③时程分析结果表明，结构竖向未出现明显的刚度突变。

弹性时程分析与振型分解反应谱法底部剪力对比 **表5**

时程分析	X向		Y向	
	底部剪力/kN	时程分析法振型分解反应谱法	底部剪力/kN	时程分析法振型分解反应谱法
天然波 S0472	19618	1.10 > 0.65	21199	1.03 > 0.65
天然波 S2605	15476	0.87 > 0.65	21903	1.08 > 0.65
人工波 S754-4	15672	0.88 > 0.65	18335	0.90 > 0.65
平均值	16922	0.95 > 0.80	20479	1.00 > 0.80

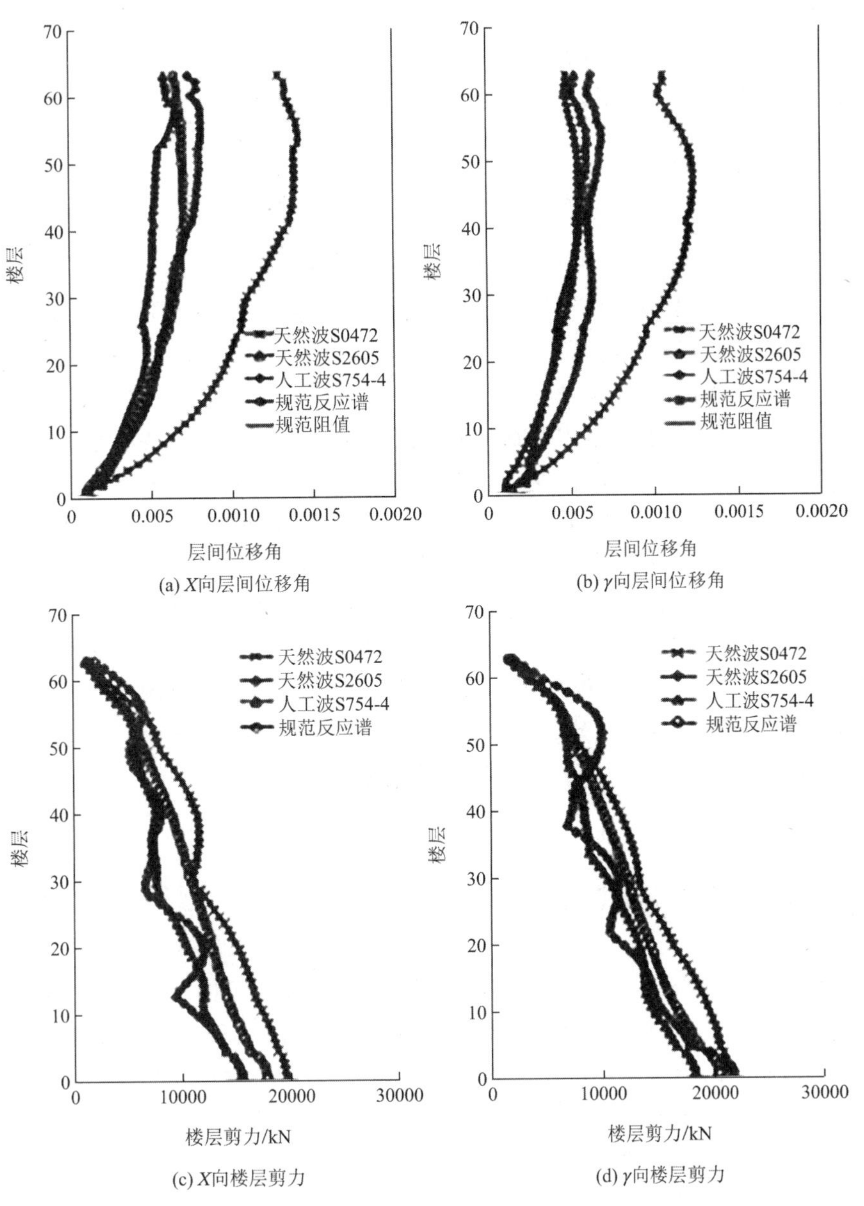

(a) X向层间位移角

(b) Y向层间位移角

(c) X向楼层剪力

(d) Y向楼层剪力

图8　弹性时程分析结果

5　动力弹塑性时程分析

本工程采用 MIDAS/Gen 软件对结构进行罕遇地震下的动力弹塑性时程分析，分析采用两条天然波（天然波 L0284、天然波 L2623）和一条人工波 L750-4，以考察结构在罕遇地震下的变形形态和破坏情况，验证结构在罕遇地震下的性能。

本工程在进行动力弹塑性时程分析时，钢梁与钢筋混凝土梁端设置弯矩铰（M_y-M_z铰），在各柱端设置轴力弯矩铰（P-M_y-M_z铰），剪力墙采用纤维模型。剪力墙、钢梁等构件的铰性能骨架曲线定义为双折线型，混凝土框架梁、混凝土柱、混凝土连梁、型钢混凝土连梁及钢管混凝土框架柱等构件的铰性能骨架曲线定义为武田修正三折线型。结构层间位移角计算结果见表6。

结构层间位移角计算结果 表6

地震波	方向	最大层间位移角	楼层
天然波 L0284	X向	1/273	53
	Y向	1/420	49
天然波 L2623	X向	1/277	53
	Y向	1/317	49
人工波 L750-4	X向	1/375	53
	Y向	1/445	49

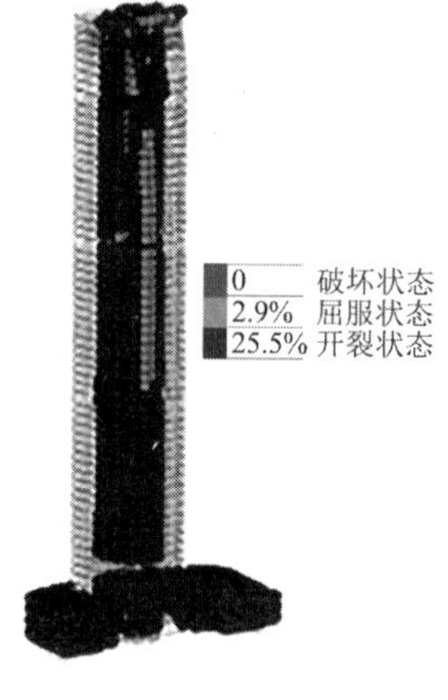

图9 最终状态下结构塑性铰状态图

由表6可以看出，结构在罕遇地震下最大层间位移角X向为1/273，Y向为1/317，均满足小于1/100的要求，能达到结构整体抗震性能楼层变形控制目标。

由于天然波L2623的频谱与规范罕遇地震谱较为吻合，且在表6中天然波L2623作用下结构层间位移角X、Y向均较大，故本工程以天然波L2623为例，对结构罕遇地震作用下的损伤情况进行评价。

结构整体损伤见图9，由图9可知，罕遇地震下，处于屈服状态的混凝土连梁占全部连梁的2.9%，大部分混凝土连梁处于开裂状态；底部加强区内的混凝土连梁处于开裂状态，未出现屈服；钢管混凝土柱处于弹性状态；核心筒局部处于开裂状态，仅外围南面最窄处剪力墙出现屈服情况，设计时考虑在此处埋入型钢，以改善此处剪力墙的抗震性能和延性。综上所述，结构的整体抗震性能能够达到抗震性能目标，满足结构防倒塌要求。

6 超限设计主要加强措施

本工程在抗震超限专项审查时，专家组提出若干意见，其中关于加强设计方面有以下几点：①裙房框架的抗震等级宜取二级；②外框架承担的剪力比较小的楼层宜提高相应核心筒的承载力；③宜适当加强有较大开洞率的楼层板。综合专家组的意见和分析计算结果，本工程主要采取以下几点加强措施：

（1）提高底部加强区以及框架所承担剪力小于$0.1Q_0$楼层的筒体剪力墙的水平分布筋的配筋率（加大至0.35%～0.6%），提高约束边缘构件的配筋率（加大至1.2%～1.5%），确保在第二道防线较弱时筒体剪力墙有较强抗震能力，以抵抗地震作用。

（2）在核心筒的四角、底部加强区主梁连接部位设置型钢暗柱[5]，南面剪力墙除角部外的型钢一直延伸至42层，以提高筒体剪力墙的延性。

（3）在罕遇地震作用下，为防止连梁、底部加强部位出现脆性剪切破坏，适当提高连梁箍筋配筋率。

（4）核心筒外筒在楼层标高处增设暗梁，增强筒体剪力墙的整体性，提高结构的抗震性能，更好地发挥结构的空间作用。

（5）底部加强区竖向构件抗震等级提高至一级，裙房抗震等级提高至二级。

（6）对于楼板不连续、开洞较大的楼层，加大本层及其上、下楼层的楼板厚度，同时提高楼板配筋率。

7 结语

本工程属于超限高层建筑，对风荷载较为敏感，设计中风荷载起主要控制作用，因此风荷载体型系数需要结合风洞试验确定，并将结果与规范值进行对比分析，包络设计。通过多模型、多软件对比分析，论证了结构的可靠性，并针对弹塑性分析中的薄弱位置采取了有效加强措施。整体结构各项性能指标均满足规范设计要求，塔楼钢管混凝土框架柱可以达到反应谱大震弹性的要求，核心筒绝大部分在罕遇地震下仍能达到斜截面弹性、正截面不屈服的要求，少数构件能够达到不屈服的要求，实现了预先设定的抗震性能目标。

本项目已于 2012 年 10 月 19 日正式通过浙江省建设工程抗震技术委员会专项审查。目前其他两栋 145m 高的塔楼已经完成地上 5 层施工，本工程北塔楼已完成地下室施工。本工程将在一段时间内成为杭州地区最高建筑。

参考文献

[1] 中华人民共和国国家标准. 建筑抗震设计规范: GB 50011—2010[S]. 北京: 中国建筑工业出版社, 2010.

[2] 中华人民共和国行业标准. 高层建筑混凝土结构技术规程: JGJ 3—2010[S]. 北京: 中国建筑工业出版社, 2011.

[3] 徐培福, 傅学怡, 王翠坤, 等. 复杂高层建筑结构设计[M]. 北京: 中国建筑工业出版社, 2005.

[4] 陆天天, 赵昕, 丁洁民, 等. 上海中心大厦结构整体稳定性分析及巨型柱计算长度研究[J]. 建筑结构学报, 2011, 32(7): 8-14.

[5] 金如元, 冷斌, 贾锋. 镇江苏宁广场主楼结构设计[J]. 建筑结构, 2013, 43(19): 64-68.

天台文化中心超限连体结构设计

卢　磊，方小军，端木雪峰，黄　晨
（中国联合工程有限公司，杭州 310052）

摘　要： 天台文化中心项目是包含两栋复杂单体的连体建筑，在剧院大跨屋面上空转换承托两层办公，造型独特，功能多样。主结构采用钢筋混凝土框架-剪力墙结构，大跨楼盖采用钢桁架结构形式，结构设计存在多项不规则超限。连体部分采用隔震支座连接方式相连，并设置 TMD 阻尼器提高楼盖舒适度；大跨度转换钢桁架采用单向倾斜布置主动控制杆件拉压状态。采用性能化的分析方法对关键部位进行重力与抗震分析，达到性能 C 的目标。最后采用弹塑性时程分析方法检验结构及关键构件在大震作用下的性能。分析结果表明，该设计满足抗震性能要求。

关键词： 超限高层建筑；连体结构；隔震；TMD 阻尼器

1　工程概况

天台文化中心位于浙江省天台县，建筑呈环抱的姿态与县政府大楼隔江相望，2023 年竣工。

项目主要功能包含剧院、展馆、办公商业等，总建筑面积 126854m^2。地下一层，地上两个七层塔楼，顶部中间连接体为钢桁架结构，采用隔震支座连接。屋面结构高度为 28.4m。一层平面长 210m，宽 144m，属超限高层。建筑效果见图 1～图 4 所示，结构三维模型见图 5。

图 1　总体效果图

图 2　立面效果图

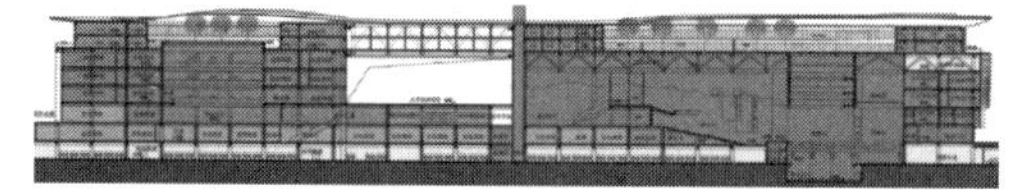

图 3　剖面示意图

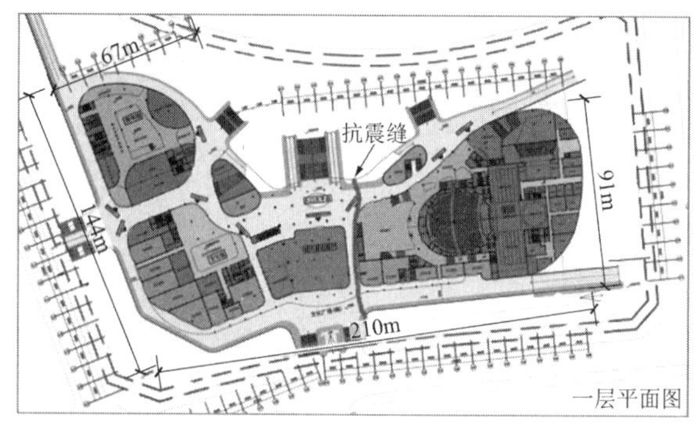

图 4　平面示意图

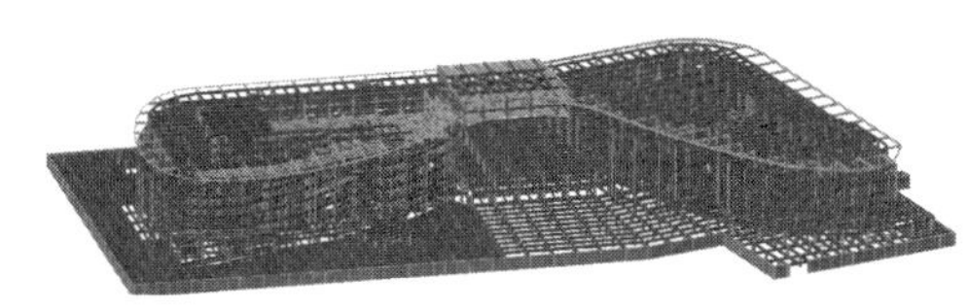

图 5　结构三维模型图

重点设防类建筑，安全等级一级，基本风压 0.5kN/m²，基本雪压 0.45kN/m²。

2 结构体系组成特征

主楼采用混凝土框架-剪力墙结构，地上分别为两个单体，连体部分采用钢桁架通过隔震支座连接两侧单体（图 6），跨度 37～40m；剧院大跨屋面，因需承托转换上部两层办公和屋顶花园，采用单向倾斜转换桁架（图 7）。

为减小结构单元的长度，负一层以上，在②～⑤轴设置变形缝。图书馆、文化馆地下室顶板完整，嵌固端在地下室顶板，大剧院由于地下室顶板有大开洞，嵌固端选在基础顶。本工程所采用梁、板的混凝土等级为 C30～C35，柱的混凝土强度等级为 C35～C45，同时局部竖向构件采用钢骨柱以保证关键部位承载力要求，钢结构主要采用 Q355B 钢材。

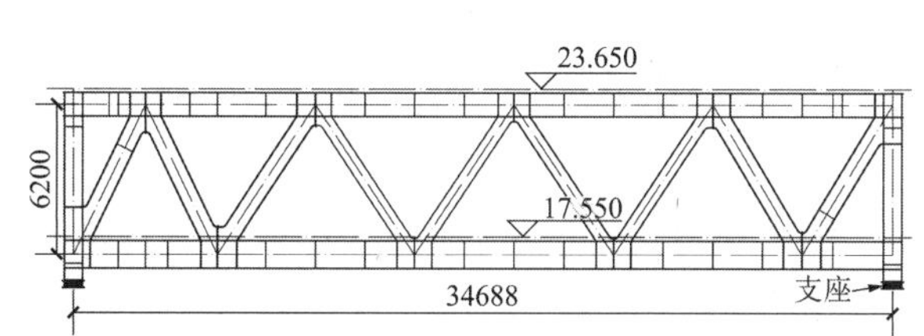

图 6 连体主桁架

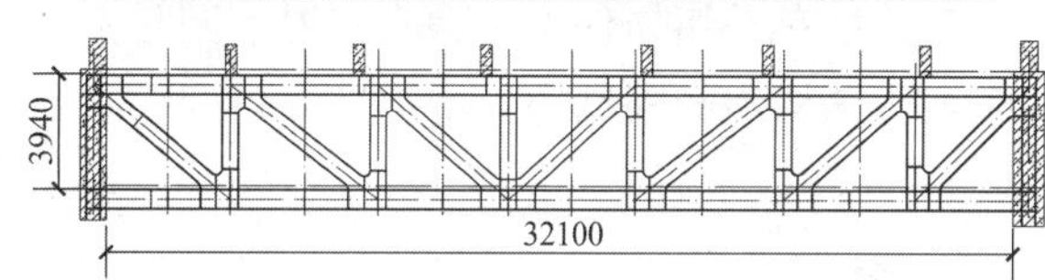

图 7 剧院单向倾斜转换桁架

3 构件抗震等级

抗震设防烈度为 6 度，设计基本地震加速度为 0.05g，设计地震分组为第一组，场地类别为Ⅱ类，各构件抗震等级见表 1。

塔楼及相关范围构件抗震等级 表 1

分区名称	结构形式	抗震等级
地下室	钢筋混凝土框架	三级/四级（主楼范围外）
	钢筋混凝土剪力墙	二级
大剧院、图书馆	钢筋混凝土框架	三级
	屋面钢桁架框架柱、斜柱	一级
	一层托柱转换框架	二级
	钢筋混凝土剪力墙	二级
	屋面钢桁架	四级

续表

分区名称	结构形式	抗震等级
大剧院与图书馆间连体结构	连体钢桁架	四级
	连体结构相连的竖向构件及支座	一级

4 结构超限情况

根据《超限高层建筑工程抗震设防专项审查技术要点》[1]及相关规范[2-3]要求，本工程两单体大剧院和图书文化馆均属于超限高层建筑，各单体结构超限情况见表2。

超限项目的判别　　表2

序号	大剧院	图书文化馆
类型	扭转不规则 楼板不连续 刚度突变 构件间断 承载力突变 复杂连接	扭转不规则 楼板不连续 构件间断 扭转偏大 复杂连接

5 本工程抗震性能设计

由于结构存在扭转偏大、偏心布置、凹凸不规则、楼板不连续、尺寸突变、局部不规则（跃层柱）等超限项，结构为超限结构，抗震性能目标取C级，具体采用的抗震性能目标要求见表3。

结构抗震性能目标要求　　表3

	设防水准	多遇地震	设防地震	罕遇地震
构件类别	性能水准	1	3	4
	层间位移	1/800	—	1/200
	性能水平描述	无损坏	轻度损坏	中度损坏
	计算方法	反应谱法弹性时程分析	反映谱法	SAUSG动力弹塑性时程分析
普通构件	剪力墙 框架柱	弹性	允许进入塑性	允许进入塑性
	框架梁	弹性	允许进入塑性	允许进入塑性
关键构件	大跨度钢桁架，转换框架，底部加强区剪力墙	弹性	抗剪弹性/抗弯不屈服	不屈服
	连体钢结构关键构件（牛腿、支座）	弹性	抗剪弹性/抗弯不屈服	弹性
	与连体钢桁架相连的竖向构件	弹性	抗剪弹性/抗弯不屈服	不屈服

在多遇地震、设防地震、罕遇地震下分别满足第1、3、4抗震性能水准的要求。结构构件实现抗震性能要求的层间位移角及结构构件的承载力设计要求如表3所述。

6 针对超限的具体措施

针对本项目结构超限的特点，在设计时采取以下主要措施保证结构的安全。

（1）结构体系采用框架-剪力墙结构的双重抗侧力体系。二道防线的设计思路，严格控制楼层最大层间位移角在位移角限值的40%以内。

（2）剧院前厅的大跨转换采用钢结构桁架承托上部两层办公，跨度约29m且需覆土1m作花园。单向斜杆设计使长细比小的竖杠受压，长细比大的斜杆受拉，为加大整体刚度，在下弦杆层设置混凝土120mm楼板，柱内设置型钢，保证桁架轴拉力的有效传递。

（3）连体部位采用隔震支座弱连接，为减轻自重，主要承重构件采用钢桁架。采用隔震支座减少了温度应力，减少了左右主体地震的耦合作用，同时避免了刚性连接要求伸入主结构一跨对建筑功能的影响。

（4）剧院前厅的大跨屋面以及连体部位的组合楼盖，小震计算时楼板刚度折减0.1，中震和大震计算时楼板刚度按0考虑计算。在钢桁架的上下弦平面内设满布水平支撑。

（5）进行整体小震反应谱分析，比较整体分析和单体独立分析的区别，重点分析连体部分在重力荷载、风荷载、地震、温度工况下的内力和变形。进行中震反应谱分析，以验证关键构件的承载力。进行大震整体计算，分析连体在大震工况下的受力情况。

（6）进行大震动力弹塑性分析，复核结构在罕遇地震作用下的弹塑性层间位移，判断结构的出铰机制、屈服程度和薄弱部位，对关键部位和关键构件有针对性地加强。

（7）中间连接体跨度38m，剧院上空屋面桁架跨度29m，各地震计算工况均计入竖向地震作用。

7 超限设计的计算及分析论证

小震反应谱分析采用两个软件互相校核分析对比。多遇地震、风荷载下的整体指标主要计算结果详见表4。

主要计算结果 表4

计算软件		PKPM	YJK
第1平动周期		1.0056（*X*）	0.9657（*X*）
地震下基底剪力/kN	*X*	10830.9	10510.19
	Y	12924.6	11307.81
地震作用下最大层间位移角（层号）	*X*	1/3722（5F）	1/3913（5F）
	Y	1/3315（4F）	1/3715（4F）
考虑偶然偏心最大扭转位移比（层号）	*X*	1.16（2F）	1.13（2F）
	Y	1.41（6F）	1.26（7F）
地震作用下，楼层与相邻上层考虑层高修正的侧向刚度比（层号）	*X*	1.00（8F）	1.00（8F）
	Y	0.60（5F）	0.66（5F）

注：表格给出为大剧院单体计算结果，图书文化馆单体结果（略）。

表4结果表明：PKPM中的SATWE与YJK小震反应谱计算结果相互一致；结构主要指标扭转周期比、剪重比满足最小要求；*Y*向楼层最大扭转位移比分别为1.41（6F）、1.26（7F），超过了1.2；最小侧向刚度比为0.60（5F），5～6层整层钢桁架采用串联刚度算法，楼层侧向刚度产生了突变；大部分柱的轴压比都在0.6以下，能保证框架柱有比较好的延性。

因为中间有连体部分，建立整体模型进行计算分析。包络验证单体分析结果见表5、表6。振型对比结论：连体通过设置隔震支座，显著减小连体部位对两侧单体结构的影响，周期振型整体模型与单体模型基本一致。

整体与单体模型振型对比　　表 5

模型		大剧院		文化馆		连体部分	
		整体	单体	整体	单体	整体	单体
周期/s	T_{1x}	1.00	1.01	1.04	1.07	2.51	2.55
	T_{2y}	0.95	0.96	0.95	0.92	2.49	2.54
	T_3	0.88	0.90	0.78	0.78	1.87	1.87

注：差值 = (单体周期 – 整体周期) / 整体周期。

整体与单体模型底部剪力对比　　表 6

模型		大剧院			文化馆		
		整体	单体	差值	整体	单体	差值
一层剪力/kN	X	10675	10527	1.39%	10573	11609	9.80%
	Y	11568	11784	1.87%	10248	10755	4.95%

注：差值 = (单体剪力 – 整体剪力)/整体剪力。

8 多遇地震弹性时程分析

选取了 7 条地震波采用时程分析法进行多遇地震下的补充计算，比较小震反应谱分析与弹性时程分析结果（表 7）可知：弹性时程分析基底剪力小于等于反应谱分析剪力。

基底最大总剪力及最大层间位移角　　表 7

地震方向	地震波	最大层间位移角	基底最大总剪力/kN	基底最大总剪力与振型分解法的比值
剧院最不利方向	地震波均值	1/1957	11467.787	0.90
	反应谱法	1/3315	12695.1	—
图书馆最不利方向	地震波均值	1/2493	13775	1.00
	反应谱法	1/2693	13757	—

9 罕遇地震动力弹塑性分析

为保证结构在大震作用下实现“大震不倒”的抗震设防目标，补充大震动力弹塑性分析。

采用 SAUSG 软件三向地震波输入，各方向加速度峰值比例为 1.00∶0.85∶0.65。时程分析时输入地震加速度的最大值取为 125.00cm/s^2。地震分析时考虑重力荷载作用代表值产生的预压力。同时考虑地震波的随机性，考虑三向的地震输入。

从图 8 可以直观地看到结构的主要耗能为阻尼耗能，框架梁柱塑性耗能的比例较低。大震下最大顶点位移 44mm，最大位移角出现在第 3 层，层间位移角最大分别为 1/412（X向）与 1/416（Y向），满足弹塑性层间位移角 1/200 的性能要求。

由图 9～图 10 可知，剪力墙底部加强区关键构件轻度损坏，框架柱顶部两层柱出现轻度损伤，底层仅为轻微损坏，较好地印证了二道防线的设计理念，墙在柱之前破坏。

分析柱顶部出现轻度损伤的原因是，转换层刚度较大，顶层柱子均为小柱子，刚度较弱，且屋面覆土设计荷载较大，对抗震不利，导致对相关柱配筋进行增强。剪力墙的损伤主要集中在下部楼层转角处，剪力墙钢筋未进入塑性阶段，出现了轻微到中度损伤，部分连梁作为耗能构件出现重度损坏。针对损伤部位剪力墙，加大配筋率设计。

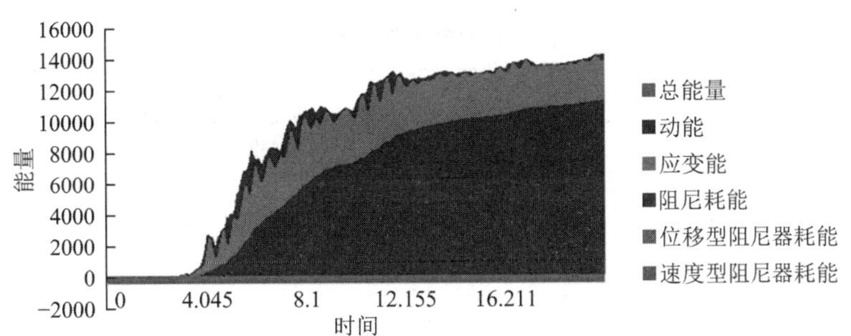

图 8　天然波主方向地震波总体能量曲线图

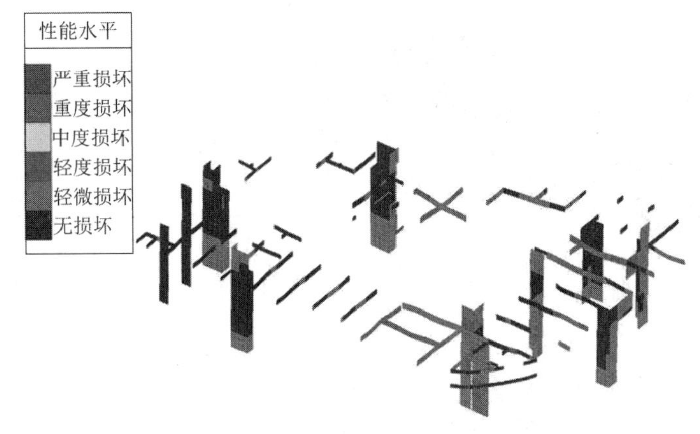

图 9　大剧院平均剪力墙及连梁性能指标

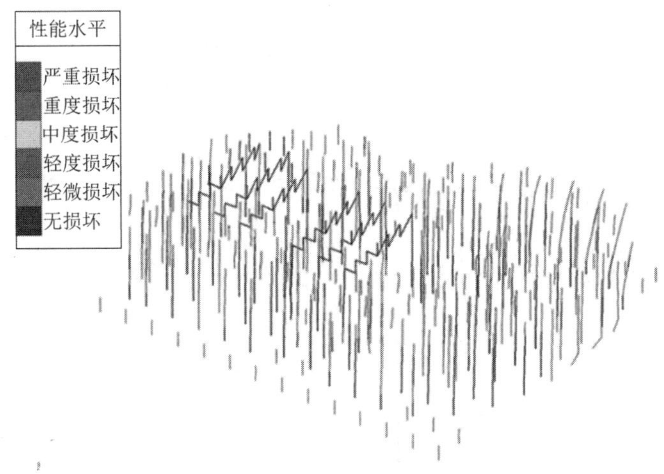

图 10　大剧院平均框架柱性能指标

10 连体部分结构设计

平面呈不规则细腰形，高位连体的楼盖宽度远小于整体平面宽度，连体连接方式常规有刚性连接和隔震连接两个方案。

通过对比采用刚性连接进行分析时，两侧单体的不同自振特性造成应力集中（图 11），连体刚度的变化将较大程度决定整体结构响应[4]。小震工况下，主要指标对比见表 8，刚性连接方式在地震剪力、位移比方面更加不利。由图 12 可知通过大震动力弹塑性分析表明，刚性连体方案，剪力墙关键部位出现了多处中度～严重损伤，不能满足性能水准 4 的要求，也就无法达到性能 C 目标。同时连体需要耗费较大的用钢量来满足传力需求[5]，刚性连接还需延伸进主楼内，影响主楼部分建筑功能。

小震工况连接体刚接与隔震连接方案对比 **表 8**

连体模型连接方式	隔震连接	刚性连接	差值比例
基底地震剪力/kN	21248	23952	+12.7%
连体地震作用/kN	255	691	+171%
第一周期T_1/s	1.04	1.00	−3.85%
最大位移比	1.46	1.63	+11.6%
位移角	1/2640	1/3160	−16.5%

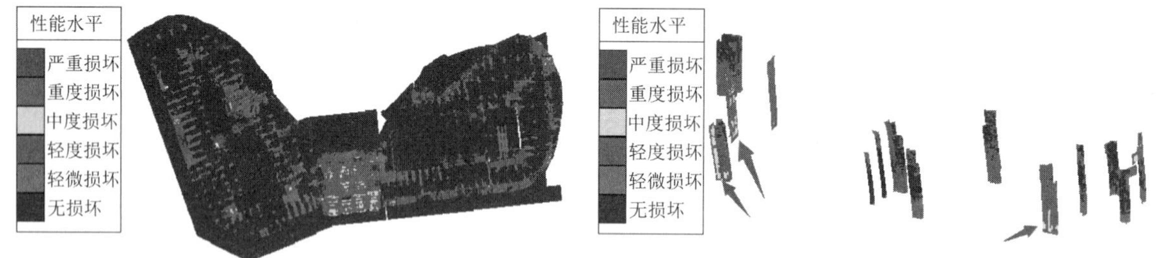

图 11 连体刚性连接时楼板应力分布

图 12 连体刚性连接时剪力墙性能水平

而采用隔震支座连接的方式见图 13、图 14，可以达到以柔克刚的效果，巧妙化解两侧单体的相互影响。目前，对于建筑用隔震支座已有大量研究应用[6-8]，综合考虑连体刚度、建筑效果、实施难度和成本造价，采用国产技术成熟的铅芯橡胶隔震支座是经济合理的选择[9]。

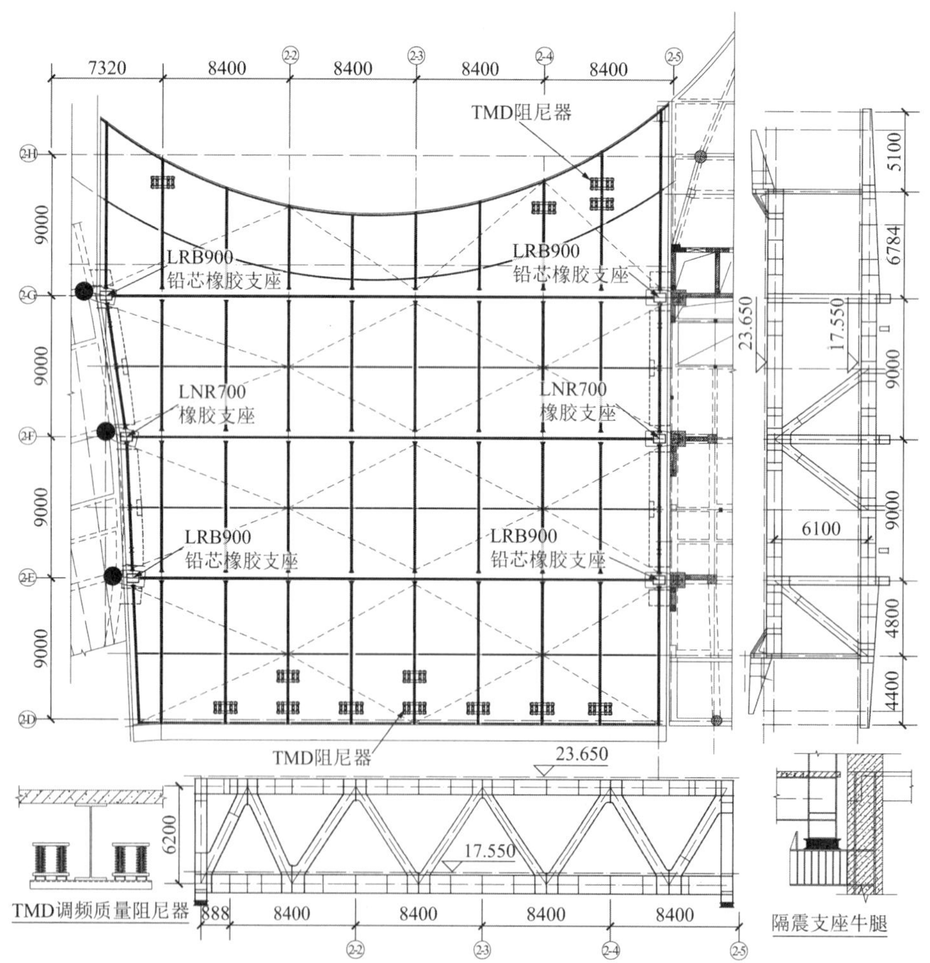

图 13 连体部分结构布置图

图 14 连体隔震支座与 TMD 阻尼器

整体建模分析连体在重力荷载、风荷载、地震作用、温度作用等不同工况下的内力与变形，并设置抗震支座、抗风拉杆、TMD 阻尼器以达到连体部位的舒适性、安全性要求。大震工况下连体部分总水平力约 1926kN，支座绝对水平位移约 100mm，考虑竖向地震作用，支座未出现拉力。为确保大震极端状况下，连体不至脱落，在支座周边采取了限位措施如图 15 所示，支座设计参数及主要结果见表 9、表 10。

支座主要设计参数 **表 9**

支座型号	LRB900 铅芯橡胶支座	LNR700 普通橡胶支座
有效直径/mm	900	700
水平初始刚度	23680kN/m	2090kN/m
屈服后水平刚度	2368kN/m	0
压力设计值/kN	7500	4500

支座主要验算结果 **表 10**

支座类型	铅芯叠层橡胶支座	普通叠层橡胶支座
重力代表值最大压应力/MPa	10.9 < 12	10 < 12
支座最大压应力/MPa	13.49 < 25	12.14 < 25
12MPa 压力限值时最大位移/mm	116 < 440（有效直径 0.55 倍）	116 < 330（有效直径 0.55 倍）

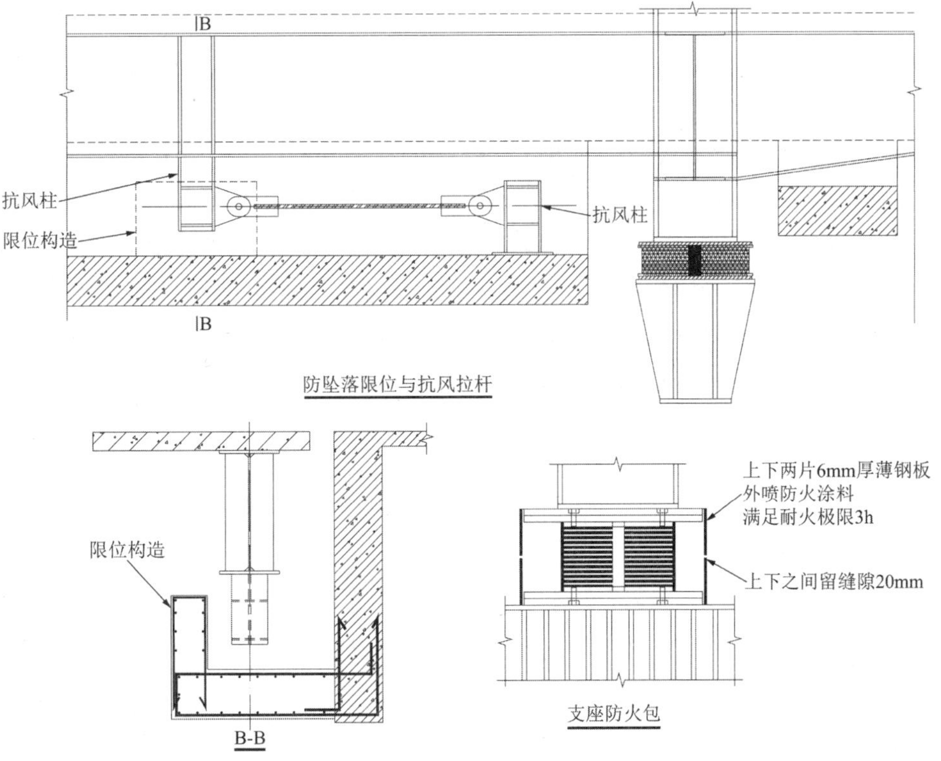

图 15 连体防坠落与抗风装置

11 结论

本工程为超限建筑。前述章节的分析表明，只要采取针对性的抗震措施，结构方案是可行的，设计是安全、可靠的。

（1）多遇地震下，采用两个软件进行整体分析校核，结果表明整体结构保持弹性，各项整体指标均控制在规范允许范围内。分别进行了单体模型与整体模型的计算，设计时采用包络设计。

（2）多遇地震下，进行弹性时程分析补充验算，各项整体指标都在反应谱分析结果以内。

（3）结构抗震性能目标满足 C 级。罕遇地震下动力弹塑性分析表明，地震剪力约为弹性小震 CQC 的 5～6 倍，最大层间位移角均小于 1/200。剪力墙配筋率按 0.3%复核后，普通框架柱和剪力墙部分中度损伤，关键构件轻度损伤，剪力墙柱未出现重度损伤。耗能构件部分比较进入塑性，在大震下可以满足水准 4 修复加固后继续使用的要求。

（4）主体采用框架-剪力墙结构，连体采用钢结构，连体与主体之间采用抗震支座相连，大跨度楼盖采用钢桁架，钢桁架上下弦平面均满布水平支撑。计算中考虑竖向地震作用，楼板刚度折减为 0。

（5）与钢桁架相连的框架柱均采用型钢柱，钢桁架柱、斜柱等关键构件均满足中震弹性，连体支座柱满足大震弹性设计要求。

（6）连体连接方式对比表明，本项目采用隔震连接方案比刚性连接方案更加经济合理。在重力荷载、风荷载、地震作用、温度作用下验算，连体结构和支座满足承载能力要求，利用支座刚度并设置抗风拉杆满足正常使用和舒适度要求，抗震支座在罕遇地震下弹性位移满足设计要求。在罕遇地震作用下，连体相关的框架柱和牛腿，满足大震弹性的设计要求。

参考文献

[1] 超限高层建筑工程抗震设防专项审查技术要点：建质〔2015〕67 号[A]. 北京：中华人民共和国建设部，2015.

[2] 中华人民共和国国家标准. 建筑抗震设计规范：GB 50011—2010[S]. 北京：中国建筑工业出版社，2010.

[3] 中华人民共和国行业标准. 高层建筑混凝土结构技术规程：JGJ 3—2010[S]. 北京：中国建筑工业出版社，2011.

[4] 黄坤耀，孙炳楠，楼文娟. 连体刚度对双塔连体高层建筑地震响应的影响[J]. 建筑结构学报，2001, 22(3): 21-26, 42.

[5] 汪大绥，姜文伟，包联进，等. CCTV 新台址主楼结构设计与思考[J]. 建筑结构学报，2008, 29 (3) : 1-9.

[6] 徐自国，肖从真，廖宇飚，等. 北京当代 MOMA 隔震连体结构的整体分析[J]. 土木工程学报，2008, 41(3): 53-57.

[7] 郑毅敏，刘永璨，盛荣辉，等. 杭州市民中心多塔连体结构设计研究[J]. 建筑结构，2009, 39(1): 54-58.

[8] 薛彦涛. 建筑结构隔震技术现状与应用[J]. 建筑结构，2011, 41(11): 82-87.

[9] 刘文光，庄学真，周福霖，等. 中国铅芯夹层橡胶隔震支座各种相关性能及长期性能研究[J]. 地震工程与工程振动，2002, 22(1): 114-120.

关于《混凝土结构加固设计规范》（GB 50367—2013）若干问题的探讨

项剑锋[1,2]

（1. 剑锋加固改造工程国际集团有限公司，杭州 311112；2. 浙江剑锋加固工程有限公司，杭州 311112）

摘　要： 目前，我国新的《混凝土结构加固设计规范》GB 50367—2013 已于 2014 年 6 月 1 日正式实施，但规范中仍存在许多问题需要进一步探讨。本文主要就第 7 部分和第 10 部分中的若干问题提出自己的看法，供大家讨论，供规范修订时参考。

关键词： 混凝土；加固设计规范；探讨

我国新的《混凝土结构加固设计规范》GB 50367—2013[1]已于 2014 年 6 月 1 日正式实施。但是笔者觉得规范中仍存在许多问题，下面将对第 7 部分和第 10 部分中几个比较主要的问题提出笔者的看法，供大家讨论，供规范修改时参考。

1 关于 7.1.3 条“采用体外预应力方法对钢筋混凝土结构构件进行加固时，其原构件的混凝土强度等级不宜低于 C20”的问题

这条规定本身是不太合适的。因为体外预应力技术是依靠向上的反向力来平衡外荷载，对于受弯构件，它不仅减小了截面受拉边缘的最大拉应力，还同时减小了截面受压边缘的最大压应力，使构件对混凝土强度的要求降低，只要端部支承点处的局部承压能力满足要求即可；对于受压构件，施加的预应力减小了构件所受的轴向压力，也降低了构件对混凝土强度的要求。所以采用体外预应力法加固的构件，对原构件混凝土强度的要求可以降低。我们已经用该法加固了许多混凝土强度低于 C15 的大梁，均取得良好的效果。该条可以改为不宜低于 C15，不应低于 C10。

2 第 7.1 条设计规定还应补充二条

①当原构件混凝土实测强度低于 C20 时，在用体外预应力加固以后，仍需对原构件作耐久性处理；②采用无粘结钢绞线体外预应力加固受弯构件时，钢绞线数量的确定要考虑以下两个因素：一是端部锚具要能够布置得下；二是在静荷载和预应力共同作用之下，原构件顶面产生的拉应力必须小于混凝土的抗拉强度。钢绞线的数量一般不宜超过 8 根。这项规定还是有必要的，因为像吊车梁加固，就有可能出现在没有吊车荷载作用时，吊车梁顶面拉应力过大的问题。

3 关于 7.2.2 条“受弯构件加固后的相对界限受压区高度ξ_0可采用加固前控制值的 0.85 倍”的问题

所谓“相对界限受压区高度”是指受弯构件在受压区边缘混凝土达到极限压应变（0.0033）时，受拉

区的钢筋刚好达到规定的设计值，此时的受压区高度为界限受压区高度。它的值只与所用钢材的设计强度取值有关[2]，不能人为地加以规定。所以笔者认为这条规定应该取消。

4 关于 7.2.3 条“当采用无粘结钢绞线体外预应力加固矩形截面受弯构件时的正截面承载力计算公式”的问题

规范中公式为：

$$M \leqslant \alpha_1 f_{co} bx\left(h_p - \frac{x}{2}\right) + f'_{y0}A'_{s0}(h_p - a') - f_{y0}A_{s0}(h_p - h_0) \tag{1}$$

$$\alpha_1 f_{co} bx = \sigma_p A_p + f_{y0}A_{s0} - f'_{y0}A'_{s0} \tag{2}$$

$$2a' \leqslant x \leqslant \xi_{ph} h_0 \tag{3}$$

笔者认为采用无粘结钢绞线体外预应力加固法加固受弯构件时，应该把预应力的作用视为施加了一个反向弯矩M_p作用到受弯构件上。在极限状态时，矩形截面正截面受弯承载力的计算图形应该如图 1 所示[3]。

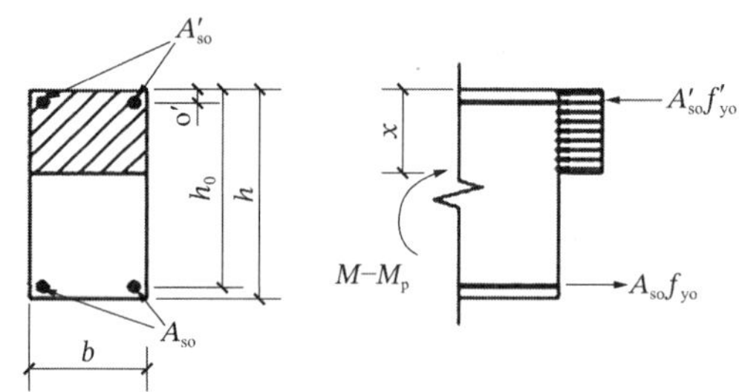

图 1 矩形截面正截面受弯承载力计算

正截面承载力的计算公式应该改为：

$$M - M_p \leqslant \alpha_1 f_{c0} bx\left(h_0 - \frac{x}{2}\right) + f'_{y0}A'_{s0}(h_0 - a') \tag{4}$$

$$\alpha_1 f_{co} bx = f_{y0}A_{s0} - f'_{y0}A_{s0} \tag{5}$$

$$M_p = \sum N_{pi} \times Z_i \tag{6}$$

式中：M为弯矩（包括加固前的初始弯矩）设计值；M为由预应力钢绞线的张拉控制力产生的反向弯矩；N_{pi}为每根钢绞线的预应力张拉值；Z_i为预应力钢绞线在支座处的最高点与跨中最低点的位置高度差值；α_1为计算系数，当混凝土强度等级不超过 C50 时，取$\alpha_1 = 1.0$，当混凝土强度等级为 C80 时，取$\alpha_1 = 0.94$，其间按线性内插法确定；f_{co}为混凝土轴心抗压强度设计值；x为等效矩形应力图形的混凝土受压区高度，简称混凝土受压区高度；b,h为矩形截面的宽度和高度；f_{y0}，f'_{y0}为受拉钢筋和受压钢筋的抗拉、抗压强度设计值；A_{s0}，A'_{s0}为受拉钢筋和受压钢筋的截面面积；a'为纵向受压钢筋合力点至混凝土受压区边缘的距离；h_0为构件加固前的截面有效高度。

一般加固设计时，可根据需要补足的弯矩值ΔM，直接利用公式$N_p = \Delta M/Z$求出需要钢绞线提供的预应力张拉值，进而求出预应力钢绞线的数量。

5 关于“普通钢筋体外预应力加固法”要否列入规范的问题

笔者认为用普通钢筋作为预应力下撑式拉杆已不合时宜，而且计算方法也存在许多问题。用普通钢筋作为预应力下撑式拉杆是 20 世纪 50 年代从苏联传过来的做法，那时还没有高强钢筋和钢绞线，只能用低强钢筋作预应力下撑式拉杆[4]。这存在许多问题：①由于钢筋的强度太低，张拉应力很低，预应力损失值占的比例很大，时间长了以后预应力效果很差。工程实践也表明，早期用这种方法加固的梁基本都已失效；②由于钢筋的柔性很差，当形成三折线形时，转折点的摩擦力很大，它根本无法用千斤顶张拉；用横向手工张拉也不容易，应力也很不均匀；③它的端点锚固很复杂；④计算方法很复杂，特别是应力增量ΔN的计算。

现在低松弛无粘结钢绞线不仅强度高、松弛低、柔性好，而且端部锚固简单、可靠，施加预应力很方便，所以可以取消用普通钢筋作为预应力下撑式拉杆的做法。

6 关于“型钢预应力撑杆的加固计算方法”问题

采用预应力撑杆加固柱子时，笔者认为把预应力视为外力作用到柱子顶端，把柱子顶端的一部分轴力直接通过撑杆传到柱子底部结构，从而使柱子起到卸载的作用比较合理。柱子就按减小以后的轴力进行计算。对于单侧预应力撑杆法，可以视为预应力给柱子顶端施加了一个轴向反力和一个反向弯矩。

7 关于7.5.1条“钢绞线的布置应符合的规定”有以下问题

钢绞线纵向张拉时的布置方式应增加钢绞线跨中水平段的支承点设在梁底的布置方式，而且这是采用最普遍的方式。只有当跨中的两侧均有次梁，而且次梁至加固梁底面的距离不是很大时，才会把钢绞线跨中水平段的支承点设在次梁底面；当加固梁跨中无次梁，而底面的净高又不允许时，才会把支承点设在梁底以上的位置。

8 关于7.5.2条第4款的问题

中间支座的两侧是否设置钢吊棍并不取决于钢绞线的转折点是设在梁底以上位置还是以下位置，因为这两种情况在支承点处的摩擦力是一样的。要不要设置钢吊棍取决于连续梁的跨数及张拉方法。当采用千斤顶两端纵向张拉，连续梁跨数不多于两跨时，梁的两端和中间支座两侧可不设钢吊棍。

9 关于7.5.3条第1款第3款的问题

当柱侧有次梁时，不管是纵向张拉，还是横向张拉，均可通过钢板垫板支承于次梁的外侧面，而不必采用槽钢垫板。

10 关于第10章“粘贴纤维复合材加固法”必须增加使用阶段裂缝宽度验算和挠度验算规定的意见

我们知道，纤维复合材的设计强度远高于普通受拉钢筋，当采用纤维复合材加固受弯构件时，原构件的受拉钢筋达到屈服强度时，纤维复合材的拉应力还不足设计强度的20%[4-5]。而此时的裂缝宽度计算值早已超出《混凝土结构设计规范》GB 50010—2010 的允许值；而当受拉钢筋的应力达到屈服强度以后，钢筋所产生的塑性伸长将阻止已出现的裂缝在卸载以后完全闭合。所以，纤维复合材的强度在使用阶段最多只能利用 20%。它的强度只有在极限阶段才能发挥，按规范公式（10.2.3-1）～式（10.2.34）求得的应力。因此，对于粘贴纤维复合材加固法，必须增加使用阶段裂缝宽度的计算内容。如果使用阶段裂缝宽度计算不能满足要求，则应改用其他方法。此外，采用粘贴纤维复合材加固对原构件的刚度并没有帮助，当梁的高跨比较小时还应进行挠度计算。

参考文献

[1] 中华人民共和国国家标准. 混凝土结构加固设计规范: GB 50367—2013[S]. 北京: 中国建筑工业出版社, 2013.

[2] 项剑锋. 加筋混凝土梁的超筋界限值和少筋界限值[J]. 冶金建筑, 1981(3).

[3] 项剑锋. 高效预应力加固和改造技术的工程应用[J]. 建筑结构, 2007, 37(S1).

[4] 项剑锋, 陈微. 关于《混凝土结构加固设计规范》GB 50367—2006 中几个问题的探讨[J]. 建筑结构, 2010, 40(S2).

[5] 项剑锋. 用粘贴碳纤维片材加固钢筋混凝土受弯构件时应注意的四个问题[J]. 工程加固, 2009(6).

杭州星创城塔楼A超高层结构抗震性能化设计

刘　勇，肖　洪，张　媛
（浙江省省直建筑设计院有限公司，杭州 310030）

摘　要：杭州星创城塔楼A建筑45层，结构高194.3m，结构形式为圆形钢管混凝土框架-钢筋混凝土核心筒，结构同时存在扭转不规则、楼板开洞等情况。为了实现结构预定的抗震性能目标，首先对可选的两种结构体系方案进行了优化比选并通过设缝、优化层高解决了结构的平面、立面规则性问题。然后，采用YJK和MIDAS Gen两种计算软件对塔楼A进行了多遇地震下的弹性比较计算和多遇地震作用下的时程分析，并通过性能设计和罕遇地震动力弹塑性时程分析，对结构在设防地震和罕遇地震作用下的响应进行了进一步的研究。最后根据上述分析计算结果对结构的关键部位及薄弱部位采取了有针对性的加强措施。分析结果表明：整体结构及结构构件有良好的抗震性能，能满足设定的抗震性能化设计目标，结构安全可靠。本文为类似项目结构分析提供了借鉴。

关键词：超高层结构；钢管混凝土框架-钢筋混凝土核心筒；多遇地震时程分析；抗震性能化设计；动力弹塑性时程分析

1　工程概况

杭州星创城综合体项目位于杭州市余杭区莫干山路与好运路口，由1栋超高层塔楼A（地上45层）、1栋超高层B塔楼（地上36层）、1栋高层C塔楼（地上30层）、商业综合体（7层）及地下车库（2层）组成。总建筑面积为39万m^2，整个项目地下室连为一体，地上设置抗震缝分开，本文主要介绍超高层塔楼A设计。

超高层塔楼A嵌固部位放置在地下室顶板，建筑总高度为199.85m，主要结构屋面为机房顶，结构高度为194.3m。地下室为2层，地下室层高分别为3.7m、5.4m；地上为45层，层高分别为1层5.5m，2层5.0m，3～7层4.7m，在12层、23层、34层设置避难层，层高5.1m，其余标准层均为4.2m，顶部46层、47层为幕墙构架。建筑平面接近正方形，四个角部考虑视野进行了切角，建筑尺寸44.40m×43.30m，建筑面积为79500m^2。效果图如图1。

图1　建筑效果图

本工程结构安全等级为二级，地基基础设计等级为甲级。结构设计使用年限为50年，抗震设防类别为标准设防，主体结构抗震等级为二级。抗震设防烈度（基本地震加速度）为6度（0.05g）。根据地勘报告，场地类别为Ⅲ类场地，设计地震分组为第一组，设计特征周期为0.45s，50年一遇的基本风压为0.45kN/m^2，地面粗糙度为B类，50年一遇基本雪压为0.45kN/m^2[1]。

2 结构设计

2.1 结构体系

塔楼 A 主体结构高度 194.3m，为圆形钢管混凝土框架-钢筋混凝土核心筒结构。钢筋混凝土核心筒是抵抗风荷载、地震作用的主要受力结构体系；外围的钢管混凝土框架主要承担竖向力，同时也协助钢筋混凝土核心筒承担部分倾覆弯矩和风荷载、地震作用，共同形成良好的两道抗震防线。本结构平面尺寸为 42.15m（*X*向）× 40.90m（*Y*向），高宽比为 4.7。核心筒体尺寸为 20.15m（*X*向）× 17.55m（*Y*向），核心筒高宽比为 10.20。标准层结构布置图见图 2。

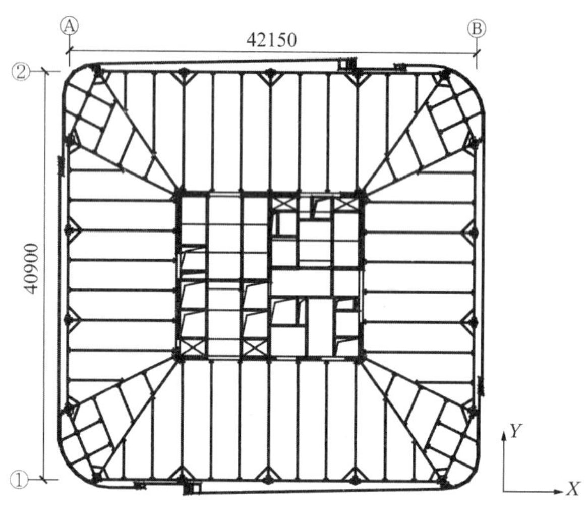

图 2 结构布置图

钢筋混凝土核心筒外围剪力墙厚度由下到上从 800mm 逐渐缩小至 400mm，核心筒内部剪力墙厚度为 200～300mm。外围钢管混凝土直径底部 7 层为 900mm，以上逐步缩小至 700mm。钢梁采用 H 型钢，主要框架钢梁截面尺寸为 H600mm × 200mm × 12mm × 14mm。楼板采用自撑式桁架楼板，钢管钢梁均采用 Q355 钢，竖向结构混凝土强度等级底部 7 层为 C60，7 层以上为由 C55 逐步减小为 C35。

2.2 结构方案优化

（1）工程地上 45 层，结构高 194.3m，结构方案阶段对钢筋混凝土框架-钢筋混凝土核心筒结构及钢管混凝土框架-钢筋混凝土核心筒结构两种结构体系进行比较分析。考虑到钢筋混凝土框架-钢筋混凝土核心筒结构由于自重大导致地震响应较大，钢筋混凝土梁高较高影响建筑净高，且高度超过了《高层建筑混凝土结构技术规程》JGJ 3—2010[2]（简称《高规》）A 级在 6 度区最高 150m 的限值，属于高度超限结构，最终结构设计采用了自重较轻、梁高较小且高度不超限的圆形钢管混凝土框架-钢筋混凝土核心筒组合结构。

（2）塔楼 A 底部 7 层功能为商业，且与大型商业综合体连为一体。考虑到塔楼 A 在本区段有独立的疏散通道，本区段人流不超过 5000 人，商业建筑面积未超过 17000m^2、营业面积未超过 7000m^2，故按照《建筑工程抗震设防分类标准》GB 50223—2008 相关条例，塔楼 A 抗震设防类别不属于重点设防类而应该为抗震标准设防类[3]。

（3）塔楼 A 处于整个商业综合体西侧部位，地上 7 层与大商业连为一体，方案设计在地下室顶板以上塔楼与大商业连接处设置了双排柱形式的抗震缝彼此脱开，建筑采取措施避免了设缝对建筑立面效果和商场使用功能的不利影响，结构也通过设缝避免了多塔结构及塔楼偏置两个抗震不利影响，且有利于降低工程造价。

（4）建筑施工图阶段考虑四个角部需要良好视野，取消了角部四个框架柱，因此四个角部只能设置跨度近 18m 的斜梁，结构外圈刚度严重削弱，周期比超规范限值比较明显。经过协商，在角部左右各增设一个框架柱，间距不大于 7m，其余框架柱位置适当向中间靠拢，这样角部拉斜梁跨度较合理，外圈刚度得到了加强，结构抗扭转能力得到了保证。

（5）方案阶段为满足入户大堂效果，1 层层高设置为 7m，2 层层高为 3.5m，4～7 层 4.7m。通过初步计算，1 层的刚度比和抗剪承载力比均不满足《高规》要求，产生了薄弱层导致竖向不规则。通过各方多次讨论及计算，1 层层高降低为 5.5m，2 层层高调整为 5m，并在 2 层楼面局部楼板开洞保证建筑大堂净高效果，3～7 层与大商业层高同为 4.7m 不变，这样虽然 2 楼出现了 1 条楼板不连续平面不规则选项，但各层侧向刚度比、抗剪承载力比均满足规范要求，避免出现薄弱层。

3 结构超限判别及性能目标

3.1 结构超限判别

根据《组合结构设计规范》JGJ 138—2016（简称《组合规范》）6 度区钢管混凝土框架-钢筋混凝土核心筒最大适用高度为 220m，塔楼 A 结构高度为 194.3m，高度不超限[4]。

塔楼 A 存在 2 项一般不规则：①考虑偶然偏心最大层间位移比 1.22 > 1.20，属于扭转不规则。②2 层楼面楼板开洞导致楼板不连续，属于平面不规则。另经过计算，钢管混凝土框架柱承担的地震剪力百分比仅底部 2 层X向为 8.91%、Y向为 8.79%，其余楼层X、Y向均大于 10%，满足《超限高层建筑工程抗震设防专项审查技术要点》（建质〔2015〕67 号）（简称《超限审查要点》）中除底部个别楼层、加强层及相邻上下层外，多数楼层不低于 10%的要求。综合上述情况，塔楼 A 未超限，属于一般不规则结构[5]。

3.2 性能设计

由于塔楼 A 高度接近《组合规范》高度限值，同时还存在扭转不规则、楼板不连续等抗震不利因素，因此，根据《建筑抗震设计规范》（简称《抗规》），对结构的抗震性能目标定位 C 级，详见表 1。

结构抗震性能化目标 **表 1**

构件类型		小震	中震	大震
关键构件	底部加强区剪力墙、角部框架柱	弹性	抗弯不屈服；抗剪弹性	抗剪不屈服（等效弹性）
普通竖向构件	墙柱（非底部加强区）	弹性	抗弯不屈服；抗剪弹性	满足最小抗剪截面要求（等效弹性）；部分构件中度损坏（弹塑性）
耗能构件	连梁	弹性	抗剪不屈服，允许部分抗弯屈服	部分比较严重损坏（弹塑性）
	框架梁	弹性	允许部分屈服	部分比较严重损坏（弹塑性）
节点	所有构件	弹性	所有节点均不先于构件破坏，最不利工况下均不出现截面剪切破坏	所有节点均不先于构件破坏，最不利工况下均不出现截面剪切破坏

4 多遇地震作用分析

4.1 多遇地震振型分解反应谱计算

塔楼 A 分别采用 MIDAS Gen（2021）和 YJK（3.8）两种程序进行比较分析，相互验证。计算参数设置如下：单向地震作用考虑偶然偏心；层间位移角不考虑偶然偏心及双向地震作用；斜交抗侧力构件方向角设置为 30°、60°；考虑自动计算最不利地震方向的地震作用并考虑双向地震作用；结构阻尼比取

0.05；风荷载体型系数取 1.4；结构振型参与有效质量系数均大于 90%。

经过比较计算，两种计算程序计算结果拟合度较高[6]。结构前两阶周期均为平动，第三周期均为扭转，周期比分别为 0.64、0.65，结果很接近，均满足《高层建筑混凝土结构技术规程》JGJ 3—2010（简称《高规》）不超过 0.85 的要求。扭转位移比均不超过 1.40。另外，本工程结构高度为 194.3m，根据《高规》第 3.7.3 条要求，高度为 150～250m 的超高层结构，其楼层层间最大位移与层高之比可线性插入取用，本工程经过计算限制为 1/615，双软件计算结果显示Y向风荷载对结构层间位移角起控制作用，YJK 计算结果为 1/751，MIDAS Gen 计算结果为 1/767，均未超过 1/615 限值，分析曲线详见图 3[2]。

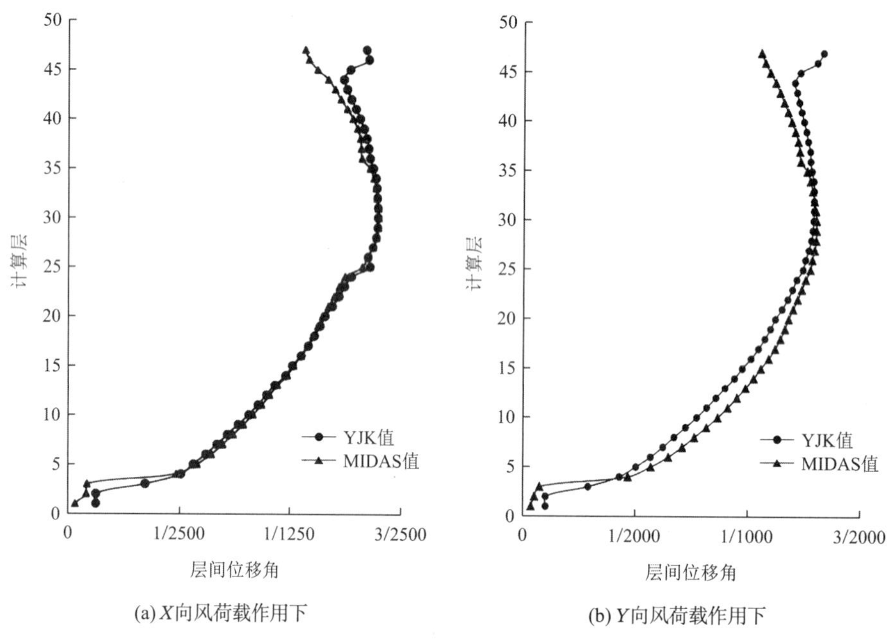

图 3 风荷载作用下的层间位移角曲线

结构底部嵌固端刚度比大于 2，故塔楼 A 以地下室顶板作为嵌固端是合理的。塔楼 A 侧向刚度比分析曲线显示：各个楼层侧向刚度均大于相邻上层的 70%及相邻上部 3 层刚度平均值的 80%，无刚度突变。由于顶部幕墙 2 层构架层高变化较大，因此顶部几层刚度比曲线存在突变，分析曲线详见图 4。

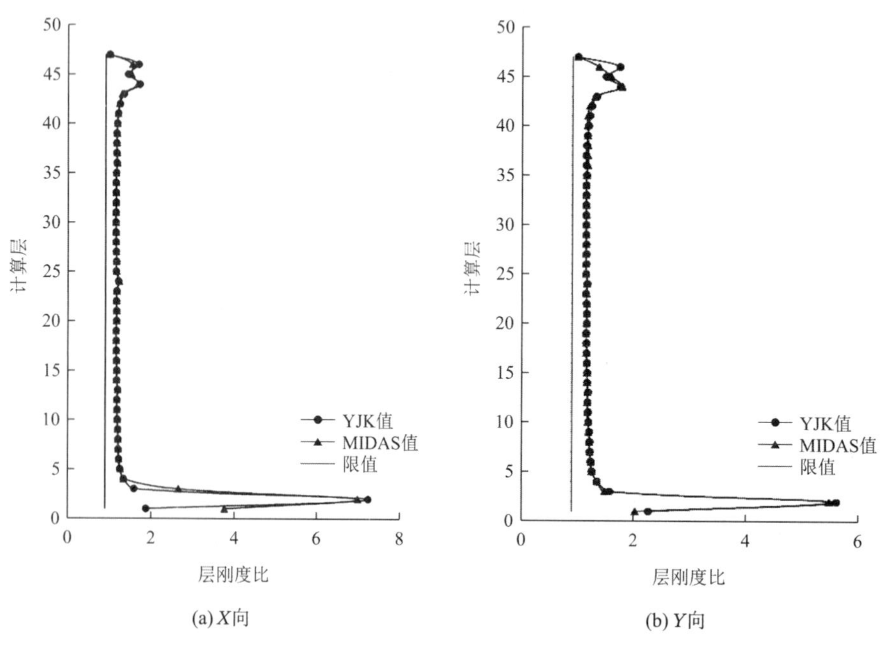

图 4 侧向刚度比曲线

参照《超限审查要点》4.13.2 条 6 度（0.05g）设防且基本周期大于 5s 的结构，当计算的底部剪力系数比规定值低但按底部剪力系数 0.8%换算的层间位移满足规范要求时，即可采用规范关于剪力系数最小值的规定进行抗震承载力验算[7]。因为塔楼 A 按 0.8%剪力系数换算层间位移满足规范要求，所以依据《抗规》第 5.2.5 条，基本周期大于 5.0s 的结构楼层最小地震剪力系数取 0.6%。YJK 和 MIDAS 对剪重比的计算结果如图 5 所示，两程序计算结果趋势接近，数值略有偏差但在误差许可范围内。从图中可以看出，少部分底部楼层剪重比不满足 0.6%的限值，对于这些楼层应乘以 1.15 的增大系数进行调整[8]。

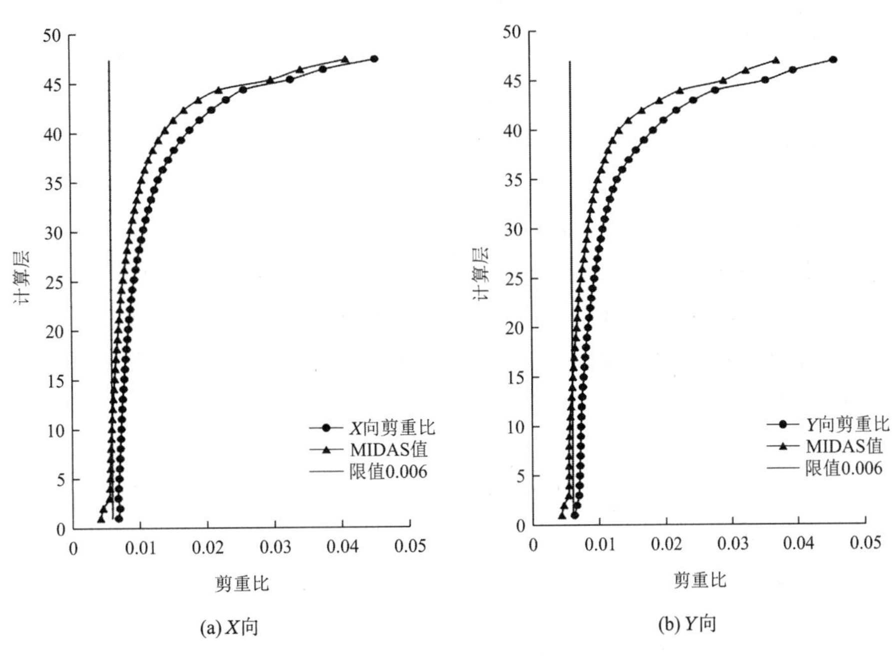

图 5　剪重比曲线

塔楼 A 多遇地震振型分解反应谱计算结果见表 2[9]，从计算结果可以看出周期比、位移比均能满足规范要求，平面扭转控制较好，竖向计算结果显示刚度均匀，未发现刚度及剪力突变，无薄弱层。剪重比个别小于 0.6%的楼层剪力按《抗规》要求进行放大。结构刚重比控制项为风荷载作用下X向为 2.146、Y向为 2.030，均大于 1.4，能通过《高规》第 5.4.4 条整体稳定性要求，但小于 2.7，根据《高规》第 5.4.1 要求，需要考虑重力二阶效应，总体而言，结构在风荷载及小震弹性作用下具备良好的抗侧性能[2]。

多遇地震弹性反应谱分析计算结果　　表 2

计算软件		YJK	MIDAS Gen
自振周期/s	T_1 T_2 T_3	5.2892 5.0745 3.3999	5.2547 4.9141 3.4383
T_3/T_1		0.64	0.65
总质量/t		136575.33	139470.85
地震下基底剪力/kN	X向 Y向	9386.5 8454.2	76708.5 74616.5
结构首层剪重比	X向 Y向	0.686 0.694	0.555 0.535
刚重比	X向 Y向	2.146 2.030	2.042 2.006
地震下最大层间位移角 （所在楼层）	X向 Y向	1/1104（30 层） 1/1048（32 层）	1/1037（31 层）1/963（30 层）
考虑偶然偏心的最大位移比 （所在楼层）	X向 Y向	1.17（1 层） 1.22（1 层）	1.19（1 层） 1.20（1 层）

续表

计算软件		YJK	MIDAS Gen
风荷载下基底剪力/kN	X向 Y向	13806.8 14104.1	13934.8 14399.1
风荷载下最大层间位移角	X向 Y向	1/899（30 层） 1/751（46 层）	1/897（30 层） 1/767（30 层）

4.2 多遇地震弹性时程分析

使用 YJK 计算软件对多遇地震补充了弹性动力时程分析，根据《高规》中对地震波的持续时间、基底剪力、有效峰值加速度、频谱特性等要求筛选出 1 组人工波和 2 组天然波。时程分析的结果详见图 6。

由图 6 可知，每条曲线基底剪力均介于 CQC 振型分解反应谱法的 0.65 与 1.35 之间，3 条时程曲线基底剪力的平均值介于 CQC 振型分解反应谱法的 0.8 与 1.2 之间，地震波选择符合规范对基底剪力的规定。CQC 法的层间位移角曲线在绝大部分范围均大于三条地震波对应的平均层间位移角曲线，仅在顶部略微小于三条地震波对应的平均层间位移角曲线，说明非常有必要考虑高振型产生的鞭梢作用，在结构设计时需放大顶部薄弱层的内力与配筋从而达到规范要求。

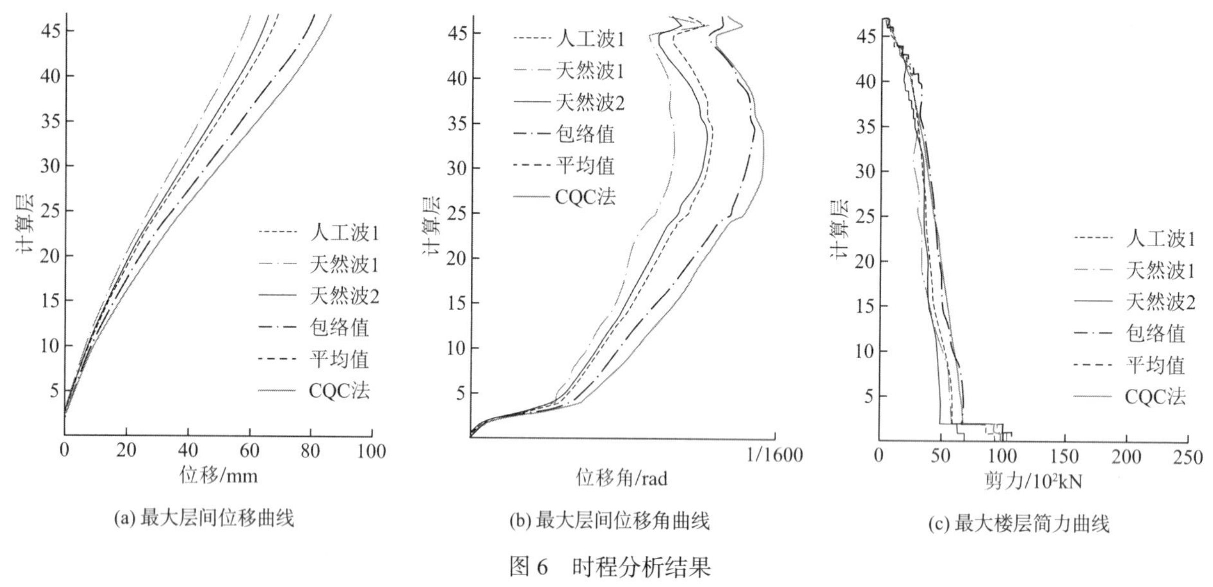

图 6　时程分析结果

5 设防地震作用下的结构计算分析

采用 YJK 对表 1 结构抗震性能化目标进行中震计算分析，剪力墙、框架柱抗剪均能满足中震弹性，抗弯中震不屈服的要求。耗能构件连梁均能满足抗剪不屈服，框架梁除个别梁外也能满足抗剪不屈服的要求，计算结果表明，中震性能设计目标能够实现。

在设防地震作用下，核心筒在 1～8 层有 2 个墙肢出现小偏拉，双向水平地震下 1～5 层局部墙肢均出现了拉应力，墙肢全截面由轴向力产生的平均名义拉应力为 1.61f_{tk}（f_{tk}为混凝土抗拉强度标准值）超过 1.5f_{tk}，6～8 层墙肢拉应力逐渐降低但小于f_{tk}，8 层以上不再出现拉应力。根据《超限审查要点》4.12.4 条对 1～8 层出现小偏拉的混凝土墙体采用《高规》规定的特一级构造，1～5 层平均名义拉应力超过混凝土抗拉强度标准值f_{tk}的墙肢需设置型钢抗拉，所有拉力由型钢承担，故在核心筒四个角部剪力墙设置型钢[10]。

6 罕遇地震作用下结构计算分析

6.1 罕遇地震作用下性能设计

采用 YJK 对表 1 结构抗震性能化目标进行大震计算分析，底部加强区剪力墙、角部框架柱等关键构件抗剪均能满足大震不屈服，其他非底部加强区剪力墙、框架柱等普通竖向构件均能满足最小抗剪截面要求。计算结果表明，塔楼 A 能满足罕遇地震下的性能设计目标。

6.2 罕遇地震动力弹塑性时程分析

根据《高规》4.3.5 条选择 2 条天然波（DZTRB1、DZTRB2）、1 条人工波（DZRGB1），采用 YJK-EP3.8 进行罕遇地震下的结构整体动力弹塑性时程分析。地震分析时考虑重力荷载代表值产生的预压力，天然波采用三向地震输入，各方向加速度峰值比例为 1.00：0.85：0.65，人工波采用双向地震波输入。罕遇地震时程分析所用地震加速度时程最大值取 125.00cm/s^2。每条波均计算X、Y两个方向地震作用，故共计算 6 条波，这 6 条波有效持续时间均大于周期的 5 倍，且大于 15s；每条波在主要自振周期点上的地震影响系数与标准谱相同位置的地震影响系数均不大于 20%；每条波弹性时程基底剪力最低为弹性振型分解反应谱法的 72%，多波平均剪力为振型分解反应谱法的 87%，满足《高规》选波要求[2]。

罕遇地震作用下的基底剪力见表 3，可见罕遇地震基底剪力位于多遇地震反应谱法的基底剪力的 4～5.2 倍之间，与经验值相符合。而两者加速度峰值比为 7，明显比对应的剪力之比要大不少，说明在罕遇地震下，结构塑性变形比较明显，结构发生了显著的刚度退化。

罕遇地震与多遇地震基底剪力计算结果 **表 3**

波名	X主方向		Y主方向	
	X向基底剪力/kN	波剪力/小震弹性 CQC 剪力	Y向基底剪力/kN	波剪力/小震弹性 CQC 剪力
DZRGB1,[0.0]125 DZTRB1,[0.0]125 DZTRB2,[0.0]125 DZRGB1,[90.0]125 DZTRB1,[90.0]125 DZTRB2,[90.0]125	33909.22 29020.00 33568.28	5.02 4.30 4.97	35053.20 28298.82 33874.62	5.13 4.14 4.96
平均值	32165.84	4.76	32408.88	4.74
小震弹性 CQC	6753.08	1.00	6832.69	1.00

罕遇地震动力弹塑性时程位移计算结果详见表 4，结构在X方向最大顶点位移为 0.523m，最大层间位移角为 1/270；结构在Y方向最大顶点位移为 0.539m，最大层间位移角为 1/268，均小于《高规》限值 1/120，弹塑性层间位移角最大值为弹性层间位移角最大值的 3.6 倍左右，说明在罕遇地震作用下结构产生了较大的刚度退化，但程度有些不同。从图 7 可以看到，结构弹塑性时程曲线与弹性时程曲线出现了分离现象，最大幅值和振动频率均不同步，说明结构在地震波激励作用下材料进入了塑性状态。综上所述，结构整体指标满足“大震不倒”性能目标要求。

罕遇地震动力弹塑性时程位移计算结果 **表 4**

波名	X主方向		Y主方向	
	顶点最大位移/mm	最大层间位移角	顶点最大位移/mm	最大层间位移角
DZRGB1,Tg(0.45)[0.0]125	442.97	1/317	309.94	1/464
DZTRB1,Tg(0.47)[0.0]125	329.41	1/408	532.29	1/268

续表

波名	X主方向		Y主方向	
	顶点最大位移/mm	最大层间位移角	顶点最大位移/mm	最大层间位移角
DZTRB2,Tg(0.46)[0.0]125	313.82	1/398	539.65	1/287
DZRGB1,Tg(0.45)[90.0]125	280.73	1/504	506.56	1/295
DZTRB1,Tg(0.47)[90.0]125	442.93	1/317	353.18	1/416
DZTRB2,Tg(0.46)[90.0]125	523.55	1/270	367.30	1/404

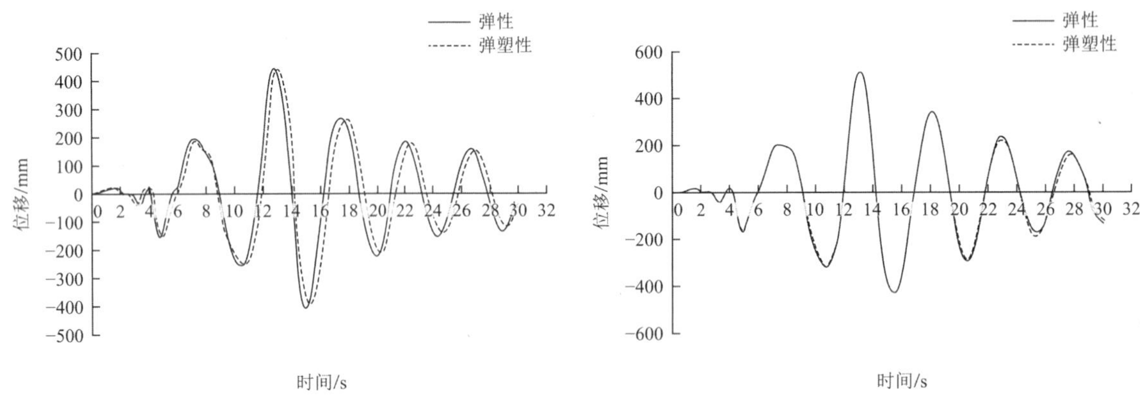

(a) X主方向地震波下X向位移时程曲线　(b) Y主方向地震波下Y向位移时程曲线

图 7　DZRGB1 地震波作用下结构顶层位移时程曲线

从图 8 可以看出，在罕遇地震作用下，核心筒墙体大部分墙体为无损伤状态，仅底部、顶部个别墙体出现了轻度损坏；部分核心筒连梁在大震作用下发生了屈服，形成了塑性铰，充分消耗了地震能量，外框架柱大部分为基本完好状态，仅 28～31 层出现轻微损坏，在大震作用下外框架承载力有一定的保证，能起到第二道防线作用[11]。

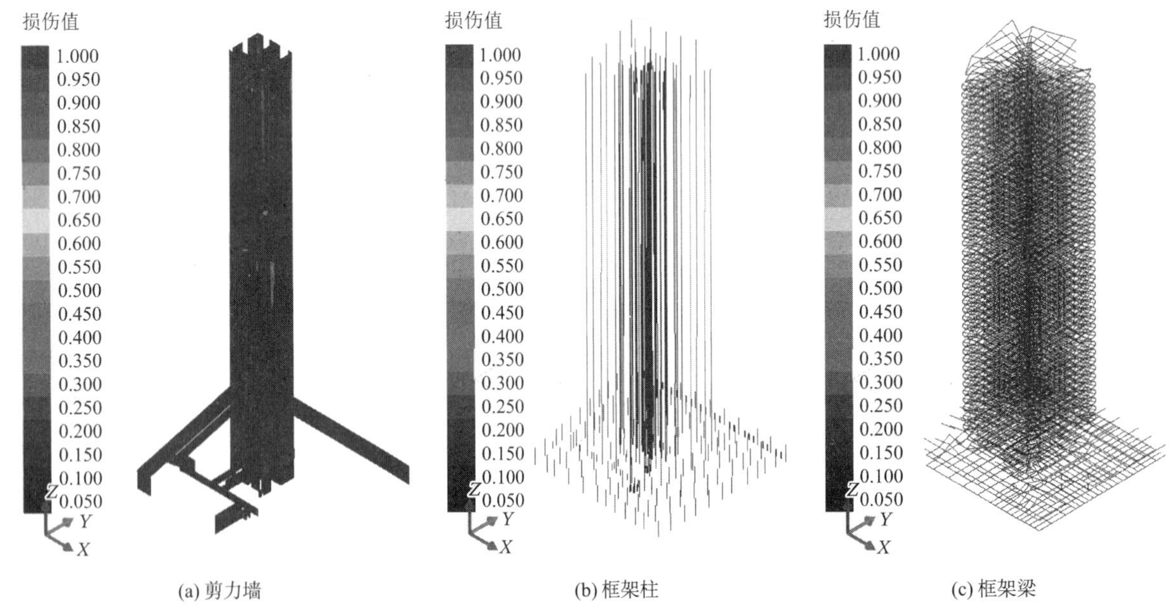

(a) 剪力墙　(b) 框架柱　(c) 框架梁

图 8　最后时刻地震波构件损伤包络值云图

从图 9 能量曲线平衡图可以看出，总外功与总内能平衡，说明结构求解合理可靠。阻尼耗能从开始到最后所占耗能比例最高，其次是构件总内能、动能。说明结构的屈服机制合理，满足抗震设计原则要求。

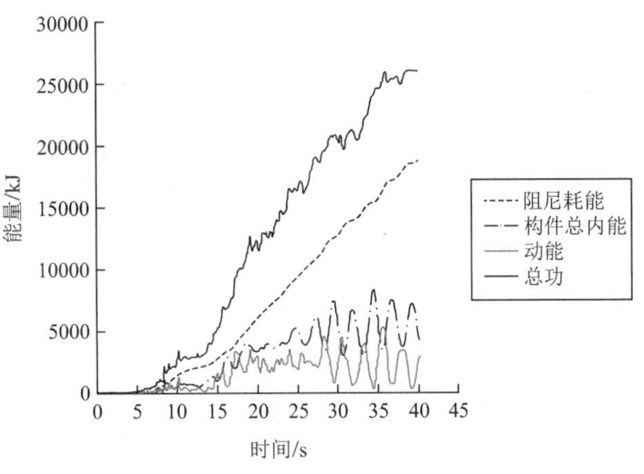

图 9　DZRGB1 地震波总体能量曲线图

7　其他相关抗震设计加强措施

基于上述小震弹性及时程分析、性能设计、大震弹塑性分析结果，对结构做如下抗震加强措施：

（1）从多遇地震时程分析结果得出结论，非常有必要考虑高阶振型产生的鞭梢作用，在结构 CQC 计算时放大顶部薄弱层的内力与配筋，从而达到规范要求。

（2）对 2 层开大洞处楼板定义为弹性模进行补充计算，对楼板进行构造性加强，板厚不小于 160mm，板筋单层单向配筋率不小于 0.25%。

（3）外框架柱采用圆形钢管混凝土柱形式，为确保其延性，对圆形钢管混凝土柱轴压比严格控制，轴压比限值按$U_N \leqslant 0.8$控制（圆形钢管混凝土柱规范无具体限值，一般控制$U_N \leqslant 1.0$）；钢管混凝土随着时间推移内部混凝土产生收缩徐变，轴力会逐步向外圆形钢管转移，钢管承载力必须留有一定的余量，因此对钢管本身的应力比限值取为 0.85。

（4）对于底部加强区核心筒剪力墙、角部框架柱关键构件：斜截面抗剪按中震弹性，正截面抗弯按中震不屈服设计。

（5）对罕遇地震动力弹塑性时程分析得出的薄弱部位进行有针对性的加强，进一步提高结构“大震不倒”的能力。

8　结语

（1）针对本结构特点进行前期的结构方案优化，确定了钢管混凝土框架-钢筋混凝土核心筒结构形式，规避了高度超限，通过合理设缝及调整层高保证结构的平面、立面的规则性。

（2）采用 MIDAS Gen 和 YJK 两种计算软件对结构进行多遇地震计算分析，相互验证，确保计算结果的可靠性。

（3）通过性能设计、罕遇地震动力弹塑性时程分析对结构在中震、大震下的响应进行了进一步的研究。

（4）采取一系列有针对性的加强措施确保结构具备较强的抗震性能，能够实现“三水准”的抗震目标。

参考文献

[1]　中华人民共和国国家标准. 建筑结构荷载规范: GB 50009—2012[S]. 北京: 中国建筑工业出版社, 2012.

[2] 中华人民共和国行业标准. 高层建筑混凝土结构技术规程: JGJ 3—2010[S]. 北京: 中国建筑工业出版社, 2011.

[3] 中华人民共和国国家标准. 建筑工程抗震设防分类标准: GB 50223—2008[S]. 北京: 中国建筑工业出版社, 2012.

[4] 中华人民共和国行业标准. 组合结构设计规范: JGJ 138—2016[S]. 北京: 中国建筑工业出版社, 2016.

[5] 超限高层建筑工程抗震设防专项审查技术要点: 建质〔2015〕67 号[A]. 北京: 中华人民共和国住房和城乡建设部, 2015.

[6] 刘勇. 杭州“星创城”超高层结构计算分析[J]. 浙江建筑, 2022(6): 40-43.

[7] 林瑶明, 周越洲, 方小丹, 等. 贵阳国际金融中心 1 号楼超限高层结构设计[J]. 建筑结构, 2019(5): 58-64.

[8] 中华人民共和国国家标准. 建筑抗震设计规范: GB 50011—2010[S]. 北京: 中国建筑工业出版社, 2010.

[9] 夏世群, 张光义, 杜涛, 等. 日照市日广中心塔楼 A 超限高层结构设计[J]. 建筑结构, 2021(12): 32-37.

[10] 宾恩富, 徐琼. 西双版纳某超限高层塔楼设计[J]. 建筑结构, 2022(4): 39-45.

[11] 刘洋, 刘永添, 陈文棣. 广州金融城某超高层结构设计[J]. 建筑结构, 2019(11): 93-97.

C 形冷弯薄壁型钢-竹组合梁受弯性能研究

沈旭凯 [1]，钟少祺 [2]，赵必大 [2]，傅林峰 [3]，谢　忠 [4]

（1. 浙江绿城东方建筑设计有限公司，杭州 310012；2. 浙江工业大学，杭州 310023；
3. 浙江浙工大检测技术有限公司，杭州 310014；4. 浙江工业大学工程设计集团有限公司，杭州 310014）

摘　要：冷弯薄壁卷边槽钢和竹胶板通过结构胶复合成 C 型钢-竹组合梁，通过有限元分析 C 型钢-竹组合梁的受弯性能，有限元参数包括竹胶板厚度、梁截面高度、钢的布置方式、梁是否倾斜放置、梁是否有侧向支撑。研究结果表明，增加竹胶板能有效提高冷弯薄壁型钢的抗弯承载力，竹胶板厚度越大的组合梁承载力越高，但当竹胶板达到一定厚度后再增加厚度对于组合梁承载力的提高作用很小；当组合梁无侧向支撑时，倾斜放置时的承载力明显低于水平放置，但有侧向支撑时两者承载力接近；钢筋布置在组合梁上下翼缘附近的空腹型钢式 C 形组合梁，其承载力仅比普通 C 形组合梁（钢沿着梁翼缘和腹板连续布置）低了约 5%，但用钢量比后者节省了约 20%。

关键词：钢-竹组合梁；有限元分析；冷弯薄壁型钢；竹胶板；受弯性能

近年来，节能减排的要求愈加严格，以传统钢筋混凝土为代表的建筑材料在生成过程中需要消耗大量的矿产、石材等不可再生资源，且生产过程环境污染大。因此，研究人员尝试寻找各种环保、可再生材料，其中生长周期短、质量相对稳定、加工过程简单、废弃后自然降解的竹材越来越多地被用作建筑材料[1-2]。竹胶板有效地改造了原生竹材各向异性和材质不均匀的特点，具有大幅面、高强度、刚性好、规格性的特点，相比原有建筑材料是一种理想的可持续性建筑工程材料[3-4]。

竹胶板（重组竹）和冷弯薄壁型钢因各自优点而有较好的发展前景。将竹胶板和冷弯薄壁型钢通过自攻螺栓或者结构的胶粘剂进行组合，形成冷弯薄壁型钢-竹组合构件，可较好地抑制薄壁型钢的过早屈曲，更充分发挥钢材强度进而提高了承载力。此外，这种组合构件具有对环境友好、方便加工等优点，相比混凝土和砌体等有很好的可持续性，推广其应用亦促进我国绿色建筑的发展[5-9]。

宁波大学对钢-竹组合结构进行了广泛的研究，近年来对钢-竹组合柱[10-11]、钢-竹组合楼板[12-13]及钢-竹组合墙体[14-15]等构件进行了系统的研发，并对钢-竹组合工字形梁的受力性能[16-17]和钢-竹组合箱形梁的受弯性能[18]进行了研究。然而关于单个冷弯薄壁卷边槽钢（也称 C 形冷弯薄壁型钢）与竹的组合梁的研究较少，本文通过有限元软件对这种冷弯薄壁型钢-竹 C 形组合梁的受弯性能进行研究。

1　有限元模型介绍

利用有限元软件对冷弯薄壁型钢-竹组合 C 形梁的受弯性能进研究。有限元模型中冷弯薄壁型钢的材料本构采用线性强化弹塑性模型，强化阶段切线模量E_t为弹性模量E的 1%，竹的本构采用理想弹塑性模型，其参数参考文献[19]，具体值列于表 1。胶层的材料属性参考文献[20-21]，具体参数列于表 2。组合梁中的冷弯薄壁卷边槽钢采用 S4R 壳单元，竹胶板采用 C3D8R 实体单元，钢和竹、竹与竹的交界面的胶水粘结通过黏性小滑移接触设置来实现。边界条件和加载方式方面，组合梁两端铰接，在梁段三分点处施加集中力以实现中段梁为纯弯状态，见图 1。有限元模型共计 8 个，考察参数为竹胶板厚度、组合梁截面高度、薄壁型钢沿组合梁截面高度连续分布还是中间断开（节省用钢）等，各个模型的具体几何参数见表 3。模型 L-1 为截面高度 200mm 的纯冷弯薄壁型钢（即竹胶板厚度为零），模型 L-2 为在模型 L-1 的腹板和上下翼缘内表面通过胶水粘结三块 10mm 厚的竹胶板（构造如图 2 所示），模型 L-2、L-3、L-4 的区别在于竹胶板厚度不同，故模型 L-1～L-4 考察竹胶板厚度增加对冷弯薄壁型钢梁承载力的提高作用；模型 L-5 为截面高度 180mm 的纯冷弯薄壁型钢，模型 L-6 为模型 L-5 基础上增设 10mm 厚的竹胶板，模型 L-7 为将截面高度 180mm 的 C 形薄壁型钢拆分两块卷边角钢后再和三块竹胶板组合形成截面高度更大但中和轴附近没有钢的组合梁（构造如图 3 所示），模型 L-8 为在截面高度 270mm 的冷弯薄壁型钢基础上增设 10mm 厚竹胶板的组合梁。故模型 L-6～L-8 考察钢仅布置在组合梁上下翼缘附近的空腹型钢式 C 形组合梁与普通 C 形组合梁（钢沿着梁翼缘和腹板连续布置）的承载力和用钢量对比。

钢和竹的材料属性 表 1

冷弯薄壁型卷边槽钢				竹胶板			
f_y/MPa	f_t/MPa	E_S/MPa	ν_1	f_t/MPa	f_c/MPa	E_B/MPa	ν_2
276.21	382.1	2.01 × 105	0.29	118.7	92.7	13072	0.268

注：f_y为冷弯薄壁型钢屈服强度；f_t为冷弯薄壁型钢抗拉强度；E_S为冷弯薄壁型钢弹性模量；f_t为竹胶板抗拉强度；f_c为竹胶板抗压强度；E_B为竹胶板弹性模量；ν_1和ν_2分别为钢和竹的泊松比。

环氧树脂胶材料参数 表 2

G_N/（J · mm²）	G_s/（J · mm²）	G_t/（J · mm²）	σ_n^{max}/MPa	τ_S^{max}/MPa	τ_X^{max}/MPa	E/MPa	G_1/MPa	G_2/MPa
0.32	0.41	0.41	13.6	13.7	13.7	1500	1500	1500

有限元模型主要几何参数 表 3

模型编号	竹胶板				冷弯薄壁卷边槽钢			跨度/m
	t_b/mm	b_w/mm	h_w/mm	h_{ws}/mm	b_{fb}/mm	a_{ws}/mm	t_{ws}/mm	
L-1	—	—	—	200	70	20	2	7
L-2	10	70	180	200	70	20	2	7
L-3	15	70	170	200	70	20	2	7
L-4	20	70	160	200	70	20	2	7
L-5	—	—	—	180	70	20	2	7
L-6	10	70	160	180	70	20	2	7
L-7	10	70	250	270	70	20	2	7
L-8	10	70	250	270	70	20	2	7

注：t_b为竹胶板的厚度；b_w为钢翼缘处竹胶板的宽度；h_w钢腹板处竹胶板的高度；h_{ws}、b_{fb}、a_{ws}、t_{ws}分别为冷弯薄壁卷边槽钢的腹板高度、翼缘宽度、卷边高度、厚度；l梁的跨度。

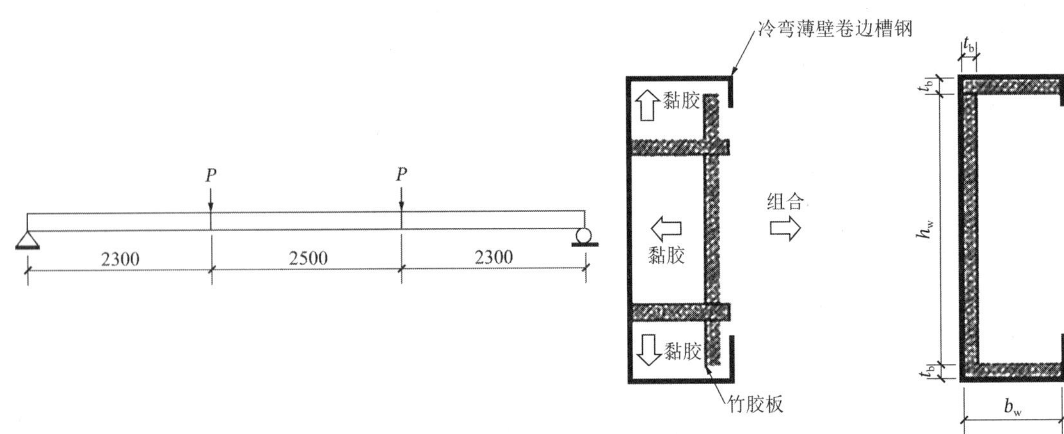

图 1 组合梁加载示意图

图 2 冷弯薄壁型钢-竹组合 C 形梁构造示意（钢沿着梁截面高度均匀布置）

(a) 冷弯薄壁卷边槽钢分割　　(b) 卷边槽钢与竹胶板组合

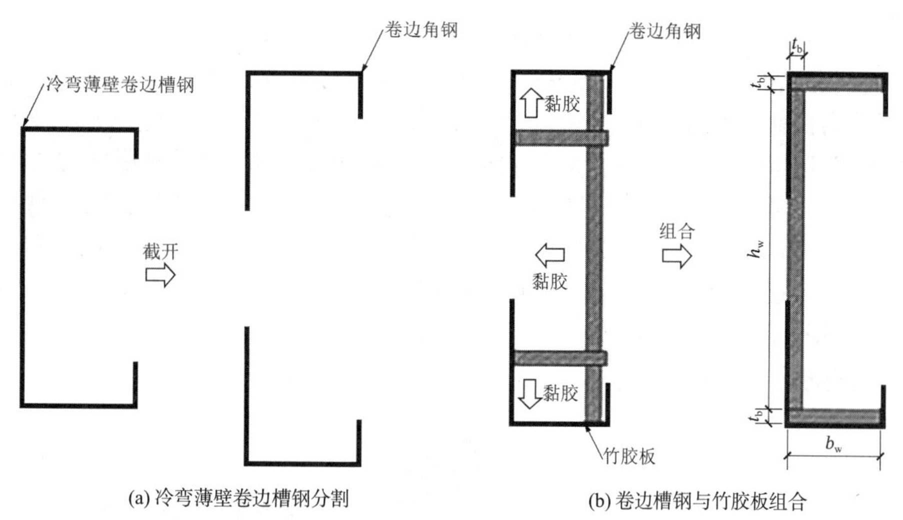

图 3　冷弯薄壁型钢-竹组合 C 形梁构造示意（钢集中在梁截面高度两端）

2　钢-竹组合梁有限元分析结果

2.1　钢-竹组合梁的跨中应变分析

图 4 为模型 L-2 跨中截面中间应变取值示意图，采用壳单元沿厚度方向 5 个积分点，实体单元分 3 层（每层一个积分点），因此沿截面高度可取值 16 个积分点。给出模型 L-2 在跨中截面中间 16 个积分点的应变分布，其沿截面高度变化如图 5 所示。由图 5 可知，钢-竹组合梁在受集中荷载 2.64kN、4.29kN（弹性受力状态）时跨中截面中间应变值沿截面高度呈线性变化，说明处于在弹性状态下钢-竹组合梁基本符合平行截面假定，并且可以体现粘结滑动接触，可以较好地模拟冷弯薄壁钢和竹胶板的粘结效果。由图亦可知，钢-竹组合梁在受集中荷载 7.43kN、8.17kN 时，钢处于弹塑性状态并且应变随截面高度呈非线性变化。钢-竹组合梁在极限荷载 8.28kN 作用下发现组合梁下翼缘竹应变有向钢应变靠近的趋势。其余钢-竹组合梁模型的截面应变分布也与 L-2 基本相似。

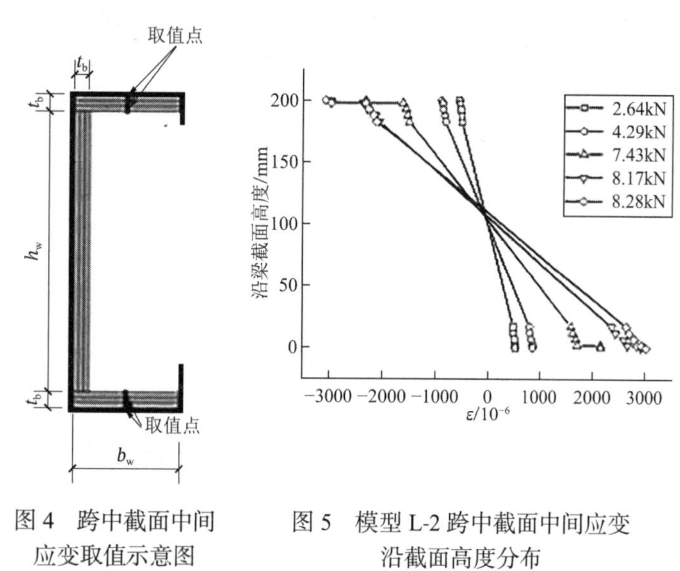

图 4　跨中截面中间应变取值示意图

图 5　模型 L-2 跨中截面中间应变沿截面高度分布

2.2　竹厚度对钢-竹组合梁抗弯性能影响

图 6 列出了模型 L-1～L-4 计算所得的跨中弯矩-挠度曲线，用来考察分析竹胶板厚度（从 0 到 20mm）

对组合梁抗弯承载力的影响。图 6 表明，竹胶板的加入使梁的承载力有明显的增加，对比纯钢梁 L-1、L-2、L-3、L-4 的承载力分别提高了 261.45%、509.85%、508.39%。对比组合梁 L-2 和 L-3，后者竹胶板厚度增加了 5mm，但承载力比前者提高了 68.28%。再对比组合梁 L-4 和 L-3，后者竹胶板厚度增加了 5mm，但后者承载力比前者几乎没有提高。可见，钢-竹组合 C 形梁的承载力随着竹胶板厚度增加而提高，但当竹胶板厚度超过了 15mm 后再增加竹胶板厚度则基本没有提高。L-4 达到极限承载力的跨中挠度比 L-3 更低，且 L-4 在达到极限荷载后的下阶段亦更加明显，说明竹胶板的厚度过大导致钢-竹组合 C 形梁的延性降低。另外，通过观察有限元变形图可知，对比纯冷弯薄壁型钢梁，钢-竹组合梁在弹塑性阶段的局部屈曲现象明显减弱。根据有限元结果可以观察到组合梁破坏时会发生严重的变形，在集中荷载的施加处会出现冷弯薄壁型卷边槽钢的拱起现象，见图 7。

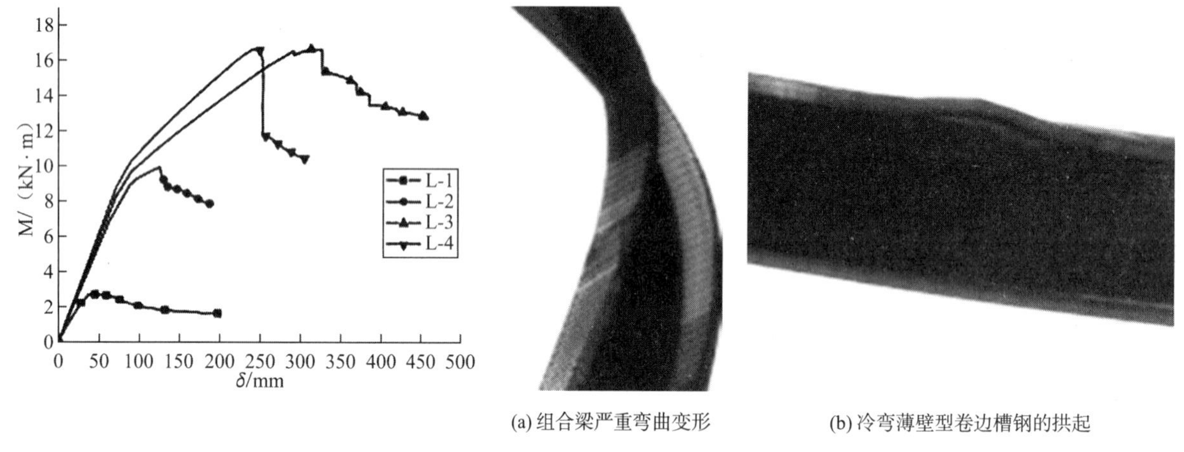

(a) 组合梁严重弯曲变形　(b) 冷弯薄壁型卷边槽钢的拱起

图 6　跨中弯矩-挠度曲线　　图 7　钢-竹组合梁破坏图

2.3　侧向支撑和是否倾斜放置对组合梁受弯性能的影响

C 形冷弯薄壁型钢常用作屋面结构的檩条，因屋面常呈一定的坡度，故檩条是呈倾斜放置状态，故屋面荷载与 C 形檩条的腹板不是平行而呈一定夹角，本文取某个工程实例的屋面坡度 8%（即檩条的倾斜角度为 4.75°）。此外，如檩条的跨度过长，还会设置拉条起到侧向支撑作用，依据跨度不同通常设置 1-3 道拉条。为了分析侧向支撑、倾斜放置对组合梁受弯性能的影响，在组合梁模型 L-2（表 3）基础上增加了 L-9～L-11 三个模型，模型 L-9 为将模型 L-2 倾斜放置，模型 L-10 为将模型 L-2 在其三分点处加侧向支撑，模型 L-11 为在模型 L-9 基础上三分点处加侧向支撑。四个有限元模型的计算结果见图 8，由图可知，没有侧向支撑的组合梁斜放与平放极限抗弯承载力相差约 17%，可见在没有支撑情况下倾斜放置导致组合梁抗弯承载力降低。由图亦可知，有侧向支撑的组合梁在倾斜放置与水平放置的极限抗弯承载力几乎一样。

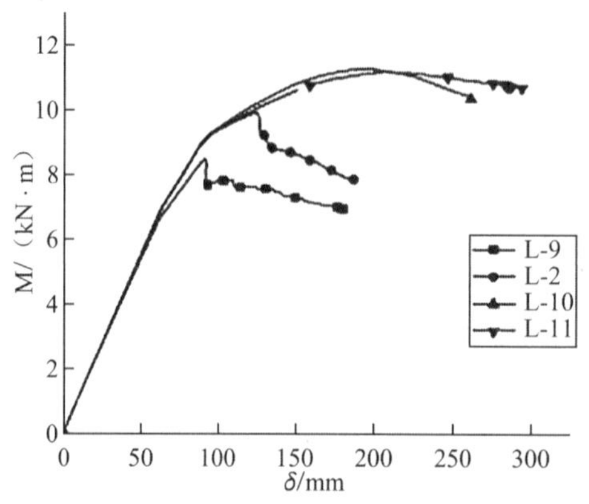

图 8　组合梁有无侧向支撑、是否倾斜放置的受力性能对比

2.4 型钢的布置方式对组合梁受弯性能的影响

为了节省用钢，可以考虑先将C形冷弯薄壁型钢沿中间切割后变成两块卷边角钢，然后通过胶水将两块卷边角钢粘结到截面高度更大的竹胶板，形成中和轴附近无钢的空腹冷弯薄壁型钢-竹组合梁（即表3中的组合梁L-7），以及截面高度相同，用钢量更大，钢沿着梁截面高度均布的钢-竹组合梁（即表3中的组合梁L-8）。图9给出了不同钢布置时组合梁的跨中弯矩-跨中挠度曲线。由图可知，L-7比L-6的承载力提高了约25%，说明在相同用钢量情况下，截面更高的空腹型钢式C形组合梁的承载力要高于实腹钢式C形组合梁。在对比L-8和L-7，组合梁截面高度相同情况下，钢筋布置在组合梁上下翼缘附近的空腹钢式C形组合梁的承载力仅比普通C形组合梁（型钢沿着梁翼缘和腹板连续布置）低了约5%，但用钢量比后者节省了约20%。

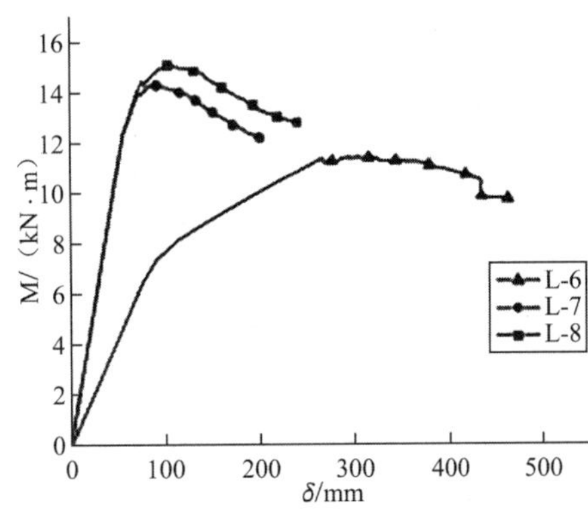

图9　不同型钢布置跨中弯矩-跨中挠度曲线

3 结论

（1）冷弯薄壁型钢-竹C形梁在受弯状态下，钢和竹胶板有良好的组合效果，并表现出良好的抗弯性能。

（2）对比冷弯薄壁型钢-竹C形组合梁和冷弯薄壁卷边槽钢梁，发现竹胶板的加入能明显提高薄壁钢梁的抗弯承载能力，有效地发挥了钢材强度优势，并且组合梁抗弯承载力随竹胶板厚度的增加而提高，但竹胶板增加到一定厚度（15mm）后对于组合梁的承载力提高很小。

（3）当组合梁无侧向支撑时，梁倾斜放置时的承载力明显低于水平放置，但有侧向支撑时两种放置方式时组合梁的承载力接近。

（4）空腹型钢式C形组合梁的承载力仅比普通C形组合梁（型钢沿着梁翼缘和腹板连续布置）低了约5%，但用钢量比后者节省了约20%；在用钢量相同情况下，空腹型钢式C形组合梁的承载力明显高于普通C形组合梁。

参考文献

[1] HUANG D S, ZHOU A P, BIAN Y L. Experimental and analytical study on the nonlinear bending of parallel strand bamboo beams[J]. Construction and Building Materials, 2013(44): 585-592.

[2] 李玉顺，郭军，蒋天元，等. 冷弯薄壁C型钢-竹胶板组合墙体抗震性能试验[J]. 沈阳建筑大学学报(自然科学版), 2013, 29(6): 969-976.

[3] YU W K, CHUNG K F, CHAN S L. Axial buckling of bamboo columns in bamboo scaffolds[J]. Engineering Structures, 2005, 27(1): 61-73.

[4] 吕清芳，魏洋，张齐生，等. 新型抗震竹质工程材料安居示范房及关键技术[J]. 特种结构, 2008, 25(4): 6-10.

[5] JIANG S X, ZHANG Q S, JIANG S H. On structure, production, and market of bamboo-based panels in China[J]. Journal of Forestry Research, 2002, 13(2): 151-156.

[6] 张齐生，孙丰文. 竹木复合结构是科学合理利用竹材资源的有效途径[J]. 林产工业, 1995, 22(6): 4-6.

[7] MASLOV K, KINRA V K, HENDERSON B K. Elastodynamic response of a coplanar periodic layer of elastic spherical inclusions[J]. Mechanics of Materials, 2000, 32(12): 785-795.

[8] ZHANG W L, LI Y S, SHEN H Y, et al. Experimental and theoretical study on seismic behavior of profiled steel sheet-bamboo plywood composite walls[J]. Advanced Materials Research, 2010(113/114/115/116): 2246-2250.

[9] LI YUSHUN, ZHANG WANGLI, SHEN HUANGYING, et a1. Expefimental study on seismic behavior of bamboo. steel composite walls[C]//Proceeding of International Conference on Earthquake Engineering, the 1st Anniversary of Wenchuan Earthquake. Xi'an: Xi'an Jiaotong University, 2009: 336-340.

[10] 蒋天元，李玉顺，单炜，等. 薄壁 C 型钢-竹胶板组合箱形柱抗震性能试验[J]. 东北林业大学学报, 2011, 39(12): 82-85.

[11] 刘涛，李玉顺，许科科，等. 钢-竹组合箱形短柱力学性能研究[J]. 工业建筑, 2016, 46(1): 25-29.

[12] 李玉顺，单炜，黄祖波，等. 压型钢板-竹胶板组合楼板的力学性能试验研究[J]. 建筑结构学报, 2008, 29(1): 96-102, 111.

[13] 单炜，李玉顺，张秀华，等. 冷弯薄壁 C 型钢-竹胶板组合楼板受弯性能研究[J]. 工业建筑, 2016, 46(1): 30-35.

[14] 李玉顺，郭军，蒋天元，等. 冷弯薄壁 C 型钢-竹胶板组合墙体抗震性能试验[J]. 沈阳建筑大学学报(自然科学版), 2013, 29(6): 969-976.

[15] 张家亮，李玉顺，翟家磊，等. 冷弯薄壁型钢-竹胶板组合墙体传热性能试验研究[J]. 工业建筑, 2016, 46(1): 13-19.

[16] 李玉顺，沈煌莹，单炜，等. 钢-竹组合工字梁受剪性能试验研究[J]. 建筑结构学报, 2011, 32(7): 80-86.

[17] LI Y S, SHAN W, SHEN H Y, et al. Bending resistance of I-section bamboo-steel composite beams utilizing adhesive bonding[J]. Thin-Walled Structures, 2015(89): 17-24.

[18] 张家亮，徐建军，吕博，等. 钢-竹组合箱形梁抗弯性能试验[J]. 南京工业大学学报(自然科学版), 2016, 38(5): 40-44.

[19] 张家亮，童科挺，何佳伟，等. 低周反复荷载作用下钢-竹组合耗能节点试验研究[J/OL]. 建筑结构学报, 2022: 1-13.

[20] 赵宁，欧阳海彬，戴建京，等. 内聚力模型在结构胶接强度分析中的应用[J]. 现代制造工程, 2009(11): 128-131, 149.

[21] 吴俊俊，王占良，童科挺，等. 基于有限元模拟的钢-竹组合梁柱节点胶层力学性能研究[J]. 宁波大学学报(理工版), 2022, 35(3): 38-44.

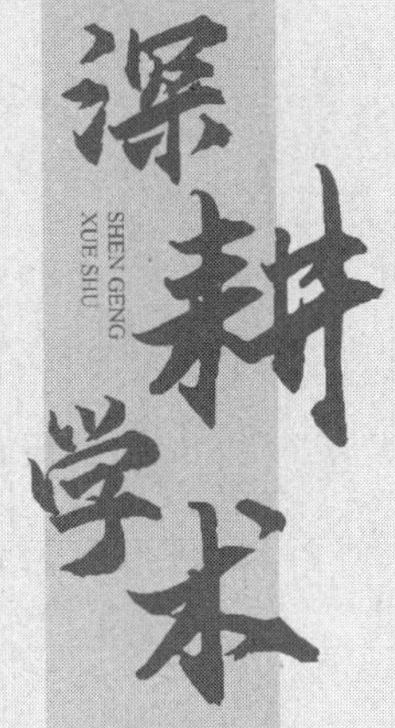

·地基与基础

——部分研究会会员近十年论文集萃

繁荣学术　服务社会

Prosperous academic service to society

广义复合地基理论及工程应用

龚晓南

（浙江大学岩土工程研究所，浙江 杭州 310027）

摘　要：首先通过对复合地基技术发展过程的回顾，阐述了从狭义复合地基概念到广义复合地基概念的发展过程。通过分析浅基础、桩基础和复合地基三者在荷载作用下的荷载传递路线，指出复合地基的本质是桩和桩间土共同直接承担荷载，并讨论了三者之间的关系。接着分析了复合地基的形成条件以及满足形成条件的重要性。分析了复合地基与地基处理、复合地基与双层地基、复合地基与复合桩基之间的关系。讨论了基础刚度和垫层对桩体复合地基性状的影响、复合地基位移场的特点、复合地基优化设计思路和复合地基按沉降控制设计思路。介绍了工程中常用的复合地基形式、复合地基承载力和沉降计算实用方法。通过一个工程实例介绍了广义复合地基理论在高速公路工程中的应用。最后还对进一步应重视的研究方向提出建议。

关键词：广义复合地基理论；复合地基的本质；位移场；基础刚度；垫层；优化设计

20 世纪 60 年代国外将采用碎石桩加固的人工地基称为复合地基。改革开放以后我国引进碎石桩等多种地基处理新技术，同时也引进了复合地基概念。随着复合地基技术在我国土木工程建设中的推广应用，复合地基概念和理论得到了很大的发展。随着深层搅拌桩加固技术在工程中的应用，发展了水泥土桩复合地基的概念。碎石桩是散体材料桩，水泥搅拌桩是粘结材料桩。在荷载作用下，由碎石桩和水泥搅拌桩形成的两类复合地基的性状有较大的区别。水泥土桩复合地基的应用促进了复合地基理论的发展，由散体材料桩复合地基扩展到柔性桩复合地基。随着低强度桩复合地基和长短桩复合地基等新技术的应用，复合地基概念得到了进一步的发展，形成了刚性桩复合地基概念。如果将由碎石桩等散体材料桩形成的复合地基称为狭义复合地基，则可将包括散体材料桩、各种刚度的粘结材料桩形成的复合地基以及各种形式的长短桩复合地基称为广义复合地基[1]。

我国地域辽阔，工程地质复杂，改革开放后工程建设规模大，我国是发展中国家，建设资金短缺，这给复合地基理论和实践的发展提供了很好的机遇。1990 年在河北承德，中国建筑学会地基基础专业委员会在黄熙龄院士主持下召开了我国第一次以复合地基为专题的学术讨论会。会上交流、总结了复合地基技术在我国的应用情况，有力地促进了复合地基技术在我国的发展。笔者[2-6]曾较系统总结了国内外复合地基理论和实践方面的研究成果，提出了基于广义复合地基概念的复合地基定义和复合地基理论框架，总结了复合地基承载力和沉降计算思路与方法。1996 年中国土木工程学会土力学及基础工程学会地基处理学术委员会在浙江大学召开了全国复合地基理论和实践学术讨论会，总结成绩，交流经验，共同探讨发展中的问题，促进了复合地基理论和实践水平的提高[7]。近年来复合地基理论研究和工程实践日益得到重视，复合地基技术在我国房屋建筑、高等级公路、铁路、堆场、机场和堤坝等土木工程中得到广泛应用，复合地基在我国已成为一种常用的地基基础形式，取得了良好的社会效益和经济效益[8-14]。

复合地基是指天然地基在地基处理过程中部分土体得到增强，或被置换，或在天然地基中设置加筋材料，加固区是由基体（天然地基土体）和增强体两部分组成的人工地基。

1 复合地基的本质

通过分析浅基础、桩基础和复合地基在荷载作用下的荷载传递路线和传递规律可以较好地认识复合地基的本质[15-16]，并获得浅基础、桩基础和复合地基三者之间的关系。

对浅基础，荷载通过基础直接传递给地基土体，如图 1 所示。桩基础可分为摩擦桩基础和端承桩基础两大类，如图 2 所示。对摩擦桩基础，荷载通过基础传递给桩体，桩体主要通过桩侧摩阻力将荷载传递给地基土体；对端承桩基础，荷载通过基础传递给桩体，桩体主要通过桩端端承力将荷载传递给地基土体。因此对桩基础可以说，荷载通过基础先传递给桩体，再通过桩体传递给地基土体。对桩体复合地基，荷载通过基础将一部分荷载直接传递给地基土体，另一部分通过桩体传递给地基土体，如图 3 所示。由上面分析可以看出，浅基础、桩基础和复合地基三者的荷载传递路线是不同的。从荷载传递路线的比较分析可看出复合地基的本质是桩和桩间土共同直接承担荷载。这也是复合地基与浅基础和桩基础之间的主要区别。

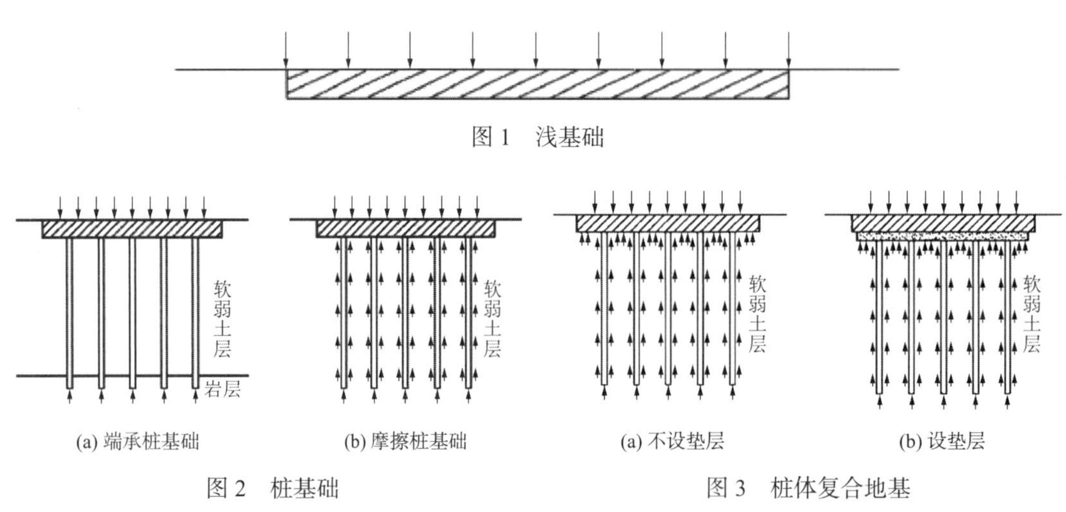

图 1 浅基础

(a) 端承桩基础 (b) 摩擦桩基础

图 2 桩基础

(a) 不设垫层 (b) 设垫层

图 3 桩体复合地基

可以用图 4 来表示浅基础、复合地基和桩基础三者之间的关系。

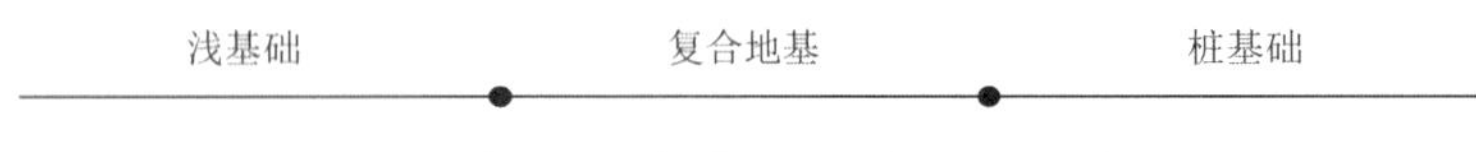

图 4 浅基础、复合地基和桩基础的关系

2 复合地基的形成条件

在荷载作用下，桩体和地基土体是否能够共同直接承担上部结构传来的荷载是有条件的，也就是说在地基中设置桩体能否与地基土体共同形成复合地基是有条件的。这在复合地基的应用中特别重要[17]。

如何保证在荷载作用下，增强体与天然地基土体能够共同直接承担荷载的作用？在图 5 中，$E_p > E_{s1}$，$E_p > E_{s2}$，其中E_p为桩体模量，E_{s1}为桩间土模量，图 5（a）和（d）中E_{s2}为加固区下卧层土体模量，图 5（b）中E_{s2}为加固区垫层土体模量。散体材料桩在荷载作用下产生侧向鼓胀变形，能够保证增强体和地基土体共同直接承担上部结构传来的荷载。因此当增强体为散体材料桩时，图 5 中各种情况均可满足增强体和土体共同承担上部荷载。然而，当增强体为粘结材料桩时情况就不同了。在图 5（a）中，在荷载作用下，刚性基础下的桩和桩间土沉降量相同，这可保证桩和土共同直接承担荷载。在图 5（b）中，桩落在不可压缩层上，在刚性基础下设置一定厚度的柔性垫层。一般情况在荷载作用下，通过刚性基础下柔性垫层的协调，也可保证桩和桩间土两者共同承担荷载。但需要注意分析柔性垫层对桩和桩间土的差异变形的协调能力以及桩和桩间土之间可能产生的最大差异变形两者的关系。如果桩和桩间土之间可能产生的最大差异变形超过柔性垫层对桩和桩间土的差异变形的协调能力，则虽在刚性基础下设置了一定厚度的柔性垫层，在荷载作用下，也不能保证桩和桩间土始终能够共同直接承担荷载。在图 5（c）中，桩落在不可压缩层上，而且未设置垫层。在刚性基础传递的荷载作用下，开始时增强体和桩间土体中的竖向应力大小大致上按两者的模量比分配，但是随着土体产生蠕变，土中应力不断减小，而增强体中应力逐渐增大，荷载逐渐向增强体上转移。若$E_p \gg E_{s1}$，则桩间土承担的荷载比例极小。特别是若遇地下水位下降等因素，桩间土体进一步压缩，桩间土可能不再承担荷载。在这种情况下增强体与桩间土体两者难以始终共同直接承担荷载的作用，也就是说桩和桩间土不能形成复合地基以共同承担上部荷载。在图 5（d）中，复合地基中增强体穿透最薄弱土层，落在相对好的土层上，$E_{s2} > E_{s1}$。在这种情况下，应重视E_p、E_{s1}和E_{s2}三者之间的关系，保证在荷载作用下通过桩体和桩间土变形协调来保证桩和桩间土共同承担荷载。因此采用粘结材料桩，特别是对采用刚性桩形成的复合地基需要重视复合地基的形成条件的分析。

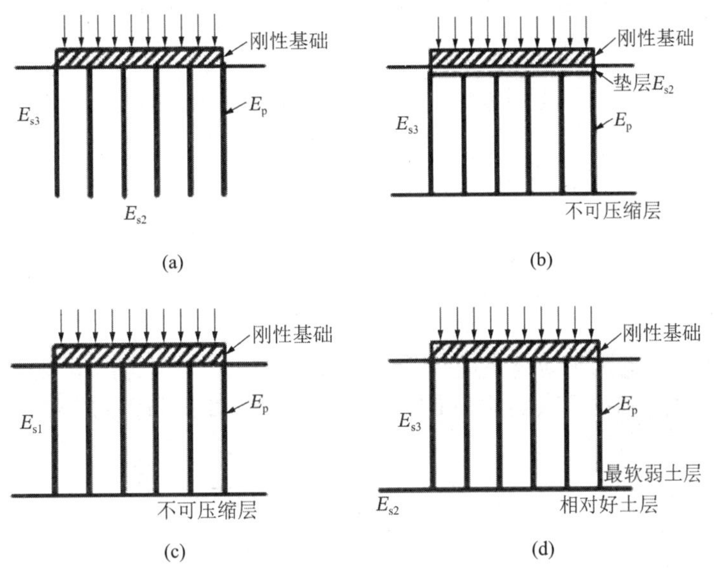

图 5　复合地基形成条件示意图

在实际工程中设置的增强体和桩间土体不能满足形成复合地基的条件，而以复合地基理念进行设计是不安全的。把不能直接承担荷载的桩间土承载力计算在内，高估了承载能力，降低了安全度，可能造成工程事故，应引起设计人员的充分重视。

3　复合地基与地基处理

当天然地基不能满足建（构）筑物对地基的要求时，可采用物理的方法、化学的方法、生物的方法，或综合应用上述方法对天然地基进行处理以形成可满足要求的人工地基称为地基处理。按照加固地基的机理，笔者常将地基处理技术分为六类：置换，排水固结，灌入固化物，振密、挤密，加筋和冷、热处理。

经各类地基处理方法处理形成的人工地基粗略可以分为两大类[18]：①在地基处理过程中地基土体的物理力学性质得到普遍的改良，通过改善地基土体的物理力学指标达到地基处理的目的；②在地基处理过程中部分土体得到增强，或被置换，或在天然地基中设置加筋材料，形成复合地基达到地基处理的目的。后一类在地基处理形成的人工地基中占有很大的比例，而且呈发展趋势。因此，复合地基技术在地基处理技术中有着非常重要的地位，复合地基理论和实践的发展将进一步促进地基处理水平的提高。

4 复合地基与双层地基

在荷载作用下，复合地基与双层地基的性状有较大区别，在复合地基计算中直接应用双层地基计算方法有时是偏不安全的，应予以重视[19]。

图 6（a）和（b）分别为复合地基和双层地基的示意图。为便于分析，讨论平面应变问题。设复合地基加固区和双层地基上层土体复合模量均为E_1，复合地基其他区域土体模量和双层地基下层土体模量均为E_2，$E_1 > E_2$。双层地基上层土体的厚度与复合地基加固区深度相同，记为H。荷载作用面宽度均为B，而且荷载密度相同。现分析在荷载作用中心线下复合地基加固区下卧层中 A1 点［图 6（a）］和双层地基中对应的 A2 点［图 6（b）］处的竖向应力情况。不难判断复合地基中 A1 点的竖向应力σ_{A1}比双层地基中 A2 点的竖向应力σ_{A2}要大。如果增大E_1/E_2值，则 A1 点σ_{A1}值增大，而 A2 点σ_{A2}值减小。理论上当E_1/E_2趋向无穷大时，双层地基中 A2 点的竖向应力σ_{A2}趋向零，而复合地基中 A1 点的竖向应力σ_{A1}是不断增大的。由上述分析可以看出，复合地基与双层地基在荷载作用下地基性状的差别是很大的。

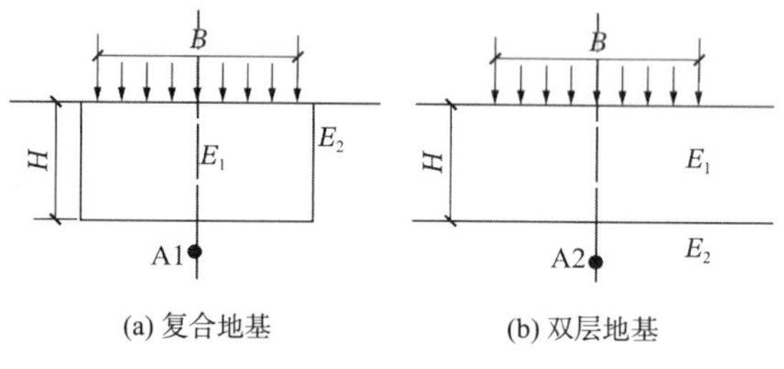

(a) 复合地基　　(b) 双层地基

图 6　复合地基与双层地基

荷载作用下均质地基中的附加应力可用布西涅斯克解求解，双层地基中的附加应力可用当层法计算。由上面分析可知，将复合地基视为双层地基采用当层法计算地基中的附加应力可能带来很大的误差，而且是偏不安全的。

5 复合地基与复合桩基

在深厚软黏土地基上采用摩擦桩基础时，为了节省投资，管自立[20]采用稀疏布置的桩基础（桩距一般在 5～6 倍桩径以上），称为疏桩基础。疏桩基础要比按传统桩基理论设计的桩基础沉降量大，但考虑了桩间土对承载力的直接贡献，可以节省工程费用。事实上桩基础的主要功能有两个：提高承载力和减小沉降。以前人们往往重视前一功能而忽视后一功能。将用于以减小沉降量为目的的桩基础可称为减小沉降量桩基。在减小沉降量桩基设计中考虑了桩土共同作用。在桩土共同作用分析中主要也是考虑桩间土直接承担荷载。疏桩基础、减小沉降量桩基和考虑桩土共同作用都是主动考虑摩擦桩基础中一般存在的桩间土直接承担荷载的性状。考虑桩土共同直接承担荷载的桩基称为复合桩基。是否可以说复合桩基的本质也是考虑桩和桩间土共同直接承担荷载，而在经典桩基理论中，不考虑桩间土直接承担荷载。复合桩基也可以认为是一种广义的桩基础。

由上面分析可知，复合桩基的本质与复合地基的本质是一样的，它们都是考虑桩间土和桩体共同直接承担荷载。因此是否可以认为复合桩基是复合地基的一种，是刚性基础下不带垫层的刚性桩复合地基[21]。

目前在学术界和工程界对复合桩基是属于复合地基还是属于桩基础是有争议的，笔者认为既可将复合桩基视作桩基础，也可将其视为复合地基的一种形式。复合桩基属于桩基还是属于复合地基并不十分重要，重要的是弄清复合桩基的本质、复合桩基的形成条件、复合桩基的承载力和变形特性、复合桩基理论与传统桩基理论的区别。

6 基础刚度和垫层对桩体复合地基性状影响

复合地基早期多用于刚度较大的条形基础或筏板基础下地基加固。在荷载作用下，复合地基中的桩体和桩间土的沉降量是相等的。早期一些关于复合地基的设计计算方法和相应的计算参数都是基于对刚性基础下复合地基性状的研究得出的。

随着复合地基技术在高等级公路建设中的应用，人们发现将刚性基础下复合地基承载力和沉降计算方法应用到填土路堤下的复合地基承载力和沉降计算，得到的计算值与实测值相差较大，而且是偏不安全的。

为了探讨基础刚度对复合地基性状的影响，吴慧明[22]采用现场试验研究和数值分析方法对基础刚度对复合地基性状影响作了分析。图 7 为现场模型试验的示意图。试验内容包括：①原状土地基承载力试验；②单桩竖向承载力试验；③刚性基础下复合地基承载力试验（置换率$m = 15\%$）；④柔性基础下复合地基承载力试验（置换率$m = 15\%$）。试验研究表明基础刚度对复合地基性状影响明显，主要结论如下：

（1）在荷载作用下，柔性基础下和刚性基础下桩体复合地基的破坏模式不同。当荷载不断增大时，柔性基础下桩体复合地基中土体先产生破坏，而刚性基础下桩体复合地基中桩体先产生破坏。

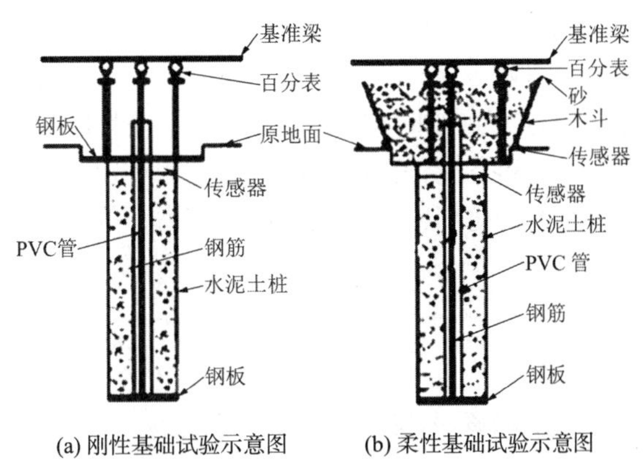

(a) 刚性基础试验示意图　　(b) 柔性基础试验示意图

图 7　现场模型试验的示意图

（2）在相同的条件下，柔性基础下复合地基的沉降量比刚性基础下复合地基沉降量要大，而承载力要小。

（3）当复合地基各种参数都相同的情况下，在荷载作用下，复合地基的桩土荷载分担比，柔性基础下的要比刚性基础下的小，也就是说刚性基础下复合地基中桩体承担的荷载比例要比柔性基础下复合地基桩体承担的荷载比例大。

（4）为了提高柔性基础下复合地基桩土荷载分担比，提高复合地基承载力，减小复合地基沉降，可在复合地基和柔性基础之间设置刚度较大的垫层，如灰土垫层、土工格栅碎石垫层等。不设较大刚度的垫层的柔性基础下桩体复合地基应慎用。

下面先分析刚性基础下设置柔性垫层对刚性基础下复合地基性状的影响[23]，然后分析柔性基础下设置刚度较大的垫层对柔性基础下复合地基性状的影响。

图 8（a）和（b）分别表示刚性基础下复合地基设置垫层和不设置垫层两种情况的示意图。刚性基础下复合地基中柔性垫层一般为砂石垫层。由于砂石垫层的存在，使图 8（a）中桩间土体单元 A1 中的附加应力比图 8（b）中相应的桩间土体单元 A2 中的要大，而图 8（a）中桩体单元 B1 中的竖向应力比图 8（b）中相应的桩体单元 B2 中的要小。也就是说设置柔性垫层可减小桩土荷载分担比。另外，由于砂垫层的存在，使图 8（a）中桩间土体单元 A1 中的水平向应力比图 8（b）中相应的桩间土体单元 A2 中的要大，图 8（a）中桩体单元 B1 中的水平向应力比图 8（b）中相应的桩体单元 B2 也要大。由此可得出：由于砂垫层的存在，使图 8（a）中桩体单元 B1 中的最大剪应力比图 8（b）中相应的桩体单元 B2 中的要小得多。换句话说，柔性垫层的存在使桩体上端部分中竖向应力减小，水平向应力增大，造成该部分桩体中剪应力减小，这样就有效改善了桩体的受力状态。

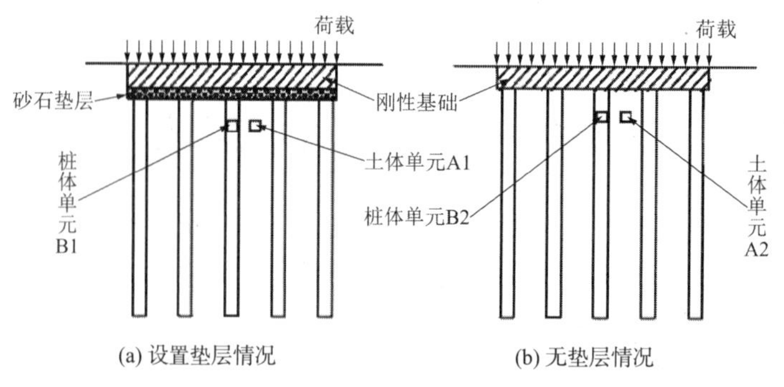

图 8　刚性基础下复合地基示意图

从上面分析可以看到，在刚性基础下复合地基中设置柔性垫层，一方面可以增加桩间土承担荷载的比例，较充分利用桩间土的承载潜能；另一方面可以改善桩体上端的受力状态，这对低强度桩复合地基是很有意义的。

刚性基础下设置柔性垫层对刚性基础下复合地基性状的影响程度与柔性垫层厚度有关。以桩土荷载分担比为例，垫层厚度愈厚，桩土荷载分担比愈小。但当垫层厚度达到一定数值后，继续增加垫层厚度，桩土荷载分担比并不会继续减小。在实际工程中，还需考虑工程费用。综合考虑，通常采用 300～500mm 厚度的砂石垫层。

图 9（a）和图 9（b）分别表示路堤下复合地基中设置垫层和不设置垫层两种情况的示意图。在路堤下复合地基中常设置刚度较大的垫层，如灰土垫层、土工格栅加筋垫层。比较图 9（a）和图 9（b）在荷载作用下的性状，不难理解与刚性基础下设置砂石柔性垫层作用相反，在路堤下复合地基中设置刚度较大的垫层，可有效增加桩体承担荷载的比例，发挥桩的承载能力，提高复合地基承载力，有效减小复合地基的沉降。

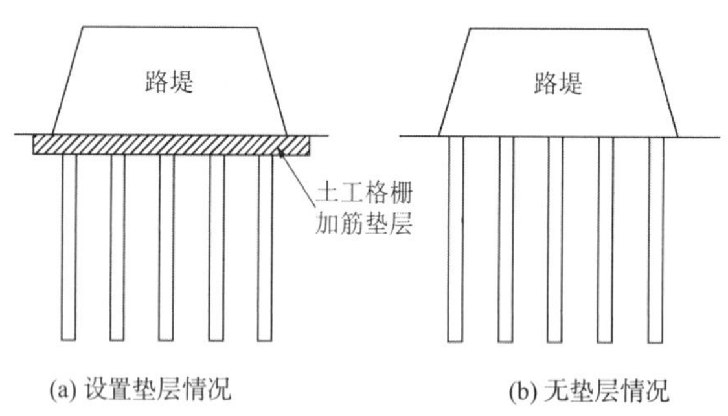

图 9　路堤下复合地基示意图

7　复合地基形式

目前在我国工程建设中应用的复合地基形式很多，可以从下述 4 个方面来分类：①增强体设置方向；②增强体材料；③基础刚度以及是否设置垫层；④增强体长度。

复合地基中增强体除竖向设置和水平向设置外，还可斜向设置，如树根桩复合地基。在形成桩体复合地基中，竖向增强体可以采用同一长度，也可以采用不同长度，如长短桩复合地基[24]。长短桩复合地基中的长桩和短桩可以采用同一材料制桩，也可以采用不同材料制桩。通常短桩采用柔性桩或散体材料桩，长桩采用钢筋混凝土桩或低强度混凝土桩等。长短桩复合地基中长桩和短桩布置可以采用三种形式：长短桩相间布置、外长中短布置和外短中长布置。

对增强体材料，水平向增强体多采用土工合成材料，如土工格栅、土工布等；竖向增强体常采用砂石桩、水泥土桩、低强度混凝土桩、薄壁筒桩、土桩与灰土桩、渣土桩、钢筋混凝土桩等。

为了减小柔性基础复合地基的沉降，应在桩体复合地基加固区上面设置一层刚度较大的“垫层”，防止桩体刺入上层土体，并充分发挥桩体的承载作用。对刚性基础下的桩体复合地基有时需设置一层柔性垫层以改善复合地基受力状态。

由以上分析可知在工程中得到应用的复合地基具有多种类型，应用时一定要因地制宜，结合工程实际情况进行精心设计。

8 复合地基位移场特点

曾小强[25]比较分析了宁波某工程采用浅基础和采用搅拌桩复合地基两种情况下地基沉降情况。场地位于宁波甬江南岸，属全新世晚期海相冲积平原，地势平坦，大多为耕地，土层自上而下分布如下：Ⅰ$_2$层为黏土，层厚为 1.00～1.20m；Ⅰ$_3$层为淤泥质粉质黏土，层厚为 1.4～2.0m；Ⅱ$_{1\text{-}2}$层为淤泥，层厚为 12.6～15.2m；Ⅱ$_2$层为淤泥质黏土，层厚为 12.1～25.0 m；采用水泥搅拌桩复合地基加固，设计参数为：水泥掺入量 15%，搅拌桩直径 500mm，桩长 15.0m，复合地基置换率为 18.0%，桩体模量为 120MPa。

图 10 表示采用有限元分析得到的水泥土桩复合地基的沉降情况和相应的天然地基的沉降情况。

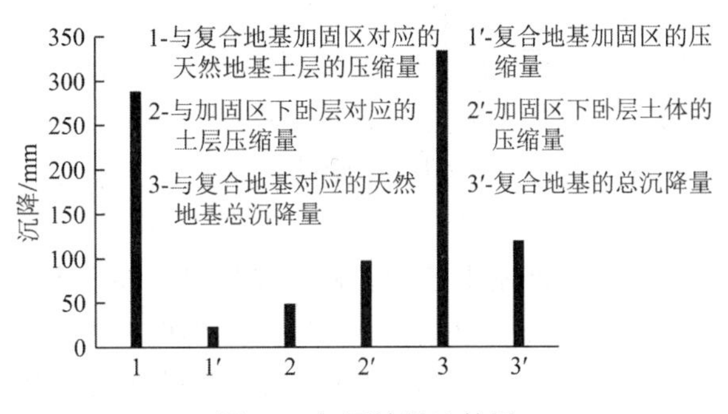

图 10　加固效果比较图

从图 10 中可以看出，经水泥土加固后加固区土层压缩量大幅度减小（1′ < 1），而复合地基加固区下卧层的土层由于加固区存在，其压缩量比天然地基中相应的土层压缩量要大不少（2′ > 2）。这与复合地基加固区的存在使地基中附加应力影响范围向下移是一致的。复合地基沉降量（3′ = 1′ + 2′）比浅基础沉降量（3 = 1 + 2）明显减小，这说明采用复合地基加固对减小沉降是非常有效的。可以说图 10 反映了均质地基中采用复合地基加固的位移场特性。

上面分析表明，依靠提高复合地基置换率或提高桩体模量，增大复合地基加固区的复合土体模量，进一步减小复合地基加固区压缩量 1′的潜力是很小的，因为该部分数值不大。增大复合地基加固区的复合土体模量，还会使加固区下卧层土体中附加应力增大，增加加固区下卧层土体的压缩量。由此可以得到进一步减小复合地基的沉降量的关键是减小复合地基加固区下卧层的压缩量。减小复合地基加固区下卧层部分的压缩量最有效的办法是增加加固区的厚度，减小加固区下卧层中软弱土层的厚度。这一结论为复合地基优化设计指明了方向。

9 复合地基承载力

桩体复合地基承载力的计算思路通常是先分别确定桩体的承载力和桩间土的承载力，然后根据一定的原则叠加这两部分承载力得到复合地基的承载力。复合地基的极限承载力p_{cf}可表示为[6]

$$p_{cf} = k_1\lambda_1 m p_{pf} + k_2\lambda_2(1-m)p_{pf} \tag{1}$$

式中，p_{pf}为单桩极限承载力（kPa）；p_{pf}为天然地基极限承载力（kPa）；k_1为反映复合地基中桩体实际极限承载力与单桩极限承载力不同的修正系数；k_2为反映复合地基中桩间土实际极限承载力与天然地基极限承载力不同的修正系数；λ_1为复合地基破坏时，桩体发挥其极限强度的比例，称为桩体极限强度发挥度；λ_2为复合地基破坏时，桩间土发挥其极限强度的比例，称为桩间土极限强度发挥度；m为复合地基置换率，$m = A_p/A$，其中A_p为桩体面积，A为对应的加固面积。

复合地基的容许承载力p_{cc}计算式为

$$p_{cc} = \frac{p_{cf}}{K} \tag{2}$$

式中，K为安全系数。

当复合地基加固区下卧层为软弱土层时，按复合地基加固区容许承载力计算基础的底面尺寸后，尚需对下卧层承载力进行验算。

式(1)中，桩体极限承载力可通过现场试验确定。如无试验资料，对刚性桩和柔性桩的桩体极限承载力可采用类似摩擦桩的极限承载力计算式估算。散体材料桩桩体的极限承载力主要取决于桩侧土体所能提供的最大侧限力。

散体材料桩在荷载作用下，桩体发生鼓胀，桩周土进入塑性状态，可通过计算桩间土侧向极限应力计算单桩极限承载力。其一般表达式可表示为

$$p_{pf} = \sigma_{ru} K_p \tag{3}$$

式中，σ_{ru}为桩侧土体所能提供的最大侧限力（kPa）；K_p为桩体材料的被动土压力系数。

计算桩侧土体所能提供的最大侧向力常用方法有 Brauns 计算式、圆筒形孔扩张理论计算式等[6]。

式(1)中，天然地基的极限承载力可以通过载荷试验确定，也可以采用 Skempton 极限承载力公式进行计算。

水平向增强体复合地基主要包括在地基中铺设各种加筋材料，如土工织物、土工格栅等形成的复合地基。加筋土地基是最常用的形式。加筋土地基工作性状与加筋体长度、强度、加筋层数以及加筋体与土体间的黏聚力和摩擦系数等因素有关。水平向增强体复合地基破坏可具有多种形式，影响因素也很多。到目前为止，水平向增强体复合地基的计算理论尚不成熟，其承载力可通过载荷试验确定。

在复合地基设计时还需要进行稳定分析。如路堤下复合地基不仅要验算承载力，还需要验算稳定性。稳定性分析方法很多，一般可采用圆弧分析法计算。

10 复合地基沉降计算

在各类实用计算方法中，通常把复合地基沉降量分为两部分，复合地基加固区压缩量和下卧层压缩量，如图 11 所示。图中h为复合地基加固区厚度，Z为荷载作用下地基压缩层厚度。复合地基加固区的压缩量记为S_1，地基压缩层厚度内加固区下卧层厚度为$(Z-h)$，其压缩量记为S_2。于是，在荷载作用下复合地基的总沉降量S可表示为这两部分之和，即：

$$S = S_1 + S_2 \tag{4}$$

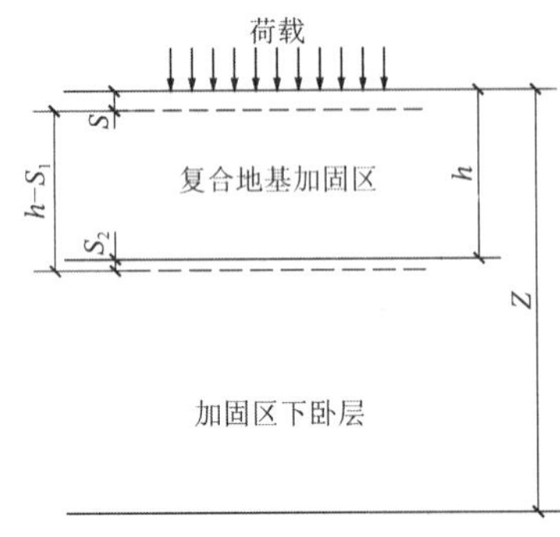

图 11　复合地基沉降

若复合地基设置有垫层，通常认为垫层压缩量较小，而且在施工过程中已基本完成，故可以忽略不计。

复合地基加固区土层的压缩量S_1的计算方法主要有下述三种：复合模量法（E_c法）、应力修正法（E_s法）和桩身压缩量法（E_p法）。三种方法中复合模量法应用较多。在复合模量法中[26]，将加固区中增强体和基体两部分视为一复合土体，采用复合压缩模量E_{cs}来评价复合土体的压缩性，并采用分层总和法计算加固区土层的压缩量。

加固区下卧层土层压缩量S_2常采用分层总和法计算。在工程应用上，作用在下卧层上的荷载常采用下述三种方法计算：压力扩散法、等效实

体法和改进 Geddes 法。在采用压力扩散法计算时，要注意复合地基中压力扩散角与双层地基中压力扩散角数值是不相同的[27]。在采用等效实体法计算时，要重视对侧摩阻力f值的合理选用[28]。特别当桩土相对刚度比较小时，f值变化范围很大，选用比较困难。

复合地基的沉降计算也可采用有限单元法。在几何模型处理上大致可以分为两类：①把单元分为增强体单元和土体单元两类，增强体单元如桩体单元、土工织物单元等，并根据需要在增强体单元和土体单元之间设置或不设置界面单元；②可以把单元分为加固区复合土体单元和非加固区土体单元两类，复合土体单元采用复合体材料参数。

11 复合地基优化设计思路

复合地基优化设计分两个层面，一是复合地基形式的合理选用，二是复合地基形式确定后，复合地基设计参数的优化。

复合地基形式的合理选用主要依据工程地质条件、荷载水平、上部结构及基础形式、加固地基机理，通过综合分析确定。

加固地基的主要目的可以分三种情况：①提高地基承载力；②减小沉降量；③两者兼而有之。对上述不同情况，优化设计的思路是不同的。

由桩体复合地基承载力公式可知，提高复合地基中桩的承载力和提高置换率均可有效提高复合地基承载力。

对在复合地基中应用的不同类型的桩，提高桩的承载力的机理是不同的。

对散体材料桩，桩的极限承载力主要取决于桩周土对它的极限侧限力。饱和黏性土地基中的散体材料桩桩体承载力基本上由地基土的不排水抗剪强度确定。对某一饱和黏性土地基，设置在地基中的散体材料桩的桩体承载力基本是定值。提高散体材料桩复合地基的承载力只有依靠增加置换率。在砂性土等可挤密性地基中设置散体材料桩，在设置桩的过程中桩间土得到振密挤密，桩间土抗剪强度得到提高，桩间土的承载力和散体材料桩的承载力均得到提高。

对粘结材料桩，桩的承载力主要取决于桩侧摩阻力和端阻力之和，以及桩体的材料强度。刚性桩的承载力主要取决于桩侧摩阻力和端阻力之和，因此增加桩长可有效提高桩的承载力。柔性桩的承载力往往制约于桩身强度，有时还与有效桩长有关，因此增加桩长不一定能有效提高桩的承载力。对上述粘结材料桩，如能使由摩阻力和端阻力之和确定的承载力和由桩身强度确定的承载力两者比较接近则可取得较好的经济效益。基于这一思路，近年来各种类型的低强度桩复合地基得到推广应用。

在复合地基设计时，首先要充分利用天然地基的承载力，然后通过协调提高桩体承载力和增大置换率来达到既满足承载力的要求，又比较经济的目的。

当加固地基的主要目的是减小沉降量时，复合地基优化设计显得更为重要。从复合地基位移场特性可知，复合地基加固区的存在使地基中附加应力高应力区应力水平降低，范围变大，向下伸展，影响深度变深。从对复合地基加固区和下卧层压缩量的分析可知，当下卧层为软弱土层而且较厚时，下卧层土体的压缩量占复合地基总沉降量的比例较大。因此，为了有效减小深厚软黏土地基上复合地基的沉降量，最有效的方法是减小软弱下卧层的压缩量。减小软弱下卧层压缩量的最有效方法是通过加大加固区深度，减小软弱下卧土层的厚度。当存在较厚软弱下卧层时，采用增加复合地基置换率和增加桩体刚度对减小沉降量效果不好，有时甚至导致总沉降量变大。

考虑到荷载作用下复合地基中附加应力分布情况，复合地基加固区沿深度最好采用变刚度分布。这样不仅可有效减小压缩量，而且可降低工程投资，取得较好的经济效益。为了达到加固区的刚度沿深度变刚度分布可以采用下述两个措施：①桩体采用变刚度设计，浅部采用较大刚度，深部采用较小刚度，例如采用深层搅拌法设置水泥土桩时，浅部采用较高的水泥掺和量，深部采用较低的水泥掺和量，或水泥土桩浅部采用较大的直径，深部采用较小的直径；②沿深度采用不同的置换率，例如采用由一部分长桩和一部分短桩相结合组成的长短桩复合地基。

加固地基的目的是提高地基承载力以及减小地基沉降量，即首先要满足地基承载力的要求，然后再考虑满足减小地基沉降量的要求，其优化设计思路应综合前面讨论的两种情况。

12 复合地基按沉降控制设计思路

首先讨论什么是按沉降控制设计理论？它的工程背景如何？然后再讨论复合地基按沉降控制设计。

无论按承载力控制设计还是按沉降控制设计都要满足承载力的要求和小于某一沉降量的要求。按沉降控制设计和按承载力控制设计究竟有什么不同呢？下面从工程对象和设计思路两个方面来分析。

例如：在浅基础设计中，通常先按满足承载力要求进行设计，然后再验算沉降量是否满足要求。如果地基承载力不能满足要求，或验算沉降量不能满足要求，通常要对天然地基进行处理，如：采用桩基础，或采用复合地基，或对天然地基进行土质改良。又如：在端承桩桩基础设计中，通常按满足承载力要求进行设计。对一般工程，因为端承桩桩基础沉降较小，通常认为沉降可以满足要求，很少进行沉降量验算。上述设计思路是先按满足承载力要求进行设计，再验算沉降量是否满足要求，这是目前多数设计人员的常规设计思路。为了与按沉降控制设计对应将其称为按承载力控制设计。

下面通过一实例分析说明按沉降控制设计的思路。例如：某工程采用浅基础时地基是稳定的，但是沉降量达 500mm，不能满足要求。现采用 250mm × 250mm 方桩，桩长 15m。布桩 200 根时，沉降量为 50mm，布桩 150 根时沉降量为 70mm，布桩 100 根时沉降量为 120mm，布桩 50 根时，沉降量 250mm，地基沉降量s与桩数n关系曲线如图 12 所示。若设计要求的沉降量小于 150mm，则由图 12 可知布桩大于 90 根即可满足要求。从该例可看出按沉降量控制设计的实质及设计思路。

图 12 表示采用的桩数与相应的沉降量之间的关系，实际上图示规律也反映工程费用与相应的沉降量之间关系。减小沉降量意味着增加工程费用。于是按沉降控制设计可以合理控制工程费用。

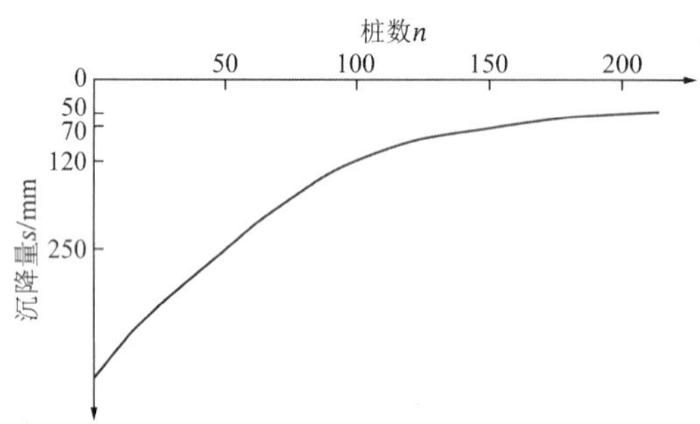

图 12 桩数n-沉降量s关系曲线示意图

按沉降控制设计思路特别适用于深厚软弱地基上复合地基设计。

按沉降控制设计对设计人员提出了更高的要求，要求更好地掌握沉降计算理论，总结工程经验，提高沉降计算精度，要求进行优化设计。按沉降控制设计理念使工程设计更为合理。

13 工程实例：杭宁高速公路一通道低强度混凝土桩复合地基[14]

（1）工程概况

杭宁高速公路浙江段跨越杭嘉湖平原，大部分地区为河相、湖相沉积，软土分布范围广，软土层厚度变化大。杭嘉湖平原河流分布广泛，人口密集。在高速公路建设中既要处理好地基稳定性问题、有效控制工后沉降和沉降差，还要尽量减小在施工期对当地群众交通的影响。该路段一般线路多采用砂井堆载预压法处理。若一般涵洞和通道地基也采用砂井堆载预压法处理，不仅预压完成后再进行开挖费时间，而且堆载预压和再开挖工期长影响当地群众交通，给村民生产和生活造成困难。若一般涵洞和通道地基均采用桩基础，虽然缩短了施工周期，减小了在施工期对当地群众交通的影响，但工程费用较大，而且在涵洞和通道与填土路堤连接处容易产生沉降差，形成“跳车”现象。为了较好处理上述一般涵洞和通道的地基处理问题，根据我们建议，杭宁高速公路 K101 + 960 处的通道地基由原砂井堆载预压法处理改用低强度混凝土桩复合地基处理。

该通道处淤泥质黏土层厚 19.3m，通道箱涵尺寸为 6.0m × 3.5m，填土高度 2.5m。根据工程地质报告，通道场地地基土物理力学性质指标见表 1。下面对采用低强度混凝土桩复合地基处理通道地基设计和测试情况作简要介绍。

地基土物理力学性质指标 **表 1**

编号	土层名称	层厚/m	含水率 w/%	重度/(kN · m^{-3})	孔隙比	压缩模量/MPa	渗透系数/（cm · s^{-1}）		压缩指数
							K_h	K_v	
Ⅰ$_1$	（亚）黏土	3.4	32.7	18.8	0.948	4.98	0.69×10^{-7}	1.10×10^{-7}	0.161
Ⅱ	淤泥质（亚）黏土	6.6	47.3	17.5	1.315	2.17	1.68×10^{-7}	1.29×10^{-7}	0.42
Ⅲ$_3$	淤泥质亚黏土	12.7	42.4	17.8	1.192	2.77	2.29×10^{-7}	1.40×10^{-7}	0.41
Ⅳ$_1$	亚黏土	13.1	28.3	19.4	0.794	8.42	1.02×10^{-7}	3.32×10^{-8}	0.18
Ⅴ$_2$	亚黏土	12.4	25.6	19.8	0.734	8.65	—		—
Ⅴ$_4$	含砂亚黏土	3.3	—	—	—	—	—		—

（2）设计

设计分两部分：一是涵洞和通道地基下的低强度混凝土桩复合地基设计；二是涵洞和通道与相邻采用其他处理方法（如砂井堆载预压法处理）路段之间为减缓由于采用不同地基处理方法形成的沉降差异而设置的过渡段部分的低强度混凝土桩复合地基设计。复合地基设计除需要满足承载力及工后沉降的要求外，在过渡段部分工后沉降尚需满足纵坡率的要求。具体设计步骤如下：

1）全面了解和掌握设计要求、场地水文和工程地质条件、周围环境、构筑物的设计、邻近路段的地基处理设计、施工条件以及材料、设备的供应情况等。

2）确定低强度混凝土桩桩身材料强度等级和桩径，确定采用的施工设备和施工工艺。

3）根据场地土层条件，承载力和控制工后沉降要求确定桩长和桩间距，完成构筑物下复合地基设计。

4）根据构筑物与相邻路段地基的工后沉降量、道路纵坡率的要求，确定过渡段长度。

5）采用变桩长和变置换率，进行过渡段复合地基设计，实现过渡段工后沉降由小到大的改变，做到平稳过渡。

6）选用垫层材料，确定垫层厚度。设计要求通道下复合地基容许承载力需达到 100kPa 以上。经计算分析，低强度混凝土桩身材料采用 C10 混凝土，桩径取ϕ377mm，桩长取 18.0m，置换率取 0.028，单桩容许承载力为 217.8kN，复合地基容许承载力为 108.9kPa，地基总沉降量为 14.5cm，其中加固区沉降量 3.0cm，下卧层沉降量 11.5cm。垫层采用土工格栅加筋垫层，厚度取 50cm。

由于低强度混凝土桩复合地基沉降量较小，而相邻路段采用排水固结法处理沉降较大。为减缓交接处沉降差异，设置过渡段协调两者的沉降。过渡段仍采用低强度混凝土桩复合地基，通过改变桩长和置换率等参数来调整不同区域的工后沉降。过渡段中不同桩长条件下地基的总沉降量和工后沉降量如表 2 所示。

不同桩长条件下地基的总沉降量和工后沉降量 **表 2**

桩长/m	15	16	17	18	19	20
总沉降/cm	19.5	17.7	15.9	14.1	12.3	10.5
工后沉降/cm	13.2	11.8	10.3	8.9	7.4	6.0

根据设计要求该通道两侧路线方向工后总沉降差不大于 60mm，且要求纵坡率不大于 0.4%，由此确定过渡段长度为 15.0m。通过改变桩长和置换率等参数来调整过渡段不同区域的工后沉降完成平稳过渡。具体设计参数为：低强度混凝土桩桩身材料采用 C10 混凝土，桩径ϕ377mm，桩长 15.5～18.0m（通道桩长 18.0m，过渡段桩长 15.5～17.5m），桩间距 2.0～2.5m（通道桩间距 2.0m，过渡段桩间距 2.0m、2.5m），土工格栅加筋垫层为 50cm 厚碎石垫层，碎石粒径 4～6cm。该通道及过渡段的桩长、布置及工后沉降分布详见图 13。

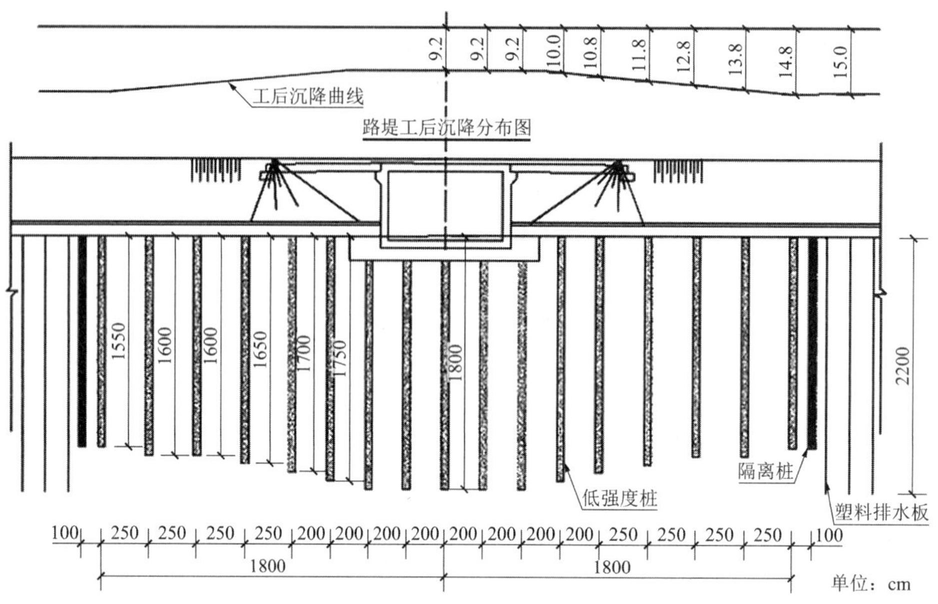

图 13 过渡段的桩长、布置及工后沉降分布图

（3）测试

现场测试项目包括：①桩身和桩间土应力测试；②桩顶沉降、地基表面沉降与分层沉降测试；③地基土侧向变形观测；④桩身完整性和复合地基承载力检测。现场测试仪器平面布置如图 14 所示。

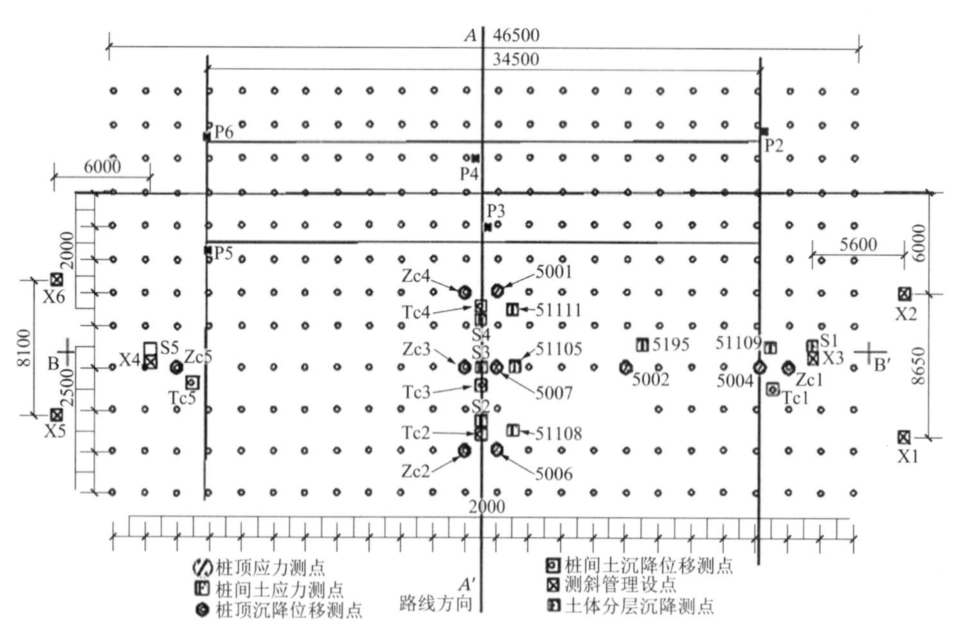

图 14 测试仪器平面布置图

低强度混凝土桩施工从 2000 年 11 月 20 日开始，2000 年 12 月 30 日结束，历时共 41d。2001 年 2 月 20 日完成桩身完整性检测，2001 年 2 月 27 日完成单桩静力载荷试验。2001 年 4 月 17 日～4 月 27

日进行路堤填筑前的施工准备工作。4 月 29 日完成隔水土工膜敷设，5 月 2 日开始碎石垫层的铺设，7 月 8 日进行土工格栅的敷设。第一层宕渣填筑从 2001 年 7 月 11 日开始，7 月 27 日试验段填筑工作完毕，从 5 月 2 日碎石垫层铺设算起，路堤填筑施工工期共 87d。测试元件的埋设从 2001 年 5 月 22 日开始，6 月 2 日全部埋设完毕。6 月 7 日～7 月 16 日观测两次以上，读取初始值。实际观测频率为路堤填筑期间 3～4d 观测一次，填筑期结束后 10～20d 观测一次。

图 15 表示桩土应力比和荷载分担比随加荷过程的变化情况。由图可见，加荷初期两者均较小，并随荷载增加有下降趋势；在加荷后期两者都快速增长，在恒载期间两者也有一定波动变化。几个测点所得的桩土应力比n值为 9.87～15.47，荷载分担比N值为 0.22～0.35。由此可知，绝大部分的荷载是由桩间土承担的，采用低强度桩复合地基可以充分发挥桩间土的承载能力。另外，现场测试结果还表明：桩土应力比和荷载分担比随桩长的增加而有所增大。图 16 为路中线处桩顶沉降与桩间土表面沉降随时间的变化曲线。由图 16 可见，离通道越近的测点，桩顶沉降量和桩间土表面沉降量越小。因为离通道越近，复合地基中的桩较长，置换率较高，所以桩顶和桩间土沉降较小。同时还发现：桩顶的最大沉降量为 6.3～14.1cm，桩间土表面的最大沉降量为 10.5～23.8cm，相同监测部位的桩间土表面沉降比桩顶沉降要大，说明桩顶产生了向上刺入，桩顶某一深度范围内存在一个负摩擦区。桩间土对桩壁产生的负摩擦力使桩体承担的荷载增加，桩间土承担的荷载相应减少，这对减少复合地基加固区土体的压缩量起到有利的作用，但同时也会增加桩底端的贯入变形量。

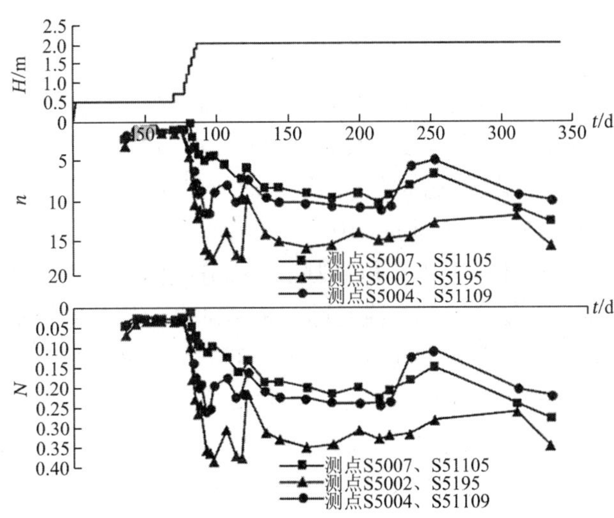

图 15　桩土应力比n及荷载分担比N变化曲图

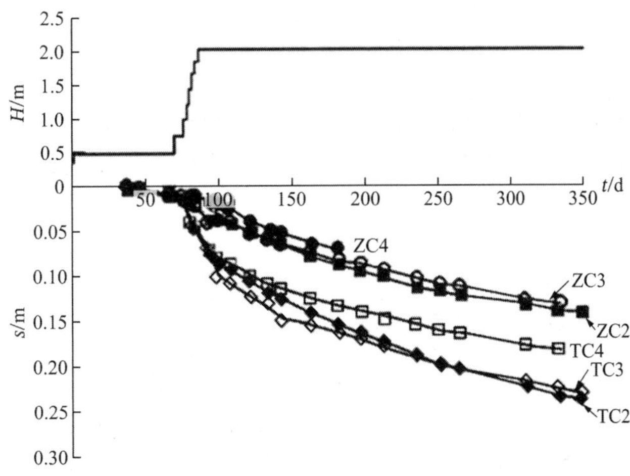

图 16　桩顶沉降与桩间土表面沉降

根据道路中线 3 个测点 TC2、TC3 和 TC4 的实测值，采用双曲线法推算该三点的总沉降量分别为

39.5cm、31.7cm 和 23.9cm，该三点相应的工后沉降量分别为 15.7cm、8.6cm 和 3.80cm。推算相关系数在 0.987 以上。3 个测点的工后沉降推算值均小于 20cm，符合高速公路的工后沉降控制标准，而且离通道越近，工后沉降值越小，这也与原设计意图一致。根据相邻采用塑料排水板堆载预压处理路段的观测结果，桩号 K102 + 085 测点的沉降实测值为 1.730m。同样采用双曲线法推算，所得该测点的最终沉降为 1.897m，工后沉降为 16.7cm。显然，邻近的排水固结处理路段的沉降量远大于通道过渡段的沉降量，但过渡段测点 TC2 推算的工后沉降量与桩号 K102 + 085 测点推算的工后沉降量比较接近，这说明在两种不同处理路段拼接处产生的工后沉降差异较小，过渡段对沉降变形起到了较好的平稳过渡作用，缓解了这两种不同处理路段的沉降差异。

（4）结语

测试成果和运营情况说明杭宁高速公路一通道地基采用低强度混凝土桩复合地基加固是成功的，取得了较好的效果。该方法施工速度快，工期短，比原设计的塑料排水板超载预压处理方案缩短工期约 1 年，而且不需进行二次开挖，解决了施工期村民的交通问题，处理后路基工后沉降和不均匀沉降较小。与采用水泥搅拌桩加固比较，采用低强度混凝土桩加固具有桩身施工质量较易控制、处理深度较深（可达 20m 以上）、处理费用较低等优点。

14 结论

（1）随着复合地基技术在我国工程建设中的推广应用，复合地基理论得到了很大的发展。相对于最初由碎石桩复合地基形成的狭义复合地基概念已发展成包括散体材料桩、各种刚度的粘结材料桩复合地基以及各种形式的长短桩复合地基的广义复合地基概念。复合地基在我国已成为一种常用的地基基础形式。

（2）复合地基是指天然地基在地基处理过程中部分土体得到增强，或被置换，或在天然地基中设置加筋材料，加固区是由基体（天然地基土体）和增强体两部分组成的人工地基。复合地基的本质是桩和桩间土共同直接承担荷载。这也是复合地基与浅基础和桩基础之间的主要区别。

在荷载作用下，桩体和地基土体能否共同直接承担上部结构传来的荷载是有条件的，也就是说桩体能否与地基土体共同形成复合地基是有条件的。不能满足形成复合地基的条件，而以复合地基理念进行设计是不安全的。它高估了地基的承载能力，降低了安全度，可能造成工程事故，应该引起充分重视。

（3）可将各类地基处理方法粗略分为两大类：①通过土质改良达到地基处理的目的；②通过形成复合地基达到地基处理的目的。后一类占有很大的比例，而且呈发展趋势。因此复合地基在地基处理技术中有着非常重要的地位。

在荷载作用下，复合地基与双层地基的性状有较大区别，在复合地基计算中直接应用双层地基的计算方法是偏不安全的。

复合桩基与复合地基的本质都是考虑桩间土和桩体共同直接承担荷载。复合桩基的本质，复合桩基的形成条件，复合桩基的承载力和变形特性等与复合地基有类似之处，也可将复合桩基视为复合地基的一种形式，是刚性基础下不带垫层的刚性桩复合地基。

（4）目前在我国工程建设中应用的复合地基形式很多，可以从增强体设置方向、增强体所用材料、基础刚度以及是否设置垫层、设置增强体的长度等 4 个方面来分类。在复合地基设计时一定要因地制宜，根据具体工程的具体情况进行设计。

（5）基础刚度和垫层对复合地基的性状有重要的影响。在荷载作用下，柔性基础下复合地基的桩土荷载分担比要比刚性基础下的小。当荷载不断增大时，柔性基础下桩体复合地基中土体先产生破坏，而刚性基础下桩体复合地基中桩体先产生破坏。基础刚度不同，桩体复合地基的破坏模式不同。在相同的条件下，柔性基础下复合地基的沉降比刚性基础下复合地基沉降要大，承载力要小。

为了提高柔性基础下复合地基的桩土荷载分担比，提高承载力，减小复合地基沉降，可在复合地基和柔性基础之间设置刚度较大的垫层，如采用灰土垫层、土工格栅碎石垫层等。不设刚度较大的垫层的柔性基础下桩体复合地基应慎用。

在刚性基础下复合地基中设置柔性垫层，一方面可增加桩间土承担荷载的比例，较充分利用桩间土的承载潜能；另一方面也可改善桩体上端的受力状态，这对低强度桩复合地基是很有意义的。

（6）对复合地基位移场的分析表明，由于复合地基加固区的存在使地基中附加应力影响范围向下移。以均质地基为例，依靠提高复合地基置换率，或提高桩体模量，增大复合地基加固区的复合土体模量，进一步减小复合地基沉降效果不好。进一步减小复合地基的沉降量的关键是减小加固区下卧层土体的压缩量。而减小加固区下卧层土体压缩量最有效的办法是增加加固区的厚度，减小加固区下卧层中软弱土层的厚度。这一结论为复合地基优化设计指明了方向。

（7）桩体复合地基承载力的计算思路是先分别确定桩体和桩间土的承载力，然后根据一定的原则叠加这两部分承载力得到复合地基的承载力。

在各类实用的沉降计算方法中，通常把复合地基沉降量分为两部分：加固区压缩量和下卧层压缩量。加固区压缩量的计算方法主要有：复合模量法（E_c法）、应力修正法（E_s法）和桩身压缩量法（E_p法）。上述三种方法中复合模量法应用较多。

加固区下卧层压缩量的计算常采用分层总和法计算。在工程应用上，作用在下卧层上的荷载常采用下述几种方法计算：压力扩散法、等效实体法和改进 Geddes 法。

在进行复合地基承载力和沉降计算时，应根据具体工程情况，特别是采用的复合地基形式，合理选用相应的计算方法。

（8）复合地基优化设计分两个层面，一是复合地基形式的合理选用，一是复合地基形式确定后，复合地基设计参数的优化。在选用复合地基形式时一定要因地制宜，结合具体工程实际情况进行合理选用。在复合地基设计时可以采用按沉降控制设计的思路。按沉降控制设计理念使工程设计更为合理。

15 进一步开展研究的建议

复合地基在土木工程中得到广泛应用，已与浅基础和桩基础成为地基基础工程中三种常用的形式。与浅基础和桩基础相比较，复合地基更需加强研究以满足工程应用的要求，笔者认为下述几个方面的问题应予以重视。

要继续重视复合地基荷载传递机理的研究，如成层地基中复合地基的荷载传递机理、各种类型长短桩复合地基荷载传递机理、垫层和基础刚度对复合地基荷载传递的影响以及地基土体固结[29]和蠕变对复合地基的荷载传递的影响等。

在荷载传递机理的研究的基础上，重视复合地基形成条件的研究，确保在荷载作用下，桩体和桩间土能够同时直接承担荷载。要加强成层地基中复合地基形成条件的研究，地基土体固结和蠕变以及地下水位下降等因素对复合地基形成条件的影响等。

在基础工程设计中，沉降计算是工程师们最为棘手的问题，对复合地基沉降计算设计只有感到更为困难。要加强各类复合地基沉降计算理论的研究，特别要重视加固区下卧层土体压缩量的计算精度。要重视工程经验的积累，提高设计水平以满足要求。

进一步开展复合地基优化设计和按沉降控制设计的研究。

与竖向增强体复合地基相比较，水平向增强体复合地基的工程实践积累和理论研究相对较少。随着土工合成材料的发展，水平向增强体复合地基工程应用肯定会得到越来越大的发展，要积极开展水平向增强体复合地基的承载力和沉降计算理论的研究。

还要重视开展复合地基在动力荷载和周期荷载作用下的性状研究。

致谢：本讲座反映了笔者的学生们与笔者多年来的研究工作，也吸收了国内外在该领域的研究成果，在此笔者表示衷心感谢！同时感谢国家自然科学基金和浙江省自然科学基金的资助。

参考文献

[1] 龚晓南. 复合地基理论及工程应用[M]. 北京: 中国建筑工业出版社, 2002.

[2] 龚晓南. 复合地基引论(一)[J]. 地基处理, 1991, 2(3):36-42.

[3] 龚晓南. 复合地基引论(二)[J]. 地基处理, 1991, 2(4)1-11.

[4] 龚晓南. 复合地基引论(三)[J]. 地基处理, 1992, 3(1)32-40.

[5] 龚晓南. 复合地基引论(四)[J]. 地基处理, 1992, 3(2)24-38.

[6] 龚晓南. 复合地基[M]. 杭州: 浙江大学出版社, 1992.

[7] 龚晓南. 复合地基理论与实践[M]. 杭州: 浙江大学出版社, 1996.

[8] GONG Xiaonan. Development of composite foundation in China[M]//Soil Mechanics and Geotechnical Engineering. AABalkema, 1999(1):201.

[9] GONG Xiaonan. Development and application to high-rise building of composite foundation[C]//中韩地盘工学讲演会论文集. 2001.

[10] GONG Xiaonan, ZENG Kaihua. On composite foundation[C]//Proc of International Conference on Innovation and Sustainable Development of Civil Engineering in the 21st Century. Beijing, 2002.

[11] 尚亨林. 二灰混凝土桩复合地基性状试验研究[D]. 杭州: 浙江大学, 1995.

[12] 葛忻声. 高层建筑刚性桩复合地基性状[D]. 杭州: 浙江大学, 2003.

[13] 陈志军. 路堤荷载下沉管灌注筒桩复合地基性状分析[D]. 杭州: 浙江大学, 2005.

[14] 龚晓南. 复合地基设计和施工指南[M]. 北京: 人民交通出版社, 2003.

[15] 王启铜. 柔性桩的沉降(位移)特性及荷载传递规律[D]. 杭州: 浙江大学, 1991.

[16] 段继伟. 柔性桩复合地基的数值分析[D]. 杭州: 浙江大学, 1993.

[17] 龚晓南. 形成竖向增强体复合地基的条件[J]. 地基处理, 1995, 6(3): 48.

[18] 龚晓南. 地基处理技术与复合地基理论[J]. 浙江建筑, 1996(1): 35.

[19] 龚晓南, 陈明中. 关于复合地基沉降计算的一点看法[J]. 地基处理, 1998, 9(2): 10.

[20] 管自立. 软土地基上"疏桩基础"应用实例[C]//城市改造中的岩土工程问题学术讨论会论文集. 杭州: 浙江大学出版社, 1990.

[21] 龚晓南. 复合桩基与复合地基理论[J]. 地基处理, 1999, 10(1): 1.

[22] 吴慧明. 不同刚度基础下复合地基性状[D]. 杭州: 浙江大学, 2001.

[23] 毛前, 龚晓南. 桩体复合地基柔性垫层的效用研究[J]. 岩土力学, 1998, 19(2): 67.

[24] 邓超. 长短桩复合地基承载力与沉降计算[D]. 杭州: 浙江大学, 2002.

[25] 曾小强. 水泥土力学特性和复合地基变形计算研究[D]. 杭州: 浙江大学, 1993.

[26] 张土乔. 水泥土的应力应变关系及搅拌桩破坏特性研究[D]. 杭州: 浙江大学, 1993.

[27] 杨慧. 双层地基和复合地基压力扩散角比较分析[D]. 杭州: 浙江大学, 2000.

[28] 张京京. 复合地基沉降计算等效实体法分析[D]. 杭州: 浙江大学, 2002.

[29] 邢皓枫. 复合地基固结分析[D]. 杭州: 浙江大学, 2006.

邻近地铁基坑后插型钢 MJS 工法桩试桩研究

徐晓兵[1]，姜叶翔[2]，童　磊[3]，羊逸君[2]，李俊逸[1,4]
（1. 浙江工业大学岩土工程研究所，杭州 310014；2. 杭州市地铁集团有限责任公司，杭州 310003；
3. 浙江省建筑设计研究院，杭州 310030；4. 东通岩土科技股份有限公司，杭州 310000）

摘　要： MJS 工法桩在邻近地铁基坑工程中得到广泛应用，但对不同土质及工序条件下 MJS 工法桩的施工参数和成桩质量的认识仍不足。本文依托地铁联络通道基坑工程，针对 MJS 工法桩进行三组试桩，研究护壁方法、喷浆时长和型钢插入准备时长对杭州典型粉土粉砂地层中 MJS 工法桩成桩质量的影响；通过地表沉降与水平位移监测，分析施工对周边环境的影响。成桩结果表明：膨润土护壁可减小扭转阻力；采用喷浆压力 40MPa、水灰比 1：1、水泥掺量 ≥ 35%等施工参数，能实现成桩连续性，使桩身抗压强度达到 1.5MPa 以上，渗透系数小于 10^{-7}cm/s；控制喷浆时长为 6h40min，缩短型钢插入准备时长至 48min，能使型钢插入深度达到 13m。监测结果表明：成桩对周边环境影响小，最大地表沉降为 0.69mm，最大地表水平位移为 0.68mm。本研究最终确定的成桩参数，可为类似基坑工程的设计和施工提供依据。

关键词： 基坑；MJS；护壁；喷浆；型钢；桩身质量

随着城市化进程中地铁建设项目的日益增多，邻近地铁的基坑工程项目也越来越多。为了克服普通高压旋喷桩施工方向受限、施工深度有限、成桩直径较小、强度低、排泥不便易导致地表隆起等缺点，Nakashima 等[1]发明了全方位高压喷射法（Metro Jet System），也称 MJS 工法，其核心技术是主动排泥和孔内压力监测。鉴于 MJS 工法具有成桩方向灵活、成桩直径大、桩身质量好、施工空间小、环境污染小以及微扰动等优点[2]，MJS 工法在我国地下工程中正得到越来越多的应用[3-5]。

目前，MJS 工法在国内外已有一定程度的应用研究。根据张子新等[6]的统计分析，日本 MJS 工法协会公布的成功案例均为不加气施工，且提升速度较快，成桩直径一般小于 2m。我国 MJS 工法施工通常会加入高压空气，从而减少喷射流的能量损失，有效扩大桩径。《全方位高压喷射注浆技术标准》DG/TJ 08-2289—2019[7]针对上海地区提出：主空气压力一般为 0.7MPa，主空气流量一般为 1～2Nm^3/min。总体而言，MJS 工法桩的性能指标为桩身强度和渗透系数，不同工程项目对此的要求变化不大，比如文献[7]规定上海地区用于基坑围护、隔水帷幕、挡土（水）结构、坑内土体加固时，加固体 28d 无侧限抗压强度不应小于 1.0MPa，隔水帷幕的渗透系数不应大于 1×10^{-6}cm/s。除了这两个性能指标，桩径和桩深是工程项目的具体设计指标。为了实现上述两个性能指标和两个设计指标，需要针对不同土体，设定 MJS 工法的施工参数。

针对黏土，MJS 工法的应用研究已经有了一定积累。比如，邓指军等[8]介绍了上海淤泥质黏土中 MJS 加固地铁隧道的应用研究，加固深度为 9～17m，采用提速 6cm/min、浆压 28MPa 和水压 15MPa，得到加固直径 0.5～1.5m，抗压强度 0.71MPa～7.27MPa，并发现喷浆对周围土体有一定扰动，扰动程度短时间内不恢复，但影响范围较小，不会向远处持续传递，与挤土作用有着本质的区别。叶琪等[9]介绍了宁波淤泥质黏土中的首例 MJS 工法应用，根据现场试桩试验和工程经验确定了施工参数，其中地内压力系数为 1.4～1.6，得到不同深度处（桩长为 21m）的成桩质量均满足要求，抗压强度随深度呈减小趋势，总体大于 1.49MPa，施工过程对紧邻建（构）筑物的扰动很小。梁利等[10]介绍了上海淤泥质黏土中 MJS 工法桩的加固应用，考虑到旋喷施工时间和施工空间的限制，采用了先插型钢（H500×300 型钢插一跳一）后喷浆的工艺，桩长 10.8m，通过对喷浆压力、浆液流量等进行控制以保持地内压力系数（1.3～1.6），发现施工过程对周边建（构）筑物的扰动很小。

针对砂土，陈仁朋等[11]和张品等[12]开展了 MJS 水平桩在长沙某盾构下穿既有隧道中的加固应用研究，MJS 水平桩（深约 17m）在后期隧道开挖区上方及周边形成相互搭接（桩径 2m，搭接 400mm）的旋喷固结体拱棚，拱棚长（桩长）42m，最大截面高度为 3.6m，采用了相比设计值（0.06～0.10MPa）更高的地内压力（0.22～0.38MPa），成功实现了加固目标，加固体芯样试验结果表明抗压强度为 2.65～5.44MPa，监测结果表明地表和上覆隧道得到了很好的保护。张文博等[13]介绍了富水砂层中某地铁下穿既有车站 MJS 水平桩加固工程（桩径 2.4m，搭接 800mm，长度 19.7m），成桩检测表明加固体抗压强度大于 2.5MPa，渗透系数小于 10^{-7}cm/s。

针对粉土，张天宇等[14]开展了粉土粉砂微承压水层（深 20～32.5m）的隔水帷幕应用，MJS 半圆桩直径为 1800mm，桩间距为 1300mm，为了保证隔水效果，降低转速至 2rad/min，并增加喷射钻头在各个角度的喷射时间，提出了钻机故障或排泥不畅时的应急措施。费曜侃[15]依托上海砂质粉土与粉质黏土互层以及粉砂与粉质黏土互层的微承压含水层的隔水帷幕应用，通过试桩试验（水泥掺量 50%，浆压 40MPa，空气流量 1.0～2.0m^3/min，空气压力 0.7MPa，地内压力系数 1.4）分析了试桩施工过程对周边环境的影响，发现土体水平位移和地面沉降均控制在毫米级，实际施工隔水帷幕的止水效果较好。此外，王元满等[16]介绍了上海超深（55～60.5m，主要土层包括黏土、粉土和粉细砂）MJS 止水抢险的工程应用，针对地墙渗漏导致地层被扰动，自稳定性较差、易坍塌、堵漏注浆，导致大量不规则浆液硬化物等不利施工条件，采用预钻孔安装分离式同步提升套管进行保护，减少钻具与地层的摩阻力，防止孔壁坍塌埋钻；此外，为了控制地内压力，根据钻孔深度等参数同步调整地压，尤其是进入地面以下 10m，严禁超标准施工，3m 以内施工时降低喷浆压力，调整提升参数。

上述研究表明，MJS 的关键施工参数已经得到工程界普遍的重视，针对一些施工难题（塌孔、堵管等）也有了一定的应对措施。需要指出的是，针对不同地区不同土层而言，试桩试验仍然是制定施工参数以保证 MJS 设计指标和性能指标的可靠手段。目前，尚未见有关杭州地区典型土层 MJS 施工参数和成桩参数的研究报道，仍缺乏先摆喷后插型钢条件下的研究。为探究杭州典型粉土粉砂地层中施工参数对后插型钢 MJS 工法桩成桩质量（桩径、桩身连续性和强度以及型钢插入深度）的影响，并为依托工程确定 MJS 工法桩的设计和施工参数提供依据，本文共设计了 3 组现场试桩试验，并针对护壁方法、喷浆时长和型钢插入准备时长开展了施工参数和成桩质量的研究，对周边地表沉降与水平位移进行了监测。本文 MJS 工法桩的试桩试验结果可为类似基坑工程的试桩方案制定以及设计和施工参数确定提供指导。

1 工程概况

本研究依托杭州某地铁联络通道基坑工程。该联络通道位于已正式运营的某地铁线北侧，处于轨道交通安全控制范围内，距离地铁车站主体最近约为 6.8m，距离盾构隧道最近约为 24.0m。联络通道南侧与地铁车站 1 号出入口相接，北侧与写字楼地下室相接，地铁车站 1 号风亭到联络通道边的最近距离约为 2.9m。如表 1 所示，该场地影响范围内的土层（杭州地区钱塘江沿岸的典型粉砂层）主要包括：1 杂填土、2-1 砂质粉土、2-2 砂质粉土、3 粉砂、4 砂质粉土与粉砂互层、5-1 砂质粉土夹粉质黏土、5-2 粉质黏土夹砂质粉土和 6 淤泥质粉质黏土，周边无不良地质条件。其中，MJS 工法桩深度范围内土层主要包括 1 杂填土、2-1 砂质粉土、2-2 砂质粉土、3 粉砂、4 砂质粉土与粉砂互层、5-1 砂质粉土夹粉质黏土。地下水主要为孔隙型潜水，其主要赋存于上部 2-1 砂质粉土、2-2 砂质粉土和 3 粉砂土中，其他均为弱透水层；勘察期间实测稳定水位埋深为 2.10～4.20m，年变幅度为 1m 左右。

场地土层物理力学性质　　表 1

土层	层厚/m	含水率/%	重度/（kN·m^{-3}）	孔隙率	压缩模量/MPa	桩侧摩阻力特征值q_s/kPa	固结快剪	
							黏聚力 c/kPa	内摩擦角 φ/（°）
1 杂填土	2.7	—	—	—	—	—	—	—
2-1 砂质粉土	2.8～6.3	28.9	18.9	0.8	17.5	27.1	12.1	27.1
2-2 砂质粉土	0.6～5.5	28.0	19.0	0.78	15.0	23.6	10.4	23.6
3 粉砂	3.8～9.3	27.5	18.9	0.77	12.6	38.4	3.5	38.4
4 砂质粉土与粉砂互层	3.0～10.3	26.9	19.2	0.75	10.2	28.0	9.6	28.0
5-1 砂质粉土夹粉质黏土	5.0～10.4	30.0	18.8	0.84	10.5	21.8	16.5	21.8
5-2 粉质黏土夹砂质粉土	3.2～10.0	30.6	18.4	0.89	10.7	18.3	19.3	18.3
6 淤泥质粉质黏土	5.3～15.8	43.0	17.2	1.24	2.3	7.2	8.4	7.2

如图 1 所示，该联络通道基坑工程有以下 5 个方面的特点：

（1）基坑平面尺寸小，空间效应好，但平面尺寸不规则，阳角多，因此分为一期与二期进行施工。

（2）一期基坑开挖深度较深，基坑东北部位置达 13.050m；但西南部位置挖深浅，最浅处仅有 9.350m，坑内有较大高差。

（3）基坑与地铁线 1 号线出入口相接，需处理好接口位置的止水措施。

（4）基坑与地铁车站及附属结构（1 号出入口和 1 号风亭）紧挨或距离较近，与下行线隧道距离约 24m，且周边管线较多，需要选取较大的围护结构刚度，以减小基坑开挖引起的轨道交通设施的不利变形。

（5）本工程场地空间狭小，大型桩基等施工设备无法进入，需采取合理的桩基选型，且需注意桩基施工对轨道交通设施的影响。

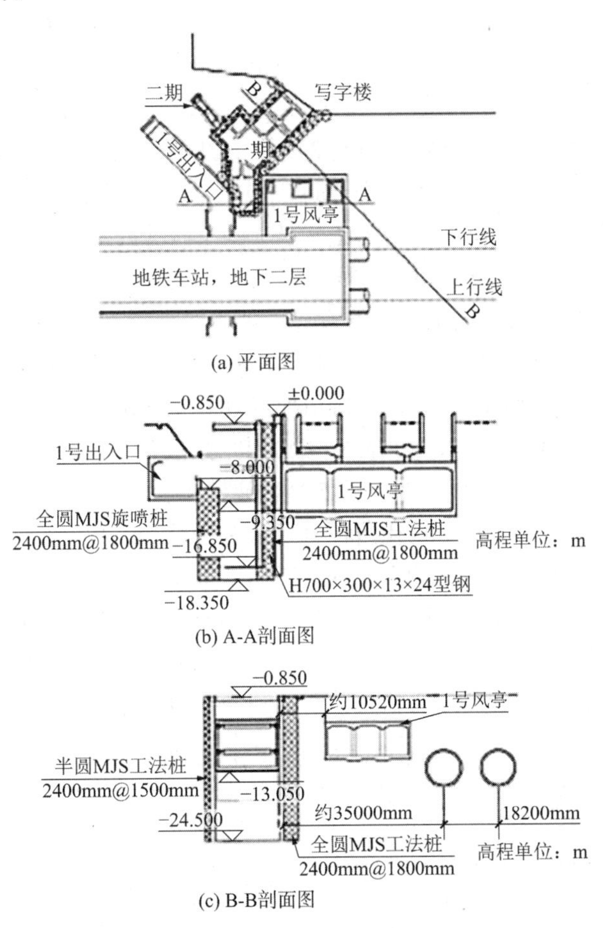

图 1　联络通道示意图

考虑到 MJS 工法桩具有成桩深度深、成桩直径大、有一定止水效果以及施工设备小等优点，与本工程基坑特点相匹配，因此选用 MJS 工法桩作为一期基坑围护结构。

如图 1（b）所示，A-A 剖面图中［剖面位置见图 1（a）］，一期基坑南部开挖深度最大为 9.350m（底板垫层底），共设 2 道支撑。在 1 号出入口附近采用全圆 2400mm 直径 MJS 工法桩进行止水加固，桩间搭接长度为 600mm，桩体加固范围为−8～−18.350m，总长 10.350m；在 1 号风亭附近采用半圆 2400mm 直径 MJS 工法桩进行围护加固，桩间搭接长度 600mm，桩体加固范围为−0.850～−18.350mm，总长 17.5m，内插 H700 × 300 × 13 × 24 型钢，长约 16m。如图 1（c）所示，B-B 剖面图中［剖面位置如图 1（a）］，一期基坑东北部开挖深度最大为 13.050m（底板垫层底），共设 3 道支撑。在靠近 1 号风亭与地铁隧道一侧采用全圆 2400mm 直径 MJS 工法桩进行围护加固，桩间搭接长度 600mm，桩体加固范围为−0.850～−24.500mm，总长 23.65m；远离 1 号风亭与地铁隧道侧 MJS 桩体直径和加固深度与靠近 1 号风亭与地铁隧道一侧相同，为半圆桩，但搭接长度为 900mm。在基坑工程完成后，插入型钢的 MJS 工法桩不拔除型钢，以避免型钢拔除时破坏成桩整体结构，产生渗水和强度不达标等不利影响。

2 试桩试验方案

基于本联络通道基坑工程 MJS 工法桩的设计方案，在项目现场开展了 3 组试桩试验，以探究杭州典型粉土和粉砂土层中 MJS 工法施工参数对成桩质量与周边环境的影响，确定 MJS 桩能否满足设计要求。

2.1 成桩设计和施工方案

为了研究护壁方法、喷浆时长和型钢插入准备时长对成桩质量（桩径、桩身连续性和桩身强度以及型钢插入深度）的影响，共设置了 3 组试桩，按 S1 桩、S2 桩和 S3 桩的先后顺序进行成桩试验，试桩编号及位置如图 2 所示。其中，S1 桩与 S3 桩为围护结构桩［图 1（b）中 A-A 剖面靠近 1 号风亭处］的试桩，位于一期基坑与二期基坑交界处；S2 桩为止水桩［图 1（c）的不插型钢］的试桩，位于联络通道与写字楼地下室交界处。

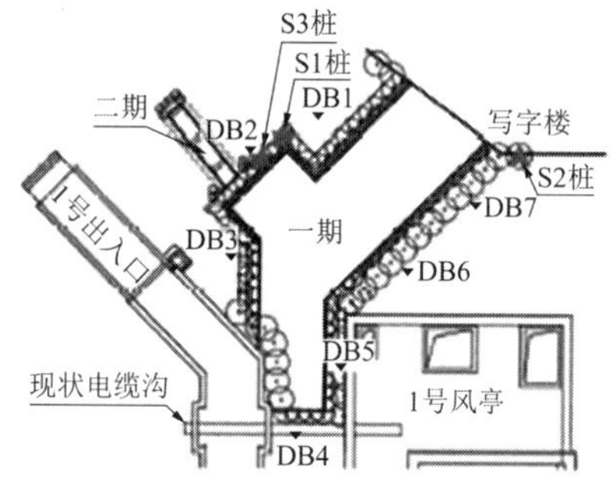

图 2　试桩平面位置和监测点平面位置

3 组试桩（S1～S3）成桩参数和施工参数的设计值如表 2 所示。成桩设计和施工方案如下：

（1）S1～S3 桩均采用 65CVH 型 MJS 主机进行施工，设计直径均为 2.4m，桩身垂直度均控制倾角在 1/200 以内。S1 桩和 S3 桩是半圆桩，桩深 18m，设计内插 16m 型钢（H700 × 300 × 13 × 24）；S2 桩是全圆桩，桩深 24m，不插型钢。S2 桩作为全圆桩，可用于取芯检测成桩直径、连续性和强度（成桩检测方案见下文）。

（2）S1～S3 桩水灰比均为 1 : 1，水泥（P.O42.5 型普通硅酸盐水泥）掺量均不小于 35%，喷浆压力均为 40MPa，地内压力系数均控制在 1.3～1.5，钻孔回转速度为 3～4r/min，提升步距高度均为 2.5cm。S1 桩和 S3 桩水灰比均设计掺入 1%缓凝剂，便于内插型钢。S3 桩相比 S1 桩设置了添加膨润土的泥浆护壁，以分析护壁方式对 MJS 引孔的影响。S3 桩相比 S1 桩，喷嘴直径从 2.8mm 增大至 3.65mm，喷浆流量从 76～95L/min 提升至 127～150L/min，步距提升速度从 4cm/s 提高为 6.5cm/s，插型钢前准备时间从约 90min 减小至约 30min。因此，S3 桩与 S1 桩相比，是为了分析喷浆时长和型钢插入准备时长对型钢插入深度的影响。

成桩参数及施工参数设计值　　表 2

	参数	S1	S2	S3
成桩参数	桩径/m	≥ 2.4	≥ 2.4	≥ 2.4
	成桩角度范围/（°）	180	360	180
	桩入土深度/m	18	24	18
	型钢插入深度/m	13	—	13

续表

成桩参数	桩垂直度	≤ 1/200	≤ 1/200	≤ 1/200
施工参数	水泥掺量/%	≥ 35	≥ 35	≥ 35
	水灰比（水：水泥：缓凝剂）	1：1：0.01	1：1：0	1：1：0.01
	膨润土泥浆护壁	无	有	有
	喷浆压力/MPa	40	40	40
	施地内压力系数	1.3～1.5	1.3～1.5	1.3～1.5
	喷嘴直径/mm	2.8	2.8	3.65
	喷浆流量/（$L \cdot min^{-1}$）	76～95	76～95	127～150
	主空气压力/MPa	0.8～1	0.8～1	0.8～1
	主空气流量/（$Nm^3 \cdot min^{-1}$）	8～10	8～10	8～10
	回转速度/（$r \cdot min^{-1}$）	3～4	3～4	3～4
	步距提升速度/（$cm \cdot s^{-1}$）	4	2.5	6.5
	型钢插入准备时长/min	90	—	30

2.2 成桩检测和周边监测

通过浅层开挖检测和钻孔取芯检测（取芯位置如图 3 所示），对试桩的成桩质量（桩径、桩身连续性和桩身强度）进行评估，具体成桩检测方案如下：

（1）成桩直径。分别在 S1 桩、S2 桩和 S3 桩完成 9d、7d 和 3d 后，通过浅层开挖的方法，对 S1～S3 桩的桩径进行测量。其次，钻孔取芯位置距离桩心为 1.1m，也可用于桩径的辅助判断。

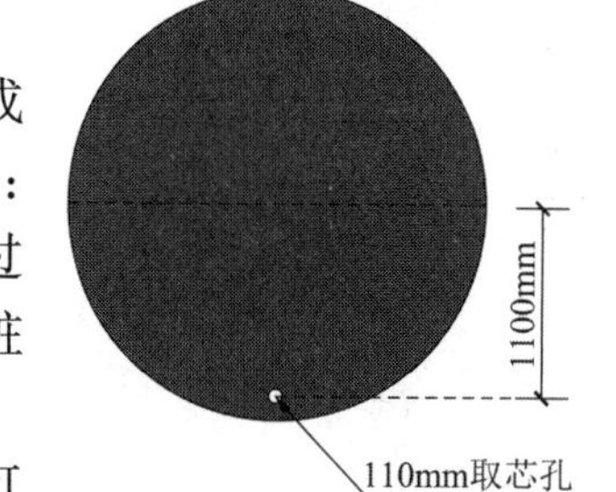

图 3　S2 桩钻孔取芯位

（2）型钢与水泥土交界面完整性。由于 S1 桩与 S3 桩设计插入型钢，可能会在型钢与水泥土交界面处形成贯穿的薄弱面，从而成为地下水绕流的通道。通过型钢拔出和开挖观察，分别对 S1 桩与 S3 桩是否存在明显的地下水绕流痕迹进行分析。

桩身连续性、抗压强度和渗透系数。在 S2 桩完成 7d 后，通过钻孔取芯法进行测量。为保证钻孔取芯位的代表性，取芯位原则上为避开桩体边界不稳定区域的低强度位置，距离桩体中心 0.5 倍成桩直径时开始出现强度由高至低的过渡区[17]。桩体距离中心越远强度越低，低强度位置处取芯质量达标，即可认为桩体质量达标。因此，本试验钻孔取芯位选取距桩体中心 1100mm 处（图 3）。先分析桩身连续性（芯样块体均匀性），再截取桩体中 3 段芯样（直径为 110mm），每段取 3 个样本，共 9 个样本，进行室内抗压强度和渗透系数测试。针对抗压强度的检验，《建筑基坑工程技术规程》DB33/T 1096—2014[18]仅规定了水泥土重力式挡墙的 28d 抗压强度标准值检验标准，即 ≥ 0.5MPa。本文为邻近地铁基坑工程，对周边环境控制要求更为严格，因此将 28d 抗压强度标准值 ≥ 0.8MPa 设计为检验标准。针对渗透系数的检验，根据规范[7]取 MJS 桩体渗透系数 ≤ 1×10^{-7}cm/s 为检验标准。

为了分析 MJS 工法桩的施工过程是否会对周边环境产生不利影响，选取 7 个点位（DB1～DB7，如图 2 所示）用于监测周边地表沉降与最大水平位移。其中，DB1 与 DB2 靠近 S1 桩与 S3 桩，DB3 靠近 1 号出入口，DB4 靠近地铁盾构隧道，DB5 与 DB6 位于 1 号风亭西北角两侧，DB7 靠近北侧新建写字楼。由于 S1 桩首先于 2019 年 9 月 6 日开始施工，监测于此时开始，并于 2019 年 9 月 24 日（S3 桩完成 10d）结束。

3 试桩结果与分析

3.1 施工可行性

3 组试桩试验各施工步时间以及最终型钢插入情况如表 3 所示。MJS 实际施工参数与表 2 所示设计值基本一致，S1～S3 的实际水泥掺量分别为 35.4%、36.3%和 40.2%，实际步距提升速度分别为 4.2cm/s、2.5cm/s 和 6.8cm/s。通过 S1～S3 桩在护壁方法、喷浆时长和型钢插入准备时长方面的对比，分析施工可行性。

试桩施工概况表 **表 3**

施工概况		S1	S2	S3
施工时间	开始时间	9 月 6 日 21:30	9 月 8 日 4:05	9 月 13 日 10:35
	引孔时长	6h40min	6h47min	3h45min
	喷浆时长	8h34min	21h47min	6h40min
	型钢插入准备时长	1h20min	—	48min
	型钢插入时长	40min	—	27min
	型钢拔出时间	9 月 7 日 18:40	—	—
施工现象	排浆状态	板结 水分离析	板结	水分离析
	正常型钢插入情况	插入 7m 最终拔出	—	插入 13m

3.1.1 引孔护壁方法

由表 3 可知，当采用普通泥浆护壁的方法对 S1 桩进行引孔时，遇到的扭转阻力较大，引孔时间达到了 6h40min，这是由于砂质粉土和粉砂层的摩阻力较大（表 3）。而当采用添加膨润土的泥浆护壁对 S2 桩与 S3 桩进行引孔时，遇到的扭转阻力明显减小；S2 桩长是 S1 桩的 1.3 倍，但引孔时间接近，为 6h47min；S3 桩与 S1 桩桩长一致，引孔时间显著缩短至 3h45min，引孔速率从 2.63m/h 提高至 4.8m/h。

3.1.2 喷浆时长

由表 3 可知，采用 2.8mm 喷嘴的 S1 桩与 S2 桩，喷浆时长分别为 8h34min 与 21h47min，排浆中出现明显的板结和水分离析现象；而采用 3.65mm 喷嘴的 S3 桩，喷浆时间缩短至 6h40min，排浆状态正常。结合表 3 可知，土层中含砂量较高，为了避免水泥浆出现板结和水分离析，应控制喷浆时长。

3.1.3 型钢插入准备时长

由表 3 可知，S1 桩的型钢插入设备布置耗时 1h20min。由于前期已出现水泥浆板结和水分离析的问题，型钢插入时间的延后导致型钢更难插入，最终插入深度仅为 7m。而 S3 桩的型钢插入设备布置耗时仅为 48min，加上前期喷浆时长控制较好，使得型钢插入相对较容易，最终插入深度为 13m，与设计插入深度较接近。因此，实际施工时，应尽可能同时控制喷浆时长和型钢插入准备时长，避免水泥浆液凝结，以实现型钢设计插入深度。

3.2 成桩质量

如表 4 所示，结果表明：S1～S3 桩的成桩直径大致相同，为 2.5～3m，且 3 组试桩桩体情况均为坚硬、触手温热。其中，S3 桩的浅层开挖情况如图 4 所示。S2 桩未插型钢，其取芯结果显示桩身连续性较好，说明成桩直径控制较好。

S1 桩最终拔出型钢，型钢表面无地下水浸湿痕迹。对于 S3 桩，型钢与桩体交界面处并未出现地下水绕流痕迹。S2 桩选取 0.3～0.9m、10.6～11m 和 21.2～22m 这 3 个深度段，每段取 3 个样本进行抗压强度和渗透系数检测。如图 5（a）所示，随着深度的增加，S2 桩的抗压强度整体略有下降，这与叶琪等[9]发现的规律一致。S2 桩的抗压强度最小值为 1.5MPa，为 28d 抗压强度标准值的控制值（0.8MPa）的 1.88 倍，满足设计要求。如图 5（b）所示，随着深度的增加，S2 桩的渗透系数略有提高，但最大值也小于 10^{-7}cm/s，满足设计要求。

试桩成桩质量　　表 4

成桩效果	S1	S2	S3
检测时间	9 月 17 日	9 月 17 日	9 月 17 日
成桩直径	2.5～3.0m	2.5～3.0m	2.5～3.0m
浅层桩体情况	坚硬	坚硬	坚硬
	触手温热	触手温热	触手温热
地下水绕流情况	无痕迹	—	无痕迹
桩体连续性	—	连续	—
桩体抗压强度	—	> 1.5MPa	—
桩体渗透系数	—	$< 10^{-7}cm \cdot s^{-1}$	—

图 4　S3 桩开挖检测

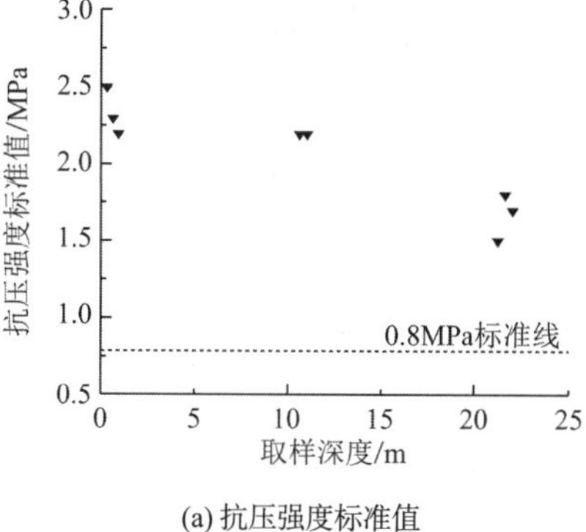

(a) 抗压强度标准值

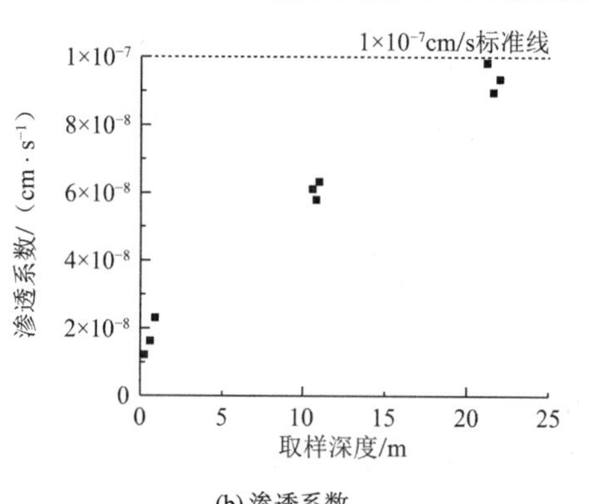

(b) 渗透系数

图 5　S2 桩钻孔取芯测试结果

3.3　周边环境影响

地表沉降如图 6 所示（负号表示隆起）。结果表明：沉降整体随时间逐渐增大，9 月 20 日至 9 月 24 日的沉降增量小于 9 月 17 日至 9 月 20 日，沉降逐渐趋于稳定；S1～S3 桩完成后初期（9 月 14 日和 9 月 17 日）DB1 沉降较大，后期 DB2、DB6 和 DB3 的沉降较大，DB4 和 DB5 的沉降最小，除了 DB7 基本符合离 MJS 工法桩越近受影响越大的规律；MJS 工法桩施工过程对地表沉降的影响总体较小，最大地表沉降为 0.69mm。

地表最大水平位移如图 7 所示（负号表示位移远离桩体方向）。结果表明：最大水平位移随时间逐渐增加，9 月 20 日至 9 月 24 日的最大水平位移增量小于 9 月 17 日至 9 月 20 日，最大水平位移逐渐趋于稳定；S1～S3 桩完成后初期（9 月 14 日、9 月 17 日）DB1 的水平位移最大，后期 DB6 的水平位移最大，与沉降规律基本一致，符合离 MJS 工法桩越近受影响越大的规律；MJS 工法桩施工过程对地表水平位移的影响总体较小，最大水平位移约为 0.68mm。

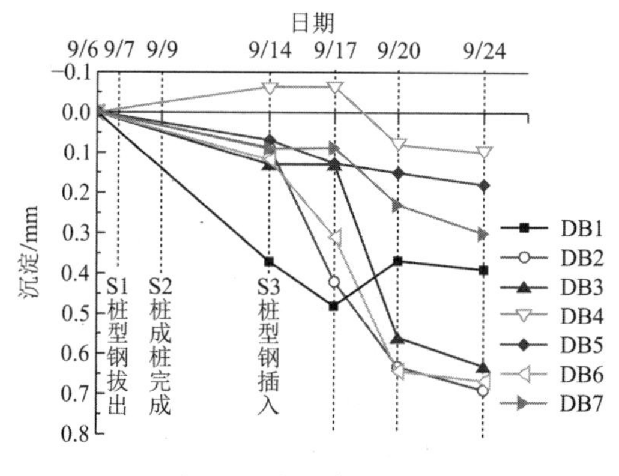

图 6　地表沉降变化曲线

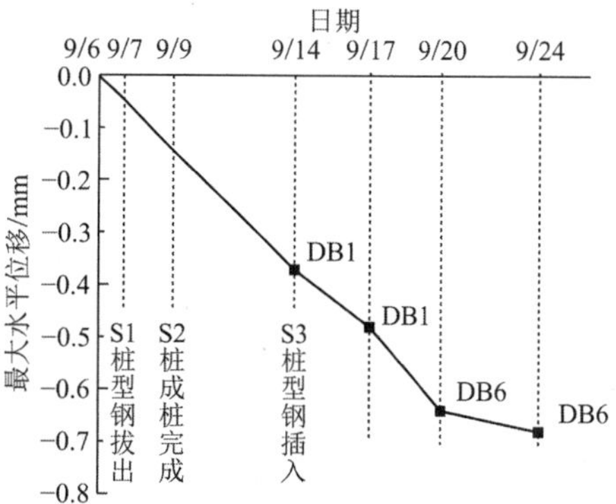

图 7　地表最大水平位移

4 结论

依托杭州某地铁联络通道基坑工程，设计了 3 组试桩方案，针对护壁方法、喷浆时长和型钢插入准备时长对杭州典型粉土粉砂地层中 MJS 工法桩的成桩质量及成桩对周边环境的影响开展了现场成桩试验，得到以下几点结论：

（1）添加膨润土的泥浆护壁可以有效减小钻杆扭转阻力，提高引孔效率；控制喷浆时长为 6h40min（喷浆流量为 127～150L/min），缩短型钢插入准备时长至 48min，能使型钢插入深度达到 13m。

（2）采用喷浆压力 40MPa、水灰比 1∶1、水泥掺量≥35%和地内压力系数 1.3～1.5 的施工参数，能实现成桩的连续性，桩身抗压强度达到 1.5MPa 以上，渗透系数小于 10^{-7}cm/s，型钢插入后的止水效果未受影响。

（3）试桩引起的周边地表最大沉降与最大水平位移分别约 0.69mm 和 0.68mm，MJS 工法桩施工对周边环境的影响较小。

参考文献

[1] NAKASHIMA S, NAKANISHI W. All-around type reinforcing and consolidating method in the ground and apparatus there of U.S.Patent 5,401,121[P]. 1995-3-28.

[2] 张志勇，李淑海，孙浩. MJS 工法及其在上海某地铁工程超深地基加固中的应用[J]. 探矿工程(岩土钻掘工程), 2012, 39(7): 41-45.

[3] 徐宝康. MJS 工法在邻近地铁车站的深基坑中的工程实践[J]. 建筑施工, 2015, 37(7): 781-783.

[4] 洪成泼. 上海软土地层 MJS 工法施工及应用研究[D]. 杭州：浙江大学, 2017.

[5] 谢东武. 盾构隧道穿越历史建筑的监测与变形控制[J]. 地下空间与工程学报, 2015 , 11(6): 1533-1538.

[6] 张子新，李佳宇. MJS 法地基处理技术综述与应用[J]. 土木建筑与环境工程, 2017, 39(6): 1-11.

[7] 上海市住房和城乡建设管理委员会. 全方位高压喷射注浆技术标准: DG /TJ 08-2289—2019[S]. 上海：同济大学出版社, 2019.

[8] 邓指军，王如路. 地铁隧道高压喷射注浆技术试验研究[J]. 地下空间与工程学报, 2015, 11(3): 564-567.

[9] 叶琪，王国权，杨兰强，等. 宁波软土地区 MJS 工法桩施工对临近既有建筑物的影响分析[J]. 隧道建设(中英文), 2017, 37(11): 1379-1386.

[10] 梁利，李恩璞，王庆国，等. MJS 工法在轻轨车站换乘通道中的工程实践[J]. 地下空间与工程学报, 2012, 8(1): 135-139.

[11] 陈仁朋，张品，刘湛，等. MJS 水平桩加固在盾构下穿既有隧道中应用研究[J]. 湖南大学学报(自然科学版), 2018, 45(7): 103-110.

[12] 张品，钟志全，陈仁朋，等. MJS 桩加固对上覆地铁运营隧道影响研究[J]. 地下空间与工程学报, 2019, 15(4): 1164-1171.

[13] 张文博，张康，陈卫军. MJS 工法在富水砂层隧道密贴下穿既有车站工程中的应用[J]. 现代城市轨道交通, 2018(10): 35-38.

[14] 张天宇，李卓文，张秀川，等. MJS 工法桩在软土地区复杂深基坑止水帷幕中的应用[J]. 天津建设科技, 2020, 30(2): 49-51.

[15] 费曜侃. MJS 工法在复杂环境下基坑止水帷幕围护缺陷补强加固的应用分析[J]. 建筑科技, 2019, 3(3): 125-127.

[16] 王元满，乔华山，王中兵. MJS 工法在世纪汇广场深基坑修复加固中的应用[J]. 工程勘察, 2013(增 1): 163-167.

[17] 吴楠，韩爱民. 基于地铁喷射注浆系统的止水帷幕试验研究[J]. 地下空间与工程学报, 2010, 6(4): 711-716.

[18] 中华人民共和国住房和城乡建设部. 建筑基坑工程技术规程: DB33/T 1096—2014[S]. 北京：中国建筑工业出版社, 2014.

深厚软弱土基坑墙底抗隆起稳定性验算的探讨

童　磊，刘兴旺，袁　静，李冰河，陈　东
（浙江省建筑设计研究院，浙江 杭州 310006）

摘　要：在深厚软弱土深基坑设计中，基坑墙底抗隆起验算是一项重要的内容。首先比较了不同规范规程对基坑抗隆起稳定性的典型验算方法，然后引入围护墙入土深度、墙底以上土体抗剪强度对基坑抗隆起稳定性的影响，并且介绍了相应的验算改进方法，为计算抗隆起稳定性提供了更为合理的方法，并且计算简便，易于工程技术人员使用。最后通过对浙江16个基坑工程实例计算表明，验算改进方法计入有利因素的影响，抗隆起稳定安全系数相应增加，证实了改进验算方法的合理性。

关键词：抗隆起稳定性；软弱土；地基承载力

近10年来随着经济的发展，城市空间愈来愈紧张，涌现出了大量的深基坑工程。随着开挖深度的增加，基坑内外的土面高差不断增大，当开挖到一定深度，基坑内外土面高差所形成的加载和地面各种超载的作用，就会使围护墙外侧土体产生向基坑内的移动，使基坑坑底产生向上的隆起，同时在基坑周围产生较大的塑性区，并引起地面沉降。因此，基坑抗隆起验算是基坑工程设计中一项重要的内容，特别对软土深基坑尤为重要。正确计算基坑抗隆起安全系数具有保证基坑稳定和控制变形的重要的实践和经济意义。

目前已有的基坑抗隆起稳定性分析验算方法大致可以归纳为：极限平衡法、极限分析法、常规位移有限元法以及经验公式法。在国内基坑工程实践中，目前常用的是能同时考虑土体c、φ值的抗隆起稳定性分析方法，即墙底地基极限承载力模式和墙底圆弧滑动模式[1]。

在浙江滨海滨湖地区，软弱土层深厚，采用排桩、连续墙等围护结构施工基坑时，围护结构插入强度较高的土层。基坑抗隆起稳定安全系数成为决定插入比的主要参数。但目前按照地基承载力模式计算的安全系数既没有考虑挡墙入土深度对安全系数的影响，也没有考虑墙底以上土体抗剪强度对抗隆起的影响，在实际应用过程中普遍认为偏保守。在浙江地区实际工程中，按浙江省工程建设标准《建筑基坑工程技术规程》DB33/T 1008—2000[2]地基承载力模式计算的抗隆起稳定安全系数，如墙底位于软弱土层中，抗隆起稳定安全系数经常不能满足第9.2.3.1条分项系数不小于2.0的要求。而将挡墙穿越深厚软弱土，进入强度较高土层或岩层显然也不经济。由于没有找到科学准确的计算公式，合理的基坑排桩插入比一直未有定论，目前浙江地区围护结构在深厚软弱土中插入比为1.8～2.3，基坑多数并未出现失稳。由于插入比大小对基坑造价影响非常大，因此寻找合理、准确、简便的计算公式对本地区基坑围护工程意义重大。

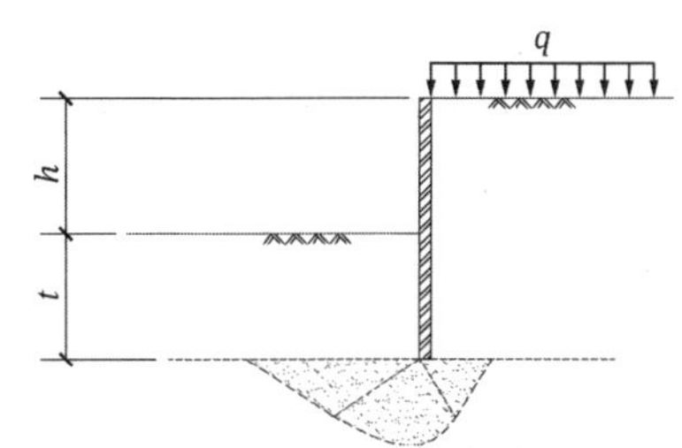

图1　围护墙底地基承载力验算图

在浙江省工程建设标准《建筑基坑工程技术规程》修订之际，笔者收集浙江地区大量软弱土地区基坑工程实例对基坑抗隆起稳定进行分析。尝试探讨可行的墙底地基极限承载力抗隆起计算模型（图1），建立相应的计算公式，对各参数敏感性作了分析，并利用浙江地区基坑工程实例对公式进行了验证。

1 现有验算方法

（1）地基极限承载力公式

Prandtl 与 Terzaghi 以浅基础半无限土体为研究对象，根据极限平衡理论对地基极限承载力进行了研究，得出相似的地基极限承载力公式[3]：

$$P_u = Y_1 t N_q + c N_c \tag{1}$$

式中，Y_1为坑内墙底以上各土层天然重度加权平均值；t为围护墙入土深度；c，φ为土的黏聚力和内摩擦角；N_q，N_c为地基土承载力系数；$N_c = (Nq - 1)\cot\varphi$，$N_q$计算方法如下。按 Prandtl 理论：

$$N_q = e^{\pi\tan\varphi}\tan^2(45° + \varphi/2) \tag{2}$$

按 Terzaghi 理论：

$$N_q = \frac{e^{\left(\frac{3}{2}\pi-\varphi\right)\tan\varphi}}{2\cos^2(45° + \varphi/2)} \tag{3}$$

（2）浙江省规程公式

目前浙江省《建筑基坑工程技术规程》DB33/T 1008—2000[3]抗隆起围护墙底地基承载力采用 Prandtl 公式：

$$\gamma_0\gamma_z = \frac{P_u}{\gamma_2(h+t)+q} \tag{4}$$

式中，γ_2为坑外墙底以上各土层天然重度加权平均值；h为基坑开挖深度；t为围护墙入土深度；q为坑外地面荷载；γ_0为基坑安全等级重要性系数；γ_z为隆起抗力分项系数，不小于 2.0。

（3）国家规范公式

《建筑基坑支护技术规程》JGJ 120—2012[4]抗隆起围护墙底地基承载力采用 Prandtl 公式：

$$K_b = \frac{\gamma_1 t N_q + c N_c}{\gamma_2(h+t)+q} \tag{5}$$

式中，K_b为隆起抗力分项系数，一级、二级、三级支护结构K_b不小于 1.8、1.6、1.4。

《建筑地基基础设计规范》GB 50007—2011[5]抗隆起围护墙底地基承载力采用内摩擦角为零的 Prandtl 简化公式：

$$K_D = \frac{\gamma_1 t + c N_c}{\gamma_2(h+t)+q} \tag{6}$$

式中，K_D为隆起抗力分项系数，不小于 1.6，N_c =5.14，N_q =1。

（4）小议

根据以上介绍可以看出，目前主要规范都基本以 Prandtl 法或其简化公式作为隆起验算依据，其区别主要为安全度取值高低不同。

但对具体工程而言，Prandtl 理论和 Terzaghi 理论都是以浅基础为研究对象，同时进行了过分的简化，滑动区被假定与基础底面水平线相交，未延伸到坑底开挖面；忽略了围护墙入土深度、墙底到坑底间软土抗剪强度、坑底被动区地基加固处理等有利因素的影响；这些都与实际破坏情况有一定差别。

2 墙底以上土体破坏模式的选择

目前浙江地区软弱土基坑挡墙插入比普遍较深，入土深度为 1～2h，将 1～2h覆土忽略其抗剪强度显得保守，在实际工程设计中保留了较高的安全富余量，因抗隆起验算不满足而加大插入比，挡墙进入强度较高土层也不够经济。另外 2.0 的安全系数比《建筑基坑支护技术规程》及《建筑地基基础设计规范》的安全系数 1.6 高出 25%，多项基坑工程结果显示，虽然一些软弱土基坑不能满足规范要求的墙底抗隆起安全系数，但监测数据显示基坑是稳定安全的，故将上覆土抗剪强度有利影响计入目前计算方法有其合理性。

计入上覆土抗剪强度后的破坏面有 3 种可能的模式：Meyehoff 破坏模式、被动破坏模式和直剪破坏模式，如图 2 所示。

针对 Prandtl 与 Terzaghi 承载力理论的局限性，Meyehoff 假定滑动面延伸到地表面，使地基土的塑性平衡区随地基埋深增加到最大，用简化的方法推出条形基础在中心荷载作用时均质地基的极限承载力公式，如图 2 中模式①所示。

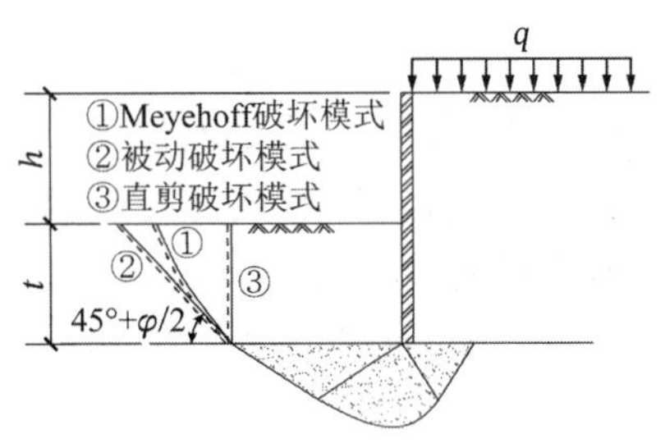

图 2　计入上覆土抗剪强度后的 3 类破坏模式

被动破坏模式是假设墙底以上土体受到隆起土体传来的荷载，沿与坑底成（45°+φ/2）的斜截面破坏，如图 2 中模式②所示。

直剪破坏模式是假设墙底以上土体受到隆起土体传来的荷载，沿 90°铅直面自下而上破坏，如图 2 中模式③所示。

Meyehoff 假定因实际使用过程中滑裂破坏角的计算不够简便，故目前在实际工程验算中较少采用。另外被动破坏模式假定破坏面较大，获得的有利影响最大，由此推得的安全系数偏不安全。

相较而言，采用直剪破坏模式在 3 种模式中破坏面最短，是破坏发生可能性较高的一种模式，即安全系数最小的破坏模式，既可以考虑上覆土抗剪强度有利影响，得到的安全系数也偏安全。所以本文采用第 3 种直剪破坏模式建立抗隆起分析模型。

3　模型的建立

根据以上分析，土的抗剪强度可近似地将直剪段土体黏聚力替代计入有利影响，故可以得到改进公式为

$$\gamma_0\gamma_z = \frac{P_u + ct}{\gamma_2(h+t)+q} \tag{7}$$

式中，新增分量ct即直剪段土体黏聚力，如被动区土体已做加固，可考虑折减采用加固后土体的黏聚力。

4　模式的验证

下面以工程实例应用本文给出的改进公式［式(7)］与浙江省规程公式［式(4)］的比较，对比分析研究公式的准确性和适用范围。

以乐清丽都华府基坑工程为例。该地层的物理力学参数如表 1 所示。该基坑的围护结构采用 600mm

直径钻孔灌注桩，基坑挖深 5.0m，围护桩实际入土深度 12m，插入比 2.4，$\gamma_0=1.0$。

土层物理力学参数 表 1

土层	层厚/m	重度/（$kN\cdot m^{-3}$）	内摩擦角/°	黏聚力/kPa
天然土	0.3	18.0	8.0	10.0
黏土	1.7	17.4	31.6	12.8
淤泥 1	10.0	15.7	6.5	10.0
淤泥 2	10.0	15.5	6.8	11.0

假定开挖深度不变，图 3 给出了安全系数与插入比间的关系。从图 3 可以看出，因为计入了墙底以上土体抗剪强度的有利影响，改进公式［式(7)］计算得到的抗隆起稳定安全系数总体比浙江规程公式高 26%～30%。浙江省规程公式与改进公式计算得到的抗隆起稳定安全系数都能考虑桩长增加、插入比增大对安全系数的有利影响。随着插入比的增加，安全系数增长幅度趋缓，但改进公式得出的安全系数受插入比影响更大，插入比为 1.2 时，改进公式得出的安全系数比浙江省规程公式高 0.31，插入比为 3.0 时，改进公式得出的安全系数比浙江省规程公式高 0.45。

图 4 反映了淤泥层黏聚力进行折减后安全系数与黏聚力的关系，可以看出黏聚力的增长对改进公式［式(7)］计算得到的安全系数影响更大。

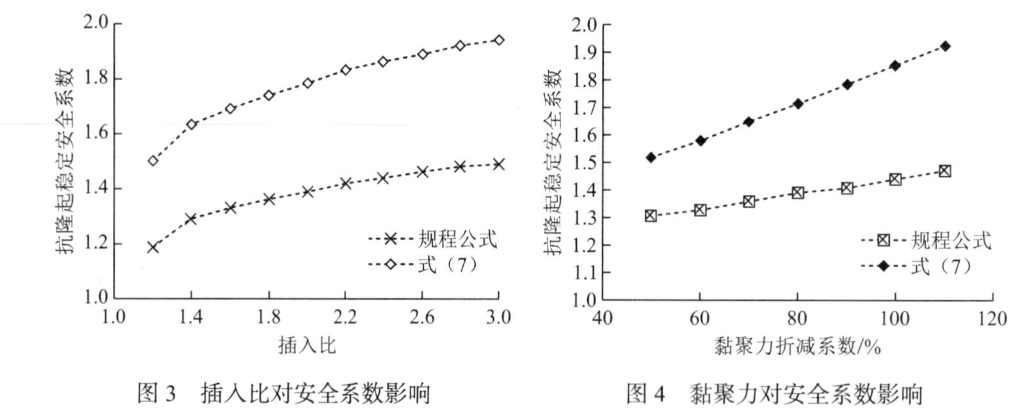

图 3　插入比对安全系数影响　　图 4　黏聚力对安全系数影响

图 5 反映了淤泥层内摩擦角进行折减后安全系数与黏聚力的关系，因为只有在地基极限承载力P_u的计算里考虑了内摩擦角的影响，故内摩擦角变化对两种公式计算结果影响是一致的，两结果间的差异恒定为$\frac{ct}{\gamma_2(h+t)+q}$。

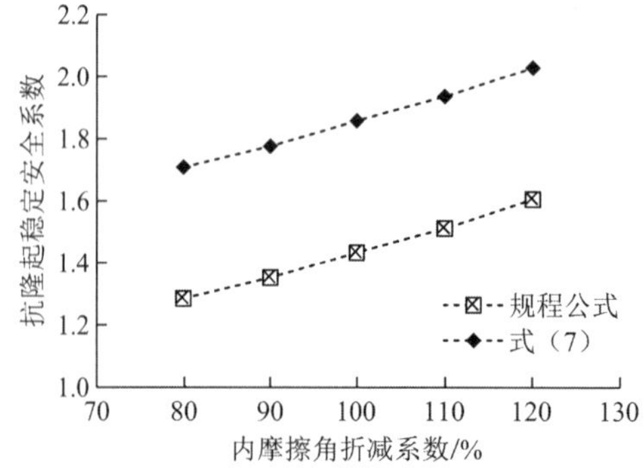

图 5　内摩擦角对安全系数的影响

本文用浙江省规程方法［式(4)］和改进公式［式(7)］计算围护桩悬浮于软弱土层中的几个基坑实例抗隆起安全系数。对比显示于表 2 和图 6 中。

浙江地区基坑工程抗隆起稳定计算结果　　表 2

序号	项目名称	开挖深度/m	插入比	土体力学参数		安全系数		备注
				黏聚力/kPa	摩擦角/°	规程	本文	
1	湖州憩园小区	4.95	2.30	9.5	6.6	1.38	1.74	已完工
2	乐清丽都华府	5.00	2.40	11.0	6.8	1.44	1.86	已完工
3	华联万豪酒店	11.6	0.77	5.0	19.0	1.44	1.54	已完工
4	乐清长途车站	5.80	2.40	10.0	7.0	1.47	1.86	已完工
5	乐清游泳馆	5.10	2.30	10.0	7.0	1.48	1.87	已完工
6	北仑人民医院	4.30	1.98	9.5	9.2	1.51	1.84	已完工
7	绍兴嘉悦广场	6.35	1.94	10.0	6.0	1.52	1.87	已完工
8	杭州杨家村安置房	7.00	1.43	16.0	8.7	1.58	2.10	已完工
9	绿都湖滨花园	6.05	2.02	11.0	7.9	1.58	1.97	已完工
10	温州广化路 C 地块	7.60	2.00	10.0	8.0	1.59	1.97	已完工
11	温州皇家酒店	8.35	1.70	10.0	7.0	1.62	1.96	已完工
12	温州广化路 A 地块	6.50	2.00	10.0	9.0	1.66	2.04	已完工
13	杭政储出（2007）3 号地块	7.00	2.00	16.1	6.3	1.67	2.24	已完工
14	万坤西溪	4.85	1.55	8.0	10.0	1.68	1.95	已完工
15	镇海传化物流信息港	8.80	1.31	17.5	10.5	1.76	2.29	已完工
16	宁波万达广场	11.0	1.50	14.0	12.0	2.00	2.45	已完工

图 6 中深色纵坐标显示由浙江省规程公式［式(4)］计算得到的安全系数，浅色纵坐标显示改进公式［式(7)］对安全系数的增量，纵坐标总长度即改进公式计算所得的安全系数。由表 2 及图 6 可见，以上基坑工程除宁波万达广场外，如按浙江省规程公式计算的安全系数为 1.38～1.76，没有满足 2.0 的规程要求且差距较大。按改进公式计算，考虑土体抗剪强度后，抗隆起安全系数根据插入比、黏聚力的不同提高了 16%～33%，部分规程要求的未达到 2.0，但基本都接近 2.0，实际施工时基坑变形良好，未在施工期间发生隆起变形破坏，证明将上覆土抗剪强度有利影响计入目前计算方法有其合理性。

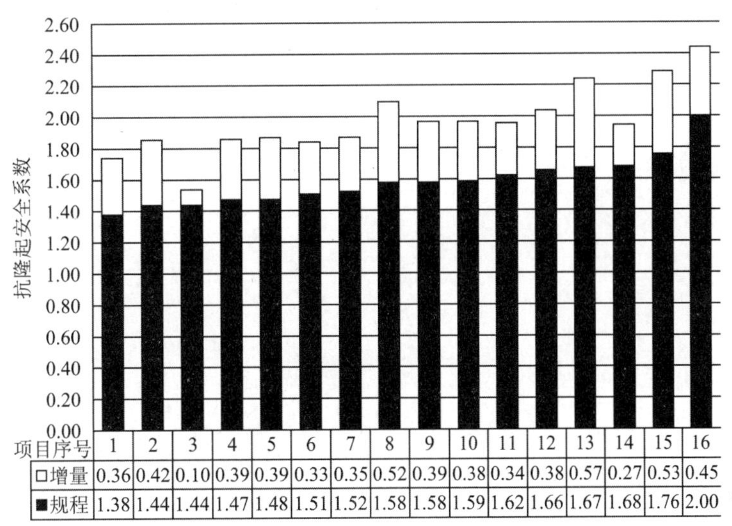

图 6　改进公式对安全系数的增量

5 结语

在深厚软弱土深基坑设计中，基坑抗隆起验算是一项重要的内容。在计入墙底以上土体破坏抗剪强度有利影响后，直剪破坏模式是发生可能性较高的一种。通过对浙江几个基坑工程实例计算表明，计入有利因素的影响，抗隆起稳定安全系数增加 16%～33%，且贴近规范要求的安全系数，实际施工也表明基坑处于安全状态，证实了改进计算方法的合理性，计算方法较为简单易行。

参考文献

[1] 刘国彬, 王卫东. 基坑工程手册[M]. 2 版. 北京: 中国建筑工业出版社, 2009: 136-142.

[2] 浙江省工程建设标准. 建筑基坑工程技术规程:DB33/T 1008—2000[S]. 杭州: 浙江省住房和城乡建设厅, 2000.

[3] 龚晓南. 土力学[M]. 北京: 中国建筑工业出版社, 2002: 186-190.

[4] 中华人民共和国住房和城乡建设部. 建筑基坑支护技术规程: JGJ 120—2012[S]. 北京: 中国建筑工业出版社, 2012.

[5] 中华人民共和国住房和城乡建设部. 建筑地基基础设计规范: GB 50007—2011[S]. 北京: 中国建筑工业出版社, 2011.

考虑开挖卸荷影响的桩侧摩阻力等效计算方法

周平槐[1,2]，杨学林[1]

（1. 浙江省建筑设计研究院，浙江 杭州 310006；2. 浙江大学岩土工程研究所，浙江 杭州 310058）

摘　要：基坑开挖后的卸荷回弹会导致桩侧摩阻力减小，但这一影响仅局限于基坑底部一定深度范围内。在计算开挖后的桩侧摩阻力时，可将卸荷视为作用在坑底的均布上拔荷载。当荷载作用在地表以下，土体附加应力应采用Mindlin应力解。定义基于Mindlin应力解计算开挖后桩侧摩阻力与开挖前变化为 5%时的深度为开挖影响计算深度H_c，开挖深度和宽度对H_c的影响明显，土体内摩擦角的影响较小，而泊松比的影响可以忽略。据此推导出H_c的计算公式。开挖卸荷导致的竖向附加应力，Boussinesq解求得的结果大于Mindlin解，但随着深度增加，两者差异逐渐减小。分别针对开挖深度、宽度和内摩擦角不同取值的216种组合进行计算，结果表明，H_c范围内基于Mindlin解求得的桩侧摩阻力与基于Boussinesq解的比值ω最大为1.124，最小为1.001。工程实践中为偏于安全，可直接采用Boussinesq解进行桩侧摩阻力计算。

关键词：开挖卸荷；均布上拔荷载；Mindlin解；Boussinesq解；开挖影响计算深度；桩侧摩阻力

沿海软土地区由于受到施工场地和地基条件的限制，桩基础往往先于基坑开挖而施工。静载试验时基桩伸至地面，坑底到地表范围内桩身有土体的侧向约束；而正常使用阶段，土体已经开挖至基础底板底或承台底。大面积、大深度开挖引起的土体卸荷回弹势必对已存在的坑底桩基产生影响[1-3]。所以，试桩承载力可能会高于实际桩承载力，导致工程安全度不足。

上覆土层大面积深开挖后，开挖面以下土体竖向应力减小，导致桩-土界面法向应力降低，桩周土体应力场和位移场发生改变。针对土体位移作用下被动桩与周围土体相互作用机制方面，已有学者展开了大量的研究，主要集中于隧道开挖或基坑开挖对邻近桩基础的影响，并取得了一定的研究成果。然而，针对基坑开挖与坑底桩基础的相互作用的研究尚不系统。

黄茂松等[4]应用Mindlin应力解考虑土体开挖卸荷在开挖面下引起的附加应力，推导出开挖条件下抗拔桩承载力的简化计算公式，分析结果表明，抗拔桩承载力损失比随开挖半径的增大而增大，随有效桩长增长而减小。郑刚等[5]对超深开挖对抗压单桩的竖向荷载传递及沉降的影响机制进行了有限元分析，认为超深开挖将导致桩的极限承载力降低，竖向刚度减小，桩的侧摩阻力完全发挥时需要的桩土滑移量增大；并采用离心机模型试验对砂土中的光滑桩和粗糙桩在原型开挖为 20m 条件下抗压承载力进行研究，试验表明，深开挖对于光滑桩可以显著减小桩的承载力和刚度，同时也观察到桩在开挖后有明显的桩身拉力。王卫东等[6]通过上海世博 500kV 地下变电站抗拔桩的实测结果分析，提出了一种双套管法实现开挖段侧摩阻力的扣除，得到有效桩长的抗拔承载力，采用有限元法和基于Mindlin解的简化分析方法预估大面积深开挖土体卸荷引起抗拔桩承载力损失比例，并分析了开挖卸荷土体回弹对桩身产生的预拉力，指出深开挖的桩身设计应进行开挖过程及正常使用阶段两个方面的抗拉强度验算。罗耀武[7]进行了砂土中基坑开挖对抗拔桩极限承载力影响的模型试验，试验过程中考虑了不同开挖直径、深度、坑底以下有效桩长的影响。陈明[8]应用Mindlin应力解计算开挖卸荷在开挖面下引起的附加应力，建立了深开挖下抗压桩极限承载力的解析算法。龚晓南等[9]分别用简单公式法和Mindlin应力解法给出了增层开挖前后桩侧极限阻力的计算公式。

Mindlin 解针对的是荷载作用在半无限空间内部，而 Boussinesq 解则是作用在半无限空间的表面，Boussinesq 解是 Mindlin 解的一种特例。Mindlin 解计算成本较大，不便于实际工程采用，如果能得到基于 Boussinesq 解的开挖后桩侧摩阻力等效计算公式，则可以通过查阅规范快速算出开挖卸荷导致的桩侧摩阻力损失。本文将开挖卸荷直接视为作用在坑底的均布上拔荷载，分析了主要开挖参数和土体参数等对开挖计算深度的影响，比较了基于 Boussinesq 解的桩侧摩阻力计算结果和基于 Mindlin 解结果的差异，为工程设计提供参考。

1　条形开挖卸荷引起的竖向附加应力

假定作用在地表的条形均布荷载为p，宽度为a，则根据 Boussinesq 解，荷载边缘上深度z处引起的竖向附加应力为

$$\sigma_{zB}=\frac{p}{\pi}\left[\frac{aZ}{a^2+Z^2}+\arcsin\frac{a}{\sqrt{a^2+Z^2}}\right] \tag{1}$$

如果条形荷载作用在地表以下h处，则根据 Mindlin 解，荷载边缘上距地表深度z处引起的竖向附加应力为[10]

$$\sigma_{zM}=\frac{p}{4\pi(1-\mu)}\left\{2(1-\mu)\left(\arctan\frac{a}{Z_1}+\arctan\frac{a}{Z_2}\right)+\frac{aZ_1}{r_1^2}+\frac{a[h+(3-4\mu)Z]}{r_2^2}+\frac{4ahZZ_2}{r_2^4}\right\} \tag{2}$$

式中：$Z_1=Z-h$；$Z_2=Z+h$；$r_1^2=a^2+Z_1^2$；$r_2^2=a^2+Z_2^2$；μ为泊松比。

龚晓南等[9]认为，利用 Mindlin 应力解计算土体内部某深度Z处的竖向附加应力时，上部土体的自重作用仍然存在，所以在计算开挖卸荷引起坑底土体的竖向附加应力时，应在土体还没开挖的情况下，分别计算每个微小单位厚度$\mathrm{d}h$的土体由于土体自身卸载$\gamma\mathrm{d}h$引起土层某深度Z处的竖向有效应力减小量，再在土体最终开挖深度H_e范围内积分，得到土体开挖后造成总的竖向附加应力减小量，如图 1（a）所示，称之为分层积分法。

开挖宽度为 2a，忽略桩体的存在对土体中应力的影响。在地表下深度h处取微小厚度$\mathrm{d}h$的土体，开挖这部分土体引起的卸载量为$\gamma_s\mathrm{d}h$，将$p=\gamma_s\mathrm{d}h$代入式(2)可得开挖这部分土体引起开挖中心距地表深度Z处的竖向应力减少量为

$$\Delta\sigma_Z=\frac{\gamma_s\mathrm{d}h}{2\pi(1-\mu)}\left\{2(1-\mu)\left(\arctan\frac{a}{Z_1}+\arctan\frac{a}{Z_2}\right)+\frac{aZ_1}{r_1^2}+\frac{a[h+(3-4\mu)Z]}{r_2^2}+\frac{4ahZZ_2}{r_2^4}\right\} \tag{3}$$

开挖深度H_e对应总的竖向有效应力减少量为

$$p_e=\int_0^{H_e}\Delta\sigma_z=\frac{\gamma_s}{\pi}\left[H_e\arctan\frac{a}{Z_1}-\frac{a}{2}\ln(r_1^2)+Z\arctan\frac{Z_1}{a}+H_e\arctan\frac{a}{Z_2}+\frac{a}{2}\ln(r_2^2)-Z\arctan\frac{Z_2}{a}\right]+\frac{\gamma_s}{2\pi(1-\mu)}\left[\frac{a}{2}\ln(r_2^2)-\frac{a}{2}\ln(r_1^2)-\frac{2aH_eZ}{r_2^2}+2Z(1-2\mu)\left(\arctan\frac{Z_2}{a}-\arctan\frac{Z}{a}\right)\right] \tag{4}$$

黄茂松等[4]、陈明[8]则是直接将基坑开挖卸荷视为作用在基坑底的均布上拔荷载，大小为$p=\gamma_sH_e$。同样根据 Mindlin 解，开挖后坑底土体竖向附加应力可直接采用式(3)计算，将H_e代替$\mathrm{d}h$，无需积分。如图 1（b）所示，称之为坑底荷载法。

假定土体为单一土层，土体有效重度取 8kN/m^3，泊松比取 0.35，内摩擦角为 20°。开挖深度为 5m，开挖宽度$A=2a=20$m。分别用式(3)坑底荷载法和式(4)分层积分法计算开挖后坑底土体卸荷引起的竖向附加应力，结果如图 2 所示。可以看出，两者变化趋势基本相同，但坑底荷载法对应的卸荷竖向附加应力大于分层积分法结果；在坑底处坑底荷载法结果约为分层积分法的 1.20 倍，而在距坑底 1 倍开挖深度处约为 1.30 倍，越往深处比值越大。

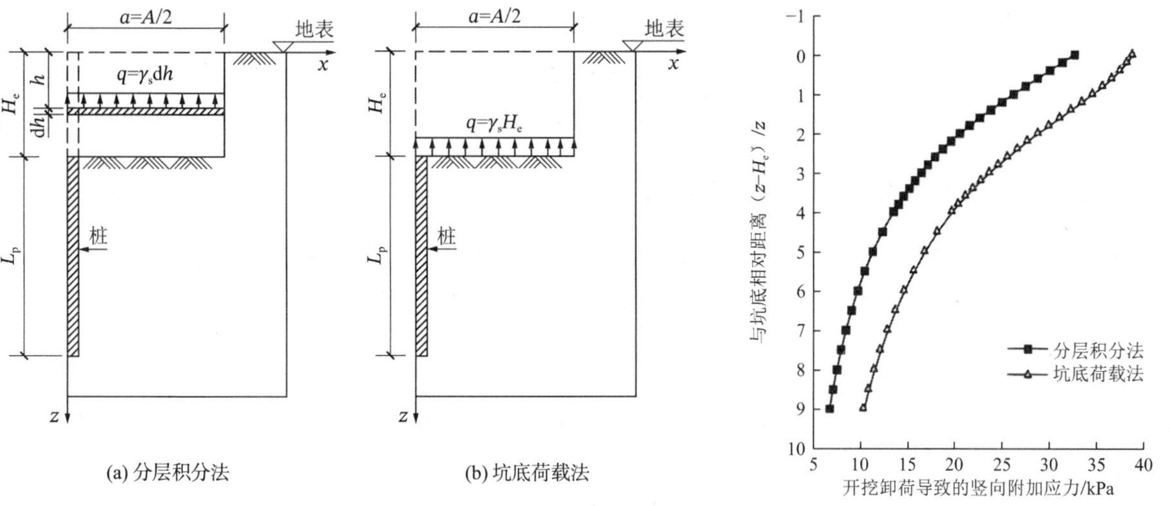

图 1　开挖卸荷的两种不同计算模式

图 2　不同计算模式下卸荷引起的竖向附加应力

相比分层积分法，坑底荷载法计算卸荷引起的竖向附加应力计算时少一次积分，计算简单；坑底荷载法算得的竖向应力较小，横向应力随之也小，则桩基侧摩阻力也偏小。因此，针对工程应用而言，可采用偏于保守的坑底荷载法计算开挖后的桩侧摩阻力。

2　开挖后基于 Mindlin 解的桩侧摩阻力

计算桩侧摩阻力通常有三种方法：α法、β法和λ法，都是半经验公式，其中β法是 1968 年由 Chandler 提出[11]，假定沉桩过程中产生的孔隙水应力已完全消散，因此，又称为有效应力法。黏性土中桩侧单位面积摩阻力f_i的计算公式为

$$f_i = K_0 \tan\delta \cdot \sigma_v' = \beta\sigma_v' \tag{5}$$

式中：σ_v'为桩侧平均竖向有效应力；K_0为静止土压力系数；δ为桩-土接触面摩擦角。

β法表达了桩侧摩阻力与桩周竖向有效应力成正比的关系，具有明显的深度效应，计算公式简单，因此，选取β法计算桩侧摩阻力。

2.1　静止土压力系数 K_0

大面积深开挖将导致开挖面以下处于土体超固结状态。正常固结土的静止土压力系数$K_{0(NC)}$为常量；超固结土的静止土压力系数$K_{0(NC)}$受固结比OCR的影响，竖向应力和水平应力之间呈非线性关系。

在没有试验数据时，正常固结土的静止土压力，可根据 Jaky 提出的公式计算[12]：

$$K_{0(NC)} = 1 - \sin\phi' \tag{6}$$

超固结土的静止土压力系数，根据 Mayne&Kulhawy 提出的公式计算[13]，可取

$$K_{0(OC)} = K_{0(NC)} OCR^{\sin\phi'} \tag{7}$$

式中：ϕ'为土体有效内摩擦角；固结比OCR为开挖前、后竖向应力之比。

此外，已有研究成果表明，土体被动土压力系数K_p为超固结土静止土压力系数的上限值[14、15]。通过K_p可以计算出OCR的临界值OCR_{lim}。当土体竖向卸荷程度较大，超固结比大于OCR_{lim}时，土体将会产生被动破坏。

被动土压力系数为

$$K_p = \tan^2\left(45 + \frac{\phi'}{2}\right) \tag{8}$$

将式(8)代入式(7)可得土体固结比OCR的临界值为

$$OCR_{\lim} \left[\frac{1+\sin\phi'}{(1-\sin\phi')^2}\right]^{(1/\sin\phi')} \tag{9}$$

2.2 开挖后基于 Mindlin 解的桩侧阻力

对于桩-土接触面摩擦角δ与土体内摩擦角ϕ的关系，Potyondy[16]认为，对于不同的桩土条件δ/ϕ可在0.6～0.9 之间取值；黄茂松等[4]对上海软土地区取$\delta = 0.6\phi$，桩侧注浆后近似取$\delta = 0.8\phi$，计算时取$\delta = 0.6\phi$。

开挖前桩侧阻力为

$$f_{i0} = K_{0(\mathrm{NC})}\sigma_{\mathrm{v0}} \tan(0.6\phi) = (1-\sin\phi')\gamma z \tan(0.6\phi) \tag{10}$$

开挖后桩侧阻力

$$f_{i1} = K_{0(\mathrm{OC})}\sigma_{\mathrm{v1}} \tan(0.6\phi) = (1-\sin\phi')OCR^{\sin\phi'}(\gamma z - p_{\mathrm{e}}) \tan(0.6\phi) \tag{11}$$

参照上述单一均质土层模型，计算开挖前、后桩侧单位面积摩阻力，结果如图 3 所示，在坑底处开挖前单位面积侧摩阻为 5.594kPa，开挖后为 0.514kPa，减少了 91%；固结比也超过了临界固结比。随着深度的增加，开挖前、后桩侧摩阻力差异也越来越小，固结比迅速减小。不同深度处对应结果如表 1 所示，可以看出，距坑底 0.1 倍开挖深度处固结比降到了 8.043，1 倍开挖深度处则降到了 1.763；而 1 倍开挖深度处开挖后单位面积摩阻力减少 31%，4 倍开挖深度处仅减少 6.6%。

不同深度处桩侧单位面积摩阻力 **表 1**

与坑底相对距离$(z-H_{\mathrm{e}})/H_{\mathrm{e}}$	开挖前侧摩阻力/kPa	固结比	开挖后侧摩阻力/kPa
0.0（坑底）	5.594	27.325	0.514
0.1	6.154	8.043	1.561
0.5	8.392	2.617	4.456
1.0	11.189	1.763	7.706
2.0	16.783	1.316	14.007
4.0	27.972	1.110	26.118

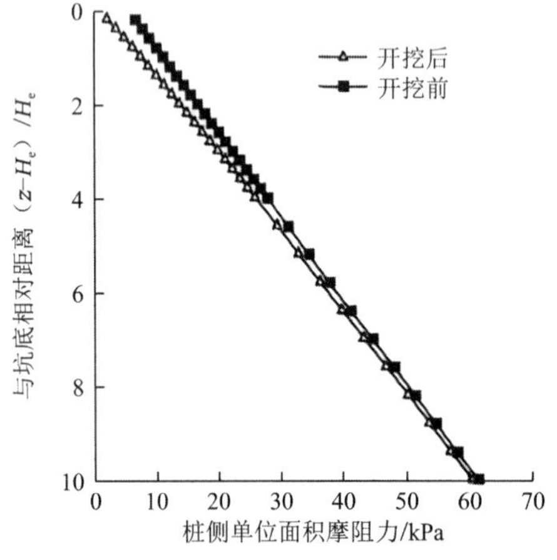

图 3 开挖前、后桩侧摩阻力比较

3 开挖影响计算深度 H_c

当基坑开挖时，位于基坑底部被动区的土体由于上部土体的卸除，在一定深度范围内将会产生回弹变形，其应力场和土体的强度也会发生变化。研究发现，这一变化仅局限在开挖基坑底部一定深度范围内，并称这一改变土体性状的深度范围为卸荷影响深度。图 3 也表明，随着深度的增加，开挖前、后的桩侧摩阻力变化越来越小。

李超[17]通过研究认为，基坑大面积开挖均匀卸荷的情况下，坑底土体回弹变形的极限深度为 $2H_e$，并认为实际工程中基坑回弹变形的极限深度为 $1.5H_e$。刘国彬等[18]建议将残余应力系数为 0.95 时的深度作为开挖卸荷影响深度，并根据上海地区大量工程实例得出如下经验公式

$$H = \frac{H_e}{0.0612H_e + 0.19} \tag{12}$$

基于 Mindlin 解计算开挖后桩侧摩阻力时，也只需要计算一定深度范围即可，该深度称为开挖影响计算深度H_c，并定义为开挖前后侧摩阻变化率为 5%时对应的深度。

由式(3)、式(10)、式(11)可知，影响桩侧摩阻力的因素主要有开挖深度H_e、开挖宽度 $2a$、土体内摩擦角ϕ和泊松比μ。通过逐一讨论各参数对H_c的影响，近似得出H_c的计算公式。同时为了避免坑底处卸荷附加应力大于自重应力，从距坑底 $0.05H_e$处开始计算。

3.1 开挖深度 H_e 对开挖影响计算深度 H_c 的影响

选取开挖深度H_e = 4m、6m、8m、10m、12m、16m 等 6 种情况，分别计算开挖前、后桩侧摩阻力变化。不同开挖深度对应的桩侧摩阻力变化率随相对深度的曲线如图 4 所示，由图可以看出，在坑底处土体的单位面积侧摩阻力变化最大，变化率为 60%～96%；开挖越浅，开挖前桩侧摩阻力越小，变化率反而越大；在距坑底 $2H_e$处桩侧摩阻力变化率则急剧减小，在范围 7%～18%内，距坑底 $4H_e$处变化率在范围 2.3%～7.9%之间变化。

不同开挖深度对应的开挖卸荷计算深度　　表 2

开挖深度H_e/m	4	6	8	10	12	16
H_c/H_e	5.40	4.38	3.70	3.24	2.92	2.43

参照经验式(12)的形式，对表 2 开挖卸荷计算深度H_c与开挖深度H_e之间的关系进行拟合，如图 5 所示，拟合公式为

$$H_c = \frac{H_e}{0.0198H_e + 0.1073} \tag{13}$$

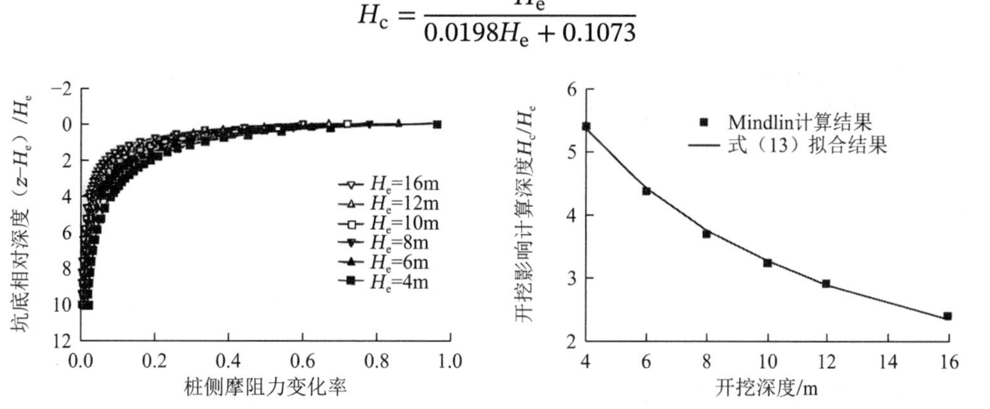

图 4　不同开挖深度对应的桩侧摩阻力变化率　图 5　开挖卸荷影响深度H_c与开挖深度H_e的关系

3.2 开挖宽度 $2a$ 对开挖影响计算深度 H_c 的影响

选取开挖宽度 $2a$ = 10m、20m、30m、40m、60m、80m 等 6 种情况，开挖深度H_e = 5m，计算开挖前、后桩侧摩阻力变化。不同开挖宽度对应的桩侧摩阻力变化率如图 6 所示，由图可以看出，开挖越宽，桩侧摩阻力的损失就越大；开挖宽度从 $2H_e$增加到 $4H_e$时，单位面积桩侧摩阻力损失变化明显；开挖宽

度从 $4H_e$增加到 $16H_e$时，侧摩阻力损失变化不再显著。

不同开挖宽度对应的开挖卸荷计算深度　　表 3

1/2 开挖宽度a/m	5	10	15	20	30	40
H_c/H_e	3.24	4.80	5.95	6.82	8.10	9.10

对表 3 开挖影响计算深度H_c和 1/2 开挖宽度a之间的关系进行拟合，如图 7 所示，拟合公式为

$$H_c = -5.066+5.471a^{0.258} \tag{14}$$

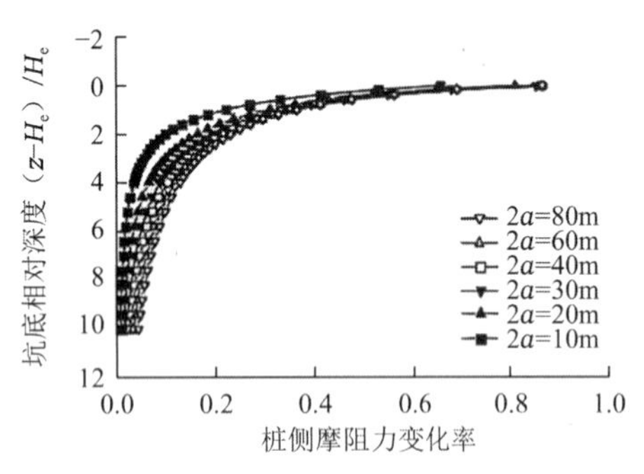

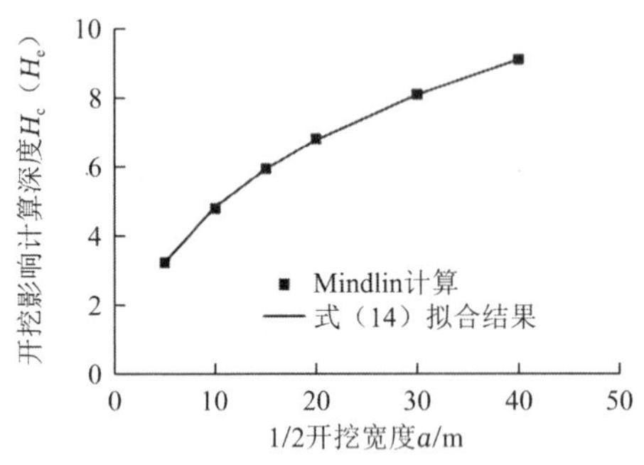

图 6　不同开挖宽度对应的桩侧摩阻力变化率　图 7　开挖卸荷影响深度H_c与 1/2 开挖宽度a的关系

3.3　内摩擦角 ϕ 对开挖影响计算深度 H_c 的影响

选取土体内摩擦角$\phi = 10°$、15°、20°、25°、30°和 35°等 6 种情况，开挖深度$H_e = 5$m，计算开挖前后桩侧摩阻力变化。不同内摩擦角对应的桩侧摩阻力变化率如图 8 所示，由图可以看出，内摩擦角越大，土质情况越好，则桩侧摩阻力损失越小。

不同内摩擦角对应的开挖卸荷计算深度　　表 4

内摩擦角/(°)	10	15	20	25	30	35
H_c/H_e	5.53	5.14	4.80	4.44	4.06	3.65

对表 4 开挖影响计算深度H_c和土体内摩擦角ϕ之间的关系进行拟合，如图 9 所示，拟合公式为

$$H_c = 6.275 - 0.074\phi \tag{15}$$

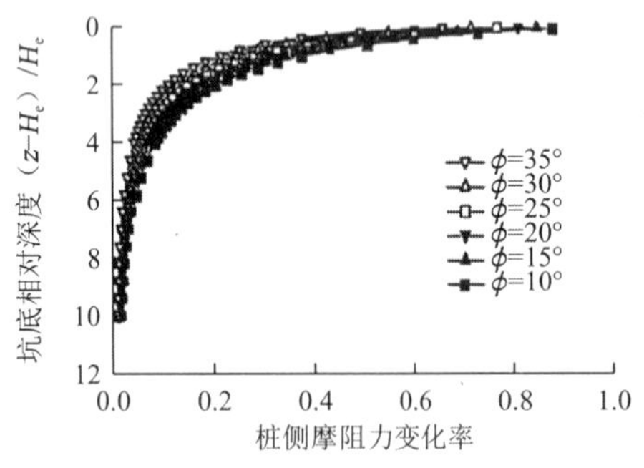

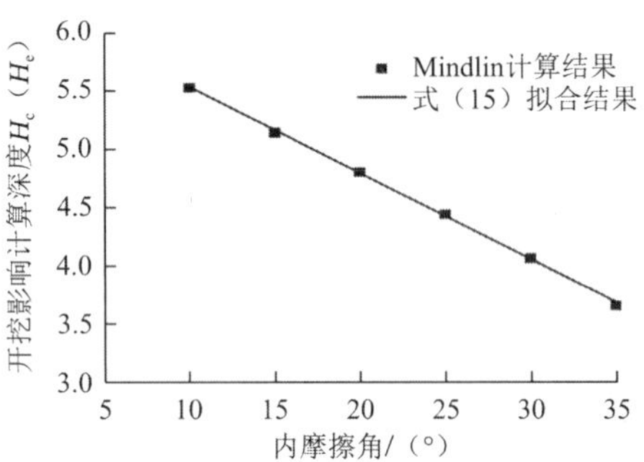

图 8　不同内摩擦角对应的桩侧摩阻力变化率　图 9　开挖卸荷影响深度H_c与内摩擦角ϕ的关系

3.4　泊松比 μ 对开挖卸荷计算深度 H_c 的影响

选取泊松比$\mu = 0.2$、0.25、0.3、0.35、0.4、0.45 等 6 种情况，计算开挖前、后桩侧摩阻力变化。不同泊松比取值对应的桩侧摩阻力变化率如图 10 所示，由图可以看出，泊松比从 0.20 增加到 0.45，坑底处水平应力变化率从 0.712 增加到 0.739,距坑底 1 倍开挖深度处水平应力变化率则从 0.290 增加到 0.305，增幅很小。因此，可以忽略泊松比变化对H_c的影响。

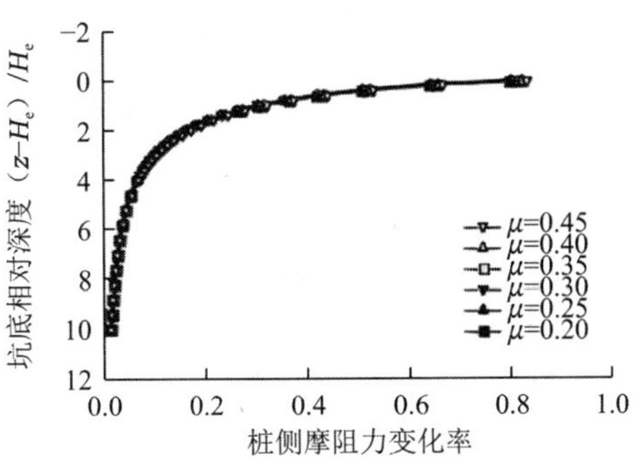

图 10 不同泊松比对应的桩侧摩阻力变化率

3.5 开挖卸荷计算深度 H_c

上述计算结果表明，开挖深度和宽度对H_c的影响明显，土体内摩擦角的影响较小，而泊松比的影响可以忽略。假定各因素对深度的影响相互独立，H_c由拟合公式(13)～式(15)相乘计算，同时为了使连乘后的结果与上述三式单独计算结果基本相同，尚应乘以折减系数 0.05。比如，当$H_e = 5$m、$a = 10$m、$\phi = 30°$时，式(13)～式(15)的结果分别为 4.847、4.844 和 4.055，三式连乘后结果为 95.210，乘以折减系数后为 4.760，与三式单独计算的较大值基本一致。

因此，综合考虑开挖深度、开挖宽度和土体内摩擦角的影响，开挖影响计算深度公式为

$$H_c = 0.05(6.275 - 0.074\phi) \cdot (-5.066 + 5.471a^{0.258}) \frac{H_e}{0.0198H_e + 0.1073} \tag{16}$$

4 考虑开挖卸荷影响的桩侧摩阻力等效计算方法

将开挖卸荷视作上拔均布荷载作用在坑底土体中产生的竖向附加应力，如果用 Boussinesq 解代替 Mindlin 解进行计算，则需对桩侧摩阻力的计算结果进行修正。图 3 表明，开挖导致的桩侧摩阻力损失主要出现在靠近坑底的深度范围内，超出该范围则可认为桩侧摩阻力没有减小。

假设在开挖影响计算深度H_c范围内，基于 Mindlin 解求得的开挖后桩侧摩阻力是基于 Boussinesq 解的ω倍，而基于 Boussinesq 解求得的桩侧摩阻力与开挖前比值为ζ，则开挖后全桩长总的侧摩阻力与开挖前的比例ψ为

$$\psi = \frac{\omega\zeta H_c + (L_p - H_c)}{L_p} = 1 - (1 - \omega\zeta)H_c/L_p \tag{17}$$

求得比例ψ后，就可以根据地表试桩报告推算开挖后桩侧摩阻力。

4.1 桩侧摩阻力的 Mindlin 解和 Boussinesq 解比较

Boussinesq 解针对荷载作用在地表，因此，采用 Boussinesq 解计算开挖卸荷引起的竖向附加应力时，z坐标应从坑底起算。开挖 5m，开挖中心处坑底土体附加应力比较如图 11（a）所示，Boussinesq 解求得的竖向附加应力大于 Mindlin 解结果；随着深度增加，两者差异逐渐减小。但附加应力叠加自重应力后所得开挖后的竖向应力变化如图 11（b）所示，两者差异不再明显。

4.2 ω 取值

在开挖影响计算深度H_c范围内，开挖后坑底不同深处单位面积桩侧摩阻力的 Mindlin 解与 Boussinesq 解的比值如图 12 所示，其中几个主要深度处的计算结果比较见表 5。结果表明，靠近坑底处 Mindlin 解和 Boussinesq 解的差异较大，比值最大为 1.4；但在 0.5H_e处就减小至 1.085，差别很小，在H_e处两者差

别基本上就在5%左右，越深差异越小。在H_c范围内，总的比值ω仅为1.019，表明基于Boussinesq解求得的桩侧摩阻力，与基于Mindlin解求得的结果基本一致，满足工程设计要求。

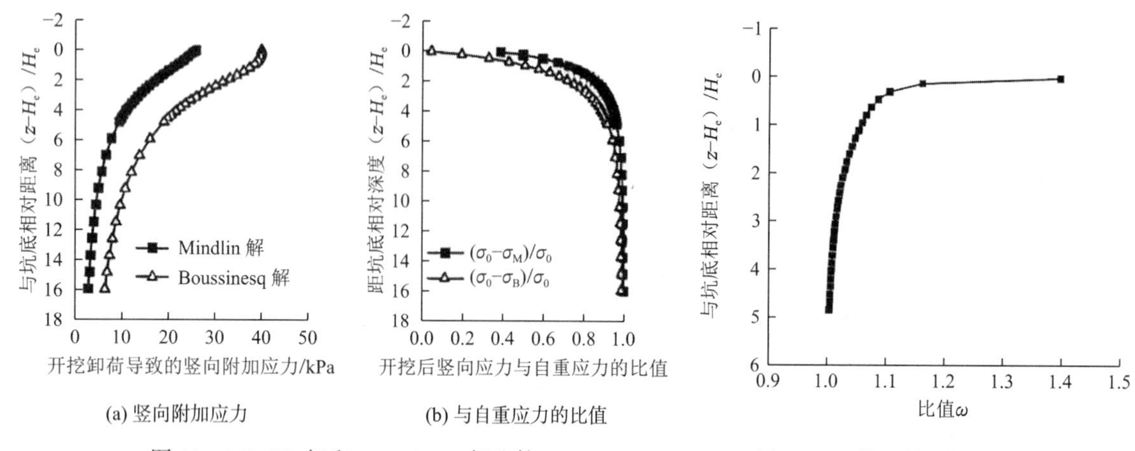

图11 Mindlin解和Boussinesq解比较

图12 比值ω随深度的变化曲线

不同算法所得桩侧单位面积摩阻力比较 表5

与坑底相对距离$(z-H_e)/H_e$	开挖前侧摩阻力/kPa	开挖后侧摩阻力 Mindlin解/kPa	开挖后侧摩阻力 Boussinesq解/kPa	比值ω
0.05	5.8740	1.1069	0.7925	1.397
0.10	6.1537	1.5610	1.2708	1.228
0.50	8.3915	4.4562	4.1059	1.085
1.00	11.1886	7.7058	7.2787	1.059
2.00	16.7830	14.0071	13.6098	1.029
4.00	27.9716	26.1178	25.9077	1.008

分别对开挖深度在4～16m、开挖宽度在20～160m、土体内摩擦角在10°～35°范围内进行不同的取值组合，共计216种情况，计算H_c范围内基于Mindlin解的桩侧摩阻力与Boussinesq解的比值ω，结果见图13。其中最大值为1.124，最小值为1.001。在工程实践中，为偏于安全，可取比值为1.0。

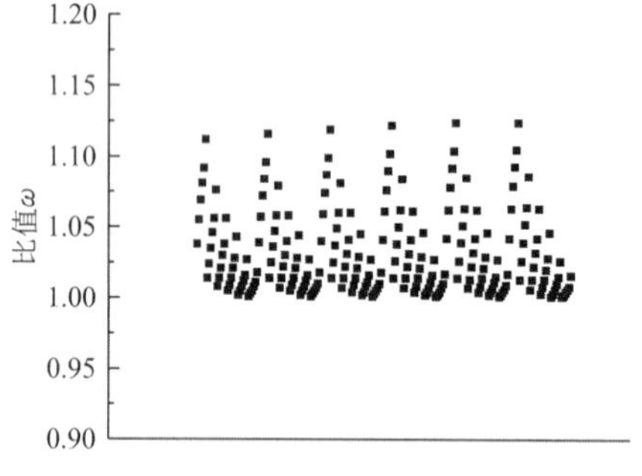

图13 各种不同参数下的比值ω

5 结论

（1）基坑开挖后的卸荷回弹会导致桩侧摩阻力减小。将卸荷视为作用在坑底的均布上拔荷载，相当于荷载作用在地表以下，因此，开挖后的桩侧摩阻力计算应采用基于Mindlin应力解的方法。但基于Mindlin解计算成本较大，不便于工程设计采用，因此，比较分析了开挖后桩侧摩阻力的基于Boussinesq解和基于Mindlin解的结果，并提出了一种基于Boussinesq解的开挖后桩侧摩阻力等效计算方法。

（2）计算开挖卸荷引起坑底土体的竖向附加应力时，相比于分层积分法，坑底荷载法计算耗时少，桩基侧摩阻力较小，工程应用中更为保守，因此，可直接采用坑底荷载法进行计算。

（3）基坑开挖对坑底土体应力场等的影响，仅局限于基坑底部一定深度范围内。开挖深度和宽度对开挖影响计算深度H_c的影响明显，土体内摩擦角的影响较小，而泊松比的影响可以忽略。推导出了综合考虑开挖深度、宽度和土体内摩擦角的H_c计算公式。

（4）Boussinesq 解求得的竖向附加应力大于 Mindlin 解结果，但随着深度增加，两者差异逐渐减小；叠加自重应力后两者差别更小。不同条件下H_c范围内基于 Mindlin 解的桩侧摩阻力与 Boussinesq 解的比值最大为 1.124，最小为 1.001。工程实践中为偏于安全，可直接采用 Boussinesq 解进行桩侧摩阻力计算。

参考文献

[1] 朱火根，孙加平. 上海地区深基坑开挖坑底土体回弹对工程桩的影响[J]. 岩土工程界, 2005, 8(3): 43-46.

[2] ZHENG G, PENG S Y, CHARLES W W Ng, et al. Excavation effects on pile behaviour and capacity[J]. Canadian Geotechnical Journal, 2012, 49(12): 1347-1356.

[3] ZHENG G, DIAO Y, CHARLES W W Ng. Parametric analysis of the effects of stress relief on the performance and capacity of piles in nondilative soils[J]. Canadian Geotechnical Journal, 2012, 48(9): 1354-1363.

[4] 黄茂松，郦建俊，王卫东，等. 开挖条件下抗拔桩的承载力损失比分析[J]. 岩土工程学报, 2008, 30(9): 1291-1297.

[5] 郑刚，刁钰，吴宏伟. 超深开挖对单桩的竖向荷载传递及沉降的影响机理有限元分析[J]. 岩土工程学报, 2009, 31(6): 837-845.

[6] 王卫东，吴江斌. 深开挖条件下抗拔桩分析与设计方法[J]. 建筑结构学报, 2010, 31(5): 202-208.

[7] 罗耀武. 大面积开挖对抗拔桩承载性状的影响分析[D]. 杭州：浙江大学, 2011.

[8] 陈明. 深开挖条件下坑底抗压桩承载变形特性与计算方法研究[D]. 上海：同济大学, 2013.

[9] 龚晓南，伍程杰，俞峰，等. 既有地下室增层开挖引起的桩基侧摩阻力损失分析[J]. 岩土工程学报, 2013, 35(11): 1957-1964.

[10] 王士杰，张梅，张吉占. Mindlin 应力解的应用理论研究[J]. 工程力学, 2001, 18(6): 141-148.

[11] CHANDLER R J. The shaft friction of piles in cohesive soils in terms of effective stresses[J]. Civil Engineering and Public Works Review, 1968(63): 48-51.

[12] JAKY J. Pressure in Soils. 2nd International Conference on Soil Mechanics and Foundation Engineering[C], 1982(1): 103-107.

[13] MAYNE P W, KULHAWY F H. K_0-OCR Relationships in Soil[J]. Journal of the Geothchnical Engineering Division, ASCE, 1982, 108(GT6): 851-872.

[14] DUNCAN J M, SEED R B. Compaction-induced earth pressures under K_0-conditions[J]. Journal of Geotechnical Engineering, 1986, 112(1): 1-22.

[15] CHEN T J, FANG Y S. Earth pressure due to vibratory compaction[J]. Journal of Geotechnical and Geoenvironmental Engineering, 2008, 134(4): 437-444.

[16] POTYONDY J G. Skin friction between various soils and construction materials[J]. Geotechnique, 1961, 11(4): 339-345.

[17] 李超. 桩式基础托换在地下加层工程中的应用研究[D]. 南京：东南大学, 2008.

[18] 刘国彬，黄院雄，侯学渊. 基坑回弹的实用计算法[J]. 土木工程学报, 2000, 33(4): 61-67.

考虑假想基础宽度的基坑抗隆起稳定性

李 瑛[1]，刘岸军[2]，刘兴旺[1]
（1. 浙江省建筑设计研究院，浙江 杭州 310006；2. 杭州天元建筑设计研究院有限公司，浙江 杭州 311202）

摘 要： 在深厚软土地区，有大量的基坑工程符合下列特征：①围护墙插入比为 1：2.2～1：2.0；②开挖过程顺利；③抗隆起安全系数不满足现行相关标准要求。为减少理论与实践之间的不符，基于既有地基承载力模式的计算公式，通过引入假想基础宽度，建立了可考虑土体应力状态和抗剪能力的基坑抗隆起稳定性分析方法。定义了抗隆起安全系数在数学上为最小值的假想基础宽度为临界宽度。除临界宽度外，假想基础宽度的选取还应考虑基坑宽度、软土层厚度等因素。结合已完成工程实例，对比了现有不同稳定分析方法的抗隆起安全系数，分析了软土地层结构、土体内摩擦角等对稳定性的影响。分析结果与实际情况更加接近，且表明土体抗剪能力的影响在采用临界宽度作为假想基础宽度时有限。

关键词： 抗隆起稳定性；深基坑；软黏土；假想基础宽度；地基承载力；基坑宽度

我国沿海地区经济发达，地下空间开发利用广泛，基坑安全至关重要。而且沿海多地分布深厚软弱黏土层，如上海、温州、泉州等地，不利于基坑安全控制。按国内现行设计标准，为使基坑稳定性满足要求，围护墙应穿透深厚软土层并进入其下物理力学性质相对较好的“硬土层”一定长度。这对开挖深度约 5m 而软土层厚度超过 35m 的基坑工程难以接受。有些软土地区的地方经验表明，围护墙插入比（基坑开挖深度与围护墙插入长度之比）控制在 1：2.2～1：2.0 即可保证顺利开挖，尽管多项稳定性系数未达到相关标准要求。

围护墙插入比与深基坑的整体稳定性、抗倾覆稳定性、坑底抗隆起稳定性、墙底抗隆起稳定性等有关，而且抗隆起稳定性对保证基坑安全和控制基坑变形具有重要意义，国内外对此极为重视[1]。常用的基坑抗隆起稳定分析方法包括极限平衡法、极限分析法和数值计算方法。

极限平衡法因其简单的理论基础与方便的计算公式而在工程广泛应用。Terzaghi[2]提出了基于承载力模式的极限平衡方法，但未考虑围护墙插入长度，适用于浅基坑或窄基坑。Bjerrum 等[3]考虑了挡土构件嵌入长度较大且不会破坏时的墙底抗隆起稳定性分析。汪炳鉴等[4]提出了可考虑土体抗剪强度指标和围护墙插入长度的抗隆起稳定分析方法，该方法计算简便，被《建筑基坑支护技术规程》JGJ 120—2012[5]采用，广泛应用于国内深基坑工程，但是该方法不能考虑基坑平面尺寸的影响，忽略了滑动土体竖向抗剪力的作用。上述方法都是按坑壁土体的滑坡失稳或地基承载力验算的思路推导出来的，现行行业标准《建筑基坑支护技术规程》JGJ 120—2012[5]、上海市标准《基坑工程技术规范》DG/TJ 08-61—2010[6]、浙江省工程建设标准《建筑基坑工程技术规程》DB33/T 1096—2014[7]等均采用基于 Prandtl 公式的地基承载力公式验算墙底抗隆起稳定性。已有研究表明，用 Prandtl 公式计算墙底抗隆起稳定性的主要缺陷是忽略了假想基础宽度（滑动土体宽度），进而不能考虑窄基坑的有利作用，而且因为忽略基础埋置深度导致计算结果偏小。王洪新[8-9]改进了墙底抗隆起稳定计算方法以考虑基坑宽度的影响。王成华等[10]给出了均质地基的临界宽度的理论解答，考虑了单面滑动粗糙基底抗隆起承载力，并对影响基坑抗隆起稳定问题的因素进行了参数分析。童磊等[11]收集了浙江地区大量软弱土基坑工程实例，并考虑坑内上覆土抗剪强度对基坑抗隆起稳定性的有利作用，但其物理意义不明确。阳吉宝[12]依据极限平衡计算原理建立了可考虑坑内外两侧土体抗剪强度作用的计算模式，但其假想基础宽度基于经验和最大主应力剪裂角，其适用性需要研究。除此之外，现有计算方法不能考虑软土地层结构，如软土层厚度有限、地表分布性质相对较好的“硬壳层”、坑底以下为有限厚度的粉砂土等。

极限分析法基于塑性理论，能给出极限荷载的上下限，近年来在简化分析方法推导中有所应用。黄茂松等[13]根据强度折减弹塑性有限元分析结果，对 Prandtl 机构进行修正，推导了符合极限分析上限定理的修正机构简化解，可考虑坑底软土层厚度和基坑宽度对坑底抗隆起稳定性的影响。该方法在采用多块体上限法[14]和基于块体剪流组合机构的上限分析方法[15]优化后，适用范围更大，计算结果更优。但是该方法适合饱和软黏土基坑，且不能考虑土体应力状态。

本文以既有地基承载力模式的抗隆起稳定计算方法为基础，引入假想基础宽度以考虑坑内和坑外潜在滑动面上土体抗剪力，并对假想基础宽度的取值进行分析，建立可考虑基坑内外土体竖向抗剪力、基坑宽度、软土层厚度等因素的基坑抗隆起稳定性分析方法，并通过工程案例的参数分析来探讨与现有方法的区别。

1 抗隆起稳定分析

地基承载力模式的抗隆起稳定分析方法是以验算围护墙底面的地基承载力作为抗隆起分析依据。汪炳鉴等[4]参照 Prandtl 和 Terzaghi 的地基承载力公式，将墙底平面作为求极限承载力的基准面，滑动面形状如图 1 所示，并建议按式(1)进行抗隆起安全系数K_s的验算，以求得围护墙的插入长度t。

$$K_s=\frac{\gamma_p tN_q+cN_c}{\gamma_a(h+t)+q_0} \tag{1}$$

$$N_q=\frac{e^{\left(\frac{3}{2}\pi-\varphi\right)\tan\varphi}}{2\cos^2\left(\frac{\pi}{4}+\frac{\varphi}{2}\right)} \tag{2}$$

$$N_c=\frac{(N_q-1)}{\tan\varphi} \tag{3}$$

式中：γ_a和γ_p分别为基坑外侧、基坑内侧围护墙底以上土的天然重度（kN · m^{-3}），对多层土取各层土按厚度加权的平均值；N_q、N_c分别为地基极限承载力系数，可查表获得或用相关公式计算，如用 Terzaghi 公式则分别为式(2)和式(3)；h为基坑开挖深度（m）；t为围护墙的插入长度（m）；q_0为基坑坑外地面超载（kPa）；c、φ分别为围护墙底土体的黏聚力（kPa）和内摩擦角（°）。

如前所述，式(1)因被现行行业标准《建筑基坑支护技术规程》JGJ 120—2012[5]采用，应用广泛，实践经验丰富。正如汪炳鉴等[4]所言，由于没有考虑围护墙底以上土体抗剪强度的有利作用，且分子部分没有考虑 Terzaghi 极限承载力公式的宽度项，式(1)偏于安全。而忽略宽度项的原因主要在于假想基础宽度难以确定。

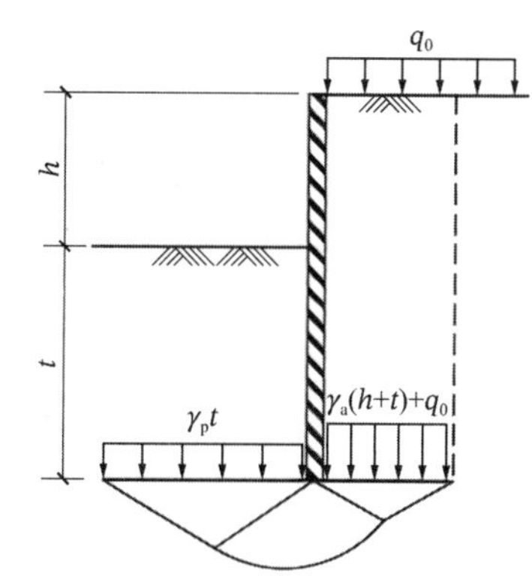

图 1 墙底抗隆起稳定分析示意图

为考虑假想基础宽度的作用，王成华等[10]从双侧滑动面条件下的 Terzaghi 承载力推导出发，对于图 2 所示的土体单侧隆起滑动的情况，假想围护墙后某一宽度范围土体为假想基础，且假想基础底标高同围护墙底标高，根据假想基础底部三角形弹性楔体的极限平衡条件，得到墙底单侧抗隆起的极限承载力计算公式。假定基础埋深范围内的坑外竖向滑动面上的抗剪力共同起到抗隆起作用，则考虑假想基础宽度的抗隆起安全系数K_w定义为

$$K_w=\frac{\left(cN_{1c}+\gamma_p tN_{1q}+\frac{1}{2}\gamma_p BN_{1\gamma}\right)B+T_a}{[\gamma_a(h+t)+q_0]B} \tag{4}$$

式中：T_a为坑外潜在滑动体侧面的竖向抗剪力（kN/m）；B为假想基础宽度（m），即坑外潜在滑动体的宽度；N_{1q}、N_{1c}、$N_{1\gamma}$均为地基极限承载力系数，可用式(5)～式(7)计算。

$$N_{1q}=\frac{1}{2}N_q+\frac{1}{2\cos\varphi} \tag{5}$$

$$N_{1c}=\frac{1}{2}N_c+\frac{1}{2}\tan\varphi \tag{6}$$

$$N_{1\gamma}=\frac{\tan^2\left(\frac{\pi}{4}+\frac{\varphi}{2}\right)}{4\cos^2\varphi}\tan\varphi-\frac{1}{2}\tan\varphi+\frac{1}{\cos\varphi}\frac{(\gamma_a h+q_0)}{\gamma_a B}+\frac{1}{4\cos^2\varphi} \tag{7}$$

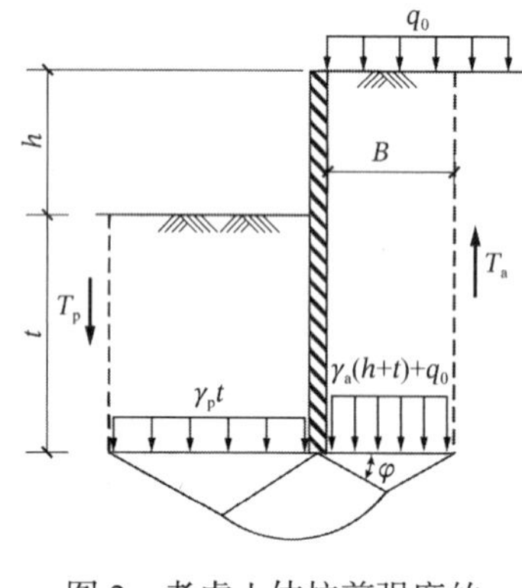

图 2　考虑土体抗剪强度的抗隆起分析示意图

对于深厚软土地层，围护墙插入长度通常较大，抗隆起稳定分析不应忽略基坑内侧潜在滑动体侧面的竖向抗剪力T_p。当坑底存在物理力学性质相对较好的土层时，T_p也不应忽略。

假定潜在滑动面为竖直面；坑外潜在滑动面上水平土压力介于主动土压力和静止土压力之间，并用$\gamma z\tan^2(\pi/4-\varphi/2)$计算，相比朗肯主动土压力公式增加了$2c\tan(\pi/4-\varphi/2)$；坑内潜在滑动面上水平土压力介于静止土压力和被动土压力之间，并用$\gamma tz\tan^2(\pi/4+\varphi/2)$计算，相比朗肯被动土压力公式减小了$2c\tan(\pi/4-\varphi/2)$。于是有

$$T_a=\int_0^{h+t}\left[\gamma_a z\tan^2\left(\frac{\pi}{4}-\frac{\varphi}{2}\right)\tan\varphi+c\right]dz \tag{8}$$

$$T_p=\int_0^{t}\left[\gamma_p z\tan^2\left(\frac{\pi}{4}+\frac{\varphi}{2}\right)\tan\varphi+c\right]dz \tag{9}$$

式中：z为围护墙长度范围内某计算深度（m）。随着计算深度z的增大，简化计算值与朗肯土压力公式计算值的比值趋近于 1.0。

令

$$Q=\gamma_a(h+t)+q_0 \tag{10}$$

将式(5)～式(9)代入式(4)，经整理，并定义考虑坑内抗剪力和坑外抗剪力的抗隆起安全系数为K_B，有

$$K_B=\frac{\gamma_p JB}{Q}+\frac{P}{Q}+\frac{T_a+T_p}{QB} \tag{11}$$

其中，

$$J=\frac{\tan^2\left(\frac{\pi}{4}+\frac{\varphi}{2}\right)\tan\varphi+1-\sin 2\varphi}{8\cos^2\varphi} \tag{12}$$

$$P=cN_{1c}+\gamma_p tN_{1q}+\frac{\gamma_p}{2\cos\varphi}\left(h+\frac{q_0}{\gamma_a}\right) \tag{13}$$

2　假想基础宽度的确定

2.1　临界宽度

对式(11)仅从数学上进行分析，随着B增大，K_B先减小再增大，即存在最小值，对应的假想基础宽度为临界宽度B_{cr}。根据极值处导数为 0，经求导和代数运算得：

$$B_{cr}=\sqrt{(T_a+T_p)/\gamma_p J} \tag{14}$$

结合式(8)、式(9)、式(11)，临界宽度B_{cr}与土体重度、抗剪强度指标、基坑开挖深度和围护墙插入长度等因素有关。对于饱和软黏土地基，土体内摩擦角为0°，根据式(14)，临界宽度B_{cr}不为0。

假设某基坑工程项目甲处于均质地基，$\gamma_a = \gamma_p = 17.0\text{kN/m}^3$，$c = 13.6\text{kPa}$，$\varphi = 6°$，开挖深度$h$为10m。如图3所示，临界宽度$B_{cr}$仅与围护墙插入长度有关，两者近似呈线性关系，插入长度越大则临界宽度越大。而且随着插入长度的增大，K_B和K_s都不断增大，增长速率均先大后小。由于考虑了土体抗剪强度，在图表计算范围内，K_B始终大于K_s，但是两者的差距随着插入长度增大而减小，可假想在围护墙插入长度足够大时两者基本相等且均趋于固定值，意味着这两种方法都需要完善，可进一步考虑基坑宽度和软土层厚度的影响。

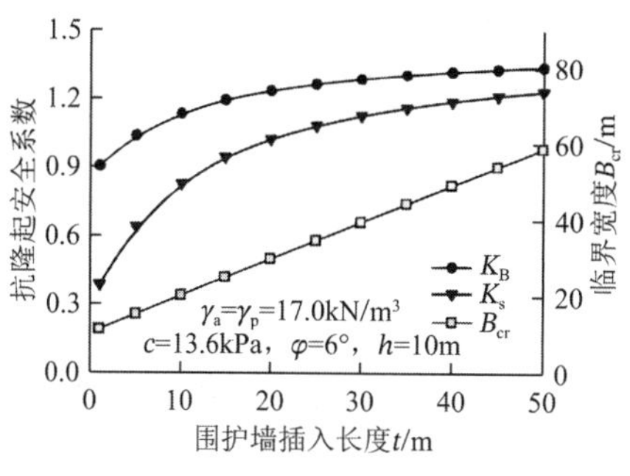

图3　围护墙插入长度与临界宽度的关系

2.2　基坑宽度的影响

如前所述，围护墙插入长度越大，用于抗隆起稳定分析的临界宽度越大。而根据Terzaghi构建的基底完全粗糙的地基承载力理想影响区图形[16]，假想基础底部为弹性区，基坑底部为塑性区，两者之间的过渡区近似用对数螺旋线描述。那么，假想基础宽度越大，塑性区宽度越大。定义塑性区宽度等于基坑宽度时的弹性区宽度（假想基础宽度）为B_b，可得其与基坑宽度b的关系为

$$B_b = \frac{b\cos\varphi}{\cos\left(\frac{\pi}{4} - \frac{\varphi}{2}\right)e^{\left(\frac{3}{4}\pi - \frac{\varphi}{2}\right)\tan\varphi}} \tag{15}$$

对开挖深度和围护墙长度确定的基坑工程，抗隆起稳定分析的临界宽度已确定。当基坑宽度大于临界宽度对应的塑性区宽度时，如图4(a)所示，应采用临界宽度B_{cr}计算抗隆起安全系数，因为此时安全系数最小。而当基坑宽度小于临界宽度对应的塑性区宽度时，如图4(b)所示，式(11)和图2表示的稳定分析模型不成立，不仅被动区土体潜在滑动面高度由围护墙插入长度增大到围护墙长度，而且塑性区上覆土体应考虑基坑另一侧主动区土体，即此时临界宽度B_{cr}对应的稳定模型不是最危险，应采用B_b计算抗隆起安全系数。

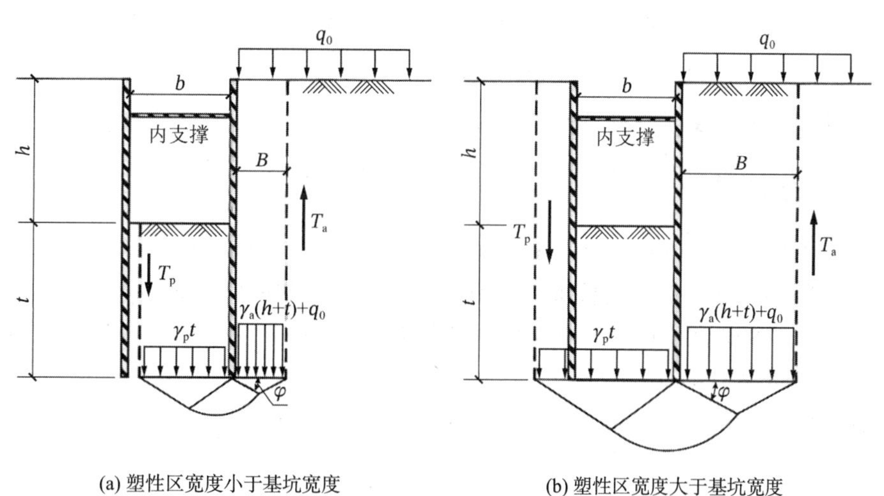

(a) 塑性区宽度小于基坑宽度　　(b) 塑性区宽度大于基坑宽度

图4　考虑基坑宽度的抗隆起分析示意图

上述分析可采用图5做进一步说明；曲线段①、②和③根据前文项目甲的参数和式(11)计算，分析时围护墙插入长度t为20m，纵坐标为计算结果，横坐标未保留数字；曲线段④和⑤仅作规律示意。当不考虑基坑宽度，曲线为①+②+③，抗隆起安全系数K_B在临界宽度B_{cr}最小，故计算宽度取B_{cr}；当$B_b < B_{cr}$时，曲线为①+④，抗隆起安全系数K_B不是在临界宽度B_{cr}最小，而是在B_b最小，故计算宽度取B_b；

当$B_b > B_{cr}$时，曲线为①＋②＋⑤，抗隆起安全系数K_B在临界宽度B_{cr}最小，故计算宽度取B_{cr}。即考虑基坑宽度对抗隆起稳定的影响时，计算宽度取B_b和B_{cr}之间的较小者。

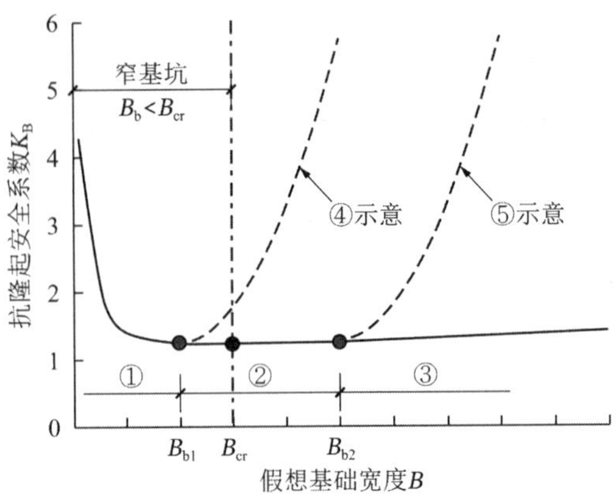

图5 不同宽度基坑的假想基础宽度

而对开挖深度和平面尺寸确定的基坑工程，随着围护墙插入长度的增大，抗隆起稳定分析的临界宽度B_{cr}不断增大。临界宽度对应的塑性区宽度小于基坑宽度时，即$B_{cr} < B_b$时，应采用临界宽度B_{cr}计算抗隆起安全系数，对应的安全系数最小。临界宽度对应的塑性区宽度大于基坑宽度时，即$B_{cr} > B_b$时，临界宽度B_{cr}对应的稳定模型不是最危险，故应采用B_b作为假想基础宽度计算抗隆起安全系数。

对$B_{cr} > B_b$的基坑工程，尽管围护墙插入长度按前者更加安全，但是按式(11)采用后者的计算结果更大，经济性更好，而且B_b越小抗隆起安全系数越大。这说明对窄基坑工程，考虑基坑宽度影响后抗隆起安全系数比现有计算方法大，或者保持同样的安全系数可缩短围护墙插入长度，即能够利用空间效应。

由此出发，可按$B_b < B_{cr}$界定窄基坑的宽度，即

$$b < \alpha\sqrt{8(T_a + T_p)/\gamma_p} \tag{16}$$

其中，

$$\alpha = \frac{\cos\left(\frac{\pi}{4} - \frac{\varphi}{2}\right)e^{\left(\frac{3}{4}\pi - \frac{\varphi}{2}\right)\tan\varphi}}{\sqrt{\tan^2\left(\frac{\pi}{4} + \frac{\varphi}{2}\right)\tan\varphi + 1 - \sin 2\varphi}} \tag{17}$$

式(17)说明窄基坑的界定宽度与基坑开挖深度、围护墙插入比、土体重度和抗剪强度指标等有关。

2.3 软土层厚度的影响

在深厚软土层地区，围护墙长度的选择有时是个两难的问题，如插入比已经达到1：2而墙底与软土层底仅有 3m。围护墙穿透软土层对基坑抗隆起更有利，但会增加造价。如图6 所示，软土层厚度有限时，随着围护墙插入长度的增加，墙底与软土层底的距离d不断减小，抗隆起稳定分析的临界宽度和地基承载力影响区高度也在增大。

定义地基承载力影响区高度等于墙底与软土层底高度时的地基承载力假想基础宽度为B_d，其与d的关系为

$$B_d = 2d/e^{\frac{\pi}{2}\tan\varphi} \tag{18}$$

若临界宽度对应的地基承载力影响区高度小于d，即$B_{cr} < B_d$，则假想基础宽度取临界宽度B_{cr}。而若临界宽度对应的地基承载力影响区高度大于d，即$B_{cr} > B_d$，则需做进一步分析，且分为两种情况。第1种情况是地基承载力影响区可在相对较硬土层发展，则抗隆起稳定分析与受基坑宽度影响的分析类似，前者为塑性区在竖直方向的发展，后者为在水平方向的发展。地基承载力计算宽度取B_d和B_{cr}之间的较小

者。若软土下伏土层足够坚硬，以致地基承载力影响区不能扩展，则假想基础宽度只能取为B_d。以上分析说明，考虑软土层厚度对抗隆起稳定的影响时，计算宽度取B_d和B_{cr}之间的较小者。

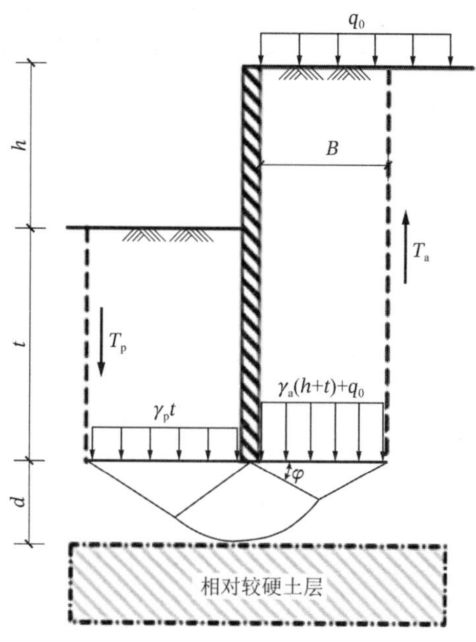

图 6　考虑软土层厚度的抗隆起分析示意图

由此出发，可按$B_d < B_{cr}$界定有限软土厚度，即

$$d < \beta\sqrt{2(T_a + T_p)/\gamma_p} \tag{19}$$

其中，

$$\beta = \frac{e^{\frac{\pi}{2}\tan\varphi}\cos\varphi}{\sqrt{\tan^2\left(\frac{\pi}{4}+\frac{\varphi}{2}\right)\tan\varphi + 1 - \sin 2\varphi}} \tag{20}$$

式(20)说明软土层的有限厚度界定与基坑开挖深度、围护墙插入比、土体重度和抗剪强度指标等有关。

2.4　假想基础宽度的确定

以上分析表明，基坑宽度和软土层厚度对抗隆起稳定分析的影响，发生于$B_b < B_{cr}$或者$B_d < B_{cr}$。如其中一者大于临界宽度，则只需要考虑另一者对抗隆起稳定分析的影响；如两者皆大于临界宽度，则不需要考虑它们的影响；对于两者都小于临界宽度的情况，可偏于保守地取较大者进行计算。即用于抗隆起稳定分析的假想基础宽度B取值原则如下：①$B_{cr} < B_d$且$B_{cr} < B_b$，$B = B_{cr}$；②$B_{cr} < B_d$且$B_{cr} > B_b$，$B = B_b$；③$B_{cr} > B_d$且$B_{cr} < B_b$，$B = B_d$；④$B_{cr} > B_d$且$B_{cr} > B_b$，$B = \max\{B_b, B_d\}$。

3　案例分析

杭州市萧山区民营经济发展中心项目设整体两层地下室，基坑普遍开挖深度约 10m。基坑平面近似为长方形，长边约为 121m，短边约为 88m。项目周边环境复杂，坑周荷载取 30kPa。基坑支护方案为大直径钻孔灌注桩结合两道钢筋混凝土水平内支撑，如图 7 所示，围护墙的插入长度为 18.0m，即插入比约 1：1.8。地下室结构已于 2021 年底顺序施工完成，基坑变形良好，坑周土体深层水平位移最大值约为 35mm。

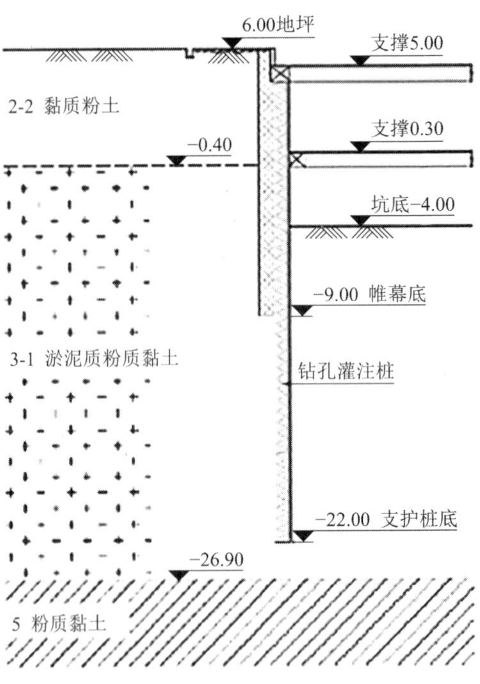

图 7 基坑支护剖面（单位：m）

场地土层从地面往下依次为 1 层松散的杂填土、2-1 层软塑的粉质黏土、2-2 层松散～稍密的黏质粉土、3-1 层饱和流塑的淤泥质粉质黏土、3-2 层饱和流塑的淤泥质粉质黏土、5 层软塑的粉质黏土。上述土层的主要物理力学参数列于表 1，黏聚力和内摩擦角为固结快剪试验曲线的峰值。杂填土的指标为当地经验值。5 层土以下为圆砾和基岩。总体而言，地层呈现“三明治”结构，浅部和深部为性质相对较好的土层，中部为性质相对较差的淤泥质土。

土层主要物理力学参数 **表 1**

层号	厚度/m	重度γ（$kN\cdot m^{-3}$）	黏聚力c/kPa	内摩擦角φ/°	孔隙比	含水率/%
1	1.8	18.0	8.0	10.0	—	—
2-1	2.3	18.3	23.5	11.8	0.936	32.4
2-2	2.3	18.3	15.0	22.0	0.900	31.4
3-1	10.2	17.0	13.6	6.0	1.283	44.7
3-2	16.3	17.2	13.6	6.6	1.191	41.2
5	18.0	17.7	24.0	11.9	1.048	35.5

为了方便进行参数分析，将地基简化成如图 7 所示地层。由基护支护信息，可求得$B_{cr}=28.7$m；由基坑宽度$b=88$m，可求得$B_b=92.4$m；由围护墙底与软土层底的距离$d=4.9$m，可求得$B_d=8.3$m。根据 2.4 节的分析，本项目抗隆起稳定分析不受基坑宽度的影响，受软土层厚度影响，分析结果如图 8 所示。

由图 8 可知，本文公式随假想基础宽度的变化规律，与王成华等[10]公式大体相同；在假想基础宽度较小时有差异，主要在于本文公式不仅考虑了坑外侧土体抗剪力，而且考虑了坑内侧土体抗剪力；随着假想基础宽度增大，两种公式的计算结果趋于相等。在计算抗隆起安全系数时，王成华等[10]公式取临界宽度，因此结果为定值；汪炳鉴等[4]未考虑假想基础宽度的影响，结果亦为定值；两者的差异在于土体抗剪强度。本文公式考虑了软土层厚度的影响，安全系数较王成华和汪炳鉴的大，且安全系数先减小再保持不变，变化点在假想基础宽度等于B_b时。

图 9 对比分析了 2-2 层黏质粉土厚度对临界宽度和抗隆起安全系数的影响，未考虑基坑宽度和软土层厚度的影响。随着黏质粉土层厚度的增加，基坑外侧土体抗剪力或内侧土体抗剪力逐渐增大，使得临界宽度不断增大，但是抗隆起安全系数没有明显提高。

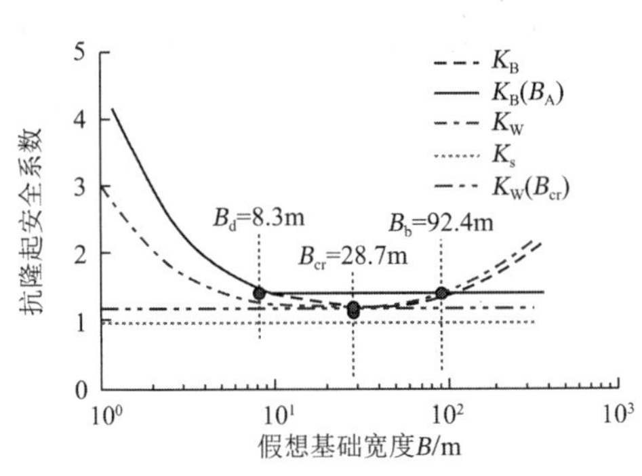

图 8　不同方法的抗隆起安全系数对比

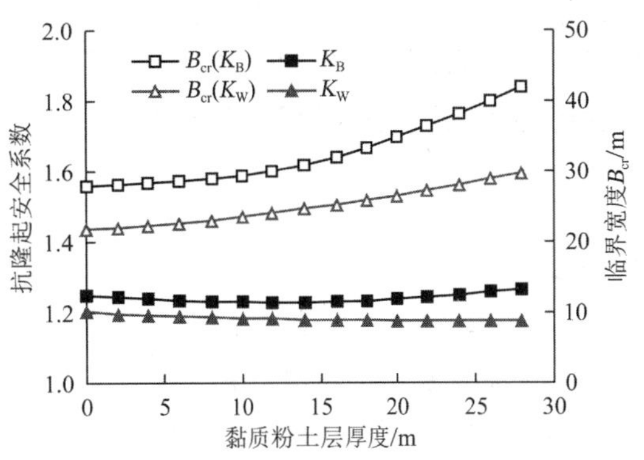

图 9　黏质粉土层厚度与抗隆起安全系数的关系

由于黏质粉土层厚度的影响较小，图 10 在分析 3-1 层淤泥质粉质黏土内摩擦角对抗隆起稳定分析的影响时将地基作为均质地基。抗隆起稳定分析采用临界宽度，未考虑软土层厚度的影响。随着内摩擦角的增大，临界宽度和安全系数均不断增大。当内摩擦角小于 6.5°时，$K_s < K_B$；当内摩擦角大于 6.5°后，$K_s > K_B$，且两者差距越来越大。这说明本文方法对内摩擦角很小的土体提高了抗隆起安全系数，而对内摩擦角较大的土体降低了抗隆起安全系数，与工程需要相吻合。

根据式(11)，考虑假想基础宽度的抗隆起安全系数由 3 项组成，且第 3 项反映土体抗剪力的作用。图 11 所示为不同内摩擦角时抗隆起安全系数的组成，在用临界宽度计算时，土体抗剪力对安全系数的贡献较小，在工程精度范围可忽略。虽然在抗隆起稳定分析中引入假想基础宽度的目的是考虑潜在滑动土体抗剪力的有利作用，但是对本案例而言抗剪力的影响有限，可不考虑。

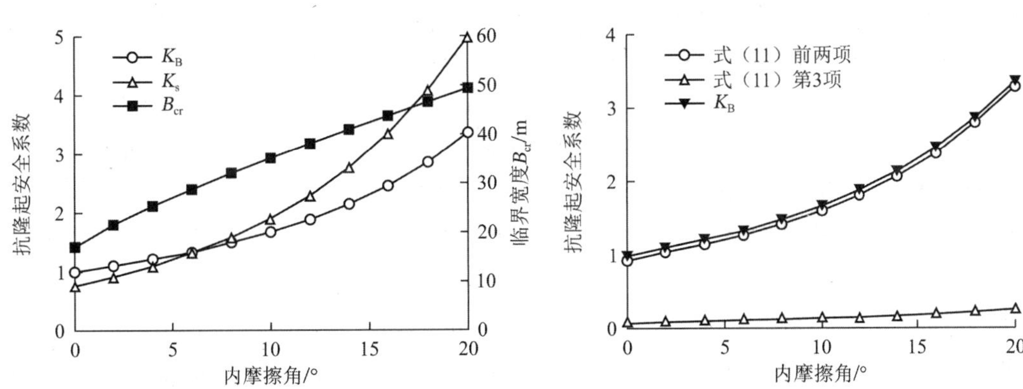

图 10　内摩擦角与抗隆起安全系数的关系　　图 11　不同内摩擦角时抗隆起安全系数的组成

4　讨论

为了控制软土基坑围护墙的内力和变形，基坑底一般会设置被动区加固。被动区加固可由水泥搅拌桩、高压旋喷桩等工艺形成。加固深度一般为底板底面以下 4m 左右，加固宽度一般围护墙内侧 5m 左右，并要求被动区加固与围护墙紧贴。当基坑宽度较小时，如市政管廊基坑、地铁车站基坑等，被动区加固一般会采用坑底满堂加固的形式。被动区加固应用广泛，但其实际功效一直以来颇有争议。

根据式(11)，由于可以考虑基坑内侧潜在滑动面上抗剪力，在坑底满堂加固时，本文方法给出的抗隆起安全系数会高于现有方法。但是根据图 9，如采用临界宽度作为假想基础宽度，被动区加固的作用有限。这似乎与工程经验不符，因为采用满堂加固的窄基坑的围护墙长度通常可以更短。其原因是基坑宽度对坑底抗隆起稳定性的影响更大，假想基础宽度应取B_b，如图 5 所示。

类似情况是坑底与下伏软土层顶面之间分布一定厚度的物理力学性质相对较好土层，如杭州钱塘江南岸地区，地表以下分布厚度约为15m的粉砂土，如基坑开挖深度为10m，则坑底以下有5m厚的粉砂土，相当于坑底满堂加固。当假想基础宽度取临界宽度时，土体抗剪力的作用有限，故一般情况坑底粉砂土层不会明显提高坑底抗隆起安全系数。

5 结论

（1）基于地基承载力的抗隆起稳定分析可借助假想基础宽度修正合理考虑土体抗剪力、基坑宽度、软土层厚度等因素的有利作用。

（2）假想基础宽度选取应综合考虑安全系数最小值对应的临界宽度、窄基坑宽度和有限软土厚度；假想基础宽度采用临界宽度时，土体抗剪力的有利作用有限。

（3）窄基坑宽度和有限软土厚度可按抗隆起稳定分析的临界宽度界定，与基坑开挖深度、围护墙插入比、土体重度和抗剪强度指标等有关。

（4）深基坑安全与多种稳定模式的稳定性有关，本文研究结果应用时还应结合其他安全系数。

参考文献

[1] 黄茂松，秦会来. 基坑抗隆起稳定分析的现状与进展[J]. 岩土工程学报, 2008, 30(增刊 1): 182-186.

[2] TERZAGHI K. Theoretical soil mechanics[M]. New York: Wiley, 1943.

[3] BJERRUM L, EIDE O. Stability of strutted excavation in clay[J]. Geotechnique, 1956(6): 115-128.

[4] 汪炳鉴，夏明耀. 地下连续墙的墙体内力及入土深度问题[J]. 岩土工程学报, 1983, 5(3): 103-114.

[5] 中国建筑科学研究院. 建筑基坑支护技术规程: JGJ 120—2012[S]. 北京: 中国建筑工业出版社, 2012.

[6] 上海市勘察设计行业协会. 基坑工程技术规范: DG/TJ 08-61—2010[S]. 上海: 上海市城乡建设和交通委员会, 2010.

[7] 浙江省建筑设计研究院. 建筑基坑工程技术规程: DB33/T 1096—2014 [S]. 杭州: 浙江工商大学出版社, 2014.

[8] 王洪新. 对基坑抗隆起稳定安全系数的改进[J]. 岩土力学, 2014, 35(增刊 2): 30-36.

[9] 王洪新. 基坑宽度对围护结构稳定性的影响[J]. 土木工程学报, 2011, 44(6): 120-126.

[10] 王成华，鹿群，孙鹏. 基坑抗隆起稳定分析的临界宽度法[J]. 岩土工程学报, 2006, 28(3): 295-300.

[11] 童磊，刘兴旺，袁静，等. 深厚软弱土基坑墙底抗隆起稳定性验算的探讨[J]. 岩土工程学报, 2013, 35(增刊 2): 707-711.

[12] 阳吉宝. 深厚软土地区基坑墙底抗隆起稳定性 Prandlt 计算式的讨论[J]. 水文地质工程地质, 2021, 48(2): 61- 69.

[13] 黄茂松，杜佐龙，宋春霞. 支护结构入土深度对黏土基坑抗隆起稳定的影响分析[J]. 岩土工程学报, 2011, 33(7): 1097-1103.

[14] 秦会来，黄茂松，马少坤. 黏土基坑抗隆起稳定分析的多块体上限解[J]. 岩石力学与工程学报, 2010, 29(1): 73-81.

[15] 谭廷震，黄茂松，刘奕晖，等. 基于块体剪流组合结构的黏土基坑抗隆起稳定性分析[J]. 岩土力学, 2022, 43(4): 909-918.

[16] 程国勇，邱睿，段淳. 基底完全粗糙时太沙基地基承载力系数的解析解[J]. 中国民航大学学报, 2011, 29(1): 25-28.

软土基坑开挖对邻近既有隧道影响研究及展望

丁　智[1]，张　霄[1,2]，梁发云[3]，程丁捷[1]，王刘祺[1]

（1. 浙大城市学院 土木工程系，浙江 杭州 310015；2. 安徽理工大学 土木建筑学院，安徽 淮南 232001；
3. 同济大学 地下建筑与工程系，上海 200092）

摘　要： 随着城市地铁建设的飞速发展，邻近已运营地铁线路的基坑工程大量涌现。基坑开挖必然会改变土体的原始应力场和位移场，继而引起邻近既有地铁隧道附加变形和内力。为了全面了解软土基坑开挖对既有隧道影响的研究进展，通过理论研究、模型试验、数值模拟和实测分析四个方面分别阐述了软土基坑邻近施工问题的研究现状。结果表明：现阶段的理论研究主要从两阶段法入手，考虑了不同的侧重研究因素和简化条件；模型试验包括离心模型试验与常重力模型试验，可作为一种辅助研究手段与其他研究方法相互验证；数值模拟分析问题全面、结果直观，已广泛应用于工程项目的设计评估；根据基坑与隧道的相对位置关系，分别对不同工程的实测数据进行整理分析，提出考虑基坑卸荷量、形状因子、隧道埋深和水平净距等多因素的三维卸荷系数，可以较好呈现基坑开挖引起邻近隧道变形的规律性特征；基坑周围土体深层位移、围护结构变形与邻近地铁隧道变形之间存在一定联动关系。同时，总结分析了风险评价与影响分区体系，施工控制防护技术和监控手段的探索与应用实例，为现场工程安全风险控制提供了施工经验和实践依据。指出了现有研究中存在的不足和尚需讨论的方面，建议深入开展邻近既有隧道设施的多维度基坑开挖时空效应研究，本构模型适用性探究，结构多元化与精细化建模，基坑降水与地下水渗流影响研究。推进动态施工安全风险评价与影响分区研究，发展创新控制防护技术以及建立联动共享的新型监控成套技术体系。

关键词： 隧道工程；基坑；综述；近接施工；影响分区；控制技术

随着城市建设的飞速发展，地铁作为一种有效缓解城市拥堵的交通形式正逐渐受到人们的青睐，并在我国各大中城市兴起了建设的热潮。与此同时，大量基坑工程地处繁华的城市中心，已运营地铁线路周边不可避免地会出现基坑邻近施工的问题。据统计，截至 2019 年 9 月，杭州地区邻近已运营地铁隧道的工程共计 124 个，其中旁侧基坑工程约 90 个占比 73%，上方基坑工程约 13 个占比 10%。基坑工程邻近已运营地铁隧道施工所引发的环境影响问题日益突出，已然成为城市地下工程关注的热点问题。

我国东南沿海地区广泛分布着深厚的软黏土层，具有强度低、含水量大、压缩性高和孔隙比大的特点，尤其是软土具有较强的结构性，一旦受到施工荷载扰动后强度便急剧下降，极大威胁着城市地下工程的安全建设和运营[1]。盾构法因其安全、环保、高效等特点，逐渐成为软土地区城市地铁建设的重要技术之一。同时，软土地区基坑施工往往伴随着极强的环境效应，基坑开挖必然会改变土体的原始应力场和位移场，继而导致邻近地铁盾构隧道发生不均匀隆沉或管片接缝张开甚至裂损、错台等，严重影响隧道结构的长期服役性能和运营安全[2]。

据报道，2019 年 10 月，杭州地铁 2 号线飞虹路站周边基坑因擅自调整土方分区开挖顺序、违规堆载和底板大面积开挖导致邻近运营地铁产生较大的不利变形；杭州下沙某深基坑施工致使邻近地铁盾构隧道收敛变形超过 20mm 控制值[3]。国内外其他地区如伦敦 South Bank 区 The Shell Centre 基坑工程开挖深度 12m，造成邻近地铁隧道南北线上浮位移分别达到 60mm、50mm，而且由于黏土地层的长期缓慢固结，隧道附加上抬变形仍在继续[4]；新加坡某基坑施工引发邻近盾构隧道最大水平位移和竖向位移分别达到6mm和3.8mm[5]；我国台湾地区某高层建筑基坑距离侧方地铁隧道净距6.9m，基坑开挖造成隧道最大水平位移和竖向位移分别达到27mm、33mm[6]；宁波地铁1号线某盾构区间受邻近基坑开挖影响产生累计沉降39mm，水平位移50mm，结构呈“横鸭蛋”式变形且整体向基坑方向偏移，隧道管片出现大面积破损和多处纵向贯通裂缝[3]；南京地铁2号线邻近大型基坑开挖的长期监测结果表明，隧道最大沉降33.3mm，水平位移20.6mm，收敛值22.8mm[7]，均超过规范规定的变形控制值。可见，若基坑开挖引起的邻近地铁变形超过控制值，引发管片裂损、渗漏水等一系列病害，影响地铁隧道正常使用功能，将造成严重的经济损失和社会影响。因此，开展软土地区基坑开挖对邻近既有地铁隧道的影响及变形控制的研究显得尤为重要。

目前，国内外学者的研究成果集中在①理论研究：Sun等[8]、Zhang等[9-11]、Zhang等[12]、黄栩等[13]、梁荣柱等[14-15]和魏纲等[16-17]，主要基于两阶段分析法对基坑开挖引起的邻近地铁隧道变形进行深入研究；②模型试验：张玉伟等[18]、Huang等[19]、Ng等[20]和胡欣[21]等，通过离心机模型试验和常重力足尺或缩尺模型试验研究基坑开挖对下卧和侧方隧道的变形及内力影响规律；③数值模拟：陈仁朋等[22-23]、左殿军等[24]、黄宏伟等[25]和郑刚等[26-27]，开展考虑不同工况条件和影响因素下，基坑开挖及各项控制保护措施对邻近地铁隧道的影响；④实测分析：Liu等[7]、郭鹏飞等[28]、郑刚等[29]、丁智等[30]和Tan等[31]，根据工程现场多因素综合作用的监测数据结果，探讨基坑开挖扰动引起隧道变形的规律性特征，总结工程指导意义。此外，为了控制邻近基坑工程的地铁隧道变形，许多施工控制防护措施如基坑支护TRD工法、预应力型钢组合支撑、隔断桩墙、土体微扰动注浆、隧道新材料复合腔体加固与新型结构监控技术等应运而生。

综上可知，现有研究成果已对基坑开挖与既有地铁隧道之间的影响关系和控制防护技术作了较为深入的论述。为了更加明晰上述研究的现状与进展，笔者主要针对软土地区基坑开挖对邻近地铁盾构隧道影响的相关问题进行了归纳总结，对尚需讨论的一些方面展开了分析，并对未来的研究方向提出了若干看法。

1 基坑和地铁隧道相对位置关系及隧道受力变形情况

以软土地区为例，既有地铁隧道周围土体的应力场已经得到充分调整，处于一个相对稳定平衡状态。由于软土侧压力系数$K_0 < 1$[32]，隧道受到的竖向自重应力大于起拱线处的水平向应力，隧道结构已经产生了“水平向拉伸、竖向压缩”的横椭圆式变形。魏纲等[33]提出基坑开挖导致邻近隧道产生朝向基坑侧的水平向位移，收敛变形加剧，且基坑开挖深度决定了隧道竖向产生隆起或沉降。基于此，根据基坑与地铁隧道的不同位置关系，基坑开挖卸荷作用模式可分为以下四种[34]：上方卸荷模式、侧方浅部卸荷模式、侧方中部卸荷模式和侧方深部卸荷模式。

为方便讨论，笔者将基坑和地铁隧道的相对位置关系大致分为两类：地铁隧道在基坑下方（图1）、地铁隧道在基坑侧方（图2）。

基坑开挖破坏地层原有平衡状态。当隧道位于基坑下方时，基坑开挖引起坑底土体水平与竖向同时卸荷，土体回弹，同时坑外围护结构侧移挤压坑内土体产生竖向变形。隧道上覆压力减小，而水平向压力基本不变，隧道整体产生竖向隆起，结构自身由“水平向拉伸、竖向压缩”向“水平向压缩、竖向拉伸”的竖椭圆式变形转变。当隧道位于基坑侧方时，基坑开挖引起坑外土体水平向卸荷，隧道整体因两侧压力差产生朝向基坑内侧的位移。围护结构一方面因侧移产生地层损失而形成地表沉降槽，另一方面因坑底土体回弹而带动深层土体上浮[34]。因此，侧方浅部隧道会发生沉降，侧方深部隧道会发生隆起，呈现一定程度的斜扭转。此外，侧方基坑开挖导致隧道朝向基坑侧的水平压力减小，而竖向压力基本不变，加剧了结构自身的横椭圆式变形。

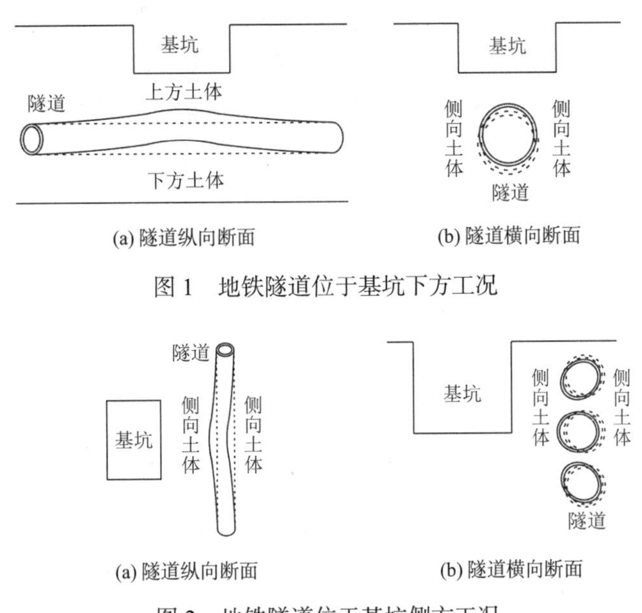

图 2　地铁隧道位于基坑侧方工况

2　基坑开挖对邻近地铁隧道的影响研究

2.1　理论研究

理论研究常用于基坑开挖引起邻近地铁隧道变形性状的初步评估分析。Attewell[35]提出并验证了将隧道视作 Winkler 地基模型上弹性地基梁模型的可行性，这为日后的理论发展奠定了重要基础。目前，大多数学者采用两阶段法进行分析，即首先通过解析公式确定基坑开挖引起隧道位置处的附加荷载或位移，然后将附加荷载或位移作用于隧道上，计算不同弹性地基理论基础上既有隧道的变形响应。显然，不同模型的选取考虑了不同的研究因素和简化条件（图 3），同样也造成了计算结果的差异性。如 Zhang 等[9-11]考虑基坑开挖土体卸荷效应，研究基于 Winkler 地基模型的土质条件、隧道埋深与直径、基坑与隧道净距等因素的影响，并结合数值模拟结果和现场实测数据比对，得到了较好的一致性。但是，采用 Winkler 地基模型上弹性地基梁的解答无法考虑地基土的剪切刚度与盾构隧道的纵向变形特性。为此，黄栩等[13]进一步将隧道视为三参数 Kerr 弹性地基模型上的无限长梁，研究开挖卸荷引起下卧既有地铁隧道的纵向变形规律，并与 Winkler 单参数地基模型、Pasternak 双参数地基模型结果对比，发现 Kerr 地基模型计算结果较优。但值得注意的是，Kerr 地基的参数选取存在一定的困难，如地基模型中的刚度系数c、k，剪切系数G等采用简化弹性空间法确定需要进行不断调整以提高计算的精确性[36]。此外，对于隧道大变形的情况，土体会产生塑性变形且地层与隧道之间发生相对滑移，所有的弹性地基模型假定均会高估地基反力，使得计算结果过大而导致工程设计趋于保守[37]。

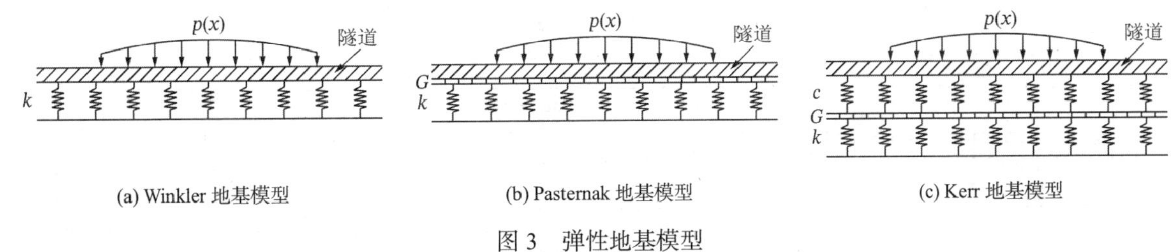

图 3　弹性地基模型

Wu 等[38]指出由于管片接头的影响，基坑开挖作用下的邻近地铁隧道不仅发生整体弯曲变形，而且管片间还会发生剪切变形，采用 Timoshenko 梁模拟隧道更为合理。周顺华等[39]提出环间错台效应下基坑开挖引起邻近盾构隧道变形的能量计算法。梁荣柱等[14-15]采用考虑隧道剪切效应的两阶段法，对基坑开挖附加荷载作用下隧道的纵向变形展开了深入探讨。徐日庆、程康等[40-41]则进一步考虑了隧道埋深效应，研究不同因素对下卧隧道变形响应的影响，包括隧道等效抗弯刚度和剪切刚度、隧道埋深、隧道-基坑相对净距、隧道-基坑短边夹角、基坑开挖尺寸、形状和深度。魏纲等[16-17]综合考虑剪切错台和刚体转动效应，提出了基坑开挖引起隧道的纵向变形量、环间剪切力、错台量和环间转角的计算公式。总的来说，优化的盾构隧道简化模型进一步拓展了两阶段分析方法，但还需得到更多的工程实践检验。此外，与基于均质土体的两阶段法相比，周泽林等[42]考虑实际工程中的地基土成层性，提出了能反映出层状地基土体中的应力集中（或扩散）和变形集中（或扩散）现象的整体耦合分析法，可应用于邻近基坑开挖卸载对既有隧道结构影响的理论求解。

但是，以上研究均未考虑实际工程因素，如土体的流变性能、基坑开挖时空效应、围护结构施工以及工程降水等不容忽视的施工影响。基于此，张俊峰等[43]考虑软土变形的蠕变效应，引入非线性流变模型，采用 Boussinesq 应力解求得了基坑开挖卸载引起的土体变形，提出了预测邻近隧道竖向变形的计算方法。张治国等[44]进一步从土体流变角度分析了黏弹性地基中基坑开挖的时域影响，可为结构长时变形趋势的预测提供理论依据。吉茂杰等[45]在基底土体隆起残余应力法的基础上，研究基坑开挖时空效应对地铁隧道的影响，提出土体卸荷模量的时间、空间影响系数修正是适用于工程实际的。周泽林等[46]综合考虑土体卸荷、基坑围护墙与支撑结构变形以及工程降水因素，提出了将软土地基考虑为三参量H-K黏-弹性体，既有隧道视为 Pasternak 黏-弹性地基上的 Euler-Bernoulli 长梁的计算方法，其结果能较好地反映软土地区地铁隧道附加变形与内力的时间发展趋势。

2.2 模型试验

模型试验可以较好地反映工程施工特点和结构变化特征，一般分为：离心模型试验（图 4）与常重力模型试验（图 5）。离心模型试验是通过离心机补偿因缩尺造成的自重应力损失，研究模型在原有应力水平下的变化规律；常重力模型试验是通过模拟实际工程中附加力的加载与卸载，研究模型共同的特性和规律。基于此，笔者列举了不同国内外学者关于基坑开挖对邻近地铁隧道影响的模型试验研究成果，如表 1 所示。

图 4 香港科技大学离心机

图 5 模型箱装置

基坑开挖对邻近地铁隧道影响的模型试验研究 表 1

来源	试验类别	模型箱尺寸	试验条件	研究目的	主要结论
文献[18]	离心机试验	0.700m × 0.360m × 0.500m	基坑开挖宽度 0.36m，长度 0.50m，深度 0.15m。隧道模型采用铝管模拟，隧道顶部距基坑坑底 0.05m。试验土样土体分 4 层填筑	研究非对称基坑开挖对下卧地铁隧道的影响	1）基坑非对称卸载作用导致隧道发生上浮和偏移，二次开挖扰动加强； 2）距离基坑中心线近的隧道扰动作用更加明显，基坑临空面影响明显
文献[19]	离心机试验	0.900m × 0.700m × 0.700m	基坑开挖宽度 0.11m。隧道模型采用铝管模拟，长 0.87m、直径 0.105m、厚度 0.003m，挡土墙和隔墙采用不锈钢板模拟	研究坑-隧相对距离、隧道类型对基坑开挖引起隧道变形的影响	1）隧道不同位置隆起量与隧道中心至基坑底部的距离呈指数递减分布； 2）隧道中心至基坑底部距离相同时，隧道横截面越大，收敛变形越小，但附加弯矩影响越大

续表

来源	试验类别	模型箱尺寸	试验条件	研究目的	主要结论
文献[47]	离心机试验	0.900m × 0.550m × 0.700m	基坑开挖宽度0.37m，长度0.55m，深度0.20m。支撑和围护结构采用铝合金模拟，试验土样采用淤泥质粉质黏土和粉细砂	研究不同基坑开挖方式对围护结构及邻近地铁隧道变形的影响	1）“先挖大基坑，后挖小基坑”的开挖方式对于控制围护墙体变形有显著效果； 2）基坑的分块开挖方式可以较好地控制紧邻的地铁隧道变形
文献[21]	常重力试验	2.000m × 1.350m × 0.850m	基坑开挖宽度0.30m，长度0.50m，深度0.25m。隧道模型采用塑料管模拟，长1.30m、直径0.10m、厚度0.01m。连续墙采用纤维塑料板模拟，试验土样采用细砂	研究基坑开挖对既有地铁隧道附加内力、收敛变形的影响	1）基坑开挖引起既有隧道竖向弯矩变小，横向弯矩变大，且隧道发生“横鸭蛋”式收敛变形； 2）隧道与基坑的水平净距越小，基坑开挖引起的隧道弯矩与位移变化越大

由此可见，模型试验可以模拟实际工程中的某些工况条件，并通过设置不同的试验变量来考虑不同因素对隧道变形和内力的影响程度。但是，基坑邻近地铁隧道施工的影响受基坑与隧道的相对位置、隧道类型、基坑开挖方式、土层性质等众多因素影响。而且，由于实际工程现场的复杂性和室内模型试验环境的理想化，如离心模型试验中，一般采用铝管或塑料管模拟盾构隧道，尚未考虑实际管片接头的结构特征，结果往往存在一定的出入。笔者认为，室内模型试验可以作为一种辅助研究手段，并与理论分析、数值模拟和现场监测的结果相互验证。

对实际工程而言，常重力缩尺模型试验是对基坑近接地铁隧道施工影响的微观认识，而离心模型试验的应用则更加直观地展示了整个工程的变化过程。随着我国土工离心模型试验技术的广泛发展和离心机应用范围的不断扩展，特别是大型超重力离心机的建设，可以预见，未来将有越来越多的岩土工程领域问题将借由离心机技术，实现复杂科技任务的开展和重大技术的研发验证。

2.3 数值模拟

数值模拟分析问题全面、结果直观，既可以较大程度地贴合实际工况，充分考虑不同地质条件的土体本构关系，也可以通过修改参数以考虑不同施工因素的影响程度，完整地模拟每一个施工工况对应的结构变形和受力状态，现已广泛应用于工程项目的初步分析设计和众多复杂工况的计算研究[48]。目前，大多数学者采用 PLAXIS、FLAC3D、ABAQUS 等数值模拟软件，开展不同影响因素下邻近地铁隧道的附加变形规律、内力特性以及加固措施效果等方面的研究。

笔者分别就不同基坑-隧道相对位置开展数值研究成果的整理，列举如表 2 所示。可见，当隧道位于基坑不同相对位置时，其变形与内力变化明显不同。一般而言，基坑开挖对周围土层应力和应变场的影响不仅与基坑尺寸、相对净距和开挖方式有关，还与基坑支护形式、工程降水和所采取的施工控制措施等因素有关。

基坑开挖对邻近地铁隧道影响的数值模拟研究 **表 2**

来源	基坑-隧道相对位置关系	主要结论
文献[24,27,49-50]	隧道位于基坑侧方	1）基坑开挖过程中，隧道变形以水平位移为主，横断面呈现不规则的横向压扁变形，且横向伸长大于竖向收敛。 2）隧道的最大水平向和竖向位移与基坑距隧道的水平净距呈指数函数递减。 3）开挖卸荷引起侧方隧道产生的附加弯矩随着与基坑中心截面距离的增大而逐渐减小
文献[25-26,51-52]	隧道位于基坑下方	1）基坑开挖对下卧隧道的影响范围较大，隧道纵向产生竖向隆起变形，变形速率随着基坑开挖深度的增加逐渐增大。 2）隧道断面产生一个竖鸭蛋形状的变形。 3）基坑开挖几何形状宜采用短矩形，施工影响小

温忠义等[53]基于有限元模拟结果，指出基坑支护结构变形对周围土体和邻近地铁隧道的影响与相对位置、距离有关。郑刚等[54]利用数值模拟对 4 种典型围护结构变形模式引起的坑外隧道变形特点进行分

析，提出位移影响区范围随着围护结构最大水平位移的增加而扩大。因此，实际施工过程中，除了要控制围护结构的最大变形值外，尚应根据工程周围环境特点合理控制围护结构的变形模式，并尽可能地避免出现踢脚模式变形。为此，如何将支护结构变形与周围土体和邻近地铁隧道变形紧密联系起来，并考虑不同土质条件、开挖深度等因素，将是今后进一步探讨的方向。

基坑降水一直是许多研究者关注的问题，特别当邻近既有地铁隧道时，降水造成的地层次压缩变形，是引起隧道长期沉降的主要原因之一[2]，不能忽视降水对周围土体的扰动及邻近隧道变形的作用。张治国等[55]采用有限元数值模拟，分析比对了基坑逐层降水与跨层降水时地下连续墙水平侧移、地表沉降以及隧道变形的影响，提出优化降水方案可明显控制邻近隧道变形。黄戡等[56]基于流固耦合理论建立三维仿真模型，提出地铁隧道因邻近基坑降水引起的最大弯矩发生在近基坑侧，且大小与净距成反比。降水速度的加快导致了基坑支护结构内力的增长，需要引起重视。

针对近接施工控制措施的数值模拟结果，陈仁朋等[22-23]分析比较了软土地层中基坑分块开挖、被动区土体加固以及隔断墙措施的保护效果，提出基坑中部位置对应区域为隧道重点保护区，基坑分块开挖具有非常显著的控制效果。这与张治国等[57]提出基坑分区开挖保护效果更好的结论相一致。此外，加大水泥土的桩长、减小基坑开挖深度、增加钢管斜抛撑、加大围护灌注桩直径及坑外降水等5种措施的优化组合同样能控制邻近地铁隧道的变形，其中减小基坑开挖深度和坑外降水的效果最为明显[58]。土体加固措施、基坑坑底堆载、考虑时空效应的分段交替开挖法（DAEM）均可有效减小下卧地铁隧道在基坑开挖过程中的隆起变形[26,59]。实际工程中，应根据工程特点和相应条件，选择适合的控制措施组合。

必须要说明的是，数值模拟结果的合理性很大程度上依赖于所选择的本构模型与参数取值，而参数具有地区性、经验性，一般需要结合工程经验和实测数据进一步验证确定。因此，如小应变硬化模型、考虑结构性的蠕变模型、亚塑性模型等[60]进一步适用于复杂应力条件和土体特性的本构模型将是未来研究的重点。而且，工程建设施工环境较为复杂，数值模拟通常采用了一定的前提假设和简化处理，难以完全模拟实际工况，目前更多地用于工程案例的定性分析。此外，精细化建模[61-62]和离散元法在盾构隧道管片结构分析中的应用[63]也表明研究将更趋向于基坑近接施工引起的隧道细部特征规律和多场耦合特殊工况的探讨。

2.4 实测分析

基坑开挖对邻近地铁隧道的影响涉及因素较多，但前述的研究方法都难以同时考虑。现场监测数据作为实际工程的直观表现，是各种因素综合作用的结果，满足了现阶段工程研究对实时性和准确性的迫切需求。因此，笔者归纳整合了国内软土基坑邻近既有地铁隧道施工的工程实测数据，并根据基坑与隧道的相对位置关系分为两种情况讨论，如表3和表4所示。由于不同工程的特殊性（如地层条件、基坑尺寸与形状、基坑与隧道的空间关系、支护形式、工法工艺等方面的不同），笔者对个别监测数据进行了合理筛除后，再绘制散点图如下。（注：图表中隧道位移水平方向以朝基坑移动为正，竖直方向以隆起为正。）

基坑开挖对下卧既有地铁隧道影响的施工典型案例[25,28,51,64-65] 表3

编号	工程名称	基坑深度H_e/m	上跨基坑宽度b/m	上跨基坑长度l/m	隧顶埋深H/m	隧道最大竖向位移V/mm	
						上行线	下行线
1	上海东西通道浦东段拓建主线	11.0	27.1	150.0	14.2	16.0	14.2
2	上海东西通道右转匝道	7.3	9.7	68.0	9.5	6.7	5.5
3	上海东西通道银东下立交	8.2	19.3	70.0	15.2	7.2	6.0
4	上海人民路隧道新建风井	12.9	18.2	19.6	18.9	8.9	—
5	上海东方路下立交工程	6.5	18.0	37.0	9.5	11.8	12.3
6	上海外滩通道工程	11.0	10.0	50.0	18.1	6.9	7.5

续表

编号	工程名称	基坑深度H_e/m	上跨基坑宽度b/m	上跨基坑长度l/m	隧顶埋深H/m	隧道最大竖向位移V/mm	
						上行线	下行线
7	上海人民路隧道浦西岸上段	10.6	26.0	50.0	16.8	13.3	12.5
8	上海广场项目	6.7	85.0	100.0	14.4	11.3	13.5
9	上海某深基坑	8.0	100.0	100.0	11.8	14.7	15.9
10	上海新金桥广场基坑	5.0	38.0	70.0	9.0	7.9	9.8
11	上海世纪大道杨高路立交	7.4	30.0	76.0	14.4	7.0	8.8
12	宁波某地下通道	10.0	12.0	33.0	19.5	6.8	8.3
13	上海雅居乐广场	5.0	46.0	110.0	8.6	10.2	8.0
14	上海南京路下沉广场	3.8	50.0	100.0	7.0	6.4	8.1
15	上海静安区大中里综合项目	4.6	40.0	100.0	8.8	8.6	9.2
16	上海 8 号线某风井	9.1	40.0	50.0	16.6	—	6.5
17	杭州延安路某地下通道工程	8.0	11.4	14.8	11.6	4.9	—
18	杭州金沙湖绿轴下沉式广场	5.3	51.0	100.0	8.5	6.8	7.9
19	杭州铁路东站西广场	9.6	100.0	100.0	16.3	6.5	8.8
20	深圳市前海区某基坑工程	13.5	52.0	114.0	18.8	—	23.6

基坑开挖对侧方既有地铁隧道影响的施工典型案例[2,66] **表 4**

编号	工程名称	基坑深度H_e/m	基坑面积A/m^2	隧顶埋深H/m	隧道与基坑净距L/m	隧道最大水平位移S/mm	隧道最大竖向位移V/mm
1	台湾某高层建筑基坑	21.0	4800	14.5	6.9	27.0	33.0
2	上海新世界城	12.5	5920.0	7.4	3.0	9.0	−5.0
3	台北某基坑	15.9	1770.0	16.1	7.3	27.5	21.4
4	上海地铁 7 号线静安寺站基坑	23.4	5207.4	8.5	15.0	3.0	1.3
5	中国东部地区某附楼	7.0	600.0	10.0	4.0	1.4	6.8
6	上海南京路某广场基坑	14.4	686.8	9.3	7.0～11.0	10.0	−10.0
7	上海广场基坑（北坑）	15.5	9600	14.4	2.8～5.0	13.0	−5.0
8	上海南京西路 1788 地块某项目	14.5	10228	8.5	10.4～13.5	—	5.5/−3.5
9	广州黄沙上盖物业建筑群	12.0	60000	7.0	6.0	8.0	−12.3
10	上海市裕年国际商务大厦	10.0	3000.0	7.0	7.2	4.8	−3.3
11	广州鸿晖大厦	16.9	4800	9.9	8.4	8.5	—
12	上海市闸北区大宁商业中心	6.3	44365	11.8	5.5	4.0	7.1
13	上海市徐汇区某基坑	19.9	8800	11.0	25.0	—	-5.6
14	上海淮海中路 3 号地块项目	13.9	29000	8.4	8.0	—	5.0
15	天津某基坑项目	15.0	43890	15.0	16.6	14.6	9.1
16	上海会德丰广场	18.0	9573	8.5	5.4	—	−16.7
17	苏州工业园区公积金大厦	12.2	9595.7	12.0	9.5～14.0	1.1	6.5
18	苏州 4 号线北侧的基坑	12.6	6510.0	12.5	9.0	12.2	7.9
19	南京河西地区某建筑工程	22.8	58100	18.5	15.0	19.8	−20.1
20	福州某邻近地铁建筑	15.1	24610	12.3	17.2	8.0	5.0

2.4.1 下卧隧道

下卧隧道的最大竖向位移V与基坑开挖深度H_e密切相关，笔者采用郭鹏飞等[28]定义的V与H_e的比值作为隧道最大隆起率，代表隧道在基坑单位开挖深度下所发生的隆起变形量，并将表 3 数据绘制如图 6 所示（图中V_{max}、V_{avg}、V_{min}表示统计最大竖向变形数据量中的最大值、平均值和最小值的界限，下同）。基坑开挖引起下卧地铁隧道最大隆起率的变化范围很大，最小值 0.5‰H_e，最大值 2.13‰H_e，尚无明显的规律性特征。可见，只讨论基坑开挖深度而不考虑隧道埋深位置、基坑尺寸等其他因素是无法准确描述基坑开挖影响的。而且，软土地区近接施工均采取了相应的施工控制技术，同样造成了实测数据的离散化。

基于此，魏纲等[32]进一步提出了基坑一维卸荷比N的定义，即开挖深度H_e与隧顶埋深H的比值，作为影响下卧隧道竖向变形的重要因素更为合理。图 7 即为隧道最大竖向位移V与一维卸荷比N之间的关系曲线，一般而言，下卧隧道的隆起变形会随着一维卸荷比N的增大而增大，但从图中可以明显看出，比例系数V/N的变化范围较不明确。软土地区基坑邻近地铁隧道施工的一维卸荷比N主要集中在 0.4～0.8 之间，且总体趋势是随着一维卸荷比N越接近 1.0，隧道的最大竖向位移V不断增大。究其原因，是因为隧道顶部与基坑底部之间的覆土层越薄，基坑卸荷引起的扰动传递越明显，下卧隧道的隆起变形越大。浙江省标准《城市轨道交通结构安全保护技术规程》DB33/T 1139—2017[3]进一步提出了考虑基坑深度和宽度的二维卸荷比，即为最不利断面隧道上方主要覆土区内的基坑最大断面面积与隧道上方主要覆土区的断面面积的比值。然而，上述卸荷比值均是在平面最不利断面基础上选取的，无法体现基坑开挖的空间效应。因此，笔者认为考虑三维层面的基坑卸荷量的影响是值得进一步探究的。

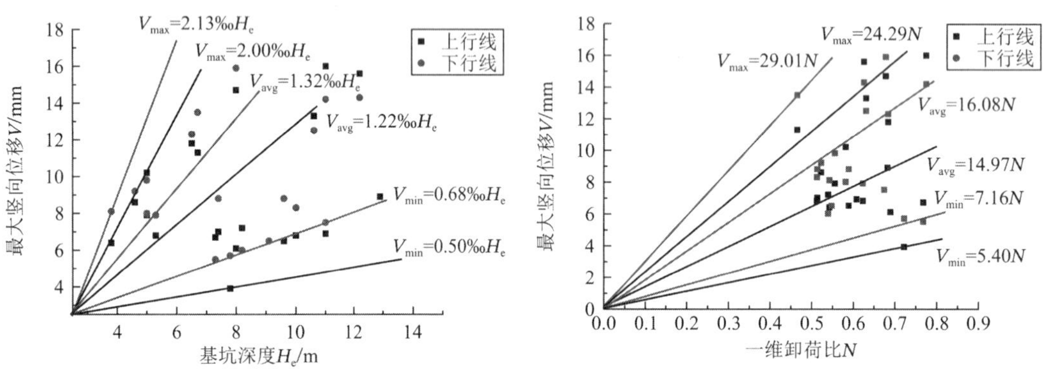

图 6 下卧隧道最大竖向位移与基坑开挖深度关系　　图 7 下卧隧道最大竖向位移与一维卸荷比关系

参照郭鹏飞等[28]提出的基坑开挖引起下卧隧道最大隆起值的预测公式，笔者引入三维卸荷系数ν_1的概念，即引入考虑上覆土厚度影响的一维卸荷比N，文献[13]中的基坑形状因子α，以及基坑三维卸荷量V_0的对数形式$\lg(V_0)$，继而得到下卧隧道的三维卸荷系数ν_1的表达式为：

$$\nu_1 = \lg(V_0)\alpha N \tag{1}$$

综合上述因素对实测数据进行线性拟合，并根据相关性得到下卧隧道最大竖向位移V的表达式为：

$$V = f_1\lg(V_0)\alpha N + f_2 = f_1\nu_1 + f_2 \tag{2}$$

式中，基坑形状因子$\alpha = 2\sqrt{lb}(l+b)$；f_1、f_2为与施工控制条件有关的变量，可通过已有工程的实测数据拟合得到。

采用式(2)对表 3 数据进行拟合，如图 8 所示。三维卸荷系数ν_1的变化范围主要集中在 1.5～3.0，且受基坑尺寸的影响程度较大。随着基坑三维卸荷系数ν_1增大，下卧隧道的最大竖向位移V呈增大的趋势，两者之间具有良好的线性关系，其表达式为：$V_{下行线} = 6.466\nu_1 - 4.6415(R_2 = 0.5138)$，$V_{上行线} = 5.333\nu_1 - 2.7372(R_2 = 0.4679)$。因此，当基坑形状规则、开挖卸荷量大，且基坑与下卧隧道之间覆土层厚度较小时，为较危险工况。同时，笔者采用文献[28]的预测公式对表 3 数据同样进行拟合，所得的关系曲线方差R_2分别为 0.4152、0.3992。可见，本文所提出的考虑基坑卸荷量的三维卸荷系数ν_1可以更好地体现软土基坑开挖引起下卧隧道变形的规律性特征，为工程预测和拟合提供一定的指导。但是，受基坑支护形式，施工工艺，以及隧道结构条件等其他工程因素影响，拟合的关系曲线仍存在一定的偏差，研究者们尚需进一步收集详实数据，细化分类，深入研究。

此外，笔者根据隧道竖向位移的不同变形控制值，划分了不同三维卸荷系数ν_1条件下基坑下卧既有隧道的变形影响区，见图 8 所示。可知，当三维卸荷系数ν_1小于 1.5 时，视为微弱影响区；当三维卸荷系数ν_1大于 3.2 时，视为主要影响区；当三维卸荷系数ν_1介于 1.5 和 2.3、2.3 和 3.2 之间时，分别视为一般影响区和次要影响区。利用基于实测数据，且考虑多因素的三维卸荷系数ν_1作为划分标准，更适用于指导工程实践，从而实现邻近地铁隧道的基坑施工影响的预先评估，提前优化调整基坑设计与施工计划，制定隧道保护措施，调查与监测方案等。

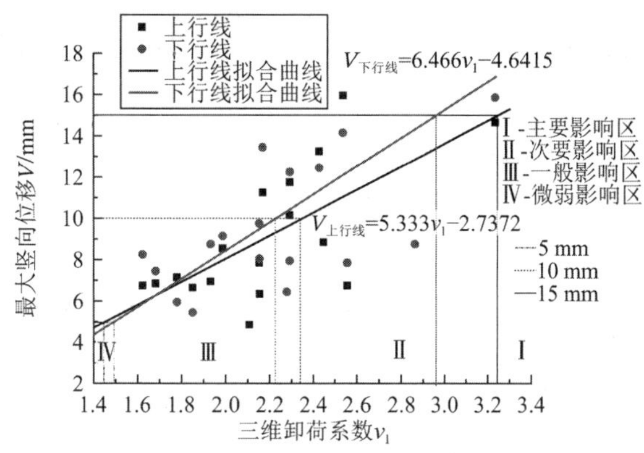

图 8　下卧隧道最大竖向位移与三维卸荷系数ν_1关系

2.4.2　侧方隧道

侧方隧道的空间位置多样，包括浅部、中部和深部三种形式，如何建立隧道变形规律与相对空间位置之间的关系一直是当前的研究难题。本文依据基坑一维卸荷比N，绘制了侧方隧道最大竖向位移V与一维卸荷比N的关系如图 9 所示，由图中拟合曲线与坐标轴的相交点可知，侧方隧道竖向变形区大致分布如下：当一维卸荷比N大于 1.4 时为沉降区，隧道沉降量与一维卸荷比N成正比，这是因为基坑卸荷作用引起地表沉降，一维卸荷比N较大时隧道上覆土层较薄，隧道结构应对基坑施工扰动的力学响应更加敏感；当一维卸荷比N小于 1.0 时为隆起区，同时随着隧道埋深的增大，施工扰动效应经地层传递逐渐减弱，隧道位移将变化不大。但是，当一维卸荷比N位于 1.0～1.4 之间为过渡区，即隧道断面中位线与基坑底部水平线相近时，隧道竖向位移未呈现较好的规律性。为此，实际工程中更应着重关注过渡区隧道的竖向变形特征，便于及时采取纠偏措施。

图 10 中的侧方隧道最大水平位移与基坑净距关系的拟合曲线可知，隧道最大水平位移呈现出随相对净距增加而减小的趋势，且曲线在相对净距较小时的斜率急剧增大，而随着相对净距增加其斜率逐渐变缓，这与冯龙飞等[49]数值模拟分析得出的水平位移与净距呈指数函数递减的结论相一致。但是，不同工程差异化因素亦会对隧道水平位移产生影响，监测数据仍存在一定的离散性。

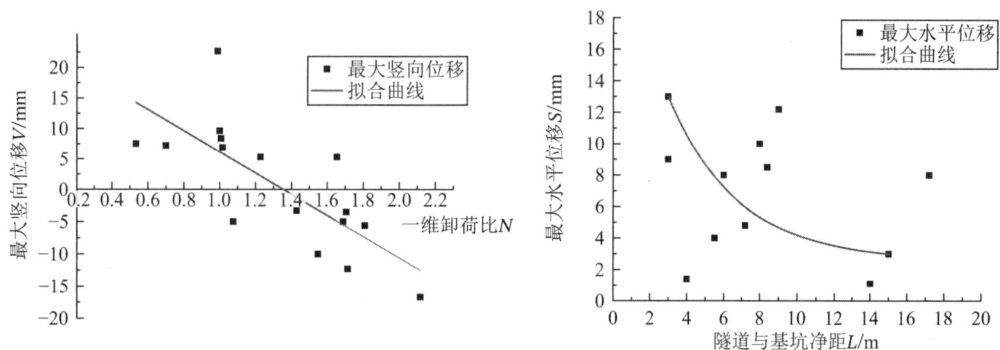

图 9　侧方隧道最大竖向位移与一维卸荷比关系　　图 10　侧方隧道最大水平位移与基坑净距关系

为此，作者参照下卧隧道实测分析中的三维卸荷系数ν_1的概念，引入考虑近接影响的侧方隧道与基坑净距L以及基坑三维卸荷量V_0的对数形式$\lg(V_0)$，继而得到侧方隧道的三维卸荷系数ν_2的表达式为：

$$\nu_2 = \lg(V_0)/L \tag{3}$$

对实测数据进行指数拟合，并根据相关性得到侧方隧道最大水平位移S的表达式为：

$$S = \exp\left[\frac{\lg(V_0)}{L} - f_3\right] = \exp(\nu_2 - f_3) \tag{4}$$

式中，f_3为与施工控制条件有关的变量，可通过已有工程的实测数据拟合得到。

采用式(4)对表 4 数据进行拟合，如图 11 所示。侧方隧道的最大水平位移与三维卸荷系数ν_2呈指数递增趋势，关系曲线表达式为：$S = \exp(\nu_2 + 1.2843)$。可知，若基坑开挖卸荷量小且距离邻近地铁隧道较远时，隧道受基坑侧方卸荷影响小，水平位移变化不大。而随着基坑向深大规模发展且紧邻地铁隧道时，隧道水平位移便呈指数增长，极大危害结构的安全稳定性。对此，现场工程尤其要注意大规模及近距离的基坑开挖工程，及时做好施工控制防护。对比图 10 与图 11 发现，本文引入三维卸荷系数ν_2所拟合的曲线具有较好的相关性，较大程度上能反映软土地区基坑开挖对侧方隧道水平位移的影响规律。

同样的，笔者根据隧道水平位移的不同变形控制值，划分了不同三维卸荷系数ν_2条件下基坑侧方既有隧道的变形影响区，见图 11。可知，当三维卸荷系数ν_2控制在 1.0 范围内，隧道最大水平位移尚在 10mm 预警值内，必要时可采取坑内外土体加固、控制支护结构最大变形、隧道加固等措施对既有隧道进行有效变形控制。当然，在实际工程中，因地质条件复杂，现场施工工艺等诸多因素影响，利用变形影响区预估的隧道变形会与实测结果存在一定差异[29]。

此外，侧方隧道的变形不仅仅是依赖基坑卸载量与相对净距，也与基坑的支护结构刚度相关。基坑围护结构的变形与邻近地铁隧道的变形相互联动，都是土体应力场与位移场发生改变的外在表现，如图 12 所示。尚国文等[67]定义了基坑围护结构变形与隧道结构变形的关联系数R，可对邻近地铁竖向变形进行拟合预测。丁智等[30]、张治国等[57]和尚国文等[67]基于实测数据发现，基坑围护结构水平侧移与邻近侧方地铁隧道的水平位移和收敛存在一定的线性相关性，并具有类似的变化趋势，这与郑刚等[54]得出的数值模拟结果相一致。因此，有必要厘清基坑周围土体的深层位移、围护结构变形与邻近地铁隧道变形之间的联系，对于积极采用现场监测结果，实时预判近接施工的安全风险具有重要的工程意义。

需要指出的是，本文实测数据分析均是基于公开发表的文献或资料统计所得，部分工程数据搜集较不全面。笔者仅选取了代表性的部分因素进行拟合参数分析，尚无法探究其他影响隧道变形因素的规律性特征，这也是当前如何建立工程现场实测数据搜集、存储及后处理一体化系统的一大难题。

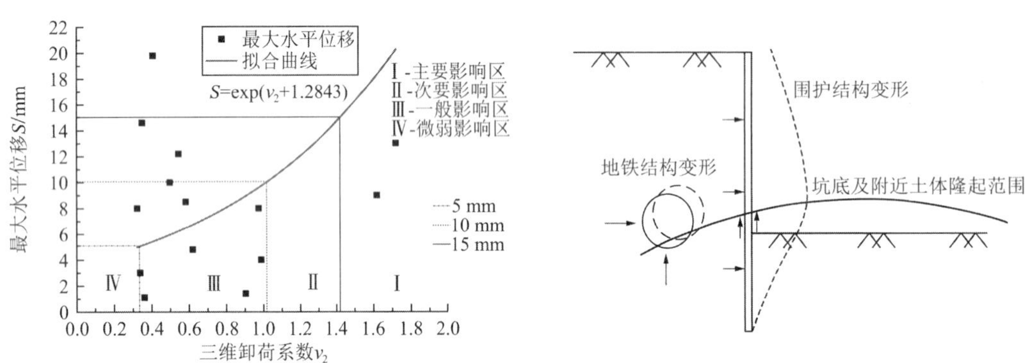

图 11 侧方隧道最大水平位移与三维卸荷系数ν_2关系　图 12 基坑及邻近地铁隧道变形联动机制示意[67]

2.5 风险评价与影响分区

综上所述，目前软土基坑邻近既有地铁隧道的施工风险研究主要包括影响机理、变形特征和不同施工因素、工况等方面，为建立安全风险评价指标体系提供了理论依据与技术支撑。安全风险评价体系一般以基坑施工扰动和隧道结构响应作为建立依据。张勇[68]构建了邻近既有地铁隧道深基坑施工的安全风险评估指标体系和模型，并结合 BIM 技术，开发了集“评估-分析-控制”于一体且动态可视的安全风险控制系统。陈大川等[69]从基坑-土体-隧道作用机理出发，采用综合风险指数矩阵法，建立了基坑施工影响和隧道易损性两方面的安全风险等级评估体系。然而，现阶段的安全风险评价体系多是建立在已有工程基础上，但各个工程项目均有其不确定性、差异性和特殊性，如何将施工安全风险评价进行一般性拓展，仍是一个值得长期关注的研究过程。

根据邻近既有地铁隧道的变形程度不同划分影响等级，并通过控制单一参数对比统计，得出相应的接近度界限，即为影响分区。日本自 1997 年颁布《既有铁路隧道近接施工指南》，便对近接区域划分这一领域有了深入的研究[70]。仇文革等[71]在系统总结国内外已有成果的基础上，给出了广义地下工程近接施工的分类，并提出近接分区理论及相关概念，为今后研究奠定了基本框架。我国《城市轨道交通结构安全保护技术规范》[72]提出了既有隧道外部施工活动的近接影响区划分依据，《城市轨道交通工程监测技术规范》[73]则对基坑开挖影响给出了具体分区建议。为进一步明确基坑近接施工影响，郑余朝等[74]提出将影响隧道轨道线形和管片环间接头状态的纵向变形曲率半径，作为基坑近接既有地铁隧道施工影响区的划分阈值。林杭等[75]基于 FLAC3D 计算结果绘制出不同宽度和深度基坑开挖对邻近隧道变形影响的临界线。郑刚等[29]划分了不同围护结构变形模式和最大水平位移条件下坑外既有隧道变形影响区，大致可简化为直角梯形形状，如图 13 所示（以围护结构内凸型变形为例）。

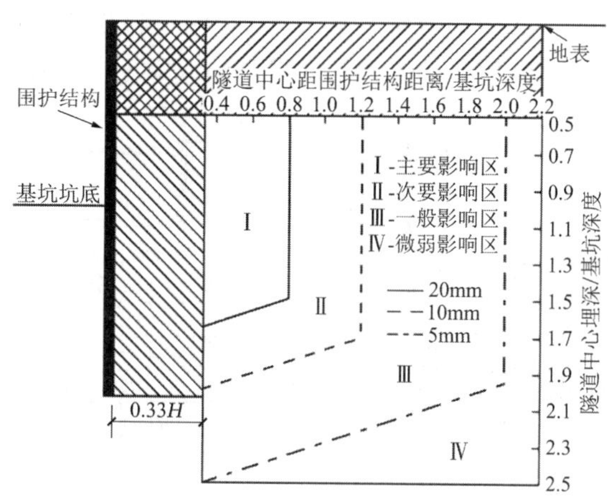

图 13　简化后的隧道不同变形值影响区[29]

可见，众多学者已深刻认识到影响分区划分对于工程设计与评估的重要性。根据影响分区结果预估邻近地铁隧道变形（如基于实测数据结果给出的划分依据见图 8 和图 11），并综合考虑现场施工因素，合理采取有效的控制防护措施，可为实际工程提供安全风险控制的施工经验和实践依据，具有很高的工程应用价值。

3　邻近地铁隧道的基坑施工控制技术研究

随着大量邻近地铁隧道的基坑工程不断出现，以及隧道自身对于近接施工的高度敏感性，目前绝大多数的运营地铁都存在不同程度的结构病害与安全隐患。因此，为了保护基坑施工与邻近地铁隧道的安全性，现场工程逐渐形成了一系列的控制防护技术，笔者将其分为主动控制（优化施工方案）和被动控制（防护加固）。

3.1　主动控制

为了最大限度地降低基坑施工风险与影响，工程中常采用基坑分区卸荷法、隔断法、基坑支护与地基加固法等措施，此类针对施加方——基坑的优化施工方案选择称为主动控制，具体如下：

（1）基坑分区卸荷法。软土地区基坑开挖卸荷作用明显，产生的位移场影响范围广，常规大开挖的方式难以控制地层变形。为此，温锁林[51]提出了“弹钢琴式”的基坑开挖方法，即利用分隔桩将明挖基坑分为若干个小基坑，小基坑采用跳仓和分层开挖方式。深大基坑采用分区开挖，可减小单坑的长宽比，进而调动小开挖的空间效应，有效控制支护结构和土体的变形，对邻近地铁隧道的影响远小于整体开挖[76]，目前已广泛应用于工程实际。

（2）隔断法。即基坑与邻近地铁隧道之间设置隔断结构，一般为隔离桩或墙，可在一定程度上切断施工扰动引起的位移传递路径，以起到控制隧道结构变形的作用。郑刚等[77]提出邻近既有隧道的深大基坑施工，采取近距离隔离桩措施可发挥抑制作用。但是，一定范围内隔离桩的“牵引作用”，则不利于隧道变形控制。隔断结构的效果与结构强度、尺寸、设置形式和相对间距有关，工程中应结合现场实际应用[78]。

（3）基坑支护与地基加固法。常用的基坑支护方式有地下连续墙、钢板桩、钻孔咬合灌注桩、SMW工法桩、内支撑体系及联合支护等。常用的基坑周边地基加固的措施有水泥土墙（TRD工法）、高压旋喷桩、袖阀管注浆和三轴水泥搅拌桩等，其中三轴搅拌桩施工扰动影响较小，应用更为普遍[28]。当然，围护结构设置与地基处理必须充分考虑与隧道的相对间距，避免工前扰动。

实际工程一般选择各项措施组合形成的综合方案。据统计，表3所列举的下卧隧道工程案例中，大多采用钻孔灌注桩结合SMW工法桩作止水帷幕，搅拌桩门式加固地铁隧道两侧，并辅以钢筋混凝土支撑和钢管支撑形成的内支撑体系，如图14所示。表4所列举的侧方隧道工程案例中，大多采用地下连续墙作隔挡，钻孔灌注桩或三轴搅拌桩加固土体，并辅以钢筋混凝土支撑和钢管支撑形成的内支撑体系。

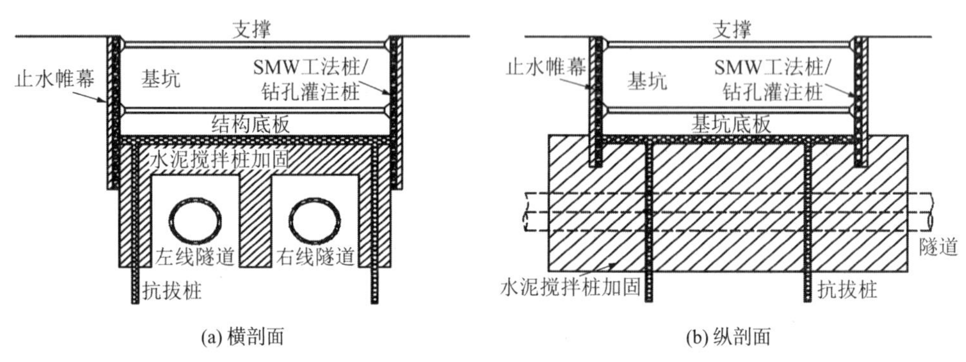

图14　基坑支护与地基加固措施[28]

3.2　被动控制

对于已运营的地铁隧道结构，工程中常采用注浆加固、内张钢圈加固、新型材料加固等控制修复技术，以达到控制隧道变形和整治病害的目的，这种针对受扰方——地铁隧道的防护加固选择称之为被动控制，具体如下：

（1）注浆加固。为了降低对周边土体的扰动，根据地铁隧道的特点、变形现状及发展趋势，工程中推行采用微扰动注浆工艺。上海申通地铁集团有限公司[79]通过试验研究确定了水泥-水玻璃双液微扰动注浆的施工参数和工艺，为地铁隧道的不均匀沉降整治提供了借鉴和参考。郑刚等[80]基于现场实测和数值分析结果，提出了适时采用“近距离、多孔位、小方量、由远及近”的多排孔主动注浆可有效控制隧道变形。目前，注浆加固已成熟运用于地铁隧道的变形控制领域，但是软弱地层中注浆控制不当和二次扰动问题仍需引起关注。

（2）内张钢圈加固。柳献等[81-82]基于整环和半环钢圈足尺试验证实了钢圈加固可明显提高隧道整体结构刚度和强度，为工程现场应用提供了理论支撑和技术指导。邹家南[83]采用数值模拟分析同样验证了钢板加固的补强效果和抗侧压能力，使得隧道结构能更好地发挥自承压优势。然而，由于钢圈结构自重大、施工可操性不足且尺寸影响隧道内部限界等问题，该方法在实际工程中应用并不广泛。

（3）新型材料加固。现有的传统加固方法已无法满足地铁隧道精细的施工要求和微小的变形控制要求，许多新型材料加固措施应运而生。例如刘梓圣等[84]通过数值模拟发现粘贴芳纶布能有效地限制隧道横向收敛和接头变形，且最佳加固层数为2～3层。柳献等[85]进一步根据足尺试验结果，提出芳纶布和碳纤维布加固能有效提升隧道纵缝接头的转角刚度。此外，还有类似于高性能复合砂浆喷筑法、粘贴复合腔体加固法等创新有效的新方法新工艺正在被推广应用。

3.3 隧道结构监控技术

针对软土基坑邻近既有地铁隧道施工的问题，开发自动化实时监控系统，同步获取并存储运营地铁隧道的变形和损伤数据，极大增强了近接施工安全风险的预见性，对防护控制具有借鉴意义。

自动化监控技术丰富多样，其中以静力水准监测系统、高精度测量机器人、分布式光纤传感网络和图像扫描与处理系统为主。Zhou 等[86]开发并建立了一种基于机器人全站仪的地铁隧道结构自动位移监测系统，可通过多个机器人全站仪实现长区域监视的精确性。王飞等[87]利用长距离光纤组建盾构隧道的变形感知神经网络，开发了一种长距离、高精度的隧道变形监测系统。测量机器人和光纤传感器技术的应用克服了人工监测范围小、频率低、误差大、高风险和实时性差等弊端，目前已成功应用于各地区的运营地铁监测。近年来，人工智能和机器视觉已被广泛应用于隧道结构的损伤检测中，提高了隧道结构安全性评估的效率和准确性。Menendez 等[88]开发了一种检测隧道缺陷的计算机视觉系统，以及一种测量裂缝宽度和深度的超声传感器机器人工具。Huang 等[89]介绍了一种高精度、高效的盾构隧道结构的表面损伤检测与智能分析系统，实现了隧道截面变形、衬砌裂缝、剥落和漏水等方面的实时监测。通过隧道损伤数据的进一步安全分析，可对地铁隧道的运维管理提供指导。Xie 等[90]基于一种适用地面激光扫描（TLS）收集隧道3D 点云数据的新算法，完成了隧道沉降、错位和收敛变形的监测结果可视化处理。可见，高效、高精度的智能化自动监控系统不仅促进了变形监测领域的跨越发展，而且联合新型结构损伤检测技术，极大地推动了隧道结构健康监控体系的发展。笔者认为，未来发展的方向应是融合无线传感技术、光纤技术、自动化控制技术、ZigBee 技术、GPRS/5G 技术等，搭建一套实时信息采集、传输、分析与反馈的地铁隧道信息智能化监控平台，如图 15、图 16 所示。

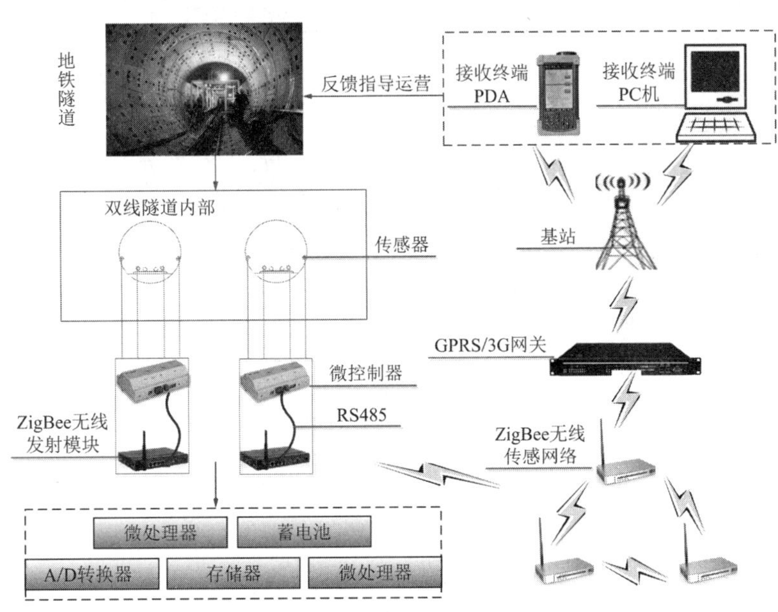

图 15 地铁隧道信息智能化采集系统

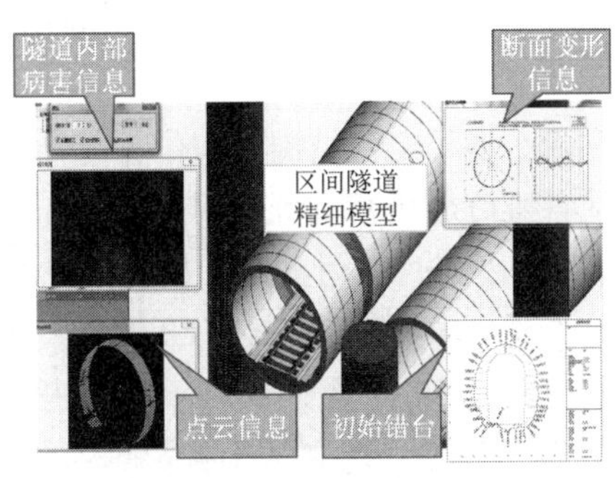

图 16 地铁隧道信息智能化查询系统

随着网络架构和计算能力的显著提高，基于深度学习（DL）的方法如卷积神经网络（CNN），递归神经网络（RNN）等逐渐被用于数据的后处理领域，尤其是图像数据。Ye 等[91-92]详尽总结了基于深度学习的数据处理方法在隧道结构健康检测中的工程应用，并着重强调了视觉应用研究方面的极大关注。Huang 等[93-94]研发了一种用于移动隧道检查的相机扫描图像捕获系统，并提出利用全卷积网络（FCN）可快速精准识别地铁隧道衬砌缺陷的新方法。事实证明，基于深度学习的方法不仅为可视化监控预测提供了新的方法和思路，更是促进了隧道结构健康监控技术的研究和应用的发展。

当前，信息化技术、物联网技术、可视化技术、卫星定位、网络通信、智能设备、AI 技术已经广泛应用于工程领域[95-96]。针对愈加复杂的软土地区城市基坑邻近地铁隧道施工的问题，笔者倡议：应对重点监测与检测、周期调查和日常检查项目予以区分，在核心区域或风险高发区域实施密集监测。同时兼具全局性，构建运营地铁隧道和邻近建（构）筑物之间的监控联动机制，共享信息化平台。建立多指标、集成化、综合分析与精准定位的新型监控成套技术体系（如图 17 所示）。这对于地铁隧道的长期运维养修具有重要的参考价值和借鉴意义。

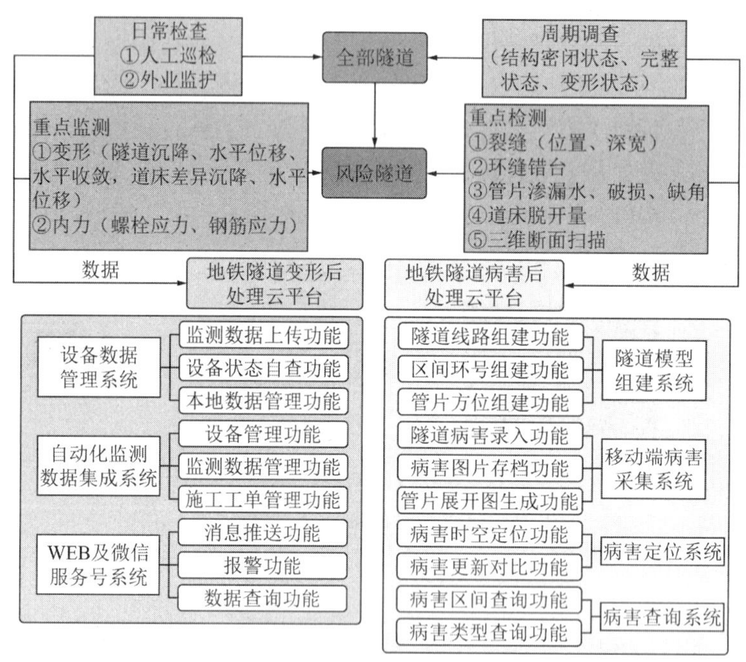

图 17　地铁隧道监控体系

4　存在问题及研究展望

总的来说，本文较为系统地总结了国内外学者关于基坑开挖对邻近地铁隧道影响及施工控制技术所取得的研究成果。鉴于此，结合笔者正在开展的相关研究工作，提出如下几个方面的研究尚需进一步探讨和深入：

（1）多维度基坑开挖时空效应研究。地下工程结构空间位置复杂，穿越地层多样，施工技术差异，具有明显的独特性。进一步综合考虑从各维度分析基坑开挖引起的土与结构应力场、位移场的路径与状态，提出三维空间卸荷比的概念，明确空间尺度与时间因素的参数取值方法，完善基坑开挖引起周围地层变形的传递解答。深入分析深大基坑开挖、基坑群开挖、非对称开挖等复杂工况对邻近地铁隧道的影响。

（2）理论与模型试验研究。现有理论分析选取的众多模型均考虑了不同的侧重研究因素和简化条件，但公式晦涩复杂，工程适用性较差，有必要建立基于各影响因子修正的简化计算方法或半解析公式指导实践。由于模型试验自身的局限性，需要作为辅助研究手段与其他方法相结合分析，未来大型离心试验的应用开发将进一步拓展研究的深度和广度。

（3）本构模型与多元化建模研究。随着三维数值仿真技术的应用与发展，许多复杂工程得以直观地呈现影响结果，如何进一步考虑现场工程的复杂应力条件和扰动引起的工后沉降影响，提出土体结构性和结构损伤特性的本构模型修正将是未来的重点探究方向。除基坑开挖引起邻近隧道整体变形和内力方面的影响，考虑实际盾构隧道的拼装特点和运营受损情况，进一步开展管片环向与纵向接头部位变形及螺栓受力的精细化建模研究，应用离散元法、参数化设计等手段分析破损管片结构在软土基坑近接施工过程中的力学响应与损伤发展。

（4）基坑降水与地下水渗流影响。基坑工程逐渐向深大规模发展，面临着城市区域特别是软土地区地下承压水控制这一关键问题。一旦控制不当，将引发自身和邻近隧道的严重工程事故。如何在既有地铁隧道邻近基坑施工时，综合考虑渗流与固结的多场耦合作用，掌握变形的发展与演变规律，解决“水”的复杂问题，将是研究的一大趋势。

（5）风险评价与影响分区。邻近既有地铁隧道的基坑施工安全风险是诸多影响因素耦合作用的结果，目前少有一般性、系统性和综合性的风险评价体系，缺乏及时有效的动态施工安全风险评价研究。应积极融入现场施工因素的评价指标，增强安全风险信息化控制。进一步细化和拓展影响分区，开展深厚软土地质条件、不同施工方法和结构形式等方面的工程适用性研究。

（6）控制防护技术。目前，已有许多控制技术成功应用于工程实践，但针对各个措施的适用性仍不明晰，加固防护的机理研究还不够深入和充分，缺乏一套完备可靠的理论指导体系。因此，可以从主动控制和被动控制两方面着手，总结分析防护措施的应用和机理，综合发展组合式结构、参数优化和材料补强等新方法、新工艺、新技术在地铁隧道加固与防渗漏中的应用。

（7）新型监控技术与预测手段。由于地下工程近接施工相互作用体系的复杂性，监测数据存在来源链单一，反馈融合性差的问题。积极结合无线传感网络技术、通信技术和计算机技术，研发新型自动化长时监测系统，综合静态与动态监测、方向性与非方向性的多层次监测、宏观与微观监测。研发摄影监控、激光扫描和超声成像等结构损伤检测技术。通过人工智能和深度学习的应用和发展，实现数据自主、准确和强大的处理，及可视化指导施工。进一步建立运营地铁隧道与邻近建（构）筑物之间联动共享的新型监控成套技术体系。

5 结语

21世纪以来，城市基坑与隧道工程的发展面临着许多新问题，如何减少基坑开挖对周围土层的扰动以及最大限度降低基坑施工对邻近运营地铁隧道的影响，已成为当下的研究热点之一。本文总结了近年来国内外一系列研究成果，指出现阶段在理论研究、模型试验、数值模拟和实测分析的安全风险研究、施工防护与隧道结构监控技术等方面均取得了较大突破，但仍存在灾变机理认识不深入、考虑因素不全面和工程应用局限性等问题。因此，笔者希望借由本文的总结与思考，给予研究者们一些启发，进一步深入探讨，形成系统性、综合性的规程指导现场施工，为相关领域的研究发展提供有益参考。

参考文献

[1] 王灿，凌道盛，王恒宇. 软土结构性对基坑开挖及邻近地铁隧道的影响[J]. 浙江大学学报(工学版), 2020, 54(2): 264-274.

[2] 郑刚，朱合华，刘新荣，等. 基坑工程与地下工程安全及环境影响控制[J]. 土木工程学报, 2016, 49(6): 1-24.

[3] 浙江省住房和城乡建设厅. 城市轨道交通结构安全保护技术规程: DB33/T 1139—2017[S]. 北京：中国建筑工业出版

社, 2013.

[4] BURFORD D. Heave of Tunnels Beneath the Shell Centre, London, 1959-1986[J]. Géotechnique, 1988, 38(1): 135-137.

[5] SHARMA J S, HEFNY A M, ZHAO J, et al. Effect of Large Excavation on Deformation of Adjacent MRT Tunnels[J]. Tunnelling and Underground Space Technology, 2001, 16(2): 93-98.

[6] CHANG C T, SUN C W, DUANN S W, et al. Response of a Taipei Rapid Transit System (TRTS) Tunnel to Adjacent Excavation[J]. Tunnelling and Underground Space Technology, 2001, 16(3): 51-158.

[7] LIU B, ZHANG D W, YANG C, et al. Long-term Performance of Metro Tunnels Induced by Adjacent Large Deep Excavation and Protective Measures in Nanjing Silty Clay[J]. Tunnelling and Underground Space Technology, 2020, 95: 103147-1-15.

[8] SUN H S, CHEN Y D, ZHANG J H, et al. Analytical Investigation of Tunnel Deformation Caused by Circular Foundation Pit Excavation[J]. Computers and Geotechnics, 2019, 106(2): 193-198.

[9] 张治国, 张孟喜, 王卫东. 基坑开挖对临近地铁隧道影响的两阶段分析方法[J]. 岩土力学, 2011, 32(7): 2085-2092.

[10] ZHANG Z G, ZHANG M X, ZHAO Q H. A Simplified Analysis for Deformation Behavior of Buried Pipelines Considering Disturbance Effects of Underground Excavation in Soft Clays[J]. Arabian Journal of Geosciences, 2015, 8(10): 7771-7785.

[11] ZHANG Z G, HUANG M S, WANG W D. Evaluation of Deformation Response for Adjacent Tunnels due to Soil Unloading in Excavation Engineering[J]. Tunnelling and Underground Space Technology, 2013, 38(3): 244-253.

[12] ZHANG X M, OU X F, YANG J S, et al. Deformation Response of an Existing Tunnel to Upper Excavation of Foundation Pit and Associated Dewatering[J]. International Journal of Geomechanics, 2016, 17(4): 04016112-1-14.

[13] 黄栩, 黄宏伟, 张冬梅. 开挖卸荷引起下卧已建盾构隧道的纵向变形研究[J]. 岩土工程学报, 2012, 34(7): 1241-1249.

[14] 梁荣柱, 林存刚, 夏唐代, 等. 考虑隧道剪切效应的基坑开挖对邻近隧道纵向变形分析[J]. 岩石力学与工程学报, 2017, 36(1): 223-233.

[15] LIANG R Z, XIA T D, HUANG M S, et al. Simplified Analytical Method for Evaluating the Effects of Adjacent Excavation on Shield Tunnel Considering the Shearing Effect[J]. Computers and Geotechnics, 2017, 81(1): 167-187.

[16] 魏纲, 张鑫海. 基坑开挖引起下卧盾构隧道转动与错台变形计算[J]. 中南大学学报(自然科学版), 2019, 50(9): 2273-2284.

[17] 魏纲, 洪文强, 魏新江, 等. 基坑开挖引起邻近盾构隧道转动与错台变形计算[J]. 岩土工程学报, 2019, 41(7): 1251-1259.

[18] 张玉伟, 谢永利, 翁木生. 非对称基坑开挖对下卧地铁隧道影响的离心试验[J]. 岩土力学, 2018, 39(7): 2555-2562.

[19] HUANG X, HUANG H W, ZHANG D M. Centrifuge Modeling of Deep Excavation over Existing Tunnels[J]. Proceedings of the ICE-Geotechnical Engineering, 2014, 167(1): 3-18.

[20] NG C W W, Shi J W, Hong Y. Three-dimensional Centrifuge Modelling of Basement Excavation Effects on an Existing Tunnel in Dry Sand[J]. Canadian Geotechnical Journal, 2013, 50(8): 874-888.

[21] 胡欣. 模型试验模拟不同工况下基坑开挖对既有隧道的影响[J]. 路基工程, 2015(6): 151-155.

[22] 陈仁朋, 孟凡衍, 李忠超, 等. 邻近深基坑地铁隧道过大位移及保护措施[J]. 浙江大学学报(工学版), 2016, 50(5): 856-863.

[23] CHEN R P, MENG F Y, LI Z C, et al. Investigation of Response of Metro Tunnels due to Adjacent Large Excavation and Protective Measures in Soft Soils[J]. 2016, Tunnelling and Underground Space Technology, 2016, 58(9): 224-235.

[24] 左殿军, 史林, 李铭铭, 等. 深基坑开挖对邻近地铁隧道影响数值计算分析[J]. 岩土工程学报, 2014, 36(增刊 2): 391-395.

[25] 黄宏伟, 黄栩, SCHWEIGER F, et al. 基坑开挖对下卧运营盾构隧道影响的数值模拟研究[J]. 土木工程学报, 2012, 45(3): 182-189.

[26] 郑刚, 刘庆晨, 邓旭. 基坑开挖对下卧运营地铁隧道影响的数值分析与变形控制研究[J]. 岩土力学, 2013,34(5): 1459-1468.

[27] ZHENG G, YANG X Y, ZHOU H Z, et al. A Simplified Prediction Method for Evaluating Tunnel Displacement Induced by Laterally Adjacent Excavations[J]. Computers and Geotechnics, 2018, 95(3): 119-128.

[28] 郭鹏飞, 杨龙才, 周顺华, 等. 基坑开挖引起下卧隧道隆起变形的实测数据分析[J]. 岩土力学, 2016, 37(增刊 2):

613-621.

[29] 郑刚, 杜一鸣, 刁钰, 等. 基坑开挖引起邻近既有隧道变形的影响区研究[J]. 岩土工程学报, 2016, 38(4): 599-612.

[30] 丁智, 张霄, 金杰克, 等. 基坑全过程开挖及邻近地铁隧道变形实测分析[J]. 岩土力学, 2019, 40(增刊 1): 415-423.

[31] TAN Y, LI X, KANG Z J, et al. Zoned Excavation of an Oversized Pit close to an Existing Metro Line in Stiff Clay: Case Study[J]. Journal of Performance of Constructed Facilities, 2015, 29(6): 04014158.

[32] 魏纲. 基坑开挖对下方既有盾构隧道影响的实测与分析[J]. 岩土力学, 2013, 34(5): 1421-1428.

[33] 魏纲, 赵城丽, 蔡吕路. 基坑开挖对临近既有盾构隧道影响的机理研究[J]. 市政技术, 2013, 31(6): 141-146.

[34] 郭海峰, 姚爱军, 张剑涛, 等. 建筑施工荷载引起邻近地铁隧道变形机理研究[J]. 地下空间与工程学报, 2019, 15(S1): 341-353.

[35] ATTEWELL P B, WOODMAN J P. Predicting the Dynamics of Ground Settlement and its Derivatives Caused by Tunneling in Soil[J]. Ground engineering, 1982, 15(8): 13-22,36.

[36] AVRAMIDIS I E, MORFIDIS K. Bending of Beams on Three-parameter Elastic Foundation[J]. International Journal of Solids and Structures, 2006, 43(2): 357-375.

[37] 张冬梅, 宗翔, 黄宏伟. 盾构隧道掘进引起上方已建隧道的纵向变形研究[J]. 岩土力学, 2014, 35(9): 2659-2666.

[38] WU H N, SHEN S L, LIAO S M, et al. Longitudinal Structural Modeling of Shield Tunnels Considering Shearing Dislocation between Segmental Rings[J]. Tunneling and Underground Space Technology, 2015, 50(8): 317-323.

[39] 周顺华, 何超, 肖军华. 环间错台效应下基坑开挖引起临近地铁盾构隧道变形的能量计算法[J]. 中国铁道科学, 2016, 37(3): 53-60.

[40] 徐日庆, 程康, 应宏伟, 等. 考虑埋深与剪切效应的基坑卸荷下卧隧道的形变响应[J]. 岩土力学, 2020, 41(增刊 1): 1-14.

[41] 程康, 徐日庆, 应宏伟, 等. 既有隧道在上覆基坑卸荷下的形变响应简化算法[J]. 岩石力学与工程学报, 2020, 39(3): 1-11.

[42] 周泽林, 陈寿根, 涂鹏, 等. 基坑开挖对邻近隧道影响的耦合分析方法[J]. 岩土力学, 2018, 39(4): 1440-1449.

[43] 张俊峰, 王建华, 温锁林. 软土基坑引起下卧隧道隆起的非线性流变[J]. 土木建筑与环境工程, 2012, 34(3): 10-15.

[44] 张治国, 鲁明浩, 宫剑飞. 黏弹性地基中基坑开挖对邻近桩基变形影响的时域解[J]. 岩土力学, 2017, 38(10): 3017-3028.

[45] 吉茂杰, 刘国彬. 开挖卸荷引起地铁隧道位移预测方法[J]. 同济大学学报(自然科学版), 2001, 29(5): 531-535.

[46] 周泽林, 陈寿根, 陈亮, 等. 基坑施工对下卧地铁隧道上抬变形影响的简化理论分析[J]. 岩土工程学报, 2015, 37(12): 2224-2234.

[47] 梁发云, 褚峰, 宋著, 等. 紧邻地铁枢纽深基坑变形特性离心模型试验研究[J]. 岩土力学, 2012, 33(3): 657-664.

[48] 陈甦, 孙斌彬, 顾凤祥, 等. 基坑工程施工对邻近地铁结构影响研究现状与展望[J]. 江苏大学学报(自然科学版), 2018, 39(1): 108-114.

[49] 冯龙飞. 基坑开挖对侧方地铁盾构隧道的变形影响及控制措施研究[D]. 广州: 华南理工大学, 2014.

[50] 张剑涛, 姚爱军, 郭海峰, 等. 邻近基坑卸荷—加载对既有软土盾构隧道影响分析[J]. 隧道建设, 2016, 36(11): 1348-1355.

[51] 温锁林. 近距离上穿运营地铁隧道的基坑明挖施工控制技术[J]. 岩土工程学报, 2010, 32(增刊 2): 451-454.

[52] SHI J W, FU Z Z, GUO W L. Investigation of Geometric Effects on Three-dimensional Tunnel Deformation Mechanisms due to Basement Excavation[J]. 2019, 106(2): 108-116.

[53] 温忠义, 张丽娟, 陈松, 等. 基坑支护结构变形对邻近地铁隧道的影响研究[J]. 路基工程, 2014(5): 144-148.

[54] 郑刚, 王琦, 邓旭, 等. 不同围护结构变形模式对坑外既有隧道变形影响的对比分析[J]. 岩土工程学报, 2015, 37(7): 1181-1194.

[55] 张治国, 徐晨, 刘明, 等. 考虑基坑降水开挖影响的运营隧道变形分析[J]. 中国矿业大学学报, 2015, 44(2): 241-248.

[56] 黄戡, 杨伟军, 马启昂, 等. 基于渗流应力耦合的基坑开挖受力特性及其对邻近地铁隧道的影响[J]. 中南大学学报(自

然科学版), 2019, 50(1): 198-205.

[57] 张治国，奚晓广，吴玲. 基坑分区开挖对邻近大直径越江隧道影响的数值模拟与现场实测分析[J]. 隧道建设(中英文), 2018, 38(9): 1480-1488.

[58] 马永锋，周丁恒，曹力桥，等. 临近地铁隧道的软土基坑施工分析及方案优化[J]. 重庆交通大学学报(自然科学版), 2015, 34(5): 33-39.

[59] LI M G, CHEN J J, WANG J H, et al. Comparative Study of Construction Methods for Deep Excavations above Shield Tunnels[J]. Tunnelling and Underground Space Technology, 2018, 71(1): 329-339.

[60] 陆建阳. 土体的亚塑性模型及其数值实现与应用[D]. 杭州：浙江大学, 2012.

[61] 张稳军，张高乐，雷华阳. 基于塑性损伤的盾构隧道 FRP-Key 接头抗剪性能及布置方式合理性研究[J]. 中国公路学报, 2017, 30(8): 42-52.

[62] 卢岱岳，徐国文，王士民. 加卸载对盾构隧道材料损伤和结构特性的影响[J]. 西南交通大学学报, 2017, 52(6): 1104-1112.

[63] ZHANG D M, GAO C P, YIN Z Y. CFD-DEM Modeling of Seepage Erosion Around Shield Tunnels[J]. Tunnelling and Underground Space Technology, 2019, 83(1): 60-72.

[64] 张正，陈卫平，叶国强. 软土地区风井风口施工对下部既有越江隧道影响的数值分析[J]. 防灾减灾工程学报, 2010, 30(4): 381-386.

[65] 岳云鹏，刘晓玉，张龙云，等. 基坑分块开挖对下卧盾构隧道的变形影响分析[J]. 铁道标准设计, 2020, 64(9): 1-8.

[66] 高广运，高盟，杨成斌，等. 基坑施工对运营地铁隧道的变形影响及控制研究[J]. 岩土工程学报, 2010, 32(3): 453-459.

[67] 尚国文，李飒，翟超，等. 基坑开挖与邻近地铁结构变形相关性的实测分析[J]. 防灾减灾工程学报, 2020, 40(1): 106-115.

[68] 张勇. 邻近既有地铁隧道的深基坑施工安全风险评估与控制研究[D]. 西安：西安建筑科技大学, 2017.

[69] 陈大川，董玲. 深基坑施工邻近既有隧道安全风险分析[J]. 公路工程, 2018, 43(6): 44-49, 149.

[70] 李俊松. 基于影响分区的大型基坑近接建筑物施工安全风险管理研究[D]. 成都：西南交通大学, 2012.

[71] 仇文革. 地下工程近接施工力学原理与对策的研究[D]. 成都：西南交通大学, 2003.

[72] 中华人民共和国住房和城乡建设部. 城市轨道交通结构安全保护技术规范: GJJ/T 202—2013[S]. 北京：中国建筑工业出版社, 2013.

[73] 中华人民共和国住房和城乡建设部. 城市轨道交通工程监测技术规范: GB 50911—2013[S]. 北京：中国建筑工业出版社, 2013.

[74] 郑余朝，施博文，孙克国，等. 基坑近接既有地铁盾构隧道施工影响分区方法[J]. 西南交通大学学报, 2017, 52(5): 910-918.

[75] 林杭，陈靖宇，郭春，等. 基坑开挖对邻近既有隧道变形影响范围的数值分析[J]. 中南大学学报(自然科学版), 2015, 46(11): 4240-4247.

[76] DING Z, JIN J K, HAN T C. Analysis of the Zoning Excavation Monitoring Data of a Narrow and Deep Foundation Pit in a Soft Soil Area[J]. Journal of Geophysics and Engineering, 2018, 15 (4): 1231-1241.

[77] 郑刚，杜一鸣，刁钰. 隔离桩对基坑外既有隧道变形控制的优化分析[J]. 岩石力学与工程学报, 2015, 34(增刊 1): 3499-3509.

[78] 姚爱军，郭彦非，郭海峰，等. 盾构隧道邻域基坑施工下桩隔离效果研究[J]. 地下空间与工程学报, 2019, 15(4): 1212-1224.

[79] 邓指军. 双液微扰动加固注浆试验研究[J]. 地下空间与工程学报, 2011, 7(增刊 1): 1344-1346.

[80] 郑刚，潘军，程雪松，等. 基坑开挖引起隧道水平变形的被动与注浆主动控制研究[J]. 岩土工程学报, 2019, 41(7): 1181-1190.

[81] 柳献，唐敏，鲁亮，等. 内张钢圈加固盾构隧道结构承载能力的试验研究–整环加固法[J]. 岩石力学与工程学报, 2013, 32(11): 2300-2306.

[82] 柳献，张浩立，唐敏，等. 内张钢圈加固盾构隧道结构承载能力的试验研究：半环加固法[J]. 现代隧道技术, 2014, 51(3): 131-137.

[83] 邹家南. 地铁盾构隧道钢板衬加固效果的数值试验研究[D]. 广州: 华南理工大学, 2014.

[84] 刘梓圣, 张冬梅. 软土盾构隧道芳纶布加固机理和效果研究[J]. 现代隧道技术, 2014, 51(5): 155-160.

[85] 柳献, 张晨光, 张宸, 等. FRP加固盾构隧道纵缝接头试验研究[J]. 铁道科学与工程学报, 2016, 13(2): 316-324.

[86] ZHOU J G, XIAO H L, JIANG W W, et al. Automatic Subway Tunnel Displacement Monitoring Using Robotic Total Station[J]. Measurement Measurement, 2020, 151(2): 1-11.

[87] 王飞, 黄宏伟, 张冬梅, 等. 基于 BOTDA 光纤传感技术的盾构隧道变形感知方法[J]. 岩石力学与工程学报, 2013, 32(9): 1901-1908.

[88] MENENDEZ E, VICTORES J G, MONTERO R, et al. Tunnel Structural Inspection and Assessment Using an Autonomous Robotic System[J]. Automation in Construction, 2018, 87(3): 117-126.

[89] HUANG Z, FU H L, CHEN W, et al. Damage Detection and Quantitative Analysis of Shield Tunnel Structure[J]. Automation in Construction, 2018, 94(10): 303-316.

[90] XIE X Y, LU X Z. Development of a 3D Modeling Algorithm for Tunnel Deformation Monitoring based on Terrestrial Laser Scanning[J]. Underground Space, 2017, 2(1): 16-29.

[91] YE X W, JIN T, YUN C B. A Review on Deep Learning-based Structural Health Monitoring of Civil Infrastructures[J]. Smart Structures and Systems, 2019, 24(5): 567-585.

[92] 叶肖伟, 董传智. 基于计算机视觉的结构位移监测综述[J]. 中国公路学报, 2019, 32(11): 21-39.

[93] HUANG H W, SUN Y, XUE Y D, et al. Inspection Equipment Study for Subway Tunnel Defects by Grey-scale Image Processing[J]. Advanced Engineering Informatics, 2017, 32(4): 188-201.

[94] HUANG H W, LI Q T, ZHANG D M. Deep Learning based Image Recognition for Crack and Leakage Defects of Metro Shield Tunnel[J]. Tunnelling and Underground Space Technology, 2018, 77(7): 166-176.

[95] 孙利民, 尚志强, 夏烨. 大数据背景下的桥梁结构健康监测研究现状与展望[J]. 中国公路学报, 2019, 32(11): 1-20.

[96] 马伟斌, 柴金飞. 运营铁路隧道病害检测、监测、评估及整治技术发展现状[J]. 隧道建设(中英文), 2019, 39(10): 1553-1562.

盾构滚刀破岩的近场动力学模拟简述

朱建才[1,2]，尚肖楠[3,4]，刘福深[3,4,5]，袁逢逢[6]

（1. 浙江大学平衡建筑研究中心，杭州 310012；2. 浙江大学建筑设计研究院有限公司，杭州 310012；3. 浙江大学滨海和城市岩土工程研究中心，杭州 310058；4. 浙江省城市地下空间开发工程技术研究中心，杭州 310058；5. 浙江大学岩土工程计算中心，杭州 310058；6. 中铁隧道股份有限公司，郑州 450001）

摘　要： 盾构施工是目前修建隧道的主要方法之一。在盾构施工中，岩土材料在刀具作用下的响应是盾构掘进主要关心的内容之一。滚刀是盾构机破岩的主要刀具，从数值模拟的角度出发，首先总结了目前应用于滚刀破岩的数值方法，包括有限元法，离散元法以及其他数值方法，并分析了以上方法的不足之处；为了突破现有方法在滚刀破岩领域遇到的瓶颈，提供了一种全新的思路——利用近场动力学模拟滚刀破岩，并简单阐述该方法的理论，同时列举了近场动力学在模拟岩石裂纹扩展以及破冰领域的成功案例；最后利用 Peridigm 模拟单滚刀破岩的算例，表明将近场动力学应用于模拟岩土材料在滚刀作用下损伤的演化及裂纹扩展等方面将有很大的应用前景。

关键词： 滚刀破岩；数值方法总结；近场动力学；Peridigm

隧道结构作为一种隐蔽工程，可以充分利用地下空间以缓解地上空间紧张的问题，还可以减少线路绕行，提高交通运行效率。目前，常用的隧道施工方法有明挖法、盖挖法、沉埋法、矿山法与盾构法等。其中，盾构掘进施工具有施工质量好，掘进效率高以及对地面扰动小等优势。盾构掘进主要依靠其刀具将掌子面破碎，所以需要重点研究刀具作用下岩土材料的破坏模式。盾构刀盘的刀具主要包括破岩类刀具和切削类刀具，其中滚刀是普遍采用的破岩刀具[1]，当滚刀与岩石刚开始接触时，岩石主要发生弹性变形，随着滚刀贯入度的增加，在滚刀下方形成压碎区，随着贯入度的进一步增加，中央裂纹与径向裂纹将从压碎区的附近萌生并不断发展[2]，因此滚刀作用下岩石的裂纹扩展与破碎过程是很多学者关心的问题。随着计算机技术的成熟，国内外学者已经在滚刀破岩的数值模拟方面取得了丰硕的成果，本文着眼于现有的研究，从数值的角度归纳总结滚刀破岩的模拟方法并分析各种方法的优缺点；为了弥补当前数值方法的不足，本文提出利用近场动力学方法（Peridynamics，简称 PD）研究滚刀破岩的机理，该方法可以很好地模拟裂纹在岩石中自发地产生与动态扩展，还可以实现滚刀与岩石的动态接触；同时近场动力学拥有多尺度分析的能力，能够根据问题的复杂程度计算不同尺度的模型。本文将利用两个算例来展现该方法在模拟滚刀破岩领域的应用前景。

1　滚刀破岩现有数值方法简介

1.1　有限元法

有限元法作为一种比较成熟的数值方法，已经被广泛地应用在滚刀破岩领域。Chiaia[3]利用有限元法模拟了楔形刀具贯入过程中二维脆性材料损伤的演化；Liu[4]利用结合了有限元理论与损伤理论的 RFPA（Rock Failure Process Analysis）软件，模拟了滚刀贯入时岩石中应力场的分布与裂纹的产生与扩展过程。

上述研究将滚刀破岩简化为二维模型，虽然可以在一定程度上揭示岩石破坏的机理，但是三维模型能够更加贴近实际的破岩过程。赵昌盛[5]利用ANSYS/LS-DYNA研究了贯入度、刀间距和切割速度对滚刀破岩的影响程度；吴俊[6]在ANSYS/LS-DYNA利用Holmquist-Johnson-Cook（HJC）本构模型，建立了线性切割试验的三维有限元模型，实现了滚刀既滚动又平动的运动过程，并分析了滚刀磨损量对破岩的影响；李亮[7]利用ABAQUS实现了双滚刀依次破岩的仿真，发现岩石的破碎是两把滚刀作用下应力区交会而产生的结果；孙世乐[8]同样利用ABAQUS，考虑了岩石温度与围压的影响得到了破岩力随温度升高而减小，随围压增大而增大的结论；蒋聪健[9]证明了Drucker-Prager非线性弹塑性本构模型模拟岩石类材料的正确性，并进行了三把滚刀回转破岩的仿真；除了研究单个或多个滚刀的破岩过程，还有学者建立了整个刀盘的三维有限元模型[10-12]，从更加宏观的角度研究掌子面的破坏情况。

可以看出有限元法在滚刀破岩领域的应用已经趋于成熟，研究对象从单个滚刀到多个滚刀再到整个刀盘都有涉及；但是有限元法是基于连续介质的数值方法，在物体不连续处其控制方程很难定义，于是在模拟滚刀破岩时需要预先设定岩石裂纹的扩展准则，同时随着裂纹的扩展，网格必须不断的更新，因此严重降低了有限元法的计算效率。

1.2 离散元法

离散元是一种无网格的数值方法，由于没有连续性的要求，在模拟岩石开裂与破碎等不连续的问题时有很大优势。利用离散元研究滚刀破岩的机理方面也有很多研究成果。Gong[13,14]建立了二维模型，研究了岩体中节理的间距与节理的方向对滚刀破岩的影响；苏利军[15]用颗粒流模型揭示了滚刀破岩过程的三个阶段，得到了不同滚刀刃角以及刃宽下破碎区的范围与裂纹分布；谭青[16,17]利用离散元证明了岩石跃进破碎的特性，总结了裂纹数与切削力随贯入度的变化规律，得出了滚刀作用下岩石中的应力分布为应力泡形状；还发现当滚刀间距小于80mm时，顺次切割的效率更高；张魁[18]实现了同时考虑围压以及滚刀切削顺序的仿真，将不同条件下岩石的破碎归纳为四种典型的类型，其仿真结果表明围压增加会降低破岩效率与裂纹扩展能力，滚刀同时切削的破岩效率比顺次切削高，但是裂纹扩展能力比顺次切削低；Choi[19]建立了三维线性切割试验模型，得到了滚刀的法向力、滚动力与侧向力随时间的变化，以及用不同贯入深度和不同滚刀间距切割时岩石破碎的形态。

如上所述，离散元已经可以很好地模拟岩石裂纹的扩展，但是依然存在一些问题，例如如何确定合适的颗粒尺寸建立岩石的模型，如果颗粒尺寸太大会导致计算精度的下降，不能很好地模拟裂纹发展的形态；如果颗粒尺寸太小会大大提高计算成本。

1.3 其他数值方法

为了解决离散元计算成本高的弊端，Labra[20]提出用离散元与有限元耦合的方法进行仿真计算，并且首次实现了三维滚刀线性切割试验的离散元有限元耦合模型，其将滚刀与岩石接触的区域设置成离散单元，其余区域设置成有限单元；其模拟结果与现场试验和理论预测有很好的一致性。徐琛[21]则是将有限差分法和离散元法耦合起来，并将计算结果与线性切割试验数据对比验证了该方法的可行性。

广义粒子动力学算法（General Particle Dynamics，简称GPD）是一种无网格的数值方法，适用于岩石的动态响应计算[22]。翟淑芳利用GPD法通过模拟单个滚刀侵入岩体的裂纹形态验证了该方法的可行性[23]；还得到了围压对中央裂纹以及赫兹裂纹扩展的影响[24]。

目前，用上述两种方法模拟滚刀破岩的研究相对较少，还有很多值得探索的领域。离散元和其他方法耦合的方法在工程应用上依然不成熟，另外还存在着如何确定离散元区域范围的问题，如果离散元区域范围较大可能对减少计算成本方面没有很大的帮助；如果离散元区域较小，当裂纹扩展到有限元区域时就会被中断，不能完全模拟裂纹的扩展形态；GPD法虽然可以模拟裂纹扩展的动态过程，但是在模拟岩体损伤程度方面还不够完善。

2 近场动力学方法

近场动力学是由美国桑迪亚国家工程实验室的 Silling 博士提出的一种新型的非局部理论。Silling 博士在 2000 年提出了键型近场动力学理论[25]，并于 2007 年基于态理论提出态型近场动力学理论[26]，其包含常规态型近场动力学理论和非常规态型近场动力学理论。

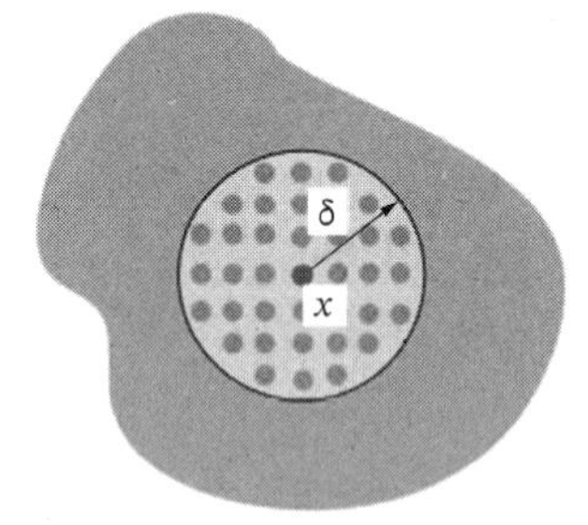

图 1 近场动力学理论示意图

在近场动力学的理论体系中，任一质点要受到其近场范围δ[27]内所有质点的作用力，如图 1 所示，因此该理论属于非局部理论。正是因为该理论的非局部特性，所以能够利用积分项替代传统力学理论中的微分项，从而可以重新构建控制方程，使得方程在位移不连续处也存在定义，克服了传统力学理论在位移不连续处难以定义的缺点。同时，该理论在计算的过程中还引入了材料的损伤[28]，损伤裂纹可以在材料中自发产生与扩展。该理论经过 20 多年的发展已经被广泛地应用在工程领域，如冲击问题[29-33]，材料破坏及开裂[34-36]和生物领域[37,38]等。

2.1 近场动力学的基本理论

图 2 说明了近场动力学对变形状态的描述，u与u'分别代表质点x与质点x'的位移，y和y'分别代表质点x与质点x'变形后的位置，η表示两个质点间的位移差，ξ与$\xi+\eta$分别代表变形前与变形后质点间连接键的长度[39]。

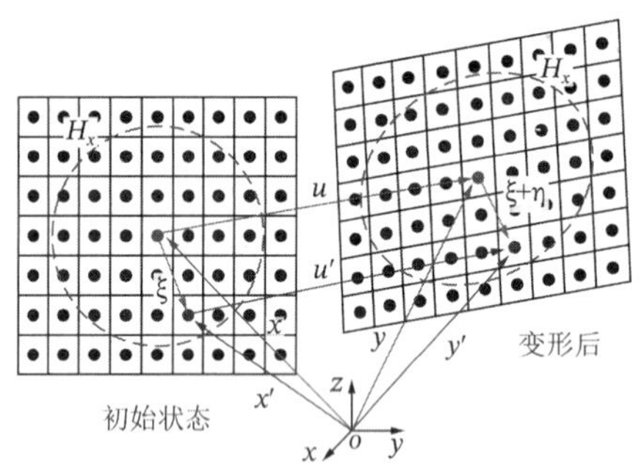

图 2 近场动力学变形状态描述示意图

近场动力学理论的基本方程如式(1)所示，其中x代表当前计算的质点，x'代表质点x近场范围内的任一质点，$\rho(x)$代表质点x处材料的密度，$\ddot{u}(x,t)$代表质点x在t时刻的加速度，$b(x,t)$代表体力密度，H_x代表质点x近场范围内所有质点的集合，$f(u(x',t)-u(x,t),\ x'-x)$代表质点间相互作用力的力密度，$V_{x'}$代表近场范围内所有质点构成的体积。从基本方程可以看出，方程求解的关键是得到质点间相互作用力密度。根据质点间相互作用力密度计算方法的不同，可以将近场动力学分为键型近场动力学和态型近场动力学[40]。

$$\rho(\boldsymbol{x})\ddot{\boldsymbol{u}}(\boldsymbol{x},t)=\int_{H_x} f(\boldsymbol{u}(\boldsymbol{x}',t)-\boldsymbol{u}(\boldsymbol{x},t),\boldsymbol{x}'-\boldsymbol{x})\,\mathrm{d}V_{x'}+\boldsymbol{b}(\boldsymbol{x},t) \tag{1}$$

（1）键型近场动力学

键型近场动力学假设质点间的相互作用力密度大小相等，方向相反且作用方向沿着质点间的连线，如图 4（a）所示；质点间的相互作用力密度与质点间连接键的伸长率有关，其表达式为[41]：

$$\boldsymbol{f}(\boldsymbol{u}'-\boldsymbol{u},\boldsymbol{x}'-\boldsymbol{x},t)=c_1 s(\boldsymbol{u}'-\boldsymbol{u},\boldsymbol{x}'-\boldsymbol{x})\frac{\boldsymbol{y}'-\boldsymbol{y}}{|\boldsymbol{y}'-\boldsymbol{y}|} \tag{2}$$

$$s(u'-\boldsymbol{u},\boldsymbol{x}'-\boldsymbol{x})=\frac{|\boldsymbol{y}'-\boldsymbol{y}|-|\boldsymbol{x}'-\boldsymbol{x}|}{|\boldsymbol{x}'-\boldsymbol{x}|} \tag{3}$$

其中$s(u'-u,x'-x)$代表连接键的伸长率，c_1为材料常数，其计算可参考文献[41]。虽然键型近场动力学的形式简单，易于理解，但是由于假设质点间的相互作用力密度沿质点间的连线，所以只能考虑质点间的轴向变形，导致材料的泊松比在二维情况下被限定为 1/3，而在三维情况下被限定为 1/4，但是可以通过增加质点间的转动变形来解决键型近场动力学泊松比的限制[42-46]。

（2）态型近场动力学

态型近场动力学是 Silling 博士基于态理论来构建控制方程。当态的阶数大于等于 1 时，用加粗的大写字母加下划线表示，例如$\underline{Y}$；0 阶态用不加粗的小写字母加下划线表示，例如$\underline{y}$；其中一阶态称为矢量态，零阶态称为标量态，在近场动力学理论中最常用的是零阶态与一阶态。将任一向量ξ经过态$\underline{Y}$映射变换成m阶张量的过程表示为$\underline{Y}\langle\xi\rangle$，如图 3 所示。参考文献[26]详细介绍了态的计算法则。

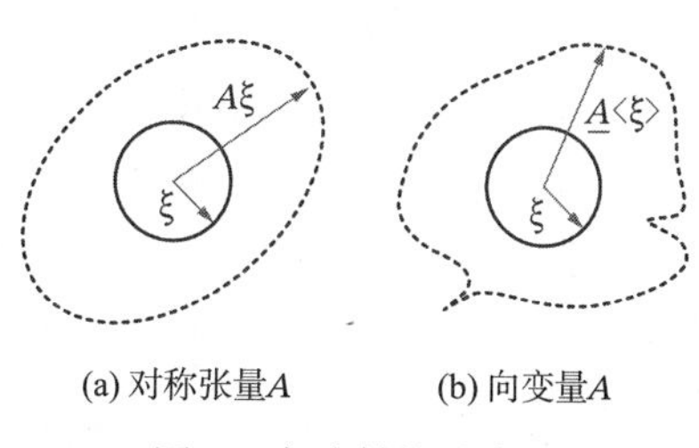

(a) 对称张量A　(b) 向变量A

图 3　态映射的示意图

基于态的概念，可以将式(1)变换为式(4)，其中$\underline{T}$代表力状态，其余符号与式(1)一致。根据力状态$\underline{T}$计算方法的不同，又可以将态型近场动力学分为常规态型近场动力学与非常规态型近场动力学。

$$\rho(x)\ddot{u}(x,t)=\int_{H_x}\left[\underline{T[x,t]\langle x'-x\rangle}-\underline{T[x',t]\langle x-x'\rangle}\right]\mathrm{d}V_{x'}+b(x,t) \tag{4}$$

在常规态型近场动力学中，依然假设质点间的相互作用力密度方向沿着质点间的连线，但是力密度的大小不同，如图 4（b）所示。其力状态用式(5)计算，其中$\underline{t}$定义为力的标量状态；$\underline{M}(\underline{Y})$为单位方向向量，代表从质点$y$指向质点$y'$的方向[26]。

$$\underline{\boldsymbol{T}}(\boldsymbol{x},t)\langle\boldsymbol{x}'-\boldsymbol{x}\rangle=\underline{t}\underline{\boldsymbol{M}}(\underline{\boldsymbol{Y}}) \tag{5}$$

$$\underline{\boldsymbol{T}}[\boldsymbol{x},t]\langle\boldsymbol{\xi}\rangle=\omega(\xi)\boldsymbol{P}_x\boldsymbol{K}_x^{-1}\langle\xi\rangle \tag{6}$$

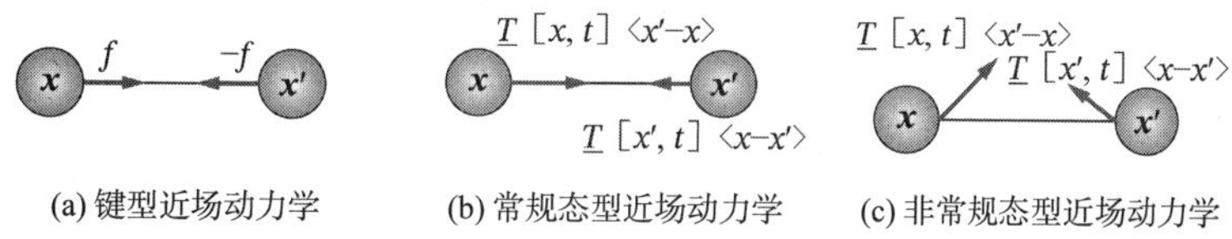

(a) 键型近场动力学　(b) 常规态型近场动力学　(c) 非常规态型近场动力学

图 4　近场动力学模型

非常规态型近场动力学假设质点间的相互用力大小不同，方向也不再沿着质点间的连线，如图 8（c）所示；其力状态用式(6)[26]计算，其中$\omega(\xi)$为影响函数，P_x为皮奥拉-基尔霍夫应力张量，$K_x\langle\xi\rangle$为形状张量。在非常规态型近场动力学中，可以将应力与力状态建立联系，因此能够实现一些比较复杂的本构，例如 Drucker-Prager 塑性本构[48]，Johnson-Holmquist2（JH2）本构[49]，Johnson-Cook 本构[50]，黏塑性本构[51]等。但是，非常规态型近场动力学模型在计算的过程中会出现零能模式，造成数值的不稳定。目前，关于零能模式的解决也是近场动力学的研究热点之一[52-56]。

2.2　近场动力学模拟滚刀破岩的优势

应用近场动力学方法模拟滚刀破岩有如下两个优势：

（1）能够较好地模拟裂纹在岩土材料中的扩展

很多学者已经将近场动力学方法应用在岩土工程领域。马鹏飞[57,58]改进了键型近场动力学，模拟了含预制裂纹试件的裂纹扩展形态，与试验结果吻合较好；他还在近场动力学中引入服从威布尔分布的临界破坏条件与应变能密度准则，使得能够考虑岩石应变软化的过程；仉文岗[59]采用一种新的随机近场动力学方法能够模拟含缺陷的岩体在单轴压缩下裂纹的发展，发现岩体物理力学材料参数的变异性影响裂纹扩展的速度；秦洪远[60]在键型近场动力学中考虑了质点间的转动，克服了泊松比的限制，模拟了含初始裂纹的巴西圆盘破坏的全过程；Zhou[61]在键型近场动力学中引入了切向键，克服了泊松比的限制，并成功模拟了在岩石单轴压力作用下裂缝的萌生，发展与融合的过程；王允腾[62]提出了耦合热-水-化-力的键型近场动力学模型，并证明了其可以模拟岩体在多场耦合下的破裂；王振宇[63]建立适合层状岩石的“单双键”计算模型，模拟岩石的动态断裂以及瞬时热传导行为；刘宁[64]模拟了分离式霍普金森杆冲击单裂纹圆孔岩石试样，岩石试样最终的破坏形态和试验结果基本一致；谷新保[65]推导了常规态型近场动力学的基本方程，成功模拟了长方形中心带孔岩板在单向拉伸作用下裂纹的扩展，以及双向拉伸状态下岩石裂纹扩展和连接；李铮[66]利用非常规态型近场动力学理论并结合 Mohr-Coulomb 准则和最大主应力准则模拟了岩石在外加荷载作用下裂纹的萌生，扩展与融合；Zhu[67]用非常规态近场动力学结合 Johnson-Holmquist（JH2）本构，模拟了岩石在爆炸荷载下岩石的破坏，可以很好地模拟材料的塑性失效以及径向与圆周向拉裂纹的产生，如图 9 所示；近场动力学在岩石的水力压裂方面也取得了一些研究成果[68-70]，可以模拟多裂纹在岩石中的萌生，扩展和分叉。从上述研究可以看出近场动力学可以很好地模拟岩石在荷载作用下裂纹的扩展，裂纹分布形态和试验结果也比较接近，因此可以预见利用近场动力学模拟滚刀作用下岩石裂纹扩展有一定的潜力(图 5)。

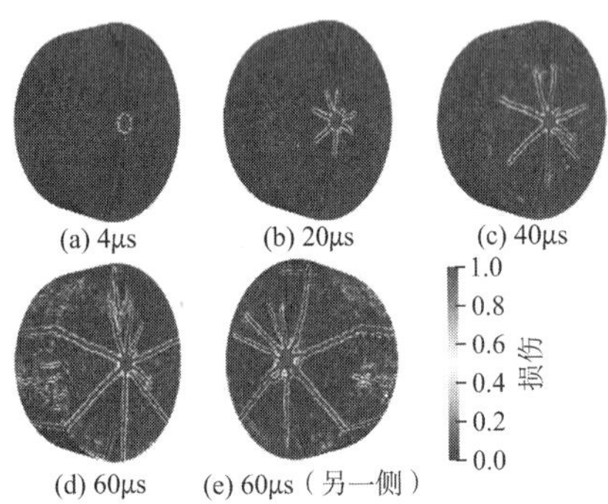

图 5　岩石在爆炸荷载下裂纹的扩展[67]

（2）能够模拟变形体的动态冲击接触过程

近场动力学是一种动力分析方法，在模拟两个物体的动态冲击接触过程有显著优势（图 6）。目前，该方法已经在破冰领域取得了一些研究成果，叶礼裕[71,72]提出了连续接触识别算法，将冰桨视为刚体，将冰视为弹脆性体，利用近场动力学成功模拟了冰桨切割冰块的全过程，得到了接触力的变化；Xiong[73]在叶礼裕研究的基础上实现了多个冰桨切割冰块，并研究了多个冰桨共同作用的遮蔽效应；为了进一步扩大其接触算法的应用范围，叶礼裕[74]模拟了潜艇在上浮过程中破冰的过程，其最终计算结果与美国核潜艇上浮破冰的现象基本一致；Liu[75]在非常规态型近场动力学的框架下，应用短程排斥力接触模型，模拟了海冰在竖直杆作用下损伤的演化，研究了竖直杆在不同的速度下破冰力的变化规律；Yuan[76]用常规态型近场动力学建立了破冰船破冰的模型，并与现有的试验进行对比，证明其准确性。

(a) 冰浆切割冰块[71]

(b) 三个冰桨同时切割冰块[73]

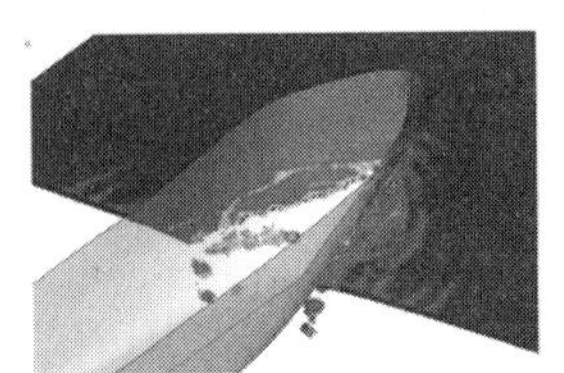
(c) 破冰船破冰[76]

图 6　近场动力学模拟破冰的动态过程

2.3　算例

作者利用由美国桑迪亚国家实验室开发的进行近场动力学模拟的开源程序 Peridigm[77]，选用了如

图 4（b）所示的常规态型近场动力学方法，模拟子弹冲击圆盘与单滚刀破岩等复杂动力接触问题。Peridigm 是用 C+ +语言编写的并行开源程序，可以与前处理工具 Cubit 和后处理工具 Paraview 兼容，提高可视化的能力。

第一个算例是子弹冲击圆盘，其模型如图 7 所示，圆盘的密度为 7700kg/m^3，体积模量为 20.0GPa，剪切模量为 12.0GPa；刚性小球的密度为 2200kg/m^3，体积模量为 200GPa，剪切模量为 85.0GPa；近场范围 3.1mm，子弹的冲击速度为 100m/s。圆盘破坏的过程如图 8 所示，可以看出近场动力学可以模拟子弹贯入圆盘过程中伴随的裂纹扩展的动态破坏过程。

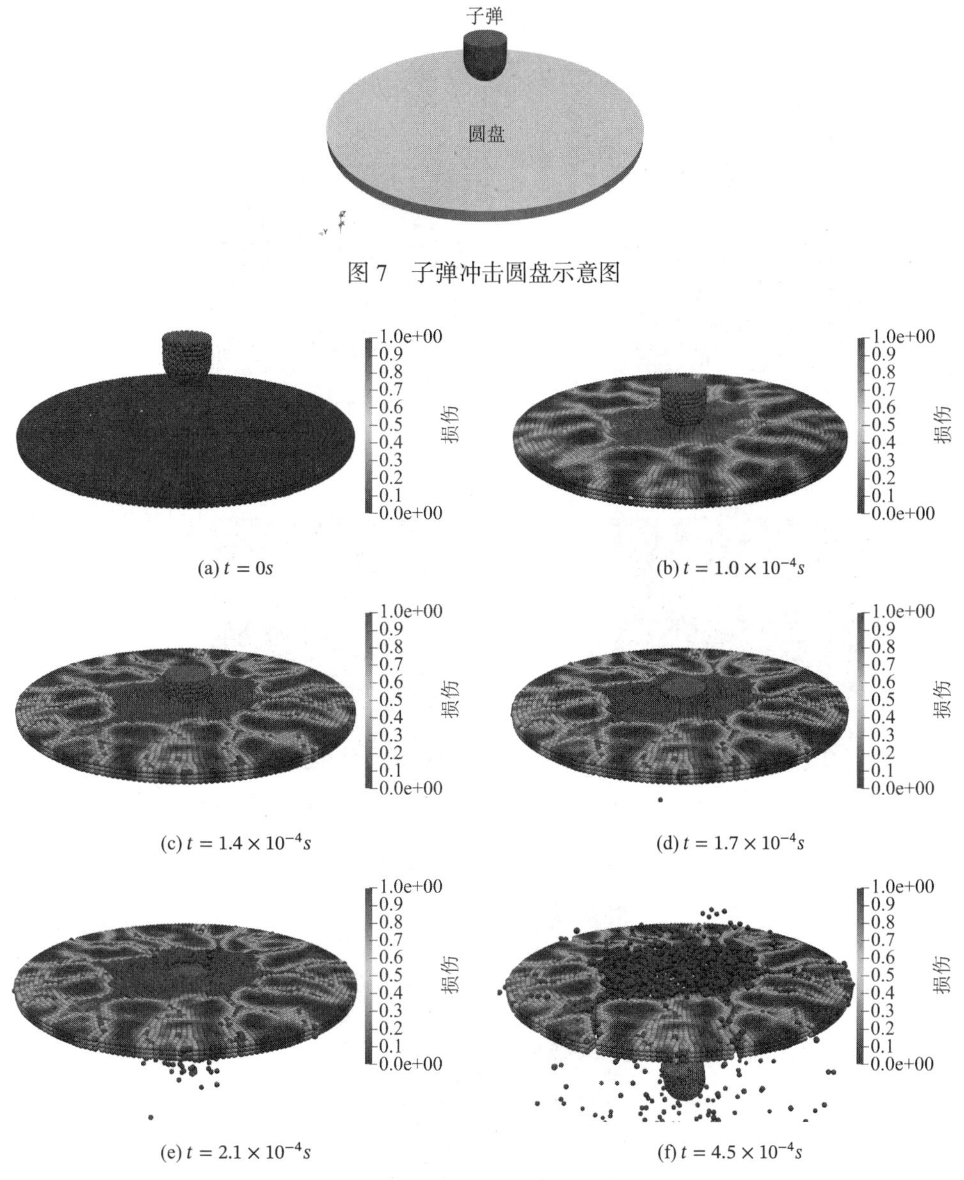

图 7　子弹冲击圆盘示意图

(a) $t = 0s$　(b) $t = 1.0 \times 10^{-4}s$

(c) $t = 1.4 \times 10^{-4}s$　(d) $t = 1.7 \times 10^{-4}s$

(e) $t = 2.1 \times 10^{-4}s$　(f) $t = 4.5 \times 10^{-4}s$

图 8　圆盘破坏过程

第二个算例是单滚刀破岩，如图 9 所示。参照文献[23]，采用宽度为 15mm 的弹性块代替滚刀，岩石模型尺寸为 100mm × 100mm × 10mm，滚刀与岩石的近场范围均为 0.003m，利用三层粒子构成的虚拟边界[39]限制模型两侧以及底面的位移，同时限制岩石正面z方向的位移来还原文献[23]中岩石平面应变的状态。该计算模型包含约 10 万单元，118958 时间步，采用 120 核并行计算，计算用时 40min 左右。图 10 展示了岩石损伤随滚刀贯入岩石深度的变化。可以看出利用近场动力学方法可以同时模拟出中央裂纹与赫兹裂纹，与文献[23]结果基本一致，如图 11 所示。本文算例初步展示了近场动力学方法在冲击与破岩模拟方面的能力，为滚刀破岩模拟提供了新的思路。

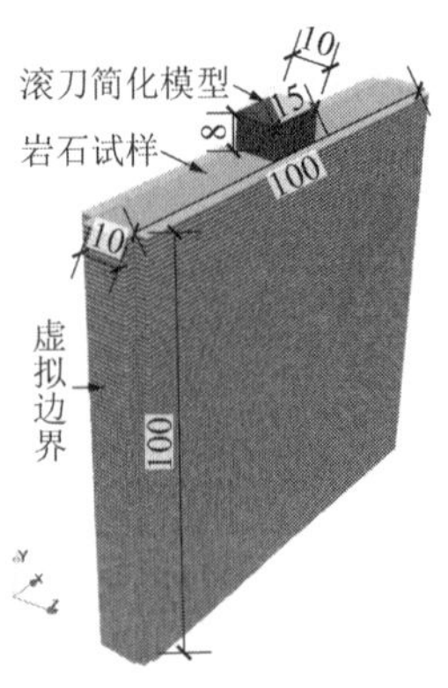

图 9　单滚刀破岩模型/mm

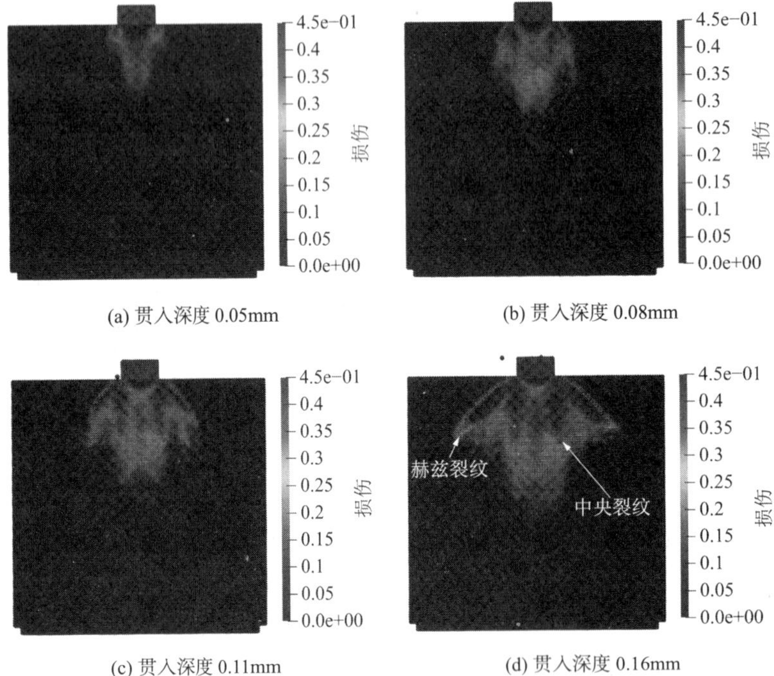

图 10　单滚刀贯入过程的损伤演化图

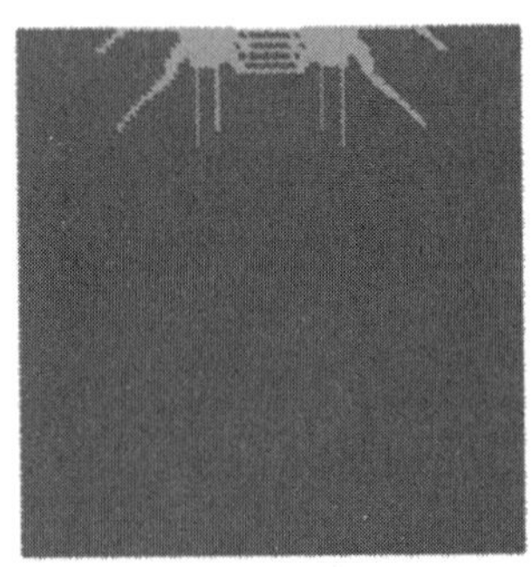

图 11　GPD 模拟结果[23]

3　结语与展望

（1）尽管有限元和离散元已经被应用在滚刀破岩模拟中，但是如何利用传统有限元模拟裂纹的扩展以及确定离散元合适的颗粒尺寸等问题都是制约这些方法广泛应用于实际工程的主要原因。

（2）近场动力学方法在模拟岩土材料损伤破坏以及动态冲击接触等方面具有显著的优势，在研究盾构滚刀破岩问题具有应用前景。

（3）近场动力学是一种新兴的无网格计算方法，因此其自身理论还存在不完善的地方，例如键型近场动力学对泊松比的限制，非常规态型近场动力学零能震荡等问题都还需要进一步研究。

（4）本文提出了近场动力学方法的基本概念及其在盾构滚刀破岩模拟方面的可能应用前景，更严格系统的验证过程将是本研究的进一步工作。

参考文献

[1] 张照煌, Naqvi S N H, 翁子才. 盾构刀盘结构设计与分析[J]. 中国水利水电科学研究院学报, 2021, 19(3): 342-349.

[2] 刘琪. TBM 盘形滚刀破岩过程岩石损伤破裂监测及 FDEM 模拟研究[D]. 武汉: 武汉大学, 2018.

[3] CHIAIA B. Fracture mechanisms induced in a brittle material by a hard cutting indenter[J]. International Journal of Solids and Structures, 2001, 38(44): 7747-7768.

[4] LIU H Y, KOU S Q, LINDQVIST P A, et al. Numerical simulation of the rock fragmentation process induced by indenters[J]. International Journal of Rock Mechanics and Mining Sciences, 2002, 39(4): 491-505.

[5] 赵昌盛. 刀具破岩机理试验装置设计与仿真研究[D]. 成都: 西南交通大学, 2016.

[6] 吴俊. 盾构刀具与岩土体力学相互作用及磨损研究[D]. 北京: 北京交通大学, 2020.

[7] 李亮. TBM 双滚刀破岩仿真分析及试验研究[D]. 沈阳: 沈阳建筑大学, 2018.

[8] 孙世乐. TBM 盘形滚刀破岩仿真与磨损预测研究[D]. 沈阳: 东北大学, 2017.

[9] 蒋聪健. 全断面隧道掘进机盘形滚刀组合破岩机理研究[D]. 天津: 天津大学, 2012.

[10] 韩美东, 曲传咏, 蔡宗熙, 等. 刀盘掘进过程动态仿真[J]. 哈尔滨工程大学学报, 2015, 36(8): 1098-1102.

[11] 吴起星. 复合地层中盾构机滚刀破岩力学分析[D]. 广州: 暨南大学, 2011.

[12] 苏翠侠, 王燕群, 蔡宗熙, 等. 盾构刀盘掘进载荷的数值模拟[J]. 天津大学学报, 2011, 44(6): 522-528.

[13] GONG Q M, ZHAO J, JIAO Y Y. Numerical modeling of the effects of joint orientation on rock fragmentation by TBM cutters[J]. Tunnelling and Underground Space Technology, 2005, 20(2): 183-191.

[14] GONG Q M, JIAO Y Y, ZHAO J. Numerical modelling of the effects of joint spacing on rock fragmentation by TBM cutters[J]. Tunnelling and Underground Space Technology, 2006, 21(1): 46-55.

[15] 苏利军, 孙金山, 卢文波. 基于颗粒流模型的 TBM 滚刀破岩过程数值模拟研究[J]. 岩土力学, 2009, 30(9): 2823-2829.

[16] 谭青, 李建芳, 夏毅敏, 等. 盘形滚刀破岩过程的数值研究[J]. 岩土力学, 2013, 34(9): 2707-2714.

[17] 谭青, 徐孜军, 夏毅敏, 等. 2 种切削顺序下 TBM 刀具破岩机理的数值研究[J]. 中南大学学报(自然科学版), 2012, 43(3): 940-946.

[18] 张魁, 夏毅敏, 徐孜军. 不同围压及切削顺序对 TBM 刀具破岩机理的影响[J]. 土木工程学报, 2011, 44(9): 100-106.

[19] CHOI S O, LEE S J. Three-dimensional numerical analysis of the rock-cutting behavior of a disc cutter using particle flow code[J]. KSCE Journal of Civil Engineering, 2015, 19(4): 1129-1138.

[20] LABRA C, ROJEK J, OÑATE E. Discrete/Finite Element Modelling of Rock Cutting with a TBM Disc Cutter[J]. Rock Mechanics and Rock Engineering, 2017, 50(3): 621-638.

[21] 徐琛, 刘晓丽, 王恩志, 等. 基于耦合FDM-DEM方法的TBM滚刀最优化研究[J]. 土木工程学报, 2020, 53(S1): 286-291, 299.

[22] 翟淑芳. 深部复杂地层的 TBM 滚刀破岩机理研究[D]. 重庆: 重庆大学, 2017.

[23] 翟淑芳, 周小平, 毕靖. TBM 滚刀破岩的广义粒子动力学数值模拟[J]. 岩土力学, 2018, 39(7): 2699-2707.

[24] 翟淑芳, 曹世豪, 周小平, 等. 围压对 TBM 滚刀破岩影响的数值模拟研究[J]. 岩土工程学报, 2019, 41(1): 154-160.

[25] SILLING S A. Reformulation of elasticity theory for discontinuities and long-range forces[J]. J. Mech. Phys. Solids, 2000: 35.

[26] SILLING S A, EPTON M, WECKNER O, et al. Peridynamic States and Constitutive Modeling[J]. Journal of Elasticity, 2007, 88(2): 151-184.

[27] 余音，胡祎乐. 近场动力学理论及其应用[M]. 上海：上海交通大学出版社, 2019.

[28] SILLING S A, ASKARI E. A meshfree method based on the peridynamic model of solid mechanics[J]. Computers & Structures, 2005, 83(17-18): 1526-1535.

[29] OTERKUS E, GUVEN I, MADENCI E. Impact damage assessment by using peridynamic theory[J]. Central European Journal of Engineering, 2012, 2(4).

[30] HU W, WANG Y, YU J, et al. Impact damage on a thin glass plate with a thin polycarbonate backing[J]. International Journal of Impact Engineering, 2013(62): 152-165.

[31] LEE J, LIU W, HONG J W. Impact fracture analysis enhanced by contact of peridynamic and finite element formulations[J]. International Journal of Impact Engineering, 2016, 87: 108-119.

[32] BOBARU F, HA Y, HU W. Damage progression from impact in layered glass modeled with peridynamics[J]. Central European Journal of Engineering, 2012, 2(4).

[33] REN B, WU C T, ASKARI E. A 3D discontinuous Galerkin finite element method with the bond-based peridynamics model for dynamic brittle failure analysis[J]. International Journal of Impact Engineering, 2017(99): 14-25.

[34] HUANG X, KONG X, CHEN Z, et al. Peridynamics modelling of dynamic tensile failure in concrete[J]. International Journal of Impact Engineering, 2021(155): 103918.

[35] HA Y D, BOBARU F. Characteristics of dynamic brittle fracture captured with peridynamics[J]. Engineering Fracture Mechanics, 2011, 78(6): 1156-1168.

[36] HAN F, LUBINEAU G, AZDOUD Y. Adaptive coupling between damage mechanics and peridynamics: A route for objective simulation of material degradation up to complete failure[J]. Journal of the Mechanics and Physics of Solids, 2016(94): 453-472.

[37] LEJEUNE E, LINDER C. Quantifying the relationship between cell division angle and morphogenesis through computational modeling[J]. Journal of Theoretical Biology, 2017(418): 1-7.

[38] LEJEUNE E, LINDER C. Modeling tumor growth with peridynamics[J]. Biomechanics and Modeling in Mechanobiology, 2017, 16(4): 1141-1157.

[39] MADENCI E, OTERKUS E. Peridynamic Theory and Its Applications[M]. New York: Springer New York, 2014.

[40] REN H, ZHUANG X, RABCZUK T. Dual-horizon peridynamics: A stable solution to varying horizons[J]. Computer Methods in Applied Mechanics and Engineering, 2017(318): 762-782.

[41] JAVILI A, MORASATA R, OTERKUS E, et al. Peridynamics review[J]. Mathematics and Mechanics of Solids, 2019, 24(11): 3714-3739.

[42] 牛彦泽，徐业鹏，黄丹. 双轴动载作用下脆性裂纹扩展问题的近场动力学建模与分析[J]. 工程力学, 2018, 35(10): 249-256.

[43] 周小平，王允腾，钱七虎. 爆破荷载作用下岩石破坏特性的“共轭键”基近场动力学数值模拟研究[J]. 中国科学:物理学 力学 天文学, 2020, 50(2): 52-64.

[44] 严瑞，秦洪远，刘一鸣，等. 基于改进型近场动力学方法的混凝土梁破坏分析[J]. 应用力学学报，2017, 34(6): 1034-1039, 1215.

[45] GERSTLE W, SAU N, SILLING S. Peridynamic modeling of concrete structures[J]. Nuclear Engineering and Design, 2007, 237(12): 1250-1258.

[46] 秦洪远，刘一鸣，黄丹. 脆性多裂纹扩展问题的近场动力学建模分析[J]. 浙江大学学报(工学版), 2018, 52(3): 497-503.

[47] ROKKAM S, GUNZBURGER M, BROTHERS M, et al. A nonlocal peridynamics modeling approach for corrosion damage and crack propagation[J]. Theoretical and Applied Fracture Mechanics, 2019(101): 373-387.

[48] LAI X, REN B, FAN H, et al. Peridynamics simulations of geomaterial fragmentation by impulse loads: Peridynamics simulations of geomaterial fragmentation by impulse loads[J]. International Journal for Numerical and Analytical Methods in Geomechanics, 2015, 39(12): 1304-1330.

[49] LAI X, LIU L, LI S, et al. A non-ordinary state-based peridynamics modeling of fractures in quasi-brittle materials[J]. International Journal of Impact Engineering, 2018(111): 130-146.

[50] WANG H, XU Y, HUANG D. A non-ordinary state-based peridynamic formulation for thermo-visco-plastic deformation and impact fracture[J]. International Journal of Mechanical Sciences, 2019(159): 336-344.

[51] FOSTER J T, SILLING S A, CHEN W W. Viscoplasticity using peridynamics[J]. International Journal for Numerical Methods in Engineering, 2010, 81(10): 1242-1258.

[52] HASHIM N A, COOMBS W M, AUGARDE C E, et al. An implicit non-ordinary state-based peridynamics with stabilised correspondence material model for finite deformation analysis[J]. Computer Methods in Applied Mechanics and Engineering, 2020(371): 113304.

[53] LUO J, SUNDARARAGHAVAN V. Stress-point method for stabilizing zero-energy modes in non-ordinary state-based peridynamics[J]. International Journal of Solids and Structures, 2018(150): 197-207.

[54] LI P, HAO Z, YU S, et al. Implicit implementation of the stabilized non-ordinary state-based peridynamic model[J]. International Journal for Numerical Methods in Engineering, 2020, 121(4): 571-587.

[55] MADENCI E, DORDUNCU M, PHAN N, et al. Weak form of bond-associated non-ordinary state-based peridynamics free of zero energy modes with uniform or non-uniform discretization[J]. Engineering Fracture Mechanics, 2019(218): 106613.

[56] CUI H, LI C, ZHENG H. The generation of non-ordinary state-based peridynamics by the weak form of the peridynamic method[J]. Mathematics and Mechanics of Solids, 2020, 25(8): 1544-1567.

[57] 马鹏飞，李树忱，周慧颖，等. 岩石材料裂纹扩展的改进近场动力学方法模拟[J]. 岩土力学, 2019, 40(10): 4111-4119.

[58] 马鹏飞，李树忱，袁超，等. 基于 SED 准则的近场动力学及岩石类材料裂纹扩展模拟[J]. 岩土工程学报, 2021, 43(6): 1109-1117.

[59] 仉文岗，孟凡胜，卢志堂，等. 含缺陷空间变异性岩体裂纹扩展的近场动力学模拟[J]. 工程地质学报, 2021, 29(3): 702-710.

[60] 秦洪远，韩志腾，黄丹. 含初始裂纹巴西圆盘劈裂问题的非局部近场动力学建模[J]. 固体力学学报, 2017, 38(6): 483-491.

[61] ZHOU X P, SHOU Y D. Numerical Simulation of Failure of Rock-Like Material Subjected to Compressive Loads Using Improved Peridynamic Method[J]. International Journal of Geomechanics, 2017, 17(3): 4, 16, 86.

[62] 王允腾. 岩体热-水-化-力耦合近场动力学模型及数值模拟研究[D]. 重庆：重庆大学, 2019.

[63] 王振宇. 基于近场动力学岩石材料的动态断裂与瞬时热传导分析[D]. 郑州：郑州大学, 2019.

[64] 刘宁，胡梦凡，周飞. 基于键基近场动力学理论的单裂纹圆孔板冲击破坏研究[J]. 工程力学, 2020, 37(12): 9-17.

[65] 谷新保，周小平. 裂纹扩展和连接过程的近场动力学数值模拟[J]. 岩土力学, 2017, 38(2): 610-616.

[66] 李铮，郭德平，周小平，等. 模拟岩石中裂纹扩展连接的近场动力学方法[J]. 岩土力学, 2019, 40(12): 4711-4721.

[67] ZHU F, ZHAO J. Peridynamic modelling of blasting induced rock fractures[J]. Journal of the Mechanics and Physics of Solids, 2021(153): 104, 469.

[68] 吴凡，李书卉，段庆林，等. 基于近场动力学方法的水力压裂过程数值模拟[J]. 计算机辅助工程, 2017, 26(01): 1-6.

[69] 南斌斌. 岩层压裂过程的近场动力学模拟[D]. 南京：东南大学, 2019.

[70] 张钰彬，黄丹. 页岩水力压裂过程的态型近场动力学模拟研究[J]. 岩土力学, 2019, 40(7): 2873-2881.

[71] YE L Y, WANG C, CHANG X, et al. Propeller-ice contact modeling with peridynamics[J]. Ocean Engineering, 2017(139): 54-64.

[72] 叶礼裕，王超，常欣，等. 冰桨接触的近场动力学模型[J]. 哈尔滨工程大学学报, 2018, 39(2): 222-228.

[73] XIONG W, WANG C, WANG C, et al. Analysis of shadowing effect of propeller-ice milling conditions with peridynamics[J]. Ocean Engineering, 2020(195): 106591.

[74] 叶礼裕，王超，郭春雨，等. 潜艇破冰上浮近场动力学模型[J]. 中国舰船研究, 2018, 13(2): 51-59.

[75] LIU M, WANG Q, LU W. Peridynamic simulation of brittle-ice crushed by a vertical structure[J]. International Journal of Naval Architecture and Ocean Engineering, 2017, 9(2): 209-218.

[76] YUAN Z, LONGBIN T, CHAO W, et al. Numerical study on dynamic icebreaking process of an icebreaker by ordinary state-based peridynamics and continuous contact detection algorithm[J]. Ocean Engineering, 2021(233): 109, 148.

[77] PARKS M, LITTLEWOOD D, MITCHELL J, et al. Peridigm users' guide. V1.0.0.[R]. SAND2012-7800, 1055619,2012: SAND2012-7800, 1055619.

软土 HSS 模型参数现有试验成果统计分析

陈 赟[1,2]，罗敏敏[1,2]，夏能武[3]，何 鹏[3]

（1. 浙江大学，杭州 310027；2. 浙江大学建筑设计研究院有限公司，杭州 310028；
3. 上海隧道工程有限公司，上海 200082）

摘 要： 小应变土体硬化模型（HSS 模型）因能考虑土体的小应变特性，在模拟和预测软土地区变形控制要求严格的地下工程的变形规律和变形量方面，有着较高的准确度，从而得到广泛应用。但 HSS 模型的参数较多，试验取值比较麻烦，工程中更多的是经验取值。目前关于软土 HSS 模型参数的研究有一定的成果积累，但仍有进一步丰富的必要。本文对现有试验成果进行归纳和统计分析，得到软土的破坏比、参考模量及小应变参数的取值范围或比例关系，可为工程应用提供经验参考。

关键词： 软土；HSS 模型；参数取值；统计分析

传统承载能力极限状态分析方法难以预测土体变形，数值分析方法的发展弥补了这一缺陷。数值模拟结果的精确性取决于选用的本构关系的合理性及其模型参数的准确性。工程实践表明，大部分对周边环境控制要求严格的地面及地下工程结构，在其正常工作状态下，其周边土体的变形程度通常很小，典型的应变范围是 10^{-4}～10^{-3}，属于小应变范畴[1]。因此，能够反映土体小应变特性的 HSS 模型[2]得到越来越广泛的应用。限于本文篇幅的要求，关于 HSS 模型的介绍可以参照文献[2]和文献[3]。

现有研究结果也表明，采用 HSS 模型得到的数值分析结果通常与实测数据更加吻合。例如：邵羽等[4]采用 MCC 模型（修正剑桥模型）得到的变形预测值比 HSS 模型偏高；褚峰等[5]采用 HSS 模型得到的数值结果与实测数据的吻合程度比 M-C 模型（摩尔-库仑模型）好很多；龚东庆和郑渊仁[6]采用 HSS 模型的数值模拟结果比采用 HS 模型（土体硬化模型）更为准确，采用 HS 模型得到的变形预测值偏大。

虽然采用 HSS 模型的数值模拟精度较高，但参数取值也更为麻烦。HSS 模型共有 13 个参数，除部分参数可以经验取值外（详见下文），大部分参数受土性变化的影响较大，地区性差异明显，原则上需要通过相关试验确定；常用的试验方法如表 1 所示，表中参数意义见下文“HSS 模型参数简介”。

目前关于软土的 HSS 模型参数的取值研究，有文献可查的，除奥地利[7]、曼谷[8]、天津[9]、深圳[10]、杭州[11]等地区的个别试验成果，其他主要集中在上海地区[12-22]。通过现有试验成果的归纳分析，发现软土的部分 HSS 模型参数具有一定的统计规律和取值范围，可为其经验取值提供参考价值。本文即对此进行综述。

获取 HSS 模型参数的常用试验方法　　表 1

试验方法	可获得的参数
标准固结试验	E_{oed}^{ref}
三轴固结排水剪切试验	c'，φ'，ψ，E_{50}^{ref}，R_f，m
三轴固结排水卸载再加载剪切试验	E_{ur}^{ref}，υ_{ur}
共振柱试验	G_0^{ref}，$\gamma_{0.7}$

1 HSS 模型参数简介

HSS 模型共由 13 个参数进行表征，包括 4 个与强度有关的参数、7 个与刚度有关的参数和 2 个小应变参数。

与强度有关的参数包括土的有效黏聚力c'、有效内摩擦角φ'、剪胀角ψ和破坏比R_f。其中c'和φ'通常可以由勘察报告提供；软土不存在剪胀角，ψ取 0。

与刚度有关的参数包括参考应力p^{ref}、固结试验的参考切线模量E_{oed}^{ref}、三轴固结排水剪切试验的参考割线模量E_{50}^{ref}、三轴固结排水卸载再加载试验的参考卸载再加载模量E_{ur}^{ref}、与模量应力水平相关的幂指数m、卸载再加载泊松比υ_{ur}和正常固结条件下的静止侧压力系数K_0^{nc}。其中p^{ref}是人为取定的一个参考围压值，目前 Plaxis 等软件默认为 100kPa；υ_{ur}的变化范围为 0.1～0.25，软件默认值为 0.2，叶跃鸿的试验研究验证了υ_{ur}取默认值的合理性[10]；K_0^{nc}通常可以按式(1)取值。

$$K_0^{nc} = 1 - \sin\varphi' \tag{1}$$

式中：φ'为土的有效内摩擦角。

小应变参数包括参考初始剪切模量G_0^{ref}和参考应力下剪切模量G衰减为$0.7G_0^{ref}$时对应的剪应变$\gamma_{0.7}$。

综上，软土 HSS 模型参数的取值，主要应关注破坏比R_f，3 个参考模量E_{oed}^{ref}、E_{50}^{ref}和E_{ur}^{ref}，应力指数m及小应变参数G_0^{ref}和$\gamma_{0.7}$的取值。下文就针对这些参数的试验取值研究现状进行总结，其中应力指数m的试验成果较少，不做统计。

2 HSS 模型参数试验研究成果统计

2.1 破坏比R_f的取值

破坏比R_f的软件默认值为 0.9，但相关试验研究结果则表明R_f的大小与土体特性有密切的关系[12-13]。表 2 统计了部分软土的试验成果，由表可知，围压 100kPa 的三轴固结排水剪切试验得到的软土R_f的取值范围为 0.53～0.72，与软件默认值差异较大。

试验得到的R_f值统计　　表 2

文献	地点	土体名称	R_f值
[8]	泰国曼谷	软黏土	0.72
[10]	深圳	③$_1$淤泥	0.65
[12]	上海	③淤泥质粉质黏土	0.58
		④淤泥质黏土	0.54
[13]	上海	③淤泥质粉质黏土	0.68
		④淤泥质黏土	0.72
[14]	上海	③淤泥质粉质黏土	0.65
		④淤泥质黏土	0.71
[16]	上海	③淤泥质粉质黏土	0.53
		④淤泥质黏土	0.64
[17]	上海	③淤泥质粉质黏土	0.65
		④淤泥质黏土	0.71
[18]	上海	③淤泥质粉质黏土	0.64
		④淤泥质黏土	0.67

续表

文献	地点	土体名称	R_f值
[19]	上海	③淤泥质粉质黏土	0.68
		④淤泥质黏土	0.72

注：除文献[8]是围压 138～414kPa 的试验结果的平均值，其他均为围压 100kPa 时的试验值。

2.2 参考模量E_{oed}^{ref}、E_{50}^{ref}、E_{ur}^{ref}的取值

表 3 和图 1 对现有一些试验的E_{oed}^{ref}、E_{50}^{ref}、E_{ur}^{ref}与$E_{s1\text{-}2}$成果进行了比例关系的统计与拟合分析，结果表明按$E_{oed}^{ref}/E_{s1\text{-}2}$、$E_{50}^{ref}/E_{oed}^{ref}$和$E_{ur}^{ref}/E_{oed}^{ref}$进行统计与拟合的效果相对较好。由表 3 和图 1 可知，$E_{oed}^{ref}/E_{s1\text{-}2}$的比值为 0.8～1.1，线性拟合关系为$E_{oed}^{ref}=0.87E_{s1\text{-}2}$，偏差在 ±20%范围之内；$E_{50}^{ref}/E_{oed}^{ref}$的比值为 0.9～1.4，线性拟合关系为$E_{50}^{ref}=1.19E_{oed}^{ref}$，偏差在 ±20%范围之内；$E_{ur}^{ref}/E_{oed}^{ref}$的离散性相对较大，其取值范围为 4.5～13.6，线性拟合关系为$E_{ur}^{ref}=9.16E_{oed}^{ref}$，偏差范围为 ±40%。

试验得到的参考模量与压缩模量之间的比例关系统计　　表 3

文献	地点	土体名称	比例关系					
			$E_{oed}^{ref}/E_{s1\text{-}2}$	$E_{50}^{ref}/E_{oed}^{ref}$	$E_{50}^{ref}/E_{s1\text{-}2}$	$E_{ur}^{ref}/E_{50}^{ref}$	$E_{ur}^{ref}/E_{oed}^{ref}$	$E_{ur}^{ref}/E_{s1\text{-}2}$
[8]	泰国曼谷	软黏土	ND	0.94	ND	10.00	9.41	ND
[10]	深圳	③$_1$淤泥	0.94	1.42	1.33	5.64	8.02	7.52
[11]	杭州	③淤泥质黏土	ND	1.38	ND	3.27	4.50	ND
		⑤淤泥质黏土	ND	1.23	ND	3.88	4.77	ND
[12]	上海	③淤泥质粉质黏土	0.92	1.33	1.23	9.31	12.42	11.46
		④淤泥质黏土	0.86	1.05	0.91	7.80	8.21	7.09
[13]	上海	③淤泥质粉质黏土	1.09	1.20	1.30	11.30	13.56	14.74
		④淤泥质黏土	0.84	1.08	0.91	9.38	10.17	8.51
[14]	上海	③淤泥质粉质黏土	ND	1.19	ND	6.24	7.43	ND
		④淤泥质黏土	ND	1.36	ND	5.60	7.64	ND
[15]	上海	④淤泥质黏土	ND	ND	ND	5.59	ND	ND
[16]	上海	③淤泥质粉质黏土	0.76	1.21	0.92	4.07	4.92	3.75
		④淤泥质黏土	0.76	1.20	0.90	5.69	6.81	5.14
[17]	上海	③淤泥质粉质黏土	1.05	1.19	1.25	6.24	7.43	7.80
		④淤泥质黏土	0.81	1.36	1.11	5.60	7.64	6.22
[18]	上海	③淤泥质粉质黏土	0.92	1.33	1.23	9.31	12.42	11.46
		④淤泥质黏土	0.86	1.05	0.91	7.80	8.21	7.09
[19]	上海	③淤泥质粉质黏土	1.09	1.20	1.30	11.30	13.56	14.74
		④淤泥质黏土	0.84	1.08	0.91	9.38	10.17	8.51

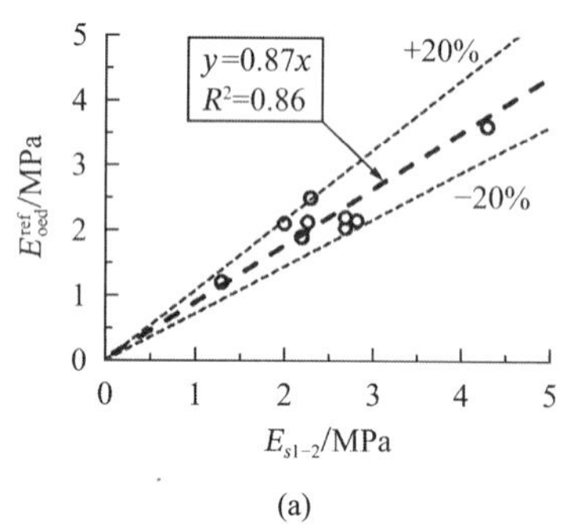

(a)

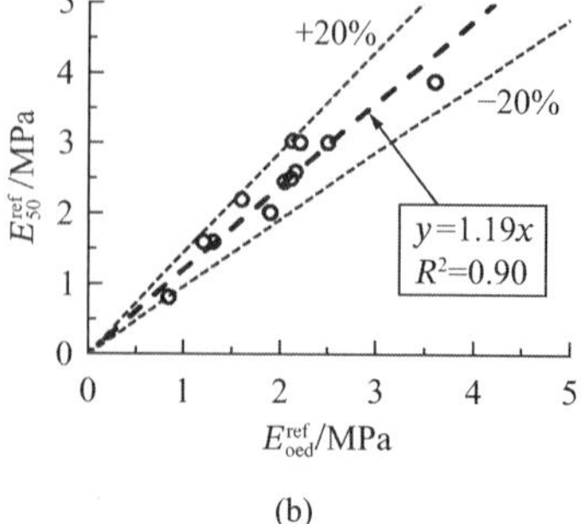

(b)

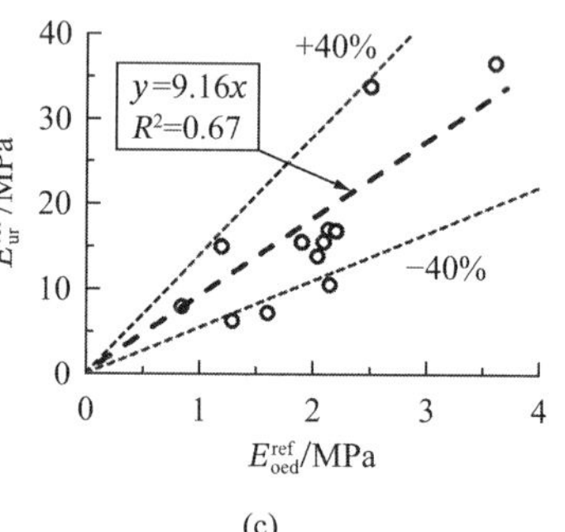

(c)

图 1　参考模量与压缩模量之间的比例关系拟合

2.3 小应变参数G_0^{ref}和$\gamma_{0.7}$的取值

表 4 对一些试验得到的小应变参数进行了汇总，目前关于软土小应变参数的试验研究成果相对较少，且基本是对上海软土的研究。表中文献[20]的G_0^{ref}值由小应变三轴试验获得，比其他由弯曲元试验或共振柱试验获得的参数值偏小。根据表 4，不计文献[20]的G_0^{ref}值，上海淤泥质黏土的G_0^{ref}的取值范围为 28.6～45.0MPa，淤泥质粉质黏土的G_0^{ref}的取值范围为 37.4～52.6MPa；其平均值分别为 36.1MPa 和 45.3MPa，极差与平均值的比值分别为 45.4%和 33.5%，可见取值的变化范围较大，得不到较好的统计指标。

$\gamma_{0.7}$的试验研究成果比G_0^{ref}更少。仅就表 4 的成果归纳而言，上海淤泥质黏土和淤泥质粉质黏土的$\gamma_{0.7}$比较接近；但不同试验研究结果之间存在较大的差异，其平均值为 3.0×10^{-4}，极差与平均值的比值为 46.4%。

试验得到的小应变参数统计 **表 4**

文献	地点	土体名称	G_0^{ref}/MPa	$\gamma_{0.7}/10^{-4}$
[13]	上海	③淤泥质粉质黏土	37.40	2.50
		④淤泥质黏土	28.60	2.70
[14]	上海	③淤泥质粉质黏土	51.00	2.70
		④淤泥质黏土	45.00	2.70
[16]	上海	③淤泥质粉质黏土	41.10	3.90
		④淤泥质黏土	29.20	3.60
[20]	上海	④淤泥质黏土	21.52	ND
[21]	上海	③淤泥质粉质黏土	44.50	ND
		④淤泥质黏土	35.90	ND
[22]	上海	③淤泥质粉质黏土	52.60	ND
		④淤泥质黏土	42.00	ND

总体而言，目前关于小应变参数的试验研究工作还很缺乏，现有试验成果数据的离散性较大，得不出良好的统计指标。而王浩然[18]和陆路通[16]的参数敏感性分析表明，HSS 模型中，小应变参数的变化（尤其是G_0^{ref}）对数值分析结果的影响最大。因此亟须加强相关研究，积累取值经验。

3 结论

通过本文的归纳分析，可知目前关于软土 HSS 模型参数中的应力指数m、小应变参数G_0^{ref}和$\gamma_{0.7}$的试验研究工作还比较匮乏，尚不能统计得出有效的取值范围或比例关系，有待进一步研究。关于破坏比R_f和参考模量E_{oed}^{ref}、E_{50}^{ref}、E_{ur}^{ref}，得到如下统计结果：

（1）软土破坏比R_f的取值范围为 0.53～0.72，与软件默认值 0.9 差异较大，应按试验结果取值。

（2）模量比$E_{oed}^{ref}/E_{s1\text{-}2}$和$E_{50}^{ref}/E_{oed}^{ref}$的统计结果较好，无试验数据时可按$E_{oed}^{ref}=0.87E_{s1\text{-}2}$、$E_{50}^{ref}=1.19E_{oed}^{ref}$取值。

（3）模量比$E_{ur}^{ref}/E_{oed}^{ref}$的离散性较大，暂得统计关系为$E_{ur}^{ref}=9.16E_{oed}^{ref}$，有待进一步积累试验数据。

总体而言，除上海外，各地区对于软土 HSS 模型参数的试验取值研究工作还开展得不多，而软土地层又是影响工程结构变形的关键因素，为了更合理地预测变形、优化设计、节省造价，有必要对软土的 HSS 模型参数取值加大研究力度。

参考文献

[1] 王海波，徐明，宋二祥. 基于硬化土模型的小应变本构模型研究[J]. 岩土力学, 2011, 32(1): 39-43.

[2] BENZ T. Small Strain Stiffness of Soils and Its Numerical Consequences[D]. Stuttgart: University of Stuttgart, 2006.

[3] 周恩平. 考虑小应变的硬化土本构模型在基坑变形分析中的应用[D]. 哈尔滨: 哈尔滨工业大学, 2010.

[4] 邵羽, 江杰, 陈俊羽, 等. 基于HSS模型与MCC模型的深基坑降水开挖变形分析[J]. 水利学报, 2015, 46(S1): 231-235.

[5] 褚峰, 李永盛, 梁发云, 等. 土体小应变条件下紧邻地铁枢纽的超深基坑变形特性数值分析[J]. 岩石力学与工程学报, 2010, 29(S1): 3184-3192.

[6] 龚东庆, 郑渊仁. 硬化土体模型分析基坑挡土壁与地盘变形的评估[J]. 岩土工程学报, 2010, 32(增刊 2): 175-178.

[7] LÜFTENEGGER R, SCHWEIGER H F, SCHARINGERF. 3D Finite Element Analysis of a Deep Excavation and Comparison with in Situ Measurements[M]. Geotechnical Aspects of Underground Construction in Soft Ground, London: Taylor & Francis Group, 2009: 193-199.

[8] SURARAK C, LIKITLERSUANG S, WANATOWSKI D, et al. Stiffness and Strength Parameters for Hardening Soil Model of Soft and Stiff Bangkok Clays[J]. Soils and Foundations, 2012, 52(4): 682-697.

[9] 刘畅. 考虑土体不同强度与变形参数及基坑支护空间影响的基坑支护变形与内力研究[D]. 天津: 天津大学, 2008.

[10] 叶跃鸿. 地下通道施工引起下卧地铁隧道上浮规律及控制措施研究[D]. 杭州: 浙江大学, 2017.

[11] 夏云龙. 考虑小应变刚度的杭州黏土力学特性研究及工程应用[D]. 上海: 上海交通大学, 2014.

[12] 王卫东, 王浩然, 徐中华. 基坑开挖数值分析中土体硬化模型参数的试验研究[J]. 岩土力学, 2012, 33(8): 2283-2290.

[13] 梁发云, 贾亚杰, 丁钰津, 等. 上海地区软土HSS模型参数的试验研究[J]. 岩土工程学报, 2017, 39(2): 269-278.

[14] 宗露丹, 徐中华, 翁其平, 等. 小应变本构模型在超深大基坑分析中的应用[J]. 地下空间与工程学报, 2019, 15(S1): 231-242.

[15] 谢东武, 管飞, 丁文其. 小应变硬化土模型参数的确定与敏感性分析[J]. 地震工程学报, 2017, 39(5): 898-906.

[16] 陆路通. 上海土体小应变特性的试验研究及其在基坑工程中的应用[D]. 上海: 同济大学, 2018.

[17] 张娇. 上海软土小应变特性及其在基坑变形分析中的应用[D]. 上海: 同济大学, 2017.

[18] 王浩然. 上海软土地区深基坑变形与环境影响预测方法研究[D]. 上海: 同济大学, 2012.

[19] 丁钰津. 上海软土小应变刚度特性试验研究及其在深基坑变形分析中的应用[D]. 上海: 同济大学, 2014.

[20] 杨同帅, 叶冠林, 顾琳琳. 上海软土小应变三轴试验及本构模拟[J]. 岩土工程学报, 2018, 40(10): 1930-1935.

[21] 陈少杰, 顾晓强, 高广运. 土体小应变剪切模量的现场和室内试验对比及工程应用[J]. 岩土工程学报, 2019, 41(S2): 133-136.

[22] 张娇, 张雁, 李青, 等. 上海黏性土的初始剪切模量试验研究[J]. 地下空间与工程学报, 2017, 13(2): 337-343.

预应力型钢组合支撑受力性能分析及实验研究

胡　琦[1,2,3]，施　坚[1]，黄天明[2,3]，方华建[2,3]，李健平[2,3]，陈　赟[4]，张　凯[1]
（1. 浙江工业大学，杭州 310014；2. 浙江浙峰工程咨询有限公司，杭州 310020；
3. 东通岩土科技股份有限公司，杭州 310020；4. 浙江大学建筑设计研究院有限公司 310012）

摘　要：预应力型钢组合支撑是近年来国内出现的新型钢支撑，该项技术除了具有可回收的优点外，还具有高强连接、可施加预应力、可靠性高等优点，因而在国内的应用不断增多。虽然该项技术已渐趋成熟，但是仍有一些问题亟待研究。因而在支撑跨度较大、土质较差的杭州城西某工程进行多组支撑加压、观测实验。型钢组合支撑实际刚度略小于理论刚度，支撑预应力锁定值是影响基坑变形的关键因素，应采取措施保证支撑预应力满足要求；型钢组合支撑的承载力取决于支撑的稳定性，型钢组合支撑的承载力满足设计要求，且有较高的冗余度；型钢组合支撑的温度应力变化幅度约占实际轴力的29.1%，占设计轴力的7.4%，温度应力对支撑承载力的影响处于可控水平。

关键词：稳定性；钢支撑；深基坑

近些年来，随着国家对环境问题越来越重视，作为临时围护结构的基坑工程中可回收构件的应用也逐渐增多。钢支撑作为可回收的水平受力构件，应用广泛。传统的钢支撑主要有型钢支撑、钢管支撑，这些支撑体系几乎都是由单根杆件单独受力的，且连接节点多有薄弱位置，由此引发了多起严重的基坑坍塌事故，比较典型的如：杭州湘湖地铁站基坑坍塌事故，由于钢管支撑多处节点薄弱，该事故中钢管支撑在端部折断，还有一些钢管支撑直接从地下连续墙上滑落[1]；新加坡 Nicoll Highway 基坑坍塌事故，型钢支撑体系的破坏就是从型钢围檩的屈服开始的[2]（图 1）。程雪松等[3]就曾指出基坑支护体系按照临时结构进行设计，安全储备相对较低，在基坑支护体系受力存在不确定性的情况下，基坑局部构件失效时可能由局部破坏产生连续破坏，最终导致基坑整体崩溃，造成非常严重的后果。

(a) 杭州事故中节点破坏

(b) 新加坡事故中节点破坏

图 1　钢支撑事故案例

预应力型钢组合支撑是近年来国内出现的新型钢支撑，该项技术除了具有传统钢支撑可回收、施工便捷快速的优点外，还具有高强连接、可施加预应力、可靠性高等优点[4]，因而在国内的应用不断增多。预应力型钢组合支撑技术目前也基本成熟，相应的地方建设标准《基坑工程装配式型钢组合支撑应用技术规程》DB33/T 1142—2017[5]也已发布使用。

近些年来，学者们对于型钢组合支撑有一定的研究。李瑛等[4]通过工程实例监测与分析，认为由型钢组合支撑形成的型钢支护体系能够在软土基坑中应用；刘兴旺等[6]分析了横梁对支撑梁竖向平面和水平面稳定性的影响。

目前，工程界对于预应力型钢组合支撑还有一些疑问，主要有：①由于施工因素，支撑的实际支锚刚度小于理论计算值；②型钢组合支撑的稳定性计算是否合理，由于安装误差、环境变化等影响，支撑能够承受多大的极限荷载；③温度变化下型钢组合支撑内力的变化是否会影响基坑安全。

因此，十分有必要对型钢组合支撑体系的受力性能及承载能力进一步研究。因而，我们在目前应用的基坑中，特别选取了支撑跨度较大、土质较差的杭州城西某工程对其多组支撑进行加压、观测试验。

1 实验概况

实验地点拟建工程项目位于杭州市西湖区西湖科技园区内，基坑范围内主要土层属于典型的杭州城西淤泥质土，土质较差，土体物理力学指标见表 1。

土体物理力学指标 表 1

土层	重度/（kN/m³）	黏聚力c/kPa	内摩擦角φ/°
1-1 杂填土	18.0	5.0	9.0
1-2 粉质黏土	18.4	19.5	12.0
3 淤泥质黏土	17.0	14.4	9.0
4-1 粉质黏土	19.2	26.5	13.5
4-2 粉质黏土	18.4	20.8	13.4
5-1 淤泥质黏土	17.4	14.2	10.5
6 黏土	18.8	42.0	15.0

本基坑长约 324m，宽约 151m，基坑普遍开挖深度约 12.00m，采用二道预应力型钢组合支撑 + SMW 工法桩作围护结构，坑内一、二层地下室交界处采用钻孔灌注桩作隔离桩。实验基坑概况见图 2。

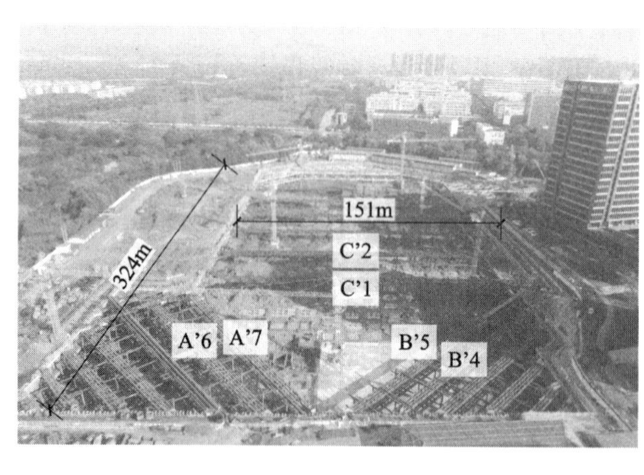

(a) 现场概况

(b) 剖面图

图 2 实验基坑概况

1.1 支撑概况

本工程中型钢支撑标准杆件采用 H400 × 400 × 13 × 21 型钢，Q345b；立柱、横梁均采用 H350 × 350 × 12 × 19 型钢，Q235b；各构件间均采用 10.9 级 M2 × 8.0 高强度螺栓连接，螺栓材料为 20MnTiB，施工预拉力为 250kN。实验选取本基坑中最不利的支撑进行，即基坑南侧第二道角撑及对撑，角撑跨度最大约为 95.5m（计算截面跨度，余同），对撑跨度最大为 113.2m，剖面计算得到的支撑支反力大小为 400kN/m。

1.2 实验仪器

实验采用油压千斤顶对型钢组合支撑施加荷载，施加荷载的位置是在型钢组合支撑的中部，在该位置采用 LTC 拉杆式位移计记录支撑的压缩变形［图 3（a）］。

实验采用的是振弦式表面应变计与读数仪来获取型钢的轴力变化，如图 3（b）所示，应变计安装在每组支撑的内外两根型钢腹板上。需要时，用读数仪读出应变计频率值，由公式(1)计算得出单根支撑轴力，计算轴力时将两个轴力计的数据取平均值即可。

$$N_{压} = -k \times A \times E \times (f_i \times f_i - f_0 \times f_0) \tag{1}$$

式中：$N_{压}$为支撑轴力，此次试验均为压力（kN）；k为钢材模量系数，$k = 0.0004$；A为钢支撑截面积，单根截面积$A_0 = 0.02195\text{m}^2$；E为钢材弹性模量；f_i为应变计监测频率（Hz）；f_0为应变计的初始频率（Hz）。

采用百分表记录支撑侧向变形，百分表的支座均架设在已完成的底板上［图 3（c）］。

(a) 预应力施加

(b) 振弦式表面应变计

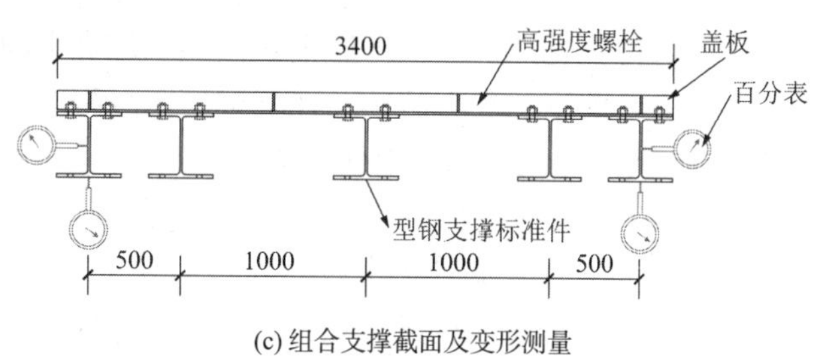

(c) 组合支撑截面及变形测量

图 3 实验仪器

2 型钢支撑刚度

通过对支撑逐级加压，测得支撑的压缩变形及实际轴力，即可通过公式(2)算得支撑的实测刚度。为了确保基坑的安全，加压实验是在底板结构及传力带施工完成且达到一定强度后进行的。

$$\Delta L = \frac{F \cdot L}{A \cdot E} \tag{2}$$

式中：F为支撑轴力（kN）；L为支撑计算长度（m）。

为了对比支撑加压过程中有无荷载损失及验证计算轴力的精确度，还应将支撑实际轴力与油压千斤顶施加的轴力进行比较［图 4（a）］。

轴力计测得的轴力与千斤顶油压换算得出的轴力基本一致，支撑荷载施加过程中并不存在轴力损失。通过对比支撑轴力与压缩变形的关系发现：加载前期，实测位移增大较快，斜率明显大于理论值；加载后期，斜率与理论值差异不大。这是由于型钢拼接处一般会有微小的缝隙，施加预应力的过程消除了型钢间的缝隙，组合支撑截面信息见表 2，可见实测的支撑刚度与理论刚度相比偏小，但差距在 20%范围内。多次加卸载试验见图 4（b），表明支撑多次使用后，仍然处于线弹性变形范围内，几乎不产生塑性变形。

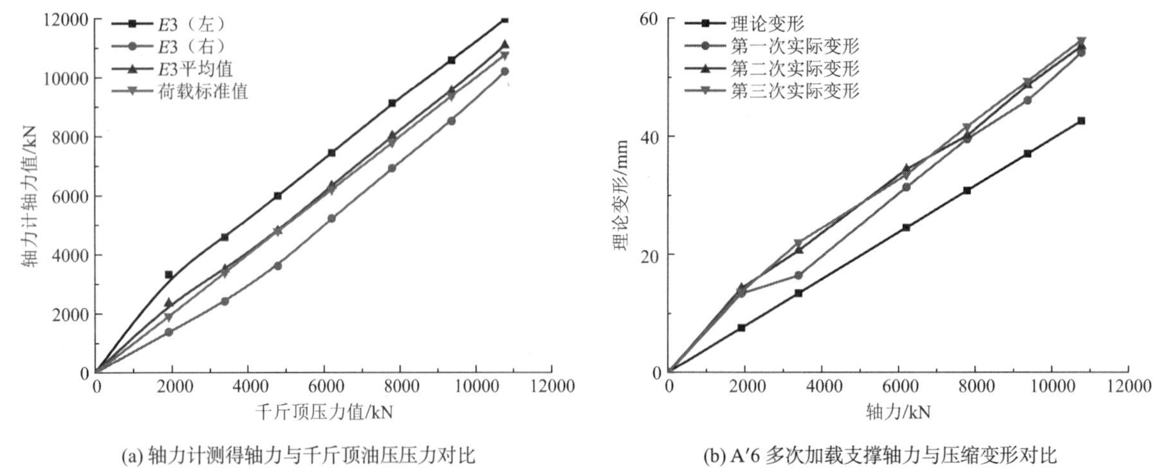

(a) 轴力计测得轴力与千斤顶油压压力对比

(b) A′6 多次加载支撑轴力与压缩变形对比

图 4　型钢组合支撑刚度试验

组合支撑截面信息　　表 2

编号	组合形式	长度/m	理论刚度/MN	实测刚度/MN
A′6（角撑）	5 根型钢组合	89.5	22292	18883
A′7（角撑）		81.9		16707
B′4（角撑）		77.9		18841
B′5（角撑）		95.5		21566
C′1（对撑）	6 根型钢组合	113.2	26750	20168

需要指出的是，支撑端部反力的构件是围护桩及桩后土体，加压过程中围护桩及桩后土体必然会产生往坑外的位移，因而支撑二端并不是固定的反力结构。在支撑加压过程中，还采用百分表对支撑处围护桩的变形进行了测量，在计算支撑刚度时已减去了围护结构的变形。考虑到围护桩和支撑计算截面间还有混凝土三角件及加压件的变形没有减去，实际的支撑刚度应该还要再大一些。每组加压试验在围护桩产生较大的往坑外方向的变形后终止，此时单道支撑轴力为 12343kN。

目前型钢组合支撑预应力锁定的方式是通过在保力盒位置塞垫铁［图 3（a）］来实现的，故而实际预应力锁定的大小可能会偏小，甚至在早期项目中，由于设计预应力较小，导致最终预应力可能会小到无法完全消除支撑间缝隙，因此围护结构在开挖过程中可能会产生类似于悬臂的变形[4]。

因此，预应力型钢组合支撑的预应力锁定是非常关键的。但是，型钢组合支撑所有节点都需以高强度螺栓连接，支撑加压处在预应力锁定后也需以高强度螺栓连接该节点，以保证支撑的整体性。故而无法采用伺服装置等控制预应力大小。目前的解决方案是加压后对锁定后的支撑轴力进行监测，当预应力大小不满足要求时补加预应力。

3　支撑承载能力

根据钢结构理论及规范[5]，支撑梁承载力实际上是稳定性问题，包括水平面内和竖直平面内型钢组合支撑的稳定性计算。按规范[5,7]计算角撑最大轴力设计值$N = 1.1 \times 1.25 \times 400 \times 13/\sin 45° = 10112\text{kN}$。计算得到的最大应力为 178MPa，相应的安全系数为 1.66。而实际使用过程中，角撑区域最大轴力仅为 2510kN。

为了验证型钢组合支撑的可靠性及稳定计算的科学性，在前述加压试验进行的同时，还对组合支撑水平向及竖直向的变形进行了测量。以A′6 支撑为例（图 5），支撑在水平方向的最大变形约为 4.7mm，支撑在竖直方向的最大变形约为 10.4mm，说明型钢组合支撑整体性较好，按整体考虑每组支撑的稳定性是合理的。

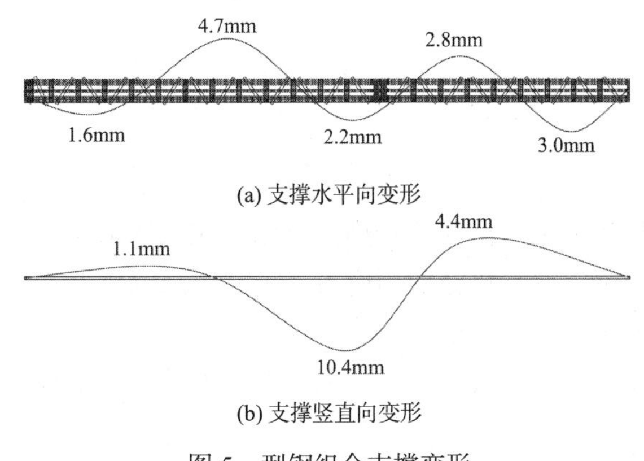

图 5　型钢组合支撑变形

4　支撑温度应力变化

对传统钢支撑的研究表明，钢支撑轴力受温度影响较大，最大可达 30%左右[8]。为了研究型钢组合支撑轴力与温度的关系，在气候炎热的 8 月份的每天的 5 点、14 点和 18 点 30 分分别对C′-2 支撑（与 C′-1 支撑基本相同）的温度和轴力进行较长时间的连续监测。

由图 6 可知监测期间，气温变化范围为 24.8～39.6℃，钢支撑上表面温度变化范围为 23.4～51.4℃，钢支撑上表面温度变化范围为23.8～45.8℃。C′-2 初始轴力为4327kN，支撑轴力变化范围为3853～5113kN，变化幅度为 1260kN，支撑轴力变化趋势与温度变化趋势基本一致。型钢组合支撑的温度应力变化幅度约占实际轴力的 29.1%，占比较大，这主要是因为初始轴力较小。温度应力占设计轴力 17050kN 的 7.4%，如果按照基坑规范考虑 10%设计轴力，则是偏于安全的。

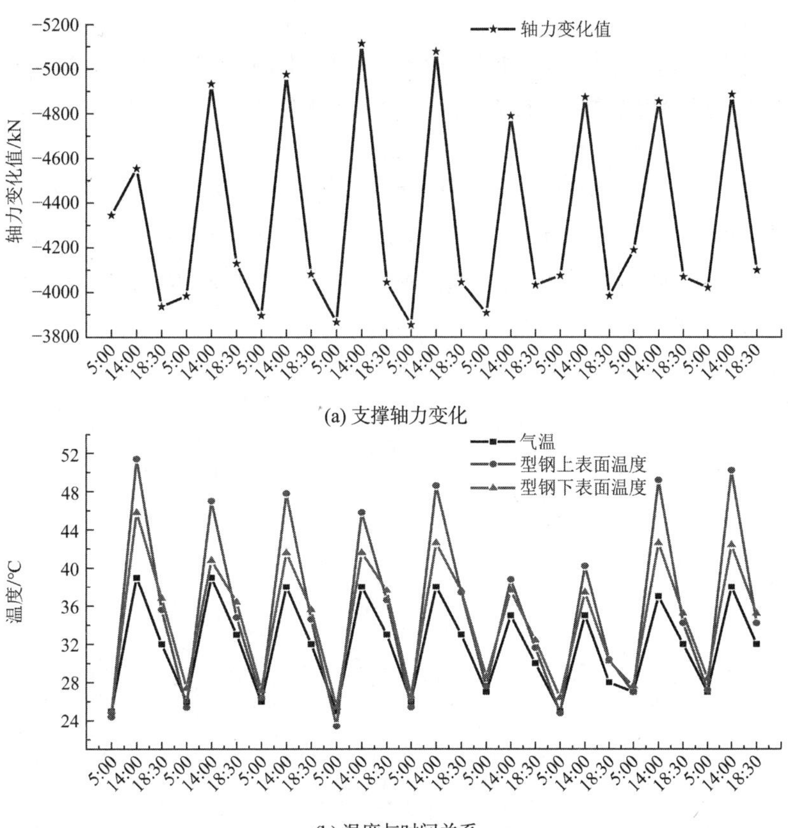

图 6　型钢支撑轴力与温度关系

5 结论

预应力型钢组合支撑是近年来国内出现的新型钢支撑，该项技术除了具有传统钢支撑可回收、施工便捷快速的优点外，还具有高强连接、可施加预应力、可靠性高等优点。本文通过现场试验，验证了预应力型钢组合支撑的受力性能，主要得出以下结论：

（1）型钢组合支撑实际刚度略小于理论刚度，支撑预应力锁定值是影响基坑变形的关键因素，应采取措施保证预应力锁定值满足要求；

（2）型钢组合支撑的承载力取决于支撑的稳定性，按整体考虑支撑的稳定性是合理的，本工程中支撑承载力满足设计要求，且有较高的冗余度；

（3）型钢组合支撑的温度应力变化幅度约占实际轴力的 29.1%，占设计轴力的 7.4%，设计中还应额外考虑温度应力的影响，目前按 10%设计轴力考虑温度应力是可行的。

致谢：感谢浙江工业大学硕士研究生宋均国、何品品、谢家文为现场实验作出的贡献。

参考文献

[1] 张旷成，李继民. 杭州地铁湘湖站“08.11.15”基坑坍塌事故分析[J]. 岩土工程学报, 2010, 32(S1): 338-342.

[2] COI(2005). Report of the Committee of Inquiry into the incident at the MRT circle line worksite that led to collapse of Nicoll Highway on 20 April 2004[R]. Ministry of Manpower, Singapore.

[3] 程雪松，郑刚，邓楚涵，等. 基坑悬臂排桩支护局部失效引发连续破坏机理研究[J]. 岩土工程学报, 2015, 37(7): 1249-1263.

[4] 李瑛，陈东，刘兴旺，等. 预应力型钢组合支撑应用于软土基坑支护[J]. 岩土工程学报, 2014, 36(S1): 51-55.

[5] 浙江省工程建设标准. 基坑工程装配式型钢组合支撑应用技术规程: DB33/T 1142—2017[S]. 北京：中国建材工业出版社, 2017.

[6] 刘兴旺，童根树，等. 深基坑组合型钢支撑梁稳定性分析[J]. 工程力学, 2018,35(4):200-218.

[7] 中华人民共和国住房和城乡建设部. 建筑基坑支护技术规程: JGJ 120—2012[S]. 北京：中国建筑工业出版社, 2012.

[8] 张立明，方新涛，郑刚，等. 深基坑围护结构受支撑温度应力影响有限元分析[J].建筑科学, 2014, 30(S2): 292-297.

深厚软土 6 层地下室深大基坑对邻近地铁隧道影响控制技术

刘兴旺[1]，李冰河[1]，陈卫林[2]，毛海和[3]，张　戈[3]，孙政波[1]

（1. 浙江省建筑设计研究院，杭州 310006；2 浙江盛院建设工程施工图审查中心，杭州 310006；
3. 北京城建设计发展集团股份有限公司杭州分公司，杭州 310017）

摘　要：杭州中心项目位于杭州市武林广场核心商圈，设 6 层地下室，基坑开挖深度为 30.2～36.0m，紧邻地铁 1 号线和 3 号线盾构隧道。针对该工程所面临的深厚软土深大基坑变形控制和敏感设施保护难题，综合采取了地下室平面及竖向优化布置、分坑施工、软土时空效应定量控制等多种技术。介绍了该项目基坑支护设计与施工要点，总结了该深大基坑施工过程中的围护体系和邻近地铁设施的变形发展规律，分析了软土地基超深基坑变形性状。结果表明，地下结构施工全部完成后成功地将邻近盾构隧道的水平变形、竖向变形及水平收敛变形均控制在 5mm 之内，满足要求。

关键词：深厚软土；深大基坑；时空效应；分坑施工；地铁保护

地铁沿线的地下空间由于其巨大的商业价值而成为开发热点，软土地层超大超深地下空间开发直接影响邻近地铁设施的安全和正常运营，针对性的地铁保护研究已非常迫切[1-2]。本文结合杭州中心项目 6 层地下室工程实践，提出了深厚软土地层超深基坑施工对邻近地铁隧道保护系列技术。

1　工程概况

杭州中心项目位于杭州市中心武林广场东北侧，为大型地铁物业综合体，集商业、餐饮、办公、酒店于一体。总用地面积 22566m^2，地上建筑面积 148935m^2，由 26 层的办公塔楼 A、28 层的酒店办公复合塔楼 B 及作为基座的商业辅楼组成；设 6 层地下室，地下建筑面积 105518m^2。项目地下室西北侧紧贴地铁 1、3 号线站房和盾构区间，并在地下 2 层与地铁站房相连。

基坑平面面积约 16000m^2，大致呈矩形；大范围开挖深度 30.2m，主楼核心筒范围最大开挖深度达 36.0m。

基坑东临中山北路，北侧为环城北路，西临武林广场东通道，南侧为东西向规划道路，西南侧与省科协大楼毗邻。基坑围护外边线距离武林广场车站结构外边线最近为 3.0～4.0m（且通过连接通道与既有车站连通）；距离地铁 1 号线武林广场—西湖文化广场区间隧道最近约 6.2m，距 3 号线武林广场—西湖文化广场区间隧道最近约 31.0m，基坑总平面如图 1 所示。

基坑周边除地铁设施外，北侧的环城北路、东侧中山北路车流量较大，且存在大量地下市政管线。西南侧省科协大楼主楼 21 层，工程桩为入基岩的钻孔桩；裙房 2 层，工程桩为沉管灌注桩，桩长 18.0m，距基坑最近处仅 9.64m。

项目位于浙北平原区，为海积平原地貌单元，土层分布及物理力学参数见表 1。⑫$_{-2}$粉砂、⑫$_{-4}$圆砾为承压水层，承压水水头为地表以下 8m 左右。

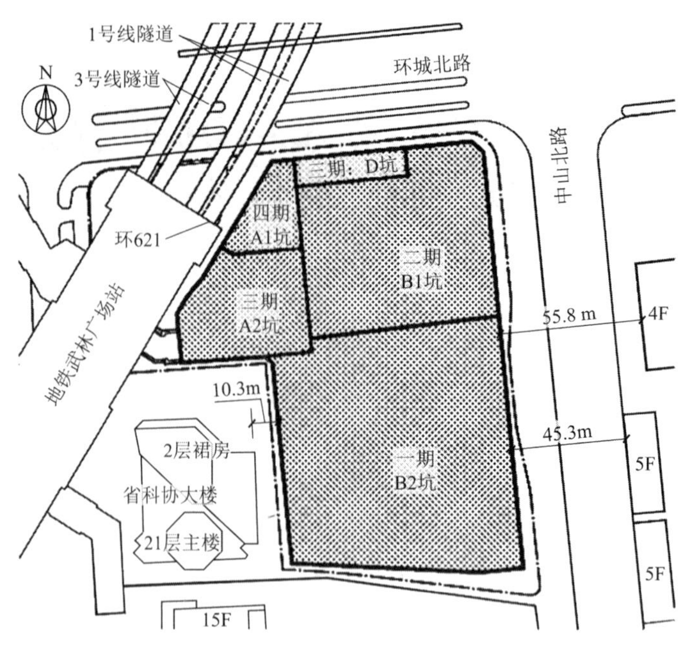

注：4F、5F、15F分别表示4层、5层、15层住宅。

图 1　基坑总平面图

土层主要物理力学参数　　**表 1**

土层	土层厚度l/m	天然重度γ/（kN/m³）	直剪固快	
			黏聚力c/kPa	内摩擦角φ/°
①$_{-1}$填土	3.7	17.5	(5.0)	(8.0)
②$_{-2}$粉质黏土	1.7	19.3	18.0	12.0
④$_{-1}$淤泥质黏土	4.8	17.1	12.0	7.7
④$_{-2}$淤泥质粉质黏土	2.2	18.4	15.0	10.5
④$_{-3}$粉质黏土夹淤泥质黏土	6.8	18.5	6.0	15.0
⑥$_{-1}$淤泥质黏土	7.2	17.7	15.0	11.0
⑥$_{-2}$粉质黏土	1.7	17.5	18.0	10.7
⑦$_{-1}$粉质黏土	6.1	19.4	31.0	14.0
⑦$_{-2}$粉质黏土	2.6	19.3	30.0	14.5
⑫$_{-2}$粉砂	3.7	19.4	1.0	35.0
⑫$_{-4}$圆砾	3.3	19.5	1.0	38.0
⑳$_{-1}$强风化粉砂岩	3.7	21.0	30.0	30.0
⑳$_{-2}$中风化粉砂岩	—	22.0	(30.0)	(38.0)

注：括号内为经验值。

2　地铁隧道

地铁武林广场站为地下 3 层双岛四线同站台换乘车站（1 号线左右线及 3 号线左右线重叠），线路出武林广场站后，下穿环城北路及京杭大运河。1 号线和 3 号线区间采用盾构法施工形成，盾构隧道内径为 5.5m，由 6 块管片采用错缝拼装、凹凸榫连接的方式拼装而成。管片厚度 0.35m，采用 C50 混凝土，标准环宽 1.2m。整个环面及分块密贴，环与环、块与块以弯螺栓连接（图 2）。

沿线隧道穿越的土层为淤泥质粉质黏土及粉质黏土，隧道埋置深度在 9.1～19.6m 范围内，沿线地下水位埋深 1.3～3.6m。隧道断面均处于弱透水层内、水头压力较高，且淤泥质粉质黏土具有高压缩性、低强度、高灵敏度，易产生流变和触变现象。

本项目基坑施工时，地铁 1 号线已运营、3 号线已洞通尚未铺轨。地铁 1 号线运营后，隧道出现不同程度的沉降、收敛、渗漏水、管片开裂等病害。根据调查，隧道沉降仍未稳定，竖向位移、收敛位移等变形大于 3cm，隧道出现了管片开裂、混凝土剥落等情况。根据浙江省工程建设标准《城市轨道交通结构安全保护技术规程》DB33/T 1139—2017[3]，该段盾构隧道属于 I 类，基坑开挖对轨道交通设施的保护等级为 A 级；盾构隧道的水平位移、竖向位移和相对收敛控制指标均为 5mm[4]。

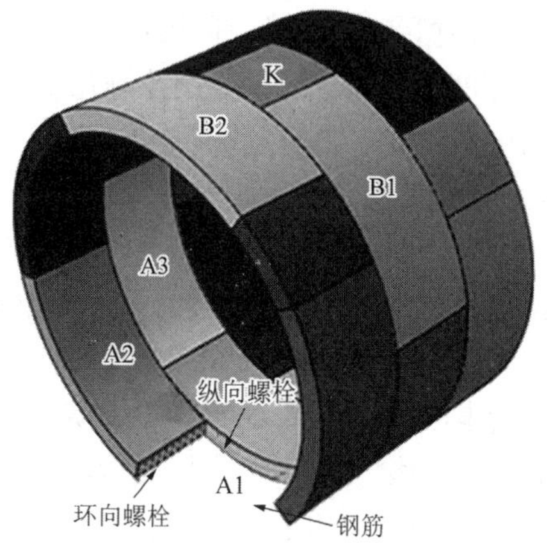

图 2　错缝拼装地铁盾构隧道

3　地铁隧道保护技术

基坑支护主要采取地下连续墙结合多道钢筋混凝土内支撑形式，顺作法施工，地下连续墙厚度 1200mm，墙底端进入⑳$_{-2}$中风化粉砂岩层，隔断承压水。针对邻近地铁隧道保护，主要采取了下列技术：

1）软土深大基坑时空效应定量控制技术

隧道变形与旁侧基坑的开挖深度、面积和空间相对关系等因素有关，旁侧基坑卸荷比S_{s1}能够综合反映旁侧基坑的平面尺寸、开挖深度、隧道埋深等对隧道的影响，可按图 3 由式(1)计算确定。

$$S_{s1}=\frac{S_1\cdot h}{(L_{wd1}+L_2)\cdot(D_t+d)L_1} \tag{1}$$

式中：S_1为旁侧基坑面积；h为旁侧基坑深度；L_1为旁侧基坑沿隧道方向的长度；L_2为旁侧基坑垂直于隧道方向的长度；L_{wd1}为基坑围护结构外边线与隧道的最小水平距离；D_t为隧道的埋深；d为隧道直径。

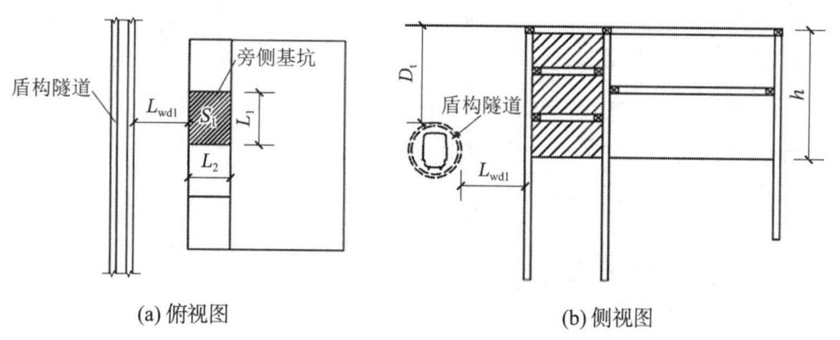

图 3　旁侧基坑卸荷比计算简图

软土地铁隧道旁侧 15 个项目的实测数据统计分析表明，如果隧道变形要求控制在 5mm 之内，S_{s1}不宜超过 0.5（图 4）[5]。

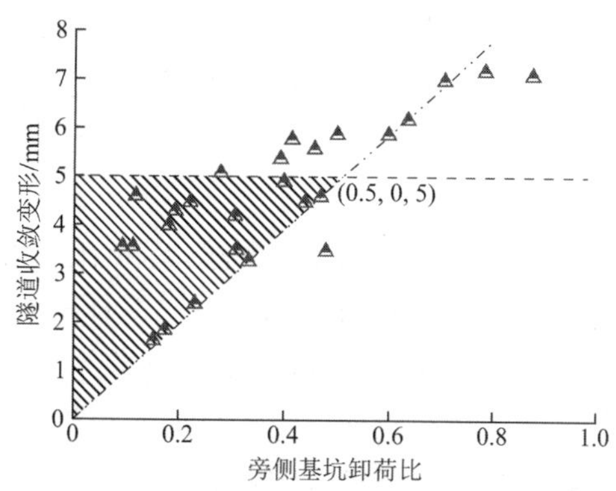

图 4　软土隧道变形与旁侧基坑卸荷比的统计关系

根据旁侧基坑卸荷比控制原则，整个项目分为 5 个基坑，如图 1 所示。B1、B2 坑设 6 层地下室，开挖深度 30.2m，面积分别控制在 5100m^2 和 8000m^2。紧邻地铁设施的 A1、A2、D 坑面积控制在 400～1900m^2，在不影响建筑功能的基础上，尽量减小开挖深度，A1 坑和 D 坑设 1 层地下室，开挖深度 6.75m；A2 坑设 3 层地下室，开挖深度 16.95m。

整个地下室按照从一期到四期的先后顺序施工，一期 B2 坑地下 3 层楼板施工完毕，第 3 道支撑拆除后，二期 B1 坑开始进行第一层土方的开挖。针对时间效应，严格控制全过程每个工况的施工时间，通过优化支撑布置（图 5，3T2、1Q5、2Q5 为监测点），使主要受力支撑避开结构竖向承重构件和地下各层的结构楼板，尽可能提高挖土效率，缩短基坑施工时间，基础施工完成后，不拆除主要支撑，连续进行地下 6 层结构施工，不仅显著缩短地下结构施工时间，也减小了拆除支撑所导致的结构变形。

坑内淤泥质土体的预加固对时空效应控制有利，采用三轴搅拌桩和高压旋喷桩进行加固，加固体顶标高至第二道支撑底（图 6）。加固体的平面范围涵盖了整体地下室，对于距离地铁设施较远的 B2 坑，采取裙边加抽条的被动区加固形式；对于距离相对较近的 B1 坑，被动区加固体在坑内拉通，形成了有效的坑底暗撑；对于紧贴地铁设施的 A1、A2、D 坑，则采用了满堂加固的措施。

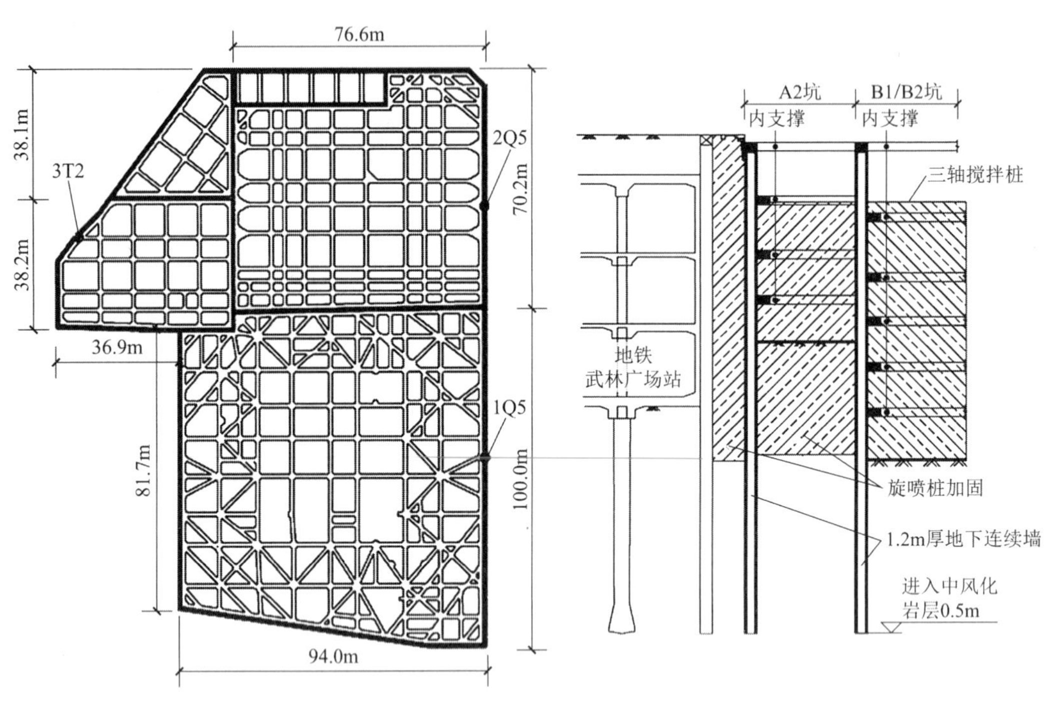

图 5　支撑平面布置图　　　　图 6　基坑内加固剖面图

2）既有隧道旁侧及托底主动加固技术

基坑虽然距离武林广场车站结构外边线最近处仅 3.0m，但由于车站原有围护形式为 1.2m 厚地下连续墙且车站本身结构刚度很大，因此需要重点关注距离 A1 坑仅 6.2m 的区间隧道安全。

该范围区间隧道设计时，综合考虑盾构隧道形成前武林广场车站 25m 深基坑施工、隧道顶部风道施工以及隧道形成后杭州中心基坑施工对土体的反复扰动影响，采取了隧道旁侧及托底主动加固技术，以改善隧道周边土体受力性能。

此外，在靠近盾构隧道一侧布置了一排直径 1.0m、间距 1.2m 的钻孔灌注隔离桩（图 7）。隔离桩桩端进入⑳$_{-2}$ 中风化粉砂岩层 0.5m，在基坑与盾构隧道之间形成了有效的隔离。

3）基于强结构性软黏土亚塑性本构模型的三维数值模拟技术

针对地铁隧道保护的变形问题多为土体小应变下变形叠加的问题，土体在小应变条件下刚度较大，随着累积变形的逐渐增大，刚度衰减较快，衰减过程中及衰减后因刚度显著降低会出现较大的变形，因此体现小应变条件下土体力学行为的本构模型是非常重要的。采用针对软黏土的亚塑性本构模型，可以考虑土体受扰动后强度降低的特性[6-7]，该本构模型的方程如下：

$$\dot{\boldsymbol{T}} = f_s \boldsymbol{L} : \boldsymbol{D} + f_s f_d \boldsymbol{N} \|\boldsymbol{D}\| \tag{2}$$

式中：$\dot{\boldsymbol{T}}$为应力率张量；$\boldsymbol{D}$为应变率张量；f_s为正压性修正系数；f_d为密度修正系数；$\boldsymbol{L}$和$\boldsymbol{N}$为参数矩阵。

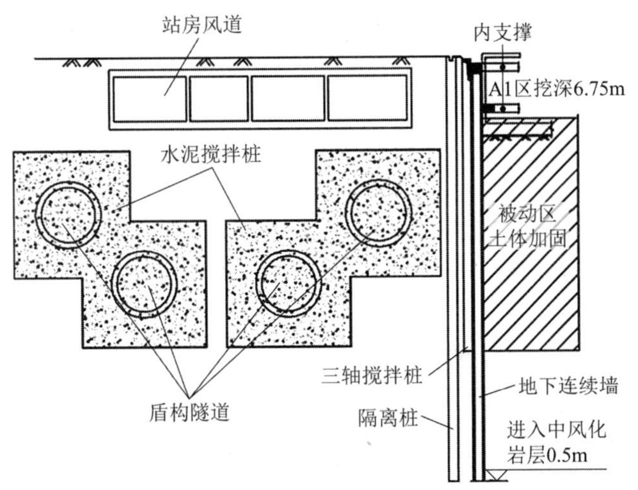

图 7　A1 坑附近盾构隧道的周边土体加固

上述本构模型的基本参数主要由不排水压缩试验及一维固结试验（含卸载）确定[8]，其中主要模型参数如表 2 所示。

亚塑性本构模型基本参数　　**表 2**

参数	黏土	淤泥质土	粉质黏土	粉砂
λ^*	0.13	0.11	0.13	0.15
κ^*	0.013	0.002	0.004	0.015
N	1.1	1.3	1.29	1.34
r	0.1	0.3	0.1	0.1

注：λ^*为压缩系数；κ^*为回填系数；N为孔隙比参数；r为剪切参数。

图 8～图 10 为模拟基坑施工对车站和隧道影响的三维数值分析结果。

由图 8～图 10 可以发现，综合采取以上技术后，地铁隧道水平、竖向及收敛变形可控制在 5mm 之内。

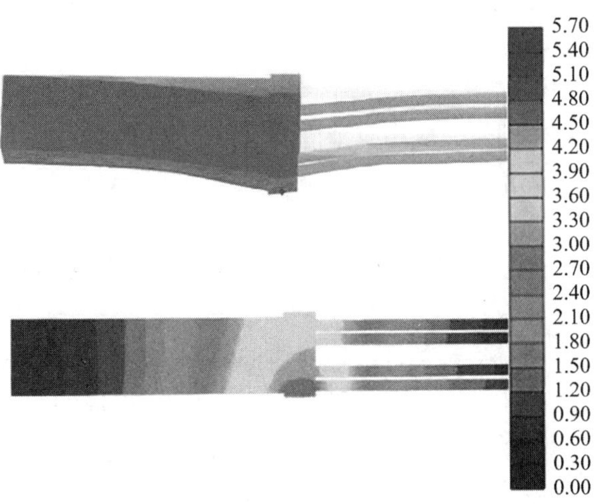

图 8　车站和隧道总变形云图/mm

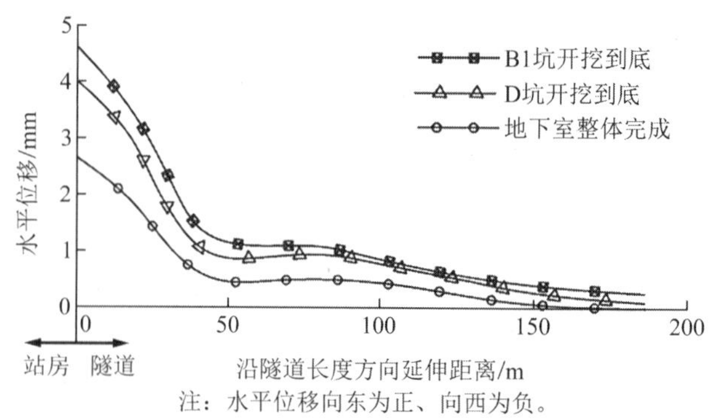

图 9　1 号线右线隧道水平位移曲线

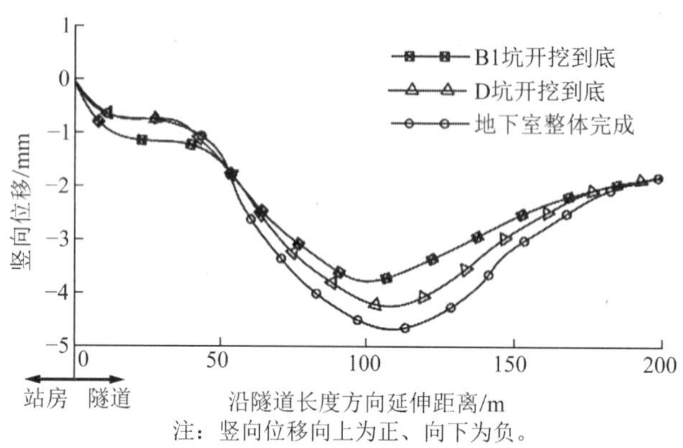

图 10　1 号线左线隧道竖向位移曲线

4 项目实施效果

杭州中心项目于 2018 年 4 月开始一期 B2 坑的桩基施工，至 2021 年 3 月完成四期 A1 坑的地下室顶板施工，整个项目地下室施工共历时 3 年。

远离地铁设施 B2 坑为本项目最先开始施工的区块，由于 B2 坑平面尺寸较大，施工进度比较缓慢，且对该软土地层的时空效应把握缺乏经验，前期基坑水平变形速率偏大，开挖到第三道支撑底时，东侧土体水平位移甚至已超过 4cm。

经对实测结果进行反分析，发现土体蠕变是造成基坑变形偏大的主要原因[9]。通过研究各种工况下的土体蠕变效应，提出了后续各道支撑的施工控制时间，明确了土方开挖和支撑架设的协调施工要求，具体如下：从 B2 坑第四道支撑往下开始，土方开挖顺序调整为先中心开挖，设置中心部位的支撑，坑边保留 15m 宽度以上的土方，待中心部位支撑设置完成后，对坑边保留的土方采取随挖随做支撑的形式。开挖方式调整后，土方开挖 2d 内即可完成相应范围的支撑施工，达到减小土体蠕变效应的要求。B2 坑调整后的土方开挖顺序如图 11 所示。

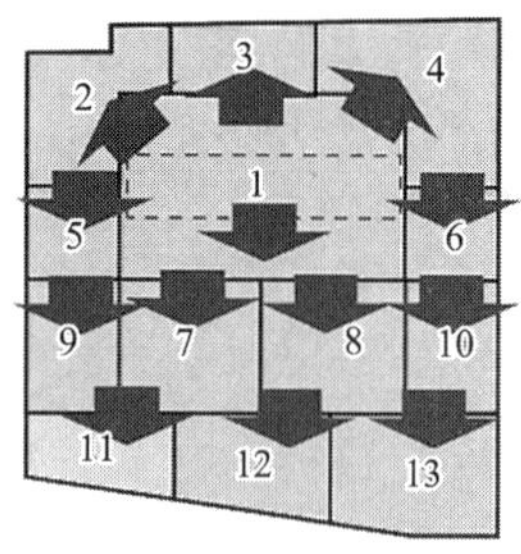

图 11　B2 坑土方开挖分块顺序图

从图 12 实测的 1Q5 测点（位置见图 5）累计变形时程曲线也可发现，通过调整开挖顺序，加快了支撑设置速度，基坑的变形速率得到了有效控制。

后续邻近地铁隧道的 B1 坑的施工得益于 B2 坑施工累积的经验[10]，图 13 为 B1 坑开挖到坑底后底板形成的照片。通过对 B2 坑整个施工过程的反分析，指导了 B1 坑的施工过程，使得 B1 坑的累计变形（图 14）相比 B2 坑（图 12）显著减小，达到了保护地铁设施的预期目标。

在整个项目的施工过程中，对基坑支护结构、周边地铁盾构隧道和车站、周边道路和地下管线、周边建筑物等均进行了全程监测。图 14 为 B1 坑东侧 2Q5 测点（位置见图 5）在各工况下的深层土体水平位移曲线。该测点也是 B1 坑变形最大的位置，水平位移约为基坑开挖深度的 1.6‰；其余位置最大水平位移均为 40～50mm[11]。

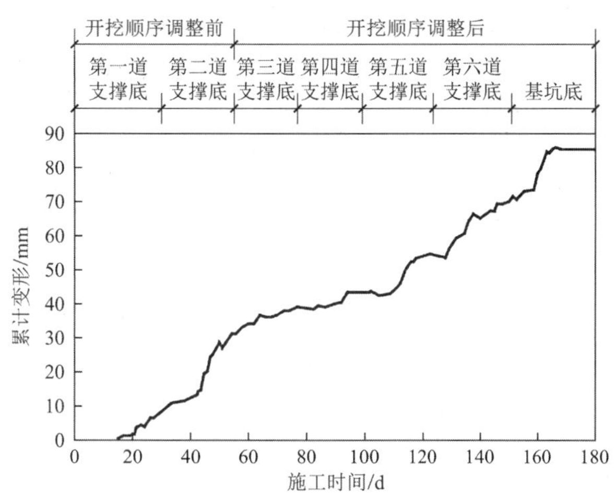

图 12　B2 坑 1Q5 测点累计变形时程曲线

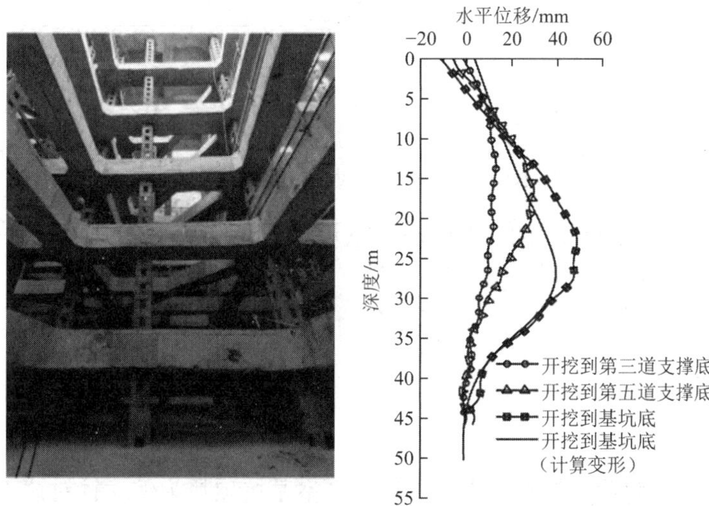

图 13　B1 坑开挖到坑底后底板形成照片

图 14　B1 坑东侧 2Q5 测点深层土体水平位移随深度变化曲线

邻近地铁设施一侧，由于采取了多种变形控制技术，基坑变形量普遍很小，其中 A1 坑西侧 3T2 测点（位置见图 5）累计变形时程曲线如图 15 所示。开挖至 A1 坑坑底时，累计变形最大值为 12.9mm。

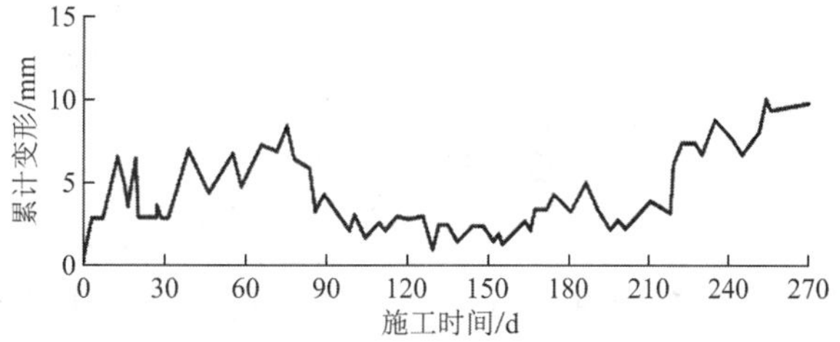

图 15　A1 坑西侧 3T2 测点累计变形时程曲线

根据整体施工安排，距离地铁设施 50m 外的 B2 坑先行施工。B2 坑开挖过程中，盾构隧道变形很小，水平位移、沉降等变形量均为 2mm。至 2020 年 7 月，6 层地下室的 B1 坑开挖至坑底并浇筑底板时，地铁设施的变形如图 16、图 17 所示，其中，水平位移向东为正、向西为负；竖向位移向上为正、向下为负；收敛变形扩张为正、收缩为负；每 1.2m 为一环，由南向北环号逐渐增大，环 621 的位置见图 1。

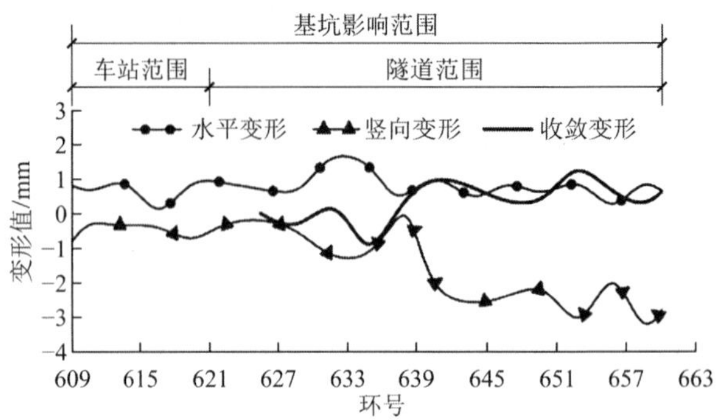

图 16　B1 坑开挖至坑底时 1 号线右线变形分布

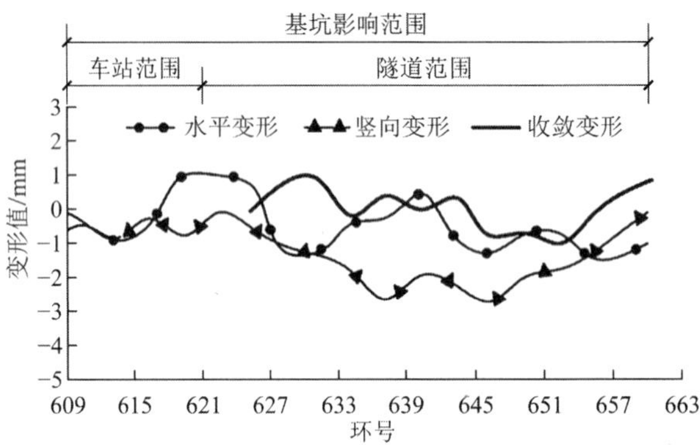

图 17　B1 坑开挖至坑底时 1 号线左线变形分布

从图 16、图 17 的实测结果可以发现，6 层地下室开挖引起的邻近盾构隧道的水平变形、竖向变形及收敛变形均控制在 5mm 之内。

5 结语

本文以位于杭州市核心商业区的杭州中心 6 层地下室基坑项目为例，针对该工程所面临的深厚软土深大基坑变形控制和敏感设施保护难题，综合采取了地下室平面及竖向优化布置、分坑施工、软土时空效应定量控制等多种措施，尤其是利用项目分坑后按四期先后施工的特点，及时对前期开挖过程的变形数据进行反分析，有效地预测了后续施工过程的变形情况，适时调整了后续施工措施，充分考虑了时间因素对深厚软土深基坑的变形影响。本项目的实践经验，可供深厚软土地区变形控制严格的类似深大基坑参考。

参考文献

[1] 郑刚. 软土地区基坑工程变形控制方法及工程应用[J]. 岩土工程学报, 2022, 44(1): 1-36.

[2] 郑翔，汤继新，成怡冲，等. 软土地区地铁车站深基坑施工全过程对邻近建筑物影响实测分析[J]. 建筑结构, 2021, 51(10): 128-134.

[3] 浙江省工程建设标准. 城市轨道交通结构安全保护技术规程: DB33/T 1139—2017[S]. 北京: 中国建材工业出版社, 2017.

[4] 杭政储出[2011] 43 号地块商业金融用房项目对既有轨道交通设施影响施工预评估报告[R]. 杭州: 中国电建集团华东

勘测设计研究院有限公司, 2018.

[5] 软弱地基上工程建设对邻近地铁设施的影响机理、结构灾变及防治关键技术与工程应用(2017C03020)[R]. 杭州: 浙江省建筑设计研究院, 2019.

[6] KOLYMBAS D. An outline of hypoplasticity[J]. Archive of Applied Mechanics, 1991, 61(3): 143-151.

[7] MAŠÍN D, HERLE I. State boundary surface of a hypoplastic model for clays[J]. Computers and Geotechnics, 2005, 32(6): 400-410.

[8] 杭政储出[2011] 43 号地块商业金融用房岩土工程勘察报告[R]. 杭州: 中国电建集团华东勘测设计研究院有限公司, 2017.

[9] 郑榕明, 陆浩亮, 孙钧. 软土工程中的非线性流变分析[J]. 岩土工程学报, 1996, 18(5): 1-13.

[10] 程康, 徐日庆, 应宏伟, 等. 杭州软黏土地区某 30.2m 深大基坑开挖性状实测分析[J]. 岩石力学与工程学报, 2021, 40(4): 851-863.

[11] 杭政储出[2011] 43 号地块商业金融用房项目基坑及周边环境监测总结报告[R]. 上海: 上海勘察设计研究院(集团)有限公司, 2021.

螺锁式预应力混凝土异型方桩连接接头受弯性能研究

齐金良[1]，龚顺风[2]，周兆弟[1]，刘雨松[2]
（1. 兆弟集团有限公司，杭州 310012；2. 浙江大学土木工程学系，杭州 310058）

摘　要：为实现桩体内受力主筋的有效连接，创新性地研发了一种螺锁式预应力混凝土异型方桩连接接头。通过螺锁式机械连接件的拉伸试验和 3 种规格异型方桩连接接头试件的足尺受弯性能试验，研究了连接件与方桩接头试件的承载能力和破坏形式。试验结果表明：螺锁式机械连接件的极限拉力与同规格预应力钢棒的极限拉力相近，出现连接件附近预应力钢棒被拉断和预应力钢棒镦头被拉断两种破坏形式；各螺锁式预应力混凝土异型方桩连接接头试件的开裂弯矩和极限弯矩试验值达到相应桩身的开裂弯矩和极限弯矩理论计算值，受弯破坏形式均为连接接头底部被拉开，截面部分机械连接件因预应力钢棒或预应力钢棒镦头被拉断而破坏，受压区混凝土未出现明显压碎现象，证明了螺锁式机械连接的有效性。

关键词：异型方桩；螺锁式机械连接；受弯性能；破坏形式

预应力混凝土预制桩具有承载能力高、成桩质量可靠、施工快速便捷、经济效益突出等优点，被广泛应用于基础工程当中。但由于生产、运输及施工的要求，混凝土预制桩的单桩长度一般小于 15m，当单桩长度无法满足设计要求时，往往需要进行现场接桩处理。早期接桩常采用法兰盘连接，现已被焊接连接和机械连接所取代。目前，焊接连接是使用最为广泛的接桩方式，但其容易受到人为因素和环境天气的影响，施工质量得不到保障，施工效率较低，且长期处于腐蚀环境下容易失效，近些年来出现的各种机械连接接头则能较好地解决这些问题[1]。

预制桩接头是桩基中较为薄弱的部位，直接影响桩身承载能力的大小。为提高混凝土预制桩拼接的质量，国内外学者对预制桩的拼接方式和力学性能进行了大量的研究。刘芙蓉等[2]进行了预应力混凝土空心方桩焊接接头的抗弯性能试验，检验了其承载能力，指出端板和焊缝质量是保证焊接接头质量的关键。李伟兴等[3]采用外贴钢板焊接方法对接桩部位进行了改进处理并开展了足尺抗拉试验，发现相较于标准焊接接桩节点，改进型接桩节点在受力性能、施工工艺和焊接质量上均有明显改善。戴晓芳等[4]提出了一种由插接式接桩扣和预制件连接的接桩方式，对经加速劣化处理的管桩进行了抗拉、抗剪试验和有限元分析，发现该机械连接接头相较于传统焊接接头具有安全环保、快速便捷、耐久性好、经济效益显著等优点。徐铨彪等[5]对新研发的复合配筋方桩增强型连接接头进行了足尺抗弯试验，得出接头试件的极限抗弯承载力远大于桩身极限抗弯承载力计算值，破坏形式表现为桩身抗弯破坏和端板与桩身连接破坏。路林海等[6]对使用承插式桩接头的预制方桩开展了受弯承载力试验和有限元分析，研究了各阶段桩接头的受力变形特征，并推导了桩接头受弯承载力计算式，计算结果与试验结果吻合良好。周家伟等[7]研发了一种弹卡式连接预应力混凝土方桩接头，进行了足尺受弯试验和有限元分析，发现接头试件的开裂弯矩和极限弯矩均大于桩身开裂弯矩和极限弯矩计算值，数值模拟结果与试验结果较为吻合。Korin 等[8]提出了一种创新型机械连接接头，并通过拉伸试验验证了该机械连接接头优秀的抗拉性能，同时指出该接头具有较好的适用性，可以用于不同尺寸的方桩拼接。Ptuhina 等[9]对比研究了目前广泛使用的几种预制桩拼接方法在经济效益、使用寿命、现场工作量等方面的优缺点，指出插销式机械接头是最有效的连接方法。

上述研究中，有对焊接接头的加固改进，也有机械接头的研发应用，这些方法都不同程度上提高了连接接头的可靠性，但也有一定的缺点。对焊接接头进行加固改进的方法增加了施工工序，降低了工作效率，焊接质量不稳定的问题仍然存在。而研发的各种机械接头往往要配备特定的端板和连接配件，连接形式复杂，生产成本有所提高。本文则创新研发了一种预应力混凝土预制桩的连接接头，取消了传统桩端板的设置，上下节桩通过上螺下锁式机械连接件将受力主筋相连，辅以环氧树脂、固化剂等密封材料，提高桩端连接的耐久性[10]。采用该机械连接的竹节桩竖向抗压抗拔承载力高、耐久性好、成本节约，在沿海软土地基工程中应用广泛[11]。通过螺锁式机械连接件的拉伸试验和 3 根不同规格异型方桩接头试件的足尺受弯性能试验，研究该连接件和方桩接头试件的承载能力和破坏形式，为此创新型机械连接接头的设计和工程应用推广提供重要的理论依据。

1 螺锁式异型方桩连接接头试件

本试验研究螺锁式预应力混凝土异型方桩连接接头的受弯性能，以试件失去承载能力作为终止加载条件。异型方桩纵向呈变截面，桩端为方截面，桩身每隔一段沿桩周外侧设置凸肋，可有效提高桩身摩擦性能和抗拔能力。试验选用桩截面最大边长分别为 350mm、750mm 和 850mm 的三种规格异型方桩试件，编号为 T-FZ-C350-300、T-FZ-B750-530 和 T-FZ-B850-600。试件的几何尺寸和配筋规格如图 1 和表 1 所示，其中B和B_1分别为异型方桩截面的最大和最小边长，B_p为预应力钢筋分布边长。预应力钢筋的张拉控制应力统一取其抗拉强度标准值 1420MPa 的 0.7 倍，即 994MPa。

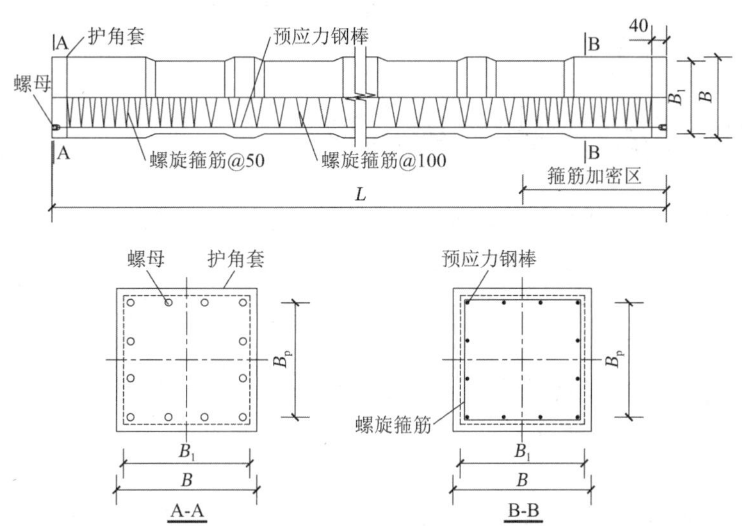

图 1 异型方桩配筋示意图

异型方桩试件几何尺寸和配筋规格 **表 1**

试件规格	B/mm	B_1/mm	B_p/mm	预应力钢筋
T-FZ-C350-300	350	300	206	8ϕ^D10.7
T-FZ-B750-530	750	530	436	32ϕ^D9.0
T-FZ-B850-600	850	600	506	40ϕ^D9.0

试件桩身混凝土设计强度等级为 C60，在制作方桩试件的同时浇筑了 9 个标准混凝土立方体试块（边长 150mm），在相同条件下进行养护，达到规定龄期后，依据《混凝土物理力学性能试验方法标准》GB/T 50081—2019[12]对其进行抗压试验。测得混凝土立方体抗压强度平均值为 63.1MPa，满足混凝土强度设计要求。

采用低松弛预应力混凝土用螺旋槽钢棒，选取与试件同一批次的ϕ^D9.0 和ϕ^D10.7 两种规格预应力钢棒各 2 根，依据《预应力混凝土用钢材试验方法》GB/T 21839—2019[13]对其进行拉伸试验。试验测得预应力钢棒的应力-应变曲线如图 2 所示，弹性模量E_p、屈服强度f_y、抗拉强度f_{pt}和最大力伸长率A_{gt}见表 2。两种规格预应力钢棒的屈服强度和抗拉强度均满足规范[14]要求。

预应力钢棒拉伸试验结果 表 2

钢棒编号	E_p/GPa	f_y/MPa	f_{pt}/MPa	A_{gt}/%
ϕ^{D}9.0-#1	206.0	1457.3	1543.6	4.15
ϕ^{D}9.0-#2	205.9	1450.2	1534.9	3.95
ϕ^{D}10.7-#1	204.4	1405.8	1503.6	3.19
ϕ^{D}10.7-#2	203.2	1404.6	1503.4	3.27

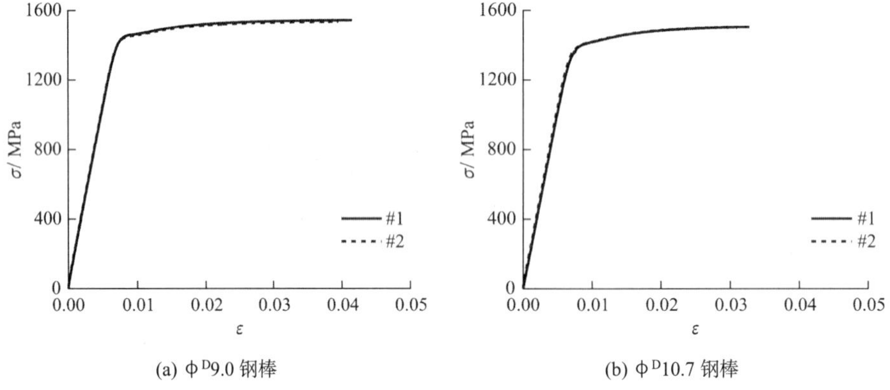

(a) ϕ^{D}9.0 钢棒 (b) ϕ^{D}10.7 钢棒

图 2 预应力钢棒应力-应变曲线

2 螺锁式机械连接件抗拉性能试验

方桩螺锁式机械连接件包括机械连接装置和纵向预应力钢棒，如图 3 所示。其中，机械连接装置主要由带插杆的小螺母和带弹簧卡片的大螺母组成，小螺母中螺旋拧入插杆，大螺母中放置弹簧、弹簧垫片、卡片和中间螺母。大小螺母底部中心开有钢筋孔，钢筋孔周边为钢筋镦头卡台，纵向钢筋的两端镦成镦头卡在卡台上。连接件对接时，插杆插入大螺母中，压缩弹簧并向外推开卡片，当插杆头部穿过卡片环后，弹簧的回弹力使卡片恢复到卡紧状态，完成有效的对接。卡片内侧设有三道台阶，配合插杆球头的凹槽，可以实现有效卡接，避免插杆被拔出。

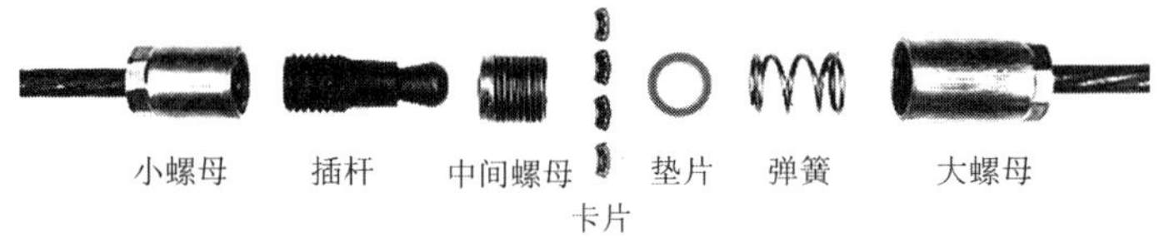

图 3 螺锁式机械连接件拆解结构图

试验分别抽取预应力钢棒ϕ^{D}9.0 和ϕ^{D}10.7 的螺锁式机械连接件各 3 套，使用液压试验机进行拉伸试验，测定连接件的力学性能，试验结果如表 3 所示。图 4 则显示了各连接件的荷载-位移曲线。

螺锁式机械连接件拉伸试验结果 表 3

连接件编号	极限拉力/kN	破坏形式
ϕ^{D}9.0-#1	95.5	螺母附近预应力钢棒被拉断
ϕ^{D}9.0-#2	95.7	螺母附近预应力钢棒被拉断
ϕ^{D}9.0-#3	96.2	螺母附近预应力钢棒被拉断
ϕ^{D}10.7-#1	135.1	螺母附近预应力钢棒被拉断

续表

连接件编号	极限拉力/kN	破坏形式
$\phi^{D}10.7$-#2	134.6	螺母附近预应力钢棒被拉断
$\phi^{D}10.7$-#3	134.9	预应力钢棒镦头被拉断

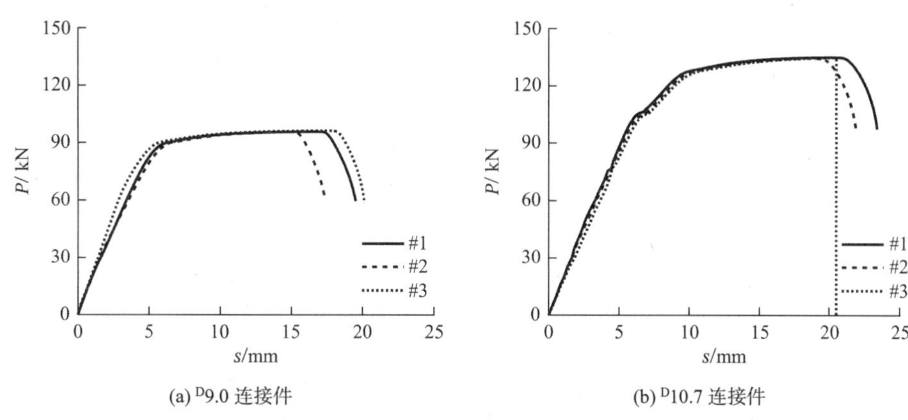

(a) $^{D}9.0$ 连接件　(b) $^{D}10.7$ 连接件

图 4　螺锁式机械连接件拉伸试验荷载-位移曲线

由上可知，3 套 $\phi^{D}9.0$ 螺锁式机械连接件的破坏形式均为连接件螺母附近的预应力钢棒被拉断［图 5（a）］，在荷载-位移曲线上呈现平缓的强化段和下降段；3 套连接件的极限拉力试验值较为接近，平均值为 95.8kN，较同规格预应力钢棒的极限拉力平均值 96.7kN 偏小 1.0%。

3 套 $\phi^{D}10.7$ 螺锁式机械连接件的破坏形式既有连接件螺母附近的预应力钢棒被拉断，也有预应力钢棒镦头被拉断［图 5（b）］；预应力钢棒镦头被拉断的连接件在荷载-位移曲线上呈现陡降的趋势；3 套连接件的极限拉力试验值也较为接近，平均值为 134.9kN，较同规格预应力钢棒的极限拉力平均值 131.7kN 偏大 2.4%。

综上可知，6 套螺锁式机械连接件中只有 1 套发生预应力钢棒镦头拉断，其余均为预应力钢棒被拉断，且各连接件极限承载力与同规格预应力钢棒极限承载力相近，表明其具有可靠的连接性能。

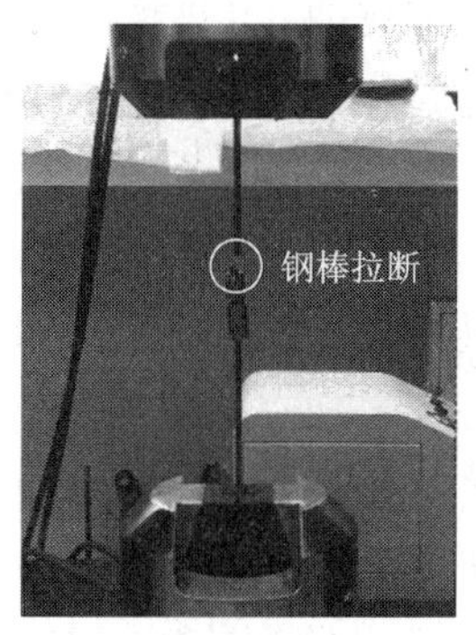

(a) 钢棒拉断

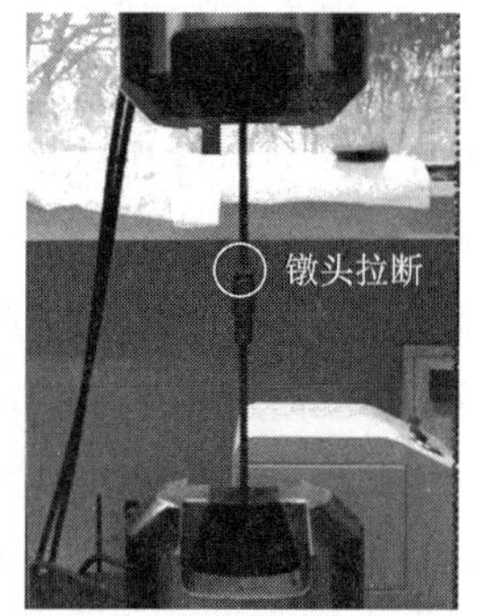

(b) 镦头拉断

图 5　螺锁式机械连接件破坏形式

3　异型方桩连接接头试件受弯性能试验

3.1　试验概况

螺锁式预应力混凝土异型方桩连接接头试件由 2 根相同规格方桩通过螺锁式机械连接件拼接而成。结合《先张法预应力混凝土管桩》GB 13476—2009[15]规定和实验室场地条件，采用四点加载方式进行试验，试件桩长和加载点布置如表 4 和图 6 所示。受弯试验加载中，跨中纯弯段长度取为 1.0m，两支座间距取 0.6L（L为试件桩长）。T-FZ-B850-600 异型方桩连接接头试件，若按 0.6L取值，支座位置处在竹节坡面上，不便加载，因此将两支座位置移至竹节平面上，此时支座间距为 8.0m。

试件桩长和加载点布置　　表 4

试件规格	试件桩长/m	纯弯段长度/m	支座间距/m
T-FZ-C350-300	8.0	1.0	4.8
T-FZ-B750-530	10.0	1.0	6.0
T-FZ-B850-600	12.5	1.0	8.0

(a) 受弯加载实物图

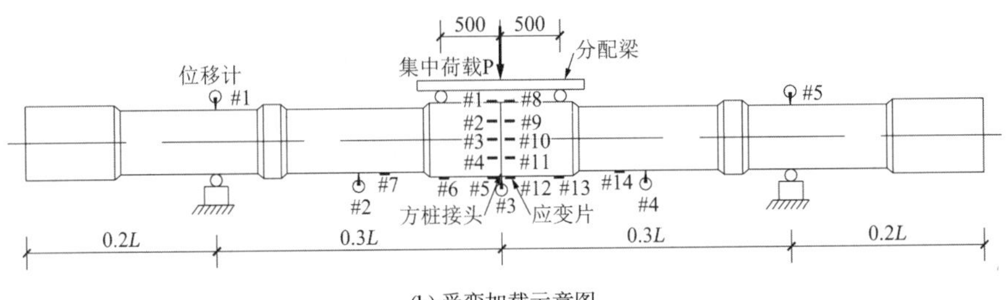

(b) 受弯加载示意图

图 6　异型方桩连接接头试件受弯试验

异型方桩连接接头试件的应变片和位移计布置及编号如图 6（b）所示，应变片采用 50 mm × 3 mm 型电阻应变片，位移计采用 YHD-100 型位移传感器。其中应变片分布情况为：方桩上表面靠近接头两侧各 1 片、方桩侧表面靠近接头两侧等间距对称布置 6 片、方桩下表面接头两侧对称布置 6 片，共计 14 片应变片；位移计分布情况为：试件跨中、1/4 跨、3/4 跨和左右支座各 1 支，共 5 支位移计。

试验加载方案参考国家标准《先张法预应力混凝土管桩》GB 13476—2009[15]，先进行预加载，检查好各仪表设备工作状态后开始正式加载。首先按照异型方桩小截面桩身开裂弯矩理论计算值 20%的级差加载至开裂弯矩的 80%，而后改用开裂弯矩 10%的级差继续加载至开裂弯矩的 100%，观察是否有裂缝出现；若在开裂弯矩的 100%时未出现裂缝，则按开裂弯矩 5%的级差继续加载至裂缝出现；开裂后按照小截面桩身极限弯矩理论计算值 5%的级差加载至极限弯矩的 100%；最后改为位移加载，直至试件失去承载能力。

3.2　受弯承载力

图 7 所示为试验测得的 3 根异型方桩连接接头试件荷载-跨中挠度曲线，曲线中标识点代表每级加载步所对应的试验机荷载值和试件跨中挠度值。加载初期，各接头试件均处于弹性变形阶段，荷载与跨中挠度呈线性关系；当桩身出现竖向裂缝后，试件抗弯刚度下降，跨中挠度增长速度加快；随着荷载继续增加，桩身裂缝数目增多，开展高度和宽度增大，方桩连接接头底部被逐渐拉开；破坏时，试件接头底部发出清脆的断裂声，凿开混凝土后发现接头截面部分螺锁式机械连接件因预应力钢棒或钢棒镦头被拉断而破坏，方桩接头底部被拉开 10～20mm，试件承载力急剧下降，不能继续承载。

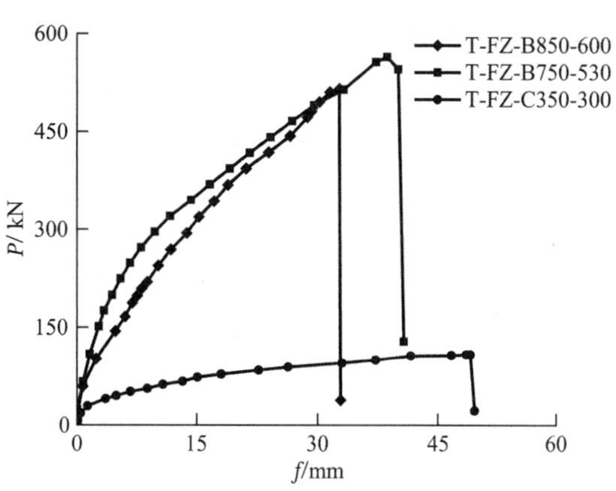

图 7　异型方桩连接接头试件荷载-跨中挠度曲线

异型方桩连接接头试件跨中纯弯段截面弯矩与试验机荷载值的关系如下：

$$M_t = \frac{P}{4}(L_s - 1) + \frac{W}{8}(2L_s - L) \tag{1}$$

式中：M_t为试件跨中纯弯段截面弯矩试验值；P为试验机荷载值；L_s为支座间距；L为试件桩长；W为试件自重。

采用异型方桩桩身承载能力来评估螺锁式预应力混凝土异型方桩连接接头试件的承载能力，其中桩身承载能力按照最小截面进行计算。参照《混凝土结构设计规范》GB 50010—2010[16]，预应力混凝土异型方桩桩身开裂弯矩理论值按式(2)计算，极限弯矩理论值按式(3)和式(4)计算：

$$M_{cr} = (\sigma_{pc} + \gamma f_t)W_0 \tag{2}$$

$$M_u = \sum\left[f_{py}A_{pi}\left(h_{pi} - \frac{x}{2}\right)\right] \tag{3}$$

$$\alpha_1 f_c B_1 x = \sum f_{py}A_{pi} + \sum(\sigma'_{p0} - f'_{py})A'_{pi} \tag{4}$$

式中：M_{cr}为桩身开裂弯矩；σ_{pc}为混凝土有效预压应力；γ为混凝土构件的截面抵抗矩塑性影响系数，按$\gamma = (0.7 + 120/h)\gamma_m$计算，当$h$小于 400mm 时取 400mm，矩形截面的$\gamma_m$取 1.55；$f_t$为混凝土抗拉强度；$W_0$为桩身截面换算弹性抵抗矩；$M_u$为桩身极限弯矩；$f_{py}$和$f'_{py}$为预应力钢筋的抗拉、抗压强度；$A_{pi}$和$A'_{pi}$为第$i$排受拉区、受压区纵向预应力钢筋的截面面积；$h_{pi}$为第$i$排受拉预应力钢筋至混凝土受压区外边缘的距离；$x$为等效矩形应力图中混凝土受压区高度，当$x$小于 $2a'$时，取为 $2a'$，a'为受压区纵向钢筋合力点至截面受压边缘的距离；α_1为混凝土矩形应力图的应力值与轴心抗压强度之比；f_c为混凝土抗压强度；B_1为桩截面最小边长；σ'_{p0}为受压区纵向预应力钢筋合力点处混凝土法向应力等于零时的预应力钢筋应力。

表 5 显示了各异型方桩连接接头试件的开裂弯矩试验值$M_{cr,t}$、极限弯矩试验值$M_{u,t}$和理论公式计算的桩身开裂弯矩计算值$M_{cr,c}$、极限弯矩计算值$M_{u,c}$。由表可知，T-FZ-B750-530 试件的开裂弯矩试验值只有相应桩身开裂弯矩计算值的 80%，但其极限弯矩试验值超出桩身极限弯矩计算值约 20%，推测可能是试件混凝土初始预压应力不足而导致桩身开裂较早。其余两根接头试件的开裂弯矩和极限弯矩试验值均达到相应方桩桩身的开裂弯矩和极限弯矩计算值，显示良好的受弯性能，验证了螺锁式机械连接的可靠性。

异型方桩连接接头试件受弯承载力试验值与桩身受弯承载力理论计算值对比　　表 5

试件规格	$M_{cr,c}$/kN·m	$M_{cr,t}$/kN·m	$M_{u,c}$/kN·m	$M_{u,t}$/kN·m
T-FZ-C350-300	51.7	51.7	105.2	107.3
T-FZ-B750-530	264.1	211.3	605.1	727.7
T-FZ-B850-600	374.1	448.8	868.4	966.1

3.3　裂缝分布

T-FZ-C350-300 试件在跨中弯矩达到 51.7kN · m 时，在小截面处出现第一条竖向裂缝；破坏前试件桩身裂缝主要分布在接头两侧–1500～1500mm 范围内，共有 12 条主要裂缝（纯弯段 4 条），竖向裂缝最大宽度为 0.44mm，开展高度约 200mm，如图 8（a）所示；破坏后方桩接头底部被拉开约 15mm，两侧桩身裂缝宽度回缩。T-FZ-B750-530 试件在跨中弯矩达到 211.3kN · m 时，在小截面处出现第一条竖向裂缝；破坏前试件桩身裂缝主要分布在接头两侧–2200～1900mm 范围内，共有 17 条主要裂缝（纯弯段 1 条裂缝），竖向裂缝最大宽度为 0.76mm，开展高度约 300mm，如图 8（b）所示；破坏后方桩接头底部被拉开约 10mm，两侧桩身裂缝宽度回缩。T-FZ-B850-600 试件在跨中弯矩达到 448.8kN · m 时，在小截面处出现第一条竖向裂缝；破坏前试件桩身裂缝主要分布在接头两侧–2000～2000mm 范围内，共有 15 条主要裂缝（纯弯段没有裂缝），竖向裂缝最大宽度为 0.54mm，开展高度约 450mm，如图 8（c）所示；破坏后方桩接头底部被拉开约 20mm，两侧桩身裂缝宽度回缩。

综上可知，由于异型方桩连接接头位于桩身大截面处，截面换算弹性抵抗矩较大，相应的开裂弯矩大于桩身小截面处，且 4 点式加载中，跨中纯弯段截面弯矩最大，弯矩向两侧桩端逐渐递减。试验中各试件的纯弯段偏外就是小截面段，因而容易在桩身小截面靠近跨中处率先出现裂缝，破坏时裂缝主要分布在小截面桩身上。相较于 T-FZ-C350-300 试件，T-FZ-B750-530 和 T-FZ-B850-600 试件的桩身大小截面边长差异更大，大小截面开裂弯矩相差较多，破坏时跨中大截面位置裂缝开展较少。

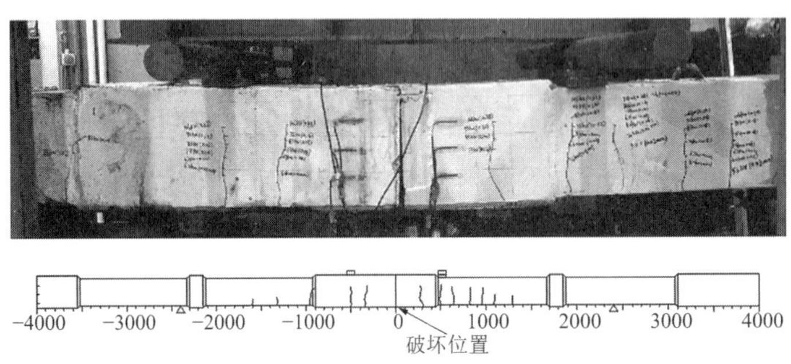

(a) T-FZ-C350-300 试件

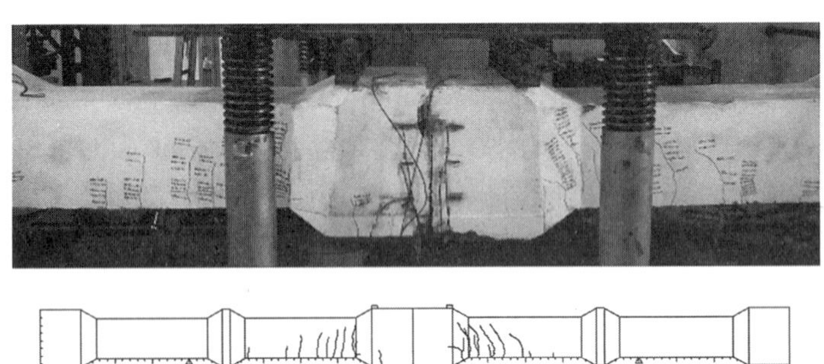

(b) T-FZ-B750-530 试件

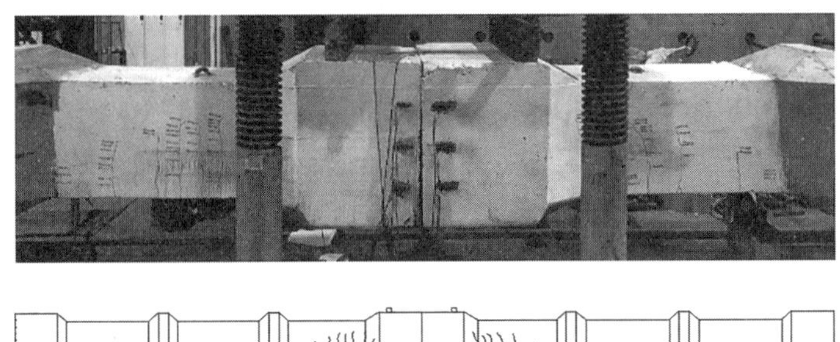

(c) T-FZ-B850-600 试件

图 8　异型方桩连接接头试件受弯裂缝分布图

3.4 破坏形式

3 根异型方桩连接接头试件在加载过程中，随着荷载的增加，方桩接头底部被逐渐拉开，当达到极限荷载时，接头底部位置传出清脆的断裂声，底部被拉开 10～20mm，受压区混凝土无明显压碎现象，凿开接头后发现截面部分螺锁式机械连接件因预应力钢棒或钢棒镦头被拉断而破坏，如图 9 所示。

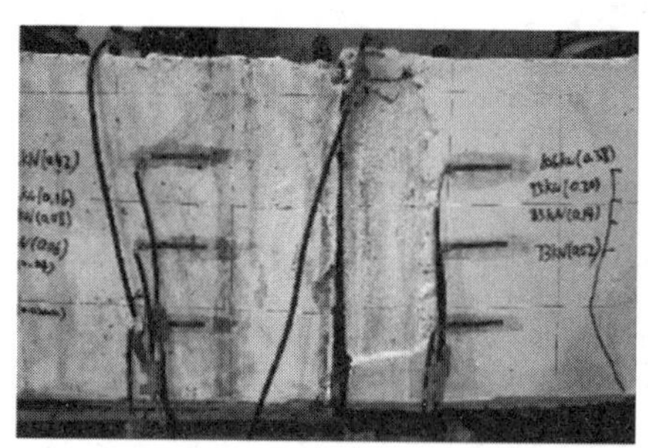

(a) 方桩接头底部拉开

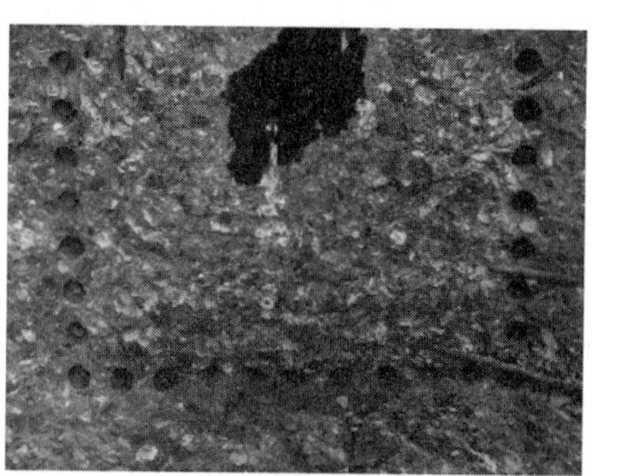

(b) 预应力钢棒或钢棒镦头被拉断

图 9　异型方桩连接接头试件破坏形式

3.5 混凝土应变发展

图 10 所示分别为各异型方桩连接接头试件桩身混凝土应变随荷载的发展变化曲线，为保证图像的可读性，混凝土拉应变达到 1000με 后不再绘制应变数据。由图可知，3 根异型方桩连接接头试件在桩身竖向裂缝出现前，各测点应变均较小，随荷载增加呈线性增长，试件跨中截面应变分布基本满足平截面假定；竖向裂缝出现后，一些受拉区混凝土应变片处于裂缝开展位置，应变迅速增长继而破坏失效，部分应变片读数则因两侧裂缝开展导致混凝土收缩而减小；随着荷载进一步增加，受压区混凝土应变稳定增长，但直至破坏应变数值均未超过 2000με，混凝土未出现压碎现象。

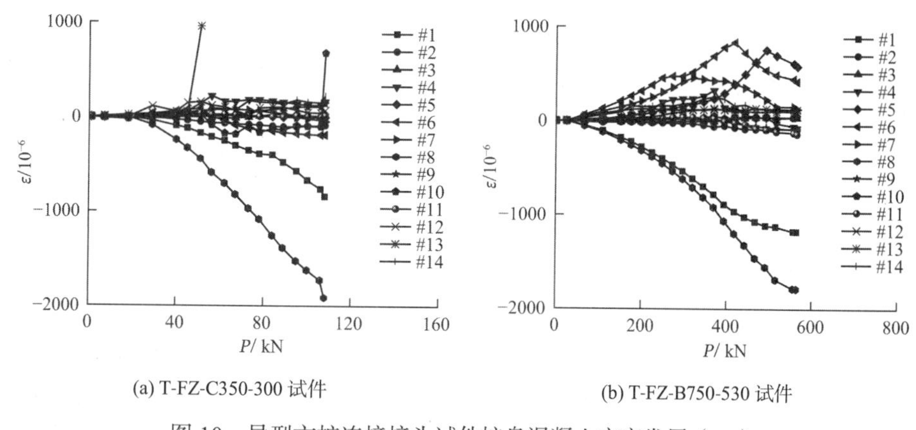

(a) T-FZ-C350-300 试件　　(b) T-FZ-B750-530 试件

图 10　异型方桩连接接头试件桩身混凝土应变发展（一）

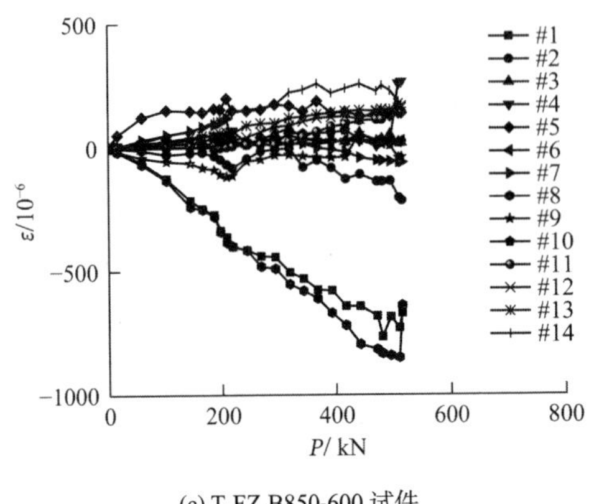

(c) T-FZ-B850-600 试件

图 10 异型方桩连接接头试件桩身混凝土应变发展（二）

4 结论

（1）螺锁式机械连接件的极限拉力与同规格预应力钢棒的极限拉力相近，表现出可靠的连接性能；除 1 套机械连接件因预应力钢棒镦头被拉断而破坏，其余连接件的破坏形式均为连接件螺母附近的预应力钢棒被拉断，效果较好。

（2）各螺锁式预应力混凝土异型方桩连接接头试件的开裂弯矩和极限弯矩试验值达到相应异型方桩小截面桩身开裂弯矩和极限弯矩理论计算值，显示良好的受弯性能。

（3）各异型方桩连接接头试件因桩身大小截面开裂弯矩的差异，均在桩身小截面靠近跨中处率先开裂，且破坏时裂缝主要分布在小截面桩身上。

（4）各异型方桩连接接头试件的受弯破坏形式均为方桩连接接头底部被拉开，凿开后发现截面部分机械连接件因预应力钢棒或钢棒镦头被拉断而破坏；破坏时跨中受压区混凝土压应变较小，混凝土未出现压碎现象。

参考文献

[1] 戴晓芳. 预应力混凝土管桩的一种新型机械连接接头[D]. 杭州: 浙江工业大学, 2015: 7-14.

[2] 刘芙蓉, 贾燎, 李枨. 预应力混凝土空心方桩焊接接头抗弯试验研究[J]. 武汉理工大学学报, 2008, 30(5): 105-108.

[3] 李伟兴, 万月荣, 刘庆斌. 世博会主题馆抗拔 PHC 管桩新型连接的计算分析及试验研究[J]. 建筑结构学报, 2010, 31(5): 86-94.

[4] 戴晓芳, 史美生, 杨俊杰. 机械连接增强型预应力混凝土离心桩的耐久性能研究[J]. 佳木斯大学学报(自然科学版), 2015, 33(3): 370-372.

[5] 徐铨彪, 陈刚, 贺景峰, 等. 复合配筋混凝土预制方桩接头抗弯性能试验[J]. 浙江大学学报(工学版), 2017, 51(7): 1300-1308.

[6] 路林海, 韩帅, 陈振兴, 等. 采用承插式桩接头的预制方桩受弯承载性能研究[J]. 建筑结构学报, 2018, 39(2): 153-161.

[7] 周家伟, 王云飞, 龚顺风, 等. 弹卡式连接预应力混凝土方桩接头受弯性能研究[J]. 建筑结构, 2020, 50(13): 121-127, 133.

[8] KORIN U, KALMAN G. Mechanical splicer for precast, prestressed concrete piles [J]. PCI Journal, 2004, 49(2): 78-85.

[9] PTUHINA I, ALZHANOVA R, AKHATULY A, et al. Comparative analysis of pile joints [J]. Advanced Materials Research, 2015(1082): 270-276.

[10] 周兆弟. 无剪切快速强拉对接扣件及对接件: CN101519876A[P]. 2009-09-02.

[11] 齐金良, 周平槐, 杨学林, 等. 机械连接竹节桩在沿海软土地基中的应用[J]. 建筑结构, 2014, 44(1): 73-76.

[12] 中华人民共和国住房和城乡建设部. 混凝土物理力学性能试验方法标准: GB/T 50081—2019[S]. 北京: 中国建筑工业出版社, 2019.

[13] 中华人民共和国住房和城乡建设部. 预应力混凝土用钢材试验方法: GB/T 21839—2019[S]. 北京: 中国标准出版社, 2019.

[14] 中华人民共和国住房和城乡建设部. 预应力混凝土用钢棒: GB/T 5223.3—2017[S]. 北京: 中国标准出版社, 2017.

[15] 中华人民共和国住房和城乡建设部. 先张法预应力混凝土管桩: GB 13476—2009[S]. 北京: 中国标准出版社, 2009.

[16] 中华人民共和国住房和城乡建设部. 混凝土结构设计规范: GB 50010—2010[S]. 北京: 中国建筑工业出版社, 2011.

先张法预应力离心混凝土钢绞线桩及其机械连接接头的抗拉性能试验研究

干 钢[1,2]，曾 凯[1]，俞晓东[3]，龚顺风[4]，陈 刚[1]，徐铨彪[1]
（1. 浙江大学建筑设计研究院有限公司，杭州 310028；2. 浙江大学平衡建筑研究中心，杭州 310028；
3. 宁波一中管桩有限公司，宁波 315450；4. 浙江大学结构工程研究所，杭州 310058）

摘 要：结合先张法预应力离心混凝土钢绞线桩端板的特点，提出了一种抱箍式U形连接卡箍的机械连接方法。通过对8根先张法预应力离心混凝土钢绞线桩试件进行足尺度抗拉性能试验，研究先张法预应力离心混凝土钢绞线桩及其机械连接接头的抗拉承载力、变形延性及破坏特征等。试验结果表明：桩身混凝土裂缝分布均匀且密集；试件的开裂抗拉承载力、极限抗拉承载力试验值均大于相应的理论计算值；破坏形式为桩身混凝土受拉后裂缝宽度超过限值或非预应力钢筋与端板拉脱；抱箍式U形连接卡箍安全可靠。

关键词：抗拉性能；先张法预应力；钢绞线桩；离心混凝土；抱箍式U形连接卡箍

随着我国城市化进程步伐的加快，地下空间的开发利用得到迅猛发展。然而地下结构埋深的增加，其承受的浮力也随之增加，如何有效地解决好地下结构的抗浮问题是工程界关注的一个重要问题。目前，对于抗浮要求较高的地下结构一般采用设置抗拔桩的形式来解决，主要有钻孔灌注桩、预应力混凝土预制桩等。当采用钻孔灌注桩作为抗拔桩时，由于混凝土抗拉强度低，必须在钻孔灌注桩中配置大量的钢筋才能使桩身混凝土裂缝控制在规范允许的范围之内，以避免因混凝土裂缝过大而导致桩身钢筋受地下水或化学有害物质的侵蚀，从而影响其耐久性；当采用预应力混凝土预制桩作为抗拔桩时，由于配置预应力钢筋在桩身结构中形成一定的预应力用以抵抗其可能承受的拉力，所以能确保桩身在工作状态下混凝土不出现裂缝。目前较常用的预应力高强混凝土管桩、预应力复合配筋混凝土管桩就属于这一类预应力混凝土预制桩。文献[1]对上述两类桩的性价比进行了比较，认为作为抗拔桩，预应力高强混凝土管桩的造价约为钻孔灌注桩的 60%，从而可以大幅度降低桩基础的工程造价，同时预应力高强混凝土管桩还具有承载力高、施工速度快、桩身质量稳定、施工方便等诸多优点。正因为如此，近十几年来，预应力混凝土管桩作为抗拔桩在工程中得到了广泛的应用，尤其是在一些重点工程中，如广东奥林匹克体育场[2]、上海世博会主题馆[1]、东方艺术中心[3]等。

先张法预应力离心混凝土钢绞线桩（简称“钢绞线桩”）是一种采用离心工艺生产的、配置高强度、低松弛钢绞线作为纵向预应力筋或同时配置热轧带肋钢筋的新型预应力混凝土预制桩。为了方便，将仅配置高强度、低松弛钢绞线作为纵向预应力筋的钢绞线桩称之为纯钢绞线桩；既配置高强度、低松弛钢绞线作为纵向预应力筋，同时又配置热轧带肋钢筋的钢绞线桩称之为复合配筋钢绞线桩。与先张法预应力高强混凝土管桩相比，钢绞线桩具有更高的竖向承载力，且其抗弯和抗剪性能也更好，同时又具有更高的变形延性[4-6]。由于选用高强度、低松弛、抗拉强度不小于 1860MPa 的 1×7 结构钢绞线作为预应力筋，所以可以设计出有效预压应力高于 10N/mm² 的桩型，从而可以获得较先张法预应力混凝土管桩更高的抗裂弯矩、抗剪承载力和抗拉承载力。

预制桩段之间的可靠连接是确保桩身传递抗拔力的关键。本文根据钢绞线桩的构建特点[4-7]，提出了一种抱箍加焊接组合式机械连接方式。该机械连接方式利用钢绞线桩端板的最小厚度达到 30mm，且强度满足 Q345B 钢的特点，在端板周边设计成可用于桩段间机械连接的凹字形卡槽，并专门设计了一种与凹字形卡槽相匹配的抱箍式 U 形连接卡箍，U 形连接卡箍间采用焊接连接。从而使该抱箍式 U 形连接接头既能使桩段之间得到快速、可靠的连接，又能有效地传递桩身所受的荷载，形成了一种有效的抱箍加焊接组合式机械连接方式。

管桩桩身结构的抗拉性能一直受到工程界的关注。汪加蔚等[8]对预应力混凝土管桩桩身的抗拉强度、管桩接头焊缝抗拉强度及填芯钢筋混凝土与管桩内壁的粘结强度进行了研究，通过对上述三种情况共 11 根试件试验结果进行分析，提出了管桩抗拉承载力设计值和管桩抗拉极限承载力的计算公式。李伟兴等[1]对作为抗拔桩使用的管桩焊接连接方式进行了改进，采用加厚外套箍和外贴钢板焊接的连接方式，并通过试验对比验证了改进型接桩节点较传统的焊接连接方式在受力性能、施工工艺、焊接质量等方面均有明显改善。郑秀娟等[9]通过对预应力混凝土管桩进行抗拔静载试验和室内足尺试验，研究桩身抗拉结构性能，根据试验桩破坏形式，找出管桩抗拔薄弱部位。本文对该钢绞线桩及其机械连接接头开展足尺抗拔性能试验，研究其抗拉承载力、破坏形式及裂缝分布，为该新型桩型的设计和工程应用提供重要的依据。

1 抱箍加焊接组合式机械连接接头的设计

抱箍加焊接组合式机械连接接头由端板的凹字形卡槽和采用焊接的抱箍式 U 形连接卡箍组成。其中抱箍式 U 形连接卡箍由 2 个尺寸相同、弧度为 180°的半圆形 U 形连接卡箍组成，如图 1 所示。U 形连接卡箍的尺寸根据各类型的先张法预应力离心混凝土钢绞线桩的抗弯、抗剪性能并通过计算确定。U 形连接卡箍材质可根据钢绞线桩的桩身力学性能选用 Q345B 钢，连接卡箍两端设有坡口用于焊接连接。该 U 形连接卡箍的特点是传力路径简单、可靠，加工精度容易控制，施工时安装方便、焊接时间短，体现了机械连接和焊接连接各自的优点，同时不会造成在采用机械啮合式接头法和钢筋连接式接头法时低应变检测桩身完整性的难题。U 形连接卡箍的设计除了需满足桩身抗拉强度的要求外，尚需满足抗腐蚀的要求。图 2 为一钢绞线桩采用抱箍加焊接组合式机械连接接头后再在接桩处侧面涂刷环氧防腐沥青漆的情形。

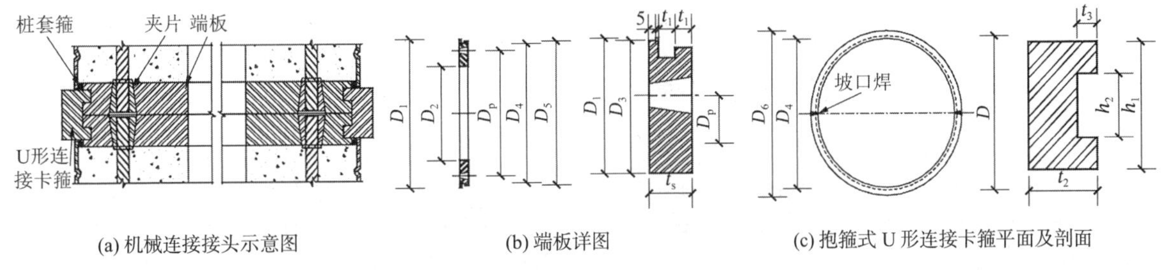

(a) 机械连接接头示意图 (b) 端板详图 (c) 抱箍式 U 形连接卡箍平面及剖面

图 1 钢绞线桩卡箍连接示意图

图 2 钢绞线桩采用机械连接接头后在接桩处侧面涂刷环氧防腐沥青漆

假定U形连接卡箍在轴心受拉时其作用面的应力分布是均匀的，取单位长度U形连接卡箍，根据其截面应满足抗弯、抗拉及抗剪强度的要求，U形连接卡箍各尺寸应满足下式要求：

$$t_1 \geqslant \max\left[\frac{N}{\pi D_5 f_v}, t_3\sqrt{12N/\left(\pi\left(D_5^2-D_4^2\right)f_y\right)}\right] \tag{1}$$

$$t_2 \geqslant \left[1+0.5\xi+0.5\sqrt{\left(4\xi+\xi^2\right)}\right]t_3 \tag{2}$$

$$\xi = 1/\left[\frac{\pi\left(D_5^2-D_4^2\right)f_y}{12N}-\frac{\left(D_5^2-D_4^2\right)}{3\left(D_6^2-D_5^2\right)}\right] \tag{3}$$

式中：t_1为U形连接卡箍嵌入端板的厚度；t_2为U形连接卡箍宽度；t_3为U形连接卡箍嵌入端板的长度；ξ为无量纲系数；N为桩身抗拉承载力设计值；D_4为U形连接卡箍内径；D_5为U形连接卡箍卡槽直径；D_6为U形连接卡箍外径；f_y为U形连接卡箍材料抗拉强度设计值；f_v为U形连接卡箍材料抗剪强度设计值。

2 抗拉性能试验

2.1 试验概况

本次试验重点研究钢绞线桩桩身及其新型机械连接接头的抗拉性能，将桩身混凝土裂缝宽度达到1.50mm、桩身受拉钢筋断裂、端板破坏或锚固夹片破坏、接头破坏判断为试验终止加载的条件。选取8种桩型的钢绞线桩，其中纯钢绞线桩和复合配筋钢绞线桩试件各3个，纯钢绞线桩带新型机械连接接头试件为2个。纯钢绞线桩试件编号分别为试件1～3，复合配筋钢绞线桩试件编号分别为试件4～6，纯钢绞线桩带新型机械连接接头的试件编号分别为试件7、试件8。除纯钢绞线桩带新型机械连接接头试件的长度为1.4m外，其余试件长度均为2.8m，纯钢绞线桩和复合配筋钢绞线桩试件的几何尺寸及配筋见表1和图3，其中D为桩身外径；D_p为预应力钢筋分布圆直径；t为桩身壁厚；ρ_s为纵向钢筋配筋率；σ_{ce}为桩身混凝土有效预压应力，根据《混凝土结构设计规范》GB 50010—2010的10.2条相关内容进行计算。根据公式(1)计算并设计的U形连接卡箍相关参数见表2。

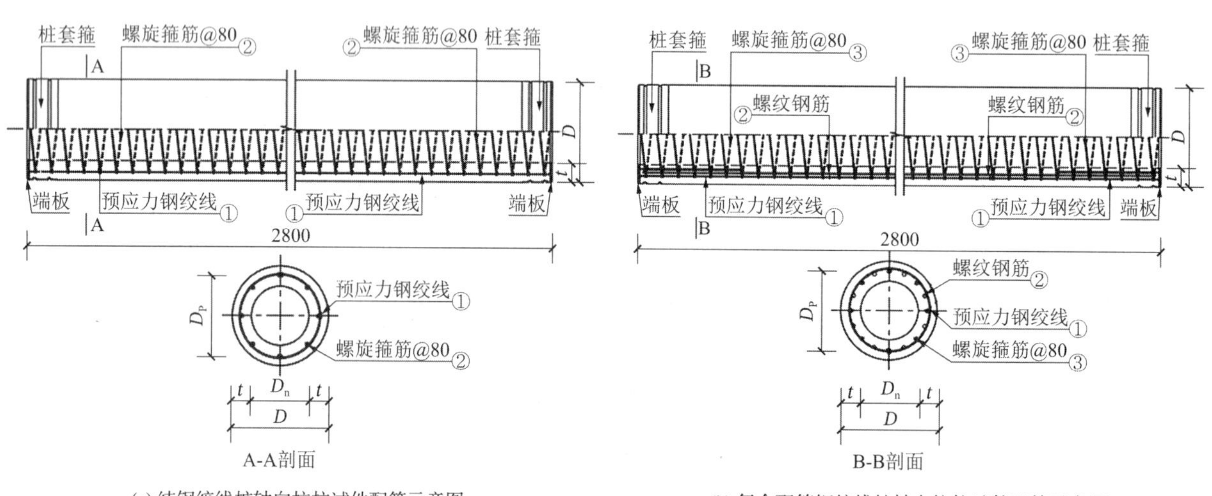

(a) 纯钢绞线桩轴向抗拉试件配筋示意图

(b) 复合配筋钢绞线桩轴向抗拉试件配筋示意图

图3 钢绞线桩轴向抗拉试件配筋示意图

桩身混凝土设计强度等级为C90，在制作试件的同时制作9个100mm×100mm×100mm的立方体试块，试块养护条件与试件养护条件相同，实测混凝土抗压强度平均值为109.4MPa。根据文献[9]提出的换算公式进行计算，混凝土的标准立方体轴心抗拉强度标准值$f_{tk}=4.5$MPa。预应力筋采用抗拉强度不小于1860MPa的1×7低松弛钢绞线，非预应力钢筋采用热轧带肋钢筋，螺旋箍筋采用甲级冷拔低碳钢丝，分别选取ϕ^S11.1钢绞线、Φ16热轧带肋钢筋各3根进行材料性能拉伸试验，测得其弹性模量E_s、屈服强度f_y和极限强度f_u，见表3。

轴向抗拉试件几何尺寸、配筋规格和有效预压应力　　表1

试件名称	试件规格	外径D/mm	D_p/mm	壁厚t/mm	主筋配置	配筋率ρ_s/%	箍筋配置	σ_{ce}/MPa
试件1	GJX400Ⅰ95	400	308	95	7ϕ^S11.1	0.57	ϕ^b4@80	5.66
试件2	GJX500Ⅰ100	500	406	100	11ϕ^S11.1	0.65	ϕ^b5@80	6.39
试件3	GJX600Ⅰ110	600	506	110	14ϕ^S11.1	0.61	ϕ^b5@80	6.06
试件4	FHPJ400Ⅰ$_b$95	400	308	95	7ϕ^S11.1＋7Φ16	0.57＋1.55	ϕ^b4@80	5.45
试件5	FHPJ500Ⅰ$_b$100	500	406	100	11ϕ^S11.1＋11Φ16	0.65＋1.76	ϕ^b5@80	6.13
试件6	FHPJ600Ⅰ$_b$110	600	506	110	14ϕ^S11.1＋14Φ16	0.61＋1.66	ϕ^b5@80	5.82
试件7	GJX500Ⅲ 100-KGJTKL1	500	406	100	11ϕ^S15.2	1.23	ϕ^b5@80	11.43
试件8	GJX500Ⅲ 100-KGJTKL2	500	406	100	11ϕ^S15.2	1.23	ϕ^b5@80	11.43

注：试件规格中GJX表示纯钢绞线桩，FHPJ表示复合配筋钢绞线桩，KGJTKL表示含U形连接卡箍接头。

端板及U形连接卡箍参数　　表2

试件规格	D_4/mm	D_5/mm	D_6/mm	t_1/mm	t_2/mm	t_3/mm
GJX500Ⅲ100	444	464	504	17	30	10

钢材材料参数　　表3

钢筋规格	弹性模量	屈服强度	极限强度
	E_s/GPa	f_y/MPa	f_u/MPa
ϕ^S11.1	185	1920	2180
Φ16	191	505	615

2.2 试验加载装置

试验加载参考《混凝土结构试验方法标准》GB/T 50152—2012[10]，每根钢绞线桩试件长2.8m，将试件竖向安装，下部支座通过轴杆与试验机下部固定。采用YAW-10000F型电液伺服多功能试验机对试件进行轴向加载，试件轴向抗拉试验加载示意及照片如图4所示。加载过程如下：①按抗拉极限荷载理论值的10%对试件分级加载至抗拉开裂荷载理论值的90%，此后按抗拉极限荷载理论值的5%进行加载，直到试件出现第一条裂缝；②试件出现第一条裂缝后按抗拉极限荷载理论值的10%对试件分级加载至抗拉极限荷载理论值的90%，此后改为抗拉极限荷载理论值的5%进行加载，加载至抗拉极限荷载；③改为位移加载，直至试件发生破坏；④对试件进行卸载，记录试件破坏时桩身的裂缝分布情况。

在试验中，试件的顶面竖向位移由试验机加载端的位移传感器读取；应变通过电阻应变片测得，测点布置如图4所示，沿试件高度方向每隔700mm布置1组应变片，每组应变片沿桩身外周均匀布置，共12片；应变数据通过DH3816静态应变测试系统进行采集。位移计布置于试件两侧端板延伸位置，采用50mm量程数字位移计，上下各布置2支，共4支。此外，桩身的裂缝宽度由DJCK-2型裂缝测宽仪进行测读，裂缝的分布及发展采用数码摄像装置进行记录。

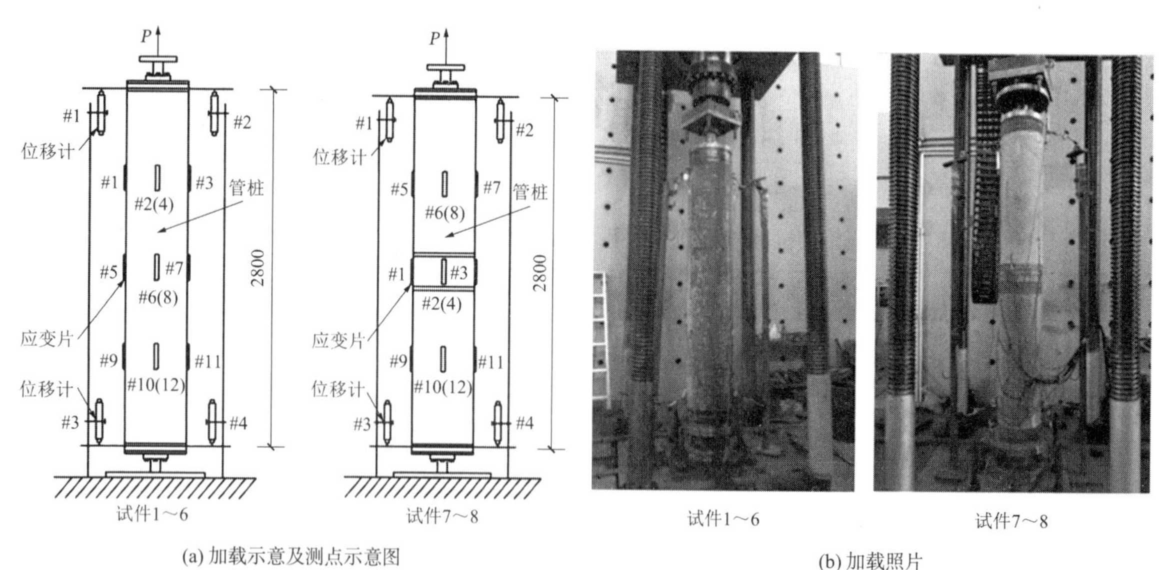

(a) 加载示意及测点示意图　　(b) 加载照片

图 4　试件轴向抗拉试验加载示意及照片

3 试验结果及分析

3.1 轴向抗拉承载力及裂缝分布

图 5 为试验测得的 8 个试件*P-S*曲线，*S*为试件轴向拉伸量，*P*为试件所承受的拉力[11]。从图 5 可以看出，加载初期至试件出现第一条环向裂缝，试件始终处于弹性受力阶段，且试件的抗拉刚度很大，其轴向变形及各个截面的应变数值均较小，完全呈线性变化。

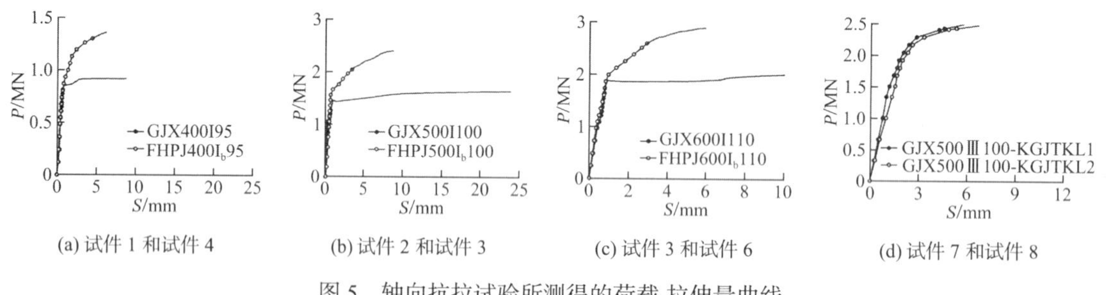

(a) 试件 1 和试件 4　(b) 试件 2 和试件 3　(c) 试件 3 和试件 6　(d) 试件 7 和试件 8

图 5　轴向抗拉试验所测得的荷载-拉伸量曲线

纯钢绞线桩试件（试件 1～3）分别在拉力达到 849kN、1444kN、1878kN 时桩身出现第一条环向裂缝，随着荷载的增加，试件的轴向变形仍然与荷载呈现线性变化，但环向裂缝沿试件高度方向逐渐增多，且分布比较均匀；在拉力达到 918kN、1638kN、2020kN 时试件 1～3 变形持续增大，接近试验机的位移测量限值，此时裂缝的最大宽度均大于 1.5mm，分别达到 2.7mm、2.42mm、2.14mm，加载终止，此时试件 1～3 的裂缝分布如图 6 所示。

复合配筋钢绞线桩试件（试件 4～6）分别在拉力达到 934kN、1461kN、1864kN 时桩身出现第一条环向裂缝。随着荷载的增加，与纯钢绞线桩试件一样，复合配筋钢绞线桩试件的轴向变形仍然与荷载呈现线性变化，环向裂缝沿试件高度方向逐渐增多，且分布比较均匀；但裂缝及其宽度的增加使桩身抗拉刚度逐渐降低，变形加快，当拉力分别达到 1358kN、2407kN、2897kN 时，试件 4～6 出现破坏，其中试件 4 和试件 6 在一端端板处出现热轧带肋钢筋与端板焊接拉脱，此时试件 4～6 裂缝的最大宽度分别为 1.42mm、1.3mm、1.06mm，裂缝分布如图 6 所示。比较试件 1～3 的裂缝分布可以发现，增加热轧带肋钢筋的配筋后，不仅桩的极限抗拉承载力得到了大幅提高，而且破坏时其裂缝变得细而密。复合配筋钢绞线桩试件最大裂缝宽度只有纯钢绞线桩试件最大裂缝宽度的 50%左右。

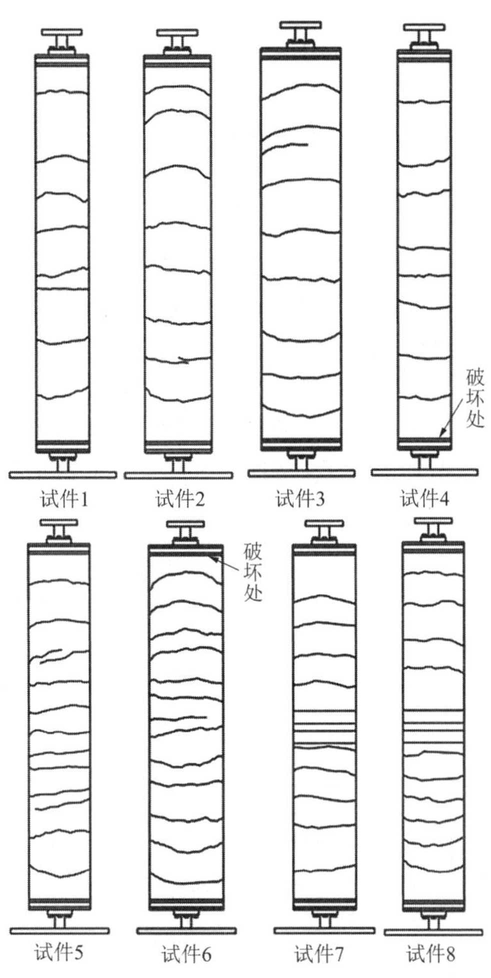

图 6 钢绞线桩轴向抗拉试验裂缝分布图

带机械连接接头的纯钢绞线桩试件 7 在拉力达到 2045kN 时出现第一条裂缝，试件 8 在拉力达到 1929kN 时出现第一条裂缝，试件 7、试件 8 的拉伸量分别在拉力达到 2499kN、2485kN 时小于 6mm，由于加载至试验机的极限，这两个试件均未拉伸至破坏，*P-S*曲线如图 5（d）所示。试件 7 卸载前裂缝最大宽度 1.10mm，桩身出现 9 条横向裂缝；试件 8 卸载前裂缝最大宽度 0.82mm，桩身出现 10 条横向裂缝。U 形连接卡箍的外侧产生压变形，压应变平均值约为 2.0×10^{-3}。

3.2 试验结果分析

钢绞线桩轴心受拉时，随着拉力的增加，桩身的有效预压应力逐渐减少，参照文献[12]，桩身轴心受拉承载力可根据桩所处的地质环境条件、受力特性等按以下三种状态进行控制。

（1）按一级裂缝（即桩身不出现拉应力）控制的抗拉承载力，可按下式计算：

$$N_k \leqslant \sigma_{ce}A_0 \tag{4}$$

式中：N_k为荷载效应的标准组合；σ_{ce}为桩身混凝土的有效预压应力；A_0为桩身截面换算面积，$A_0=A+[(E_s/E_c)-1]A_p$，其中A为桩身截面面积，A_p为桩身配筋面积，E_s、E_c分别为钢绞线（或热轧带肋钢筋）、混凝土的弹性模量。

值得注意的是，对于纯钢绞线桩，截面换算面积A_0仅含钢绞线的换算面积；而对于复合配筋钢绞线桩，截面换算面积A_0中应包含钢绞线和热轧带肋钢筋的换算面积。

（2）桩身按二级裂缝（即桩身不出现裂缝）控制的抗拉承载力，可按下式计算：

$$N_k \leqslant \sigma_{ce}A_0 + f_{tk}A_n \tag{5}$$

式中：N_k为荷载效应的标准组合；f_{tk}为桩身混凝土的轴心抗拉强度标准值；A_n为桩身混凝土净面积。

（3）桩身抗拉承载力设计值，可按下式计算：

纯钢绞线桩

$$N \leqslant Cf_{py}A_p \tag{6}$$

复合配筋钢绞线桩

$$N \leqslant C(f_{py}A_p + f_yA_y) \tag{7}$$

式中：N为荷载效应的基本组合；f_{py}、f_y为钢绞线、热轧带肋钢筋的抗拉强度设计值；A_p、A_y为钢绞线、热轧带肋钢筋的配筋面积；C为考虑桩身轴拉力存在偏心等因素的综合影响系数，建议取 0.9。

按上述式(1)～(7)计算钢绞线桩的开裂拉力和抗拉承载力设计值，见表 4，N_1^c为按一级裂缝控制的桩身受拉承载力理论值；N_2^c为按式(5)中f_{tk}取混凝土轴心抗拉强度标准值时的桩身受拉承载力理论值；N_3^c为按式(5)中f_{tk}取混凝土轴心抗拉强度实测值时的桩身受拉承载力理论值，N_u^c为桩身极限抗拉承载力理论值，式(6)、式(7)中的f_{py}、f_y分别以f_{ptk}、f_{yk}替代，并与试验实测值进行对比，N_{cr}^t为试件开裂拉力实测值，N_u^t为试件极限抗拉承载力实测值。

试件抗拉承载力理论值和实测值　　表 4

试件名称	N_1^c/kN	$\frac{N_{cr}^t}{N_1^c}$	N_2^c/kN	$\frac{N_{cr}^t}{N_2^c}$	N_3^c/kN	$\frac{N_{cr}^t}{N_3^c}$	N_{cr}^t/kN	N_u^c/kN	N_u^t/kN	$\frac{N_u^t}{N_u^c}$	$\frac{N_u^t}{N_{cr}^t}$
试件 1	527	1.61	817	1.04	934	0.91	849	869	918	1.06	1.08
试件 2	823	1.75	1224	1.18	1385	1.04	1444	1366	1638	1.20	1.13
试件 3	1051	1.79	1591	1.18	1808	1.04	1878	1739	2020	1.16	1.08
试件 4	539	1.73	829	1.13	946	0.99	934	1376	1358	0.99	1.45
试件 5	846	1.73	1246	1.17	1407	1.04	1461	2162	2407	1.11	1.65
试件 6	1077	1.73	1617	1.15	1834	1.02	1864	2752	2897	1.05	1.55
试件 7	1506	1.36	1904	1.07	2064	0.99	2045	2578	>2499	>0.97	>1.22
试件 8	1506	1.28	1904	1.01	2064	0.93	1929	2578	>2485	>0.95	>1.29

从表 4 中可以看出，各试件在轴心受拉时，若按一级裂缝控制桩身的受拉承载力，那么开裂拉力实测值是其受拉承载力理论值的 1.28～1.79 倍，说明采用式(4)计算桩身的受拉承载力有较大的安全余量。对于在一般建筑物的使用并不经济，可以用于重要建筑物或场地环境抗腐蚀要求高的建筑物。对比按二级裂缝控制桩身的受拉承载力理论计算值与开裂拉力实测值可以看出，f_{tk}取混凝土轴心抗拉强度标准值时得到的理论计算值均小于开裂拉力实测值，开裂拉力实测值较理论计算值大 1%～18%，说明采用式(5)是安全的；f_{tk}取混凝土轴心抗拉强度实测值时得到的理论计算值与开裂拉力实测值十分接近，这说明本次试验中所采用试件的混凝土强度实测值和桩身有效预压应力理论计算值是准确的、符合实际情况的。对比各试件的桩身极限抗拉承载力理论值和实测值可以看出，除试件 4 实测值略小于理论值外，其余各试件实测值均略大于理论值，说明按式(6)、式(7)计算桩身的抗拉承载力设计值是可行的，且有一定的安全余量。从开裂拉力实测值和极限抗拉承载力实测值的比较看，钢绞线桩开裂后，随着荷载的增加，纯钢绞线桩抗拉承载力仍有较大的提升，极限抗拉承载力实测值较开裂拉力实测值大 8%～29%；复合配筋钢绞线桩抗拉承载力仍有很大的提高，极限抗拉承载力实测值较开裂拉力实测值大 45%～65%。从带机械连接接头的纯钢绞线桩试件的理论值和实测值的比较看，采用式(1)～式(3)进行抱箍式 U 形连接卡箍各尺寸的设计是安全的。

4 结论

（1）钢绞线桩按一级裂缝控制桩身的受拉承载力［即式(4)］有较大的安全余量，按二级裂缝控制桩身的受拉承载力［即式(5)］是安全的，按式(6)、式(7)计算桩身的抗拉承载力设计值是可行的，且有一定的安全余量。具体选用哪个公式计算钢绞线桩桩身的受拉承载力主要取决于桩基所处的工程地质环境及其建筑物的重要性等级。

（2）抱箍式 U 形连接卡箍具有良好的抗拉承载力，且与钢绞线桩之间连接方便、可靠。采用式(1)～式(3)进行抱箍式 U 形连接卡箍各尺寸的设计是安全的。

（3）钢绞线桩在轴心抗拉时裂缝分布均匀，破坏时表现出良好的变形性能，复合配筋钢绞线桩裂缝较纯钢绞线桩的裂缝分布更密，宽度也更细，只有纯钢绞线桩裂缝宽度的 50%左右。

（4）复合配筋钢绞线桩与纯钢绞线桩比较，对于开裂抗拉承载力（拉力）二者较为接近，但复合配筋钢绞线桩的极限抗拉承载力较同尺寸纯钢绞线桩提高 43%～48%。所以仅仅为控制桩身不出现裂缝而选用复合配筋钢绞线桩是不经济的。

（5）纯钢绞线桩的破坏模式基本上是裂缝宽度超过试验控制标准，复合配筋钢绞线桩的破坏模式基本上是端板处热轧带肋钢筋拉脱。

参考文献

[1] 李伟兴，万月荣，刘庆斌. 世博会主题馆抗拔 PHC 管桩新型连接的计算分析及试验研究[J]. 建筑结构学报, 2010, 31(5): 86-94.

[2] 韦宏，舒宣武. 广东奥林匹克体育场预应力混凝土管桩作为抗拔桩的设计研究[J]. 建筑结构, 2001, 31(5): 55-57.

[3] 汪大绥，朱莹，花更生，等. 东方艺术中心混凝土结构设计[J]. 建筑结构学报, 2006, 27(3): 99-104.

[4] 干钢，曾凯，俞晓东，等. 先张法预应力离心混凝土钢绞线桩的构建及试验验证[J]. 混凝土与水泥制品, 2019(3): 35-39.

[5] 干钢，俞向阳，曾凯. 一种具有钢绞线的先张法离心混凝土桩及制造方法: CN103741672A[P]. 2014-4-23.

[6] GAN G, YU X, ZENG K. Pre-tensioned centrifugal concrete pile provided with steel strands: US9783987(B2)[P]. 2017-10-10.

[7] 俞向阳. 端板、接桩机构、张拉钢筋笼的连接机构、混凝土桩及制造方法: CN104818715A [P]. 2015-8-25.

[8] 汪加蔚，裘涛，干钢，等. 预应力混凝土管桩结构抗拉强度的试验研究[J]. 混凝土与水泥制品, 2004, 3(6):24-27.

[9] 郑秀娟，王春潮，杜冰，等. 预应力混凝土管桩抗拉结构性能研究[J]. 岩土工程学报, 2010, 32(S2): 103-106.

[10] 中华人民共和国住房和城乡建设部. 混凝土结构试验方法标准: GB/T 50152—2012[S]. 北京: 中国建筑工业出版社, 2012.

[11] 浙江大学土木工程测试中心.先张法预应力离心混凝土钢绞线桩力学性能试验检测报告[R]. 杭州: 2018.

[12] 中华人民共和国住房和城乡建设部. 预应力混凝土管桩技术标准: JGJ/T 406—2017[S]. 北京: 中国建筑工业出版社, 2017.

深基坑周边建筑物伺服持荷沉降主动控制技术及应用

邵伟斌[1]，张林波[2]，杨鹏飞[3]，刘海涛[4]，王擎忠[2]

（1. 浙江耀华规划建筑设计有限公司，杭州 310009；2. 杭州圣基建筑特种工程有限公司，杭州 310030；
3. 中国建筑第八工程局有限公司，杭州 310005；4. 杭州恒隆房地产有限公司，杭州 310005）

摘　要： 深基坑施工过程中周边建筑物的沉降与基坑的水平变形密不可分。针对目前常规先加固被保护建筑基础后进行基坑施工存在可控性差的弊端，结合杭州恒隆广场深大基坑周边建筑物基础控沉托换工程实践，介绍一种基坑周边建筑物群桩智能化伺服持荷沉降主动控制技术。该技术实施前后数据对比表明控沉效果显著，最终平均累计沉降为 –32mm，并微调了前期产生的不均匀沉降；基坑最大水平位移与房屋测点最大累计沉降比值从加固前的 1∶1.8 降低到 1∶0.75，取得了预期目标。

关键词： 深基坑；伺服持荷；控沉托换；控沉加固；周边建筑保护

随着城市中心地下空间因巨大的商业价值而成为开发热点，深大基坑得以大量涌现。在软土地区如何控制深基坑周边建筑沉降变形日益成为比较迫切的研究课题，若变形得不到有效控制，会引起建筑物开裂、倾斜，动辄影响安全与正常使用。工程实践中，如何控制基坑邻边建筑沉降变形，往往是设法加强基坑本身的变形控制，减少其对周边建筑的影响，对于受影响较大的建筑物，则可能通过地基基础主动托换加固控制其沉降变形。鉴于常用的既有建筑基础控沉托换技术尚存在沉降变形不可控、不可逆的不足，本文提出了一种新的可确保基坑施工过程中邻边建筑沉降可控、可逆的伺服持荷控沉技术。

针对软土地区深基坑对周边环境不利影响的研究已经比较多，多数研究仅提及沉降受影响区域为 4 倍基坑开挖深度，而其中《城市软土基坑与隧道工程对邻近建（构）筑物影响评价与控制技术指南》CCES 03—2016[1]具有较好的参考价值，该指南给出围护桩墙后地表沉降的影响范围、最大沉降的位置及沉降预估曲线等，如图 1 所示。

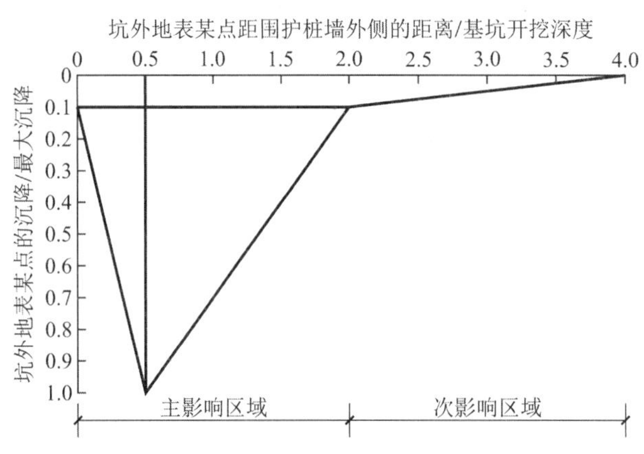

图 1　软土地区围护桩墙后地表沉降预估曲线

1 工程概况

1.1 深基坑周边建筑物概况

恒隆广场项目位于杭州市中心武林商圈，为大型综合体，总用地面积约 4.49 万 m^2，总建筑面积约为 38.6 万 m^2，拟建 6 栋 42～150m 高的塔楼及 17～22m 高商业裙楼，设 5 层地下室，挖深 28.4～29.20m，基坑分成 A、B、C 三个分坑，前后开挖。

位于 A 坑东北角的社区卫生服务中心 1 号楼（简称卫生院 1 号楼）紧邻基坑，离 A 坑边缘最近处约 5.6m，离 C 坑边缘最近处约 24.5m。该房屋建造于 20 世纪 80 年代，原为教学楼，平面尺寸为 36.0m × 16.2m，总建筑面积约为 3200m^2，地上 5 层（女儿墙高约 17.25m），无地下室，为纵横墙承重的砖混结构，采用预制空心板。在 2011 年和 2015 年经两次加固改造为医疗建筑，其中 1～2 层为门诊，3～5 层为住院部，底层局部区域由墙体承重改为框架承重，2 层及以上保持原纵横墙承重的砖混结构，采用条形基础，持力层为杂填土与粉质黏土。基坑与被保护建筑物位置关系示意如图 2、图 3 所示。

基坑施工前卫生院 1 号楼的整体向西倾斜率约为 3‰～4‰。基坑围护桩（墙）施工阶段，卫生院 1 号楼发生了东西向差异沉降，其沉降量为 +1.68（东）～ −25.17mm（西），其中正值表示上抬，负值表示下沉，余同；随后基坑土方开挖阶段东西向差异沉降持续发展且有加剧趋势，自基坑开挖起算至 2 层土方开挖完成共 90d 的累计沉降量为 −4.35（东）～ −32.89mm（西），累计沉降为 −2.67（东）～−58.06mm（西），沉降速率为 −0.050～ −0.365mm/d，最大沉降观测点沉降速率连续 3d 超过 1.0mm/d，单天最大变化量为 2.16mm/d，此时楼面东西向高差约 180mm，倾斜率增至 5‰。故此，决定采用伺服持荷控沉技术对卫生院 1 号楼西侧主要部位进行控沉。

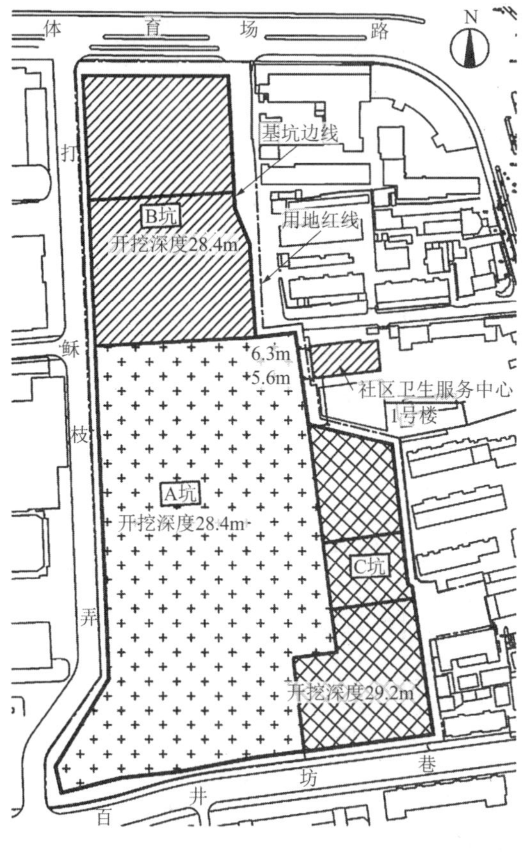

图 2 基坑与被保护建筑物位置关系示意图

图 3 基坑施工现场照片

1.2 工程地质条件

场地地貌属第四纪湖沼积平原，地基土浅、上部的粉质黏土、黏质粉土、淤泥质黏土，性质较差，中～高压缩性，厚达 30 m；中部多为可塑状黏土、粉质黏土层，以中压缩性为主；下部为粉质黏土、粉细砂，性质一般偏好。土层主要物理力学参数及 HS-Small 模型计算参数见表 1，其中土层物理力学参数来自地勘报告，HS-Small 模型计算参数通过地勘报告结合理论、经验及文献[2-3]获得。本工程典型地质剖面如图 4 所示。

土层主要物理力学参数及 HS-Small 模型参数 表 1

土层	状态	E_S/MPa	f_{ak}/kPa	钻孔灌注桩		c/kPa	φ/°	E_{oed}^{ref}/MPa	E_{50}^{ref}/MPa	E_{ur}^{ref}/MPa	$\gamma_{0.7}$	G_0^{ref}/MPa	m
				q_{sia}/kPa	q_{pa}/kPa								
①$_0$杂填土	松散					3.0	7.0	1.5	1.8	12.6	2×10^{-4}	50.4	0.8
①$_2$粉质黏土	软塑	4.9	90	10		12.5	25.0	4.9	5.88	23.5	2×10^{-4}	90.1	0.8
②$_1$淤泥质黏土	流塑	2.3	65	8		4.2	25.2	2.3	2.76	16.6	2×10^{-4}	66.2	0.8
②$_2$粉质黏土夹粉土	流塑	3.0	85	10		5.0	26.0	3.0	3.6	21.6	2×10^{-4}	86.4	0.8
③$_1$淤泥质粉质黏土	流塑	2.4	70	9		5.5	26.2	2.4	2.9	17.3	2×10^{-4}	69.1	0.8
③$_2$粉质黏土	软塑	4.0	95	14		17.5	30.0	4.0	4.8	19.2	2×10^{-4}	76.8	0.8
⑥粉质黏土	软可～硬可塑	6.3	200	26		23.7	32.5	6.3	7.6	30.2	2×10^{-4}	121.0	0.8
⑩$_{1\text{-}1}$全风化泥质粉砂岩	硬可塑	6.8	200	30	800	46.2	22.7	6.8	8.2	32.6	2×10^{-4}	130.5	0.8
⑩$_{1\text{-}2}$强风化泥质粉砂岩	碎块状	25.0	360	45	1400	6.0	34.0	25.0	25.0	100.0	1×10^{-4}	200.0	0.5
⑩$_{1\text{-}3}$中风化泥质粉砂岩	极软岩	>50	1000	70	2800	3.0	36.0	50.0	50.0	200.0	1×10^{-4}	300.0	0.5
⑩$_{13}$夹中风化砾岩	软岩	>50	1000	90	2800	3.0	36.0	50.0	50.0	200.0	1×10^{-4}	300	0.5

注：E_S为土的压缩模量；f_{ak}为地基承载力特征值；q_{sia}为桩侧阻力特征值；q_{pa}为桩端阻力特征值；c为土的黏聚力；φ为土的内摩擦角；E_{oed}^{ref}为土的侧限压缩试验切线刚度；E_{50}^{ref}为土的标准三轴排水试验割线刚度；E_{ur}^{ref}为土的卸载再加载刚度；$\gamma_{0.7}$为土的剪切应变；G_0^{ref}为土的小应变参考剪切模量；m为土的应力的相关幂指数。

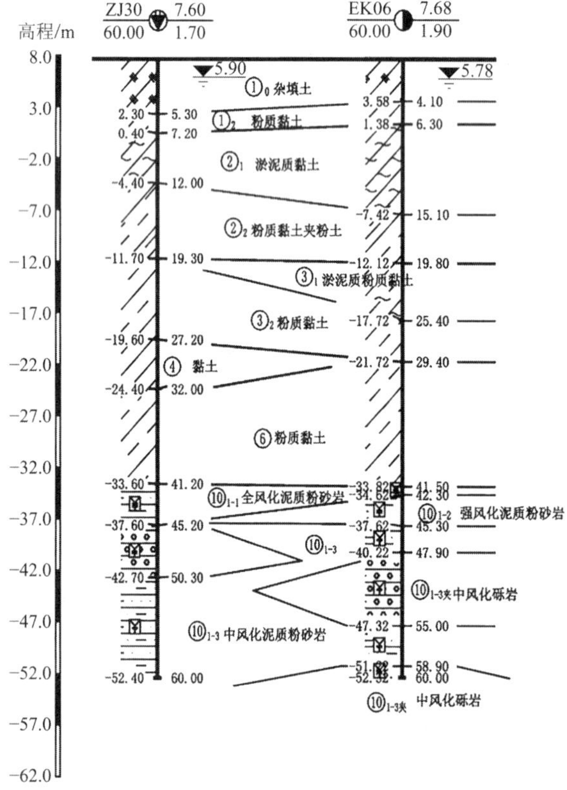

图 4 典型地质剖面图/m

1.3 基坑开挖及支护概况

恒隆广场基坑面积约 4.5 万 m^2，大范围开挖深度：A 区为 28.4m、C 区为 29.2m，塔楼核心筒范围最大开挖深度达 32.8m。基坑围护结构由外至内做法为：800mm 厚 TRD 水泥土搅拌墙槽壁加固、1200mm 厚地下连续墙、ϕ850 三轴水泥土搅拌桩槽壁加固，坑内竖向设置 5 道钢筋混凝土水平支撑，并采用ϕ850 三轴水泥土搅拌桩进行被动区加固。基坑施工遵循“时空效应”理论，实行“分层、分段、分块、限时对称平衡支撑开挖”施工。邻近卫生院 1 号楼的基坑支护剖面如图 5 所示。

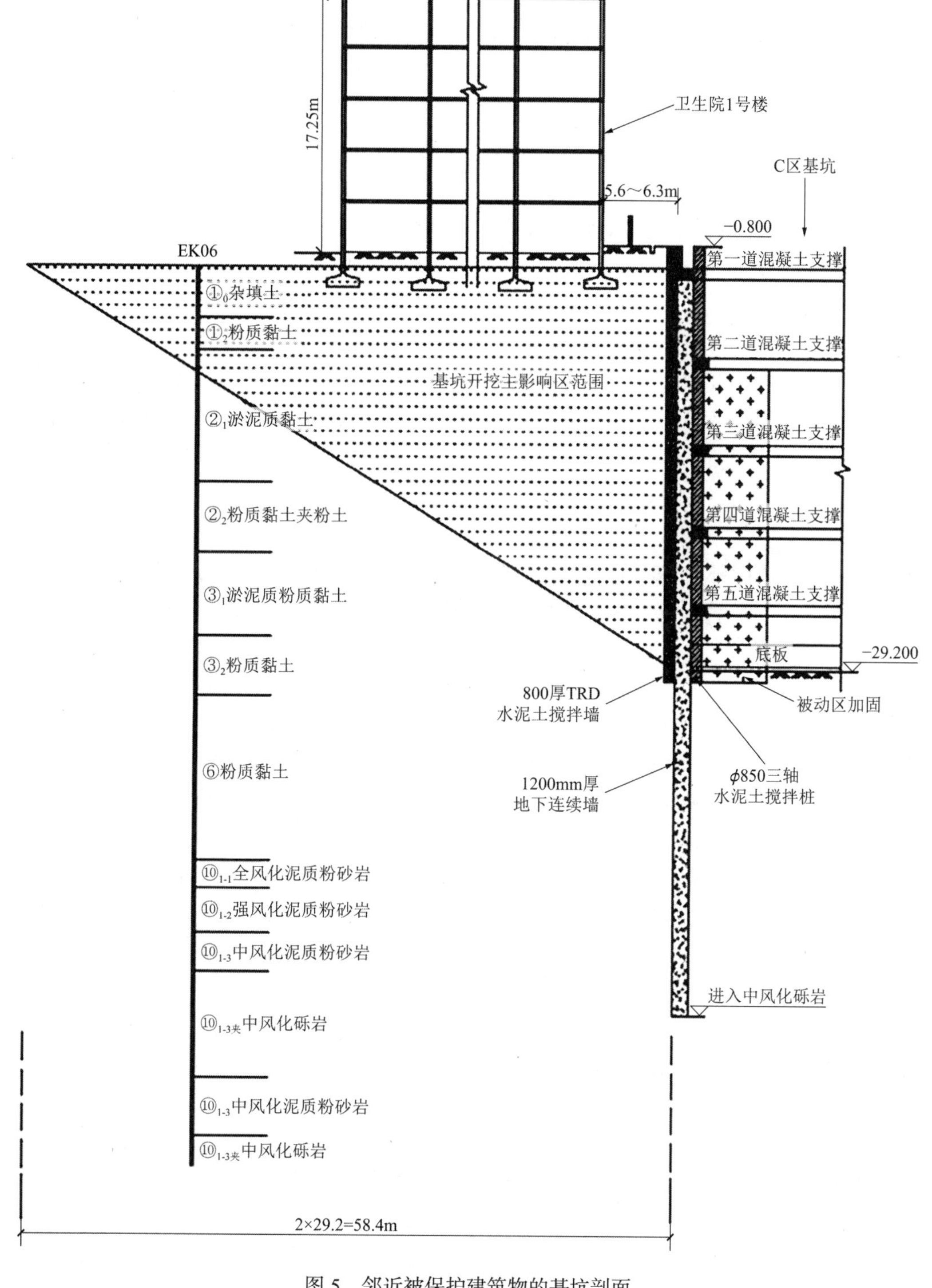

图 5　邻近被保护建筑物的基坑剖面

2 卫生院 1 号楼控沉设计

2.1 变形控制标准确定

《建筑基坑支护技术规程》JGJ 120—2012[4]中要求，被保护建筑物的沉降控制值按不影响其正常使用的要求确定，并应符合国家标准《建筑地基基础设计规范》GB 50007—2011[5]中对地基允许值的规定。相关规范[5-8]给出了如下规定：

（1）《建筑地基基础设计规范》GB 50007—2011 规定，砌体承重结构基础的局部倾斜允许值为高压缩性土 0.003。

（2）《民用建筑可靠性鉴定标准》GB 50292—2015[6]规定，当基坑施工过程中周边建筑沉降速率连续 3d 大于 1mm/d 且有变快趋势时，应立即停止地下工程施工，并应对地下工程结构和建筑结构采取应急措施。

（3）《建筑基坑工程监测技术规范》GB 50497—2009[7]规定，邻近建筑位移报警值为累计位移 10～60mm，其变化速率 1～3mm/d。

（4）《危险房屋鉴定标准》JGJ 125—2016[8]规定，对于处于相邻地下工程施工影响的建筑，判定其为危险状态的标准为地基沉降速率大于 2mm/d，且短期内无收敛趋势。

根据以上规范的规定，并结合建筑物本身建造年代久远、结构整体性差、离基坑较近以及作为医疗建筑正常使用要求等因素，本次设定基坑施工期间建筑物变形控制标准如下：①基础沉降量 ≤ 60mm；②局部倾斜 ≤ 0.003；③在持荷过程中，调节房屋东西两端的沉降差，减少东西向倾斜率。

2.2 控沉托换桩数估算

深基坑周边建筑沉降因邻边环境条件变化引起，而基坑变形又会加速周边建筑沉降，理论计算分析结果往往与实际情况存在一定的差距，故在理论计算基础上结合类似工程经验，可按式(1)估算补桩数量[9]：

$$n = \alpha \frac{f_k + G_k}{R_a} \tag{1}$$

式中：n为补桩数量；f_k为相应于作用标准组合时，上部结构传至基础顶的竖向力值；R_a为单桩竖向抗压承载力特征值；G_k为基础自重和基础上的土重；α为荷载总分担比，即托换桩承载力与被加固建筑物竖向荷载总和的比值，根据建筑物的沉降量、倾斜量、墙体开裂程度、地基土特性及邻边基坑开挖深度等因素决定，一般取值为 0.5～1.0。

控沉桩选型及承载力估算需考虑基坑施工过程土体破坏变形带来的不利影响，主要表现为：①基坑侧向变形导致房屋基底土往基坑方向流动，对桩产生水平力，在水平力作用下，基桩产生弯曲变形导致竖向承载力降低；②基坑开挖引起房屋基底土沉陷，对桩产生负摩阻力；③桩端穿越基坑最不利滑动面进入稳定土层中。基坑侧向变形对控沉桩影响示意如图 6 所示。

经计算，卫生院 1 号楼总荷载标准值约为 65200kN，综合考虑基坑施工进度、基坑变形、房屋沉降等因素，共分三批次补入锚杆静压钢管桩[10]，截面$\phi 299 \times 10$ 桩 37 根、截面$\phi 325 \times 10$ 桩 51 根，单桩竖向抗压承载力特征值[11]分别为 540kN、600kN，均以⑥粉质黏土为桩端持力层，桩端越过基坑最不利滑动面，桩长约 37m，补桩平面图如图 7 所示。房屋整体荷载总分担比约为 0.77，并按房屋所处位置受基坑开挖的影响程度、房屋沉降以及工程经验等因素确定各区域的荷载总分担比，具体为：房屋西侧总长的 1/3 范围约为 1.1，中部总长的 1/3 范围为 0.60，东侧总长的 1/3 范围为 0.38。

补桩顺序及封桩要求：第一批次补桩共 61 根，在土方挖至第二道支撑底之前完成并持荷；第二批次补桩共 22 根，在土方挖至第四道支撑前或沉降速率连续 3d 大于 1mm/d 时补入并持荷；第三批次补桩共

5 根，在土方开挖至坑底前或沉降速率连续 3d 大于 1mm/d 时补入并持荷；三批次桩全部压桩完成后统一持荷至基坑第五道支撑拆除，之后进行分批次预加载封桩。

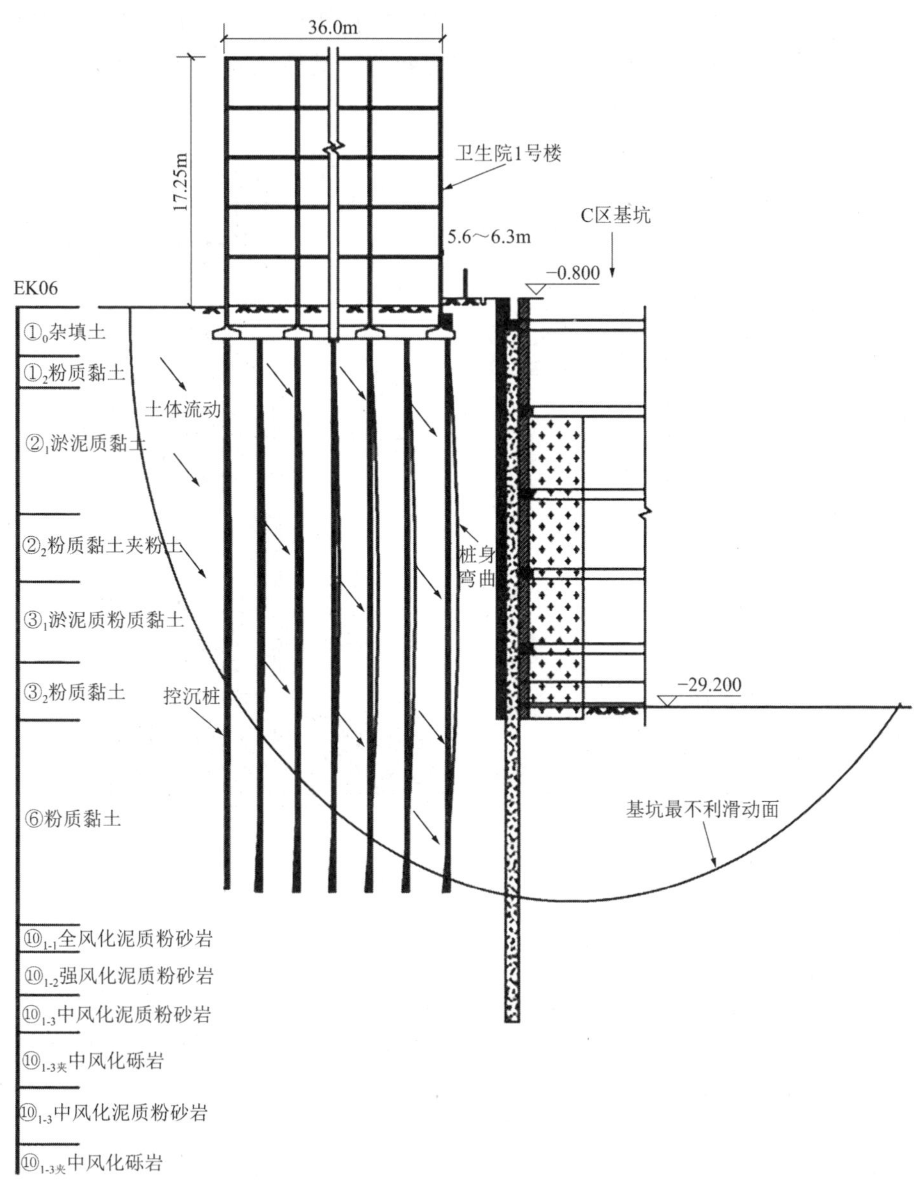

图 6　基坑侧向变形对控沉桩影响示意图

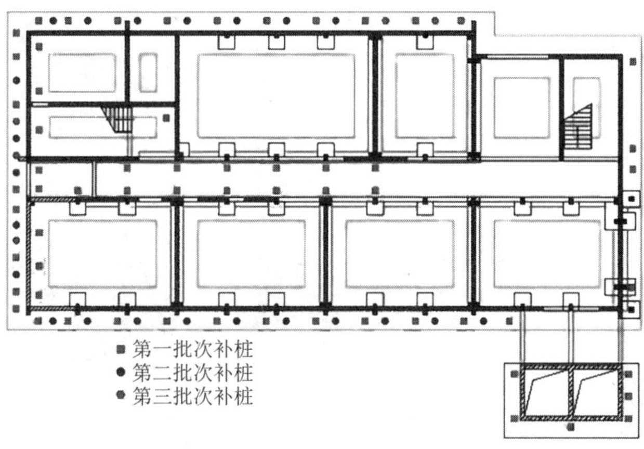

图 7　补桩平面图

2.3 控沉托换桩承台托换设计

托换桩基础在原有条形基础上根据受力要求进行加高加宽处理，并通过新增基础梁增加整体刚度，以及采取构造措施确保新老基础承台协同受力，并满足抗弯、抗剪及冲切承载力要求，做法示意如图 8 所示。

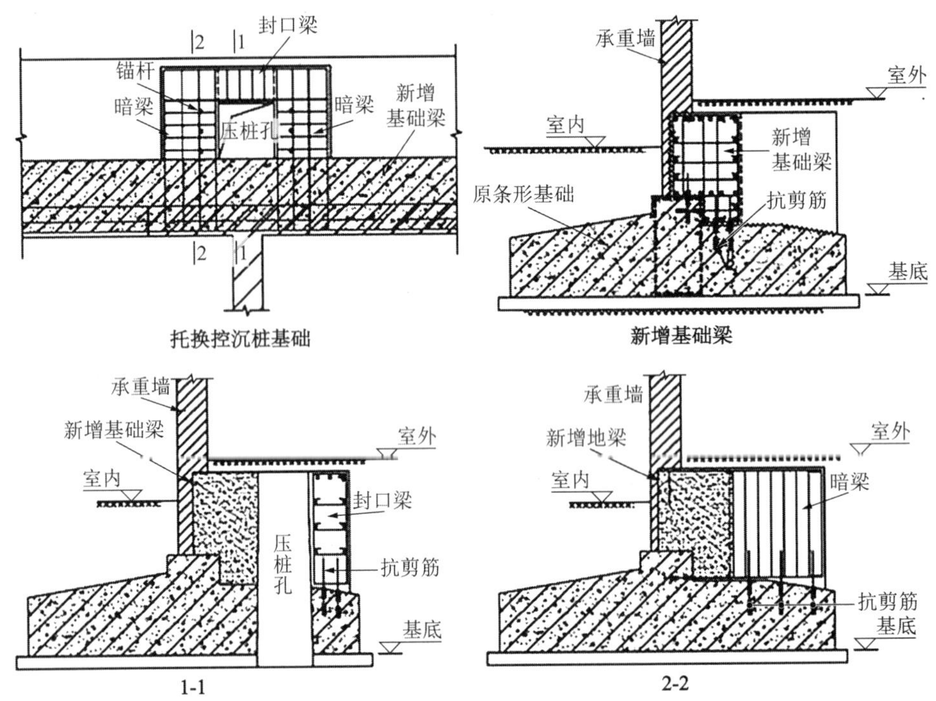

图 8 控沉托换桩基础做法示意

2.4 关于伺服持荷技术

在整个深基坑开挖施工阶段，对周边建筑物补入的托换桩，采用数控智能化技术进行全过程群桩伺服持荷，实时精确控制建筑物沉降。群桩伺服持荷系统由持荷反力架、锚杆、位移传感器、全自动智能液压千斤顶、液压伺服系统及 STC 智能控制系统组成，液压千斤顶内置有压力传感器和位移传感器，并与液压伺服系组成位移和压力双闭环控制。当建筑物沉降时，STC 智能控制系统发出指令驱动液压千斤顶对补入的托换桩进行全过程力与位移实时动态加载，桩顶的液压千斤顶伸出油缸自动加载，补偿建筑物的竖向变形量，保持建筑物整体沉降均匀可控。伺服持荷系统如图 9 所示。

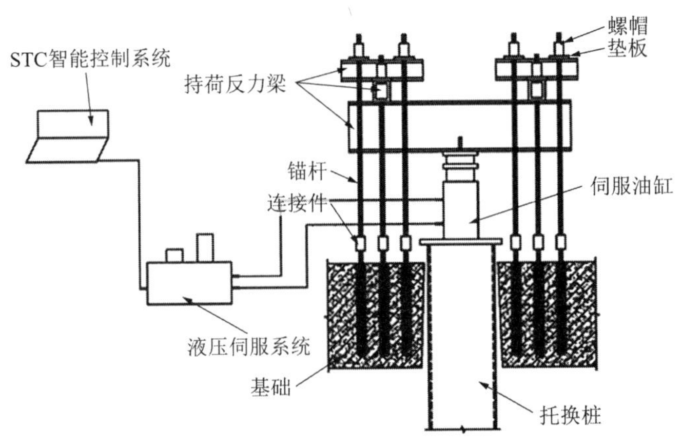

图 9 伺服持荷系统详图

2.5 沉降预估

沉降数值分析采用可模拟分批次补桩、分阶段施工加载、周边环境相互影响的 PLAXIS 有限元软件，土体材料采用 HS-Small 模型参数，该本构模型能更好地适用于敏感环境下基坑开挖及周围复杂环境的数值分析，计算参数通过地勘报告结合理论、经验及文献[2]获得，材料计算参数取值见表 2。

材料计算参数取值 **表 2**

名称	材料状态	弹性模量/（$\times 10^4$MPa）	轴向刚度/（$\times 10^7$kN/m）	泊松比
房屋基础	弹性	3.0	0.9	0.2
基坑混凝土支撑	弹性	3.0	3.12	0.2
基坑地下连续墙	弹性	3.0	3.6	0.2
ϕ299 × 10 钢管桩	弹性	21.0	1.8	0.3
ϕ325 × 10 钢管桩	弹性	21.0	2.28	0.3

分析得到补入第一批次桩并封桩未采用伺服持荷的最大点沉降约为 100mm，位移云图如图 10 所示；三批次桩全补入并封桩未采用伺服持荷的最大点沉降约为 60mm，位移云图如图 11 所示。

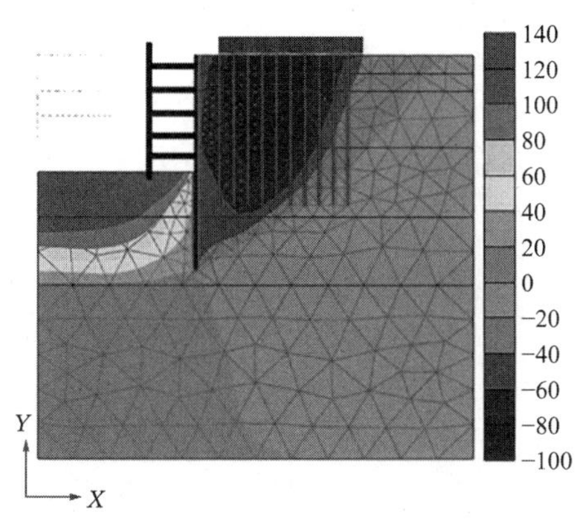

图 10　第一批补桩完成后位移云图/mm

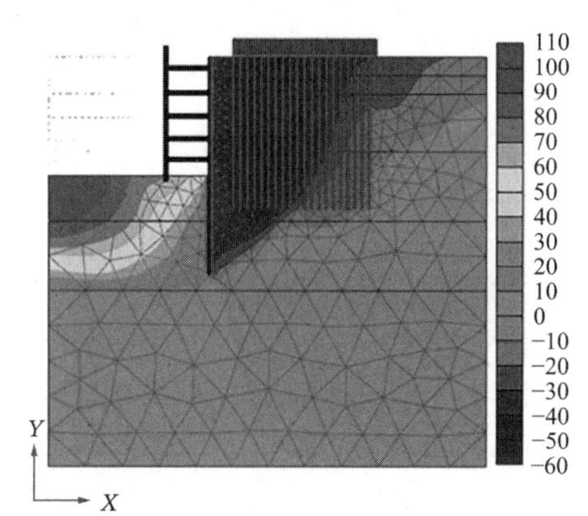

图 11　三批次补桩完成后位移云图/mm

3 控沉施工要点

控沉施工主要分为托换桩基础施工、分批次动态跟踪补桩、伺服持荷、封桩四个阶段。

（1）托换桩基础施工。在原条形基础上拼宽加高，采用化学植筋方式将新旧基础可靠锚固和焊接，并埋设反力锚杆和预留压桩孔，混凝土强度达到设计要求后进行压桩施工。

（2）根据施工进度及房屋沉降情况分批次动态跟踪补桩。第一节桩垂直度按偏差不大于 0.5%控制，接桩焊缝尤为重要，采用内衬环坡口半自动气体保护对接熔透焊连接。单根桩施工工序为：检查锚杆和桩机，清理桩孔→安装压桩架→桩节就位，安装斤顶→桩分节沉压→焊接接桩，焊缝冷却后继续压桩→直至桩长满足设计要求→管内灌芯施工→伺服持荷。

（3）伺服持荷。压桩完成后立即采用 STC 智能系统进行伺服持荷，通过 STC 智能控制系统发出指令驱动全自动智能液压千斤顶对建筑物进行高精度力与位移实时动态加载，作为建筑物沉降量的补偿控制，始终保持建筑物的竖向姿态不发生改变。同时在现场 STC 智能控制系统中安装远程数据终端，可以将持荷力和位移实时通过网络传输到电脑或手机客户端，实施全方位远程动态监控。伺服持荷现场如图 12 所示。

（4）预加载封桩。待邻边基坑第五道支撑拆除后，对托换桩进行分批进行预加载封桩施工。

图 12 伺服持荷现场照片

4 实施效果

卫生院 1 号楼历时 397d，自邻近基坑进行 2 层土方开挖时进行加固施工，共分三批次补入控沉托换钢管桩共计 88 根，在伺服持荷后期因桩下沉整体接长 150～200mm（图 13），在第二批次桩补入时，在钢管桩内共设置 3 处测斜孔进行管桩水平变形监测。

自托换桩伺服持荷后，卫生院 1 号楼基础沉降未发生预警，保证了邻近基坑施工的顺利进行，基坑底板浇筑完成现场见图 14。自控沉桩补入起至封桩完成，卫生院 1 号楼房屋各点累计沉降为 −30.7～7（西）−55.86mm（东），沉降速率为 −0.060～0.143mm/d，西侧控沉区平均累计沉降量为 −32mm（伺服持荷前为 −17mm，伺服持荷后为 −15mm，粗略推测若不采取伺服持荷技术，累计沉降量可达 200mm 以上），东侧沉降微调区平均累计沉降量为 −52.81mm，东西向高差回调了 20mm。

图 13 伺服持荷后期

图 14 邻近卫生院 1 号楼基坑底板浇筑

通过伺服持荷系统对桩顶持荷力进行跟踪调整控制，有效地控制了卫生院 1 号楼总沉降量并逐渐调整了部分东西向不均匀沉降，且上部结构未出现新裂缝，加固与伺服控制施工期间未影响该建筑的正常使用，较好地达到了预期效果。累计沉降曲线如图 15 所示，加固前后累计沉降对比如图 16 所示。

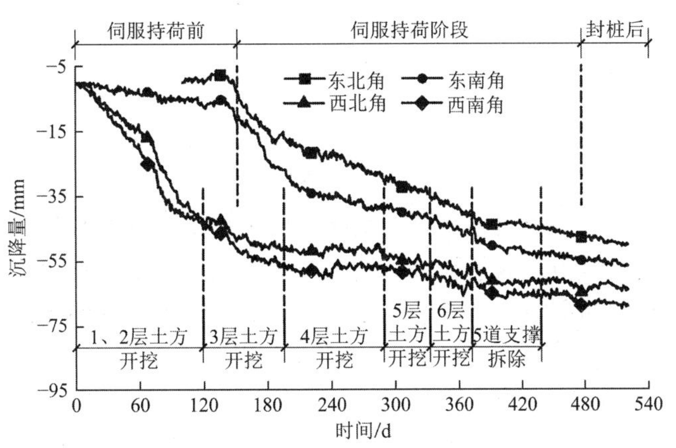

图 15　卫生院 1 号楼单位时间内各测点累计沉降曲线

综合分析各阶段地下连续墙深层水平位移和房屋沉降变化量的关系，结果表明，在加固施工前地下连续墙水平位移（20.86mm）与房屋最大点的累计沉降（−34.07mm）比例关系为 1∶1.8，加固后地下连续墙水平位移（91.55mm）与房屋最大点的累计沉降（−70.05mm）比例关系下降至 1∶0.76，靠近卫生院 1 号楼西侧地下连续墙上的测斜测点 ZQT8 墙体各阶段深层水平位移如图 17 所示。

土方开挖至 4 层时，开始进行控沉钢管桩桩体深层水平位移监测，截至开挖到底板时监测点最大水平位移为 7.74mm，对应的地下连续墙最大水平位移为 23.43mm，两者的比例关系约为 1∶3，位移曲线如图 18 所示。

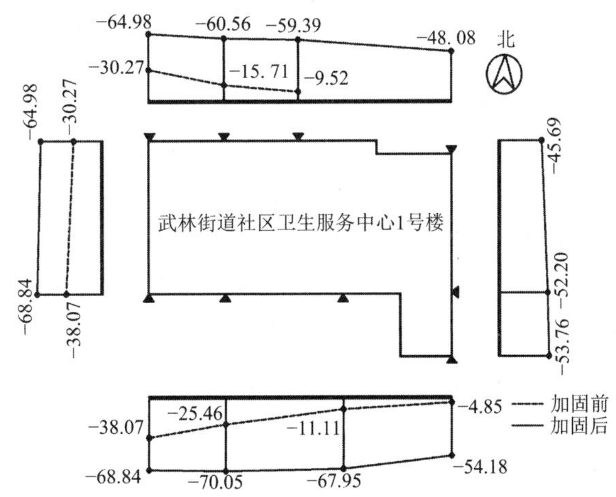

图 16　卫生院 1 号楼加固前后累计沉降对比/mm

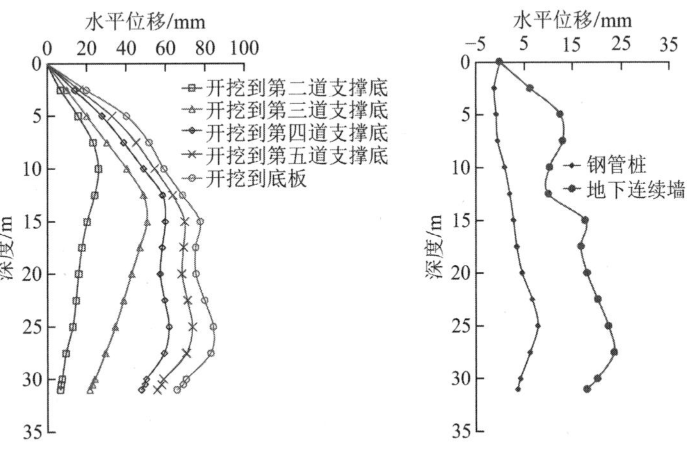

图 17　ZQT8 深层水平位移随深度变化曲线

图 18　控沉钢管桩与地下连续墙深层水平位移曲线

5 结语

本文结合杭州恒隆广场深大基坑周边建筑物基础控沉托换工程实践，针对常规加固方法可控性差的弊端，对邻近基坑的卫生院 1 号楼采取了补桩后伺服持荷主动控制沉降技术，有效解决深基坑邻近建筑地基变形与基坑施工相互影响的难题，保证了被保护建筑的安全和正常使用以及基坑的正常施工，避免了因基坑施工而造成的事故和经济损失，取得了较好的效果。

本文被保护建筑为经历了两次加固改造、整体性较差的砌体结构，考虑经济性等原因未进行全过程伺服持荷，若能提前介入施工处理且全过程进行伺服持荷，效果会更佳。

参考文献

[1] 中华人民共和国住房和城乡建设部. 城市软土基坑与隧道工程对邻近建（构）筑物影响评价与控制技术指南: CCES 03—2016[S]. 北京: 中国建筑工业出版社, 2016.

[2] 王卫东, 王浩然, 徐中华. 上海地区基坑开挖数值分析中土体 HS-small 模型参数的研究[J]. 岩土力学, 2013, 34(6): 1766-1774.

[3] 刘志祥, 张海清. PLAXIS 3D 基础教程[M]. 北京: 机械工业出版社, 2015.

[4] 中华人民共和国住房和城乡建设部.建筑基坑支护技术规程: JGJ 120—2012[S]. 北京: 中国建筑工业出版社, 2012.

[5] 中华人民共和国住房和城乡建设部. 建筑地基基础设计规范: GB 50007—2011[S]. 北京: 中国建筑工业出版社, 2012.

[6] 中华人民共和国住房和城乡建设部. 民用建筑可靠性鉴定标准: GB 50292—2015[S]. 北京: 中国建筑工业出版社, 2015.

[7] 中华人民共和国住房和城乡建设部. 建筑基坑工程监测技术规范: GB 50497—2009[S]. 北京: 中国计划出版社, 2009.

[8] 中华人民共和国住房和城乡建设部. 危险房屋鉴定标准: JGJ 125—2016[S]. 北京:中国建筑工业出版社, 2016.

[9] 杨学林, 祝文畏, 王擎忠. 既有建筑改造技术创新与实践[M]. 北京: 中国建筑工业出版社, 2017.

[10] 中华人民共和国住房和城乡建设部. 既有建筑地基基础加固技术规范: JGJ 123—2012[S]. 北京: 中国建筑工业出版社, 2012.

[11] 中华人民共和国住房和城乡建设部. 建筑桩基技术规范: JGJ 94—2008[S]. 北京: 中国建筑工业出版社, 2008.

锁扣钢管桩在地铁临河附属基坑中的应用及变形分析

丁宇能，陈 磊

（中国联合工程有限公司，杭州 310052）

摘 要： 杭州地铁 4 号线池华街站首次在杭州地铁基坑中引入锁扣钢管桩围护工法，有效解决了临河附属基坑施工空间不足的问题，避免了占用河道。介绍了锁扣钢管桩在杭州临河地铁深基坑中的应用情况，并结合监测数据分析了钢管桩围护变形特性，可供相近工程借鉴和参考。

关键词： 锁扣钢管桩；基坑；变形分析；地铁；临河

随着城市轨道交通的快速发展，土地资源日益紧张，地铁基坑工程面临的周边环境也愈加复杂。目前很多地铁地下车站沿河道布置在城市道路下方，其临河侧附属结构紧邻河道，施工附属结构基坑时，车站主体结构通常已完成并恢复上方交通，这就导致附属结构施工时场地非常狭小。常见临河附属基坑采用的围护形式有地下连续墙、SWM 工法桩和钻孔咬合桩，其中地下连续墙和工法桩机械所需施工空间较大，通常需要借用河道或者占用部分道路，审批流程困难[1]；钻孔咬合桩虽然机械所需施工空间小，但桩体垂直度难以保证，围护结构止水性能对施工质量要求较高，对于临河基坑有渗水风险且造价较高。锁扣钢管桩于 20 世纪 90 年代被引入我国，因其刚度较大、止水性能较好、施工简单、造价低等特点，目前广泛应用于水利工程和深水桥台基坑等围堰工程中[2-5]，地铁深基坑中的应用还不常见。杭州地铁 4 号线池华街站附属 D 号出入口基坑围护结构采用锁扣钢管桩的围护形式，实施效果较好，目前附属主体结构已完成并覆土，这是杭州地区地铁项目首次采用锁扣钢管桩围护工法。本文以该项目为背景，介绍锁扣钢管桩在地铁临河附属基坑中的应用情况，并结合现场实测数据分析其变形规律，可为相似工程提供参考。

1 工程概况

池华街站附属 D 号出入口位于池华街和紫萱路路口西北侧（图 1），北侧为池华街，道路下方为车站主体结构，南侧紧邻北沙斗河（河道宽约 15m，深约 2m）。D 号出入口结构外墙距离河道最小距离为 4.67m，且距离结构外墙 2.5m 处有一根 10kV 电力管线。目前车站主体结构已完成并回填覆土，车站上方池华街已恢复路面交通。

D 号出入口基坑标准段开挖深度约 9.9m，局部落低段深 11.9m，集水坑段深度约为 13.4m。基坑开挖范围内土层自上而下主要为②$_{-1}$粉质黏土和⑤$_{-1}$粉质黏土，坑底为⑤$_{-3}$粉质黏土层。围护结构原计划采用 600mm 厚地下连续墙，内支撑采用一道混凝土支撑加两道钢支撑（局部三道）。由于基坑南侧与河道间空间较小，北侧道路交通已恢复无法占用，临河侧地墙施工需借用河道并回填土作为施工平台，施工困难且审批手续复杂。因此考虑将临河侧地下连续墙调整为锁扣钢管桩，并在桩外侧增设一排拉森钢板桩以加强止水效果。地墙与锁扣钢管桩接缝处采用高压旋喷桩加固止水。钢管桩直径根据开挖深度不同选择ϕ700mm，$t = 8$mm 和ϕ630mm，$t = 8$mm 两种型号。围护结构平面布置如图 2 所示。

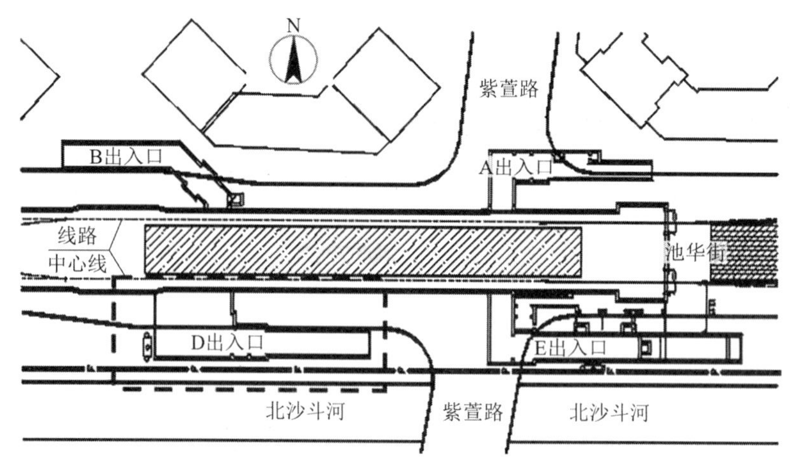

图 1 D 出入口平面区位图

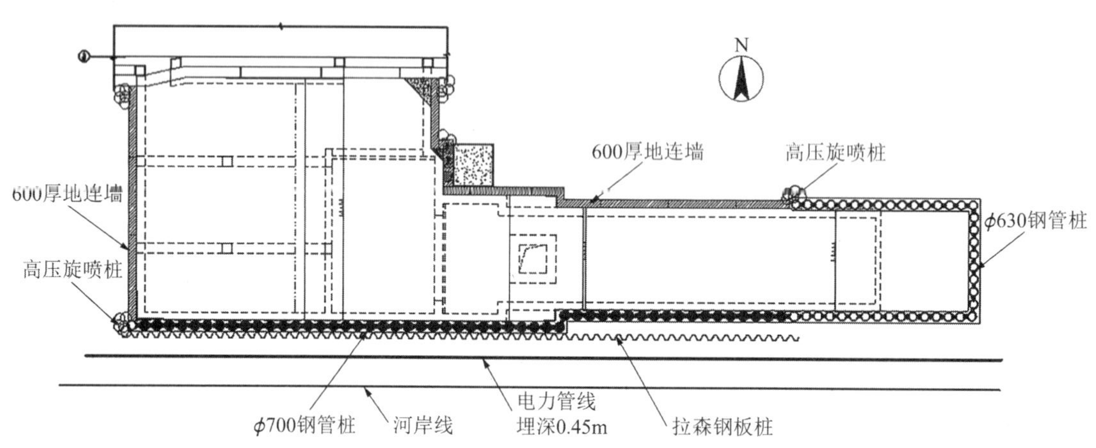

图 2 D 号出入口围护结构平面图

2 锁扣钢管桩结构原理

锁扣钢管桩可分为钢管和锁扣两部分，钢管为围护结构的受力主体，承担基坑开挖所产生的围护桩桩后主动土压力，其原理同钻孔灌注桩围护，钢管分节处采用钢套管满焊连接。钢管桩之间通过钢管两侧锁扣接头连接，锁扣与钢管间采用双面满焊连接，并沿桩身间隔 1m 设置加强钢板，以保证钢管与锁扣接头之间的密闭性和连接强度。目前常用的锁扣接头形式主要有 C-T 形、C-O 形和 C-C 形，如图 3 所示[6]。

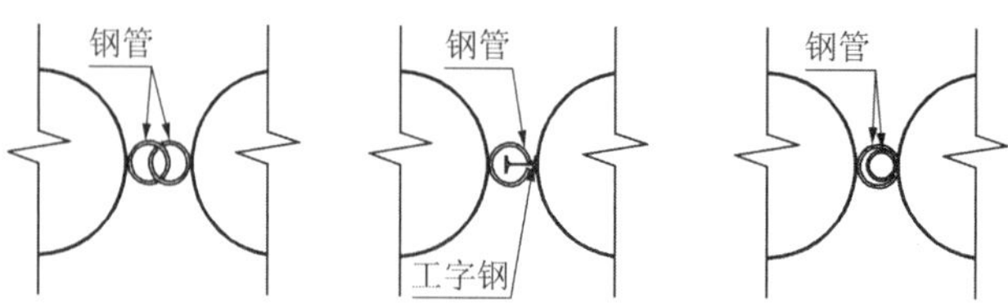

图 3 C-C 形、C-T 形和 C-O 形锁扣形式

C 形接头为桩身一侧开槽的无缝钢管，O 形接头为桩身直径较小的无缝钢管，T 形接头为工字钢。锁扣接头咬合后在接头空隙内填入优质黏土或者油脂，以保证接头间止水效果。锁扣钢管桩通常采用锤压法施工即可成桩，当遇到较硬地层无法插打至设计深度时，可采用其他设备引孔施工[2]。本项目中锁扣钢管桩接口为 C-C 形，根据地质情况拟采用锤压法施工。

3 临河基坑变形规律研究

常规长条形基坑开挖时基坑两侧荷载基本相同，而临河状态下基坑开挖时基坑两侧荷载不平衡即偏压状态，这使得基坑两侧出现非对称变形，围护结构整体向临河侧位移，极易造成基坑结构失稳[7]。目前对基坑两侧荷载对称条件下基坑变形规律的研究较普遍，但是对偏压状态下的临河基坑变形研究则相对较少。

雷崇[8]采用 PLAXIS 有限元软件模拟了临河偏压深基坑开挖过程，认为临河基坑支护结构位移形态和向河侧完全不一致，临河侧基坑支护结构水平位移和弯矩均小于向河侧。舒进等[7]通过 PLAXIS 有限元软件分析了基坑临河距离对围护结构和地表变形的影响，得出了临河距离大于 1.5 倍基坑深度，基坑两侧不对称变形可忽略不计的结论。刘诚等[9]运用 MIDAS-GTS 有限元软件模拟了盖挖逆作施工过程，并结合现场监测数据分析得出结论，靠河侧基坑围护结构变形大于背河侧，且河流水位升高会使围护结构水平位移和周边地表沉降增大。张杰等[10]运用 MIDAS-GTS 有限元软件模拟了徐州某临河地铁开挖工况，并认为临河引起的偏压荷载效应，仅在开挖深度较大以及临河距离较小时（1 倍坑深）方能体现，且向河侧基坑水平位移大于背河侧。

4 基坑监测结果分析

本工程施工期从基坑开挖至顶板覆土共计两个半月，整个施工过程均对围护结构水平位移进行了监测，监测点如图 4 所示，ZQT44～ZQT50 为围护桩水平位移监测点，顶板浇筑前监测频率为 1 次/d，顶板浇筑后为 1 次/2d。

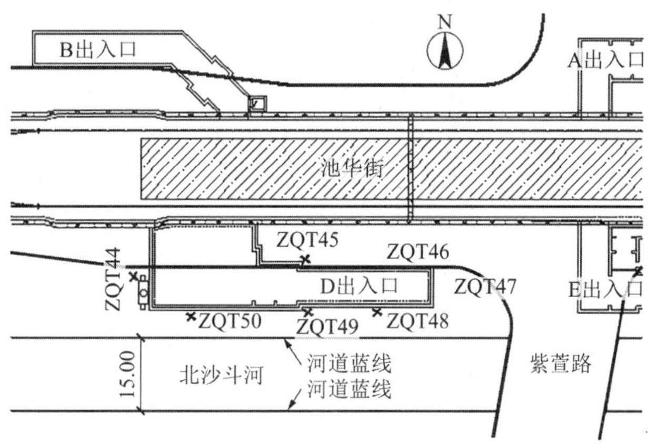

图 4 围护水平位移监测点布置图

图 5～图 7 为临河侧钢管桩水平位移监测结果图，其中开挖 1 为基坑开挖至第一道钢支撑工况，开挖 2 为开挖至第二道钢支撑工况，开挖 3 为开挖至坑底工况，最大值为整个施工过程的监测最大值。由图可知，基坑开挖初期，钢管桩有向河道侧位移的趋势，这是由于基坑南侧河道以及北侧道路超载所导致的两侧荷载不平衡，基坑北侧荷载大于南侧。随着开挖深度的增加，钢管桩水平位移与深度曲线呈“弓”形分布，最大水平位移发生在 $2/3H$～H（H为坑深）附近且位置随坑深增大而上移，坑底以下钢管桩水平位移随深度急剧减小，这与目前已有的关于基坑围护变形研究的结论基本一致[11]。除此之外，从图中还可发现，钢管桩最大水平位移并非发生在开挖至坑底时，主体结构施工阶段，钢管桩仍会继续向基坑内位移，该阶段钢管桩水平位移量约占总位移量的 30%，且临河侧钢管桩最大水平位移与基坑深度的比值为 0.1%～0.15%。

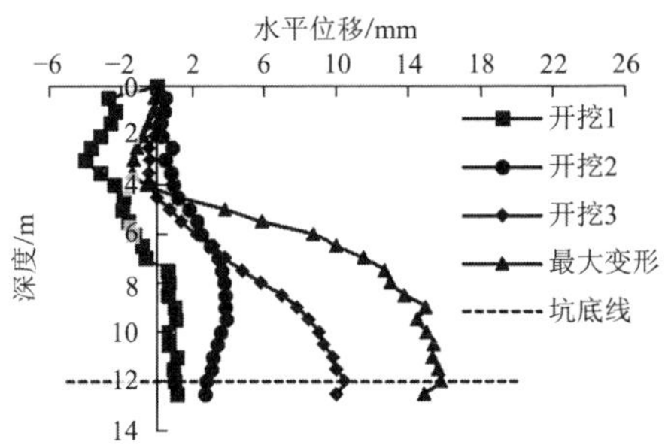

图 5 临河侧钢管桩水平位移图（ZQT50）

（12m 深度以下测点损坏，无数据）

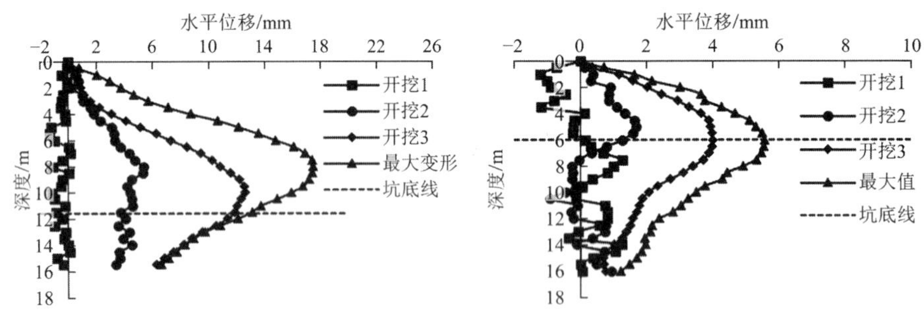

图 6 临河侧钢管桩水平位移图（ZQT49） 图 7 临河侧钢管桩水平位移图（ZQT48）

图 8 为向河侧地下连续墙水平位移监测结果，开挖初期，地下连续墙整体即向基坑内侧发生位移，结合钢管桩在开挖初期向河道侧位移的结论，可以认为临河基坑在开挖初期有整体向河道侧倾覆的趋势，这和现有研究的结论吻合[10]。

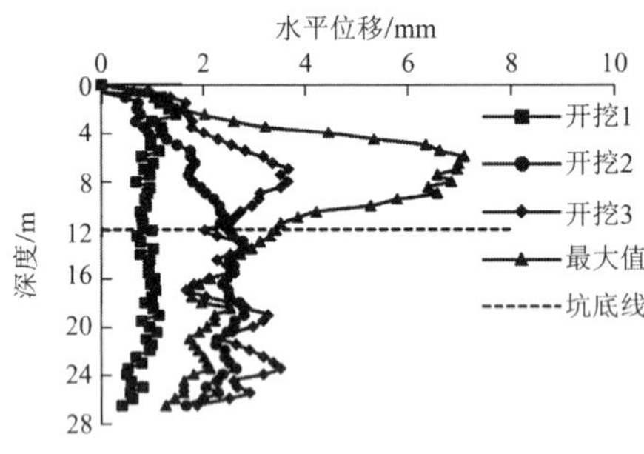

图 8 向河侧地下连续墙水平位移图（ZQT45）

同一断面基坑两侧围护桩水平位移最大值对比如图 9 所示，钢管桩和地下连续墙位移取值分别为 ZQT49 和 ZQT45 测点。由图可知，临河侧锁扣钢管桩最大水平位移远大于向河侧的地下连续墙，约为地下连续墙的 2.5 倍。而已有研究均表明，相同围护条件下向河侧基坑水平位移大于临河侧，这说明由于地下连续墙刚度大于钢管桩，有效减小了向河侧的基坑变形，这对防止基坑整体向河道侧倾斜有着有利的作用。实际工程中通常也会对基坑偏压一侧围护结构采取加强措施。

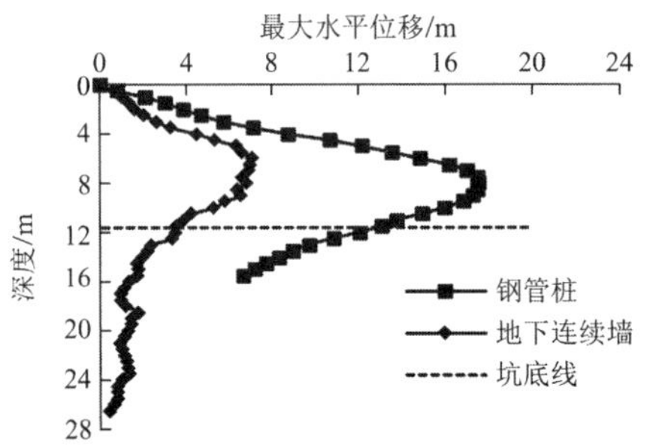

图 9 钢管桩与地下连续墙水平位移对比图

5 结论

本文介绍了锁扣钢管桩在杭州地铁临河深基坑中的应用，并结合现场监测数据分析了临河基坑围护结构变形特性，得出如下结论，可供相近工程借鉴与参考。

（1）锁扣钢管桩围护对于杭州软土地区地铁临河附属深基坑有较好的适用性，可有效解决施工场地不足的问题，基坑最大水平位移为 0.1%H～0.15%H（H为坑深），基坑变形和稳定性等各项指标均满足相关规范要求。

（2）临河侧锁扣钢管桩在基坑开挖初期会产生向河侧的水平位移，随着开挖深度的增加，水平位移逐渐增大并变为向基坑内侧，水平位移与深度曲线变为“弓”形，最大水平位移发生在 2/3H～H（H为坑深）范围，且位置随坑深增加而上移。

（3）开挖初期由于偏载作用两侧围护均向河道侧位移，基坑有整体向河侧倾覆的趋势，随着开挖深度增大，临河侧围护主动土压力增大水平位移变为向坑内，偏载作用影响减弱。

（4）同一断面上，临河侧锁扣钢管桩最大水平位移大于向河侧地下连续墙，约为地下连续墙的 2.5 倍。说明增加向河侧围护刚度可有效减小由于偏压作用所导致的向河侧围护水平位移增大，对防止临河基坑整体向河道侧倾斜有着有利作用，实际工程中应予以考虑。

参考文献

[1] 万陶，汪怀园. 锁扣钢管桩在地铁围护结构中的应用[J]. 四川建筑, 2021, 41(6): 250-252.

[2] 仲建军. CT 式锁口钢管桩在基坑支护施工中的应用[J]. 市政技术, 2016, 34(6): 182-185.

[3] 高明慧. 深水桥梁基础锁扣钢管桩围堰应用技术研究[J]. 国防交通工程与技术, 2021, 19(5): 48-52, 77.

[4] 殷力立. 复杂条件下 CO 锁扣钢管桩深水围堰施工[J]. 黑龙江交通科技, 2017, 40(4): 92-93.

[5] 赵建钢，高辉，施骏. 水下深基础锁扣钢管桩围堰的设计及施工关键技术[J]. 建筑施工, 2021, 43(1): 127-129.

[6] 郭建军. 锁口钢管桩在桥梁深基坑中的应用[J]. 科学技术创新, 2021(14): 126-127.

[7] 舒进，丁春林，张思源. 临河地铁车站深基坑变形规律研究[J]. 华东交通大学学报, 2011, 28(5): 57-62.

[8] 雷崇. 临河地铁深基坑开挖在大偏压作用下的支护结构性状研究[J]. 铁道标准设计, 2017, 61(5): 130-134.

[9] 刘诚，应国柱，朱大勇，等. 临河深大复杂基坑变形分析[J]. 工程与建设, 2016, 30(1): 1-4.

[10] 张杰，张礼仁，张绍华. 徐州地铁 1 号线临河车站基坑的变形特性研究[C]//第十二届全国土力学及岩土工程学术大会论文集. 2015: 113-117.

[11] 冯虎，刘国彬，张伟立. 上海地区超深基坑工程地下连续墙的变形特性[J]. 地下空间与工程学报, 2010, 6(1): 151-156.

深耕学术

SHEN GENG XUE SHU

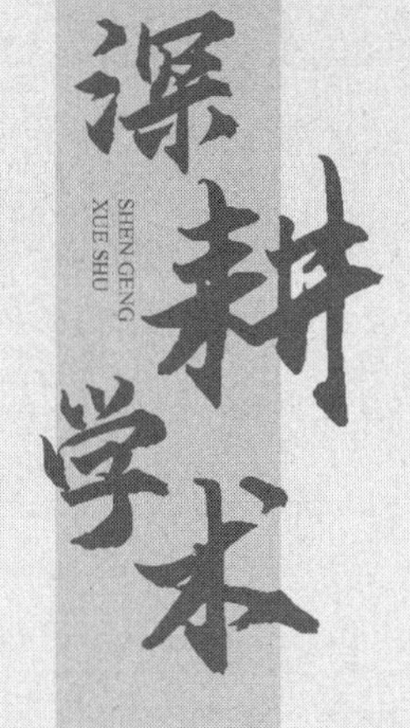

·加固改造与城市更新

——部分研究会会员近十年论文集萃

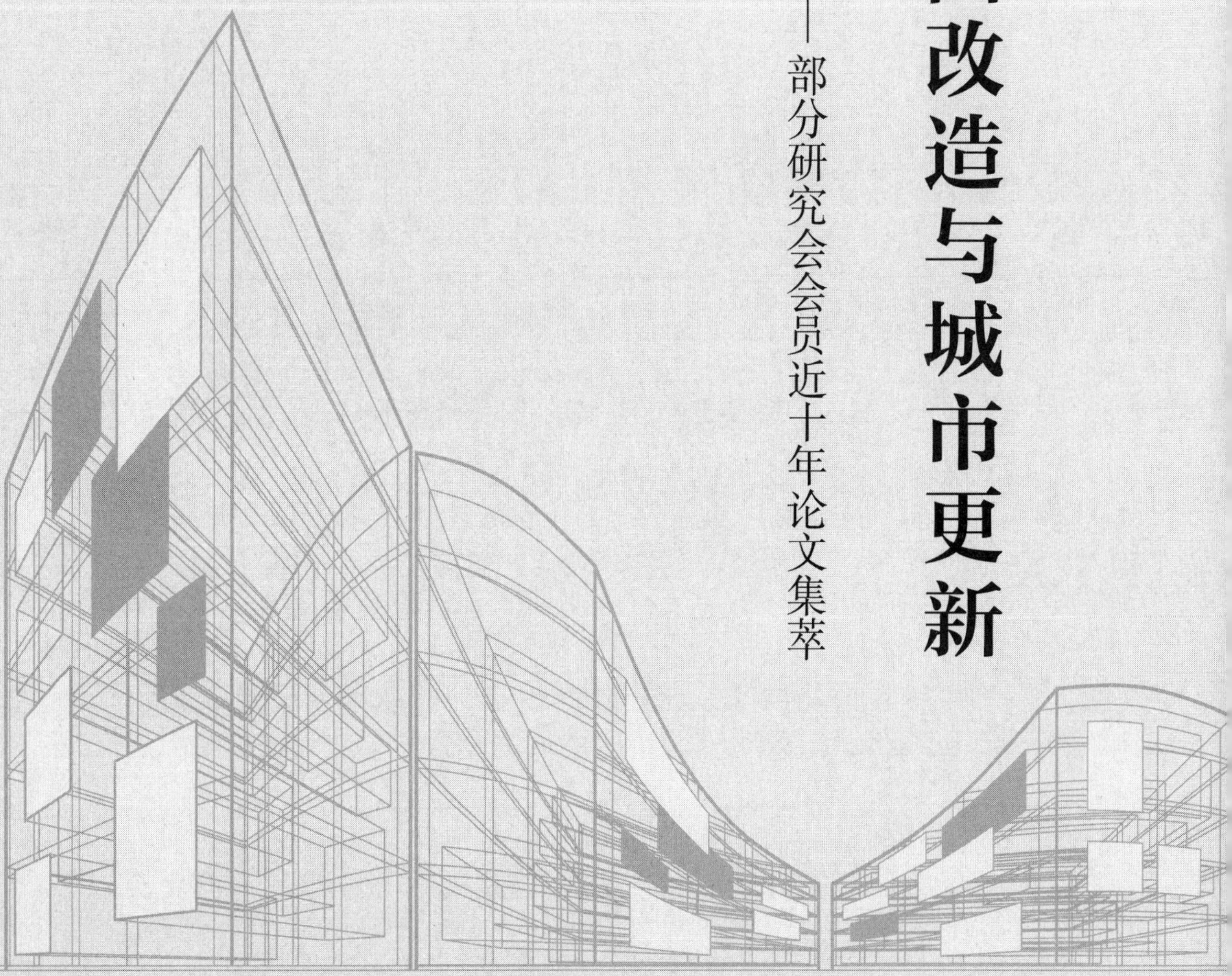

繁荣学术　服务社会

Prosperous academic service to society

软土地区某高层建筑截桩纠倾关键技术研究

杨学林[1]，祝文畏[1]，王擎忠[2]，张林波[2]，周豪毅[1]
（1. 浙江省建筑设计研究院，杭州 310005；2. 杭州圣基建筑特种工程有限公司，杭州 310030）

摘　要： 软土地区截桩纠倾技术复杂，桩基通过发生刺入变形而引起建筑物回倾。以往工程往往注重定性分析和防控措施的布置，目前尚缺乏合理的计算分析理论对端阻力与刺入变形的发展进行描述，无法准确预测截桩的数量，更无法计算纠倾期间的桩基及上部结构内力变化。截桩纠倾过程中，基桩内力处于动态变化之中，不同基桩甚至同一基桩不同阶段的荷载分布差异巨大，桩周以及桩端土的应力随之处于大幅度变化之中；导致建筑物倾斜的桩基缺陷难以准确参数化。本文在常规静载荷试桩Q-S曲线基础上，通过沉降监测对Q-S曲线进行调整和修正，建立了基于群桩效应、桩土相互作用以及桩基缺陷的等效$Q(n)$-$S(n)$曲线，并以此构建带缺陷基础与上部结构协同作用力学模型，在成功纠倾上海某软土地区高层建筑的基础上，为软土地区高层截桩纠倾提供了一种分析、设计、施工和监测反馈同步的信息化纠倾方法。

关键词： 截桩纠倾；软土地区；等效Q-S曲线；刺入变形；信息化

软土地区场地复杂，由于土层分布不均匀，软弱土层深厚或者设计、施工等因素，造成工程桩承载力不足以及工程桩之间承载力的分布差异，容易引发不均匀沉降，导致上部建筑倾斜。特别是处于准极限状态的摩擦桩和端承摩擦桩基础，竖向承载力不足所引起的沉降差异不易控制，将严重影响建筑物的安全。为恢复建筑物的使用功能，可对建筑物采取截桩和补强等措施，通过使沉降较小的一侧产生刺入变形进行纠偏。

截桩纠倾属于应急抢险工程，施工周期短、进度快，为基础补强而施打的控沉桩对场地土扰动明显，影响较难预测。截桩后，桩基多发生刺入变形，其主要变形以桩端附近土体的局部压缩和塑性变形为主，目前尚缺乏合理的计算分析理论对端阻力与刺入变形的发展进行描述[1-2]。再者，正常使用状态下的沉降变形与承载力极限状态下乃至局部破坏状态下的沉降变形显然有很大差异。因此，基于常规工程的本地区沉降计算、监测数据和沉降经验系数[3]难以借鉴。截桩纠倾中采用基础设计时的地勘参数，效果也并不理想。

由于地质条件和水文条件的不同，建筑物纠倾工程具有很强的地域性。由缺陷所引起的工程桩承载力的不确定性，特别是截桩纠倾过程中由于基桩内力急剧变化而导致的短时间内桩端以及桩周土应力和变形的大幅度变化，将对纠偏过程中房屋的局部及整体倾斜状态发生影响，从而给截桩纠偏的计算和作业带来很大困难。

在工程静载荷试验的基础上，结合沉降监测数据，本文建立了考虑群桩效应、桩土相互作用以及桩基缺陷的群桩$Q(n)$-$S(n)$曲线，从而构建出桩土地基等效刚度矩阵K，以预测截桩的数量和位置；然后根据监测所得到的内力和变形，对$Q(n)$-$S(n)$曲线进行了修正。在成功实施上海某高层建筑截桩纠倾的基础上，本文提出了适用于软土地区的分析、设计、施工和监测反馈同步的信息化截桩纠倾方法。

1　工程概况及倾斜、变形状况

1.1　工程概况

上海某高层住宅，地上 17 层、地下 1 层，屋顶结构标高 49.30m，电梯机房屋面结构标高 53.90m。该建筑平面呈矩形，长 67.6m，宽 12.3m，为装配式部分预制叠合剪力墙结构。基础采用空心方桩，型号为 HKFZ-AB-450（260），以⑦$_2$灰色粉砂土层为持力层，设计桩长 41m，单桩竖向承载力特征值 1900kN。除电梯核心筒下部为 4 桩承台外，剪力墙下均布置条形桩基承台。地下室底板厚度 400mm，条形承台高 850mm。

详勘报告和补勘报告表明，场地深度范围内地基土可分为 10 个土层（包括亚层土），本楼西单元下存在古河道切割⑦$_2$灰色粉砂土层的状况，各土层的性状参数见表 1。

1.2 建筑物倾斜及变形状况

工程于 2015 年 2 月 3 日开工建设，3 月 13 日桩基施工完毕，同年 12 月主体结构结顶。内部墙体施工到 13 层时发现了不均匀沉降，房屋整体往北倾斜，南北向平均沉降差约 41.5mm。

截至 2016 年 4 月 19 日，主体结构北侧、南侧分别倾斜 6.13‰～8.23‰和 3.79‰～8.64‰，如图 1 所示，超过《建筑地基基础设计规范》3‰的倾斜允许值。

场地土参数表　　表 1

层号	名称	E_s/MPa	c/kPa	φ
③	淤泥质粉质黏土	2.96	12	14.5
④	黏土	2.76	13	13
⑤$_1$	黏土	3.11	20	15
⑤$_{2\text{-}1}$	黏质粉土	7.09	7	28.5
⑤$_{3\text{-}1}$	粉质黏土	3.55	14	17.5
⑤$_{3\text{-}2}$	粉质黏土	4.71	18	18.5
⑤$_4$	粉质黏土	6.1	28	20
⑦$_2$	粉砂	12	3	32
⑧	粉质黏土夹黏质粉土	6	22	20
⑨	砂质粉土	12	3	35

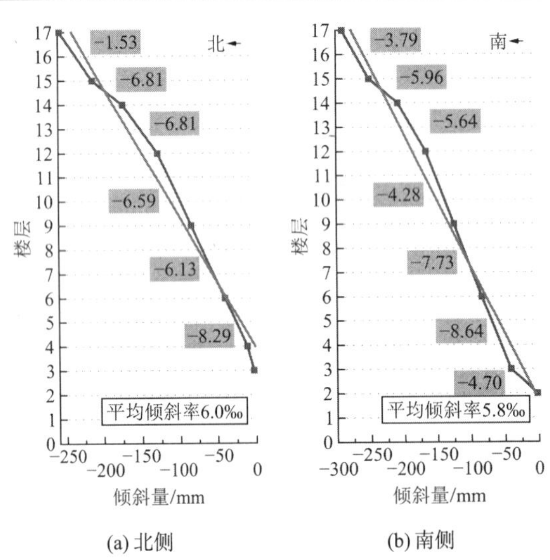

图 1　建筑物南北侧倾斜数值图（南北侧）

2 大楼倾斜、变形状况及原因分析

大楼倾斜之后，对场地进行补勘以及桩基复检，通过分析该大楼场地土层分布、场地状况、成桩质量以及沉降情况，发现大楼不均匀沉降主要原因如下：

（1）场地地基土层分布不稳定，持力层起伏变化较大，场地复杂，场地表层分布鱼塘、暗浜，属湖沼平原地貌。鱼塘、明浜的软弱塘泥对桩基施工、承载力造成较大影响。此外，由于该区域填土较厚，达 5～6m，而鱼塘、暗浜以外区域的填土厚度相对较小，其中，北侧 2.70m、南侧 1.3m，单桩竖向承载力计算未考虑填土对桩基负摩阻力的影响。

（2）工程场地分布深厚软黏土，基底以下 37～38m 内均为软黏土。桩基持力层⑦$_2$灰色粉砂土层全场分布，局部受古河道切割影响层厚有所削弱，其下卧层⑧粉质黏土夹黏质粉土层较为软弱，层厚在 12m 以上且厚度差异较大，该土层固结沉降对建筑物整体沉降起控制作用，设计过程未予以充分考虑。

（3）由于持力层起伏，工程桩实际长度差异较大，部分桩基未进入持力层，桩身存在较为严重的质量缺陷。

大楼尚未投入使用，当前施工进度状态下竖向总荷载 18984.8t，仅占建筑设计总荷载的 77.05%，大楼倾斜已超过规范的限值，且处于不断加剧状态，必须采取控沉措施。结合场地土层情况，最终确定采取截桩方式进行纠倾。

3 截桩纠倾分析

截桩纠倾过程中，不同基桩间的荷载分布差异巨大，部分基桩甚至处于受拉状态，而有的基桩则处于承载力极限状态；随着截桩进行和批次变换，这种内力分布一直处于动态变化之中。另一方面，由于基桩所承受荷载的快速变动，桩周以及桩端土的应力也在大幅度变化之中，部分基桩则由于土体进入破坏状态而发生刺入变形。

由于纠倾过程的复杂性，以往截桩纠倾过程注重定性分析和防控措施的布置，无法计算截桩的数量，更无法计算纠倾期间的桩基内力变化以及上部结构的内力[4-5]。为了较好地预测截桩数量以及截桩过程发生的沉降，本节通过构建带缺陷桩基的等效刚度进行截桩纠倾过程的分析与预测，建立起分析预测—施工—监测—反馈修正的作业模式，以提高分析精度，实现分析、设计、施工和监测反馈同步的信息化纠倾，其流程如图 2 所示。

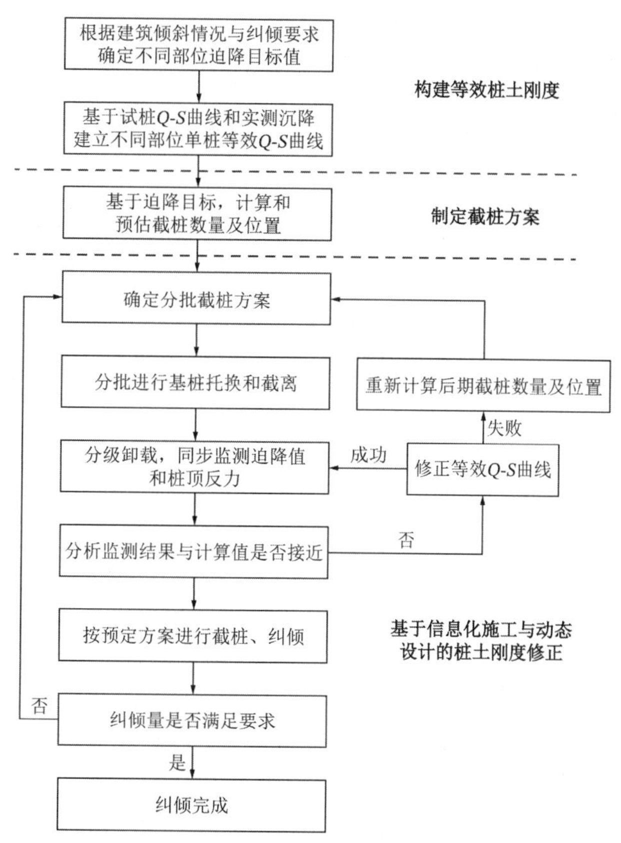

图 2　纠倾流程图

3.1 倾斜建筑等效桩土刚度的构建

竖向荷载作用下，桩基沉降主要由桩身混凝土自身的弹塑性压缩变形以及桩端以下土体的变形两部分组成[6]。桩端以下土体的变形包括瞬时发生的剪切畸变、主固结沉降以及次固结沉降。桩基沉降计算方法很多，目前单桩沉降的计算方法主要有弹性理论方法、荷载传递法、剪切位移法[7]、明德林法、分层总和法、各种数值计算法以及其他简化方法；群桩沉降计算方法主要有等代墩基（实体深基础）[3]法，明德林—盖得斯法，等效作用分层总和法等方法[8-9]。考虑到按照弹性理论法计算沉降十分复杂，规范[3]沉降计算时引入了等效作用的概念，其计算结果往往偏大，必须采用经验的沉降系数进行折减。

沉降计算是否合理，很大程度上取决于计算参数的选择是否正确。工程上，可根据荷载特点、土层条件、布桩情况来选择合适的桩基沉降计算模式及相应的计算参数。一方面，场地土层分布不均、土体性质差异大、桩身长短差异明显，间距 20～30m 的勘探孔难以详尽揭示整个场地情况，土体压缩变形、固结变形以及桩端刺入破坏所涉及的土体参数取值极为复杂，在大楼纠倾抢险过程中，短时间内难以通过试验取得众多有效数据；再则，可能存在的断桩等缺陷无法全部揭示出来。因此，截桩纠倾过程难以采用常规方法进行分析。

截桩纠倾过程，建筑物的回倾主要依靠桩端刺入变形。目前，关于刺入过程变形和基桩承载力之间关系的研究成果并不成熟，本文试图利用桩基施工前所进行的单桩载荷试验Q-S曲线，假定桩端位移和桩端力成非线性关系，进行近似计算。

单桩竖向静载荷试验通过实测单桩在不同荷载作用下的桩顶沉降，得到静载试验的Q-S曲线，然后根据曲线推求单桩竖向抗压承载力特征值等参数。目前，绝大多数静载试验是为工程设计和验收提供依据，试桩试验荷载一般加载至设计承载力特征值的 2 倍左右即终止，不进行破坏试验。要正确预估截桩数量以及部位，必须合理确定本场地桩基发生较大沉降变形的承载力数值区间。当基础施工前所进行的设计试桩终止荷载未达到桩基承载力极限标准值时，需要预估桩基内力超过试验荷载时的沉降趋势，然后用监测数据进行反馈和修正，条件允许时可对补充控沉桩进行破坏性试验以完善Q-S曲线，并确定沉降较小一侧桩基发生刺入变形的荷载区间。

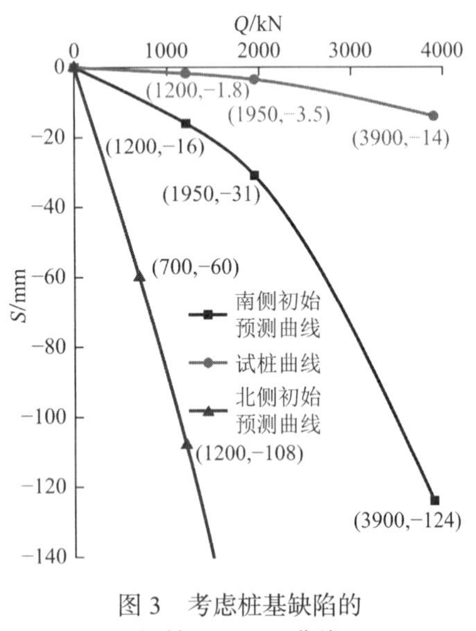

图 3　考虑桩基缺陷的初始$Q(n)$-$S(n)$曲线

当然，建筑物倾斜一般为桩基承载力整体缺陷所致，其主要原因不是个别桩缺陷，纠倾过程也无法详尽甄别哪些部位桩基存在缺陷，哪些部位承载力存在不足；此外，截桩过程由于土与承台或者地下室底板的共同作用，基于单桩载荷试验的Q-S曲线未能体现上述影响。有鉴于此，必须通过修正建立倾斜建筑的桩基承载力与沉降关系。

根据监测所得到的沉降数据，结合计算所得现阶段的单桩内力，考虑截桩纠倾过程的沉降特性，以承台或墙肢为单位，建立考虑群桩效应、桩土相互作用以及桩基缺陷的$Q(n)$-$S(n)$曲线，如图 3 所示。在此基础上，构建出桩土及地基等效刚度矩阵$\boldsymbol{K}$，从而建立带缺陷基础与上部结构协同作用力学模型，桩土与上部结构共同作用方程如式(1)所示。截桩过程中，可通过改变桩土地基等效刚度矩阵$\boldsymbol{K}$，对桩顶位移和桩基内力分布进行预测。

$$[\boldsymbol{K}+\boldsymbol{K}_{\mathrm{s}}+\boldsymbol{K}_{\mathrm{b}}][\boldsymbol{U}]=[\boldsymbol{F}] \tag{1}$$

其中：

$$[\boldsymbol{K}]=\begin{bmatrix} K_{1,1} & & & & \\ & \cdots & & & \\ & & K_{n,n} & & \\ & & & \cdots & \\ & & & & K_{N,N} \end{bmatrix} \tag{2}$$

$$\boldsymbol{K}_{n,n}=\begin{cases} \dfrac{Q(n)}{S(n)} & 未截桩 \\ 0 & 截桩 \end{cases} \tag{3}$$

式中：$\boldsymbol{K}$为桩土地基等效刚度矩阵；N为总桩数；$\boldsymbol{K}_\mathrm{s}$为基础刚度矩阵；$\boldsymbol{K}_\mathrm{b}$为上部结构刚度矩阵；$\boldsymbol{U}$为桩顶节点位移矩阵；$\boldsymbol{F}$为上部结构荷载节点力矩阵；$Q(n)$、$S(n)$为构建可修正等效刚度曲线的基桩内力与桩顶位移。

3.2 基于等效桩土刚度的截桩方案制定

对工程进行纠倾前，需要截断多少工程桩可使建筑物回正；桩截断后，竖向荷载将转移至周边桩，周边桩承载力是否超过其极限承载力、桩身是否压爆破坏。上述问题事关高层纠倾的成败，与工程安全密切相关。

本文纠倾方法的关键在于构建出考虑群桩效应、桩土相互作用以及桩土地基等效刚度矩阵$\boldsymbol{K}$，建立上部结构与桩基共同作用模型，并在此基础上进行截桩模拟分析与预测。

根据试桩Q-S曲线，确定桩基发生较大刺入变形的荷载值R_K，基于所构建的桩土地基等效刚度矩阵，通过试算确定截桩的部位、数量和批次顺序，确保施工过程基桩内力R_a接近R_K，同时小于桩身承载力极限值R_e，从而实现基桩缓慢下沉。通过截桩比较与分析预测，本工程分2批进行截桩，具体截桩部位以及数量详见图4。

沿⑪轴剖面由南往北基桩内力变化及沉降发展的预测结果详见图5、图6。预测分析表明，截桩之前，1～7号桩桩顶反力较为接近，其中南侧沉降小的区域反力略大。第一批桩截断之后，监测的与之相邻桩反力由1300kN上升至2592kN，沉降27mm，桩身强度可满足承载力要求；此时建筑最南侧沉降34mm。第二批桩截断之后，监测的与之相邻桩反力上升至3361kN，沉降74.0mm，桩身强度仍可满足承载力需要；建筑最南侧沉降 90mm。纠倾过程中，随着南侧截桩的批次的展开，周边基桩内力变化幅度很大，由南往北增幅逐渐减小；由于截桩所引起的建筑物回倾，将使北侧基桩受拉，从而引起内力下降。

截桩纠倾过程建筑物竖向支承一直处于变化之中，建筑物整体也处于回倾和沉降相结合的动态平衡甚至局部存在桩顶回弹现象。因此，以往截桩纠倾工程注重定性分析和防控措施的布置。采用本文方法，整个截桩过程各基桩的内力变化以及变形均处于可量化分析和安全可控状态，避免了截桩纠倾截而不动或者沉而不止的情况，实现了对截桩数量的预测和合理布置。

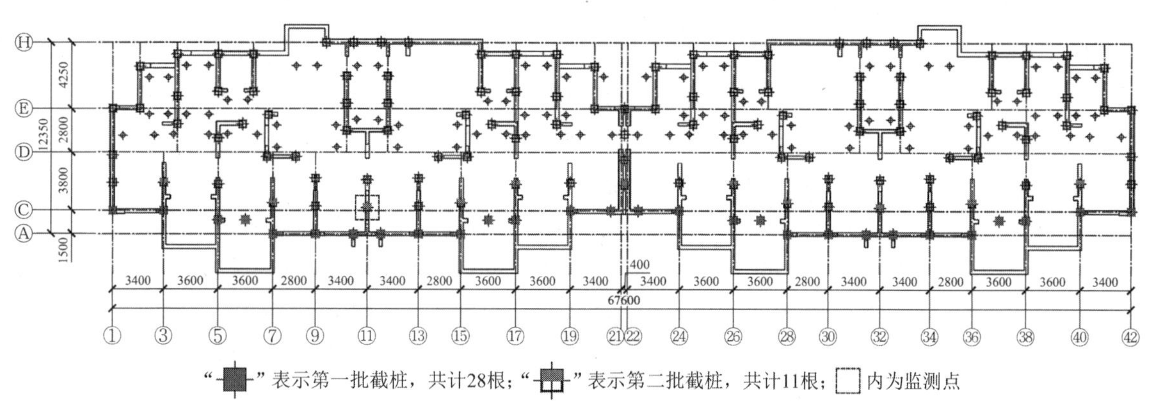

图4　截桩数量及批次布置图

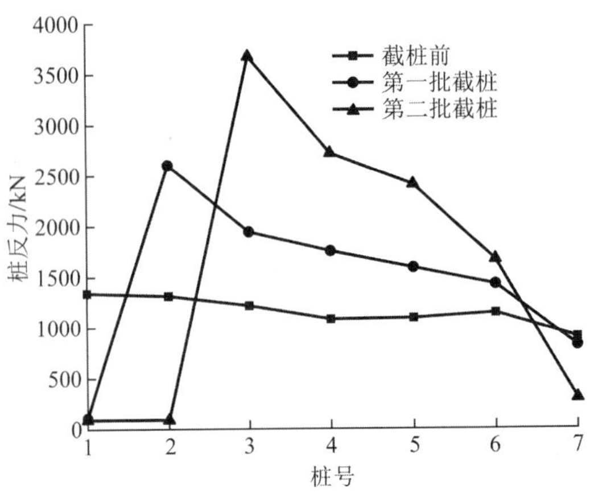

图 5 截桩过程基桩反力变化图

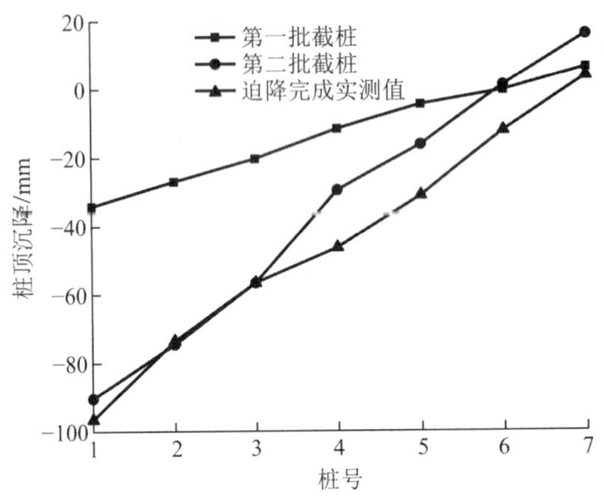

图 6 迫降过程桩顶沉降图

3.3 基于信息化施工与动态设计的刚度修正

截桩纠倾过程中，基桩所承受荷载及场地土应力分布处于动态变化之中，计算参数难以确定，设计理论以及方法尚不完善，加之此类工程危险性大，施工过程对结构存在较大影响，为了避免发生事故，进行信息化施工和设计是非常必要的。

纠倾过程与建造过程有着本质区别，纠倾过程中上部结构荷载已全部或者大部分施加完成，相比于建造过程，基础与结构体系在荷载、刚度等方面均处于相对静止状态，在安保措施完善的前提下，有条件通过周密的监测来获取纠倾过程中动态的桩土刚度关系。

纠倾过程时空效应显著，为了避免纠而不沉或者矫枉过正，需合理安排控沉桩施工进度，严格控制纠倾过程的迫降速率；此外，结构内力也与不均匀沉降的变化密切相关。因此，必须设置周密的监测体系，通过施工过程监测，及时动态调整纠倾施工的流程、节奏与强度，使纠倾与加固施工始终处于安全可控状态。具体监测内容包括：主楼迫降期间沉降、倾斜以及楼面高差监测；主楼在迫降纠倾期间钢管桩持荷与基底应力监测；连梁等关键部位裂缝监测。

单桩截断是指在需要截断的方桩上安装拖换牛腿及千斤顶，事先将桩基所承受的上部结构荷载转移至千斤顶，然后用绳锯截断方桩并移除，最后根据需要将千斤顶油压回调逐渐卸去承载力，使得该桩与基础脱开。通过对第二批截桩部位千斤顶进行实时监测，可得到整个截桩过程桩对应部位的反力。本工程截桩分两个批次，为了进一步增强施工过程的安全性，两批次桩采用千斤顶拖换后，分工况实施卸荷与监控，并进行反馈。批次分布及监测位置详见图 4，第一批次截桩各工况卸荷情况如表 2 所示。

第一批次截桩各工况卸荷情况 表 2

工况一	工况二	工况三	工况四	工况五	工况六
0	20%	40%	60%	80%	100%

根据监测所得到的内力和变形，对图 3 所构建的Q-S曲线进行修正。第一批次截桩监测反馈过程如表 3 所示，修正后$Q(n)$-$S(n)$曲线如图 7 所示。

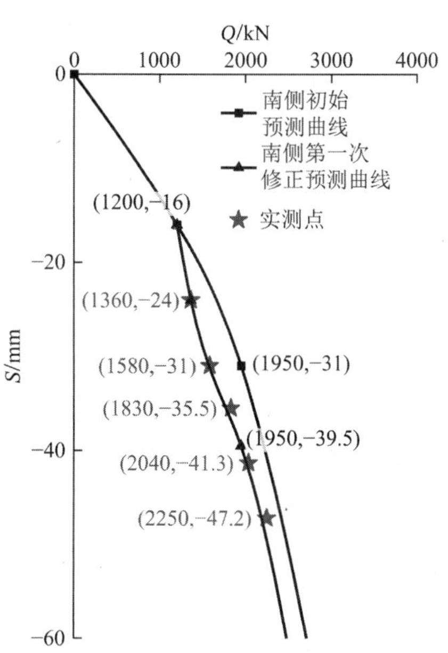

图 7 基于监测反馈修正的$Q(n)$-$S(n)$曲线

第一批次截桩监测反馈过程 表 3

工况	预测沉降/mm	实测沉降/mm	误差	判断
工况一	—	16	—	—
工况二	20.2	24	−15.8%	需进行修正
工况三	30.9	31	−0.3%	预测成功
工况四	36.7	35.5	3.4%	预测成功
工况五	41.8	42.3	−1.2%	预测成功
工况六	47.3	47.2	0.2%	预测成功

另外，纠倾过程中，北侧部分基桩可能会产生回弹现象，上述桩土刚度修正方法同样适用于试桩回弹刚度曲线，限于篇幅，本文不再赘述。

3.4 截桩迫降过程上部结构内力分析

截桩导致其周边基桩内力大幅度上升，通过刺入变形引发建筑物回倾，纠倾过程上部结构内力必然发生重分布。

基于等效Q-S沉降曲线所构建的刚度矩阵，可实现纠倾过程上部构件的内力计算，从而对关键构件进行预判，确保纠倾过程中不发生开裂或其他破坏。截桩过程构件内力变化见图 8。

由图 8 可知，截桩所引起上部结构附加内力随着楼层增高而减小。纠倾过程中，楼面尚未施加活载，地震作用不参与组合，通过合理安排截桩批次使回倾处于平截面状态，控制迫降速率，可减小附加内力。经计算，本工程梁配筋可以确保构件不继续开裂。

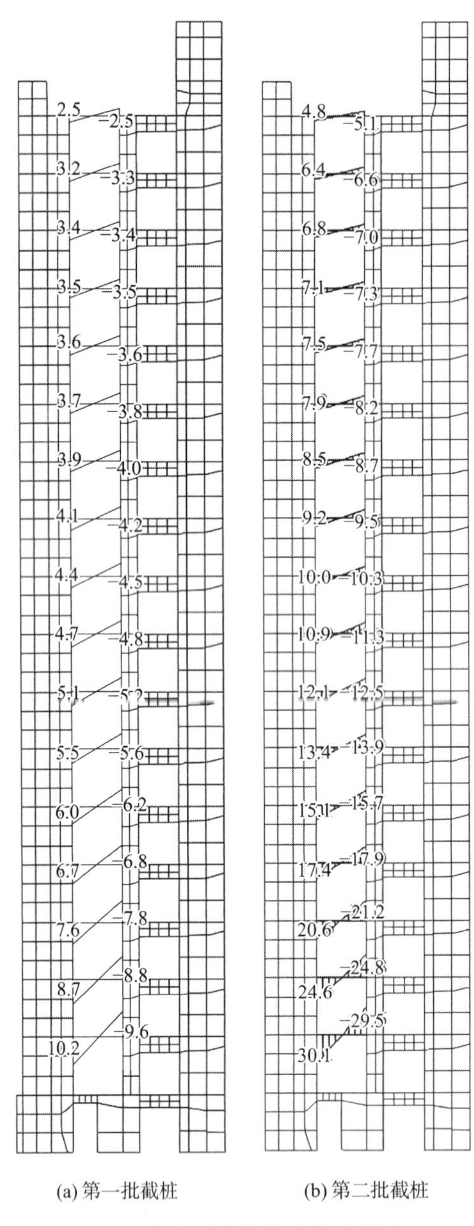

(a) 第一批截桩　　(b) 第二批截桩

图 8　截桩过程构件内力变化图

4　截桩设计

4.1　新增静压钢管桩设计

建筑物倾斜的根本原因在于桩基承载力的整体不足与分布不均，本工程采用空心方桩，桩端以⑦$_2$灰色粉砂土层为持力层，持力层以下存在软弱下卧土层，北侧工程桩承载力严重不足。监测数据表明，北侧总体沉降为 110～150mm。计算可知，现阶段作用在地基上的竖向总荷载仅占总体荷载的 80%左右，且刺入变形仍在持续发展。因此，必须通过补桩以提高整个桩基的承载能力，控制北侧沉降的发展。

在地基承载力不足的建筑物基础下，静力压入挤土效应较小的钢管桩，使桩端进入地基深部较好的土层中，将建筑物部分荷载传入该土层，从而减小浅层地基土附加应力，可有效制止沉降继续发展。

根据工程经验及托换桩静载荷试验资料，按以下方法设计补充桩数：

$$n = \alpha \frac{Q_k}{R_a} \tag{4}$$

式中：n为需要补充桩数；Q_k为上部结构传至拟加固基础区域的竖向荷载；R_a为单桩承载力特征值；α为托换率，即托换桩承载力与被加固建筑物竖向荷载总和的比值。托换率由建筑物的沉降、倾斜量、墙体开裂程度、地基土特性等因素决定。

经计算，采用 273 × 10、355 × 10 钢管桩进行补强，以⑦$_2$ 灰色粉砂土层为持力层，单桩竖向承载力特征值分别为 700kN、1200kN。其中，北侧布置 68 根 355 × 10 钢管补强桩，采用预加载封桩，预加载值取 1.0～1.2R_a，以控制沉降继续发展；南侧布置 40 根 273 × 10 钢管控沉桩，作为纠倾过程的保障措施；南侧钢管桩待纠倾结束，浇筑承台和底板后封桩。新增桩基承载力特征值为 109600kN，占建筑竖向总静力荷载的 43.80%。

图 9 为其中 2 根静压钢管桩的沉桩曲线图。由图 9 可知，不同部位土质差异明显，为达到同样的承载力，桩长相差可达 15m 左右。

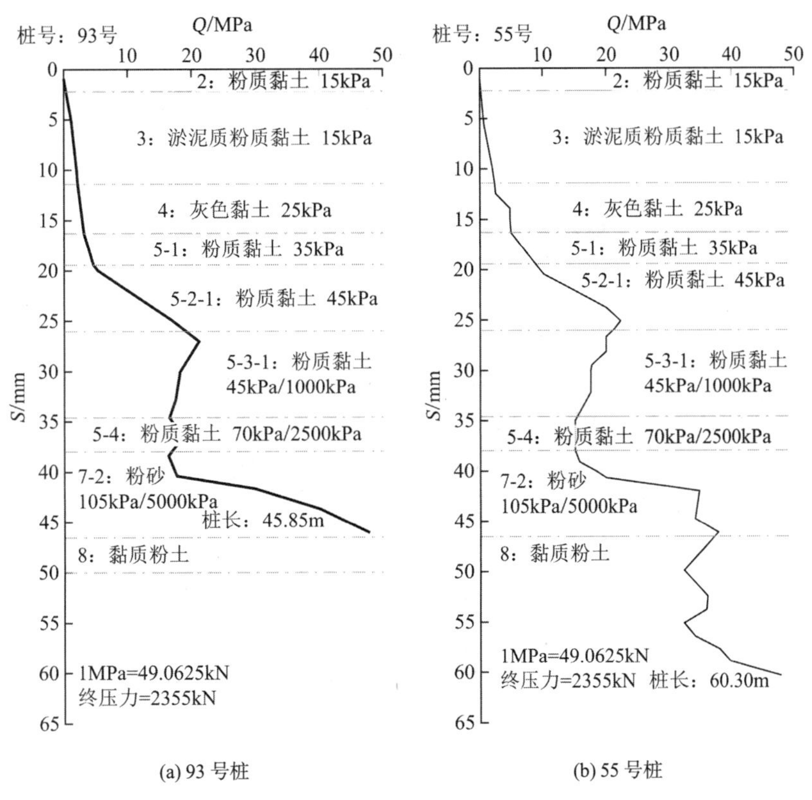

(a) 93 号桩 (b) 55 号桩

图 9 静压钢管柱Q-S曲线

4.2 限位装置设计

场地表层（截桩区域）为淤泥等软弱土层，桩顶截断后桩头处于自由状态，由于千斤顶安装的垂直误差及纠倾过程中其他不利因素（如强风、道路振动以及场地土扰动突发沉降）的影响，纠倾过程中可能会出现水平位移；此外，预制桩强度大、管壁薄、截面积较小，且抗弯刚度低，无法采用后锚固措施在管桩上设置顶升或迫降所需要的支承设备。

为解决上述问题，设计了图 10 所示夹板式迫降托换限位装置。首先，在不对预制桩钻孔的前提下安装夹板式预制迫降装置，安装完毕后，截断预制桩；然后，安装由角钢和缀板组成的限位套架，套架下侧与牛腿埋件焊接，从而限制桩头自由移动；同时安装精轧螺杆，确保防风抗倾覆安全。

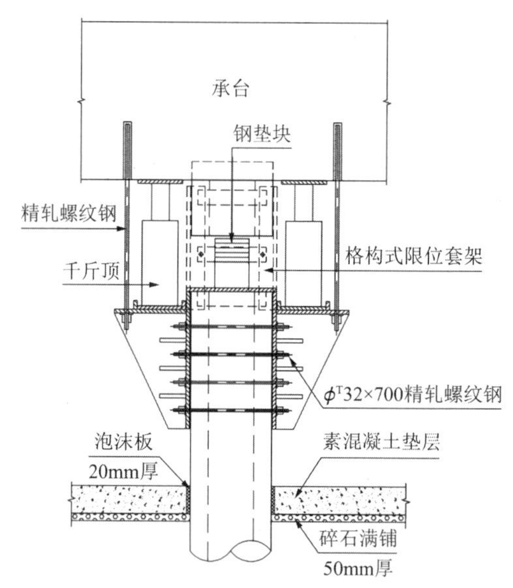

图 10 迫降托换限位装置

该装置在迫降过程中可有效限制桩身截断后的侧移，确保整体结构不发生错动，避免接桩后因偏移过大导致桩身附加内力增大。

5 纠倾监测及成果分析

5.1 纠倾前、后垂直度对比

截桩纠倾过程中，对外墙垂直度、倾斜率以及控制点沉降等做了详细监测。图 11 为纠倾后 1 号楼各角点的垂直度情况，纠倾前后数值对比详见表 4。数据表明，纠倾后主体结构外墙倾斜率由 6.21%～7.77‰下降为−1.3‰～0.33%，小于 3‰，建筑物倾斜状况符合《建筑物倾斜纠偏技术规程》的要求。−1.3‰～0.33%，小于 3‰，建筑物倾斜状况符合《建筑物倾斜纠偏技术规程》的要求。

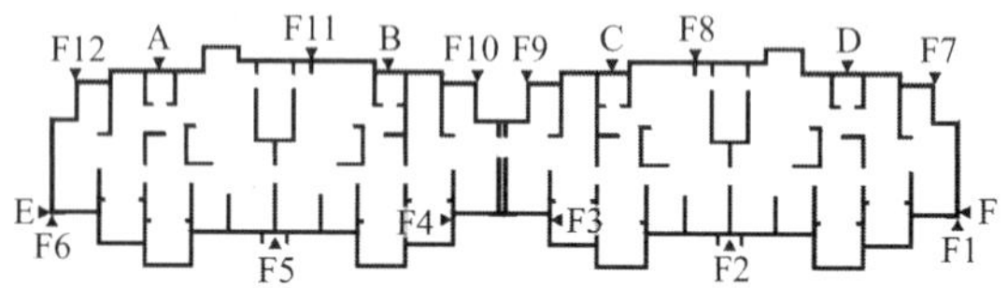

图 11 倾斜与沉降监测控制点平面布置图

外墙纠倾前、后垂直度对比　表 4

测点	纠倾前		纠倾后	
	倾斜值/mm	倾斜率/‰	倾斜值/mm	倾斜率/‰
A	316	6.21	−66	−1.3
B	333	6.55	−43	−0.85
C	342	6.72	−38	−0.75
D	367	7.77	−17	−0.33
E	323	7.39	−29	−0.58
F	313	7.16	13	0.33
平均值	329	6.97	−30	−0.58

注：表中倾斜值为纠倾作业开始前数据，以向北倾斜为正。

5.2 沉降监测分析

沉降监测主要包括迫降过程以及迫降完成两个阶段。迫降过程中，大楼南北向各主要断面的迫降沉降情况详见图 12，监测点沉降情况详见图 13。

自截桩纠倾施工完成，截至 2018 年 3 月 22 日，具体测得沉降数据如下：

（1）迫降结束后，完成剩余控沉桩加压、封孔，截至纠倾施工结束（2016 年 8 月 18 日—2016 年 10 月 10 日），南侧沉降 7.21mm，北侧沉降 10.03mm；其中，南侧沉降速率为 0.136mm/d，北侧沉降速率为 0.189mm/d。

（2）纠倾结束后，一年时间内（2016 年 10 月 10 日—2017 年 10 月 29 日）沉降情况如图 13 所示。南侧沉降 23.97mm，北侧沉降 25.56mm；其中，南侧沉降速率为 0.062mm/d，北侧沉降速率为 0.067mm/d。

（3）2017 年 10 月 29 日—2018 年 3 月 22 日期间，南侧沉降 2.52mm，北侧沉降 2.44mm；其中，南侧各点沉降速率为 0.008～0.029mm/d，平均沉降速率为 0.018mm/d；北侧各点沉降速率为 0.007～0.022mm/d；平均沉降速率为 0.017mm/d。各点平均沉降速率为 0.001～0.038mm/d。

监测数据表明，纠倾施工完成后沉降速率逐渐减小，一年后沉降趋于稳定，全楼平均沉降速率为 0.0175mm/d；沉降速率符合规范[10-11]要求。

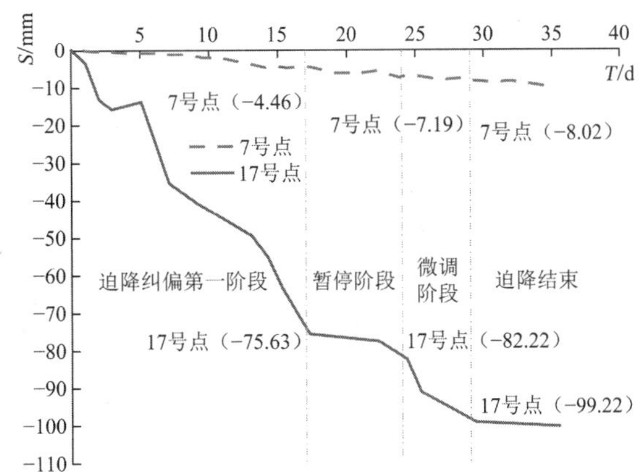

图 12 迫降过程桩顶沉降监测图

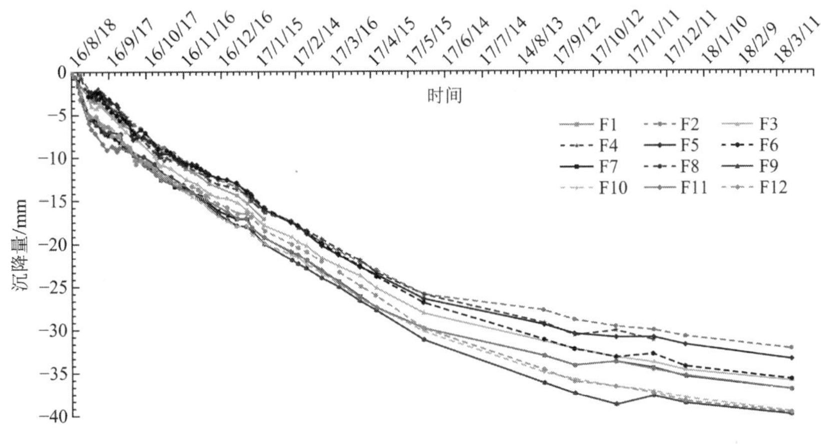

图 13 监测点沉降变化量与时间关系图

6 结语

本文基于常规静载荷试桩Q-S曲线，通过沉降监测对Q-S曲线进行调整和修正，建立了基于群桩效应、桩土相互作用以及桩基缺陷的等效$Q(n)$-$S(n)$曲线和带基础缺陷的桩土与上部结构共同作用力学模型，在实时监测基础上，建立了分析预测—监测—反馈修正的作业模式，为软土地区高层截桩纠倾提供了一种分析、设计、施工和监测反馈同步的信息化纠倾方法。该方法具有如下优点：

（1）通过建立带缺陷的等效$Q(n)$-$S(n)$曲线，避免了对桩基具体缺陷的甄别以及缺陷单桩Q-S曲线的精确建立。

（2）通过实时监测对$Q(n)$-$S(n)$曲线进行修正，提高了纠倾过程截桩数量和变形预测的分析精度。

（3）采用本文建立的等效$Q(n)$-$S(n)$曲线可进行截桩迫降过程上部结构内力分析。

参考文献

[1] 王浩，周健，邓志辉. 砂土中桩端阻力随位移发挥的内在机理研究[J]. 岩土工程学报, 2006, 28(5): 587-593.

[2] 叶建忠，周健. 砂土中桩的刺入变形与端阻力发挥的初步研究[J]. 建筑结构, 2006, 28(5): 587-593.

[3] 中华人民共和国住房和城乡建设部.建筑桩基技术规范：JGJ 94—2008[S]. 北京：中国建筑工业出版社, 2008.

[4] 程晓伟，王桢，张小兵. 某高层住宅楼倾斜原因及纠倾加固技术研究[J]. 岩土工程学报, 2012, 34(4): 757-761.

[5] 张继红，顾国荣. 水上高承台桩基加固纠倾实例分析[J]. 岩土力学, 2006, 27(3): 491-494.

[6] 张忠苗. 桩基工程[M]. 北京：中国建筑工业出版社, 2007.

[7] KRAFT L M, RAY RP, KAGAWA T. Theoretical t—z curves. J. Geotech. Eng. Div., ASCE 1981, 107(11): 1543-1561.

[8] 陈仁朋，凌道盛，陈云敏. 群桩基础沉降计算中的几个问题[J]. 土木工程学报, 2003, 36(9): 89-94.

[9] 中华人民共和国住房和城乡建设部.建筑地基基础设计规范：GB 50007—2011[S]. 北京：中国建筑工业出版社, 2011.

[10] 中华人民共和国住房和城乡建设部.建筑物倾斜纠偏技术规程：JGJ 270—2012[S]. 北京：中国建筑工业出版社, 2012.

[11] 中华人民共和国住房和城乡建设部.建筑变形测量规范：JGJ 8—2016[S]. 北京：中国建筑工业出版社, 2016.

顶升纠偏微调技术在高层建筑局部差异沉降处理中的分析应用

宋 恒，张林波，王擎忠，陈军辉，张润财
（杭州圣基建筑特种工程有限公司，杭州 310030）

摘 要： 某在建高层建筑主体结构结顶并完成室内砌体工程后，发现建筑因地基差异沉降导致房屋各层的板底相对高差较大，并导致部分楼面梁梁端开裂较为严重，亟须进行控沉与纠偏加固处理。通过采用桩身强度高、地基扰动小的锚杆静压混凝土预制方桩进行基础控沉托换，主动降低既有管桩的承载力，能显著控制后期沉降，大幅度提高地基基础安全度。对沉降较大区域截墙顶升法调平楼面高差，对沉降较小区域直接通过装饰层找平楼面高差，使房屋所有的楼面高差均满足规范验收要求，达到了预期的目标。

关键词： 差异沉降；楼面高差；控沉托换；纠偏加固；截墙顶升；预期目标

高层建筑对地基基础的沉降控制要求比较严格，在建造过程中或竣工后由于多种原因导致基础产生较大的差异沉降，对建筑的安全与正常使用造成不同程度的不利影响。

本文是利用同步顶升纠偏微调技术解决高层差异沉降的成功案例。在方案设计时利用了有限元数值仿真模拟计算给出了最优方案，纠偏施工中实现了上部结构竖向位移同步精确控制的效果，形成了快速、有效、可控地解决高层建筑差异沉降的方法与思路。

1 既有建筑、结构概况

河南省某高层建筑为一梯二户高层住宅，地上 18 层、无地下室，房屋总高度 52.45m，平面轴网尺寸为 64.55m × 13.7m，共由三个单元组成，其中东单元与中间单元之间设有变形缝，每个单元电梯门厅通过地下连接通道与南侧大地库相连。总建筑面积约为 12253.77m^2。该楼于 2019 年 11 月 25 日开工，于 2021 年 1 月 7 日主体结构封顶，室内填充墙已砌筑完成，于 2021 年室内外的初步装修已完成。

该楼为现浇钢筋混凝土剪力墙结构，建筑结构安全等级为二级，抗震设防类别为丙类，抗震设防烈度为 6 度，设计基本地震加速度为 0.05g，地震分组为第一组，场地土类别为Ⅲ类，特征周期为 0.45s，抗震等级四级，基本风压 0.35kN/m^2，地面粗糙度为 B 类，基本雪压 0.55kN/m^2。

桩基设计等级为乙级，采用 PHC 预应力管桩，桩径为 400mm，单桩承载力特征值R_a = 1250kN，桩长 17～22m，进入持力层 4 细砂大于 4.5m，终压桩力 ≥ 3100kN，总桩数 240 支。除地库连接通道承台面标高为 −5.600m 外，其余的承台面标高为 −2.200m，承台混凝土强度等级为 C30。

2 差异沉降与变形状况

该楼前期沉降资料不可采信，第三方专业检测单位于 2021 年 10 月 13 日开始现场沉降测量，观测至 2021 年 11 月 14 日的累计沉降量为 −0.04～ −3.68mm，中间区域沉降速率较大，近 32d 中的最大沉降速率约为−0.115mm/d，故认为沉降不稳定且有继续发展的趋势。

截至 2021 年 11 月 14 日，第三方专业检测单位测得房屋板底最大沉降差达到 70mm 以上。即房屋标高（全高）已超过国家标准《混凝土结构工程施工质量验收规范》GB 50204—2015 第 8.3.2 条关于现浇结构楼层标高尺寸允许偏差 ±30mm，使该楼无法按规范要求进行装修交付。具体标准层楼板底累计高差平面展开示意图如图 1 所示。图 1 中①轴交 1/Ⓑ轴的测点为基准，规定其为 ±0.000，测点相对高差正值代表高于基准，负值代表低于基准（mm）。

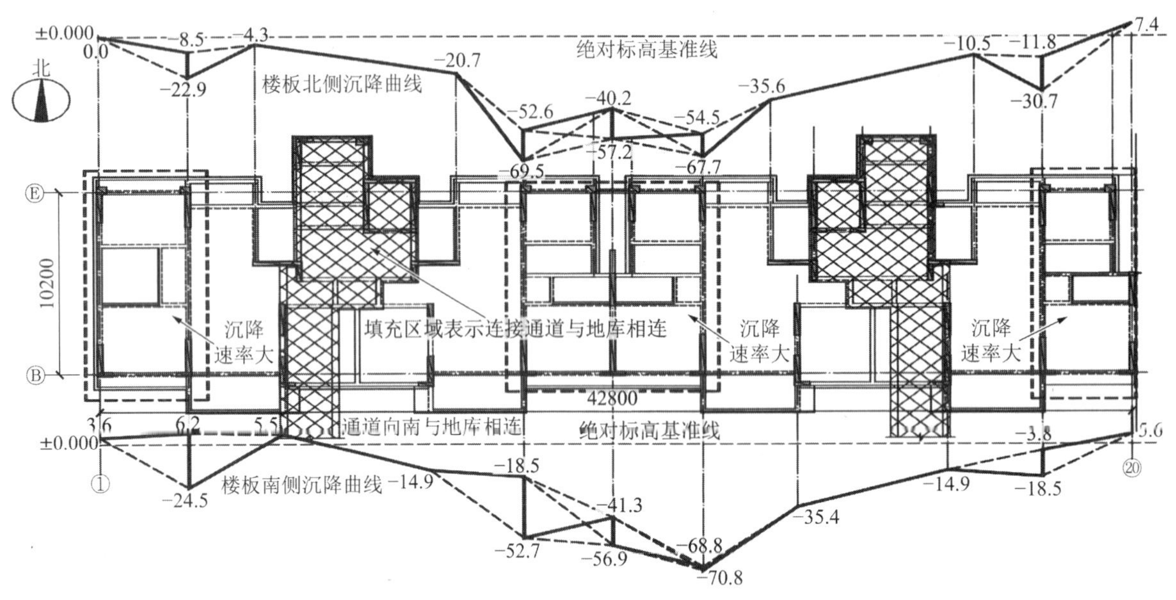

图 1　标准层楼板底累计高差平面展开示意图

此外沉降较大区域的梁端开裂较为严重，具体检测结论摘录如下：

（1）一层顶板板底相对高差最大值为 75.5mm，二层顶板板底相对高差最大值为 72.6mm，三层顶板板底相对高差最大值为 82.1mm，四层顶板板底相对高差最大值为 79.3mm，五层顶板板底相对高差最大值为 72.7mm，七层顶板板底相对高差最大值为 70.7mm，十一层顶板板底相对高差最大值为 75.2mm，十五层顶板板底相对高差最大值为 74.2mm。

（2）该楼Ⓑ轴和Ⓔ轴大多数混凝土梁存在与剪力墙交接处开裂，裂缝宽度为 0.08～6.30mm；部分梁在靠近开裂一侧的梁端区域存在 U 形裂缝或竖向裂缝，裂缝宽度为 0.12～1.82mm。

3　工程地质水文条件

建筑场地类别为Ⅲ类，原始地面标高 26.99～27.14m，建造完成后场地标高 31.20m，使得地库以外后期回填土将达到 4.20m 左右。地下水对混凝土有微腐蚀性，对混凝土中钢筋有微腐蚀性，场地内未存在饱和液化土层，无饱和震陷软土，为非软土地基土。基底下各土层主要物理力学参数见表 1。

土层主要物理力学参数　　表 1

土层	状态	E_S/MPa	预制桩	
			q_{sik}/kPa	q_{pk}/kPa
①黏土	可塑	8.2	50	—
②粉质黏土	软塑	6.0	42	—
③粉砂	稍～中密	10.0	26	—
④细砂	中密～密实	28.0	52	4000
⑤黏土	硬塑	16.3	90	5500

4 建筑差异沉降原因分析

通过对场地与工程地质条件、桩基设计、沉降开裂状况与施工资料等分析，认为本地基基础工程具有以下特点：

（1）原始场地高程为26.99～27.14m，建造完成后场地高程为31.20m，后期场地回填土较厚。

（2）该楼采用PHC预应力管桩，以④细砂为持力层，进入持力层≥4.5m，该层土主要成分为石英、长石，标准贯入试验12～52击；静压沉桩阻力会较高，桩端进入持力层深度有限。

（3）电梯门厅的地下连接通道区域桩顶标高为−6.55m，其他区域桩顶标高为−3.15m，桩顶标高相差较大，基坑开挖对高承台桩产生不利影响。

（4）根据楼板高差实测数据显示，该楼高位承台沉降大，低位承台沉降较小。

根据以上特点，主要差异沉降的可能原因是高低跨桩质量差异所致。高低跨打桩施工顺序未合理安排，且打桩施工完毕后挖土施工过程中，未能做好开挖支护，存在高差部位的管桩发生偏斜损坏的情况，导致管桩沉降不均匀。

5 基础控沉设计

本工程优先选用承载力高、成桩速度快、地基扰动小、质量可控又适合狭小空间施工的钢管桩，因造价等因素改用高强、高吨位锚杆静压混凝土预制方桩控沉托换。设计拟定分批补入预制方桩并采取预加载封桩，在较短时期内完成地基反力的有利调整，确保新增托换桩与原工程桩协同工作。

托换桩数估算：根据工程经验及相关的托换桩静载荷试验[1-4]，可按以下方法设计：

$$n = \alpha \frac{Q_k}{R_a} \tag{1}$$

式中：n为新补桩数；Q_k为相应于作用标准组合时，上部结构传至基础顶的竖向荷载；α为托换率，即托换桩承载力与被加固建筑物竖向荷载总和的比值，托换率由建筑物的沉降、倾斜量、地基土特性等因素决定；R_a为托换桩单桩承载力特征值。

根据具体累计沉降量及沉降速率数值，分区域进行补桩处理。经计算，该楼共采用32根400mm × 400mm高强度、高吨位锚杆静压混凝土预制方桩进行托换控沉，桩身混凝土强度等级为C50，设计有效桩长22m，以④层细砂层作为桩端持力层[6-7]，单桩竖向承载力特征值$R_a = 2300$kN，托换桩承载力占控沉区域竖向荷载总和的比值$\alpha = 48.6\%$。锚杆静压混凝土预制方桩平面布置如图2所示。

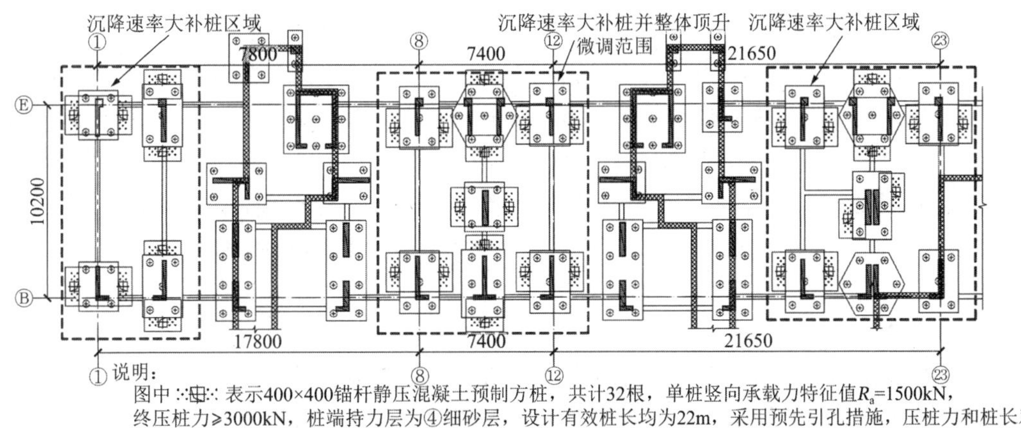

图2 锚杆静压混凝土预制方桩平面布置

6 差异沉降状态中的结构内力分析

根据目前的基础沉降量及板底实际沉降高差值，采用有限元分析软件对该楼实际受力情况进行结构分析计算。

板底累计高差最大值为70mm左右，即导入模型时竖向承重墙、框架柱的最大位移量为该数值。分析计算得出，各层存在沉降差的竖向承重墙间的框架梁应力最集中，其中框架梁与承重墙交界处的应力最大，应力集中处容易发生混凝土开裂，与现场上部结构开裂部位相符。故纠偏方案拟定时根据计算分析结果，对受剪应力较集中的框架梁其中一端进行应力释放和临时支撑处理，形成梁端的塑性铰，便于结构向上顶升移位，确保顶升中的结构安全。具体梁墙单元计算应力云图如图3所示。

图3 梁墙单元计算应力云图

7 顶升托换设计

根据类似工程的实践经验及工程条件[5]，本工程采用整体截墙顶升纠偏微调[8-9]，调平各层楼面高差。顶升施工不影响地基与基础本身，不损害邻边建筑和周边环境，系安全适用、施工工期短、影响面小、技术可控性强的技术手段。

（1）托换系统设计

本工程顶升微调范围为沉降量较大的⑦～⑬轴区域，通过截墙顶升法调平楼面高差。具体技术机理：顶升墙柱（共计8片墙肢）在–2.000m标高处进行结构切断分离，在截断处新增托换系统，托换系统采用后植钢牛腿，采用PLC液压同步顶升控制系统控制自锁式液压千斤顶进行同步顶升。其中每片墙肢设置6～7套上下钢牛腿，钢牛腿规格均为500mm×700mm，由20mm厚Q355B钢板焊接组成，钢牛腿间采用12×M27（8.8s）对穿螺杆连接，单个钢牛腿容许承载力为120t，具体钢牛腿详图如图4所示；自锁式液压千斤顶规格为200T，8片墙肢共布置55台，可提供110000kN反力；PLC液压同步顶升控制系统以顶升力控制为主。

（2）顶升施工流程设计

根据有限元结构内力分析计算结果，为保证顶升施工安全及支座应力的有序释放。在正式顶升前，各层存在沉降差的竖向承重墙间的框架梁应力处梁底筋预先割断，形成塑性铰，相应框架梁采用预应力钢支撑进行临时支撑处理，待顶升完成后梁底筋焊接恢复，最后梁端裂缝采用封闭加固处理。

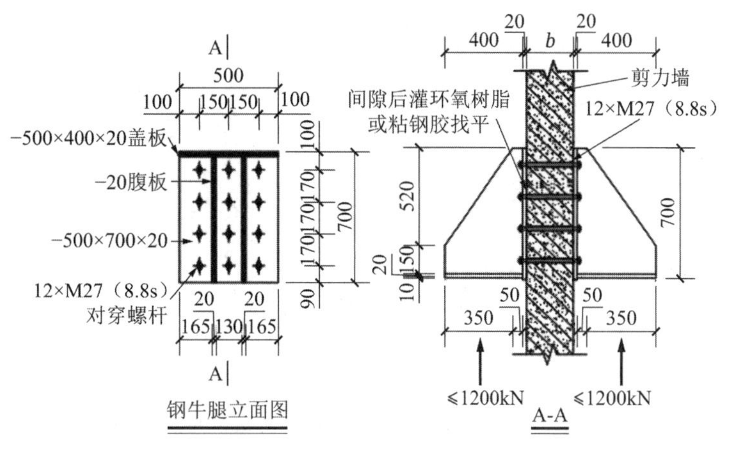

图 4　钢牛腿详图

总体顶升施工顺序如下：

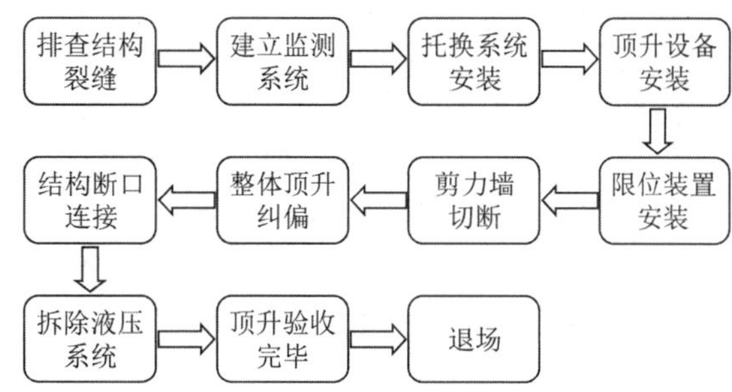

钢牛腿及千斤顶平面布置如图 5 所示，剪力墙底断开、托换详图如图 6 所示。

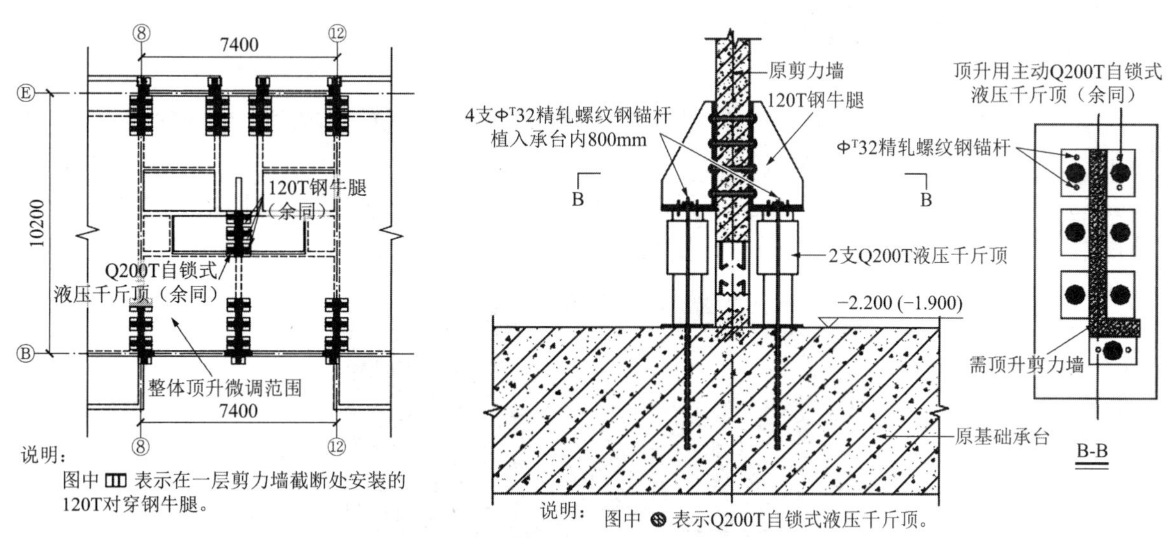

图 5　钢牛腿及千斤顶平面布置图

图 6　剪力墙底断开、托换详图

（3）顶升力与位移量分析

本工程顶升施工过程中，通过现场记录全过程 PLC 液压同步顶升控制系统中的数据，对每片墙肢的具体顶升力及相对应的位移关系进行分析，根据数据绘制典型墙肢的顶升力与顶升位移量曲线图（墙肢向上位移为“+”），具体如图 7 所示。

本工程板底累计高差最大值为 70mm 左右，即结构竖向位移最大值为该值，但目前状态下部分梁板构件已发生塑性变形，结构变形不可能完全恢复原状。故整体顶升位移量暂定为 50mm，具体待顶升施工开始达到暂定值后对楼面高差重新测量后再动态调整，确保各层楼面高差可通过建筑施工找平解决。

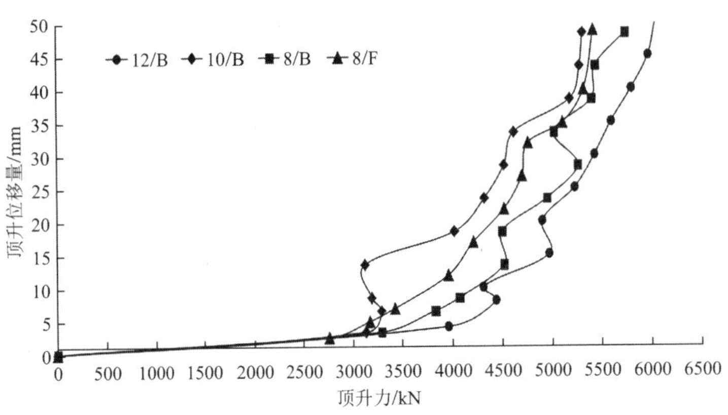

图 7 典型墙肢的顶升力与顶升位移量曲线图

通过结构计算模型计算得出，拟顶升的每片剪力墙的竖向荷载（恒载工况）为 3500～4000kN，荷载总值即房屋自重约为 28400kN。分析顶升力与顶升位移量曲线图可得，在顶升初期顶升力未达到房屋自重理论计算值时，几乎不存在顶升位移量；待顶升力克服完房屋自重后，上部结构应力进行重新分布，墙肢开始向上位移，但顶升位移量与顶升力成非线性关系，顶升力增长速度明显快于顶升位移量的增长速度；上部结构应力重新分布完成后，顶升区域恢复到建造初始状态时（顶升量达到 50mm 即基本不存在楼面高差），每片墙肢最终顶升力达到 5500～6000kN，顶升力共计 45600kN。虽上部各层未顶升墙肢与顶升墙肢间框架梁底筋已割断，形成塑性铰减少了顶升时的阻力，但在顶升过程中，仍需克服房屋结构自身整体性及结构刚度。考虑到各层框架梁及楼板的约束仍存在，结合上部结构应力需重新分布，最终的顶升力为上部自重理论计算值的 1.5～2.0 倍。

8 控沉与纠偏微调成果

根据第三方专业监测单位提供的数据，本工程待补桩完成之日起算至沉降进入稳定阶段的起始点的时期为 21d，该阶段的最大沉降量为 12mm，至半年时沉降达到稳定状态。整体顶升纠偏微调 50mm 后，顶升区域各层楼面板底高差最大为 15mm，后期通过建筑找平处理，满足安全与长期正常使用要求，正常通过验收并交付使用。现场顶升施工照片如图 8 所示。

图 8 现场顶升施工照片

9 结语

（1）本文通过对高层建筑地基基础的差异沉降原因与受力的对应分析，评估既有桩基承载力，并采用高强、高吨位锚杆静压混凝土预制方桩托换控沉处理，处理后建筑沉降稳定，取得了较好的控沉效果[10-11]。

（2）通过对高层建筑差异沉降后结构内力分析判断危险点并加以临时支撑保护，确保后期纠偏施工安全。采用整体截墙顶升纠偏使各层楼面高差达到规范要求，这为今后类似高层建筑局部顶升纠偏提供可借鉴先例。

（3）通过对高层建筑局部整体顶升施工，分析顶升位移量与顶升力的关系得出结论：通过顶升微调施工，将局部沉降的高层建筑恢复正常使用状态，使上部主体结构内力重分布的顶升力为上部自重理论计算值的1.5～2.0倍，即顶升托换系统的安全余量需达到2倍以上。顶升位移高度越高，顶升力越大，顶升力大于理论计算值后，顶升位移量与顶升力成非线性关系，顶升力增长速度明显快于顶升位移量的增长速度。

（4）整体截墙顶升纠偏微调＋高强、高吨位锚杆静压混凝土预制方桩基础控沉综合加固处理技术，对既有高层建筑基础局部差异沉降处理具有广泛的应用前景。

参考文献

[1] 杨学林，祝文畏，王擎忠. 既有建筑改造技术创新与实践[M]. 北京：中国建筑工业出版社, 2017.

[2] 张林波，廖建忠，王擎忠，等. 超高吨位钢管锚杆静压桩在高层建筑基础控沉与纠倾微调处理中的应用实践[J]. 建筑结构, 2023, 53(S1): 2601-2607.

[3] 李达欣，张林波，王擎忠，等. 微扰动增强型锚杆静压桩在高层建筑桩基控沉处理中的应用[J]. 建筑结构, 2023, 53(S1): 2594-2600.

[4] 中华人民共和国住房和城乡建设部.建筑地基处理技术规范: JGJ 79—2012[S]. 北京：中国建筑工业出版社, 2013.

[5] 中华人民共和国住房和城乡建设部.建筑物倾斜纠偏技术规程: JGJ 270—2012[S]. 北京：中国建筑工业出版社, 2012.

[6] 中华人民共和国住房和城乡建设部.建筑地基基础设计规范: GB 50007—2011[S]. 北京：中国计划出版社, 2012.

[7] 中华人民共和国住房和城乡建设部.建筑桩基技术规范: JGJ 94—2008[S]. 北京：中国建筑工业出版社, 2008.

[8] 中国工程建设标准化协会. 建筑物移位纠倾增层与改造技术标准: T/CECS 225—2020[S]. 2020.

[9] 中国工程建设标准化协会. 建（构）筑物托换技术规程: T/CECS 295—2023[S]. 北京：中国计划出版社, 2023.

[10] 中华人民共和国住房和城乡建设部.建筑结构加固工程施工质量验收规范: GB 50550—2010[S]. 北京：中国建筑工业出版社, 2011.

[11] 中华人民共和国住房和城乡建设部.既有建筑地基基础加固技术规范: JGJ 123—2012[S]. 北京：中国建筑工业出版社, 2013.

高喷复合钢管桩在既有高层建筑基础加固中的应用研究

方赟松[1]，张林波[1]，张杰强[1]，王擎忠[1]，廖建忠[2]，邵伟斌[2]，宋 恒[1]

（1. 杭州圣基建筑特种工程技术有限公司，杭州 310030；2. 浙江耀华规划建筑设计有限公司，杭州 310008）

摘 要： 结合沿海地区某高层基础加固工程的实际案例，通过对完工后高喷复合钢管桩的承载力进行静载荷试验，对各项理论数据、试验数据、施工数据进行分类汇总统计，分析实际检测试验数据与理论计算数值之间的差异，探讨产生差异的原因，研究数理统计后的各项数据差值，最后得出了高喷复合钢管桩的提高幅度值以及该桩型在高层建筑基础加固中的优势。其研究结果表明，高喷复合钢管桩在既有高层建筑基础加固项目中，相比常规桩基有着明显优势：①高喷复合钢管桩对比常规的预制桩土层桩穿透性更强；②通过高压旋喷形成大直径的复合段，有效提高桩基承载力；③高喷复合钢管桩对既有基础底板的损伤更小；④施工简便快捷，可做到基础加固中不影响上部结构继续施工。

关键词： 高喷复合钢管桩；高层建筑基础加固；承载力高；穿透性强；施工简便快捷

复合桩的概念在新建工程中已有较多的应用，但基本为复合混凝土管桩、复合混凝土方桩、SMW 工法桩等。在既有高层建筑基础加固中的方式方法基本为后补静压钢管桩、后补静压混凝土桩、灌注桩等。如果既有桩基础承载力欠缺较多，那后补桩承载力就较大，最终导致后补桩桩径较大（通常能达到 400～600mm），对底板损伤较大（底板开孔达到 500～700mm）；后补桩桩长较长及直径过大后难以穿透土性较好的土层（类似中密的中砂、粉砂、圆砾等）；后补桩如为挤土桩则补桩过程中挤土效应引起的超孔隙水压力对原基础存在一定的不利影响。通过高喷复合钢管桩基本可以解决上述一般后补桩的缺点。高喷复合钢管桩因内芯钢管直径较小，所以穿透的阻力也小；因压入钢管桩的桩径较小且经过高喷后挤土效应明显减小。

1 沿海地区某高层基础加固工程概况

本次所应用的项目为沿海地区某高层基础加固工程，共计 6 栋高层住宅楼及相关地库区域。建筑结构形式为剪力墙结构，地上 25～27 层，地下 1 层，建筑高度 72.500～79.000m。建筑设计使用年限 50 年，六度抗震设防。

主楼基础形式为桩筏基础，预应力管桩，桩径 600mm，桩长 51～53m，抗压承载力特征值 2500kN，桩端持力层为$⑥_3$粉质黏土层、$⑦_1$粉质黏土夹粉砂层，主楼筏板厚 900mm，通长配筋为双层双向ф16@140。

经检测发现主楼预应力管桩长度及承载力未达到设计要求，经专家会议确定对基础进行补强处理，原施工管桩承载力统一取抽样检测中的最低值。

2 场地地质条件

该场地属滨海淤积平原区，场地勘探深度范围内岩土层可划分为 9 个工程地质层，细分为 21 个工程地质亚层，主要的各岩土层的特征自上而下见表 1。

底板以下主要土层参数　　表 1

土层编号	土层	K121/m	K100/m	预应力管桩/kPa		钻孔灌注桩/kPa	
				q_{sia}	q_{pa}	q_{sia}	q_{pa}
③$_1$	淤泥质土	8.56	9.24	7	—	6	—
③$_2$	淤泥质黏土	4.7	4.4	8	—	6	—
③$_3$	淤泥质粉质黏土夹粉土	6.0	5.7	11	—	8	—
④$_1$	粉质黏土	2.8	0	27	900	23	—
④$_2$	粉质黏土	3.1	4.7	20	900	18	—
④$_3$	粉质黏土	6.5	5.0	25	1000	21	
⑤$_{1\text{-}1}$	粉砂	0	5.0	34	2100	27	1000
⑤$_{1\text{-}2}$	粉质黏土夹粉土	3.1	0	30	1200	24	650
⑤$_2$	粉质黏土	4.8	4.2	28	1000	23	—
⑥$_1$	粉质黏土	2.7	4.0	32	1200	27	—
⑥$_2$	粉质黏土夹粉土	5.3	4.1	35	1500	28	—

注：无粉砂层代表孔位 BZK121，有粉砂层代表孔位 BZK100。

3 既有基桩承载力确定

原预应力管桩基本无法穿透中密的⑤$_{1\text{-}1}$粉砂层，经过检测，大部分桩底标高位于粉砂层。根据检测的桩长重新进行验算，基桩的实际承载力为 1300～1500kN，最终取值 1300kN。

4 基础补强方案的比选

4.1 后补桩概述

桩基础补强的方法有锚杆静压桩、树根桩、坑式静压桩、钻孔灌注桩等。因现结构基本施工至结构正负零，如采用常规的混凝土预制管桩或灌注桩需拆除原结构，对工期影响很大，最终确定采用锚杆静压桩。

4.2 桩型优缺点比对分析

一般锚杆静压桩的桩型有：混凝土预制方桩、钢管桩。

混凝土方桩缺陷：本次后补桩承载力较高，混凝土方桩截面 > 450 × 450，桩节较重，施工极为不便。混凝土方桩桩身强度不易保证，底板开孔较大，对原结构损伤大且难以穿透粉砂层，因此混凝土方桩不适用本项目。

钢管桩缺陷：钢管桩桩径需达到ϕ426，桩长均需 44～49m，经济性差，且大直径钢管桩难以穿透粉砂层。如采用注浆钢管桩，持力层为粉砂层，桩长 34m，满足设计承载力，注浆提高系数需 1.4～1.6 倍。《建筑地基处理技术规范》9.4 节规定：注浆钢管桩可以乘以 1.3 的系数，且限制条件为微型桩，桩径要小于 300mm。在本项目工况下不适用，规范依据不足，承载力难以控制，存在隐患。钢管桩无泥皮、沉渣，本身侧阻、端阻取值大，提高幅度有限。对松散的卵石层作用大，对压实后的粉砂层提高有限，部分楼栋无粉砂层，效果更低。

4.3 桩型比选结论

常规的桩型不适用本项目的桩基加固，本项目需要一种桩型同时具备成桩直径大、施工方便、对底板损伤小、经济性佳同时对工期无影响等特点。因此，最终采用高喷复合钢管桩，在本项目中的优点如下：开孔直径较常规桩型小，但成桩直径大（可达 1m），承载力较大，桩长可减短，经济性优。

5 高喷复合钢管桩的理论研究

5.1 高喷复合钢管桩概述

高喷复合钢管桩是将高压旋喷桩与钢管桩相结合，钢管桩作为内芯，高喷桩作为外芯，分别利用了钢管桩直径小但桩身强度高和高喷桩成桩直径大的优点。

5.2 高喷复合钢管桩理论计算

高喷复合钢管桩的破坏模式有两种：第一种是钢管桩与高压旋喷桩的结合界面的破坏（图 1）；另一种是高喷复合钢管桩外界面和土层的结合界面的破坏（图 2）。

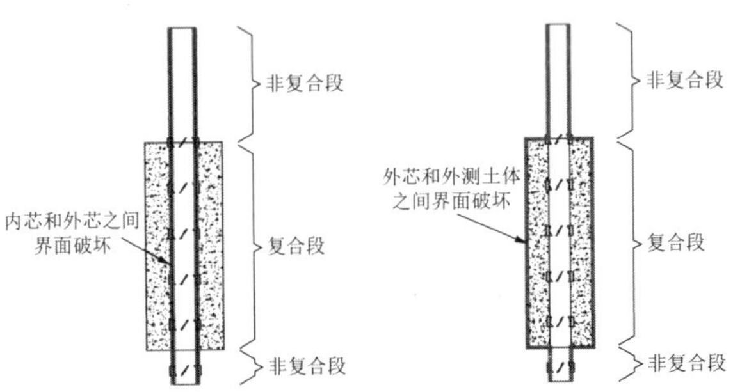

图 1 破坏形式一示意图 图 2 破坏形式二示意图

5.2.1 破坏形式一理论计算

本破坏模式承载力主要由以下几点提供：①非复合段钢管桩与土之间的摩擦力；②复合段钢管与高压旋喷桩之间的粘结力；③钢管桩端阻力。

计算公式如下：

$$R_{\mathrm{a}} = u^{\mathrm{c}}q_{\mathrm{sa}}^{\mathrm{c}}I^{\mathrm{c}} + u^{\mathrm{c}}\sum q_{\mathrm{s}j\mathrm{a}}^{\mathrm{c}}I_j + q_{\mathrm{pa}}^{\mathrm{c}}A_{\mathrm{p}}^{\mathrm{c}} \tag{1}$$

式中：R_{a}为高喷复合钢管桩单桩竖向抗压承载力特征值；u^{c}为高喷复合钢管桩内芯桩身周长；I^{c}、I_j为高喷复合钢管桩复合段长度和非复合段第j土层厚度；$A_{\mathrm{p}}^{\mathrm{c}}$为高喷复合钢管桩内芯桩身截面积；$q_{\mathrm{sa}}^{\mathrm{c}}$为高喷复合钢管桩复合段内芯侧阻力特征值，宜按地区经验取值；无地区经验时，宜取室内相同配比水泥土试块在标准条件下 90d 龄期的立方体（边长 70.7mm）无侧限抗压强度的 0.04～0.08 倍，当内芯为预制混凝土类桩或外芯水泥土桩采用干法施工时宜取较高值；对散刚复合桩可取 30～50kPa；$q_{\mathrm{s}j\mathrm{a}}^{\mathrm{c}}$为高喷复合钢管桩非复合段内芯第$j$土层侧阻力特征值，可按地区经验取值，也可根据内芯桩型按现行行业标准《建筑桩基技术规范》JGJ 94 取值；$q_{\mathrm{pa}}^{\mathrm{c}}$为高喷复合钢管桩内芯桩端土的端阻力特征值，宜按地区经验取值。

实际孔位理论验算（内芯和外芯界面破坏，无粉砂层）：

复合段长度按 15m 计算，直径 1000mm，非复合段桩径 377mm，总桩长 43m，水泥土 28d 强度取 4MPa。

$$Q_{\mathrm{sa}}^{\mathrm{c}} = 4000 \times 0.04 = 160\mathrm{kPa} \tag{2}$$

按公式(1)计算得$R_{\mathrm{a}} = 3318.22\mathrm{kN}$

实际孔位理论验算（内芯和外芯界面破坏，有粉砂层）：

复合段长度按 12m 计算，直径 1000mm，非复合段桩径 377mm，总桩长 32m，水泥土 28d 强度取 4MPa。

按公式(2)计算得$Q_{\mathrm{sa}}^{\mathrm{c}} = 160\mathrm{kPa}$

按公式(1)计算得$R_{\mathrm{a}}=2535.33\mathrm{kN}$

5.2.2 破坏形式二理论计算

本破坏模式承载力主要由以下几点提供：①非复合段钢管桩与土之间的摩擦力；②复合段高压旋喷桩与外侧土体之间的摩擦力；③钢管桩端阻力。

计算公式如下：

$$R_{\mathrm{a}}=u\sum\xi_{\mathrm{s}i}q_{\mathrm{sia}}l_i+u^{\mathrm{c}}\sum q_{\mathrm{s}j\mathrm{a}}^{\mathrm{c}}l_j+q_{\mathrm{pa}}^{\mathrm{c}}A_{\mathrm{p}}^{\mathrm{c}} \tag{3}$$

式中：u为高喷复合钢管桩复合段桩身周长；u^{c}为高喷复合钢管桩内芯桩身周长；l_i为高喷复合钢管桩复合段第i土层厚度；l_j为高喷复合钢管桩非复合段第j土层厚度；$A_{\mathrm{p}}^{\mathrm{c}}$为高喷复合钢管桩内芯桩身截面积；$q_{\mathrm{sia}}$为高喷复合钢管桩复合段外芯第$i$土层侧阻力特征值；$q_{\mathrm{s}j\mathrm{a}}^{\mathrm{c}}$为高喷复合钢管桩非复合段内芯第$j$土层侧阻力特征值，宜按地区经验确定；$q_{\mathrm{pa}}^{\mathrm{c}}$为高喷复合钢管桩内芯桩端土的端阻力特征值，宜按地区经验取值，也可取桩端地基土未经修正的承载力特征值；ξ_{si}为高喷复合钢管桩复合段外芯第i土层侧阻力调整系数，宜按地区经验取值。

实际孔位理论验算（外芯和土体之间界面破坏，无粉砂层）：

复合段长度按 15m 计算，直径 1000mm，非复合段桩径 377mm，总桩长 43m，水泥土 28d 强度取 4MPa。

按式(3)计算得$R_{\mathrm{a}}=2010.73\mathrm{kN}$

实际孔位理论验算（外芯和土体之间界面破坏，有粉砂层）：

复合段长度按 12m 计算，直径 1000mm，非复合段桩径 377mm，总桩长 32m，水泥土 28d 强度取 4MPa。

按式(3)计算得$R_{\mathrm{a}}=1576.89\mathrm{kN}$

根据计算，本项目高喷钢管复合桩达到极限承载力破坏时均为外芯和土体之间界面破坏。组合桩无粉砂层的理论特征值为 2010kN，组合桩有粉砂层的特征值为 1576kN。纯ϕ377 钢管桩无粉砂层的特征值为 1191kN，有粉砂层的特征值为 809kN。组合桩在本项目中的理论承载力系数达到 1.68 以上。

6 高喷复合钢管桩的实际试验数据

6.1 高喷复合钢管桩静载试验数据

6.1.1 抗压试验数据

根据理论及试验结果分析，高喷复合钢管桩抗压承载力理论计算值比普通钢管桩理论值提高 1.7 倍以上。根据实际静载试验数据分析，高喷复合钢管实际承载力与理论值相近，钢管桩在粉砂层中实际承载力较理论值高。根据承载力曲线图（图 3～图 5），高喷复合钢管相对于普通钢管桩承载力都有提高。具体如下：

（1）各桩型理论抗压承载力统计见表 2；

（2）各桩型理论值与实际位移 40mm 时抗压承载力比对见表 3；

（3）各桩型理论计算值与实际位移 60mm 时抗压承载力比对见表 4。

6.1.2 抗拔试验数据

根据理论及试验结果分析，高喷复合钢管桩抗拔承载力理论计算值比普通钢管桩理论值提高 1.9 倍以上。根据实际静载试验数据分析，高喷复合钢管实际抗拔承载力相对于普通钢管桩承载力都有提高。因试验过程中试验桩架和试验锚筋极限承载力基本在 1500kN 左右，暂时无法得到具体的承载力提高系数。但位移现有数据表明，高喷复合钢管桩对普通钢管桩抗拔承载力的提高作用还是比较明显的。

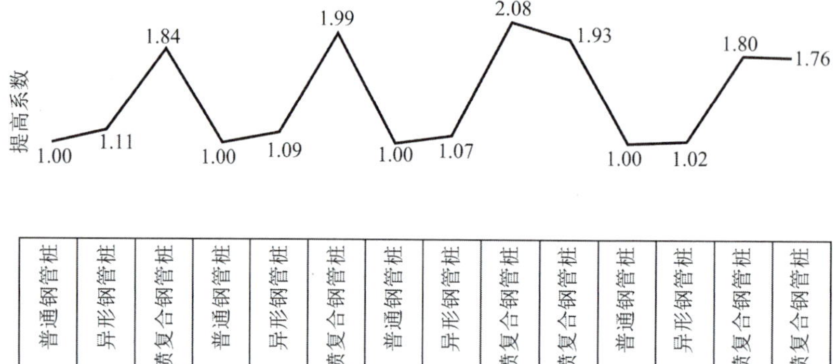

图 3　理论抗压承载力提高幅度折线图

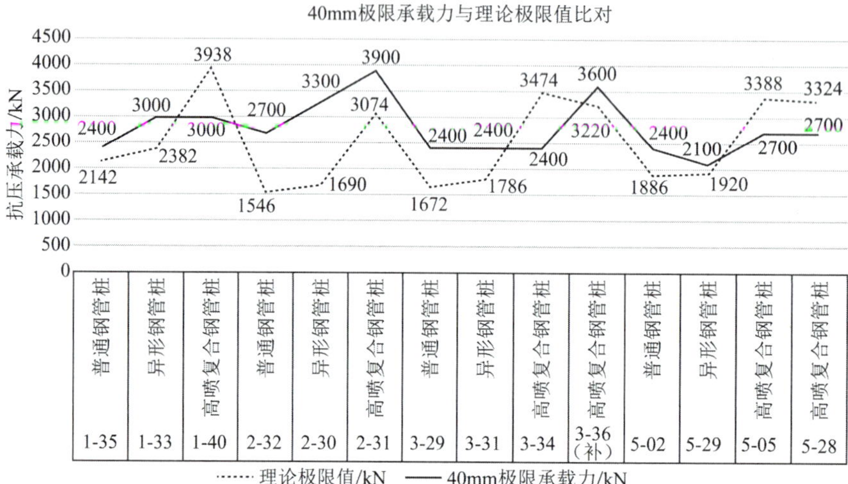

图 4　复合桩理论值与实际位移 40mm 时抗压承载力折线图

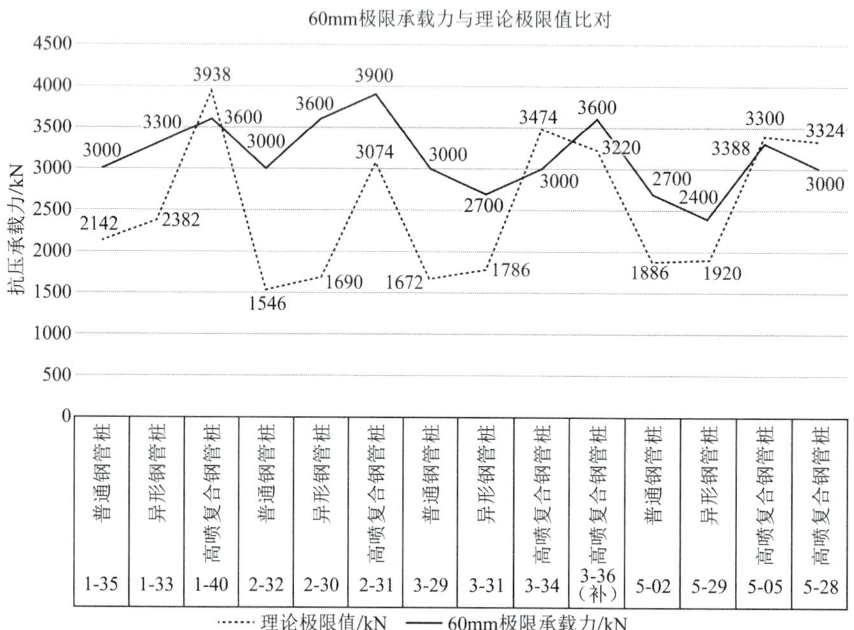

图 5　复合桩理论值与实际位移 60mm 时抗压承载力折线图

各桩型理论抗压承载力 表 2

编号	类型	理论承载力/kN	理论提高幅度
1-35	普通钢管桩	1071	—
1-33	异形钢管桩	1191	1.11
1-40	高喷复合钢管桩	1969	1.84
2-32	普通钢管桩	773	—
2-30	异形钢管桩	845	1.09
2-31	高喷复合钢管桩	1537	1.99
3-29	普通钢管桩	836	—
3-31	异形钢管桩	893	1.07
3-34	高喷复合钢管桩	1737	2.08
3-36	高喷复合钢管桩	1610	1.93
5-02	普通钢管桩	943	—
5-29	异形钢管桩	960	1.02
5-05	高喷复合钢管桩	1694	1.80
5-28	高喷复合钢管桩	1662	1.76

理论与实际位移 40mm 时抗压承载力比对 表 3

编号	类型	理论承载力/kN	理论极限值/kN	压桩力/kN	40mm 极限承载力/kN	位移/mm
1-35	普通钢管桩	1071	2142	3215	2400	40
1-33	异形钢管桩	1191	2382	3215	3000	41
1-40	高喷复合钢管桩	1969	3938	3376	3000	37
2-32	普通钢管桩	773	1546	3215	2700	36
2-30	异形钢管桩	845	1690	3055	3300	39
2-31	高喷复合钢管桩	1537	3074	3055	3900	41
3-29	普通钢管桩	836	1672	3215	2400	36
3-31	异形钢管桩	893	1786	3215	2400	39
3-34	高喷复合钢管桩	1737	3474	3215	2400	35
3-36	高喷复合钢管桩	1610	3220	3215	3600	36
5-02	普通钢管桩	943	1886	3215	2400	40
5-29	异形钢管桩	960	1920	3376	2100	35
5-05	高喷复合钢管桩	1694	3388	3215	2700	35
5-28	高喷复合钢管桩	1662	3324	3215	2700	40

具体如下：

（1）各桩型理论抗拔承载力见表 5 及图 6。

（2）各桩型理论计算值与实际位移 40mm 时抗拔承载力见表 6 及图 7。

（3）各桩型理论计算值与实际位移 100mm 时抗拔承载力见表 7 及图 8。

6.1.3 静载试验数据分析

抗拔承载力静载试验由于试验设备及试验锚筋极限值在 1500kN 左右，无法准确得出高喷复合钢管桩极限抗拔值。现对高喷复合钢管桩抗压承载力极限值的提高系数做初步的数理统计（表 8 及图 9），以后将采集更多的试验数据做研究。

试验结果表明，本次试验桩高喷复合钢管桩相对于普通钢管桩的提高幅度在 1.13～1.50，平均提高幅度 1.29，主要原因为普通钢管桩在粉砂层中理论值与计算值偏差较大。如复合钢管桩与钢管桩的理论值比较，提高幅度在 1.40～2.52，平均提高幅度 1.78。

理论值与实际位移 60mm 时抗压承载力比对　　表 4

编号	类型	理论承载力/kN	理论极限值/kN	压桩力/kN	60mm 极限承载力/kN	位移/mm
1-35	普通钢管桩	1071	2142	3215	3000	54
1-33	异形钢管桩	1191	2382	3215	3300	51
1-40	高喷复合钢管桩	1969	3938	3376	3600	54
2-32	普通钢管桩	773	1546	3215	3000	51
2-30	异形钢管桩	845	1690	3055	3600	49
2-31	高喷复合钢管桩	1537	3074	3055	试验架断裂	—
3-29	普通钢管桩	836	1672	3215	3000	55
3-31	异形钢管桩	893	1786	3215	2700	60
3-34	高喷复合钢管桩	1737	3474	3215	3000	53
3-36	高喷复合钢管桩	1610	3220	3215	试验架断裂	—
5-02	普通钢管桩	943	1886	3215	2700	61
5-29	异形钢管桩	960	1920	3376	2400	42
5-05	高喷复合钢管桩	1694	3388	3215	3300	57
5-28	高喷复合钢管桩	1662	3324	3215	3000	52

各桩型理论抗拔承载力　　表 5

编号	类型	理论承载力/kN	理论提高幅度
1-35	普通钢管桩	1324	—
1-33	异形钢管桩	1362	1.03
1-40	高喷复合钢管桩	2496	1.89
2-32	普通钢管桩	804	—
2-30	异形钢管桩	776	0.97
2-31	高喷复合钢管桩	1762	2.19
3-29	普通钢管桩	924	—
3-31	异形钢管桩	876	0.95
3-34	高喷复合钢管桩	2018	2.18
3-36	高喷复合钢管桩	2018	2.18
5-02	普通钢管桩	1030	—
5-29	异形钢管桩	1306	1.27
5-05	高喷复合钢管桩	2076	2.02
5-28	高喷复合钢管桩	1958	1.90

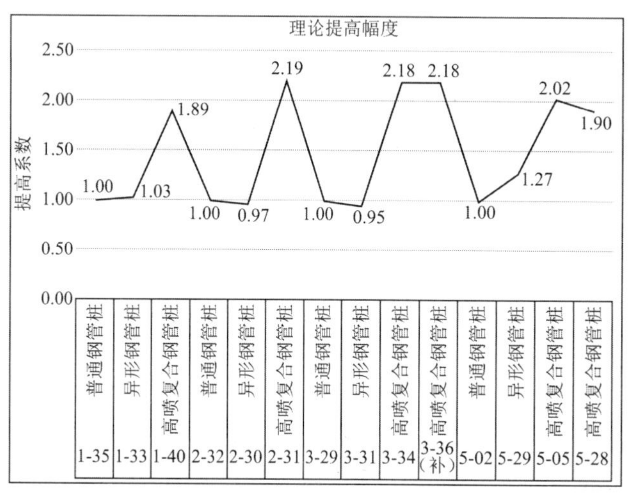

图 6　理论抗拔承载力提高幅度折线图

理论与实际位移 40mm 时抗拔承载力比对　　表 6

编号	类型	理论承载力/kN	理论极限值/kN	压桩力/kN	40mm 极限承载力/kN	位移/mm
1-35	普通钢管桩	1324	2648	3215	1600	30
1-33	异形钢管桩	1362	2724	3215	1400	20
1-40	高喷复合钢管桩	2496	4992	3376	2100	29
2-32	普通钢管桩	804	1608	3215	1100	33
2-30	异形钢管桩	776	1552	3055	1900	30
2-31	高喷复合钢管桩	1762	3524	3055	1900	26
3-29	普通钢管桩	924	1848	3215	2200	36
3-31	异形钢管桩	876	1752	3215	1000	26
3-34	高喷复合钢管桩	2018	4036	3215	1400	15
3-36	高喷复合钢管桩	2018	4036	3215	1800	29
5-02	普通钢管桩	1030	2060	3215	1300	18
5-29	异形钢管桩	1306	2612	3376	1100	34
5-05	高喷复合钢管桩	2076	4152	3215	1500	18
5-28	高喷复合钢管桩	1958	3916	3215	1700	24

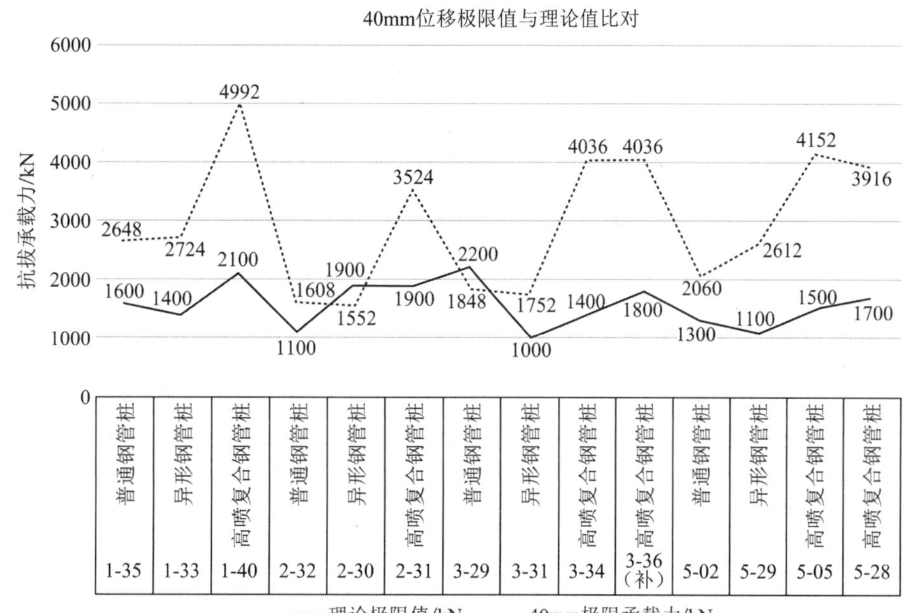

图 7　复合桩理论值与实际位移 40mm 时抗拔承载力折线图

试验数据表明，高喷复合钢管桩对桩基承载力的提高还是较为明显的。

6.2　有限元数值仿真模拟

6.2.1　模型建立

采用有限元软件 PLAXIS 建立数值模型来分析，模型尺寸为 50m × 50m × 70m，共划分为 20897 个单元（图 10）。本工程中土体材料采用的是库伦模型（MC 模型），桩单位采用线弹性单元，为实体桩模拟，根据地勘报告将基底土相似土层作了合并，简化后将模型土层分为 4 层，土体参数及弹性单元参数如表 9 及表 10 所示。

6.2.2　计算结果

模型采取两种桩型进行对比分析：①纯钢管，桩径 377mm，桩长 32m，以$⑤_{1-1}$粉砂层为持力层；②钢管桩+端部加高喷，钢管桩桩径 377mm，高喷段在桩底部以上 2～17m，高喷桩径 800mm。对两种桩型桩顶施加荷载，模拟验算当桩位移达到 40mm 及 60mm 时的加载值，此刻的加载值即为桩相应位移的极限值。计算结果如图 11 及图 12 所示。

理论与实际位移 100mm 时抗拔承载力比对 **表 7**

编号	类型	理论承载力/kN	理论极限值/kN	100mm 极限承载力/kN	位移/mm	备注
1-35	普通钢管桩	1324	2648	1700	100	锚筋断裂
1-33	异形钢管桩	1362	2724	1500	100	锚筋断裂
1-40	高喷复合钢管桩	2496	4992	2200	100	锚筋断裂
2-32	普通钢管桩	804	1608	1500	100	—
2-30	异形钢管桩	776	1552	2000	100	锚筋断裂
2-31	高喷复合钢管桩	1762	3524	2000	100	—
3-29	普通钢管桩	924	1848	2300	105	—
3-31	异形钢管桩	876	1752	1100	60	锚筋断裂
3-34	高喷复合钢管桩	2018	4036	1500	100	锚筋断裂
3-36	高喷复合钢管桩	2018	4036	1900	100	锚筋断裂
5-02	普通钢管桩	1030	2060	1400	100	锚筋断裂
5-29	异形钢管桩	1306	2612	1400	100	—
5-05	高喷复合钢管桩	2076	4152	1600	100	锚筋断裂
5-28	高喷复合钢管桩	1958	3916	1800	100	锚筋断裂

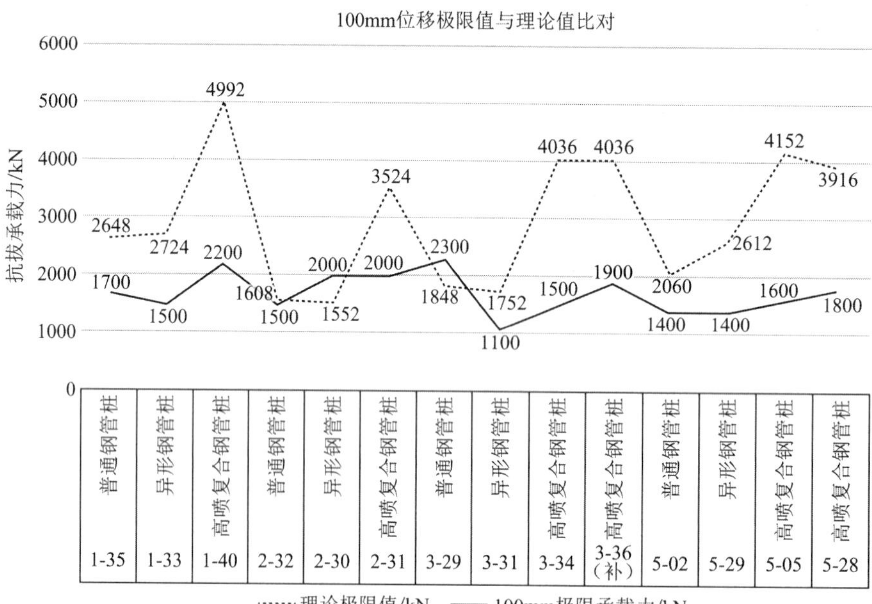

图 8 复合桩理论值与实际位移 100mm 时抗拔承载力折线图

根据有限元计算结果比对，当桩位移达到 40mm 时，高喷复合钢管桩的提高系数为 1.59 倍；当桩位移达到 60mm 时，高喷复合钢管桩的提高系数为 1.71 倍，高喷复合钢管桩相比普通钢管桩对承载力的提高效果较为显著。

抗压极限值提高系数 **表 8**

编号	类型	理论承载力/kN	40mm 极限承载力/kN	位移/mm	实际承载力提高幅度	对理论值的提高幅度
1-35	普通钢管桩	1071	2400	40	1.00	1.12
1-33	异形钢管桩	1191	3000	41	1.25	1.40
1-40	高喷复合钢管桩	1969	3000	37	1.25	1.40

续表

编号	类型	理论承载力/kN	40mm 极限承载力/kN	位移/mm	实际承载力提高幅度	对理论值的提高幅度
2-32	普通钢管桩	773	2700	36	1.00	1.75
2-30	异形钢管桩	845	3300	39	1.22	2.13
2-31	高喷复合钢管桩	1537	3900	41	1.44	2.52
3-29	普通钢管桩	836	2400	36	1.00	1.44
3-31	异形钢管桩	893	2400	39	1.00	1.44
3-34	高喷复合钢管桩	1737	2400	35	1.00	1.44
3-36	高喷复合钢管桩	1610	3600	36	1.50	2.15
5-02	普通钢管桩	943	2400	40	1.00	1.27
5-29	异形钢管桩	960	2100	35	0.88	1.11
5-05	高喷复合钢管桩	1694	2700	35	1.13	1.43
5-28	高喷复合钢管桩	1662	2700	40	1.13	1.43

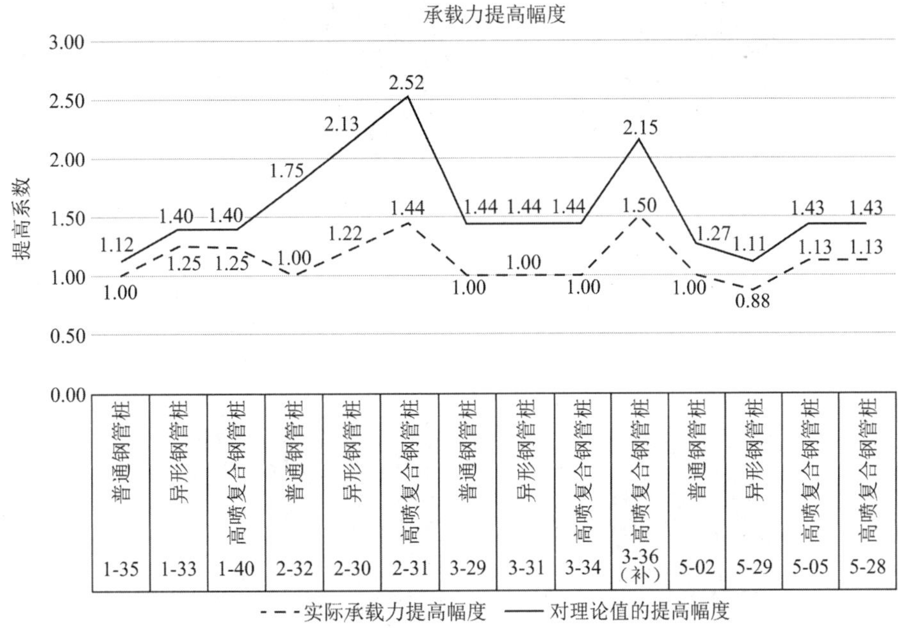

图 9　复合桩承载力提高幅度折线图

土体参数　　表 9

地层	地层名称	排水类型	重度λ/（kN/m^3）	黏聚力c/kPa	内摩擦角φ/°	压缩模量E_s/MPa	泊松比ν
3	淤泥质粉质黏土	不排水	18.3	12.8	10.8	4	0.35
4	粉质黏土	不排水	19.5	28	15.9	7.42	0.35
5	粉砂	排水	19.7	4.5	30.4	10.8	0.25
6	粉质黏土	不排水	19.2	23	14.8	6	0.35

弹性单元参数　　表 10

名称	材料类型	弹性模量E/10^{5}MPa	泊松比ν
钢管桩	弹性	2.05	0.25

6.3　高喷复合钢管桩施工时结构沉降情况

在普通的混凝土方桩等施工时，易产生挤土效应。本项目中存在较厚的淤泥质土，透水性较弱，易在打桩过程中受到扰动，从而引起附加沉降。同时随着后补桩不断地增加，排土量和超孔隙水压力大幅提高，易引起基础筏板上拱等情况。

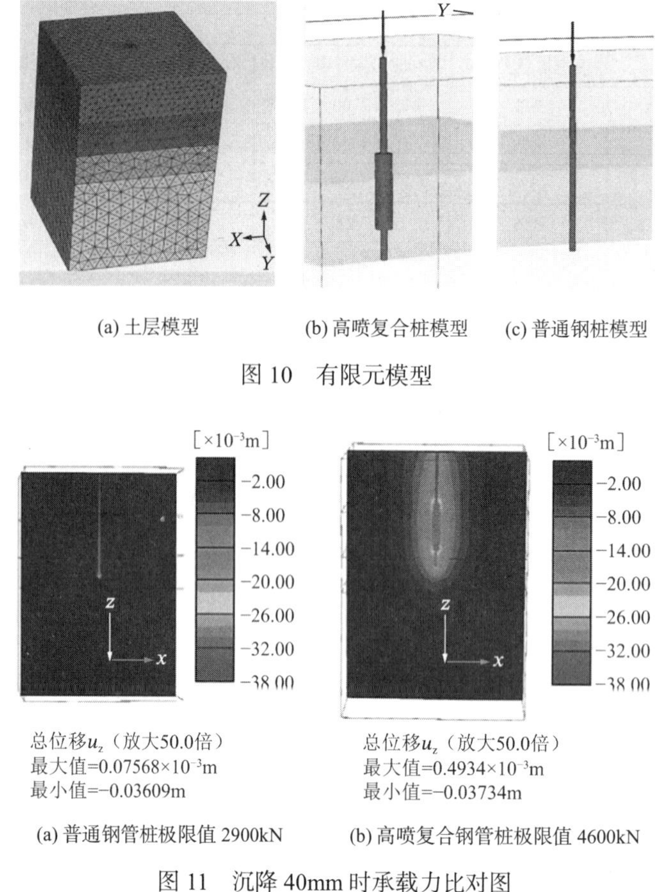

(a) 土层模型　(b) 高喷复合桩模型　(c) 普通钢桩模型

图 10　有限元模型

(a) 普通钢管桩极限值 2900kN　(b) 高喷复合钢管桩极限值 4600kN

图 11　沉降 40mm 时承载力比对图

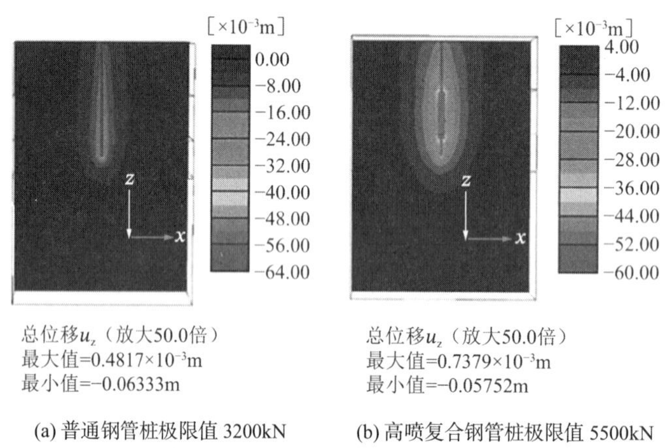

(a) 普通钢管桩极限值 3200kN　(b) 高喷复合钢管桩极限值 5500kN

图 12　沉降 60mm 时承载力比对图

本次采用的是高喷复合钢管桩，在进行钢管桩施工前，先进行高压旋喷桩的施工，以大大降低挤土效应。同时施工时对建筑竖向位移进行监测，在施工期间结构的沉降速率小于 0.1mm/d，施工完成后沉降速率小于 0.04mm/d，施工完成 3 个月后沉降速率基本都小于 0.01mm/d。

监测结果表明，高喷复合钢管桩对原桩基的影响以及挤土效应都远远小于其他普通桩型。

7　高喷复合钢管桩的加固效果

在本项目基础加固过程中，混凝土方桩、钢管桩等因无法穿透⑤$_{1\text{-}1}$ 粉砂层且对基础损伤较大、造价偏高无法适用于本项目。采用高喷复合钢管桩较好地解决了其他桩型的缺点。

高喷复合钢管桩在本项目中的优势如下：

（1）本项目中高喷复合钢管桩内芯采用直径为 377mm 的无缝钢管桩，如采用其他桩型在同等桩长下，直径应达到 500～600mm，对底板的损伤远远大于高喷复合钢管桩。

（2）高喷复合钢管桩内芯施工前先进行高压旋喷桩的施工，整个施工过程挤土效应不明显，对原基桩的影响小。

（3）高喷复合钢管桩成桩直径大，在同等桩长下，承载力可提高 1.4 倍以上，具体根据复合段长度及外径大小确定。

（4）高喷复合钢管桩的加固费用小于钢管桩等常规桩型，有良好的社会经济效益。

8 结论

综上所述，在本高层基础加固项目中，一般的后补桩难以穿透粉砂层，桩长被限制，理论承载力有限，无法满足设计承载力要求。而高喷复合钢管桩相比较其他桩型不管是理论还是实际检测的承载力都有明显的提高。其承载力与常规同等直径、同等桩长的桩型理论值比较，提高幅度在 1.40～2.52，平均提高幅度 1.78，且在施工过程中的挤土效应远小于常规桩型，挤土效应不明显，沉降情况较好。整个施工工艺对原结构损伤小、不影响正常施工进度。因此高喷复合钢管桩在同类型的基础加固中具有明显的优势及经济效益，本次研究为以后的基础加固提供了一种新的加固桩型、新的施工工艺方法，值得运用推广。

参考文献

[1] 中华人民共和国住房和城乡建设部.建筑地基处理技术规范: JGJ 79—2012[S]. 北京: 中国建筑工业出版社, 2013.

[2] 中华人民共和国住房和城乡建设部.建筑地基基础设计规范: GB 50007—2011[S]. 北京: 中国建筑工业出版社, 2012.

[3] 中华人民共和国住房和城乡建设部.既有建筑地基基础加固技术规范: JGJ 123—2012[S]. 北京: 中国建筑工业出版社, 2013.

[4] 中华人民共和国住房和城乡建设部.劲性复合桩技术规程: JGJ/T 327—2014[S]. 北京: 中国建筑工业出版社, 2014.

[5] 中华人民共和国住房和城乡建设部.水泥土复合管桩基础技术规程: JGJ/T 330—2014[S]. 北京: 中国建筑工业出版社, 2014.

[6] 中华人民共和国住房和城乡建设部.预应力混凝土异型预制桩技术规程: JGJ/T 405—2017[S]. 北京: 中国建筑工业出版社, 2017.

[7] 中华人民共和国住房和城乡建设部.建筑结构加固工程施工质量验收规范: GB 50550—2010[S]. 北京: 中国建筑工业出版社, 2011.

[8] 中华人民共和国住房和城乡建设部.建筑地基基础工程施工质量验收标准: GB 50202—2018[S]. 北京: 中国计划出版社, 2018.

[9] 中华人民共和国住房和城乡建设部.钢结构加固设计标准: GB 51367—2019[S]. 北京: 中国建筑工业出版社, 2020.

[10] 中华人民共和国住房和城乡建设部.建筑桩基技术规范: JGJ 94—2008[S]. 北京: 中国建筑工业出版社, 2008.

智能化主动托换系统在连续多层剪力墙置换中的应用

沈 靖，张 洋，王擎忠，张林波，陈军辉

（杭州圣基建筑特种工程有限公司，杭州 310007）

摘 要：某在建的 20 层剪力墙结构住宅楼，施工至 14 层楼面后发现 4～6 层部分墙体的混凝土存在严重质量缺陷，局部剪力墙需连续多层置换处理。结合经济性及社会影响效应，遂决定采用一种智能化主动托换系统进行剪力墙整体置换处理，本文分别从设计、施工、监测三个方面介绍了整个工程施工过程中的要点。对比常规剪力墙置换方式，智能化主动托换系统使得置换工作效率大幅提升，施工期间结构变形小于规范限值，在主动卸荷后，置换墙体的应力滞后效应小，使加固后结构的整体性较好。本项目施工完毕后经检测满足设计要求，现已验收并交付业主。

关键词：剪力墙置换；连续多层置换；主动托换；置换混凝土

剪力墙结构体系是一种常用的抗震结构体系[1-2]，充分利用墙体的承载性能减少柱子和梁的数量，增加了建筑内部空间的可利用性，广泛应用于住宅类民用建筑。在实际工程施工过程中，由于梁板混凝土强度等级混淆、掺水过多或商品混凝土本身质量缺陷等原因，经常出现混凝土强度不满足设计要求的情况。为避免商品房交付后的争议，常规粘贴类混凝土加固方法并不适用，对缺陷混凝土进行整体置换是最万无一失的处理方法。本文以实际工程为例，着重介绍一种智能化主动托换系统在剪力墙结构高层住宅中的应用，为类似工程提供参考。

1 工程概况

江苏某住宅楼为现浇钢筋混凝土剪力墙结构，地上 20 层，地下 1 层，标准层建筑面积约 480m^2（图 1）；1～3 层剪力墙混凝土设计强度 C45，4～6 层剪力墙混凝土设计强度 C40，各层梁板混凝土设计强度 C30；结构施工至 14 层楼面时，发现 4～6 层部分剪力墙混凝土强度未达设计要求。经现场检测，4～6 层部分墙体的混凝土强度为 14.1～29.4MPa，存在严重的质量缺陷。由于上部已施工至 14 层楼面，且除 4～6 层外的主体结构施工质量满足相关规范要求，若拆除重建，社会影响及经济损失巨大。为保证墙体的承载力满足原设计要求，在后续使用过程中不留安全隐患，应选择合理方案对存在缺陷的剪力墙混凝土进行加固处理。

2 混凝土剪力墙置换方案

2.1 加固前结构初始应力状态

制定方案前，采用两组模型分别进行加固施工期间和加固完成后的结构受力分析。对于加固施工期间的结构计算模型，根据实际施工情况确定结构恒活荷载值。该建筑目前处于停工状态，停工前已施工至 14 层楼板，仅 1 层砌筑完隔墙，各层楼面的建筑面层均未施工。故取消各楼层的楼板附加恒载及活载，仅保留结构自重恒载，按最高至 14 层楼面重新组装模型后，计算施工期间的墙体内力及结构变形。而对于加固完成后的结构计算模型，按照检测单位出具的混凝土强度检测报告，将各构件的实测强度输入模型后，进行各个构件的受力分析以及整楼指标的数据复核。

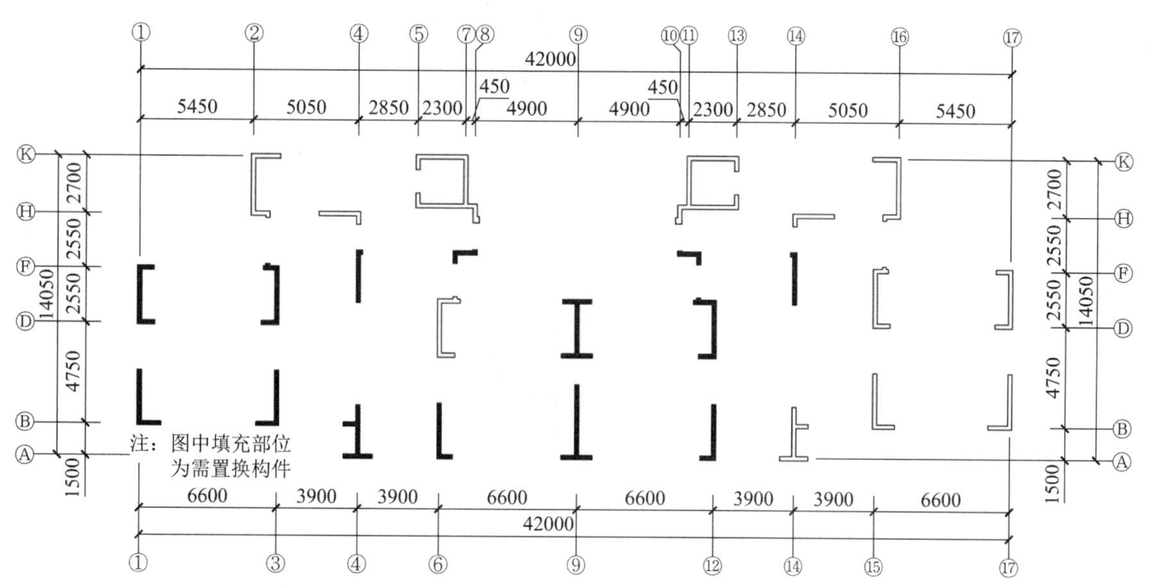

图 1　剪力墙平面布置图

2.2　加固方案的选择

本工程混凝土强度欠缺幅度较大，墙体轴压比大幅超过规范规定的 0.6 限值，故常规粘贴类加固做法较难满足承载力要求，而增大截面加固法会影响房屋内的有效使用面积，综合权衡后决定采取全截面置换的方法进行加固处理[3]。

本项目因其特殊性，存在同一部位连续三层剪力墙都需置换的情况，而上部结构施工至 14 层楼面，竖向构件已形成刚度并承担上部各层楼面荷载，直接拆除置换会破坏竖向构件的连续性，使得内力重分布后，周边构件存在严重安全隐患。为避免破坏的发生，本工程采用一种智能化主动托换系统，通过将上部荷载有效转换至下方合格楼层，从而确保置换过程的安全可靠性。

2.3　智能化主动托换系统

本系统主要由钢牛腿、钢支撑、穿墙抬梁和 PLC 系统四部分组成（图 2）。在 3 层及 7 层分别设置一组上下对应的钢牛腿，使 7 层以上的竖向荷载经由上钢牛腿传递给钢支撑，穿墙抬梁则将 5 层和 6 层墙体承担的楼面荷载传递至钢管支撑，使得 4 层墙体置换期间，5～6 层墙体不会因悬空产生拉应力；最后由钢支撑和下钢牛腿将力有效传递到 4 层以下墙体，从而确保了置换施工期间竖向力传递的连续性。在 4 层置换完成后，再逐步施工 5 层和 6 层墙体直至养护达到设计强度后卸荷并拆卸托换系统。

本系统存在三点优势：

（1）智能可视化。在 PLC 同步加载位移控制系统期间，通过控制电脑，可实时读取加载数值及位移量，通过数字化信息监控施工全过程。

（2）主动性。分段置换混凝土处理的剪力墙，经计算模拟及实例验证，其墙体内的应力分布极不均匀，先置换的墙段平均应力较大，最后置换的墙段应力几乎为零[4]，这主要因为结构已经形成刚度并承担荷载，而分段置换过程中，结构内力重分布，置换的构件刚度逐步形成，使得其应力存在滞后效应。

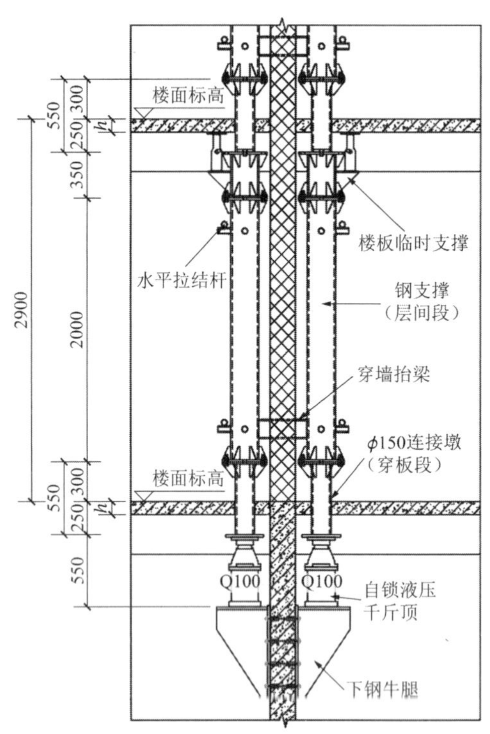

图 2 托换系统立面图

根据胡克定律公式，计算墙体在当前工况下的原始压缩量，以四层 4 轴交 A～B 轴墙为例，该墙段轴力为 1727kN，层高 2.9m，混凝土实测强度等级 C22，查表后线性内插得到弹性模量 2.65×10^4N/mm²，墙体横截面面积 860000mm²：

$$\Delta L_1=\frac{N\times H}{E\times A} \tag{1}$$

$$\Delta L_1=\frac{1727\times10^3\times2900}{2.65\times10^4\times860000}=0.22\text{mm} \tag{2}$$

式中：N为墙段轴力（kN）；H为层高（m）；E为混凝土弹性模量（mm²）；A为墙体横截面面积（mm²）。

经计算显示，该层墙体在目前工况下已发生 0.22mm 的压缩变形，依据同一部位各层剪力墙混凝土实测强度，分别计算出各层的初始压缩变形量。逐层置换期间，利用 PLC 系统施加预紧力时进行一定的反顶，恢复构件的初始线型，位移大小可控，反力数据有效直观。

图 3 托换系统标准层

（3）装配式。现有住宅层高普遍为 2.9～3.0m，因此通过大量标准化构件可以有效提高安装效率。本工程将 2.9m 的高度拆分为层间式和穿板式两段。根据荷载的不同，层间式的钢管直径普遍为 168～219mm（图 3），而大直径钢管贯穿楼板势必造成楼板刚度的削弱。为解决这个问题，本工程采用了小直径大壁厚的 150mm 钢管进行截面转化，且贯穿楼板的一端取消法兰盘，在减少楼板混凝土的前期开孔及后期恢复工程量的同时，大大减小了施工过程中对原结构刚度的削弱，从而使既有结构在施工期间取得更有效的保护。

3 置换工程施工

3.1 置换加固施工工艺

剪力墙置换混凝土施工顺序如下：钢牛腿安装→钢支撑及千斤顶安装→同步预加载→凿除混凝土→

钢筋更换整改→支墙模→浇墙混凝土→养护至设计强度→拆除钢支撑。

每片墙体配置 2～3 对钢支撑，待钢支撑安装完毕后，应对钢牛腿（图 4）进行竖向滑移检验，试验荷载加载值为对应荷载标准值的 1.4 倍。试验无误后，开始施加预顶力，由于荷载传递不均匀，如果人工控制可能引起千斤顶顶速不一致，导致上部结构产生附加应力。因此，本工程采用全自动液压同步控制系统对置换剪力墙进行同步分级加载，卸除置换剪力墙的竖向压应力。具体加载要求：加载值不大于柱顶轴力（恒载+活载标准组合工况），剔凿前预加顶升力按恒载工况的 80%控制，凿断过程中按 5%～20%恒载工况轴力适当增加顶升力。考虑完成后墙柱混凝土的压缩变形，卸载时对剪力墙进行反顶，顶升位移补偿值按初始压缩量进行控制，一般不大于 1.0mm。整个托换过程中，以位移为主、轴力为辅进行双控。

3.2 剔除混凝土

原竖向构件混凝土凿除前，应通过预加载使其达到或接近零应力状态。混凝土凿除由人工作业完成，不得欠凿或过凿，凿除前对分界线进行表面割缝，分界缝深度 10mm。凿除过程中不得损伤钢筋及无须置换的混凝土。后一阶段的混凝土剔除时，应对前一阶段浇筑的混凝土在交界面处进行剔凿处理，剔凿断面的凹凸高差为 5～10mm。混凝土剔除完毕后（图 5），应清理界面上的松动骨料和碎渣，并全面检查界面的凿毛是否满足规范和设计要求。模板安装前用水冲洗剔凿面，清除表面的浮灰和碎渣。

图 4 钢牛腿及千斤顶

图 5 剔除混凝土

3.3 混凝土浇筑

浇筑混凝土前先支设相关部位的模板，对墙模板顶部应安装进料口。模板在现场安装时，严格保证模板施工质量，处理好模板边界封闭，接缝用双面胶封闭，严防漏浆、炸模、胀模发生。模板外侧应设置足够的木方，确保模板有足够的刚度。

由于混凝土墙在层高范围内均需进行置换，墙内钢筋较多而不便于振捣施工，加之本次置换涉及的实体工程量较大，从经济性、可靠性等多方面综合考虑后，本工程采用自密实混凝土取代传统加固工程中使用的灌浆料进行施工。混凝土强度等级较原设计强度提高一级至 C45。混凝土墙体带模养护时间不少于 72h，拆模后继续保湿养护 7d[5]。

因本项目各层荷载均通过托换系统层层顶托，且施工期恰逢春季，气温适宜，故在下层混凝土浇筑后 3d 即可开始上面一层的施工，大幅缩减了施工工期。

经测算，上部结构的建筑面层荷载、隔墙自重以及使用活载合计约占设计总荷载的 50%，目前结构也尚未结顶，综合考虑，在同套托换系统中最后一批次的混凝土强度达到设计强度的 80%且不少于 14d 后可卸载并拆除托换系统。千斤顶卸载时采用 PLC 同步控制系统同步分次卸载，每次卸载量控制在 50～100kN，直至卸载为零，从上至下逐层拆除千斤顶、托换系统，并对楼板洞口、墙板洞口的钢筋焊接恢复后采用 C50 高强度灌浆料进行恢复。

3.4 施工期间变形验算

因本工程涉及剪力墙数量较多，设计阶段综合考虑以后，将竖向构件分层分批分次置换施工。分批原则为按平面及竖向间隔置换（跳仓施工），按楼层标高从下至上依次置换。

本工程置换过程中，上部已建至14层楼面，截断竖向构件对结构整体刚度有一定影响，故需进行施工期间的最不利工况验算。经分析，按照仅承受风荷载，无地震作用考虑，4层中某两批次构件同时开工时为最不利工况，此时将剪力墙修改为钢支撑传力，通过软件模拟，结果显示最大变形发生在Y风工况下，结构顶部最大位移10mm（图6），同时Y风工况下最大层间位移与平均层间位移的比值：1.19 < 1.4，Y向最大层间位移角：1/4774 < 1/1000，整体指标均满足规范要求。

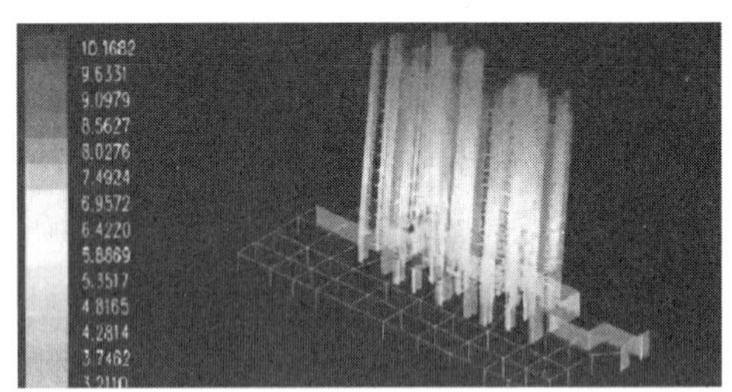

图6 最不利施工工况变形计算/mm

4 施工期间监测方案及要点

4.1 监测方案

本工程施工前、施工中及施工后进行全过程监测、信息化施工，实时监测结构的变形和受力状况。监测内容包括每个竖向构件凿除前后以及钢支撑拆除前后的托换构件竖向位移、钢支撑轴力和钢牛腿与墙柱之间的相对位移。

本项目混凝土置换、缺陷修复工程监测内容主要包括：钢支撑轴力监测、顶升过程中PLC同步液压系统读数、墙体位移监测，通过电脑系统读数与人工监测数据相校核，确保结构托换工程安全。

临时钢支撑轴力监测：墙置换施工时一天监测一次，墙置换后15d内每隔3～5d监测一次。PLC同步液压系统读数：顶升加载及卸载时，按行程记录数据，实时监测。墙位移监测：墙置换施工时一天监测一次，墙置换后15d内每隔3～5d监测一次。遇极端天气或异常情况则加密观测次数。

4.2 危险点识别及预防措施

本项目施工工艺复杂、施工难度大，具备一定的风险性，根据项目特征，总体存在以下危险点：钢牛腿破坏、钢支撑失稳、千斤顶失效、结构变形损伤。根据上述危险点，分别设置不同的报警值，具体监测内容及仪器设备见表1。

监测报警值汇总 **表1**

序号	测点位置	测点数量	监测内容	报警值	仪器设备
1	每个置换构件	1	竖向位移	向下≥3mm	精密水准仪位移传感器
2	每个钢牛腿	1	相对位移	≥1mm	位移传感器
3	钢支撑（取50%钢支撑）	1	应力	≥270N/mm^2	应变计
4	上部楼层梁板裂缝	按实	裂缝	≥0.3mm	裂缝观测仪
5	房屋整体沉降监测	4	整体倾斜	≥3‰	全站仪

5 处理效果

本剪力墙置换加固工程施工完毕后，通过对现场同条件试块及现场钻芯两种取样进行混凝土抗压强度检测，检测结果均满足设计要求。

根据检测结果，结合现场表观感受，经五方主体现场验收，此次加固工程满足设计要求，达到预期效果。

6 结论

（1）针对剪力墙混凝土质量缺陷，通常使用置换法进行加固处理。但竖向构件在拆除置换过程中存在荷载转化的情况，智能化主动托换系统能有效解决传力问题，并在托换过程中根据可视化读数，主动恢复墙体的原始线型，在加固养护完成后同步分级卸荷，避免了置换构件的应力滞后现象。

（2）对于同一轴线位置多层连续置换墙体，通过增设抬墙梁的方式，实现逐层荷载的有效转化。因施工期间上部荷载均通过托换系统传导，故逐层施工间隔时间大幅缩短，更短的工期带来更好的社会和经济效益。

（3）施工前做好最不利工况下的主体结构验算，施工期间按照监测方案对托换系统、主体结构等各个部位进行实时数据监测，准确识别危险点，从而确保剪力墙置换工程顺利实施。

参考文献

[1] 中华人民共和国住房和城乡建设部.混凝土结构设计规范: GB 50010—2010[S]. 北京: 中国建筑工业出版社, 2011.

[2] 中华人民共和国住房和城乡建设部.建筑抗震设计规范: GB 50011—2010[S]. 北京: 中国建筑工业出版社, 2010.

[3] 王静民. 杭州某高层建筑墙柱整体置换设计[J]. 建筑结构, 2015, 45(17): 37-39.

[4] 陈大川, 郭虹位. 高层建筑混凝土剪力墙免支撑置换受力分析[J]. 工业建筑, 2020, 50(9): 68-74.

[5] 中华人民共和国住房和城乡建设部.建筑结构加固工程施工质量验收规范: GB 50550—2010[S]. 北京: 中国建筑工业出版社, 2011.

超高压喷射劲性组合加固技术在既有管桩基础补强处理中的设计与应用

方 成[1]，李朝阳[2]，徐时全[1]，李达欣[1]，张林波[3]，王擎忠[3]

（1. 浙江省工业设计研究院有限公司，杭州 310052；2. 漯河市广和建筑工程咨询有限公司，漯河 462000；
3. 杭州圣基建筑特种工程有限公司，杭州 310012）

摘 要：在城市改造过程中为了践行绿色发展理念，越来越多的既有建筑需要保留利用和更新改造。基于理论和工程实践，给出一种为加固既有预应力管桩基础的新型补强方案与可靠的施工技术。首先结合工程实际选择 RJP 全方位高压喷射工法对既有管桩桩端实施喷射扩径，然后灌注高强无收缩灌浆料，并压入微型钢管桩加载持荷，最终形成新的劲性高强组合桩，实践表明此管桩补强技术可靠有效，值得推广应用。

关键词：劲性组合加固技术；RJP 全方位高压喷射工法；探桩；持荷封桩；内芯钢管

既有建筑增层改造，涉及较复杂的基础托换加固。对于既有建筑为桩基的基础，因上部荷载增量较大，需要补入较多的桩[1,2]，并且应在工程条件限制之下，选择最优的方案，以满足安全适用、质量可靠、施工方便、经济合理以及保护环境的要求。基于理论研究与实际工程中的应用实践，研发出一种超高压喷射劲性组合加固技术，用于既有管桩基础补强。希望能为此类桩基托换补强工程提供新的技术选项。

1 工程概况

工程位于杭州市，为未来社区内改造保留建筑，原主体建筑为地上 11 层办公楼，下设 1 层大地下室，采用现浇混凝土框架结构体系，6 度抗震设防，地震加速度为 0.05g，场地特征周期为 0.45s，场地类别为Ⅲ类。基本风压为 0.45kN/m^2，地面粗糙度类别为 C 类。

地基基础及桩基设计等级为甲级，采用柱下管桩承台加防水板，C80、PHC-600-AB-110 预应力管桩单桩承载力特征值R_a = 1700kN，总桩数 104 根，主体结构以地下室承台为嵌固端，原承台、底板为 C35，抗渗等级为 P6，垫层混凝土为 C15。底板厚度 400mm，底板面标高为 −5.500m。承台高度 1200～1400mm，主要以三桩、四桩和六桩承台为主。要求管桩进入⑤$_1$全风化泥质粉砂岩不小于 2m，有效桩长 30～31m。由于区域规划调整，此建筑拟加高至 15 层，增层的层高均为 3.6m，调整后建筑高度约 54.7m，因此需对原结构及基础进行加固处理。原结构平面及增层后的剖面如图 1、图 2 所示。

2 岩土工程条件

工程所在场地原始地貌属冲海积平原，地形平坦，为抗震不利的Ⅲ类场地，浅中部软土层厚平均 20m，基底以下各土层的物理力学参数见表 1，典型地质剖面如图 3 所示。

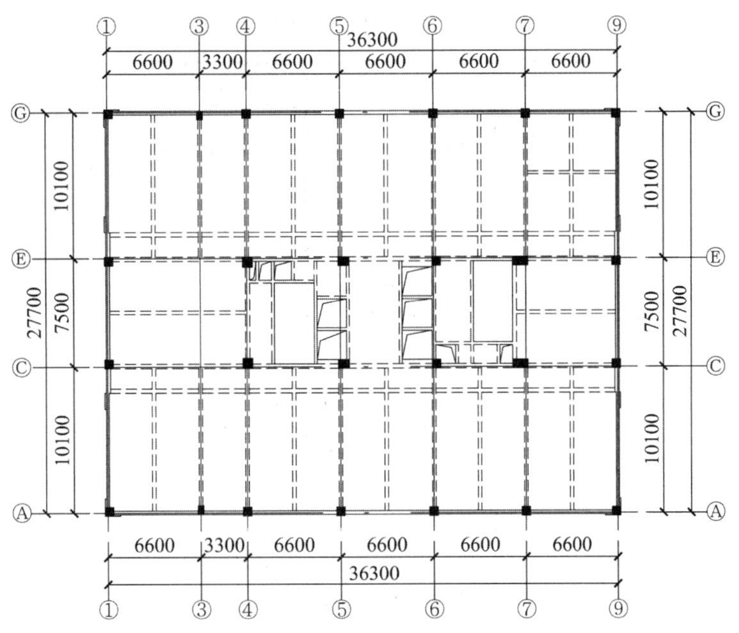

图 1　标准层结构平面图

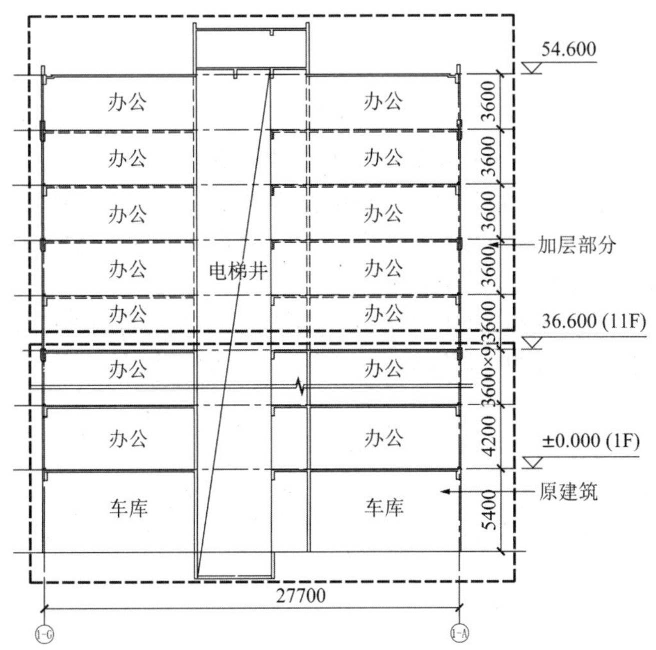

图 2　建筑剖面图

各土层的物理力学参数　　**表 1**

编号	名称	预应力管桩			钻孔桩	
		f_{ak}/kPa	q_{sa}/kPa	q_{pa}/kPa	q_{sa}/kPa	q_{pa}/kPa
①	杂填土	—	—	—	—	—
②	黏质粉土	100	13	—	11	—
$③_1$	淤泥	50	7	—	5	—
$③_2$	淤泥质黏土	60	8	—	6	—
④	粉质黏土	160	32	1300	27	—
$⑤_1$	全风化泥质粉砂岩	180	52	2200	45	800
$⑤_2$	强风化泥质粉砂岩	350	70	4000	60	1800
$⑤_3$	中风化泥质粉砂岩	800	—	—	80	3500

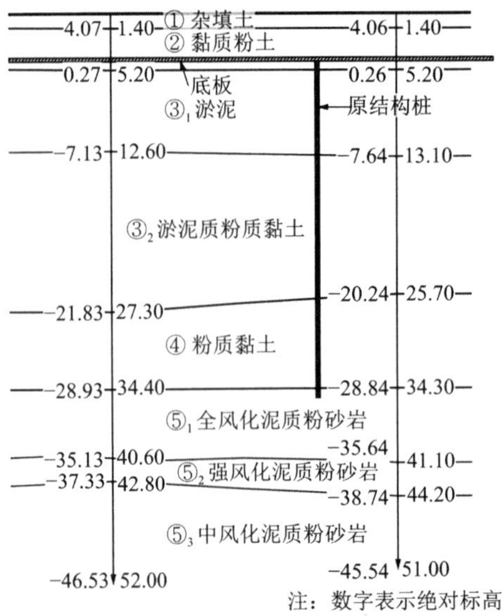

图 3 典型地质剖面

3 基础工程补强设计

制定设计方案之前，对原桩基竖向承载力进行抽检，抽检结果表明单桩承载力比原设计仅增长 5%左右，因增长幅度有限，本方案制定时单桩承载力按原设计取值。

通过结构模型计算，增层后的结构验算整体指标均满足设计要求，增层前后结构自振周期分别为 1.75s 和 2.40s。桩基础及上部结构构件承载力需进行加固处理才能满足增层要求，本文仅论述管桩基础加固部分内容。增层前后的柱底轴力如图 4 所示。

对原承台进行抗剪、弯、冲切验算，结果表明：承台需通过加大截面法进行加固[3]，增加厚度为 300mm 的 C35 混凝土叠合层，并按照规范相关规定做好相应的施工措施[4]。

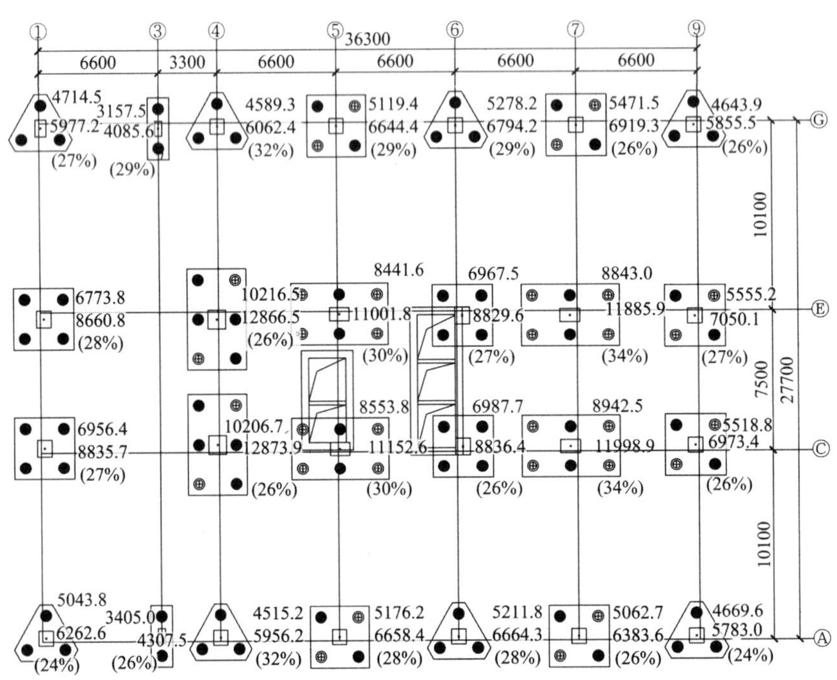

图 4 桩位平面图及增层前后柱底轴力（kN）

（图中●表示管桩补强，括号内数值为轴力增加比例）

3.1 上部结构指标验算

增层前后的结构均按6度抗震设防进行设计，通过增层前后结构计算分析各项指标：有效质量系数、基底剪力及剪重比、最大层间位移、规定水平力下最大层间位移比、最小楼层抗剪承载力比、最小楼层刚度比、最大层间位移比变化均小于5%。

3.2 竖向荷载变化

标准组合下上部结构总荷载：增层前160094kN，增层后205389kN，增层后上部结构总荷载比增层前约增加28.3%。竖向荷载标准组合作用下，增层前基桩平均竖向力约1539kN，增层后基桩平均竖向力1975kN，大于单桩承载力特征值$R_a = 1700$kN，故需对原桩基进行承载力补强。

3.3 桩基补强方案的分析与选择

施工资料显示，原工程桩采用静压法沉桩，敞口型桩尖，终压桩力和有效桩长均满足设计要求，未存在桩偏位超标问题，桩顶灌芯长度1.5m，单桩竖向抗压承载力经第三方静载测试达到设计要求。

现根据工程地质与水文条件，结合施工环境，对可供选择的4种补强方案进行分析、比较。

方案一：钢筋混凝土锚杆静压桩补强方案

锚杆静压桩施工时无振动、无噪声、无环境污染，可以直接测得压桩力和桩的入土深度，施工质量可靠，对狭小空间作业适用性较好，缺点是本场地补桩时在承台内开桩孔孔径较大，挤土效应大，桩间距较难满足规范要求。若拼宽承台补桩，原承台底的配筋量显得不足，工期长且造价相对较高[6]。

方案二：锚杆静压钢管桩补强方案

该桩型具有钢筋混凝土锚杆静压桩的全部优点，且成桩速度快、挤土效应小、桩身刚度强，单桩承载力高。适合在各种不同的细粒土层中成桩，穿透能力强。缺点是本场地补桩时同样需对既有承台进行拼宽加固，且造价相对更高[5]。

方案三：钻孔压浆桩补强方案

该桩型是树根桩的升级改良版，桩径250～480mm，可做扩底桩，桩长一般不宜大于36m，桩身无砂混凝土强度可达到C25，一般适用于多层桩基补强，其缺点是单桩竖向承载力低、桩身强度低、质量可靠性差，难以满足补桩需要[7-9]。

方案四：既有管桩增深托换补强方案

对承台和灌芯段取芯成孔，采用RJP超高压喷射注浆技术对既有管桩端下方喷射扩径增深，然后灌注高强无收缩灌浆料，及时压入微型钢管桩并及时加载持荷以控制附加沉降。要求对钢管桩内外空隙均填充水泥浆致密，使之形成劲性高强组合桩。该方案不损伤既有承台，不用打开底板，无渗漏之虑，且施工方便、控沉可靠、造价合理，工期短[10]。

因此，经上述综合比较，决定采用“方案四”进行基础补强处理。

3.4 既有管桩增深补强设计

（1）单桩承载力特征值估算。单桩承载力由既有管桩的桩侧摩阻力和接长段的桩侧摩阻力、桩端阻力组成，根据《劲性复合桩技术规程》计算，单桩承载力设计值取$R_a = 2500$kN。

（2）桩身补强设计。管桩底增深段采用高强灌浆料灌注成型，桩径约1400mm，桩底增深约2m，高强灌浆料强度不低于C60，并在灌浆料初凝之前，确保微型钢管桩加载持荷控沉，以补偿既有管桩因桩端脱空缺失的端阻承载力部分，以更好地控制附加沉降。钢管桩桩身截面承载力应大于$1.35R_p$，$R_p = q_{pa}^c A_p^c$，其中q_{pa}^c为既有管桩桩端土的端阻力特征值（kPa）；A_p^c为既有管桩端面积（m²）。经计算钢管直径ϕ168，壁厚12mm，材质Q355B，满足加载持荷要求。具体桩身设计构造见图5。根据《建筑桩基技术规范》，原管桩端竖向承载力设计值$R_p = 622$kN，钢管桩竖向承载力≈1050kN，大于$1.35R_p$，满足安全持荷控沉要求。

（3）根据上部结构增层前后的荷载分布情况及原桩布置设计，按补足增层后基础承载力的原则布置补强管桩的位置，平面布置如图 4 所示。

（4）加载持荷封桩设计。鉴于桩端补强处理施工过程中既有管桩的竖向抗压承载力会有所降低，从而产生附加沉降，故采用内插钢管桩加载持荷补偿。加载持荷值不小于原管桩端阻提供的承载力，实际加载值取 700～800kN。具体持荷装置做法如图 5、图 6 所示。整个装置由后植锚杆、反力钢梁和自锁式同步液压千斤顶、轴力计、加载墩等组成。

（5）桩补强施工顺序。总体上的平面加固顺序宜先外围再内圈，逐圈向中心靠拢。各承台应逐根施工，前 1 根桩封固后才能开始后 1 根桩施工，达到控制沉降的目的。

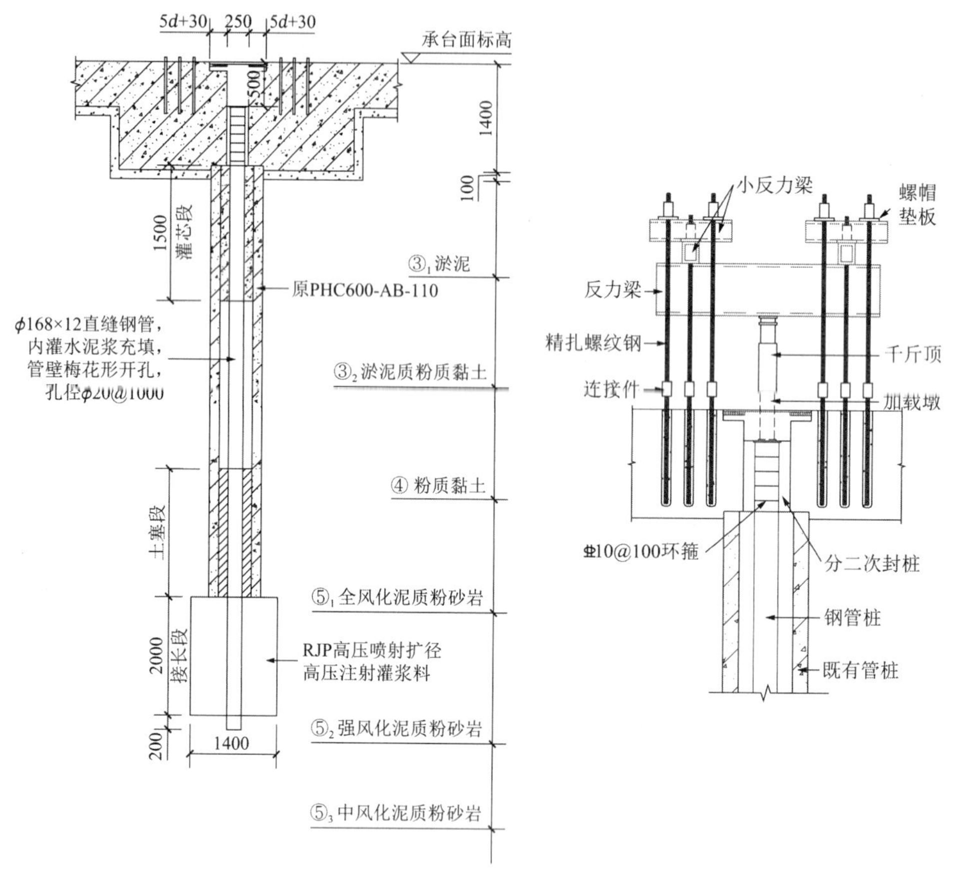

图 5　既有管桩落深桩身设计构造

图 6　加载持荷封桩详图

4　桩基补强施工技术要点

4.1　工艺流程图

单根既有管桩接长补强工艺流程如图 7 所示。

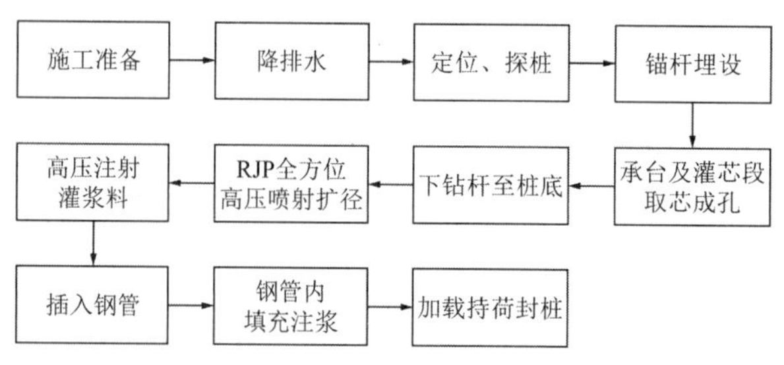

图 7　既有管桩接长补强工艺流程图

4.2 施工准备及降排水

（1）既有管桩落深补强属于一种先进的高效施工技术，施工前应编制详细完整的专项施工方案，做好安全、技术、质量交底，明确任务与完成时间。

（2）施工前先对补强桩位进行编号，做好机械配置、人员及施工路线安排等准备工作。

（3）提前做好相关机械设备的计量标定工作。

（4）在地下室设置若干钢管降水井，确保水位降至承台底以下 0.5m，降水期间应加强对周边环境的监测工作。

4.3 定位及探桩

根据桩基竣工图对桩中心进行定位放样，并做好十字标记。在标记处用静力水钻取芯探桩，探孔孔径 50mm，探孔深度大于承台＋灌芯高度。取芯完成后，借助于摄像头检查探孔是否位于桩中心，根据检查情况动态调整插桩孔位置，插桩孔直径ϕ250，小于桩ϕ380 内腔。

4.4 锚杆埋设

每根补强管桩周边布置 6 支直径为 25mm 精轧螺纹钢锚杆（材质 PSB930），采用后锚固施工工艺，锚杆种植深度不小于 600mm，钻孔孔径 65mm，孔内灌注早强锚固料，要求单根锚杆抗拔承载力设计值 250kN。

4.5 成孔及下钻杆

桩位探孔无误后，种植底座固定锚栓，安装台式取芯机，对承台＋灌芯段进行垂直旋喷孔，取芯孔孔径 250mm，一次成孔。

然后采用地质钻机预钻孔至桩端以下 2m，孔径ϕ200，当达设计深度后停止钻孔，然后下钻杆至设计深度。

4.6 RJP 超高压喷射扩底注浆

RJP 工法主要原理是利用三重管旋喷技术，把超高压水、超高压水泥浆和高压空气联合喷射，对地层进行两次高压旋喷切削，完成扩孔扩径，高压置换泥浆从管桩内腔孔道排出，其扩径效果好、施工效率高。

管桩底增深段采用高强灌浆料灌注成型，扩底直径不小于 1400mm，超高压喷射工艺参数：气压 1～1.2MPa，气流量 12.0～17.0m^3/min，水流量 90L/min，水压和水泥浆喷射压力 35～38MPa，钻杆提升速度约为 50mm/min，钻杆转速 10r/min，并要求两次复喷施工成孔，具体施工参数以试桩为准。

4.7 高强灌浆料灌注成桩

插注浆管至设计深度，采用高压注浆工艺注入 C60 水泥基高强无收缩灌浆料，灌注压力 3MPa，单桩灌浆量不少于 9.0t。

4.8 内插钢管及压密注浆

桩端灌注成桩后，应立即以锚杆静压法分节压入钢管至孔底，并以桩长与压桩力双控。沉桩完成后立即持荷控沉，单桩加载值不小于 700kN，并对钢管内注入水泥浆（钢管桩身留设泄浆孔）。注浆参数：42.5 级硅酸盐水泥，水灰比 0.55～0.65，注浆压力不小于 0.3MPa。

4.9 加载持荷封桩

在既有桩体落深托换施工直到完成过程中，应保持群桩持荷控沉状态，然后分批封桩。封桩施工包括孔口开凿扩大焊接切断的承台面筋，封桩材料采用C60高强无收缩灌浆料，各桩孔采用二次封孔，确保封桩孔不渗漏。

5 施工监测要求

5.1 施工过程沉降变形监测

在施工期间应对每个竖向构件进行沉降实时监测（利用自动化监测系统），人工监测频率每天不少于1次。根据沉降数据动态调整施工顺序，做到信息化施工。

5.2 施工后沉降变形监测

工程竣工后一年内，持续做好较周密的沉降观测，观测频率前6个月每月不少于1次，后6个月每两个月不少丁1次，至沉降稳定为止。

5.3 加固桩承载力检验

既有管桩补强后的单桩承载力检测可采用锚杆静压法载荷试验，检测数量一般不少于3根。具体做法在抽检桩承台周边埋设反力锚杆和安装反力架，同时用排钻取芯法分离桩顶承台混凝土，在桩顶混凝土和反力架之间安装液压千斤顶，按规范要求慢速维持荷载法试验。具体做法如图8所示。试验后单桩承载力均满足设计要求。

图8 6000kN级加载反力架

6 结论及建议

（1）本文对既有建筑增层改造所需的基础加固提供了先进可靠的加固技术，应用表明对既有承台损伤影响最小，施工方便、质量可靠、工期短、经济效益良好，属于绿色低碳新技术。

（2）运用RJP全方位超高压喷射注浆技术对既有管桩端进行扩径增深，形成劲性高强组合桩，适用于非墙下布桩及原桩端位于可喷射注浆成桩的土层，需要先行现场试验确保施工可行性。

（3）采用超高压喷射劲性组合加固技术，施工阶段沉降监测十分重要，要切实做到信息化施工。

参考文献

[1] 中华人民共和国住房和城乡建设部.建筑桩基技术规范: JGJ 94—2008[S]. 北京: 中国建筑工业出版社, 2008.

[2] 浙江省工程建设标准. 建筑地基基础设计规范: DB33/T 1136—2017（浙江省）[S]. 北京: 中国计划出版社, 2017.

[3] 中华人民共和国住房和城乡建设部.既有建筑地基基础加固技术规范: JGJ 123—2012[S]. 北京: 中国建筑工业出版社, 2013.

[4] 中华人民共和国住房和城乡建设部. 建筑地基基础工程施工质量验收标准规范: GB 50202—2018[S]. 北京: 中国建筑工业出版社, 2018.

[5] 周志道. 锚杆静压钢管桩在高层建筑桩基事故处理中的应用[J]. 施工技术, 1995, 24(9): 17-19.

[6] 杨学林, 祝文畏, 王擎忠. 既有建筑改造技术创新与实践[M]. 北京: 中国建筑工业出版社, 2017.

[7] 中华人民共和国住房和城乡建设部.预应力混凝土管桩技术规程: JGJ/T 406—2017[S]. 北京: 中国建筑工业出版社, 2017.

[8] 中华人民共和国住房和城乡建设部.劲性复合桩技术规程: JGJ/T 327—2014[S]. 北京: 中国建筑工业出版社, 2014.

[9] 中华人民共和国住房和城乡建设部.水泥土复合管桩基础技术规程: JGJ/T 330—2014[S]. 北京: 中国建筑工业出版社, 2014.

[10] 丁文湘, 王磊, 方成, 等. 全过程持荷锚杆静压钢管桩在复杂桩基处理中的应用实践[J]. 建筑结构, 2022, 52(6): 126-130.

全过程持荷锚杆静压钢管桩在某项目复杂桩基处理中的应用实践

丁文湘[1]，王　磊[1]，方　成[1]，廖建忠[2]

（1. 浙江省工业设计研究院有限公司，杭州 310052；2. 杭州圣基建筑特种工程有限公司，杭州 310012）

摘　要：本文主要分析了在淤泥质土层中建造带有多层地下室的高层办公楼。由于基坑围护变形导致工程桩区域性失效，随着工程逐步推进，分析方案优劣，集思广益改进处理方案。最终选择分段施工全过程持荷锚杆静压桩方案进行桩基处理，达到预期效果。方案制定过程中考虑了：地质条件的复杂性，场地和施工过程的安全性，施工方案的可行性、经济性，还结合了业主对于工程进度的要求。本文重点介绍设计过程、施工难点及全过程监测。

关键词：锚杆静压桩；持荷；桩基处理；钢管桩

1　概述

工程位于杭州西溪湿地周边，待加固主体地上 9～13 层，现浇钢筋混凝土框剪结构，建筑高度约 50m，地下 2 层地下室底板底标高约 –12m。场地抗震设防烈度为 7 度，设计地震分组为第一组，Ⅱ类场地，基本地震动峰值加速度为 0.1g，抗浮设计水位室外地坪下 0.5m。平面如图 1 所示。

项目主体工程桩已施工完毕，基坑北侧围护支挡[1]结构变形突然增大，导致北侧以及东、西两侧部分围护桩折断、倒塌、失效并侵入主楼基础范围，靠近北侧基坑围护的前三排工程桩（距离基坑内边缘约 15m 范围）部分断裂，开挖后发现大部分工程桩无法找到。第四排工程桩（距离基坑内边缘约 20m 范围），经检测后，仅部分工程桩（约占 20%）为Ⅱ类桩，大部分工程桩（约占 80%）为Ⅲ、Ⅳ类桩。因此，此范围（区域 A）的工程桩几乎全部失效，为保证上部结构的安全，亟须对此部分基础做加固处理。

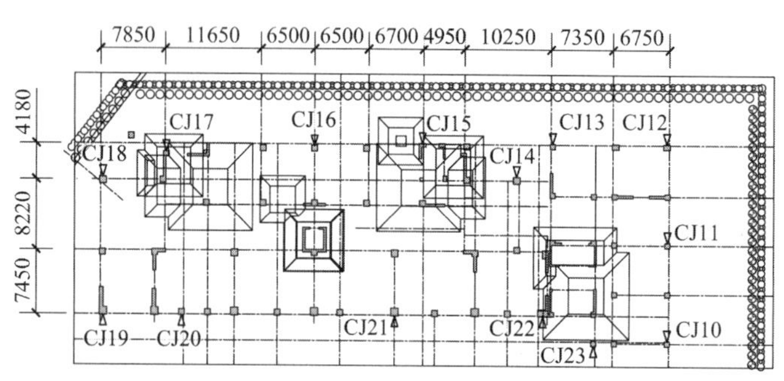

图 1　区域 A 基坑平面图

2　地质情况及原基础设计

工程所在场地地貌单元属于湖沼相沉积地带，地形较平坦。工程所在位置属北亚热带季风气候区，气候总的特点是：四季分明，温暖湿润，雨量充沛。若雨季期间施工，时有暴雨等强降水天气，会对工程的桩基作业和基坑开挖带来较大影响。因此，地质勘察报告建议在基础及地下室施工时应尽可能避开雨季。场地勘探报告中典型剖面见图 2，自上而下如下：①$_{-1}$杂填土、①$_{-2}$淤填土、②粉质黏土夹黏质粉土、④淤泥质粉质黏土，灰色，流塑，含腐殖质、有机质、云母碎片，部分位置为淤泥质黏土或淤泥，夹有少量薄层状粉土（地下室底板底位于该土层）。⑤$_{-1}$粉质黏土、⑤$_{-2}$粉质黏土混黏质粉土、⑦粉质黏土、⑧粉质黏土、⑨$_{-1}$中砂、⑨$_{-2}$圆砾：浅灰色、灰色，稍密～中密，粒径大于 2.0mm，颗粒质量为 55%～50%，磨圆度较好，局部位置相变成砾石，如直径为 2～3cm 的砾石，充填有砾砂，混有少量黏性土。该层在局部位置揭示有夹层，编号为夹⑨$_{-2}$，为粉质黏土，层厚不大，仅局部位置出现（本项目原设计钻孔灌注桩桩端持力层为圆砾）。⑩$_{-a}$全风化粉砂岩、⑩$_{-b}$强风化粉砂岩、⑩$_{-c}$中等风化粉砂岩。本项目原设计钻孔灌注桩桩端持力层为圆砾。具体参数详见表 1，典型剖面与标高关系如图 2 所示。

地基土物理力学指标 **表 1**

地基土物理力学指标设计参数表							
层序	岩土名称	建议值					
		压缩模量	地基承载力特征值	预制桩 特征值		钻孔灌注桩 特征值	
				桩周土摩擦力	桩端土承载力	桩周土摩擦力	桩端土承载力
		E_s/MPa	f_{ak}/kPa	q_{sia}/kPa	q_{pa}/kPa	q_{sia}/kPa	q_{pa}/kPa
②	粉质黏土夹黏质粉土	4.5	120	12		10	
④	淤泥质粉质黏土	2.2	70	6		6	
⑤$_{-1}$	粉质黏土	7.6	200	28		22	
⑤$_{-2}$	粉质黏土混黏质粉土	5.5	140	20		16	
⑦	粉质黏土	8.5	190	30	1400	23	
⑧	粉质黏土	4.5	120	18		16	
⑨$_{-1}$	中砂	14.5	210	38	2500	30	1000
⑨$_{-2}$	圆砾	25.0	320	60	4500	50	2000
夹⑨$_{-2}$	粉质黏土	7.0	170	28		21	
⑩$_{-a}$	全风化粉砂岩	9.0	220			30	
⑩$_{-b}$	强风化粉砂岩	26.0	350			48	
⑩$_{-c}$	中等风化粉砂岩		800			65	2700

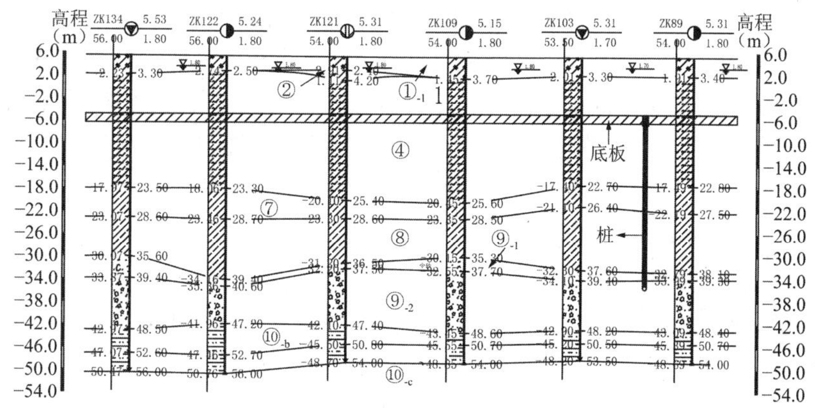

图 2　地质典型剖面与标高关系

原设计基础形式采用桩承台 + 防水板基础，底板、承台混凝土强度等级为 C35，抗渗等级为 P8；垫层混凝土强度等级为 C15。未注明底板厚均为 500mm，板顶标高为 −11.500m，板面配筋 ɸ16@200 双向通长，板底配筋ф14@200双向通长，局部附加钢筋。承台厚度1300～1600mm。采用泥浆护壁混凝土钻孔灌注桩[2]，桩直径为700mm、800mm、900mm。桩端入⑨$_{-2}$圆砾持力层深度不小于1m，有效桩长不小于30m。ϕ700桩径单桩抗压承载力特征值为1950kN，单桩抗拔承载力特征值为950kN；ϕ800桩径单桩抗压承载力特征值为2450kN，单桩抗拔承载力特征值为1100kN；ϕ900桩径单桩抗压承载力特征值为2750kN。

3 桩基处理方案选择

项目前期工程桩已施工完毕，雨期施工北侧基坑围护变形突然增大，北侧以及部分西侧、部分东侧围护桩折断倒塌失效并且侵入桩基础范围，导致靠近北侧基坑围护的前三排工程桩（约15m范围）偏位很大，部分断裂，经开挖后发现大部分工程桩无法找到。第四排起（约20m范围）经检测，仅部分工程桩（约占20%）为Ⅱ类桩，大部分（约占80%）为Ⅲ类、Ⅳ类桩。因此，此范围工程桩几乎已失效，为保证上部结构的安全，亟须对此部分基础作加固处理。

桩基处理可行性论证阶段，提出以下四种处理方案进行比选。

方案一：地面施工大直径桩托换法。因为现场坍塌影响面积较大，且坍塌区域内有较多包含钢筋混凝土的建筑垃圾。该方案需先对基坑进行回填，回填后采用潜孔钻机或AM工法补大直径钻孔灌注桩，以便能够顺利穿过障碍物。但缺点是回填围护加固、补工程桩达到强度后再开挖做底板，工期长、成本高，施工需要特种机械。

方案二：坑底施工小直径桩托换法。现场围护补强，开挖并清理可见障碍后浇筑底板[3]。在底板上留孔补钻孔灌注桩，过程中尽量避开废弃的工程桩。本方案补强围护、开挖、清障后便可实施，计划工期短，且费用较省。但在实施过程中存在较高的不确定性，碰到障碍时清除、穿透能力较差，打桩机需要在两层围护梁之间穿行，难度大。

方案三：普通锚杆静压桩[4]补强法。该桩型噪声低、无振动、施工机具轻便灵活、作业面小，可在上部施工过程中同时压桩，既不影响工期，又可避免破坏原有相邻建筑基础。缺点在于静压锚杆桩需要结构自重提供压桩力，当结构自重不足时就只能增加配重，配重块需要场地内周转，适用于小范围桩基处理。

方案四：全过程持荷锚杆静压钢管桩地基处理法[5]。在方案三的基础上用钢管桩替换普通锚杆桩以提高承载力与土层穿透能力，由一次性施工改为分步压桩全过程持荷。在基础托换领域，随着工程对桩的承载力与地层适应性要求不断提高，或作为大吨位抗拔桩之需，在高吨位混凝土桩难以满足的情况下，钢桩成为不可多得的选择。目前分为钢管桩和型钢桩两大类，沉桩方式主要有静压、振动两类，如果辅以高压潜孔钻机，钢桩可以穿越锚杆静压混凝土方桩所不能穿透的特殊土层，如深厚塘渣层、乱石层、粉细砂、砾石层等。目前，Q345b的D426、D454、D480、D529、D609、D800钢管桩的单桩竖向承载力特征值已达2500～5000kN，压桩力可达8000kN，甚至能够实施压桩力达10000kN的钢管桩，并且能够直接压穿厚度在10m以上的密实粉砂层。因此，虽然钢管桩造价相对较高，但在深基础托换控沉中应用前景极其广阔，属于重点发展的基础托换技术。采用钢管芯模预留压桩孔，基本不受承台厚度、防水要求限制，芯模深度可达5m以上；钢管桩接口采用精密切割、半自动气保焊接，使桩身完整性得到充分保证；PLC液压同步加载技术结合高吨位（预加载值≥4000kN）封桩架，使大批量桩高吨位同步预加载封桩得以实现，显著提升了即时控制附加沉降的能力。

综合本项目处理范围大、工期紧、场地内配重块周转困难等问题，最终选择方案四进行处理。

4 桩基处理施工要点

全过程持荷锚杆静压桩分段施工分为两个阶段。

（1）第一次压桩为待底板浇筑完毕并达到强度后，利用底板自重、原部分工程桩抗拔及底板上部未拆除的两道支撑梁、柱，先补入 108 根必补桩（图 3），并且终压桩力控制在 2500kN 以内，底板上第一批补桩施工中，应对底板实行全程监测（主要为筏板上抬位移、裂缝和板面应变等）。若压桩孔部位底板上抬位移量 > 2mm，应立即停止压桩，第一次压桩完毕后立即对 108 根钢管桩由 PLC 同步液压千斤顶同时持荷，并对持荷数据与底板变形持续检测，及时调整持荷方案，把底板变形控制在一个较小且合理的范围内。

（2）第二次压桩为地下室顶板施工完毕后，利用既有结构自重，将剩余钢管桩一次压桩到位，终压桩力 ≥ 5000kN，如图 4 所示。

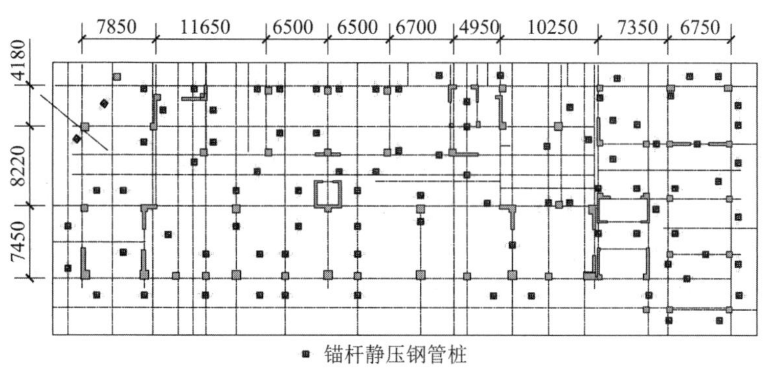

图 3　区域 A 补桩平面图

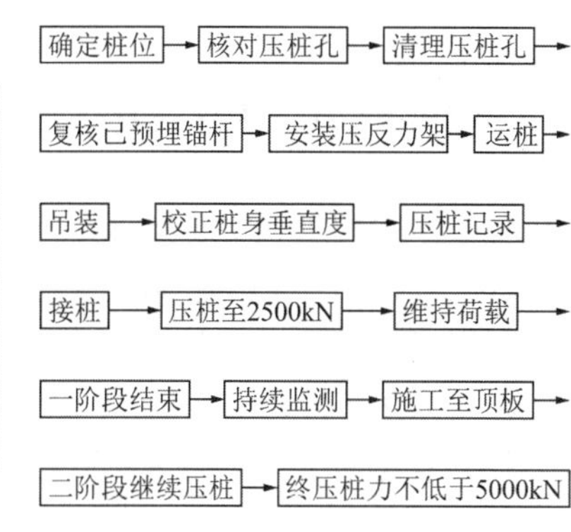

图 4　压桩工艺流程图

5　桩基处理施工难点

5.1　前期准备和障碍物处理

项目压桩吨位高，终压桩力 ≥ 5000kN，对施工单位要求高，须具有较强的技术装备和丰富的地下工程技术经验，且持荷载装备数量充足。地下偏桩、斜桩、断桩等障碍物的清除，沉桩之前，施工单位应做好压桩孔内钎探工作。若有斜桩等障碍物，则采取切实可行的技术措施预先清障，方可进行沉压。底板下清障具有较高难度，实为本工程的难点。前期施工锚杆桩部分，如障碍物过大可采取就近找位，用ϕ60 钻头进行探孔，直至找到施工位置为止。如果探孔位置与设计桩位距离过大，每个承台可以考虑重新补 1～2 根桩。开孔探测到障碍物不大，可采取破碎处理。拟处理障碍物方法如下：

（1）障碍物 5～7m，先压ϕ650 × 10 钢管至障碍物处，清理孔中淤泥，用加长钻杆薄壁金刚石钻机沿钢管周边打一圈孔，取出桩芯，确保ϕ480 钢管穿过。

（2）障碍物 4m 以内，扩大底板预留孔至ϕ750，先压ϕ700 × 12 钢管至障碍物处，清除孔中淤泥，人工下至孔底，用空压机人工钻除，确保ϕ480 钢管穿过。用 M-100 锚杆钻机打排孔，此方法对有钢筋的混凝土块无法切割，用于纯混凝土块钻除。

5.2　地下水的控制

本工程中地下具有承压水，压桩施工过程中必须控制好承压水，做好预防承压水上涌措施。施工中以防为主，防治结合。

（1）设置土体限位板，将土体限位板设置成一块圆整板，全封闭加焊于钢管桩内壁作为限位板，既可挡土限位，又可将含水层承压水有效封闭隔断。

（2）现场充分备置各类抽水设备，一旦桩位发生漏水现象，可采取在桩顶“拖带沉陷区”加设排水管引流或采用真空泵抽水。以降低孔口水头，再用快速早强混凝土封堵孔底，并在混凝土达到强度后，用丝堵堵住引流管，然后立即封闭孔底。压桩施工期间，对底板实行全程监测。第一批压桩时，要求所在部位底板的上抬位移量不得超过 2mm。沉桩之前，务必做好降水工作，水位标高维持在底板底 500mm 以下。第二次封桩之前需检查孔壁是否有渗漏现象，若存在渗漏，则在孔壁做好止水才能进行第二次封桩工序。图 5 为施工现场照片。

图 5 施工现场照片

6 处理效果及结论

在本工程内划定一个相对独立的需补桩区域 A。区域 A 单层面积约 1800m^2，设置沉降观测控制点 14 个，详见图 6。工程历时 54d 共施工ϕ480 × 16（Q345B）108 根，压桩过程中部分桩未达到 2500kN 压桩力时底板变形 > 2mm，按预定方案暂停压桩转为持荷状态。待主体施工至地下室顶板后继续压桩，最终压桩力不低于 5000kN。补桩平面如图 3 所示。图 6 从压第一根桩开始以 9d 为一个周期记录单位时间内沉降量的变化情况（忽略施工时的极值）。

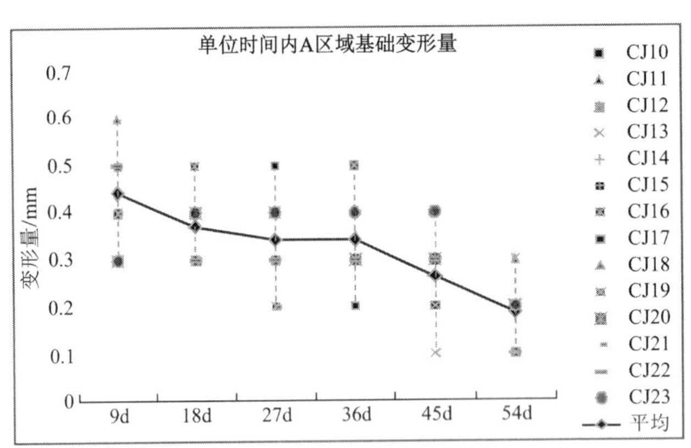

图 6 单位时间内各观测点变形量

注：连线为各点的平均值

图 7 所示区域 A 单位时间内平均沉降量控制在一个非常小的值，且沉降趋于稳定。

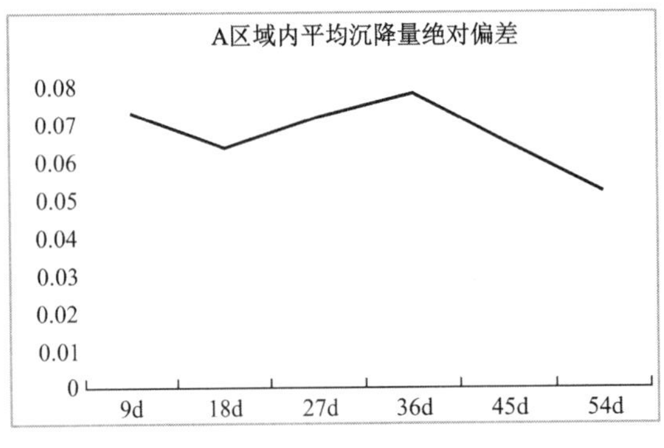

图 7 平均沉降量绝对偏差

平均沉降量绝对偏差是各个观测点的沉降值与平均沉降值之间差值的平均数，数值越小沉降越均匀。得益于压桩时对底板变形的实时监测与控制，本工程初始沉降量平均绝对偏差较小，且绝对值趋于下降。目前区域 A 内高层塔楼已结顶半年有余，沉降始终保持稳定。综上所述本方案达到了应有的效果。

在基础桩基处理领域，随着工程对桩的承载力与地层适应性要求不断提高，新的桩基处理形式层出不穷。对于结构工程师的挑战也越来越高。工程地质条件复杂是常态，同时需兼顾考虑的问题也越来越多。工程便利性、补强方案经济性、工程进度安排的合理性、施工过程的安全性都需要一并考虑。

本文通过对复杂条件工况下如何选择合适的补桩方案和正确的施工形式进行了探讨，结合实际选择了全过程持荷锚杆静压钢管桩加固，创新性采用分段施工方式，取得了良好的效果。不仅结构安全、可靠，而且工期可控，取得了良好的经济效益，为今后类似项目的桩基处理提供参考。

参考文献

[1] 中华人民共和国住房和城乡建设部. 建筑地基处理技术规范: JGJ 79—2012[S]. 北京: 中国建筑工业出版社, 2012.

[2] 中华人民共和国住房和城乡建设部. 建筑地基基础设计规范: GB 50007—2011[S]. 北京: 中国建筑工业出版社, 2010.

[3] 中华人民共和国住房和城乡建设部. 建筑桩基技术规范: JGJ 94—2008[S]. 北京: 中国建筑工业出版社, 2010.

[4] 中华人民共和国住房和城乡建设部. 锚杆静压桩技术规程: YBJ 227—1991[S]. 北京: 中国建筑工业出版社, 1991.

[5] 李今保. 安哥拉“道谷”教堂地基基础托换加固技术[J]. 建筑结构. 2013, 4(4): 94-97.

[6] 李善, 王凯, 邵孟新, 等. 某在建高层建筑桩基加固技术方案与应用[J]. 建筑结构. 2021, 51(8): 115-118, 131.

微扰动增强型锚杆静压桩在高层建筑桩基控沉处理中的应用

李达欣[1]，张林波[2]，王擎忠[2]，成康华[1]，邵伟斌[3]
（1. 浙江省工业设计研究院有限公司，杭州 310052；2. 杭州圣基建筑特种工程有限公司，杭州 310030；
3. 浙江耀华规划建筑设计有限公司，杭州 310009）

摘　要： 高层建筑桩基须满足其在结构自重、活荷载、地震作用、风荷载等作用于承台顶面的水平及竖向力和地基变形控制要求。因高层建筑荷载作用大、地基变形控制要求高，桩基础的安全度尤为重要。当桩基承载力不足时，会导致房屋出现较大差异沉降，将严重影响建筑物的安全，应采取合理的技术措施进行控制沉降处理。目前控制建筑物沉降较行之有效的方法是补桩托换，降低既有桩基的承载量。通过采用微扰动增强型锚杆静压桩对某高层建筑进行控沉处理，对既有桩基承载力的评估分析、微扰动增强型锚杆静压桩桩身构造、桩基承载力计算、微扰动施工技术措施、桩基检测等方面进行了探讨和分析。桩基处理后检测结果表明，各项控制指标均满足相应规范要求，该技术方案可作为同类型工程的参考。

关键词： 微扰动增强型锚杆静压桩；控制沉降；补桩托换；既有基桩承载力取值；微扰动施工

锚杆静压桩广泛用于施工场地空间狭小及场地条件复杂的既有高层建筑桩基托换控沉工程，施工时具有无振动、无噪声、机具操作简单、干作业和质量可控等优点[1]；但在沉桩过程中，由于桩的挤土效应，对既有基桩造成不利影响，尤其是既有工程桩存在桩身质量缺陷时，会显著增大附加沉降。针对上述问题，本文提出一种锚杆静压桩托换控沉微扰动成桩施工技术，以降低挤土效应，控制施工附加沉降。该项技术已获得国家实用新型专利 1 项（专利号 ZL202222612115.9）。

1　工程概况

1.1　建筑、结构与基础概况

某高层建筑位于浙江沿海城市，由 A、B、C 三幢塔楼组成，建筑面积约 54600m^2，地下 2 层，其中 A 塔楼、C 塔楼均为地上 23 层，建筑高度 98.0m；B 塔楼地上 21 层，建筑高度 89.6m，框架-剪力墙结构，建筑结构安全等级二级，抗震设防烈度 6 度，抗震设防类别为丙类。

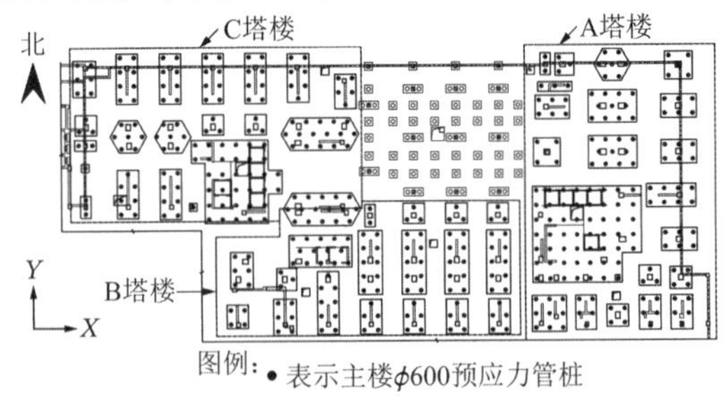

图 1　桩基平面图

桩基设计等级为甲级。桩基采用预应力管桩 PHC-600-A-130，有效桩长约为 40m，以⑨$_{-2}$ 圆砾层作为桩端持力层，设计要求桩端进入持力层深度 ≥ 600mm，单桩竖向抗压承载力特征值R_a = 3000kN，总桩数 441 根，主楼布桩系数 4.2%，桩基利用率 88.7%。基础形式为管桩 + 承台 + 防水板，承台高度 1500～1800mm 不等，防水板厚度为 600mm，混凝土强度等级均为 C35，抗渗等级为 P8。桩基平面布置如图 1 所示。

1.2　工程地质水文条件

本场地地基土类型主要为中软土，建筑场地类别为Ⅲ类，设计特征周期为 0.45s，属建筑抗震不利地段。基底以下土层物理力学指标详见表 1，典型地质剖面如图 2 所示。

土层主要物理力学参数　　**表 1**

土层	状态	E_s/MPa	预制桩	
			q_{sia}/kPa	q_{pa}/kPa
③$_{-2}$砂质粉土夹粉砂	中密	12.0	30	1800
③$_{-3}$黏质粉土	稍密	5.0	15	—
④淤泥质粉质黏土	流塑	2.8	9	—
⑥粉质黏土	软塑	3.5	20	—
⑧粉质黏土混粉砂	软塑	4.2	22	—
⑨$_{-1}$粉质黏土夹粉砂	可塑	10.0	32	1800
⑨$_{-2}$圆砾	中密	25.0	68	5200
⑨$_{-3}$粉质黏土夹粉砂	可塑	11.5	—	—
⑪$_{-a}$全风化凝灰岩	风化成泥土状或砂土状	11.0	—	—
⑪$_{-b}$强风化凝灰岩	风化成泥土状	35.0	—	—
⑪$_{-c}$中等风化凝灰岩	较软岩	—	—	—

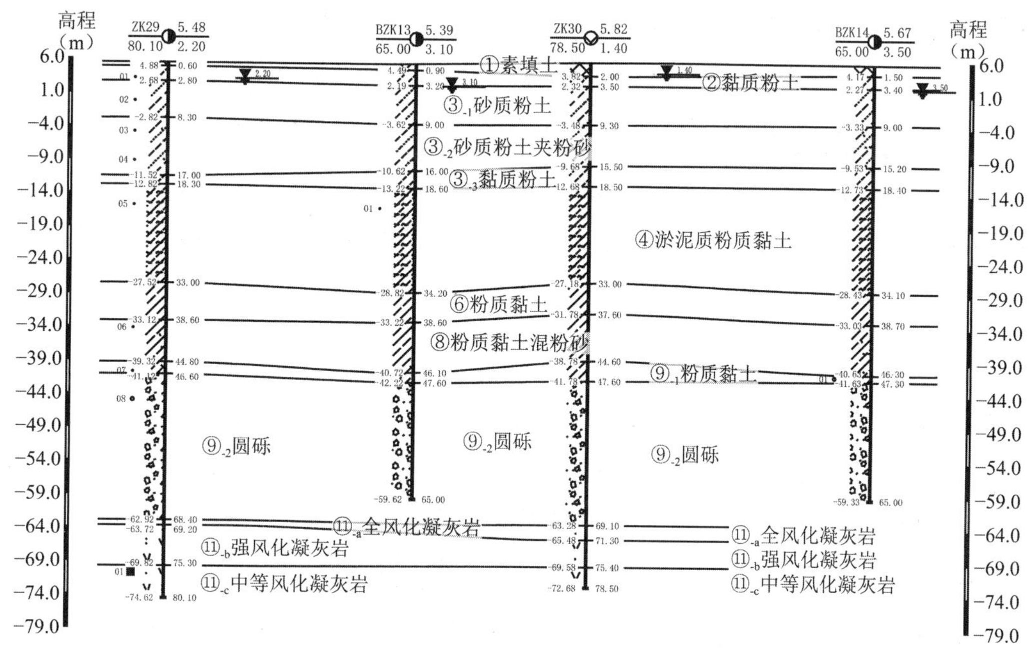

图 2　典型地质剖面图

1.3　基础沉降、建筑倾斜变形状况

建筑结构主体及地下室顶板覆土施工完成后发现主楼与地库之间形成了较大的高差，经测第一跨的框架梁南北向高差较大（102～142mm），并产生斜向开裂，局部外墙开裂、地下室底板渗漏严重。检测单位对主楼与地库后期沉降进行了地下室内观测，从 2021 年 10 月 18 日至 2022 年 8 月 31 日测得各点的累计沉降量为 −25.97～−7.56mm（图 3），南北向出现了差异沉降，沉降最大点发生在东南角，沉降继续发展，未达到稳定标准。主楼总体上无明显倾斜迹象，外墙垂直度偏差均小于 1‰。

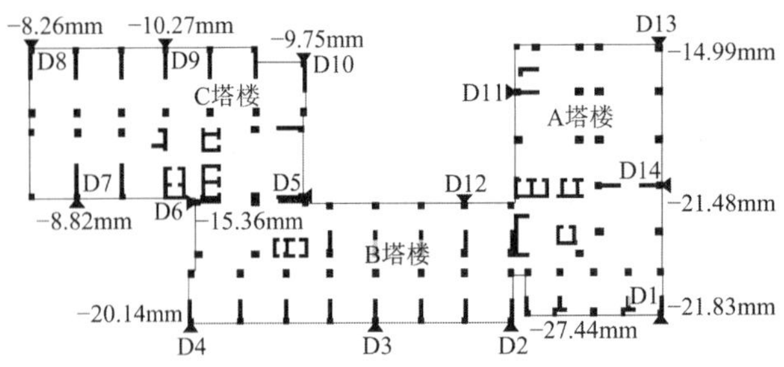

图 3 2021 年 10 月 18 日～2022 年 8 月 31 日期间累计沉降量示意图

2 既有桩基承载力检测与评价

为了查明原因，本次分别采用降水法测试地基的沉降反应、旁孔投射法 + 磁测法测桩长及锚杆静压法载荷试验检测单桩的竖向抗压承载力。

（1）在三幢塔楼的中间裙房底板处设置 1 口降水井，并在房屋四周设置 5 口水位观测井，进行为期一个月的持续降水，观测降水对房屋沉降的影响。沉降观测数据显示，降水期间房屋的沉降速率明显增大，每天最大沉降量 0.177mm。由于水位的降低，水浮力逐步退出工作，加大了桩顶竖向荷载，破坏了原有桩基承载力的平衡，导致沉降变化较为明显。降水期间三幢塔楼沉降对比，A 塔楼沉降反应最大，B 塔楼其次，C 塔楼最小。

（2）随机选取了 7 根工程桩测试桩长，分别用旁孔投射法和磁测法检测[2]。两种方法检测结果显示原工程桩桩长均未达到设计有效桩长，最大差值达到 4.7m。具体见表 2。

既有工程桩桩长检测结果 表 2

桩号	旁孔透射法检测桩长/m	磁测法检测桩长/m	设计桩长/m	差值/m
1 号（A 塔楼）	35.3	36.5	40	−4.7
2 号（A 塔楼）	—	38.4	39	−0.6
3 号（A 塔楼）	37.3	37.7	40	−2.7
5 号（B 塔楼）	35.3	36.8	40	−4.7
6 号（B 塔楼）	35.3	36.5	40	−4.7
7 号（B 塔楼）	40.3	37.55	40	−2.45

（3）根据现场施工作业条件，选取了 2 号～4 号桩、6 号桩、8 号～10 号桩采用锚杆静压法检测单桩的竖向抗压承载力[3]，具体结果见表 3，试验加载设备如图 4 所示，其中 2 号桩 Q-S 曲线如图 5 所示。

既有工程桩单桩竖向抗压静载试验结果 表 3

桩号	原设计单桩竖向抗压承载力特征值/kN	单桩竖向抗压承载力特征值静载试验结果/kN	承载力实测值占原设计比值	备注
2 号（A 塔楼）	3000	1800	60%	
3 号（A 塔楼）	3000	2400	80%	
4 号（A 塔楼）	3000	3000	100%	
6 号（B 塔楼）	3000	2100	70%	
8 号（B 塔楼）	3000	2700	90%	
9 号（C 塔楼）	3000	2400	80%	
10 号（C 塔楼）	3000	2550	85%	

图 4　锚杆静压法试验加载设备

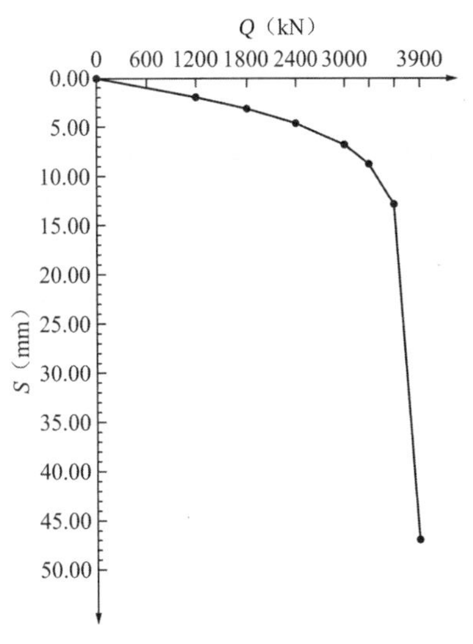

图 5　2 号桩 Q-S 曲线

从上述检测数据反映，该工程实际有效桩长未达到设计要求，桩端位于⑨$_{-1}$粉质黏土夹粉砂层，单桩竖向抗压极限承载力实测值与原设计值百分比值如下：A 塔楼南侧 60%、中部 80%、北侧 100%；B 塔楼南侧 70%、北侧 90%；C 塔楼南侧 80%、北侧 85%。检测结果显示桩基实际检测的承载力大小与沉降速率大小分布区域基本一致。基于以上分析，桩基承载力不足是导致房屋沉降速率和差异沉降偏大的主要原因。

3　桩基控沉方案的选择

受场地作业环境条件限制，本场地内托换补强施工均不适合采用灌注桩、树根桩等桩型。因此设计提出一种微扰动增强型锚杆静压桩托换补强方案。此外，本工程重点考虑如何保证后补长桩与既有较长桩之间的协同受力作用，提出人为预加载调节后补桩基的竖向刚度，同时考虑方案的经济性，制定了以下补桩的解决方案。

（1）按照塔楼各区块桩承载力实测值结合观测期间沉降变形情况，分区块布桩进行补强控沉处理，补桩在承台边两侧对称布置，避免后开压桩孔对既有承台造成损伤。

（2）对于桩承载力实测值很低，实际沉降大的区块，采用桩身强度高、土层穿透力强、微扰动注浆增强型锚杆静压钢管桩进行桩基承载力补强，钢管规格$\phi426 \times 12/10$。

（3）对于承载力实测值较低，实际沉降偏大的区块，采用常规微扰动锚杆静压钢管桩进行控沉补强处理，钢管规格$\phi273 \times 10/8$。

（4）对于承载力实测值略低，实际沉降较小的区块，采用微扰动增强型锚杆静压预制方桩进行控沉补强处理，桩身截面 300mm × 300mm，混凝土强度 C50。

（5）封桩预加载值取 0.5～1.0R_a。

4　控沉设计方案

4.1　加固处理原则

根据结构荷载分布特点，结合桩承载力实测值和观测期间沉降情况，进行合理补桩布置，确保桩基和承台、防水板在各工况下的承载力验算符合规范要求，确保原基础与补桩能够共同发挥作用，避免后期产生较大沉降和不均匀沉降，影响房屋安全与正常使用。

4.2 控沉加固处理目标

施工期间附加沉降目标值预计控制在 10mm 以内，补桩完成、竣工之日起算至沉降进入稳定阶段的起始点的时间不应超过 100d，力争控制该阶段的最大沉降量 ≤ 12mm。随后的监测周期中最大沉降速率控制在《建筑变形测量规范》JGJ 8 规定的稳定标准之内，及至 180d 后沉降速率接近于 0.02mm/d，并保证沉降态势进一步趋于平稳，后期的沉降速率会更趋于稳定，竣工起算至稳定，最终沉降量控制在 ≤ 20mm。

4.3 控沉桩桩数估算及设计

（1）桩数估算

根据基桩承载力实测结果和沉降变形情况，结合类似工程处理经验，可按以下方法估算托换桩数[4]：

$$n = \frac{F_k + G_k - \alpha n R_a}{R_g} \tag{1}$$

式中：n为补桩数量；F_k为相应于作用标准组合时，上部结构传至基础顶的竖向力值；G_k为基础自重；α为修正系数，根据地区经验取值；R_a为既有工程桩单桩承载力实测值；R_g为托换桩单桩承载力特征值[5]。

按上述公式估算得出三幢塔楼的托换桩设计参数见表 4。

各塔楼托换桩设计参数 表 4

塔楼	桩径/mm	材质	R_a/kN	桩长及持力层	桩数/根
A 塔楼	ϕ426 × 12/10	Q345b	2400	约 40m/⑨$_2$层圆砾；进入持力层 ≥ 1.0m	15
	ϕ273 × 12/10	Q345b	1100		66
B 塔楼	ϕ273 × 12/10	Q345b	1100		30
	300 × 300	C50	1100		27
C 塔楼	300 × 300	C50	1100		42

（2）控沉桩桩身设计

为了使地基岩土条件确定的竖向极限承载力与钢管桩身强度相匹配，故对钢管桩端采取注浆和环箍增强措施（图 6），以提高桩端阻力和侧摩阻力。桩端注浆参数[6]：①注浆浆液采用 42.5 级普通硅酸盐水泥，水灰比 0.7，注浆流量不大于 75L/min，注浆压力 2～4MPa；②注浆应在混凝土灌芯后 24h 采用清水开塞，开塞应力宜为 2～8MPa，注浆宜于灌芯 1d 后施工；③当注浆总量达到设计要求或注浆量不低于 80%，且压力大于设计值时，即可终止注浆。

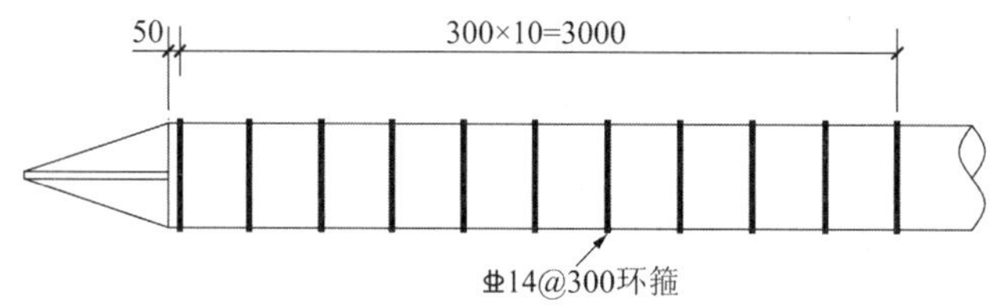

图 6 桩端环箍增强详图

对于钢筋混凝土预制方桩主要采用高强度等级混凝土来提高桩身承载力，使之与地基岩土提供的极限竖向承载力相匹配。

（3）控沉桩平面布置设计

根据沉降观测变形数据和既有工程桩实测承载力值，按区域分别布置不同桩径的锚杆静压桩，A 塔楼南侧桩基刚度明显比其他区域弱，该部位应为桩基补强的重点区域。典型的 A 塔楼锚杆静压桩平面如图 7 所示。要求新增的锚杆静压桩均采用预加载封桩。要求先施工沉降较大区域，后施工沉降较小区域。

鉴于A塔楼南侧区域控沉桩单桩承载力较高，补桩的位置设置在承台和底板交界处，且破除底板后重新拼宽承台，这样可以最大限度减小桩补在承台内时对承台底筋的破坏和对承台造成的损伤。另外，桩间距也可以比补在承台内大一些，减小了桩之间的挤土效应。拼宽承台做法如图8所示。

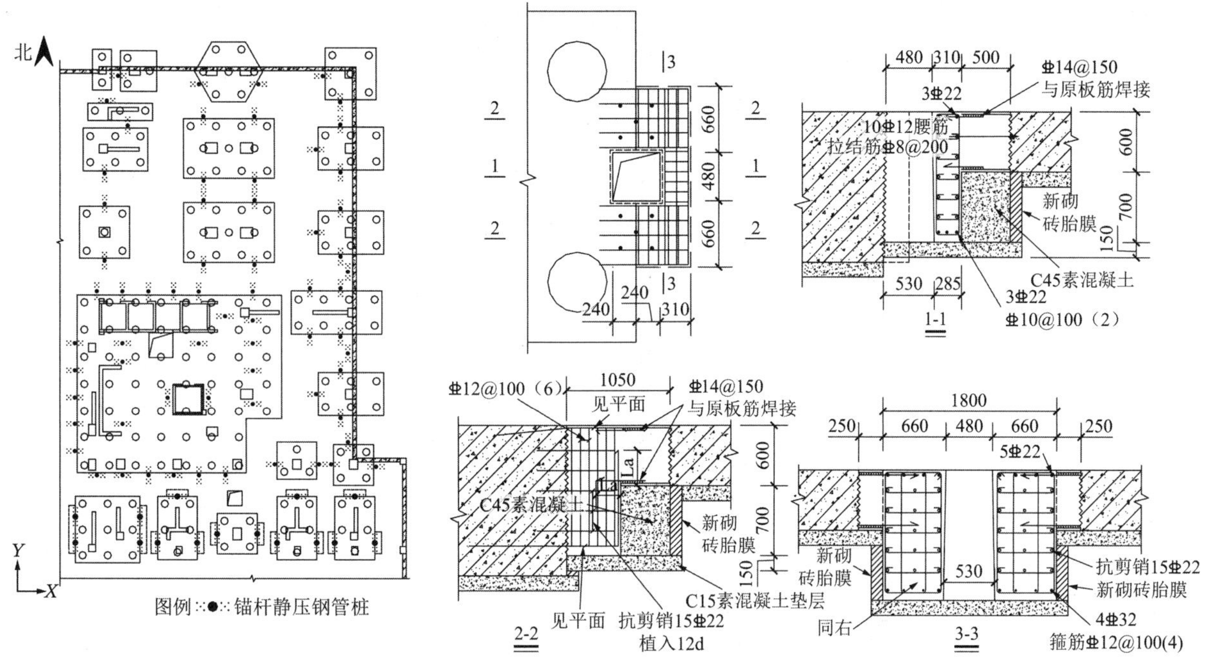

图7　典型A塔楼锚杆静压桩平面图

图8　典型拼宽承台详图

5 微扰动沉桩施工技术要点

本工程按区块分别采用钢筋混凝土预制桩和钢管两种不同材料的桩型对原桩基进行补强托换控沉，均利用建筑物自重用锚杆静压的方式沉压。

为减少挤土效应对既有工程桩带来的不利影响，在沉压过程中采取了以下技术措施。

5.1 引孔辅助法

对钢筋混凝土预制方桩主要采取引孔辅助法沉桩，减少挤土效应。具体引孔要求如下：

（1）采用工程地质钻机钻孔，垂直偏差不宜大于0.3%。

（2）钻孔直径不大于250mm，引孔深度不宜大于27m，避免引孔削弱侧摩阻力。

（3）钻孔作业和沉桩作业应连续进行，间隔时间不宜大于6h。

5.2 高压气举法

对敞口钢管桩采用分段高压气举法清理管内土塞，始终保持土塞能向上持续进入钢管桩内，以达到减少挤土效应的目的[7]。具体做法（图9）和技术要点如下：

（1）钢管桩（带注气管）沉压，同时下冲气管，沉压至形成一定土塞厚度。

（2）钢管桩内注水至桩顶，形成闭气段。

（3）高压充气管连接空压机压入空气。

（4）边充气边加水，始终保持水位在桩顶高度。

（5）桩内土塞经由气水托举分段排出桩外。

（6）沉压下一节桩，并根据现场实际土塞段形成情况，沉压一节或两节桩按以上方式清一次土塞，充气管清土塞至约 35m 后可停止下管。

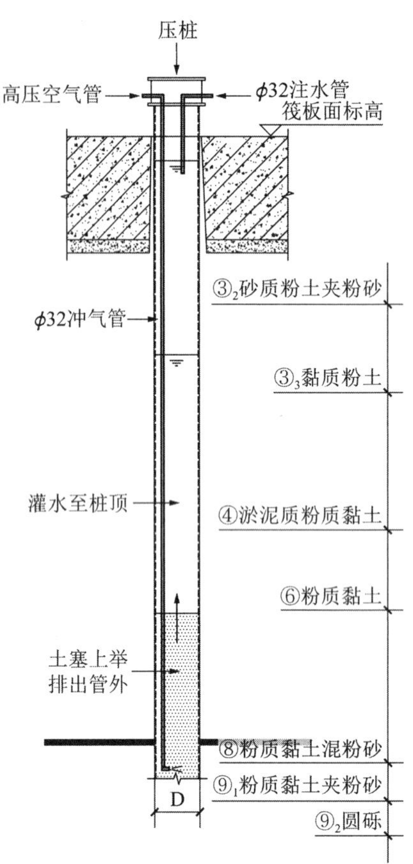

图 9　高压气举法清排土塞示意图

6　补桩施工期间附加沉降控制措施

本工程除了微扰动沉桩施工技术外，还采取了以下附加沉降控制措施：

（1）根据沉降观测数据，控制沉桩速率和日打桩量，动态信息化施工。

（2）沉降较大区域预先沉桩，完成后立即群桩持荷锁定，较小区域沉桩完成不持荷，使地基产生扰动，迫使短期内沉降速率加大，取得微调纠倾效果。

（3）压桩完成后要求采用 PLC 系统和集群千斤顶统一加载持荷封桩[8]，调节桩顶反力。封桩加载值取 0.5～1.0R_a，沉降较大区域取较大值，反之取小值。

（4）完工后人工灌水，提升地下水位，有效减少沉降。

7　控沉效果

本工程控沉处理施工于 2022 年 9 月 28 日开始，并在 2022 年 11 月 9 日封桩结束，施工期间平均累计沉降量：A 塔楼 −11.03mm；B 塔楼 −10.4mm；C 塔楼 −7.95mm。封桩结束至 2023 年 2 月 10 日，历时 93d 平均沉降速率：A 塔楼 0.035mm/d（图 10）；B 塔楼 0.036mm/d；C 塔楼 0.027mm/d，处理后沉降稳定，达到预期目标。

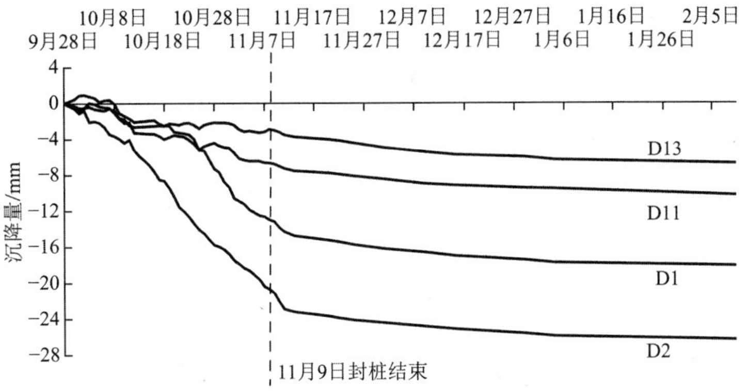

图 10 A 塔楼主要控制点沉降 S-T 曲线图

8 结语

（1）通过人工降排水降低浮力作用，探测沉降反应，以此判定桩基础的安全性较为直观。

（2）对既有桩的长度和竖向承载力进行检测尤为必要，且抽检必要的桩数，以此估算桩基的实际承载力比较合理可靠，当桩基检测结果中承载力的实测值离散性极大时，可适当参考观测期间的实际沉降情况，采用不同桩径或者桩型，按照区块来进行承载力补足及控沉处理。其中采用微扰动注浆增强型锚杆静压钢管桩技术控沉效果良好。

（3）高强微扰动型补入桩是控制附加沉降、降低工程风险的有效方法。

（4）人为调节后补桩的预加载值，等同于调节后补桩的竖向刚度，促使新旧桩协同受力。

（5）应重视深基础浮力作用对沉降的影响。

参考文献

[1] 中华人民共和国住房和城乡建设部. 既有建筑地基基础加固技术规范: JGJ 123—2012[S]. 北京: 中国建筑工业出版社, 2013.

[2] 中华人民共和国住房和城乡建设部. 既有建筑地基基础检测技术标准: JGJ/T 422—2018[S]. 北京: 中国建筑工业出版社, 2018.

[3] 中华人民共和国住房和城乡建设部. 建筑基桩检测技术规范: JGJ 106—2014[S]. 北京: 中国建筑工业出版社, 2014.

[4] 杨学林, 祝文畏, 王擎忠. 既有建筑改造技术创新与实践[M]. 北京: 中国建筑工业出版社, 2017.

[5] 浙江省工程建设标准.建筑地基基础设计规范: DB33/T 1136—2017(浙江省)[S]. 北京; 中国计划出版社, 2017.

[6] 中华人民共和国住房和城乡建设部. 建筑桩基技术规范: JGJ 94—2008[S]. 北京: 中国建筑工业出版社, 2008.

[7] 王擎忠, 张林波, 廖建忠, 等. 软土地基中偏斜挠曲空心桩综合处理技术创新与实践[J]. 建筑结构, 2022, 52(S1): 2688-2698.

[8] 丁文湘, 王磊, 方成, 等. 全过程持荷锚杆静压钢管桩在复杂桩基处理中的应用实践[J]. 建筑结构, 2022, 52(6): 126-130, 465.

深耕学术·施工与监测

SHEN GENG XUE SHU

——部分研究会会员近十年论文集萃

繁荣学术　服务社会

Prosperous academic service to society

空间结构健康监测研究现状与展望

罗尧治，赵靖宇
（浙江大学 空间结构研究中心，浙江 杭州 310058）

摘　要： 空间结构是大跨度、大空间和大面积建筑结构的主要形式，在国家基础设施与城市建设领域有广泛应用，其结构安全性至关重要。空间结构健康监测通过传感技术准确获取结构响应，实时反映结构的性能状态，为空间结构施工、运营与管理决策提供科学的依据与指导。经过多年的研究和工程实践，已经发展了适合大型空间结构的物联网无线传感监测技术，建立了多维数据分析理论，并在国家体育场、国家速滑馆、北京大兴国际机场航站楼等重大工程中实现规模化应用，取得了阶段性研究进展。通过对空间结构健康监测的研究及应用现状进行系统总结，梳理空间结构健康监测的特点，围绕荷载与响应多维传感及大面域传输网络综述了其传感监测技术的研究现状，归纳了结构荷载分析、响应分析以及结构状态评估的监测数据分析理论。同时，基于大数据、云计算以及人工智能展望其未来研究方向，旨在进一步推动空间结构健康监测的创新与发展。

关键词： 空间结构；结构健康监测；传感技术；数据分析理论；结构状态评估；工程应用

空间结构是一种具有三维空间形体，且在荷载作用下具有三维受力特性的结构。相较于平面结构，空间结构具有结构受力合理、使用空间大、工业化程度高和结构形式多样等特点，是大跨度、大空间和大面积建筑与工程结构的主要形式。自 20 世纪 80 年代以来，各种新型的空间结构形式不断涌现[1]，造型新颖的地标性大型公用建筑和民用设施在国内广泛应用，其中具有代表性的有国家体育场、国家速滑馆和北京大兴国际机场等。

快速发展空间结构的同时，更要重视其潜在的安全风险。一方面，空间结构大多为创新性的结构设计，其工程庞大、施工过程复杂，部分新工艺缺乏充足的工程案例经验；另一方面，空间结构在长期服役过程中荷载作用具有显著的随机性，加之环境侵蚀、材料老化、疲劳效应等各种因素的影响，其性能状态存在较大的不确定性[2]。结构健康监测能够有效地定量获取结构在复杂工况下的响应，实时反映结构的性能状态，弥补数值仿真与模型试验难以精确模拟其施工和运营复杂全过程的缺陷，对保障空间结构安全具有重要意义。

结构健康监测通过传感技术模拟人体自我感知能力，能够对结构性能状态及其演化规律进行实时感知。光纤传感技术作为早期空间结构健康监测领域的主要技术手段，具有集传感与传输于一体、体积小、抗电磁干扰能力强等优点，但实际应用却受到线路布设复杂及后期维护困难等的限制。为了解决上述有线监测中存在的问题，科研人员对无线传感技术开展广泛的研究，并逐渐确立了其为空间结构健康监测发展的主导方向。诸如，Lynch[3]基于 Mica 平台开发出一种计算能力强、能耗低的无线传感单元，但仅支持单条的星型网络拓扑，传输距离十分有限。Nagayama 等[4]与 Intel 公司合作研发了基于 Imote 微处理器的无线传感器，并对数据丢包、数据同步性以及数据传输范围等开展深入研究，提高了无线传感器的性能。罗尧治等[5-8]基于模块化设计，研发定制化传感器数据采集板及节点嵌入式程序，形成了具有多用途通用性的硬件设计平台，通过搭载多种参数监测原理的采集模块，实现了加速度、位移、应变、索力、风速风压等各类无线传感器的功能个性化开发，适用于大规模的空间结构荷载与响应实测；同时，研究了适用于大空间、大面域、大规模测点布设的树形智能无线传感技术[9-10]，解决了无线传输网络的动态拓展智能组网与时间同步精度修正问题[11-12]，实现了上述技术在空间结构监测中的规模化应用[13-16]，推动了空间结构健康监测的发展。

文中从监测方法、传感技术、数据分析理论以及工程应用方面系统总结空间结构领域健康监测的研究现状，即对空间结构健康监测的特点进行总结，明确健康监测方法的核心内容；就空间结构健康监测所面临的技术挑战，系统总结传感监测的研究问题与技术方法；阐述空间结构健康监测的数据分析目标，总结数据处理的研究方向与分析理论；概括空间结构领域健康监测工程应用的发展趋势，并提出空间结构健康监测未来研究方向的建议。

1 空间结构健康监测方法

1.1 监测特点

空间结构作为大型公共建筑典型结构形式，主要特点是沿平面方向延伸，呈现大面积的覆盖，明显区别于桥梁、大坝、石油管道等线性分布的结构。通常将其分为薄壳结构、网架结构、网壳结构、悬索结构和薄膜结构。其成型过程呈多阶段、多工艺混合等特点，具有明显的结构时变效应。此外，其长期服役过程的外界环境状况存在较大的不确定性，且各类荷载的作用机理相较于平面结构更为复杂。可见，空间结构健康监测具有分布面域大、体系分类多、施工难度高以及荷载效应复杂等特点。

1.2 监测机制

空间结构具有丰富的结构体系、复杂的施工方法、多样的结构单元，其监测机制应以空间结构受力性能特点为基础，综合考虑不同施工方法的关键工序，兼顾不同结构单元的力学性能。

不同刚度类型的结构体系致使结构受力性能存在显著的差异，因而对于不同刚度体系的空间结构其健康监测对象应有所区别。对于刚性空间结构，一般以一种或多种刚性的梁、杆、板壳作为基本受力单元，由于太阳辐射以及建筑构造的影响，刚性空间结构通常处于非均匀温度场中，导致其温度效应极其复杂[13]。而对于柔性空间结构，一般以柔性的索、膜作为基本受力单元，风荷载远大于结构自重，对风等低频脉动荷载较为敏感，且结构与风场间的耦合作用明显[17]。与刚性、柔性空间结构相比，刚柔性结构兼顾了两者的结构性能，决定了其对温度与风均具有相对敏感性。

不同的施工方法导致结构成型方式的不同，因而对于不同成型方式的空间结构其健康监测的关键工序亦有所不同[18]。整体提升安装方法是利用提升设备将结构提升至预设位置再进行安装，主要用于大面积网架的屋盖结构施工中，其关键在于对提升点高度以及结构应力的控制。整体张拉方法是利用特定数量的液压设备将索同步张拉至合理标高，适用于大型索膜结构安装，其难点在于对拉索索力以及结构应力的控制。而高空拼装方法则是通过增设临时支撑将杆件和节点在结构设计位置直接进行拼装，将结构安装完成后撤去临时支撑使结构达到设计状态，其关键在于对卸载过程结构变形和应力监测的控制。

不同的结构单元在力学性能上具有不同的特征，杆单元以轴力为主，索、膜单元以张力为主，梁、板壳单元既有轴力又受弯矩。索、膜柔性单元一般注重内力监测，杆、梁、板、壳刚性单元则不仅考虑内力监测还需跟踪其变形。支座作为特殊的结构单元，能够将结构反力可靠地传向支撑结构并保证上部结构的平移与转动，其位移监测结果能够有效地反映空间结构整体工作性能。

1.3 监测策略

结构健康监测参数作为监测机制的直接体现，对监测数据能否有效反映空间结构的荷载信息与响应状态至关重要。基于其监测机制，确定加速度、速度、位移、应变、轴力、索力、温度及风荷载等多种监测参数，其中温度、风荷载监测直接反映结构静动态荷载在空间上的分布状况，而加速度、速度、位移、应变、轴力、索力监测则直接量化结构在环境荷载以及突发事件作用下的局部与整体响应。

不同监测参数反映空间结构的不同特性，因而不同类型传感器布置原则不尽相同，但均要最大程度反映结构信息，并满足对结构状态变化敏感的要求。加速度、速度动态数据是获取结构自振特性的基础，其测点布置一般依据其动力特性。而位移、应变、轴力及索力静态数据的变化一般与温度、风荷载以及雪荷载相关，其测点布置需充分参考可变荷载敏感性分析的结果；结构温度测点布置需考虑其时空分布的不均匀性，而风荷载测点布置则要依据其表面风场特性确定。

综上，空间结构监测策略是在监测机制的基础上明确监测对象的参数类别及其布置依据，具体见表1。

空间结构监测策略 表1

监测类别		监测参数	测点布置依据
结构响应	整体	加速度、速度、位移	动力特性、荷载敏感性
	局部	应变、索力	荷载敏感性
结构荷载	静态	温度	温度时空分布
	动态	风荷载	表面风场

2 空间结构健康监测传感技术

监测传感技术是利用各类智能传感元件组建采集与传输网络，实现对监测对象力学、热学及电学等属性进行感知的技术。表2中汇总了空间结构健康监测传感技术，由表2可知，围绕荷载与响应多维传感技术及大面域传输网络技术，开展了多测点布置、多参数采集、大面域传输及多通道同步等方面研究，提出了包括多参数传感器开发、多测点优化布置的传感采集技术，与大面域数据传输、多通道时间同步的传输网络技术。

空间结构健康监测传感技术汇总 表2

技术分类	研究对象	研究内容	监测技术
传感采集	多参数传感	加速度、位移、应变、索力、风速、风压传感器	荷载与响应
	多测点布置	开发布置方法、优化算法	多维传感
传输网络	大面域传输	节点硬件平台、网络拓扑控制、组网技术、压缩感知	大面域传输网络
	多通道同步	硬件同步、软件同步	

2.1 荷载与响应多维传感技术

多维传感技术是获取空间结构在施工与长期服役过程中结构荷载与响应的关键，其研究涉及加速度、位移、应变、索力、风速、风压等各类传感器的硬件开发。图1所示为本文作者自主研发的各类无线传感器在实际工程中的应用[5-8]。

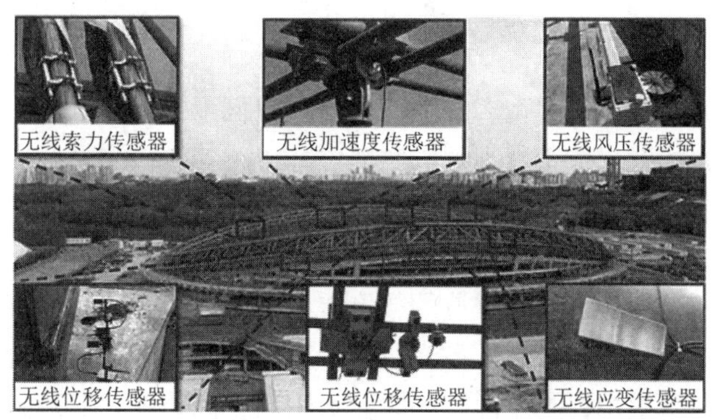

图1 无线传感器应用[5-8]

2.1.1 加速度传感器

加速度传感器用于空间结构振动响应的监测，包括压电式、压阻式、电容式以及 MEMS 型，其中压电式加速度传感器属于惯性式传感器，由压电晶体元件产生的电荷电压换算得到加速度，适用于高频响应的监测，易受环境温度影响产生数据漂移[19]。而压阻式加速度传感器则是基于压阻效应，由接入惠斯通电桥压阻条产生的电信号反算加速度[20]，对低频率响应非常敏感，适用于低频响应的监测。电容式加速度传感器是通过置板电容技术感应由加速度引起的电容位移，适用于短时剧烈冲击产生的振动监测，但其滞后误差大且寿命短[21]。MEMS 型加速度传感器则采用微机电系统技术，具有体积小、质量轻、能耗低等特点，为此，Zhu 等[22]总结多种适用于结构振动监测的 MEMS 加速度计，并讨论了其在信号类型、噪声密度、测量范围以及灵敏度等方面的性能特点；罗尧治等开发了基于 MEMS 的低功耗、高灵敏度无线三向加速度传感器，适用于大规模的空间结构振动响应实测。

2.1.2 索力传感器

索力传感器用于空间结构中索的拉力监测，主要包括频率、压力传感器、磁通量及应变等方法。其中频率方法是由自振频率换算得到索力，然而对于索网类结构，索力与自振频率的关系复杂，因而频率方法应用受到了限制[23]。压力传感器方法是通过在拉索锚具上安装压力传感器以实现索力实测，仅适用于具有穿心式锚具的索力实测[24]。磁通量方法是基于磁弹效应根据磁导率的变化测定索力，但现场标定工作繁琐，实测成本高，难以实现大规模索力实测[25]。应变方法则是一种直接实测拉索应变并利用索轴向刚度换算得到索力的测量方法，对此，吴俊等[26]提出了在拉索锚具内布置智能光纤进行索力测量，但光纤的封装工艺复杂，影响锚具的受力性能；罗尧治等[6]提出了基于表面应变的外置应变法进行索力实测，适用于大规模索力的长期实测。

2.1.3 应变传感器

应变传感器用于空间结构中构件的应力监测，包括电阻式、光纤光栅式以及振弦式，其中光纤光栅式和振弦式应变传感器的应用最为普遍。电阻式应变传感器基于电阻丝的应变效应，通过测量应变片敏感栅的电阻值变化得到被测试构件的应变，测试方法比较成熟、性价比高且对试件影响小，但易受环境因素影响，仅适用于短期室内监测[27]。光纤光栅式应变传感器是基于光纤材料的光敏性，通过光纤光栅解调仪测量的 Bragg 光栅反射波长得到应变值，具有体型小、灵敏度高以及抗干扰能力强的特点，适用于静态和周期性动态监测[28]。振弦式传感器是基于钢弦张力与固有频率的对应关系，通过固有频率的变化来得到结构的应变，具有性能稳定、寿命长的特点，适用于长期静态监测[29]。基于振弦原理的抗干扰、漂移小的无线应变传感器，适用于大规模的空间结构应变长期实测[5]。

2.1.4 位移传感器

位移传感器用于空间结构的变形监测，一般分为接触式与非接触式两类。LVDT 作为接触式位移传感器的一种，在静态和动态位移测量中表现良好[30]。而 GPS 作为另一种接触式传感器，可以在全天候条件下监测结构的绝对位移[31]。由于上述两者都需要与被测目标形成固定连接，所以测点的位置很大程度上受安装难度的影响。而非接触式传感器则可以实现位移传感器在被测目标周围的灵活布置，主要包括基于视觉[32]、基于雷达[33]和基于激光的位移传感技术[34]。其中，基于视觉的传感技术通过图像测量技术实现标记点位移的跟踪，适用于多目标动态监测，但依赖于理论方法和软硬件条件，可靠性有待进一步提高。基于雷达的传感技术是通过测量电磁波的相位差来获得位移，适用于测点表面平整且周围环境简单的位移监测，不便于进行大规模的部署。激光位移传感器则是通过成像系统捕捉激光像斑位置的变化计算位移，其技术成熟、经济实用；基于激光测距的长距离、高精度、非接触式无线位移传感器，适用于大规模的空间结构位移实时监测[8]。

2.1.5 风速、风压传感器

空间结构风场监测主要包括风速、风向及风压三类，一般风速风向传感设备同时提供风速与风向信息，而风压则需要压力传感设备单独测定。目前，风速、风向传感器分为机械类和超声波类，后者的精度以及耐久性较前者具有明显优势，但其能耗与价格相对较高。风压传感器一般基于膜片的压阻效应，通过捕捉膜片的电阻变化转换为膜片压差，依据压力来源不同分为绝压、差压和表压等类型。对于空间结构屋盖，风荷载在其表面形成静压场[35]，表压传感器测量值基本在 0 附近波动，该静压场为 10～1000Pa 的微压级别，与大气压相差 2～3 个量级，绝压传感器需要达到 0.05%以上的精度才能满足测量需求。例如，美国佛罗里达海岸监测计划 FCMP 研发了一套基于绝压传感器的无线风压传感系统[36]，用于飓风期间建筑屋面的风压监测；罗尧治等[7]相继开发了基于差压原理高分辨率的无线风压传感器，以及基于绝压原理无外部管路的无线风压传感器，适用于大规模的空间结构强风条件下的连续监测，并成功应用于北京大兴国际机场超大面域屋面风荷载监测。

2.2 大面积传感网络技术

与有线传感相比，无线传感适用于传感器在大范围分布的连接与数据传输，契合了空间结构大面积监测的需要，其研究涉及测点优化布置、网络拓扑控制与组网技术、时间同步、压缩感知以及节点硬件开发等多方面。

2.2.1 测点优化布置

测点优化布置是传感网络拓扑控制的基础，对健康监测系统能否高效采集结构有效信息至关重要，主要涉及测点布置方法与优化算法的研究。其中，测点布置方法包括基于敏感性的静力参数布置方法以及基于动力特性的动力参数布置方法。同时，进一步细分为基于易损性理论的构件重要性评价法[37]、基于 Fisher 信息矩阵的有效独立法[38]、模态置信准则法[39]、模态应变能法[40]以及联合方法[41]等。而优化算法则随着优化原理的发展，逐渐向全局优化目标深入过渡，形成了以遗传优化[42]、粒子群优化[43]、猴群优化[39]、狼群优化[44]、K-means 聚类优化[45]等为代表的测点布置智能优化算法。

2.2.2 网络拓扑控制及组网技术

网络拓扑控制与组网技术是传感技术的核心，决定了传感网络能否方便快捷、持续稳定地传输监测数据。常用的拓扑结构有平面网络、分层网络两种形式，其中平面网络结构的所有节点都具有完全相同的通信功能；而分层网络结构中节点功能区分明确，并且具有很好的可拓展性。平面网络基于功率的拓扑控制算法[46]，而分层网络则基于层次分簇进行拓扑控制[47]，通过获取高效优化的骨干网络，以提高网络的吞吐量、生存周期、能耗等性能。路由协议是组网技术的关键，例如：韩雨涝等[48]提出一种低占空比网络下能量高效动态路由协议 EEDRP，解决了因链路不可靠导致数据传输失败问题；武小年等[49]提出了一种基于改进粒子群算法的分簇路由协议，降低节点通信能耗且延长网络生存周期。上述路由协议局限于模拟仿真测试，缺乏节点硬件的实测性能研究。为此，Shen 等[10-11]基于 LoRa 技术开发了节点的嵌入式程序以及定制化的组网软件系统，针对不同的结构体量和采集节点分布实现了星形、链型以及树形多种网络形式的组网实测，提出并测试了一种新型多条、动态和多参数网络协议，解决了空间结构时变过程采集测点的自由拓展、动态组网难题。

2.2.3 时间同步

时间同步是传感网络协同工作的关键，其精度影响结构模态振型、风荷载相关性等数据分析结果。数据的时间同步精度受采集时长、采样频率、软件和硬件等因素的影响，其同步方法可以分为硬件和软件两类。在硬件时间同步方法方面，Araujo 等[50]研发基于 Zigbee 标准的同步模块，采用基站节点向所有采集节点发送同步时钟信号的方式，实现大量采集节点的时间同步；Spencer 等[51]则开发用于时间同步的工具包 SHMST，通过 GPS 接收器周期性调节路由节点时钟，并将更新后的时钟信息发布到子网络的采集节点，实现了基于 GPS 模块的时钟同步；王煜成[12]开发了 FM 接收模块自动或人工干预侦听民用 FM 准点报时信号，基于 FM 准点报时的同步及其精度修正方法，实现了大面域传感网络的高精度同步采集。在软件时间同步方面，根据数据传输的方向大致可以分为发送者-接收者、接收者-接收者和仅接收者三类。其中，发送者-接收者同步通过单个节点双向或单向通信实现，包括 TPSN[52]和 FTSP[53]传感器网络时间同步协议。接收者-接收者同步则允许参考节点向一组节点发送数据，以便将其余时钟同步到参考时钟，如参考广播同步 RBS[54]。仅接收者同步中，一组传感器节点的同步可以通过只接收一对同步计时消息来完成，如成对广播同步 PBS[55]。此外，TSMP 网络协议通过时分多址 TDMA 与频率跳频的结合实现在噪声复杂条件件的时间同步[56]；Hu 等[57]通过最小化广播同步消息的数量节约节点功耗，提出了能量平衡时间同步协议。

2.2.4 压缩感知

压缩感知作为数据采集传输的关键技术，有效地提高了传感网络的能源利用效率。诸如：Xu 等[58]提出在无线传感器中应用小波数据压缩方法，解决无线传感器数据传输带宽限制的问题；Lynch 等[59]采用 Huffman 编码减少无线传感器的数据传输量。上述数据压缩算法，先采集完整数据后对数据进行压缩处理，增加了传感器节点数据处理的能耗与时间。为此，Bao 等[60]提出基于贝叶斯概率模型的压缩采样方法，直接用于采集压缩格式的数据。Peckens 等[61]提出了基于哺乳动物听力系统的启发传感器实现数据的压缩感知，并与传统数据压缩方法进行了比较。O'Connor 等[62]采用压缩采样匹配追踪方法对压缩采集的数据进行重构，并开展了模态识别的研究。Wan 等[63-64]提出多任务贝叶斯压缩采样方法，通过考虑测点之间的数据相关性，进一步提高了多测点的数据压缩率与数据重构精度。

2.2.5 节点硬件开发

节点硬件是搭载上述多维传感技术与网络传输技术的基础平台，其硬件质量直接影响结构监测结果的可靠性。对于硬件平台的研发，集中于数据采集、嵌入式计算以及无线信道等模块，进而推动了传输硬件的处理器性能、数据存储、传输距离以及传输速率的发展，形成了以 Zolertia、Waspmote、Shimmer 3、Panstamp 以及 LRWAN 为代表的商业化传感平台[65]。同时，Jr 等[66]在 Imote2 硬件平台的基础上开发了 SHM_S、SHM_A 以及 SHM_W 传感板，增强了数据采集的分辨率；Dondi 等[67]设计了基于 Shimmer 3 的超声波监测平台，提高了嵌入式模块的数据处理能力；Loubet 等[68]设计了基于 LRWAN 平台的无线信息物理系统，降低了广域网络通信传输的功耗。罗尧治等基于模块化设计形成了具有多用途通用性的硬件设计平台，研发了基于 LoRa 与 4G 通信相结合的数据传输节点，实现了北京大兴国际机场超大面积监测系统的传感网络搭建，如图 2 所示。

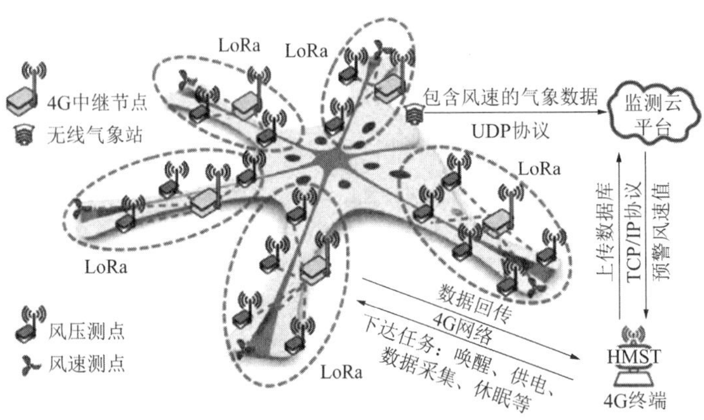

图 2 北京大兴国际机场监测传感网络

3 空间结构健康监测数据分析理论

数据分析理论很大程度上决定了空间结构健康监测结果的有效性，分析目标包括但不限于结构荷载分析（用于揭示结构荷载特性）、结构响应分析（用于反映结构受力性能）以及结构状态评估（用于协助制定科学运维管理方案）。

3.1 结构荷载分析

3.1.1 温度分布特性

温度作用是空间结构长期的控制性荷载，太阳辐射、环境通风等条件致使温度实际分布与均匀温度场的计算假设有所不同。诸如，罗尧治等[13]根据国家体育馆钢结构温度监测数据，研究了日照与无日照条件下结构温度场的分布形式，发现了其结构温度响应滞后程度随构件标高增加而递减。Liu 等[69]开展了玻璃屋面覆盖下的空间结构在太阳照射下的温度分布规律的研究，提出并验证了一种预测透光屋面空间结构构件温度的数值方法。Zhao 等[70]讨论了大跨度 ETFE 膜网架在太阳辐射下的温度分布和热行为，现场监测和数值分析的结果表明，ETFE 膜降低了网壳温度场的日温变化与非均匀性。

3.1.2 风荷载特性研究

风荷载作为结构荷载工况计算的重要部分，研究其特性有助于提高对复杂建筑表面风场环境的认识，对空间结构的抗风设计具有重要意义。诸如，周峰等[71]基于国家游泳中心健康监测系统的风速和风压数据，研究水立方风场特性和屋盖风压分布特性，发现风速的脉动性极强，受来流湍流度和 ETFE 膜结构的影响，其屋盖表面的平均风压值均为负值且分布较为平缓。罗尧治等[72]分析了国家体育场的屋面风场实测数据，发现其屋盖风场的脉动风速非高斯特性明显，脉动风速特性相关度较弱，阵风系数变化相差较大。Fu 等[73]给出了台风“凡亚比”作用下大跨度屋盖结构时风效应的实测结果，研究了台风作用下广州国际体育场屋盖结构脉动风速功率谱密度函数随风速的变化、湍流强度以及湍流积分长度与平均风速的关系，认为冯卡门经验谱能够很好地描述纵向、横向和垂直方向上的脉动风速的能量分布。Wang 等[7]根据杭州东站风速风压监测数据，分析了脉动风速和脉动风压之间的时空相关性，研究了空间结构脉动风的行波效应，发现行波速度接近平均风速。Luo 等[14]根据风洞实验与现场实测对浙江大学体育馆屋盖的风压特性进行了对比分析，发现两者在平均风压系数和峰值风压系数方面具有较好的一致性，而实测风压峰值因子的概率密度分布更为离散，呈现出更多的非高斯特性。

3.2 结构响应分析

3.2.1 结构静态响应

基于结构位移、构件应力以及索力的准静态时序数据，实现结构静态响应建模是结构响应分析的重点。有学者对此展开研究，诸如：罗尧治等[13]根据国家体育馆钢结构温度与应力监测数据，提出了气温均布温度场叠加非均匀温差的结构响应实测分析方法，结果表明非均匀温度场作用不能忽略，且非均匀温度场作用与均匀温度场作用所引起的应力变化在结构不同部位的差异较大。于敬海等[74]对比分析了椭圆形弦支穹顶结构施工全过程的结构索力、网壳应力、节点与支座位移监测数据与施工模拟结果，验证了基于模型方程的位移补偿法应用于弦支穹顶施工的可靠性。Zhang 等[75]基于杭州奥林匹克中心体育场钢结构的长期监测数据，研究了测点应力变化的相关性，提出了离散与连续缺失应力数据的插值方法，利用相关测点多次线性回归插值实现了施工与运营阶段的应力缺失数据插补。马帜等[76]基于结构静力响应序列，研究了概率主成分分析（PPCA）方法，考虑了监测数据不确定性，有效提高了数据插补的准确性，并通过武夷山旋转观众席结构的监测数据验证该方法的有效性（图 3）。

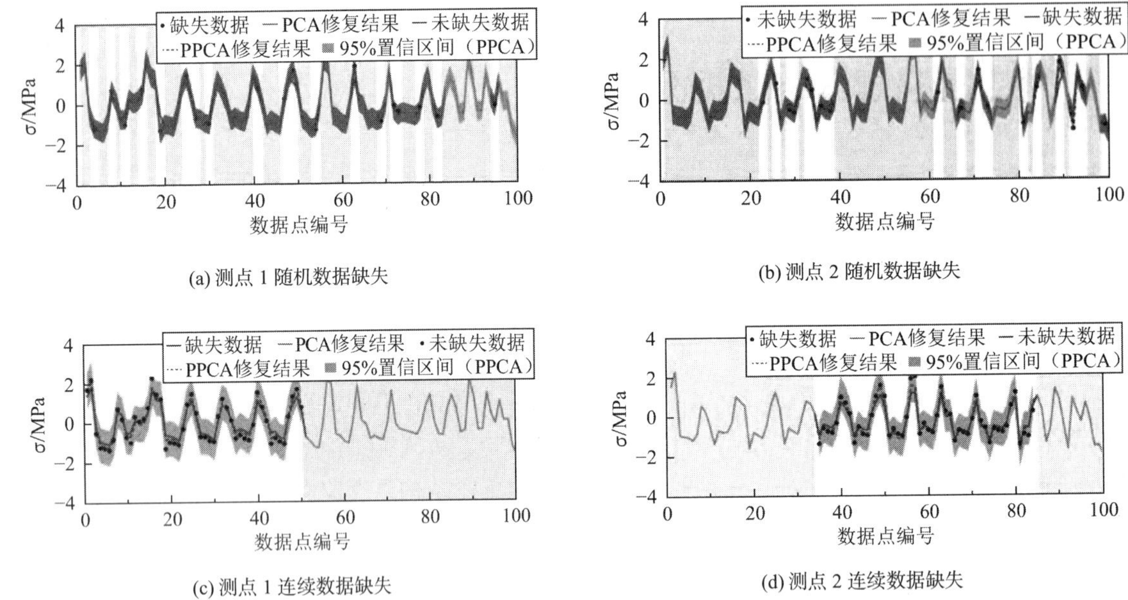

(a) 测点 1 随机数据缺失

(b) 测点 2 随机数据缺失

(c) 测点 1 连续数据缺失

(d) 测点 2 连续数据缺失

图 3　基于 PPCA 的应力响应数据插补[76]

3.2.2　结构动态响应

基于结构振动加速度、屋面风速及风压的动态时序数据，实现结构动态响应建模是结构响应分析的关键。诸多学者对此展开研究，例如，Martins 等[77]连续识别布拉加体育场悬架屋顶模态参数，分析了风和温度对模态参数变化的影响，发现结构固有频率受风与温度共同影响，且温度占主要作用，而风则会产生结构气动阻尼使结构阻尼比增加。Ji 等[78]对济州岛世界杯体育场屋面结构振动响应进行长期监测，通过随机减量法 RDF 提取结构模态特性，研究了结构的固有频率、模态阻尼比等动力特性的变化与振动幅值和环境温度的变化之间的关系，并建立了基于风洞试验数据考虑环境温度的风致响应预测模型。Fu 等[73]基于台风"凡亚比"过境时广州国际体育馆屋盖结构振动数据，研究了随机子空间 SSI 与 RDF 在识别结构阻尼比时的区别，对比结果显示，前者确定阻尼比大于后者，且与结构振幅表现出明显的相关性。Dior 等[79]分别采用基于数据及基于协方差的 SSI 分析了布拉加体育场的振动监测数据，实现了屋面结构模态特性的高分辨率识别，并研究了在不同工况条件下多阶模态识别结果对振动响应的贡献情况。Datteo 等[80]基于梅阿查体育场看台振动响应长期监测数据，提出了一种基于加速度数据自回归系数的主成分分析方法，结果表明第一阶主成分与温度有明显的相关关系，而第二、三阶主成分则能够反映结构状态变化。

3.2.3　荷载效应分离

空间结构运营期间荷载工况变化引起的结构响应有时会掩盖结构自身损伤，实现荷载效应的分离对获取可靠的结构状态评估结果具有重要意义。有学者对此展开研究，诸如，周峰等[81]采集了国家游泳中心钢膜结构在温度和雪荷载共同作用下的监测应变，提出了基于神经网络的荷载效应分离方法，应变响应分离结果表明，降雪期间结构的主要控制荷载由温度作用向雪荷载转变。Ma 等[82]改进了一种基于贝叶斯动态线性模型 BDLM 的荷载效应分离方法，基于武夷山旋转舞台模拟响应数据及实测应力数据的荷载效应分离结果分析，认为改进的 BDLM 有效提高荷载效应分离的准确性。Luo 等[16]提出了一种基于独立分量分析 ICA 和集成经验模态分解 EEMD 的荷载效应分离方法，提高了结构响应分离的自动化水平，基于正交方形索网结构响应的模拟数据，实现了日温度、年温度、突发荷载以及预应力松弛等荷载效应的有效分离，验证了 EEMD-ICA 方法的有效性；在对国家速滑馆索力长期监测数据的分析中，采用 EEMD-ICA 方法有效提取了年温度作用、日温度作用以及施工荷载效应，如图 4 所示。现有研究工作仅局限于对单测点数据的分析，忽略了测点数据之间的相关关系，针对多测点数据的荷载效应分离研究有待进一步开展。

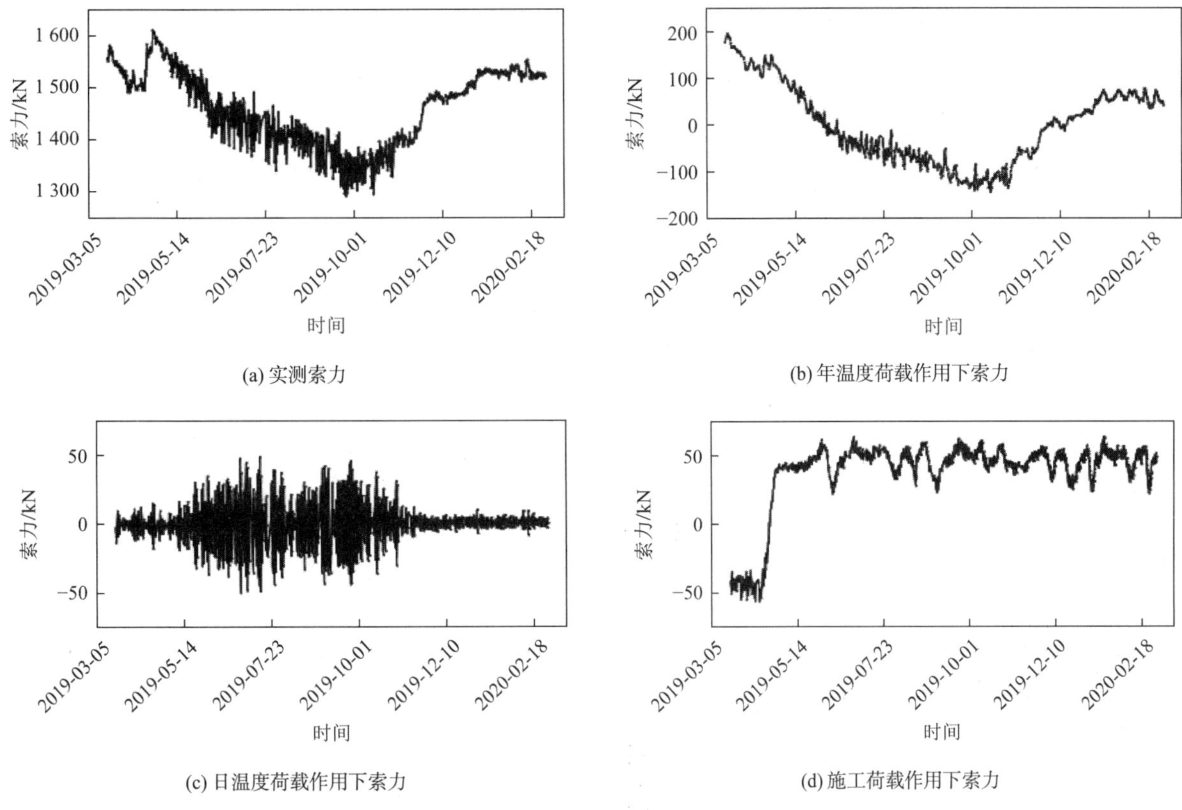

图 4　基于 EEMD-ICA 方法的索力荷载效应分离[16]

3.3　结构状态评估

3.3.1　结构异常识别

结构异常识别能够及时发现结构损伤或性能退化，是结构健康监测数据分析理论研究的核心。有学者对此展开研究，如马帜[83,45-69]提出了基于荷载响应预测模型建立异常指标或者基于荷载效应分离结果进行贝叶斯假设检验的结构异常识别方法，通过武夷山旋转观众席结构的数值算例验证和实测数据应用，发现上述方法均能有效识别结构异常发生的时刻，且后者能够进一步判断和分析异常类型和程度。为了发展仅基于结构响应数据的异常识别方法，Ma 等[84]提出了基于概率主成分分析 PPCA 的结构异常识别方法，通过建立概率 PPCA 量化监测数据中的不确定性，根据武夷山旋转观众席结构的有限元模拟数据和实际监测数据分析，表明 PPCA 能够准确识别和判断不同工况的结构异常，并根据测点数据的残差对结构异常进行定位。对于多状态结构异常识别，马帜[83]在 PPCA 的基础上提出基于混合概率主成分分析 MPPCA 的结构异常识别方法，基于两阶段的期望最大算法实现对不同状态下的响应数据自动分类与局部 PPCA 模型的建立，通过杭州奥体中心网球馆开合屋盖的有限元模拟验证了方法的有效性。目前研究工作主要集中于对结构异常存在与否的判断，对结构异常出现后其损伤位置精确定位有待进一步研究。

3.3.2　结构状态评价

结构状态评价能够定性且定量地表征结构损伤程度，是结构健康监测数据分析理论研究的焦点，涉及构件层面、结构层面以及综合评价方法等方面的研究。

构件的性能状态是空间结构评价体系中的重要组成部分，有学者对此展开研究，例如，张泽宇[85]在

《建筑结构可靠性设计统一标准》GB 50068—2018基础上按照构件受力方式的不同，构造了基于构件监测应力的构件静力性能与稳定性能评价指标，通过确定性评价方法定量计算构件评价指标，并制定了基于构件性能评价的等级划分标准。马帜[83]提出了基于BDLM及PPCA的构件可靠度评价方法，考虑了监测数据的不确定性，通过计算抗力及荷载效应的概率分布估计给出构件可靠度分析结果，从概率角度反映了构件工作状态，并制定了基于构件可靠度指标的构件安全等级划分标准。

结构构件性能的评价指标与方法旨在从强度与稳定性角度定量表征构件状态，但并不能完整体现结构的整体性能。随着层次分析法、模糊理论及可靠度理论等基础理论的发展，综合评价、模糊评价等被提出并应用于结构评价中，例如：马帜[83]在构件可靠度评价的基础上，提出了基于贝叶斯网络的结构状态评价方法，引入贝叶斯网络建立了结构整体可靠度与构件可靠度的概率递推关系，定量给出了结构整体失效概率。上述评价方法从结构构件层面出发得出对结构整体的综合评价，弱化甚至忽略了结构整体性能对结构状态评价的贡献。为此，张泽宇[85]提出了基于模型修正的结构整体性能评价方法，构建了基于结构位移与振动监测数据的结构整体静力性能、稳定性能及动力性能评价指标，通过神经网络优化结构模型静力与动力修正结果定量计算结构整体评价指标，并制定了基于结构整体性能评价的等级划分标准。

基于构件层面的状态评价方法难以捕捉结构整体性能的变化，而基于结构层面的状态评价方法缺乏对结构局部变化的敏感性。为此，张泽宇[85]提出了考虑构件状态指标与结构状态指标的综合评价方法，构建了基于层次分析法的空间结构状态评价体系，通过建立隶属度模糊评价理论定量计算结构综合评价指标，并制定了基于结构模糊综合评价指标的等级划分标准。上述结构状态评价指标忽略了结构或构件抗力随时间的退化，针对结构抗力时变模型的结构状态评价方法有待进一步开展。

4 空间结构健康监测工程应用

伴随空间结构监测传感技术和数据分析理论的研究发展，健康监测已广泛应用于大型体育场馆、高铁站房及机场航站楼等空间结构中，如图5所示。在监测周期方面，从施工阶段短期监测发展到服役阶段长期监测；在监测内容方面，从单一内力监测扩展到多维结构参数监测；在监测技术方面，从施工繁复的有线传感技术发展到安装便捷的无线传感技术；在数据分析方面，从基于模型的方法逐渐过渡到数据驱动的监测分析理论。

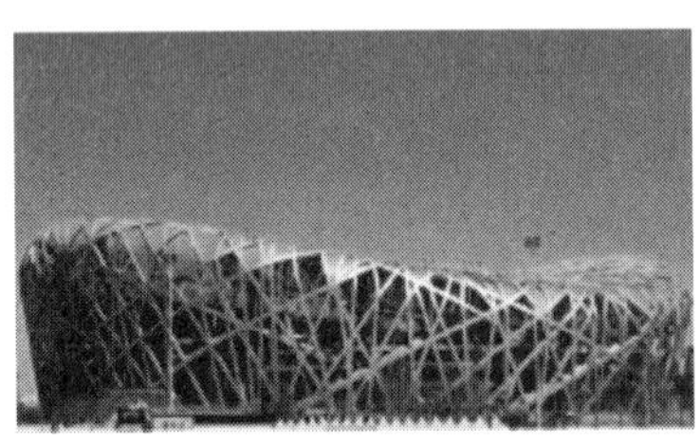

(a) 国家体育场

(b) 国家速滑馆

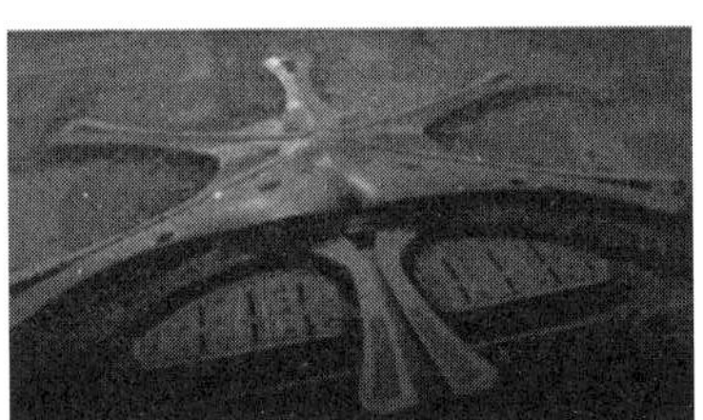

(c) 北京大兴国际机场[86]

(d) 杭州奥体中心

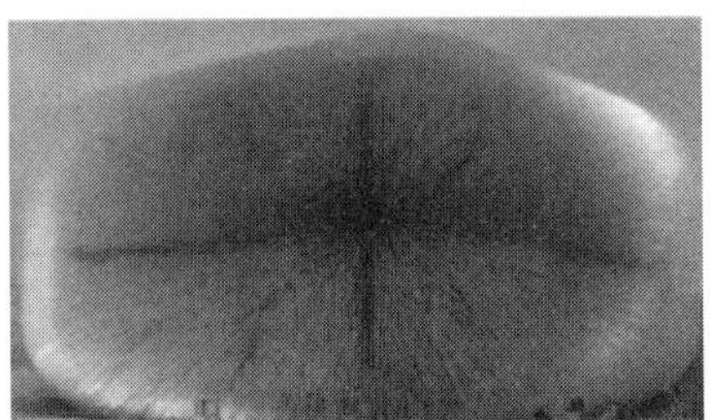
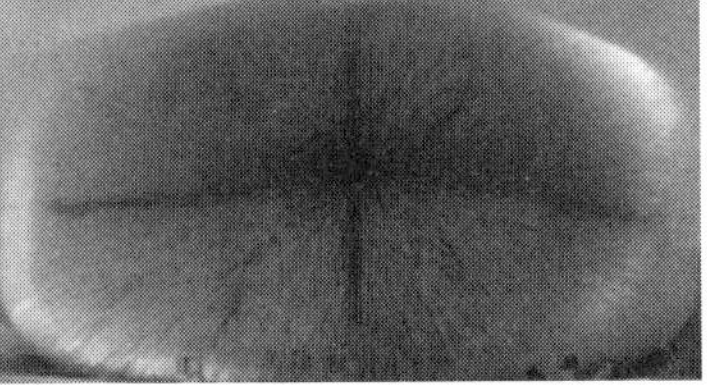

(e) 上海世博会英国馆

(f) 雄安高铁站

图5 工程应用案例

工程应用中具有代表性的有国家体育场“鸟巢”无线健康监测系统，该系统持续工作长达10余年，验证了无线传感技术长期工作的稳定性与可靠性，初步奠定了空间结构全寿命周期监测的基础。国家速滑馆“冰丝带”无线健康监测系统覆盖环境荷载与结构响应多类监测参数，监测设备采集的数据通过云平台进行汇总、管理与展示（图6），基本具备了空间结构多维度监测的条件。

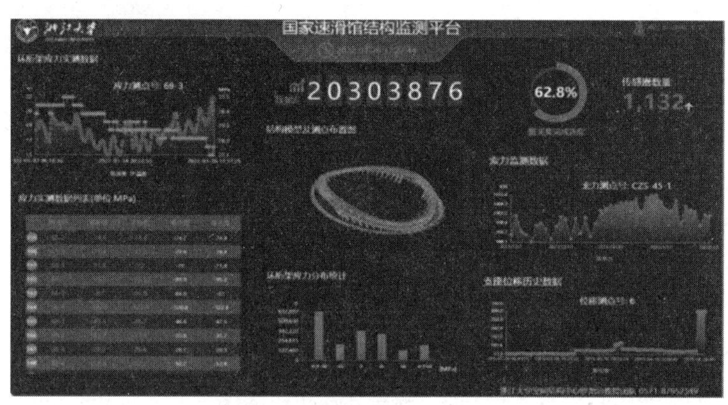

图6　国家速滑馆监测平台

5　结论与展望

5.1　结论

（1）在总结空间结构健康监测特点的基础上，阐述以结构受力性能为基础，综合考虑不同施工方法关键工序，兼顾不同结构单元力学性能的监测机制，确定基于监测机制的监测策略，形成以特点-机制-策略为核心的空间结构健康监测方法。

（2）围绕荷载与响应多维传感及大面域传输网络技术，总结多测点布置、多参数采集、大面域传输及多通道同步等方面研究，构成以多维度传感与大面域传输为核心的空间结构健康监测传感技术。

（3）阐述空间结构健康监测的数据分析目标，综述结构荷载分析、结构响应分析以及结构状态评估的研究现状，初步建立基于数据驱动的空间结构健康监测分析理论。

（4）总结空间结构健康监测周期、监测内容、监测技术以及数据分析在工程应用中的发展，现阶段初步奠定了空间结构多维度、全寿命周期监测的基础。

5.2　展望

空间结构健康监测仍处于起步阶段向智能化发展阶段的过渡，有许多挑战需要解决。未来，紧密融合大数据、云计算和人工智能，建立完善的监测理论体系、技术体系和应用体系，进一步推动空间结构健康监测的创新与发展。在此，提出以下具体研究方向建议：

（1）建立空间结构健康监测分析理论体系，发展监测数据挖掘的人工智能方法。时空深度融合方面，研究基于机器学习的同源异构监测数据时空相关性分析技术、基于深度学习的多源异构监测数据时空融合技术；数据智能挖掘方面，研究基于数据清洗、数据变换及数据降维的监测数据智能化预处理技术，研究基于人工智能的结构状态敏感特征筛选与提取方法、基于人工智能的结构异常识别与定位方法。

（2）研究空间结构健康监测多维度智能感知原理，推动监测传感技术的智能化与协同化。多维度智能感知方面，研究基于北斗、激光雷达的天际远距离大范围传感监测技术，研究基于无人机、DIC数字图像识别的空间中距离全面域传感监测技术、基于接触式与非接触式的地面近距离高精度传感监测技术；多参数一体协同方面，研究“天-空-地”三位一体传感监测系统的统一时钟校准方案与同步采集控制策略、基于云计算兼容多类传感参数的智能化协同工作平台。

（3）制定空间结构健康监测多层次应用管理标准，完善数字化智能建造维护的技术体系。规范应用与管理方面，研究标准化与规范化健康监测系统多层次设计与应用，状态评价和预警评估的流程化管理方案；智能建造与维护方面，研究基于监测数据库的结构信息数字孪生模型，建立立体化数字赋能的智能建造与维护管理系统，研究基于全寿命周期性能曲线的空间结构设计理论，促进设计理念优化更新。

参考文献

[1] DONG S, ZHAO Y, XING D. Application and development of modern long-span space structures in China[J]. Frontiers of Structural and Civil Engineering, 2012, 6(3): 224-239.

[2] 罗尧治，沈雁彬，童若飞，等. 空间结构健康监测与预警技术[J]. 施工技术, 2009, 38(3): 4-8.

[3] LYNCH J P. A summary review of wireless sensors and sensor networks for structural health monitoring[J]. Shock and Vibration Digest, 2006, 38(2): 91-128.

[4] NAGAYAMA T, SPENCER JR B F, RICE J A. Autonomous decentralized structural health monitoring using smart sensors[J]. Structural Control and Health Monitoring, 2009, 16(7/8): 842-859.

[5] 罗尧治，童若飞，王小波，等. 采用无线传感器网络技术的低功耗振弦式应变采集系统: CN101832752B[P]. 2012-1-4.

[6] 罗尧治，傅文炜，姚俊杰，等. 一种基于表面应变的拉索索力测量方法及装置: CN112964411A[P]. 2021-6-15.

[7] WANG Y C, LUO Y Z, SUN B, et al. Field measurement system based on a wireless sensor network for the wind load on spatial structures: design, experimental, and field validation[J]. Structural Control and Health Monitoring, 2018, 25(9): 2192.

[8] LUO Y Z, CHEN Y, WAN H P, et al. Development of laser-based displacement monitoring system and its application to large-scale spatial structures[J]. Journal of Civil Structural Health Monitoring, 2021, 11(2): 381-395.

[9] SHEN Y, YANG P, LUO Y. Development of a customized wireless sensor system for large-scale spatial structures and its applications in two cases[J]. International Journal of Structural Stability & Dynamics, 2016, 16(4): 16, 40, 017.

[10] SHEN Y, YANG P, ZHANG P, et al. Development of a multitype wireless sensor network for the large-scale structure of the National Stadium in China[J]. International Journal of Distributed Sensor Networks, 2013, 9(12): 709, 724.

[11] LUO Y, YANG P, SHEN Y, et al. Development of a dynamic sensing system for civil revolving structures and its field tests in a large revolving auditorium[J]. Smart Structures and Systems, 2014, 13(6): 993-1014.

[12] 王煜成. 基于现场实测的大跨度空间结构表面风荷载特性研究[D]. 杭州：浙江大学, 2018: 17-37.

[13] 罗尧治，梅宇佳，沈雁彬，等. 国家体育场钢结构温度与应力实测及分析[J]. 建筑结构学报, 2013, 34(11): 24-32.

[14] LUO Y, LIU X, WAN H P, et al. Field measurement of wind pressure on a large-scale spatial structure and comparison with wind tunnel test results[J]. Journal of Civil Structural Health Monitoring, 2021, 11(3): 707- 723.

[15] SHEN Y, FU W, LUO Y, et al. Implementation of SHM system for Hangzhou East Railway Station using a wireless sensor network[J]. Smart Structures and Systems, 2021, 27(1): 19-33.

[16] LUO Y, FU W, WAN H P, et al. Load-effect separation of a large-span prestressed structure based on an enhanced EEMD-ICA methodology[J]. Journal of Structural Engineering, 2022, 148(3): 04, 021, 288.

[17] 沈世钊. 大跨空间结构的理论研究和工程实践[J]. 中国工程科学, 2001, 3(3): 34-41.

[18] 雷素素，刘宇飞，段先军. 复杂大跨空间钢结构施工过程综合监测技术研究[J]. 工程力学, 2018, 35(12): 203-211.

[19] KARANTONIS D M, NARAYANAN M R, MATHIE M, et al. Implementation of a real-time human movement classifier using a triaxial accelerometer for ambulatory monitoring[J]. IEEE Transactions on Information Technology in Biomedicine, 2006, 10(1): 156-167.

[20] LYNCH J P, PARTRIDGE A, LAW K H, et al. Design of piezoresistive MEMS-based accelerometer for integration with wireless sensing unit for structural monitoring[J]. Journal of Aerospace Engineering, 2003, 16(3): 108-114.

[21] BAO Y, BECK J L, LI H. Compressive sampling for accelerometer signals in structural health monitoring[J]. Structural Health Monitoring, 2011, 10(3): 235-246.

[22] ZHU L, FU Y, CHOW R, et al. Development of a high-sensitivity wireless accelerometer for structural health monitoring[J]. Sensors, 2018, 18(1): 262.

[23] JANG S, JO H, CHO S, et al. Structural health 25 monitoring of a cable stayed bridge using smart sensor technology: deployment and evaluation[J]. Smart Structures & Systems, 2010, 6(5/6): 439-459.

[24] CHO S, YIM J, SHIN S W, et al. Comparative field study of cable tension measurement for a cable-stayed bridge[J]. Journal of Bridge Engineering, 2013, 18(8): 748-757.

[25] DUAN Y F, ZHANG R, DONG C Z, et al. Development of elasto-magneto-electric (EME) sensor for in-service cable force monitoring[J]. International Journal of Structural Stability and Dynamics, 2016, 16(4): 16, 40, 016.

[26] 吴俊，陈伟民，舒岳阶，等. 锚头植入式应变均化光纤布喇格光栅测力传感器[J]. 光子学报, 2015, 44(7): 95-100.

[27] XIAO H, HUI L, OU J. Strain sensing properties of cement-based sensors embedded at various stress zones in abending concrete beam[J]. Sensors & Actuators A Physical, 2011, 167(2): 581-587.

[28] SUN M, STASZEWSKI W J, SWAMY R N. Smart sensing technologies for structural health monitoring of civil engineering structures[J]. Advances in Civil Engineering, 2010(2010): 724, 962.

[29] TENG J, LU W, WEN R, et al. Instrumentation on structural health monitoring systems to real world structures[J]. Smart Structures and Systems, 2015, 15(1): 151-167.

[30] MIGUEL V, DORYS G, JESUS M, et al. A novel laser and video-based displacement transducer to monitor bridge deflections[J]. Sensors, 2018, 18(4): 970.

[31] CASCIATI F, FUGGINI C. Monitoring a steel building using GPS sensors[J]. Smart Structures & Systems, 2011, 7(5): 349-363.

[32] FENG D M, FENG M Q. Vision-based multipoint displacement measurement for structural health monitoring[J]. Structural Control and Health Monitoring, 2016, 23(5): 876-890.

[33] HUANG Q, CROSETTO M, MONSERRAT O, et al. Displacement monitoring and modelling of a high-speed railway bridge using C-band Sentinel-1 data[J]. ISPRS Journal of Photogrammetry & Remote Sensing, 2017(128): 204-211.

[34] SOAVE E, D'ELIA G, MUCCHI E. A laser triangulation sensor for vibrational structural analysis and diagnostics[J]. Measurement and Control London Institute of Measurement and Control, 2020, 53(1/2): 73-82.

[35] 罗尧治，孙斌，洪江波. 建筑物周围风致静压场的分布及振动特性研究[J]. 振动与冲击, 2013, 32(14): 1-10.

[36] SUBRAMANIAN C, LAPILLI G, KREIT F, et al. Experimental and computational performance analysis of a multi-sensor wireless network system for hurricane monitoring[J]. Sensors and Transducers, 2011(10): 206-244.

[37] ENGLAND J, AGARWAL J, BLOCKLEY D. The vulnerability of structures to unforeseen events[J]. Computers & Structures, 2008, 86(10): 1042-1051.

[38] FENG S, JIA J. Acceleration sensor placement technique for vibration test in structural health monitoring using microhabitat frog-leaping algorithm[J]. Structural Health Monitoring, 2018, 17(2): 169-184.

[39] YI T H, LI H N, ZHANG X D. Health monitoring sensor placement optimization for Canton Tower using immune monkey algorithm[J]. Structural Control and Health Monitoring, 2015, 22(1): 123-138.

[40] HE C, XING J, LI J, et al. A combined optimal sensor placement strategy for the structural health monitoring of bridge structures[J]. International Journal of Distributed Sensor Networks, 2013, 9(11): 820, 694.

[41] CHEN B, HUANG Z, ZHENG D, et al. A hybrid method of optimal sensor placement for dynamic response monitoring of hydro-structures[J]. International Journal of Distributed Sensor Networks, 2017, 13(5): 155014771770772.

[42] JUNG B K, CHO J R, JEONG W B. Sensor placement optimization for structural modal identification of flexible structures using genetic algorithm[J]. Journal of Mechanical Science & Technology, 2015, 29(7): 2775-2783.

[43] SEYEDPOOR S M. A two stage method for structural damage detection using a modal strain energy based index and particleswarm optimization[J]. International Journal of Non-Linear Mechanics, 2012, 47(1): 1-8.

[44] YI T H, LI H N, WANG C W. Multiaxial sensor placement optimization in structural health monitoring using distributed wolf algorithm[J]. Structural Control and Health Monitoring, 2016, 23(4): 719-734.

[45] YOGANATHAN D, KONDEPUDI S, KALLURI B, et al. Optimal sensor placement strategy for office buildings using clustering algorithms[J]. Energy and Buildings, 2018, 158(2): 1206-1225.

[46] NING L, HOU J C, SHA L. Design and analysis of an MST-based topology control algorithm[J]. IEEE Transactions on Wireless Communications, 2005, 4(3): 1195-1206.

[47] YOUNIS O, FAHMY S. HEED: a hybrid, energy-efficient, distributed clustering approach for ad hoc sensor networks[J]. IEEE Transactions on Mobile Computing, 2004, 3(4): 366-379.

[48] 韩雨涝, 陈三清. 一个适于结构健康监测的 WSN 能量高效动态路由协议[J]. 传感技术学报, 2017, 30(7): 1106-1111.

[49] 武小年, 张楚芸, 张润莲, 等. WSN 中基于改进粒子群优化算法的分簇路由协议[J]. 通信学报, 2019, 40(12): 114-123.

[50] ARAUJO A, GARCIA-PALACIOS J, BLESA J, et al. Wireless measurement system for structural health monitoring with high time-synchronization accuracy[J]. IEEE Transactions on Instrumentation & Measurement, 2012, 61(3): 801-810.

[51] SPENCER B F, JO H, MECHITOV K A, et al. Recent advances in wireless smart sensors for multi-scale monitoring and control of civil infrastructure[J]. Journal of Civil Structural Health Monitoring, 2016, 6(1): 17-41.

[52] GANERIWAL S, KUMAR R, SRIVASTAVA M B. Timing-sync protocol for sensor networks[C]//Proceedings of the 1st International Conference on Embedded Networked Sensor Systems. New York, USA: Association for Computing Machinery, 2003: 138-149.

[53] MARÓTI M, KUSY B, SIMON G, et al. The flooding time synchronization protocol[C]//Proceedings of the 2nd International Conference on Embedded Networked Sensor Systems. New York, USA: Association for Computing Machinery, 2004: 39-49.

[54] ELSON J, GIROD L, ESTRIN D. Fine-grained network time synchronization using reference broadcasts[J]. ACM SIGOPS Operating Systems Review, 2003, 36(SI): 147-163.

[55] NOH K L, SERPEDIN E, QARAQE K. A new approach for time synchronization in wireless sensor networks: pairwise broadcast synchronization[J]. IEEE Transactions on Wireless Communications, 2008, 7(9): 3318-3322.

[56] PIN N, ZHIHUA J. Requirements, challenges and opportunities of wireless sensor networks in structural health monitoring [C]//2010 3rd IEEE International Conference on Broadband Network and Multimedia Technology (IC-BNMT) . New York: IEEE, 2010: 1052-1057.

[57] HU X, WANG B, HU X. A novel energy-balanced time synchronization protocol in wireless sensor networks for bridge structure health monitoring[C]//2010 2nd International Workshop on Database Technology and Applications. New York: IEEE, 2010: 1-5.

[58] XU N, RANGWALA S, CHINTALAPUDI K K, et al. A wireless sensor network for structural monitoring[C]//Proceedings of the 2nd International Conference on Embedded Networked Sensor Systems. New York, USA: Association for Computing Machinery, 2004: 13- 24.

[59] LYNCH J P, SUNDARARAJAN A, LAW K H, et al. Power-efficient data management for a wireless structural monitoring system[C]//Proceedings of the 4th International Workshop on Structural Health Monitoring. Stanford, CA, USA: Stanford University, 2003: 15-17.

[60] BAO Y, SHI Z, WANG X, et al. Compressive sensing of wireless sensors based on group sparse optimization for structural health monitoring[J]. Structural Health Monitoring, 2018, 17(4): 823-836.

[61] PECKENS C A, LYNCH J P. Utilizing the cochlea as a bio-inspired compressive sensing technique[J]. Smart Materials and Structures, 2013, 22(10): 105, 027.

[62] O'CONNOR S M, LYNCH J P, GILBERT A C. Compressed sensing embedded in an operational wireless sensor network to achieve energy efficiency in long-term monitoring applications[J]. Smart Materials and Structures, 2014, 23(8): 085, 014.

[63] WAN H P, DONG G S, LUO Y Z. Compressive sensing of wind speed data of large-scale spatial structures with dedicated dictionary using time-shift strategy[J]. Mechanical Systems and Signal Processing, 2021(157): 107, 685.

[64] WAN H P, DONG G S, LUO Y Z, et al. An improved complex multi-task Bayesian compressive sensing approach for compression and reconstruction of SHM data[J]. Mechanical Systems and Signal Processing, 2022(167): 108, 531.

[65] ABDULKAREM M, SAMSUDIN K, ROKHANI F Z, et al. Wireless sensor network for structural health monitoring: a contemporary review of technologies, challenges, and future direction[J]. Structural Health Monitoring, 2019, 19(3): 693-735.

[66] JR B, NAGAYAMA T, RICE J A. Structural health monitoring using smart sensors[J]. Structural Control & Health Monitoring, 2010, 16(7/8): 842-859.

[67] DONDI D, POMPEO A D, TENTI C, et al. Shimmer: a wireless harvesting embedded system for active ultrasonic structural

health monitoring[C]//Sensors, 2010 IEEE. New York, USA: IEEE, 2010: 2325-2328.

[68] LOUBET G, TAKACS A, DRAGOMIRESCU D. Implementation of a battery-free wireless sensor for cyber-physical systems dedicated to structural health monitoring applications[J]. IEEE Access, 2019(7): 24679-24690.

[69] LIU H, LIAO X, CHEN Z, et al. Thermal behavior of spatial structures under solar irradiation[J]. Applied Thermal Engineering, 2015(87): 328-335.

[70] ZHAO Z, LIU H, CHEN Z. Thermal behavior of large- span reticulated domes covered by ETFE membrane roofs under solar radiation[J]. Thin-Walled Structures, 2017(115): 1-11.

[71] 周峰，陈文礼，赖马树金，等. 水立方风场特性及屋盖表面风压特性研究[J]. 土木工程学报, 2010, 43(增刊 2): 230-234.

[72] 罗尧治，蔡朋程，孙斌，等. 国家体育场大跨度屋盖结构风场实测研究[J]. 振动与冲击, 2012, 31(3): 64-68.

[73] FU J, ZHENG Q, WU J, et al. Full-scale tests of wind effects on a long span roof structure[J]. Earthquake Engineering and Engineering Vibration, 2015, 14(2): 361-372.

[74] 于敬海，冷明，闫明婷，等. 基于位移补偿法的某椭圆形弦支穹顶施工模拟及监测研究[J]. 建筑结构学报, 2018, 39(5): 91-98.

[75] ZHANG Z, LUO Y. Restoring method for missing data of spatial structural stress monitoring based on correlation[J]. Mechanical Systems and Signal Processing, 2017(91): 266-277.

[76] 马帜，罗尧治，万华平，等. 基于概率主成分分析的结构健康监测数据修复方法研究[J]. 振动与冲击, 2021, 40(21): 135-141.

[77] MARTINS N, CAETANO E, DIORD S, et al. Dynamic monitoring of a stadium suspension roof: wind and temperature influence on modal parameters and structural response[J]. Engineering Structures, 2014(59): 80-94.

[78] JI Y K, YU E, KIM D Y, et al. Long-term monitoring of wind-induced responses of a large-span roof structure[J]. Journal of Wind Engineering & Industrial Aerodynamics, 2011, 99(9): 955-963.

[79] DIOR D S, MAGALHÃES F, CUNHAÁ. High spatial resolution modal identification of a stadium suspension roof: assessment of the estimates uncertainty and of modal contributions[J]. Engineering Structures, 2017(135): 117-135.

[80] DATTEO A, LUCÃ F, BUSCA G, et al. Statistical pattern recognition approach for long-time monitoring of the G. Meazza Stadium by means of AR models and PCA[J]. Engineering Structures, 2017(153): 317-333.

[81] 周峰，李惠，朱焰煌，等. 国家游泳中心钢膜结构雪荷载及其效应监测与分析[J]. 建筑钢结构进展, 2011, 13(2): 33-43.

[82] MA Z, YUN C B, SHEN Y B, et al. Bayesian forecasting approach for structure response prediction and load effect separation of a revolving auditorium[J]. Smart Structures and Systems, 2019, 24(4): 507-524.

[83] 马帜. 基于健康监测数据和贝叶斯方法的结构状态评估[D]. 杭州：浙江大学, 2021.

[84] MA Z, YUN C B, WAN H P, et al. Probabilistic principal component analysis-based anomaly detection for structures with missing data[J]. Structural Control and Health Monitoring, 2021, 28(5): e2698.

[85] 张泽宇. 基于监测的空间钢结构健康状态评价体系研究[D]. 杭州：浙江大学, 2017: 45-128.

[86] TOM R. Zaha Hadid Architects 'giant starfish-shaped airport opens in Beijing[Z/OL]. United Kingdom: Dezeen, (2019-9-26) [2022-4-6]. http://www. dezeen. com/2019/09/26/ zaha-hadid-architects-starfish-beijing-daxing-international-airport/.

建筑施工临时支撑结构分类及稳定性分析

罗尧治[1]，郑延丰[1]，谢俊乔[1]，陈 红[2]，施炳华[3]，肖绪文[4]
（1. 浙江大学 建筑工程学院，浙江 杭州 310058；2. 中国建筑一局（集团）有限公司，北京 100161；
3. 中国建筑科学研究院 建筑结构研究所，北京 100013；4. 中国建筑工程总公司，北京 100037）

摘 要：根据搭设方式和受力特点将建筑施工临时支撑结构分为框架式支撑结构、桁架式支撑结构、混合式支撑结构及特殊支撑结构，框架式支撑结构又可分为无剪刀撑框架式支撑结构和有剪刀撑框架式支撑结构。确定了各类支撑结构的计算单元，提出了基于整体三维结构分析、考虑节点半刚性和水平杆连续性的简化计算模型，推导了相应的稳定方程。得到了框架式支撑结构的计算长度系数计算式，以及考虑扫地杆高度、顶托高度和支撑结构高度等影响因素的修正系数，给出了桁架式支撑结构整体失稳和局部失稳的计算方法。建立了扣件式、碗扣式或承插式等不同构配件搭设的临时支撑结构稳定性分析的统一理论，为《建筑施工临时支撑结构技术规范》JGJ 300—2013 的编制提供参考。

关键词：临时支撑结构；半刚性节点；稳定性分析；计算长度系数

建筑施工临时支撑结构是为建筑工程施工提供支撑而临时搭设的结构（以下简称“临时支撑结构”）。与单、双排脚手架提供作业平台不同，临时支撑结构主要承受上部结构传递的竖向荷载，稳定性是其设计面临的主要问题。由于临时支撑结构在两个方向难以设置，如单、双排脚手架一样的连墙件，因此，不能保证与既有结构有可靠的横向连接，使得临时支撑结构的稳定性较单、双排脚手架差。

目前，临时支撑结构主要采用扣件式、碗扣式和承插式等构配件进行搭设。采用这三类构配件搭设的脚手架应符合相应的行业标准，如《建筑施工扣件式钢管脚手架安全技术规范》JGJ 130—2011、《建筑施工碗扣式钢管脚手架安全技术规范》JGJ 166—2016 和《建筑施工承插型盘扣式钢管脚手架安全技术规程》JGJ 231—2021。关于单、双排脚手架稳定性计算的规定较为完备，而关于临时支撑结构稳定性计算的规定则有待完善，《建筑施工扣件式钢管脚手架安全技术规范》JGJ 130—2011，虽然其中有关于采用扣件式构配件搭设的临时支撑结构稳定性计算的规定，但由于采用不同类型构配件搭设的支撑结构稳定性有差异，因此难以推广到其他类型构配件搭设的临时支撑结构。

采用不同类型构配件搭设的临时支撑结构，其节点均具有半刚性，即节点连接介于铰接与刚接之间，文献[1]中对扣件式、碗扣式和承插式构配件搭设的节点进行了力学性能的试验研究，并给出了不同构配件搭设的节点的转动刚度建议取值。同时，不同构配件搭设的临时支撑结构在水平杆的连续性上也有差异，扣件式构配件搭设的临时支撑结构水平杆为连续、通长，碗扣式和承插式构配件搭设的临时支撑结构水平杆则为不连续。因此，不同类型构配件搭设的临时支撑结构主要区别在于节点转动刚度和水平杆连续性，而在力学性能上并无差别，考虑上述两因素后，可将不同类型构配件搭设的临时支撑结构计算模型进行统一。

近年来，国内学者针对临时支撑结构的稳定性开展了大量研究，探索了临时支撑结构各设计参数如步距、立杆间距、搭设跨数等对稳定性的影响[2]，对其节点的半刚性特性也开展了研究[3-4]，并给出了便于应用的公式[5]，但尚未形成完整、统一的分析理论与实用方法。

本文作者综合行业标准修订中取得的研究成果，提出基于搭设方式和受力性能的建筑施工临时支撑结构分类方法，对不同形式的支撑结构进行稳定性理论推导，提出稳定性计算方法，建立适合于扣件式、碗扣式或承插式等不同构配件搭设的临时支撑结构稳定性计算的统一理论，为《建筑施工临时支撑结构技术规范》JGJ 300—2013 的编制提供参考。

1 临时支撑结构分类

在工程应用中，临时支撑结构可采用不同的结构形式：①对于高度较低、承受荷载较小的临时支撑结构，实际可仅设置立杆和水平杆，不设置剪刀撑；②一般搭设高度的临时支撑结构，水平方向间隔一定跨数设置竖向剪刀撑，高度方向间隔一定步数设置水平剪刀撑；③对于由承插式构配件搭设的临时支撑结构，还可先由立杆、水平杆和斜杆搭设成空间立体桁架，再由桁架组合成整体结构；④当上部荷载分布不均、局部区域需要加强时，可在局部区域搭设空间立体桁架，与主体支撑结构连接；⑤当施工工艺或交通有特殊要求时，支撑结构外形可进行相应变化，如向外悬挑或开设门洞形成跨空等。不同结构形式将导致结构受力性能显著不同。

本文作者根据结构形式的不同，提出了基于受力性能的分类，将临时支撑结构分为框架式支撑结构、桁架式支撑结构（结构形式 3）、混合式支撑结构（结构形式 4）及特殊支撑结构（结构形式 5）。而针对框架式支撑结构，根据其是否设置竖向剪刀撑，又分为无剪刀撑框架式支撑结构（结构形式 1）和有剪刀撑框架式支撑结构（结构形式 2）。根据空间立体桁架的排列方式不同，桁架式支撑结构分为矩阵型和梅花型。特殊支撑结构分为悬挑支撑结构和跨空支撑结构等。临时支撑结构分类见图 1。

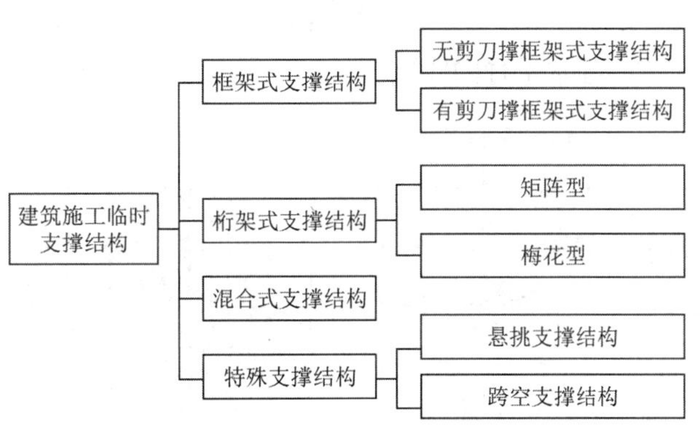

图 1 临时支撑结构的分类

在框架式支撑结构中，无剪刀撑框架式支撑结构屈曲时，呈整体偏移，类似有侧移框架；有剪刀撑框架式支撑结构屈曲时，以剪刀撑面为支点呈大波鼓曲，类似无侧移框架[6,15]。混合式支撑结构实际是将框架式支撑结构和桁架式支撑结构进行组合，特殊支撑结构则是在框架式或桁架式支撑结构的基础上进行外形变化，因此，本文中重点研究框架式支撑结构和桁架式支撑结构。

2 临时支撑结构稳定性分析

稳定性分析是临时支撑结构设计的重要部分，可参考《钢结构设计标准》GB 50017—2017 进行计算，稳定系数φ可由计算长度l_0（$l_0=\mu l$）得到长细比λ，然后查表得到，初始缺陷、初弯曲等非线性因素在φ中反映。稳定性分析的关键在于计算长度系数μ的确定。

临时支撑结构由于体量大、搭设复杂，因此影响稳定性的因素较多。为明确临时支撑结构稳定性的影响因素，简化结构的稳定性分析过程，文中提出“化整为零、化繁为简、理论数值结合”的稳定性分析思路。具体分析步骤如下：①根据临时支撑结构的受力性能确定计算单元，将支撑结构的稳定问题转化为计算单元的稳定问题；②建立计算单元模型，通过屈曲分析，得到计算单元的屈曲模态，根据模态将计算单元转化为相应的简化模型，将计算单元的稳定问题转化为简化模型的稳定问题；③在简化模型的基础上，建立稳定方程，提出影响稳定性的无量纲参数；④建立考虑节点转动刚度、水平杆连续性的结构计算模型[6]原稿，利用通用有限元软件的屈曲分析模块，获得不同无量纲参数下结构的计算长度系数，从而建立稳定性计算方法。

根据以上思路，对无剪刀撑框架式支撑结构、有剪刀撑框架式支撑结构和桁架式支撑结构分别进行稳定性分析。

2.1 无剪刀撑框架式支撑结构

2.1.1 计算单元

已有分析[6]表明：无剪刀撑框架式支撑结构的受力具有整体性，因此将结构整体作为计算单元。

2.1.2 简化模型

对不同几何尺寸的无剪刀撑框架式支撑结构进行线性屈曲分析，结果显示其 1 阶屈曲模态为沿弱轴方向的整体侧移失稳，具有单向屈曲特性，如图 2 所示。考虑单向屈曲特性和水平杆抗弯刚度的作用，可将结构失稳简化为单杆失稳（图 3）。单杆模型中，节点的等效转动刚度可通过节点处弯矩和杆件转角的关系推导得到，如图 4 所示，可偏安全地取节点的等效转动刚度k_s，如式(1)所示。

$$k_s=\frac{1}{\dfrac{1}{k}+\dfrac{l}{6EI}} \tag{1}$$

式中：k为节点的转动刚度；EI/l为水平杆的线刚度。

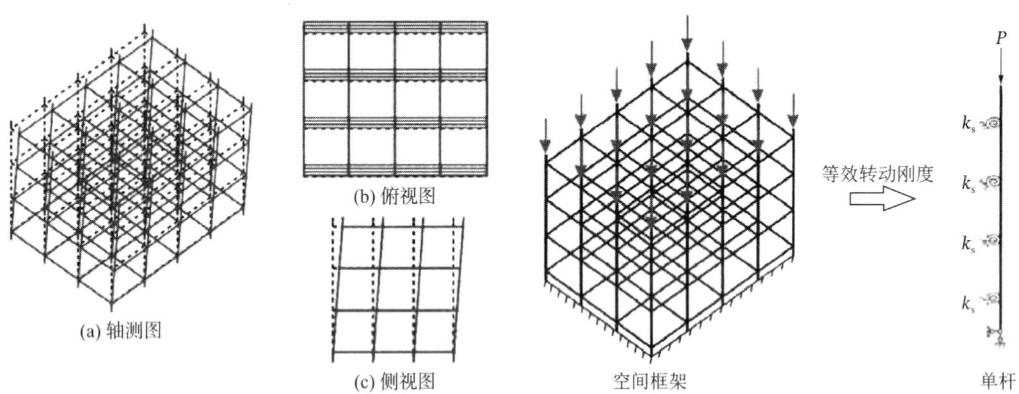

图 2 无剪刀撑框架式支撑结构的屈曲模态　　图 3 无剪刀撑框架式支撑结构的简化模型

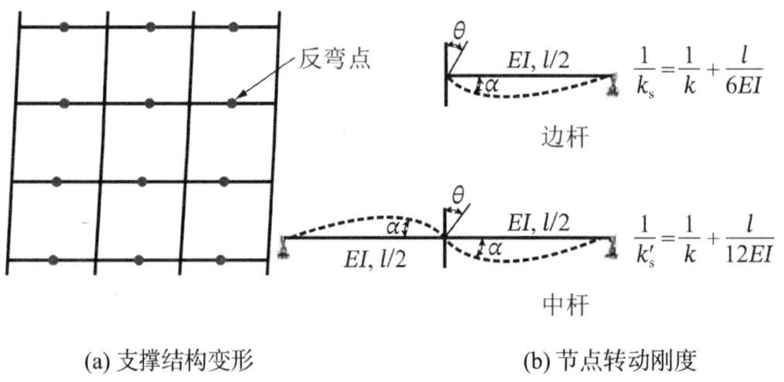

图 4 节点的等效转动刚度

由于完整的单杆分析较为复杂，为考察单杆计算长度系数的影响因素，考虑图 5 所示的单层、多层及有顶托的 3 种单杆模型。由于对称性，单杆模型中扫地杆高度与顶托高度对计算长度系数的影响相同，因此，扫地杆的影响可从顶托模型中体现，不另外考虑有扫地杆的单杆模型。

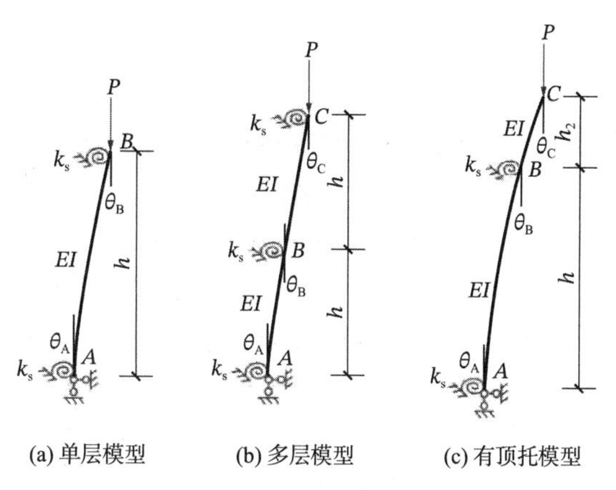

图 5　无剪刀撑框架式支撑结构的 3 种单杆模型

2.1.3　稳定方程

通过平衡法求得包含单层模型计算长度系数的稳定方程如下：

$$\left[K^2\left(\frac{\pi}{\mu}\right)^2-1\right]\tan\left(\frac{\pi}{\mu}\right)-2K\left(\frac{\pi}{\mu}\right)=0 \tag{2}$$

式中：K为刚度比，$K=EI/(hk_s)$；EI/h为立杆线刚度；h为步距；k_s为节点等效转动刚度。

求解式(2)，可得计算长度系数μ，K-μ的相关曲线见图 6，由图可见，随着K的增大，μ逐渐增大。

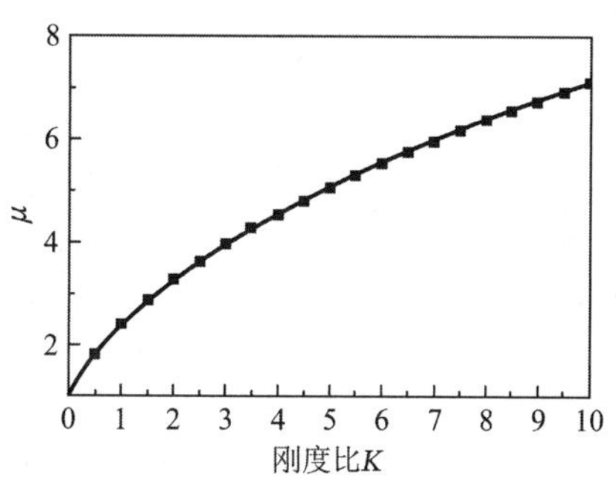

图 6　单层模型的计算长度系数

由式(2)相应地可求得多层模型和有顶托模型的计算长度系数，分别为μ_{n_z}和μ_{α_2}，与单层模型的计算长度系数之比R_{n_z}（$R_{n_z}=\mu_{n_z}/\mu$）、R_{α_2}（$R_{\alpha_2}=\mu_{\alpha_2}/\mu$）分别见图 7（a）、图 7（b），其中$n_z$为多层模型的步数，$\alpha_2$为有顶托模型中顶托高度$h_2$与步距$h$之比。

由图 7 可见：多层模型中，随n_z增加，R_{n_z}随之增大；R_{n_z}随刚度比K的增加而增大，并逐渐趋于定值。有顶托模型中，α_2增大，R_{α_2}也随之增大；随着刚度比K的增加，R_{α_2}逐渐趋于定值。特别需要注意的是，当α_2超过某一临界值时，$K=0$（表示节点处固接）处的R_{α_2}发生突变，从 1.0 变化到 2.0，其原因在于α_2过大，导致顶托的稳定性具有控制作用。

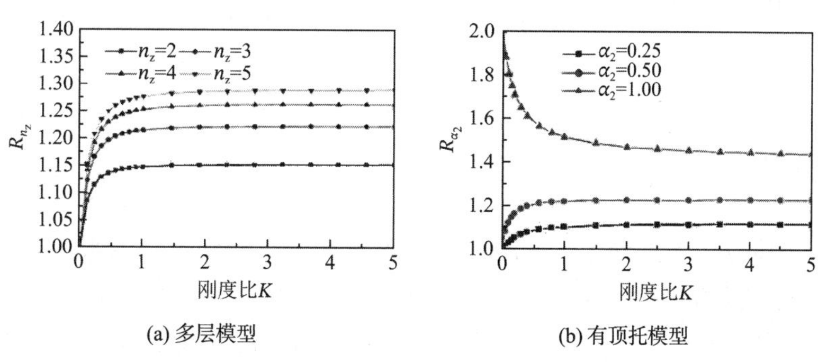

图 7　单杆模型的计算长度系数变化曲线

2.1.4 计算方法

从单杆模型的分析中可以知道，单杆的计算长度系数μ主要与 3 个无量纲参数有关，即$\mu=\mu(K,\alpha,n_z)$，其中$K=EI/(hk_s)$为刚度比，为立杆步距内的线刚度与弱轴方向上节点等效转动刚度之比；$\alpha=\max(h_1,h_2)/h$为伸长比，为顶托高度h_2与扫地杆高度h_1中较大者与步距h之比；n_z为步数。

由理论分析（如平衡法等）推导得到单杆模型中包含K、α、n_z这 3 个无量纲参数的稳定方程，求解稳定方程即可得到单杆计算长度系数的精确解，但由于推导过程相当复杂，稳定方程是超越方程也不易求解，因此往往不具有可操作性。采用有限单元法，通过特征值屈曲分析，可求得给定参数下计算长度系数的近似解，因此可以建立满足某一组无量纲参数的有限元模型，反算得到计算长度系数。

以K、α、n_z这 3 个无量纲参数为变量，进行线性屈曲分析，在分析中遵循单一变量原则，控制 3 个参数中的 1 个参数进行变化。由有限元屈曲分析结果反算得到无剪刀撑框架式支撑结构的立杆计算长度系数μ，从而得到μ的计算表格，见《建筑施工临时支撑结构技术规范》JGJ 300—2013 附录 B 表 B-1 及表 B-2。以水平杆连续的无剪刀撑框架式支撑结构为例，立杆计算长度系数随这 3 个参数的变化见图 8。可以得出：μ随K的增加而增大；α增加，μ随之增大；n_z越大，α的影响越小。

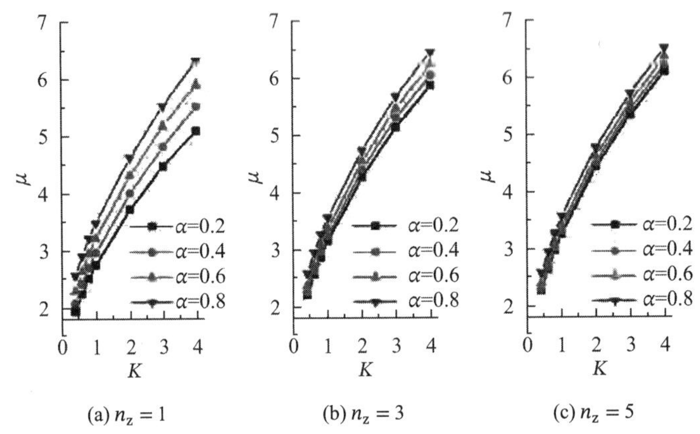

图 8 无剪刀撑框架式支撑结构中计算长度系数随无量纲参数变化曲线

2.2 有剪刀撑框架式支撑结构

2.2.1 计算单元

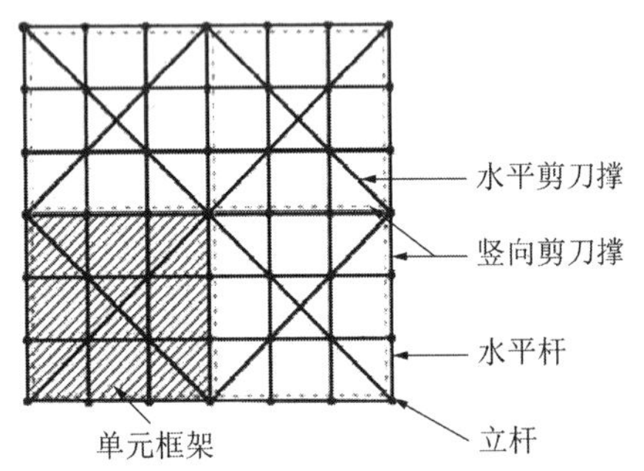

图 9 有剪刀撑框架式支撑结构的计算单元

有剪刀撑框架式支撑结构是间隔一定跨数布置竖向剪刀撑，间隔一定步数布置水平剪刀撑。建立有剪刀撑框架式支撑结构的整体模型进行屈曲分析。结果表明：支撑结构以水平或竖向剪刀撑面为界限发生屈曲；单独计算被剪刀撑分隔的支撑结构，屈曲荷载及模态与其在整体支撑结构中接近，表明剪刀撑形成的平面能有效限制支撑结构的受力范围，减小不同区域之间稳定性的相互影响，因此，文中提出了由剪刀撑面围成的单元框架概念，将其作为计算单元，如图 9 所示。

2.2.2 简化模型

由于单元框架的无量纲参数较多，要同时考虑这些参数对结构稳定性的影响较为困难，因此首先考虑工程中常用构造，将扫地杆高度与步距之比α_1、顶托高度与步距之比α_2及水平剪刀撑之间的步数n_{zc}这 3 个无量纲参数取为定值，即$\alpha_1=\alpha_2=0.2$，$n_{zc}=6$。在此基础上，考察影响单元框架稳定性的无量纲参数，然后再考虑α_1、α_2及n_{zc}对单元框架稳定性的影响。

对单元框架进行线性屈曲分析，结果表明，承受均匀竖向荷载的单元框架，1 阶屈曲模态为沿弱轴方向的大波鼓曲失稳，如图 10 所示。沿弱轴方向竖向剪刀撑平面框架 K1、K6 未发生侧移，竖向剪刀撑平面之间的框架 K2、K5、K3、K4 有不同程度的鼓曲，底层和顶层水平剪刀撑所在平面未发生侧移。

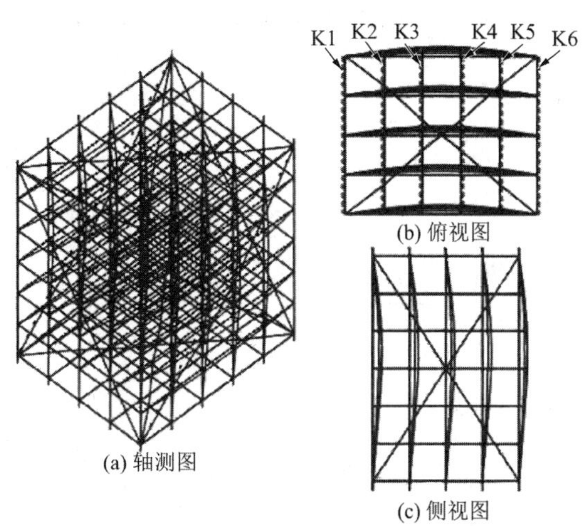

图 10　单元框架的屈曲模态

框架 K2～K5 鼓曲过程中，框架平面内水平杆的作用与图 4 所示类似，采用等效节点转动刚度的概念，将每榀框架的失稳等效为单根立杆的失稳；框架 K1 和 K6 由于未发生侧移，可等效为固定端；顶层和底层的水平剪刀撑限制了平面变形，也可等效为固定端。因此，单元框架的失稳可简化为平面框架的平面外失稳，可采用如图 11（a）所示的等效框架模型，图中 K1～K6 为框架 K1～K6 的等效单杆。

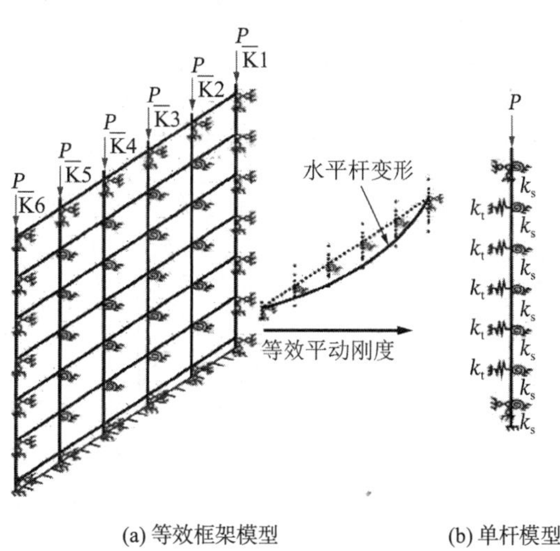

图 11　单元框架的等效模型

在等效框架模型中，与立杆相连的水平杆对立杆平面外的稳定具有侧向支承作用，可等效为节点的平动刚度k_t，如图 11 所示。等效平动刚度k_t的大小与水平杆的跨数n_x及抗侧刚度E_1I_1/l_x^3有关，即$k_t = k_t(n_x, E_1I_1/l_x^3)$，且$k_t \propto E_1I_1/l_x^3$，其中$E_1I_1$为水平杆的抗弯刚度，$l_x$为强轴方向立杆间距。利用等效平动刚度的概念，等效框架模型可简化为单杆模型，如图 11（b）所示。

2.2.3　稳定方程

单元框架中单杆模型的计算长度系数μ可通过平衡法求得。图 12 所示为水平剪刀撑之间的步数$n_{zc} = 2$的单杆模型，可推导包含其计算长度系数μ的超越方程如下：

$$2\left[\cos\left(\frac{\pi}{\mu}\right)-1\right]-K\frac{\pi}{\mu}\sin\left(\frac{\pi}{\mu}\right)+\left[K\left(\frac{\pi}{\mu}\right)^2\cos\left(\frac{\pi}{\mu}\right)+\frac{\pi}{\mu}\sin\left(\frac{\pi}{\mu}\right)\right]\left[1-2K_1\left(\frac{\pi}{\mu}\right)^2\right]=0 \tag{3}$$

式中：K_1为立杆抗侧刚度与等效平动刚度之比，$K_1 = EI/(h^3k_t)$。由于$k_t \propto E_1I_1/l_x^3$，因此当立杆抗弯刚度EI与水平杆抗弯刚度E_1I_1相同时，$K_1 \propto \alpha_x^3$，可用α_x代替K_1作为无量纲参数，其中$\alpha_x = l_x/h$，为单元框架强轴方向上立杆间距与步距之比。

求解式(3)，可得μ，相应地可求得n_{zc}为不同值时的计算长度系数。

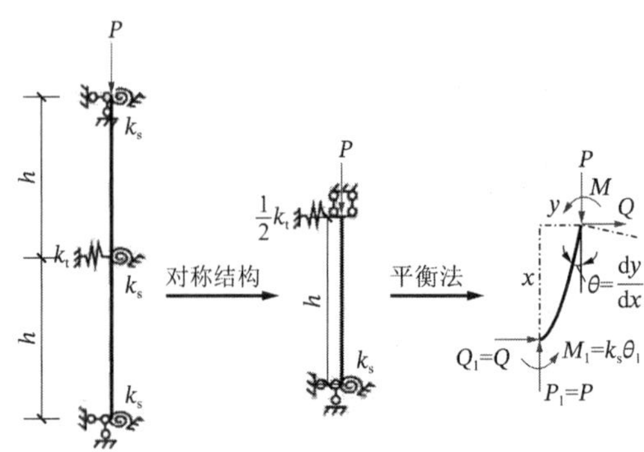

图 12　单元框架的单杆模型

2.2.4　计算方法

从单元框架的单杆模型分析中得到单杆的计算长度系数μ，该值主要与 3 个无量纲参数有关，即$\mu = \mu(K,\alpha_x,n_x)$，其中$K = EI/(hk_s)$为刚度比，为立杆步距内的线刚度与弱轴方向上计算得到的节点等效转动刚度之比；$\alpha_x = l_x/h$为长度比，为强轴方向立杆间距与步距之比；n_x为强轴方向立杆的跨数。

与无剪刀撑框架式支撑结构类似，由于单元框架的计算长度系数不易推导，且稳定方程求解复杂，因此以这 3 个无量纲参数为变量，进行线性屈曲分析。在分析中，遵循单一变量原则，控制 3 个参数中的 1 个参数变化。由有限元屈曲分析结果，反算得到单元框架的立杆计算长度系数，从而得到μ的计算表格，见《建筑施工临时支撑结构技术规范》JGJ 300—2013 附录 B 表 B-3 及表 B-4。以水平杆连续的单元框架为例，立杆计算长度系数随 3 个参数的变化见图 13。从图中可以得出，μ随着K、n_x、α_x的增加而增大。

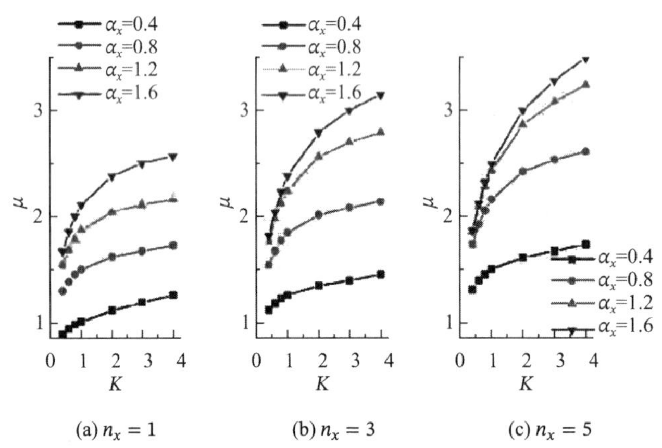

图 13　单元框架中计算长度系数随无量纲参数变化的曲线

2.2.5　其他参数对μ的影响及修正

考虑水平剪刀撑之间的步数、扫地杆高度、顶托高度和支撑结构总高度等因素对计算长度系数的影响。

首先考察水平剪刀撑之间的步数n_{zc}对单元框架稳定性的影响。水平剪刀撑的设置将支撑结构在高度方向分为多个单元框架，将立杆失稳的波形限制于各单元框架之内。对典型单元框架进行计算，分别考察n_{zc}取 4、5、6 的支撑结构，结果见图 14，可见计算长度系数μ与相邻水平剪刀撑之间步数n_{zc}有关，随n_{zc}增加，单元框架稳定的计算长度系数越大，分别为 1.99、2.07 和 2.09。在工程实际中，为便于控制支撑结构的施工质量，一般将水平剪刀撑的间隔步数限制在一定范围内，《建筑施工临时支撑结构技术规范》JGJ 300—2013 中规定$n_{zc} \leqslant 6$。因此，在建立稳定性计算方法时未将n_{zc}作为参数。

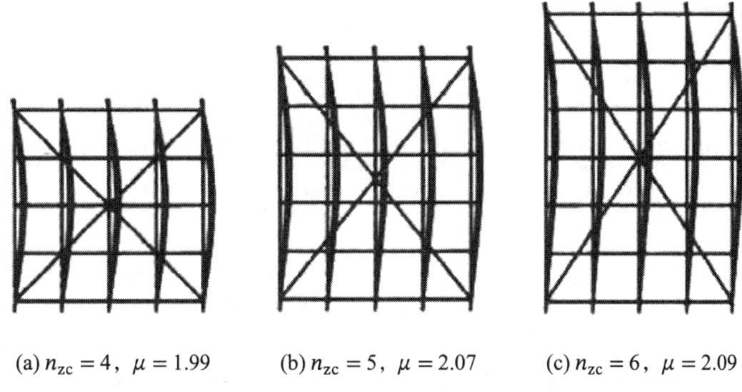

(a) $n_{zc}=4$，$\mu=1.99$　(b) $n_{zc}=5$，$\mu=2.07$　(c) $n_{zc}=6$，$\mu=2.09$

图 14　步数对单元框架计算长度系数的影响

考察扫地杆高度与步距之比α_1及顶托高度与步距之比α_2对单元框架稳定性的影响。通过计算得到不同α_1、α_2情况下单元框架屈曲模态，如图 15 所示，当$\alpha_1 \leqslant 0.2$、$\alpha_2 \leqslant 0.2$ 时，单元框架的鼓曲位置介于水平剪刀撑之间［图 15（a）］；当$\alpha_1 > 0.6$ 时，扫地杆以上的单元框架发生整体侧移［图 15（b）］；当$\alpha_2 > 0.5$ 时，单元框架顶托发生较大侧移［图 15（c）］。可见，α_1（或α_2）过大，将导致单元框架的屈曲模态发生变化，使得扫地杆（或顶托）对单元框架失稳起到控制作用。

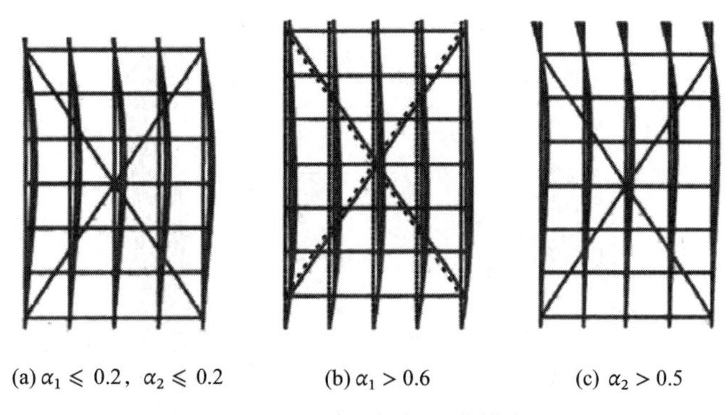

(a) $\alpha_1 \leqslant 0.2$，$\alpha_2 \leqslant 0.2$　(b) $\alpha_1 > 0.6$　(c) $\alpha_2 > 0.5$

图 15　α_1、α_2对单元框架屈曲模态的影响

对$K=1$，$\alpha_x=1$，$n_x=5$ 的单元框架进行屈曲分析，以$\alpha_1=\alpha_2=0$ 时的计算长度为基准，计算长度系数的变化倍数R_α随α_1、α_2的变化规律见图 16。可以看出：$\alpha_1 \leqslant 0.2$ 且$\alpha_2 \leqslant 0.2$ 时单元框架的计算长度系数变化不大，当$\alpha_1 > 0.2$ 或$\alpha_2 > 0.2$ 时，μ值增长逐步加快。考虑顶托高度和扫地杆高度对计算长度系数μ的影响，对$\alpha_1 > 0.2$ 或$\alpha_2 > 0.2$ 的情况，对具有不同参数（K、a_x、n_x）的单元框架进行计算，得到对应的计算长度系数增大关系，从而提出扫地杆与顶托高度修正系数β_α。

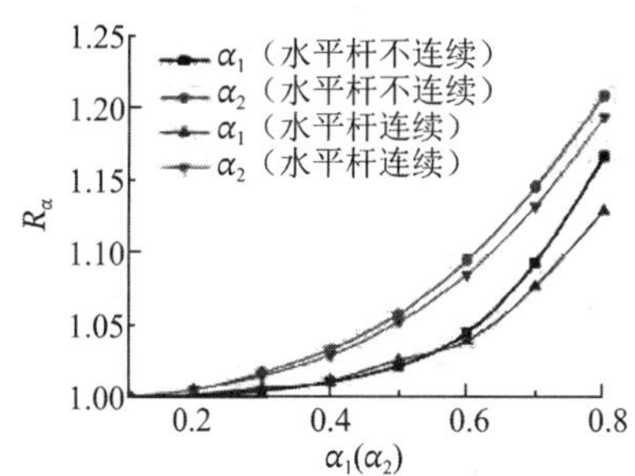

图 16　α_1、α_2对计算长度系数μ的影响

计算中发现总高度H对支撑结构的稳定性有影响。以总高度H分别为 7.2mm、14.4mm、21.6m 的支撑结构为例，计算得到计算长度系数μ分别为 2.09、2.15、2.17，反映了随总高度H的增加，支撑结构的稳定承载力有所下降。因此，综合考虑搭设偏差和初始缺陷等因素，提出高度修正系数β_H（《建筑施工临时支撑结构技术规范》JGJ 300—2013 中表 4.4.10）。

综合上述影响因素，最终提出单元框架修正后的计算长度系数μ'为

$$\mu' = \beta_H \beta_\alpha \mu \tag{4}$$

式中：μ'为单元框架计算长度系数，综合反映了K、α_x和n_x对稳定性的影响；μ为单元框架计算长度系数；

β_α为扫地杆与顶托高度修正系数，反映了α_1和α_2对稳定性的影响；β_H为计算长度的高度修正系数，反映了支撑结构总高H及搭设偏差、初始缺陷等对计算长度系数的影响。

2.3 桁架式支撑结构

2.3.1 计算单元

桁架式支撑结构由空间桁架通过“矩阵”或“梅花”型组合成整体，因此，将空间桁架定义为单元桁架，并将其作为计算单元，水平杆与立杆的连接节点视为铰接，如图 17 所示。

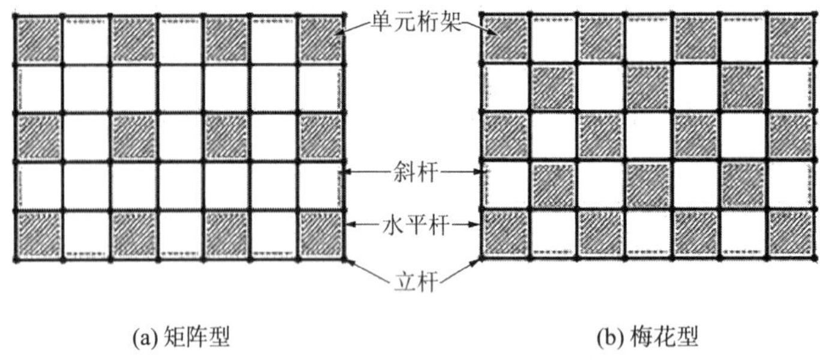

(a) 矩阵型　　(b) 梅花型

图 17　桁架式支撑结构的计算单元

单元桁架的失稳将导致局部失稳和整体失稳。立杆步距间的局部失稳和整体失稳如图 18 所示。

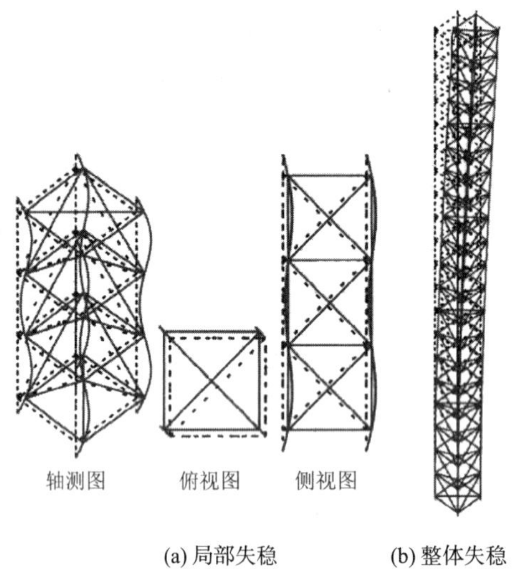

(a) 局部失稳　　(b) 整体失稳

图 18　单元桁架的屈曲模态

2.3.2 单元桁架局部失稳

单元桁架的局部失稳发生在步距之间，其计算长度l_0即为立杆步距h，因此计算长度系数为 1.0。考虑顶托高度和扫地杆高度对立杆稳定性的影响，可采用图 19 所示的有顶托的单杆模型，通过平衡法得到以计算长度系数为变量的稳定方程[7]如下：

$$\frac{\pi}{\mu}\left(\tan\frac{\alpha_2\pi}{\mu}+\tan\frac{\pi}{\mu}\right)-\tan\frac{\alpha_2\pi}{\mu}\tan\frac{\pi}{\mu}=0 \tag{5}$$

式中：α_2为顶托高度与步距之比。

《建筑施工扣件式钢管脚手架安全技术规范》JGJ 130—2011 及《建筑施工承插型盘扣式钢管脚手架安全技术标准》JGJ/T 231—2021 在计算顶部立杆段的计算长度l_0时，考虑了顶托的影响，取$l_0=h+2h_2$；英国相关规范中，针对桁架形式的脚手架，也采用了类似的计算式[8]。因此，考虑顶托高度后，单元桁架的计算长度与α_2的相关表达式为

$$l_0 = \mu h = (1 + 2\alpha_2)h \quad (6)$$

稳定方程式(5)与近似计算式(6)中的计算长度系数μ随α_2变化情况见图 20，可见式(6)具有较好近似度，且偏于安全。

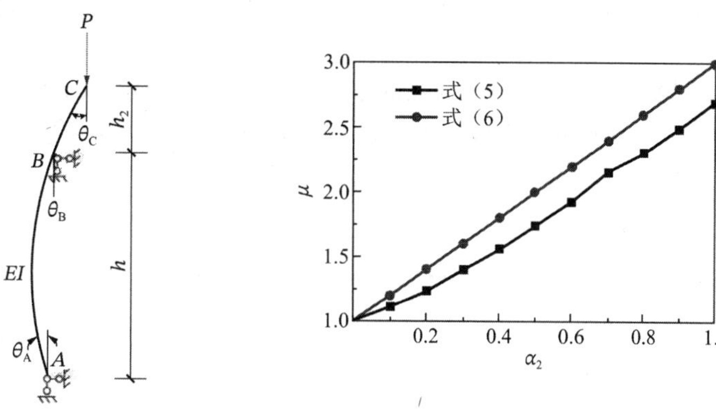

图 19　单元桁架有顶托的单杆模型　　图 20　α_2对计算长度系数μ的影响

2.3.3　单元桁架整体失稳

单元桁架的整体稳定性计算按《钢结构设计标准》GB 50017—2017 中的缀条式格构柱进行。将单元桁架等效为悬臂柱，整体稳定的计算长度为

$$\bar{l}_0 = 2H \quad (7)$$

由于单元桁架截面为 4 根立杆组成的矩形，则相应的等效回转半径$\bar{i}$和等效长细比$\bar{\lambda}$为：

$$\bar{i} = l_{min}/2 \quad (8)$$

$$\bar{\lambda} = \bar{l}_0/\bar{i} = 4H/l_{min} \quad (9)$$

式中：l_{min}为单元桁架的短边长度。

3　结论

（1）对临时支撑结构的计算模型进行了统一，根据受力性能将临时支撑结构分为框架式、桁架式、混合式和特殊支撑结构，框架式支撑结构又分为无剪刀撑框架式支撑结构和有剪刀撑框架式支撑结构。针对各类支撑结构分别确定了计算单元，给出了相应的考虑节点半刚性和水平杆连续性的简化计算模型，推导了相应的稳定方程。

（2）针对有、无剪刀撑框架式支撑结构提出了计算长度系数计算式，并考察了步数、扫地杆高度、顶托高度等因素对稳定性的影响，同时考虑整体框架搭设误差及初始缺陷，提出了扫地杆高度与顶托高度修正系数及计算长度的高度修正系数。给出了桁架式支撑结构中单元桁架的局部失稳和整体失稳以及相应的稳定性计算方法。

（3）建立了扣件式、碗扣式或承插式等不同类型构配件搭设的临时支撑结构稳定性分析的统一计算理论，提出了针对不同类型支撑结构稳定性计算的实用方法，为《建筑施工临时支撑结构技术规范》JGJ 300—2013 的编制提供了参考。

参考文献

[1]　罗尧治，许京梦，郑延丰. 3 种临时支撑节点力学性能试验研究[J]. 施工技术, 2012, 41(3): 99-103.

[2] 刘建民，李慧民. 扣件式钢管模板支撑架立杆承载力的影响因素分析[J]. 工业建筑, 2005, 35(增刊 1): 758-760.

[3] 胡长明，车佳玲，张化振，等. 节点半刚性对扣件式钢管模板支架稳定承载力的影响分析[J]. 工业建筑, 2010, 40(2): 20-23.

[4] 陈志华，陆征然，王小盾. 钢管脚手架直角扣件刚度的数值模拟分析及试验研究[J]. 土木工程学报, 2010, 43(9): 100-108.

[5] LIU H B, ZHAO Q H, WANG X D, et al. Experimental and analytical studies on the stability of structural steel tube and coupler scaffolds without X-bracing[J]. Engineering Structures, 2010, 32(4): 1003-1015.

[6] 许京梦. 框架式临时支撑结构理论分析与试验研究[D]. 杭州: 浙江大学, 2012.

[7] 陈骥. 钢结构稳定理论与设计[M]. 北京: 科学出版社, 2001: 35-36.

[8] BS 5975 Code of practice for falsework[S]. London, England: British Standards Institution, 1996.

杭州奥体网球中心开合屋盖施工过程分析

周观根，万敬新，游桂模，潘 俊
（浙江东南网架股份有限公司，浙江 杭州 311209）

摘 要：以杭州奥体网球中心项目为研究对象，采用 MIDAS Gen 软件进行了开合屋盖安装过程施工分析。主要内容包括：考虑施工过程影响的整个安装过程的施工仿真分析；固定屋盖悬挑端、关键设备节点、活动屋盖悬挑端、支座节点等关键节点的受力和变形分析；考虑合拢温度的合拢结构分析。通过监测结构关键控制节点的变形及应力，并与理论分析结果进行对比分析，分析结果对施工方案的优化及实施提供可靠依据，为今后类似工程提供借鉴和参考。

关键词：杭州奥体网球中心；开合屋盖；大悬挑；施工仿真

1 工程概况

杭州奥体网球中心项目屋盖结构为大悬挑开合屋盖钢结构，由固定屋盖钢结构、活动屋盖钢结构和机械传动系统三部分组成[1]，如图 1 所示。固定屋盖钢结构外边缘直径约 133m，中间部位开口直径约 60m，悬挑 16.9m，活动屋盖最大悬挑 30m，如图 2 所示。固定屋盖采用空间弯曲钢管桁架结构，由 24 个单元花瓣组成，每个单元结构由 2 组倒三角空间立体桁架构成，通过共用上、下弦杆以及环向桁架连接成一个整体。固定屋盖支撑在内环看台斜柱和外环 6m 平台上，内、外环分别设置 24 个支座。

活动屋盖位于固定屋盖上方，共有 8 片大悬挑平面旋转活动屋盖。活动屋盖采用平面旋转 45°开合，8 片活动屋盖中有 1 片屋盖为有帽子屋盖，其余 7 片为无帽子屋盖。

机械传动系统设置在固定屋盖和活动屋盖之间，通过机械方式分别与固定屋盖（下面）和活动屋盖（上面）连接。机械传动系统可使 8 块活动屋盖进行 45°范围内的同步旋转开合，实现活动屋盖的开启和闭合。

固定屋盖安装时，在下部设置 3 圈临时支撑架，分别为外圈、中圈和内圈支撑架，如图 3 所示。

图 1 建筑效果

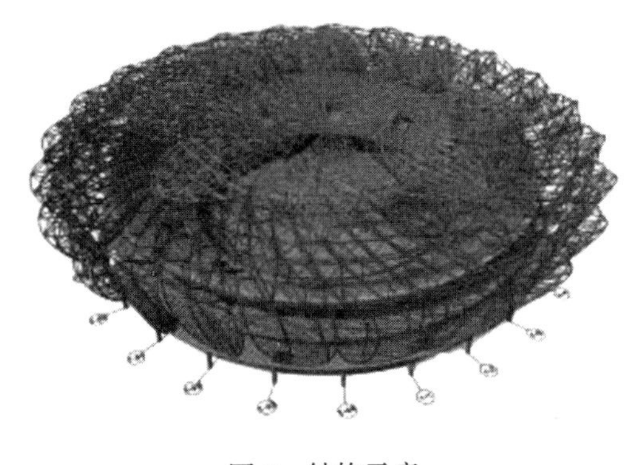

图 2 结构示意

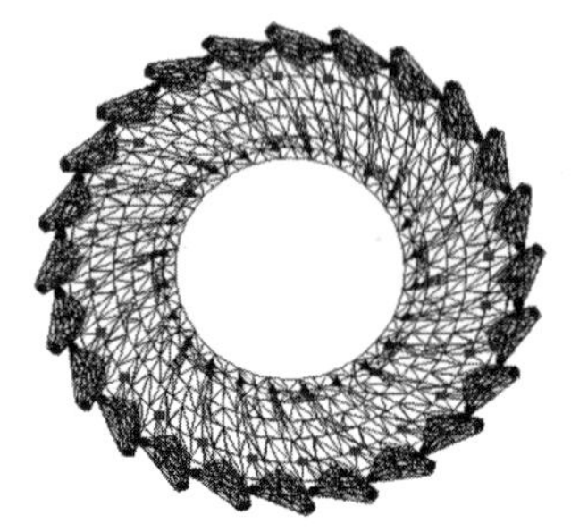

图 3 支撑架布置图

2 施工过程模拟分析

2.1 施工过程

本工程整体采用分区吊装，将固定屋盖分为 8 个区域，每个区域对应 3 片立面桁架。整体流程为：固定屋盖安装→临时支撑架卸载→固定屋盖上的机械设备安装→活动屋盖和设备一起吊装。固定屋盖采用分区对称吊装，设置 2 条合拢缝合拢，然后拆除临时支撑架进行卸载，最后吊装固定屋盖上的机械设备。

活动屋盖与其连接在屋盖下弦的设备一同吊装，吊装顺序为对称吊装，先吊装不带帽子花瓣，最后吊装带帽子的花瓣。主要安装过程为：①安装立面桁架；②安装水平段桁架；③逆时针依次安装；④固定屋盖安装完成待合拢；⑤合拢固定屋盖；⑥卸载外圈和中圈临时支撑架；⑦卸载内圈临时支撑架；⑧安装固定屋盖上设备；⑨安装活动屋盖（与其上的设备一起吊装）；⑩安装完成（图 4）。

建立整个屋面钢结构分块吊装及散装模型，采用 Midas Gen 施工过程模拟的累加模型进行施工全过程模拟，考虑施工过程对结构受力的影响。

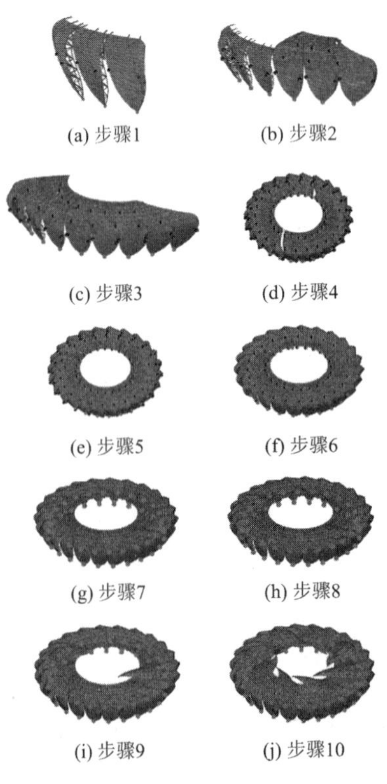

图 4 主要安装步骤

2.2　施工模拟分析模型

根据设计图纸，在 Midas 中建立分析模型如图 5 所示。

图 5　屋盖计算模型

单元类型及材料属性：管桁架单元采用梁单元模拟，结构钢材主要为Q345B，帽子部分钢材为Q235B。

边界条件：（1）结构原边界为固定支座；（2）设备连接边界用连接单元模拟如下：①转轴装置只承受水平力，计算假定为仅提供双向水平刚度，释放竖向约束和转动约束；②驱动装置提供竖向和切向刚度，释放径向和扭动约束；③反力装置仅提供竖向连接，可承受拉压，释放径向、切向刚度；④支撑台车装置仅考虑竖向刚度传递压力。

荷载取值：考虑了施工恒载（结构自重、主檩条荷载、铸钢件荷载、驱动设备荷载、马道荷载）、活荷载（施工活荷载）以及温度荷载。

卸载模拟：采用只受压桁架单元模拟温控千斤顶[2]。可通过增大弹性模量来忽略受压产生的竖向变形，设置线膨胀系数α来控制单位卸载行程，α可以用公式$\alpha = \Delta/LT$求得，其中：Δ为单位卸载行程，L为单元长度，T为降温值。

2.3　屋盖安装过程模拟分析

2.3.1　屋盖安装方案比选

活动屋盖安装有 3 种方案。方案 1：对称安装，带帽屋盖后安装；方案 2：对称安装，带帽屋盖先安装；方案 3：带帽屋盖先安装，顺时针安装。分析 3 种方案固定屋盖悬挑端的变形，如图 6 所示。

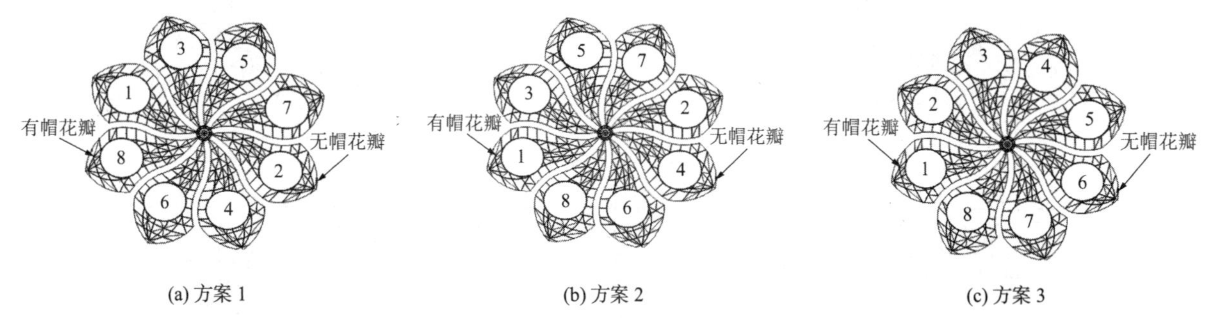

(a) 方案 1　(b) 方案 2　(c) 方案 3

图 6　活动屋盖安装方案类型

如图 7 和图 8 所示，分析可知 3 种方案变形基本相差不大。方案 1 比方案 2 和方案 3 变形都略小，而且方案 1 可以更好地控制施工累积误差，从而使设备的变形更容易协调，还可以缩短施工工期，确保项目按时完工，也可以节约成本。因此选择方案 1 为最终安装方案。

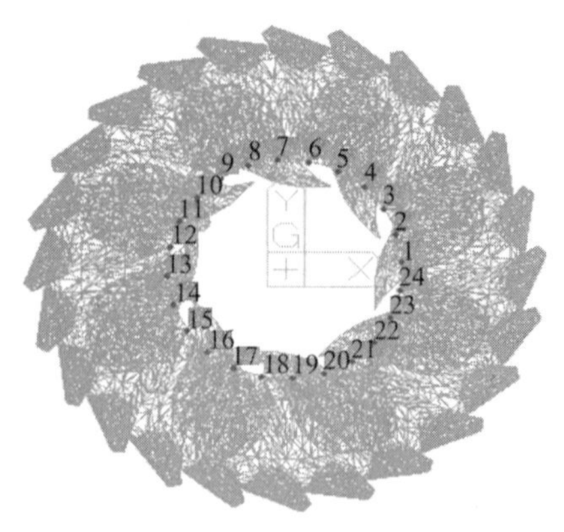

图 7　固定屋盖分析节点

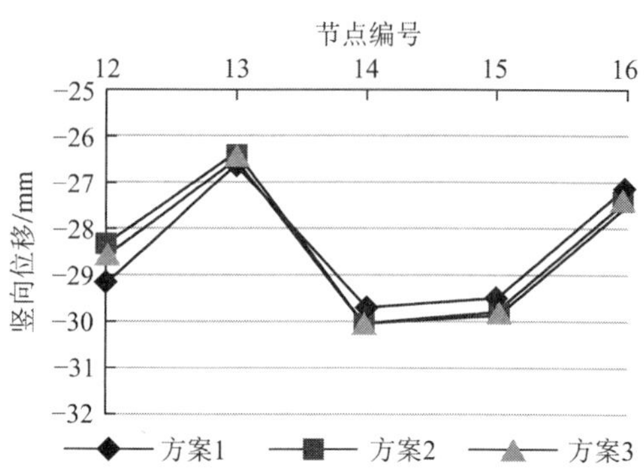

图 8　固定屋盖悬挑端的变形

2.3.2　固定屋盖安装过程模拟分析结果

采用 MIDAS 中的累加模型进行施工阶段的模拟分析，取固定屋盖安装完成后、临时支撑架卸载后、活动屋盖安装完成后以及一次性加载设计状态的变形和应力进行对比，模拟分析结果如表 1 所示[3]。由表 1 可知，活动屋盖安装完成后以及一次性加载的设计状态下，前者的结构最大变形和应力略小于后者，相差的幅值不大，满足工程施工要求。

同时选取固定屋盖悬挑端主桁架上的 14、15、16 节点进行位移观测，以便于分析施工全过程中各个节点位移变化情况。节点位移随着主要安装阶段（图 3）的变化过程如图 9 和图 10 所示。

由图 9 可知，14 号节点在第 3 步安装水平屋盖时安装，15 号节点在第 5 步安装，16 号节点在第 4 步安装阶段安装。因此，由于吊装单元的划分，各个吊装单元仅与其邻近结构单元相互影响，离得越远则影响越小，需要重点考察吊装单元在吊装时对各个节点的位移影响。

由图 10 可知，设计状态与施工状态位移相差不大。一般情况下考虑施工过程，结构为一步一步安装完成，当前施工步骤完成后，内力重新分布，因而设计状态与实际状态下z向变形会出现明显的不同。但是，由于本工程固定屋盖的结构刚度较大，且施工方案选择合理，因此，结构在两种状态下相差不大。

施工过程分析结果　　　　**表 1**

固定屋盖安装完成（卸载前）	
最大：−3.20 变形图（3.201mm）	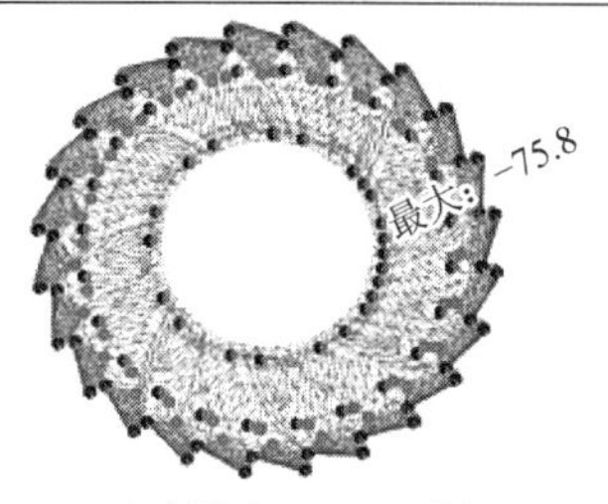 应力图（75.8N/mm²）
卸载完成	
 变形图（20.70mm）	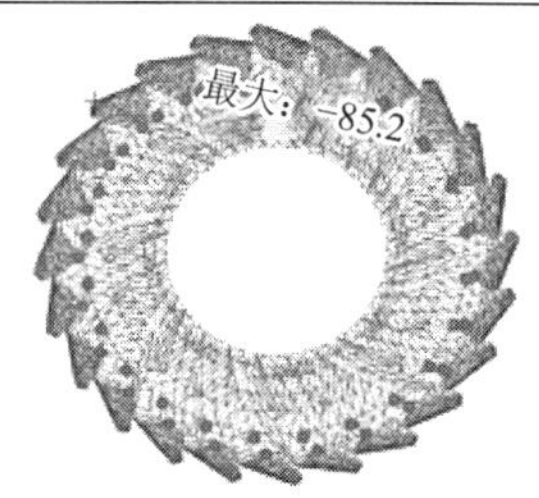 应力图（85.1N/mm²）

续表

活动屋盖安装完成	
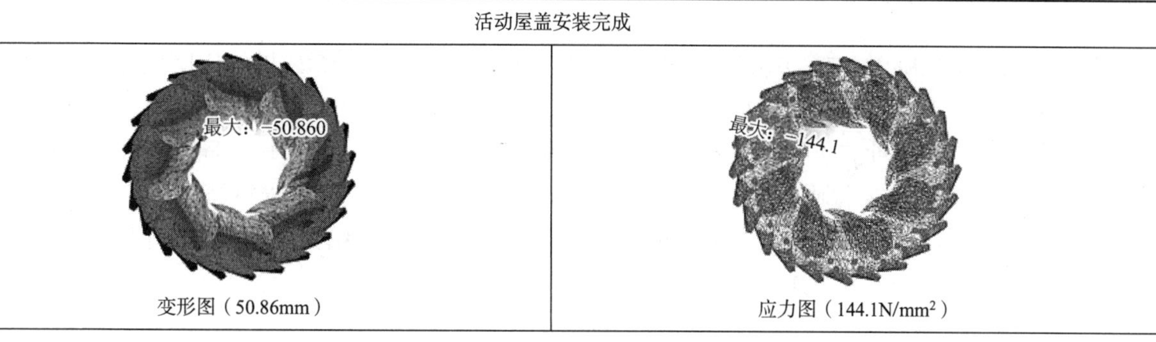	
变形图（50.86mm）	应力图（144.1N/mm²）
PostCS（一次性加载模型）阶段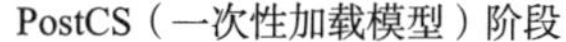	
	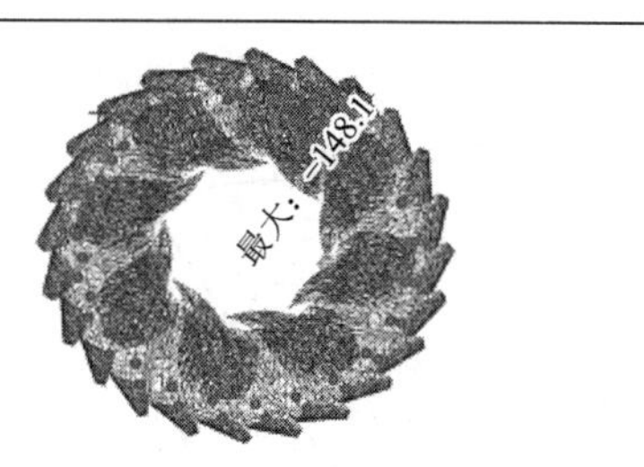
变形图（51.47mm）	应力图（148.1N/mm²）

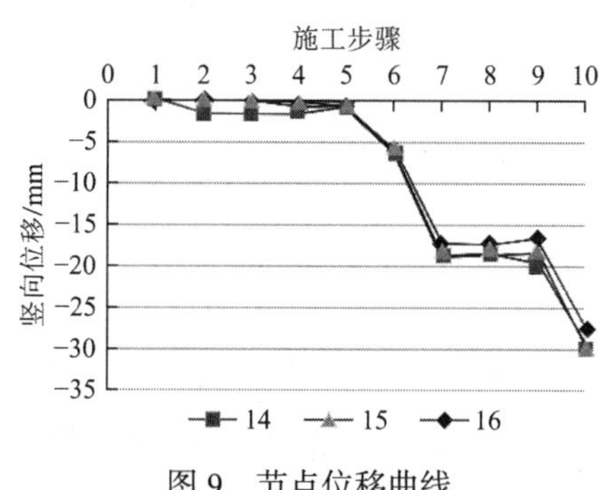

图 9　节点位移曲线

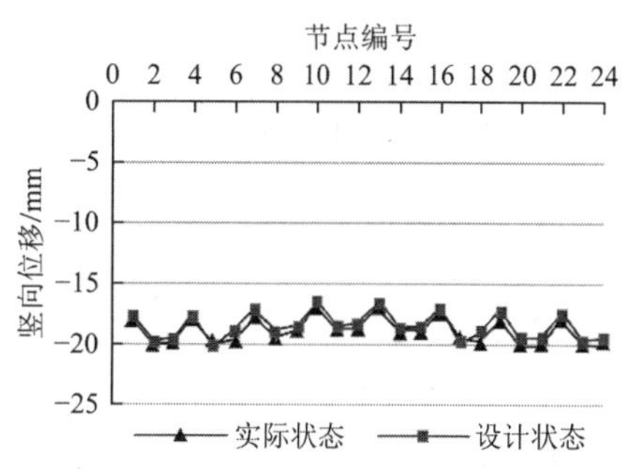

图 10　固定屋盖悬挑端位移曲线

2.3.3　固定屋盖合拢温度的影响

根据施工方案，有 2 条合拢线，合拢缝位置如图 11 所示，合拢温度为（15 ± 5）℃。通过对结构施加温度荷载，研究合拢带附近节点位移，有助于确定合拢缝选择是否合理。选择合拢缝 2 处杆件在升温 5°、降温 5°时的变形，如图 12 所示，由图 12 可知，杆件两端升温、降温相对变形差最大值为 0.2mm，不超过本工程弦杆对接接口处安装精度要求（0.8mm），所以安装精度满足要求。

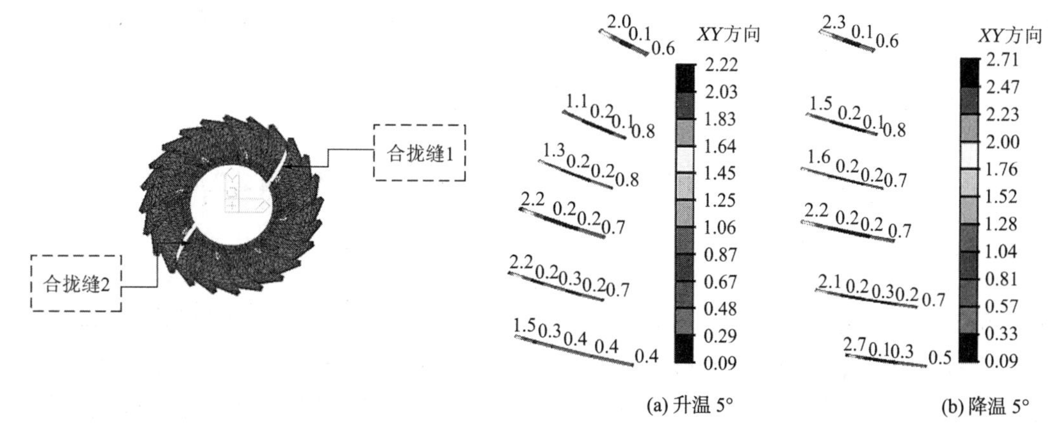

图 11　合拢缝布置图

图 12　合拢缝两端变形

2.3.4 拆撑卸载分析

固定屋盖合拢后临时支撑架卸载分为两个阶段进行，第一阶段先进行外圈和中圈支撑架的拆撑卸载；第二阶段进行内圈支撑架的分区同步卸载，分四次卸载，每次卸载 5mm，最大卸载行程 20mm。

选取带帽屋盖支撑处的 4 根杆件为控制单元，如图 13 所示。施工过程中，临时支撑的设置改变了原设计体系，因此需要对支座附近的杆件进行内力变化分析，以考察施工过程对杆件的影响。由图 14 可知，4 根杆件中 1652 号杆件的内力在卸载过程中先是受压，随着卸载结构体系转换，杆件受力变为受拉，因此施工过程中这些杆件需要进行替换，确保杆件满足设计施工要求。

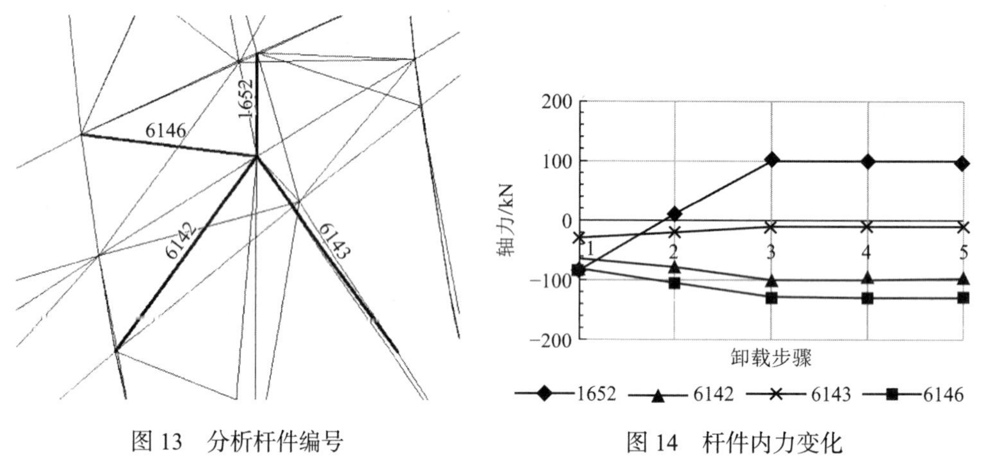

图 13 分析杆件编号

图 14 杆件内力变化

2.3.5 关键设备变形分析

整个结构安装完成，选取固定屋盖上带帽花瓣设备节点进行分析，节点编号如图 15 所示[4]。反力轮、主动轮以及转轴处设备的竖向变形如图 16 所示。由图 16 可知，设计状态与施工状态下各个节点的总体变形相差不大。转轴处设备节点 109、110 处相对变形较大，这是由于钢结构的不均匀变形导致转轴组件支承平台标高偏差和垂直度偏差。因此，转轴组件设计采用关节轴承，允许垂直偏角为±5°，设计允许上下位移±30mm。依安装精度要求，每一件转轴组件相对位置误差不超过 8mm，考察 109、110 节点的实际变形为−22.46mm、−30.04mm，二者相对位置误差为 7.58mm，满足安装要求。

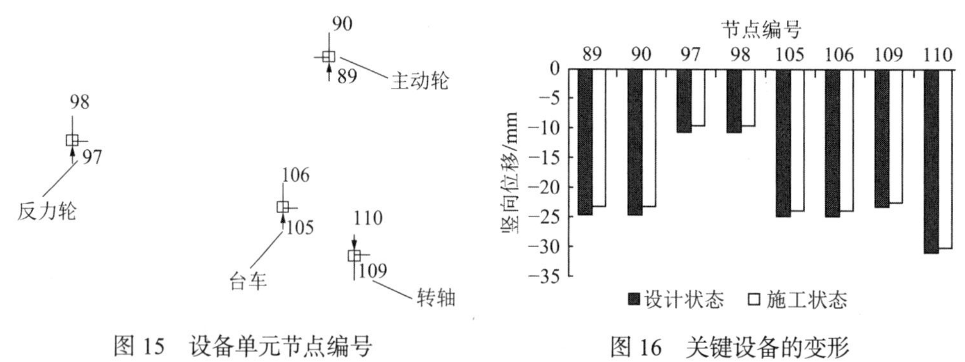

图 15 设备单元节点编号

图 16 关键设备的变形

2.3.6 活动屋盖变形分析

同时选取活动屋盖悬挑端节点（节点编号如图 17 所示），分析整个结构安装完成后，将活动屋盖悬挑端的变形与设计状态自重作用下的变形进行比较，活动屋盖变形如图 18 所示[5]。由图 18 可知，8 片活动屋盖悬挑端变形基本一致，且施工状态与设计状态相差不大。由于带帽活动屋盖较其他活动屋盖自重大，因而位于带帽屋盖处的 2544 节点变形相对较大，分析结果均满足安装要求。

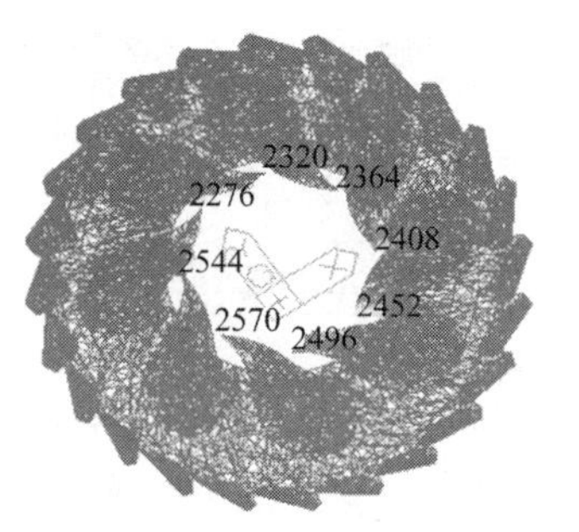

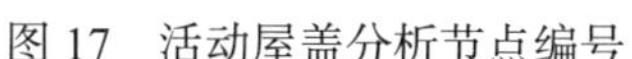

图 17　活动屋盖分析节点编号

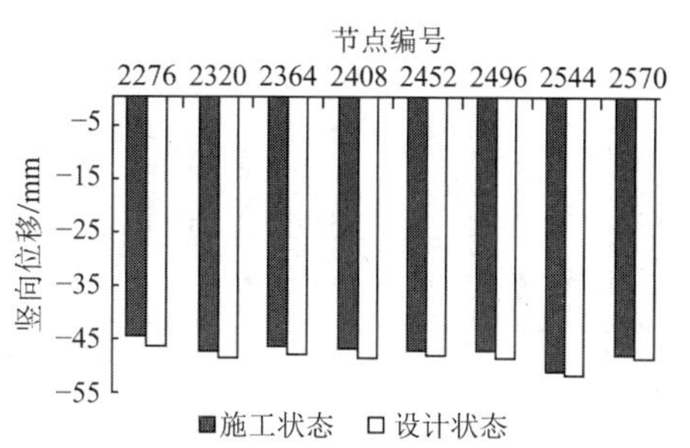

图 18　活动屋盖变形

2.3.7　支座反力分析

在整个施工过程中，支座反力在不同的施工阶段也不同。选取图 19 所示支座节点做反力对比分析，其反力曲线如图 20 所示。由图 20 可知，在第 4 施工步，当水平悬挑段安装完成后，由于已安装的结构内力发生重新分布，其反力增大；后面的安装步骤基本相同，反力基本无变化。在第 15 施工步即固定屋盖安装完成开始进行外圈和中圈的临时支撑架卸载，支座反力增大；但在进行内圈临时支撑架的卸载后，反力慢慢恢复到卸载前水平，随后由于活动屋盖的安装，活动屋盖对下部固定屋盖结构具有杠杆作用，因而根部支座反力减小，内圈支座反力随之增大。

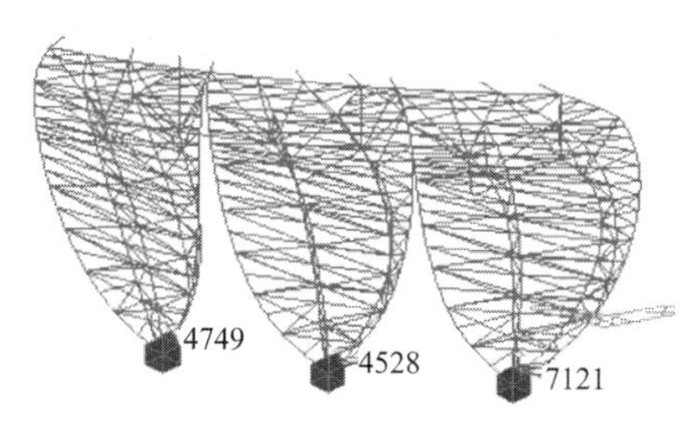

图 19　支座编号

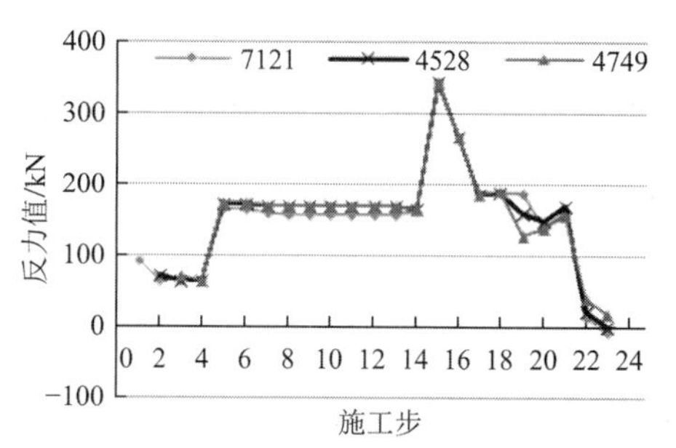

图 20　支座反力曲线

2.4　监测数据对比

在安装过程中，根据钢结构屋盖的结构特点以及支座处杆件的受力特性，选择作为监测控制的节点和杆件[6]，其位置编号如图 21 所示。

对固定屋盖结构进行预变形处理后，对比安装阶段卸载前与卸载后结构的竖向实测节点坐标差（与设计坐标比较）和理论计算坐标差（与设计坐标比较），如图 22 所示；杆件应力如图 23 所示[7]。

分析结果表明，理论数据与监测数据存在一定偏差，这是由于计算模型的简化、温度以及施工误差等多种因素综合影响的。结构安装完成，通过 4 天连续观测，支座处杆件应力变化不大。

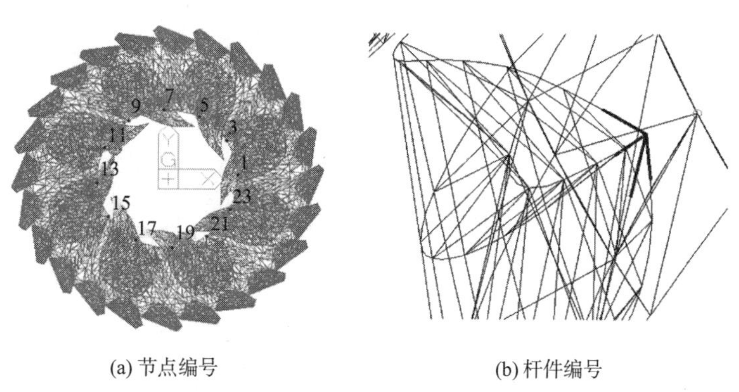

(a) 节点编号　　(b) 杆件编号

图 21　监测节点及杆件编号

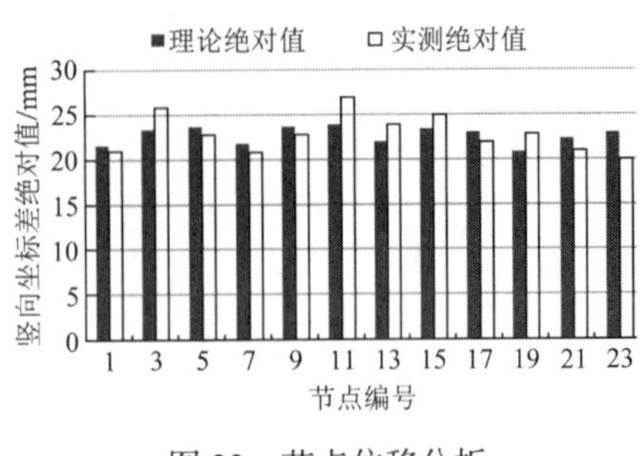

图 22 节点位移分析

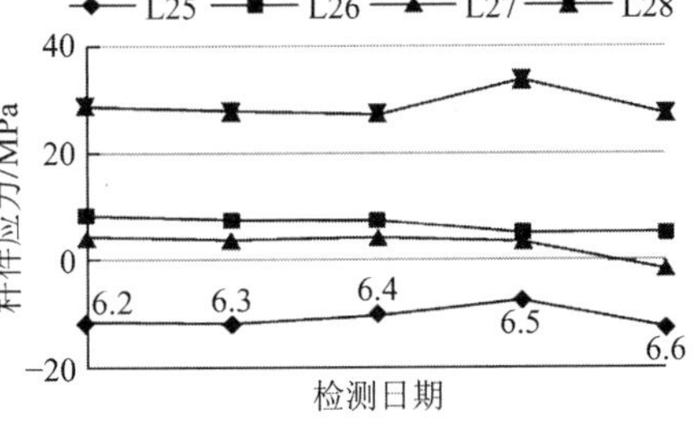

图 23 杆件应力分析

3 结论

对杭州奥体网球中心开合屋盖进行整个安装过程的模拟仿真分析，主要包括：研究了整个安装过程中固定屋盖悬挑端、关键设备节点、活动屋盖悬挑端、支座节点等关键节点的应力和变形，提高了施工过程中结构的安全性、安装方案的合理性，并为安装过程中的精度控制提供了数据参考；研究了固定屋盖合拢温度对杆件变形的影响以及拆撑卸载对整个结构体系的影响，保证了拼装精度要求和整个固定屋盖体系转换的安全；监测了结构关键控制节点的变形及应力，并与理论分析进行对比，对整个结构的安装过程进行整体评估，确保方案的可行性。以上结果表明安装方案满足开合屋盖安装要求，整个工程顺利安装完成。本文分析结果可对类似施工方案的优化及实施提供参考。

参考文献

[1] 傅学怡，杨想兵，高颖，等. 杭州奥体博览城网球中心钢结构移动屋盖设计关键技术[J]. 建筑结构学报, 2017, 38(1): 64-68.

[2] 王静波，王喆，井谢谢，等. 某体育场开合屋盖施工质量预控技术[J]. 施工技术, 2014, 43(2): 7-9.

[3] 中华人民共和国住房和城乡建设部.合屋盖结构技术规程：CECS 417—2015[S]. 北京：中国计划出版社, 2015.

[4] 张锋，俞锡齐，陈国栋. 开合屋盖体育场机械系统应用研究[J]. 施工技术, 2012, 41(2): 70-72.

[5] 中华人民共和国住房和城乡建设部.空间网格结构技术规程：JGJ 7—2010 [S]. 北京：中国建筑工业出版社, 2010.

[6] 范重，赵长军，张宇，等. 大型钢结构工程分期建造施工模拟技术[J]. 空间结构, 2013, 19(1): 28-40.

[7] 孙学根，牛忠荣，李兆峰，等. 大跨度空间结构卸载过程模拟分析与监测[J]. 建筑结构, 2018, 48(11): 70-77.

杭州亚运会主体育场结构健康监测与分析

沈雁彬，罗尧治，傅文炜，张泽宇，蔡朋程

（浙江大学 空间结构研究中心，浙江 杭州 310058）

摘　要： 本文主要介绍了一种适用于大面积分布的无线传感网络定制技术，结合基于物联网平台的远程监控系统，被成功应用于杭州亚运会主体育场大跨度空间结构的健康监测与分析中。当前，大跨度空间结构被广泛应用于各类大型公共建筑中，其体系新颖、体型巨大、受力性能复杂，其中大型体育场馆作为一种典型空间结构建筑，更是举办大型集会，人口密集的场所，其安全性不言而喻。本文基于这类建筑的结构特征与服役环境，定制了一种多参数、模块化的无线传感网络系统，研发了智能可拓展的树形组网策略与时间同步采集机制，并基于物联网平台，实现了结构的远程监控与结构响应分析，实时反映结构的性能状态。监测数据准确地反映了结构关键构件在施工过程中的内力变化规律，也很好地分析了运营期结构的风载、振动、温度场等环境荷载的基本特征以及结构长期应力变化的主要规律，为体育场结构的施工、运营与管理提供了科学的依据与指导。

关键词： 空间结构；结构健康监测；无线传感网络；杭州亚运会主体育场；结构状态评估；远程监控

大跨度空间结构工程广泛应用于各种大型体育场馆、火车站、航站楼、会展中心等重要的标志性建筑，其中大型体育场馆作为一类典型的空间结构建筑，更是举办大型集会、人口密集的场所。近年来，随着我国奥运会、亚运会等大型赛事的举办，加上全民健身政策的推广，全国各地都纷纷建起了奥体中心，各类赛事场馆如雨后春笋般地出现[1]。杭州 2022 年第 19 届亚运会共有 56 个竞赛场馆及设施，包括新建场馆 12 个，改造场馆 26 个，续建场馆 9 个，临建场馆 9 个。其中杭州奥体中心体育场是杭州亚运会主体育场，造型源自钱江沿岸的冠状植被“白莲花”（又称“大莲花”）（图 1）。体育场占地面积为 8 万多平方米，仅次于国家体育场（又称“鸟巢”），也是我国目前已建成的三座 8 万人以上超大型体育场之一。

图 1　杭州亚运会主体育场外景与内景

体育场主体工程由混凝土看台和钢结构罩棚组成。罩棚结构体系为钢结构桁架，为环向阵列的花瓣造型，外边缘南北向长约 333m，东西向宽约 285m，桁架最大悬挑长度 52.50m，最高点标高 60.74m，如图 2 所示。

这类超大型体育场结构通常体系新颖、体形巨大、受力性能复杂，在建设过程中大量采用新技术、新材料和新工艺，很多方面超出了现行建筑结构相关规范的限制范畴，在设计阶段完全掌握和预测结构的力学特性和行为是难以实现的，在施工过程中和建造完成后，结构的荷载传递及变形性能，乃至使用状态在很大程度上都存在着不可预知性和不可控制性[2]，结构安全问题尤显重要。随着人们安全意识的提升，如何保障这类大型体育场结构的施工过程安全有效及建成后运营的平稳有序，是当今需要迫切解决的重大课题。因此，建立一个相对完备的结构健康监测系统，对大型结构在长期运行和不利荷载作用下的结构状态进行监测和安全性评估是目前国内外研究的热点。

健康监测系统的开发及其在大型土木基础设施上的应用已有很多年，特别是在桥梁工程领域的应用更加普遍。相比之下，空间结构的健康评估工作起步相对较晚[3-4]，其中一个主要原因是传统的结构健康监测系统并不适合这种类型的结构。在传统的系统中，数据传输和电源提供通常采用有线连接方式，它可能在线形结构如桥梁、大坝等的应用中不是一个大问题。但是对于大面积尺度的结构，安装如此规模的电线将消耗大量的时间和费用，成本将随传感器数目的增加而急剧增加。此外，大规模的线路铺设所带来的系统可靠性问题与维护问题也将显得更加突出。

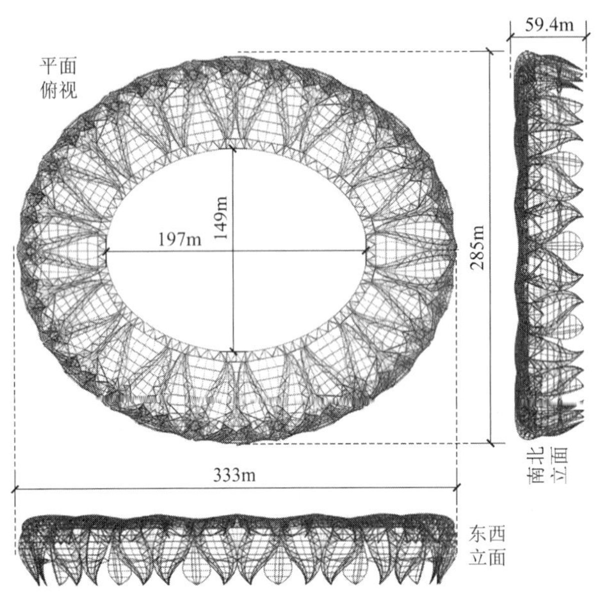

图 2 杭州亚运会主体育场钢结构尺寸示意图

随着传感器技术的进步，无线通信技术和高能量电池的应用使得无线健康监测系统成为一种解决空间结构健康监测的有效和经济的方法。自 1996 年土木工程结构健康监测系统首次尝试采用无线传感技术以来[5-7]，许多研究工作开始围绕各种类型的无线传感技术进行。其中较为典型的成果是使用 8 位微芯片的无线传感器节点设计，它已在实验室得到验证，并为后来的工程应用奠定了基础[8]。随着无线传感器技术的进步，结构健康监测系统的功能也更加专业化[9-11]。近年来，研究人员针对不同的需求开发出越来越多的无线传感模块，例如无线加速度传感器[12-15]、无线应变传感器[16]、无线位移传感器[17-18]和无线环境传感器等[19]。在桥梁健康监测中，应用较广泛的是无线加速度传感器[20]，而在建筑结构如空间结构监测中，无线应力传感器的应用则同样甚至更加广泛[21-22]。

无线传感监测系统在土木工程中的实际应用往往滞后于研究工作。早期一个典型的应用案例是金门大桥，共安装了 64 个无线加速度传感器[23]。而在空间结构中，较早的结构健康监测案例是深圳市民中心、中国国家游泳中心（水立方）等[3-4]，其结构监测系统主要还是采用有线为主、无线为辅的方式。近年来，无线传感网络开始逐渐应用于如国家体育场、杭州火车东站等一些国家大型空间结构建筑的结构健康监测中[24-25]，且随着监测建筑面积的增大，监测测点规模的提升，主要的技术关键与难点集中在监测参数、测点数量、无线组网与时间同步等方面。

本文介绍了一种定制的无线传感器网络，用于监测可能影响杭州亚运会主体育场整个生命周期安全性、可用性和耐久性的结构部位。搭建了一个完备的结构健康监测系统，包含各类传感器，用于测量应力、加速度、风荷载和温度等。各个传感器节点通过使用灵活的树型网络相互通信，监测数据从传感器节点逐层传输，最后汇集到云服务器。本文着重阐述了基于定制无线传感网络的结构健康监测系统的开发和应用，主要包括以下几点：①健康监测系统的设计和研发；②健康监测系统在杭州亚运会主体育场的全面应用；③结构施工与运营期间的监测数据分析讨论。

1 结构健康监测系统的设计和开发

为了监测杭州亚运会主体育场结构特征和现场环境，需要针对性地定制开发一个适合体育场特点的结构健康监测系统，以满足工程上具体实施的需求。结构健康监测系统设计主要包含三个关键特征，即无线传感节点的设计、组网与远程监控。

1.1 无线传感节点设计

在杭州亚运会主体育场结构中，相对重要的结构与环境参数包括应力应变、位移、振动、温度及风荷载等。除了位移采用单独的仪器进行测试外，本文所阐述的无线传感系统主要是针对其余四类参数进行研发。综合考虑结构的特性以及各类传感元件的性能与适用范围，对每种参数的传感元件进行比较，选择采用合适的传感元件进行无线模块开发，如图 3 所示。

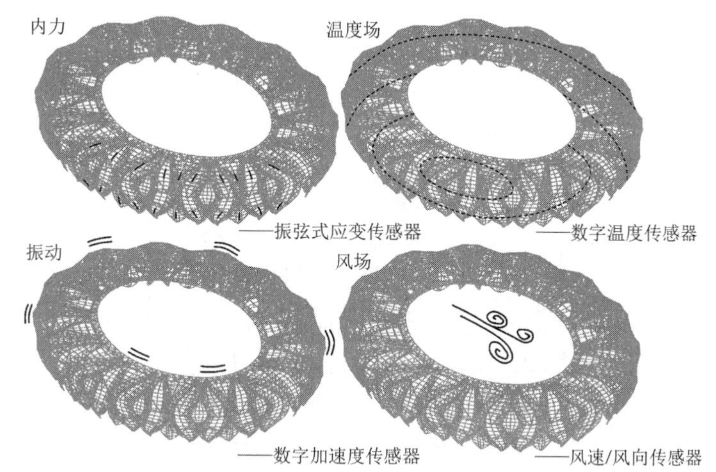

图 3　不同类型的空间结构监测参数与传感元件选择

单个无线传感节点是无线监控系统的基本组件，通常采用模块化设计原则，需要综合考虑能耗节约、测量精确、构造灵活、组网自由等需求[5]。因此，将无线传感节点的设计划分为能量管理（PM）、无线通信（RF）、中央处理（MCU）、静态存储（SRAM）及多参数采集（MTS）五个模块。各模块分工协作，实现单个传感单元的供能、数据采集、运算、信号传输等功能。通过微机电设计技术，将各模块设计集成为两块电路板，最后通过封装与各类传感元件相连，组成不同参数的无线传感模块，如图 4 所示。

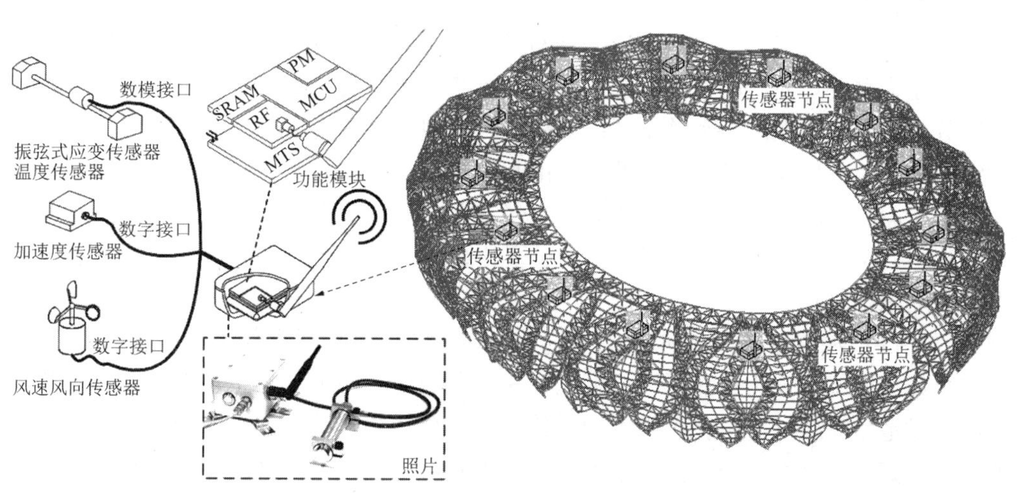

图 4　无线传感器节点设计

MTS 模块根据采集参数的不同，包含各类传感元件连接电路、模数转换器和放大器电路，可与不同传感元件连接，对各类监测参数进行采样。RF 模块可以独立地实现无线网络拓扑和协议，PM 模块采用与监测方案密切相关的能量管理策略，可对传感器进行休眠，以延长传感器节点的运行时间，SRAM 模块主要用于实现数据的存取功能，MCU 是无线传感器节点的核心，除了实现管理协同其他模块的工作以外，它还包含一个基于 FM 广播的时钟模块来解决采集时间同步问题。每个无线传感单元与不同测量参数的传感元件相连，组成体育场结构监测中的四大类无线传感设备，具体包括：无线应力应变传感设备、无线加速度传感设备、无线风速风向传感设备及无线温度传感设备。其中温度作为应变量的重要补偿参数，被集成在应力应变传感器中。以上除了无线应力应变传感设备采用振弦式需要模数转换以外，其他均采用数字式采集模块，可直接读取数据。对于不同的传感元件，可设置采用特定的采样率，MTS 模块上的程序可以针对不同类型的传感器单元进行重写。为了实现无线网络控制，为每个通信包设置 64 字节的长度，其中包括传感器节点的 ID 码、子网码和各种指令类型等，而考虑到所有类型的传感器数据的要求，其中监测数据阵列的长度定义为 52 字节，图 5 所示。

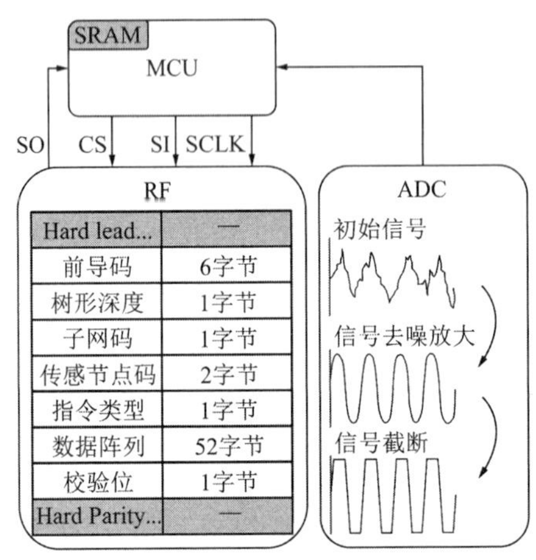

图 5　传感器节点数据信号格式

1.2　组网与远程监控

考虑各类安装环境的影响，选择可充电池对传感节点进行供能。由于传感器节约耗能与通信距离的要求，大面积内布置的传感器节点间须建立可靠的无线传感网络。采集所得数据通过合理的无线传感网络，分级传输，最后汇聚至基站，再通过互联网，建立各类数据终端。

1.2.1　监测系统组网

当被测结构测点数量很多，如何组织传感器网络方便、快捷、持续、稳定地回收各个感知测点采集到的数据就显得尤为重要。而组网方式的选用依赖于无线传感器网络组网技术。根据节点之间的关系，网络拓扑一般分为基本的星型网络和链型网络、高级的网型网络和树型网络[26]。网络拓扑结构决定了无线传感网络的功耗和耐久性。星型网络虽然可以由基站节点直接向各个传感节点发送命令，但受到无线传输距离的限制。而网型网络虽然没有了传输距离的限制，但它必须平衡网络的整体功耗[27-28]。在土木建筑的健康监测中，链型网络通常应用于一些细长型的结构，如桥梁、隧道等。为了扩大网络覆盖面积，体育场馆类的大面积建筑物通常采用树型网络。在综合分析多种因素的基础上，杭州亚运会主体育场采用了树型网络。具有树型拓扑的网络类似于具有连接所有中继节点为树干和大量传感器节点为叶片的树。中继节点将整个树型网络划分为许多星型子网。在每个子网中，中继节点是负责所有传感器节点的控制点。子网可以通过地址重新分配重新组织，如果传感器节点和中继节点之间的信号连接较弱，则通过重新分配新地址使其归属于具有更强连接的中继节点，因此可以实现整个网络通信的鲁棒性。基站节点是整个树型网络的树根部分，与现场服务器一起构成接收基站。

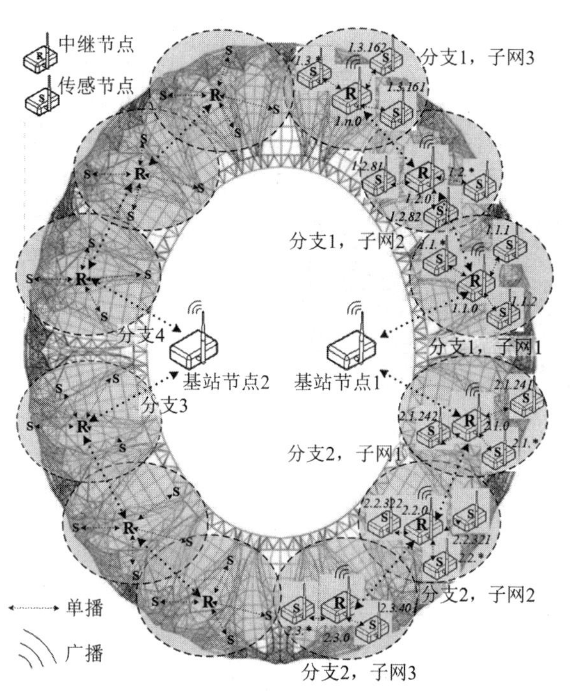

图 6　杭州亚运会主体育场无线传感网络组网示意图

在体育场树型拓扑的网络中，节点地址由三个数字定义，即三层树型网络（图 6）。第一个数字表示树型网络的分支，第二个数字表示子网的中继节点，第三个数字表示传感器节点。例如，第一分支内的第二中继节点的子网中的 7 号传感器节点的 ID 地址为 1.2.7。为了提高通信效率和稳定性，每个节点均分配指定的 ID 地址。每个节点只保存 ID 地址的子集，并使用它们与相关节点通信。例如，中继节点仅保存其上级中继节点及其下级节点的 ID 地址，而传感器节点只保存其相关中继节点的 ID 地址。中继节点和传感器节点之间有两种通信方式：广播和单播。在广播中，信号区域内的所有节点都被唤醒，并决定是否执行指令，因此，广播用于唤醒传感器节点并命令它们开始采样。单播中的命令包含目标地址，并且只能由指定的节点执行，因此，单播用于所有其他命令，例如数据回调和地址重新分配等。

杭州亚运会主体育场结构中的无线传感测点数量为当时世界上土木工程健康监测中最多，基本覆盖整个结构平面。为了缩短一次采集的时间，同时降低设备出现故障时数据的损失率，共设计了由四条树干支线组成的三层树型网络。现场共设置 2 个基站节点，每个基站控制 2 条支线通信线路，每条线路共设置 3 个中继节点。因此，每个基站控制一半的测点，每条线路覆盖 1/4 的体育场测点，大概 200 多个，每个中继节点覆盖约 80 个传感测点。采集时四条线路同时进行，对杭州奥体中心体育场应力应变、温度、振动、风速等参数进行数据自动采集。

1.2.2　远程监控系统

在体育场结构无线监测系统中，从多类传感器节点采集的数据通过服务器发送到互联网，同时也可以接收来自互联网的指令。这意味着结构通过监测系统被连接入互联网，即提供了一个将建筑物纳入互联网的途径。它还可以为体育场的数字孪生模型提供实时数据。图 7 为体育场远程监测系统框架示意图，整个过程可描述如下：

第一步将监测系统的节点接入互联网。将一个手机通信模块安装到基站节点或者现场服务器，一般采用性能稳定的工控机，通过通信模块连接在线。

第二步将数据传输到数据云端进行各种处理。理论上，世界上任何一个终端的计算机，只要连接到监测数据云端，都可以显示、分析和管理数据。如图 7 所示，可建立各类数据终端，包括控制中心、监测中心技术人员或研究者及手机移动终端等。控制中心发送在线指令到基站，并操作传感节点工作，数据返回至云端，进行存储、管理，并向各类终端提供最新数据。

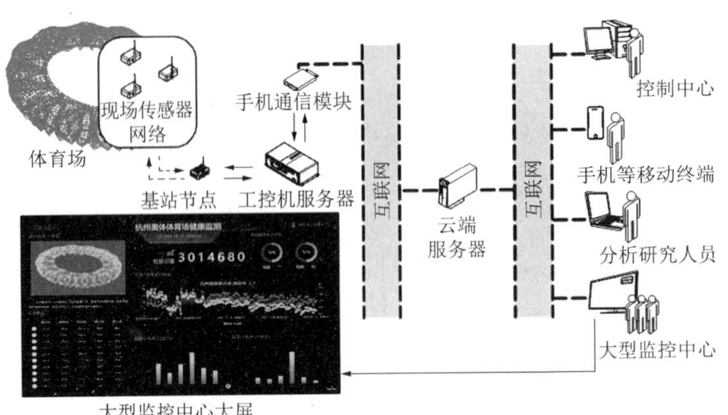

图 7　杭州亚运会主体育场远程监测系统框架示意图

2　结构测点布置

2.1　结构概述

体育场罩棚为空间管桁架 + 弦支单层网壳钢结构体系。整个钢罩棚由 28 片主、次花瓣形成的 14 个花瓣组构成，经模数化处理，共有 A、B 两种花瓣组，其除外形略有差别外，结构构成完全相同。每个花瓣组由两个完全对称的主花瓣及墙面、屋面各一组次花瓣构成。每个花瓣组为一个结构单元，沿场心环向阵列生成 14 个花瓣组，用单层网壳结构填充阵列之后的空隙，与悬臂端部的内环桁架形成空间结构，通过 V 形组合钢管柱及 V 形侧向支撑将上部钢结构罩棚和下部混凝土结构连成整体。

钢结构罩棚分为立面、肩部、场内悬挑三个部分，由上部及下部支座支撑在钢筋混凝土看台及平台上。整个屋盖钢结构通过支座、支撑、主桁架、次连接杆件、预应力张弦梁、内环等承力节点进行连接，形成稳定的复杂的空间结构体系。为满足花瓣的造型设计，钢结构由空间异形弯曲管桁架体系构成，如图 8 所示。

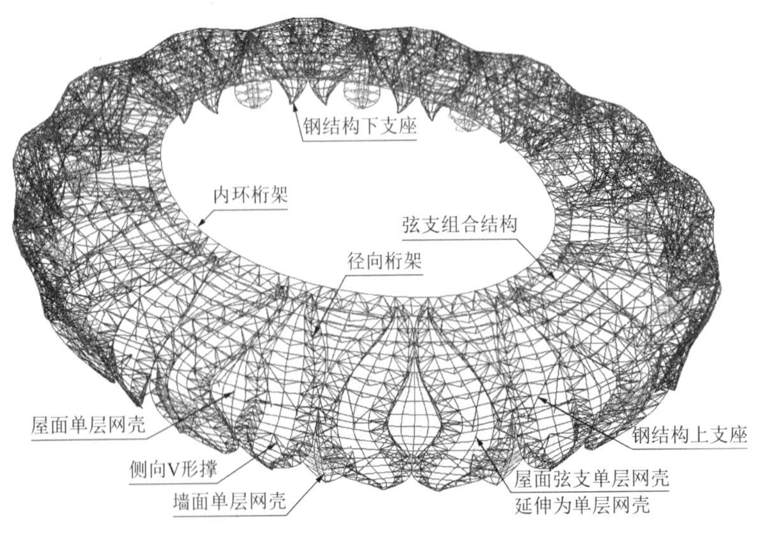

图 8　体育场钢罩棚构成图

主体屋盖钢结构为花瓣造型，属于空间异形结构体系，空间定位难度大，钢结构施工采用地面拼装成段、场内场外分段吊装、高空对接合拢、结构整体卸载的施工工艺，施工过程复杂，结构施工的主要受力构件与一些关键部位的内力等参数的变化情况以及结构运营期间的受力状态是否与初始设计相符，是一个需要关注的重要问题，如图 9 所示。对体育场钢结构的监测包括施工阶段和运营阶段，主要内容是对体育场钢结构罩棚在施工阶段结构拼装和临时支撑拆除过程中主体结构关键部位的应力应变进行监测，在运营阶段对关键部位的应力应变、温度、振动频率、风速风向进行监测。

图 9　杭州亚运会主体育场钢结构施工安装过程照片

2.2　测点布置

杭州亚运会主体育场监测内容主要有应力应变、振动及风速等。

2.2.1　应力应变测点布置

应力应变监测点的布置，主要根据常规荷载下构件受力的重要性、结构施工卸载的敏感性、温度场变化的敏感性综合考虑。根据分析计算，将主要关键构件分为以下六类，应力应变测点布置以此为依据，如图 10 所示。

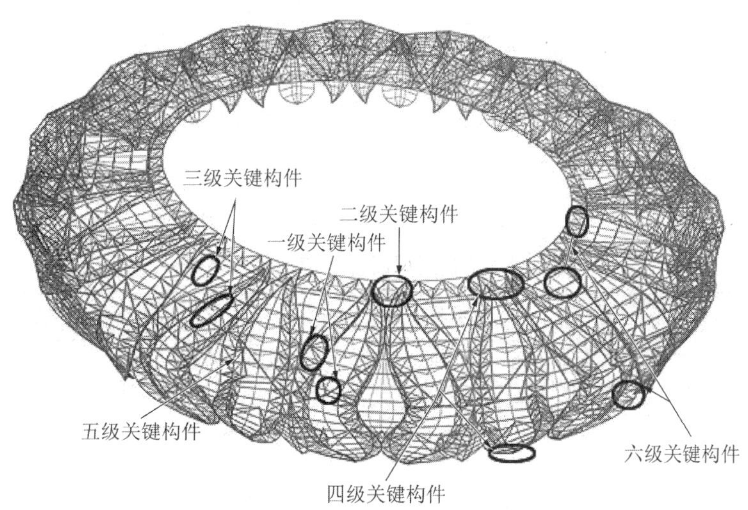

图 10　体育场结构主要关键构件等级划分示意图

1）一级关键构件：主花瓣主桁架肩部上下弦杆，主花瓣上支座撑杆；

2）二级关键构件：环桁架入口处上下弦杆；

3）三级关键构件：屋面次花瓣张弦梁拉索及主花瓣主桁架间张弦梁拉索；

4）四级关键构件：主花瓣主桁架场内悬臂端上下弦杆，下支座上下弦杆；

5）五级关键构件：主花瓣主桁架其余上下弦杆及腹杆；

6）六级关键构件：环桁架其余部分上下弦杆及腹杆，次花瓣连接杆件。

在结构的悬挑桁架、环桁架、支座撑杆等不同部位，选取了 114 个敏感重要构件、78 个温度敏感构件、84 个卸载敏感构件、26 个初始重要构件，如图 11 所示。另外，为了准确掌握吊装中和竣工后桁架下部的受力情况，挑选部分轴线管桁架下部增加监测构件。被测构件每个截面按照竖直水平对称布置 2 个或 4 个传感器，传感器轴线与杆件轴线平行，共计布设 828 个传感器，如图 12 所示，测点数量统计如表 1 所示。

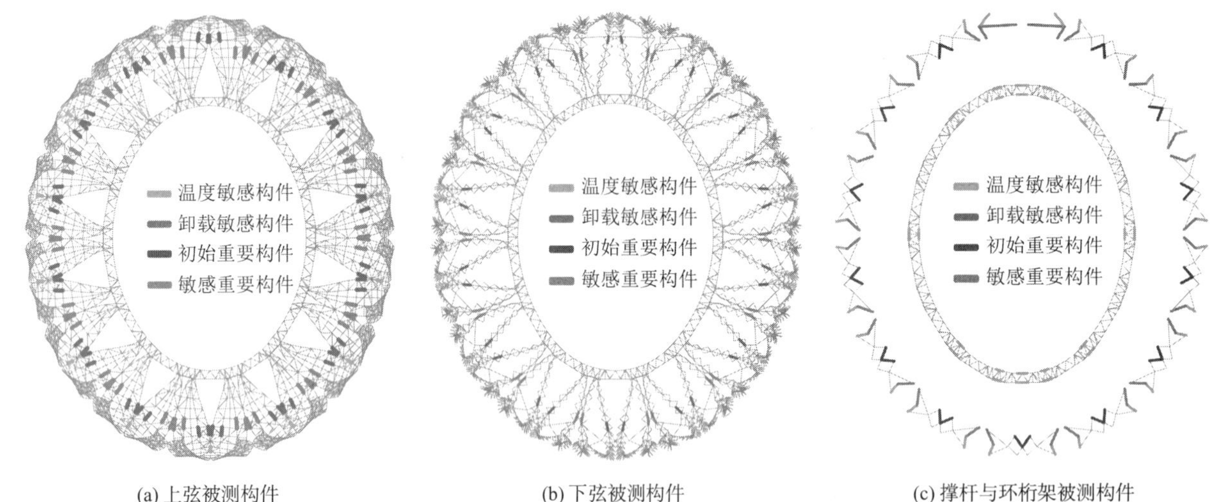

(a) 上弦被测构件　(b) 下弦被测构件　(c) 撑杆与环桁架被测构件

图 11　体育场应力应变测点布置杆件选取

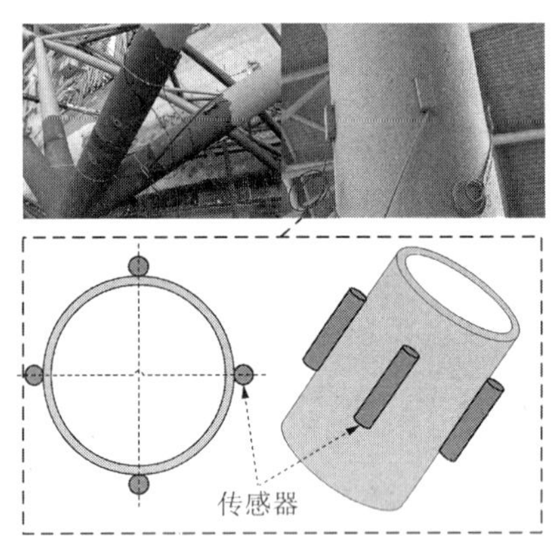

图 12　构件截面传感器安装布置示意图和照片

体育场应力应变及温度测点数量统计表　**表 1**

项目名称	监测对象	数量	总计
结构关键部位应力应变及温度监测测点	一级关键构件的主花瓣主桁架肩部上下弦杆	380	828
	一级关键构件的主花瓣上支座撑杆	128	
	二级关键构件	120	
	三级关键构件	120	
	其他关键节点连接构件	80	

2.2.2　振动与风速测点布置

为了测量结构的振动频率，需要在结构上布置加速度测点。混凝土看台中断处上方的钢结构存在径向和环向双向悬挑，振动幅度较大，在该处钢结构悬挑端环桁架上布置了振动加速度测点，如图 13 所示。

风荷载现场监测中，共布置 6 个风速风向测点，其中 2 个位于结构洞口下方的二层平台处，4 个位于靠近檐口内圈马道的四个顶点处。风速风向传感器的正北均指向结构东北方向的开口处。典型花瓣单元被测关键构件位置如图 14 所示。

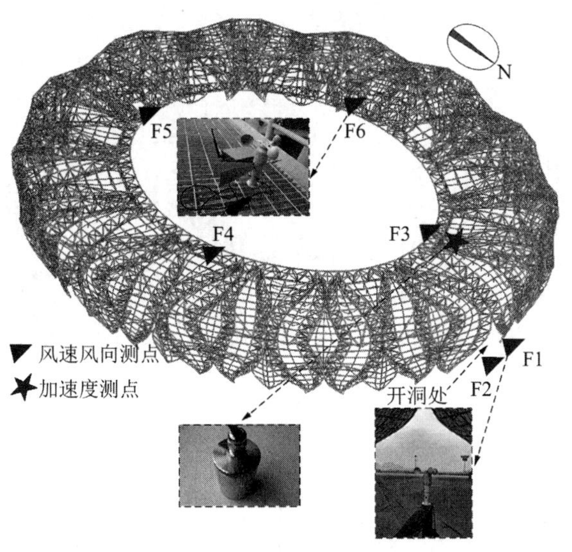

图 13　体育场振动与风速测点布置示意图与照片

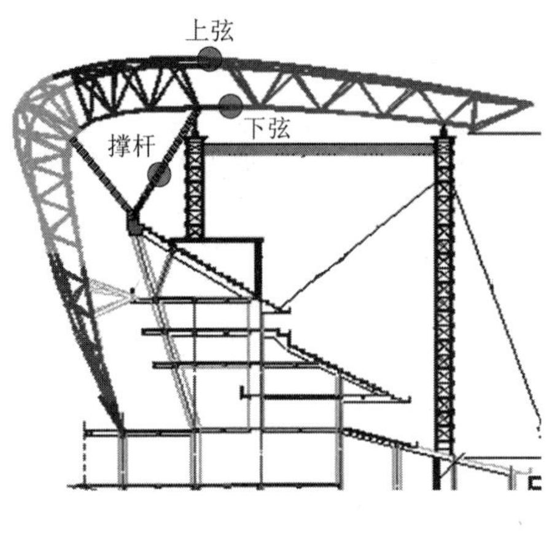

图 14　典型花瓣单元被测关键构件位置示意图

3　数据分析

3.1　施工卸载过程应力数据分析

施工过程中，最关键的是换撑与卸载过程，结构受力发生显著变化。本文挑选典型花瓣单元的上弦、下弦、撑杆三种关键构件进行卸载阶段受力变化的分析，如图 15 所示。此外在整体结构范围内进行 A～H 分区，对悬挑段撑杆、桁架的上弦杆、下弦杆测点部位的平均卸载应力变化分布进行统计，如图 16 所示。

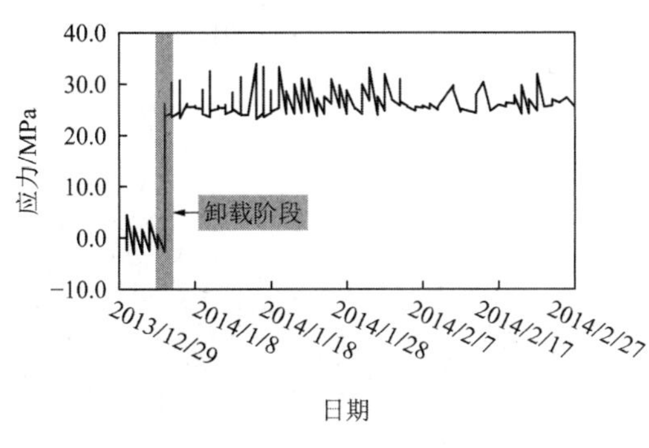

(a) 典型上弦测点应力变化时程曲线

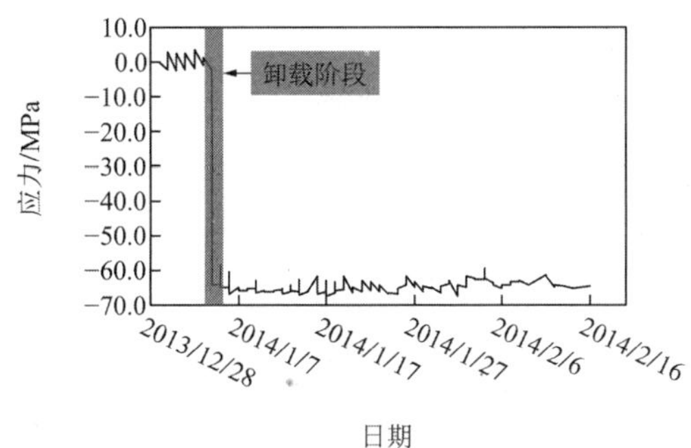

(b) 典型下弦测点应力变化时程曲线

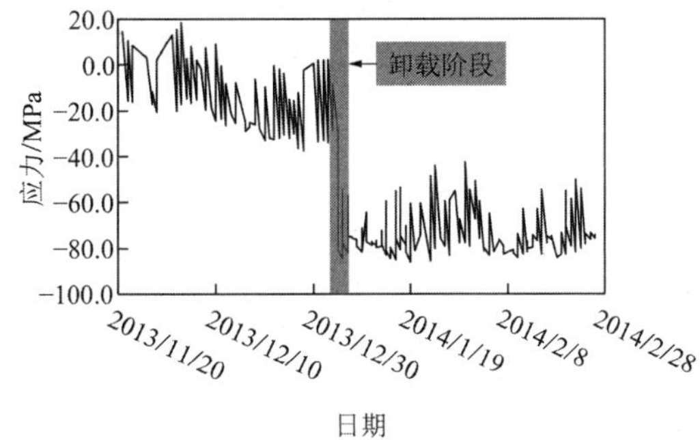

(c) 典型撑杆测点应力变化时程曲线

图 15　杭州奥体中心体育场部分测点卸载应力变化时程曲线

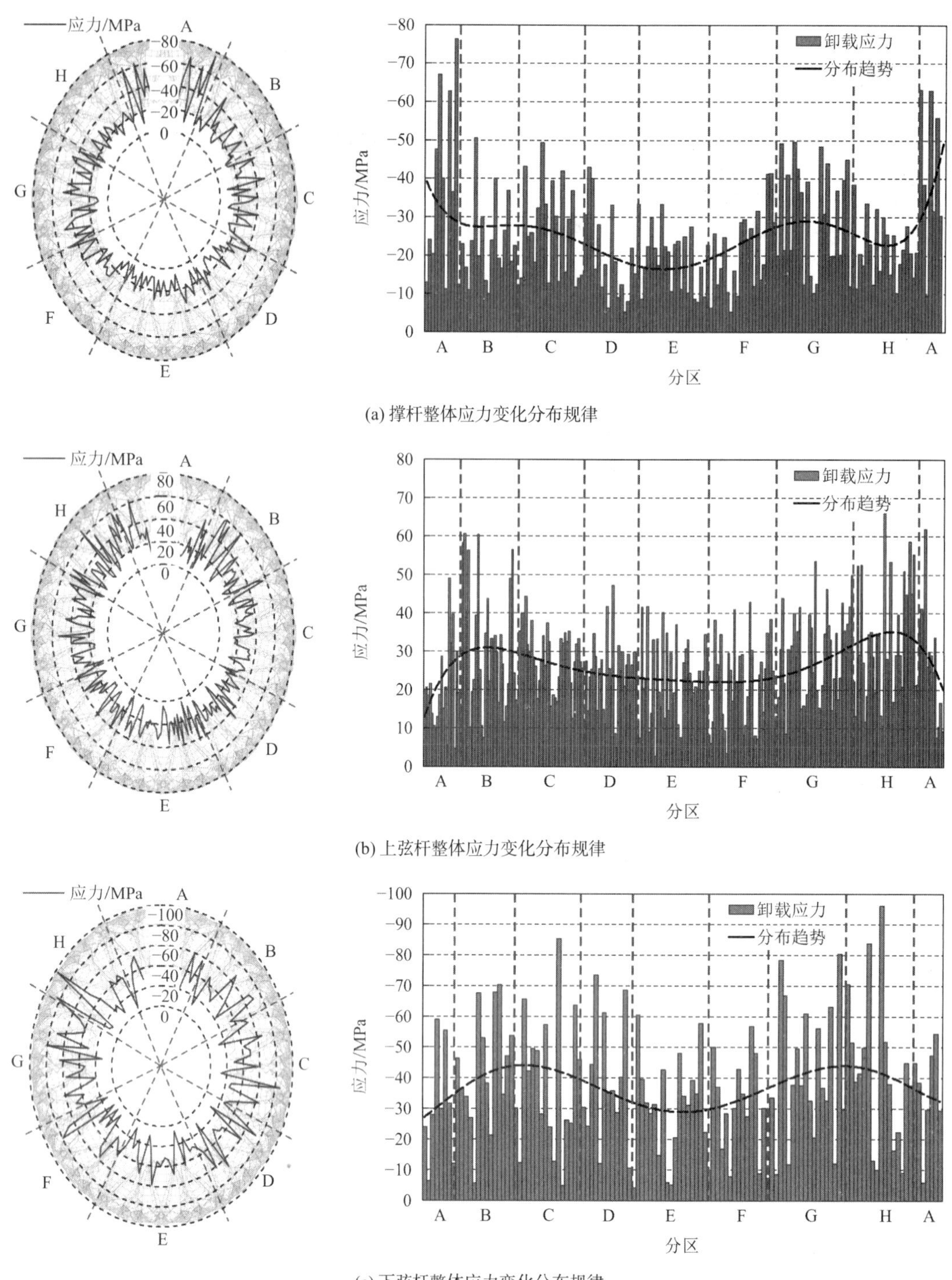

(a) 撑杆整体应力变化分布规律

(b) 上弦杆整体应力变化分布规律

(c) 下弦杆整体应力变化分布规律

图 16 体育场悬挑段平均卸载应力分区变化分布

从典型构件的卸载应力变化分析：上弦、下弦、撑杆部位的测点在卸载过程中都有显著的变化，卸载以后变化趋于平稳。根据所有测点最大应力数据统计，上弦杆受拉，应力最大增幅为 68.3MPa，下弦杆受压，应力最大增幅为−102.5MPa，撑杆压应力最大增幅为−82.3MPa。

从结构卸载应力的整体分布状态分析：各部位测点应力变化大致符合从 A 区向 E 区逐渐减小，结构受力理论上沿纵轴对称的规律。但是，不同部位的测点应力分布又有所不同，撑杆测点 A 区应力变化显著大于其他区域，而弦杆测点的应力变化峰值却出现在与 A 区相邻的 B、H 区。此外，应力变化的分布不完全均匀对称，如 H 区的撑杆应力变化明显小于 G 区，也小于与其对称的 B 区，这是由于卸载过程不完全均匀平缓导致的应力向 G 区集中的现象。

3.2 运营期间温度效应数据分析

结构运营期间，对所有测点温度数据进行分析，表 2 分别统计了结构 2014 年夏季、冬季，日、夜间的最高温、最低温、平均温、最大温差，以及该日结构日夜间拉、压应力变化最大值与平均值。图 17 所示为 2014 年夏季 7 月 20 日和冬季 1 月 25 日结构上弦位置日间和夜间的温度场云图。由图 17 和表 2 分析可知，日照作用的影响非常显著，结构温度场分布总体冬季比夏季均匀，夜间比日间均匀，相应的结构夏季的应力响应较冬季更为显著。日照最为强烈的夏季日间温度场空间分布最不均匀，温差近 20°C；昼夜温差更大，达到 25°C以上，在此温差作用下，结构昼夜应力变化达到不可忽视的 40MPa。事实上长期应力监测数据分析显示，结构在温度作用下应力变化最大的测点，其变化幅值可达 50MPa 以上。

杭州奥体中心体育场温度分布和应力响应统计 表 2

季节	时间	温度/°C				应力变化/MPa			
						拉应力		压应力	
		最大值	最小值	平均值	最大温差	最大值	平均值	最大值	平均值
夏季	日间	55.3	35.4	40.5	19.9	32.4	6.6	−36.4	−8.2
	夜间	30.3	27.0	28.6	2.7				
冬季	日间	24.8	15.3	18.8	9.5	24.3	5.2	−25.1	−5.5

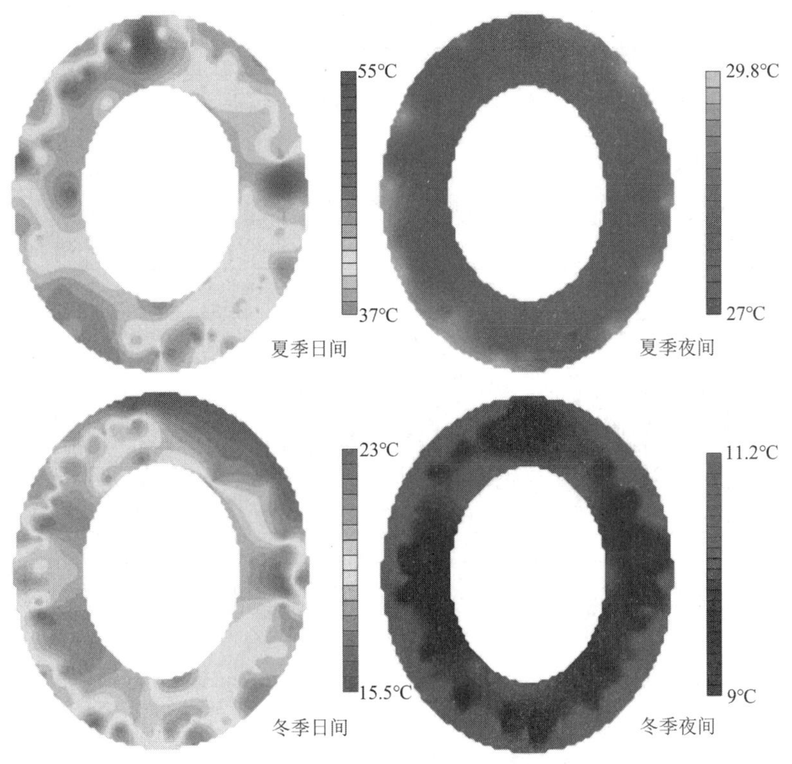

图 17 杭州奥体中心体育场结构温度场

无线传感系统从结构施工期间开始监测至今近 10 年，本文列举了最近一年（2022 年 1 月至 2023 年 1 月）的应力监测数据，仍挑选典型花瓣单元的撑杆与上下弦杆作为对象进行统计分析，如图 18 所示。结构运营期间的应力变化主要受温度变化影响，结构不同部位关键构件应力均与温度呈明显相关性，撑杆及上弦杆与温度成正相关，下弦杆则成负相关。不同构件对温度作用的敏感性略有不同，撑杆的温度应力效应相对较为明显。

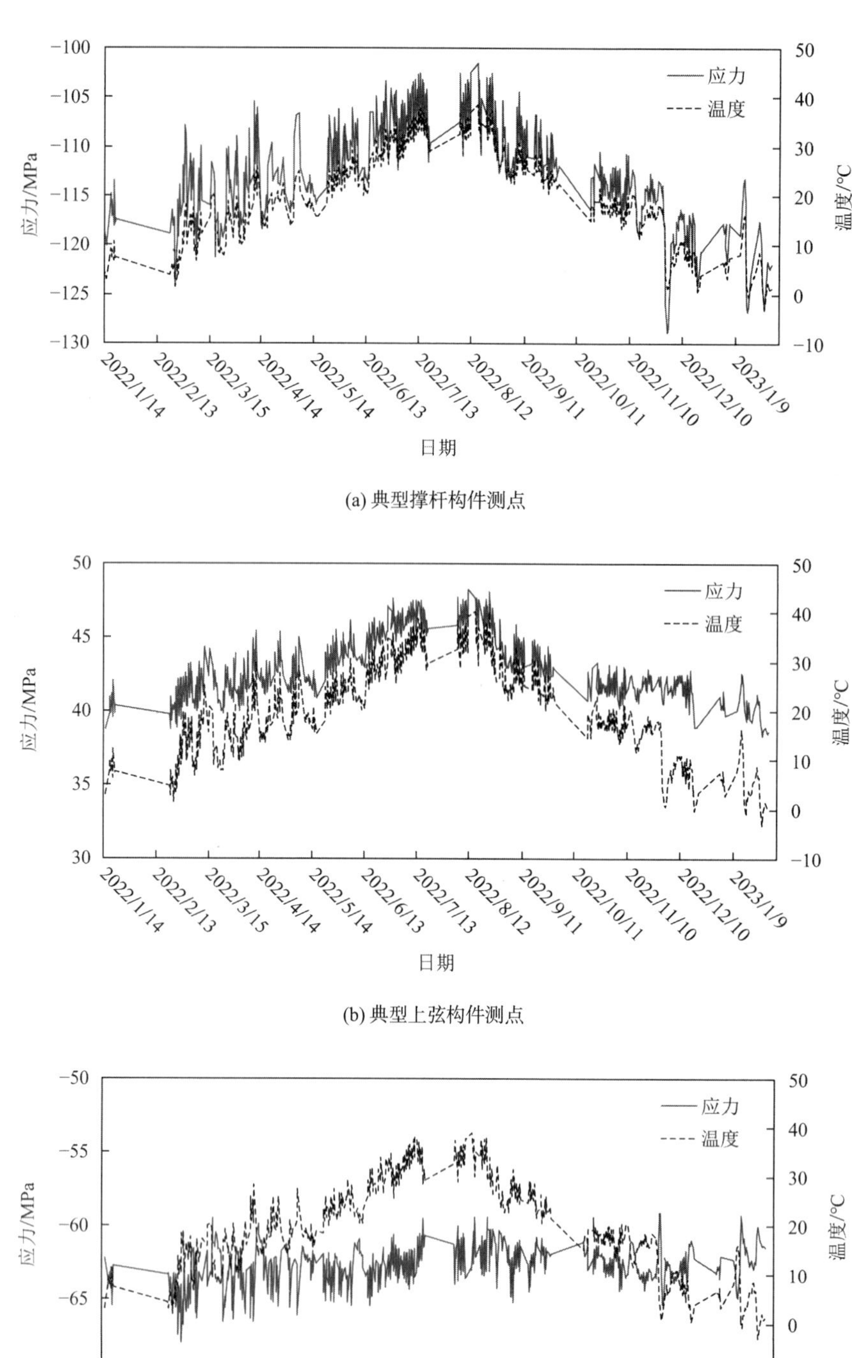

(a) 典型撑杆构件测点

(b) 典型上弦构件测点

(c) 典型下弦构件测点

图 18 杭州亚运会主体育场近一年温度应力曲线

3.3 环境监测数据分析

体育场钢结构在环境激励下，在某一时段采集到的加速度时程曲线如图 19 所示。

对时程曲线进行频谱变换，得到如图 20 所示的功率谱曲线。

从图 19、图 20 可得出，结构最容易振动的部位的环境激励常态振动加速度约为 10mm/s^2，自振的前 6 阶频率分布在 1.125～2.685Hz 之间，结构基频为 1.125Hz。

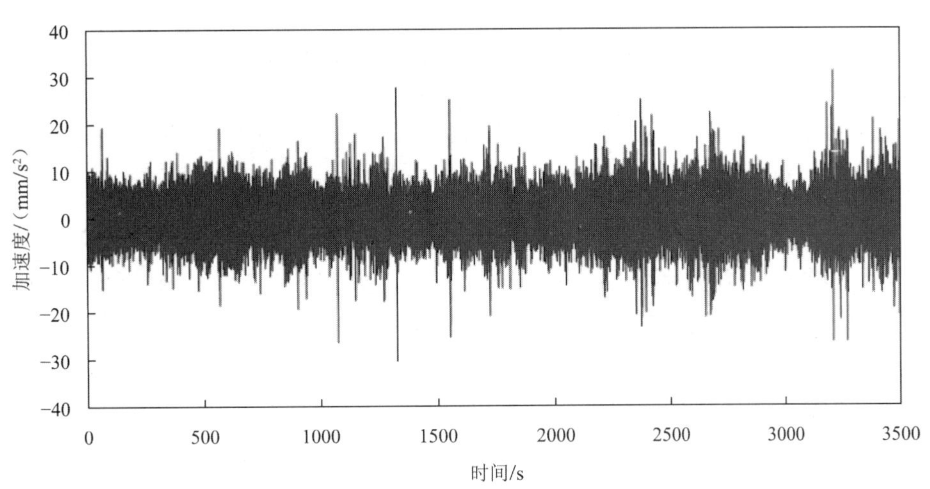

图 19　体育场钢结构自振加速度时程曲线

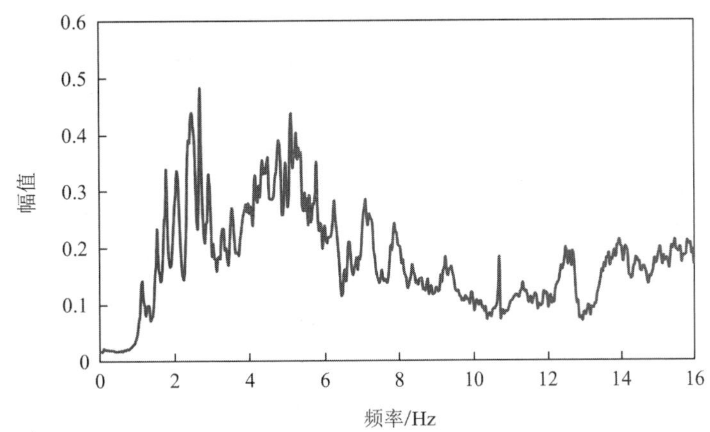

图 20　体育场钢结构自振功率谱曲线

2016 年 11 月 25 日 9:00～11:00 对杭州奥体中心体育场进行了 2h 的风速风向监测，采样频率为 1Hz。以风速最大的东北开洞口处为样本，实测结果如下：洞口下方平台栏杆处测点的平均风速为 0.2m/s，最大风速为 1.6m/s，均属于微风级别，风速实测结果如图 21 所示。

风向实测结果如图 22 所示，玫瑰图的正北表示风速传感器的参考北方，玫瑰图中扇形面积的大小反映该风向角出现的次数多少，不同的颜色表示不同风速所占的比例。可见风向主要集中于东北偏北和正南方向，对应的分别是从体育场外侧吹入的风和从体育场内部吹出的风。

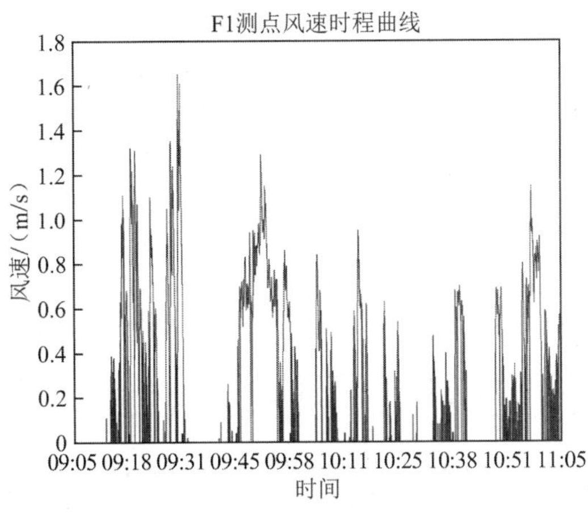

图 21　体育场洞口平台处风速实测结果

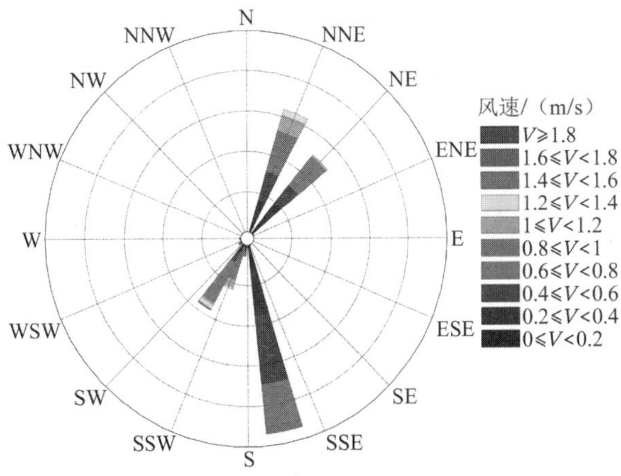

图 22　体育场洞口平台处风向实测结果

4 结论

本文主要介绍了一种适用于大面积分布的无线传感网络定制技术，结合基于物联网平台的远程监控系统，被成功应用于杭州亚运会主体育场大跨度空间结构的健康监测与分析中。本文的主要结论如下：

（1）为了满足杭州亚运会主体育场的监测要求，自主研发定制的无线传感系统采用模块化设计，可连接多类型传感器作为测量元件，包括应力、加速度、风和温度。整个监测系统正常工作从结构施工阶段一直到现在运营阶段，被证明是稳定和耐用的。

（2）定制的无线传感网络具有可调整的树形拓扑结构以及用于数据和电池电源管理的可控操作机制。实践证明，这种定制的无线传感器网络具有灵活调整传感器节点数量和扩展监测区域而不受无线传输距离限制的优点，能够很好地满足杭州亚运会主体育场这类大面域空间结构的健康监测需求。

（3）数据分析结果表明，施工卸载过程和现场环境对体育场结构有很大的影响。结构关键构件在施工过程中变化较大，应力变化的整体分布呈现一定规律，之后变得相对稳定，运营期间结构主要受温度荷载影响明显。结构健康监测系统确保了体育场的施工进度和结构安全。

（4）在使用阶段，钢结构主要承受风荷载和温度荷载等环境荷载。根据在结构的典型位置的数据测试，可了解结构的风载、振动、温度场等环境荷载影响的基本特征，基本在常规设计考虑范围之内，监测数据为体育场的运营与管理提供了科学的依据与指导。

参考文献

[1] DONG S, ZHAO Y, XING D. Application and development of modern long-span space structures in China[J]. Frontiers of Structural and Civil Engineering, 2012, 6(3): 224-239.

[2] 罗尧治，沈雁彬，童若飞，等. 空间结构健康监测与预警技术[J]. 施工技术, 2009, 38(3): 4-8.

[3] TENG J, ZHU Y, LU W, et al. The intelligent method and implementation of health monitoring system for large span structures[C]//Proceedings of the 12th Biennial International Conference on Engineering, Construction, and Operations in Challenging Environments, 2010: 2543-2552.

[4] LI H, OU J. Full implementations of structural health monitoring systems for longspan bridges and large-span domes[C]//Proceedings of the conference on Nondestructive Evaluation and Health Monitoring of Aerospace Materials, Composites, and Civil Infrastructure V, San Diego, CA, USA, 2006: 617-618.

[5] STRASER E, KIREMIDJIAN A. A modular visual approach to damage monitoring for civil structures[C]//Proceedings of SPIE, Smart Structures and Materials, 1996(2719): 112-122.

[6] STRASER E, KIREMIDJIAN A, MENG T, et al. A modular, wireless network platform for monitoring structures[C]//Proceedings of the 16th International Modal Analysis Conference (IMAC)-Model Updating and Correlation, Santa Barbara, CA, USA, 1998: 450-456.

[7] KIREMIDJIAN A, STRASER E, MENG T. Structural damage monitoring for civil structures[C]//Proceedings of the International Workshop-Structural Health Monitoring, 1998: 371-382.

[8] LYNCH J, LAW K, KIREMIDJIAN A, et al. The design of a wireless sensing unit for structural health monitoring[C]//Proceedings of the 3rd International Workshop on Structural Health Monitorin, Stanford, CA, USA, 2000: 1041-1050.

[9] LYNCH J, Loh K. A summary review of wireless sensors and sensor networks for structural health monitoring[J]. The Shock and Vibration Digest, 2006, 38(2): 91-128.

[10] SWARTZ R, JUNG D, LYNCH J, et al. Design of a wireless sensor for scalable distributed in-network computation in a structural health monitoring system[C]//Proceedings of the 5th International Workshop on Structural Health Monitoring, Stanford, CA, USA, 2005.

[11] CHO S, YUN C, LYNCH J, et al. Smart wireless sensor technology for structural health monitoring of civil structures[J]. International Journal of Steel structures, 2008, 8(4): 267-275.

[12] RUIZ-SANDOVAL M, SPENCER B, KURATA N. Development of a high-sensitivity accelerometer for the mica platform[C]// Proceedings of the 4th International Workshop on Structural Health Monitoring, Stanford, CA, USA, 2003.

[13] CHO S, JO H, JANG S, et al. Structural health monitoring of a cable-stayed bridge using wireless smart sensor technology: data analyses[J]. Smart Structures and Systems, 2010, 6(5-6): 461-480.

[14] DONG X, ZHU D, WANG Y, et al. Design and validation of acceleration measurement using the martlet wireless sensing system[C]//Proceedings of the 7th Annual ASME Conference on Smart Materials, Adaptive Structures and Intelligent Systems (SMASIS)/Symposium on Modeling, Simulation and Control (MSC), Newport, RI, USA, 2014: V001T05A006.

[15] JANG S, JO H, CHO S, et al. Structural health monitoring of a cable-stayed bridge using smart sensor technology: deployment and evaluation[J]. Smart Structures and Systems, 2010, 6(5-6): 439-459.

[16] LEE H, KIM J, SHO K, et al. A wireless vibrating wire sensor node for continuous structural health monitoring[J]. Smart Materials and Structures, 2010, 19(5): 55, 4.

[17] HOU T, LYNCH J, PARRA-MONTESINOS G. In-situ wireless monitoring of fiber reinforced cementitious composite bridge piers[C]//Proceedings of the International Modal Analysis Conference (IMAC XXIII), Orlando, FL, USA, 2005.

[18] ZONTA D, WU H, POZZI M, et al. Wireless sensor networks for permanent health monitoring of historic buildings[J]. Smart Structures and Systems, 2010, 6(5-6): 595-618.

[19] JO H, SIM S, MECHITOV K, et al. Hybrid wireless smart sensor network for full-scale structural health monitoring of a cable-stayed bridge[C]//Proceedings of the conference on Sensors and Smart Structures Technologies for Civil, Mechanical, and Aerospace Systems 2011, San Diego, CA, USA, 2011: 798, 105.

[20] PARK J, KIM J, HONG D, et al. Autonomous smart sensor nodes for global and local damage detection of prestressed concrete bridges based on accelerations and impedance measurements[J]. Smart Structures and Systems, 2010, 6(5-6): 711-730.

[21] LUO Y, YANG P, SHEN Y, et al. Development of a dynamic sensing system for civil revolving structures and its field tests in a large revolving auditorium[J]. Smart Structures and Systems, 2014, 13(6): 993-1014.

[22] ZHANG Z, LUO Y. Restoring method for missing data of spatial structural stress monitoring based on correlation[J]. Mechanical Systems and Signal Processing, 2017(91): 266-277.

[23] KIM S, PAKZAD D, CULLER G, et al. Health monitoring of civil infrastructures using wireless sensor networks[C]// Proceedings of the 6th International Symposium on Information Processing Sensor Networks, Cambridge, MA, USA, 2007: 254-263.

[24] SHEN Y, FU W, LUO Y, et al. Implementation of SHM system for Hangzhou East Railway Station using a wireless sensor network[J]. Smart Structures and Systems, 2021, 27(1): 19-33.

[25] LUO Y, CHEN Y, WAN H, et al. Development of laser-based displacement monitoring system and its application to large-scale spatial structures[J]. Journal of Civil Structural Health Monitoring, 2021, 11(2): 381-395.

[26] DE BATTISTA N. Wireless technology and data analytics for structural health monitoring of civil infrastructure[D]. Sheffield: University of Sheffield, UK, 2013.

[27] ZOU Z, NAGAYAMA T, FUJINO Y. Efficient multihop communication for static wireless sensor networks in the application to civil infrastructure monitoring[J]. Structural Control & Health Monitoring, 2014, 21(4): 603-619.

高层建筑深基坑支护结构位移动态监测方法

王贵美[1,2]，周建亮[1]
（1. 中国矿业大学力学与土木工程学院，江苏 徐州 221116；2. 泛城设计股份有限公司，浙江 杭州 310015）

摘 要： 针对高层建筑深基坑支护结构进行位移监测时，位移轨迹、位移速率以及位移时间变化监测准确性较差问题，本文研究了高层建筑深基坑支护结构位移动态监测方法。对支护结构位移影响因素进行具体分析，生成了影响指标；再对基坑数据进行采集，建立数据集并进行降维处理；计算获取目标函数，结合影响指标建立时间序列模型，依据对模型的计算建立动态变量矩阵；通过对矩阵的计算获取动态监测数据的统计量，完成支护结构的动态监测。研究结果表明：运用该方法进行监测时，位移移动轨迹监测误差为 0.1mm，位移速率保持在 0.9mm/d 以下，且与实际位移速率基本一致；纵向位移量达到 202mm，与实际沉降量一致。本文方法能够有效应用于高层建筑深基坑支护结构的位移动态监测，为保障高层建筑的稳定性和安全性提供重要的技术支持。

关键词： 高层建筑；深基坑；支护结构；位移；动态监测；影响因素；数据降维；监测方法

随着城市化建设不断发展，大部分国家的城市建筑用地紧张，为节约有限土地，提高活动空间，高层建筑以及超高层建筑理念受到青睐[1]。高层建筑在建设过程中，由于建筑的基础埋深较大，在挖掘深基坑时，会遭受周边原有建筑遮挡以及土方失稳等问题[2]。针对上述问题，为保障高层建筑建设过程的安全，对高层建筑的深基坑支护结构位移数据进行实时监测，成为高层建筑建设过程中不可缺少的一部分。基于支护受力特性测量方法，根据深基坑支护密度确定土体测斜、竖向支护测斜、基坑阳角等参数，使用 ABAQUS 软件结合参数数值，模拟挖掘过程，完成深基坑支护监测[3-5]。该方法在计算挖掘规律时容易产生误差，影响监测效果。

本文通过分析高层建筑深基坑支护结构发生位移情况，得出了土压力分布及弹性地基梁力学参数变化情况是其主要影响因素，并计算变化值。采用遥感技术采集深基坑周围数据并进行降维处理，得到高层建筑深基坑支护结构位移动态监测的目标方程，建立动态变量矩阵，计算动态数据监测统计量，实现动态监测。

1 影响因素的量化分析

对高层建筑深基坑支护结构进行位移监测前，需要分析影响支护结构位移的各项因素。其主要因素为土压力分布及弹性地基梁力学性能。为此分别计算高层建筑深基坑支护结构所受实有土压力、附加土压力的分布，并计算弹性地基梁力学参数，为后续监测高层建筑深基坑支护结构位移打下基础。

1.1 土压力分布计算

在高层建筑的建设过程中，深基坑支护结构所承受的土压力主要来自外荷载压力，外荷载压力又分为实有土压力与附加土压力[6]。

1.1.1 实有土压力

由于深基坑土体挖掘过程中土的黏性不同需要用不同的计算方式。土体无较大黏性时使用库伦土压力计算方法；土体黏性较强时，使用朗肯土压力计算法对土体进行计算，计算过程如下。

1）土体无黏性。

高层建筑在挖掘深基坑时，实有土压为：

$$\begin{cases}\sigma_a = (\gamma z + q)K_a \\ K_a = \cos^2\varphi/\left[1 + /\sqrt{\sin(\varphi+\delta)\cdot\sin(\varphi-\beta)/(\cos\delta\cdot\cos\beta)}\right]/\cos\delta\end{cases} \tag{1}$$

式中：σ_a为设定主动的土体压力；γ为深基坑填土厚度；z为基坑深度；q为坑后连续荷载分布；K_a为土压系数；φ为内摩擦角；δ为外摩擦角；β为基坑倾角。

2）土体强黏性。

高层建筑在深基坑支护过程中，若土体黏性较强，利用朗肯理论对黏性土体压力[7]计算为：

$$\begin{cases}\sigma_a' = (\gamma z + q)K_a - 2c\sqrt{K_a} \\ K_a = \tan^2(45^\circ - \varphi/2)\end{cases} \tag{2}$$

式中：σ_a'为黏性土体压力；c为土体凝聚力。

1.1.2　附加土压力

高层建筑深基坑支护结构发生位移时，基坑挡墙会受到主动土压σ_0以及附加主动过程土压$\Delta\sigma_a$的作用。静止土压与被动土压的差值称作被动过程土压σ_p，将其与附加主动过程土压$\Delta\sigma_p$进行整合统称为附加土压力，附加土体压力也分为砂土与黏土两类，具体计算结果如下所示：

1）砂土类附加土体压力计算结果为：

$$\begin{cases}\Delta\sigma_a = (\Delta\sigma_0 - \Delta\sigma_{acr})\cdot\dfrac{\delta/\delta_{acr}}{(1-a)+a\delta/\delta_{acr}} \\ \Delta\sigma_p = (\Delta\sigma_0 - \Delta\sigma_{pcr})\cdot\dfrac{\delta/\delta_{pcr}}{(1-a')+a'\delta/\delta_{acr}}\end{cases} \tag{3}$$

2）黏土类附加土体压力计算为：

$$\begin{cases}\Delta\sigma_a = (\Delta\sigma_0 - \Delta\sigma_{acr})\cdot\left(\dfrac{\delta}{\delta_{acr}}\right)\exp\left[b\left(1-\dfrac{\delta}{\delta_{acr}}\right)\right] \\ \Delta\sigma_p = (\Delta\sigma_0 - \Delta\sigma_{pcr})\cdot\left(\dfrac{\delta}{\delta_{pcr}}\right)\exp\left[b'\left(1-\dfrac{\delta}{\delta_{pcr}}\right)\right]\end{cases} \tag{4}$$

式中：a、b、a'、b'为土体相关参数；σ_{acr}和σ_{pcr}为附加土体的极限位移。

计算得出主动、被动土体压力，完成对静止土压的获取：

$$\sigma_0 = (\gamma z + q)K_0 \tag{5}$$

式中：K_0为土压系数；σ_0为计算出的静止土压。

1.2　弹性地基梁力学参数计算

将深基坑支护排桩看作竖置的弹性基梁，将深基坑内的土体与支撑支护结构之间的作用看作二力杆弹簧，土体对支护结构作用简化为主动土体压力，基坑挖掘面以下呈矩形分布结构，挖掘面以上为三角形分布。通过m法对深基坑内的被动区域进行计算，过程为：

$$f_i = m_i z_i x_i \tag{6}$$

式中：f_i为设定第i个弹簧的反作用力；m_i为比例系数；z_i为弹簧的挖掘深度；x_i为支护结构的水平移动值。

当支护结构侧重于土体压力与弹簧抗力时，使用m法获取支护结构挠曲微分方程：

$$\begin{cases}EI\dfrac{d^4x}{dz^4} = e_{aik}(z_i)b_s & 0 \leqslant z_i \leqslant h \\ EI\dfrac{d^4x}{dz^4} = -mz_ix_i + e_{aik}(z_i)b_s & z_i \geqslant h\end{cases} \tag{7}$$

式中：I为深基坑内挡墙的惯性截面矩阵；EI为支护结构的抗弯刚度；m为比例系数；z_i为选定点至挖掘面的距离；$e_{aik}(z_i)$为土体压力分布函数；b_s为计算宽度。

高层建筑建设从深基坑挖掘开始。挖掘过程中，如出现变形，会对深基坑进行支护[8]，即建筑行业所谓的“先变形后支撑”。通过有限元方法，能够有效地利用节点位移值调整墙体的前期变形。所以在监测深基坑支护结构位移时，需将预加轴力转化为相应的初始应变杆力完成计算。支护结构的初始应力值ε为：

$$\varepsilon = N(AE_g) \tag{8}$$

式中：N为预加轴力；E_g为支护结构弹性模量；A为有限元函数。

2 动态监测

2.1 建立目标函数

根据上节参数计算，设计高层建筑深基坑支护结构位移动态监测方案，对采集到的深基坑周围数据降维处理。深基坑周围数据包括实有土体压力、黏性土体压力、土体极限位移、深基坑墙后填土厚度。在采集深基坑周围数据前埋好测点，获取各项静态数据的初始值。将位移传感器安装在沉降位移的测点上，测深传感器安装在深基坑墙后测点上，获取土体极限位移及深基坑墙后填土厚度数据，利用土压力计和孔隙水压力计，测试实有土体压力及黏性土体压力，获取实测数据。使用主成分分析（Principal Component Analysis，PCA）方法对采集数据进行降维[9]处理。利用PCA算法构建增广矩阵模型，实现高维数据的线性无关转化，将原始的高维空间映射到一个低维空间，实现增广矩阵内元素的降维处理。

设定采样数据集为$\boldsymbol{D}$，数据集中的数据量为X，建立数据增广矩阵$\boldsymbol{X}_a$，考虑数据之间的相关性使用PCA算法构建增广矩阵模型，过程为：

$$\boldsymbol{X}_a = \boldsymbol{S}\boldsymbol{P}^T + \boldsymbol{E} \tag{9}$$

式中：$\boldsymbol{S}$为得分矩阵；$\boldsymbol{P}$为荷载矩阵；$\boldsymbol{E}$为残差矩阵。

基于式(1)建立的增广模型对采集数据进行降维处理，过程为：

$$\begin{cases} \boldsymbol{x} = \left[x_t^T, x_{t-1}^T, \cdots, x_{t-D}^T\right] \\ \boldsymbol{T}^2 = \boldsymbol{x}^T\boldsymbol{P} \wedge \boldsymbol{P}^T\boldsymbol{x} \\ \boldsymbol{Q} = \boldsymbol{x}^T(\boldsymbol{I} - \boldsymbol{P}\boldsymbol{P}^T)\boldsymbol{P}\boldsymbol{P}^T\boldsymbol{x} \end{cases} \tag{10}$$

式中：$\boldsymbol{x}$为降维后的数据；$\boldsymbol{Q}$为数据的统计量；$\wedge$为相交运算。

为提取数据的自相关动态变量特征，建立高层建筑深基坑支护结构位移动态监测目标函数，过程为：

$$\begin{cases} \max\limits_{w,\beta} \boldsymbol{w}^T(\boldsymbol{\beta}_1\boldsymbol{X}_1^T + \boldsymbol{\beta}_2\boldsymbol{X}_2^T + \cdots + \boldsymbol{\beta}_D\boldsymbol{X}_D^T)\cdot(\boldsymbol{\beta}_1\boldsymbol{X}_1 + \boldsymbol{\beta}_2\boldsymbol{X}_2 + \cdots + \boldsymbol{\beta}_D\boldsymbol{X}_D)\boldsymbol{w} \\ \text{s.t.} \quad \boldsymbol{w}^T\boldsymbol{w} = 1, \quad \boldsymbol{\beta}^T\boldsymbol{\beta} = \boldsymbol{1} \end{cases} \tag{11}$$

式中：$\boldsymbol{\beta}$为系数向量；$\boldsymbol{w}$为投影向量；$\max\limits_{w,\beta}$为自相关动态变量最大值。

2.2 建立模型

设定位移影响因素为参数指标，结合建立的目标方程构建时间序列回归模型。将时间序列采样数据设定为$z_t, z_{t-1}, \cdots, z_1$，数据残差为$e_t$，自回归（AR）系数设定为$\gamma_j$形式，设定数据集中第$j$个数据为$z_j$，建立数据的自回归模型，过程为：

$$\begin{cases} z_t = \sum\limits_{j=1}^{t-1}\gamma_j z_j + e_t \\ \boldsymbol{X}_{D+1} = \boldsymbol{Z}\boldsymbol{C} + \boldsymbol{F} \end{cases} \tag{12}$$

式中：$\boldsymbol{C}$为AR系数矩阵；$\boldsymbol{F}$为残差矩阵；z_t为采样数据；$\boldsymbol{X}_{D+1}$为建立的模型；$\boldsymbol{Z}$为数据矩阵；D为数据数量。

模型在训练过程中，需要使用最小二乘法将$\boldsymbol{F}$进行最小化处理。

2.3 建立动态变量矩阵

基于上述搜索的 AR 系数向量$\boldsymbol{\gamma}=(\gamma_1,\gamma_2,\cdots,\gamma_D)^{\mathrm{T}}$、投影向量$\boldsymbol{w}\in\boldsymbol{R}^{m\times1}$，以及提取的动态潜变量$\boldsymbol{s}=\boldsymbol{Xw}$，其中，AR 系数向量为监测数据自回归模型的时间序列向量，投影向量为监测数据投影到数据特征矩阵上的向量，对模型的最小残差进行计算，结果为：

$$J=\min_{w,\gamma}\left\|s_{D+1}-\sum_{j=1}^{D}\gamma_j s_j\right\|^2 \tag{13}$$

式中：s_j为第j个数据的动态潜变量；γ_j为系数；J为目标函数。

由于变量的方差会对目标函数[10]带来影响，所以在计算过程中，需要设定相关约束条件：s. t. $\left[\boldsymbol{w}^{\mathrm{T}}\boldsymbol{X}^{\mathrm{T}}\boldsymbol{Xw}\right]=1$。

基于上述计算结果，通过建立的模型，构建支护结构动态数据的动态变量矩阵，过程为：

$$U_{k,D+1}=[U_{k,1},U_{k,2},\cdots,U_{k,D}]\gamma_k+F_k \tag{14}$$

式中：$U_{k,D+1}$为建立的动态变量矩阵；k为动态变量数据；γ_k为映射数据；F_k为模型残差变量。

再引入拉格朗日乘子，建立拉格朗日函数L，过程为：

$$L=\|\boldsymbol{X}_{D+1}\boldsymbol{w}-z(\boldsymbol{\gamma}\otimes\boldsymbol{w})\|^2+\lambda\left(1-\boldsymbol{w}^{\mathrm{T}}\boldsymbol{X}^{\mathrm{T}}\boldsymbol{Xw}\right) \tag{15}$$

式中：$\boldsymbol{\gamma}\otimes\boldsymbol{w}$为数据向量的 Kronecker 卷积[11-12]。

通过建立的函数计算投影向量与系数向量的偏导数$\partial L/\partial w$和$\partial L/\partial\gamma$，由于建立的目标函数值$\lambda$与向量$\boldsymbol{w}$存在相关，所以当投影向量$\boldsymbol{w}$为已知数据的情况下，通过计算可获取系数向量$\boldsymbol{\gamma}$的值。最后可使用建立的 AR 模型，对采集的数据进行计算，获取数据的动态监测统计量T_{a}^2，实现深基坑支护结构的位移监测。过程为：

$$R=e_t\boldsymbol{\Lambda}_{\mathbf{a}}^{-1}\leqslant\frac{K(n-1)}{n-K}F_{\alpha}(K,n-K) \tag{16}$$

式中：α为置信阈值；$F_{\alpha}(K,n-K)$为自由度；$\boldsymbol{\Lambda}_{\mathrm{a}}$为协方差矩阵；$e_t$为模型残差；$n$为数量总数量；$K$为动态变量；$R$为监测统计值。

算法流程如下：

1）采集数据并对数据进行降维处理，设定初始训练数据x_i以及动态变量K；

2）通过对初始训练数据x_i以及动态变量K的计算，获取目标函数，建立时间序列回归模型；

3）依据模型更新投影向量，并辨别$\boldsymbol{\gamma}_k$与$\boldsymbol{w}_k$是否收敛。若未收敛则需通过模型继续更新$\boldsymbol{\gamma}_k$与$\boldsymbol{w}_k$；

4）建立动态变量矩阵，计算动态数据监测统计量，通过统计结果实现动态监测。

3 动态监测方法实验

为了验证动态监测方法的整体有效性，需要对此方法进行测试。分别采用高层建筑深基坑支护结构位移动态监测方法（方法 1）、富水砂卵石地层深基坑开挖变形监测与数值分析（方法 2）、软土深基坑组合开敞式支护数值模拟与监测分析（方法 3）进行测试。在对深基坑支护结构进行动态监测时，控制 3 种方法的测试对象、测试环境及测试条件一致。

在对深基坑支护结构进行动态监测时，深基坑的位移轨迹、位移速率以及位移随时间变化曲线都会影响监测效果，将该 3 种影响因素作为 3 种性能检测指标，对 3 种监测方法进行测试。

1）位移轨迹测试。

在对深基坑支护结构位移监测时，产生的位移轨迹可以直观反映出位移监测的精度。设定支护结构位移监测 5 周时间，采用方法 1、方法 2 以及方法 3 进行深基坑支护结构监测，对监测过程中的位移轨迹进行测试，测试结果如图 1 所示。

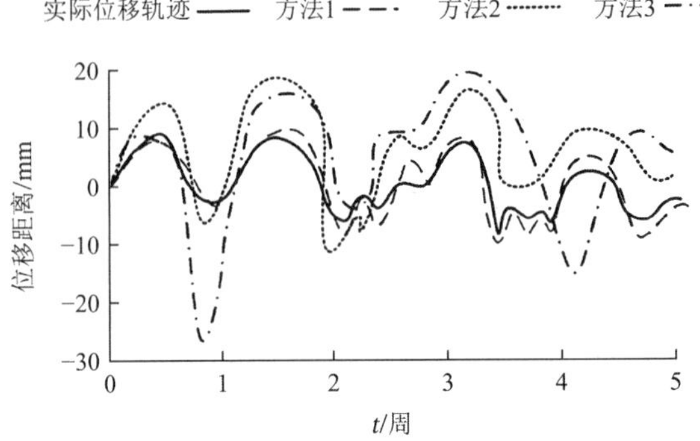

图 1　不同监测方法的位移轨迹测试结果

分析图 1 可知，本文所提方法测试出的深基坑支护结构位移轨迹与实际的深基坑支护结构位移轨迹相接近，而方法 2 的支护结构位移轨迹与实际支护结构位移轨迹之间存在较大差距，方法 3 测试结果不理想。本文所提方法由于在深基坑支护结构位移监测前期，全方位分析了深基坑周边的土压力，获取了土压力分布，所以本文所提方法在进行深基坑支护结构位移监测时，能够有效测试出深基坑支护结构的位移轨迹，从而提高监测精度。

2）位移速率测试。

深基坑支护结构位移监测时，位移速率是否稳定会直接影响监测效果。采用方法 1、方法 2 以及方法 3 进行支护结构动态监测，对 3 种监测方法监测出的位移速率进行测试，测试结果如图 2 所示。

分析图 2 可知，本文所提方法测试出的深基坑支护结构位移速率与实际深基坑支护结构位移速率相接近，而方法 2 与方法 3 测试的深基坑支护结构位移速率与实际结果相差较大。由于本文所提方法在进行深基坑位移结构动态监测前，对影响基坑支护结构位移的深基坑弹性初始应力进行了具体分析，所以在进行深基坑位移结果动态监测时测试出的支护结构位移速率与实际深基坑支护结构位移速率相接近。通过该项测试能够证明本文所提方法在进行位移动态监测时的监测效果好。

3）纵向位移量测试。

基于上述测试结果，采用方法 1、方法 2 以及方法 3 进行动态监测时，对深基坑支护结构纵向位移量（沉降量）进行测试，测试结果如图 3 所示。

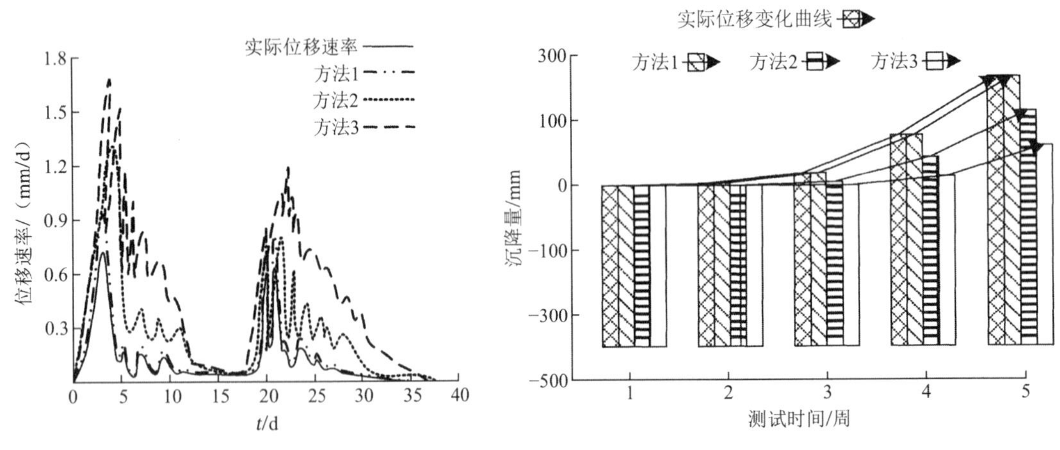

图 2　不同监测方法的位移速率测试结果

图 3　不同方法的沉降量测试结果

分析图 3 可知，深基坑位移时间变化曲线随着时间的增加而上升。本文所提方法测试出的位移时间变化曲线与深基坑支护结构实际位移时间变化曲线相一致。而方法 2 与方法 3 在支护结构出现位移变化时，未能及时监测出深基坑的位移变化。

综上所述，经过测试本文所提方法监测到的深基坑支护结构位移轨迹与实际深基坑支护结构位移轨迹相接近，并且能有效测试出位移变化速率和位移时间变化曲线，由此证明本文所提方法在进行深基坑支护结构位移监测时的监测效果好。

4 结论

1）该方法能够有效监测高层建筑深基坑支护结构的位移动态。通过使用该方法进行监测，位移移动轨迹的监测误差较小，仅为 0.1mm。该方法能够提供高精度的位移监测数据，接近实际位移情况。具有高精度的监测结果，能够准确地反映结构的实际位移量和沉降量。

2）该方法能够准确监测位移速率，位移速率保持在 0.9mm/d 以下，并且与实际位移速率基本一致。可及时捕捉位移速率的微小变化，为及时采取应对措施提供依据。

3）该方法能够准确监测纵向位移量，纵向位移量达到 202mm，并且与实际沉降量一致。在纵向位移量的监测上具有较高精度，能够准确反映支护结构的沉降情况。

未来研究可进一步优化该方法的实时性和自动化程度，以适应更复杂的环境和条件，并拓展其在更多工程领域中的应用。

参考文献

[1] 耿佳弟，陈五一，彭志松. 基于离散元的岩土基坑边坡渗流耦合计算仿真[J]. 计算机仿真, 2021, 38(4): 240-243, 482.

[2] 陈保国，闫腾飞，王程鹏，等. 深基坑地连墙支护体系协调变形规律试验研究[J]. 岩土力学, 2020, 41(10): 3289-3299.

[3] 黄晓程，余地华，邓昌福，等. 大型深基坑施工内控集约化监测点布设研究[J]. 施工技术, 2020, 49(1): 41-44.

[4] 罗正东，吴鹏，黄河，等. 富水砂卵石地层深基坑开挖变形监测与数值分析[J]. 建筑结构, 2020, 50(23): 128-133.

[5] 赵凌云，路威，秦景，等. 软土深基坑组合开敞式支护数值模拟与监测分析[J]. 水利水电技术, 2020, 51(2): 155-161.

[6] 李阳阳，王士杰，刘明珠. 深窄基坑桩锚撑组合支护结构桩顶侧向位移的解析解[J]. 河北农业大学学报, 2020, 43(4): 116-120.

[7] 杨明辉，吴志勇，赵明华. 挡墙后有限宽度土体土拱效应分析及土压力计算方法[J]. 湖南大学学报(自然科学版), 2020, 47(3): 19-27.

[8] 莫品强，刘尧，黄子丰，等. 复杂支护条件下深基坑支护桩-冠梁-支撑的变形协调及空间效应研究[J]. 岩土力学, 2022, 43(9): 2592-2601.

[9] 孙玉帅，韦生达，王兴，等. 基于主成分分析的基坑开挖对周边建筑物影响分析[J]. 长春工程学院学报(自然科学版), 2023, 24(1): 16-22.

[10] 陈秀秀，叶盛，洪艳艳，等. 黄河骨干水库水沙调度的目标函数构建和应用[J]. 应用基础与工程科学学报, 2020, 28(3): 727-739.

[11] 王鼎衡，赵广社，姚满，等. KCPNet: 张量分解的轻量卷积模块设计、部署与应用[J]. 西安交通大学学报, 2022, 56(3): 135-146.

[12] PENGY, YAN S, LIU Y, et al. View graph construction for scenes with duplicate structures via graph convolutional network[J]. IET Computer Vision, 2022, 16(5): 389-402.

BIM 技术在大型场馆建设工程中的应用与效益分析

胡新赞[1]，张晓冰[2]，谢 恒[2]
（1. 浙江江南工程管理股份有限公司，浙江 杭州 310013；2. 中建三局集团有限公司（沪），上海 200129）

摘 要： 为更好地开展苏州工业园区体育中心建设和运营，项目从设计、监理和施工到运营，全过程运用了 BIM 技术，以数字化、信息化及可视化的方式提高项目的建设水平，做到精细化管理。本文以体育场和游泳馆为例，从现场应用与效益分析等方面进行了分析与总结，为类似项目提供参考。

关键词： BIM 技术；深化设计；成效效益

1 项目概况

苏州工业园区体育中心位于苏州市金鸡湖东核心区，规划总面积近 60hm^2，总建筑面积约 36 万 m^2，总投资约 60 亿元人民币。本工程总承包施工分为两个标段，一标段包括服务配套中心、全民健身馆和体育馆，二标段包括体育场、游泳馆、室外训练场及其室外工程。

体育场建筑面积约 8.3 万 m^2，主体结构为钢筋混凝土结构，屋盖罩棚由钢支撑和单层索网索膜组成，最大跨度 260m，座位数约 45000 个，建筑高度约 54m；游泳馆建筑面积约 4.9 万 m^2，主体结构为钢筋混凝土结构，屋盖由钢结构、正交索网和直立锁边金属板屋面组成，最大跨度 107m，座位数约 3000 个，建筑高度约 34m（图 1、图 2）。工程质量目标为“鲁班奖”，安全文明施工目标为“国家 AAA 级安全文明标准化工地”，绿色建筑方面要求获得中国绿色建筑三星设计和运营标识，并通过 LEED 认证。

图 1 总体效果图

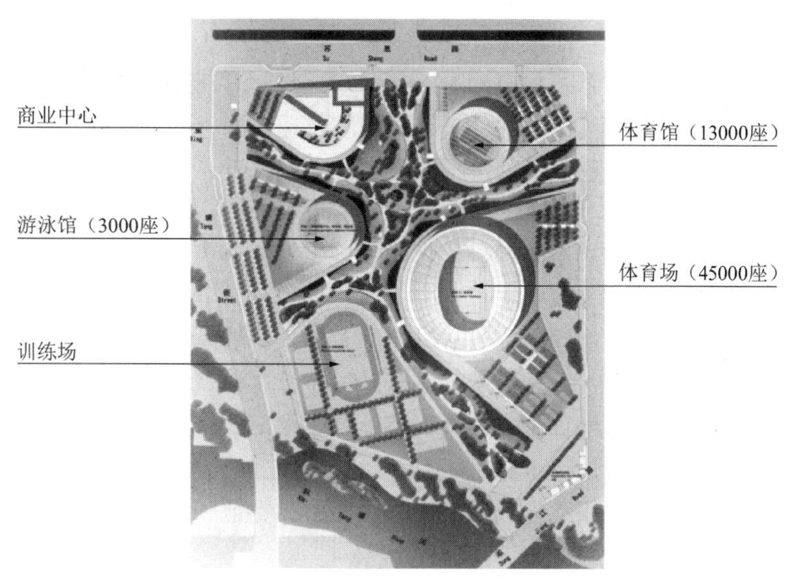

图 2　总体平面图

2　项目对设计、监理和施工 BIM 技术与成果的要求

工程建设单位立足项目实施全过程和后期运营阶段均运用 BIM 技术，设计、施工阶段通过 BIM 技术提高项目质量、进度、成本管控能力，实现精细化的项目管理；竣工验收阶段交付业主竣工 BIM 模型，配合业主完成竣工模型向物业运维 BIM 模型的转变，最终实现运营阶段可视化管理与数据管理相结合，达到有序管理、规范管理与科学管理。为此，项目建设方在策划阶段做了大量的调查研究，在分析与论证的基础上对设计、监理和施工单位分别提供的 BIM 技术与服务成果做了详细的要求。

2.1　对设计单位 BIM 技术与成果的要求

设计人应提供与相应 BIM 建模阶段深度相匹配的以下成果：

（1）可视化演示：包括建筑空间演示，从地面上下、建筑内外、不同楼层等不同位置、不同视角演示建筑物的空间关系；功能演示；建筑立面演示及分析。

（2）交通组织演示：包括人流、车流、地面泊车港湾、地下停车库的停车位、行车路线以及入退场人流、车流模拟。

（3）净空分析：根据 BIM 模型，进行各建筑空间的净空分析，协助施工总包方、专业分包方及物业管理公司进行各使用空间以及安装、操作空间的净空分析，并提出改进建议。

（4）各专业、专项设计的碰撞检查以及三维管线综合，包括但不限于：建筑、结构、机电、设备、市政、幕墙、内装、景观、泛光等各专业的碰撞检查以及管线布置的优化建议。

（5）提供主要面积指标、主要材料的工程量，校验工程量清单的编制。

（6）为每个构件和设备的信息输入建立合适的空间，并输入设计阶段的信息，同时也能便于后期施工阶段以及运营阶段的信息更改。

2.2　对监理单位 BIM 技术与成果的要求

（1）根据设计图纸，审核建筑结构及水暖电模型。

（2）数据管理：对各参与方提供的 BIM 数据进行管理，明确各方的 BIM 更改权限并监督落实。

（3）定期提供各专业、各专项 BIM 模型的碰撞检查以及三维管线综合，包括但不限于：建筑、结构、机电、设备、市政、幕墙、内装、景观、泛光等各专业的碰撞检查校核以及管线布置的优化建议；导出并提交碰撞检查报告，制作动画及互动漫游。

（4）定期对设计单位以及施工单位提供的BIM模型进行审查，核对是否满足深度要求，并核对BIM模型的准确性。根据甲方要求，出具关键部位三维轴测图及透视图，并制作互动漫游文件和动画视频；包括建筑空间演示，从地面上下、建筑内外、不同楼层等不同位置、不同视角演示建筑物的空间关系，建筑立面演示及分析。

（5）针对管线复杂或净高要求严格的部位，做管线施工安装排布图，并做四维施工模拟动画；根据BIM模型，定期进行各使用空间以及安装、操作空间的净空校核，并提出改进建议。

（6）在已完成的模型基础上，搭建工程量统计及施工模拟的BIM模型。

（7）统计主要材料工程量，并按施工进度计划分阶段统计工程量，做好备工备料及资金准备。

（8）根据总进度规划、施工进度计划完成项目整体及重点部位施工进度模拟，并根据时间节点调整施工模拟；将施工计划与实际进度进行对比。

（9）根据设计变更情况，及时跟踪修改模型；提供变更、签证、进度款发放以及建设单位指定部位的工程量校核，并提供意见。

2.3 对施工单位BIM技术与成果的要求

建设单位要求施工单位在施工期间提供BIM模型主要目的和作用有：

（1）根据设计阶段的BIM执行计划，结合施工阶段的需求，编制整个施工阶段的BIM实施方案、执行计划。所有应用的目的是技术整合、管理支撑与价值工程。

（2）每周提交给发包人、管理公司和监理最新的BIM模型，该模型应及时反映当前施工状况的实际情况（即形象进度）。

（3）基于BIM模型进行4D施工进度模拟、更新和周期性提交。提供图片和动画视频等格式文件，协调施工各方优化时间安排。

（4）根据施工需求进行4D施工模拟，详细阐述各工序安排及相关4D优化前后的分析，基于BIM模型探讨短期及中期的施工方案。施工模拟中还应包括安全设施、辅助设施、临时设施，包括但不限于各类安全防护设施、围网、脚手架、临时围墙、道路、大门等。

（5）根据发包人要求和施工需求进行大型机电设备的吊装模拟，包含但不限于：柴油发电机组、空调机组、水处理设备、冷冻机设备、地源热泵、热交换机设备、冷却塔设备等。吊装模拟应充分考虑安全标准的要求。

（6）进行碰撞检查，提供包括具体碰撞位置的检测报告，并提供相应的解决方案，及时协调解决碰撞问题。

（7）基于BIM模型进行管线综合并出具相关报告，准备机电综合管道图（CSD）及综合结构留洞图（CBWD）等施工深化模型。

（8）进行安全风险分析，在BIM模型中对高风险点进行标注。

（9）运用BIM模型进行施工管理，及时发现问题并报告给发包人、管理公司和监理，解决工地现场实际问题，减少现场签证和变更，节约成本，缩短工期，进行安全文明施工。

（10）基于BIM模型进行材料统计、施工方案探讨、施工现场监控、设备信息输入、更新及维护。

（11）对BIM模型的深度要求具体如下：

施工图深化设计（及设计变更）：物体主要组成部分必须在几何上表述准确，能够反映物体的实际外形；保证不会在施工模拟和碰撞检查中产生错误判断；构件应包含几何尺寸、材质、产品信息（例如电压、功率）等。模型包含的信息量与施工图设计完成时的CAD图纸上的信息量应保持一致。

施工阶段：模型实体详细、尺寸准确，能够根据模型进行构件加工制造；构件除包括几何尺寸、材质、产品信息外，还应附加模型的施工信息，包括生产、运输、安装等方面的时间节点、进度、安装操作单位等。

竣工提交阶段：除最终确定的模型尺寸外，还应包括其他竣工资料提交时所需的信息，如工艺设备的技术参数、产品说明书/运行操作手册、保养及维修手册、售后信息等。

3 BIM技术应用成效分析

本工程从设计到施工全过程应用了BIM技术，在解决重点、难点问题方面发挥了有效作用。

3.1 设计方面

（1）将设计理念形象地融入模型实体

工程从概念设计阶段引入BIM技术，通过BIM技术和GIS技术相结合，在场馆形体特征、外立面造型、建筑高度以及建筑物与周围环境相衬托等多方面进行优化，将三维设计模型提供给各方讨论并得出最终设计方案，确保设计方案的质量。

（2）使空间定位的设计表达更加直观

结构设计师为最大限度地还原方案设计的意图，在考虑现有设计资料的基础上协调BIM进行模型重塑，重塑后的造型虽然符合建筑美学的要求，但极富工业设计元素的造型，无法使用传统施工图（平立剖）的表达方式描述，因而BIM在此环节充当了“翻译”的角色。

（3）为消防疏散分析提供了便利

建筑设计的消防疏散通道一般不能预估到结构构件或机电管道设备形成的不利影响，特别在本项目中，由于存在大量异形及不规则构件，传统方法比较难以估量，往往需要设计过程中设计师直观、便捷、高效的设计体验才能解决问题，不能彻底消除疏散不足尺寸的隐患。本工程在运用BIM技术时，不仅有单一的物理碰撞或间隙碰撞检查，而且上升到了设计成果与规范强条的碰撞检查，消防疏散的分析变得更加直观有效。

（4）建筑构造的设计优化

建筑美学、可建造性及实施成本历来是一组矛盾体，在看台肋梁究竟是折梁还是曲梁方案选型问题上，设计借助BIM的技术特点，从视觉效果、材料用量、施工难易程度等多个维度进行综合比选，在综合建筑设计、结构设计、施工等各方经验和意见的基础上，通过BIM模型分析，采用内曲外折的布置方案，既满足了结构布置的可操作性，又保证了内场观众能得到一个光滑连续的视觉效果。

（5）屋面钢结构方案优化

体育场屋面结构由40个关节轴承作为支撑体系，最大的关节轴承承载力达108t，体育场V形钢柱与地面的夹角是一个变量，前期通过BIM模型测算部分柱墩斜外露尺寸大于1m，不仅视觉感官上过于厚重，且庞大的体积也影响疏散楼梯的有效布置。运用BIM技术，经过多次分析比选，保留了原有轻薄的钢结构构造，将柱墩藏于室内标高下，可建造性与成本均符合要求，满足了各方对于设计品质的追求（图3）。

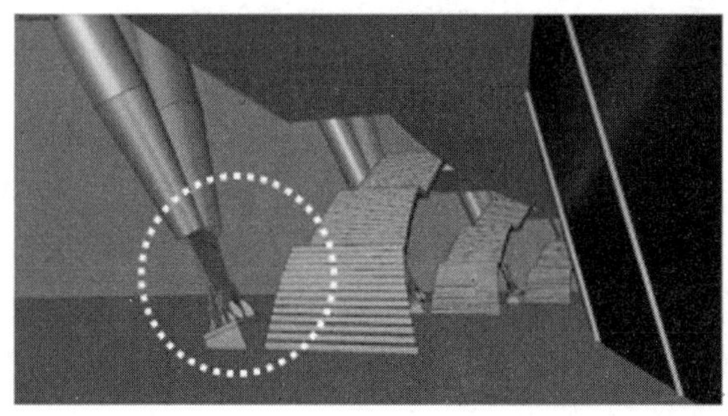
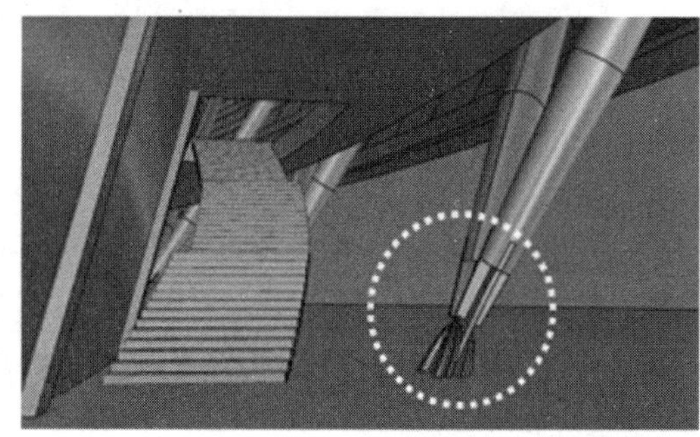

图3 体育场V形钢柱柱脚方案优化

（6）专业间设计协调

对游泳馆看台区域，建筑设计在 BIM 技术的配合下、在协调三维空间的基础上，对斜向看台重塑模型，经过反复的分析推敲，解决了看台边梁的定位问题，兼顾了看台下静压箱的空间。BIM 技术利用参数化算法计算出既满足暖通管道敷设空间，又保证看台下最大净高的空间定位。

3.2 施工方面

（1）将复杂的施工定位简单化

本体育场、游泳馆两项目具有平面布置不规则、空间变化大、定位复杂、测量要求高的特点，且工程设计有大量异形构件、斜柱、弧形看台等，上部钢结构屋面属于双曲线马鞍形，均需要进行三维定位，为满足施工要求，现场采用 GPS、全站仪等进行定位工作，施工单位利用 BIM 模型直接生成现场施工坐标数据，供 GPS、全站仪等使用，简化了测放过程（图 4）。

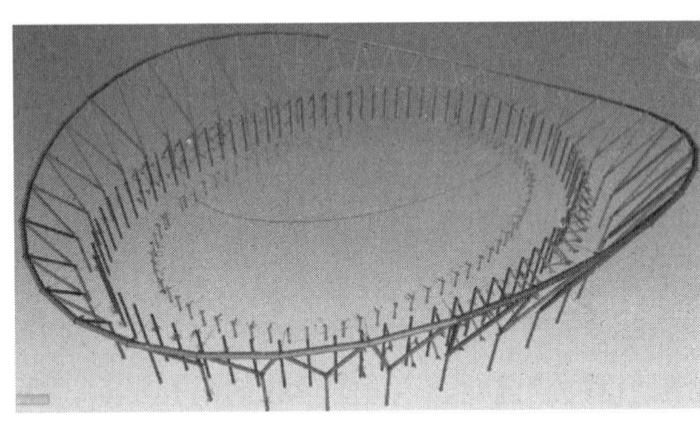
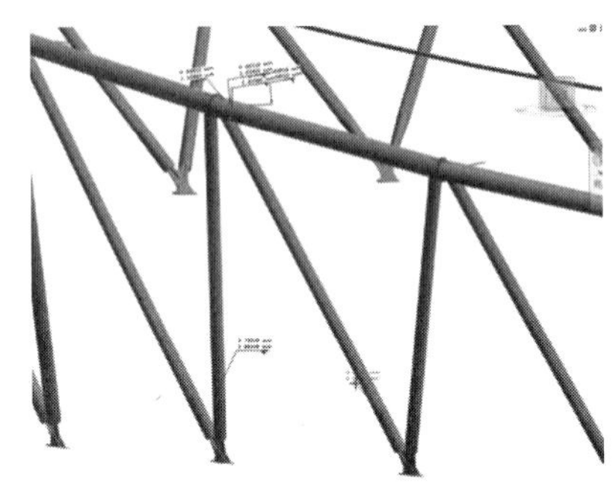

图 4 体育场屋盖钢结构 BIM 模型及坐标定位

（2）清水混凝土施工

本体育场外露的圆柱、楼梯、大平台底部、看台背面、环向梁、外环梁等，设计采用清水混凝土，总面积约 3 万 m^2。为确保每一处蝉缝、螺栓孔均能彰显清水混凝土的自然美。BIM 建模时，技术人员根据实际情况创建一系列清水模板族。该模板族可自动生成蝉缝、螺杆洞，并进行工程量的统计，用于模板下料及指导模板预拼装，使用视频交底的方式表现新型施工工艺（图 5）。

图 5 清水水平结构蝉缝模型及清水混凝土梁板结构完成效果

（3）屋面钢结构施工

体育场屋面钢结构构件单根重量约 70t，吊装半径达 70m，现场采用 500t 履带吊进行吊装，工程前期通过 BIM 三维模型，模拟工程各种不同吊装工况，确保现场每一个构件均可顺利起吊、安装，对于屋面钢结构压环梁及 V 形斜柱安装使用的胎架，技术人员通过 BIM 模型对胎架工装进行模拟，确保了屋面钢结构构件一次性准确就位，大大降低了反复调整带来的安全风险，同时也大大加快了安装速度。

（4）机电安装管线深化

体育场、游泳馆中，机电安装管线集中、排列困难的现象比较普遍。遵照碰撞检查、管网避让原则，通过 BIM 软件自有功能进行系统与系统、系统与结构的碰撞检测，完成综合管线排布（图 6）。根据 BIM 模型出具管线净高分析及管道综合施工图，将结构、建筑和机电模型通过链接的方式进行整合，利用橄榄山插件的自动开洞功能，完成二次砌体结构留洞图深化工作（图 7）。

对于体育场不同曲率组成的弧形走廊，每一个构件都有不同的弯曲角度，为保证弧形管道后期美观，利用 BIM 对弧形管道进行合理分段，对每段管道进行 BIM 快速出图，指导工厂化预制加工。

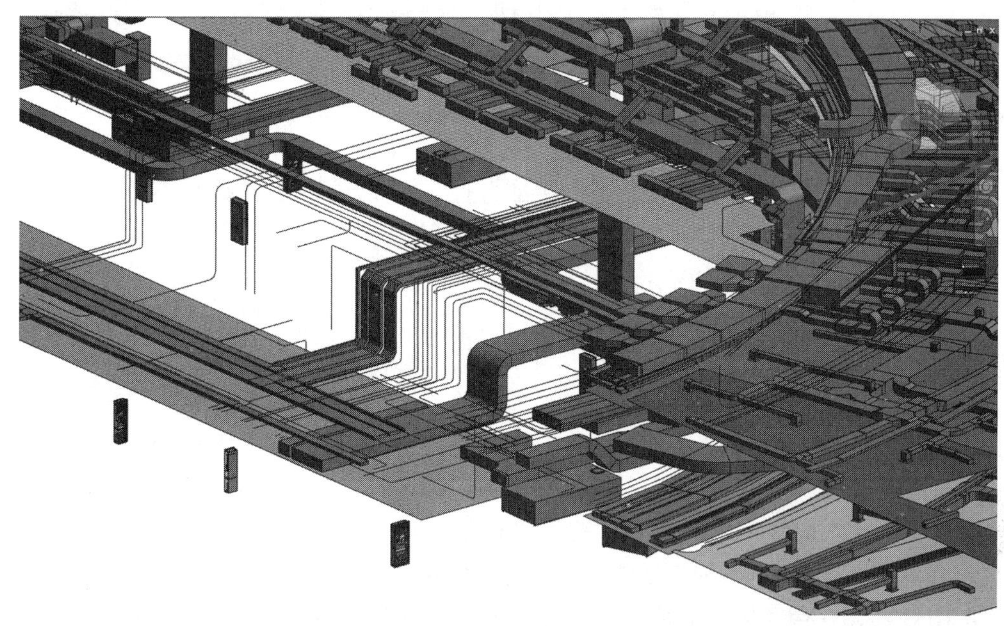

图 6　管线综合 BIM 模型

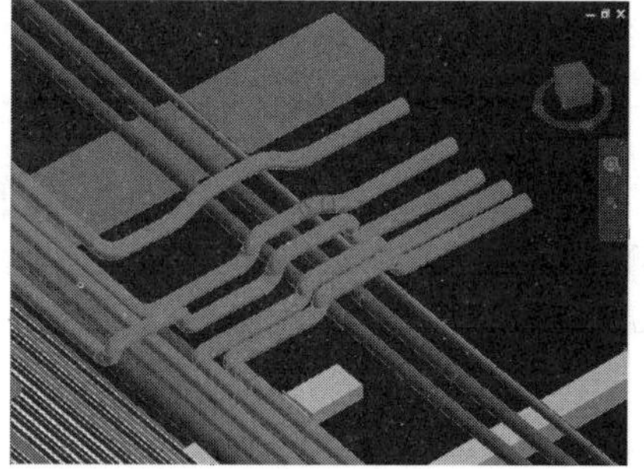

图 7　机电管线碰撞检查

4　BIM 技术应用经济成效分析

4.1　开展 BIM 技术工作的直接成本投入

体育场和游泳馆工程目前 BIM 工作直接费用约 386 万元，其中建设单位支付给设计单位的 BIM 工作专项设计费用 138 万元（其中体育场 90 万元、游泳馆 48 万元），监理单位投入硬件、软件与人工总计约 60 万元，施工单位投入硬件（设备）、人工、网络协同平台租用等约 188.34 万元（不含软件费用）。

4.2　BIM 技术在本工程应用的经济效益分析

本工程自设计阶段即开始使用 BIM 技术，施工阶段在设计模型的基础上对 BIM 技术的应用进行了延展，除工程本身的施工组织、方案编制、图纸深化或优化、进度控制、材料设备采购、风险控制等方面外，对施工阶段临时场地的规划、布置以及土方平衡等方面也发挥了很好的作用。

经初步统计，至主体结构、钢结构施工完毕，现场已节约直接成本约 500 万元。比如：①通过 BIM 模型进行机电管线综合排布，减少自身碰撞点共计 332 处。②机电安装通过联合支吊架设置，调整使用支吊架共计 750 组。③通过前期场地布置，合理规划履带吊行走吊装路线和钢构件堆场布置，减少场地处理面积约 $300m^2$。④优化材料采购，降低损耗率。利用准确的 Takle BIM 模型生成材料报告，形成采购清单，以便工厂双边定尺采购，降低材料损耗率达 3%，仅此一项节省成本约 150 万元。⑤对于幕墙结构，计算机自动模拟减少人工深化失误造成的返工损失，返工率从 5%左右降到 1%；辅助现场安装定位，减少施工中的返工损失，返工率从 2%左右降到 1%。⑥幕墙工程通过碰撞检查提前发现碰撞，减少返工损失，两场馆共碰撞约 2100 处，排除现场调节约 900 处等。

通过 BIM 技术的运用，现场解决的上述类似问题数不胜数，若综合计算因没有及时发现问题造成返工、工期延长、材料更换等损失，其经济效益则更加直观。与各方实际投入的成本予以对比，BIM 技术应用后的效益不言而喻。

5 结语

美国斯坦福大学整合设施工程中心（CIFE）曾经根据 32 个项目总结了使用 BIM 技术的效果：效果一，消除 40%预算外变更；效果二，造价估算耗费时间缩短 80%；效果三，通过解决冲突，合同价格降低 10%；效果四，项目工期缩短 7%，及早实现投资回报。

对照上述 4 项效果中提到的数据，虽然本工程有所欠缺，但通过本文的分析与总结，本工程从设计阶段开始即将 BIM 技术应用于项目全过程，在实施过程中，通过前期 BIM 深化对现场碰到的问题提前预警、消除，对于设计、施工不合理之处进行调整，为工程的顺利实施起到了保驾护航的作用，同时通过本项目的 BIM 实施，为各参建单位锻炼培养了 BIM 技术人才，提高了企业的竞争力。总之，BIM 技术的应用达到了项目建设方的预期。

EPC 模式下全过程工程咨询服务策略分析
——以总承包单位、建设单位、工程咨询方为研究视角

吴 俊[1]，罗齐鸣[2]，杨 婧[1]，周 婷[1]
（1. 浙江江南工程管理股份有限公司，浙江 杭州 310013；2. 中铁十一局集团有限公司，湖北 武汉 430061）

摘 要：针对 EPC 模式下推行全过程工程咨询展开研究，从 EPC 总承包单位、建设单位和全过程工程咨询单位三方不同特性下的相应咨询策略进行分析，具体考虑了 EPC 总承包单位的设计施工经验、EPC 合同类型、业主单位管理经验及服务需求、全过程工程咨询介入时间及公司类型等多项因素，并提出解决方案，对“EPC + 全过程工程咨询”模式的高质量发展具有一定的借鉴意义。

关键词：EPC 模式；全过程工程咨询；工程管理；工作策略

近年来，国家及各省市陆续出台了一系列政策文件，为 EPC 总承包和全过程工程咨询模式的推行和规范化发展进行了不懈地探索。全过程工程咨询能够切实满足 EPC 总承包模式下项目建设的诸多需求，EPC 总承包和全过程工程咨询的先后提出正是两种模式配合使用的必要性体现。“EPC + 全过程工程咨询”模式涉及的主体为建设单位、全过程工程咨询单位（简称“全咨单位”）与 EPC 总承包单位三方。全咨单位作为智力顾问、组织协调方、管理者等角色，需要高效地管理好建设项目，有针对性地解决项目建设中的难题，并提供有力的决策支持。笔者就 EPC 模式下全过程工程咨询工作策略研究方面谈几点理解与体会。

1 针对 EPC 总承包单位不同特性的工程咨询方策略分析

以 EPC 总承包单位为研究对象，将工程经验、合同类型作为主要特性进行分类，可以探究工程咨询方在面对不同程度设计施工经验、不同合同类型下的 EPC 总承包单位的工作策略。

1.1 不同程度设计施工经验

EPC 总承包单位一般要求具有较强的综合实力，但由于资金、管理等原因，分包情形在行业内仍普遍存在。对于不同类型的总承包单位，工程咨询方在工作方向和协调内容上各有侧重。

设计经验丰富但施工经验不足的总承包单位往往会将施工任务分包给专业的施工单位，由总承包单位进行统一管理，并具体负责设计工作且将其作为整体工程项目把控的主要抓手，尽一切可能对项目进行优化，从而降低成本、提高效益。在此情形下，工程咨询方需要协助建设单位与总承包单位协商决策，首先把握住设计环节的工作质量。在总承包单位进行分部分项工程的施工分包时，工程咨询方要对分包单位的能力、资质等方面严格把关，并提出有效的咨询建议。此外，总承包单位以技术见长，而在工程管理方面的经验与能力往往都较为欠缺；因此，工程咨询方应更加注重全过程的工程管理工作，将工作重点更多地放在工程项目的管理组织上。

施工经验丰富但设计经验不足的总承包单位会将设计工作分包给更为专业的设计单位。由于设计是整个项目施工的根本依据，工程咨询方需要着重预防由于总承包单位设计经验不足而进行设计分包的情

形。在项目设计与前期策划的工作阶段，工程咨询方应当充分了解设计分包单位的相关资质以为后续分包单位的选择提供依据，并尽力协调设计分包单位与总承包单位之间、设计分包单位之间的沟通工作，避免设计与施工脱节的情形出现。另外，总承包单位作为施工方承担了较大的项目风险，在项目实施中必然会对施工方案提出诸多要求，以达到降低成本的目的。此时，工程咨询方作为项目管理单位，需要对施工现场进行总体把控，防止总承包单位采取不恰当的降低成本的措施，保障项目整体质量。

设计、施工经验均衡的总承包单位，则要充分发挥设计与施工的配合效果，大大提高工程建设效率和质量。在施工图设计阶段，总承包单位的设计部会积极与施工部对接图纸细节处理、施工便捷性兼顾、工艺工法选择等方面，确保施工图纸能够较好地落地；而在施工阶段遇到重大施工难题时，设计部能够配合施工部在施工图纸调整或变更方面提供有力支持。在这类情形下，工程咨询方要重视在施工图设计阶段，严格把控图纸的专业细节与质量、建设单位的功能需求完整落实、原初步设计理念在施工图阶段的延续、工艺工法的可实施性等方面，防止施工图设计向施工便利和成本控制方面过度倾斜，弱化了本应实现的建筑功能和效果。另外，在施工阶段，工程咨询方需要严格把关设计变更的内容和必要性，协调选择有利于工程推进和质量的合理施工方案。

1.2 不同合同类型

通常来说，EPC 模式的合同类型可以分为 3 类：成本酬金合同、固定单价合同和固定总价合同，其中固定总价合同在 EPC 项目中最为常见，而固定单价合同较少使用。

成本酬金合同把工程价款分为成本与酬金两部分。成本由项目建设过程中实际产生的造价确定，而酬金由建设单位和总承包单位事先商定。建设单位将根据工程各项目标的完成情况分别支付不同额度的奖励，从而达到对总承包单位产生约束和激励作用。采用这种合同类型的情形包括工程内容和经济技术指标没有确定就紧急招标的工程，或是发承包单位之间高度信任，或者是总承包单位在某些领域具有丰富经验和专长。因此，工程咨询方需要充分理解项目实际和发承包的伙伴关系，以做出不同的决策。对于紧急发包的情形，工程咨询方应当紧追工程进展，制定一套快速决策的工作流程；对于建设单位与总承包单位之间高度信任的情形，工程咨询方可以由此减轻部分管理工作，将精力更多地集中于技术咨询方面，进一步提高服务质量。

固定总价合同作为最能体现 EPC 模式特点的合同类型，能充分发挥总承包单位的主动性，让总承包单位去优化设计、提高效率，最大限度地减少建设单位项目管理风险。固定总价合同通过合同条款把部分工程风险转移到总承包单位上，对总承包单位产生约束，总承包单位将更加注重设计变更、各阶段衔接以及质量控制，实现双方的保效增盈。因此，在大多数情形下，工程咨询方应当尽力促使建设单位与总承包单位达成总价合同，在保证工程项目质量的同时，使得风险控制方面的工作转移给总承包单位，实现项目风险的合理分配。

2 针对建设单位不同特性的工程咨询方策略分析

以建设单位为研究对象，将管理经验、服务需求作为主要特性进行分类，可以探究工程咨询方在面对不同程度管理经验、不同服务需求下的建设单位的工作策略。

2.1 不同程度管理经验

项目管理经验较为丰富，并具备一定项目管理能力的建设单位往往会选择深度参与项目管理，其需求主要聚焦项目中某些阶段的专项服务，如若造价管理方面经验不足，则希望能够得到造价咨询单位的支持；施工、设计等方面经验不足的，则需求相应的技术咨询。因此，工程咨询方要根据建设单位需求针对性地提供专项、专业咨询服务。为了区别于传统的工程咨询，必须提高自身的专项咨询服务质量，加强各项咨询服务之间的集成性，并提供一定的管理协助。在项目管理方面，工程咨询方可以与建设单位共同建立一个全过程协同管理的项目团队。项目团队可由建设单位主导，工程咨询方辅助；也可由工程咨询方主导，建设单位在团队负责监督。项目团队的组织结构应根据建设单位的需求和项目实际来决定。

在多数情况下，正是由于建设单位不具备丰富的项目管理经验与能力，而产生对工程咨询相关服务的需求，例如大多数的政府投资项目。这一类项目中，建设单位不直接参与工程项目的管理，只做关键重大问题的决策，其咨询需求是全方位的。因此，工程咨询方需要负责项目全过程、全方位的管理工作，主要包括投资决策综合性咨询、报建管理、设计管理、造价管理、EPC 总承包单位的工作监督反馈、项目组织协调、工程项目实施和运营情况把控与跟踪等。在这种情况下，工程咨询方所承担的风险要比建设单位深度参与下的管理模式大得多，因此，工程咨询方应当付出更大的精力，站在建设单位角度考虑问题，全心全意为项目服务，以降低项目各类风险。

2.2 不同服务需求

根据建设单位的不同服务需求，可将全过程工程咨询服务分为全过程工程咨询顾问型模式、全过程工程咨询管理型模式和全过程工程咨询一体化协同管理模式三大类。在不同的模式下，工程咨询方的服务内容和侧重点也相应发生改变。

全过程工程咨询顾问型模式下，工程咨询方为建设单位提供咨询服务而不参与项目的实际管理和实施。在这种模式下，建设单位往往具备一定的管理能力，但是管理经验和技术经验尚有欠缺。工程咨询方提供咨询服务在一定程度上弥补了建设单位的短板。但是，在不参与实际项目管理和实施的情况下，工程咨询方对于工程项目实际情况的掌握程度有限，提出的建议有时可能缺乏针对性，其效果也会大打折扣。因此，在该模式下，建设单位应适当地听取建议，工程咨询方则应该更为谨慎地提出建议。

全过程工程咨询管理型模式下，工程咨询方接受建设单位委托，代表其对工程项目进行全过程把控并提供咨询服务。在这种模式下，建设单位往往受限于人力、财力等因素而将管理工作分担给工程咨询方，项目的直接参与程度较低，而工程咨询方在项目实际管理上的话语权上升。但这也使得项目实施中，各方与建设单位间沟通的重担压在了工程咨询方上，带来了更大的挑战。工程咨询方应当在建设单位给予的自由度内，积极组织协调项目各方的沟通和各项工作的开展，站在建设单位的角度，充分发挥咨询作用，为自身打造良好的口碑。

全过程工程咨询一体化协同管理模式下，工程咨询方和建设单位共同组建管理团队，对工程项目进行全过程管理。该模式下，工程咨询方与建设单位的沟通交流顺畅，但同时也对协作辅助能力提出了更高的要求，工程咨询方需促成专业建议与建设单位诉求的相统一，以推动项目的顺利开展。

3 针对全咨单位不同特性的工程咨询方策略分析

以全咨单位为研究对象，以工程介入时间、单位类型为特性进行区分，探究工程咨询方在不同介入时间、不同发展情况下的相应工作和发展策略。

3.1 不同介入时间

若工程咨询方在招标投标阶段前介入，则应当以充分发挥投资决策阶段的咨询服务作用为首要工作展开。投资决策阶段作为项目全寿命周期的起始阶段，其效能长期以来被轻视。工程实践表明投资决策阶段对于项目整体的进度把控、成本控制、质量管理起着决定性的作用。因此，工程咨询方应当协助建设单位编制、审核、确认项目决策成果文件（包括项目建议书、可行性研究报告、专项评价等），并提供行政管理审批咨询，科学、合理、有序地组织项目的开展，为项目未来的工作指明方向，奠定良好的开端。同时，工程咨询方在项目初期工作中投入更多的精力，可有效减少在后续项目建设运营中的各类质量、成本等问题，看似耗时费力，实则更为高效。在随后的招标投标阶段，工程咨询方应当在保证公平公开的前提下，积极主动地为建设单位提供相应的咨询建议。

若工程咨询方在招标投标结束之后介入，由于EPC总承包单位已经确定，工程咨询方应当重点关注后续设计施工阶段的工作安排。考虑到EPC模式下的招标投标，是以批复后的初步设计为招标依据，若EPC总承包单位已完成施工图设计图纸，则工程咨询方应立即对EPC总承包单位提供的设计图纸和施工图预算进行审查并提出咨询建议，并协助建设单位就设计意图落实情况和图纸质量进行意见沟通。若EPC总承包单位尚未完成工程项目的施工图设计，工程咨询方应代表建设单位监督和协助EPC总承包单位按约定时限完成设计图纸，保证设计质量，以使接下来的一系列工作能够顺利展开。

3.2 不同类型全咨单位

依据项目特点和建设单位的核心诉求，可以选择不同的全过程工程咨询单位。目前常见的全过程工程咨询单位包括综合性工程咨询单位、设计单位转型的工程咨询单位、监理单位转型的工程咨询单位、造价单位转型的工程咨询单位。以上工程咨询方在从事全过程工程咨询中各有优势，其发展策略也不尽相同。

1. 综合性工程咨询单位

综合性工程咨询单位的专业面广泛，且兼备投资信息获知早、行业政策研究透、审批流程熟等天然优势，即综合性工程咨询企业的专长在项目前期阶段较为明显。因此，对于前期准备周期长、所关联的主管部门多、涉及专业范围大的项目，综合性工程咨询单位开展全过程工程咨询服务会有较大的优势。

2017年，国家发展改革委发布施行的《工程咨询行业管理办法》将工程咨询行业的行政审批环节取消，从资质审批管理改变为资信评价管理，这对综合性工程咨询单位提出了更高的要求。综合性工程咨询单位应当进一步集成化发展：

（1）与监理、设计等企业进行兼并发展，或者形成联合体，积极拓展覆盖全阶段、全专业的全过程工程咨询业务；

（2）丰富已在开展的咨询业务，为建设单位提供包括规划咨询、投资决策研究、投融资咨询、可行性研究、环评、社会风险评价、PPP咨询、报批报建管理等一系列项目前期的管理和咨询服务。

2. 设计单位转型的工程咨询单位

《国务院办公厅关于促进建筑业持续健康发展的意见》（国办发〔2017〕19号）提出，在民用建筑项目中，充分发挥建筑师的主导作用，鼓励提供全过程工程咨询服务。可见，建筑师或是设计单位在主导全过程工程咨询服务方面被寄予厚望。考虑到全过程工程咨询属于智力密集型服务，对于工程各专业的技术水准要求高，而设计单位恰恰能够在现有的技术水平及人员的综合素质上占据绝对优势，且能够在设计阶段做好施工图纸的管控和优化工作，发挥工程价值，为后续施工管理做好铺垫。但是，全过程工程咨询需求的是复合型管理与咨询单位，该类公司还需要从以下几方面进行拓展：

（1）发挥设计技术优势，并积极填补在咨询业务全链条上的能力短板，塑造全阶段的技术咨询能力；

（2）充分挖掘其在工程总承包实践中积累的管理经验，完善在前期投资决策咨询、施工监理、运营管理、造价管理等方面的管理咨询能力；

（3）对于在“EPC＋全过程工程咨询”模式下面临着两项业务（可与施工单位联合做EPC总承包或者牵头做全过程工程咨询）的抉择问题，应结合企业自身情况予以决策；

（4）充分发挥建筑师的主导作用，鼓励在建筑工程全寿命周期提供设计咨询与管理服务。

3. 监理单位转型的工程咨询单位

监理单位的施工管理经验丰富，具备较好的资源整合与管理能力，满足专业化工程管理的素质要求，但是，其技术人员主要关注施工现场的质量与安全问题，专业技术综合水平不高，适宜牵头开展全过程工程咨询的综合性人才也较少。针对现有情况，监理单位向工程咨询公司的进一步转型应当：

（1）服务阶段的纵向延伸，从建造阶段向前延伸到项目前期投资决策阶段，向后到运营阶段，形成全阶段、一体化的咨询服务能力；

（2）咨询内容的横向拓展，可以借助其他咨询单位的专业力量形成联合体积累工程业绩，进一步拓宽工程咨询资质，横向发展覆盖全专业、专项咨询内容；

（3）咨询组织结构分解与重塑，原有监理人员可以重组为全咨项目的工程管理部门，吸收造价、报批、设计管理等专业人员组建项目管理部门；同时，单位内部遴选各专业专家或借助外部专家力量，组建公司"强后台"技术力量，支撑项目"小前端"。

4. 造价单位转型的工程咨询单位

造价单位所提供的全过程造价管控服务模式，较早地践行了全过程工程咨询服务理念，并且合理管控工程造价对于工程的重要性很大。由造价单位作为牵头方开展全过程工程咨询服务，具备一定的咨询经验，且熟悉工程建设各阶段管理流程，并能有助于在项目全生命周期内做好成本控制。但是，造价单位在专业力量上处于弱势，对于设计与施工两大板块的咨询或管理能力不足，其进一步转型可从以下几方面展开：

（1）开展全过程造价咨询。拓宽项目服务阶段，面向工程建设全过程，而且应考虑吸收技术、经济相关专业团队，为建设单位提供包括技术经济分析、投融资咨询等服务；

（2）与设计、监理等单位进行兼并发展，或者形成联合体，发展覆盖全阶段、全专业的全过程工程咨询业务；

（3）建立企业自身的造价信息库。需要积累各地区、各类型工程项目的造价管理资源，形成企业自身的核心竞争力，为后续类似工程项目的高质量全过程工程咨询服务奠定基础。

4 结语

推行并促进"EPC＋全过程工程咨询"模式的高质量发展，是符合国家政策指导精神和行业转型升级需要的重要举措。本文围绕 EPC 模式下全过程工程咨询项目中的三方主体，即 EPC 总承包单位、建设单位和全咨单位展开讨论，分述其不同特性下工程咨询方的可能策略，具体考虑了 EPC 总承包单位的设计施工经验、建设单位与总承包单位签订的合同类型、建设单位的管理经验、建设单位的服务需求、全咨单位的介入时间、不同类型全咨单位的优劣势等多项因素，分别得出了各类情况下的工程咨询方的相应工作与发展策略。全咨单位作为建设单位和 EPC 总承包单位衔接的桥梁，需要结合工程实际和各参建主体的特性，以项目整体利益为目标，针对性地采取工作策略和措施，助力提升建设管理效能，确保工程顺利推进。

深耕学术

SHEN GENG XUE SHU

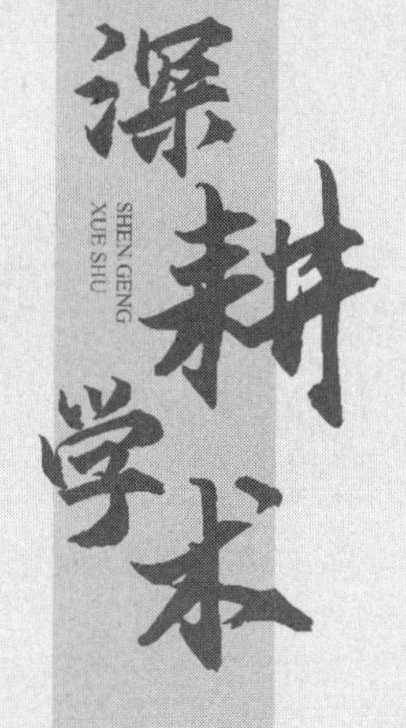

·道路、桥梁与市政

——部分研究会会员近十年论文集萃

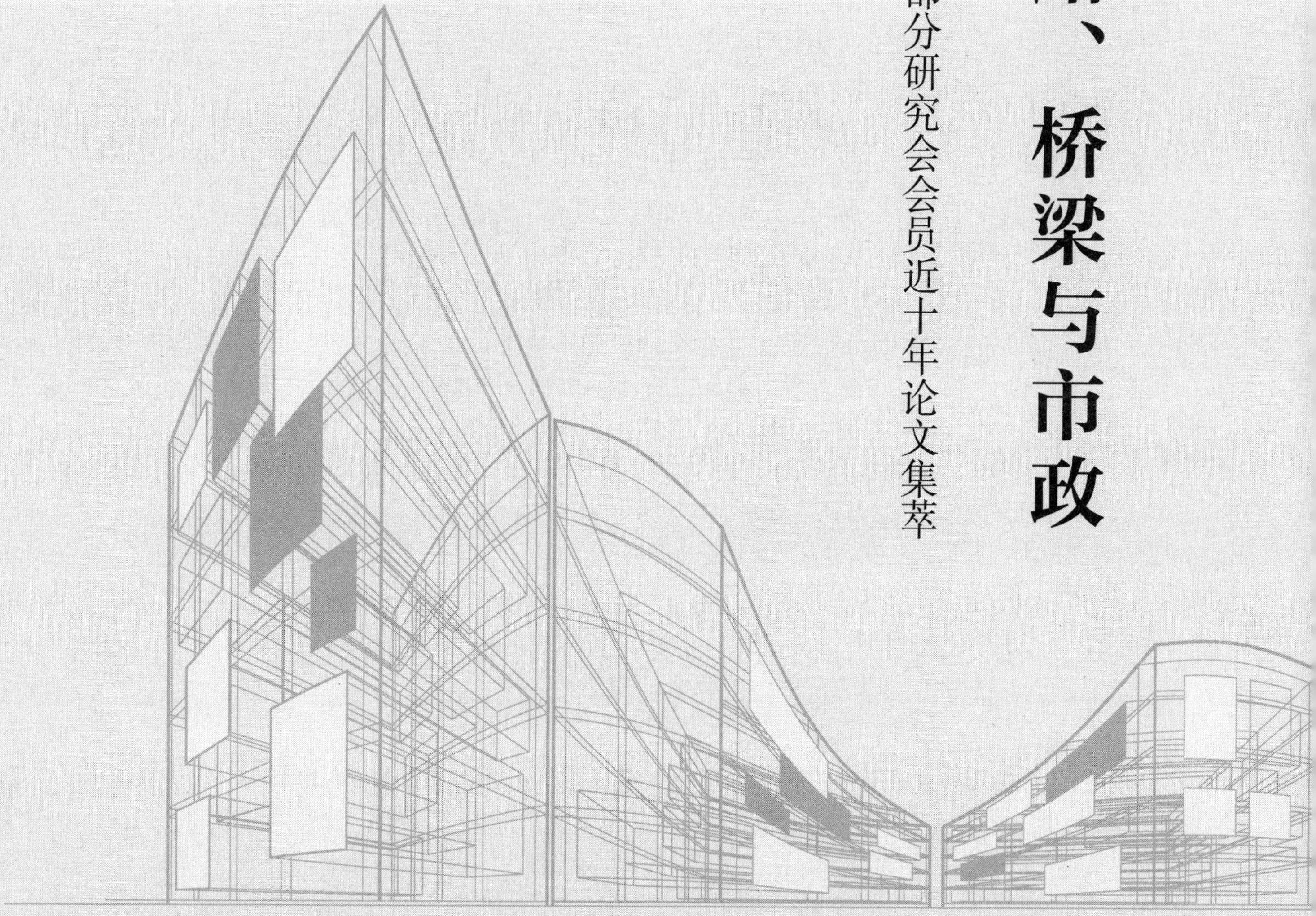

繁荣学术　服务社会

Prosperous academic service to society

快速施工桥梁的研究进展

项贻强，竺　盛，赵　阳
（浙江大学建筑工程学院，浙江 杭州 310058）

摘　要：为减少传统桥梁施工存在的弊病，加快桥梁建设速度，降低桥梁后期维护费用，提高桥梁的施工质量和耐久性，本文首先分析了快速施工桥梁的必要性及在我国的应用前景，阐述了快速施工桥梁的基本组成及构件划分、预制桥面板的主要形式及发展趋势、钢与混凝土桥面板间的连接方式、快速施工预制装配桥梁主梁的三种主要形式及材料组合、节段拼装式预应力混凝土箱梁的预应力体系及主要的施工方法、中小跨径混凝土或钢混组合梁桥的主要截面形式及连接构造，讨论了预制高性能混凝土桥面板、多梁式的钢-混凝土组合梁群钉连接的桥梁用于中小跨径快速施工桥梁的优越性，并对近年来在我国大江及海湾桥梁工程应用的整体预制桥墩的特点进行了论述；同时，重点阐述了快速施工钢-混组合梁桥、预制节段拼装混凝土或钢-混组合箱梁桥、预制拼装预应力束体系、预制节段拼装式桥墩等相关的理论研究与进展，包括群钉抗剪性能、混凝土桥面板间接缝受力特性、组合梁复杂受力行为分析、多梁式荷载横向分布、体外预应力组合梁动力特性、组合梁疲劳耐久性等，指出了当前我国进行快速施工桥梁在设计研发、体系机制创新等方面的一些不足，分析制约该领域发展的关键因素，同时对我国桥梁工业化、信息化及快速施工技术进行了展望，指出对于梁高受限或桥梁较宽、跨径在25～50m的数量占比均较多的城市桥梁或公路桥梁，包括北方受季节影响较大的桥梁，开拓快速施工桥梁的市场潜力巨大，并给出了一些值得进一步研究解决的热点问题，以期促进交通行业桥梁基础设施建设技术的进步和创新发展。

关键词：桥梁工程；快速施工桥梁；预制构件；预应力混凝土；钢-混凝土组合；理论分析；试验研究；施工方法

截至2017年底，我国公路总里程达477.35万km，全国高速公路总里程达13.65万km，高速公路车道里程60.44万km，高速公路已覆盖约98%的城镇人口20万以上城市，其密度达49.72km/100km^2。在我国通车公路里程中，已建成并管理桥梁83.25万座，计5.225万km[1]。同时，随着经济和城市化进程的加快，物流数量的增加，汽车制造技术的进步及大型载重汽车的不断增多，小汽车交通在经济发达的大中城市或地区已普遍进入家庭。一方面，原先等级较低的部分桥梁，由于受到车辆荷载增加、环境侵蚀及设计施工缺陷等因素的影响，易导致桥梁结构开裂和下挠、钢筋锈蚀、混凝土碳化及剥落等问题，其结构性能及承载力退化，安全性降低，需进行维护或更换；另一方面，新建或扩建桥梁，若继续沿用传统的施工方法建造及维护，则工期较长、支架和模板等耗材消耗大、粉尘和噪声污染严重且施工质量受环境气候影响大，严重影响交通出行，加剧交通拥堵；同时，不利于环保和可持续发展，建造的社会综合成本较高。为提高桥梁结构质量和耐久性，减少桥梁建设过程对既有交通的不利影响和桥梁后期维护负担，从而降低桥梁建设综合成本，亟须寻找一种能工业化预制加工、加快桥梁现场建设速度，并保障桥梁寿命期内性能的快速施工方法。

快速施工桥梁（Accelerated Bridge Construction，ABC）是在桥梁新建、翻修或重建项目中以安全和符合成本效益为原则，并在保证结构整体质量的前提下，对规划、设计、施工方法等方面进行全盘考虑，通过构件的工厂化预制，采用一些专门的运输设备将构件运至现场进行安装，以加快桥梁现场建设速度的桥梁[2-4]。采用这种技术，桥梁构件的质量和生产、施工效率均得以显著提升；现场作业量和人力大幅减少，现场施工组织简化且施工安全性提升；工地噪声、粉尘污染等问题明显减少[5,6]。与传统施工方式动辄数百天甚至2～3年的施工期相比，快速施工桥梁的现场建设时间有望缩短至数周，甚至数天之内，具有广泛的应用前景。

目前，我国桥梁仍以钢筋混凝土桥梁与预应力混凝土桥梁为主，且中小跨径的梁桥约占桥梁总数的80%以上，而随着我国钢铁产能、质量的提高，钢结构的进一步推广应用，高精度自动化焊接技术和数控切割技术的研发应用，加之超限运输设备、重型起重设备的进步，钢结构材料轻质高强、安装方便快捷的特点正在桥梁快速施工和桥梁全寿命领域凸显。如何结合我国的实际，发展我国的桥梁工业化设计、制造和施工能力，发挥钢桥、钢-混凝土组合桥梁的优势，成为当前我国桥梁工程界必须面对和研究解决的重要课题。

本文就快速施工桥梁技术的发展现状，尤其是国内外20～50m的中小跨径快速施工梁桥的上下部结构形式、构件组成、构件间连接形式及构件运输、安装方式、理论分析和试验研究、预制拼装下部结构的分析及应用进展进行论述和总结归纳，指出其发展趋势和我国在该领域研究和应用的不足，分析探讨制约该领域发展的关键因素，并就我国的桥梁工业化设计、制造和施工能力值得进一步研究的工作进行展望。

1 上部结构的构造与形式

1.1 构件的划分及主要形式

目前，公路桥梁的单幅宽度均在13.5m及以上，城市桥梁的宽度则更宽。由于运输及吊装条件的限制，快速施工桥梁上部结构首先应根据桥梁采用的结构形式和跨度进行构件的划块和预制，这也是进行桥梁快速工业化施工的重要前提。此外，预制构件的划分还需考虑结构整体性、运输尺寸条件及多因素的影响。

众所周知，桥梁常用的形式主要有钢筋混凝土梁桥、预应力混凝土梁桥、钢-混凝土组合梁桥和钢梁桥等。根据桥梁跨径及使用材料的不同，其预制构件的节段或梁体构件划分、构件间连接形式有所不同：如跨径较大、跨数较多的预应力混凝土箱梁可把梁跨划分成若干个节段进行分段预制，再用预应力束进行张拉拼装；而对于20～50m跨径范围内的桥梁，其上部结构一般有桥面系、桥面板和主梁等，如多梁式混凝土梁桥上部结构由现浇桥面铺装、预制梁体（预制板梁、小箱梁、马蹄形T梁）和横向连接装置或横梁组成；多梁式钢-混凝土梁桥除预制工字形或U形钢梁外，还有加强横向联系的钢横梁及供车辆行驶及与钢梁组合共同受力的混凝土桥面板。

1.2 预制桥面板及板间连接

1.2.1 预制桥面板

预制桥面板有部分预制混凝土桥面板、全高桥面板等。部分预制混凝土桥面板在20世纪50～60年代被广泛运用于国外混凝土和钢混组合桥梁中[7-9]，其桥面板下部为预制结构，通过连接构造在顶部混凝土浇筑完成后与主次梁连成整体，实现无支架施工。由于预制部分刚度较小，在施工过程中需承受自身及现浇湿混凝土自重，且其预制构件仅通过现浇的混凝土实现结构的连续或连接，一般板内需布置数量较多的连续钢筋，如图1（a）所示。由于上部混凝土需现场浇筑，采用该桥面板的桥梁施工方法与传统施工桥梁类似，具有现场湿作业量较大和施工质量受环境影响大的特点，因此部分预制混凝土桥面板已逐步被现浇压型钢板组合桥面板或整体预制的全高预制桥面板等施工更简便的预制桥面板所取代[7,8,10]。

全高预制混凝土桥面板生产质量易控制，且混凝土板经过存储后在使用期间收缩徐变小；可根据梁体的模数、运输和吊装设备要求，灵活将构件划块的尺寸和构件自重减至最合理要求，而现场仅需进行桥面板间、桥面板与承重构件间的连接，实现无支架快速施工，如图 1（b）所示。但由于涉及桥面板间拼接，预制桥面板的制造精度要求较现浇桥面板大幅上升，目前施工中主要采用可重复使用的高精度的钢模来保证预制桥面板的几何尺寸和钢筋定位，并通过使用和易性好的自密实混凝土与蒸汽养护，加快浇筑预制效率并保证构件质量。

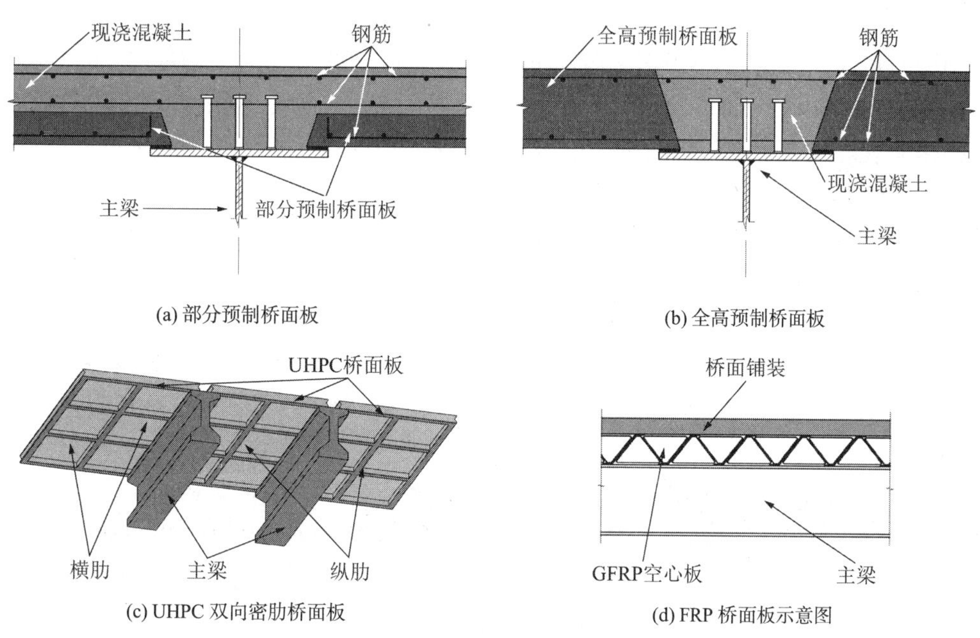

(a) 部分预制桥面板　(b) 全高预制桥面板

(c) UHPC 双向密肋桥面板　(d) FRP 桥面板示意图

图 1　预制桥面板形式

1.2.2　新型材料预制桥面板

目前，全高预制桥面板已由最初的普通混凝土桥面板发展为多种改性的桥面板：如对预制桥面板单独施加预应力，改善混凝土桥面板的弯曲受拉开裂问题[7,11-13]；采用轻质混凝土减轻桥面板自重[2]，降低主梁设计要求；引入纤维增强混凝土、超高性能混凝土（Ultra-High Performance Concrete，UHPC）和纤维增强聚合物（Fiber-Reinforced Polymer，FRP）等改善桥面板力学性能并提高耐久性的桥面板[14-17]，如图 1（c）和图 1（d）所示。

UHPC、FRP 等新材料，其力学性能，特别是抗拉能力大幅提高，但其价格也远高于普通混凝土。美国曾提出一种受力性能好、自重轻的 UHPC 预制双向密肋桥面板[18-21]，用于多座公路桥梁快速桥面板的更换，如爱荷华州 Dahlonega Road Bridge。通过 UHPC 材料和新型桥面板的应用，该桥在满足强度、刚度和耐久性的同时，将桥面板高度和自重分别降至最低 114mm 和 1.0kN/m^2[21]，而普通混凝土的指标则分别在 200mm 和 4.9kN/m^2 以上。此外，邵旭东等[22]提出正交异性钢板-超薄 UHPC 组合桥面，研究表明，UHPC 薄层可显著降低正交异性钢桥面板横桥向应力幅，从而改善其疲劳性能，降低疲劳开裂风险。

预制 FRP 桥面板，如图 1（d）所示，具有轻质高强、结构整体性好、耐腐蚀和安装方便的特点。自 20 世纪 90 年代起，使用 FRP 桥面板的公路和人行桥已经被世界各国采用和建造，如美国俄亥俄州 Laurel Lick Bridge 和英国 West Mill Bridge[23]，以及我国重庆交通学院桥、观音桥等。经验表明，与同等的普通混凝土桥面板相比，采用空心格构结构的 FRP 桥面板自重减轻可达 70%～80%[24]。但与普通桥面板不同，由于 FRP 材料弹性模量较低，FRP 桥面板在运营过程中由变形控制。此外，FRP 桥面板由空心部件通过胶结作用形成整体，其部件由纤维编织而成，具有明显的正交各向异性特征，其单个部件的几何外形和部件间胶结强度成为整块桥面板性能的主要影响因素。目前，国内外对于 FRP 桥面板性能已经有了初步认识，但其研究仅用于少数工程的验证，而整体设计理论与方法尚未形成[25,26]。

综上，常规的预制混凝土桥面板技术相对较为成熟，而采用 UHPC、FRP 等新型材料桥面板的工程案例虽有所应用并显示出新材料的较强竞争力，但新材料的使用和推广，仍面临着缺少统一的测试、设计施工规范和标准，对材料性能特别是长期性能的认识仍不够深入，初期投入成本高等技术和经济障碍。如何将新材料有效运用仍有待更深入的研究。

1.2.3 预制桥面板间连接

全高预制桥面板间接缝可分为现浇湿接缝和干接缝（或胶结缝）。其中，湿接缝通过现浇混凝土和接缝处钢筋实现板间刚性连接，而干接缝通过企口拼接黏合和机械咬合力实现桥面板间连接。

中小跨径横向装配式混凝土板梁具有模数化、预制施工方便等优点，曾在我国长期广泛使用，该类型板梁构件主要通过企口式素混凝土铰缝或布设铰缝钢筋并填充混凝土实现板间连接［图 2（a）和图 2（b）］。从长期的使用效果来看，其板梁间的铰缝在车辆荷载的反复作用下一般先于梁体破坏，造成梁间协同工作能力下降，形成单板受力状态，已经成为影响桥梁安全性和耐久性的重大隐患[27-29]。仅用素混凝土或铰缝钢筋混凝土作为填充材料的剪力键接缝连接薄弱且施工质量难以控制，接缝处易产生裂缝，裂缝产生后横桥向整体性降低且裂缝处易形成泄水通道，施工结构构件数量多、效率低且耐久性不佳，不宜在新型快速施工桥梁中采用。

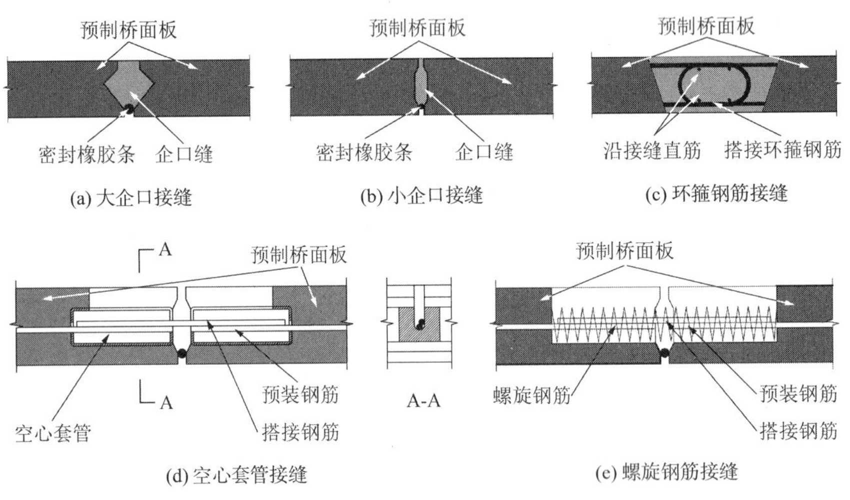

图 2 预制桥面板湿接缝形式

为提高桥面板抗拉、抗剪能力，抑制接缝开裂，接缝处可设计搭接钢筋并沿接缝长度方向布设分布钢筋。湿接缝处钢筋宜按照等强度原则进行设计，以保持桥面板钢筋连续性[30-34]和桥面板间刚性连接。常见湿接缝形式有采用搭接直钢筋连接、搭接环箍钢筋连接和其他形式等。通常采用搭接直筋的接缝所需搭接长度大于采用环箍钢筋搭接连接［图 2（c）］。有时为减少所需搭接长度，还可考虑采用螺旋钢筋嵌套和空心套管（Hollow Structural Steel Tubes）等多种连接形式［图 2（d）和图 2（e）］。此外，还可采用干接缝处填充高性能混凝土，增强混凝土强度和耐久性；对桥面板施加预压力减少车轮荷载产生的拉力等；在钢-混组合梁的负弯矩区域采用抗拔不抗剪栓钉连接钢梁和混凝土板实现局部不组合[35,36]，减缓混凝土板的拉应力；干接缝处焊接锚板加强接缝等多种方法对湿接缝进行处理。

干接缝通过一系列相互拼合的剪力键传递剪力以限制各桥面板间位移，在现场其仅需通过胶粘剂将接缝拼合而无须浇筑混凝土[7]（图 3）。但干接缝企口处阴阳面间较难进行精确匹配[37]，常产生开裂错位，并最终导致接缝处混凝土产生裂缝、剥落等问题。因此，在预制桥面板过程中宜以预制完成的相邻桥面板作为模板，减小桥面板拼合时的误差。采用干接缝的桥面板仅通过企口缝拼合，抗拉能力较弱，在负弯矩区板间易开裂，工程中常通过施加预压力的方式实现桥面板受压[38]。为避免由预应力引起的内力重分布，工程中建造组合结构桥梁时，可先对拼合后的桥面板施加预应力，再将连接件通过预留孔焊接于主梁后，对预留孔内填充高强度等级混凝土实现桥面板与主梁的连接。

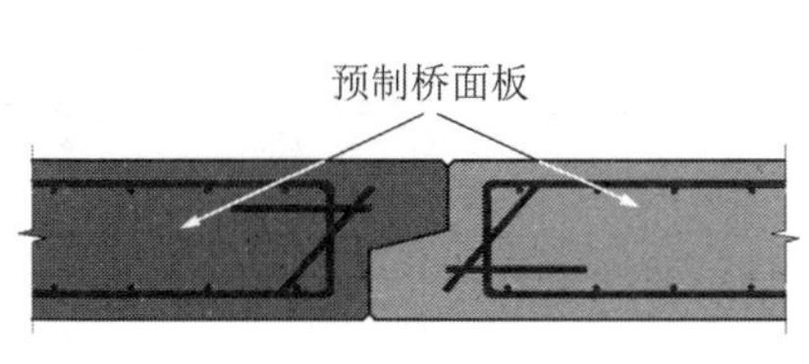

(a)横断面图

(b) 桥面板安装过程

图 3　预制桥面板干接缝形式[37]

1.3　钢-混凝土梁的连接

对全预制混凝土桥面板需通过可靠连接与其下的主梁结构连接，以传递水平向剪力，使之共同受力，提高结构效率和承重构件侧向稳定性。此外，在设计和安装过程中，还需注意桥面板内的钢筋不宜在连接位置切断，而宜做成环箍搭接的湿混凝土连接或焊接连接。对快速施工钢-混凝土结构的桥面板与钢梁间连接方式主要有栓钉剪力件连接、螺栓连接[39]（图 4）等，由于螺栓连接施工相对复杂，其多见于组合梁的后期栓钉失效加固，仅在少部分桥梁中使用[12]。

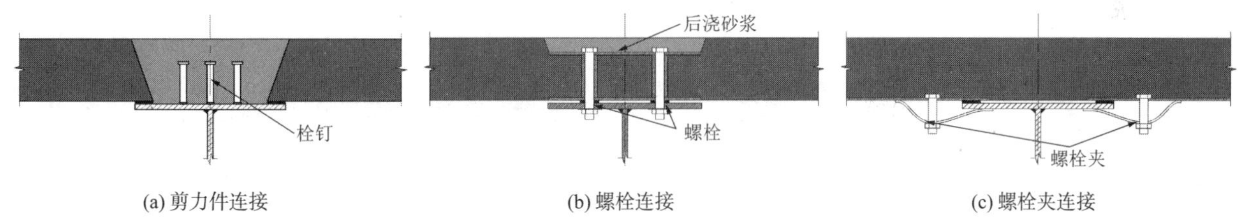

(a) 剪力件连接　　(b) 螺栓连接　　(c) 螺栓夹连接

图 4　桥面板与主梁连接构造[8]

剪力连接件形式主要有钢板剪力连接件（槽钢、T 板、方钢、马蹄形钢等）、开孔钢板（PBL）连接件、栓钉连接件等[30,40]。钢板和开孔板剪力连接件刚度大，能承受较大剪力，易与桥面板形成可靠连接，但其在安装过程中焊接工作精度要求高、工作量大，且由于该类型剪力连接件尺寸较大，为保证桥面板钢筋的连续，在必要时需对钢筋进行处理，加大施工难度，一般仅在承受较大剪力的情况下使用。栓钉剪力连接件由于其焊接工作量小、安装方便、力学性能较好等特点成为目前使用最为广泛的剪力连接件形式，因而其设计理论与施工方法均较为成熟。

栓钉的布置方式有均布式和群钉（集束）式两种[10]。其中，均布式栓钉主要用于非快速施工的钢-混组合梁桥连接，或介于半快速施工钢-混组合梁桥预制桥面板与钢梁的现浇连接；群钉式栓钉主要用于预制桥面板中。为满足剪力连接件的布置要求，该桥面板设计时宜根据设计要求布置剪力槽孔或预留后浇带以便于群钉式栓钉的安装。

群钉式栓钉由于栓钉间距较小，栓钉受力时应力传递易产生单钉承载力下降的现象。近年来，群钉式栓钉间距布置有逐渐增大的趋势，采用长距离剪力槽孔、大直径栓钉（25mm 以上）并用高性能砂浆填充剪力槽孔的群钉式布置方式正逐渐被工程界所接受[41-44]。Badie等[41]对于直径 31.8mm 的栓钉进行了研究，发现相对于常规尺寸栓钉，大直径单钉抗剪能力和抗疲劳能力均有所提高，从而可大幅度减少栓钉所需数量；其亦对长距离群钉剪力连接件的性能进行研究，发现将群钉组间距扩展至 1220mm 时，亦能实现桥面板与主梁间的完全抗剪[44]；马增对群钉剪力件也进行研究，认为在剪力连接度不小于 0.7 时，增加槽孔间距至 1200mm，对组合梁极限承载力影响不大[45]；蔺钊飞等[46]研究发现：相对于 22mm 栓钉，直径 25mm 和 30mm 的栓钉抗剪承载力增加 14%和 42%，抗剪刚度增大 35%和 106%；苏庆田等[47]研究证明，采用高强砂浆浇筑时，单钉抗剪承载力也会增长。

1.4 主梁形式

采用快速施工技术的预制桥梁按主梁形式可分为单主梁桥［图5（a）和（b）］、双主梁桥［图5（c）、（d）和（e）］及多梁桥等。

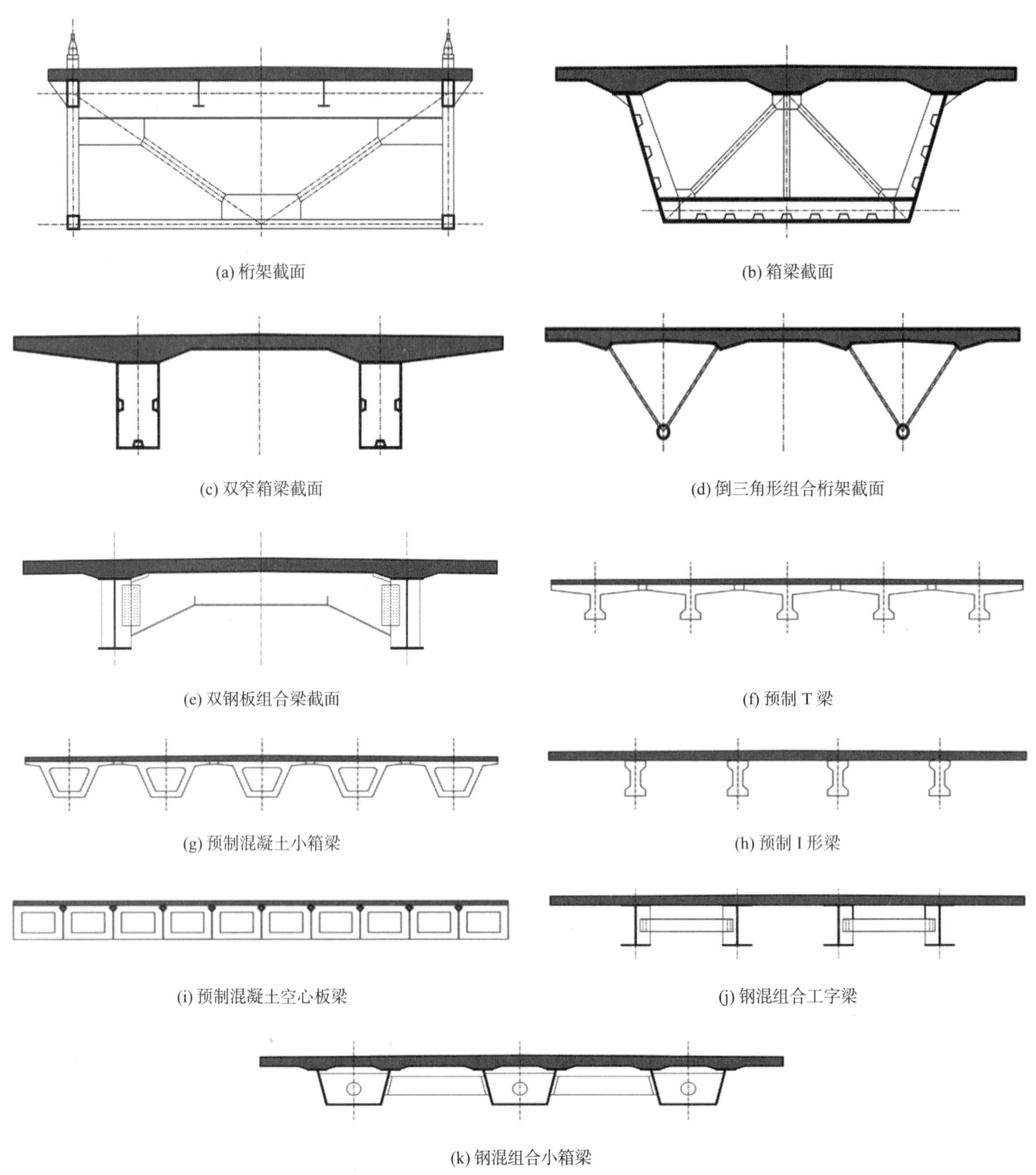

(a) 桁架截面 (b) 箱梁截面 (c) 双窄箱梁截面 (d) 倒三角形组合桁架截面 (e) 双钢板组合梁截面 (f) 预制 T 梁 (g) 预制混凝土小箱梁 (h) 预制 I 形梁 (i) 预制混凝土空心板梁 (j) 钢混组合工字梁 (k) 钢混组合小箱梁

图5 预制主梁形式[48-50]

快速施工单主梁形式桥主要有箱梁桥和桁架梁桥等。按施工方式箱梁桥又分为纵向节段式箱梁桥（预应力混凝土或钢-混组合箱梁）、桥面板横向模块化的钢-混凝土组合箱梁和整跨吊装箱梁桥等。其中，节段拼装混凝土箱梁桥一般的经济跨径为40～80m，如虎门二桥引桥采用45.0m、55.0m、62.5m三种跨径，施工方法均采用预制节段拼装；箱梁桥单跨跨径在80～200m时一般为变截面，采用悬臂浇筑更为合理和方便（非快速拼装施工桥）。有时为减轻自重，可采用主梁为钢箱梁的组合箱梁、组合桁架梁或采用正交异性桥面板的钢箱梁，如最近刚建成通车的港珠澳大桥的浅水区非通航孔桥（简称“浅水区桥”）和九洲航道桥（简称“九洲桥”）全部采用组合梁结构，桥跨布置从西向东依次为：浅水区桥（6×85＋5×85）m＋九洲桥（85＋127.5＋268＋127.5＋85）m＋浅水区桥［5×85＋8×(6×85)］m，总长6133m，单幅桥宽16.0m。节段式混凝土箱梁和钢-混凝土组合箱梁，对桥墩较高、预制场地和陆地运输安装条件具备的桥位，具有较强的竞争优势。而整体的单箱梁桥具有整体性好、抗扭刚度高等优点，但其自重较大，需要大吨位的吊装吨位机械与运输设备，故一般采用海上40～80m跨，具备3000t至4000t级吊装运输船的设备。

节段拼装式预应力混凝土箱梁桥，较早在国外提出，其预应力体系主要为体内束加体外束体系，或直接采用体外束体系。1962年Jean Muller建造了第一座节段悬臂拼装连续梁桥，即Choisy-le-Roi Bridge。1980年美国建成的Long Key Bridge（101m×36m）、Seven Mile Bridge（266m×41m）是世界上率先采用节段预制拼装的体外预应力桥梁，其后的日本东北新干线目川桥、泰国Bang Na高架桥等也均应用节段拼装法施工预应力混凝土梁桥。目前，国外这类装配式桥已广泛采用体外预应力体系，而国内仍以体内预应力体系和体外预应力混合体系为主，该混合体系的设计理念为用体内预应力承担恒载并提高结构极限承载能力；而用体外预应力承担活载。其缺点是体内穿束工艺复杂、存在漏水钢束易生锈的问题。对体外预应力束的防护，早期桥梁的90%采用灌注水泥浆进行防护，现在大多采用PE、油脂及环氧树脂等三层防护。有时，为防止箱梁体外束与桥梁的自振频率相近引起共振，可考虑对体外束设置减震器或增加箱内锚固点间的约束改变其针对频率。刚建成的芜湖长江二桥引桥-预应力混凝土箱梁桥采用节段预制体外预应力束张拉拼装[51]，如图6所示。

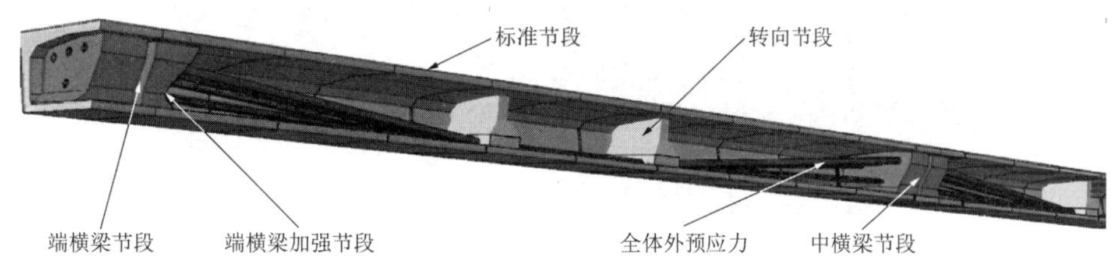

图6　芜湖长江二桥引桥-预应力混凝土箱梁桥

节段拼装式预应力混凝土箱梁桥的预制方法主要有长线法和短线法：长线法将桥梁按整跨或半跨分成若干节段，在台座上连续啮合浇制，适用于桥跨变化少且跨径较小的桥梁；短线法则利用已浇制好的梁段作为下一节段的端模板，固定的封头板作为浇制梁段另一端的模板，适合工厂化预制。桥梁的架设主要有：①导梁支架架设法，适合50m及以下跨径的桥梁施工，支架根据拼装梁段搁置在支架上或支架下挂又分为下行或上行支架（架桥机）；②悬臂＋支架架设法，即在导梁支架架设中墩顶部分节段梁后再下挂未完成节段梁，并与前面已拼装梁体形成连续的整体，其适用于50～80m跨径的桥梁施工，虎门二桥引桥的节段式桥梁就是采用此法[52]；③对称平衡悬臂拼装架设法，适用于大跨度及变截面桥梁的架设，如厦门集美大桥悬臂拼装。此外在国外还有用临时塔斜拉扣挂的拼装施工法，斜拉扣挂体系相对复杂，其适用跨度为50～60m。

快速施工的双主梁桥多以钢桥、钢混组合桥梁为主，目前主要用于宽度在20m左右，单跨跨径在20～100m范围内的梁桥[49]和主跨跨径在400m及以上的斜拉桥、拱桥及悬索桥等，适用范围广[48]。双主梁桥的主梁截面形式有钢板梁、钢小箱梁和钢桁架等[48-50]。图7给出了安徽省济祁高速淮河特大桥采用的35m跨径、四跨一联双工字主梁钢板组合梁桥断面及施工的连接。双主梁间距7.23m，钢梁中心线处梁高均为1.75m，桥面板标准位置处厚25cm，钢梁顶面加厚至35cm，混凝土桥面板和钢主梁通过栓钉连接。

采用钢板梁作为主梁时，由于钢板梁单梁抗扭能力小，主梁间需以一定间隔（一般为6～10m）设置横梁，确保梁格结构在施工和使用期间的侧向稳定性，亦防止主梁侧向扭转屈曲[54]。以窄钢箱梁和钢桁架作为主梁的双主梁组合连续梁桥多见于德国、瑞士等西欧国家和日本新建的公路、铁路桥中。由于窄钢箱梁和钢桁架具有较大的抗扭性能，其主梁间横向联系结构可大幅减少，可仅设计于支座处[49]，从而简化构造，减少所需构件数量，加快施工。在运输和吊装条件允许时，其一跨内的单根主梁可实现整体预制、运输并整孔吊装，无须现场拼接，大幅减少现场工作量。相较于多主梁桥，双主梁桥钢材用量较少，构造简单。

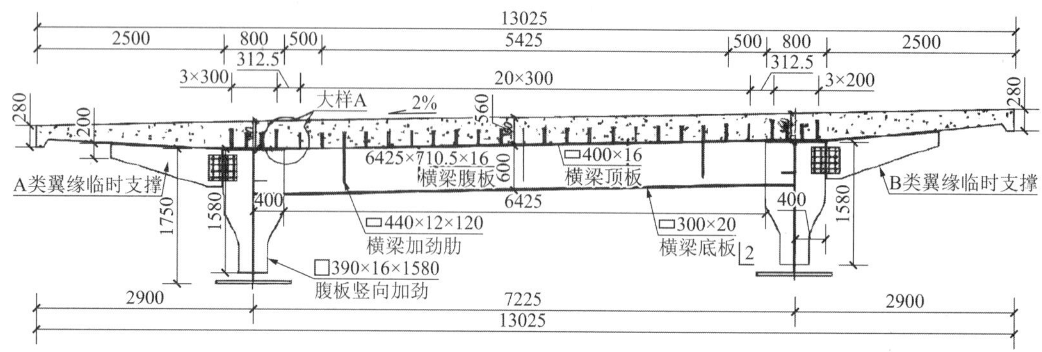

(a) 典型双主梁钢板组合梁的横断面

(b) 施工时钢板梁与预制混凝土板的连接

图 7　安徽省济祁高速淮河特大桥[53,54]

快速施工多主梁桥多用于中小跨径混凝土梁桥和钢混组合梁桥中，特别是桥较宽、结构高度受限的城市桥梁中，其各主梁中心间距一般在 3～4m。混凝土或钢-混凝土组合梁，可在其主梁间设置若干道的横梁，加强桥梁的横向联系和荷载横向分配。同时，多主梁构件的划分便于构件的运输和安装。混凝土主梁形式有小箱梁、T 梁、马蹄形梁、空心板等[2,8,50]，如图 5 的（f）、（g）、（h）、（i）；钢主梁形式主要有工字形梁、钢板梁、钢小箱梁、U 形钢梁[2,3]等，如图 5 的（j）、（k）。

相较于双主梁桥和单主梁桥，多主梁桥梁高更低，单个质量较轻，易于吊装，施工灵活性较好。相较于同样形式的混凝土多主梁桥，钢混组合梁桥上部混凝土板受压，下部钢构件受拉，解决了混凝土受拉开裂问题，亦可避免钢结构受压失稳，充分发挥材料的不同性能优势，从而充分利用材料，减少混凝土用量，减轻自重并减小截面高度，连接快捷，更满足快速施工和耐久性要求[55-59]。

2　下部结构构造与形式

以往桥梁的下部结构多为现浇施工，施工用时占现场施工时长 50%～60%。若采用预制下部结构技术，将盖梁、桥墩、桥台和承台基础进行预制或按一定模数分为若干构件，将其在预制场地制造后，通过运输设备运输到施工场地，再吊装就位后拼装，则可大大加快桥梁建设进程。该技术特别适用于对环境保护要求高、交通影响尽可能小、墩柱数量多且高、施工场地有限、施工组织困难、环境复杂的城市快速路桥梁施工中。近年来，上海地区已广泛开展了城市高架预制拼装下部结构的尝试，如于 2016 年通车的嘉闵高架[60]，于 2018 年建成的 S7 高速公路等，均采用预制拼装盖梁、立柱、桥台及基桩，以加快建设速度。

将混凝土桥墩整体浇筑，现场进行基础、桥墩和盖梁之间拼合的施工方法，目前已广泛运用于大型连岛工程及海峡湾桥梁建设中，如金塘大桥、东海大桥、杭州湾跨海大桥、港珠澳大桥等，其预制桥墩与承台连接部分通过预留湿接缝及连接钢筋，在墩身吊装完成后现场连接钢筋，并浇筑混凝土实现构件连接，有效减少现场或海上作业时间，并提高结构施工质量与效率。通过湿接缝连接的整体预制混凝土桥墩力学性能与现浇构件类似，但整体预制方式对于运输、吊装设备要求较高。如金塘大桥和杭州湾跨海大桥（图 8）空心薄壁混凝土桥墩最大重量和高度分别为 434t、458t 和 18.15m、17.38m[61,62]。另外，还有刚建成通车的港珠澳大桥海中桥墩，基本采用的是预制装配桥墩[63]。这些桥墩，一般通过江河或海边预制场龙门吊，大型驳船和海上大型浮吊进行运输和安装；在城市或公路中小跨径桥梁建设中，整体预制桥墩尺寸和重量则将受道路运输、吊装条件的限制。

为满足运输和吊装对构件长度和重量的限制，可将桥墩分段预制，现场通过构件间干/湿接缝连接和预应力筋束的张拉，实现混凝土桥墩的拼装。图 9 给出了典型分段预制桥墩示意图。此外，轻质高强、易于快速施工的空心钢桥墩、钢管混凝土桥墩等亦在欧美日等国家或地区的地震区人行桥梁、公路桥梁中得到广泛应用[65]。我国腊八斤特大桥、干海子大桥等采用了钢管混凝土桥墩[66,67]，其施工方便、自重较小且结构延性提高[68]。盖梁、桥台等预制方法与预制混凝土梁类似，亦常通过后张预应力提高梁体刚度。其截面形式有实心/空心长方形、T 形与 U 形梁等[8]。

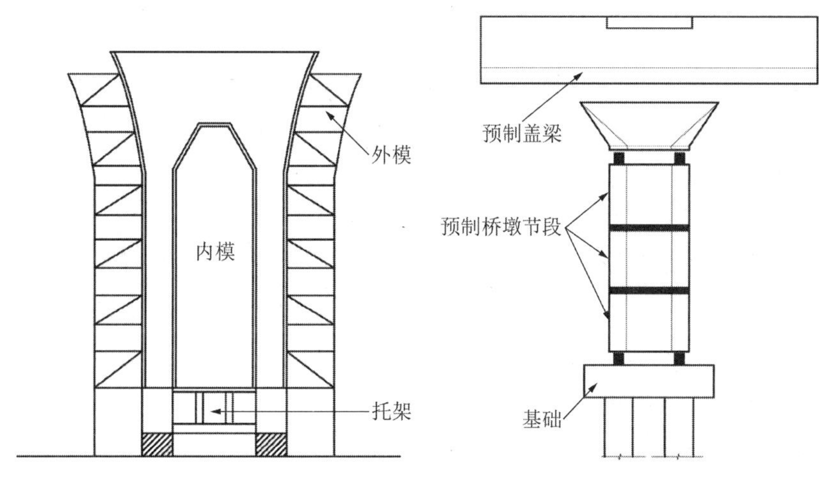

图 8　杭州湾跨海大桥墩身预制示意[62]　　图 9　典型分段预制桥墩示意[64]

如何确保接缝的平顺衔接，成为影响预制装配结构安全性的关键问题。目前，常用的接缝形式有：钢筋焊接/钢筋机械耦合器连接，并采用湿接缝填充、灌浆套管/波纹管连接、埋入式连接、后张预应力连接等[8,64,69,70,72-74]。图 10 给出了预制桥墩构件钢筋连接的几种常用方式示意。

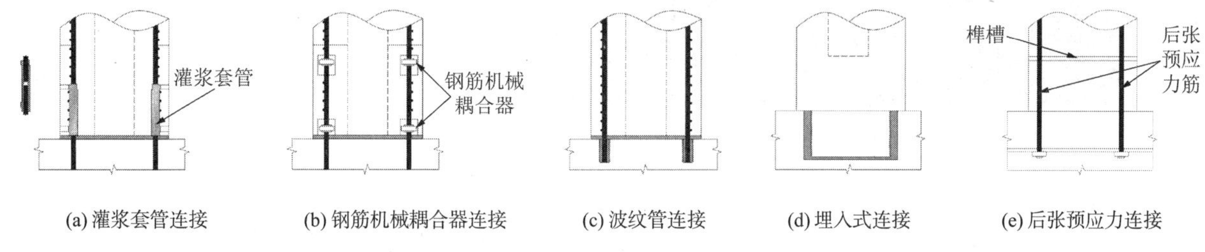

图 10　预制桥墩构件钢筋连接的常用方式示意

图 10 中，采用前三种接缝形式的预制桥墩需浇筑混凝土或砂浆将各构件连成整体，在保证一定的搭接和锚固长度的情况下，其性能与现浇桥墩性能较为接近。而采用后张预应力连接的墩柱通过榫槽和榫头保证构件间拼合与定位，现场只须封榫槽混凝土或灌注预应力管道砂浆即可，但其内部普通钢筋在接缝处不连续，剪切强度较弱，抗震性能与其他形式桥墩差异较大。加州大学圣迭戈分

校 Hewes[71]，我国同济大学葛继平[72]、赵宁[73]等人均对节段拼装预应力混凝土桥墩进行了研究，发现其在抵抗水平荷载时通过可摩擦和局部损伤实现耗能，具有一定自复位能力，震后残余位移较小，并可通过布置耗能钢筋、于塑性铰区域采用纤维混凝土加劲等手段改进耗能能力，但震中水平位移大、震中预应力损失等问题依然有待改进，且目前其节段预制拼装混凝土桥墩缺乏成熟的抗震分析理论。

3 构件运输与安装

预制构件运输与安装同样是实现桥梁快速施工的关键部分。在运输安装过程中，预制构件的尺寸和重量受到车间/工厂的生产能力、超限运输/安装设备的承载能力、运输线路通过性、场地净空条件等限制，需在设计构件时予以重视。此外，预制构件在设计过程中应考虑结构受力要求、施工和使用过程中的支承条件变化而造成的构件内部应力变化。常见的预制构件安装方法有吊装施工法、节段纵向顶推施工法、横向滑移法、转体施工法、节段悬臂拼装法、架桥机支架架设法、整桥提升法等，其选用需根据桥梁建设条件综合考虑。

吊装法在工程界使用广泛。轻型起重设备通过能力好，吊装构件时辅助设备少，现场仅需少量劳动力，可实现构件快速架设，适用于中小跨径桥梁的施工。重型吊装设备则更适用于构件尺寸和重量较大的平坦道路跨线桥或江河海峡湾桥梁的施工。为尽可能避免高空作业，在满足吊装重量限制的前提下，在吊装构件前应尽可能在地面完成构件拼装。图 11 给出了中小跨径桥梁板梁吊装法施工的实例。

图 12 给出了节段纵向顶推梁的施工示意。纵向顶推适用于地面起重设备工作范围难以覆盖桥梁全跨度的长高桥梁的施工。主要节段构件可在桥两端平台拼装和顶推，施工速度快。横向滑移、转体施工则将构件在桥梁附近拼装完整后，通过重型液压设备、运输车或转体装置等将桥梁结构运送或平转竖转至桥梁预定位置。

图 11 吊装法施工实例[2]

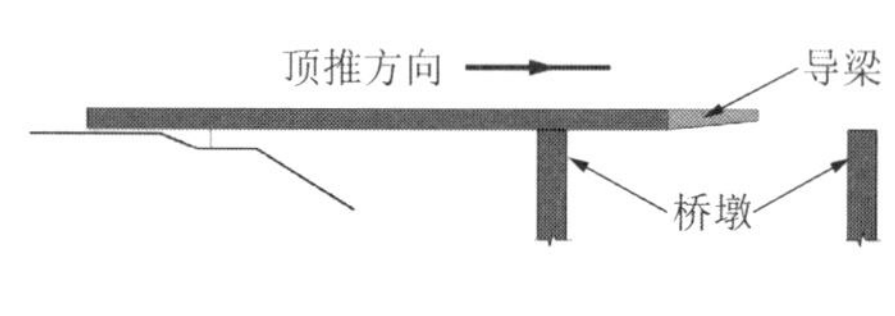

图 12 纵向顶推示意图

自行式模块运输车（Self-Propelled Modular Transporters，SPMT）和重型提升设备的成熟，使得工程师可将桥梁重达数百吨的部分大型构件或上部结构整体建造完成后，利用 SPMT 设备从远离桥点的预制场地将整桥一次移动到位。图 13 与表 1 给出了 SPMT 法进行预制桥梁的施工实例。由于桥梁上部结构在异地施工，该方法可实现上下部结构同时施工，增加施工灵活性，显著加快现场建造速度，但为保证整桥的运输，其对于桥梁周围通过能力的要求较高。

当桥梁跨越通航水道时，亦可通过驳船将主要构件运输至成桥地点，并通过提升设备放置于正确位置（图 14）。

图 13 SPMT 法施工实例[74]

图 14 整体顶升法实例[2]

SPMT 桥梁施工实例 表 1

案例	最大提升重量/t	时长/h
The Graves Avenue Bridge	1430	53
The 4500 SouthBridge	1650	—
北京西关环岛立交桥	500	70
长沙北辰三角洲跨街天桥	—	10
三元立交桥	1350	43

2007 年 1 月建成通车的主桥长 1082m、宽 37.62m 的三跨连续钢架拱桥——广州新光大桥[75]，其主跨拱肋采用分三大段提升，每岸的边段各重 1160t，中间大节段提升重量为 3200t，提升高度为 85m。此外，节段预制拼装技术还广泛用于大跨度或桥墩较高的连续梁桥、斜拉桥等，特别适用于采用变高主梁的桥梁和桥梁轴向线形变化的情况。因节段预制拼装的大跨度桥梁不完全属于本文所讨论的中小跨径快速施工桥梁，限于篇幅，这里不再赘述。

4 中小跨径钢混组合桥的分析

4.1 设计分析考虑的问题

关于快速施工钢-混组合桥梁的分析研究，根据其受力的复合截面特点、加载历史、材料和变形特点等，在分析计算时应着重考虑以下问题：①快速施工钢-混组合桥梁结构的合理形式；②钢板梁或钢箱梁腹板的屈曲稳定；③超高性能混凝土桥面板对钢-混组合桥梁受力性能的影响；④群钉剪力连接件的构造设计、滑移性能及对组合截面变形应力的影响；⑤预制装配桥面板的横向连接性能及预应力效应和影响；⑥快速施工钢-混组合桥梁动力行为及车桥耦合振动的理论分析及模拟方法；⑦群钉下钢-混组合桥梁的预制混凝土桥面板安装后的收缩徐变效应及影响；⑧群钉下钢-混组合桥梁的剪力滞、扭转畸变效应及影响；⑨快速施工钢-混组合桥梁简支连续的方法及性能；⑩快速施工钢-混组合桥梁的抗疲劳特性；⑪材料的非线性行为影响和极限承载力；⑫分段预制桥墩预应力钢筋拼装性能及抗震性能；⑬快速施工桥梁预制加工的成套技术装备和施工方法；⑭全寿命设计理论方法；⑮设计施工规范及 BIM 信息化管理建造技术；⑯装配式桥墩台形式与设计方法等。

由于快速施工钢-混组合桥梁的研究和发展在国外也只有 10 多年的历程，国内还属于起步和研发阶段。这里将钢-混组合桥梁与快速施工钢-混组合桥梁相关的理论研究与进展一并进行论述，主要包括群钉的抗剪性能、混凝土桥面板间接缝受力特性、组合梁复杂受力行为分析、多梁式荷载横向分布、体外预应力组合梁动力特性和组合梁疲劳耐久性等方面，对于钢-混组合梁在荷载作用下的疲劳问题也可参见有关专门综述[76]。

4.2 群钉抗剪性能

目前，国内外学者已对应用于钢-混凝土组合结构的群钉剪力连接件进行了大量研究。在推出试验方面，Okada 等（2006）[42]对群栓钉剪力连接件的破坏模式、抗剪强度等进行了研究和有限元分析，其研究结果显示，在极限承载状态下，由于混凝土率先受压破坏，与均布式栓钉相比，群钉内纵向混凝土压溃部分存在明显的互相干扰现象，因此，群钉内单个栓钉平均极限承载力较标准均布栓钉推出试件结果减少最多 14.7%；对于强度等级在 C25～C60 范围内的混凝土，当栓钉纵向间距大于 13 倍栓钉直径时不再存在“群钉效应”。廖崇庆（2007）[77]对 3 个单钉试件与 4 个群钉试件进行了推出试验，其研究表明群钉中栓钉平均抗剪承载刚度、平均抗剪承载力均有所减小，且后者减小幅度更大。侯文崎等（2011）[78]针对我国铁路桥梁中应用的钢-混凝土组合结构 C50 混凝土中直径 13mm 和 22mm 栓钉进行推出试验和有限元分析，由荷载—滑移关系研究群钉平均极限承载力的折减、群钉受力分布及其影响因素。结果表明：在群钉组合结构中，群钉平均极限承载力较单钉极限承载力有较大程度的折减，最多达 18%；钉群中单钉受力有明显的不均匀性，且随着荷载的增加，栓钉受力发生重分布，接近极限荷载时，各栓钉受力基本均匀；栓钉刚度越大，群钉平均承载力折减越多，而加载方式对群钉组合结构极限承载力则基本没有影响。苏庆田等（2014）[79]对 5 组不同横排数的采用高强度混凝土填充的栓钉试件进行推出试验，发现破坏形态均为栓钉剪断，栓钉横排数量对单个栓钉平均抗剪承载力有影响，其抗剪承载力随着栓钉横排数的增加而下降，同时栓钉抗剪强度下降幅值随着排数的增加趋向稳定，最大降幅在 15%以内；苏庆田等（2015）[47]进一步采用高强砂浆包裹栓钉试件，通过分析不同栓钉布置、栓钉排数形式对抗剪承载力的影响，获得了相似的结论和荷载-滑移关系表达式，并论证了高强度砂浆可作为栓钉与混凝土间良好的连接介质。Xu 等（2015）[80]对双向荷载条件下的“群钉效应”进行了研究分析，并通过 ABAQUS 软件建立 1/4 推出试件有限元模型进行验证，结果表明钢梁与混凝土界面间的摩擦力及在栓钉根部的混凝土双向压力对栓钉抗剪刚度、强度均有明显提升，前者影响更大；项贻强等（2017）[81]采用有限元模拟方法，在混凝土和钢材损伤塑性模型基础上，以横弯力、预压应力、混凝土抗压强度为设计变量，进一步分析复杂应力条件下钢-混凝土推出试件栓钉周围混凝土性能及栓钉失效模式，其结果显示通过增大横弯力和预压应力，单个栓钉的平均抗剪承载力最多可提高 31%；抗剪刚度最多可提高 61%，且横向预应力的施加，能够有效改善群钉周围混凝土的性能，减少混凝土损伤，从而提高栓钉刚度与结构耐久性。在组合梁栓钉的共同作用方面，马增（2015）[45]对采用不同剪力连接件的群钉连接组合箱梁桥进行了相关试验研究，得到了适用于群钉剪力连接组合梁的挠度及承载力计算公式，并给出标准跨径装配式组合箱梁连接件布置的合理建议；项贻强等（2017）[82]对具有不同栓钉布置间距的钢-混凝土组合小箱梁桥模型进行了试验研究和有限元分析，发现采用群钉布置的快速施工组合梁达到完全抗剪要求时，组合梁承载能力与焊钉数量和布置形式关系不大。

Chen 等[83]为探索钢-混组合梁的快速施工，提出了另一种栓钉形式，即用贯穿螺栓进行剪切连接。通过对其进行推出试验，研究了螺栓直径、螺栓预紧力、钢-混凝土接触面性能等几个参数。螺栓极限抗剪切承载力是通过类似于常规剪力栓钉试验的方法得到的，其初始滑移载荷比通常看到的极限载荷要低得多。在此基础上，提出了一种能够预测贯穿螺栓接头极限承载力的力学模型，并对试验结果与有限元分析结果进行了对比，证实其预测的可靠性。

综上，对组合梁群钉及单钉平均抗剪承载力降低的推出试验和机理分析、影响因素及其改善措施的研究，对实际的快速施工群钉组合连接的组合梁设计具有一定的指导意义，同时也表明实际的群钉效应影响因素较为复杂，不但与栓钉的个数、排布、混凝土强度等级相关，还与加载过程、方式、荷载的大小亦具有一定关联。贯穿螺栓的剪切连接方式固然简单方便快速，但应注意贯穿螺栓初始滑移载荷相较于焊接群钉和分布栓钉低，且本身的耐久性防护问题需要进一步研究。

4.3 混凝土桥面板间接缝受力特性

混凝土桥面板间连接性能是决定钢-混组合桥梁能否分块预制和快速装配的重要因素。采用分块预制装配其接缝节点力学性能，特别是位于负弯矩区的接缝抗拉性能决定了预制桥面板是否具有良好的整体性和耐久性能，对多梁式混凝土梁桥也同样如此。因此，具有标准化结构形式、与非接缝处混凝土构件保持同等强度，且易于快速施工的混凝土构件间连接接缝应为快速施工桥梁研究的重点之一。

目前，对于中小跨径桥梁，国内桥梁界混凝土构件间接缝多以焊接或交叉混凝土构件预留外伸钢筋并填充细粒混凝土实现构件间的连接，但一方面其连接刚度受预留缝高度的限制，另一方面其需现场对预留钢筋实施焊接，现场工作量大，易造成钢筋混凝土板在连接处开裂或疲劳问题。国外广泛探索了包括环箍钢筋（即 U 形钢筋）连接、空心套管连接等多种形式的湿接缝连接或仅需通过剪力键卯榫相互拼合的干接缝形式，并取得一定成果。

湿接缝方面，国外一般按照等强度原则，对湿接缝处连接钢筋进行设计，但其布置形式、设计参数等未见于相关规范。May、Gordon（2006）[32]以搭接钢筋类型（环箍钢筋或直筋）、搭接钢筋间隔、搭接区域长度、是否有分布钢筋、与接缝是否对称（非对称混凝土构件底部有外延以作为模板）等多因素为设计变量，对钢-混组合结构预制混凝土板负弯矩区湿接缝抗拉性能进行试验研究，发现非对称接缝由于下部混凝土在抗拉过程中不发挥作用，其极限抗拉承载力仅为设计值的 0.87 倍，且在无横向分布钢筋条件下，接缝极限抗拉承载力将进一步降低至设计值的 0.65 倍，说明了分布钢筋在接缝处的重要性。此外，在试验中经过合理设计的直筋和环箍钢筋搭接的混凝土接缝均表现出与非接缝部位相近的抗拉极限承载力，整体而言抗拉性能良好；Ma 等（2012）[34]以混凝土强度等级、接缝处钢筋搭接长度为设计变量，对于采用环箍钢筋搭接的混凝土接缝进行了抗拉试验研究，得到抗拉极限强度、裂缝宽度与全过程钢筋应变，并根据试验结果通过经典的压拉杆模型提出相应的接缝处抗拉能力计算公式，实现对接缝处性能较为安全的预测；Zhu 等（2015）[33]进一步研究提出一种预制全高桥面板在快速施工桥梁时采用 U 形钢筋连接方式进行断面接缝的连接构造，并分别制作四组足尺试验模型，对其在拉力载荷下和弯曲荷载下进行静载和疲劳荷载试验研究，测试内容包括接缝的拉伸能力、混凝土开裂和钢筋应变、弯曲曲率等，结果发现竖向疲劳载荷对 U 形钢筋节点连接的行为影响很小，在正常使用荷载下，节点接缝混凝土开裂宽度很小，有较好的抗疲劳特性，证实所提出的 U 形钢筋节点连接构造是一种快速施工混凝土桥面板连接的可行连接系统；Honarvar 等（2016）[18]采用搭接直筋并填充高性能砂浆以连接 UHPC 预制双向密肋桥面板，在实桥测试中表现良好；Hussein等（2017）[84]提出将超高性能混凝土 UHPC 材料用于公路混凝土箱梁桥的连接方式，开发了一种三维有限元模型，考虑了材料的黏连性能、摩擦和非线性行为，分析了其损伤演化模型和邻箱梁间荷载传递机制，并将分析结果与专门的试验结果进行了比较，证实了仿真模拟计算结果的正确性。

此外，如瑞典、法国等地区在设计中忽略使用干接缝拼接的混凝土桥面板的抗剪性能，而将其作为安全储备。为分析干接缝抗剪能力，Bergström（2010）[37]对采用不同钢筋布置形式的剪力键进行了抗剪性能试验研究与分析，但由于试验研究数量的不充分，未能得到有效的设计计算一般公式。

综上，对钢-混组合桥梁预制混凝土板，尤其是负弯矩区的连接倾向于采用预留 U 形钢筋接头进行搭接并穿入纵向搭接钢的高性能混凝土湿接缝为主，具有良好的抗弯拉及抗疲劳性能。对多梁式混凝土小箱桥面板的连接则宜采用预留钢筋进行搭接浇筑接缝混凝土形成整体受力，但混凝土铰缝需有一定的养护龄期以达到设计设定的强度。

4.4 受力行为分析

目前，对快速施工群钉连接的钢-混组合梁桥受力分析及影响的研究相对较少，但根据已有的均匀布置栓钉连接的钢-混组合梁桥研究，其在荷载作用下，栓钉连接的组合梁不可避免地会存在滑移效应、剪力滞效应、扭转畸变效应及非线性效应等。对于组合梁桥，分析方法广泛运用弹性理论假定，并通过假定一定的试函数或位移函数，借助能量法建立微分方程，根据实际桥梁的荷载边界条件，得到半解析解或数值解。

钢-混组合工字梁方面，张石波（2012）[85]根据桩基计算的 M 法建立栓钉在混凝土中的变形微分方程，利用幂级数法得到栓钉剪力件的刚度，并运用能量变分原理推导了组合梁的变形计算。李法雄等（2011）[86]基于 Gjelsvik 梁假定，引入纵向位移翘曲函数，建立考虑界面滑移和剪力滞的组合梁模型，推导了均布荷载作用下简支组合梁与悬臂端集中荷载作用下悬臂梁的解析解，并进一步得到考虑剪力滞效应的钢-混组合梁实用设计方法。孙飞飞等（2005）[87]在 Newmark 模型中引入抛物线型纵向位移函数与描述钢梁腹板剪切的 Timoshenko 梁假定，推导了均布荷载下钢-混组合工字梁的解析解，并用有限元算例对该公式进行对比验证。组合箱梁方面，张彦玲等（2009）[88]同时考虑混凝土翼板与钢梁底板剪力滞以及钢梁与混凝土板间的相对滑移，研究组合箱梁在均布荷载与集中荷载下的应力与挠度；周旺保等（2012）[89]采用能量变分法分析了组合箱梁在钢梁剪切变形、滑移下的剪力滞效应；何余良等（2014）[90]基于 Newmark 组合梁滑移模型，引入不同次数抛物线翘曲函数来描述组合梁顶底板应力横向非均匀分布，建立了一个同时考虑界面滑移、剪切变形和翼板剪力滞三重效应的钢-混组合箱梁模型，推导了简支组合箱梁在均布荷载和集中荷载作用下的解析解，并用试验方法验证了理论模型和解析解的正确性。

上述对不同形式、考虑多因素的组合梁的变形理论研究结果证明，组合桥梁剪力滞效应、滑移效应和钢梁剪切变形非常复杂，其对组合梁挠度和应力分布的影响不可忽略。值得注意的是，大多数解析方法建立在弹性理论 Newmark 模型假设基础上，认为剪力与滑移比呈线性，因而难以实现对几何非线性、材料非线性问题的求解；此外，群钉间间隔较大且界面间存在剪力集中现象，认为水平剪力沿轴向连续分布 Goodman 弹性夹层假设是否仍然适用于快速施工钢-混组合梁桥，特别是滑移较大的部分剪力连接组合梁桥仍有待进一步验证。

与解析方法不同，组合梁分析的有限元数值模拟方法是一种最直观且有效的分析方法。实际分析时可通过 2 种方式实现钢梁与混凝土板间连接模拟：①根据推出试验结果得到连接单元的刚度及荷载滑移曲线，并通过在钢梁与混凝土板间设置连接单元或弹簧（代替实际栓钉）以模拟其连接的力学特性；②采用实体单元定义剪力连接件，并考虑连接件、混凝土与钢梁间的接触关系进行组合梁的数值分析。第 2 种方法可离散化考虑不同栓钉尺寸及位置连接对组合梁各构件的影响，实现对组合梁整体受力过程及包括滑移效应、剪力滞效应、扭转畸变效应较为精确的模拟分析，缺点由于界面的复杂性，计算工作量非常大。

Ranzi 等（2010）[91]采用非线性有限变形理论，并允许混凝土与钢梁间存在竖向掀起效应考虑组合梁的几何非线性问题；Faella（2003）[92]建立考虑混凝土裂缝及开裂后的拉伸硬化的非线性连接件单元计算组合梁挠度，并据此提出一种简化算法；周凌宇等（2004）[93]提出集中荷载下考虑滑移效应和剪切变形作用的组合梁挠度解析表达式，并在此基础上推导组合梁单元刚度矩阵；申志强等（2013）[94]基于大位移和有限转动的 Eular 梁理论，建立了考虑截面滑移组合梁的求积元拉格朗日列式，对工程领域的组合梁模型进行几何非线性分析；陶慕轩等（2011）[95]提出用于模拟预应力连续组合梁非线性全过程受力行为的精细有限元模型，充分考虑了材料非线性与几何非线性，实现对预应力连续组合梁的精细化分析；Tahmasebinia 等（2012）[96]通过定义材料非线性本构关系及不同构件界面间的接触，采用 3D 实体单元模拟剪力连接件与混凝土，模拟栓钉与混凝土的相互作用，实现了对组合梁的极限承载力分析；林建平（2014）[97]引入无厚度界面单元模拟钢与混凝土界面的非连续变形，建立了考虑滑移的组合梁多尺度有限元模型。

Deng（2016）[98]通过实验和数值分析对折板梁（小箱梁）进行系统的性能评价。为此，设计、制作了一片折叠的试验板梁，并对其进行了测试，以评估这类桥梁的可施工性和承载力。将传统的设计计算和有限元分析结果与试验结果进行了比较，并根据试验数据对有限元模型进行验证，建立了完整的梁模型，进一步研究其在荷载条件下梁的受力性能。结果表明，该梁极限承载力远高于桥梁的要求，直至失效时其梁的延性依旧较好。采用基于 AASHTO LRFD 桥设计计算方法的计算结果与试验结果吻合较好。

由于采用了更复杂的建模技术和材料本构模型，使 FE 模型的预测结果更好。从复杂的非线性梁模型中得到的结果表明，梁的分布系数随荷载量的增加而变化，特别是随着钢梁的屈服，其变化趋势也逐渐改变。根据有限元分析结果，基于 AASHTO LRFD 桥设计规范的分布系数对本文研究的折叠板（小箱梁）梁桥的设计是偏安全的。

Nakamura（2002）[99]提出了一种新型的冷压 U 形钢梁与混凝土组合的梁（相当于小箱梁）。其所需的焊接量大大减小，并可以工厂化生产，结构经济。试验研究了梁模型的静弯曲性能，提出了一种基于伯努利-欧拉原理的梁截面设计计算方法，并得到了试验结果的验证。

项贻强等（2015）[100]针对典型简支多梁式组合小箱梁桥的长期性能，将横梁近似视为支承在各主梁上的多跨弹性支承连续梁，在混凝土板和钢梁间无相对滑移的平截面假定下，推导综合考虑混凝土收缩徐变作用的组合小箱梁在横向施加预应力下的横梁内力、横向长期应力和变形的计算公式，并将理论计算值和有限元软件 Midas 计算值对比分析，结果表明，两者吻合良好；但在长期荷载作用下，结构挠度有所增加，Midas 会低估混凝土收缩徐变以及预应力筋松弛对这类组合梁桥横向长期附加应力的影响。

项贻强等（2017）[101]针对《钢-混凝土组合桥梁设计规范》GB 50917—2013 中钢-混组合梁桥设计时界面滑移未计入混凝土收缩徐变效应的影响，推导了综合考虑桥面板混凝土长期性能和施加预应力影响的体外预应力钢-混组合梁桥的滑移计算公式。通过对某一典型简支钢-混组合小箱梁粘结滑移的计算及结果比较，证明提出的方法及推导滑移计算公式的正确性。参数研究结果表明：当考虑混凝土收缩徐变长期性能的影响时，钢-混组合梁的界面滑移会随着时间和预应力的增加而不断增加；在预应力钢-混组合梁的设计中，除考虑预应力对组合梁变形有利的方面外，还应注意和控制预应力对组合梁界面滑移不利的影响。

何超超（2016）[102]考虑体外预应力筋转向块摩擦的影响，采用力法和能量法对三种布筋形式的体外预应力钢-混凝土组合梁在不同荷载工况下的预应力筋应力增量进行计算，并将计算结果与《钢-混凝土组合桥梁设计规范》GB 50917—2013 公式计算结果进行校核，证明了所推导公式的正确性。

4.5 多梁式组合梁的荷载横向分布

Kim 等（1997）[103]通过现场测试两种简支钢-混凝土组合梁桥在正常卡车加载下 I 型钢梁底板连续两天的应变数据，利用低通数字滤波器对应变记录进行滤波处理去除动态分量，得到等效的静态应变。分析给出了此类桥梁的荷载分布和冲击系数的统计参数。通过与美国国家公路运输协会（AASHTO）规范给出的计算结果相比，实测桥梁各梁的分布系数小于 AASHTO 预测值，测量的桥梁冲击系数远低于 AASHTO 值。

Li 等（2011）[104]则针对多梁式桥梁提出了一种计算该类桥梁活载分布的新方法。该模型采用弹簧支撑连续梁假定，分析每个弹簧单元在随机卡车荷载作用下的最大反应，推导出载荷分配系数。通过所提出模型计算的结果与桥梁设计规范相比较表明，该模型易于使用，并可与现行设计标准相媲美。

项贻强等（2012）[105]通过考虑钢-混组合梁界面滑移效应，分别对传统的偏心压力法、修正偏心压力法、刚接梁法计算公式进行修正，并用所提出的各修正方法对一座典型的多梁式钢-混组合小箱梁桥的荷载横向分布进行计算并将修正理论算法计算所得结果与经试验验证有限元方法计算结果进行比较。结果表明，考虑滑移修正的刚接梁法适用于计算多梁式钢-混组合小箱梁桥的跨中荷载横向分布系数；当满足窄桥条件时，则可采用更为简洁地考虑滑移修正的偏心压力法进行计算；并同时指出，在进行多梁式钢-混组合小箱梁桥设计时，为减少桥梁的偏载效应，建议适当加强横向连接的钢横梁刚度，采用不完全剪力连接形式。

项贻强等（2015）[106]对多梁式钢-混组合小箱梁的横向受力性能，针对横梁相对抗弯刚度小的特点，提出采用弹性支承连续梁法分析横梁受力的实用方法。将横梁比拟为弹性支承连续梁，用初参数法计算其反力影响线，鉴于箱形主梁抗扭刚度大，导出了支承反力的修正公式；进而为避免混凝土桥面板开裂，提出了在桥面引入横向预应力体系的处置方法，对一个简支钢-混组合桥的横向预应力进行了设计配筋，给出了相应的数值分析结果。研究结果表明：弹性支承连续梁法计算的横梁内力与有限元计算结果相比，两者控制截面结果误差一般在10%以内；未施加横向预应力时混凝土桥面板将出现过大的拉应力，施加横向预应力能改善混凝土板的横向受力，保证全跨混凝土板横向受压。

4.6 体外预应力组合梁动力特性

为提高快速施工组合梁使用性能和极限承载力，降低结构高度与自重，设计人员有时在钢梁或桁架梁底部施加预应力束或预制桥面板施加预压应力，以改善组合梁的受力性能。目前横纵向预应力对于组合梁静力性能的影响研究已经较多，但其对组合梁动力特性的影响亦不可忽略。

Miyamoto 等（2000）[107]于通过假设体外预应力增量与梁跨中位置振动位移成正比，推导了预应力简支组合梁自振频率的解析解，并用锤击实验对该理论公式进行验证，结果表明，体外预应力对钢-混组合梁自振频率的影响与预应力效应以轴力为主还是弯矩为主有关，前者降低自振频率而后者提高自振频率；熊学玉等（2005）[108]研究了直线形、单折线形与双折线形体外预应力简支梁自振频率计算公式，并提出防止体外预应力梁共振的方法，如改变体外索的自由长度与改变布筋形式、体外预应力大小等；楼梦麟等（2006）[109]给出预应力梁横向弯曲振动的微分方程，并通过模态叠加法得到近似解；焦春节等（2011）[110]则对体外预应力钢-混凝土连续梁提出了自振频率分析的方程，其理论预测值与有限元模型结果较为接近；方德平（2012）[111]通过假设体外筋与转向座间自由滑动无摩擦与铰接无滑移，提出了体外预应力梁动力特性的两种数值解法；王广利（2016）[112]通过将体外预应力效应等效为梁刚度增加的方法，对Miyamoto假设进行修正，结果表明该方法有更高的精确度。项贻强等（2017）[113]基于A.Miyamoto的研究，进一步考虑了滑移效应与体外预应力对简支预应力钢-混组合梁自振频率的影响。研究提出考虑滑移效应的动力刚度修正系数法、静力刚度折减法和不考虑滑移效应的等效截面法计算梁的自振频率，发现动力刚度修正系数法计算得到的自振频率与实测值较为接近。

目前，对于具有体外预应力索的快速施工钢-混凝土组合小箱梁桥，作者领导的团队等基于Timoshenko梁理论，并引入群钉受力机理和预应力变化量与振动位移间的相互关系等研究探索运用解析或半解析半数值的方法求解该类型梁自振特性、车桥耦合振动行为问题等。

上述研究表明：预应力水平大小、预应力筋布置形式及滑移效应、钢梁的剪切变形等均对组合桥的动力特性有明显影响。目前的研究主要建立在传统均布栓钉连接的钢-混组合梁桥基础上，而快速施工组合梁桥集中式剪力栓钉布置形式与传统组合梁桥不同，梁与预制混凝土板间的变形具有不连续性，滑移机理更为复杂，相关的研究很少，已有的对于栓钉离散化分析考虑组合梁动力特性方面的研究尚未见报道。

4.7 组合梁的疲劳及耐久性

组合梁栓钉连接的可靠性直接影响桥梁的承载与安全，而栓钉的疲劳与锈蚀力学性能退化对组合梁受力的影响非常大。

目前，关于组合梁疲劳性能的研究主要集中在栓钉剪力连接件、组合梁体和预制混凝土板间快速连接方式的疲劳等方面。关于预制混凝土板间快速连接方式的疲劳问题前面已有论述，而栓钉疲劳寿命的预测则主要沿用经典确定金属疲劳的*S-N*曲线方法，考虑混凝土强度等级、连接件类型、横向配筋等参数的情况下，假设栓钉应力幅与疲劳寿命均与数值之间存在线性关系，通过大量试验数据拟合，确定给出栓钉的*S-N*寿命曲线，如宗周红等（1999）[114]的研究。目前各国规范中关于疲劳寿命计算公式主要基于上述试验研究和经验，由于试验样本数量有限且离散性较大，造成各国规范公式之间存在较大差异[76]。

除栓钉本身抗剪能力的降低外，疲劳荷载下钢与混凝土界面间的滑移效应将对组合梁刚度造成影响，Gattesco 等（1997）[115]进一步考虑低周荷载下的栓钉非弹性变形，提出采用钢与混凝土截面的相对滑移量预测栓钉疲劳寿命的方法。聂建国等[76]对相关研究进行了总结，疲劳荷载下钢与混凝土间残余滑移的发展大致分为3个阶段：残余滑移随疲劳荷载循环次数的增加迅速增加，但增加速率逐渐降低；残余滑移的稳定增长，速率基本为定值，这一阶段约占疲劳寿命的80%；疲劳荷载循环次数接近疲劳寿命时，残余滑移迅速增长，直至栓钉破坏。

理论方面，目前仅有少数学者基于断裂力学对栓钉的疲劳寿命及残余抗剪承载力等进行分析，如王宇航等（2009）[116]考虑栓钉应力幅、应力上限和静力强度等因素，推导出栓钉疲劳计算公式，并定量计算初始缺陷对栓钉疲劳寿命的影响；荣学亮等（2013）[117]基于考虑构件初始缺陷影响的断裂力学方法，提出残余抗剪承载力与等幅循环荷载加载次数关系的计算方法，并采用此计算方法对不同的影响因素进行了参数分析。

由于组合梁中，栓钉实际受力状态与推出试验中存在一定差异，根据推出试验得到的栓钉疲劳性能进而对组合梁疲劳性能预测存在局限性，仍需对组合梁模型做进一步试验研究。YENJYR 等（1997）[118]考虑不同栓钉数量、加劲方式、应力幅水平等参数对组合梁疲劳性能的影响进行了试验研究，结果表明部分剪力连接组合梁与完全剪力连接组合梁的疲劳刚度、疲劳强度相接近等，但未能发现组合梁疲劳破坏形态；宗周红等（2000）[119]对预应力钢-混组合梁疲劳性能进行研究；刘自明等（2001）[120]、杨勇等（2012）[121]、刘小洁等（2015）[122]分别对组合梁负弯矩区、带钢-混凝土组合桥面板的组合梁、组合箱梁抗弯疲劳性能进行了相关研究。

上述研究对快速施工高性能混凝土桥面板群钉连接的组合梁抗疲劳性能研究几乎未见；但对常规施工的组合梁，根据有关规范及研究，只要对栓钉采取合理设计措施和施工工艺能就确保组合梁具有良好的抗疲劳性能。

目前，对于栓钉锈蚀后组合梁力学性能研究尚在起步阶段，现有研究多以人工气候环境和电流加速锈蚀方法，使栓钉试件和组合梁试件内部分区域栓钉锈蚀后进行力学性能试验，如匡亚川等（2013）[123]对锈蚀栓钉进行承载力分析，通过回归分析得到锈蚀栓钉的抗剪承载力计算公式；余志武等（2014）[124]对锈蚀栓钉进行拉伸试验，并建立了锈蚀栓钉力学性能退化模型与本构关系模型；荣学亮等（2013）[125]等对锈蚀栓钉极限抗剪承载力及疲劳寿命进行相关实验，研究表明栓钉锈蚀将造成力学性能的明显下降。组合梁试验方面，余志武等（2010）[126]对栓钉锈蚀后组合梁进行研究，发现其极限承载力、刚度、剪力连接度等均随着栓钉锈蚀程度的上升而不断下降；薛文等（2013）[127]对钢-混凝土组合梁负弯矩区栓钉锈蚀进行了分析，结果表明随着负弯矩区栓钉锈蚀率的增加，组合梁剪力连接程度下降，钢梁与混凝土之间的滑移增大，组合梁的刚度降低，但其极限抗弯承载力下降不明显。

上述研究中，可以发现组合梁受到栓钉锈蚀的影响，其性能呈现逐渐退化的趋势。在实际工程中，除栓钉锈蚀外，组合梁钢梁部分锈蚀、混凝土板内钢筋锈胀等多因素均对组合梁力学性能产生影响，但对上述相互作用及影响的研究目前尚无相关报道；此外，由于寿命期内存在超载行为或道路升级要求，桥梁使用荷载等级超过最初设计要求的现象屡见不鲜，但目前尚无关于超载高应力环境下栓钉锈蚀及对组合梁力学行为影响的研究。

5 节段预制拼装的混凝土箱梁结构

正如上篇所指出的，节段预制快速拼装桥梁多以混凝土箱梁结构为主，且国外广泛采用体外预应力体系，而国内仍以体内预应力体系和体外预应力混合体系为主。不过，也有少部分桥梁采用体外预应力体系的预应力混凝土箱梁及钢-混组合的箱梁桥结构。下面重点讨论节段预制拼装混凝土箱梁桥的受力特点及分析方法。

5.1 受力特点

采用体外预应力体系的节段预制拼装混凝土箱梁桥在箱体壁内无须预埋孔道，腹板可仅按照抗剪要求设计，箱体腹板厚度、节段自重均显著减小，自重减轻亦有利于节段数量的降低和预应力效率的提升；

预应力筋多采用折线形，线形简单，设计、施工难度均大幅降低，且有利于节段的标准化制造，如采用全体外预应力轻型薄壁箱梁的芜湖长江公路二桥引桥，其全线 28km 内仅有 5 类，16 种节段形式，桥梁节段预制生产的标准化程度显著提升[51]；体外预应力体系预应力筋安装、检测与更换方便，桥梁全寿命期内性能有所保证，同时这种配束体系亦是现有桥梁加固的有效方法之一。因此，采用体外预应力体系的节段预制拼装混凝土结构同样也可以看作一种快速施工桥梁。

体外预应力体系节段预制拼装混凝土箱梁体系与普通预应力体系有显著不同：

1）体外预应力筋仅在锚固区域和转向区域与梁体相连，其预应力筋应变增量取决于梁体整体变形，而与同一截面混凝土应变发展不协调，平截面假定无法适用。

2）极限状态下体外预应力应变沿全长均匀分布，通常无法达到预应力筋极限破坏值，破坏主要由梁体过大变形下混凝土受压破坏引起。

3）由于预应力筋束存在自由变形区域，在梁体挠曲过程中该区域预应力筋偏心距随梁体变化，存在明显的几何非线性特点，即所谓“二次效应”，因而考虑其极限承载力时无法简单套用无粘结体内预应力梁体计算方法。

4）体外预应力筋偏心距较同等配筋的体内预应力筋小，相对而言预应力施加效率较低。

5）节段间的受压区局限在接缝截面之内，能够达到的极限压应变较小，导致了体外预应力结构的承载能力较低，延性也较差[128]。因此，在分析中需正确考虑接缝力学性能对梁体极限承载力的影响。

6）由于转向块装置是除锚固装置外预应力筋与梁体唯一有直接联系的部分，承受较大集中力，对其进行合理构造设计与配筋亦是体外预应力节段拼装混凝土箱梁体系设计的关键环节之一。

5.2 主要分析方法

节段预制拼装混凝土箱梁桥在正常使用荷载作用下的基本受力，与采用其他施工的相应截面形式桥梁基本类似，如箱梁弹性荷载下存在剪力滞、畸变、翘曲扭转、预应力混凝土的收缩徐变应力损失及重分布等，对钢-混组合桥还应考虑组合连接后的各种效应影响。所不同的是，各类桥梁均应结合施工顺序、龄期和预应力加载历史和荷载等进行详尽的分析。常用的方法，不外乎简化的 2 维或 3 维杆系有限元法、特殊力学问题的经典能量变分法及精细 3 维有限元法，当结构进入几何或材料非线性阶段时，应采用有关的非线性分析理论及荷载试验等。目前，对于几何、力学形式较为复杂的转向块区域，常用的研究方法有适用范围较广的拉压杆模型方法（Strut-and-Tie Model）、局部实体单元有限元方法和试验研究方法等。美国 AASHTO 专门在 LRFD 桥梁设计规范（2012 版）中对节段式施工混凝土桥梁的分析与设计进行了规定[129]，美国节段式桥梁协会（ASBI）专门出版了节段混凝土桥梁设计与施工规范[130]，并编制出版了使用 AASHTO LRFD 桥梁设计规范对节段预制平衡悬臂施工桥梁进行设计的说明及示例[131]。

目前对于体外预应力节段预制拼装混凝土箱梁的研究多以全过程精细化非线性有限元模型分析和试验研究为主，其设计、计算理论仍相对较少。李学斌（2003）[132]以跨度 39.1m 简支箱梁和 2m × 40m 连续箱梁为例，分析了体外预应力节段预制拼装混凝土箱梁的全过程受力特性和正截面弯曲破坏形态；卢文良（2004）[133]对体外预应力节段预制拼装混凝土梁的弯曲、剪切性能进行了系统研究，发现接缝界面剪力键区域应力状态复杂，是梁体的薄弱环节；Turmo 等（2005）[134]对采用干接缝的简支节段预制拼装混凝土梁桥进行了弯剪试验与相应的有限元分析，发现梁体破坏时由于接缝张开，下端混凝土退出工作，跨中节段混凝土存在明显的“拱效应”，而接缝处抗剪承载力、预应力筋应力增量等并非控制梁体破坏的主要因素，通过较少的抗剪钢筋，即可避免节段间剪力传递引起的梁体开裂。此外，体外预应力的少量增长可明显提升结构安全系数；Dall’asta、Ragni 等（2007）[135]对体外预应力混凝土梁的破坏模式计算提出简化方法，但其在分析中忽略了接缝对结构极限承载力的影响。上述研究指出：体外预应力预制节段拼装混凝土箱梁破坏模式较为明确，为接缝处受压区混凝土压溃引起破坏，破坏过程中由于预应力筋变形均布于梁体范围内，其控制截面应力水平较大，往往不发生破坏。目前，体外预应力结构常用的转向块结构形式有横隔板式、肋式、块式 3 种。

徐栋等（2005）[136]采用有限元方法与相应的拉压杆模型方法对体外预应力混凝土桥梁转向块结构进行受力分析，并给出相应的计算方法和设计建议；杨明等（2011、2012）[137,138]对波纹钢腹板体外预应力箱梁钢制与混凝土块式转向装置的受力特点、破坏形态和极限承载力等进行了试验研究与相应的有限元分析，结果表明转向块装置破坏由环向钢筋受拉引起，破坏时环向钢筋有明显的偏心受拉特点。上述研究显示，预应力竖向分力引起的转向装置处拉力扩散是引起转向装置开裂破坏的主要因素，且在受力过程中混凝土受拉开裂不可避免。通过加厚下部结构和合理配筋，可较好限制混凝土拉应力，进而限制混凝土裂缝的开展，提高其极限承载力。

综上，尽管我国在一些大型桥梁的引桥中广泛采用了体外预应力预制节段拼装混凝土箱梁桥的设计，但其大多还是参照国外相应的设计和施工规范，结合我国的桥梁设计及施工规范进行的。因此，有待于从相关的工程实践中提升、编制和完善我国相应的设计施工规范体系。

6 预制拼装下部结构的研究

目前，快速施工桥梁下部结构以预制拼装桥墩设计研究为主。预制拼装桥墩方法主要包括湿接缝和干接缝连接两种。与现浇混凝土桥墩不同，预制拼装混凝土桥墩，特别是采用干接缝连接的混凝土桥墩构件接缝在大偏压状态下有可能存在一侧受拉而张开现象，结构无法通过混凝土受拉开裂与钢筋变形进行能量耗散，亦使得受压区局部应力更大。由于缺乏对采用该种摇摆体系的桥墩抗震性能的了解，往往限制了预制拼装桥墩在震区的运用。针对这一问题，国内外众多学者通过拟静力试验、有限元方法等对节段预制拼装桥墩进行了广泛的研究，并取得了一系列成果。

6.1 理论研究及进展

关于预制拼装桥墩的分析研究，目前主要有解析法、集中塑性铰法、纤维模型法和实体单元法等。解析法将受力过程中桥墩的受力状态分为受拉侧混凝土纤维出现零应力状态、接缝处裂缝扩展达到截面高度的一半、预应力筋屈服等多个受力阶段，并根据假定对每个阶段进行弯矩曲率分析，得到重力和水平地震作用下，墩顶荷载-位移曲线，可以直接用于设计，具有较强的实用性[139]；集中塑性铰法是较为常用的简化设计方法，其假定连接部分存在等塑性曲率段，曲率恒等于连接部分最大塑性区域，其长度通过大量试验结果回归得到，Palermo（2007）[140]和 Yu Chenou（2007）[141]采用该方法对干接缝连接节段预制拼装混凝土桥墩进行了循环荷载作用下的模拟，结果显示计算结果与试验结果吻合良好。该方法经过大量试验结果论证后，最终被新西兰混凝土设计规范采用；纤维模型法将构件沿轴向分为多段，段内采用多种纤维表示不同力学特性的材料，并根据平截面假定和材料应力-应变关系得到不同截面的弯曲刚度，最终沿长度方向积分得到构件整体的完全刚度，该方法由伯克利大学开发的 OpenSees 有限元分析软件所采用，亦实现了拟静力条件下荷载位移滞回曲线的准确模拟，但对于动力反应下残余位移、接缝行为未能实现准确计算；实体单元法则通过能够充分考虑混凝土、钢材的本构关系和非线性、接缝处的接触条件等，从而实现对预制节段桥墩的精确模拟，是目前研究中通用的分析方法，但在分析中，存在对混凝土动力本构关系、混凝土裂缝的开展机理尚不十分明确等问题。

6.2 试验研究

试验研究方面，早期研究表明，单纯采用后张预应力方式进行加劲的预制混凝土桥墩，即使采用延性纤维对塑性铰区域进行加劲，其仍存在震中位移较大，耗能能力偏低，且震后预应力损失与墩体残余位移较大等问题（2003）[142,143]。因此，桥墩与其他构件连接部分需通过其他更有效的局部加劲措施，提高其滞回耗能性能。周凌宇（2007、2010）[144,145]对采用干接缝连接的预制钢管约束素混凝土桥墩进行试验研究，并在塑性铰区域将套筒壁进行增厚处理，其研究结果表明该形式桥墩在设计最大位移条件下具有良好的抗弯性能；高婧等（2011）[146]以是否存在预应力钢筋、预应力筋位置和粘结状态及是否存在耗能钢筋为设计变量，采用拟静力试验方法对不同构造类型的预制混凝土桥墩破坏形态、易损部位、荷载位移滞回曲线等进行研究，结果表明，节段预制拼装桥墩在循环荷载作用下不存在现浇混凝土桥墩常见的塑性铰现象而以接缝的交替开闭实现结构的耗能，从而显著减小了桥墩在震中损伤程度，耗能钢筋的存在可延缓接缝的张开，对于结构的极限弯矩与耗能能力产生有利影响，但其亦增加了桥墩的残余位移；魏红一等[147]通过对套筒预埋位置不同的预制立柱试件进行拟静力试验，并与现浇立柱作对比此类构造下混凝土桥墩的损伤部位、损伤发展过程和最终破坏形态，并定量地从滞回曲线、骨架曲线、刚度、延性、耗能等方面详细分析了试件的抗震性能，结果表明：不同预埋位置灌浆套筒的预制试件在损伤形式和塑性铰形成上有所不同，但试件抗震性能总体相近，预制试件损伤均小于现浇试件，且主要集中在接缝处，预制试件各项性能参数不弱于现浇试件，合理设计下可满足预期的抗震要求；王志强等（2017）[69]采用灌浆套管、灌浆金属波纹管两种连接方式，对上海市嘉闵北城市高架桥预制拼装桥墩的设计合理性进行研究，结果表明，波纹管连接构造位移延性较好，等效阻尼比较高，套筒连接构造残余应变较小，等效刚度较大，但两者性能均与现浇混凝土试件接近，可满足中高强度地震区域的抗震要求。

此外，部分学者对经济性好、延性较高、施工便捷的预制钢管混凝土桥墩进行了设计研究。如 Stephens 等（2016）[70]对于采用承插式连接、焊接销钉连接及螺旋钢筋增强连接等 3 种连接构造的钢管混凝土桥墩-盖梁连接进行了研究，其结果表明采用不同连接形式的钢管混凝土桥墩在循环荷载下均体现出良好的变形性能；王震等（2016）[148]提出考虑剪切和纵筋滑移的钢管混凝土组合桥墩计算模型，并与试验结果进行对比，实现了对压剪弯作用下的非线性变形全过程桥墩变形能力较为准确的预测；项贻强等（2016）[149]还研究提出了一种预制钢管约束型钢混凝土墩柱与盖梁的快速连接方法。

综上：采用合理连接形式与构造措施是实现快速施工预制拼装桥墩的关键，大多数情况下其具有与现浇混凝土墩柱相近的性能甚至更好的动力性能，从而能够实现在中高震区的应用；其次，目前对预制拼装桥墩的研究和设计分析较多，而对预制拼装桥台研究相对较少，这方面有待加强。

7 结论与展望

快速施工桥梁，美国联邦管理局、高校研究机构及工程管理设计应用部门，已经进行了 10 多年的系统研究，并编制了快速施工桥梁手册[2,3]，有效促进了行业的技术进步和创新发展，同时也实现了社会资源、工程造价、工期的最大节约。相比之下，我国在这个方面的研究还刚刚起步，尽管近些年有部分院校研究机构及大型的设计单位在该领域展开了一些研发，但还有许多不足，制约该领域发展的关键因素主要有：

1）大部分桥梁工程从业人员的工程理念还主要停留在传统桥梁的设计施工模式，认为传统桥梁建造理论成熟、方法可靠，工程风险小，建造管理体系完善、保守等，而对快速施工桥梁的认知存在盲区，如采用快速装配施工关键连接件节点不可靠、施工运输吊装装备投入巨大、施工不经济、没有可供操作的这类工程招标投标及合同管理新机制等。

2）由于设计、施工及工程市场投资渠道及管理的分片、条块状管理，导致各扫门前雪，各自重复建设小型预制场地或相关设备，工程不经济，而没有从整个行业、体系的创新、工程总承包机制等进行创新发展，形成规模经济和效益。

3）对采用 UHPC、FRP 等新型材料在快速施工桥梁、组合桥面板的推广应用，缺乏统一的测试、设计施工规范和标准。

4）缺乏一整套设计施工方法、规范等指导我国公路及城市桥梁的设计与施工，以及针对城市道路或公路运输特点的中小跨径桥梁的标准设计，下部结构有效合理的分块连接运输方式、简支快速施工桥梁的连续化设计理论方法等。

展望未来，对于梁高受限或桥梁较宽、跨径在25～50m的数量占比均较多的城市桥梁或公路桥梁，包括北方受季节性影响较大的桥梁，桥梁工业化、信息化及快速施工桥梁还远未推广应用，发展的潜力巨大，同时仍有许多热点问题值得进一步研究解决：

1）加快UHPC及HPC混凝土在快速施工桥梁及桥面板性能、施工工艺及质量控制方面的研究。如高性能混凝土材料的拌制及质量控制、混凝土桥面板架设的施工控制、现场桥面板间连接构造、钢-混凝土剪力群钉连接的质量控制等。

2）中小跨径快速施工桥梁结构的合理形式。我国以前对中小跨径桥梁多采用预制装配的混凝土板梁、T梁，其远程运输自重大、梁体受拉时易开裂，而钢-混组合桥梁具有构件自重小、高度小、刚度大、适用性好、疲劳性能好、充分发挥钢材抗拉和混凝土抗压强度等特点，借鉴发达国家在该领域的设计和建造经验，推出适用于我国国情的快速施工桥梁技术及合理的结构形式，尤其是中小跨径快速施工桥梁，包括新型钢-混组合桥梁及多跨连续构造的研究和模数化标准图的设计，同时引入BIM信息化管理建造技术。

3）对中小跨径快速施工钢-混组合桥梁的设计理论体系研究。主要包括：新型快速施工螺栓钉连接的钢-混凝土组合梁力学性能及应用研究，超载高应力环境下快速施工群栓钉锈蚀及对组合梁力学行为影响，新型快速施工钢-混凝土组合梁连续方式的设计、受力机理与分析方法研究，包括桥上预应力设计布置方式、预应力效应和收缩徐变的影响分析，不同设计参数的快速施工桥面板接缝分析，快速施工钢-混组合桥梁动力行为及车桥耦合振动的理论分析及模拟方法，快速施工高性能或超高性能混凝土桥面板的钢-混组合梁桥的受力及疲劳机理，预制拼装式桥台结构形式及设计研究，包括预制钢管约束型钢混凝土桥墩的系统设计和分析理论等。

4）选用合适的施工方式，研发有关的预制生产技术及装备。尤其要注意研究中小跨径快速施工桥梁预制加工的成套技术装备和合适的施工方法。

5）编制设计与施工规范或指南。结合我国现状，在基于全寿命分析的前提下，研究编制快速施工钢-混凝土组合桥梁设计与施工规范，体外预应力节段预制拼装混凝土箱梁的设计与施工规范体系，桥梁设计施工运营管理BIM信息化管理技术规范等。

6）快速施工桥梁设计施工总承包机制的创新及招标投标合同管理的新模式探索。

8 致谢

本文得到了国家自然科学基金（No.51541810）、唐仲英中国基金会项目、“中央高校基本科研业务费专项资金资助”项目（2018QNA4032）的资助。

参考文献

[1] 中华人民共和国交通运输部. 2016年交通运输行业发展统计公报[J]. 交通财会, 2017(5): 92-96.

[2] CME ASSOCIATES. Accelerated bridge construction-experience in design, fabrication and erection of prefabricated bridge elements and systems[R]. McLean: Office of Bridge Technology, HIBT-10 Federal Highway Administration, 2011.

[3] KHAN M A. Accelerated bridge construction: Best practices and techniques[M]. Boston: Elsevier, 2014.

[4] 项贻强，郭树海，陈政阳，等. 快速施工桥梁技术及其研究[J]. 中国市政工程, 2015(4): 28-32.

[5] 严薇，曹永红，李国荣. 装配式结构体系的发展与建筑工业化[J]. 重庆建筑大学学报, 2004, 26(5): 131-136.

[6] 张凯. 中小跨径钢板组合梁桥快速建造技术与应用研究[D]. 西安：长安大学, 2016.

[7] GORDON S R, MAY I M. Precast deck systems for steel-concrete composite bridges[J]. Bridge Engineering, 2007, 160(1): 25-35.

[8] HIEBER D G, WACKER J M, EBERHARD M O, et al. State-of-the-art report on precast concrete systems for rapid construction of bridges[R]. Washington DC: Washington State Transportation Center, 2005.

[9] GOLDBERG D, ASHWILL T D, ASWAD A, et al. Precast prestressed concrete bridge deck panels[J]. PCI Journal, 1987, 32(2): 26-45.

[10] YANDZIO E, ILES D. Precast concrete decks for composite highway bridges[M]. Berkshire: The Steel Construction Institute, 2004.

[11] BERGER R H. Full-depth modular precast, prestressed bridge decks[C]//Transportation Research Board. The 62nd Annual Meeting of the Transportation Research Board. Washington DC: Transportation Research Board, 1983: 52-59.

[12] BADIE S S. Full-depth precast prestressed concrete bridge deck system[J]. Pci Journal, 1998, 43(3): 50-66.

[13] ISSA M A, YOUSIF A A, ISSA M A, et al. Analysis of full depth precast concrete bridge deck panels[J]. Pci Journal, 1998, 43(1): 74-85.

[14] 黄修林，丁庆军，宋晓波，等. 港珠澳大桥 C60 桥面板混凝土配合比设计与性能[J]. 混凝土, 2013(4): 108-111.

[15] 何余良. 多梁式钢-混凝土组合小箱梁桥受力特性及试验研究[D]. 杭州：浙江大学, 2014.

[16] 郭树海. 快速施工钢-混组合小箱梁桥静力行为分析与试验研究[D]. 杭州：浙江大学, 2017.

[17] CANNING L, HODGSON J, BROWN P, et al. Progress of advanced composites for civil infrastructure[J]. Structures & Buildings, 2007, 160(6): 307-315.

[18] HONARVAR E, SRITHARAN S, ROUSE J M, et al. Bridge decks with precast UHPC waffle panels: A field evaluation and design optimization[J]. Journal of Bridge Engineering, 2016, 21(1): 279-289.

[19] AALETI S R, SRITHARAN S, BIERWAGEN D, et al. Structural behavior of waffle bridge deck panels and connections of precast ultra-high-performance concrete[J]. Transportation Research Record Journal of the Transportation Research Board, 2011, 2251(1): 82-92.

[20] HEIMANN J. The implementation of full depth UHPC waffle bridge deck panels: Final report[R]. Washington DC: Federal Highway Administration, 2013.

[21] MIRMIRAN A, MACKIE K. Lightweight solid decks for movable bridges-phase II[R]. Tallahassee: Florida Department of Transportation Research Center, 2016.

[22] 邵旭东，张松涛，张良，等. 钢-超薄UHPC层轻型组合桥面性能研究[J]. 重庆交通大学学报(自然科学版), 2016, 35(1): 22-27.

[23] LUKE S. Building west mill bridge in reinforced plastics[J]. Reinforced Plastics, 2003, 47(1): 26-30.

[24] MU B, WU H C, YAN A, et al. FEA of complex bridge system with FRP composite deck[J]. Journal of Composites for Construction, 2006, 10(1): 79-86.

[25] 叶列平，冯鹏. FRP 在工程结构中的应用与发展[J]. 土木工程学报, 2006, 39(3): 24-36.

[26] 杨勇，可守峰，徐博林，等. FRP-混凝土组合桥面板疲劳性能研究综述[J]. 西安建筑科技大学学报(自然科学版), 2010, 42(6): 781-789, 814.

[27] 卫军，李沛，徐岳，等. 空心板铰缝协同工作性能影响因素分析[J]. 中国公路学报, 2011, 24(2): 29-33.

[28] 乔学礼. 空心板铰缝破坏机理及防治措施研究[D]. 西安：长安大学, 2008.

[29] 金伟良，吕清芳，潘仁泉. 东南沿海公路桥梁耐久性现状[J]. 江苏大学学报(自然科学版), 2007, 28(3): 254-257.

[30] MA Z J, ZHAN Y, XIAO L, et al. Simplified full-depth precast concrete deck panel systems for accelerated bridge construction[J]. Journal of Modern Transportation, 2016, 24(4): 251-260.

[31] ATTANAYAKE U, AKTAN H. First-generation ABC system, evolving design, and half a century of performance: Michigan side-by-side box-beam bridges[J]. Journal of Performance of Constructed Facilities, 2015, 29(3): 4014090-1-4014090-14.

[32] MAY I M, GORDON S R. Development of in situ joints for pre-cast bridge deck units[J]. Bridge Engineering, 2006, 159(1): 17-30.

[33] ZHU P, MA Z J, FRENCH C E. Fatigue evaluation of longitudinal u-bar joint details for accelerated bridge construction[J]. Journal of Bridge Engineering, 2015, 17(2): 201-210.

[34] ZHU P, MA Z J, FRENCH C E. Fatigue evaluation of transverse u-bar joint details for accelerated bridge construction[J]. Journal of Bridge Engineering, 2012, 17(2): 191-200.

[35] 聂建国，陶慕轩，聂鑫，等. 抗拔不抗剪连接新技术及其应用[J]. 土木工程学报, 2015, 48(4): 7-14.

[36] 聂建国，李一昕，陶慕轩，等. 新型抗拔不抗剪连接件抗拔性能试验[J]. 中国公路学报, 2014, 27(4): 38-45.

[37] BERGSTRÖM P. Composite bridges with prefabricated decks: Literature review and design for laboratory testing of overlapping concrete shear keys[D]. Luleå: Luleå University of Technology, 2010.

[38] BERTHELLEMY J. French bridges experiences from prefabricated deck elements[C]//PETER C, HÄLLMARK, R, NILSSON M, H. International workshop on prefabricated composite bridges. Luleå: Luleå University of Technology, 2009: 1-10.

[39] 刘中良，陈俊，霍静思. 装配式组合梁高强螺栓连接件抗剪性能试验研究[J]. 建筑结构, 2017, 47(10): 65-70.

[40] 项贻强，郭树海，邱政. 钢板剪力连接件及其在快速施工钢混组合桥中的施工方法. 中国: CN105421217B[P], 2017.

[41] BADIE S S, TADROS M K, KAKISH H F, et al. Large shear studs for composite action in steel bridge girders[J]. Journal of Bridge Engineering, 2002, 7(3): 195-203.

[42] OKADA J, YODA T, LEBET J P. A study of the grouped arrangements of stud connectors on shear strength behavior[J]. Journal of Structural Mechanics & Earthquake Engineering, 2006, 23(1): 75S-89S.

[43] SHIM C S, LEE P G, KIM D W, et al. Effects of group arrangement on the ultimate strength of stud shear connection[C]//LEON R T, PEREA T, RASSATI G A, et al. Composite construction in steel and concrete VI. Reston: American Society of Civil Engineers, 2008: 92-101.

[44] BADIE S S, GIRGIS A F M, TADROS M, et al. Full-scale testing for composite slab/beam systems made with extended stud spacing[J]. Journal of Bridge Engineering, 2011, 16(5): 653-661.

[45] 马增. 新型装配式钢-混组合箱梁桥结构设计与试验研究[D]. 南京：东南大学, 2015.

[46] 蔺钊飞，刘玉擎. 大直径焊钉连接件抗剪性能试验[J]. 同济大学学报(自然科学版), 2015, 43(12): 1788-1793.

[47] 苏庆田，李雨. 高强度砂浆群钉连接件抗剪承载力试验[J]. 同济大学学报(自然科学版), 2015, 43(5): 699-705.

[48] PEDRO J J O, REIS A J. Composite cable-stayed bridges: State of the art[J]. Bridge Engineering, 2016, 169(BE1): 13-38.

[49] HANSWILLE G. Composite bridges in germany designed according to Eurocode 4-2[C]//LEON R T, PEREAT, RASSATI G A, et al. Composite construction in steel and concrete VI. Reston: American Society of Civil Engineers, 2008: 391-405.

[50] 余泉. 多箱式连续小箱梁桥受力特性的分析及其试验研究[D]. 杭州：浙江大学, 2006.

[51] 王凯，胡可，段海澎. 芜湖长江公路二桥引桥段上部结构设计与施工[J]. 公路交通技术, 2017, 33(3): 47-51.

[52] 黄厚卿，肖贤炎. 虎门二桥短线匹配法预制节段拼装桥梁施工控制[J]. 公路交通科技：应用技术版, 2016(139): 198-200.

[53] 周家勇. 装配式桥梁预制混凝土桥面板安装施工工艺[J]. 工程与建设, 2016, 30(3): 403-406.

[54] 窦维禹. 新型钢板组合梁桥施工全过程结构性能分析[J]. 公路交通科技(应用技术版), 2014(117): 205-208.

[55] ITOH Y, TSUBOUCHI S, KIM I T, et al. Lifecycle cost and CO_2 emission comparison of conventional and rationalized bridges[J]. Journal of Global Environment Engineering, 2006(11): 45-58.

[56] ILES D C. Design guide for ladder deck bridges[R]. Berkshire: The Steel Construction Institute, 2006.

[57] ILES D C. Composite highway bridge design[R]. Berkshire: The Steel Construction Institute, 2010.

[58] 刘永健，高诣民，周绪红，等. 中小跨径钢-混凝土组合梁桥技术经济性分析[J]. 中国公路学报, 2017, 30(3): 1-13.

[59] 聂建国，陶慕轩，吴丽丽，等. 钢-混凝土组合结构桥梁研究新进展[J]. 土木工程学报, 2012, 45(6): 110-122.

[60] 黄国斌，查义强. 上海公路桥梁桥墩预制拼装建造技术[J]. 上海公路, 2014(4): 1-5.

[61] 王辉，李硕. 金塘大桥墩身预制工艺分析[J]. 中华建设, 2012(1): 138-139.

[62] 曾平喜，唐衡，冯永明. 杭州湾跨海大桥预制墩身施工技术[C]//吕忠达，王仁贵，孟凡超，等. 中国公路学会桥梁和结构工程分会 2005 年全国桥梁学术会议论文集. 北京：中国公路学会, 2005: 510-522.

[63] 朱万旭，覃荷瑛，甘国荣，等. 港珠澳大桥节段预制桥墩高强钢筋联接锚固体系的关键技术研究[J]. 铁道学报, 2017, 39(5): 118-124.

[64] BILLINGTON S L, BARNES R W, BREEN J E. Alternate substructure systems for standard highway bridges[J]. Journal of Bridge Engineering, 2001, 6(2): 87-94.

[65] 马敬海. 部分内填混凝土钢箱形断面桥墩抗震性能研究[D]. 南京：河海大学, 2006.

[66] 朱海清, 李营, MAX Stephens, 等. 装配式钢管混凝土柱-盖梁节点抗震性能试验研究[J]. 土木工程学报, 2017, 50(8): 29-37.

[67] 吴庆雄, 黄育凡, 陈宝春. 钢管混凝土组合桁梁-格构墩轻型桥梁非线性地震响应分析[J]. 工程力学, 2015, 32(12): 90-98.

[68] 陈宝春, 牟廷敏, 陈宜言, 等. 我国钢-混凝土组合结构桥梁研究进展及工程应用[J]. 建筑结构学报, 2013, 34(S1): 1-10.

[69] 王志强, 卫张震, 魏红一, 等. 预制拼装联接件形式对桥墩抗震性能的影响[J]. 中国公路学报, 2017, 30(5): 74-80.

[70] STEPHENS M T, BERG L M, LEHMAN D E, et al. Seismic CFST column-to-precast cap beam connections for accelerated bridge construction[J]. Journal of Structural Engineering, 2016, 142(9): 4016049-1～4016049-13.

[71] HEWES J T. Seismic design and performance of precast concrete segmental bridge columns[R]. Sacramento, California Department of Transportation Division of Engineering Services, 2002.

[72] 葛继平. 节段拼装桥墩抗震性能试验研究与理论分析[D]. 上海: 同济大学, 2008.

[73] 赵宁. 预制节段拼装空心混凝土桥墩拟静力试验和分析研究[D]. 上海: 同济大学, 2009.

[74] 赵迎, 李建军, 虞山. SPMT 工法成功应用于北京昌平西关环岛桥梁改造工程[J]. 市政技术, 2012, 30(2): 3-5.

[75] 徐升桥, 任为东, 刘春彦. 新光大桥的设计与施工[J]. 铁道勘察, 2007, 33(z1): 63-71.

[76] 聂建国, 王宇航. 钢-混凝土组合梁疲劳性能研究综述[J]. 工程力学, 2012, 29(6): 1-11.

[77] 廖崇庆. 钢-混凝土连续组合梁群钉连接件抗剪承载力试验研究[D]. 上海: 同济大学, 2007.

[78] 侯文崎, 叶梅新. 铁路桥梁群钉组合结构极限承载力和静力行为分析[J]. 中国铁道科学, 2011, 32(1): 55-61.

[79] 苏庆田, 韩旭, 任飞. 多排焊钉推出试件力学性能[J]. 同济大学学报(自然科学版), 2014, 42(7): 1011-1016.

[80] XU C, SUGIURA K, MASUYA H, et al. Experimental study on the biaxial loading effect on group stud shear connectors of steel-concrete composite bridges[J]. Journal of Bridge Engineering, 2015, 20(10): 4014110-1-4014110-14.

[81] 项贻强, 郭树海. 复杂应力条件下快速施工钢-混组合梁群钉推出试件参数分析[J]. 中国公路学报, 2017, 30(3): 246-254.

[82] 项贻强, 郭树海, 邱政, 等. 群钉布置方式对钢-混凝土组合小箱梁受力性能的影响分析[J]. 建筑结构学报, 2017(S1): 376-383.

[83] CHEN Y T, ZHAO Y, WEST J S, et al. Behaviour of steel-precast composite girders with through-bolt shear connectors under static loading[J]. Journal of Constructional Steel Research, 2014, 103(3): 168-178.

[84] HUSSEIN H H, WALSH K K, SARGAND S M, et al. Modeling the shear connection in adjacent box-beam bridges with ultrahigh-performance concrete joints I: Model calibration and validation[J]. Journal of Bridge Engineering, 2017, 22(8): 04017043-1-04017043-14.

[85] 张石波. 考虑滑移效应的钢-混凝土组合梁桥力学行为研究[D]. 广州: 华南理工大学, 2012.

[86] 聂建国, 李法雄, 樊健生, 等. 钢-混凝土组合梁考虑剪力滞效应实用设计方法[J]. 工程力学, 2011, 28(11): 45-51.

[87] 孙飞飞, 李国强. 考虑滑移、剪力滞后和剪切变形的钢-混凝土组合梁解析解[J]. 工程力学, 2005, 22(2): 96-103.

[88] 张彦玲, 李运生, 季文玉. 简支组合箱梁在横向对称荷载作用下的解析解及剪力滞研究[J]. 石家庄铁道大学学报(自然科学版), 2009, 22(1): 5-14.

[89] ZHOU W B, JIANG L Z, LIU Z J, et al. Closed-form solution for shear lag effects of steel-concrete composite box beams considering shear deformation and slip[J]. Journal of Central South University, 2012, 19(10): 2976-2982.

[90] 何余良, 项贻强, 李少俊, 等. 基于不同抛物线翘曲函数组合箱梁剪力滞[J]. 浙江大学学报(工学版), 2014, 48(11): 1933-1940.

[91] RANZI G, DALL Asta A, RAGNI L, et al. A geometric nonlinear model for composite beams with partial interaction[J]. Engineering Structures, 2010, 32(5): 1384-1396.

[92] FAELLA C, MARTINELLI E, NIGRO E. Shear connection nonlinearity and deflections of steel-concrete composite beams: A simplified method[J]. Journal of Structural Engineering, 2003, 129(1): 12-20.

[93] 周凌宇, 余志武, 蒋丽忠. 组合梁滑移和剪切变形双重效应的有限元分析[J]. 中国铁道科学, 2004, 25(3): 61-66.

[94] 申志强, 钟宏志. 界面滑移组合梁的几何非线性求积元分析[J]. 工程力学, 2013, 30(3): 270-275.

[95] 陶慕轩, 聂建国. 预应力钢-混凝土连续组合梁的非线性有限元分析[J]. 土木工程学报, 2011, 44(2): 8-20.

[96] TAHMASEBINIA F, RANZI G, ZONA A. Beam tests of composite steel-concrete members: A three-dimensional finite element model[J]. International Journal of Steel Structures, 2012, 12(1): 37-45.

[97] 林建平. 考虑界面非连续变形的钢-混凝土组合梁桥数值模拟研究[D]. 杭州: 浙江大学, 2014.

[98] DENG Y, PHARES B M, STEFFENS O W. Experimental and numerical evaluation of a folded plate girder system for short-span bridges-a case study[J]. Engineering Structures, 2016, 113(2016): 26-40.

[99] NAKAMURA S I. Bending behavior of composite girders with cold formed steel U section[J]. Journal of Structural Engineering, 2002, 128(9): 1169-1176.

[100] 项贻强, 李少骏, 刘丽思, 等. 横向预应力下多梁式组合小箱梁长期性能[J]. 浙江大学学报(工学版), 2015, 49(5): 956-962.

[101] 项贻强, 何超超, 邱政. 体外预应力钢-混组合梁长期滑移计算[J]. 浙江大学学报(工学版), 2017, 51(4): 739-744.

[102] 何超超. 预应力钢-混组合梁桥长期行为分析及修复加固研究[D]. 杭州: 浙江大学, 2016.

[103] KIM S, NOWAK A S. Load distribution and impact factors for I-girder bridges[J]. Journal of Bridge Engineering, 1997, 2(3): 97-104.

[104] LI J, CHEN G. Method to compute live-load distribution in bridge girders[J]. Practice Periodical on Structural Design & Construction, 2011, 16(4): 191-198.

[105] 项贻强, 何余良, 刘丽思, 等. 考虑滑移的多梁式组合小箱梁桥荷载横向分布[J]. 哈尔滨工业大学学报, 2012, 44(8): 113-118.

[106] 项贻强, 李少骏, 刘丽思, 等. 多梁式钢-混组合小箱梁横向受力性能[J]. 中国公路学报, 2015, 28(7): 31-41.

[107] MIYAMOTO A, TEI K, NAKAMURA H, et al. Behavior of prestressed beam strengthened with external tendons[J]. Journal of Structural Engineering, 2000, 126(9): 1033-1044.

[108] 熊学玉, 王寿生. 体外预应力梁振动特性的分析与研究[J]. 地震工程与工程振动, 2005, 25(2): 55-61.

[109] 楼梦麟, 洪婷婷. 体外预应力梁动力特性的分析方法[J]. 同济大学学报(自然科学版), 2006, 34(10): 1284-1288.

[110] 焦春节, 丁洁民. 体外预应力钢-混凝土组合连续梁自振频率分析[J]. 工程力学, 2011, 28(2): 193-197.

[111] 方德平. 体外预应力梁动力特性分析的两种数值分析方法[J]. 振动与冲击, 2012, 31(24): 168-171.

[112] 王广利. 体外预应力简支梁动力特性的等效刚度分析法[J]. 重庆三峡学院学报, 2016, 32(3): 92-96.

[113] 项贻强, 邱政, GAUTAM BISHNU GUPT. 考虑滑移效应的体外预应力钢-混凝土组合梁自振频率分析[J]. 东南大学学报(自然科学版), 2017, 47(1): 107-111.

[114] 宗周红, 车惠民. 剪力连接件静载和疲劳试验研究[J]. 福州大学学报, 1999, 27(6): 61-66.

[115] GATTESCO N, GIURIANI E, GUBANA A. Low-cycle fatigue test on stud shear connectors[J]. Journal of Structural Engineering, 1997, 123(2): 145-150.

[116] 王宇航, 聂建国. 基于断裂力学的组合梁栓钉疲劳性能[J]. 清华大学学报(自然科学版), 2009, 49(9): 1467-1470.

[117] 荣学亮, 黄侨, 赵品. 考虑疲劳损伤的栓钉连接件抗剪承载力研究[J]. 中国公路学报, 2013, 26(4): 88-93.

[118] YEN J Y R, LIN Y, LAI M T. Composite beams subjected to static and fatigue loads[J]. Journal of Structural Engineering, 1997, 123(6): 765-771.

[119] 宗周红, 车惠民. 预应力钢-混凝土组合梁的疲劳性能[J]. 铁道学报, 2000, 22(3): 92-95.

[120] 刘自明, 汪双炎, 童智洋. 结合梁负弯矩区模型试验研究[J]. 钢结构, 2001, 16(55): 35-38.

[121] 杨勇, 周现伟, 薛建阳, 等. 带钢板-混凝土组合桥面板的组合梁疲劳性能试验研究[J]. 土木工程学报, 2012, 45(6): 123-131.

[122] 刘小洁, 李亚平, 刘亚茹, 等. 钢-混凝土组合箱梁的抗弯疲劳性能试验研究[J]. 铁道科学与工程学报, 2015, 12(5): 1123-1129.

[123] 匡亚川, 余志武, 龚匡晖, 等. 栓钉锈蚀与抗剪承载力试验研究[J]. 武汉理工大学学报(交通科学与工程版), 2013, 37(2): 381-385.

[124] 余志武, 石卫华, 匡亚川. 锈蚀栓钉力学性能试验研究[J]. 中南大学学报(自然科学版), 2014, 45(1): 249-255.

[125] 荣学亮, 黄侨, 任远. 栓钉连接件锈蚀后静力性能和抗疲劳性能的试验研究[J]. 土木工程学报, 2013, 46(2): 10-18.

[126] 余志武，匡亚川，龚匡晖，等. 加速锈蚀钢-混凝土组合梁的性能试验研究[J]. 铁道科学与工程学报, 2010, 7(3): 1-5.

[127] 薛文，陈驹，吴麟，等. 栓钉锈蚀钢-混凝土组合梁试验研究[J]. 建筑结构学报, 2013, 34(s1): 222-226.

[128] 孙宝俊，周国华. 体外预应力结构技术及应用综述[J]. 东南大学学报(自然科学版), 2001, 31(1): 109-113.

[129] AASHTO. LRFD bridge design specifications[S]. 6th Ed. Washington DC: AASHTO Officials, 2012.

[130] AASHTO. Guide specifications for design and construction of concrete segmental bridges[M]. Washington DC: AASHTO Officials, 2003.

[131] THERYO T S. Precast balanced cantilever bridge design using AASHTO LRFD bridge design specifications[M]. Buda: American Segmental Bridge Institute, 2004.

[132] 李学斌. 预制节段拼装体外预应力混凝土箱梁受力特性研究[D]. 北京：铁道部科学研究院, 2003.

[133] 卢文良. 节段预制体外预应力混凝土梁设计理论研究[D]. 北京：北京交通大学, 2004.

[134] TURMO J, RAMOS G, APARICIO A C. FEM study on the structural behaviour of segmental concrete bridges with unbonded prestressing and dry joints: Simply supported bridges[J]. Engineering Structures, 2005, 27(11): 1652-1661.

[135] DALL'ASTA A, RAGNI L, Zona A. Simplified method for failure analysis of concrete beams prestressed with external tendons[J]. Journal of Structural Engineering, 2007, 133(1): 121-131.

[136] 徐栋，魏华. 体外预应力桥梁转向结构分析及配筋研究[J]. 同济大学学报(自然科学版), 2005, 33(6): 722-726.

[137] 杨明，黄侨，马文刚，等. 波纹钢腹板体外预应力箱梁混凝土块式转向装置力学性能研究[J]. 工程力学, 2012, 29(2): 185-191.

[138] 杨明，黄侨，叶见曙，等. 波纹钢腹板体外预应力箱梁桥钢制块式转向装置力学性能[J]. 东南大学学报(自然科学版), 2011, 41(1): 174-180.

[139] PRIESTLEY M J N, TAO J R. Seismic response of precast prestressed concrete frames with partially debonded tendons[J]. Pci Journal, 1993, 38(1): 58-69.

[140] PALERMO A, PAMPANIN S, MARRIOTT D. Design, modeling-and experimental response of seismic resistant bridge piers with posttensioned dissipating connections[J]. Journal of Structural Engineering, 2007, 133(11): 1648-1661.

[141] OU Y C, CHIEWANICHAKORN M, AREF A J, et al. Seismic performance of segmental precast unbonded posttensioned concrete bridge columns[J]. Journal of Structural Engineering, 2007, 133(11): 1636-1647.

[142] KWAN W P, BILLINGTON S L. Unbonded posttensioned concrete bridge piers-I: monotonic and cyclic analyses[J]. Journal of Bridge Engineering, 2003, 8(2): 92-101.

[143] KWAN W P, BILLINGTON S L. Unbonded posttensioned concrete bridge piers-II: seismic analyses[J]. Journal of Bridge Engineering, 2003, 8(2): 102-111.

[144] ZHOU L Y, HSU C P. Hysteretic model development and seismic response of unbonded post-tensioned precast CFT segmental bridge columns[J] Earthquake Engineering and Structural Dynamics, 2007, 37(6): 919-934.

[145] ZHOU L Y, CHEN Y C. Cyclic tests of post-tensioned precast CFT segmental bridge columns with unbonded strands[J]. Earthquake Engineering & Structural Dynamics, 2010, 35(2): 159-175.

[146] 高婧，葛继平，林铁良. 干接缝节段拼装桥墩拟静力试验研究[J]. 振动与冲击, 2011, 30(4): 211-216.

[147] 魏红一，肖纬，王志强，等. 采用套筒连接的预制桥墩抗震性能试验研究[J]. 同济大学学报(自然科学版), 2016, 44(7): 1010-1016.

[148] 王震，王景全，戚家南. 钢管混凝土组合桥墩变形能力计算模型[J]. 浙江大学学报(工学版), 2016, 50(5): 864-870.

[149] 项贻强，邱政. 一种预制钢管约束型钢混凝土墩柱与盖梁的快速连接方法：中国, CN105803925B[P]. 2016.

分阶段施工中钢箱梁制造参数的通用计算方法

汪劲丰[1]，杨松伟[1]，亢阳阳[2]，向华伟[1]

（1. 浙江大学 建筑工程学院，浙江 杭州 310058；2. 富源县交通运输局，云南 曲靖 655500）

摘　要：为了精确计算分阶段施工中钢箱梁制造参数，形成简便统一的求解思路，基于安装时节段间交界面实现平顺对接的思想，直接根据结构累计位移确定已安装、待安装节段桥位现场的相对位置关系，以设计成桥状态下节段形心处梁长为基准，提出分阶段施工钢箱梁桥节段间制造夹角、顶底板长度制造参数的通用计算方法。应用于三跨钢箱连续梁桥大节段吊装施工，准确计算各小节段钢箱梁制造参数、精准修正大节段接缝处顶底板加工长度。结果表明：制造完成后各小节段钢箱梁交界面焊缝宽度均匀一致、现场安装时大节段钢箱梁端面实现精准匹配、合龙后主梁线形与设计线形吻合良好，验证了所提方法的正确性。

关键词：桥梁结构；分阶段施工；钢箱梁；制造参数；通用计算方法

桥梁在自重及施工荷载作用下会产生挠度，为了保证竣工后桥梁线形达到设计成桥线形，需要在施工时设置与挠度方向相反的预拱度[1-2]。对于混凝土现浇结构而言，施工过程中直接控制新节段自由端的立模标高即可满足预拱度的要求，同时新旧节段交界面可实现自动匹配。但钢箱梁节段的制造、安装过程相互分离，各节段尺寸在工厂制造时就已确定，现场安装时不能像混凝土现浇节段那样实现连接处转角和悬臂端标高的较大调整[3-4]，因此在保证新节段自由端达到定位标高的同时，实现相邻节段交界面的平顺衔接尤为重要。

根据累计变形计算的预拱度曲线连续但不光滑，如果直接将主梁划分成若干个矩形节段来制造，按理论标高定位时相邻节段端面必然存在夹角。在桥位现场安装时，虽然可以通过现场切割、垫块、顶底板焊缝宽度或索力调整节段长度和倾角，但切割精度难以保证，通过垫块和索力调整则会影响结构的内力和线形[5-6]。为了实现安装时新旧节段端面的精准匹配，需要根据恰当的方法修正节段顶底板长度，按梯形块加工制造钢箱梁节段。因此，准确计算钢箱梁节段的制造参数成为钢箱梁桥制造及安装过程中的基础性工作[7-8]。

对钢箱梁制造参数计算的研究可归纳为 2 类。①基于无应力状态控制理念[9]，通过结构成桥时的有应力状态直接解算制造时的无应力状态。Yiu 等[10]在单元级别采用线性理论或线性二阶理论由力反算变形，提出按单元“放松-组装-制造”过程求节段无应力构形的方法。梁鹏等[5]利用单元随转坐标系法直接得到节段设计状态相对于制造状态的变形，可方便地由设计构形直接得到无应力构形。结构解体法[5]从成桥状态出发，通过解除主梁多余约束及所有荷载得到无应力构形。董道福等[11]根据已知的结构部分构件的目标构形及外荷载，采用几何法及零作用法直接求解单元的无应力构形基本参数及构件完整无应力构形。李传习等[12-14]用简便的一次落架法确定顶推钢箱梁相邻节段制造时的位置关系，提出“等高等邻边梯形法”获得节段的制造参数。②根据计算或测量获得的结构位移及转角信息对安装过程中相邻节段的位置关系进行分析，获得节段制造参数。李乔等[6]通过引入切线位移概念及计算方法，得到用于制造参数计算的制造线形，对悬臂拼装施工桥梁具有很好的适用性。赵雷等[15]从新起吊悬拼节段与相邻已安装节段间的位置关系着手，利用施工阶段分析结果计算节段制造参数。陈太聪等[16]综合考虑结构整体变形和节段局部变形的影响，提出端截面转角补偿的方法确定节段制造参数。Kim 等[17]利用地面激光扫描仪精确测量施工现场两侧悬臂段的三维位置及相对位移获得合龙段的制造参数。Wang 等[18]推导大节段钢箱梁各状态下的几何状态方程和状态传递矩阵，根据状态方程中的状态向量准确计算钢箱梁制造参数。

分阶段桥梁施工中节段的几何形态和相对位置关系与具体的施工方法和施工步骤密切相关[19]，工程中存在节段交接处两侧弹性曲线不光滑连续的情形，此时完全按照无应力状态控制理念得到的无应力构形进行安装会出现强迫合龙的情况[9]。此外，桥梁施工过程中节段的转角不易量测，利用结构位移和转角计算节段制造参数略显烦琐。本研究基于安装时节段间交界面实现平顺对接的思想，直接根据结构累计位移确定已安装节段和待安装节段桥位现场的相对位置关系，并以设计成桥状态下节段形心处梁长为基准，提出分阶段施工钢箱梁桥节段间制造夹角、顶底板长度制造参数的通用计算方法，以三跨变截面钢箱连续梁桥为背景验证该方法的实用性，并给出相应的计算结果。

1 节段安装匹配关系分析

如图 1（a）所示，钢箱梁桥建造一般采用分阶段施工法，在工况t待安装节段i前端控制点P_i安装至定位标高，节段后端通过栓接或焊接方式与已安装节段$i-1$进行匹配，循环往复至全桥合龙。图 1（b）中，在工况t安装节段i时，已安装节段$i-1$和待安装节段i在自重及施工荷载作用下发生变形，若节段按矩形进行制造，此时 2 个节段端截面会存在夹角$\xi_{i-1,i}$。图 1（c）中，若在制造时修正节段顶底板长度，将 2 个节段端截面预留出夹角$\xi_{i-1,i}$，即可实现施工时相邻节段端面的精确匹配。钢箱梁工厂制造时，为了方便检查节段制造质量，常在胎架上对节段进行预拼，通过调整节段间的相对高差来保证端截面紧密结合[20]。图 1（d）中，$\xi_{i-1,i}$反映了工厂预拼时相邻节段的位置关系，因此将其定义为节段间制造夹角。采用适当的方法确定节段间制造夹角，结合节段梁高及中性轴位置信息即可得到钢箱梁制造参数（如顶底板长度）。

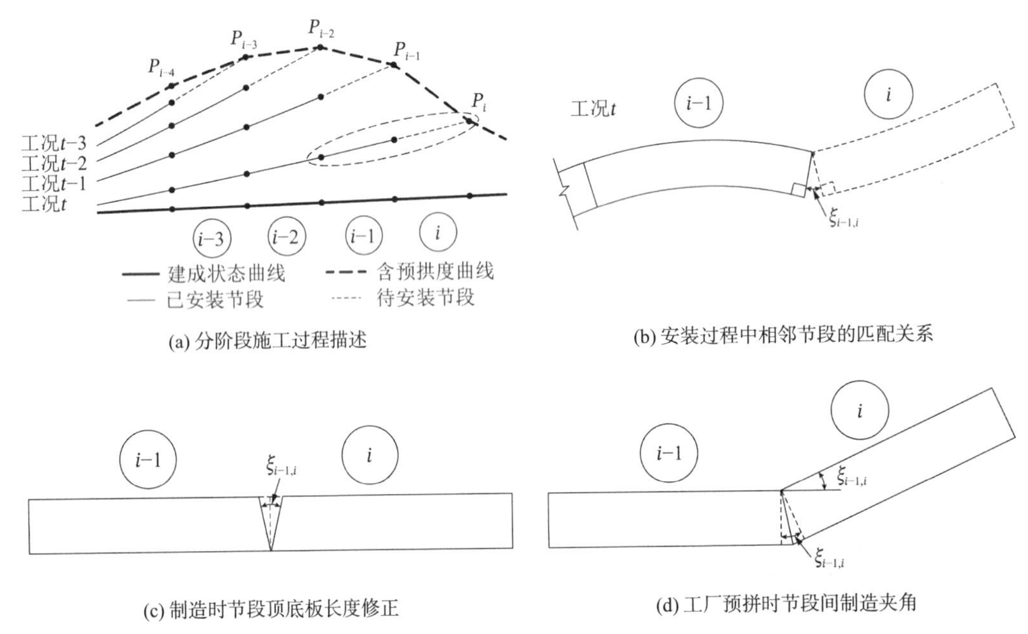

(a) 分阶段施工过程描述　(b) 安装过程中相邻节段的匹配关系

(c) 制造时节段顶底板长度修正　(d) 工厂预拼时节段间制造夹角

图 1　分阶段施工中节段制造状态的确定

2 钢箱梁制造参数的计算

从设计文件上能方便地获取设计成桥状态下节段中性轴的里程及高程信息，通过有限元进行施工过程仿真分析可准确地得到各施工工况下节段的累计位移，因此在理想施工情况下待安装节段与已安装节段桥位现场的相对位置关系可根据节段的里程及高程信息进行描述，进而可得到包括节段间制造夹角、顶底板长度的制造参数。

2.1 节段间制造夹角确定

如图 2 所示，节段$i-1$、i的制造夹角$\xi_{i-1,i}$与节段i安装时 2 个节段在点P_{i-1}处的切线角$\theta_{i-1,z}$及$\theta_{i-1,y}$密切相关。由于节段i安装时刻点$P_{i-1,z}$、P_{i-1}及$P_{i-1,y}$的实际高程容易获取，因此根据以直代曲的思想，将$\theta'_{i-1,z}$、$\theta'_{i-1,y}$作为点P_{i-1}处 2 个节段的切线角，根据几何关系即可获得节段间制造夹角$\xi'_{i-1,i}$：

$$H_{i-1}^{\mathrm{E}} = H_{i-1}^{\mathrm{D}} + \Delta_{i-1}^{\mathrm{D}} \tag{1}$$

$$H_{i-1}^{i} = H_{i-1}^{\mathrm{E}} + \Delta_{i-1}^{i} \tag{2}$$

$$\theta'_{i-1,y} = \arctan\left(\frac{H_{i-1,y}^{i} - H_{i-1}^{i}}{L_y}\right) \tag{3}$$

$$\theta'_{i-1,z} = \arctan\left(\frac{H_{i-1}^{i} - H_{i-1,z}^{i}}{L_z}\right) \tag{4}$$

$$\delta_{i-1,i} = \theta'_{i-1,y} - \theta'_{i-1,z} \tag{5}$$

$$\xi'_{i-1,i} = \delta_{i-1,i} - \delta_{i-1,i}^{0} \tag{6}$$

式中：H_{i-1}^{E}为点P_{i-1}的安装标高；H_{i-1}^{D}为点P_{i-1}的设计成桥标高；$\Delta_{i-1}^{\mathrm{D}}$为点$P_{i-1}$处的设计预拱度，通过结构计算得到；$H_{i-1}^{i}$为安装节段$i$时点$P_{i-1}$的实际高程；$\Delta_{i-1}^{i}$为至安装节段$i$时点$P_{i-1}$的累计位移；$H_{i-1,y}^{i}$为安装节段$i$时点$P_{i-1,y}$的实际高程；$L_y$为点$P_{i-1,y}$与点$P_{i-1}$的水平距离；$H_{i-1,z}^{i}$为安装节段$i$时点$P_{i-1,z}$的实际高程；$L_z$为点$P_{i-1,z}$与点$P_{i-1}$的水平距离。

当钢箱梁为等截面时，节段中性轴均与节段端截面垂直，由几何关系可知$\xi'_{i-1,i}$与$\delta_{i-1,i}$相等；当钢箱梁为变截面时，如图 3 所示，相邻节段端截面平齐时端面夹角等于 0 而中性轴间夹角$\delta_{i-1,i}^{0} \neq 0$，故$\xi'_{i-1,i}$与$\delta_{i-1,i}$不相等，此时不能直接利用$\delta_{i-1,i}$对节段顶底板长度进行修正，但由几何关系可知$\xi'_{i-1,i}$与$\delta_{i-1,i}$的大小关系是恒定的。

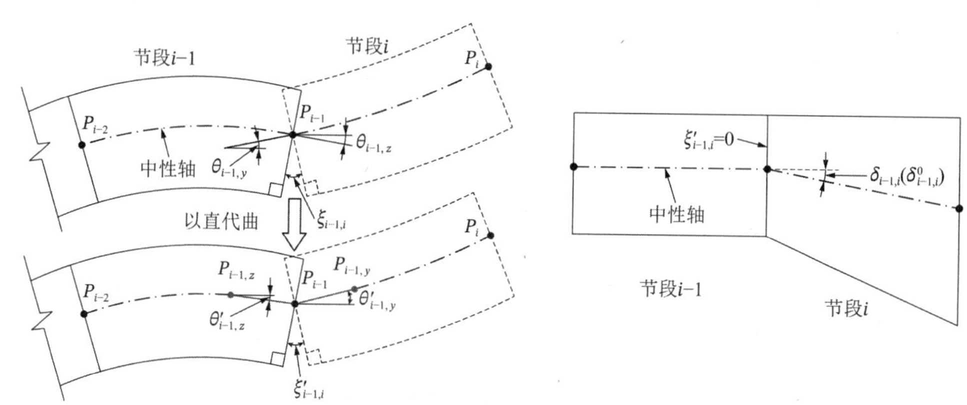

图 2 节段间制造夹角的计算

图 3 节段间制造夹角与中性轴夹角的关系

2.2 顶底板制造长度计算

根据假定，当钢箱梁节段受力几何状态发生变化时，其中性轴长度保持不变，因此须保证制造状态与设计成桥状态节段形心处梁长一致。如图 4 所示，以设计文件中获得的节段中性轴长度L_i^0为基准，根据$\xi'_{i-1,i}$对节段顶底板长度修正后，即可得到钢箱梁的顶底板制造长度。为了方便节段的工厂制造和预拼，在保证节段间制造夹角不变的前提下，可对节段进行任意平移和转动。

$$d'_{i-1,\mathrm{t}} = -h_{i-1,\mathrm{t}} \tan(\xi'_{i-1,i}/2) \tag{7}$$

$$d'_{i-1,\mathrm{b}} = h_{i-1,\mathrm{b}} \tan(\xi'_{i-1,i}/2) \tag{8}$$

$$L'_{i,t} = L_i^0 + d'_{i-1,\mathrm{t}} + d'_{i,\mathrm{t}} \tag{9}$$

$$L'_{i,\mathrm{b}} = L_i^0 + d'_{i-1,\mathrm{b}} + d'_{i,\mathrm{b}} \tag{10}$$

式中：$h_{i-1,\mathrm{t}}$、$h_{i-1,\mathrm{b}}$为点P_{i-1}处节段i中性轴距顶板及底板高度；$d'_{i-1,\mathrm{t}}$、$d'_{i-1,\mathrm{b}}$为节段i在点P_{i-1}端顶板及底板的修正长度；L_i^0为设计成桥状态下节段i的中性轴长度；$L'_{i,\mathrm{t}}$、$L'_{i,\mathrm{b}}$为节段i顶板和底板制造长度。

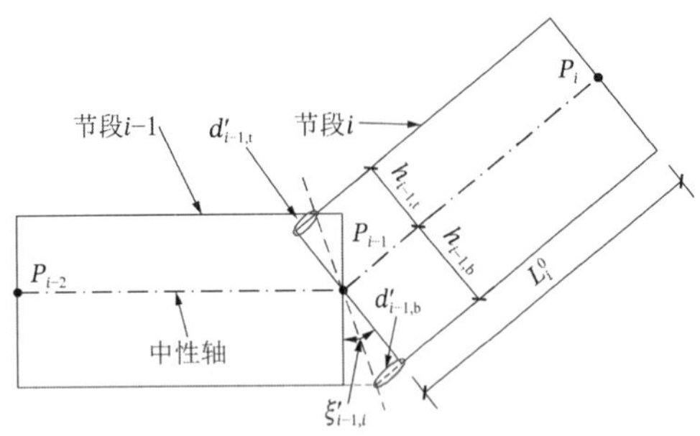

图 4　节段顶底板长度修正

在计算节段间制造夹角时，采用以直代曲的思想会使计算出的节段顶底板制造长度存在误差。节段间制造夹角$\xi_{i-1,i}$精确计算式为：

$$\xi_{i-1,i} = \theta_{i-1,y} - \theta_{i-1,z} - \delta_{i-1,i}^0 \tag{11}$$

将式(11)带入式(7)～式(10)，得到精确的顶底板制造长度，可对误差进行评估。对于已安装节段的转角$\theta_{i-1,z}$，建立杆系有限元模型进行分析即可获得，对于待悬拼节段的转角$\theta_{i-1,y}$，须建立三维梁板有限元模型进行局部分析[16]。

2.3　节段形心处梁长计算

节段顶底板长度修正时要以形心处梁长为基准。如图 5 所示，设计文件中一般给出的是节段在水平方向投影后的长度$L_{i,\mathrm{p}}$，通过里程和高程信息仅可获得设计成桥状态下节段的顶板长度，但此时中性轴长度L_i^0未知，需要通过计算获得。记$P_i^0\left(X_i^0, H_i^0\right)$为设计成桥线形上节段$i$顶板处前端控制点，其中$X_i^0$为设计里程，$H_i^0$为设计高程。

$$L_{i,\mathrm{p}} = X_i^0 - X_{i-1}^0 \tag{12}$$

$$\alpha_i = \arctan\left(\frac{H_i^0 - H_{i-1}^0}{L_{i,\mathrm{p}}}\right) \tag{13}$$

$$L_{i,\mathrm{m}} = L_{i,\mathrm{p}} / \cos\alpha_i \tag{14}$$

$$\delta_{i-1} = \alpha_i - \alpha_{i-1} \tag{15}$$

$$d_{i-1} = h_{i-1,\mathrm{t}} \tan(\delta_{i-1}/2) \tag{16}$$

$$L_i^0 = L_{i,\mathrm{m}} + d_{i-1} + d_i \tag{17}$$

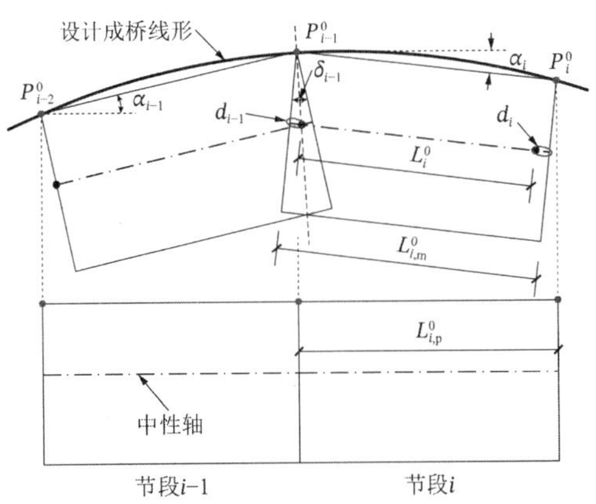

图 5　设计成桥状态下形心处梁长计算

3 工程实例

3.1 工程概况

某三跨变截面钢箱连续梁桥，跨径布置为 110 + 150 + 110 = 370m，如图 6 所示。主梁采用整幅变截面钢箱梁，梁宽 33.1m，52 号墩及 53 号墩墩顶 5m 区段钢箱梁梁高为 6.5m，墩顶等高梁段两侧各 37.5m 区段梁高从 6.5m 线性变化至 4.5m，其余区段梁高为 4.5m。如图 7 所示，钢箱梁划分为 3 个大节段，又细分为 1～33 号共 33 个小节段，工厂制造时首先进行小节段的制作，然后组拼形成大节段。该桥采用大节段吊装方案进行施工，先吊装第 1 跨大节段，再吊装第 3 跨大节段，最后吊装第 2 跨大节段，中跨与边跨大节段间通过牛腿进行匹配连接，调整至设计高程后，将第 2 跨与第 1、3 跨大节段连接，全桥合龙。

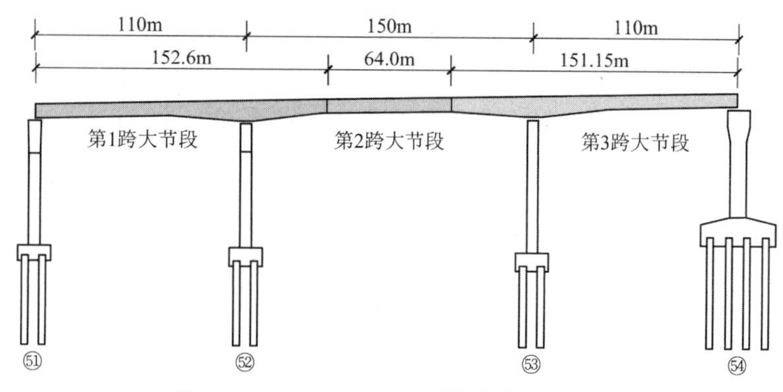

注：152.6m、64.0m、151.15m是钢结构的实际尺寸。

图 6　三跨连续梁桥跨径布置

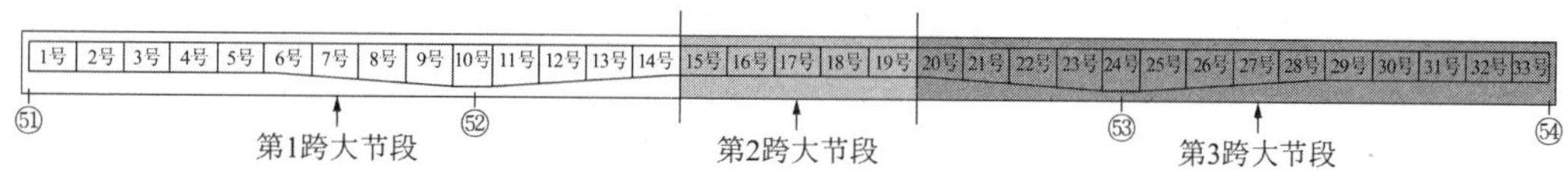

图 7　钢箱梁节段划分图

3.2 钢箱梁制造参数计算

3.2.1 结构分析模型

建立全桥杆系有限元模型进行施工过程整装分析计算，得出相应施工过程的累计位移。如图 8 所示，主梁划分为 55 个单元，基本以每个钢箱梁小节段为 1 个单元，同时在截面变化位置、支座位置设置相应节点。模型建立时考虑桥梁 2%的纵坡，计算主梁位移时考虑剪切变形的影响。依据实际施工过程，划分为边跨吊装、大节段匹配、焊接合龙、吊点拆除及二期荷载施加共 5 个施工阶段。在 53 号墩上设置固定支座，其余墩上均设置纵向活动支座。

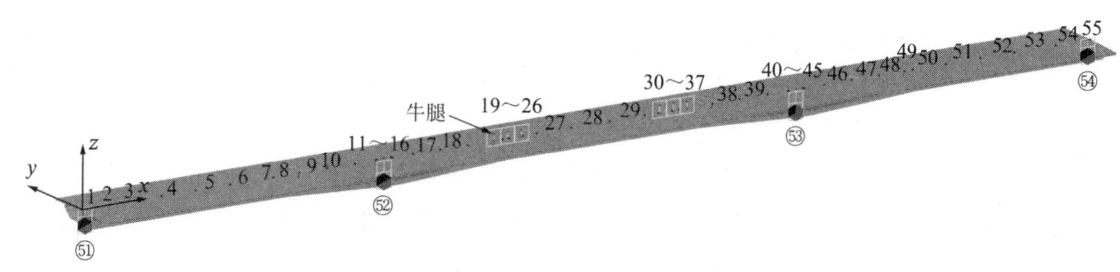

图 8　连续梁桥有限元模型

3.2.2 小节段钢箱梁制造参数计算

小节段钢箱梁制造及组拼形成大节段的过程均在工厂胎架上进行，相邻小节段进行拼接时自身均未发生变形，因此至拼接时刻节段前后控制点的累计位移均为零，且节段在前后控制点处的切线角均等于其中性轴的水平倾角，此时不存在以直代曲产生的误差。

$$\theta_{i-1,z}=\theta'_{i-1,z}=\arctan\left(\frac{H_{i-1}^{\mathrm{E}}-H_{i-2}^{\mathrm{E}}}{L_{i-1,\mathrm{p}}}\right) \tag{18}$$

$$\theta_{i-1,y}=\theta'_{i-1,y}=\theta_{i,z} \tag{19}$$

可直接根据式(18)、式(19)计算节段在控制点处的切线角，进而根据式(11)准确求解节段间制造夹角。

为了减少制造时的工作量，本桥仅在小里程侧对节段的顶底板长度进行修正，大里程侧端面与顶板保持垂直。限于篇幅，表 1 中仅列出第 1 跨大节段钢箱梁制造参数的计算结果，其中预拱度按照结构分析获得的成桥累计位移与 0.5 倍静活载挠度之和进行反向取值，表中 0 号一行为节段 1 号小里程侧控制点数据。按计算的数据进行钢箱梁的工厂制造，各小节段端面实现平顺对接，交界面焊缝宽度均匀一致，没有出现由于节段间端面不匹配而通过焊缝宽度进行调整的情况。

小节段钢箱梁顶底板长度修正量 表 1

节段	H_i^{D}/m	Δ_i^{D}/mm	$L_{i,\mathrm{p}}$/m	$\theta_{i-1,z}$/°	$\delta_{i-1,i}^0$/°	$\xi_{i-1,i}$/°	$h_{i-1,\mathrm{t}}$/mm	$h_{i-1,\mathrm{b}}$/mm	$d_{i-1,\mathrm{t}}$/mm	$d_{i-1,\mathrm{b}}$/mm
0 号	37.332	−3.0	—	—	—	—	—	—	—	—
1 号	37.614	61.4	14.1	1.407	—	—	—	—	0.0	0.0
2 号	37.840	108.1	15	1.041	−0.283	−0.083	1573.1	2926.9	2.3	−4.2
3 号	38.090	119.3	12.5	1.197	0.283	−0.127	1647.2	2852.8	3.7	−6.3
4 号	38.417	105.4	12.5	1.438	0.357	−0.115	1647.2	2852.8	3.3	−5.7
5 号	38.590	71.7	12.5	0.635	−0.713	−0.090	1569.4	2930.6	2.5	−4.6
6 号	38.650	31.9	12.5	0.096	−0.511	−0.028	1647.2	2852.8	0.8	−1.4
7 号	38.642	7.0	10.0	−0.188	−0.324	0.040	1836.4	3170.2	−1.3	2.2
8 号	38.544	−4.7	10.0	−0.632	−0.519	0.075	2044.4	3495.6	−2.7	4.6
9 号	38.439	−2.8	7.5	−0.785	−0.236	0.082	2343.0	3730.3	−3.4	5.3
10 号	38.559	14.3	6.0	1.309	1.946	0.149	2597.8	3875.5	−6.7	10.0
11 号	38.964	55.3	7.5	3.401	1.946	0.147	2597.8	3875.5	−6.6	9.9
12 号	39.462	124.9	10.0	3.251	−0.236	0.085	2343.0	3730.3	−3.5	5.6
13 号	39.870	207.9	10.0	2.811	−0.519	0.078	2044.4	3495.6	−2.8	4.8
14 号	40.156	319.6	12.5	1.822	−1.026	0.038	1836.4	3170.2	−1.2	2.1

3.2.3 大节段接缝处顶底板长度修正量计算

大节段进行匹配时边跨 2 个大节段钢箱梁支撑在主墩上，第 2 跨大节段两端通过牛腿支撑在已就位的边跨大节段上，该工况下 3 个大节段均已受力发生变形。以直代曲计算该工况下大节段接缝处的切线角时，点$P_{i-1,z}$、$P_{i-1,y}$的位置取为大节段接缝处前后小节段（14 号、15 号、19 号及 20 号）的控制点处，即采用接缝处前后小节段的水平倾角代替大节段接缝处的切线角。如表 2 所示，根据结构分析获得至大节段匹配工况时接缝处前后小节段两端控制点的累计位移，结合安装标高及节段水平投影长度，求得节段间制造夹角，进而根据中性轴位置信息计算大节段接缝处的顶底板长度修正量。如图 9 所示，中跨大节段合龙时无须通过调位措施对大节段接缝进行调整，即可实现大节段端面间的精确匹配。

大节段接缝处顶底板长度修正量　　表 2

节段	H_{i-1}^{E}/m	H_i^{E}/m	Δ_{i-1}^i/mm	Δ_i^i/mm	$L_{i,\mathrm{p}}$/m	$\delta_{i-1,i}^0$/°	$\xi_{i-1,i}'$/°	$h_{i-1,\mathrm{t}}$/mm	$h_{i-1,\mathrm{b}}$/mm	$d_{i-1,\mathrm{t}}'$/mm	$d_{i-1,\mathrm{b}}'$/mm
14 号	40.078	40.476	−166.8	−255.2	12.5						
15 号	40.589	40.998	−368.1	−395.0	12.5	0.3507	−0.0207	1800.4	2699.6	0.7	−1.0
19 号	41.778	41.871	−395.8	−369.5	12.5						
20 号	41.766	41.865	−265.6	−174.0	12.5	0.3507	−0.0206	1800.4	2699.6	0.6	−1.0

图 9　大节段端面精确匹配

3.3　成桥线形误差

成桥后主梁线形误差情况如图 10 所示，图中ΔK为测点相对于第一跨大节段左端的距离，E_{a}为测点的高程误差。可以看出，合龙后主梁线形与设计线形符合良好，高程误差满足−12.5～+25mm 的设计要求。

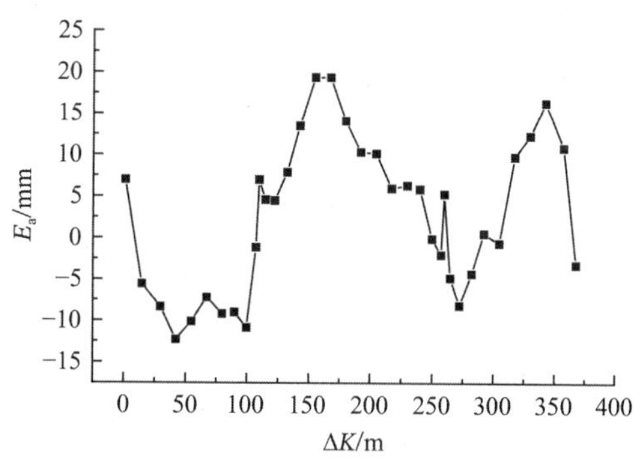

图 10　主梁线形误差

3.4　与常用方法比较

整跨吊装钢箱梁桥大节段内部各小节段钢箱梁制造参数常用的计算方法：由设计成桥线形考虑预拱度后，获得制造状态下相邻小节段的位置关系，对钢箱梁的顶底板长度进行修正后，获得节段制造参数。如图 11 所示，在实际计算时，保证考虑预拱度后线形上节段控制点的里程不变，仅高程发生变化，并以该线形上节段控制点间的长度作为基准长度进行节段制造参数的计算。控制点可位于节段中性轴、顶板或底板，相应地以L_i^{m}、L_i^{t}及L_i^{b}作为节段配切基准长度。采用本研究方法和常用方法计算得到的配切后主梁形心处长度如表 3 所示，表中L_{N}表示本研究方法，L_{m}、L_{t}、L_{b}分别表示以L_i^{m}、L_i^{t}及L_i^{b}作为节段配切基准长度的常用方法，ΔL表示 2 种方法计算结果的最大差值。可以看出，对于全长 370m 的大节段吊装钢箱梁桥，2 种方法计算出的形心处总梁长最大相差 23.3mm，这会对伸缩缝的预留位置、支座预偏量的计算产生一定影响，工程中应予以关注。计算结果不同的原因是配切基准长度选取的不同，本研究方法直接以设计成桥状态下节段形心处梁长L_i^0作为节段配切基准长度对钢箱梁顶底板进行修正，可以实现制造完成后钢箱梁形心处梁长与设计成桥状态下的形心处梁长保持一致，而常用方法则无法实现。

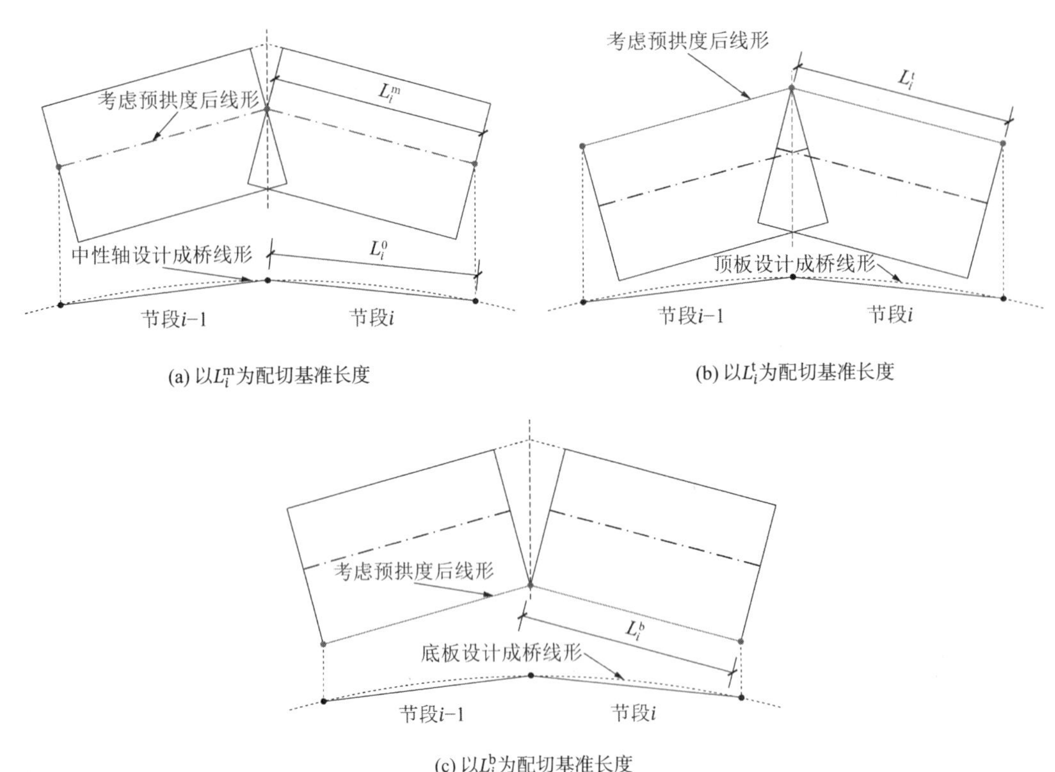

图 11 常用方法节段配切基准长度

此外，对于大节段间的匹配，常用方法一般不对接缝处钢箱梁顶底板长度进行修正，而是保证钢箱梁端面与顶板保持垂直，并预留一定的配切量，最终根据施工对接情况对接缝处钢箱梁进行现场切割。本研究方法通过对大节段接缝处钢箱梁顶底板长度修正量的准确计算，可以直接实现施工现场大节段端面间的精准匹配，避免现场切割，提高施工效率，实现桥梁结构的精细化施工。

配切后主梁形心处长度 **表 3**

钢箱梁节段	L_N/mm	L_m/mm	L_t/mm	L_b/mm	ΔL/mm
第 1 跨大节段	152654.6	152664.9	152678.3	152655.5	23.8
第 2 跨大节段	64013.8	64014.9	64001.8	64034.5	20.7
第 3 跨大节段	151205.4	151211.7	151217.0	151189.8	15.7
合计	367873.8	367891.5	367897.1	367879.8	60.2

4 结语

基于安装时节段间交界面实现平顺对接的思想，直接根据结构累计位移逐次确定每个拼装工况下已安装、待安装节段的相对位置关系，以设计成桥状态下节段形心处梁长为基准，提出桥梁分阶段施工中钢箱梁制造参数的通用计算方法。应用于三跨变截面钢箱连续梁桥大节段吊装施工，实现小节段钢箱梁的平顺对接、大节段钢箱梁的精准匹配及合龙后主梁高程误差满足精度要求，验证本研究方法的正确性及实用性，可进一步推广应用于悬臂施工、顶推施工、逐跨施工等分阶段施工桥梁的工程实践。本研究方法计算钢箱梁制造参数时仅考虑了结构纵桥向的变形，对于横桥向宽度较大的钢箱梁桥，其在自重及施工荷载作用下的横桥向变形同样需要关注，后续将对钢箱梁横桥向制造参数的计算开展相应的研究。

参考文献

[1] 向木生，张世飙，张开银，等. 大跨度预应力混凝土桥梁施工控制技术[J]. 中国公路学报, 2002, 15(4): 38-42.

[2] WANG J F, WU T M, ZHANG J T, et al. Refined analysis and construction parameter calculation for full-span erection of the continuous steel box girder bridge with long cantilevers[J]. Journal of Zhejiang University-SCIENCE A, 2020, 21(4): 268-279.

[3] 张建民，肖汝诚. 千米级斜拉桥施工过程中主梁的预转折角研究[J]. 计算力学学报, 2005, 22(5): 618-622.

[4] 陈常松，颜东煌，陈政清. 超大跨度斜拉桥的自适应无应力构形控制法[J]. 中外公路, 2008, 28(1): 64-67.

[5] 梁鹏，肖汝诚，徐岳. 超大跨度斜拉桥的安装构形与无应力构形[J]. 长安大学学报：自然科学版, 2006, 26(4): 49-53.

[6] 李乔，唐亮. 悬臂拼装桥梁制造与安装线形的确定[C]//中国土木工程学会桥梁及结构工程分会. 第十六届全国桥梁学术会议论文集：下册. 北京：人民交通出版社, 2004: 297-302.

[7] 谢明志，杨永清，卜一之，等. 千米级混合梁斜拉桥双目标控制施工监控体系[J]. 西南交通大学学报, 2018, 53(2): 244-252.

[8] 刘德清，王文洋. 大跨径钢-混合梁连续刚构桥施工控制关键技术[J]. 桥梁建设, 2021, 51(1): 121-129.

[9] 秦顺全. 斜拉桥安装无应力状态控制法[J]. 桥梁建设, 2003, 32(2): 31-34.

[10] YIU P K A, BROTTON D M. Computation of fabrication dimensions for cable-stayed bridges[J]. The Structural Engineer, 1988, 66(15): 237-243.

[11] 董道福，陈常松，颜东煌，等. 单元解体法精确求解梁元无应力构形[J]. 湖南大学学报(自然科学版), 2016, 43(11): 112-119.

[12] LI C X, HE J, DONG C W, et al. Control of self-adaptive unstressed configuration for incrementally launched girder bridges[J]. Journal of Bridge Engineering, 2015, 20(10): 4, 14, 105.

[13] 李传习，王琛，董创文，等. 基于相位变换的顶推曲梁桥自适应无应力构形控制[J]. 中国公路学报, 2014, 27(2): 45-53.

[14] 李传习，周群，董创文. 顶推钢箱梁的梁段制造构形与无应力线形实现[J]. 公路交通科技, 2018, 35(5): 40-48.

[15] 赵雷，贾少敏，杨兴旺. 悬拼施工中钢箱梁制造尺寸的确定[J]. 西南交通大学学报, 2014, 49(5): 754-759.

[16] 陈太聪，苏成. 桥梁悬臂拼装施工中钢箱梁制造尺寸的确定[J]. 中国公路学报, 2011, 24(4): 50-56.

[17] KIM D, KWAK Y, SOHN H. Accelerated cable-stayed bridge construction using terrestrial laser scanning[J]. Automation in Construction, 2020(117): 103, 269.

[18] WANG J F, XIANG H W, ZHANG J T, et al. Geometric state transfer method for construction control of a large-segment steel box girder with hoisting installation[J]. Journal of Zhejiang University-SCIENCE A, 2020, 21(5): 382-391.

[19] 王凌波，刘鹏，李源，等. 宽幅钢箱梁斜拉桥悬拼匹配技术研究[J]. 中国公路学报, 2016, 29(12): 102-108.

[20] MORGENTHAL G, SHAM R, WEST B. Engineering the tower and main span construction of stonecutters bridge[J]. Journal of Bridge Engineering, 2010, 15(2): 144-152.

常规桥梁立柱盖梁节点区钢筋配置优化研究

杜引光，凌之涵，程　坤，屠科彪

（浙江交工集团股份有限公司设计院分公司，杭州 310000）

摘　要： 常规梁式桥梁的立柱盖梁节点区配筋复杂，施工难度极大。本文以一座实际桥梁为研究对象，对立柱盖梁节点区在地震作用下的受力机理展开了拟静力数值分析，结果表明节点区内有无螺旋箍筋对结构的变形滞回曲线、承载能力均无明显影响，破坏模式仍以立柱塑性铰破坏为主，此数值分析结果与桥梁众多破坏实例一致。根据国内外桥梁相关规范要求及对桥梁实际施工调查分析后，对立柱盖梁节点区的常规配筋提出优化建议。

关键词： 立柱盖梁节点区；抗震；承载能力；数值模拟；配筋优化

1　引言

常规梁式桥梁的下部结构一般采用立柱接盖梁的形式，立柱盖梁节点区的配筋方式常规设计是立柱竖向钢筋伸入盖梁一定长度，上端扩展成喇叭形，外侧布置螺旋箍筋（图 1）。在施工过程中，节点区存在着盖梁、立柱不同方向的钢筋相互穿插，施工难度很大，混凝土浇筑质量难以保证的问题。

图 1　立柱盖梁配筋施工实景图

通过对大量桩柱式桥梁下部结构破坏模式的调研，极少发现立柱盖梁节点破坏实例，与常规设计中立柱盖梁节点区加强配筋的设计模式不符。因此本文选择一座实例桥梁，对节点区的受力特性进行非线性有限元分析，研究其破坏模式和受力机理，以探求节点区的钢筋优化配置方案。

2　数值分析

2.1　分析对象

选取一高速公路空心板桥为研究对象，桥梁跨径为 20m，单幅桥宽 12.5m，下部结构采用双立柱盖梁结构，立柱高 3.162m，直径 1.3m，中心距 7.9m，盖梁高 1.6m，厚 1.5m，混凝土 C30。立柱纵筋深入盖梁 1.2m 高，呈喇叭状，并配置螺旋箍筋（直径为 10mm，螺旋间距为 20cm），详细配筋情况如图 2 所示。

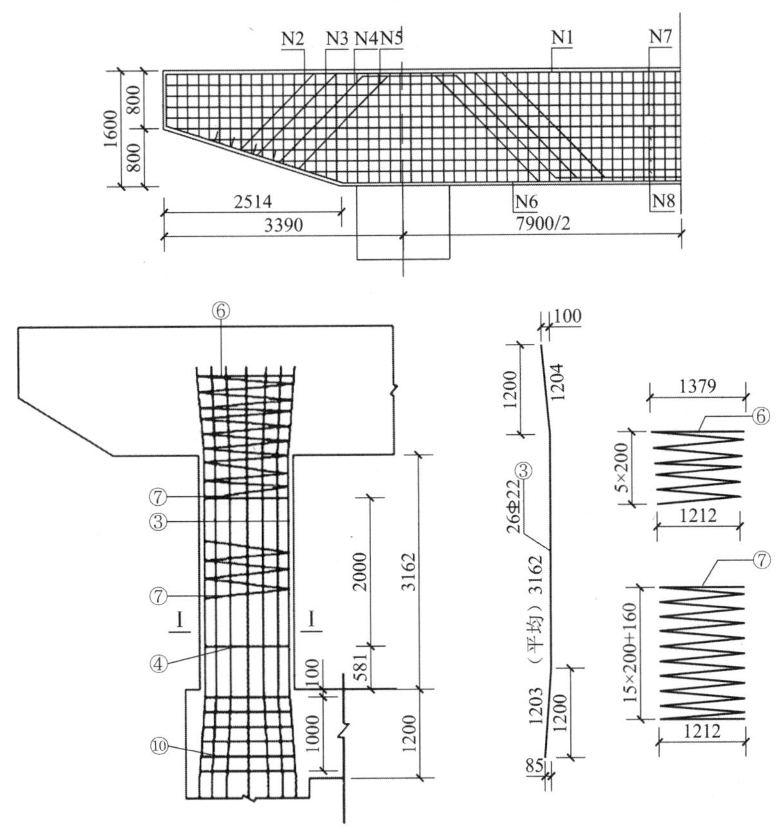

图 2　立柱盖梁配筋设计图（单位：cm）

2.2　有限元模型

基于 ABAQUS 非线性有限元软件，建立立柱盖梁有限元模型如图 3 所示，其中混凝土采用 C3D8R 实体单元模拟，钢筋采用 T3D2 桁架单元模拟，混凝土和钢筋分别采用损伤塑性模型和理想弹塑性模型，钢筋与混凝土单元间采用绑定连接，不考虑相对滑移变形。

桥梁立柱段的箍筋主要起抗剪作用，伸入盖梁节点区的箍筋主要是保证墩柱在地震作用下产生塑性铰后的延性，因此本文重点研究水平地震作用下立柱盖梁节点区的受力问题。模型采用桩顶固结的约束方式，不考虑桩基变形的因素，上部结构荷载则仅考虑自重和二期恒载。以参考点的方式在单侧施加往复强制位移荷载的方式模拟横桥向地震作用，最大位移幅值 120mm。

图 3　有限元模型

为便于对比，共设计表 1 所示的 3 个计算模型，模型 GL-1 与原设计保持一致，模型 GL-2 不考虑盖梁内螺旋箍筋，模型 GL-3 为将螺旋箍筋采用一般环式水平箍筋（以下简称“平箍”）代替。

计算模型一览表　　　　表 1

模型编号	模型说明	加载方式
GL-1	与原设计一致	横桥向拟静力加载，最大位移幅值 120mm
GL-2	删除 6 号螺旋箍筋	
GL-3	6 号螺旋箍筋用同规格平箍代替	

2.3 分析数据

（1）滞回曲线对比

图 4 给出了三个计算模型的滞回曲线计算结果，可以看出，各模型曲线均呈梭形，滞回环饱满，耗能强，无捏拢现象，表明各计算模型均具有良好的横桥向抗震性能，盖梁内箍筋的配置形式对滞回曲线的影响较小。

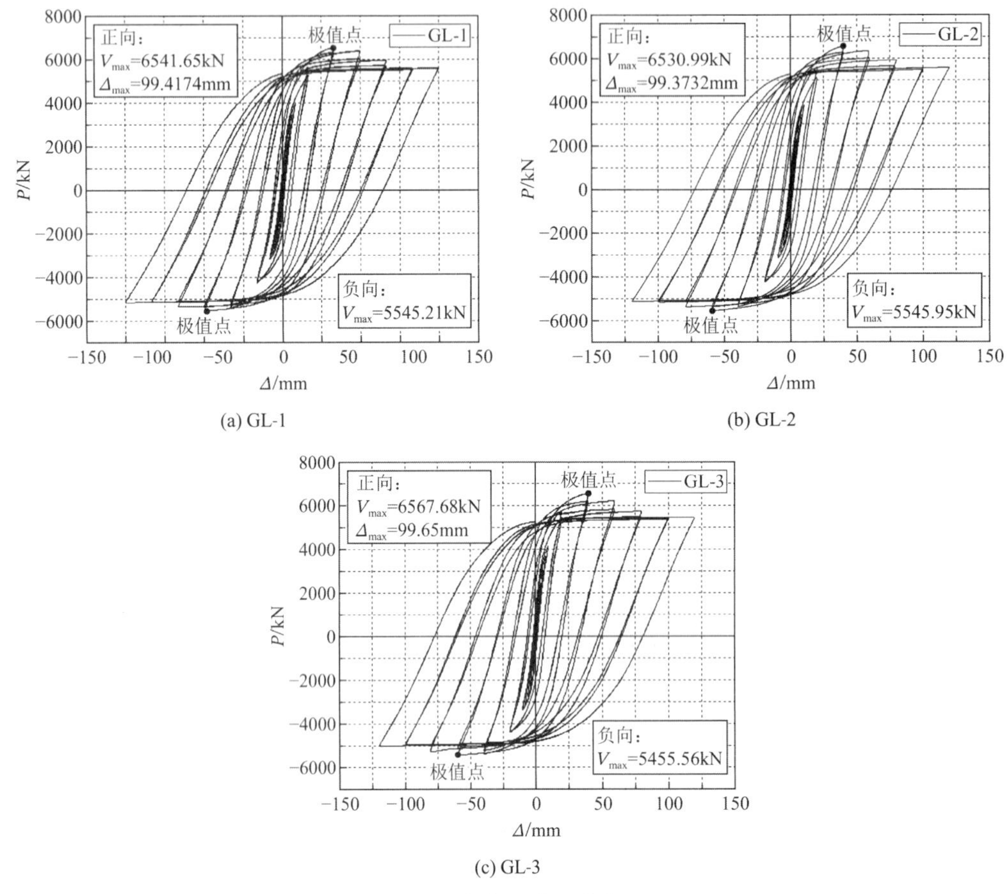

(a) GL-1　　(b) GL-2

(c) GL-3

图 4　各模型滞回曲线

（2）骨架曲线对比

图 5 为各模型骨架曲线的对比情况，可知各模型的极限承载能力和极限位移基本一致，螺旋箍筋为平行箍筋后承载力也无明显差别，取消螺旋箍筋后极限承载能力仅降低 2%以内，且下部结构的横桥向抗震承载能力不受立柱盖梁节点控制。

（3）破坏模式分析

各模型在极限状态下的混凝土损伤情况如图 6 所示。对比发现，各构件破坏模式基本类似，均以柱顶和柱底的塑性铰破坏为主，立柱盖梁节点区混凝土存在一定程度的损伤开裂但尚未达到破坏状态。需要说明的是，由于在盖梁左侧采用水平向强制位移的加载方式，在结构出现塑性变形时容易引起盖梁左端的竖向弯曲，进而导致左侧节点区上缘出现一定程度的开裂损伤。

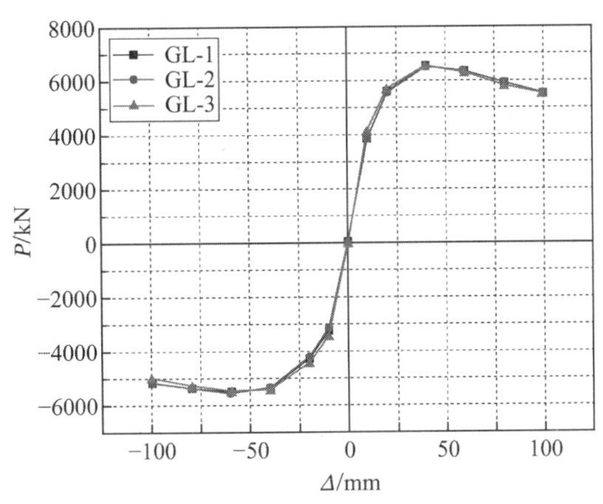

图 5　各模型骨架曲线图

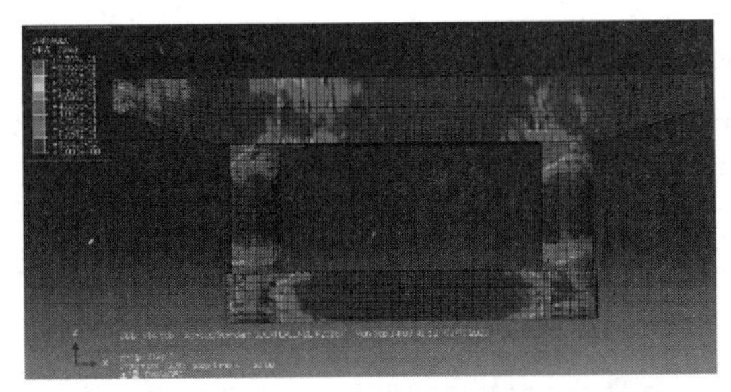

(a) GL-1

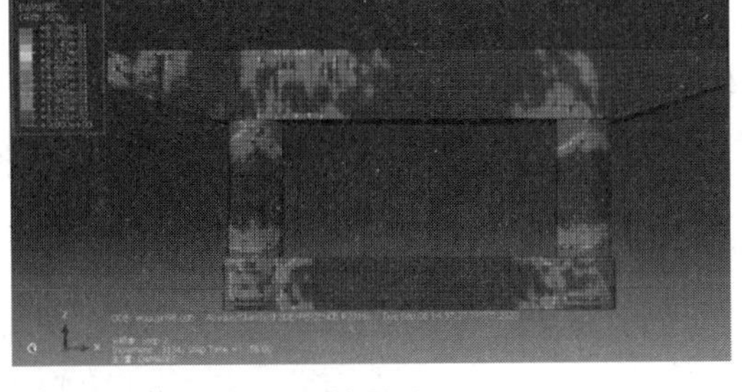

(b) GL-2

(c) GL-3

图 6　各模型破坏状态下混凝土损伤云图

（4）钢筋应力分析

GL-1 和 GL-3 构件节点区域内各层螺旋箍筋和平箍的定义编号见图 7，应力时程曲线如图 8 所示。可以看出，GL-1 和 GL-3 构件的箍筋应力结果无明显差异，第 1 层箍筋（编号 S6）最大应力超过 300MPa，基本达到屈服状态，第 2 层箍筋（编号 S5）应力为 200～250MPa，第 3 层箍筋（编号 S4，伸入盖梁高度为 60cm）最大应力约 150MPa，第 6 层箍筋（编号 S1）应力几乎为 0，可见箍筋应力随伸至盖梁内高度增加而减小，且超过一定高度后受力较小。

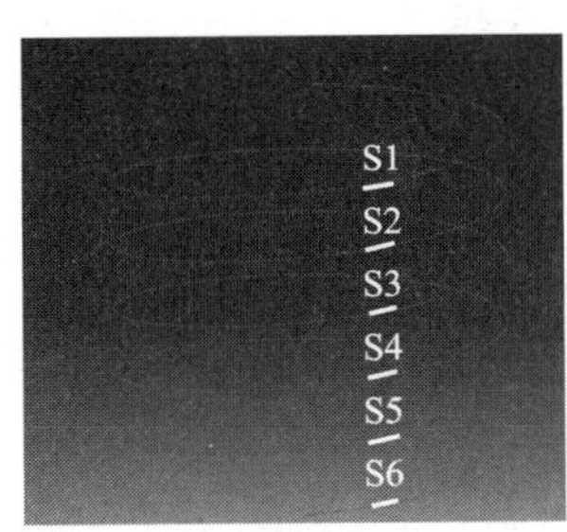

(a) 螺旋箍筋

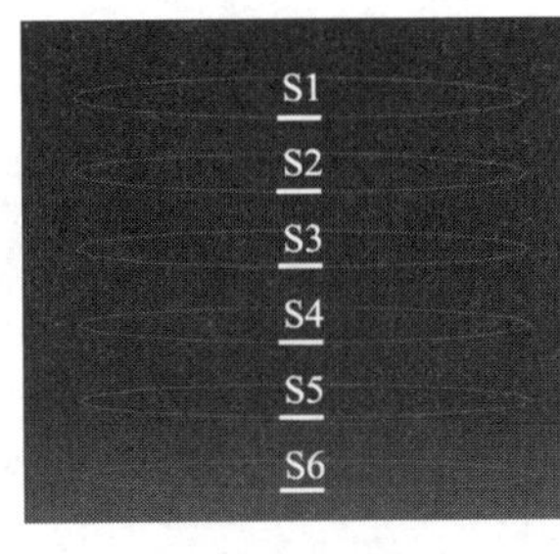

(b) 平行箍筋

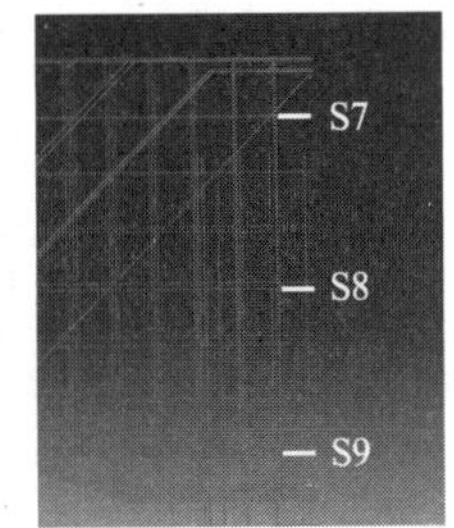

(c) 盖梁侧面水平钢筋

图 7　钢筋编号定义

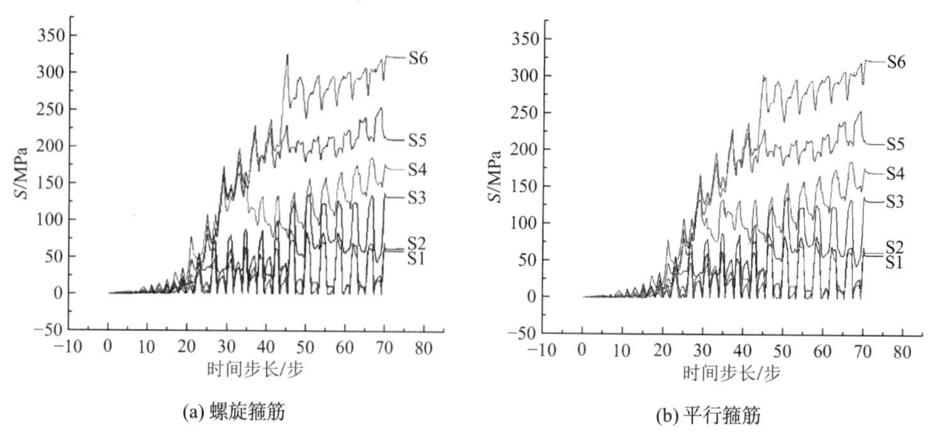

(a) 螺旋箍筋

(b) 平行箍筋

图 8 箍筋应力时程曲线

为进一步了解有无螺旋箍筋时盖梁侧面水平钢筋的变化情况，图 9 给出了 GL-1 和 GL-2 盖梁水平筋的应力结果，可以看出，盖梁侧面水平筋从上到下依次增大，与螺旋箍筋的变化规律保持一致，其中顶层钢筋（S7）的应力几乎不受螺旋箍筋影响，而取消螺旋箍筋后盖梁中心及底层水平钢筋（S8、S9）均明显增大，尤其对于 S9 钢筋由约 150MPa 的应力水平增大至近屈服状态，表明取消螺旋箍筋后，盖梁侧面水平钢筋在立柱盖梁节点核心区的抗剪方面也发挥明显作用。

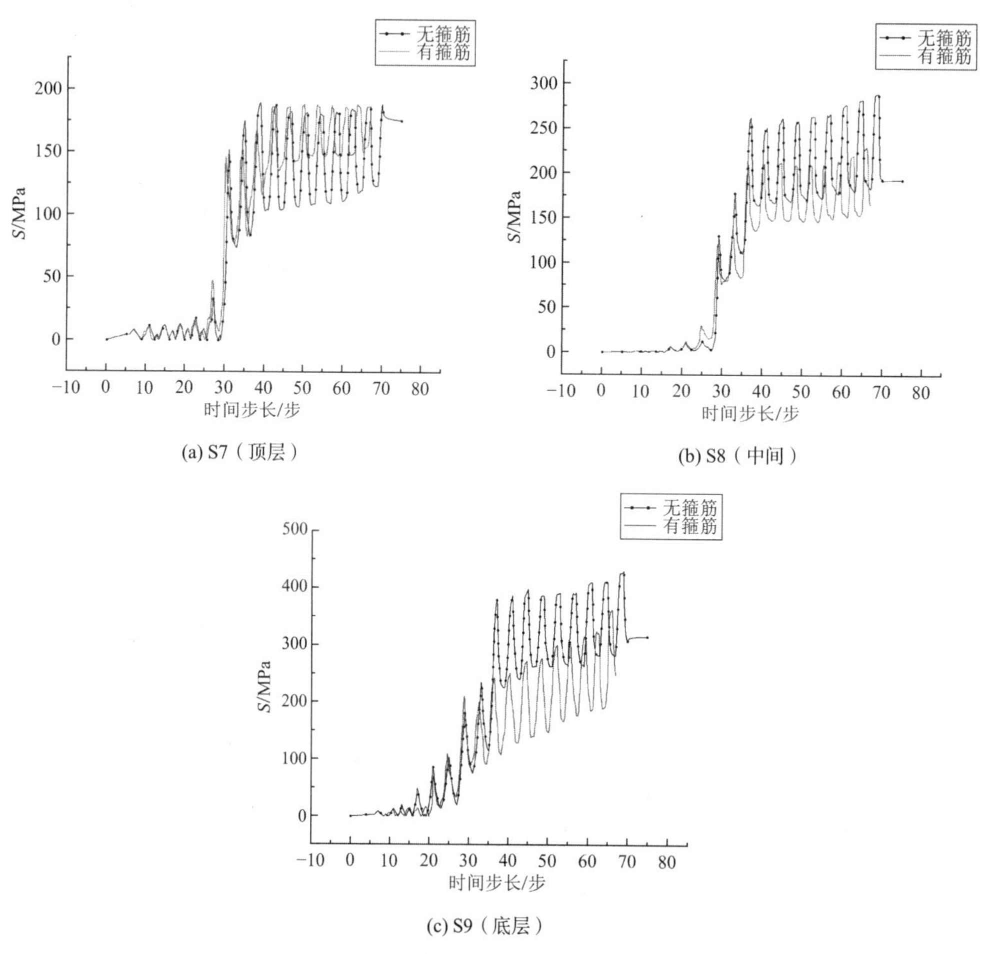

(a) S7（顶层）

(b) S8（中间）

(c) S9（底层）

图 9 盖梁侧面水平筋应力时程曲线

2.4 分析结论

通过数值分析地震作用下立柱盖梁节点区的受力特性，得到以下主要结论：

（1）地震作用下，桥梁下部结构主要表现为立柱塑性铰破坏，立柱盖梁节点区内有无螺旋箍筋对结构的变形滞回曲线、承载能力及破坏模式均无明显影响。

（2）地震作用下，盖梁内螺旋箍筋的应力水平从下而上依次减小，达到一定高度后箍筋受力较小，即立柱盖梁节点区内箍筋仅在盖梁底部一定范围内发挥作用。

（3）与螺旋箍筋相比，立柱盖梁节点区内配置平箍时，在计算结果上无明显区别，因此平箍与螺旋箍筋作用相仿。

（4）地震作用下，盖梁侧面的水平钢筋也可以代替螺旋箍筋承担部分抗剪作用，加强盖梁水平钢筋的配置对于立柱盖梁节点区的抗震是有利的。

3 破坏形态调研

不同于常规的房建结构梁柱节点，桥梁盖梁与立柱线刚度差异性较大，立柱盖梁节点区很难出现控制性破坏。大量的试验及实际工程表明，在地震作用下，立柱盖梁结构仍以柱顶和柱底的塑性区破坏为主，未发现节点区破坏状况。以 2008 年汶川地震中桥梁的灾害为例[1]，双柱墩桥梁的破坏形式主要有立柱塑性铰区的弯曲破坏、剪切破坏、弯剪破坏，盖梁的梁体开裂、挡块破坏、盖梁上垫石破坏，以及立柱的系梁破坏等，而立柱盖梁节点区则相对完好。

4 施工现状调研

一般施工工序为：首先浇筑立柱混凝土，顶部竖向钢筋预留外露；其次整体吊装盖梁钢筋骨架，嵌套在立柱竖向钢筋中；然后在盖梁骨架间扩展立柱竖向钢筋成喇叭形，并在外侧穿插绑扎螺旋箍筋；最后浇筑盖梁混凝土。

由于节点区存在着盖梁水平向主筋与架立筋、竖向的箍筋与弯起钢筋，若是预应力结构则还存在着钢束波纹管。要将穿插在盖梁钢筋骨架中的立柱竖向钢筋外展成喇叭形，再在如此密集的钢筋丛中穿插绑扎螺旋箍筋，其难度极大。并且由于节点区钢筋密集，间隙很小，混凝土浇筑时粗骨料难以下沉，振捣不便，难以保证节点区混凝土浇筑质量。

通过对众多桥梁工程施工现场调查了解到，实际施工时由于操作空间受限，大多不将立柱的竖向钢筋外展成喇叭形，近乎一半的工点将螺旋箍筋调整为平箍或未完全按设计要求进行设置。

5 规范规定

5.1 一般要求

《公路钢筋混凝土及预应力混凝土桥涵设计规范》JTG 3362—2018[2]要求立柱“纵向受力钢筋应伸入基础和盖梁，伸入长度不应小于表 9.1.4 规定的锚固长度”，但对立柱伸入盖梁的竖向钢筋是否扩展成喇叭形及螺旋箍筋是否要延续到盖梁中均未特别要求。

5.2 抗震要求

在《公路桥梁抗震设计规范》JTG/T 2231-01—2020[3]“延性构造细节的墩柱构造细节设计”中规定：“对抗震设防烈度为Ⅶ度及Ⅶ度以上地区的常规桥梁，墩柱潜在塑性铰区域加密箍筋的配置”“塑性铰加密区域配置的箍筋应延续到盖梁和承台内，延伸到盖梁和承台的距离应按施工允许的最大距离确定”。

在《铁路工程抗震设计规范》GB 50111—2006[4]、美国AASHTO规范、美国加州桥梁抗震设计规范CALTRANS、欧洲规范Eurocode 8等规范中对墩柱塑性铰加密区域的箍筋配筋率有类似的规定，但对立柱竖向钢筋是否扩展成喇叭形及螺旋箍筋是否延续到盖梁未作具体明确要求。

6 结论及建议

（1）根据数值分析及大量实例证明，在地震作用下，立柱接盖梁形式的桥梁下部结构的破坏模式主要为立柱塑性铰破坏，极少发现立柱盖梁节点区破坏。因此立柱盖梁节点区的常规配筋从结构受力角度可以简化。

（2）鉴于立柱与盖梁节点区钢筋绑扎、混凝土浇筑施工难度极大，因此从工程实施便捷性的角度非常有必要优化节点区配筋。

（3）建议优化立柱与盖梁节点区常规设计，一是对立柱竖向钢筋不作外展成喇叭形的要求；二是对抗震设防烈度为Ⅶ度以下地区的常规桥梁，立柱螺旋箍筋无须延伸入盖梁；三是对抗震设防烈度为Ⅶ度以上地区的桥梁为了保持梁柱塑性铰的可靠性，应按《公路桥梁抗震设计规范》JTG/T 2231-01—2020“延性构造细节的墩柱构造细节设计”中规定设置，为了减少施工难度，可将螺旋箍筋调整为平箍。

据不完全统计，近年来全国每年新建成公路桥梁约315万m，其中约2/3桥梁的下部结构是桩柱接盖梁形式。若立柱与盖梁节点钢筋按上述建议优化，全国一年新建的公路桥梁将在类似节点区节省工程造价约2500万元，并能更好地保证节点区的混凝土浇筑质量，具有显著的经济及社会效益。

参考文献

[1] 庄卫林，刘振宇，蒋劲松. 汶川大地震公路桥梁震害分析及对策[J]. 岩石力学与工程学报, 2009, 28(7): 1377-1387.

[2] 中华人民共和国交通运输部.公路钢筋混凝土及预应力混凝土桥涵设计规范：JTG 3362—2018[S]. 北京：人民交通出版社, 2018.

[3] 中华人民共和国交通运输部.公路桥梁抗震设计规范：JTG/T 2231-01—2020[S]. 北京：人民交通出版社, 2020.

[4] 中华人民共和国铁道部.铁路工程抗震设计规范：GB 50111—2006[S].北京：中国计划出版社, 2009.

装配式混合连接钢-混凝土组合梁抗弯性能试验研究

赵　伟[1]，韩普各[2]，陆森强[1]

（1. 浙江交通职业技术学院教育部钢桥中心，杭州 311112；2. 江苏筑森建筑设计有限公司，常州 213000）

摘　要：为了实现小跨径钢-混凝土组合梁桥的快速装配化，在传统装配式钢-混凝土组合梁中引入胶结连接件。为了研究小跨径装配式混合连接钢-混凝土组合梁的力学性能及连接可靠性，设计并制作了2榀10m跨径组合梁足尺试件，并进行了抗弯性能静力试验。通过对组合梁整体及界面的破坏模式观察，及加载过程中试件的承载力、下挠程度、界面滑移与应变值的测定，得到了荷载-挠度曲线、荷载-界面滑移曲线、应变沿截面高度分布曲线，分析了试件的抗弯承载力、刚度、界面滑移性能和平截面假定的符合性。结果表明，装配式混合连接组合梁具有较好的塑性变形能力，其刚度和强度均满足规范要求，具有较高的安全储备；钢梁与混凝土板连接界面的滑移很小，计算时可不考虑连接界面的滑移影响：在3倍工作荷载内跨中和1/4跨的截面应变符合平截面假定。最后，结合《钢-混凝土组合桥梁设计规范》GB 50917—2013与国外相关文献中的公式，给出了该装配式混合连接组合梁的抗弯承载力计算方法，并通过理论计算与试验结果的对比，验证了该计算方法的合理性。

关键词：桥梁工程；抗弯性能；试验研究；装配式钢-混凝土组合梁；极限承载力；混合连接

装配式混合连接钢-混凝土组合梁采用粘结材料（如环氧树脂砂浆）和栓钉抗剪键将钢梁与预制混凝土板紧密连接在一起。与传统组合梁相比，具有粘结面积大，应力集中小，混凝土板与钢梁上的传力连续和受力更加合理等优点，同时可以避免现有中小跨径混凝土梁桥长期存在的病害问题[1]，能有效降低桥梁生命周期成本。

国内外学者对栓钉连接件已进行了大量的研究，并得出了可以指导工程设计和施工的方法，但对粘结材料连接件，尤其是粘结材料与栓钉混合连接的抗剪键研究较少。Kim[2]研究了粘结层厚度对连接性能的影响，并指出连接件的极限强度随粘结层厚度的增大而减小，还提出了连接件极限强度修正公式。Pankaj Kumar[3]等人对钢混组合梁中使用建筑结构胶及其影响因素进行了文献综述，考虑了建筑结构胶、被粘结物体的形状、胶结层厚度、粘结面几何形状、相对湿度及其固化温度和使用过程中的环境温度等因素对界面粘结强度的影响。L Bouazaoui[4]认为环氧砂浆可作为最优的胶粘剂，并研究了钢-高强混凝土组合梁静载下的受力性能[5]。Wolfgang Kurz[6]研究了钢梁和混凝土界面不同表面预处理方法对组合梁粘结界面承载力的影响，结果表明，钢梁表面抛丸和混凝土板表面光滑的处理方式粘结力最大。Binhua Wang[7-8]认为可通过表面预处理或采用CNT/短纤维加固的方法提高环氧砂浆的粘结性能。Alex Li[9]利用推出试件证明了胶结连接件具有很好的力学性能，完全可以满足钢-混凝土组合梁连接件所需要的功能。苏庆田等[10]基于不同的群钉布置进行了高强度砂浆包裹栓钉的推出试验，结果表明，高强度砂浆包裹栓钉连接件可以有效地将钢梁受力传递到混凝土中。高燕梅等[11]考虑施工阶段提出了装配式钢-混凝土组合梁非线性全过程分析方法。B Jurkiewiez[12]基于多层梁模型和有限元模型分析了钢-混环氧砂浆胶结组合梁的非线性行为，得到胶结剪力键在预制板中的作用与栓钉行为相似。马增[13]利用试验法与有限元法分析了剪力槽孔间距、剪力连接度等对预制钢-混凝土组合梁受力性能的影响，研究发现，相同剪力连接度的簇钉群剪力连接组合梁与均布剪力连接件组合梁承载力基本一致，即栓钉的连接形式对组合梁承载能力的影响不大。

本文提出的装配式混合连接钢-混凝土组合梁主要由主梁及横梁、预制桥面板、钢梁与桥面板间的粘结层和栓钉组成。通过两个运输单元试件的静力荷载试验，测试了混合连接组合梁的抗弯性能和混合连接件的可靠性，分析了混合连接组合梁的平截面假定，并提出了该组合梁极限承载力计算公式。

1 试件设计

为了较为真实地反映工程实际，选择一个运输单元作为预制装配式钢-混凝土组合梁桥的试件；为避免单个试件带来的偶然性，设计了两个相同的试件。试件跨度为 10m，宽 2.4m，试件编号分别为 A 和 B。试件由三根主梁和 3 块预制混凝土板（3m + 4m + 3m）组成，其中钢梁为焊接钢板梁，混凝土板为带预留孔的预制板，钢梁与混凝土板通过栓钉和粘结材料组合成整体。

钢梁采用 Q345qC 钢，三根主梁通过三根横梁（边、中、边）连接成空间整体结构，钢梁上翼缘均匀布置了间距 200mm 的栓钉，栓钉规格为$\phi 16\times 120$，材料为 ML15。混凝土强度等级为 C45，钢筋均为 HRB500 级，纵向钢筋直径 10mm，间距 97mm，横向钢筋直径 16mm，间距 100mm，箍筋直径 12mm，间距 200mm，试验梁尺寸如图 1 所示。

试验采用的粘结材料和灌浆材料均为环氧砂浆，其中界面粘结材料为“金蛟龙 A 型”环氧砂浆，用于涂抹和封闭，兼作找平层；灌浆材料为“金蛟龙 B 型”环氧砂浆，呈流状，能够灌浆密实免振捣。混凝土实测抗压强度为 49.2MPa，其他各材料的力学性能如表 1、表 2 所示。

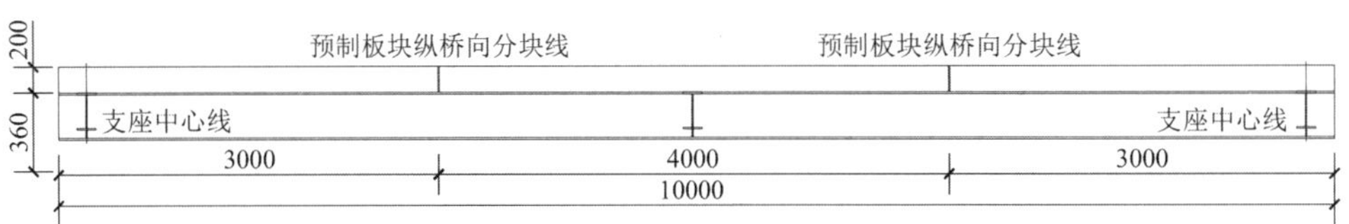

(a) 立面图

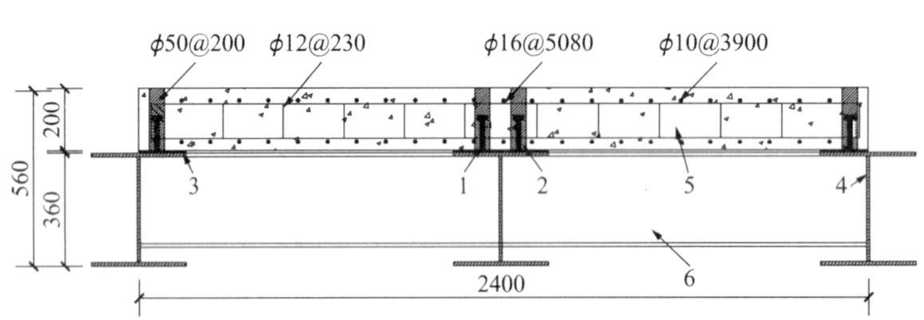

(b) 横断面图

图 1 试验梁尺寸

1—栓钉；2—混凝土板预留孔；3—胶结层；4—钢主梁；5—预制混凝土板；6—横梁

钢材和钢筋材料特性 **表 1**

材料	Q345qC 钢板			HRB500 钢筋		
厚度（直径）	t10	t12	t16	d10	d12	d16
屈服强度/MPa	472	475	451	575	567	573
拉压强度/MPa	575	560	549	781.5	734	732
伸长率/%	25	27	29.5	22.5	21	19

粘结材料特性 **表 2**

型号	抗拉强度/MPa	抗压强度/MPa	抗拉弹性模量/MPa	抗压弹性模量/MPa	凝固时间
金蛟龙 A 型	25.51	109.73	25489.03	2729.37	1h10min（21℃）
金蛟龙 B 型	21.05	86.37	18904.5	805.8	1h30min（15℃）

2 测量和加载方案

为测量试件的挠度和钢梁与桥面板之间的相对滑移，分别在支座、四分点和跨中设置了电阻式位移计；为获得截面应变沿梁高的变化规律，在同一截面沿梁高设置了单向应变片。各测点布置如图 2～图 4 所示。

利用 200T 液压伺服加载器在梁跨中施加集中力，采用力-位移组合加载模式。先施加 50kN 的预加荷载，确保各仪器正常工作后，每级加载 30kN；直到出现较强非线性（裂缝较多）时，改为位移加载，缓慢加载直至极限承载力。

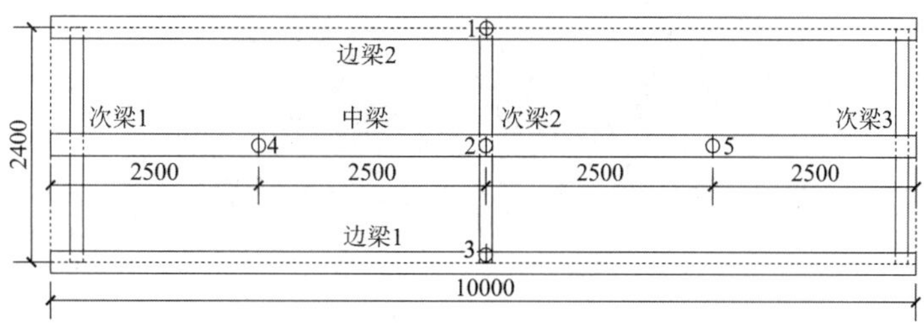

图 2 挠度测点布置

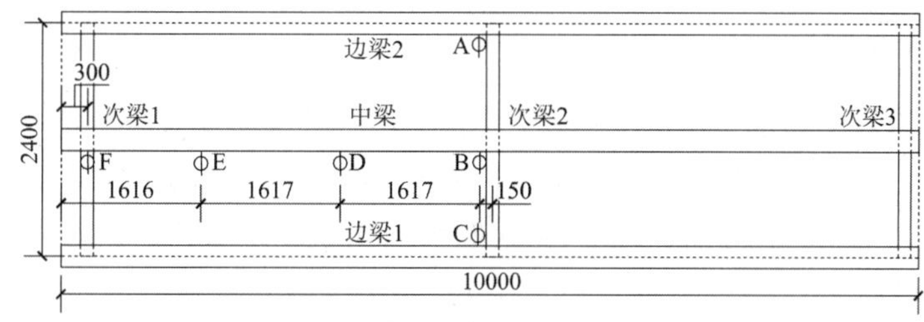

图 3 滑移测点布置

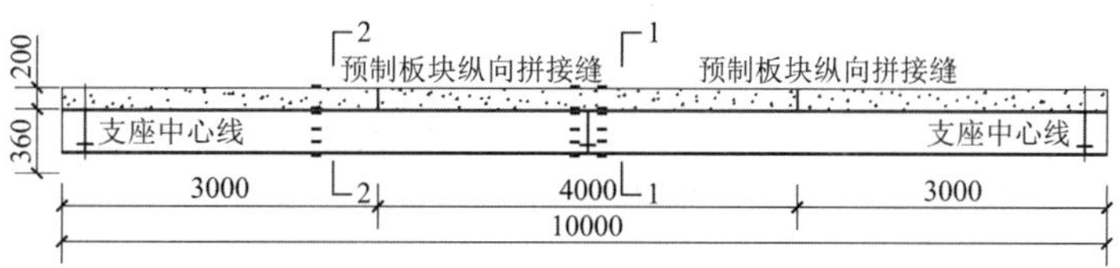

(a) 应变片布置侧视图

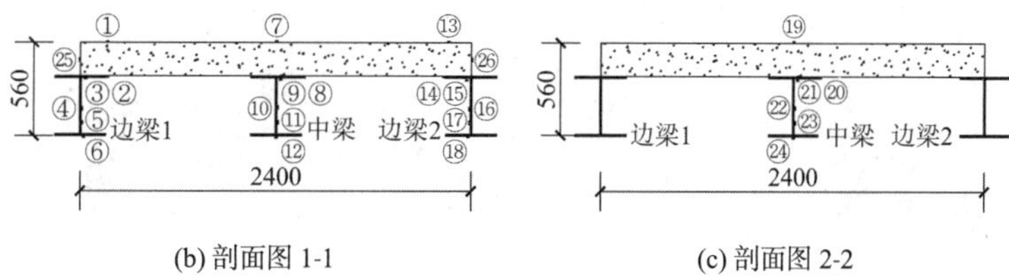

(b) 剖面图 1-1　　(c) 剖面图 2-2

图 4 应变片布置

3 试验结果和分析

3.1 主要试验结果

试验的主要结果如表 3 所示，试验梁全貌图如图 5 所示。表 3 中P_0表示实际工作荷载，P_1表示出现第一条裂缝时的荷载，P_2表示界面出现水平裂缝时的荷载，P_3表示达到极限能力时的荷载，δ为极限荷载所对应的跨中竖向位移。

试验梁的主要结果　　表 3

试件编号	P_0/kN	P_1/kN	P_1/P_0	P_2/kN	P_2/P_0	P_3/kN	P_3/P_0	δ/mm
A	330	960	2.91	1507	4.57	1695.3	5.14	130
B	330	910	2.76	1425	4.32	1676.4	5.08	140
差值/%	—	5.2%	—	5.4%	—	1.1%	—	—

图 5　试验梁全貌图

3.2　混凝土板裂缝开展情况

3.2.1　试件 A 的裂缝发展

加载初期无任何异常现象；加载至约 2.9 倍工作荷载时，距离支座 2.5m 处右侧桥面板两侧同时观察到第一条裂缝，从混凝土板板底开始，以 45°向跨中延伸；裂缝随荷载的增大而不断增多，裂缝整体分布呈“八”字形，加载至 4.57 倍工作荷载时，试验梁发出间断的栓钉断裂声，随后有连续的脱胶声，观察到界面跨中位置出现水平裂缝；继续位移加载，直到部分斜裂缝几乎贯穿桥面板厚度，试件达极限承载力。达到极限承载力时，试件 A 的裂缝分布如图 6（a）所示。

3.2.2　试件 B 的裂缝发展

试件 B 和试件 A 的裂缝发展情况大体相同，第一条裂缝出现在离支座 2m 的位置处，开裂荷载及出现水平裂缝时的荷载均与试件 A 基本相同，但在相同荷载下试件 B 的裂缝数量比试件 A 的多，这些是由钢梁和混凝土板的制作质量引起的，达到极限承载力时，试件 B 的裂缝分布如图 6（b）所示。

(a) 试件 A

(b) 试件 B

图 6　混凝土板侧面裂缝分布图

3.3　荷载-挠度曲线

图 7 为各测点受力过程中的挠度随荷载的变化曲线。其中，在试件 A 中，由于边梁 1 和边梁 2 的位移计量程仅有 50mm，没有测到塑性阶段的曲线变化。

由图 7 可知，两个试件的荷载-挠度曲线均经历了弹性、弹塑性和塑性三个阶段。加载初期，荷载-挠度关系成线性增长，钢梁和混凝土板的组合作用良好；从外加荷载约为 3 倍工作荷载起，组合梁进入弹塑性阶段，组合梁刚度随荷载的增加而有所降低，挠度增长速度大于荷载的增加速度；当加载至 4.5 倍工作荷载时，挠度变形大幅度增长，当组合梁进入塑性工作阶段，荷载-变形曲线呈水平趋势发展。

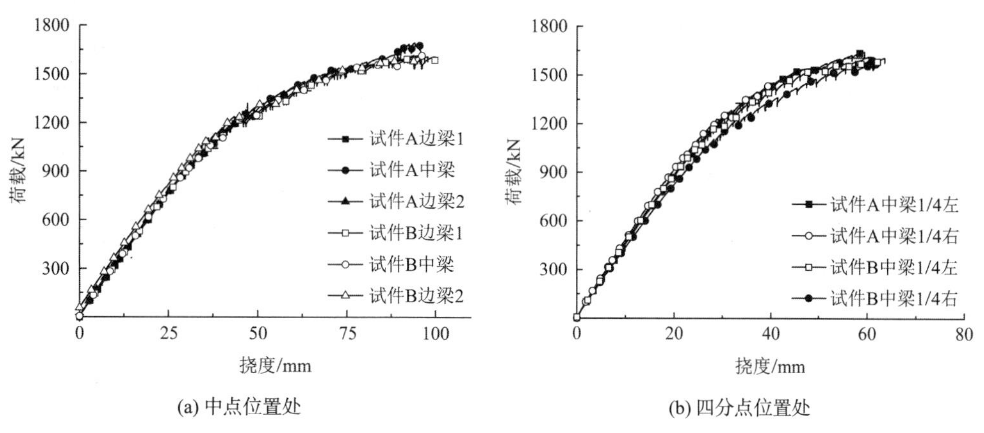

(a) 中点位置处 (b) 四分点位置处

图 7 荷载-位移曲线

三根主梁在中点位置处的挠度曲线基本完全重合，这表明在传力结构（混凝土桥面板、横梁、胶结连接件）的作用下，三根主梁可以共同承重，且基本上达到均匀受力。中梁四分点处的荷载-挠度曲线吻合较好，曲线走势与跨中的关系曲线变化一致，这表明预制板在拼接缝处没有发生变形突变，板间可以连续且均匀地传力，组合梁表现出良好的组合效果。

3.4 荷载-滑移曲线

图 8 为试验梁跨中及距离支座 130mm 处的钢-混凝土板连接界面的荷载-滑移曲线图。由图 8 可知，跨中滑移曲线近似双折线，分为斜线段和水平线段，而靠近支座的滑移曲线近似典型三折线现浇滑移曲线[14-15]，连接界面在接近极限荷载时才发生粘结破坏，接着出现相对滑移。支座附近先发生滑移，且增加速度大于跨中。当达到极限承载力时，各测点的滑移量均较小，不超过 0.6mm，这表明增加环氧砂浆粘结层后，界面粘结力显著增强，可不考虑组合梁界面的滑移，钢梁与混凝土板之间可以实现完全组合作用。

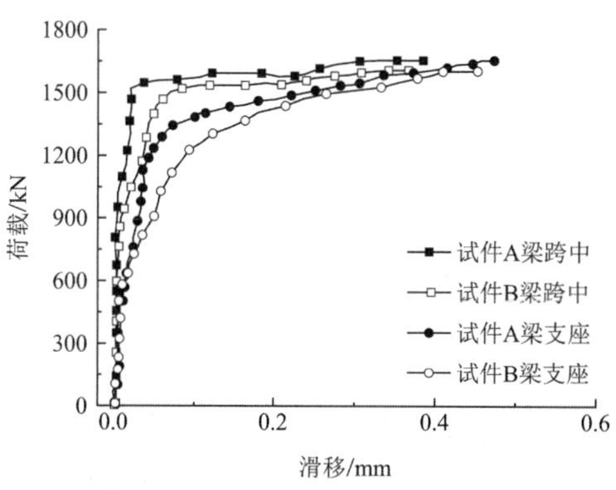

图 8 荷载-滑移曲线

3.5 应变变化曲线

图 4 给出了各应变测点沿试件高度方向的布置位置。由图 4 可知，测点布置在混凝土板上、下表面，钢梁上、下翼缘的下表面，腹板 1/2 和 1/4 高处。图 10 给出了两个试件跨中截面应变沿梁高的分布情况。图 9 和图 10 分别为本文试件和文献[16]现浇钢混凝土组合梁试件截面应变沿梁高的分布情况。

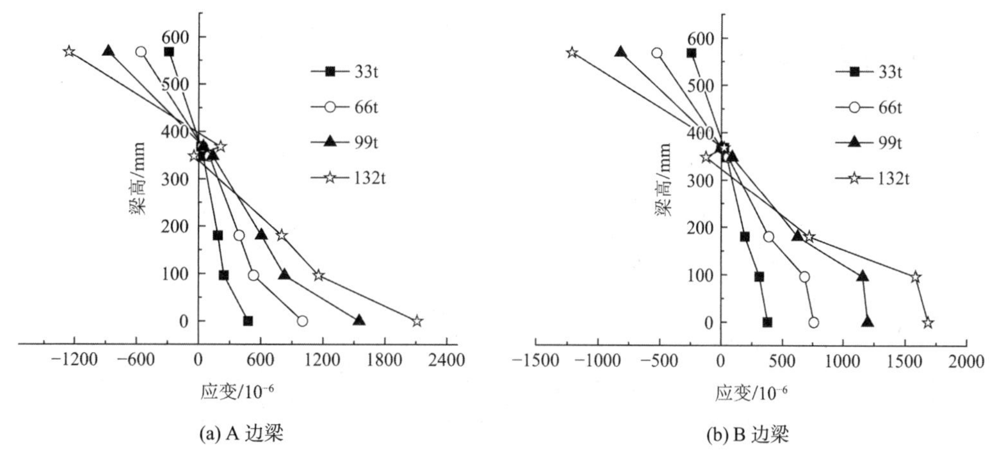

(a) A 边梁 (b) B 边梁

图 9 荷载-应变曲线（一）

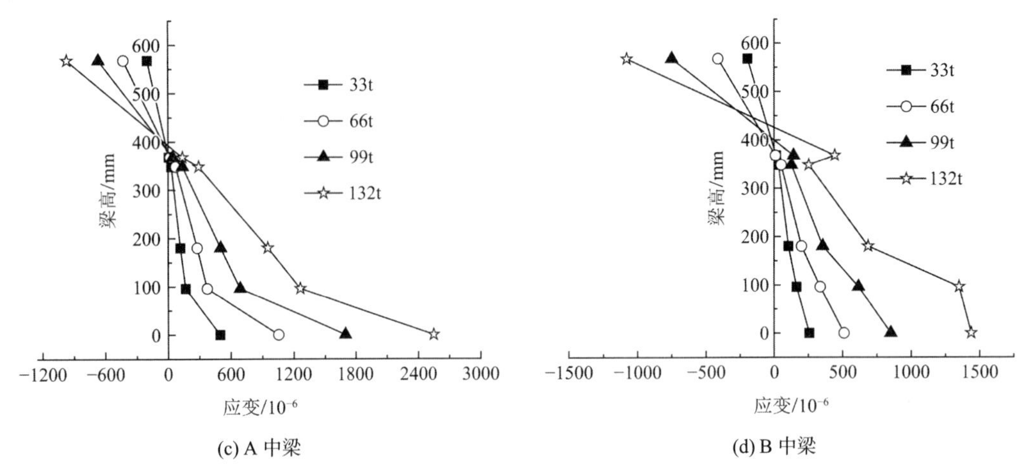

(c) A 中梁

(d) B 中梁

图 9 荷载-应变曲线（二）

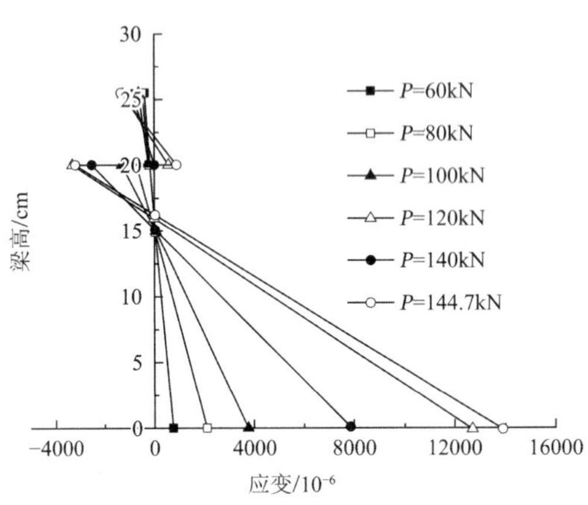

图 10 现浇试件荷载-应变曲线

由图 9 可知，在 3 倍工作荷载（990kN）内，试件边梁和中梁的各测点应变沿梁高方向基本成线性分布。这表明在 3 倍工作荷载内组合梁截面符合平截面假定。在 3 倍工作荷载内，桥面板全截面受压，中和轴位置距离混凝土顶面约 170mm；钢梁与混凝土板之间无相对滑移；且边梁与中梁的最大压应变和拉应变的数值基本相等，这说明三根主梁与混凝土板在胶结连接件和横梁的作用下，可以很好地协同工作。由图 10 可知，现浇组合梁在很小的荷载下，钢-混凝土连接界面就出现了滑移，截面不符合平截面假定。在 4 倍工作荷载时，本文试件的应变在钢-混凝土连接界面附近发生突变，这表明混凝土板和钢梁界面处出现了滑移应变，中和轴向上发生一定的移动，且钢梁部分进入塑性，可用塑性简化理论[17-18]计算组合梁的承载力。

4 理论计算与对比

4.1 理论计算

由上文分析可知，主梁在混凝土板和横梁等传力构件作用下整体受力，三根主梁要同等参与受力，并可按《钢-混凝土组合桥梁设计规范》GB 50917—2013[19]的塑性理论进行承载力计算，简要计算过程见表 4。

基本参数计算结果 **表 4**

构件名称	截面面积/mm^2	抗压强度/MPa	抗拉强度/MPa	弹性模量/MPa	换算系数	承载力/kN
钢梁360 × 250 × 10 × 12	$A_s = 28080$	—	$f_y = 509.1$	$E_s = 2.06 \times 10^5$	—	$F_s = 14295.27$
混凝土板2400 × 200	$A_c = 480000$	$f_c = 32.9$	—	$E_c = 34420.04$	$n_c = 5.98$	$F_c = 15794.38$
纵向钢筋：$d = 10$	$A_{sd} = 1806.4$	—	$f_{sd} = 479.2$	$E_{sd} = 2.0 \times 10^5$	$n_{sd} = 1.03$	$F_{sd} = 1038.68$

续表

构件名称		截面面积/mm²	抗压强度/MPa	抗拉强度/MPa	弹性模量/MPa	换算系数	承载力/kN
粘结材料	A 型	$A_a=4000$	$f_{acA}=109.73$	$f_{atA}=25.51$	$E_{aA}=25489.03$	$n_a=8.08$	$F_a=102.04$
	B 型		$f_{acB}=86.37$	$f_{atB}=21.05$	$E_{aB}=18904.5$	—	—
栓钉杆：$d=16$		$A_{std}=201.1$	—	$f_{std}=400$	$E_s=2.06\times10^5$	—	—

由表 4 可知，$F_c>F_s$，这表明塑性中和轴处于混凝土板内。

组合梁的换算截面：

$$A_m=A_s+\frac{A_a}{n_a}+\frac{A_c}{n_c}+\frac{A_{sd}}{n_{sd}}=110530.75\text{mm}^2 \tag{1}$$

$$Z=\frac{A_s\left(\frac{h_s}{2}+h_a+h_c\right)+\frac{A_a}{n_a}\left(\frac{h_a}{2}+h_c\right)+\frac{A_c}{n_c}\cdot\frac{h_c}{2}+\frac{A_{sd}}{n_{sd}}(h_c-a_s)}{A_m}=174.69\text{mm} \tag{2}$$

中和轴位于混凝土板内，与试验得到的中和轴高度（170mm）基本一致，误差不超过 2.7%，这表明理论计算方法适用，中和轴的位置及公式(4)相关参数如图 11 所示。

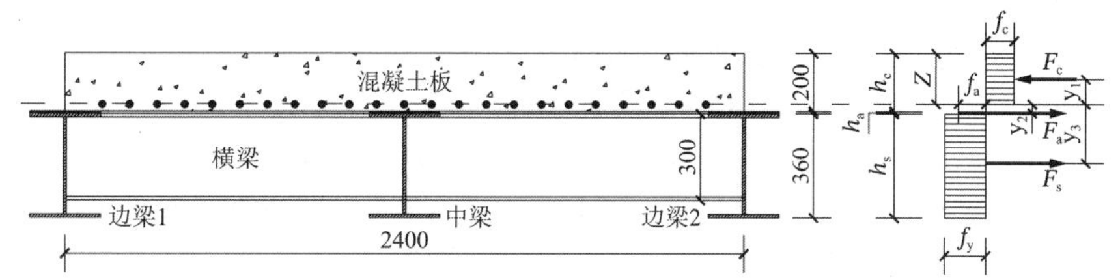

图 11　塑性中和轴位置

忽略纵向钢筋作用，塑性弯矩为：

$$M_u=F_cy_1+F_ay_2+F_sy_3=4229.0\text{kN}\cdot\text{m} \tag{3}$$

极限承载力为：

$$F_u=\frac{4M_u}{L_0}=1751.14\text{kN} \tag{4}$$

考虑滑移效应时，鉴于栓钉被“B 型”环氧砂浆包裹，忽略环氧砂浆破坏对混凝土孔壁的影响，环氧砂浆与混凝土材性类似，故将文献[19]中的混凝土改为包裹栓钉的环氧砂浆参与计算分析，并代入文献[19]的公式得到考虑滑移效应时的拟合系数$k=0.966$，则塑性极限弯矩为：

$$M'_u=\frac{k}{r_0}M_u=4087.34\text{kN}\cdot\text{m} \tag{5}$$

故考虑滑移的极限承载力为：

$$F'_u=\frac{4M'_u}{L_0}=1692.48\text{kN} \tag{6}$$

4.2　结果对比

理论计算结果与实测结果的比较如表 5 所示，其中理论值 1 为不考虑滑移影响的极限承载力，理论值 2 为考虑滑移影响的极限承载力。

极限承载力结果对比　　**表 5**

试件编号	试验值	理论值 1	误差/%	理论值 2	误差/%
A	1695.3	1751.14	3.29	1692.48	0.17
B	1676.4	1751.14	4.82	1692.48	0.96

由表 5 可知，当不考虑滑移影响时，理论值与试验值的误差不超过 5%；考虑滑移影响时，理论值与试验值的误差不超过 1%。这表明，组合梁在混合连接作用下的抗弯性能可以采用我国《钢-混凝土组合桥梁设计规范》[19]的方法进行计算。

5 结论

通过 2 根 10m 足尺试件对装配式混合连接钢-混凝土组合梁体系的受力性能进行了试验研究，得出主要结论如下：

（1）该装配式组合梁具有良好的塑性变形能力，其极限承载力约为工作荷载的 5 倍；

（2）在 3 倍工作荷载内，组合梁的截面应变沿梁高呈线性分布，截面符合平截面假定；

（3）给出了该装配式组合梁抗弯承载力计算公式。

参考文献

[1] 陈娟娟, 刘杰. 装配式混凝土空心板铰缝病害分析[J]. 现代交通科技, 2012, 9(6): 52-55.

[2] KIM J H, SHIM C S, MATSUI S, et al. The effect of bedding layer on the strength of shear connection in full-depth precast deck[J]. Third Quarter Engineering Journal, AISC 2002, 39(3).

[3] PANKAJ KUMAR, AMAR PATNAIK, SANDEEP CHAUDHARY. A review on application of structural adhesives in concrete and steel-concrete composite and factors influencing the performance of composite connections[J]. International Journal of Adhesion and Adhesives, 2017(77): 1-14.

[4] L BOUAZAOUI, G PERRENOT, Y DELMAS, et al. Experimental study of bonded steel concrete composite structures[J]. Journal of Constructional Steel Research, 2007(63): 1268-1278.

[5] L BOUAZAOUI, B JURKIEWIEZ, Y DELMAS, et al. Static behaviour of a full-scale steel-concrete beam with epoxy-bonding connection[J]. Engineering Structures, 2008(30): 1981-1990.

[6] WOLFGANG KURZ, CHRISTOPHER KESSLER. Evaluation of adhesive bonded steel concrete composite structures[J]. Structures Congress, 2010: 3653-3664.

[7] BINHUA WANG, YUXUAN BAI, XIAOZHI HU, et al. Enhanced epoxy adhesion between steel plates by surface treatment and CNT/short-fibre reinforcement[J]. Composites Science and Technology, 2016(127): 149-157.

[8] BINHUA WANG, XIAOZHI HU, PENGMIN LU. Improvement of adhesive bonding of grit-blasted steel substrates by using diluted resin as a primer[J]. International Journal of Adhesion and Adhesives, 2017(73): 92-99.

[9] ALEX LI. Parametric study of bonded steel-concrete composite beams by using finite element analysis[J]. Engineering Structures, 2012(34): 40-51.

[10] 苏庆田, 李雨. 高强度砂浆群钉连接件抗剪承载力试验[J]. 同济大学学报(自然科学版), 2015, 43(5): 699-705.

[11] 高燕梅, 刘东, 周志祥, 等. 考虑施工阶段的装配式钢-混凝土组合梁非线性全过程分析方法[J]. 公路交通科技, 2017, 34(9): 52-59.

[12] B JURKIEWIEZ, C MEAUD, E FERRIER. Non-linear models for steel-concrete epoxy-bonded beams[J]. Journal of Constructional Steel Research, 2014(100): 108-121.

[13] 马增. 新型装配式钢-混凝土组合箱梁桥结构设计与试验研究[D]. 南京, 东南大学, 2015.

[14] CHANG SU SHIM, PIL GOO LEE, TAE YANG YOON. Static behavior of large stud shear connectors[J]. Engineering Structures, 2004(26): 1853-1860.

[15] 廖崇庆, 吴冲. 桥梁圆柱头焊钉连接件的荷载-滑移曲线[J]. 哈尔滨工业大学学报, 2007, 39(2): 420-423.

[16] A SOUICI, J F BERTHET, A LI, et al. Behaviour of both mechanically connected and bonded steel-concrete composite beams[J]. Engineering Structures, 2013(49): 11-23.

[17] 聂建国. 钢-混凝土组合梁结构：试验、理论与应用[M]. 北京：科学出版社, 2005.

[18] 聂建国, 沈聚敏. 滑移效应对钢-混凝土组合梁抗弯强度的影响及其计算[J]. 土木工程学报, 1997, 30(1): 31-36.

[19] 中华人民共和国住房和城乡建设部. 钢-混凝土组合桥梁设计规范: GB 50917—2013[S]. 北京：中国建筑工业出版社, 2013.

基于 FBG 监测技术的地铁盾构隧道环向变形研究

代兴云[1]，穆保岗[2]，陶 津[2]

（1. 中国联合工程有限公司，杭州 310052；2. 东南大学土木工程学院，南京 211102）

摘 要： 本文以某地铁隧道工程为例，采用光纤传感器对地铁隧道施工期管片的环向变形进行了监测分析。研究表明：环向变形主要集中在管片安装之后的一周内和临线隧道掘进的 50m 范围内，并且左线和右线造成的环向变形各占约 50%；相对位移变化与盾构掘进参数存在明显关系，光纤监测的实时数据，能够指导盾构的掘进。

关键词： 光纤监测；地铁隧道；施工期；环向变形

随着我国城市化进程的稳步推进，地铁建设成为城市交通发展的重点方向[1]。城市地铁隧道具有地质条件复杂，地上、地下建（构）筑物密集等特点，对地铁隧道施工期的变形限值提出了极高的要求。目前，传统的隧道收敛监测方式仅能满足个别断面的监测要求，无法实时反馈监测数据。

光纤传感技术具有动态响应快、抗干扰强、精度高、耐久性强等优点，可以实现远距离实时监测[2]。目前我国在盾构隧道的运营期隧道环向变形监测中应用较多[3-4]。因施工期隧道内部泥水混杂、机械振动等施工环境恶劣，光纤监测在隧道施工期变形监测的工程应用较少；魏广庆对传感器的封装和保护方式进行了探讨，提高了施工期隧道中传感器的成活率，实现了内力和应变的监测[5]；杨玉坤等对上海某越江隧道施工中的应变与钢筋应力的相关性进行了分析[6]。但对隧道环向变形与施工参数相关性分析相对较少，本文采用 FBG 光纤传感器对施工期隧道环向变形进行实时监测，分析环向变形的规律，并根据监测数据反馈，及时调整盾构掘进参数，保证结构安全。

1 光纤光栅传感器的原理

光纤光栅（Fiber Bragg Grating）是将普通通信用光纤的一部分利用掺锗光纤非线性吸收效应的紫外全息曝光法制成的一种称为布拉格的纤芯折射率周期性变化光栅。一般的光都可以通过布拉格光栅而不受影响，只有比较特殊波长的光（波长为λ_B）经过布拉格光栅后会反射到原处。当布拉格光栅外界因素发生变化时，如对其施加外力或改变温度等，光栅的间隔会发生变化，从而导致反射波长也会产生相应的变化，因此可以根据光栅反射的波长变化来测量结构应变和温度的变化值。

由于光纤光栅的周期受到外界环境场的变化，导致反射的入射波长产生变化，从而反映外界温度和应变的变化。根据耦合理论，满足 Bragg 条件的光被反射，中心的反射波长λ_B为：

$$\lambda_B = 2n_{eff}\Lambda \tag{1}$$

式中：λ_B为光纤光栅的中心波长；n_{eff}为纤芯的有效折射率；Λ为光纤光栅周期。

2 地铁隧道施工现场监测研究

2.1 工程概况

本文以佛山二号线登洲站～花卉世界站盾构区间作为研究对象，采用 FBG 分布式光纤传感器对盾构隧道结构进行变形监测。

登洲站～花卉世界站盾构区间全长为1317.38m，区间原始地貌为河流阶地地貌，现已填成佛陈公路、玉兰路。根据工程勘察资料，区间隧道主要穿行于〈4N-2〉可塑状粉质黏土、〈3-1〉粉细砂、〈3-2〉中粗砂和〈6〉全风化泥岩，局部通过〈2-1B〉淤泥质土和〈2-2〉淤泥质粉细砂。

2.2 现场监测方案

2.2.1 传感器选择

本工程采用的是北京特希达科技有限公司生产的长标距光纤光栅应变传感器LGSS（Long Gage Strain Sensor）。由于标距较大，传感器的最大量程可达5～6mm，非常适合于变化程度较大的盾构管片直径收敛监测，同时传感器直径较小，便于在结构表面粘贴和保护；LGSS传感器的主要性能数据见表1。

LGSS传感器的主要性能　　表1

应变测量范围/με	应变灵敏系数/(pm/με)	使用温度范围/°C	应变测量精度/με	应变分辨率/με	外形直径/mm	耐久性/年
±3000	1.14～1.20	−20～120	±1～2	0.5	2～3	≥5

2.2.2 传感器的封装与安装

因为裸光纤非常纤细，其直径只有125μm，如果直接将其布设在结构上，极易受到外界剪力而发生折断现象，从而造成传感器数据的丢失，同时为了增强光纤的抗腐蚀、耐久性等能力，需要对光纤光栅进行加工封装。

工程中一般采用粘贴封装，该方法简单，是直接将裸光纤粘贴于盾构管片表面，再使用环氧树脂进行涂抹保护。但是由于保护措施简单，容易在施工过程中被碰撞破坏，尤其是施工阶段的隧道内部机械较多，且湿度相对较大。本工程在隧道管片的上部采用点式粘贴，并采用环氧树脂进行涂抹保护；在湿度较大的管片下部采用全长粘贴，在涂抹环氧树脂后，采用三角铁片进行保护，取得了较好的效果（图1）。

图1　施工现场的环向传感器

2.2.3 监测点布设原则

本工程监测点布设于岩土层土质较差的位置和埋深变化明显的部位进行监测；同时对埋深大、土质好的地层进行监测，以便对比分析。

因此本工程选取某盾构隧道右线作为研究对象，右线隧道为先行开挖隧道，选取YDK40＋465（第520环）和YDK41＋087（第103环）进行环向收敛监测，其中第103环处于淤泥质土软弱地层中，埋深为13～15m；第520环位于土质相对较好的泥岩与中粗砂地层中，埋深约20m，如图2所示。

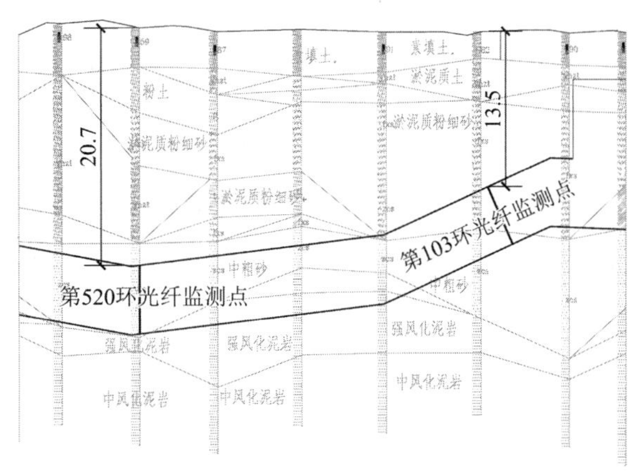

图 2　监测点布置图（单位：m）

2.2.4　传感器布设方案

在选取的两个断面布设光纤传感器，传感器布设在管片与管片交接处，每个断面布设 6 个光纤传感器，分别编号 G1～G6，并设置一个温度补偿传感器（图 3）。其中 G2、G3 位于隧道管片的顶部，G1、G4 位于隧道管片的腰部，G5、G6 位于隧道管片的底部。

根据传感器监测到的波长变化，得到管片的应变值，管片环向应变均以拉为正，压为负。根据东南大学沈圣博士[7]提出将盾构管片环等分为n个弧长均为l的单元，分别计算每个单元弯矩和轴力引起的径向位移，将二者叠加后即可得到管片监测点的相对位移。

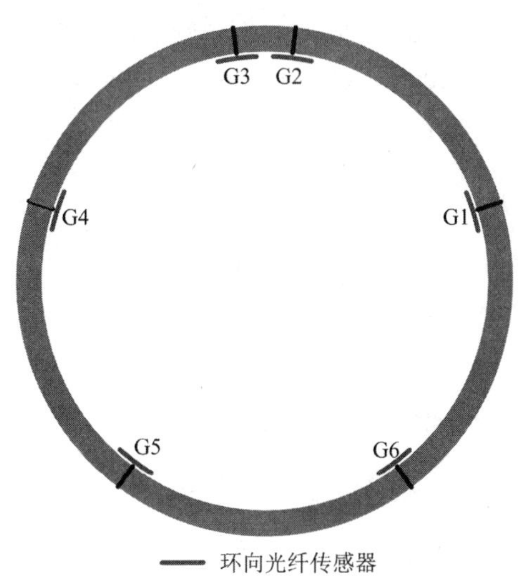

图 3　环向监测点布置图

2.3　现场监测结果分析

2.3.1　环向应变监测结果及分析

根据盾构隧道的掘进时间，绘制隧道管片应变随时间变化的曲线，见图 4；随着盾构向前掘进后，两个断面均呈现出了顶部和底部拉应变增大，腰部压应变增大的特点，这是因为在下卧层土体固结的作用下，环向管片拉压应变逐渐增大并稳定。但在一段时间后应变会产生较大的突变，这是因为左线掘进时对土体再次产生扰动，致使右线管片顶部应变增加，而侧向土体的挤压也使管片的轴向压力增加，即管片腰部的压应变增大。此外 520 环管片埋深较大，会对管片的约束作用更大，即管片的应变变化较小；103 环埋深较小，管片容易出现上拱和下沉的状态，此时管片顶底均处于受拉状态，而两腰部位的传感器处于受压状态。

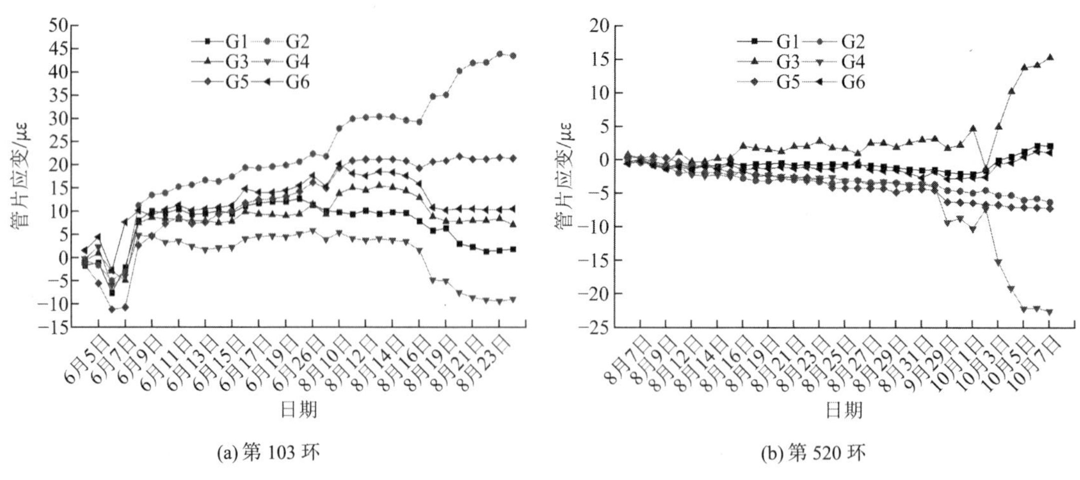

图 4　环向应变时程曲线图

2.3.2　环向监测点相对位移监测结果及分析

收敛监测图中向着圆心移动为正值，远离圆心移动为负值。选取 103 环和 520 环的数据进行分析。从 103 环的收敛相对位移的时程曲线图可以看出位于管片上方的 G2 和 G3 均是向着圆心移动，而位于两腰位置的 G1 和 G4 均是远离圆心，这与管片水平直径增大、竖向直径减小的实际状况是相符的。

此外从图 5 可以得出，位移变化主要集中在管片安装之后的一周内，其中顶部和两腰的 G1、G2、G3 和 G4 的变化速率较大，为 0.2～0.7mm/d，而管片底部位置的应变变化速率较小，约为 0.03mm/d；且管片顶部的位移量也相对较大，G2 为 0.80mm、G3 为 1.06mm，其中右线掘进时位移占总位移的 50%左右；管片两侧 G1 为−1.05mm、G4 为−1.45mm，其中右线掘进时位移占总位移的 40%左右。从第 103 环光纤监测点相对位移分布图来看，G1 和 G4 远离圆心移动，G2、G3、G5 和 G6 向着圆心移动，这与管片的变形方式是相符合的。

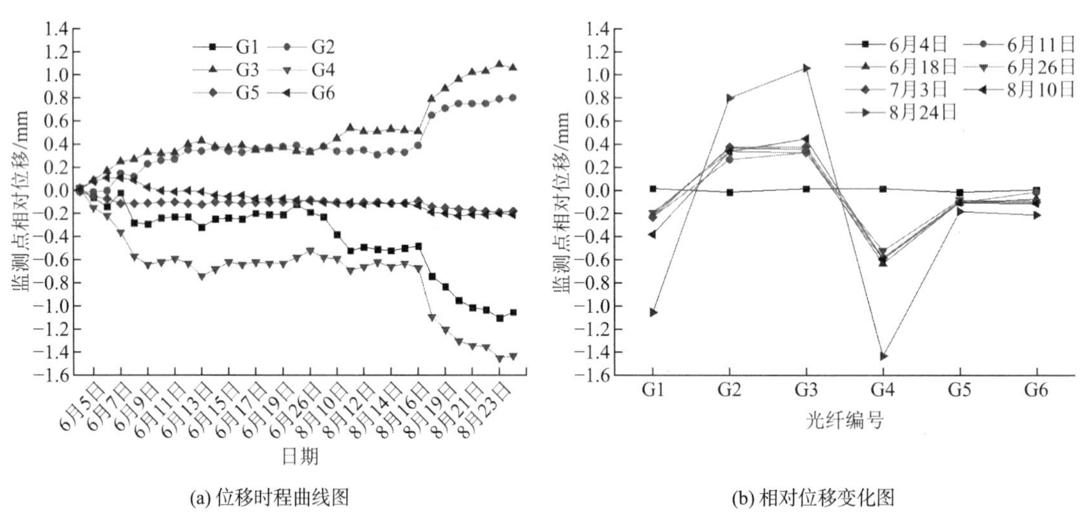

图 5　第 103 环光纤监测点相对位移变化图

520 环的相对位移变化值不大，并且在管片安装之后的变化速率也相对比较均匀（图 6），其中 G3 和 G6 是以 0.02mm/d 的速率增大，最终分别稳定在 0.91mm 和 0.32mm，而右线掘进时的位移量分别约占 12%和 34%；G1、G4、G2、G5、G6 右线掘进时的位移量较小，基本维持在−0.13～−0.06mm，约占最终位移的 20%。G1 和 G4 的最终位移分别为−0.65mm 和−1.08mm，左线掘进时影响明显，造成的位移量约占总位移的 80%。

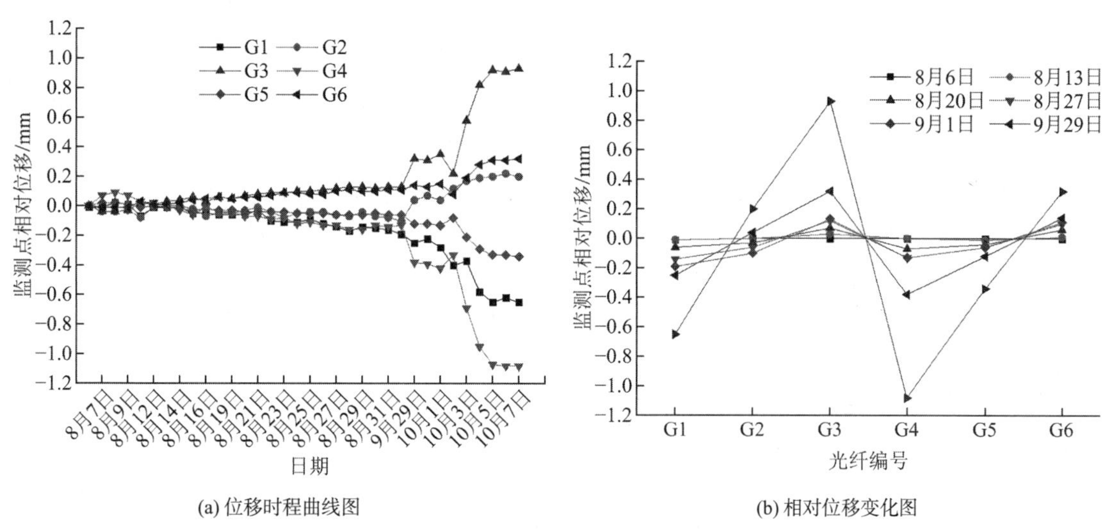

(a) 位移时程曲线图　　(b) 相对位移变化图

图 6　第 520 环监测点相对位移变化图

综上所述，管片顶部和底部的监测点是向着圆心移动的，而管片两侧的监测点是远离圆心移动的；左线掘进时会明显影响到右线管片的环向变形，造成水平收敛进一步增大；同时当地层差、埋深小时，主要开挖影响管片的变形；而当地层好、埋深大时，后掘进隧道对管片收敛的影响程度可达 50%～70%。

2.3.3　相对位移与盾构掘进参数的关系

选取埋深变化大，土质较差的第 103 环作为研究对象；分析拱顶 G2 和拱腰 G4 的相对位移点变化与盾构掘进参数的关系。如图 7 所示，第 103 环安装 24h 内，拱顶的 G2 整体正向位移逐渐增大；拱腰的 G4 监测点负向位移逐渐增大。

如图 7（a）所示，总推力与相对位移变化呈现负相关，当总推力减小时，管片的相对位移变化幅度就增大，而当总推力增大时，位移变化便趋于平稳；这主要因为是盾构的总推力是通过作用在管片上的千斤顶来提供的，总推力较大时，千斤顶对管片的约束作用也比较大，从而使管片的位移变化逐渐减小。如图 7（b）所示，掘进速度与相对位移变化呈现正相关，即掘进速度越快，管片的相对位移变化越大，这是因为盾构掘进速度越快，对周边土体的扰动越大，盾构管片越易发生环向变形。

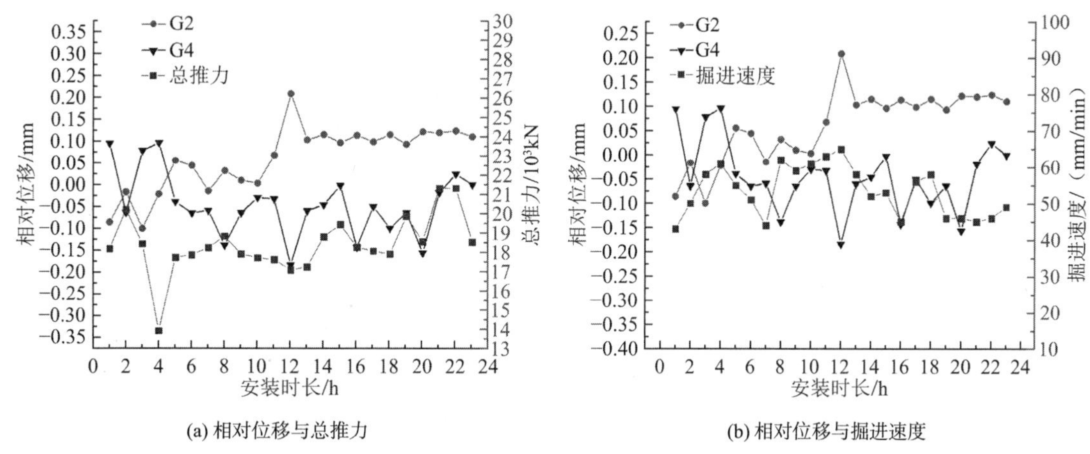

(a) 相对位移与总推力　　(b) 相对位移与掘进速度

图 7　第 103 环监测点相对位移与施工参数的关系

从图 7 来看，管片相对位移变化与盾构掘进参数存在明显的关系，证明通过对光纤传感器的实时监测数据进行分析，是能够指导地铁隧道施工的。

3 结论与建议

根据现场的监测数据，对施工期隧道管片的应变、环向变形情况进行分析，得到如下结论：

（1）应变受土层、埋深、临线隧道施工等影响较大；埋深小、土层差，管片的应变变化大，埋深较大时管片的约束性较好，应变变化不明显，而后期临线隧道开挖时对管片应变变化影响明显。

（2）相对位移的变化主要集中在右线管片安装之后的一周内和左线盾构掘进 50m 的范围内；并且左线和右线造成的位移变化各占约 50%。

（3）管片的相对位移变化与盾构掘进参数有明显的关系，光纤监测的实时数据可作为调整盾构掘进参数的依据。

参考文献

[1] 朱建峰. 我国智慧地铁发展现状与展望[J]. 佛山科学技术学院学报(自然科学版), 2019(4): 6.

[2] ZHAO X, QIU H. Application of fiber bragg grating sensing technology to tunnel monitoring[J]. Chinese Journal of Rock Mechanics & Engineering, 2007(3): 587.

[3] 谢冰冰. 分布式光纤监测隧道变形的应变传递机制及布设技术研究[D]. 北京：中国矿业大学(北京), 2019.

[4] 梁斯铭，谢长岭，蒋儿，等. 分布式光纤技术在隧道变形监测中的应用[J]. 隧道建设(中英文), 2020(S1): 436.

[5] 魏广庆，施斌，胡盛，等. FBG 在隧道施工监测中的应用及关键问题探讨[J]. 岩土工程学报, 2009, 31(4): 571.

[6] 杨玉坤，王新. FBG 应变传感器在盾构隧道监测中应用[J]. 低温建筑技术, 2011, 33(2): 95.

[7] 沈圣，吴智深，杨才千，等. 基于分布式光纤应变传感技术的盾构隧道横截面收敛变形监测方法[J]. 土木工程学报, 2013(9): 112.

深耕学术 · 建筑工业化

SHEN GENG XUE SHU

——部分研究会会员近十年论文集萃

繁荣学术　服务社会

Prosperous academic service to society

四边不出筋密拼连接叠合双向板原位加载对比试验研究

章雪峰[1,2]，郑曙光[1]，单玉川[1]，周晓悦[1]，陈　东[3]

（1. 浙江工业大学工程设计集团有限公司，杭州 310014；2. 浙江浙工大检测技术有限公司，杭州 310014；
3. 浙江工业大学建筑工程学院，杭州 310014）

摘　要： 在实际工程中对四边不出筋、板侧采用密拼连接的钢筋桁架叠合双向板和对应的现浇楼板开展了原位加载对比试验，研究了该类型叠合板在实际应用时的挠度、裂缝、承载力等受力特性。对比试验结果表明：叠合板在竖向荷载作用下的各项受力特性均表现出较为明显的双向板特征，能满足正常使用极限状态与承载能力极限状态的要求；叠合板的板底开裂荷载大于现浇板，相同荷载作用下叠合板挠度约为现浇板挠度的 1/2，叠合板的整体抗弯刚度明显大于现浇板，在正常使用极限状态荷载值作用下叠合板的拼缝处未开裂。

关键词： 密拼连接；钢筋桁架；叠合双向板；原位试验

目前，国内已有一些研究团队针对四边不出筋密拼连接叠合板开展了相关技术研究[1-5]，中国工程建设标准化协会标准《钢筋桁架叠合楼板应用技术规程》[6]也正在制订。本课题组前期针对四边不出筋、单缝密拼连接叠合双向板进行了足尺试验[7]，试验结果表明：叠合板各项受力特性表现为明显的双向板特征，满足正常使用极限状态与承载能力极限状态的要求。该研究成果在实际项目中得到了应用，施工效率明显提高。

为进一步研究叠合板在实际结构中的裂缝开展、承载力、刚度变化等受力性能，课题组在实际工程中选取了一块四边不出筋的双缝密拼连接叠合双向板开展原位加载试验，并设置了一块相同的现浇板作为对照组进行对比分析。

1　试验概况

1.1　试件设计

试验板为某六层中学教学楼二层楼板，包括一块密拼叠合板（DBS）和一块现浇板（XJB），平面轴线尺寸均为 5.4m × 9.2m。现浇板厚 135mm，双层双向配筋；叠合板预制底板厚 60mm，现浇层厚 75mm，叠合板配筋与现浇板一致，且桁架下弦筋等强度代换板底钢筋。两块试验楼板的平面尺寸及四边支承条件均相同，其平面位置及配筋如图 1 所示。

本试验中的叠合板底板由 3 块预制底板密拼连接而成，如图 2 所示。单块预制底板中桁架筋的分布如图 4 所示，拼缝侧预制底板第一道桁架筋边距 135mm（1 倍板厚），第二道桁架筋与第一道桁架筋间距 270mm，其余各道桁架筋间距 750mm。拼缝处附加钢筋采用ϕ10@150（按弯矩值及现浇层的厚度计算确定），长度为 1150mm，并且穿过第二道桁架筋，拼缝处连接节点如图 3 所示。板端侧附加钢筋采用ϕ8@250 且伸入支座 280mm，如图 5 所示。

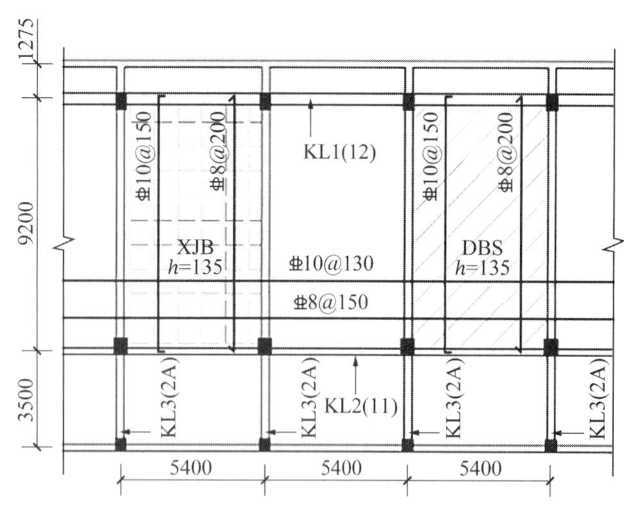

图 1 试件平面布置图

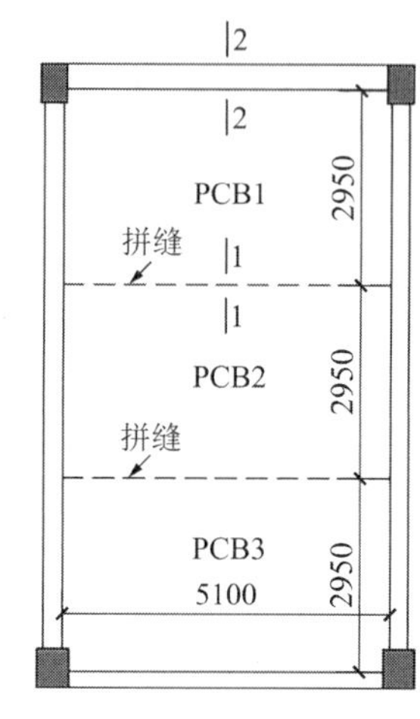

图 2 预制底板平面示意图

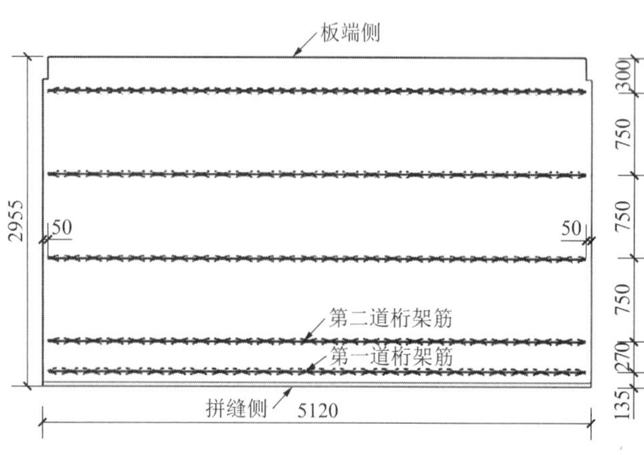

图 4 PCB1 桁架筋分布图

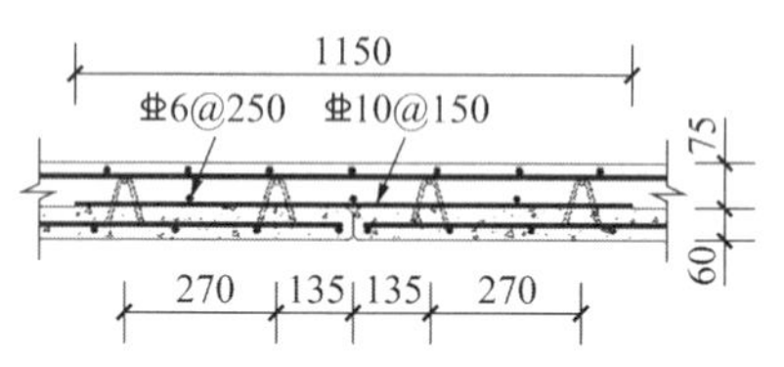

图 3 拼缝处连接节点（1-1）

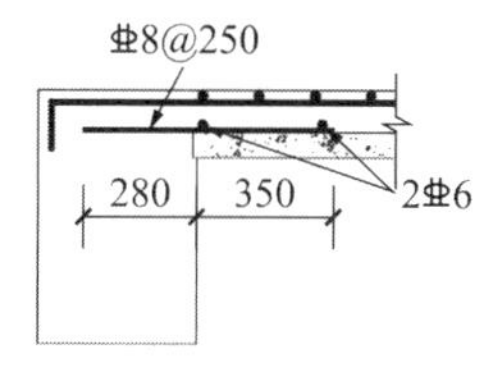

图 5 板端支座连接节点（2-2）

该楼梁、柱均采用现浇，预制底板及现浇部分混凝土强度均为 C30，钢筋均采用 HRB400。浇筑时，在预制底板及现浇板下布置临时支撑，待后浇混凝土达到强度后拆除支撑。拼缝处预制底板设置有倒角，试验前用专用填缝砂浆填实、刮平，如图 6 所示。

图 6 拼缝处倒角填缝

1.2 加载及量测方案

试验加载时现浇部分混凝土龄期已超过 28 天，且主体结构第四层楼面浇筑完成。试验加载参照《混凝土结构试验方法标准》GB/T 50152—2012 进行，试验荷载值计算时根据楼板的实配钢筋及材料的实测参数，用弹性理论计算方法确定。其中，正常使用状态试验荷载值（Q_s）为 6.6kN/m^2，承载力状态荷载设计值（Q_d）为 12.8kN/m^2。利用沙包堆载来模拟均布荷载，每袋沙包均经过称量计数堆载，且在堆载时分堆均匀码放，避免楼板变形后产生拱效应。

在荷载（包括楼板自重及堆载）达到Q_s前每级加载 0.5kN/m^2，之后每级加载 1.0kN/m^2，每级持荷时间 15min 左右，待应变、变形基本稳定后采集数据，再进行下一级加载，现场加载过程见图 7。

图 7 现场加载过程

加载过程中对楼板的挠度、裂缝、跨中和板端的钢筋及混凝土应变、拼缝处附加钢筋应变等进行了实时监测，测点布置如图 8 所示，其中x表示沿楼板短跨方向，y表示沿楼板长跨方向。本次试验中测点对称布置，试验数据表明对称测点的数据大小接近，故在文中描述时均取其平均值（如$\varepsilon_{DBS\text{-}S1}$表示叠合板$\varepsilon_{S1a}$与$\varepsilon_{S1b}$的平均值）。

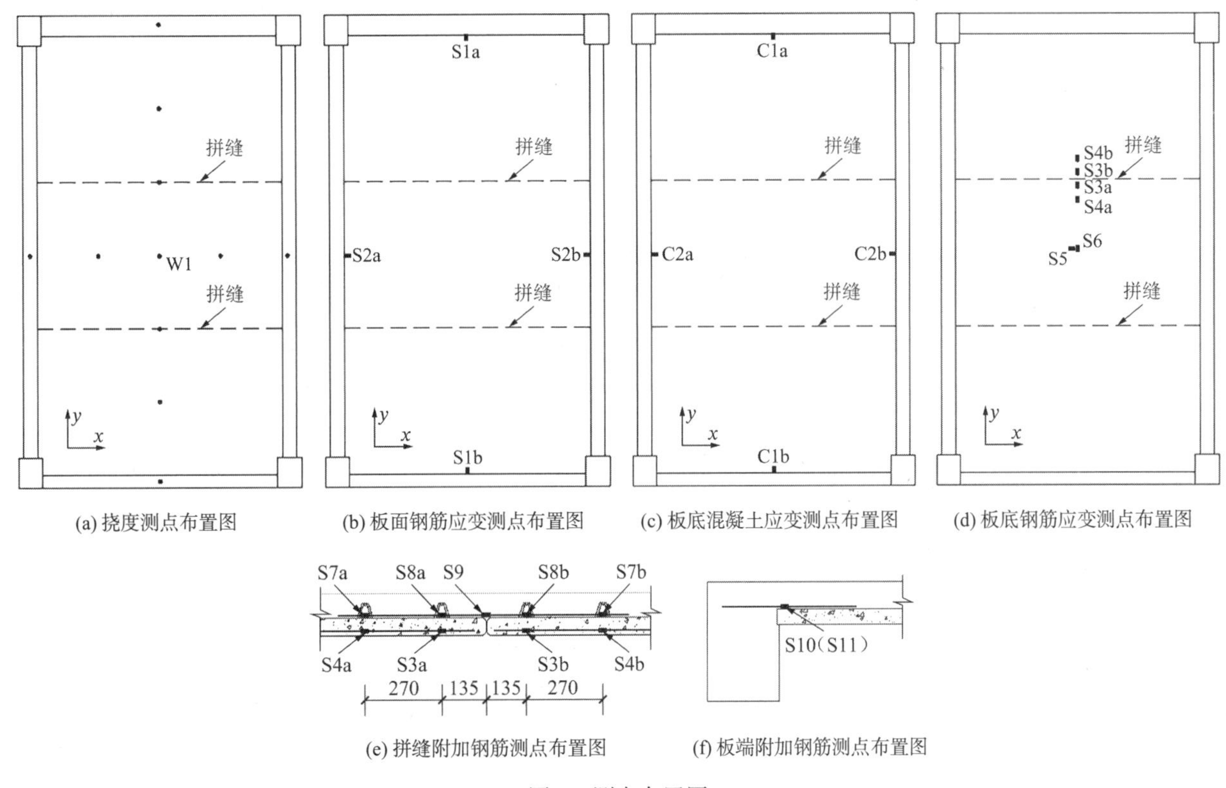

图 8 测点布置图

（注：S10 位于y向板端附加筋，S11 位于x向板端附加筋）

2 主要试验结果与分析

2.1 裂缝发展分析

现浇板在加载至 10.4kN/m^2（1.6Q_s）时，跨中板底出现第一条裂缝，沿y向开展；在加载至 12.4kN/m^2 时，板底裂缝有沿板角 45°从中心向四角发散的趋势；当加载至 16.4kN/m^2（1.3Q_d）时，现浇板板底裂缝发展已较为充分，板底裂缝最大宽度为 0.34mm，位于板角 45°方向，此时停止加载，现浇板板底裂缝发展情况如图 9 所示。完全卸载后再次测量裂缝宽度，测得板底残余裂缝最大宽度为 0.12mm。

叠合板在加载至 13.4kN/m² ($2.0Q_s$) 时，跨中板底出现第一条裂缝，沿y向开展，与拼缝垂直；在加载至 15.4kN/m² ($2.3Q_s$) 时，板底拼缝处嵌缝砂浆中部出现裂缝，板底跨中已有裂缝逐渐延伸并穿过拼缝处；随着荷载的增大，荷载为 16.4kN/m² ($2.5Q_s$) 时另一条拼缝的嵌缝砂浆中部也出现了裂缝，板底跨中垂直拼缝方向的裂缝继续增多，并且逐渐沿板角 45°方向发展；最终荷载加载至 19.4kN/m² ($1.5Q_d$)，板底两端均出现明显的向角柱方向的 45°裂缝，此时板底裂缝最大宽度为 0.16mm，位于跨中，拼缝处裂缝最大宽度为 0.10mm，叠合板板底裂缝分布图如图 10 所示。完全卸载后再次测量裂缝宽度，测得板底残余裂缝最大宽度为 0.08mm。

试验结果表明，现浇板与叠合板在正常使用状态试验荷载值 (Q_s) 下均未出现裂缝，且当荷载达到 $1.2Q_d$ 时，两者的裂缝宽度均未达到承载力极限状态对应的裂缝宽度限值，两块楼板均满足正常使用状态及承载能力极限状态下的裂缝控制要求。

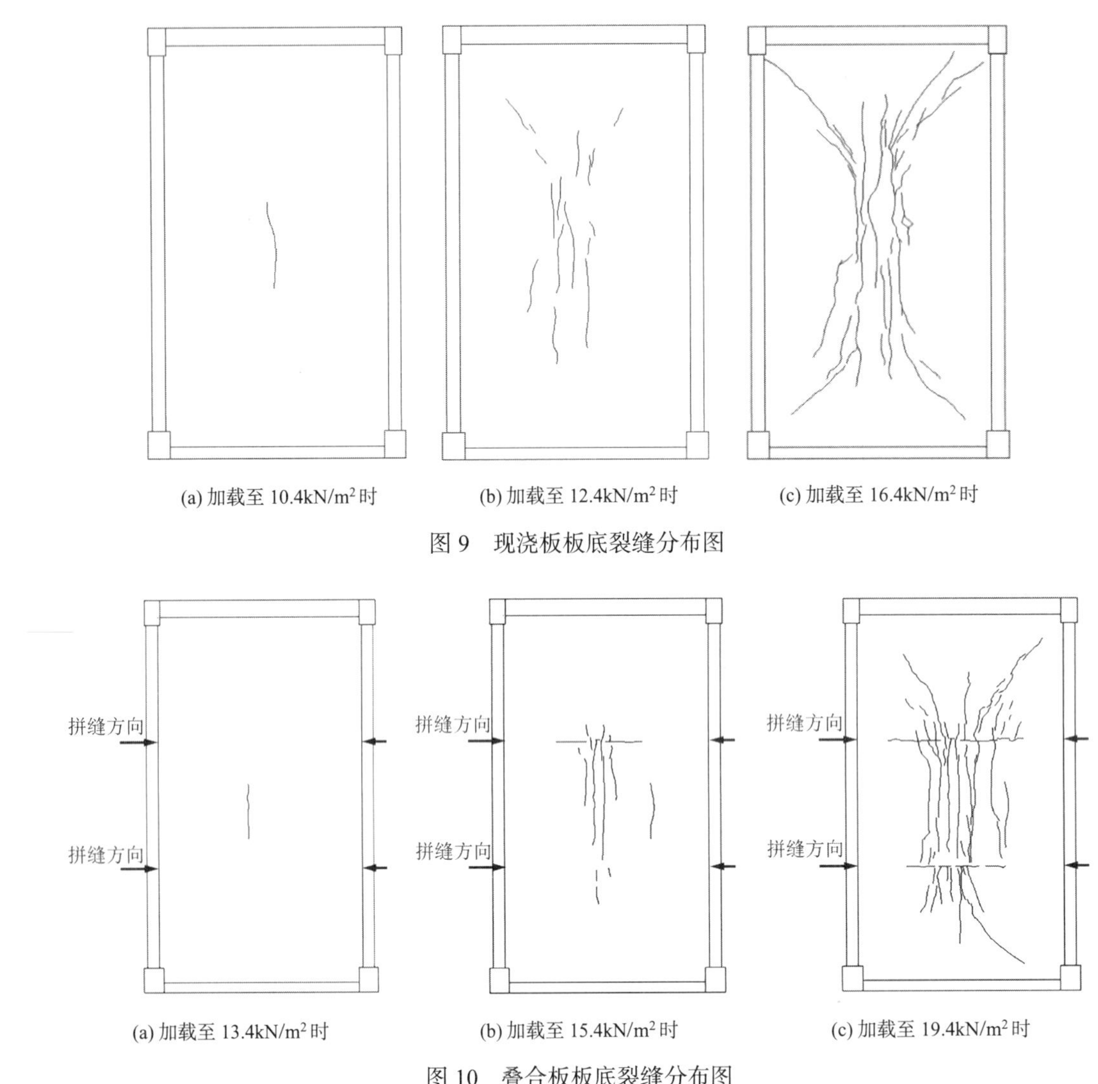

(a) 加载至 10.4kN/m² 时　(b) 加载至 12.4kN/m² 时　(c) 加载至 16.4kN/m² 时

图 9　现浇板板底裂缝分布图

(a) 加载至 13.4kN/m² 时　(b) 加载至 15.4kN/m² 时　(c) 加载至 19.4kN/m² 时

图 10　叠合板板底裂缝分布图

从裂缝的发展情况来看，叠合板板底开裂荷载大于现浇板，且在相同荷载条件下叠合板的板底裂缝宽度小于现浇板，裂缝数量亦少于现浇板。

对比叠合板与现浇板裂缝分布状态可以发现，叠合板板底裂缝形态与现浇板类似，呈现出较为明显的双向板特征，但叠合板跨中 PCB2 预制底板范围内的纵向裂缝分布更广。

2.2　挠度发展分析

现浇板与叠合板在跨中的荷载-挠度 (P-Δ) 曲线如图 11 所示。现浇板在荷载达到 7.4kN/m²

（$1.1Q_s$）之前，挠度随荷载的增加而线性增长，达到3.91mm之后挠度增长速度加快；最终加载至16.4kN/m^2（$1.3Q_d$）时，板底跨中挠度w_{W_1}达到20.6mm，约为楼板计算跨度的1/247，小于承载能力极限状态对应的挠度限值1/50。

叠合板在荷载达到9.4kN/m^2（$1.4Q_s$）之前，挠度随荷载基本呈线性增长；当荷载达到10.4kN/m^{2}时，板底跨中挠度w_{W_1}达到3.51mm，之后挠度的增长速度加快；当加载至16.4kN/m^2（$1.3Q_d$）时，板底跨中挠度w_{W_1}为9.42mm，不到现浇板对应荷载下挠度的一半；最终加载至19.4kN/m^2（$1.5Q_d$）时，板底跨中挠度w_{W_1}达到14.15mm，约为楼板计算跨度的1/360，也未达到承载能力极限状态对应的挠度限值1/50。

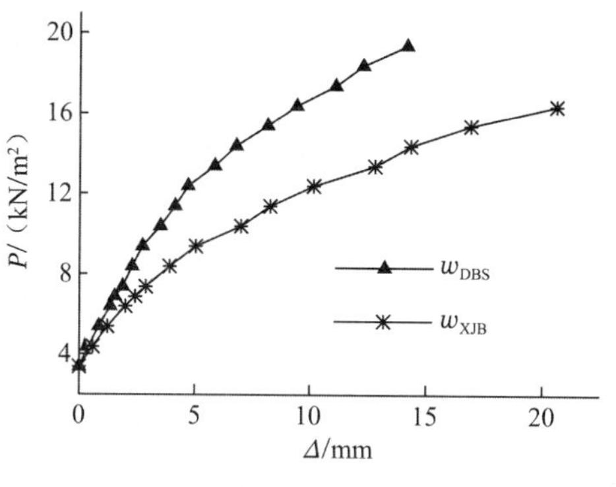

图11　荷载-跨中挠度曲线

从图11可以看出，在相同荷载作用下，叠合板挠度与现浇板挠度比值约为1/2，可以认为叠合板的整体抗弯刚度明显大于现浇板。

2.3　钢筋应变分析

2.3.1　板端面筋应变分析

叠合板和现浇板的x向板端面筋荷载-拉应变曲线如图12所示。叠合板和现浇板的x向板端面筋应变均随荷载的增加而增大，且在相同荷载下，叠合板x向板端面筋应变较现浇板更大。

叠合板和现浇板的y向板端面筋荷载-拉应变曲线如图13所示。叠合板和现浇板的y向板端面筋应变在荷载达到9.4kN/m^{2}之前增长速度较慢，两者数值基本一致，9.4kN/m^{2}之后y向板端面筋应变开始明显增大，且在相同荷载下，叠合板y向板端面筋应变较现浇板小。

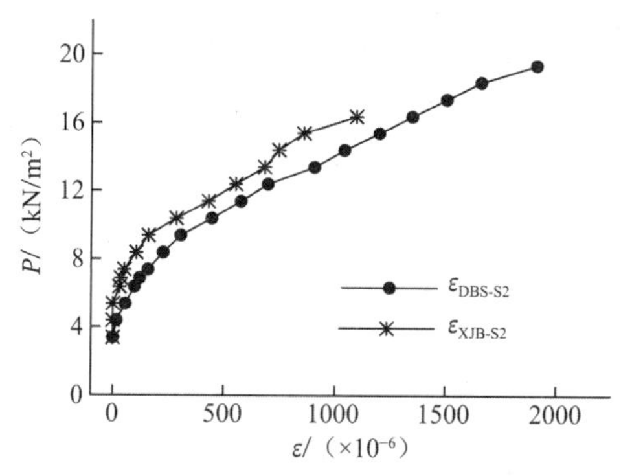

图12　x向板端面筋荷载-拉应变曲线

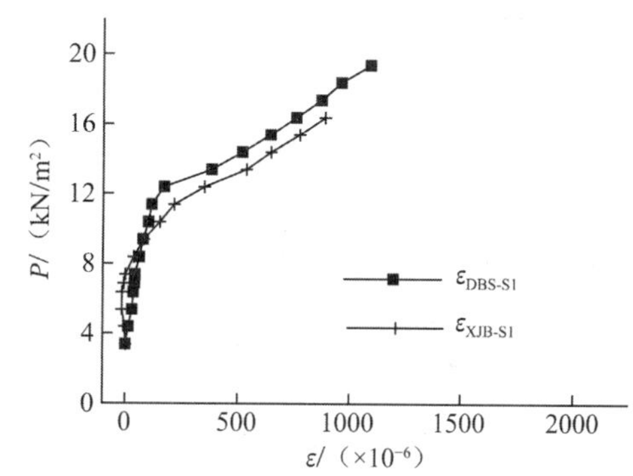

图13　y向板端面筋荷载-拉应变曲线

可见，受拼缝的影响，叠合板现浇层x向板端面筋所受拉力大于现浇板对应位置处面筋所受拉力，而y向则相反。

2.3.2　跨中底筋应变分析

叠合板和现浇板在x向跨中底筋荷载-拉应变曲线如图14所示。叠合板和现浇板的底筋应变均随荷载的增大而增长，在荷载达到9.4kN/m^{2}之前，叠合板的x向跨中底筋应变与现浇板底筋应变基本一致，之后叠合板的x向跨中底筋应变一直小于同荷载下的现浇板x向跨中底筋应变。

叠合板及现浇板y向跨中底筋荷载-拉应变曲线如图15所示。可以认为，受拼缝影响，在加载过程中叠合板y向跨中底筋应变增长速度较慢且在相同荷载下小于现浇板对应位置处的钢筋应变。

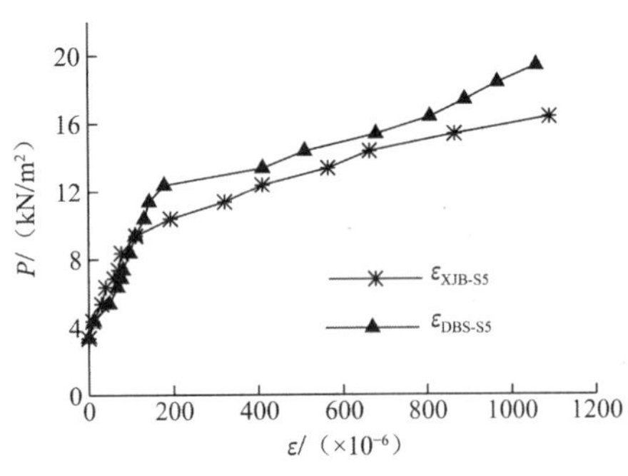

图 14　x向跨中底筋荷载-拉应变曲线

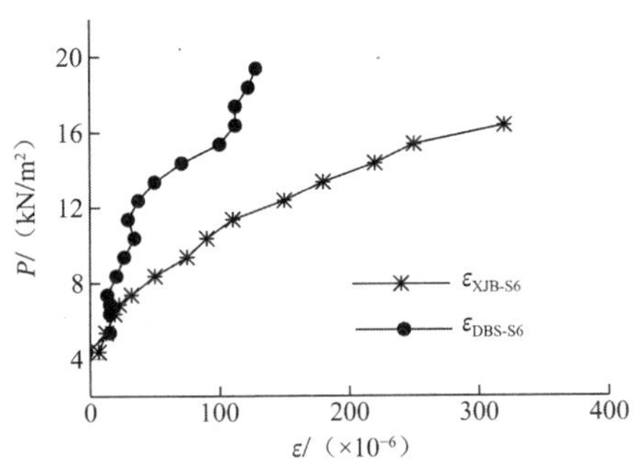

图 15　y向跨中底筋荷载-拉应变曲线

2.4　拼缝处钢筋应变分析

拼缝处附加钢筋的荷载-拉应变曲线如图 16 所示。由图可知：附加钢筋上各测点钢筋应变在荷载加载至 10.4kN/m²（$1.6Q_s$）之前均较小；随着荷载的继续增大，附加钢筋中点处的应变逐渐增大，而位于拼缝处第一道桁架筋及第二道桁架筋下方的附加钢筋应变始终较小。可见，本试验采用的拼缝构造措施可实现拼缝附加钢筋的可靠锚固，从而实现拼缝处力的有效传递。

2.5　叠合板板端附加钢筋

叠合板板端预制底板面附加钢筋应变发展如图 17 所示。由图可知，板端附加钢筋应变随荷载的增加而增长，且一直处于受拉状态。x向板端附加钢筋应变与y向板端附加钢筋应变在整个加载过程中都较为接近。

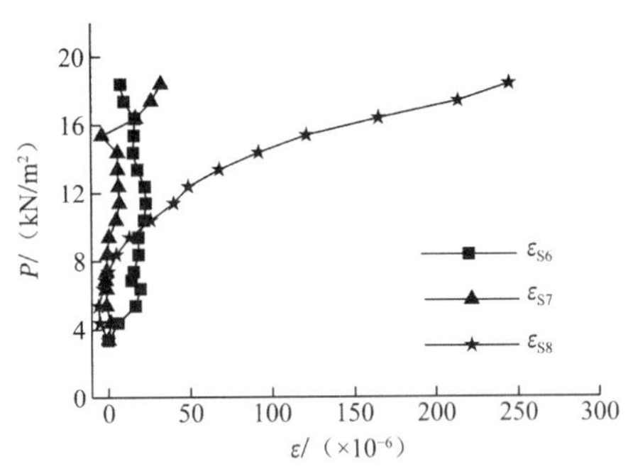

图 16　拼缝处附加钢筋荷载-拉应变曲线

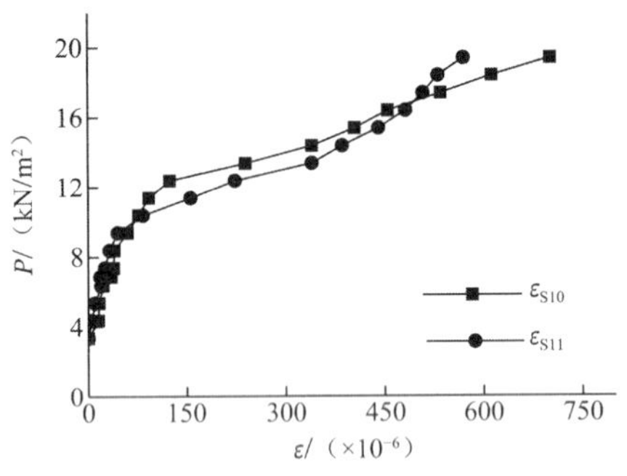

图 17　叠合板板端附加钢筋荷载-拉应变曲线

2.6　板端下表面混凝土应变分析

叠合板和现浇板的x向、y向板端下表面混凝土荷载-压应变曲线分别如图 18、图 19 所示。现浇板板端下表面混凝土应变随着荷载的增大增长迅速，而叠合板板端下表面混凝土应变在荷载达到 10.4kN/m² 之前几乎为零，达到 10.4kN/m² 之后开始明显增加，荷载-应变曲线出现明显拐点。

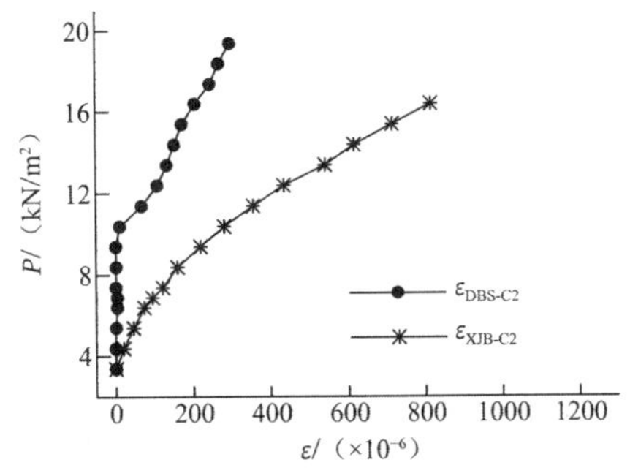

图 18　x向板端下表面混凝土荷载-压应变曲线

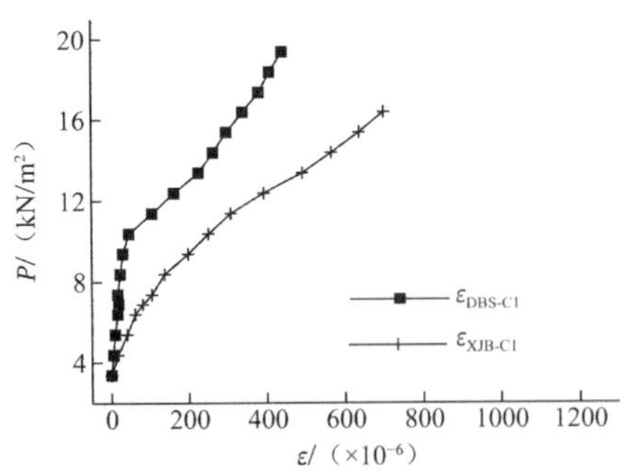

图 19　y向板端下表面混凝土荷载-压应变曲线

由图可见，在相同的荷载下，叠合板板端下表面混凝土压应变小于现浇板对应位置处的混凝土压应变，且叠合板板端下表面混凝土受力相对现浇板存在滞后现象。

3 结论与建议

四边不出筋双缝密拼连接叠合双向板与现浇板原位加载对比试验结果表明：

1）本次试验的叠合板能满足该工程正常使用极限状态与承载能力极限状态的要求。

2）叠合板与现浇板板底裂缝均表现出较为明显的双向板特征，叠合板的板底开裂荷载大于现浇板；相同荷载下，叠合板裂缝宽度小于现浇板，叠合板跨中y向裂缝最终分布区域较现浇板更广。

3）在相同荷载下，试验用叠合板的挠度小于现浇板的挠度，仅为现浇板挠度的1/2，叠合板的整体抗弯刚度大于现浇板。

4）受拼缝等因素影响，叠合板钢筋与现浇板钢筋的受力存在差异，其中叠合板短跨方向支座面筋应力大于现浇板，设计时应予以考虑。

5）本试验采用的双缝密拼叠合板的拼缝附加钢筋在设计荷载作用下受力较小，拼缝的裂缝宽度可控；采用的拼缝构造措施可实现拼缝附加钢筋的可靠锚固，从而实现拼缝处力的有效传递。

参考文献

[1] 颜锋，高杰，田春雨，等. 带接缝的混凝土叠合板足尺试验研究[J]. 建筑结构, 2016, 46(10): 56-60.

[2] 余泳涛，赵勇，高志强. 单缝密拼钢筋混凝土叠合板受弯性能试验研究[J]. 建筑结构学报, 2019, 40(4): 29-37.

[3] 谷明旺. 对国内装配式建筑生产工艺和安装方法的再认识(二)[J]. 住宅与房地产, 2018(35): 70-74.

[4] 王晓锋. 桁架钢筋混凝土叠合板随想[J]. 住宅与房地产, 2017(8): 58-60.

[5] 恽燕春，陈鹏，王柏生，等. 密拼叠合楼板受力性能研究[J]. 施工技术, 2018, 47(12): 75-79, 129.

[6] 中国工程建设标准化协会. 钢筋桁架叠合楼板应用技术规程(征求意见稿)[EB/OL].[2019-2-18]. http: //www.cecs.org.cn/xhbz/zqyj/10075. html.

[7] 章雪峰，郑曙光，单玉川，等. 四边不出筋密拼连接叠合双向板足尺试验研究[J]. 建筑结构, 2019, 49(15): 83-87.

端部缺陷对钢筋套筒灌浆连接接头力学性能的影响研究

傅林峰[1,2]，樊俊威[1]，邵耀锋[2]

（1. 浙江工业大学工程设计集团有限公司，杭州 310014；2. 浙江浙工大检测技术有限公司，杭州 310014）

摘　要：套筒灌浆连接是装配式建筑当中非常重要的节点连接技术，由于施工人员水平参差不齐，在进行灌浆作业时容易出现漏浆、灌浆不饱满等质量问题，从而对建筑结构造成安全隐患，成为装配式建筑发展的“软肋”。通过研究发现端部缺陷相比其他缺陷形式对套筒灌浆的性能影响最大。本文结合已有试验数据，采用有限元分析软件建立套筒灌浆模型，对已有的套筒灌浆试件进行校准，再通过改变模型参数，研究端部缺陷对不同直径钢筋的套筒灌浆连接受力性能的影响。结果表明，当端部缺陷长度大于钢筋锚固长度（$8d$）的40%时，节点的破坏形式将为钢筋拔出，节点拉伸强度不符合要求；端部缺陷对套筒灌浆连接弹性阶段的影响较小，端部缺陷越大的试件，钢筋与灌浆料之间的滑移越大。研究结果可为套筒灌浆质量评估提供依据。

关键词：套筒灌浆连接；端部缺陷；有限元分析；力学性能

近年来，在国家政策的积极推动下，装配式建筑在我国得到迅速发展。在装配式混凝土建筑中，套筒灌浆是一种重要的节点连接技术，如图 1 所示。套筒灌浆连接即在预制混凝土构件中事先预埋成品套筒，将受力钢筋插入套筒内并注入高强早强的微膨胀灌浆料，待其硬化后与钢筋套筒形成整体[1]。套筒灌浆连接的受力依靠钢筋与灌浆料、灌浆料与套筒之间的粘结作用，将钢筋受到的拉力传递至套筒，从而实现钢筋的连接[2]。这种节点连接形式具有性能优良、成本低、结构轻、施工方便等优点。虽然套筒连接在装配式建筑中的经济占比很小，但对装配式建筑的整体结构安全有着至关重要的作用。但目前套筒灌浆连接存在着在一定的问题，特别是装配式建筑施工人员技术水平参差不齐，使得在套筒注浆时常常出现漏浆、注浆不饱满等问题，且套筒灌浆属于隐蔽工程[3]，注浆缺陷难以发现，从而造成安全隐患。

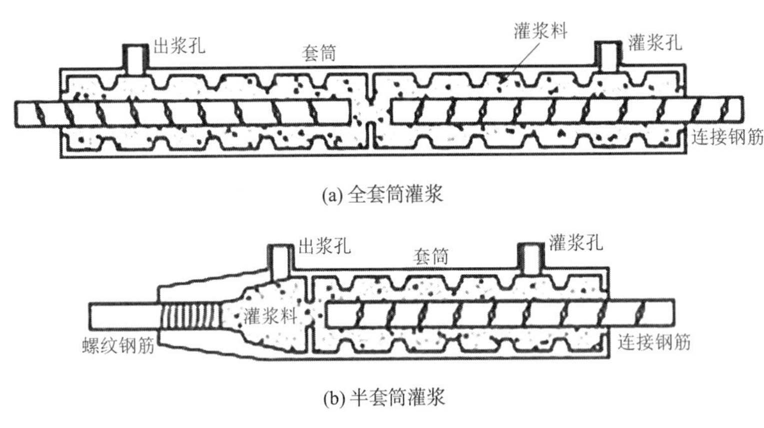

(a) 全套筒灌浆

(b) 半套筒灌浆

图 1　套筒灌浆连接示意图

因此，针对套筒灌浆缺陷的研究被广大学者逐渐重视起来，并进行了大量的研究。杨杨、卢旭峰等[4-5]通过大量试验研制出常温型灌浆料和低温型灌浆料配方，并研究了采用常温型灌浆料的套筒灌浆连接节点在不同缺陷条件下的破坏形态和受力性能。结果表明，无缺陷或小缺陷情况下，破坏形态为钢筋拉断，缺陷较大时出现钢筋拔出情况，影响结果安全；且套筒端部存在缺陷相比其他形式的缺陷对套筒灌浆的性能影响更大。胡瑞[6]分析了套筒灌浆缺陷出现的原因，并结合有限元软件分析各种缺陷对套筒灌浆性能的影响。周文轩[1]、王腾辉等[7]的研究均表明当缺陷超过一定程度后，钢筋和灌浆料之间会产生明显滑移，最终的破坏形态将为钢筋拔出破坏。

套筒灌浆的质量和结构安全密切相关，当其破坏形态为钢筋拔出时，对结构安全是极其不利的。本文结合已有试验结果[5]与有限元软件分析使用常温型灌浆料的全灌浆套筒连接的最大允许端部缺陷，为施工质量控制提供参考。

1 有限元模型建立

1.1 材料本构模型

1.1.1 灌浆料

试验采用的自研常温型灌浆料[5]，并没有成熟、通用的本构关系模型，由于灌浆料与高强混凝土具有一定相似性，本文采用 C80 混凝土的塑性损伤模型[8]（CDP 模型）代替。模型参数根据《混凝土结构设计规范》GB 50010—2010[9]中的混凝土本构计算而得，灌浆料应力-应变关系如图 2 所示。灌浆料弹性模量设为 38GPa，泊松比 0.2，密度为 2500kg/m^3，CDP 模型的本构参数见表 1。

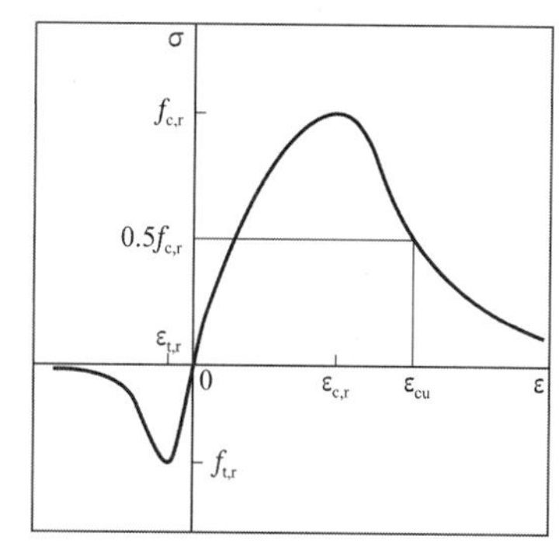

图 2 灌浆料应力-应变关系

灌浆料塑性损伤模型本构参数 **表 1**

参数	Ψ	ε	f_{b0}/f_{c0}	K	υ
值	30	0.1	1.16	0.667	0.005

1.1.2 钢筋

试验采用 HRB400 级钢筋，在模拟时钢筋的本构采用双折线模型，本构关系如图 3 所示。其屈服强度、极限强度根据试验确定，弹性模量E取 2.06×10^5MPa，泊松比为 0.3。由于套筒在试验过程中均处于弹性阶段，模拟时采用理想弹塑性模型，弹性模量E取 2.06×10^5MPa，泊松比为 0.3。

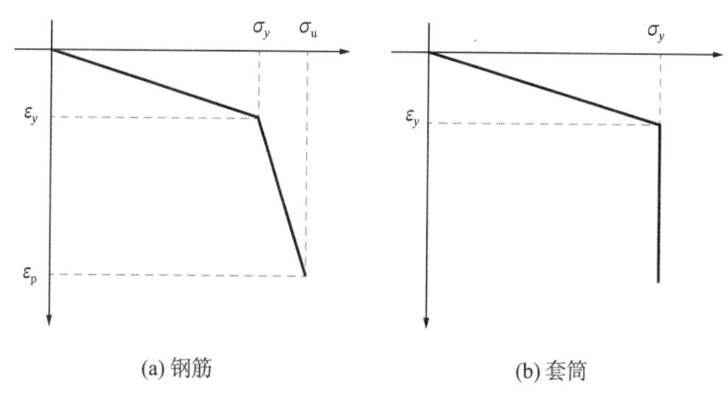

(a) 钢筋　(b) 套筒

图 3 材料本构关系

1.2 单元类型及接触设置

本模型各部件均采用对位移求解精度高八节点的缩减积分实体单元（C3D8R）[10]；本模型各部件形状较为规则，采用结构化的网格划分，模型各部件的单元与网格划分情况如图 4 所示。

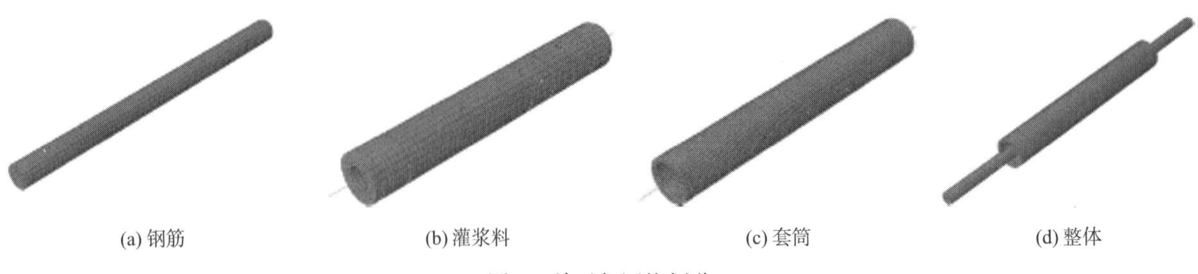

图 4　单元与网格划分

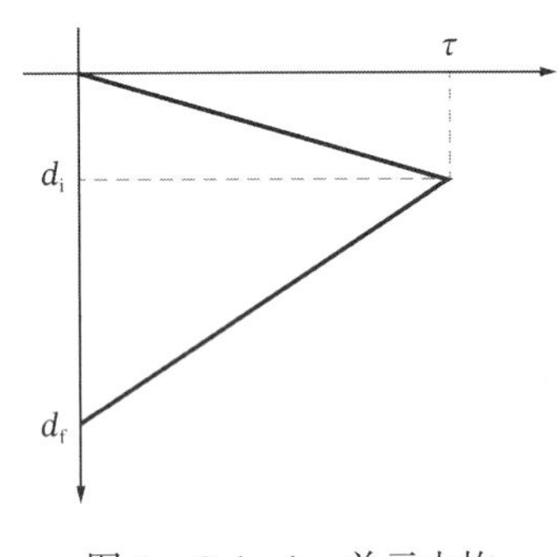

图 5　Cohesive 单元本构

模型的接触关系包括灌浆套筒与灌浆料之间的接触、灌浆料与钢筋的接触。在试验过程中，试验试件的破坏形式均为钢筋拉断或钢筋拔出，说明灌浆料与套筒之间的粘结良好，所以灌浆套筒与灌浆料之间采用绑定连接；由于试验采用的常温型灌浆料与钢筋之间的接触难以确定，所以结合试验数据，采用软件中的 Cohesive 单元连接[11]来模拟灌浆料与钢筋的粘结滑移。Cohesive 单元通常为双折线的本构模型，如图 5 所示。τ为极限粘结强度，d_i为损伤起始位移，d_f为损伤失效位移，τ/d_i表示 Cohesive 单元起始阶段的刚度，图中三角形面积表示断裂能，数据均以试验情况确定。Cohesive 单元起始阶段粘结强度随位移线性增长，达到极限粘结强度后开始线性下降直至彻底失效。

1.3　荷载与边界条件

试验采用电液伺服万能试验机，对两端钢筋进行夹持拉伸试验，为模拟试验实际受力状态，在模型两端钢筋端部分别施加耦合点 RP-1 和 RP-2，与钢筋端部进行耦合，将 RP-2 设置为完全固定，在 RP-1 上施加钢筋轴向位移来模拟拉伸，如图 6 所示。

图 6　荷载与边界条件设置

2　模型验证与分析

2.1　模型验证

针对文献[3]中两个端部缺陷试件 DB-8、DB-4 以及一个饱满试件 BM-1 进行模拟，其中，模拟 BM-1、DB-4 模型的破坏形态均为钢筋拉断，DB-8 模型破坏形态均为钢筋拔出，模型的应力云图如图 7、图 8 所示。

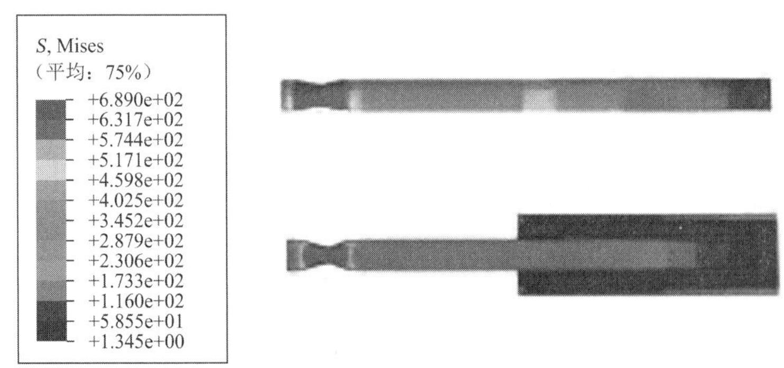

图 7　BM-1、DB-4 模型钢筋拉断

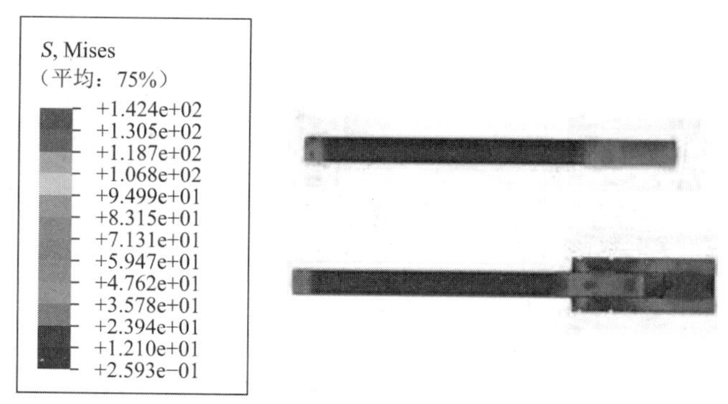

图 8　DB-8 模型钢筋拉断

各模型与试验试件数据如表 2 所示，屈服荷载相差不超过 3%，极限荷载相差不超过 3%，破坏形式均一致，模型与试验数据基本吻合，说明模型具有较好的准确性，所以该模型的本构关系、单元类型及相互作用、边界条件可用于套筒灌浆模型的参数分析。

试验与有限元模型结果对比　　**表 2**

试件		屈服荷载/kN	极限荷载/kN	破坏形式
BM-1	试验	151.5	211.7	钢筋拉断
	模型	148.0	205.7	钢筋拉断
DB-4	试验	150.3	201.3	钢筋拉断
	模型	148.1	205.2	钢筋拉断
DB-8	试验	150.3	186.7	钢筋拔出
	模型	149.2	187.6	钢筋拔出

2.2　参数分析

《钢筋套筒灌浆连接应用技术规程》JGJ 355—2015[12]中规定，套筒灌浆连接的钢筋直径不宜小于 12mm 且不宜大于 40mm，本文选用直径为 12mm、16mm、20mm、25mm、32mm 和 40mm 的钢筋作为研究对象，研究端部缺陷程度对各种直径钢筋的套筒灌浆连接性能的影响。依据规范要求，钢筋锚固的深度不宜小于 8 倍的钢筋直径d，本文各试件的锚固长度均取 8d。模型缺陷设置如表 3 所示，缺陷占比表示缺陷占上段钢筋锚固长度的比例，下段钢筋锚固不设置缺陷。

模型缺陷设置　　**表 3**

钢筋直径/mm	缺陷长度/mm							
12	0	10	19	29	34	38	43	48
16	0	13	26	38	45	51	58	64
20	0	16	32	48	56	64	72	80
25	0	20	40	60	70	80	90	100
32	0	26	51	77	90	102	115	128
40	0	32	64	96	112	128	144	160
缺陷占比	0	10%	20%	30%	35%	40%	45%	50%

2.3　结果分析

钢筋直径为 20mm 的试件各缺陷模型的荷载-位移曲线如图 9 所示，从图 9 中可以看出，在弹性阶段，各试件的曲线基本重合，缺陷影响较小；待钢筋屈服后，端部缺陷越大，随加载位移增大，承载力上升越慢，这是因为端部缺陷增大之后，钢筋与灌浆料之间的接触面积减小，粘结作用变小，导致钢筋与灌浆料滑移增大；端部缺陷为 45%和 50%的试件，承载力未达到极限荷载，破坏形式为钢筋拔出，不符合规范要求。

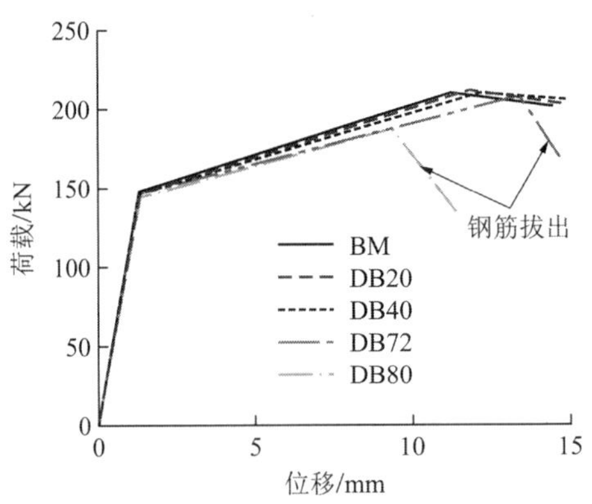

图 9 钢筋直径 20mm 的灌浆套筒模型荷载-位移曲线

各模型的模拟结果如表 4 所示，规范[12]对套筒灌浆的连接接头性能规定，抗拉强度不小于钢筋的抗拉强度标准值，且破坏时应断于接头外钢筋；本文以此标准作为连接接头合格的标志。由表格数据结果可知，除了直径 12mm 的模型，当其端部缺陷小于 45%时，试件的破坏形态均为钢筋拉断破坏；对于其余试件，当端部缺陷大于 40%时，破坏形式均由钢筋拉断转变成钢筋拔出，接头不满足规范要求，所以，端部缺陷不能大于 40%。

模拟结果汇总 表 4

钢筋直径/mm	缺陷	0	10%	20%	30%	35%	40%	45%	50%
12	极限荷载（kN） 破坏形式	69.4 钢筋拉断	69.4 钢筋拉断	69.4 钢筋拉断	69.4 钢筋拉断	69.4 钢筋拉断	69.4 钢筋拉断	69.4 钢筋拉断	67.7 钢筋拔出
16	极限荷载（kN） 破坏形式	131.6 钢筋拉断	131.6 钢筋拉断	131.6 钢筋拉断	131.6 钢筋拉断	131.6 钢筋拉断	131.6 钢筋拉断	131.5 钢筋拔出	119.9 钢筋拔出
20	极限荷载（kN） 破坏形式	205.7 钢筋拉断	205.7 钢筋拉断	205.7 钢筋拉断	205.7 钢筋拉断	205.7 钢筋拉断	205.7 钢筋拉断	204.1 钢筋拔出	187.6 钢筋拔出
25	极限荷载（kN） 破坏形式	293.0 钢筋拉断	293.0 钢筋拉断	293.0 钢筋拉断	293.0 钢筋拉断	293.0 钢筋拉断	293.0 钢筋拉断	291.8 钢筋拔出	279.6 钢筋拔出
32	极限荷载（kN） 破坏形式	480.8 钢筋拉断	480.8 钢筋拉断	480.8 钢筋拉断	480.8 钢筋拉断	480.8 钢筋拉断	480.8 钢筋拉断	472.6 钢筋拔出	459.6 钢筋拔出
40	极限荷载（kN） 破坏形式	766.5 钢筋拉断	766.5 钢筋拉断	766.5 钢筋拉断	766.5 钢筋拉断	766.5 钢筋拉断	766.5 钢筋拉断	760.2 钢筋拔出	731.0 钢筋拔出

3 结论

本文结合已有试验的数据及有限元分析软件对存在端部缺陷的套筒灌浆连接的受力性能进行研究，结论如下：

（1）本文采用的有限元建模方法能较好地还原试验，有限元模型试件的屈服荷载、极限荷载与试验接近。

（2）在常温型灌浆料作用下，端部缺陷对套筒灌浆连接的承载力影响较大，当端部缺陷大于 40%时，套筒灌浆连接由钢筋拉断破坏转变成钢筋拔出破坏，不满足规范要求，在施工中必须控制灌浆端部缺陷小于 40%。

（3）端部缺陷对弹性阶段影响较小，试件屈服后，端部缺陷越大，随加载位移的增加，承载力上升越慢，钢筋与灌浆料之间滑移越大。

参考文献

[1] 周文轩. 钢筋套筒灌浆连接受拉性能数值模拟[J]. 华南地震, 2022, 42(1): 127-132.

[2] 鲍佳文. 新型灌浆套筒连接性能和粘结滑移关系的精细有限元分析[D]. 杭州: 浙江大学, 2022.

[3] 向绪儒, 顾箭峰, 李佳栩, 等. 灌浆缺陷对半灌浆套筒连接件强度的影响[J]. 武汉工程大学学报, 2021, 43(6): 657-663.

[4] 杨杨, 凌宏杰, 刘金涛, 等. 不同缺陷对装配式建筑钢筋灌浆套筒连接性能的影响[J]. 材料导报, 2023, 37(2): 88-94.

[5] 卢旭峰. 装配式建筑钢筋套筒灌浆料制备及连接性能试验研究[D]. 杭州: 浙江工业大学, 2020.

[6] 胡瑞. 存在缺陷的半灌浆套筒连接件拉伸性能有限元分析[D]. 太原: 中北大学, 2019.

[7] 王腾辉, 陈权, 夏文传, 等. 基于 ABAQUS 塑性损伤的半灌浆套筒力学性能有限元分析[J]. 科学技术与工程, 2022, 22(9): 3709-3715.

[8] 赵军, 刘佳, 王飞程, 等. 装配式新型灌浆套筒接头设计及有限元分析[J]. 三峡大学学报(自然科学版), 2021, 43(6): 56-62.

[9] 中华人民共和国住房和城乡建设部. 混凝土结构设计规范: GB 50010—2010[S]. 北京: 中国建筑工业出版社, 2011.

[10] 鲜艾珂. 基于 ABAQUS 的钢筋套筒灌浆连接力学性能研究[D]. 沈阳: 沈阳建筑大学, 2016.

[11] 刘良林, 肖建庄, 丁陶. 套筒灌浆连接受力失效机理与有限元仿真验证[J]. 工程力学, 2022, 39(12): 177-189.

[12] 中华人民共和国住房和城乡建设部. 钢筋套筒灌浆连接应用技术规程: JGJ 355—2015[S]. 北京: 中国建筑工业出版社, 2015.

交错桁架结构设计理论方法与装配式集成技术应用研究

李瑞锋，刘新华，徐国军

（浙江绿筑集成科技有限公司，浙江 绍兴 312000）

摘　要： 交错桁架结构具有大跨度、大空间、刚度大、经济性好等特点，是一种新型的装配式钢结构体系。但是装配式交错桁架结构体系由于其独特的结构构造，计算方法完全不同于传统钢框架结构，尤其交错桁架结构体系的整体计算分析楼面的假定对整体计算指标影响较大；以及装配式交错桁架结构在设计阶段计算分析时如何考虑施工对平面桁架的影响也是控制指标。通过对交错桁架结构关键的技术进行分析，并结合杭州萧山国际机场 5 号、6 号公寓楼项目，着重分析交错桁架结构在设计、施工过程中的桁架布置、楼板计算，以及对工程项目进行了弹性反应谱法分析及静力弹塑性分析，探究了交错桁架结构塑性发展机制。研究表明，简化的楼面计算模型解决了交错桁架设计阶段的计算问题，是一种可以直接应用的建模计算方法；通过 ETBAS 和盈建科两款有限元分析软件的对比分析可知，钢结构装配式交错桁架结构具有良好的耗能机制及抗震性能，是一种值得推广应用的装配式结构体系。

关键词： 装配式；交错桁架；钢结构；预应力空心叠合楼板（SPD）；静力弹塑性

1　钢结构装配式交错桁架结构技术介绍

钢结构装配式交错桁架结构技术是在建筑横向墙体轴线处设置隔层的平面桁架，为了实现结构传力的合理性，在相邻轴线处对平面桁架进行错轴布置，楼面板在平面桁架之间，一端搁置在下层桁架的上弦处，一端搁置在上层桁架的下弦处（图 1）。钢结构装配式交错桁架结构技术的平面桁架高度为建筑层高，跨度为两个开间进深加走廊宽度，通过对平面桁架的错轴布置及与楼面板形成整体后，实现楼板与平面桁架共同承受结构的竖向荷载和水平荷载。钢结构装配式交错桁架结构技术充分利用了钢结构拉压承载力高的特点，通过桁架简便的连接方式，大部分杆件为拉压受力模式，小部分杆件为拉弯或压弯受力模式，并且充分结合带中间走廊类建筑的特点，合理利用建筑布局。

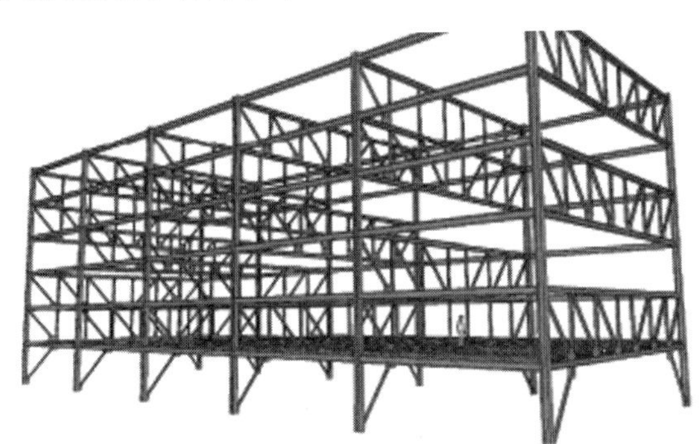

图 1　交错桁架示意

平面桁架基本上选用如图 2 所示的混合桁架形式或空腹桁架形式。空腹桁架便于建筑布置门洞或走廊，但是由于空腹桁架无斜腹杆，整体的竖向刚度较小，在结构计算时需要特别分析空腹桁架的挠度对建筑的影响及楼面的整体舒适性；采用混合桁架时，平面桁架的整体刚度和承载力大大提升，但同时也影响建筑布局的灵活性，故在结构桁架形式的选择与策划上需要与建筑平面功能进行一体化的集成设计，在不影响建筑平面使用功能的情况下尽量选用混合桁架形式，同时混合桁架的侧向刚度不宜太强，否则会在结构计算时形成两个方向刚度不匹配问题，可以通过减少混合桁架斜腹杆数量的方式解决侧向刚度太大的问题。在桁架设计时尽量实现杆件标准化，通过标准化杆件拼接成结构所需要的桁架形式，从而提高制作效率与精度。

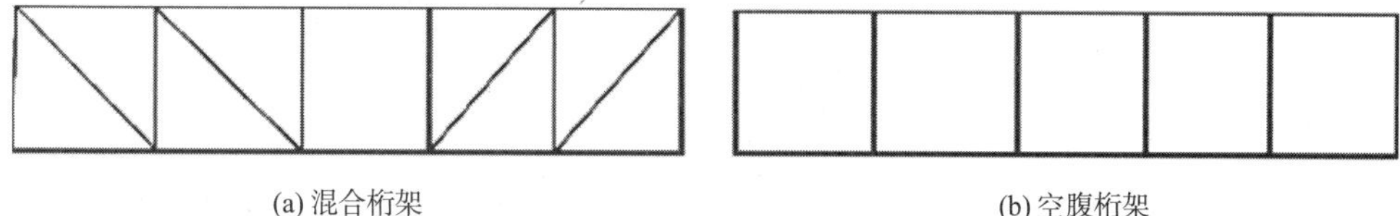

(a) 混合桁架　　(b) 空腹桁架

图 2　桁架的两种基本形式

装配式交错桁架结构体系，在结构性能方面具有传力简洁、抗震性能优越、免防火涂料抗火构造、中间无柱的单跨结构、用钢量节约 20%、基础造价减少 30%、经济性能好等优势；在建筑舒适性方面采用了建筑净面积增加 3%～5%、室内无梁、净高提高 200～300mm、结构刚度提高一倍以上、一体化装饰隔声桁架墙等创新技术。交错桁架结构体系可提供较大的无柱空间，便于灵活布置房间，适用于公寓、旅馆、宿舍、医院等装配式建筑。

2　交错桁架结构成套集成技术与工程应用

2.1　项目概况

杭州萧山机场 5 号、6 号公寓宿舍楼工程（图 3）位于杭州市萧山机场地块，总建筑面积约 3.4 万m^2，地下面积 0.6 万 m^2，地上面积 2.8 万 m^2，5 号楼面积 1.2 万 m^2，6 号楼面积 1.6 万 m^2；建筑层数：5 号楼 7 层，6 号楼 10 层，标准层高 3.1m；结构形式：钢结构交错桁架体系（PS）+ 预制混凝土（PC）体系；该项目设计地震分组为一组，设防烈度为 6 度（0.05g），抗震设防为丙类，场地类别为Ⅲ类。建筑安全等级为二级，设计使用年限 50 年。

图 3　工程效果图

2.2　交错桁架成套集成技术工程应用

萧山机场 5 号、6 号公寓宿舍楼项目是为打造装配式建筑科技创新性的一个示范工程。项目立项之初就确定采用钢结构装配式集成建筑技术和 BIM 信息化技术来实施项目全生命周期绿色建造。工程实施中应用了装配式钢结构交错桁架结构技术、SPD 预应力叠合楼板技术、保温装饰一体化外墙技术、集成卫浴技术、装配式钢结构楼梯技术等先进装配式技术。该工程在装配式集成建筑的技术、建造管理、信息化技术应用等方面具有行业的领先性。根据《装配式建筑评价标准》GB/T 51129—2017，装配率为 82%，达到 AA 级装配式建筑评价要求，对推进钢结构装配式集成建筑在行业内推广与应用具有较好的示范意义。

1）主体结构系统

项目桁架跨度同横向柱距，为 16.8m，高度同层高，跨高比约为 5.4。通过对本工程建筑平面使用功能进行分析，该项目竖向垂直交通不利于交错桁架的布置。考虑到与建筑功能协调问题，在结构体系选型时，混合应用交错桁架结构体系和钢框架结构体系，以适应楼、电梯间的合理化布置。在楼、电梯间的框架部分形成整体，并加强框架部分与平面桁架的连接，提高框架部分与交错桁架部分的协调变形，见图 4 和图 5。

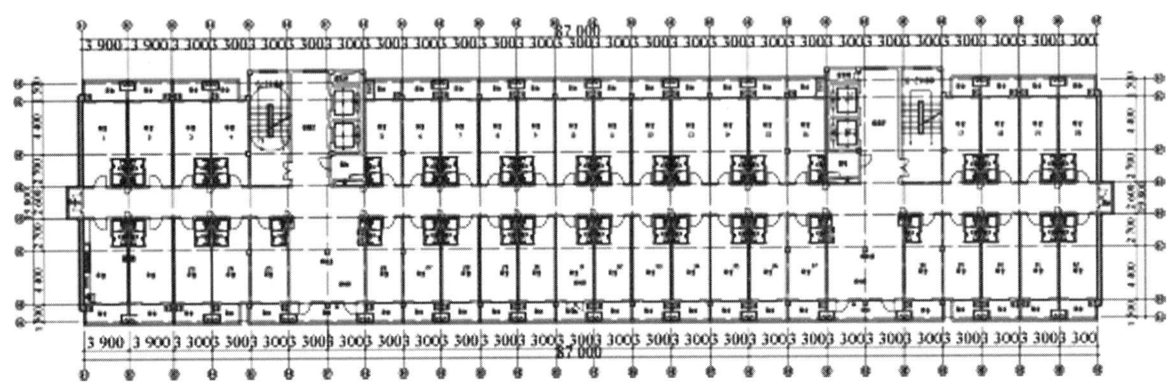

图 4　交错桁架结构布置示意图

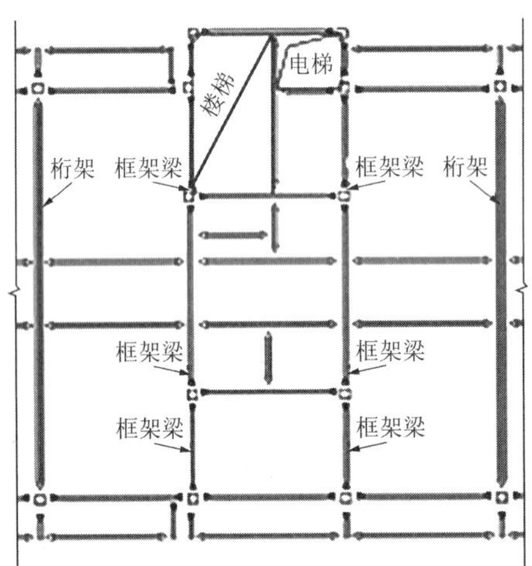

图 5　钢框架结合部位

由于交错桁架结构与框架结构的空间变形特性不同，需要楼板具有较好的面内刚度，使两部分结构能协同工作[1]。设计时使楼板具有足够的现浇层厚度及适当的板内配筋，以保证交错桁架结构与框架结构直接进行楼板剪力的传递。

2）楼板系统

本工程楼板系统采用全预制的装配式 SPD 预应力叠合楼板技术，该技术是从美国引进的一个成熟装配式建筑技术，其施工无模板、无脚手架，安装快捷方便，同时也是浙江省第一个应用该成套技术的项目。在 SP 板即预制预应力混凝土空心板上浇筑 60mm 以上的混凝土形成叠合层，布局如图 6～图 8 所示。

图 6　SPD 板现场施工

图 7　楼板降板构造

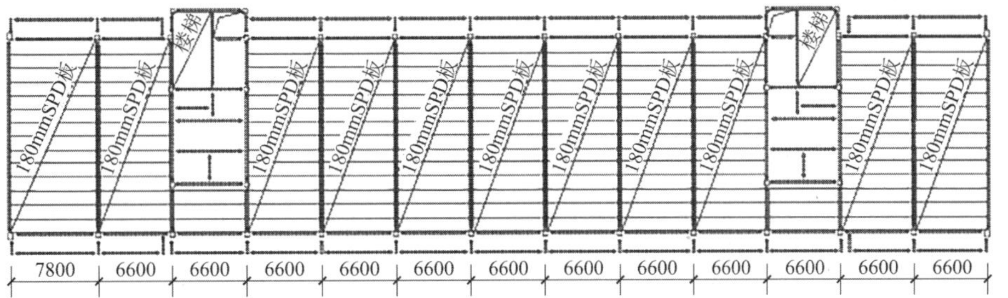

图 8　结构平面布置示意

3）外墙系统

在外墙系统中成功引进了幕墙技术的优势，同时结合项目本身的特点，采用了保温装饰一体化的单元式预制混凝土 PC“外挂内嵌”集成外墙系统（图 9），解决了装配式外墙保温、装饰、防水的问题。

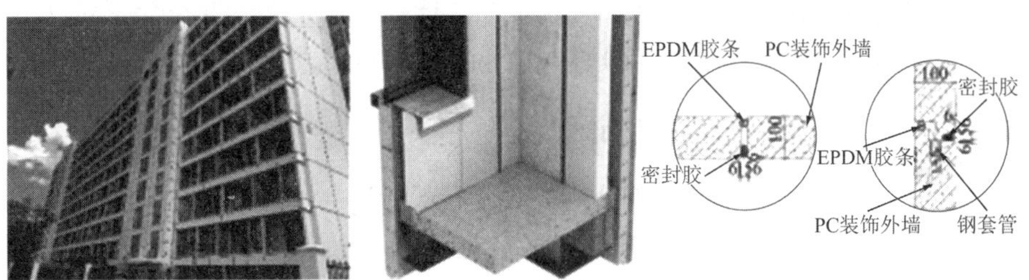

图 9　预制混凝土 PC“外挂内嵌”集成外墙系统

PC 挂板水平缝设计成企口缝，形成构造防水，垂直缝采用由导水槽形成的一个导水空间，并在水平缝和垂直缝之间采用耐候性密封胶进行材料防水，形成构造防水和材料防水的双重保障。

4）内墙系统

为了实现结构体系的优越性，内隔墙需要着重考虑交错桁架处的隔墙方案。桁架两侧采用了 75mm 厚的 ALC 条板，无桁架处采用了 150mm 厚的 ALC 轻质条板（图 10）。ALC 轻质条板材材料即蒸压加气混凝土板，其质轻高强、耐火性优良、抗渗性优良，现场可加工性良好，精度高，可刨、可锯，采用干式作业法，安装简便，工艺简单，大大缩短了施工工期，提高了施工效率及质量。

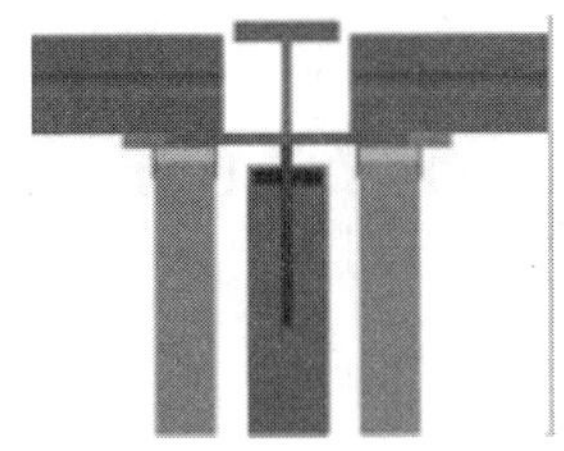

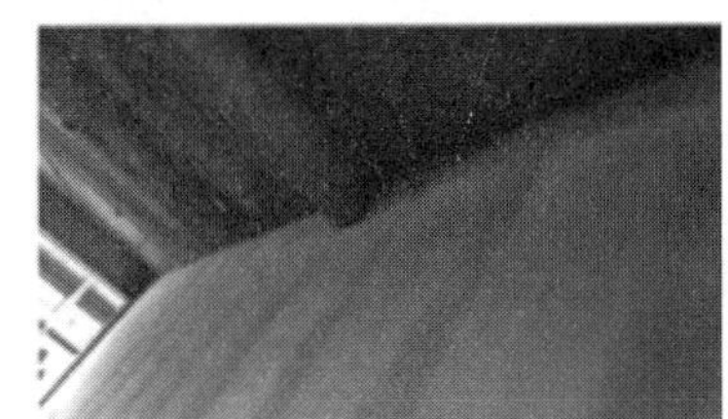

图 10　ALC 轻质条板

5）集成卫浴系统

综合考虑本工程的需求、施工进度及品质的要求，在工程的实施中卫浴系统采用了集成卫浴产品

（图 11）与技术。集成卫浴采用 SMC 高分子航空材料，生产更节能，比传统卫浴生产能耗下降 47%；采用工厂模块化生产，减少了传统粗放式建设中材料的浪费；现场干法施工，搭建过程无污染、无噪声、无粉尘、无异味，即装即住。

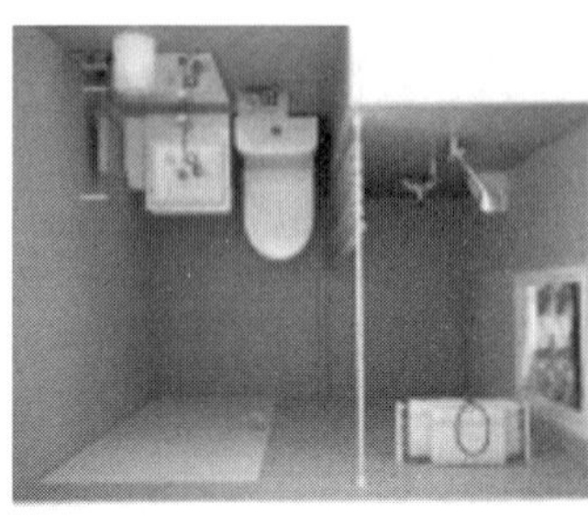

图 11 集成卫浴产品

3 钢结构装配式交错桁架结构关键技术研究

3.1 钢结构装配式交错桁架结构整体计算原理与分析

1）在竖向荷载作用下的受力性能特点。

在竖向荷载作用下，竖向荷载通过楼板搁置在弦杆上形成均布荷载，从而在桁架的上下弦中产生次弯矩，桁架弦杆承受轴力及弯矩，但是弦杆的控制荷载基本上为轴力控制，斜腹杆主要承受轴力。由于平面桁架与边柱为铰接连接，通过端部斜腹杆与弦杆的共同受力，传递到边柱后基本为竖向荷载，因此，在竖向荷载作用下边柱基本不会出现弯矩及剪力[1]。钢结构装配式交错桁架结构体系在承受竖向荷载作用时，侧移很小，因此在计算竖向荷载时可不考虑结构的整体空间作用。

2）在水平荷载作用下的受力性能特点。

交错桁架结构技术从平面上看，桁架层相对敞开层水平刚度较大，交错的两榀桁架之间通过楼板将桁架的上下弦杆相互连接，在水平荷载作用下任何一层楼面上所有的点将有相等的水平位移，即敞开层的柱子与桁架层的腹杆（包括斜腹杆、竖腹杆）共同抵抗侧向变形。交错桁架钢框架结构的侧向变形主要来源于桁架弦杆的剪切变形与杆件的轴向变形的贡献，整体结构的变形曲线仍以剪切变形特征为主。

在地震或风荷载产生的水平力作用下，楼层层间剪力通过楼板传递给平面桁架上弦杆，并形成弦杆轴力，上弦杆轴力传递给斜腹杆，斜腹杆轴力再传递到平面桁架下弦杆，下弦杆轴力通过楼板连接传递给下层楼板，最后传给基础，每个桁架承受作用于两个柱间的剪力，楼板犹如一刚性隔板传递剪力，其传力的机理如图 12 所示。图中：H为水平荷载，V为水平荷载H作用下弦杆上的剪力，R为水平荷载作用下的柱子反力[1]。故楼板与桁架弦杆的连接构造需要经过精细化计算，保障楼板层间剪力的有效传递。由于平面桁架与钢柱采用铰接连接方式，在层间剪力传递过程中，钢柱主要产生轴力，其弯矩较小。

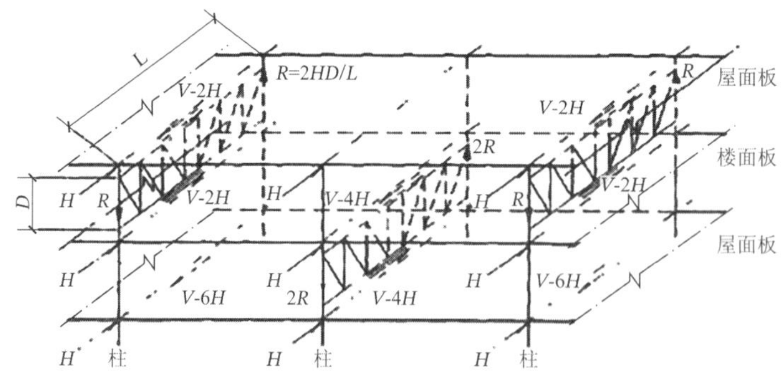

图 12 交错桁架在水平荷载下的传力

由于钢结构装配式交错桁架结构空间受力协同的特点，其在地震或风荷载产生的水平力作用下，楼板、平面桁架、钢柱形成了空间受力模式，楼板参与到结构整体计算中[2]，故在结构承受水平荷载时，应充分考虑楼板协同工作的特点进行整体分析与计算，无法采用传统的框架体系理论来考虑楼板与主体结构的变形协调。钢结构装配式交错桁架结构在楼板的设计过程中，尤其要考虑楼板与平面桁架弦杆连接的抗震构造措施及计算复核。

3.2　交错桁架结构的平面桁架分析

交错桁架结构在分析竖向荷载作用时，不宜计入组合梁效应，在分析横向水平荷载时，宜计入组合梁效应[1]。在结构整体计算分析中，如何考虑装配式楼面板与平面桁架的组合作用，是计算平面桁架弦杆内力的关键。

在通用结构计算软件中实现这一条文需要建立两个空间模型用于确定弦杆的截面大小，即建立一个不带楼板的模型计算交错桁架结构在竖向荷载下的内力；建立一个带楼板的模型计算交错桁架在横向水平荷载下的内力，最后，提取两个模型的内力，进行荷载组合再设计桁架弦杆截面。这种设计方法虽然可以实现对交错桁架各构件的设计，但需要手工提取各工况的内力，并对各工况的内力进行荷载组合，过程相当繁琐。

经过深入探讨研究，在结构计算软件中，采用以水平交叉支撑代替楼板的设计方法来模拟桁架弦杆在水平力作用下的组合受力性能，在结构设计软件中只需要建立一个模型（图 13），该模型计算时，在竖向荷载下不考虑桁架弦杆与楼板的组合梁作用；在横向水平荷载下，可以模拟楼板对结构整体分析的作用。

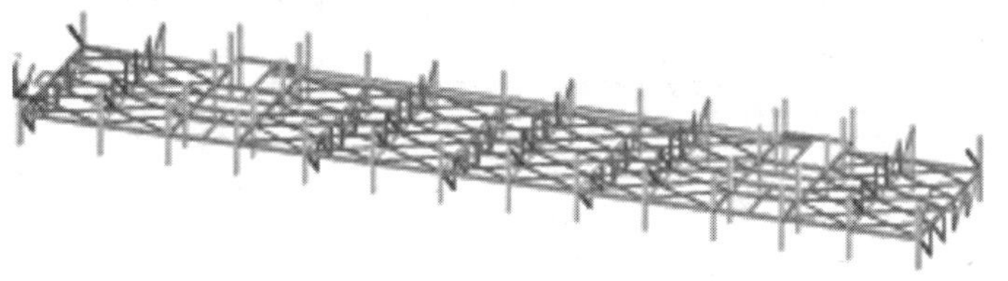

图 13　水平交叉支撑模型结构平面

平面桁架作为钢结构装配式交错桁架的主要构件，其用钢量在体系总用钢量中占有很大的比例，钢结构装配式交错桁架的平面桁架跨度为两个房间进深加走廊宽度，除直接承受竖向荷载外，还承受由于地震作用和风荷载作用产生的水平力。一般斜腹杆的倾角保持在 45°～60°为宜，平面桁架的最经济跨度为 16～21m，平面桁架的高度为层高[3]。钢结构装配式交错桁架结构体系的楼板选用 SPD 预应力叠合楼板为宜，在桁架计算分析时应考虑楼板施工阶段对桁架的不利影响。

楼板采用装配式 SPD 预应力叠合楼板技术，施工时楼板自重会使弦杆处于受扭状态。为进一步分析施工过程中装配式 SPD 预应力叠合楼板技术对主体结构的影响，采用 ABAQUS 程序对结构典型位置进行了分析。由分析结果（图 14）可知，在楼面施工顺序满足设置要求的情况下，主体结构的应力及变形等主要指标均在施工允许的安全范围内。

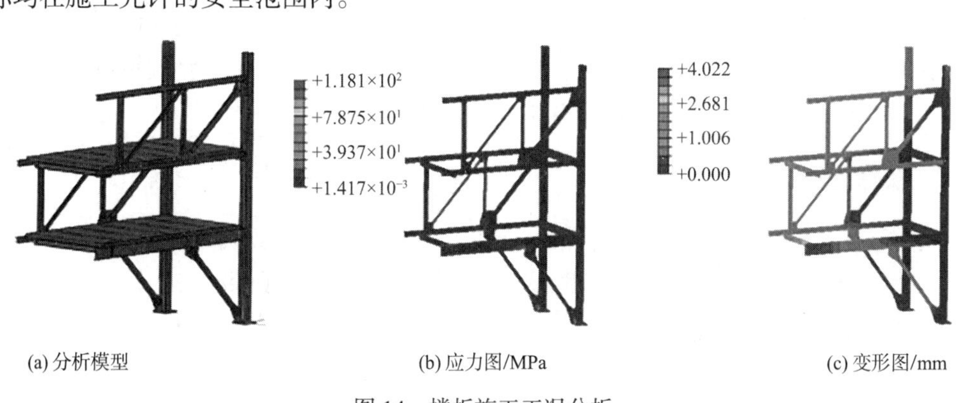

(a) 分析模型　(b) 应力图/MPa　(c) 变形图/mm

图 14　楼板施工工况分析

3.3 交错桁架楼板与桁架弦杆的节点设计与试验研究分析

SPD 板承载力高、适应跨度大、工厂生产标准化程度高，施工安装便捷[4]，将钢结构装配式交错桁架与 SPD 预应力空心叠合楼板结合，完美解决了交错桁架结构体系与楼面系统的匹配性问题。SPD 板与梁的连接处作为设计重点，由构造来解决楼板传递剪力的问题，通过 SPD 板与平面桁架上下弦杆的降板处理（图 15），既解决了楼板与弦杆的抗剪构造问题，又解决了建筑净高问题。

为验证此降板节点的可靠性，从试验验证、设计分析、构造处理、施工工艺等层面对 SPD 板梁板节点的整体受力性能进行系统分析。试验阶段主要分析不等宽翼缘钢梁与预应力空心叠合楼板节点的纵向粘结性能和抗剪承载力性能。试验构件由中间的加载不等宽翼缘钢梁与两侧的预应力空心叠合板组成，预应力空心叠合板厚 120mm，现浇叠合层厚 60mm，预应力空心板与叠合层的混凝土强度等级为 C30。在预应力空心楼板芯孔内设置抗剪钢筋，试件见图 16。试验共加工制作 3 个标准试件（S-SP-18、S-SP-22、S-SP-25），抗剪钢筋直径分别为 18mm、22mm、25mm，分析不同钢筋直径下抗剪构造钢筋的受力性能。由图 17 可知：试件的受剪承载力随着抗剪钢筋直径的增加而逐渐增加，承载力分别为 701.2kN、769.6kN、801.1kN。

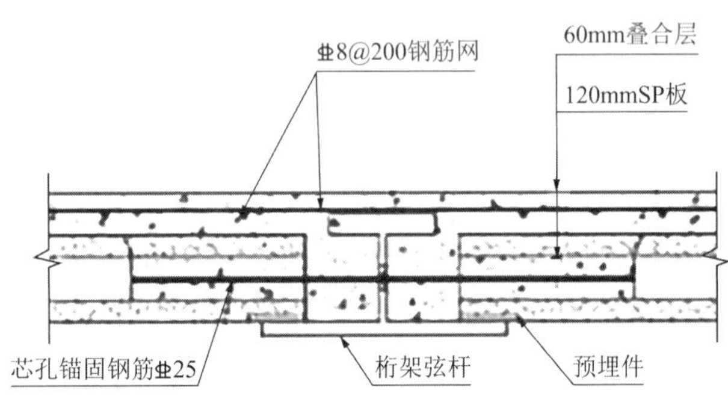

图 15 不等翼缘弦杆与楼板降板

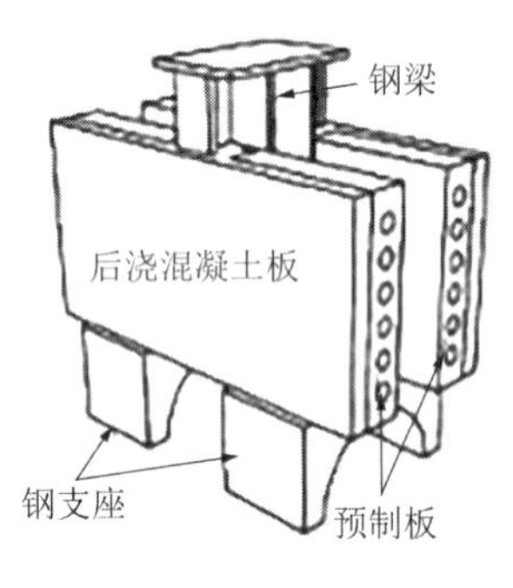

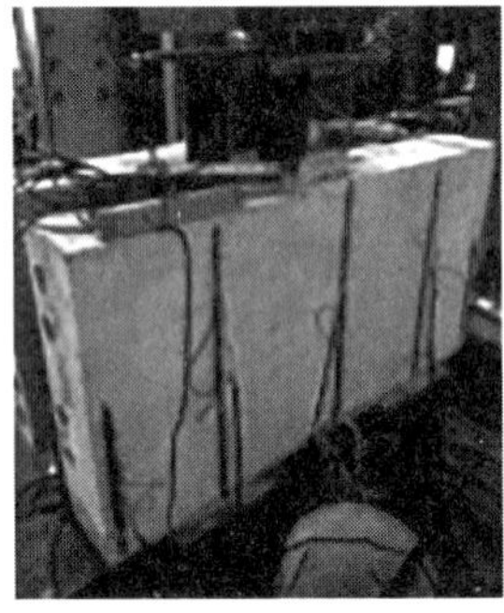

图 16 试件

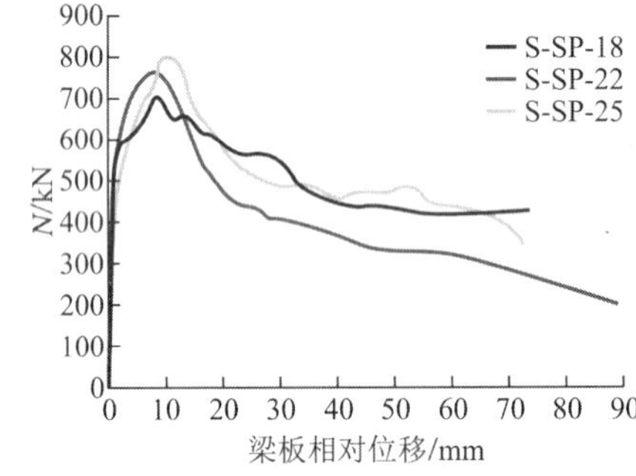

图 17 不同配筋下 SPD 板力–位移曲线

3 个标准试件的平均延性系数为 7.78，说明该节点构造措施具有良好的延性性能。不等宽翼缘钢梁与混凝土之间的粘结力约为 1.57MPa，粘结性能较好，试验数据表明，采用将楼板搁置在不等宽翼缘钢梁下翼缘上，并设置抗剪构造钢筋的做法，提高了楼板与弦杆的粘结强度。

3.4 交错桁架连接节点计算分析

装配式交错桁架结构中平面桁架弦杆、斜腹杆在工厂内通过节点板焊接完成，以形成整体的平面桁架。在施工现场，平面桁架与柱采用全螺栓铰接连接，并将制作好的桁架与柱拼接。

为分析平面桁架与钢柱连接节点的安全性，通过 ABAQUS 对该节点进行了有限元分析。节点材料均为钢材，弹性模量$E = 206$GPa，泊松比$\mu = 0.3$，钢材牌号为 Q345，螺栓等级为 10.9 级，材料遵守 von Mises 屈服准则及相关的流动法则，采用理想弹塑性材料模型。节点模型采用三维实体单元 C3D8R，柱上、下端固定。弦杆和斜腹杆根据 ETABS 分析得到的内力施加荷载，轴力转换为杆件截面的压强荷载，弦杆剪力转换为节点区域上翼缘压强荷载。

分别建立弹性模型和考虑材料及几何非线性的弹塑性模型进行计算和分析。具体分析结果如下：

1）弹性模型分析结果

节点在承受设计荷载$k = 1$（k为构件内力设计荷载的倍数）时的计算结果如图 18 所示。

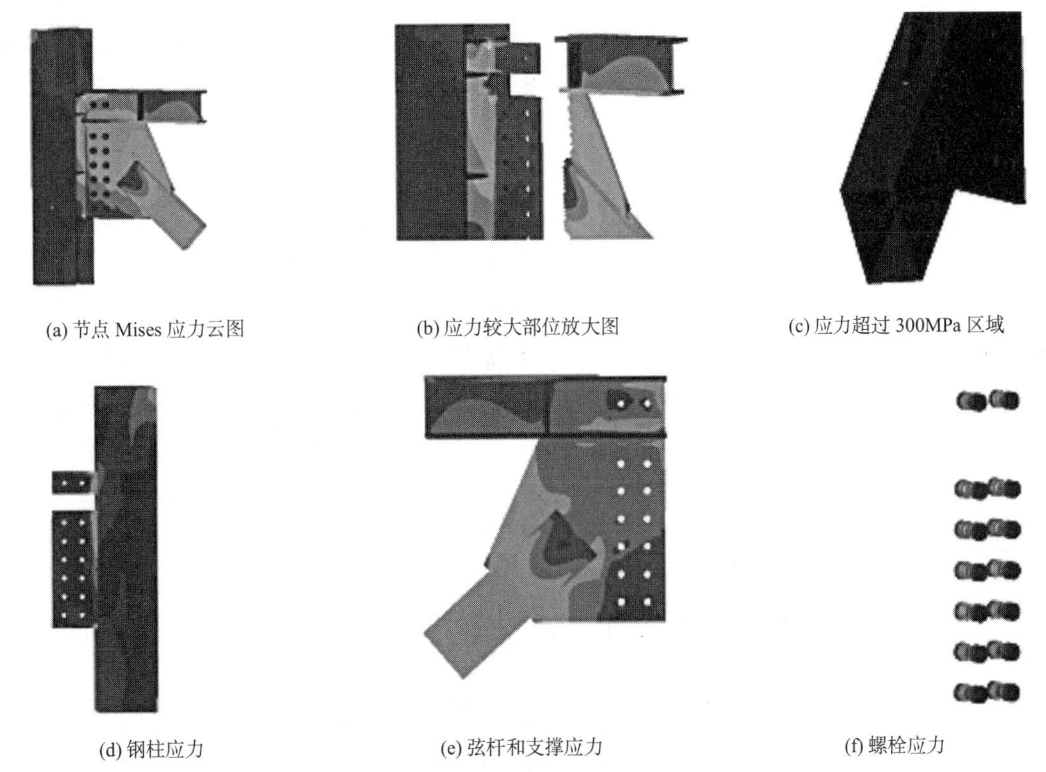

(a) 节点 Mises 应力云图　(b) 应力较大部位放大图　(c) 应力超过 300MPa 区域

(d) 钢柱应力　(e) 弦杆和支撑应力　(f) 螺栓应力

图 18　承受设计荷载$k = 1$时的节点计算结果（单位：Pa）

弹性分析结果表明，在设计荷载$k = 1$时，节点在连接板局部存在应力集中，但只有极小区域超过屈服应力，大部分区域未屈服，说明节点各板件处于安全状态。

2）弹塑性模型分析结果

节点在承受极限荷载$K = 2.0$（K为承载力系数）时的计算结果如图 19 所示。

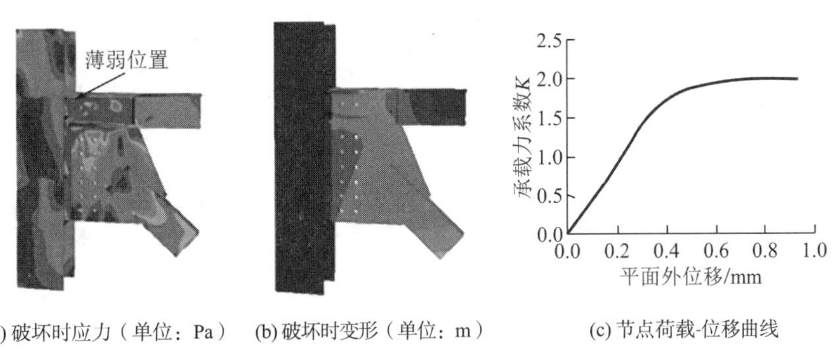

(a) 破坏时应力（单位：Pa）　(b) 破坏时变形（单位：m）　(c) 节点荷载-位移曲线

图 19　承受设计荷载$K = 2.0$时的节点计算结果

分析结果表明，在$K < 1.6$时，荷载与位移基本呈线性关系，$K > 1.6$时，荷载与位移的非线性关系比较明显，此时位移增加较快；$K = 2.0$时，节点达到极限状态，连接板大范围进入塑性，位移增长迅速加快，结构严重变形，节点整体承载能力达到极限，节点结构性能失效。

综上所述，节点在整个承载过程中，塑性区开展较缓慢，设计极限承载力系数$K = 2.0$时，节点是可靠的。

4 钢结构装配式交错桁架结构整体计算分析

4.1 弹性反应谱分析

该项目抗震设防分类为丙类，设计地震分组为一组，设防烈度为 6 度（0.05g），场地类别为Ⅲ类，净毛截面比为 0.95；计算地震作用时阻尼比取值为 0.04，计算风荷载效应时阻尼比取值为 0.02（风），周期折减系数为 0.9。

由于楼板的约束作用，平面桁架弦杆的平面外稳定问题可不考虑，其他杆件的计算长度系数按照相关规范确定。

为更加准确地获得该钢结构装配式交错桁架项目的计算结果，采用 ETBAS 与盈建科两款软件分别计算。分析得到：盈建科计算结果前 3 阶周期分别为$T_1=1.25$s，$T_2=1.13$s，$T_3=0.86$s；ETBAS 计算的前 3 阶周期分别为$T_1=1.31$s，$T_2=1.09$s，$T_3=0.88$s，前两阶振型均为平动，第 3 阶振型为扭转。多遇地震下楼层最大层间位移角为 1/370（纵向）和 1/454（横向），均满足结构层间位移角限值的规定。

在地震作用下 SPD 板的应力通过盈建科结构计算软件的楼板应力分析模块进行计算分析，由于钢结构装配式交错桁架的空间受力特点，楼板的剪应力最大位置为楼板与弦杆的连接处，如图 20 所示，故楼板与弦杆的连接成为交错桁架结构抗震设计中的一个核心技术。该项目通过将 SP 板搁置在不等宽翼缘钢梁下翼缘，然后在 SP 板芯孔内插入 2 根抗剪钢筋，抗剪钢筋穿过钢梁腹板，将钢梁左右两侧楼板连接为整体，加强梁板节点的抗震构造。

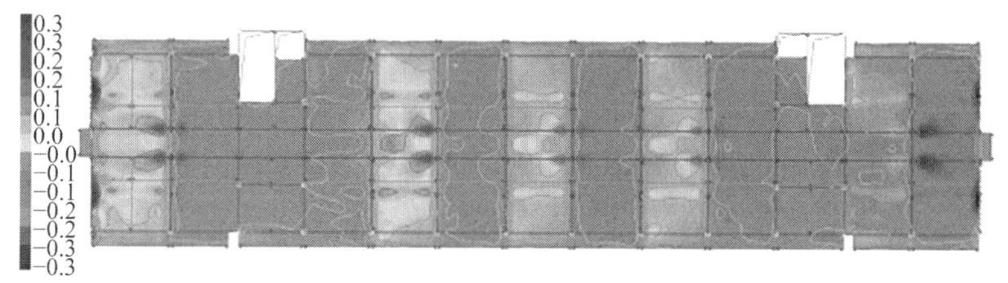

图 20 地震作用下 SPD 板平面最大剪应力云图（单位：MPa）

4.2 静力弹塑性分析

采用 ETBAS 对其中一栋 10 层结构模型进行静力推覆分析，侧向推覆力加载模式按照倒三角形分布原则进行加载。推覆过程的塑性铰分布情况如图 21 所示，推覆过程力-位移曲线见图 22[5]，几个关键点的特征值见表 1。

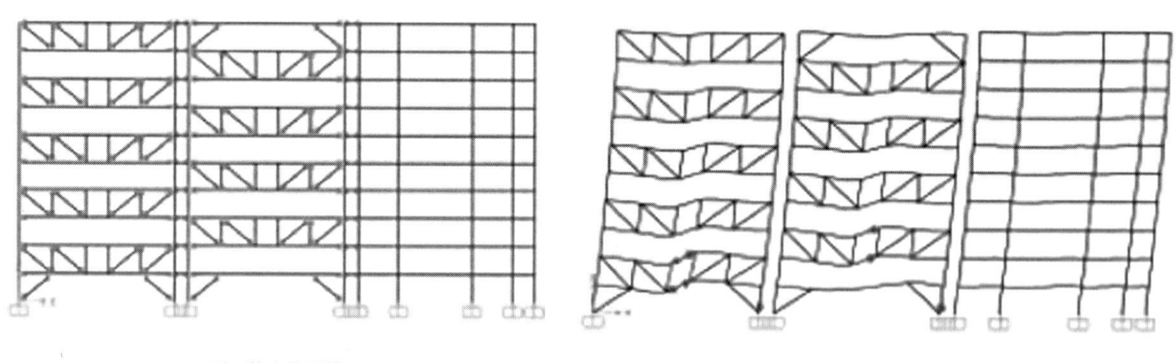

(a) 平面静力推覆模型

(b) 初始塑性铰分布

图 21 推覆过程的塑性铰分布情况（一）

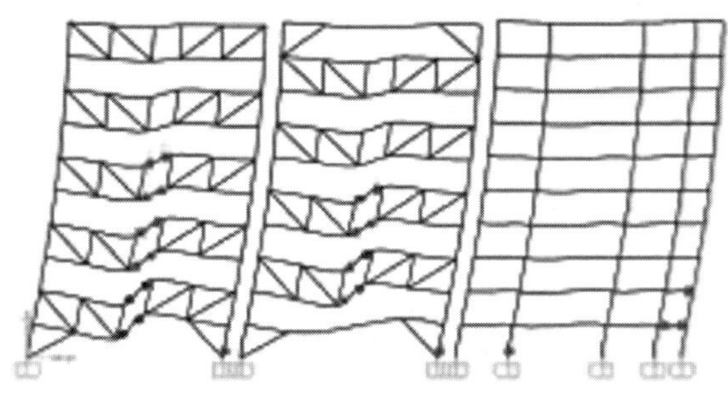

(c) 框架初始塑性铰分布

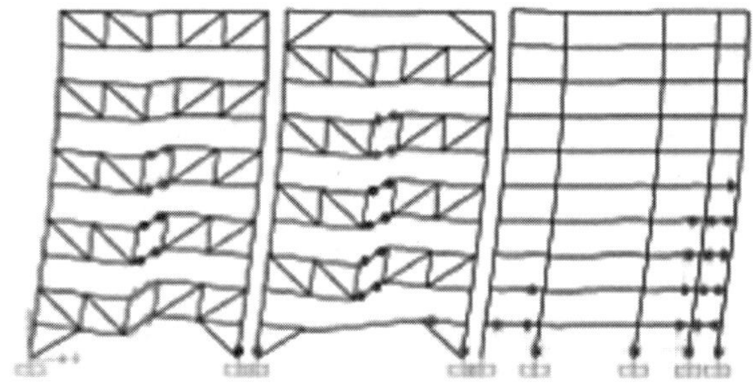

(d) θ_{max} = 1/75 塑性铰分布

图 21　推覆过程的塑性铰分布情况（二）

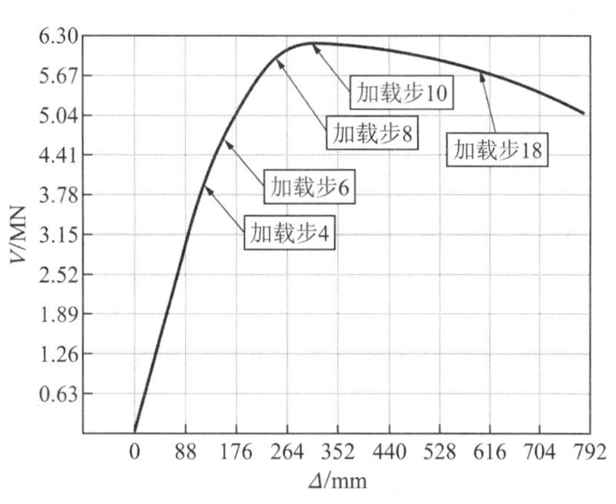

图 22　静力过程力-位移曲线

结构推覆过程中几个关键点的特征值　　　　表 1

加载时刻	加载步	Δ/mm	θ_{max}	V/kN
初始塑性铰时刻	4	122.01	1/163	4078
框架出现塑性铰	6	182.85	1/102	4720
θ_{max} = 1/75	8	246.65	1/75	6001
上部柱铰出现	18	606.09	1/24	5766

在推覆过程中，结构屈服时塑性铰首先出现在交错桁架部分，在后续的推覆过程中框架部分塑性铰持续增多，而交错桁架部分塑性铰的个数并未明显增多，但其弯曲变形持续加大；中后期推覆过程中框架是主要的侧向刚度提供者，在整个推覆过程中均满足抗震规范的要求。据此可知，交错桁架结构耗能机制良好，地震响应可控，可以实现“大震不倒”的抗震设计原则。

5　结论

1）交错桁架结构体系能较好地适应建筑功能平面布置，其传力机制高效，且用钢量低于传统框架结构，经济性较好。

2）简化的楼面计算模型解决了交错桁架设计阶段的计算问题。

3）通过 ETBAS 和盈建科两款有限元分析软件的对比分析，钢结构装配式交错桁架结构具有良好的耗能机制及抗震性能，是一种值得推广应用的装配式结构体系。

4）具体项目在采用交错桁架技术时，充分考虑了装配式集成建筑各项技术的协同问题，通过集成技术解决了各项技术之间的接口问题，最终建筑功能得以完美实现，说明交错桁架具有较高的市场推广价值。

参考文献

[1] 中华人民共和国住房和城乡建设部. 交错桁架钢结构设计规程: JGJ/T 329—2015[S]. 北京: 中国建筑工业出版社, 2015.

[2] 周绪红, 莫涛, 刘永健, 等. 高层钢结构交错桁架结构的试验研究[J]. 建筑结构学报, 2006, 27(5): 86-92.

[3] 许红胜, 周绪红, 刘永健. 交错桁架结构体系设计要点[J]. 建筑结构, 2004, 34(5): 26-27.

[4] 中国建筑标准设计研究院. SP 预应力空心板技术手册: 99ZG408[S]. 北京: 中国建筑标准设计研究院, 2002.

[5] 颜於滕. 装配式交错桁架钢结构体系的设计与应用[J]. 上海建设科技, 2019(4): 16-18.